Die Chemisch-Technischen Untersuchungs-Methoden der Zellstoff- und Papier-Industrie

Von

Dr.-Ing. Rudolf Sieber

Direktor des Werkes Johannesmühle der Firma Zellstofffabrik Waldhof

Mit 172 Abbildungen

Berlin
Springer-Verlag
1943

ISBN-13:978-3-642-90408-0   e-ISBN-13:978-3-642-92265-7

DOI: 10.1007/978-3-642-92265-7

Vorwort.

Nach dem Ableben von C. G. SCHWALBE, dessen Wirken so viel für den
Ausbau der chemischen Untersuchungsmethoden unserer Industrie bedeutet
hat, bestand keine Möglichkeit mehr, das mit ihm gemeinsam verfaßte Werk
„Die chemische Betriebskontrolle in der Zellstoff- und Papier-Industrie" neu
herauszugeben. In mancher Hinsicht entspricht die Begrenzung auf den in
jenem Buch eingehaltenen Rahmen der eigentlichen Betriebskontrolle kaum
mehr den gegenwärtigen Bedürfnissen unserer Industrie. Ihre stürmische Entwicklung teils auf dem Gebiet der Heranziehung neuer Rohstoffe, vor allem
aber auf jenem der chemischen Weiterverarbeitung der Zellstoffe, hat es mit
sich gebracht, daß über die eigentliche Betriebskontrolle hinaus in vielen ihrer
Laboratorien intensive Forschungsarbeit getrieben werden muß und tatsächlich auch betrieben wird. Aus diesen Gründen hielt ich es für angezeigt, ein
im wesentlichen neues Werk zu schreiben, das über die Darstellung von Betriebsuntersuchungen hinaus, auch ein Leitfaden für weitergehende Untersuchungen
unseres Fachgebietes sein soll, und das damit dessen chemisch-technischen Methodenschatz möglichst vollständig darbietet.

Es war von vornherein offenbar, daß bei einer solchen Zielsetzung auf die
Darstellung aller jener Methoden verzichtet werden konnte, die zur chemischen
Betriebskontrolle in Kesselhaus und Kraftzentrale gehörend, an anderer Stelle
vollständige und zusammenhängende Beschreibung gefunden haben. Hier gibt
es gegenwärtig vortreffliche Zusammenfassungen, mit denen in Wettbewerb zu
treten als unnötig und vermessen zu bezeichnen wäre. Um so eingehender konnte
demgegenüber das besondere Gebiet der Zellstoff- und Papierindustrie Behandlung finden. Bei der so mannigfaltigen Art des Einsatzes ihrer Fertigerzeugnisse
war es nicht zu vermeiden, daß neben eigentlichen chemischen Methoden auch
solche erscheinen mußten, welche, wie beispielsweise die Prüfung der Festigkeit
der Halbstoffe, streng genommen nicht zu jenen gehören. Zu ihrer Aufnahme
schien aber trotzdem Veranlassung, als auch diese Untersuchungen zumeist von
Chemikern ausgearbeitet worden sind und in den Laboratorien der Werke von
ihnen ausgeübt werden, und weil letzthin ihre Ergebnisse bei einer Beurteilung
insbesondere der Halbstoffe schlechterdings nicht mehr entbehrt werden können.

Der dargestellte Methodenschatz ist außerordentlich mannigfaltiger Art.
Nicht alle diese Methoden sind heute als vollkommen durchgearbeitet zu bezeichnen, vieles ist noch unsicher und weniger erprobt, als wünschenswert wäre.
Wenn trotzdem auch solche Methoden Aufnahme gefunden haben und häufig
auch verschiedene Arten der gleichen Bestimmung dargestellt worden sind, so
geschah das nicht zum mindesten aus dem Bestreben und der Überzeugung
heraus, daß es nur derart möglich ist, dem am Ausbau der analytischen Methoden
interessierten Benutzer des Buches bei seiner Tätigkeit helfen zu können. Allein
eine möglichst vollständige Darstellung des bislang Erarbeiteten wird ihm eine

Vorstellung von der Richtung zu geben vermögen, die zum weiteren Ausbau einzuschlagen vorteilhaft erscheint.

Aus diesem Grund sind weitgehend auch ausländische Methoden mit in den Kreis der Darstellung einbezogen worden. Bei der internationalen Verflechtung des Zellstoffhandels war es um so notwendiger, sie nicht außer acht zu lassen. Das ausländische Schrifttum ist deshalb, soweit es unter den gegenwärtigen Verhältnissen möglich war, bis an die Gegenwart heran eingehend gesichtet und durchgearbeitet worden.

Ich nehme an, daß das so gekennzeichnete Werk den Platz, der ihm nach den obigen Ausführungen zugedacht ist, ausfüllen wird, und ich hoffe, daß es im Zuge der großen Aufgaben, die der kommende Neu- und Wiederaufbau von Europa auch unserer Industrie zu lösen aufgeben wird, ein bescheidenes Hilfsmittel sein wird.

Es ist mir eine besondere Pflicht, bei dieser Gelegenheit Herrn Dr. H. EVERS, dem Leiter der wissenschaftlichen Bibliothek der Zellstofffabrik Waldhof, für die Hilfe bei der Beschaffung oft schwierig zu erhaltender ausländischer Literatur zu danken. Des weiteren bin ich Herrn Dr. E. SWATEK, Johannesmühle, für manche Mitarbeit verbunden. Weiter danke ich verschiedenen Firmen, die eine Anzahl von Druckstöcken von den von ihnen hergestellten Apparaten und Geräten zur Verfügung gestellt haben. Ganz besondere Anerkennung gebührt dem Verlag, welcher allen meinen Wünschen hinsichtlich Umfang und Ausgestaltung des Werkes entgegenkam und alle Schwierigkeiten bei der Drucklegung des Anfang 1942 fertiggestellten Manuskriptes und der Herausgabe des Buches meisterte.

Johannesmühle bei Bad Freienwalde a. d. Oder,

Anfang 1943.

Rudolf Sieber.

Inhaltsverzeichnis.

Inhaltsverzeichnis. VII

Inhaltsverzeichnis.   IX
Seite

I. Die Untersuchung des Fabrikationswassers.

Allgemeines.

Für Zellstoff- und Papierfabriken, die sämtlich einen sehr hohen Verbrauch an Fabrikationswasser haben, ist sein Reinheitsgrad von ganz besonderer Bedeutung.

Das natürliche Wasser, sei es Quell-, Grund- oder Flußwasser, enthält neben mechanischen Verunreinigungen anorganischer und organischer Natur gewisse Mengen von Salzen gelöst. Vorzugsweise sind es Bikarbonate, Sulfate und Chloride des Kalziums und Magnesiums, die den Mineralstoffgehalt der natürlichen Wässer bedingen. Enthält ein Wasser viele derartige Stoffe, so wird es als „hart" bezeichnet; ist es arm an Salzen, so liegt ein „weiches" Wasser vor. Außer Salzen kommen ferner im Wasser auch freie Säuren und gelöste Gase vor.

Die „Härte" eines Wassers wird also durch die gelösten Mineralstoffe bedingt. Die Bikarbonate verursachen die sogenannte „vorübergehende" oder „temporäre" Härte. Wird nämlich kalziumbikarbonathaltiges Wasser aufgekocht, so schwindet mit dem Entweichen von Kohlendioxyd die Löslichkeit des dabei entstehenden Kalziumkarbonates, damit aber zugleich ein Teil der Härte. Die verbleibende „permanente" oder „bleibende" Härte oder „Resthärte", auch „Nichtkarbonathärte" genannt, rührt von den oben schon erwähnten Sulfaten oder Chloriden sowie Silikaten und auch Nitraten des Kalziums oder Magnesiums her. Weil meist Kalziumsulfat der Urheber der bleibenden Härte ist, spricht man wohl auch von „Gipshärte", während man die vorübergehende Härte, weil von Karbonaten herrührend, als „Karbonathärte" bezeichnet. Ganz scharf sind diese Bezeichnungen nicht. Man erhält nämlich verschiedene Werte, wenn man einerseits die Karbonathärte durch Aufkochen des Wassers und Abfiltrieren der nicht völlig ausgeschiedenen Karbonate oder andererseits durch direkte Titration dieser mit Säure bestimmt. Weiter ist leicht einzusehen, daß eine bleibende Härte größer als die Gipshärte ist: sie besteht aus dieser, vermehrt um einen wechselnden Anteil an gelösten Magnesiumsalzen.

Die Härte eines Wassers wird in Graden ausgedrückt. In Deutschland zeigt 1 Grad deutsche Härte an, daß in 100000 Gewichtsteilen Wasser ein Gewichtsteil Kalziumoxyd, also Ätzkalk oder die äquivalente Menge Magnesium, gebunden an Kohlensäure, Schwefelsäure, Salpetersäure oder Salzsäure, vorhanden ist; im Liter derartigen Wassers sind also 10 mg CaO vorhanden.

In Frankreich beziehen sich die Härtegrade auf Gewichtsteile Kalziumkarbonat in 100000 Gewichtsteilen Wasser. In England beziehen sich die Gewichtsteile Kalziumkarbonat auf 70000 Teile Wasser, weil ein „grain" Kalziumkarbonat auf eine Gallone kommt, nämlich 0,0648 g auf 4,543 l. Die verschiedenen Härtegrade verhalten sich demnach wie 1 (deutsche Härte) zu 1,79 (französische Härte) zu 1,25 (englische Härte).

Ein Wasser wird als weich bezeichnet, wenn es nicht mehr als 8 Grad deutsche Härte aufweist. Ein Wasser von 8···16 Grad gilt als mittelhart, ein solches von über 16 Grad als hart.

Große Beachtung muß neben den Salzen auch dem Gehalt des Rohwassers an gelösten Gasen und Säuren geschenkt werden, da solche häufig als Ursache für korrodierende Wirkungen an den Eisen- und Metallteilen der Einrichtung und den Rohrleitungen der Werke festgestellt worden sind.

Für das Fabrikationswasser der Zellstoff- und Papierfabriken ist Freiheit von mechanischen Verunreinigungen wesentlich; ebenso sind Färbung und Durchsichtigkeit von großem Einfluß. Trübes Wasser muß daher filtriert werden, gegebenenfalls nach erfolgter chemischer Vorbehandlung. Weiches Wasser ist im allgemeinen für die Fabrikation dem harten vorzuziehen und beispielsweise bei der Herstellung von Löschpapier unerläßliche Bedingung.

Hartes Wasser, ebenso solches, das Abwässer von der Kali- oder Sodagewinnung enthält, wirkt sich störend und nachteilig unter anderem für die Harzleimung aus; sowohl Harz- als auch Aluminiumsulfatverbrauch können durch derartiges Wasser wesentlich erhöht werden.

Von ausschlaggebender Bedeutung für die Herstellung hochweißer Halbstoffe und Papiere, wie auch von Zellstoffen, die für chemische Weiterverarbeitung verwandt werden, sind ferner der Eisen- und Mangangehalt des Fabrikationswassers. Das Vorhandensein von Eisen und Mangan wirkt sich außerdem unerwünscht dadurch aus, dáß es die Ansiedlung von Fadenalgen begünstigt.

Neben den anorganischen Verbindungen gebührt auch dem Vorkommen gelöster organischer Substanzen Beachtung. Solche Huminstoffe tragen ebenfalls zu einem Mehrverbrauch an Aluminiumsulfat bei der Leimung bei. Sie wirken sich ferner nachteilig auf die Farbe der Fertigerzeugnisse aus, und schließlich geben auch sie Veranlassung zu Pilzbildungen.

Die Zusammensetzung des natürlichen Wassers ist sehr schwankend. Bei Flußwasser können heftige Regengüsse im oft weit entfernten Quellgebiet der Flüsse die physikalische und chemische Beschaffenheit erheblich ändern. Beim Grundwasser machen sich die Schwankungen des Grundwasserspiegels in der Zusammensetzung ebenfalls bemerkbar; auch der Einfluß der Jahreszeit ist unverkennbar.

Der große Einfluß, den alle die im Wasser gelösten Stoffe auf die Fabrikationsvorgänge haben, sowie der ständige Wechsel ihrer Menge erfordern, zwecks Vermeidung von Störungen im Gange der Erzeugung eine regelmäßige Überwachung des Fabrikationswassers.

Bestimmung der Härte.

Allgemeines. Die Bestimmung der Härte des Wassers kann auf verschiedene Weise erfolgen. Für weniger scharfe Anforderungen genügt das ältere Verfahren von BOUTRON und BOUDET. Dieser Methode liegt die Tatsache zugrunde, daß sich das in Seifenlösungen enthaltene fettsaure Kalium mit den im Wasser gelösten Salzen der Erdalkalien und des Magnesiums umsetzt. Hierbei werden diese Metalle als unlösliche Salze der Fettsäuren abgeschieden, während die vorher mit ihnen verbundenen anorganischen Säuren lösliche Kaliumsalze bilden.

Sobald diese Umsetzung beendet ist, gibt ein geringer Überschuß an Seifenlösung beim Schütteln der zu titrierenden Flüssigkeit einen längere Zeit nicht
verschwindenden Schaum. Die Methode wird dank ihrer einfachen und raschen
Durchführbarkeit häufig im Betrieb angewandt. Sie kann auch von Ungeübten
ausgeführt werden und ist daher zur laufenden Überwachung des Rohwassers
sehr geeignet, wobei man bewußt in Betracht zieht, daß ihre Genauigkeit nicht
allzu groß ist.

Etwas genauere Ergebnisse liefert die Methode von BLACHER, welche sich
letzten Endes auch einer Seifenlösung, nämlich Kaliumpalmitats als Titer-
flüssigkeit bedient.

Methode von BOUTRON und BOUDET. Zu ihrer Durchführung sind erforderlich:

1. Seifenlösung nach BOUTRON und BOUDET,
2. $^{n}/_{10}$-Natronlauge,
3. Phenolphthaleinlösung als Indikator.

Die Seifenlösung ist fertig im Handel zu haben, und es ist daher am besten,
sie von einer Chemikalienhandlung zu beziehen. Da die Seifenlösung stark
alkoholisch ist, muß stets auf guten Verschluß der Aufbewahrungsflasche geachtet werden, um die richtige Konzentration zu erhalten.

Für die Durchführung der Bestimmung werden weiterhin noch benötigt eine
besondere Gieß- oder Tropfbürette, auch Hydrotimeter genannt, sowie Schüttel-
flaschen mit Glasstopfen und mit Ringmarken bei 10, 20 und 40 cm³. Auch
diese Geräte sind im Handel zu haben.

Die Ausführung der Untersuchung gestaltet sich wie folgt. Von dem zu
prüfenden Wasser werden 40 cm³ in die Schüttelflasche gefüllt, worauf dann aus
der Gießbürette so viel Seifenlösung zugefügt wird, bis nach kräftigem Schütteln
der verschlossenen Flasche ein mehrere Minuten bestehenbleibender Schaum entsteht. Die Zugabe der Seifenlösung erfolgt anfangs in größeren, später gegen das
Ende der Titration in kleineren Mengen, wobei nach jeder Zugabe kräftig geschüttelt wird. Das Ende der Titration ist außer an dem bleibenden Schaum
auch noch durch das Aufhören des Knisterns (Zerplatzen der Blasen, Gefäß ans
Ohr halten) sehr deutlich wahrnehmbar. Die Ablesungen am Hydrotimeter
geben unmittelbar die Härte des untersuchten Wassers in deutschen Graden an.
4,1 cm³ der Seifenlösung nehmen darin den Raum von 22 deutschen Graden ein.

Zur Erzielung größerer Genauigkeit ist es empfehlenswert, bei Wässern über
10 Grad deutscher Härte diese zu verdünnen. Man verfährt dann so, daß man
von Wässern bis zu 15 Grad nur 20 cm³, von solchen über 20 Grad nur 10 cm³
verwendet, dabei aber jede Wasserprobe mit destilliertem Wasser wieder auf
40 cm³ in der Schüttelflasche auffüllt. Diese Verdünnung ist bei der Angabe
des Ergebnisses entsprechend zu berücksichtigen.

Die Genauigkeit der Methode ist nicht sehr groß. Bei Wässern unter 2 Grad
deutscher Härte können Fehler bis zu 10% auftreten, bei Wässern bis zu 15 Grad
kann die Abweichung etwa 5% ausmachen, während sie bei noch härteren
Wässern geringer wird.

Von Zeit zu Zeit kann sich eine Neueinstellung der Seifenlösung erforderlich
machen. Hierzu wird eine Lösung benutzt, welche 1,0267 g reines, bei 100°
getrocknetes Bariumnitrat in 1 l enthält. 100 cm³ dieser Lösung enthalten so

viel Bariumsalz als 22 mg Kalziumoxyd entspricht. Die Lösung zeigt also
eine Härte von 22 deutschen Graden. 40 cm³ der Bariumnitratlösung müssen
demnach beim Titrieren mit der Seifenlösung, sofern diese genau ist, gerade
die Füllung des Hydrotimeters verbrauchen, bis bleibender Schaum entsteht.

Die konzentrierte Seifenlösung neigt bei niedrigen Temperaturen dazu, einen
Teil der gelösten Seife in Flocken abzuscheiden. Diese Flocken sind leicht wieder
zum Lösen zu bringen, wenn die verschlossene Flasche in warmes Wasser gestellt
wird. Eine Änderung des Titers tritt hierbei nicht ein.

Bestimmung der Härte nach BLACHER. Die Härte wird bei dieser
Methode mit einer $n/_{10}$-Kaliumpalmitatlösung bestimmt, und zwar folgendermaßen: 100 cm³ Wasser werden mit 2 Tropfen einer wäßrigen Methylorangelösung 1 : 1000 versetzt und mit $n/_{10}$-Schwefelsäure oder -Salzsäure neutralisiert,
bis die gelbe Farbe in ein deutliches Rot umgeschlagen ist. Sollte die Methyl-
orangefarbe beim Weiterarbeiten stören, so kann man sie durch einige Tropfen
schwaches Bromwasser beseitigen. Anschließend wird 1 cm³ einer 1 proz. Phenolphthaleinlösung hinzugefügt und darauf tropfenweise $n/_{10}$-Natronlauge, bis
die Phenolphthaleinrötung deutlich erkennbar ist. Dann wird die schwache Rotfärbung durch einen Tropfen $n/_{10}$-Säure wieder beseitigt und sofort die Titration
mit der Palmitatlösung vorgenommen, wobei man bis zur deutlichen Rotfärbung
titrieren muß. Die verbrauchten Kubikzentimeter an Palmitatlösung mit 2,8
multipliziert, zeigen die Härte in deutschen Graden an. An Stelle von Methylorange kann man auch den von BLACHER empfohlenen Indikator Dimethyl-
amidoazobenzol = Methylrot (1 Tropfen einer 1 proz. alkoholischen Lösung) verwenden, doch ist der Umschlag mit Methylorange meist in genügender Weise
erkennbar.

Vorhandene Eisen- und Mangansalze verbrauchen ebenfalls Palmitatlösung,
fälschen also das Ergebnis. Zur Korrektur genügt es, für praktische Zwecke für
je 1 mg/l an Eisen- und Mangansalz 0,1 Grad deutsche Härte abzuziehen.

Unter Berücksichtigung dessen ist bei Anwendung von 100 cm³ Wasser für
die Untersuchung die Methode auf 0,3 deutsche Härtegrade genau.

Die BLACHER-Methode ist nach neueren Untersuchungen für alle Wässer
brauchbar[1] und kann auch bei erheblich durch gelöste organische Stoffe verunreinigten Wässern noch Anwendung finden. Ist viel freie Kohlensäure vorhanden, so muß diese entfernt werden. Dies geschieht dadurch, daß man entweder nach der Säurezugabe im Anfang der Bestimmung 10 Minuten lang Luft
durch die Wasserprobe bläst oder sie ebenso lange kocht. Im letztgenannten
Fall ist die Probe vor dem Weiterverarbeiten gut abzukühlen.

Die Palmitatlösung nach BLACHER kann in folgender Weise hergestellt werden: 25,63 g reine Palmitinsäure werden in 250 g Glyzerin und etwa
400 cm³ 90 proz. Alkohol unter Erwärmen auf dem Wasserbade gelöst. Hierauf
setzt man Phenolphthalein hinzu, neutralisiert mit alkoholischem Kali bis zur
schwachen Rotfärbung und füllt nach dem Erkalten mit 90 proz. Alkohol zu
1 l auf.

WINKLER[2] gibt für die Herstellung der Palmitatlösung eine andere Vor-

---

[1] KANHÄUSER, F.: Chemiker-Ztg. 47, 57 (1923). — WEISSENBERGER: Angew. Chem.
35, 177 (1922).

[2] WINKLER, L. W.: Z. analyt. Chem. 53, 412 (1913); 409 (1914).

schrift, bei der das kostspielige Glyzerin in Wegfall kommt. Hiernach gibt man in einen Kolben 500 cm³ konzentrierten Äthylalkohol (von 95%), 300 cm³ destilliertes Wasser, 0,1 g Phenolphthalein und 25,6 g reinste Palmitinsäure; gewöhnliche stearinsäurehaltige Palmitinsäure ist nicht verwendbar. Man erwärmt auf dem Dampfbade und setzt unter Umschwenken so lange klare alkoholische Kaliumhydroxydlösung hinzu, bis alles gelöst und die Lösung schwach rosenrot geworden ist. Sollte man zuviel Kaliumhydroxydlösung hinzugefügt haben, so entfärbt man die Flüssigkeit mit einem Tropfen Salzsäure und gibt nun wieder Kaliumhydroxydlösung bis zur blaß rosenroten Färbung hinzu. Die Kaliumhydroxydlösung bereitet man sich durch Lösen von $7\cdots8$ g zu Pulver zerriebenem Kaliumhydroxyd in etwa 50 cm³ warmem konzentrierten Äthylalkohol. Nach dem Erkalten wird die Palmitatlösung mit konzentriertem Alkohol zu 1000 cm³ ergänzt.

Statt Äthylalkohol kann man zum Bereiten der Palmitatlösung den im Handel befindlichen 95proz. Propylalkohol verwenden, der durch eine Destillation gereinigt wird.

Den Titer der Palmitatlösung ermittelt man entweder mit einer Bariumchloridlösung von 0,523 g $BaCl_2 \cdot 2\,H_2O$ im Liter, welcher Gehalt einer Härtelösung von 12 deutschen Graden entspricht, oder mit Kalkwasser.

Nach WINKLER verfährt man bei Verwendung von Kalkwasser zweckmäßig wie folgt: In eine etwa 200 cm³ fassende Flasche gibt man $40\cdots50$ cm³ klares Kalkwasser, das aus gebranntem Marmor und reinem destillierten Wasser bereitet wurde, und titriert mit $^n/_{10}$-Salzsäure; als Indikator dient 1 Tropfen Methylorangelösung (1 : 1000).

Die neutrale Flüssigkeit wird nun mit gewöhnlichem, also kohlensäurehaltigem destillierten Wasser auf etwa 100 cm³ verdünnt und mit einem Tropfen verdünnten Bromwasser (0,5%) versetzt, wodurch sofortige Entfärbung erfolgt. Man gibt jetzt zur Flüssigkeit 1 cm³ 0,5proz., mit konzentriertem Alkohol bereitete Phenolphthaleinlösung, darauf tropfenweise so lange $^n/_{10}$-Natronlauge, bis die Flüssigkeit kräftig rot gefärbt erscheint und diese Farbe auch nach einigem Stehen nicht mehr verblaßt. Zur Flüssigkeit läßt man unter Umschwenken langsam so lange $^n/_{10}$-Salzsäure tropfen, bis sie eben farblos geworden ist, und fügt noch einen Tropfen $^n/_{10}$-Salzsäure als Überschuß hinzu. In diese Lösung gibt man dann unter fleißigem Umschwenken so viel Kaliumpalmitatlösung, bis die anfänglich von der Bildung des Kalziumpalmitates schneeweiße Flüssigkeit nicht nur eben bemerkbar, sondern ausgesprochen rosenrot gefärbt erscheint, und diese Färbung auch einige Minuten bestehen bleibt. Von der verbrauchten Kaliumpalmitatlösung werden als Korrektur 0,3 cm³ in Abzug gebracht. Ist die Kaliumpalmitatlösung richtig, so beträgt die verbrauchte korrigierte Menge davon ebensoviel, als $^n/_{10}$-Salzsäure beim anfänglichen Titrieren des Kalkwassers benötigt wurde.

In der Tabelle 41 im Anhang sind die Faktoren zusammengestellt, die für die Berechnung der Härte in Frage kommen, falls die Palmitatlösung bei der Einstellung mit Bariumchloridlösung sich als zu stark oder zu schwach erweisen sollte.

Bestimmung der Alkalität und des p_H-Wertes.

Allgemeines. Bei der Alkalität unterscheidet man die gegen Phenolphthalein und die gegen Methylorange als Indikator. Die gemeinsame Auswertung der Ergebnisse beider Bestimmungen ermöglicht es festzustellen, ob und welche Mengen Hydroxyd, Karbonat oder Bikarbonat im Wasser vorhanden sind.

Bestimmung der Phenolphthalein-Alkalität. 100 cm³ Wasser werden in einem Titrierbecher mit 0,5 cm³ Phenolphthaleinlösung versetzt und mit $^n/_{10}$-Salzsäure bis zur Entfärbung titriert. Die Anzahl der verbrauchten Kubikzentimeter Salzsäure ergibt den Wert p.

Bestimmung der Methylorange-Alkalität. Gesamtalkalität, vorübergehende Härte. 100 cm³ des zu prüfenden Wassers werden nach Zugabe von 3 Tropfen Methylorangelösung mit $^n/_{10}$-Salzsäure titriert, bis die rein gelbliche Färbung in Bräunlichgelb übergeht, bis also der erste rötliche Schein auftritt. Die Anzahl der verbrauchten Kubikzentimeter Säure ergibt den Wert m.

Soweit man nicht die Ergebnisse beider Titrationen unmittelbar als Verbrauch an Kubikzentimeter $^n/_{10}$-Salzsäure je 1 l angeben will, kann man sich für die Auswertung der Ergebnisse der folgenden Aufstellung bedienen.

Tabelle 1.
Zur Alkalitätsbestimmung des Wassers.

Ergebnis der Titration	In der untersuchten Wasserprobe sind vorhanden		
	Hydroxyd (NaOH)	Karbonat	Bikarbonat
$p = 0$	0	0	m
$p < {}^1/_2\,m$	0	$2\,p$	$m - 2\,p$
$p = {}^1/_2\,m$	0	$2p$ oder m	0
$p > {}^1/_2\,m$	$2\,p - m$	$2\,(m - p)$	0
$p = m$	m oder p	0	0

Um die Gehalte des Wassers an den einzelnen Bestandteilen in mg/l zu erhalten, sind die gefundenen Titrationswerte mit nachstehenden Zahlen zu multiplizieren.

Für Bikarbonat $NaHCO_3$ . . mit 84
„ Bikarbonatkohlensäure CO_2 „ 44
„ Karbonat Na_2CO_3 . . . „ 53
„ Hydroxyd $NaOH$ . . . . . „ 40.

Die vorübergehende Karbonathärte schließlich erhält man, da 1 cm³ $^n/_{10}$-Salzsäure 2,8 mg CaO entspricht, durch Multiplikation des Wertes m mit 2,8.

Bestimmung des p_H-Wertes. Die Bestimmung kann elektrometrisch wie kolorimetrisch durchgeführt werden. Für die elektrometrische Bestimmung kommt die Messung mit der Chinhydron-, Kalomel- oder Glaselektrode in Betracht. Für die Durchführung der Messung selbst muß auf Spezialwerke, beispielsweise W. KORDATZKI, Taschenbuch der praktischen p_H-Messung (München 1934) verwiesen werden.

Nicht ganz so genau, aber für die meisten praktischen Fälle wohl ausreichend, ist die kolorimetrische Bestimmung, um so mehr als es sich hier zumeist um die Prüfung von Wässern handeln wird, welche sehr geringe Eigenfärbung besitzen.

Durch eine Vorprüfung mit einem Universalindikator oder Lyphanpapierstreifen wird zunächst der ungefähre p_H-Wert des zu untersuchenden Wassers ermittelt. Anschließend erfolgt die genaue Bestimmung bei 18° unter Anwendung von zwei Indikatoren der nachstehenden Übersicht, in deren Umschlagsgebiet gemäß der Vorprobe der gesuchte p_H-Wert fallen dürfte.

Die aufgezählten Indikatoren sind für den vorliegenden Zweck in geeigneter Konzentration im Handel zu haben, wie auch Farbtafeln und Vergleichslösungen, die veranschaulichen, welche Farbtöne die Indikatoren in Abhängigkeit vom p_H-Wert innerhalb ihres Umschlagsgebietes zeigen. Mit ihnen vergleicht man die Farbtönung, welche das zu prüfende Wasser nach Zugabe einiger Tropfen der Lösung der ausgewählten Indikatoren

Tabelle 2. Indikatoren für die p_H-Bestimmung.

Indikator	Farbwechsel	Umschlagsgebiet p_H bei $+ 18^0$
Bromphenolblau	Gelb—Blau	$3,0\cdots4,6$ sauer
Bromkresolgrün	Gelb—Blau	$4,0\cdots5,6$
Methylrot	Rot —Gelb	$4,4\cdots6,0$
Bromkresolpurpur	Gelb—Purpur	$5,2\cdots6,8$
Bromthymolblau	Gelb—Blau	$6,0\cdots7,6$
Phenolrot	Gelb—Rot	$6,8\cdots8,4$
Kresolrot	Gelb—Rot	$7,2\cdots8,8$
Thymolblau	Gelb—Blau	$8,0\cdots9,6$ alkalisch

aufweist. Es sei noch darauf hingewiesen, daß für Vergleiche unter Anwendung von Komparatoren (s. Abb. 1) auch Farbscheiben mit 0,2 p_H-Stufung im Handel[1] sind, die die Farbtönung der Indikatoren bei verschiedenen p_H-Werten in lichtechter Darstellung wiedergeben.

Die Genauigkeit der kolorimetrischen Bestimmung des p_H-Wertes hängt außer von der Zusammensetzung des Wassers auch von der Übung und Erfahrung des Untersuchers ab. Im allgemeinen wird die Abweichung gegenüber der elektrometrischen Messung nicht mehr als $\pm$ 0,2 betragen.

Bestimmung
der Schwebestoffe.

Bestimmung des Gehaltes an Schwebestoffen. Der Gehalt an diesen Stoffen, der für die Verwendbarkeit des Wassers und für die Leistung der vorhandenen Filter maßgeblich ist, wird durch Filtrieren einer guten Durchschnittsprobe von 500 cm³ ermittelt. Es ist beim Fil-

Abb. 1. Hellige-Komparator mit Farbscheibe.

trieren darauf zu achten, daß beim Stehen der Probe sich absetzende Teile mit erfaßt werden. Die Filtration erfolgt durch einen mit Asbest beschickten Porzellan-Goochtiegel. Der Rückstand wird mit wenig destilliertem Wasser gewaschen, bei 105° getrocknet, gewogen und zweckmäßigerweise im Anschluß daran geglüht. Auf diese Weise erhält man ein Maß für die Anteile an mineralischen und organischen Bestandteilen in den Sedimentstoffen.

Als Ergebnis werden die gesamten und die glühbeständigen Schwebestoffe in mg/l angegeben.

---

[1] Erzeuger F. Hellige & Co., Freiburg i. Br.

Bestimmung des Abdampfrückstandes. Unter Abdampfrückstand eines Wassers versteht man seinen Gehalt an gelösten Stoffen. Seine Menge ist kennzeichnend für ein Wasser und für seine Beurteilung von großem Wert. Zu seiner Bestimmung ist das Wasser nach der Entnahme möglichst rasch durch ein quantitatives Filter (SCHLEICHER & SCHÜLL Weißband Nr. 589 oder eine ähnliche Sorte) zu filtrieren. Je nach dem Gehalt an gelösten Stoffen werden dann $100 \cdots 300 \text{ cm}^3$ in einer Platinschale auf dem Wasserbad zur Trockne eingedampft. Der Rückstand wird bei 105° getrocknet und nach dem Erkalten im Exsikkator gewogen.

Scheiden sich in der filtrierten Probe während des Eindampfens Niederschläge ab, so sind diese quantitativ mit in die Eindampfschale zu überführen.

Im Anschluß an die Wägung des Trockenrückstandes wird er bei dunkler Rotglut geglüht und nach dem Abkühlen wiederum gewogen. Der Glühverlust besteht teilweise aus organischer Substanz, teilweise aus Kohlensäure, seltener aus schwefliger Säure und Ammoniak, zufolge sich beim Glühen zersetzender Salze.

Abdampfrückstand, sowie Glühverlust werden in mg/l angegeben. Die Einhaltung stets gleicher Arbeitsbedingungen ist für den Erhalt vergleichbarer Werte erforderlich.

Einzelbestimmung der im Wasser vorhandenen Stoffe.

Bestimmung des Kalkgehaltes. Die Bestimmung des Kalks geschieht durch Fällen mit oxalsaurem Ammon und nachheriges Titrieren des in Schwefelsäure gelösten Niederschlages mit $^n/_{10}$-Kaliumpermanganatlösung.

Aus 100 cm^3 des zu untersuchenden Wassers werden Aluminium- und Eisensalze durch Ausfällen mit Ammoniak abgeschieden. Die abfiltrierte klare Lösung wird, um eine Beeinflussung des Ergebnisses durch etwa vorhandenes Magnesium zu verhindern, mit Ammonchlorid versetzt und zum Sieden erwärmt. Sind organische Stoffe in größerer Menge in dem Wasser vorhanden, so empfiehlt es sich, diese gleichzeitig mit der Beseitigung von Eisen und Aluminium durch Kochen mit 5 cm^3 10proz. Ammonpersulfatlösung zu zerstören. In der kochenden Lösung fällt man durch Zusatz einer siedenden Ammoniumoxalatlösung das Kalzium. Man läßt den Niederschlag über einer kleinen Flamme sich grobkristallinisch absetzen, was etwa $^1/_2$ Stunde erfordert, und trennt dann Niederschlag und Flüssigkeit durch Absaugen unter Benutzung eines kleinen Büchnertrichters.

Den auf dem Filter gesammelten Niederschlag wäscht man mehrmals mit warmem, Ammoniumchlorid enthaltendem Wasser aus, um überschüssige Fällflüssigkeit zu beseitigen. Hierauf löst man den Niederschlag durch allmähliches Zugeben von 100 cm^3 Wasser, das $10 \cdots 15 \text{ cm}^3$ einer 25proz. Schwefelsäure enthält, erwärmt die aufgefangene Lösung zum Sieden und titriert sie heiß mit $^n/_{10}$-Kaliumpermanganatlösung bis zur schwachen Rosafärbung. Aus der Anzahl a der verbrauchten Kubikzentimeter Meßflüssigkeit berechnet sich der Gehalt an Kalk in 1000 cm^3 Wasser zu: $\text{CaO} = a \cdot 28{,}04 \text{ mg}$.

Für sehr genaue Bestimmungen ist die gewichtsanalytische Bestimmung vorzuziehen. Es empfiehlt sich in diesem Fall, die zu untersuchende Wasserprobe auf etwa die Hälfte oder ein Drittel ihrer ursprünglichen Menge einzudampfen, bevor, wie oben beschrieben, Eisen und Aluminium ausgefällt werden. Der anschließend in gleicher Weise erhaltene Kalziumoxalatniederschlag wird nach dem Auswaschen nochmals in verdünnter Salzsäure gelöst und ein zweites Mal mit Ammonoxalat in der Hitze gefällt. Auf diese Weise wird jede Beeinflussung des Ergebnisses durch anwesendes Magnesium vermieden. Schließlich wird der Niederschlag auf einem Filter gesammelt, im Platintiegel gut geglüht und als CaO zur Wägung gebracht. Das Ergebnis gibt man wie oben als CaO mg/l an.

Bestimmung des Magnesiagehaltes. Seine Bestimmung ist vor allem für solche Werke von bedeutsamem Interesse, die an Flüssen liegen, in welche Abwässer der Kaliindustrie eingeleitet werden. Zur Bestimmung der Magnesiumsalze ist vorerst die Entfernung von Eisen, Aluminium, Kalzium und, falls in größeren Mengen vorhanden, auch jene der organischen Stoffe erforderlich. $100 \cdots 200 \ cm^3$ des Wassers werden so vorbehandelt, wie es bei der Bestimmung des Kalks beschrieben worden ist. Der Kalk wird nach Zugabe von Ammonchlorid mit Ammonoxalat gefällt, der Niederschlag abfiltriert, nochmals in schwacher Salzsäure gelöst und wiederum mit Ammonoxalat gefällt. Das bei der zweiten Fällung erhaltene Filtrat wird zu dem von der ersten Fällung gegeben und nun diese Lösung, welche die Gesamtmenge des vorhandenen Magnesiums enthält, weitgehend, etwa bis zu $50 \ cm^3$, eingedampft. Am Schluß des Eindampfens empfiehlt es sich, die Lösung schwach mit Salzsäure anzusäuern. Zu dem verbliebenen heißen Flüssigkeitsrückstand fügt man $10 \ cm^3$ 10proz. Natriumphosphatlösung (Na_2HPO_4) und $25 \ cm^3$ starkes Ammoniak. Vorhandenes Magnesium fällt als Ammoniumphosphat ($MgNH_4PO_4$) aus. Man läßt den Niederschlag einige Stunden absitzen und filtriert dann durch einen feinen Jenaer Glastiegel. Beim Filtrieren und Waschen des Niederschlages ist ausschließlich schwach ammoniakalisches Wasser zu verwenden. Der Niederschlag wird nach dem Trocknen des Tiegels geglüht und nach dessen Erkalten als $Mg_2P_2O_7$ gewogen. 1 g $Mg_2P_2O_7$ zeigt 0,3621 g MgO an.

Statt gewichtsanalytisch kann man die Bestimmung auch maßanalytisch beenden. Der wie oben beschrieben erhaltene Niederschlag von Magnesiumammoniumphosphat wird auf einem Papierfilter gesammelt, mit schwachem Ammoniakwasser gewaschen und bei etwa 60° im Trockenschrank auf dem mit einem Uhrglas bedeckten Filter getrocknet. Der trockene Niederschlag wird alsdann durch allmähliche Zugabe von $20 \ cm^3 \ ^n/_{10}$-Salzsäure in Lösung gebracht; die Lösung wird mit einigen Tropfen einer 0,1proz. alkoholischen Dimethylgelblösung als Indikator versetzt und mit $^n/_{10}$-Natronlauge titriert, bis die anfänglich rote Farbe in Gelb umschlägt.

1 $cm^3 \ ^n/_{10}$-Salzsäure zeigt 0,004 g MgO an. Als Ergebnis der Untersuchung gibt man MgO mg/l Wasser an.

Bestimmung von Chlor. Chloride. Ein hoher Gehalt an Chloriden ist für Industriewässer schädlich. Eisen und andere Metalle werden von chloridhaltigem Wasser, besonders wenn in ihm außerdem noch Sauerstoff gelöst ist, leicht angegriffen. Zur Bestimmung der Chloride dampft man $250 \cdots 1000 \ cm^3$ Wasser bis auf etwa $100 \cdots 200 \ cm^3$ ein.

Das eingedampfte, wenn nötig filtrierte Wasser, das bei dieser Bestimmung möglichst neutral sein soll, wird mit 1 cm^3 einer 10proz. Kaliumchromatlösung

(K_2CrO_4) als Indikator versetzt. In diese Flüssigkeit, die sich zweckmäßig in einer weißen Porzellanschale befindet, läßt man unter beständigem Umrühren $n/_{10}$-Silbernitratlösung einlaufen, bis der anfangs entstehende weiße Niederschlag von Silberchlorid eine auch beim Umrühren nicht mehr verschwindende rötliche Farbe angenommen hat. Hierzu braucht man einen Überschuß von etwa 0,2 cm³ der $n/_{10}$-Silberlösung, welcher von der gesamten verbrauchten Menge abzuziehen ist.

1 cm³ $n/_{10}$-Silbernitratlösung entspricht 3,55 mg Cl. Das Ergebnis gibt man als Cl mg/l an.

Sind in dem zu untersuchenden Wasser größere Mengen organischer Substanzen, so müssen diese, da sie gleichfalls silberverbrauchend wirken, vor der Bestimmung des Chlors beseitigt werden. Man erhitzt zu diesem Zwecke das Wasser zum Sieden und läßt so lange neutrale Kaliumpermanganatlösung zufließen, bis das Wasser schwach rot gefärbt ist. Nach 5 Minuten langem Kochen muß diese Färbung noch bestehen, sonst sind noch einige Tropfen der Permanganatlösung zuzusetzen. Durch vorsichtiges tropfenweises Zugeben von Alkohol zur heißen Flüssigkeit entfernt man dann den Überschuß an Permanganat. Man läßt einige Zeit stehen, filtriert von abgeschiedenen Manganverbindungen ab und behandelt das so gereinigte Wasser in der oben beschriebenen Weise weiter.

Im übrigen sind bei der Ausführung noch störend Eisensalze, Alkalien und freie Säuren mit Ausnahme der Kohlensäure. Eisen wird durch Zugabe von Natriumbikarbonat entfernt. Man filtriert den entstehenden Niederschlag ab und verwendet das klare Filtrat zur Untersuchung. Bevor alkalische Wässer untersucht werden, neutralisiert man sie mit chlorfreier Schwefel- oder Phosphorsäure, bis das als Indikator benutzte Phenolphthalein entfärbt wird. Freie Säuren neutralisiert man durch Zugabe von chlorfreiem Natriumbikarbonat oder aber durch Titration mit $n/_{10}$-Lauge, wobei Methylorange als Indikator angewandt wird. Man titriert auf deutlich gelbe Farbe, die bei der nachfolgenden Chlorbestimmung nicht stört.

Bestimmung des Eisens. Die für Papier- und Zellstofferzeuger in gleicher Weise bedeutsame Bestimmung des Eisens im Wasser wird insbesondere als Betriebsanalyse zweckmäßig auf kolorimetrischem Wege durchgeführt. Es interessieren weniger die Anteile, welche in den einzelnen Oxydationsstufen vorhanden sind, als die Gesamtmenge des Eisens. Deshalb ist es erforderlich, sämtliches Eisen in die gleiche Oxydationsstufe, und zwar die Ferristufe überzuführen. Störend treten bei der Bestimmung auch organische Stoffe in Erscheinung, weshalb sie zweckmäßig immer vorher entfernt werden.

Die Durchführung der Bestimmung gestaltet sich wie folgt. 200 cm³ der Wasserprobe versetzt man mit 5 cm³ 25proz. eisenfreier Salzsäure und 1 cm³ gesättigter Kaliumpermanganatlösung und erwärmt die Mischung mäßig. Hierdurch wird alles Ferroeisen oxydiert und gleichzeitig die organische Substanz zerstört. Man läßt gut abkühlen und fügt alsdann 3 cm³ einer 10proz. Kaliumrhodanidlösung hinzu. Dadurch verschwindet etwa noch vorhandene Permanganatfarbe und macht bei Anwesenheit von Eisen der Eisenrhodanidfärbung Platz. In ganz gleicher Weise wird eine Probe der weiter unten näher beschriebenen Eisenvergleichslösung behandelt und auf das gleiche Volumen gestellt. Die Farbe beider Lösungen wird alsdann in üblicher Weise in Kolorimeterzylindern verglichen. Hat sich beim ersten Vergleichsversuch ein großer Unterschied in der Farbe der beiden Lösungen ergeben, so wird unter Abänderungen der angewandten Menge der Vergleichslösung ein zweiter Versuch durchgeführt. Dies wird gegebenenfalls wiederholt, bis eine genaue Festlegung des Eisengehaltes in der zur Untersuchung gekommenen Wasserprobe möglich ist.

Die erforderliche Eisenvergleichslösung wird durch Auflösen von 0,1 g analytisch reinem Eisen (Klavierdraht) in 25 cm³ Schwefelsäure (1 : 3) und Auffüllen mit destilliertem Wasser auf 1 l hergestellt. 1 cm³ dieser Vergleichslösung zeigt 0,1 mg Fe··· an.

Als Ergebnis erscheint die Angabe mg/l Fe···. Die Grenze der Nachweisbarkeit bei dieser Art der Durchführung liegt bei 0,1 mg/l Fe···.

Eine höhere Genauigkeit wird erreicht[1], wenn man in der zu untersuchenden Probe erst das Eisen ausfällt und es dann nach neuerlichem Lösen der kolorimetrischen Bestimmung unterwirft. Zu diesem Zweck dampft man die Probe von 200 cm³ Wasser nach Zusatz von einigen Kubikzentimetern Salzsäure und 0,3 cm³ 3proz. Wasserstoffsuperoxyd auf etwa 75 cm³ ein, fällt das Eisen mit 25proz. Ammoniaklösung, läßt absitzen, filtriert durch ein eisenfreies Filter und wäscht den Niederschlag sorgfältig mit heißem destillierten Wasser. Man übergießt ihn dann im Filter mit 3 cm³ 25proz. Salzsäure, wodurch er sich löst. Man wäscht mit heißem Wasser nach und füllt nach dem Abkühlen in einem Kolorimeterzylinder bis auf 97 cm³ auf, worauf man 3 cm³ der Kaliumrhodanidlösung zusetzt. Die erhaltene Färbung wird wie oben mit jener der Vergleichslösung verglichen.

Statt mit gewöhnlichen kann man auch mit photoelektrischen Kolorimetern oder auch mit Komparatoren arbeiten. Für letztgenannte Apparate sind auch Vergleichsfarbscheiben[2] im Handel, so daß man in diesem Fall eine Vergleichslösung nicht benötigt. Dieses Arbeiten mit Vergleichsfarbscheiben hat den Vorzug, sehr zeitsparend zu sein. Es ist für die Genauigkeit der Bestimmung vorteilhaft, wenn man die Menge des zu untersuchenden Wassers je nach seinem Eisengehalt so wählt, daß der Verbrauch an Vergleichslösung sich in den Grenzen zwischen 0,5···5 cm³ bewegt.

Nach neueren Feststellungen von HAASE[3] hat sich gezeigt, daß diese kolorimetrische Bestimmung weder beim Vergleich unter Anwendung von Kolorimeterzylindern, noch bei Adsorptionsmessungen mit photoelektrischen Geräten den tatsächlichen Gehalt an Eisen gibt, da die Eisenfärbung einerseits von dem Verhältnis der Rhodanionen zu den Ferriionen in der Lösung und andererseits von der Menge der angewandten Salzsäure abhängig ist. Das bedeutet mit anderen Worten, daß es nicht gelingt, in wäßriger Lösung einen Eisen-Rhodan-Komplex bei allen vorkommenden Eisenkonzentrationen herzustellen und zu erhalten, der eine Färbung gibt, die genau dem Eisengehalt proportional ist. Nichtsdestoweniger ist aber diese kolorimetrische Bestimmung für die Wasseruntersuchung brauchbar, wenn bestimmte Verhältnisse eingehalten werden. Danach verfährt man am besten so, daß die vorbereitete Wasserprobe zunächst mit 0,5 cm³ Salpetersäure vom spez. Gewicht 1,2 versetzt und, wenn nötig,

[1] Man vergleiche Einheitsverfahren d. Wasseruntersuchung. Berlin. Verlag Chemie. 1940.
[2] Hersteller: Hellige & Co., Freiburg i. Br.
[3] HAASE, L. W.: Mitt. Landesanst. Wasser-, Boden- u. Lufthyg. 16, 341 (1940).

gekocht und auf ein kleineres Volumen — etwa 70 cm^3 — eingeengt, mit nicht mehr als 4 cm^3 25 proz. Salzsäure und 1 g Kaliumrhodanid in Form einer entsprechenden Lösung versetzt und schließlich auf 100 cm^3 aufgefüllt wird. Mit dieser Lösung wird die Messung durchgeführt. Hierbei ist es gleichgültig, ob man sie mit Hilfe von Vergleichslösungen oder mit einem photoelektrischen Kolorimeter durchführt. Es ist jedoch keineswegs am Platze, daß man bei kleineren Eisenmengen einen geringeren Kaliumrhodanidzusatz und nur bei höheren Eisengehalten einen größeren Zusatz verwendet.

Es ist schwer, genaue zahlenmäßige Grenzen für den höchstzulässigen Eisengehalt des Fabrikationswassers zu geben. Hierfür werden Werte bis zu 0,07 g Fe im Liter genannt. Für hochwertige Erzeugnisse sollte er nicht über 0,1 mg/l betragen. Von wesentlicher Bedeutung ist, daß das fertig vorbereitete Fabrikationswasser für hochwertige Erzeugnisse auch bei längerem Stehen an der Luft nicht durch sich in kolloidaler Form abscheidendes Eisen getrübt wird. Dies kann unter Umständen noch bei einem so geringen Gehalt wie 0,1 mg im Liter eintreten. Bei einem Gehalt von 2 mg im Liter kann das Auftreten dieser Trübung wohl immer beobachtet werden.

Nachweis und Bestimmung von Mangan. Um Mangan im Wasser qualitativ nachzuweisen, verfährt man wie folgt: 50 cm^3 Wasser werden mit 5 cm^3 25 proz. Salpetersäure etwa 10 Minuten lang gut gekocht. Zu der noch heißen Lösung gibt man etwa 0,5 g reines Bleisuperoxyd und kocht wiederum 10 Minuten lang. Vorhandenes Mangan gibt sich dann durch Bildung von die Flüssigkeit violett färbendem Permanganat zu erkennen.

Zur quantitativen Bestimmung des Mangans müssen aus dem Wasser zunächst Chloride und organische Stoffe beseitigt werden. Zu diesem Zweck wird die Wasserprobe (100 cm^3 oder die auf dieses Volumen eingedampfte ursprünglich größere Menge) mit 10 cm^3 25 proz. chlorfreier Salpetersäure 10 Minuten lang gekocht. Nach der hierbei erfolgten Zerstörung der organischen Stoffe, fällt man die Chloride durch vorsichtigen Zusatz von 0,3 proz. Silbernitratlösung und filtriert den erhaltenen Niederschlag ab. Das Gesamtfiltrat dampft man falls größere Mengen von Waschwasser hinzugekommen sein sollten, etwas ein, gibt nochmals einige Tropfen der Silbernitratlösung hinzu und erhitzt zum Sieden. Zur siedenden Lösung fügt man 10 cm^3 10 proz. Ammonpersulfatlösung. Während man noch weitere 10···15 Minuten im Sieden erhält, färbt sich die klarwerdende Lösung violett. In ihr wird anschließend das Mangan kolorimetrisch durch Vergleich mit einer Standardlösung, als welche $n/100$-Kaliumpermanganatlösung (0,3161 g/l $KMnO_4$) verwandt wird, bestimmt. Man kühlt zu diesem Zweck die heiße Lösung rasch ab, bestimmt ihre genaue Menge und füllt 100 cm^3 in einen Kolorimeterzylinder. In einen zweiten Zylinder läßt man so viel $n/100$-Kaliumpermanganatlösung aus einer Bürette einfließen, bis Farbgleichheit besteht. Diese kolorimetrische Messung kann selbstverständlich auch in einem der neuzeitlichen photoelektrischen Kolorimeter durchgeführt werden, wobei eine sehr hohe Genauigkeit erzielt werden kann. Ferner gibt es auch Farbscheiben[1] für diese kolorimetrische Analyse, die an Stelle der Vergleichslösung beim Arbeiten mit einem Komparator Anwendung finden können.

---

[1] Siehe die Anm. bei der Bestimmung des Eisens.

1 cm³ der $^n/_{100}$-Kaliumpermanganatlösung zeigt 0,11 mg Mn an. Als Ergebnis werden die mg/l Mn angegeben.

Bestimmung der Sulfate (SO_3''). Die Bestimmung der Sulfate erfolgt durch Fällen mit Bariumchlorid. Enthält das Wasser mehr als 1,0 mg/l Eisen, so muß dieses vorher durch Fällen mit Ammoniak entfernt werden. 200···300 cm³ Wasser, das gegebenenfalls vorher vom Eisen befreit worden ist, dampft man nach Zusatz einiger Tropfen konzentrierter Salzsäure auf etwa $^1/_3$ seiner Menge ein und fällt dann im Rückstand mit siedender Bariumchloridlösung im geringen Überschuß das SO_3. Man läßt längere Zeit über kleiner Flamme in der Wärme absitzen und filtriert dann den Niederschlag ab. Er wird chlorfrei gewaschen, verascht und nach dem Erkalten gewogen.

1 g $BaSO_4$ entspricht 0,3430 g SO_3. Man gibt die mg/l SO_3 an.

Bestimmung der Kieselsäure. Silikate. Der Kieselsäuregehalt, ein mit zu den Steinansätzen in Verdampfern, Heizkörpern u. ä. beitragender Bestandteil des Fabrikationswassers, kann gewichtsanalytisch wie auch kolorimetrisch[1] bestimmt werden.

a) **Gewichtsanalytisch.** 500 cm³ Wasser werden unter Zugabe einiger Tropfen konzentrierter Salzsäure allmählich in einer Platinschale auf dem Wasserbad zur Trockne eingedampft. Der erhaltene Rückstand wird, um die Kieselsäure unlöslich zu machen, nochmals mit einigen Tropfen konzentrierter Salzsäure befeuchtet und wiederum zur Trockne eingedampft. Diese Behandlung wird zweckmäßig noch ein- bis zweimal wiederholt. Der Rückstand verbleibt dann drei Stunden lang in einem Trockenschrank bei 100···105°, worauf der Inhalt der Schale mit 50 cm³ destilliertem Wasser, dem man 2 cm³ konzentrierte Salzsäure zusetzt, unter schwachem Erwärmen behandelt wird. Die Kieselsäure bleibt hierbei unlöslich zurück; sie wird auf einem Filter gesammelt und gut ausgewaschen. Nach dem Trocknen wird das Filter verascht und der Rückstand als SiO_2 zur Wägung gebracht. Als Ergebnis führt man SiO_2 mg/l an.

b) **Kolorimetrisch.** Man versetzt 100 cm³ der nötigenfalls filtrierten Wasserprobe mit 1 g gepulvertem Ammonmolybdat und 5 cm³ 10proz. Salzsäure und rührt gut, bis zum restlosen Lösen des Salzes. Durch Einwirkung des molybdänsauren Salzes auf die Kieselsäure oder ihre Salze entsteht eine gelbe Färbung (Bildung einer komplexen Kieselsäure-Molybdän-Verbindung). Aus der Stärke der Färbung wird der Gehalt an Kieselsäure auf kolorimetrischem Weg, unter Anwendung einer Lösung von 5,3 g getrocknetem Kaliumchromat (K_2CrO_4) im Liter destilliertem Wasser als Vergleichslösung ermittelt. Man füllt zu diesem Zweck die 105 cm³ des gelb gefärbten Wassers in ein Kolorimeterrohr, gibt in ein zweites 105 cm³ destilliertes Wasser und läßt aus einer Bürette so viel von der Chromatlösung zulaufen, bis Farbgleichheit besteht.

Es entspricht 1 cm³ verbrauchter Kaliumchromatlösung 1 mg SiO_2. Einfacher ist es, für die kolorimetrische Bestimmung einen Komparator zu benutzen mit einer Farbscheibe, wie sie für diesen Zweck, und zwar für Kieselsäuregehalte von 2,5···25 mg/l im Handel erhalten werden können[2].

---

[1] WINKLER, L. W.: Angew. Chem. **27**, 511 (1914).
[2] Man vergl. die Anmerkung bei der Eisenbestimmung.

Bestimmung der freien Kohlensäure. Freie Kohlensäure kann sich durch Anfressungen in Rohrleitungen und sonstigen Eisenteilen unangenehm bemerkbar machen. Man füllt zu ihrer Ermittlung einen 100 cm³ fassenden, mit einem Gummistöpsel verschließbaren Meßkolben, dessen Marke möglichst tief unten am Hals sich befindet, mit dem zu prüfenden Wasser. Hierbei verfährt man so, daß man das Wasser durch ein bis nahe zum Boden der Flasche reichendes Glasrohr einlaufen und mehrere Minuten durch den Kolben strömen läßt. Man entfernt mittels einer Pipette das über der Marke stehende Wasser und titriert nach Zusatz einiger Tropfen Phenolphthaleinlösung unter ständigem, aber vorsichtigem Umschwenken mit $n/50$-Sodalösung, bis eine schwache rote Färbung auftritt, welche auch nach 3 Minuten langem Stehen des verstöpselten Kolbens noch deutlich erkennbar bleibt.

1 cm³ $n/50$-Sodalösung zeigt 0,44 mg CO_2 an, welche als mg/l angegeben wird.

Bestimmung des Sauerstoffgehaltes. Der im Wasser gelöste Sauerstoff kann Anlaß zu starken Anfressungen geben. Seine Ermittlung beruht auf seinem Verhalten gegenüber Mangan(II)hydroxyd. Er oxydiert diese Verbindung in alkalischer Lösung zu Mangan(III)hydroxyd, ein Vorgang, der äußerlich an der Braunfärbung der ursprünglich weißen Mangan(II)verbindung erkennbar ist. Mangan(III)-hydroxyd scheidet beim Lösen in Salzsäure in Gegenwart von Kaliumjodid eine der ursprünglich vorhandenen Sauerstoffmenge äquivalente Jodmenge ab. Die Umsetzung erfolgt nach folgender Gleichung:

$$2\,Mn(OH)_3 + 6\,HCl + 2\,KJ = 2\,MnCl_2 + 2\,KCl + J_2\,.$$

Für die Durchführung[1] der Bestimmung werden folgende Reagenzien benötigt:

1. 40 proz. Mangan(II)chloridlösung ($MnCl_2 \cdot 2\,H_2O$). Das Salz darf kein Eisen enthalten; in einer angesäuerten Kaliumjodidlösung darf es höchstens Spuren von Jod in Freiheit setzen.
2. 33 proz. Natronlauge.
3. Natriumbikarbonat.
4. Kaliumjodid.
5 a. 25 proz. eisenfreie Salzsäure.
5 b. 85 proz. Phosphorsäure.
6. 5 proz. Natriumazidlösung (NaN_3).
7. $n/100$-Natriumthiosulfatlösung.

Die Bestimmung wird in Flaschen von 250 ··· 300 cm³ Fassungsraum ausgeführt, deren Gesamtinhalt genau ausgemessen werden muß. Die Flasche wird vollständig mit dem zu untersuchenden Wasser gefüllt. Am besten leitet man das Wasser einige Zeit lang mittels eines bis auf den Boden reichenden Rohres oder Schlauches durch die Flasche, zieht schließlich das Rohr ohne Unterbrechung des Wasserzulaufes vorsichtig heraus und verschließt sofort die Flasche mit einem Glaspfropfen. Möglichst rasch nach der Entnahme setzt man dem Wasser 3 cm³ Mangan(II)chloridlösung und 3 cm³ Natronlauge zu. Hierbei bedient man sich am besten Pipetten, die bis auf den Boden der Flasche reichen und nimmt im übrigen keine Rücksicht auf das Überlaufen des Wassers. Unmittelbar nach der

---

[1] Vorschrift gemäß Einheitsverfahren der Wasseruntersuchung. Berlin: Verlag Chemie 1940.

Zugabe der beiden Reagenzien verschließt man die Flasche wieder, ohne daß eine Luftblase im Innern zurückbleibt und schüttelt kräftig um. Nach 10 Minuten langem Stehen gibt man 5 g Kaliumbikarbonat hinzu und schüttelt nach dem Verschließen, bis sich alles Salz gelöst hat. Der entstandene Niederschlag ist gegen Sauerstoff unempfindlich und kann gegebenenfalls zwecks Entfernung der organischen Stoffe auf einem Papierfilter ausgewaschen werden. Ist dies nicht erforderlich, so wird er unmittelbar in der Flasche mit dem Kaliumjodid zur Reaktion gebracht. Zu diesem Zweck läßt man ihn sich absetzen, gießt einen Teil der überstehenden klaren Flüssigkeit ab, setzt 1 g Kaliumjodid, 0,5 cm^3 Natriumazidlösung und 5 cm^3 Salzsäure hinzu. Die verschlossene Flasche bleibt 10 Minuten lang stehen, worauf das ausgeschiedene Jod mit $^n/_{100}$-Natriumthiosulfatlösung nach Zusatz von Stärke titriert wird.

Enthält das Wasser größere Mengen von Ferrieisen, so verwendet man statt der Salzsäure die gleiche Menge Phosphorsäure.

1 cm^3 $^n/_{100}$-Natriumthiosulfatlösung zeigt 0,08 mg Sauerstoff an.

Bei der Berechnung ist vom Gesamtinhalt V der benutzten Flasche die Menge der zugesetzten Reagenzien abzuziehen, und es ergibt sich der Sauerstoffgehalt in

$$\text{mg/l zu} \quad \frac{0,08 \cdot \text{unverbrauchte } ^n/_{100}\text{-Natriumthiosulfatlösung}}{V - 6} \, .$$

Da die Lösefähigkeit des Wassers für Sauerstoff von der Temperatur abhängig ist, so ist diese bei der Probenahme festzustellen.

Die Farbstärke der durch das Ausscheiden von Jod braungefärbten Lösung ist unmittelbar ein Maß für die vorhandene Sauerstoffmenge. Man kann daher die Bestimmung auch auf kolorimetrischem Wege zu Ende führen, und zwar unter Anwendung eines Komparators. Als Vergleich benutzt man in diesem Fall eine Farbvergleichsscheibe, wie sie für diese Zwecke im Handel zu haben ist.

Bestimmung der organischen Substanzen. Kaliumpermanganatverbrauch. Oxydierbarkeit. Ein großer Gehalt an organischen Stoffen im Fabrikationswasser beeinträchtigt in vieler Hinsicht die Güte der Halbstoffe und Papiere.

Zu einer vergleichenden Bestimmung der Menge solcher organischen Stoffe benutzt man ihre Eigenschaft Kaliumpermanganat in neutraler, saurer oder alkalischer Lösung zu reduzieren. Die Methode stellt demnach keine direkte Ermittlung der organischen Stoffe dar; sie ist eine reine Konventionsmethode.

Gemäß den Vorschriften für die Einheitsverfahren[1] wird sie jetzt in folgender Weise ausgeführt.

100 cm^3 der Wasserprobe werden in einem 300 cm^3 fassenden Erlenmeyerkolben mit 5 cm^3 einer verdünnten Schwefelsäure (1 : 3), sowie einer kleinen Messerspitze voll gepulvertem Bimsstein versetzt und über der Flamme zum Sieden erhitzt. In die siedende Flüssigkeit läßt man 15,0 cm^3 $^n/_{100}$-Kaliumpermanganatlösung einfließen und kocht vom neu beginnenden Sieden ab genau 10 Minuten lang. Durch Zugabe von 15,0 cm^3 $^n/_{100}$-Oxalsäure unterbricht man die Einwirkung der Kaliumpermanganatlösung und kocht weiter, bis die Flüssigkeit entfärbt ist. Die heiße Lösung wird anschließend mit $^n/_{100}$-Oxalsäure bis zur auftretenden Rosafärbung titriert.

---

[1] Man vergleiche die Anmerkung bei der Bestimmung des Sauerstoffes.

Sollte die Wasserprobe beim Kochen mit der Kaliumpermanganatlösung sich bereits entfärben, so wiederholt man den Versuch unter Anwendung einer geringeren Wassermenge, welche man doch mit ausgekochtem destilliertem Wasser auf 100 cm³ auffüllt.

1 cm³ $^n/_{100}$-Kaliumpermanganat entspricht 0,316 mg $KMnO_4$. Man gibt das Ergebnis als Kaliumpermanganatverbrauch des Wassers in mg/l an.

Ein wichtiges Erfordernis für den Erhalt richtiger Werte ist die Anwendung völlig reiner, von jeder anhaftenden organischen Substanz freier Gefäße. Es ist bei häufiger Durchführung der Bestimmung empfehlenswert, die zur Anwendung gelangenden Gefäße ausschließlich für diese Bestimmung zu benutzen. Vor dem ersten Gebrauch kocht man sie mit 1 proz. Kaliumpermanganatlösung aus. Nach der Bestimmung werden sie gründlich mit destilliertem Wasser ausgespült und unter Abdeckung der Halsöffnung verwahrt.

Ist Eisen als Ferroverbindung im Wasser vorhanden, so verbraucht diese ebenfalls Kaliumpermanganat. Um dieses Eisen vor der Bestimmung zu entfernen, macht man das Wasser mit Natronlauge ganz schwach alkalisch und schüttelt es kräftig mit Luft durch. Dann filtriert man durch einen Glasfiltertiegel (nicht Papierfilter) von den ausgeschiedenen Eisenflocken ab. Die so erhaltene eisenfreie, mit einem Tropfen Schwefelsäure angesäuerte Wasserprobe kann dann zu der Bestimmung benutzt werden.

Bestimmung der Trübung.

Die Trübung des Fabrikationswassers wird durch anorganische und organische Schwebestoffe hervorgerufen. Die Feststellung der Trübung stellt daher eine ungefähre Abschätzung der Menge der Schwebestoffe dar. Da deren genaue Ermittlung zeitraubend gegenüber der rascher durchführbaren Trübungsgradbestimmung ist, wird diese im Betrieb überall dort Anwendung finden, wo es gilt, schnell eine Vorstellung von der Beschaffenheit des Wassers zu erhalten, beispielsweise also im Wasserwerk und der Filteranlage.

Die Ermittlung der Trübe muß immer unmittelbar nach der Probeentnahme durchgeführt werden, sonst sind keine vergleichbaren Werte zu erwarten. In vielen Wässern tritt schon nach kurzem Stehen durch Abscheidung von Eisen ein sich mit der Zeit immer mehr verstärkender Schleier auf.

Je nach der gewünschten Genauigkeit und der Beschaffenheit des Wassers kann der Trübungsgrad auf verschiedenem Weg ermittelt werden.

a) **Bestimmung mit Durchsichtigkeitszylindern.** Man benutzt hierzu 500···1000 mm hohe, oben offene Glaszylinder von etwa 50···80 mm lichter Weite, die an ihrem unteren Ende einen planparallelen Boden besitzen. Die Zylinder stecken in einer Hülse, die seitlichen Lichtzutritt verhindert und die nur an einer Stelle am Umfang einen Längsschlitz besitzt, der die Höhe der inneren Wasserfüllung erkennen läßt. Am Schlitz entlang läuft eine Teilung in cm mit Nullpunkt am Boden. 10 cm³ unter dem Boden befindet sich eine gut beleuchtete Schriftprobe, beispielsweise von der Größe und Stärke DIN 5. In den Zylinder füllt man von der zu prüfenden, gut umgeschüttelten Wasserprobe so viel, bis die darunter liegende Schrift gerade zu verschwinden beginnt. Die Höhe der Sichttiefe wird als Ergebnis angeführt.

Diese Art der Prüfung wird sich immer für unfiltrierte und ungereinigte Wässer anwenden lassen. Bei gereinigten und filtrierten Wässern wird man bisweilen noch längere Zylinder oder schwächere Schriftproben anwenden müssen.

Vielfach ist es üblich, die Wirkung der Filteranlage allein durch Vergleich von vor und nach den Filtern entnommenen Wasserproben in Durchsichtigkeitszylindern zu beurteilen. Hierbei wird jedoch kein zahlenmäßiger Wert erhalten; auch läßt sich so schwerlich erkennen, ob die Wirkung der Filter sich in einem längeren Zeitraum möglicherweise verschlechtert hat. Besser verfährt man so, daß man eine in einem vollkommen geschlossenen Durchsichtigkeitsgefäß befindliche, durch einige Tropfen Formalin gegen Verderben geschützte, gereinigte Probe als Vergleich benutzt.

Die Bestimmung mit Vergleichszylindern läßt sich im übrigen je nach den vorliegenden Verhältnissen entsprechend abändern.

b) **Bestimmung mit Vergleichstrübungen**[1]. Als Vergleichstrübung wird eine Lösung verwandt, welche durch Auflösen von 10 g Mastix in 250 cm³ absolutem Alkohol und Einfließenlassen der filtrierten Lösung in 700 cm³ doppelt destillierten Wassers erhalten wird. Das Einfließenlassen nimmt man am zweckmäßigsten mit einer geräumigen Pipette vor. Der in das Wasser einfließende Strahl muß sehr fein sein, damit kein Zusammenballen des Harzes zu gröberen Teilchen stattfindet. Die erhaltene Harzsuspension wird auf 1000 cm³ aufgefüllt. 1 cm³ der Suspension enthält 10 mg Mastix.

Zur eigentlichen Bestimmung verwendet man Vergleichszylinder, wie oben beschrieben, von 500 mm Höhe und 25 mm lichter Weite. Ganz nach der Beschaffenheit des Wassers füllt man 10, 20, 30 oder 40 cm hoch das zu prüfende Wasser in einen solchen Zylinder ein und in einen zweiten so viel der ursprünglichen oder gegebenenfalls verdünnten Mastixlösung, daß beide Zylinder Flüssigkeit von gleicher Trübung enthalten. Man beobachtet bei zerstreutem Tageslicht.

Als Ergebnis gibt man die mg Mastix an, die für eine Füllhöhe des zu untersuchenden Wassers von 40 cm erforderlich sind, um den gleichen Trübungsgrad zu erzielen.

Statt der Mastixlösung kann man im Handel befindliche Trübungsgläser zum Vergleich benutzen und unter ihrer Verwendung die Bestimmung sinngemäß durchführen[2].

Bestimmung der Farbe.

Die Farbe des Wassers ist in stärkeren Schichten mehr oder weniger gelblich bis gelblichbraun. Es sind sowohl Mineralbestandteile (Eisen) wie organische Stoffe (Humus), welche hierfür verantwortlich zu machen sind.

Zum Messen des Farbtons wird nach ursprünglich amerikanischem Vorschlag eine Vergleichslösung benutzt, die aus einem Gemisch von Kaliumplatinchlorid- und Kobaltchloridlösung besteht. Da das Arbeiten mit dieser Lösung

---

[1] Nach dem früheren österreichischen Entwurf für Einheitsverfahren in die neuen deutschen Einheitsverfahren übernommen. Die Methode stammt ursprünglich von DERNBY: J. Gasbeleuch. Wasserversorg. **59**, 641 (1916).

[2] Hersteller: u. a. die Firmen Paul Altmann, Berlin und F. Hellige & Co. in Freiburg i. Br.

bei häufiger Vornahme der Untersuchung kostspielig wird, empfiehlt es sich, an deren Stelle Glasplatten zu verwenden, die nach dem Farbton der genannten Vergleichslösung bei verschiedenen Konzentrationen gefärbt und geeicht sind. Solche Glasplatten sind im Handel zu erhalten[1].

Die Bestimmung wird in Vergleichszylindern durchgeführt. 100 cm³ des zu prüfenden Wassers werden in einen Zylinder gefüllt; in einen zweiten füllt man die gleiche Menge destilliertes Wasser. Man betrachtet in der Durchsicht über weißem Grund und stellt durch versuchsweises Unterlegen der verschiedenen Glasplatten unter dem das destillierte Wasser enthaltenden Zylinder schließlich Farbgleichheit her. Die Glasplatten sind auf mg/l Platin geeicht und man gibt als Ergebnis an: Farbe entsprechend so und soviel mg Platin.

Ist das Wasser durch Schwebestoffe merkbar getrübt, so muß es vor der Bestimmung filtriert werden.

Statt in Vergleichszylindern läßt sich diese Untersuchung auch sehr gut in Komparatoren ausführen. Auch hierfür gibt es zweckentsprechende Farbscheiben[1].

Zur Kontrolle der Flockungsreaktion bei der Betriebswasserreinigung.

Die Reinigung des Betriebswassers durch Behandeln mit Aluminiumsulfat ist in vielen Werken unserer Industrie in Gebrauch. Abgesehen von der chemischen Untersuchung des Fällungsmittels, über welche Näheres im Abschnitt VIII gesagt wird, ist hier besonderes Augenmerk dem eigentlichen Flockungsvorgang zu widmen. Erfahrungsgemäß spielt sich dieser bei einer bestimmten Wasserstoffionenkonzentration (p_H) am vorteilhaftesten ab. Wie die Untersuchung an vielen Wässern gezeigt hat, liegt der für diese Flockung geeignetste p_H-Wert auf der sauren Seite der Wasserstoffionenskala, nämlich bei etwa 6[2].

Bei humushaltigen Oberflächenwässern kann er bisweilen erheblich niedriger liegen, nämlich bei 4,5···5,5.

Der genaue, günstigste Wert für ein bestimmtes Wasser muß durch Versuche ermittelt werden, und es ist hierbei ein besonderes Augenmerk sowohl dem quantitativen Verlauf wie auch der Beschaffenheit der ausfallenden Flocken zu widmen. Diese sollen grob sein und Neigung zum raschen Absetzen zeigen. Alkalische Reaktion ist zu vermeiden, da schon bei einem p_H-Wert größer als 7,5 die Flocken sich wieder aufzulösen beginnen.

Die Kontrolle der Wasserstoffionenkonzentration läßt sich, da die Fabrikationswässer doch praktisch farblos sind, mit guter Genauigkeit auf kolorimetrischem Wege durchführen.

Was den Bedarf an Aluminiumsulfat zur Beseitigung der für manche Fabrikationsbelange — vor allem bei der Leimung, dann aber auch bei der Bleiche — störenden Karbonathärte betrifft, so werden nach SPLITTGERBER[2] für je 1 Grad Karbonathärte theoretisch 40 mg einer 15,3% Al_2O_3 enthaltenden Ware benötigt, und zwar gemäß folgender Umsetzung:

$$Al_2(SO_4)_3 \cdot 18\,H_2O + 3\,Ca(HCO_3)_2 = 2\,Al(OH)_3 + 3\,CaSO_4 + 6\,CO_2 + 18\,H_2O.$$

---

[1] Hersteller: u. a. die Firmen Paul Altmann, Berlin und F. Hellige & Co. in Freiburg i. Br.
[2] SPLITTGERBER, A.: Papierfabrikant 29, 81 (1931).

Weiter entsprechen 50 mg der durchschnittlichen Handelsware mit 15···16% Tonerde 10 mg gebundener Kohlensäure oder 20 mg Bikarbonathärte. Schon NEUBAUER[1] machte aber darauf aufmerksam, daß erst bei einem deutlichen Überschuß die Ausfällung vollkommen ist, weshalb er 50 mg Aluminiumsulfat obigen Gehaltes für je 1 Grad Karbonathärte anzuwenden empfiehlt.

Zur Kontrolle der Chlorierung des Fabrikationswassers. Kolorimetrische Chlorbestimmung.

Im Rahmen der Überwachung der in vielen Werken zwecks Verhinderung des Pilzwachstums eingeführten Chlorierung des Fabrikationswassers ergibt sich häufig die Notwendigkeit, dieses auf seinen Gehalt an Chlor zu prüfen. Da es sich zumeist nur um sehr geringe Chlormengen handelt, die festzustellen sind, und zwar möglichst in einer rasch durchzuführenden Art, kommen die üblichen Bestimmungsmethoden hierfür nicht in Frage. Mit Vorteil kann man sich dagegen eines kolorimetrischen Verfahrens bedienen, das von ELLMS-HAUSER[2] angegeben und von KLUT[2] in eine zweckmäßige Form gebracht worden ist. Bei ihm wird die empfindliche unter Bildung einer gelblichroten Färbung verlaufende Reaktion zwischen Chlor und o-Tolidin zur quantitativen Ermittlung des Chlors ausgenutzt.

Die für die Untersuchung benötigte Reagenzlösung wird durch Auflösen von 1 g reinem, aus Alkohol umkristallisiertem o-Tolidin in 1000 cm³ einer verdünnten Salzsäure, die 100 cm³ konzentrierte Säure vom spez. Gewicht 1,19 enthält, hergestellt. Diese Lösung muß gegen Lichteinwirkung geschützt in einer braunen Glasstöpselflasche aufbewahrt werden.

Als Vergleichslösung benutzt man Gemische, welche gemäß den Angaben der nebenstehenden Tabelle für die Färbungen bei verschiedenem Chlorgehalt aus Kupfersulfat- und Kaliumbichromatlösungen hergestellt werden. Deren Zusammensetzung ist die folgende.

Kupfersulfatlösung: 1,5 g $CuSO_4$ · 5 H_2O und 1 cm³ konzentrierte Schwefelsäure werden mit Wasser zu einer Lösung von 100 cm³ verdünnt.

Kaliumbichromatlösung: 0,025 g $K_2Cr_2O_7$ und 0,1 cm³ konzentrierte Schwefelsäure werden mit Wasser zu einer Lösung von 100 cm³ verdünnt.

Zur Durchführung der Untersuchung werden 100 cm³ des zu prüfenden Wassers mit einem Meßzylinder abgemessen und in eine Glasstöpselflasche aus farblosem Glas von 100 cm³ Inhalt gefüllt.

Tabelle 3.

Zusammensetzung der Farbvergleichslösung für die kolorimetrische Chlorbestimmung mit o-Tolidin nach KLUT.

Chlor mg/l	Farbton entspricht einer Mischung aus (cm³)		
	Kupfersulfatlösung	Kaliumbichromatlösung	Dest. Wasser
0,03	0	3,2	96,8
0,04	0	4,3	95,7
0,05	0,4	5,5	94,1
0,06	0,8	6,6	92,6
0,07	1,2	7,5	91,3
0,08	1,5	8,7	89,8
0,09	1,7	9,0	89,3
0,10	1,8	10,0	88,2
0,20	1,9	20,0	78,1
0,30	1,9	30,0	68,1

---

[1] NEUBAUER, E.: Papierfabrikant 10, 1308 (1912).
[2] ELLMS-HAUSER: Ind. Engng. Chem. 5, 915 (1913). — KLUT, H.: Kl. Mitt. Mitglieder Ver. Wasser-, Boden- u. Lufthyg. 3, 187 (1927).

2*

Dann setzt man 1 cm³ = 20 Tropfen der Tolidinlösung hinzu und wartet genau 5 Minuten lang. Man vergleicht darauf mit den Standardlösungen; jene, welche in der Färbung der Versuchsprobe am nächsten kommt, gibt den gesuchten Chlorgehalt an.

Sind laufend solche Untersuchungen im Betrieb durchzuführen, so empfiehlt sich die zeitsparende Anwendung eines Komparators mit entsprechender Farbvergleichsscheibe[1] für 0,1···2 mg, die im Handel zu haben ist.

Die Reaktion ist sehr empfindlich. Es gelingt der Chlornachweis bis herab zu 0,3 mg/l Cl. Bei höheren Gehalten als 10 mg treten rasch Trübungen und Fällung eines rötlichen Farbstoffes ein, deshalb müssen stärker chlorhaltige Wässer vor ihrer Untersuchung entsprechend verdünnt werden.

Beachtenswertes Schrifttum.

SCHWALBE, H. C.: Qualitätsvorschriften für das Fabrikationswasser der Zellstoff- und Papierindustrie. Paper Trade J. (66), **105**, H. 7, 41 (1937).

Arbeitsgruppe für Wasserchemie des Vereins Deutscher Chemiker E. V.: Einheitsverfahren der Wasseruntersuchung. Berlin W 35; Verlag Chemie G. m. b. H. 1940.

---

[1] Hersteller F. Hellige & Co., Freiburg i. Br.

II. Die Untersuchung der Rohfaserstoffe.

Einleitung.

Der Untersuchung der Rohfaserstoffe, der Hölzer verschiedener Art, des Strohes als des Hauptvertreters der Grasarten, wie schließlich auch anderer Pflanzen, die neuerdings zur Zellstofferzeugung herangezogen wurden, ist in den letzten Jahren weit mehr Bedeutung als früher zugemessen worden. Bei dem Bestreben, das Rohstoffgebiet weiter auszudehnen, muß den Untersuchungsmethoden für die pflanzlichen Rohstoffe eine wichtige Rolle zukommen. Allein mit ihrer Hilfe ist es möglich, zu einer einwandfreien Bewertung neuer Rohstoffe zu gelangen und mit Erfolg bekannte Verfahren zu ihrem Aufschluß anzuwenden.

Es muß nun allerdings gesagt werden, daß ein einheitliches, allgemein anerkanntes und angenommenes Untersuchungsschema zur Prüfung von Faserrohstoffen auf ihre Verwendbarkeit und Brauchbarkeit trotz mancher Vorschläge noch nicht vorhanden ist. Von solchen vorgeschlagenen Untersuchungsschemen stammt das älteste und früher häufig angewendete von Cross und Bevan[1]. Diese Autoren schlugen vor, bei einem pflanzlichen Rohstoff folgende Daten zu bestimmen: Wassergehalt, Fett, Wachs, Harz, Asche, alkalische Hydrolyse mit 1- und 10 proz. Natronlauge, Zellulose, Merzerisierbarkeit, Nitrierbarkeit, Gewichtsverlust durch Kochen mit 20 proz. Essigsäure, Kohlenstoffgehalt.

In der Folge hat dieses Analysenschema durch C. G. Schwalbe[2], insbesondere aber in den Vereinigten Staaten, mehrfache Abänderung erfahren. W. H. Dore[3] hat vorgeschlagen, die Bestimmung des Trockengehaltes des Benzol- und Alkoholextraktes, des Gehaltes an Zellulose, Lignin, Pentosan und Mannan, der wasser- und alkalilöslichen Substanz vorzunehmen.

Später hat das Forest Products Laboratory in Madison in USA. diese Vorschläge etwas abgeändert[4] und schließlich ist dann von C. G. Schwalbe[5] vor wenigen Jahren ein neues Schema für die Holzanalyse empfohlen worden. Dieses Schema umfaßt die folgenden Bestimmungen:

I. Physikalische Untersuchungen.

1. Raumgewicht.
2. Porenvolumen.

---

[1] Cross, C. F., u. E. J. Bevan: Textbook of papermaking, S. 92ff. London 1907.

[2] Schwalbe, Carl G.: Angew. Chem. (31), 1, 193 (1918).

[3] Dore, W. H.: Ind. Engng. Chem. 12, 476 u. 984 (1920): Cellulosechemie 1, 62 (1920). — Vgl. auch A. W. Schorger: The Chemistry of Cellulose and Wood, S. 496ff. New York 1926. — Ferner Waksman, S. A., u. K. R. Stevens: Ind. Engng. Chem., analyt. Edit. 2, 167 (1930). Referat: Cellulosechemie 11, 160 (1930).

[4] Bray, M. W.: Paper Trade J., Tappi Sect. (56) 87, 241 (1928).

[5] Schwalbe, C. G.: Papierfabrikant 36, 223 (1938).

II. Kolloidchemische Untersuchungen.

3. Hygroskopizität bei verschiedener Luftfeuchtigkeit.
4. Tangentialer Quellgrad.
5. Durchtränkbarkeit in Wasser und Alkali.

III. Bestimmung von Nebenbestandteilen und Löslichkeitsverhältnisse.

6. Feuchtigkeitsgehalt.
7. Aschengehalt.
8. Löslichkeit in Wasser und Alkali.
9. Mit organischen Lösungsmittel ausziehbare Stoffe, Harz, Fett, Wachse u. ä.

IV. Bestimmung der Hauptbestandteile.

10. Azetylgehalt.
11. Methoxylgehalt.
12. Ligningehalt.
13. Furfurolzahl, Pentosangehalt.
14. Mannangehalt.
15. Holozellulose, Skelettsubstanz.
16. Zellulose.

Gemäß diesem Schema ist im wesentlichen die Untersuchung der Rohfaserstoffe im folgenden beschrieben. Die Ausführung der einzelnen Bestimmungen, über deren Bedeutung und Zweck Näheres bei ihrer Beschreibung ausgeführt wird, ist im Laufe der Zeit als notwendig für die Bewertung der Rohfaserstoffe erkannt worden. Trotz mancher neuer Arbeit auf diesem Gebiet, kann noch nicht von einer ganzen Reihe der Einzelmethoden behauptet werden, daß sie restlos befriedigend wären. Teilweise ist man noch auf Ausführung nach getroffener Vereinbarung angewiesen, so daß für manche, z. T. sogar sehr wichtige, Bestandteile der Rohfaserstoffe einstweilen nur angenäherte Werte gegeben werden können.

Es ist üblich, die Ergebnisse dieser Untersuchungen auf völlig trockne, gegebenenfalls auch asche- und extraktfreie Substanz umzurechnen, um vergleichbare Zahlen zu erhalten. Andererseits wird man aber aus Gründen, die nachstehend noch eingehend erörtert werden, die Untersuchungen immer nur mit lufttrockenem Analysenmaterial vornehmen.

Vorbereitung der Rohfaserstoffe zur Analyse.

Vortrocknung.

Da beim Eintrocknen von Pflanzenstoffen Veränderungen der Saftbestandteile, insbesondere aber von Harz und Fett vorkommen, welch letztere zum Teil in organischen Lösungsmitteln unlöslich werden, muß man das Alter der Proben bei genauen Analysen berücksichtigen.

Beim Eintrocknen der Pflanzengewebe scheint bei den Fasern außerdem eine Art „Verhornung[1]" einzutreten, wodurch sie widerstandsfähiger gegen das Eindringen von Reagenzien werden. Man wird also auch aus diesem Grunde bei genauesten Analysen angeben müssen, welches „Lageralter" die Proben haben, das heißt wie alt die zur Analyse verwendeten Proben sind und bei welcher

---

[1] SCHWALBE, C. G.: Zellstoff u. Papier **1**, 11 (1921).

Temperatur sie getrocknet wurden, da eine Temperaturerhöhung eine Beschleunigung der „Verhornung" hervorruft.

Es ist leider bisweilen noch üblich, im angeblichen Interesse strenger Wissenschaftlichkeit der Untersuchung von bei 100° getrocknetem Material auszugehen. Eine solche Trocknung ist bei Mineralstoffen wohl unschädlich, nicht aber bei den Faserstoffen, welche hierbei in ihrer Reaktionsfähigkeit auf das Empfindlichste geschädigt werden können, so daß erheblich abweichende Werte die Folge sind, wenn man einerseits lufttrockenes Material und andererseits das bei 100° getrocknete analysiert. Es ist deshalb auch nicht statthaft, das Material der Trockenprobe nachträglich noch zu weiteren Bestimmungsmethoden, außer der Veraschung, zu benutzen. Der geeignetste Feuchtigkeitsgehalt für die Untersuchung wäre der bei normaler Luftfeuchtigkeit in dem Faserstoff enthaltene. Vollkommen „grünes" Pflanzenmaterial muß aber doch einer Vortrocknung an der Luft oder bei niederen Temperaturen von $20\cdots30°$ gegebenenfalls unter Zuhilfenahme der Luftleere unterworfen werden.

Durch den $40\cdots60\%$ betragenden natürlichen Wassergehalt der Rohfaserstoffe würden manche Reagenzien zu stark verdünnt und in ihrer Wirkung wesentlich beeinträchtigt. Verschiedene Bestimmungen ließen sich am feuchten Material überhaupt nicht durchführen, z. B. die Ermittlung der Extraktstoffe und des Lignins.

Das Trocknen frischer Pflanzenmaterialien gelingt verhältnismäßig rasch, wenn man sie auf Hürden ausbreitet, bei welchen der Rahmen mit grobem Sackgewebe bespannt ist, so daß die Feuchtigkeit auch nach unten entweichen kann.

Zerkleinerung.

Zur chemischen Analyse müssen die Rohfaserstoffe zerkleinert werden. Das wünschenswerte Ziel wäre eine Zerkleinerung in möglichst gleich große Teilchen. Diese Art der Zerkleinerung läßt sich in der Praxis doch zumeist nur in sehr unvollkommener Weise erreichen. Meist fallen bei der Zerkleinerung Teilchen sehr unterschiedlicher Größe bis herab zum Staub an. Es liegt in der Natur der Dinge, daß die Einwirkung von Reagenzien auf diese verschieden großen Teilchen sehr wechselnd ausfallen kann. Solche von Staubgröße werden am schärfsten angegriffen werden. Hinzu kommt, daß erfahrungsgemäß in den feinsten Anteilen des Gemisches sich Asche- und Extraktbestandteile anreichern. Demnach ist das Absieben dieser Staubanteile eine, wenn auch häufig unvermeidliche Fehlerquelle, da Entmischung eintreten kann, und das gröbere absiebte Material eine Durchschnittsprobe nicht mehr darstellt. Um die Bildung zu großer Staubmengen bei der Zerkleinerung zu vermeiden, hat es sich als vorteilhaft erwiesen, immer wieder den Anteil abzusieben, der bereits die richtige Korngröße hat und nur noch das verbleibende gröbere Gut der weiteren Einwirkung der Zerkleinerungsvorrichtung auszusetzen.

Als Zerkleinerungswerkzeug kommt für lose Fasern, wie Baumwolle, Flachs u. dgl. in erster Linie die Schere in Frage; für Gräser, wie Stroh, ein Häckselmesser oder eine kleine Häckselschneidemaschine. Eine Quetschung der grobgeschnittenen Materialien ist zur Zertrümmerung von Knoten und zwecks leichteren Eindringens der Reagenzien empfehlenswert.

Für Hölzer kommen Säge, Raspel, Feile und Mühlen in Betracht.

Bei der Zerkleinerung in Mühlen kann man häufig merkbare Änderungen des Feuchtigkeitsgehaltes des Materials beobachten. Es ist weiter häufig festgestellt worden, daß die Materialien nicht unerhebliche Mengen von Metall aus den Mahlscheiben aufnehmen, wodurch der Aschegehalt bedeutsame Änderungen erfährt.

Statt obiger Zerkleinerungswerkzeuge sind ferner noch Hobel, Fräser und Zentrumsbohrer empfohlen worden. Sie haben den Vorteil, daß sich mit ihrer Hilfe eine praktisch staubfreie Zerkleinerung erzielen läßt. So bringen JAYME und SCHORNING in Vorschlag[1], bei Holzproben, die in Form von Stammabschnitten vorliegen, von der Mitte ausgehend in radialer Richtung Löcher zu bohren und die dabei anfallenden Späne zu sammeln. Sie stellen eine gute Durchschnittsprobe des Stammstückes dar, die ohne große Wärmeentwicklung gewonnen wird, und die nach dem Trocknen im Vakuum noch im Porzellanmörser weiter zerkleinert werden kann. Schließlich sei erwähnt, daß auch sehr schwache Hobelspäne gleichfalls für manche Untersuchungen brauchbar sind.

Für die Untersuchung von Holz erscheint es wichtig, eine bestimmte Korngröße des zerkleinerten Materials einzuhalten. Eine Einigung in dieser Hinsicht ist doch bislang noch nicht erfolgt. SCHORGER[2] empfiehlt Holzmehl, dessen Teilchengröße nach oben und unten durch die Siebe Nr. 80 und 100 (DIN Nr. 30 und etwa Nr. 40) begrenzt ist. Das ist schon ein sehr feines Material, dessen Erhalt mit Schwierigkeiten und größerem Zeitaufwand verbunden ist. Die Untersuchungsmethoden des Forest Products Laboratory in Madison gehen von einem Sägemehl aus, das durch die Siebe Nr. 60 und 80 (etwa DIN Nr. 20 und Nr. 30) begrenzt wird. Neuerdings wird noch etwas gröberes Material empfohlen[3], nämlich solches, das zwischen den Sieben Nr. 40 und 60 (etwa DIN Nr. 14 und Nr. 20) liegt. Als dessen Vorzug wird neben leichterer Herstellungsweise vor allem seine Eigenschaft angeführt, in feuchtem Zustand nicht zu einer für Gase und Flüssigkeiten schwer durchdringbaren Masse sich zusammenzuklumpen. Ein gewisser Nachteil zeigt sich doch andererseits, wenn solches Material für die Bestimmung der Zellulose nach CROSS und BEVAN benutzt wird. Bei ihm wird man immer einiger Chlorierungen mehr als bei feinerem Material bedürfen. Dieser Nachteil fällt aber bei größeren Untersuchungen nicht sehr ins Gewicht, weshalb man es zufolge der genannten Gründe meistens dem feineren vorziehen wird.

Bei der Zerkleinerung von Hölzern wird man ferner berücksichtigen müssen, daß sich die Gesamtholzmasse aus Kern- und Splintholz zusammensetzt. Durch Ausschneiden von Sektoren aus Stammscheiben ist es möglich, Durchschnittsproben zu erhalten, welche das richtige Verhältnis der beiden Holzarten aufweisen.

Bestimmung des Raumgewichtes und des spezifischen Gewichtes. Porenvolumen.

Allgemeines. Der Wert eines pflanzlichen Rohstoffes für die Halbstoffgewinnung beruht in hohem Maße auf seinem Volumen- oder Raumgewicht,

---

[1] JAYME, G., u. P. SCHORNING: Papierfabrikant **36**, 235 (1938).
[2] SCHORGER, A. W.: The Chemistry of Cellulose and Wood. New York 1926.
[3] LAUER, B. E., u. M. A. YOUTZ: Paper Trade J. (61), **96**, T. S. 38 (1933).

einer Zahl, welche angibt, wieviel feste Masse in der Raumeinheit für die stoffliche Umwandlung vorhanden ist. Es ist für die Wirtschaftlichkeit des Aufschlußprozesses bedeutungsvoll, welche Mengen des Rohstoffes in 1 m³ Kocherraum, aber auch in den Beförderungsmitteln untergebracht werden können. Das eigentliche spez. Gewicht der Faserrohstoffe interessiert in diesem Zusammenhang viel weniger als gerade das Raumgewicht.

Raumgewichtsermittlungen sind fast ausschließlich an den Hölzern vorgenommen worden, und die folgenden Ausführungen beziehen sich in erster Linie auf solche. Für Zellstoff- und Schleifereiholz, das im Raummaß eingekauft wird, während die daraus hergestellten Erzeugnisse nach Gewicht verkauft werden, ist hohe Dichte besonders erwünscht.

Begriffsbestimmung.

Man unterscheidet beim Holz:

1. das Raumgewicht im Darrzustand r_0, auch Darrwichte genannt, und

2. das Raumgewicht im feuchten Zustand r_u beim Feuchtigkeitsgehalt u in Anteilen des Gesamtfeuchtgewichtes G_u, auch als Raumwichte bezeichnet. Die Größe unter 1. wird durch Messung (v_0 in cm³) und Wägung an Holz, das bis zum gleichbleibenden Gewicht bei $98\cdots100°$ (G_0 in g) getrocknet und anschließend in einem Exsikkator abgekühlt wurde, vorgenommen. Es ist:

$$r_0 = \frac{G_0}{v_0}\,\text{g/cm}^3.$$

$r_0 \cdot 1000$ ergibt das Gewicht von 1 m³ absolut trockenem, völlig geschrumpftem Holz in kg. Das Raumgewicht im Darrzustand ist die einzig sichere und unveränderte Bezugsgröße und sollte für Vergleiche, Berechnungen und wissenschaftliche Arbeiten allein Anwendung finden. Das Raumgewicht des feuchten Holzes r_u läßt sich nur dann einwandfrei bestimmen, wenn alle Holzfasern mit Feuchtigkeit gesättigt, im Innern des Holzes also keine mit Luft gefüllten Hohlräume vorhanden sind. Dieser Zustand liegt beispielsweise bei waldfrischem Holz vor. Statt einer unmittelbaren Bestimmung, die ohne gleichzeitige Ermittlung des Feuchtigkeitsgehaltes $u = \dfrac{G_u - G_0}{G_u}$ nicht eindeutig ist, berechnet man zweckmäßiger r_u, wie unten angegeben.

Bei der Erzeugung und dem Verkauf des Holzes wird mit einem frischen, ursprünglichen Rauminhalt, d. h. mit Festmetern in waldfrischem Zustand, gerechnet. Es ist dieserhalb wünschenswert, die Zahl zu kennen, die angibt, wieviel absolut trockenes Holz in der Raumeinheit im frischen Zustand vorhanden ist. Nach dem Vorschlag von TRENDELENBURG[1] nennt man diese Größe die Raumdichtezahl R. Sie wird ermittelt durch Messung des Rauminhaltes V der waldfrischen Probe und durch deren Wägung im Darrzustand G_0, also nach erfolgter Trocknung. Es ist:

$$R = \frac{G_0}{V} \cdot 1000\,\text{kg/fm}.$$

Wie hier angegeben, drückt man zwecks Vermeidung von Verwechslung diese Größe in kg je Festmeter aus.

---

[1] TRENDELENBURG, R.: Das Holz als Rohstoff, S. 195ff. München, Berlin 1939.

Sie wird besonders in den Vereinigten Staaten sehr häufig angewendet und dort als „specific gravity, oven dry weight green volume" bezeichnet.

Beziehung zwischen r_0, r_u **und** R. Läßt man das Volumen von 1 m³ von absolut trockenem Holz so lange Wasser aufnehmen, bis dessen Menge $u\%$ von dem erreichten Gesamtgewicht beträgt, so wird es gleichzeitig zufolge Aufquellung seinen Rauminhalt vergrößern. Bezeichnet man diese Aufquellung in Anteilen des Darrvolumens mit β, so läßt sich ableiten, daß das Raumgewicht des feuchten Holzes

$$r_u = \frac{r_0}{(1-u)(1+\beta)}$$

ist[1] [2]. Nach neueren Untersuchungen ist die Quellung verhältnisgleich dem Raumgewicht r_0 und für die in unserer Industrie vornehmlich benutzten Hölzer, wie Fichte, Kiefer, Buche, kann

$$\beta = 30 \cdot r_0 \,\%$$

gesetzt werden[3].

Unter Berücksichtigung, daß bei etwa 22,5% Feuchtigkeitsgehalt der Fasersättigungspunkt bei diesen Hölzern erreicht wird und daß hierbei das Ausmaß der Quellung rund 75% seines Höchstwertes erreicht, läßt sich berechnen, daß je 1% Feuchtigkeitsänderung in dem Gebiet von 0···25% Wassergehalt die Quellung

$$\frac{0{,}75}{22{,}5} \cdot \beta = \sim r_0 \,\%$$

beträgt.

Damit ergibt sich für bis 25% Wassergehalt:

$$r_{u\,<\,25} = \frac{r_0}{(1-u)(1+r_0 u)}. \tag{1a}$$

Oberhalb des genannten Feuchtigkeitsgehaltes gilt mit genügender Genauigkeit

$$r_{u\,>\,25} = \frac{r_0}{(1-u)(1+0{,}27\,r_0)}. \tag{1b}$$

In ähnlicher Weise kann gezeigt werden, daß

$$R = \frac{r_0}{1+0{,}30\,r_0} \cdot 1000 \tag{2}$$

ist.

Die erforderliche Ermittlung des Volumens kann erfolgen entweder durch stereometrische Berechnungen aus den Abmessungen des Probekörpers, oder durch Berechnung nach dem Verdrängungsverfahren durch Eintauchen des Probestückes in eine Flüssigkeit.

Volumenbestimmung durch Ausmessen.

Hierzu benützt man quader-, würfel- oder zylinderförmige Probestücke. Da diese beim Trocknen jedoch ihre genaue stereometrische Form einbüßen und außerdem hierbei mehr oder weniger zahlreiche Trockenrisse schwer ermittelbaren Ausmaßes auftreten, werden die Bestimmungen nie ganz fehlerfrei. Abgesehen hiervon erfordert bei Reihenversuchen die Herstellung der Probekörper einen erheblichen Aufwand an Zeit und Arbeit.

---

[1] SIEBER, R.: Papierfabrikant **21**, 205 (1923).
[2] KOLLMANN, F.: Technologie des Holzes, S. 40. Berlin 1936.
[3] TRENDELENBURG, R.: Das Holz als Rohstoff, S. 196 und S. 203ff. München, Berlin 1939.

Volumenbestimmung durch Verdrängung.

Hier kann man entweder mit Wasser oder Quecksilber als Verdrängungsflüssigkeit arbeiten.

a) Durch Verdrängung von Wasser. Für diese Art von Messung ist von H. Niethammer[1] eine besonders für Massenversuche an Stammscheiben von Zellstoff- und Schleifholz geeignete Einrichtung und Vorschrift gegeben worden. Die Abb. 2 zeigt das Verdrängungsgefäß mit seinen Abmessungen. Diese sind so gewählt, daß Holzscheiben von 25 mm Dicke und bis zu 200 mm Durchmesser Anwendung finden können. Vor Ausführung der Bestimmung muß das Gefäß geeicht werden. Dies erfolgt in der Weise, daß unter Benutzung eines Meßkolbens nacheinander Wassermengen von je 200 cm³ in das Gefäß gefüllt und danach die Teilstriche auf der Skala angebracht werden. Zwischenteilstriche werden durch Unterteilung gefunden.

Bei den angeführten Abmessungen des Gefäßes entspricht 1 cm³ verdrängtes Volumen einer Wasserspiegeländerung von 0,16 mm. Wird die Skala mit 0,8 mm Teilung ausgeführt, so ist es möglich, auf 5 cm³ genau abzulesen und bis auf 2 cm³ zu schätzen. Von Zeit zu Zeit wird sich eine Nacheichung des Gefäßes erforderlich machen.

Bei der Bestimmung wird wie folgt verfahren:

Von den Holzknüppeln wird zunächst eine Scheibe von 2 cm Stärke abgeschnitten und verworfen, dann wird eine 2,5 cm starke, möglichst astfreie

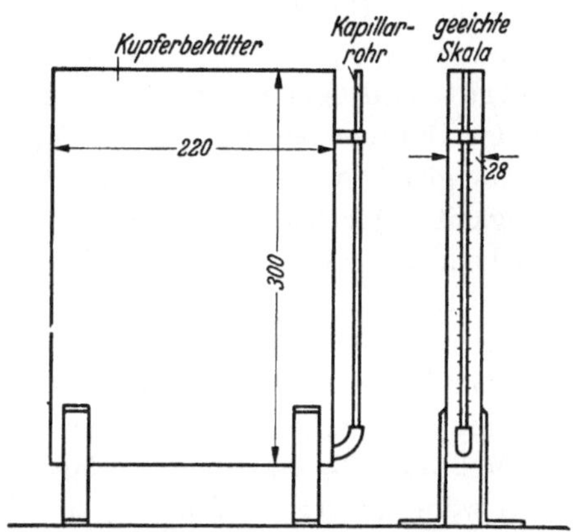

Abb. 2. Verdrängungsgefäß zur Volumenbestimmung.
(Nach H. Niethammer.)

Scheibe abgesägt und diese gegebenenfalls mit entsprechend genommenen Scheiben von anderen Stämmen im Trockenschrank bei 100° etwa 10 bis 12 Stunden getrocknet. Anschließend werden die Scheiben rasch gewogen (eine Stelle hinter dem Komma genügt), auf einen zugespitzten, schwachen Eisenstab von der Form einer Reißnadel gesteckt und getaucht. Man liest möglichst rasch ab. Dies rasche Ablesen, wie auch ein ruhiges Halten der Scheiben im getauchten Zustand, ist notwendig, da andernfalls ein rasches Eindringen von Wasser in das Holzinnere und damit eine mißweisende Ablesung begünstigt wird.

Wenn man sich anfangs mit dieser Tauchmethode befaßt, kann es empfehlenswert sein, die Wasseraufnahme des Holzes dadurch zu verhindern, daß man die Scheiben nach deren Wägen für einige Sekunden in Terpentinöl legt. Hierdurch verschließen sich die Poren des Holzes, und es wird wasserabstoßend. Beim Ablesen der Wasserstandshöhen braucht man sich dann keiner allzu schnellen Arbeitsweise bedienen. Auch kann man zur Erleichterung des Arbeitens zwischen Gefäß und Anzeigerohr einen Hahn vorsehen, welchen man vor dem Herausnehmen der getauchten Probe schließt, wodurch der Stand des Wassers festgehalten wird.

<hr>

[1] Niethammer, H.: Papierfabrikant **29**, 557 (1931).

Trotz offensichtlicher Fehlerquellen gibt diese Methode bei einiger Übung ganz verläßliche Werte, wie auch durch Vergleiche mit der Ausmeßmethode gefunden wurde. Eine sehr große Anzahl von Bestimmungen an Zellstoffholz sind mit ihrer Hilfe durchgeführt worden.

b) Durch Verdrängung von Quecksilber und anderen nichtwäßrigen Flüssigkeiten. Für das Arbeiten hiermit sind verschiedene Apparate (Volumenometer) gebaut worden, beispielsweise jene von BREUIL[1] und WAHLBERG[2]. Kürzlich haben JAYME und HEININGER[3] ein neues Gerät für die Ausführung solcher Messungen in Vorschlag gebracht. Es ist nicht für die Betriebskontrolle, sondern vielmehr für feinere Bestimmungen vorgesehen. Es läßt sich beispielsweise mit Vorteil anwenden, wenn es sich darum handelt, feinere Unterschiede im Kern- und Splintholz oder im Ast- und Stammteil oder Herbst- und Frühjahrsholz aufzudecken. Das Gerät ist in seiner Arbeitsweise so genau, daß es auch für Mikrobestimmungen Anwendung finden kann. Gerät und Arbeitsweise sind nachstehend beschrieben.

Gerät und Arbeitsweise von JAYME und HEININGER. Die Meßgrundlage des Gerätes beruht auf der Verdrängung einer dem Volumen des festen Körpers gleichen, für die gewünschte Genauigkeit der Messungen geeigneten Flüssigkeit (Quecksilber, Paraffinöl, Petroleum od. dgl.) und der Ermittelung der scheinbaren Volumenzunahme der Meßflüssigkeit in einem Meßrohr.

Gerät. Das gläserne Gerät besteht im wesentlichen aus einem etwas veränderten U-Rohr, dessen einer Schenkel, wie Abb. 3a und 3b klarlegen, als Meßrohr R und dessen anderer als Probenaufnahmegefäß A_1—A_2 mit darüberliegender Nullpunktmarke M ausgebildet ist. Zwei Vorratsbehälter, Vorlage G_N über dem Meßrohr R_M und eine Vorlage über dem Probenaufnahmegefäß A_1—A_2, dienen während der Ausführung der Messung vorübergehend zur Aufnahme des Quecksilbers. Das Meßrohr R_M, das 5 cm³ Gesamtinhalt und eine Einteilung bis auf 0,01 cm³ besitzt, gestattet somit die schätzungsweise Ablesung von noch 0,001 cm³. Das Probenaufnahmegefäß besteht aus den beiden mittels Normalschliff verbindbaren Teilen A_1 und A_2. Letztere werden durch die Spannfedern F_1 und F_2 während der Ausführung einer Messung zusammengehalten. Eine hinter sowie vor dem Meßrohr R_M verschiebbare und eine hinter der Nullpunktmarke M fest angebrachte Beleuchtungseinrichtung sorgen für leichte Ablesung am Meßrohr und Einstellung des Quecksilbermeniskus auf die Nullpunktmarke M. Zur geeigneten Bewegung des Quecksilbers in den Schenkeln des Apparates, d. h. im Meßrohr R_M und Probenaufnahmegefäß A_1—A_2 dient ein über dem Vorlagegefäß G_N angebrachter Dreiweghahn H_D, der von obenher das Einströmen von Druckluft und nach der Seite hin die Verbindung mit einem Vakuum und somit das Eintreten einer Druck- oder Saugwirkung je nach Einstellung hervorzurufen gestattet. Für den Übergang von Saug- in Druckluftwirkung und umgekehrt dient ein Entspannungsrohr, durch das der Unter- oder Überdruck erst auf atmosphärische Druckverhältnisse gebracht wird, ehe er bei weiterer Drehung des Entspannungshahnes H_E auf die entgegengesetzte Seite umschlägt.

---

[1] KOLLMANN, F.: Technologie des Holzes, S. 37. Berlin 1936.
[2] WAHLBERG, H. E.: Zellstoff u. Papier **2**, 133 (1922).
[3] JAYME, G. u. R. HEININGER: Holz als Roh- u. Werkstoff **2**, 377 (1939).

Zur Herstellung des Über- oder Unterdruckes dient je eine Liter-Saugflasche mit zugeschmolzenem Hals, deren Saugrohr mittels Vakuumschlauch mit einem Glasrohr mit Hahn verbunden und abschließbar ist. Durch Einströmenlassen eines Gases (z. B. Luft, Stickstoff, Wasserstoff od. dgl.) aus einer Stahlbombe unter Zwischenschaltung eines geeigneten einfachen Druckmessers in die eine Flasche wird in ihr ein Überdruck von rund einer Atmosphäre erzeugt, während die andere mit einer Saugpumpe evakuiert wird. Die Flaschen werden hierauf mit den entsprechenden Rohren des Gerätes, R_1 für Druck- und R_2 für Saugwirkung verbunden.

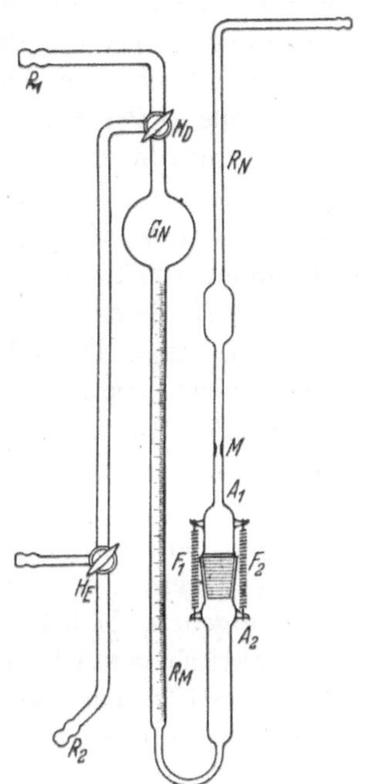

Abb. 3a. Gerät zur Bestimmung des Volumens von Holz auf Grund des Verdrängungsverfahrens. (Nach JAYME und HEININGER.)

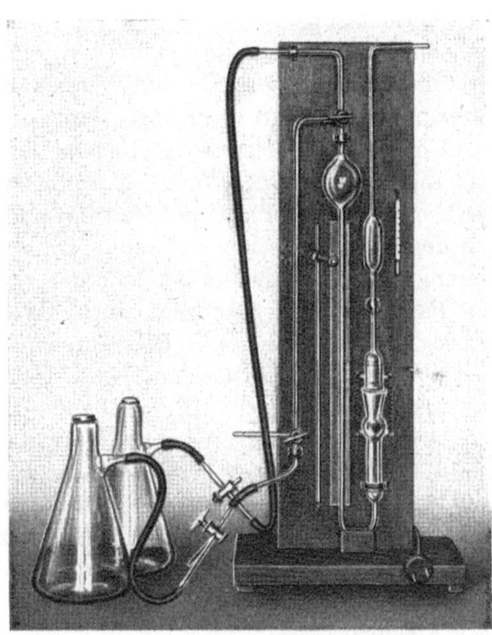

Abb. 3 b.　Ansicht des Volumenbestimmungsgerätes. (Nach JAYME und HEININGER.)

Handhabung des Gerätes[1]. Die Handhabung des Gerätes gestaltet sich nach den Angaben der Autoren wie folgt: Man drückt zunächst die Meßflüssigkeit (Quecksilber) bei geschlossenem und mit 2 Spannfedern gesichertem Probenaufnahmegefäß A_1—A_2 bis zu dem darüberliegenden Nullpunktstrich M hoch, liest den Stand des Meniskus am Meßrohr R_M ab (1. Ablesung), entspannt durch entsprechende Stellung des Dreiweghahnes H_D und Entspannungshahnes H_E und saugt jetzt die Meßflüssigkeit so weit in die Vorlage G_N, daß das Probenaufnahmegefäß A_1—A_2 zum Einlegen der zu untersuchenden Probe genügend entleert ist. Die Spannfedern F_1 und F_2 am Normalschliff werden entfernt, der obere Teil A_1 abgehoben, die Probe eingelegt, das Probenaufnahmegefäß durch Aufsetzen von A_1 wieder geschlossen und durch Anlegen der Spannfedern F_1 und F_2 gesichert. Hierauf läßt man die Meßflüssigkeit durch entsprechende

---

[1] Das Gerät mit sämtlichen Zubehörteilen wird von der Firma M. W. Herbig, Darmstadt, Hochschulplatz, hergestellt.

Stellung des Hahnes H_E langsam zurückfließen, drückt sie durch geeignete Stellung des Dreiweghahnes H_D vorsichtig bis zur Nullpunktmarke M hoch und stellt den Stand des Meniskus im Meßrohr R_M fest (2. Ablesung). Der Unterschied zwischen der 1. und 2. Ablesung des Quecksilberstandes ergibt das Volumen des Probekörpers. Um der Messung eine größere Sicherheit zu verleihen, empfiehlt es sich, jede Ablesung hintereinander zweimal durchzuführen. Je nach der gewünschten Genauigkeit der Messung ist auf gleichbleibende Raumtemperatur zu achten und die Messung möglichst rasch auszuführen.

Zeigt sich ein nennenswertes Eindringen von Quecksilber in die Poren der eingelegten Probe durch langsames Sinken des Meniskus bei der 2. Ablesung sowie Gewichtszunahme der Probe nach der Messung, so umgibt man die Probe mit einer geeigneten Schutzhülle (z. B. mit Indigoblau angefärbtes, festes Paraffin) und ermittelt das Gesamtvolumen zunächst von Probe $+$ Paraffin. Der Paraffinüberzug wird so erzeugt, daß man die Probe ganz kurz in verflüssigtes Paraffin von Schmelzpunkttemperatur eintaucht und wieder daraus entfernt. Das Eigenvolumen des Paraffins ergibt sich leicht aus dem Gewicht des nach der Umhüllung der Probe mit Paraffin und nach der Volumenermittlung wieder von der Probe mit einem stumpfen Messer entfernten Paraffinüberzuges durch Teilung mit der vorher im Gerät ermittelten Wichte des Paraffins. Die Wichte des Paraffins wird bestimmt durch Wägung und Volumenbestimmung von mindestens 10 geeigneten Glasröhrchen ohne und mit Paraffinüberzug bei gleichen Versuchsbedingungen. Nach Abzug des Paraffinvolumens vom Gesamtvolumen erhält man das Eigenvolumen der Probe.

Man erhält auf diese Weise das Volumen des Probekörpers, der zweckmäßigerweise ein quadratisches Prisma von etwa 30 mm Höhe in Faserachsenrichtung und $11 \cdots 12$ mm Seitenkante darstellt, auf die 2. Dezimale genau, da beim Abschälen von im Mittel 0,4 g Paraffinüberzug auf der praktisch geradflächigen Holzprobe mit einer Oberfläche von etwa $4 \cdot (30 \cdot 11)$ [mm²] in Faserachsenrichtung und $2 \cdot 11^2$ [mm²] senkrecht dazu höchstens 0,01 g, d. i. 0,6 mg/cm², zurückbleiben.

Will man die Genauigkeit der Volumenbestimmung bis in die 3. Dezimale treiben, so muß der noch auf der Probe vorhandene Paraffinrest mechanisch durch Abschaben oder Abheben dünner Holzspäne von der Probe entfernt und sein Gewicht quantitativ durch Ablösen mit einem Lösungsmittel (Benzol od. dgl.) und Wägung des nach Filtration und Verdampfen des Lösungsmittels hinterbleibenden Rückstandes bestimmt und zu der oben bereits ermittelten Paraffinmenge hinzugefügt werden.

Bedingung für Form und Lage des zu untersuchenden Körpers. Die Form und Lage des zur Untersuchung gelangenden Körpers kann ganz beliebig sein. Jedoch ist dafür zu sorgen, daß die den Körper umgebende Luft durch das aufsteigende Quecksilber leicht verdrängt werden kann und somit der Körper allseitig von Quecksilber umschlossen ist.

Genauigkeit der Messung. Die Ablesegenauigkeit beträgt $\pm$ 0,001 cm³, so daß das Volumen einer hinreichend großen Probe ($4 \cdots 5$ cm³) bis auf $\pm$ 0,05 % genau ohne jede Schwierigkeit bestimmt werden kann. Selbstverständlich ist bei einer derartig gewünschten Genauigkeit auf gleichbleibende Raumtemperatur besonders zu achten.

Zeitdauer einer Bestimmung. Die Zeitdauer für die Volumenbestimmung eines Körpers setzt sich aus Nullpunkt- und Volumenbestimmung zusammen und beträgt einschließlich je einer Kontrollbestimmung bei guter Einübung insgesamt 6 Minuten.

Rechenbeispiele für eine Kiefernholzprobe.

1. Gewichtsermittlung der luftfeuchten Probe: 2,4858 g.
2. Volumenermittlung der luftfeuchten Probe (ohne Paraffinüberzug).

Nullpunktbestimmung:
I 0,007 cm³ bei 20,2°
II 0,007 cm³ bei 20,3°
Mittelw. 0,007 cm³ (1. Ablesung)

Volumenbestimmung:
I 4,683 cm³ bei 20,2°
II 4,682 cm³ bei 20,2°
Mittelw. 4,683 cm³ (2. Ablesung)

Volumen der luftfeuchten Probe:

2. Ablesung . . . . 4,683 cm³
1. Ablesung . . . . 0,007 cm³
Unterschied . . . . 4,676 cm³ Volumen

3. Berechnung der Frischwichte:

$$\text{Frischwichte} = \frac{2,4858}{4,676} = 0,532.$$

Bestimmung des spezifischen Gewichtes der Zellwandsubstanz.

Zu einer Ermittlung beim Holz und anderen in Frage kommenden Faserstoffen werden diese zu einem feinen Pulver geraspelt oder gemahlen. Hierbei ist sehr darauf zu achten, daß durch die Zerkleinerungswerkzeuge keine Verunreinigung des Materials erfolgt. Unter Anwendung eines Pyknometers wird mit Wasser als Flüssigkeit in bekannter Weise das spez. Gewicht des Pulvers bestimmt. Die bei diesen Bestimmungen beobachteten Schwankungen sind zumeist auf unterschiedliche Mengen von Aschebestandteilen zurückzuführen.

Für die Hölzer, die in unserer Industrie Anwendung finden, beträgt das spez. Gewicht s der eigentlichen Holzfasersubstanz im Mittel **1,56**.

Anwendung und Auswertung der Versuchsergebnisse.
Berechnung des Porenvolumens.

Das Volumen, das in den Pflanzenfaserstoffen nicht von den Zellwandungen und von Wasser erfüllt ist, nennt man das Porenvolumen p. Es steht für die Aufnahme von Kochlaugen und anderen Flüssigkeiten zur Verfügung. Für absolut trockenes Holz gilt:

$$p = \left(1 - \frac{r_0}{s}\right) \cdot v_0 = 1 - \left(\frac{G_0}{v_0 \cdot s}\right) v_0,$$

wofür man bei $s = 1,56$ setzen kann:

$$p = (1 - 0,64\, r_0), \tag{3}$$

ausgedrückt in Anteilen des Gesamtvolumens.

Bei feuchtem Holz ergibt sich das Porenvolumen als die Differenz vom Gesamtvolumen und der Summe des Zellwand- und Wasservolumens. Bis 25 % Wassergehalt gilt:

$$p_{u < 25} = 1 - \frac{r_0}{1 + r_0 u}\left(0{,}64 + \frac{u}{1 - u}\right), \tag{4a}$$

bei höherem Wassergehalt gilt:

$$p_{u > 25} = 1 - \frac{r_0}{1 + 0{,}27\, r_0}\left(0{,}64 + \frac{u}{1 - u}\right). \tag{4b}$$

Aufstellung von Häufigkeitskurven von r_0. Bei der Bedeutung, welche dem Raumgewicht des Holzes für die Ausbeute an daraus erhaltenem Halbstoff zukommt[1], ist eine laufende Ermittlung im Betrieb von erheblichem Wert. Die Ergebnisse solcher Reihenuntersuchungen werden zweckmäßig in Form von Häufigkeitskurven dargestellt[2]. Hierbei trägt man als Ordinate die Häufigkeit in Prozent der Gesamtzahl der Versuche, als Abzisse das Raumgewicht in Stufen von 0,01 oder 0,02 g/cm³ auf. Solche Kurven setzen das Vorhandensein von mindestens 150···200 Proben voraus. Die Mühe und Arbeit, welche mit deren Beschaffung verbunden ist, macht sich in Form der erhaltenen vielseitigen Aufschlüsse bezahlt. Nur auf diesem Wege sind sichere Vergleiche von Holzarten von verschiedenen Standorten möglich und allein so können Grundlagen für die Ermittlung der gewichtsmäßigen Ausbeute und der Kocherfüllung geschaffen werden[3].

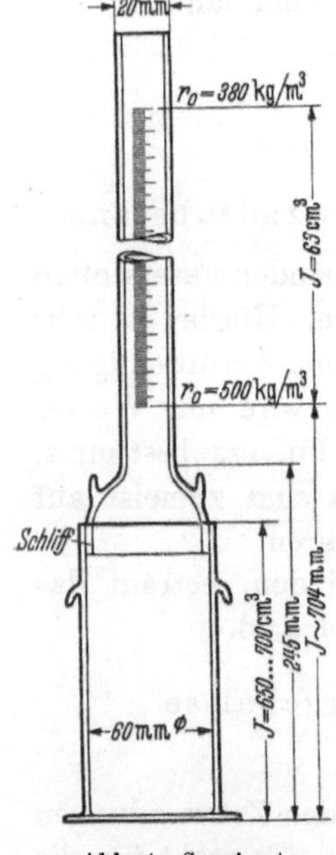

Abb. 4. Spezimeter nach RIETH.

Bestimmung des Raumgewichtes vom Hackschnitzelholz.

Für die Lösung der Aufgabe, das Raumgewicht des Holzes kochfertiger Hackschnitzel zu bestimmen, hat RIETH[4] eine Methode veröffentlicht, an deren Ausarbeitung auch KROSS und BORCHERS beteiligt sind. Die Methode beruht auf der Messung des Volumens einer gewogenen Hackschnitzelmenge durch Wasserverdrängung.

Die erforderliche Volumenmessung wird in einem als Spezimeter bezeichneten Gerät vorgenommen[5] (Abb. 4). Dieses Gerät besteht, wie ersichtlich, aus einem zylindrischen Aufnahmegefäß für die Holzschnitzel von etwa 700 cm³ Inhalt und einem rohrförmig ausgebildeten Aufsatz mit einer Teilung in Raumgewicht $r_0/1$ m³.

Durchführung der Bestimmung. Zur Anwendung gelangen 100 g absolut trockene Hackspäne, zweckmäßig der zur Feuchtigkeitsbestimmung des Hackgutes entnommenen Durchschnittsprobe entstammend. Sie werden zwecks Beseitigung ihres Aufsaugevermögens gegenüber Wasser einer besonderen Vorbehandlung unterworfen. Diese besteht darin, daß man die Schnitzel in einem

[1] SIEBER, R.: Papierfabrikant **32**, 97 (1934).
[2] SIEBER, R.: Papierfabrikant **33**, 305 (1935).
[3] SIEBER, R.: Papierfabrikant **34**, 35 (1936).
[4] RIETH, K.: Papierfabrikant **39**, 246 (1941).
[5] Hersteller ist die Firma Franz Hugershoff, G.m.b.H., Leipzig C 1.

größeren Becherglas mit einer 20proz. Lösung von Hartparaffin (Schmelzpunkt 50°) in Tetrachlorkohlenstoff übergießt, wobei man sie mittels einer mit einem Stielhandgriff versehenen gelochten Platte aus Aluminium 1 Minute lang vollständig unter die Oberfläche der Imprägnierflüssigkeit drückt. Hierbei muß man dafür Sorge tragen, daß möglichst alle zwischen den einzelnen Schnitzeln sitzenden Luftblasen entfernt werden. Dann wird die Paraffinlösung abgegossen und das Holz durch halbstündiges Trocknen bei 100···105° vom noch anhaftenden Tetrachlorkohlenstoff befreit. Die derart imprägnierten Holzschnitzel, deren Poren verschlossen sind und die nicht zusammenkleben, werden zwecks Kontrolle der Menge des aufgenommenen Paraffins vorerst gewogen — gewöhnlich beträgt die Gewichtszunahme 12···13 g — und gelangen dann in das Unterteil des Spezimeters. Um alles einzubringen, muß man den Zylinder mehrmals stoßweiße auf eine nicht zu harte Unterlage aufsetzen. Man verschließt dann mit dem Oberteil und setzt die Sicherungsfedern an. Aus einem Meßkolben von 500 cm³ Inhalt füllt man anschließend, unter Benutzung eines aufgesetzten Trichters, genau 500 cm³ Wasser von 18···20° durch den Rohraufsatz in das Gefäß ein. Man vertreibt auch hier etwa an den Holzstückchen anhaftende Luftblasen durch mehrmaliges stoßweises Aufsetzen des Gerätes und liest schließlich den sich einstellenden Wasserstand am Steigrohr ab. Die Ablesung ergibt unmittelbar das Raumgewicht des Hackschnitzelholzes.

Die Genauigkeit der Methode ist nach den Versuchen von RIETH für die Zwecke der Praxis als gut zu bezeichnen. Der Fehler, welcher durch die Volumenzunahme der Holzschnitzel zufolge der Imprägnierung entsteht, ist für das Ergebnis vollkommen bedeutungslos.

Bestimmung der Begleit- und Nebenbestandteile der Rohfaserstoffe.

Bestimmung des Wassergehaltes.

a) Insbesondere bei Untersuchungen im Laboratorium.

Die Ermittlung des Feuchtigkeitsgehaltes von Faserrohstoffen, so einfach sie als Bestimmung des Verlustes beim Trocknen erscheint, ist vielfach der Gegenstand von Erörterungen gewesen[1]. Besonders ist über die hierbei anzuwendende Temperatur viel gestritten worden. Niedere Temperaturen sollen die Feuchtigkeit nicht ganz beseitigen, bei hohen soll die Faser chemische Veränderungen erleiden. In letzter Zeit ist es fast allgemein üblich geworden, die Feuchtigkeitsbestimmung durch Trocknen einer Probe bei 100···105° im Luft-, Wasser-, Dampf- oder elektrisch beheiztem Trockenschrank vorzunehmen. Man trocknet so lange, bis eine Abnahme des Gewichtes nicht mehr festzustellen ist. Gewöhnlich sind bei den Rohfaserstoffen hierzu 4···5 Stunden erforderlich. Um der Möglichkeit vorzubeugen, für die weitere Untersuchung durch Trocknung chemisch verändertes Analysenmaterial zu verwenden, nimmt man, wie

---

[1] SCHWALBE, CARL G.: Papierfabrikant **23**, 537 (1925). — Man vergleiche auch die allgemeine Schrift von E. ECKERT u. P. WULFF: Die Bestimmung des Wassergehaltes, Beiheft Nr. 39 zu Angew. Chem., Berlin 1940.

bereits erwähnt, zur Trockenbestimmung stets eine Sonderprobe und verwendet zur weiteren Untersuchung lufttrockenes Material. Allein für die Bestimmung des Aschengehaltes kann absolut trockenes Material verwandt werden.

Die zu trocknenden Stoffe werden in geräumigen Wägegläsern möglichst locker geschichtet der Einwirkung der höheren Temperatur ausgesetzt. Nach dem Abschluß der Trocknung sind die Wägegläser sofort zu schließen und so in den Exsikkator zum Auskühlen zu stellen. Wasserfreie Rohfaserstoffe sind sehr hygroskopisch und nehmen außerordentlich schnell Feuchtigkeit aus der Luft auf.

Zur Ausschließung von Fehlerquellen sei auf folgendes hingewiesen. Bei Serienbestimmungen des Trockengehaltes ist darauf zu achten, daß bei Trockenöfen mit ruhender Luft die Temperaturen an unterschiedlichen Stellen im Innern verschieden sein können. Bei mit Gas beheizten Trockenschränken können trotz richtiger Anzeige des Thermometers die Metalleinlagen bisweilen höhere Temperatur besitzen, wodurch Überhitzung des zu trocknenden Materials eintritt. Sie kann vermieden werden durch zwischen Metall und Wägegläser gelegte Zellstoffpappen. Die Schnelligkeit des Trocknungsvorganges hängt von der Zahl der gleichzeitig in den Ofen gegebenen Proben ab. Man vermeide unter allen Umständen den Trockenschrank mit neuen feuchten Proben zu beschicken, nachdem einmal die Trocknung bei früher eingesetzten Proben bereits im Gang ist.

Die Genauigkeit der Bestimmung wird im allgemeinen 0,1 % nicht übersteigen. Trotz der Einfachheit des Verfahrens erweist es sich oft schwer, Werte zu erhalten, die gute Übereinstimmung zeigen. Teils ist dies auf ungenügende Gleichmäßigkeit der Probe, teils auf Fehler bei deren Entnahme, teils aber auch auf die Schwierigkeit, den Begriff Wassergehalt genau zu umreißen, zurückzuführen. Bei der beschriebenen Art des Bestimmungsverfahrens ist letzthin die Wahl der Temperatur etwas willkürlich, denn es steht durchaus nicht für alle Rohfaserstoffe fest, daß ausschließlich Sorptionswasser den ermittelten Verlust darstellt. Ebenso zweifelhaft ist es andererseits, ob bei der genannten Temperatur alle verschiedenen Bindungsarten des Sorptionswassers entfernt werden. Aus solchen Betrachtungen kann man ableiten, daß bei dieser auf den ersten Blick so einfach erscheinenden Bestimmung von vornherein streng auf Gleichmäßigkeit der Arbeitsweise zu achten ist. Auch wird es sich immer empfehlen, die Zahl der anzusetzenden Trockenproben nicht zu klein zu halten.

Eine wesentliche Beschleunigung erfährt die Trocknung durch Bewegung der Trockenluft. Schränke, mit durch Ventilatoren dauernd bewegter Trockenluft werden jetzt in verschiedenen Größen gebaut und haben sich gut bewährt.

Zur Einhaltung einer gleichbleibenden Trockentemperatur hat sich insbesondere bei den elektrisch beheizten Schränken die selbsttätige elektrische Regelung eingeführt. Sie gestattet innerhalb eines Grades die gewünschte Temperatur auf gleicher Höhe zu halten.

Nicht alle Rohfaserstoffe vertragen die Temperatur von 105°. Beispielsweise geben stark harz- und terpentinhaltige Holzproben schon bei dieser Temperatur flüchtige Bestandteile ab. In solchen Fällen ist die Trocknung im Vakuum bei niedriger Temperatur vorzuziehen.

Es gibt für diese Art der Trocknung entsprechend gebaute elektrisch beheizte Trockenschränke, in denen sich ein beliebiges Vakuum und jede in Frage kommende Temperatur einstellen und selbsttätig konstant halten lassen.

Statt dessen können aber auch besonders geformte und vakuumaushaltende Wägegläser für das Trocknen dieser Art Verwendung finden. Solche Wägegläser besitzen einen eingeschliffenen Deckel, der sich zu einem mit einem Hahn versehenen Rohr verjüngt. Die Gläser werden auf dem Wasserbad bei der gewünschten Temperatur erwärmt und gleichzeitig evakuiert. Bei Anwendung einer guten Luftpumpe erreicht man in beiläufig zwei Stunden gleichbleibendes Gewicht. Vom Einfüllen bis zur letzten Wägung des Materials kommt dieses nicht mit der Luft in Berührung, wodurch eine Wiederaufnahme von Feuchtigkeit ausgeschlossen ist.

Auch Vakuumapparate nach Art der KEMPFschen Trockenpistole sind für den vorliegenden Zweck empfohlen worden. Die Trocknung erfolgt in diesem Fall über Phosphorpentoxyd bei mäßiger Temperatur im Vakuum. In dem zu Beginn der Bestimmung unter Vakuum gesetzten Gefäß trocknen die Proben ohne jede Zersetzung in wenigen Stunden.

Bei der Destillationsmethode wird die im zu untersuchenden Gut enthaltene Wassermenge durch Siedenlassen mit einer mit Wasser nicht mischbaren Flüssigkeit ausgetrieben. Das dabei entstehende Dampfgemisch der beiden Flüssigkeiten wird in einer Vorlage kondensiert, wobei gleichzeitig wieder eine vollkommene Entmischung beider stattfindet und so die volumenmäßige Mengenermittlung des übergetriebenen Wassers möglich wird. Es ist keineswegs erforderlich, daß der Siedepunkt der Flüssigkeit höher liegt als der des Wassers. Nach bekannten Gesetzen findet ein Sieden des binären Gemisches statt, sobald die Summe ihrer Partialdrücke gleich dem herrschenden Barometerdruck ist, und zwar unabhängig von dem Mengenverhältnis der beiden Flüssigkeiten. Erst mit dem Verschwinden des letzten Wasserrestes aus dem Dampfraum erreicht die Temperatur im Destillationsgefäß jene des Siedepunktes der Hilfsflüssigkeit. Infolgedessen kann man bei Anwendung niedrig siedender Flüssigkeiten die Wasserbestimmung sehr schonend durchführen, was unzweifelhaft als ein Vorzug zu bezeichnen ist. Die Methode hat weiter die Vorteile, daß sie verhältnismäßig rasch durchgeführt werden kann, und daß sich bei entsprechender Apparatur unschwer größere Substanzmengen in Arbeit nehmen lassen.

Für die Ausführung der Methode sind eine ganze Reihe von Apparaturen vorgeschlagen worden, und zwar neben solchen aus Glas auch andere aus Metall.

Geräte aus Metall sind besonders dann vorzuziehen, wenn das Arbeiten mit größeren Materialmengen erwünscht ist. Bei Glasgefäßen sollte man im Hinblick auf die Folgen des Zerspringens immer auf eine entsprechende Auswahl der verwendeten Glassorte achten. Zerspringt ein Glasgefäß, in dem Petroleum oder Toluol destilliert wird, so entsteht zumeist ein Brand, der eine höchst unangenehme Verrußung des Arbeitsraumes zur Folge hat. Bei der Verwendung eines Metallgefäßes sind derartige Vorfälle nicht möglich.

Ein zur Durchführung der Wasserbestimmung geeigneter Apparat aus Metall ist von SCHWALBE beschrieben worden[1].

Der Apparat besteht aus einem Kupfergefäß A von etwa 20 cm Höhe und 15 cm größtem Durchmesser. Das Gefäß aus gehämmertem Kupfer, innen verzinnt, ist oben zu einer im Durchmesser etwa 10 cm weiten Öffnung zusammen-

---

[1] SCHWALBE, C. G.: Papierfabrikant 6, 551 (1908).

gezogen. Mittels einer Verschraubung mit Bleidichtung wird eine Art Retorten-
helm *B* aufgesezt, der ein längeres, innen ebenfalls verzinntes Kupferrohr
trägt, welches im oberen Teil schräg abwärts, im unteren Teil senkrecht nach
unten gebogen ist (Abb. 5).

Als Vorlage dient ein Meßrohr, das etwa folgende Abmessungen besitzt: Länge
des wie eine Bürette in $^1/_{10}$ cm^3 geteilten Rohres 40···50 cm, lichte Weite etwa
0,8 cm, der trichterförmige Teil hat eine lichte Weite von etwa 6···8 cm und
eine Höhe von 15···20 cm. Mittels eines durchbohrten Holzdeckels wird die
Vorlage während der Bestimmung in einem mit kaltem Wasser gefüllten Standzylinder in der erwünschten Lage gehalten.

Die folgenden Abbildungen zeigen verschiedene Ausführungen der Apparatur in Glas.
Abb. 6 stellt die sehr einfache Form dar, die
ihr von BESSON gegeben worden
ist. Auf einem Kolben ist ein
Destillationsrohr aufgesetzt, das
mit der oben stark erweiterten
Meßröhre derart verschmolzen
ist, daß die von einem ein-
gehängten Metallkühler abtropfende Flüssigkeit direkt in das
Meßrohr gelangt. Den erforderlichen Schutz des Korkstopfens
erreicht man leicht durch eine
Umhüllung mit einem Alumi-
nium- oder Stanniolblatt.

Bei den anderen abgebildeten Apparaten sind überall Verbindungen und Abschlüsse aus
Korkstopfen vermieden und als
Glasschliffe ausgeführt. Wenn
auch auf diese Weise ein voll-

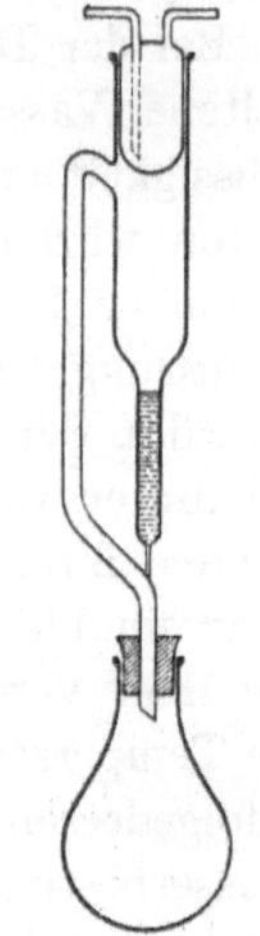

Abb. 5. Wasserbestimmungsapparat für die
Destillationsmethode.
(Nach C. G. SCHWALBE.)

Abb. 6. Wasser-
bestimmungs-
apparat.
(Nach BESSON.)

kommen dichter Abschluß erzielt und der Mangel vermieden wird, den Kork-
verschlüsse in Gegenwart von organischen Flüssigkeiten aufweisen, so kann doch
nicht übersehen werden, daß die Apparate dadurch empfindlicher werden und
größere Vorsicht bei der Handhabung erfordern.

Die Apparate der Abb. 7, 8 u. 9 eignen sich für Flüssigkeiten, die leichter
als Wasser sind, und die Einrichtung ist so getroffen, daß die Siedeflüssigkeit
durch einen Überlauf immer wieder in das Siedegefäß zurückläuft.

Das zu untersuchende Material darf nicht zu grobstückig sein; besonders
bei Holz muß für eine ausreichende Zerkleinerung gesorgt werden. Der Grad
der Zerkleinerung ist von Einfluß auf die erforderliche Destillationsdauer. Selten
wird diese eine Stunde überschreiten brauchen; zumeist wird man mit der Hälfte
der Zeit auskommen. Während der Destillation muß die verwandte Flüssigkeit
Gelegenheit haben, das Material vollkommen zu durchdringen.

Als Hilfsflüssigkeiten sind solche sehr verschiedener Art in Vorschlag
gebracht worden. Am häufigsten gelangen wohl die folgenden zur Anwendung.

Die Chlorkohlenwasserstoffe haben den Vorzug, daß sie nicht brennbar sind.

Über die Menge der zur Anwendung gelangenden Hilfsflüssigkeit macht WISLICENUS[1] Angaben. Danach soll man auf je 100 g zu prüfendes Gut 800 bis 1000 g Flüssigkeit verwenden. Die Siedeflüssigkeit kann für weitere Versuche immer wieder benutzt werden. Die Größe der Probe selbst hängt im übrigen ab von deren Gleichmäßigkeit. Ist diese gewährleistet, so kann man mit kleineren Proben und Apparatetypen auskommen.

Die Durchführung der Methode sei an Hand des SCHWALBESCHEN Apparates beschrieben; diese Angaben sind sinngemäß auf das Arbeiten mit anderen Apparaten zu übertragen.

Tabelle 4. Organische Hilfsflüssigkeiten für die Destillationsmethode zur Wassergehaltsbestimmung.

Flüssigkeit	Siedepunkt °C	Dichte (15°)
Benzin	60···80	0,700···0,760
Benzol	78,1	0,879
Reinpetroleum . . .	150···170	0,780···0,830
Chloroform	61	1,488
Azetylentetrachlorid .	146	1,592
Tetrachloräthan . . .	131	1,550
Toluol	92,1	0,867
Xylol	106,1	0,862

Man gibt in das retortenförmige Siedegefäß die abgewogene Menge des zu untersuchenden Fasermaterials und füllt bis zur halben Höhe des Gefäßes Hilfsflüssigkeit ein. Der Helm wird nach Einlegen der Dichtung aufgesetzt und fest angezogen. Dann wird mit der Vorlage verbunden und mit dem Erhitzen begonnen. Die übergehenden Dämpfe kondensieren sehr leicht und rasch und sammeln sich als Flüssigkeit in der Vorlage an. Wird der Inhalt des Standzylinders allmählich zu warm, so verdrängt man das heiße Wasser durch kaltes.

Zwischen das Kühlgefäß und die Retorte stellt man zweckmäßig einen Asbestschirm, damit die Dämpfe, die etwa aus dem Gefäß entweichen, sich nicht an der Flamme unter der Retorte entzünden können.

Sobald die Wasserphase in dem Meßrohr keine weitere Zunahme mehr erkennen läßt, alles vorhandene Wasser also übergegangen ist, unterbricht man die Destillation. Mit der Ablesung wartet man am besten einige Zeit. Die Flüssigkeiten trennen sich erst nach und nach vollständig und eine häufig in der Hilfsflüssigkeit durch Wasser bedingte Trübung verschwindet meist nur langsam. Bisweilen läßt sich diese Trennung durch Einhängen der Meßröhre in warmes Wasser beschleunigen. Nach WISLICENUS kann man manchmal noch 6 Stunden nach Abschluß der Destillation eine Zunahme der Wasserphase feststellen. Daher wird empfohlen, die Ablesung bei genauen Analysen erst vorzunehmen, nachdem das Rohr über Nacht gestanden hat.

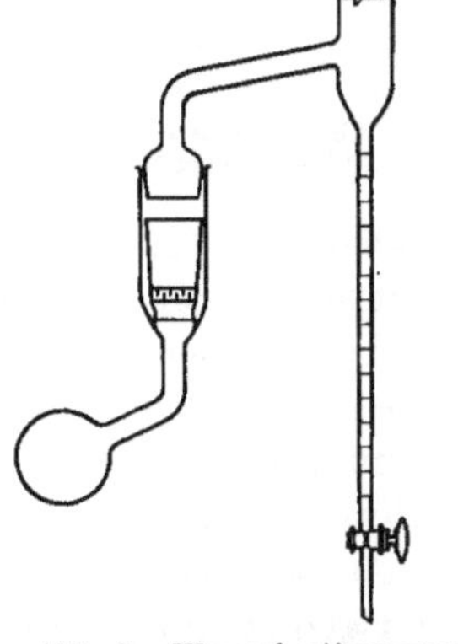

Abb. 7. Wasserbestimmungsapparat nach PRJANISCHNIKOFF in der Ausführung von Schott & Genossen, Jena.

Häufig wird eine genaue Ablesung durch Hängenbleiben von Wasser an

<hr>

[1] WISLICENUS, H.: Zellstoff u. Papier 1, 85 (1921).

den Wandungen des Meßrohres erschwert. Zur Vermeidung dieses Übelstandes sind verschiedene Maßnahmen vorgeschlagen worden: das obenerwähnte Erwärmen des Rohres, das Reiben der Innenwandungen mit einem durch Glühen entfetteten Draht, das Schleudern des Rohres, wobei durch die Wirkung der Zentrifugalkraft die beiden Phasen sich trennen u. a. m. Die Hauptbedingungen für einwandfreies Trennen der Flüssigkeiten ist doch die Fettfreiheit der Innenwandungen der benutzten Apparate. Bei Glasgefäßen erreicht man dies am besten durch Behandeln mit Bichromatschwefelsäure, bei Metallgefäßen durch Ausdämpfen.

Die bei der Destillationsmethode erhaltenen Werte sind abhängig von der benutzten Hilfsflüssigkeit. Dies ist darauf zurückzuführen, daß die Bedingungen,

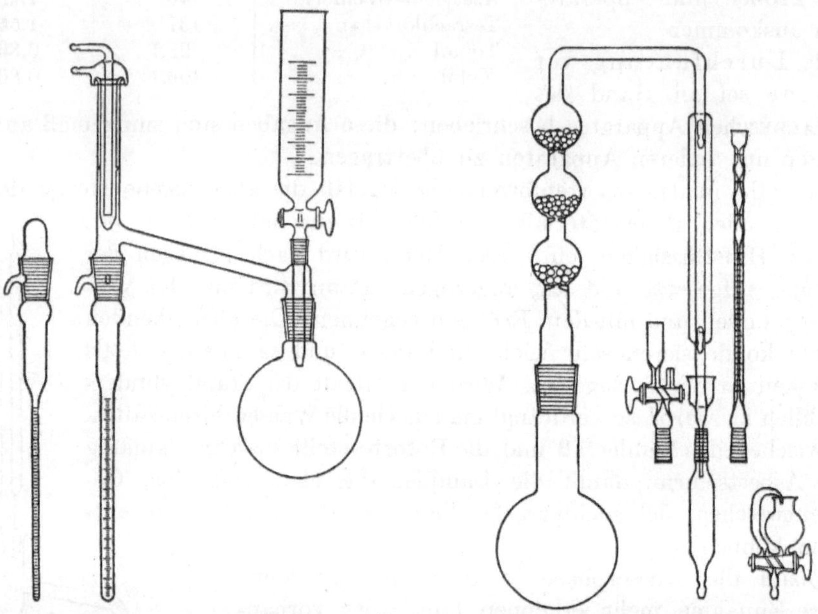

Abb. 8. Wasserbestimmungsapparat.   Abb. 9. Wasserbestimmungsapparat.
(Nach PRITZKER und JUNGKUNZ.)   (Nach TAUSZ und RUMM.)

vor allem die Temperatur, unter denen die Destillation verläuft, abhängig sind von ihrem Siedepunkt. Dadurch kommt es, daß die Wassermengen, welche abgetrieben werden, Verschiedenheiten, allerdings sehr geringer Größe aufweisen können. Aus diesem Grunde ist auch bei dieser Methode auf genaue Übereinstimmung der Versuchsbedingungen zu achten. An und für sich ist es bei ihr unschwer möglich, durch Einhaltung stets gleicher Mengen von Siedeflüssigkeit und der sonstigen Bedingungen eine Normung zu erreichen. Die Methode ist grundsätzlich gut bei Proben, welche größere Mengen von Wasser enthalten, sie wird ungenau, wenn die Feuchtigkeitsgehalte sehr klein sind. Zufolge der niedrigen Temperatur bei der die Austreibung des Wassers erfolgt, sind die Versuchsbedingungen sehr mild, so daß man die Methode in ihrer Wirkung mit einer Trocknung im Vakuum bei gelinder Temperatur vergleichen kann. Die Wahl der Hilfsflüssigkeit ermöglicht bei sehr empfindlichen Stoffen außerordentlich schonende Bedingungen für die Entwässerung einzuhalten.

b) Bei Untersuchungen auf dem Holzplatz und im Betrieb

Neben den beiden in dem Vorangehenden beschriebenen und als bevorzugt zu bezeichnenden Feuchtigkeitsbestimmungen sind neuerdings noch andere Methoden für die Lösung dieser Aufgabe in Vorschlag gebracht worden. Fast alle sind in erster Linie für die Belange der Holz als Werkstoff verarbeitenden Industrie ausgearbeitet worden und haben bisher nicht vermocht, sich in bemerkenswerte Weise in der Zellstoffindustrie einzuführen. Wenn dennoch einige von ihnen nachstehend kurz Erwähnung finden, so deshalb, weil sie für rasche Feststellung des Wassergehaltes von noch in Stämmen, 1- oder 2-m-Rollen auf dem Lagerplatz liegenden, also von noch unverarbeitetem Holz dienen können. Solche Ermittlungen, auch wenn sie nur angenäherte Ergebnisse zeitigen, sind häufig erwünscht.

1. Bestimmung mit dem Hygrometer. Von verschiedenen einschlägigen Erzeugern werden Holzhygrometer herausgebracht, deren Handhabung sehr einfach ist. Diese Instrumente bestehen aus einem hohlen, in seiner Wandung mehrfach durchbohrten Schaft, in dessen Innern das Impulsgerät untergebracht ist, das mit dem auf dem Schaft sitzenden Anzeigegerät in Verbindung steht. Bei seiner Anwendung wird in die zu untersuchende Holzrolle mit einem Schlangenbohrer ein Loch von 10 mm Weite und 100 mm Länge, und zwar quer zur Längsrichtung des Stammes gebohrt. In dieses wird der Schaft eingeschoben. Das Anzeigegerät sitzt dann gerade auf der Mündung der Bohrung und ein konisches Übergangsstück zwischen Schaft und Anzeigegerät sorgt für gute Abdichtung der Bohrung gegen die Außenluft. Innerhalb von 10···15 Minuten zeigt das Instrument dann auf seinem Zifferblatt die Luftfeuchtigkeit in der Bohrung an. Auf dem Zifferblatt ermöglichen weiter vorhandene Feuchtigkeitslinien sofort auch den Wassergehalt des Holzes abzulesen. Der Meßbereich des Instrumentes ist beschränkt auf das Gebiet von 3 bis etwa 22 % Wassergehalt.

2. Bestimmung mit dem Diakungerät[1]. Der Grundgedanke dieser von Rother ausgearbeiteten Methode beruht auf der Eigenschaft bestimmter Stoffe, bei verschiedener Feuchtigkeit unterschiedliche Eigenfarbe aufzuweisen. Papier, das mit solchen Stoffen behandelt worden ist, läßt an seiner jeweiligen Farbe auf den Feuchtigkeitsgehalt der Luft schließen. Zur Durchführung der Bestimmung wird in den Holzstamm senkrecht zur Längsrichtung, also quer zur Faser ein Loch von 7 mm Durchmesser und 100 mm Tiefe gebohrt. 10 Minuten später — der Zeitraum sollte eingehalten werden, um den Einfluß der beim Bohren erzeugten Wärme auszuschalten — schraubt man an die äußere Mündung des Bohrloches einen Verschlußteil an. An diesen wiederum wird das eine Ende eines Glasröhrchens angeschraubt, an dessen zweitem Ende die Führung einer in seinem Innern verschiebbaren Haltestange befestigt ist. An den Halter wird ein Stück Reagenzpapier geklemmt und dieses weit bis in das Innere des Bohrloches geschoben. Mit einer kleinen Handluftpumpe wird sodann die von außen in das Bohrloch eingedrungene Luft abgesaugt und jener Zustand herbeigeführt, der ursprünglich im Innern des Holzes herrschte. Im Verlauf von 10 Minuten nimmt jetzt der Papierstreifen eine der vorhandenen Feuchtigkeit entsprechende Färbung an. Der Halter wird darauf so weit zurückgezogen, daß das Papier im Glas-

---

[1] Kullmann, H.: Holzind. **13**, 49 (1933).

röhrchen wieder sichtbar wird. Durch Vergleich mit einer Farbtonskala kann dann unmittelbar der Wassergehalt des Holzes abgelesen werden.

Das Instrument, das im Handel mit allen seinen Einzelteilen zu haben ist[1], kann bis zu Wassergehalten, die der Fasersättigung entsprechen — also etwa 22 % —, verwendet werden. Die Genauigkeit der Anzeige ist befriedigend.

3. Bestimmung durch Messung des Ohmschen Widerstandes. Im Gebiet bis zur Fasersättigung ist der jeweilige Ohmsche Widerstand des Holzes unmittelbar von seinem Wassergehalt abhängig. Diese Erscheinung wird bei verschiedenen elektrischen Geräten ausgenutzt, welche zum Zwecke der Wasserbestimmung im Handel sind. Bei dem Instrument von Siemens & Halske wird mit einem Kurbelinduktor so lange ein Gleichstrom durch das zu prüfende Holzstück geschickt, bis ein parallel geschalteter Kondensator bestimmter Kapazität aufgeladen ist. Dies wird kenntlich durch das Aufleuchten einer Glimmlampe. Aus der Zahl der hierzu notwendigen Umdrehungen kann der Widerstand des Holzes ermittelt werden, welcher Wert wiederum seinen Wassergehalt aus einer Eichtabelle abzulesen gestattet. Bei dem Versuch wird das zu prüfende Holzstück in einen Elektrodenhalter eingespannt, welcher einer Zwinge nachgebildet ist.

Die Genauigkeit dieser Art der Messung beträgt im Gebiet bis 12 % ± 1 % darüber ± 2 %. Sie wird etwas beeinflußt durch im Holzsaft vorhandene Elektrolyte.

Bestimmung des Wassergehaltes und der Schnitzelgröße des Hackgutes.

Die Bestimmung des Wassergehaltes in den Hackspänen gehört zu den häufig im Betrieb vorzunehmenden Untersuchungen. Teils ist sie notwendig, um die Beschickung der Kocher mit der richtigen Menge der aufschließenden Chemikalien durchführen zu können, teils ist ihr Ergebnis Voraussetzung für die Durchführung einwandfreier Ausbeuteberechnungen.

Die Schwierigkeiten liegen bei dieser Bestimmung weniger in der Durchführung der Trocknung selbst, als vielmehr in der richtigen Entnahme einer Durchschnittsprobe. Diese Probe kann am Gesamtdurchsatz gemessen nur immer ein ganz bescheidener Bruchteil sein. Erschwerend ist ferner, daß der Feuchtigkeitsgehalt von Einzelstamm zu Einzelstamm stets Unterschiede aufweist. Aus diesen Tatsachen folgt, daß man sich mit einer gelegentlich im Laufe des Tages entnommenen Einzelprobe des gehackten Gutes als Durchschnittsprobe nicht begnügen kann. Es empfiehlt sich daher, diese Probeentnahme durch einen mechanisch arbeitenden Probenehmer selbsttätig durchführen zu lassen. Sein Aufbau und seine Anordnung wird von Fall zu Fall verschieden sein und hauptsächlich von den örtlichen Einrichtungen abhängen. Wie er beispielsweise an der Übergabe des Hackgutes von einem Förderband zu einem Becherwerk ausgestaltet werden kann, ist in Abb. 10 veranschaulicht.

Von der Welle W der Bandtrommel wird über ein Schneckengetriebe ein langsam umlaufender Arm A mit daran befestigtem Aufnahmebecher B so bewegt, daß er während des Betriebes durch den Strom des Hackgutes hindurchläuft. Dabei füllt sich der Becher mit Hackschnitzeln an. Auf seinem weiteren

---

[1] Erzeuger: Grau u. Heidel, Chemnitz.

Weg gibt er nach Erreichung einer bestimmten Stellung seine Füllung wieder ab. Sie fällt in eine nichtgezeichnete Rutsche und gelangt von da in einen Sammelbehälter. Dieser ist mit einem Deckel versehen, der sich beim Auftreffen der Probe selbst öffnet und nach ihrem Einfallen auch wieder selbsttätig schließt. Aus diesem Sammelgefäß wird die entnommene Probe nach Schichtschluß abgezogen, gut gemischt und nach den für die Verringerung solcher Proben geltenden Regeln wird eine 1···3 kg betragende Menge schließlich als Durchschnittsprobe abgeteilt.

Diese Probe wird in einen weitmaschigen Drahtkorb gegeben und gelangt in ihm zur Trocknung. Die Trocknung erfolgt in einem geräumigen Dampftrockenschrank bei 100···105°. Hierzu sind etwa 24 Stunden erforderlich. Diese Zeit kann abgekürzt werden, falls ein Trockenschrank mit Luftumwälzung gewählt wird.

Die Güte des Aufschlusses des Hackgutes wird stark von der Gleichmäßigkeit der einzelnen Holzspäne beeinflußt. Grobe Stücke durchlaufen naturgemäß den Aufschlußprozeß in ganz anderer Weise als feines Material. Bei der Erzeugung hochwertiger Zellstoffe kann die häufige Feststellung der Größenfraktionen des Hackgutes nur Vorteile mit sich bringen. Im

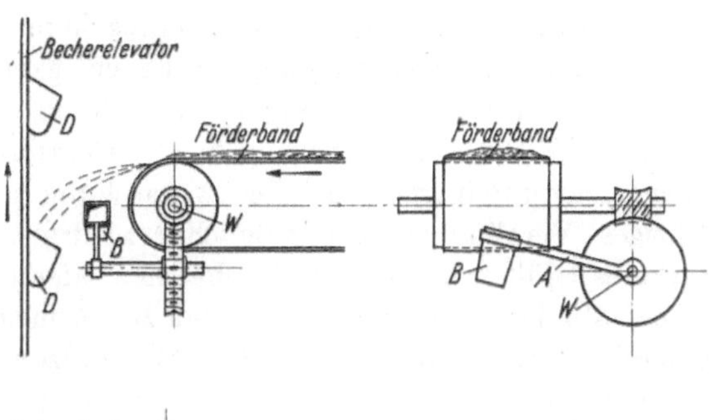

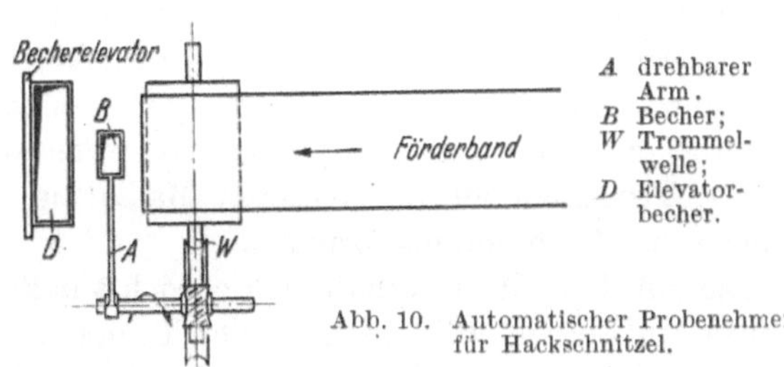

A drehbarer Arm.;
B Becher;
W Trommelwelle;
D Elevatorbecher.

Abb. 10. Automatischer Probenehmer für Hackschnitzel.

übrigen gibt sie Aufschluß über das richtige und einwandfreie Arbeiten der Hack- und Sortieranlagen.

Proben für eine solche Prüfung entnimmt man am besten ebenfalls mittels des beschriebenen automatischen Probenehmers. Die Aussortierung erfolgt dann mit einem Laboratoriumssichter, wie er im Handel zu haben ist. Statt dessen kann man auch eine größere Laboratoriumschüttelmaschine entsprechend umbauen. Sie wird zu diesem Zweck mit mehreren übereinanderliegenden Siebkästen etwa der Größe 700 · 250 · 70 mm ausgerüstet, die mit entsprechender Bespannung versehen werden. Zweckmäßig wird diese Bespannung aus 1 bis $1^1/_2$ mm starkem Blech, das mit den Stückgrößen entsprechenden Öffnungen versehen ist, hergestellt.

Es empfiehlt sich, diese Probensortierung nur so weit zu treiben, daß man zerlegt in:

1. zu grobes Material,

2. Gut von im großen und ganzen erwünschter Größe,

3. noch für die Kochung brauchbare Stifte und

4. zu feines Material.

Die Durchschnittsprobe von etwa 3 kg wird nach und nach auf das obere Sieb des in Betrieb gesetzten Sichters gegeben. Nach 10 Minuten dauerndem Lauf werden den Kästen die einzelnen Fraktionen entnommen und gewogen. Der Anteil jeder Größenfraktion wird in Prozenten des Gesamthackgutes ausgedrückt und das Ergebnis wird am besten laufend graphisch aufgetragen. Es vermittelt so ein anschauliches Bild von der Größenverteilung der Schnitzel im Hackgut.

Bestimmung des Aschengehaltes und Untersuchung der Aschenbestandteile.

Bestimmung der Gesamtasche.

Die Bestimmung des Aschengehaltes kann mit jener Probe vorgenommen werden, welche zur Ermittlung der Feuchtigkeit gedient hat. Es ist besonders darauf zu achten, daß die für die Veraschung vorgesehenen Proben nicht durch aus den Zerkleinerungswerkzeugen oder Geräten stammende Asche- und Metallteilchen verunreinigt sind. Die Veraschung geschieht durch anfänglich vorsichtiges Verglimmen bei möglichst niedriger Temperatur und nachheriges stärkeres Glühen der im Platinschälchen oder in der Quarzschale abgewogenen Probe. Zu hohe Temperaturen sind zu vermeiden, um das Verflüchtigen von Mineralbestandteilen, insbesondere Alkalisalzen, und das Sintern der Asche zu verhüten. Die Asche schließt besonders in gesintertem Zustande häufig noch Kohleteilchen ein. Diese hartnäckig zurückbleibenden Reste von Kohle kann man durch Zugabe geringer Mengen von Ammonnitrat, besser noch durch Befeuchten mit einer 3proz. chlor- und schwefelsäurefreien Wasserstoffsuperoxydlösung, Trocknen der befeuchteten Masse auf dem Wasserbade und erneutes Glühen zur Verbrennung bringen.

Die auf diese Weise erhaltenen gewichtsmäßigen Ergebnisse müssen Schwankungen aufweisen, weil, je nach der Temperatur, die beim Glühen angewandt wurde, Kohlensäure und andere Säurereste, Oxalsäure, Essigsäure u. a. mehr oder weniger flüchtig sind. Daher sind die Ergebnisse der Aschebestimmung häufig so unterschiedlich, ja bisweilen kaum vergleichbar. Es empfiehlt sich aus diesem Grunde, sämtliche Aschenbestandteile nach dem Glühen durch Abrauchen mit konzentrierter Schwefelsäure in Sulfate zu verwandeln. Das Ergebnis wird dann unter der Kennzeichnung: Asche als Sulfate angegeben.

Untersuchung der Asche.

Zwecks Feststellung der Menge der verschiedenen Einzelbestandteile in der Asche ist die Veraschung größerer Rohfaserstoffmengen — 10···20 g — notwendig. Die Veraschung erfolgt am besten in einer größeren Platinschale. Der erhaltene Rückstand wird in bekannter Weise mit Kalium-Natrium-Karbonat aufgeschlossen; dann wird die Kieselsäure abgeschieden und gegebenenfalls deren Menge bestimmt. Im Filtrat fällt man die Phosphorsäure mit Ammoniummolybdat. Anschließend scheidet man Eisen und Aluminium als basische Azetate ab und fällt im Filtrat das Mangan mit Brom und Ammoniak als Mangandioxydhydrat. Nach dem Abfiltrieren kann es durch Abrauchen mit konzentrierter Schwefelsäure als Sulfat zur Wägung gebracht werden[1].

---

[1] ADAMEK, V.: Papierfabrikant **35**, 230 (1937).

Wenn es sich darum handelt, in der Asche Chlor und Schwefel zu bestimmen, so empfiehlt es sich, folgenden Weg für die Veraschung einzuschlagen. 10 g des Rohfaserstoffes werden zunächst mit 50 cm³ einer chlor- und schwefelsäurefreien 5proz. Sodalösung unter Zugabe von etwas reiner 5···10 proz. Ätznatronlösung angerührt und auf dem Wasserbade unter öfterem Umrühren zur Trockne eingedampft. Die trockne Masse wird unter allmählicher Steigerung der Temperatur verkohlt, die Kohle mit einem Pistill trocken zerrieben und möglichst weitgehend verbrannt. Die entstandene Asche und die verbliebenen Kohlenreste werden vorsichtig mit 3proz. chlor- und schwefelsäurefreier Wasserstoffsuperoxyd-Lösung gut befeuchtet, der Schaleninhalt wird auf dem Wasserbade zum Trocknen gebracht, im Luftbad scharf getrocknet und wie oben geglüht, mit dem Pistill zerrieben und nochmals geglüht. Alsdann wird die verbliebene Asche mit heißem Wasser auf dem Wasserbade unter gutem Durchrühren ausgelaugt, und die Lösung von dem zurückbleibenden Unlöslichen durch ein dickes oder doppeltes Filter in ein Becherglas abfiltriert. Sind auf dem Filter noch wesentliche Mengen von Kohle zurückgeblieben, so bringt man es samt Inhalt in die Platinschale zurück, verascht völlig, laugt nochmals aus und filtriert die Lösung zu der oben erhaltenen.

Bestimmung des Chlors. Das blanke Filtrat wird nach dem Erkalten vorsichtig mit Salpetersäure angesäuert und mit Silbernitrat in geringem Überschuß versetzt. Das gebildete Silberchlorid wird durch Umrühren zum Zusammenballen gebracht und das ganze zu schwachem Sieden erhitzt. Nach eintägigem Stehen wird das abgesetzte Silberchlorid in einen Gooch- oder Jenaer Glas-Tiegel abfiltriert, mit heißem Wasser und zuletzt mit etwas Alkohol ausgewaschen, getrocknet und gewogen.

Bestimmung des Schwefels. In dem erhaltenen Filtrat wird das überschüssige Silbernitrat durch Salzsäure ausgefällt, das gebildete Silberchlorid abfiltriert und die starke Salzsäurelösung in der Porzellanschale zur Trockne eingedampft, um die Kieselsäure abzuscheiden. Der Rückstand wird im Luftbad scharf getrocknet, mit Salzsäure und heißem Wasser aufgenommen und nach dem Abfiltrieren des Ungelösten, im Filtrat die Schwefelsäure mit Bariumchlorid gefällt. Der Niederschlag wird nach 12stündigem Stehen abfiltriert und als Bariumsulfat getrocknet und gewogen.

Bestimmung des Schwefels ohne Veraschung. Der Schwefel kann auch direkt im Rohmaterial ohne vorherige Veraschung nach KRIEGER[1] durch Verbrennen mit Salpetersäure bestimmt werden. Die Verbrennung mit Salpetersäure ist eine vollständige, und es gelingt leicht, eine blanke Lösung zu erhalten, welche auch bei Wasserzusatz nichts ausscheidet. Die Arbeitsweise ist folgende. Die getrocknete Substanz im Gewicht von etwa 4 g wird in einem Kjeldahlkolben von ungefähr 400 cm³ mit 20 cm³ Salpetersäure vom spez. Gewicht 1,48 übergossen und der Inhalt des Kolbens gut gemischt. Es wird alsdann mit kleiner Flamme erhitzt, bis alle Substanz verschwunden ist. Die Salpetersäure wird durch stärkeres Erhitzen weitgehend abgetrieben, der Rückstand wird mit 200 cm³ heißem Wasser verdünnt, filtriert und heiß mit Bariumchlorid versetzt. Durch Versuche wurde festgestellt, daß Kieselsäure — auch bei Stroharten — bei

---

[1] KRIEGER: Chemiker-Ztg. **39**, 23 (1915).

dieser Arbeitsweise nicht in Lösung geht und daher deren umständliche Abscheidung nicht notwendig ist.

Bestimmung der Kieselsäure. Zu ihrer Bestimmung wird die Asche mehrfach mit reiner Salzsäure in einer Porzellanschale zur Trockne eingedampft, der verbliebene Rückstand wird nach gutem Auslaugen mit heißem destillierten Wasser schließlich auf einem Filter gesammelt; das Filter wird im Platintiegel verascht und gewogen.

Zur Kontrolle wird der Inhalt des Platintiegels mit Flußsäure unter Zugabe von einigen Tropfen konzentrierter Schwefelsäure unter einem Abzug verdampft. Damit die Flußsäuredämpfe im Arbeitsraum nicht belästigen, stellt man den Platintiegel unter einen Steinzeugkrümmer, der an den Abzugsschacht angeschlossen ist. Auf diese Weise wird auch die Ätzung der im Abzug vorhandenen Glasscheiben durch Flußsäure vollständig vermieden.

Bestimmung des Stickstoffgehaltes.

Diese Bestimmung wird wohl nur selten bei den Faserrohstoffen durchgeführt, welche zur Herstellung von Zellstoffen dienen. Von den Faserrohstoffen enthalten die Hölzer nur sehr geringfügige Mengen an Stickstoff. Solche sind freilich größer bei den Stroharten und Bastfasern.

Die Bestimmung erfolgt nach der bekannten Methode von KJEHLDAL. Da die Stickstoffbestimmung nach dieser Methode in ihrer Anwendung auf Halbstoffe im Abschnitt VII, Untersuchung der gebleichten Zellstoffe, näher beschrieben ist, kann auf das dort Gesagte verwiesen werden. Es läßt sich sinngemäß auf die Anwendung der Methode auf die Rohfaserstoffe übertragen.

Bestimmung der wasserlöslichen Stoffe.

Die Rohfaserstoffe enthalten stets wasserlösliche Bestandteile, jedoch meist in einer sehr geringen Menge, die abhängig ist von dem Lebens- und Lageralter des Rohmaterials sowie seiner Zerkleinerung. Je älter und trockner es ist, um so geringer ist häufig auch der Gehalt an wasserlöslicher Substanz. Als wasserlösliche Substanzen kommen in Frage die Pflanzensäfte, deren Inhaltsstoffe neben Eiweißspuren Kohlehydrate verschiedener Art sind, ferner allerdings seltener Gerbstoffe und noch seltener Farbstoffe. Die Bedeutung dieser Bestimmung wird sehr verschieden beurteilt. Vielfach wird sie ganz vernachlässigt, während besonders in den Vereinigten Staaten erheblicher Wert auf die Feststellung der Kalt- und Heißwasserlöslichkeit gelegt wird. Dies dürfte seinen Grund in dem Umstand haben, daß es in den Vereinigten Staaten viele Holzarten gibt, welche erhebliche Menge organischer Bestandteile an Wasser abgeben. Daher dürfte in Einzelfällen die Bestimmung von Bedeutung sein, wie z. B. bei Untersuchung des Holzes von Lärchenarten nach L. E. WISE[1]. Ferner hat RAITT[2] gezeigt, daß durch einfache Wasserkochung von Bambus diejenigen Stoffe entfernt werden, welche bei dem späteren alkalischen Aufschluß die mangelhafte Bleichbarkeit des Bambushalbstoffes bedingen. Es würde also in diesem Falle von Wert sein, zu wissen, wieviel auskochbare Substanz in dem

---

[1] WISE, L. E., in HAWLEY u. WISE: The Chemistry of Wood, S. 176. New York 1926.
[2] RAITT, W.: Papierfabrikant 10, 1471 (1912).

Rohbambus enthalten ist. Das Forest Products Laboratory gibt folgende Vorschrift für die Bestimmung der Kalt- und Heißwasserlöslichkeit[1]:

Kaltwasserlöslichkeit: 2 g lufttrockne zerkleinerte Substanz — Holz in Form von Sägespänen —, deren Feuchtigkeitsgehalt vorher bestimmt worden ist oder völlig trocknes (bei $100 \cdots 105°$ getrocknetes) Material werden in einen 400 cm³ fassenden Erlenmeyer gebracht und mit 300 cm³ destilliertem Wasser übergossen. Man läßt das Gemisch bei Raumtemperatur unter häufigem Umrühren 48 Stunden lang stehen. Hierauf wird das Fasermaterial in einen gewogenen Goochtiegel oder Porzellan- oder Glastiegel mit porösem Boden übergeführt, mit kaltem Wasser ausgewaschen und hierauf im Trockenschrank bei 105° bis zum konstanten Gewicht getrocknet. Zur Trocknung sind gewöhnlich 4 Stunden notwendig. Der Gewichtsverlust der angewandten Substanz gibt die Menge wasserlöslicher Stoffe im Rohmaterial an.

Heißwasserlöslichkeit: 2 g Untersuchungsmaterial im lufttrocknen oder völlig trocknen Zustand werden in einem 200 cm³ fassenden Erlenmeyer-Kolben, der mit Rückflußkühler versehen ist, mit 100 cm³ destilliertem Wasser 3 Stunden lang erhitzt. Der Erlenmeyer-Kolben wird hierbei in ein siedendes Wasserbad gehängt. Nach dieser Zeit wird das Fasermaterial in einem Filtriertiegel gesammelt, mit heißem Wasser gewaschen und bei 105° zum konstanten Gewicht getrocknet. Der Gewichtsverlust bei der Heißwasserextraktion gibt die Menge der in kochendem Wasser löslichen Substanzen an.

Bestimmung des Gehaltes an harz-, fett- und wachsartigen Stoffen und ätherischen Ölen.

Allgemeines. Vorbereitung der Probe. Die Faserstoffe enthalten je nach ihrer Art sehr verschiedene Mengen von Harz, Fett, Wachs und ätherischen Ölen. Harz, Fett und ätherische Öle sind z. B. charakteristisch für die Nadelhölzer; Fette und Wachse für Stroharten, Bastfasern und Samenhaare. Es ist üblich, den Gehalt an solchen Stoffen, welche die Verarbeitbarkeit des Rohmaterials auf Papierfasern unter Umständen erheblich beeinflussen, durch Extraktion mit neutralen organischen Lösungsmitteln zu bestimmen. Es ist dabei zu berücksichtigen, daß Harz, Fett und Wachs usw. nicht gleichmäßig in den Faserrohstoffen verteilt sind und demnach verhältnismäßig große Materialmengen — möglichst nicht weniger als $20 \cdots 25$ g — der Extraktion unterworfen werden müssen, um einen Durchschnittswert zu gewinnen. So ist z. B. die Stammbasis eines Nadelholzbaumes wesentlich harzreicher als der Wipfelteil. Ebenso ergeben sich Unterschiede bezüglich des Harzgehaltes im Splint und Kern. Bei der Probenahme für die Extraktion muß diesen Verhältnissen Rechnung getragen werden. Besondere Aufmerksamkeit muß auch dem Lageralter der Proben geschenkt werden. Es ist nachgewiesen, daß beispielsweise frisches Sägemehl ganz andere Harzmengen bei der Extraktion ergibt als länger gelagertes Sägemehl. Die Harz- und Fettbestandteile erleiden, besonders rasch bei stärkerer Erwärmung, Veränderungen, so daß sie teilweise in den organischen Lösungsmitteln unlöslich werden. Man muß also das Alter der Proben berücksichtigen und, wenn feuchtes Material zu verarbeiten ist, dieses Vortrocknen.

---

[1] Forest Products Laboratory: Paper Trade J. 87, 241 (1929).

Das Vortrocknen ist nicht zu umgehen, um eine Veränderung der Zusammensetzung des Lösungsmittels durch den Wassergehalt des Gutes möglichst in engen Grenzen zu halten und es muß bis auf einen Feuchtigkeitsgehalt von etwa 5···15% herab erfolgen[1]. Die Vortrocknung ist bei mäßiger Wärme (30 bis 40°) durchzuführen, da höhere Temperaturen ein teilweises Unlöslichwerden und auch eine Zersetzung der Extraktstoffe herbeiführen können.

Weitgehende Zerkleinerung des Materials wird sowohl diese Vortrocknung wie auch die anschließende Extraktion in ihrer Zeitdauer günstig beeinflussen.

Über die Beschaffenheit und die Zerkleinerung der Probe, insbesondere wenn Holz zur Untersuchung vorliegt, sei noch auf folgendes hingewiesen. Der Zerkleinerungsgrad muß ein gutes Eindringen des Lösemittels bis in das Innere der einzelnen Teilchen in der zur Verfügung stehenden Zeit gewährleisten. Hackspäne, wie sie in den Zellstoffwerken im Betrieb erhalten werden, sind zu groß. Es empfiehlt sich, diese durch Zerbrechen oder Zerschneiden in der Faserrichtung noch auf etwa ein Viertel ihrer ursprünglichen Größe zu zerkleinern. Im Betrieb anfallende feinere Sortierabgänge, insbesondere solche von der Größenordnung der Sägespäne, vermeide man für die Mengenbestimmung der Extraktstoffe zu verwenden. In ihnen sind erfahrungsgemäß diese Bestandteile ganz beträchtlich angereichert. Wohl aber können sie für die Gewinnung größerer Mengen solcher Extraktstoffe zwecks deren weiterer Untersuchung vorteilhaft Anwendung finden. Geht man vom festen Holz aus, so muß, wie schon bei der Vorbereitung der Proben für die Analyse allgemein gesagt wurde, die Bildung größerer Mengen feinsten Mehles vermieden werden. Es genügt im übrigen, die Zerteilung für diesen Zweck so weit zu führen, daß entweder grobe Bohrspäne vorliegen, oder die einzelnen stäbchenförmigen Teilchen etwa den Querschnitt von Streichhölzchen besitzen. Die Menge der zu untersuchenden Probe sollte bei Holz beim einzelnen Versuch mindestens 25···50 g betragen.

Lösungsmittel.

Für die Extraktion der genannten Stoffe sind äußerst zahlreiche organische Lösungsmittel vorgeschlagen worden. Man kann sie in zwei Gruppen einteilen: die mit Wasser völlig oder teilweise mischbaren und die wasserabstoßenden Lösungsmittel. Zu den ersteren zählen von den im häufigen Gebrauch befindlichen Lösungsmitteln der Alkohol und der Äther, zu den letzteren Benzol und die Chlorkohlenwasserstoffe.

Der Äther als Lösungsmittel erfreut sich wohl der größten Beliebtheit. Äther ist ein ausgezeichnetes Lösemittel für Harz und Fett und löst diese Stoffe wohl ohne irgendwelche Veränderungen aus dem Holz. Er dürfte im übrigen das bisher am meisten angewandte Lösemittel sein. Er hat, wie der Alkohol, den Vorzug, mit Wasser (wenigstens teilweise) mischbar zu sein, so daß man eine völlige Benetzung und Durchdringung des wasserhaltigen Rohfaserstoffes erreicht. Als Nachteile des Äthers gelten seine große Flüchtigkeit, welche erhebliche Verluste bedingt, ferner die Explosionsgefahr. Äther bildet bei längerem Aufbewahren Superoxyde, die beim Eindampfen zur Explosion neigen. Zum Nachweis dieser Superoxyde schüttelt man Äther mit Wasser, dem etwas Jodkaliumstärkelösung

---

[1] Schwalbe, C. G.: Zellstoff u. Papier 1, 3 (1921).

zugesetzt worden ist. Bei ihrer Gegenwart wird Jod in Freiheit gesetzt, das sich durch Blaufärbung der Stärke kenntlich macht. Sind in längere Zeit unbenutzt gebliebenem Äther Superoxyde entstanden, so schüttelt man ihn mit schwefelsaurer Eisen(III)sulfatlösung, trennt die Lösung ab und reinigt den Äther dann durch Destillation.

Alkohol ist kein besonders gutes Lösungsmittel für Fette und Wachse, hat aber den Vorzug, die Faserrohstoffe völlig zu durchtränken und zum Teil Stoffe zu lösen, welche zur Charakteristik der betreffenden Faserstoffe dienen können. Ein Nachteil liegt darin, daß diese Lösefähigkeit sich auch auf kohlehydratartige Stoffe, z. B. Zucker, ferner Ligninbestandteile, sowie Gerbstoffe, Farbstoffe u. a. m. erstreckt, so daß häufig mit Alkohol hohe Werte erzielt werden. Wird dann der damit erhaltene Extrakt mit Wasser ausgezogen, so zeigt es sich, daß ein erheblicher Teil dabei in Lösung geht. Zweckmäßig ist daher Anwendung des Alkohols nach der Ätherextraktion, um gegebenenfalls charakteristische Inhaltsstoffe der Faser in diesem Extrakt quantitativ bestimmen zu können.

Benzol ist in seiner Lösefähigkeit für Harz, Fett und Wachs außerordentlich wirksam. Der Nachteil liegt in seiner wasserabstoßenden Eigenschaft, so daß wasserhaltige Membranen erst dann durchdrungen werden, wenn das Lösungsmittel das Wasser aus den Geweben in Dampfform mit fortgeführt hat.

Auch Azeton ist als Lösemittel für die Harz- und Fettbestandteile in Vorschlag gebracht worden. Seine besondere Eigenschaft ist aber sein Lösevermögen gegenüber im Kiefernholz vorhandener Stoffe von säureartigem Charakter, die den Aufschluß dieses Holzes mit Bisulfitlauge erschweren oder ganz verhindern können[1].

Chlorkohlenwasserstoffe haben ebenso wie das Benzol ein hervorragendes Lösevermögen für echte Harze, Fette und Wachse. Sie besitzen den ferneren Vorzug, im Gegensatz zu den bisher erwähnten Lösungsmitteln nicht brennbar zu sein, so daß bei ihrer Anwendung eine Feuersgefahr ausgeschlossen ist. Manche von den Chlorkohlenwasserstoffen haben allerdings den Nachteil, daß sie bei der Berührung mit wasserhaltiger Faser Salzsäure abspalten und dadurch Zersetzungen des Fasermaterials hervorrufen. Aus diesem Grunde ist die sehr beliebte Verwendung von Chlorkohlenwasserstoffen als organisches Lösungsmittel etwas bedenklich und Vorsicht ist bei ihrer Anwendung am Platze, um so mehr als häufig diese Extraktion als einleitende Operation vor der Untersuchung von Faserrohstoffen als notwendig erachtet wird.

In letzter Zeit hat sich insbesondere das Dichlormethan als Lösungsmittel eingeführt. Es ist in sehr reiner Form — 99proz. — im Handel zu haben. Es muß, um Zersetzung zu vermeiden, vor Licht geschützt in braunen Flaschen aufbewahrt werden. Bei laufender Benutzung zur Extraktion feuchter Rohfaserstoffe zeigt aber auch dieses Lösungsmittel schwach saure Reaktion. Aus diesem Grund sollte es vor der Anwendung immer auf seine Reaktion geprüft werden und gegebenenfalls durch Ausschütteln mit ganz schwach alkalisch gemachtem Wasser und anschließende Destillation von vorhandenen Säurespuren befreit werden. Vor der erstmaligen Anwendung empfiehlt sich weiter eine Prüfung auf Freiheit von Rückständen, welche als Thymol und phenolartige Körper, wenn auch selten, in ihm beobachtet worden sind.

---

[1] Hägglund, E.: Svensk Papperstidn. **19**, Sondernummer (1936).

Auch Mischungen verschiedener Lösungsmittel sind zu dem hier vorliegenden Zweck in Vorschlag gebracht worden. So ist besonders die Mischung Benzol und Alkohol sehr häufig zur Anwendung gelangt. Während man in Deutschland zumeist ein Mischungsverhältnis von 1 : 1 Volumenteilen benutzt, zieht man in den Vereinigten Staaten ein solches von 1 : 3 vor[1]. Die Mischung von Benzol und Alkohol ist unleugbar äußerst wirksam, wenn man sich das Ziel setzt, möglichst viel Harz-Fett-Extrakt aus den Rohfasern herauszuholen.

Tabelle 5. Übersicht der für die Extraktion in Frage kommenden Lösungsmittel.

Lösungsmittel	Siedepunkt °C	Dichte 15°
Äther	35	0,714
Methanol, Methylalkohol	65	0,790
Äthanol, Äthylalkohol	78	0,789
Azeton	56	0,792
Dichlormethan, Methylenchlorid	40	1,336
Chloroform	61	1,488
Tetrachlorkohlenstoff	77	1,594
Benzol	80	0,879

Der Nachteil des Gemisches liegt aber darin, daß man bei Wiederverwendung des abdestillierten Lösungsmittels nicht sicher ist, ob das ursprüngliche Verhältnis der Bestandteile noch vorhanden ist, und es demnach vorkommen kann, daß bei Serienbestimmungen die verschiedenen Proben mit wechselnd zusammengesetzten Lösungsmitteln ausgezogen werden. Erwähnt sei noch, daß die Mischung Benzol und Methanol (1 : 1 Volumen) für die Extraktion von Fett und Wachs aus Weizenstroh benutzt worden ist und sich hierfür als sehr brauchbar erwiesen hat.

Extraktionsapparate.

Die in Frage kommenden Extraktionsapparate lassen sich in zwei Gruppen einteilen. Bei der einen erfolgt die Herauslösung der Extrakte durch das flüssige Lösungsmittel, bei der andern geschieht sie im Dampf der Löseflüssigkeit. In der ersten Gruppe wieder gibt es Apparate, bei denen die Lösung der Extraktstoffe durch unmittelbares Auskochen des Gutes erreicht wird. Bei ihnen reichern sich die harz- und fettartigen Stoffe dauernd in der Löseflüssigkeit an und ändern also deren Beschaffenheit. Im Gegensatz hierzu wird bei anderen durch sinnreiche Einrichtungen bewirkt, daß das Gut dauernd mit nahezu unverändertem flüssigen Lösungsmittel in Berührung kommt (Soxhletapparat). Gerade diese Apparattype ist zur Erlangung von Extrakten, welche nicht mit anderen Stoffen gemengt sind, sehr gut geeignet, wenn auch zugegeben werden muß, daß sie im allgemeinen teuer in der Anschaffung ist und die Extraktion in ihr längere Zeit als in den Apparaten der erstgenannten Gruppe erfordert.

Ganz allgemein sollte man bei den Bestimmungen Apparate wählen, welche größere Mengen des sperrigen und leichten Gutes aufnehmen können. Auch sollte man trotz der höheren Kosten alle anderen Verbindungen als Glasschliffe vermeiden. Kork- oder gar Gummipfropfen geben immer lösliche Stoffe an die organischen Lösungsmittel ab, und bei den verhältnismäßig geringen Extraktmengen, um die es sich im vorliegenden Falle zumeist handelt, können dadurch ganz mißweisende Ergebnisse erzielt werden.

---

[1] Marion, L.: Canad. J. Res. **12**, 554 (1935).

Für das Erhitzen der Apparatur ist unmittelbare Heizung mit der elektrischen Heizplatte einer solchen auf dem Wasserbad vorzuziehen. Die Dämpfe, welche vom Wasserbad aufsteigen, kondensieren sich zum Teil an den äußeren kalten Kühlerwandungen und das Kondensat kann beim Herablaufen in mehr oder weniger großer Menge auch noch durch Glasschliffe in das Innere des Extraktionskolbens gelangen und dann die Aufarbeitung erschweren. Bei der Erhitzung auf elektrischen Wärmeplatten muß, wenn nötig, durch Unterlegen von Asbestplatten unter den Extraktionskolben für gleichmäßiges und nicht zu starkes Sieden gesorgt werden.

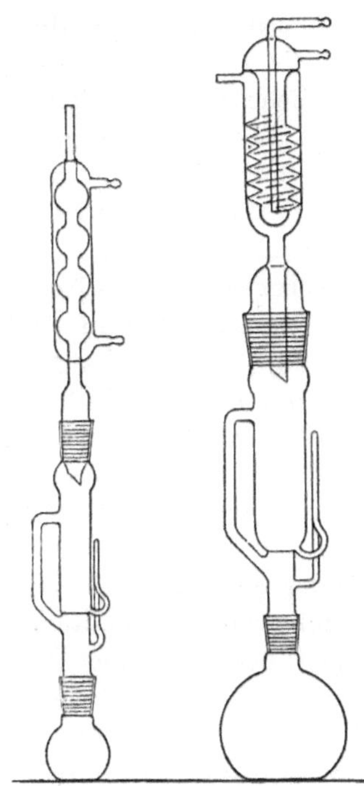

Abb. 11. Soxhlet-Extraktionsapparate mit Glasschliffen.

Soxhletapparate. Es erübrigt sich, die allgemein bekannten Konstruktionen der Soxhletapparate näher zu erläutern. Es sei darauf hingewiesen, daß jetzt diese Apparate mit Normalglasschliffen geliefert werden, so daß beim Zerbrechen eines Teiles der Apparatur nicht der ganze Apparat wertlos ist, sondern nur ein Teil ersetzt werden muß. Solche Formen von neuzeitlichen Soxhletapparaten zeigt die nebenstehende Abbildung (Abb. 11).

Zwecks Erhalt übereinstimmender Werte ist auch bei den Soxhletapparaten darauf zu achten, daß im eigentlichen Extraktionsraum bei Reihen- oder Vergleichsversuchen die gleiche Temperatur herrscht. Es kann daher von Vorteil sein, wenn man in diesen Raum ein kleines Thermometer zwecks Kontrolle einhängt. Aus diesem Grund ist auch schon vorgeschlagen worden, den Soxhletapparat so zu gestalten, daß mit siedendem Lösemittel extrahiert wird[1]. Allerdings sind solche Apparate besonders kostspielig.

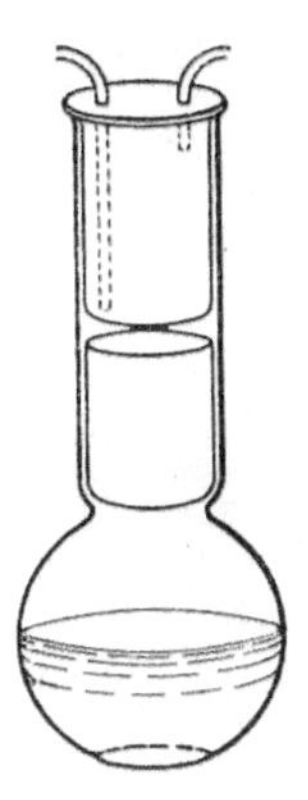

Abb. 12. Extraktionsapparat. (Nach Besson.)

Extraktionsapparate nach Besson. Statt der teuren Soxhletapparate werden in der Praxis häufig die Extraktionskölbchen nach Besson[2] verwandt. Abb. 12 veranschaulicht eine solche Apparatur, bei welcher die Extraktion im Dampfstrom erfolgt.

Wie aus der Abbildung ersichtlich ist, ruht zwecks Vermeidung von Korkverbindungen die Extraktionshülse im weithalsigen Extraktionskolben selbst auf Glasvorsprüngen. Der obere Teil des Kolbens wird von einem kleinen Nickel- oder verzinnten Kupferkühler ziemlich dicht anschließend ausgefüllt. An diesem Kühler mit halbrundem Boden und einer Abtropfnase kondensiert das Lösungsmittel, tropft in die Hülse und durch diese in den Kolben.

Auch die Extraktion mit dieser Apparatur betreibt man mit Vorteil auf einer elektrischen Heizplatte. Wendet man nämlich ein Wasserbad an, so kon-

---

[1] Jonas, K. G.: Wbl. Papierfabrikat. **61**, Festheft 97 (1930).
[2] Besson: Chemiker-Ztg. **30**, 860 (1915).

densiert auf dem Kühler Wasser und gelangt von da leicht in den Kolben, wo es im Lösungsmittel die Extraktion beeinflussen kann. Bis zu einem gewissen Grade kann man diesen Übelstand vermeiden, wenn man den oberen Teil des Kolbens mit einem Filtrierpapierring umkleidet, über den der vorspringende Rand des Kühlers herübergreift.

Das Gewicht des Bessonkolbens ist meist in der Größe, daß seine Wägung auf der analytischen Waage noch durchführbar ist. Die Wägung des erhaltenen Extraktes kann also unmittelbar im Kolben erfolgen. Jedes Umfüllen wird sonach vermieden.

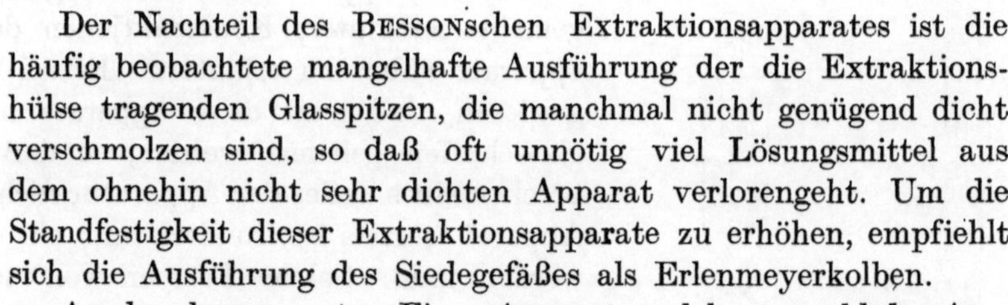

Abb. 13. Auskochapparat. (Nach WISLICENUS.)

Der Nachteil des BESSONschen Extraktionsapparates ist die häufig beobachtete mangelhafte Ausführung der die Extraktionshülse tragenden Glasspitzen, die manchmal nicht genügend dicht verschmolzen sind, so daß oft unnötig viel Lösungsmittel aus dem ohnehin nicht sehr dichten Apparat verlorengeht. Um die Standfestigkeit dieser Extraktionsapparate zu erhöhen, empfiehlt sich die Ausführung des Siedegefäßes als Erlenmeyerkolben.

Auskochapparate. Einen Apparat, welcher sowohl das Auskochen des Gutes wie auch sein Ausziehen im Dampfstrom ermöglicht, hat WISLICENUS[1] angegeben (Abb. 13). Aus oben angeführten Gründen empfiehlt es sich jedoch, den mit Stanniol überzogenen Korkpfropfen der Abbildung durch Glasschliff zu ersetzen. Das Wesentliche des Apparates ist die verschiebbare Aufhängevorrichtung für die Extraktionshülse. Durch das Kühlrohr des Kugelkühlers wird ein Aluminiumdraht geschoben, an welchem die Hülse selbst oder ein Drahtgehänge oder ein Säckchen befestigt wird. Durch die Extraktionshülse mit verstärktem Rand wird zweckmäßig ein Draht hindurchgezogen, oben zu einer Öse mit herabhängenden Abtropfenden zusammengedreht und am langen Hängedraht so befestigt, daß beim Herunterlassen in die Flüssigkeit die Hülse sich nicht aushaken kann. Ist der Kolbenhals etwas knapp, so muß der Hülsenrand durch Umfassung mit Draht rund gehalten werden. Um zu verhindern, daß außen am Kühler herablaufendes Schwitzwasser durch den Stopfenschliff in den Kolben gelangt, umwickelt man das untere Ende des Kühlers oberhalb des Stopfens mit einem Streifen Zellstoff, der das Wasser leicht aufsaugt.

Der Hauptvorteil dieses einfachsten Extrahiergerätes liegt darin, daß man die Substanz zunächst im groben durch Eintauchen erst rasch auskochen, dann die letzten Reste von Extrakt sehr leicht durch Heraufziehen der Hülse in den Dampfraum im Kolbenhals ausziehen kann. Durch diese Einrichtung wird erheblich an Zeit gespart, ein Vorteil, welcher aber meist nur durch eine Vermengung des Extraktes mit anderen Stoffen erkauft wird.

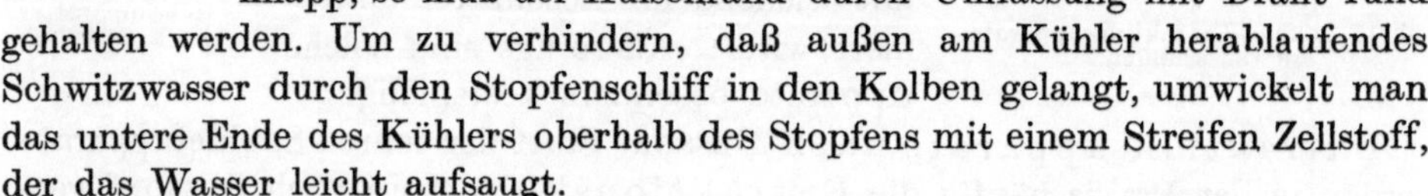

Durchführung der Extraktion.

a) Bei Soxhletapparaten. Die abgewogene Probe des zu untersuchenden Materials wird, falls die Einzelteilchen nicht zu klein sind, unmittelbar in den

---

[1] WISLICENUS, H.: Zellstoffchem. Abh. 1, 72 (1920).

Extraktionsapparat eingefüllt. Damit beim Soxhletapparat nicht feine und feinste Anteile durch das Lösemittel in den Kolben gespült werden, legt man vor die Einmündung des Heberröhrchens in den Aufnahmebehälter für die Probe ein kleines Filterkissen aus entfetteter Watte oder ähnlichem. Es sei bemerkt, daß es zur Verhinderung dieses Mitreißens feiner Teile Soxhletapparate gibt, in denen ein poröses eingeschmolzenes Glasfilter die Mündungsstelle des Heberrohres abschließt. In solchen Apparaten lassen sich dann auch Sägespäne und andere fein zerkleinerte Stoffe ohne besondere Vorkehrungen ausziehen. Diese müssen sonst nach Einfüllen in die bekannten Filtrierpapierhülsen der Extraktion unterworfen werden. Da nun die im Handel erhältlichen Hülsen für das meist sperrige Gut ein zu geringes Fassungsvermögen besitzen, fertigt man sich am besten solche Hülsen selbst an. Dies geschieht am einfachsten so, daß man über einen Glaszylinder von der ungefähren Größe des Aufnahmebehälters zwei Lagen Filtrierpapier wickelt, deren überstehende Enden man durch Zusammenfalten zu einem hinreichend dichten Boden formt. Zieht man dann die so gebildete Hülse vom Zylinder ab, so hat man einen tütenförmigen Aufnahmebehälter, der meist seinen Zweck vollauf erfüllen wird. Ein Abdecken des zu extrahierenden Gutes in der Hülse mit etwas Watte ist empfehlenswert, um zu verhindern, daß Teile hiervon durch das vom Kühler abtropfende Lösungsmittel herausgeschleudert werden. Um vollkommen gleichmäßiges Umspülen des Gutes herbeizuführen, fülle man es nicht zu fest ein.

Nach dem Einfüllen und Zusammensetzen des Apparates wird mit dem Erwärmen begonnen. Man extrahiert vom beginnenden Sieden an gerechnet bei Soxhletapparaten gewöhnlich 4···6 Stunden, welche Zeit erfahrungsgemäß genügt. Je länger man extrahiert, um so höhere Werte erhält man. Wie Wahlberg[1] nachgewiesen hat, kann man eine Extraktion von Holz wochen- und monatelang fortsetzen, ohne ein Ende zu erreichen. Praktisch ist diese Beobachtung natürlich ohne Belang. Man hilft sich im allgemeinen dadurch, daß man eine willkürliche Extraktionsdauer z. B. eben die schon erwähnten 4···6 Stunden als normal ansieht. Allerdings kommt es dabei auch auf die Wirksamkeit der angewandten Apparatur an, so daß bei wenig wirksamen Apparaten 4 Stunden noch zu kurz sein können und bei Massenanalysen eine durch die Erfahrung festgelegte längere Zeitdauer erforderlich sein kann.

Außer der Zeit spielt bei den Soxhletapparaten auch die Zahl der Abheberungen eine Rolle. Es muß deshalb deren Anzahl in der Stunde beobachtet und möglichst gleichgehalten werden. Aus diesem Grund kann sich bei Anwendung von Lösungsmitteln von höher liegendem Siedepunkt bisweilen ein Schutz der großen Oberfläche des Apparates gegen Wärmeabstrahlung nach außen hin notwendig machen.

Nach beendeter Extraktion wird das Lösemittel aus dem Kolben des Extraktionsapparates abdestilliert, der Kolben kurze Zeit im Trockenschrank oder noch besser bei niedriger Temperatur im Vakuum getrocknet und dann gewogen. Ist die Extraktion mit Apparaturen durchgeführt worden, deren Kolben zur Wägung auf der Feinwaage zu groß sind, so wird das den Extrakt gelöst haltende Lösungsmittel nach und nach in einen kleineren Kolben überführt und aus

---

[1] Wahlberg, H. E.: Zellstoff u. Papier **2**, 129 (1922).

diesem abdestilliert. Nicht immer wird sich ein Filtrieren vermeiden lassen. Man führt es am besten unter Benutzung eines Trichters durch, welcher als Filter einen kleinen in das Ablaufrohr gesteckten Wattepfropfen enthält. Gewöhnliche Papierfilter vermeide man zu benutzen, da ihre Anwendung zu Verlusten führt.

b) Bei anderen Apparaten. Manches was über die Durchführung der Untersuchung unter Benutzung des Soxhlets gesagt worden ist, gilt auch für die anderen Apparate. Soweit Unterschiede bestehen, sei folgendes hier angeführt. Beim Bessonapparat werden nach beendeter Extraktion Kühler und Hülse entfernt, ein gutschließender, mit Stanniol überzogener Kork mit gebogenem Ableitungsrohr wird auf den Kolben aufgesetzt und nunmehr ein Kühler angeschlossen. Das Lösungsmittel wird durch direkte Erhitzung oder durch solche im Wasserbad abdestilliert. Der Rückstand wird in üblicher Weise getrocknet und der Kolben gewogen. Ein Umfüllen kann also vermieden werden.

Da die Extraktmengen, verglichen mit dem Gewicht des Kolbens, immer sehr klein sein werden, wird es sich doch im Hinblick auf die Genauigkeit der Bestimmung verlohnen, nach beendeter Extraktion den Kolbeninhalt in ein kleineres Kölbchen zu überführen und in diesem nach Abdampfen des Lösungsmittels den Extrakt zur Wägung zu bringen. In diesem Fall sind dann Abdampfkölbchen vorzuziehen, welche eingeschliffene Pfropfen mit Rohransatz zum Anschluß an den Kühler besitzen.

Bei Apparaten von der Art des von WISLICENUS angegebenen wird man nach beendeter Extraktion immer eine Überführung des Inhaltes des Siedegefäßes in kleinere Kolben vornehmen müssen, auch wird sich hier meist die Notwendigkeit ergeben, bei diesem Umfüllen die Extraktlösung zu filtrieren.

Angabe der Ergebnisse. Da die in der beschriebenen Weise erhaltenen Extrakte keine Gemische von reinem Harz, Fett und Wachs darstellen, soll man es grundsätzlich vermeiden, die Ergebnisse der Bestimmung als Menge des Harz- und Fettgehaltes in dem untersuchten Rohstoff zu kennzeichnen. Allein richtig ist es, sie unter Erwähnung des Lösungsmittels, beispielsweise als Ätherextrakt, Dichlormethanextrakt usw. anzuführen. Daneben sollte immer auch angegeben werden, ob die Werte durch Extrahieren im Soxhlet- oder Bessonapparat oder durch Auskochen erhalten worden sind, sowie welche Zeit hierbei innegehalten wurde. Schließlich ist im Hinblick auf die ungleiche Verteilung der Extraktstoffe in den Faserstoffen eine Anführung der Zahl der Einzelbestimmungen erwünscht, welche zu dem Endergebnis geführt haben.

Untersuchung des Rohextraktes.

Will man möglichst genaue Zahlen für den Gehalt eines Rohstoffes an eigentlichen harz-, fett- und wachsartigen Stoffen gewinnen, so ist dies erfahrungsgemäß erreichbar, wenn der Rohextrakt einer weiteren Untersuchung unterworfen wird. Die dann gewonnenen Zahlen, deren Erhalt aber Zeit und erhebliche Mehrarbeit erfordert, stellen sichere und vor allem vergleichbare Werte dar.

Der in vorbeschriebener Weise erhaltene Extrakt ist zumeist ein Gemisch von harz-, fett- und wachsartigen Stoffen. Die Trennung des Rohextraktes erfolgt zweckmäßig nach folgendem Schema[1].

---

[1] SIEBER, R.: Über das Harz der Nadelhölzer und die Entharzung von Zellstoffen, 2. Aufl., S. 135. Berlin 1925.

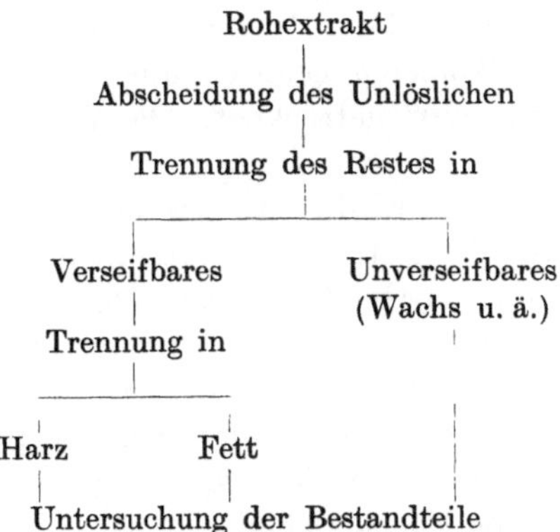

Abscheidung und Bestimmung des Unlöslichen (der nicht zu den harz-, fett- und wachsartigen Stoffen gehörenden Beimengungen).

Als solches sind hier die Bestandteile des Rohextraktes bezeichnet, welche sich nicht in warmer alkoholischer Kalilauge lösen. Nimmt man Ätherextrakt in Arbeit, so löst sich dieser zumeist in der Kalilauge, trotzdem er ja einen nicht unbeträchtlichen Teil nichtverseifbarer, wachsartiger Bestandteile enthält. Bei Rohextrakten, welche mit Alkohol erhalten werden, verbleibt häufig ein Teil ungelöst. Seine Abfiltrierung begegnet, da sie in der Wärme erfolgen muß, meist einigen Schwierigkeiten. Leichter wird die Abtrennung dieser Begleitstoffe bisweilen in einem späteren Stadium des Analysenganges, nämlich bei der Scheidung des Harzes vom Fett. Nach der Veresterung mit Säure werden die Begleitstoffe in den organischen Lösungsmitteln unlöslich und können als braune Fällung im Scheidetrichter vom harz- und fetthaltigen Gemisch leichter abgetrennt werden. Bei der Analyse von Rohätherextrakt wird man, wie gesagt, selten Schwierigkeiten durch derartiges Unlösliches haben, weshalb man hier unmittelbar den Rohextrakt zur Trennung von Verseifbarem und Unverseifbarem in Arbeit nehmen kann.

Trennung in Verseifbares und Unverseifbares. Diese geschieht so, daß man eine gewogene Menge des Rohextraktes zunächst mit alkoholischer $^n/_1$- oder $^n/_2$-Kalilauge am Rückflußkühler verseift. Die Dauer der Verseifung wähle man nicht kürzer als etwa 1 Stunde. Danach läßt man nur mäßig abkühlen und füllt den Kolbeninhalt in einen kleineren Scheidetrichter. Man spült mit Wasser und Alkohol nach und zuletzt — nach dem Abkühlen des Trichterinhaltes — muß ein wenig Petroläther nachgegeben werden (Siedepunkt 35···50°). Man hat darauf zu achten, daß die Konzentration des Alkohols in der auszuschüttelnden Lösung stets reichlich über 50% verbleibt. Vom Petroläther wird insgesamt so viel zugesetzt, daß seine Menge etwa ein Viertel bis ein Drittel des Volumens der alkalischen Flüssigkeit ausmacht. Dann wird gut durchgeschüttelt. Nach erfolgter Trennung in zwei Schichten wird die Alkalilösung in einen zweiten Scheidetrichter abgelassen und der im ersten Trichter verbleibende Anteil neuerlich mit Petroläther ausgeschüttelt. Insgesamt werden meist vier derartige Ausschüttelungen genügen: Jedenfalls muß der Petroläther schließlich wasserklar bleiben. Alle Petrolätherauszüge werden in einem größeren Scheidetrichter vereinigt und hierin ihrerseits mit einigen Kubikzentimetern 1proz. Lauge, der man das gleiche Volumen Alkohol zugesetzt hat, zweimal ausgeschüttelt. Darauf wird der Petroläther mit Wasser mehrere Male gewaschen, in einen gewogenen Kolben abgelassen, aus diesem abgedampft und der Kolbeninhalt endlich bei $50\cdots70°$ getrocknet. Die Wägung gibt das **Unverseifbare**.

Zur alkalischen Seifenlösung wird die letzterwähnte kleine Laugenmenge gesetzt, die zur Ausschüttelung des Petroläthers gedient hat. Man säuert an, fügt Äther hinzu und schüttelt gut durch. Harz und Fett werden vom Äther gelöst und können in entsprechender Weise wie das Unverseifbare in wägbarer Form abgeschieden werden: **Summe des Verseifbaren.** Es ist empfehlenswert, nach der erstmaligen Ausschüttelung der sauren Flüssigkeit sie in einen anderen Trichter zu überführen und hier etwa noch rückständiges Harz und Fett ihr durch eine neuerliche Ausschüttelung zu entziehen.

Trennung in fett- und harzartige Stoffe. Diese Trennung erfolgt nach der von WOLFF und SCHOLZE abgeänderten Twitchell-Methode. Zu ihrer Ausführung verfährt man folgendermaßen.

Für je 1 g in einem kleinen Kolben abgewogenes Gemisch verwendet man zur Lösung 5 cm³ **absoluten** Methyl- oder Äthylalkohol. Ist alles gelöst, setzt man halb soviel des Veresterungsgemisches hinzu. Dieses besteht aus 1 Teil konzentrierter Schwefelsäure und 4 Teilen absolutem Methyl- oder Äthylalkohol. (Unter guter Kühlung zusammengießen.) Der Kolbeninhalt wird dann 3 bis 5 Minuten gelinde am Rückflußkühler gekocht. Nach gutem Abkühlen überführt man den Inhalt des Kolbens in einen kleineren Scheidetrichter, in welchen man außerdem etwa das $4\cdots5$fache Volumen der die Harzsäuren und Fettester haltenden Flüssigkeit an 10proz. Kochsalzlösung gibt. Mit anschließend zugefügtem Äther schüttelt man nun obengenannte Bestandteile aus. Eine zweimalige Ausschüttelung wird zumeist genügen, um die Fettester und die Harzsäuren der wäßrigen Flüssigkeit völlig zu entziehen. Die Ätherlösung wird gut mit neuer Salzlösung gewaschen und um ihr die Harzsäuren zu entziehen, dann mit verdünnter Lauge ausgeschüttelt. Man verwendet 1proz. Lauge, und zwar zur ersten Ausschüttelung etwas mehr als theoretisch erforderlich ist und zu zwei folgenden etwa je ein Drittel dieser Menge. Man kann überschlägig annehmen, daß meist beiläufig 40% des Gemisches aus Harz mit einer Säurezahl von rund 200 besteht. Durch diese Behandlung wird das Harz in ätherunlösliches Natriumresinat überführt. Die diese Verbindung enthaltenden alkalischen Auszüge werden in einem Scheidetrichter vereinigt; es wird angesäuert, Äther zugegeben und das abgeschiedene Harz durch Schütteln in diesen übergeführt. Die Ätherlösung wird mehrmals mit destilliertem Wasser gewaschen, dann in einen gewogenen Kolben abgelassen, aus welchem der Äther abdestilliert wird. Nach kurzem Trocknen im Wassertrockenschrank wird gewogen: **Harzsäuren.**

Zur Überführung der Fettsäureester in die Säuren verseift man nach Vertreibung des größten Teiles des sie gelöst haltenden Äthers am Rückflußkühler mit alkoholischer Lauge in der Wärme. Auch hier ist die Dauer der Verseifung etwa eine Stunde. Alsdann treibt man Äther und Alkohol so weitgehend als möglich ab und gibt in den Kolben ein wenig warmes Wasser. Die erhaltene Seifenlösung wird in einem Scheidetrichter mit Säure zersetzt, und die abgeschiedenen Fettsäuren werden nach Ausschütteln mit Äther wie die Harzsäuren in wägbarer Form gewonnen: **Fettsäuren.**

Untersuchung der Einzelbestandteile. a) Löslichkeit der Auszüge und Einzelbestandteile in Petroläther (Siedepunkt $50\cdots60°$). Sie wird wie folgt ausgeführt. Eine nicht zu kleine Menge der zu untersuchenden Probe wird in einem etwa 200 cm³ fassenden Kölbchen oder Becher auf der analytischen Waage genau abgewogen, zweckmäßig zusammen mit einem kleinen, späterhin als Rührer dienenden Glasstab. Diese Harz- und Fettmenge wird darauf mit 50 cm³ Petroläther übergossen und gut verrührt. Nachdem die lösende Wirkung des Petroläthers in der Kälte, durch öfteres Umrühren unterstützt, 2 Stunden lang angedauert hat, wird die über der am Boden sich absetzenden Masse stehende Flüssigkeit vorsichtig in einen gewogenen Glaskolben gefüllt und der im Becherglas oder Kölbchen verbliebene Rückstand nochmals 15 Minuten lang mit 100 cm³ Petroläther behandelt, welcher dann in der gleichen Weise abgegossen wird. Aus dem Kolben wird die Flüssigkeit abdestilliert und der erhaltene Rückstand, wie auch der im Becherglas verbliebene, bei $40\cdots50°$ vorsichtig getrocknet. Der Kontrolle halber wiegt man am besten beide Proben.

Es ist zweckmäßig, die Trennung der Petrolätherlösung vom Rückstand im Becherglas durch einfaches vorsichtiges Abgießen zu bewirken. Die Verwendung z. B. eines Büchnertrichters mit eingelegtem Filterblatt zum Trennen durch Absaugen bringt große Schwierigkeiten mit sich durch das Klettern der Harzlösung über die Ränder des Trichters, und das Ergebnis wird in diesem Falle sehr ungenau.

Die Genauigkeit ist an und für sich nicht groß ($1\cdots1^1/_2\,^0/_0$ Unterschiede), aber das ist vornehmlich durch die ungleiche Zusammensetzung der verwendeten Extrakte bedingt. Es ist, um gute Resultate zu erhalten, die Einhaltung der gleichen Versuchsbedingungen ebenso erforderlich wie die Benutzung eines guten Durchschnittsmusters des Fett- und Harzgemisches.

Es sei noch darauf aufmerksam gemacht, daß Trocknen der Extraktproben bei 100° schon innerhalb kurzer Zeit einen nicht unbeträchtlichen Rückgang der Löslichkeit in Petroläther bewirkt. Aus diesem Grunde darf man also zur Ermittelung der genannten Eigenschaft nur solche Proben verwenden, die vorsichtiger Trocknung möglichst im Vakuum ausgesetzt waren. Erst weitere Untersuchungen dürften erweisen, ob die Bestimmung der Petrolätherlöslichkeit der Extrakte ein Mittel darstellt, sie schärfer zu charakterisieren.

b) Bestimmung der Säure-, Verseifungs- und Esterzahl. Die Säurezahl (S.Z.) gibt die Anzahl Milligramme KOH an, welche zur Neutralisation von 1 g Fett oder Harz erforderlich sind.

Zu ihrer Bestimmung werden geringere Mengen der zu untersuchenden Substanz ($0{,}2\cdots0{,}3$ g) in 50 cm³ 90proz. Alkohol gelöst und mit $^n/_{10}$-Alkalilösung titriert. Als Indikator werden vorteilhaft einige Tropfen einer Auflösung von 1 g Alkaliblau 6 B oder Thymolphthalein in 100 cm³ Alkohol verwendet.

Aus der Zahl der verbrauchten Kubikzentimeter v und der Menge a der angewandten Substanz in Gramm berechnet sich die

$$\text{S.Z.} = \frac{v\cdot5{,}6}{a}.$$

Die Verseifungszahl (V.Z.) gibt die Anzahl Milligramme KOH an, welche 1 g Fett oder Harz bei der Verseifung auf heißem Wege zu binden vermag.

Die gleichen Mengen an Substanz wie oben werden in 50 cm³ Alkohol gelöst und mit 10 cm³ einer alkoholischen $^n/_{10}$-Kalilauge am Rückflußkühler $^1/_2$ Stunde lang auf dem Wasserbade gekocht. Das unverbrauchte Alkali wird mit $^n/_{10}$-Salzsäure zurücktitriert.

Aus dem verbrauchten Alkali berechnet sich in der gleichen Weise wie oben die

$$\text{V.Z.} = \frac{v \cdot 5,6}{a}.$$

Die Bestimmung der V.Z. gestaltet sich bei dunklen Harzen oft äußerst ungenau. Auch bei hellen Harzen treten Schwankungen in den Werten der einzelnen Bestimmungen sehr häufig auf, und dies ist weniger durch etwaige Unsicherheiten der Titration bedingt als vielmehr durch Veränderungen, die im Laufe der Bestimmung vornehmlich mit dem Harz statthaben.

Die Esterzahl (E.Z.), auch wohl Ätherzahl (Ä.Z.) genannt, gibt die Differenz zwischen Verseifungs- und Säurezahl an.

Statt die Verseifungszahl zu bestimmen, kann auch die Esterzahl ermittelt werden. Es geschieht dies dadurch, daß man die zur Bestimmung der Säurezahl bereits benutzte Probe mit 10 cm³ $^n/_{10}$-alkoholischer Lauge versetzt, wie oben beschrieben am Rückflußkühler kocht und dann die Menge des überschüssigen Alkalis ermittelt.

Bestimmung der ätherischen Öle.

Ein Teil der ätherischen Öle findet sich in den mit organischen Lösungsmitteln erhaltenen Extrakten vor. Er kann bei deren Destillation mit Wasserdampf gewonnen werden. Da dieses Verfahren aber erhebliche Mengen von nur ziemlich mühselig gewinnbarem Extrakt voraussetzt, wird man es vorziehen, zur Gewinnung der ätherischen Öle unmittelbar vom Faserrohstoff auszugehen. Eine Wasserdampfdestillation genügt aber bei ihnen meist keineswegs, um die Öle auszutreiben. Nach C. G. Schwalbe ist es zweckmäßiger, den Rohstoff einer Druckkochung mit Alkali bei Temperaturen von 165···180° zu unterwerfen. Hierbei erfolgt unter gleichzeitigem Aufschluß ein restloses Entweichen der Öle in den Dampfraum, aus welchem sie dann abgetrieben werden können. Als Aufschlußgefäß kann beispielsweise ein Autoklav Verwendung finden, an dessen Abgasrohr ein gut wirkender größerer Kühler angeschlossen ist. Das freie Ende des Kühlers mündet mittels angesetztem Vorstoß in eine gut gekühlte Vorlage. Eine dreistündige Erhitzung des Rohstoffes mit der fünffachen Menge einer Natronlauge, die 100 g NaOH im Liter enthält, genügt zur vollständigen Zerfaserung. Bereits eine Stunde nach Beginn der Kochung kann mit dem Abblasen des Öles begonnen werden. Es wird so lange durchgeführt, bis das erhaltene Destillat keine obenauf schwimmenden in Wasser unlöslichen Öltropfen mehr erkennen läßt. Man sammelt die Destillate in einem Scheidetrichter und läßt nach vollkommener Klärung die untere wäßrige Schicht von dem obenauf schwimmenden Öl ab. Dieses selbst wird dann in einen gewogenen kleinen Kolben abgelassen, durch Trocknen bei gelinder Temperatur von anhaftenden Wasserresten befreit und schließlich zur Wägung gebracht. Die geringen Verunreinigungen der Öle mit Spuren von Merkaptanen sind für die quantitative Erfassung der ätherischen Ölmengen bedeutungslos.

Bestimmung der Hauptbestandteile der Rohfaserstoffe.

Bestimmung der Hemizellulosen.

Allgemeines. Die pflanzlichen Rohstoffe enthalten unterschiedliche Mengen von Hemizellulosen oder „begleitenden Kohlehydraten"[1]. Nach C. G. SCHWALBE kann man die Hemizellulosen kennzeichnen als die Polysaccharide der Rohfaserstoffe, mit Ausnahme der Zellulose[2], und STAUDINGER hat für diese Polysaccharide, soweit sie nicht vom Zellulosetyp sind, den Sammelnamen Holzpolyosen empfohlen. Diese Hemizellulosen bestehen teils aus Hexosanen, teils aus Pentosanen. In den Bastfasern und Stroharten sowie in den Laubhölzern sind größere Mengen Hemizellulosen enthalten, die Pentosane darstellen, während in den Nadelhölzern wiederum überwiegend solche vom Typ der Hexosane vorkommen. Große Teile der Hemizellulosen lassen sich aus den Rohfaserstoffen durch deren Behandlung mit Alkali herauslösen. Insbesondere ist dies der Fall bei den Laubhölzern, den Stroharten und den Bastfasern. Den Anteil des Rohstoffes, den man durch solche Alkalibehandlung in Lösung bringen kann, bezeichnet man als Holzgummi. Das Holzgummi ist keineswegs eine einheitliche Substanz. Es enthält Pentosane und Hexosane, weiter aber, je nach den bei der Alkalibehandlung gewählten Bedingungen, auch noch mehr oder weniger große Mengen von Zellulose und Lignin. Zufolge der ungleichen Hydrolysierbarkeit der Hemizellulosen sind im Holzgummi auch nicht sämtliche im Faserrohstoff vorkommende Hemizellulosen enthalten. Da aber in ihm Pentosane und Hexosane überwiegen, so gehen die Begriffe Holzgummi und Hemizellulosen häufig ineinander über.

An und für sich gibt die Bestimmung des Alkalilöslichen nichts Genaues über die Menge der Hemizellulosen an. Diese summarische Bestimmung ist aber noch vielfach üblich zur Kennzeichnung der Eigenart der Rohstoffe. Angaben über Menge und Art der vorhandenen Hemizellulosen können doch nur gemacht werden auf Grund von Einzelbestimmungen.

Im einzelnen umfaßt die Gruppe der Hemizellulosen der Rohfaserstoffe Pentosane wie Xylan und Araban, Hexosane wie Mannane, Galaktane und weiter auch Glukosane von niederer Kettenlänge als Zellulose, dieser aber sehr eng verwandt, ferner Polyuronsäuren, da nachgewiesen wurde, daß sich Uronsäuren unter den bei der Hydrolyse mancher Hemizellulose auftretenden Spaltungsprodukten befinden. Endlich sind hierher die Pektine zu rechnen, von denen allerdings noch strittig ist, ob sie in allen Faserrohstoffen vorkommen.

Zur Zeit sind die Methoden der Faserstoffanalyse bei weitem noch nicht so weit entwickelt, daß sie ermöglichen, alle diese einzelnen Hemizellulosen in wünschenswerter Genauigkeit voneinander zu trennen und mengenmäßig zu erfassen.

Bestimmung der Alkalilöslichkeit.

a) In 1proz. Natronlauge[3]. 2 g lufttrocknes oder völlig trocknes (bei 105° getrocknetes) Untersuchungsmaterial werden in einen 250 cm³ fassenden Erlenmeyerkolben gebracht und 100 cm³ 1proz. Ätznatronlösung hinzuge-

---

[1] HESS, K.: Die Chemie der Zellulose und ihrer Begleiter. Leipzig 1928.

[2] SCHWALBE, C. G.: Die Chemie der Zellulose, 2. Aufl. Berlin 1938.

[3] Vorschrift des Forest Products Laboratory: Paper Trade J., 87, T. S. 242 (1928).

fügt. Der Kolben wird im siedenden Wasserbade nach Bedecken mit einem Uhrglas 1 Stunde lang erhitzt. Der Inhalt des Kolbens wird gelegentlich mit einem Glasstabe umgerührt oder umgeschüttelt. Nach Ablauf der genannten Zeit wird das unlöslich gebliebene Material durch einen Filtertiegel abfiltriert, mit heißem Wasser ausgewaschen, hierauf mit 50 cm³ 10proz. Essigsäure, dann wieder mit heißem Wasser gewaschen und schließlich zu konstantem Gewicht bei 100···105° getrocknet. Der Unterschied zwischen dem Anfangsgewicht und dem Endgewicht entspricht der Menge der alkalilöslichen Substanz.

Man kann an den gefundenen Werten für die wasserlösliche Substanz eine Korrektur anbringen indem man den für diese gefundenen Wert von dem für Alkalilöslichkeit ermittelten abzieht. Diese Korrektur setzt voraus, daß alle Stoffe, welche in heißem Wasser leicht löslich sind, auch in 1proz. Natronlauge sich als löslich erweisen, wofür große Wahrscheinlichkeit besteht.

b) In 10proz. Kalilauge. 2 g völlig trocknes (bei 105° getrocknetes) Ausgangsmaterial werden in einen 250-cm³-Erlenmeyerkolben gebracht, mit 100 cm³ 10proz. Kalilauge übergossen und am Rückflußkühler 3 Stunden im Kalziumchloridbad zum Sieden erhitzt. Nach beendeter Erhitzung wird der Inhalt des Erlenmeyers in 1 l destilliertes Wasser eingegossen und das Alkali mit Essigsäure bis zur deutlich sauren Reaktion versetzt. Hierauf wird durch einen Filtertiegel filtriert und das im Tiegel verbleibende Fasermaterial mit heißem Wasser, Alkohol und Äther ausgewaschen, bei 100···105° getrocknet und hierauf gewogen. Der Gewichtsverlust entspricht der alkalilöslichen Substanz.

An Stelle der 10proz. Kalilauge wird vielfach auch 7proz. Natronlauge verwandt.

Bestimmung der Pentosane.

Allgemeines. Die Bestimmung der Pentosane erfolgt gegenwärtig wohl ausschließlich durch Ermittlung der Mengen von Furfurol, die bei der hydrolytischen Zersetzung der Pentosane mit Säuren, und zwar vornehmlich Salzsäure entstehen. Pentosane werden bei der Behandlung mit Säuren zunächst zu Pentosen hydrolysiert und diese wiederum erleiden eine quantitative Zersetzung durch weitere Einwirkung von Säure, wobei Furfurol gebildet wird.

Das erste brauchbare Verfahren in dieser Weise Pentosane zu bestimmen, ist von TOLLENS und seinen Schülern ausgearbeitet worden[1]. Nach dieser Vorschrift wird das Rohfasermaterial mit 12···13proz. Salzsäure, unter genau festgelegten Bedingungen hydrolytisch zersetzt und das hierbei entstehende Furfurol mit einem Teil der Säure abdestilliert. Zu seiner Bestimmung wird es mit Phloroglzin gefällt; das Kondensationsprodukt wird dann auf einem Filter gesammelt, getrocknet und gewogen.

Diese hier in ihren Grundzügen angedeutete Methode ist in ihrer Ausführung vielfach abgeändert worden.

Der wesentliche Grund für die zahlreichen Abänderungen war das Streben nach einer besseren quantitativen Abspaltung und Erfassung des Furfurols. Es ist bald erkannt worden, daß die ursprüngliche Methode zu schwankenden

---

[1] CHALMOT u. TOLLENS: Ber. dtsch. chem. Ges. 24, 3579 (1891). — BÖDDENER u. TOLLENS: J. Landwirtsch. 58, 232 (1910).

Werten führt und daß bei ihr auch andere Bestandteile der Rohfaserstoffe flüchtige Bestandteile abspalten, welche letzthin das Ergebnis beeinflussen. So ist klargestellt, daß die Hexosen unter den Bedingungen der Destillation sich teilweise unter Bildung kleiner Mengen von Oxymethylfurfurol zersetzen, die sich bei verschiedenen Furfurolbestimmungsverfahren nachteilig bemerkbar machen. Als ein besonderer Nachteil ist aber zu vermerken, daß, wie erst neuerlich wieder bestätigt wurde, die Zersetzung der Pentosen im Verlauf der Destillation nicht unerheblich sein kann.

So wiesen LECHNER und ILLIG[1] nach, daß Xylose hierbei je nach den angewandten Mengen des zu untersuchenden Materials Furfurol nur in einer Ausbeute von $73 \cdots 88\%$ des theoretischen Wertes ergibt. Bei Arabinose lag die Ausbeute gar bloß bei $67 \cdots 69\%$. Auch vom Furfurol selbst ist gezeigt worden, daß es bei einer Behandlung mit verdünnter Salzsäure in der Hitze zur Zersetzung neigt. Wenn auch die hohen Verluste, welche hierbei HURD und ISENHOUR[2] im Ausmaß von bis zu 25% beobachtet haben, von LAUNER und WILSON[3], die hierbei nur einen Abgang von 3% ermittelten, nicht bestätigt wurden, so zeigen beide Befunde doch die Empfindlichkeit des Aldehyds.

Man darf bei der Beurteilung der vorstehenden Ergebnisse allerdings nicht übersehen, daß unter den Bedingungen der TOLLENSschen Destillation Pentosen und Furfurol niemals längere Zeit einem schädlichen Einfluß der heißen Salzsäure ausgesetzt sind. Sie werden in ihrem Verlauf dauernd immer erst neu entstehen und vermutlich nach ganz kurzer Zeit der Wirkung der Säure bereits wieder entzogen sein. Die bei der hydrolytischen Behandlung des Rohfasermaterials auftretenden Zersetzungen brauchen also nicht notwendigerweise das oben angeführte Ausmaß anzunehmen.

Wenn man von ganz wenigen Abänderungsvorschlägen absieht, so ist grundsätzlich die ursprüngliche Art der hydrolytischen Zersetzung der Pentosane durch Salzsäure und die Abdestillation des entstehenden Furfurols auch bei allen neueren Vorschlägen erhalten geblieben. Bedeutsame Änderungen sind hingegen für die Erfassung und Bestimmung des Furfurols gemacht worden.

Zur Ausführung der Destillation. Um insonderheit der möglichen Zersetzung von Furfurol und dem störenden Zerfall anderer Stoffe in dem Rohfasermaterial bereits im Destillationskolben durch Auftreten zu hoher Temperaturen und zu ungleichmäßiger Erwärmung vorzubeugen, sind statt des ursprünglich von TOLLENS vorgeschriebenen Metallbades später Ölbäder, dann besonders Kalziumchloridbäder empfohlen worden. Von anderer Seite wurde elektrische Erwärmung und schließlich Destillation im Dampfstrom in Vorschlag gebracht. PERVIER und GORTNER[4] führen als Begründung zu diesem ursprünglich schon von JOLLES[5] gemachten Vorschlag an, daß bei der üblichen Destillation die Salzsäure eine so hohe Konzentration — $16 \cdots 18\%$ — erreicht, daß sie Furfurol zu zersetzen beginnt. Sie halten daher bei der Destillation die ursprüngliche Dichte der Salzsäure dadurch auf der gleichen Höhe, daß sie bei

---

[1] LECHNER, R., u. R. ILLIG, Biochem. Z. **299**, 174 (1938).
[2] HURD, C. D., u. L. L. ISENHOUR: J. Amer. chem. Soc. **54**, 317 (1932).
[3] LAUNER u. WILSON: J. Res. nat. Bur. Standards **22**, 471 (1939).
[4] PERVIER u. GORTNER: Ind. Engng. Chem. **15**, 1167 (1923).
[5] JOLLES: Ber. dtsch. chem. Ges. **39**, 96 (1906).

Temperaturen von 103 ···105° im Zersetzungskolben durch diesen einen mäßigen Dampfstrom leiten. Gemäß den Angaben der Autoren, sollen auf diese Weise bei allen reinen pentosehaltigen Stoffen die berechneten Werte für Furfurol gefunden worden sein.

Dieser zweifelsohne beachtenswerte Vorschlag scheint aber bislang noch keine weitgehende Einführung gefunden zu haben. Das dürfte weit mehr der Fall sein mit der in den letzten Jahren immer stärker bevorzugten Erhitzung im Luftbad, wobei die üblichen Babobleche über leicht regelbaren Gasflammen zur Anwendung gelangen. Trotzdem strenggenommen diese Art der Erhitzung nicht so gleichmäßig ist und sie beispielsweise von GIERISCH[1] nicht empfohlen wird, hat doch die Erfahrung gelehrt, daß sie, wenn von anderen die Bestimmung beeinflussenden Faktoren abgesehen wird, gut übereinstimmende Werte zu erzielen gestattet. Ein nicht zu unterschätzender Vorteil ist hierbei jedenfalls das saubere Arbeiten. Ölbäder werden mit der Zeit immer dicker, und wenn in ihnen ein Kolben springt, so wirkt sich das unangenehm aus. Kalziumchloridbäder wiederum haben die nachteilige Eigenschaft, daß das Salz bald über die Ränder kriecht.

Das frühere vielfach übliche Erhitzen mehrerer Destillationsapparate in einem gemeinsamen Bad hat man heute aufgegeben. Das getrennte Erhitzen jedes einzelnen Kolbens gestaltet Überwachung und Einhaltung der Destillationsbedingungen, auf welche es hier so genau ankommt, einfacher.

Diese Destillationsbedingungen sind im Laufe der Zeit ebenfalls verschiedenen Abänderungen unterworfen worden. Um die durch die Abdestillation im Kolben auftretende Anreicherung der Salzsäure in engeren Grenzen zu halten, ist die frühere Vorschrift, nach dem Übergehen von jeweils 30 cm³ Destillat neue 30 cm³ Salzsäure der ursprünglichen Dichte zuzusetzen, dahin geändert worden, daß bereits nach 25 cm³ Volumenverringerung im Kolben eine neuerliche Zugabe der gleichen Menge erfolgt. Einen weiteren Vorschlag zur Vermeidung von Konzentrationsänderungen der Salzsäure im Verlaufe der Destillation haben KULLGREN und TYDÉN[2] gemacht. Danach ist dies erreichbar durch Anwendung einer 13,5proz., mit Natriumchlorid gesättigten Salzsäure. Diese Verbesserung hat weitgehende Einführung gefunden.

Für die Menge Destillat, welche als erforderlich zum Abtreiben des gebildeten Furfurols angesehen wird, sind in ziemlich weiten Grenzen schwankende Zahlen angegeben worden. Zweifellos ist es richtig, wie KLINGSTEDT[3] verlangt, die Destillation nur so lange fortzusetzen, bis die Pentosane zersetzt sind. Leider ist dieser Punkt nicht immer mit der nötigen Schärfe zu erkennen. Nach KLINGSTEDT sollen 150 ···180 cm³ Destillat ausreichend sein. KULLGREN und TYDÉN[2] empfehlen bis zu 250 cm³ überzudestillieren. Die ursprüngliche TOLLENSsche Vorschrift lautete auf 360 cm³. Wie GIERISCH bemerkt, ist die Menge des zu untersuchenden Materials mit von Einfluß auf die erforderliche Destillatmenge. Da es sich bei der Untersuchung der Rohfaserstoffe immer darum handelt, den wahren Pentosangehalt mit größtmöglichster Annäherung zu ermitteln, wird

---

[1] GIERISCH, W.: Cellulosechemie **6**, 93 (1925).

[2] KULLGREN u. TYDÉN: Über die Bestimmung von Pentosanen. Ing. Vetensk. Akad., Handl. (Stockholm) Nr. 94. 1929.

[3] KLINGSTEDT, F. W.: Z. analyt. Chem. **66**, 129 (1925).

man hier davon absehen müssen, eine bestimmte Destillatmenge als Norm festzulegen. Auf Grund zahlreicher Erfahrungen kann man aber sagen, daß man bei der meist üblichen Einwaage von 2 g Fasermaterial wohl immer mit 300 cm^3 durchkommen wird.

Um die trotz vieler Verbesserungen immer noch bestehenden Mängel der Salzsäurehydrolyse und Destillation zu vermeiden, haben JAYME und SARTEN[1] die entsprechende Behandlung mit einer anderen Säure, nämlich Bromwasserstoff in Vorschlag gebracht. Nach ihren Angaben soll die Anwendung dieser Säure beispielsweise auf die Bestimmung von Xylose und Arabinose zu einer verlustlosen Abspaltung und quantitativen Erfassung des hierbei gebildeten Furfurols führen. Dies dürfte darauf zurückzuführen sein, daß die Bromwasserstoffsäure nicht zersetzend auf Furfurol einwirkt. Bei der Destillation, bei der im übrigen kein Oxymethylfurfurol gebildet wird, entstehen überhaupt keine Rückstände, so daß die Säure klar bleibt und nach erfolgter Filtration unter Anwendung von ein wenig Entfärbungskohle und entsprechender Anreicherung durch frische Säure immer wieder verwandt werden kann. Auch der Verlust an Säure durch Abdestillieren ist bei der niedrigen Reaktionstemperatur sehr gering. In Anbetracht des hohen Preises der Bromwasserstoffsäure sind diese letztaufgeführten Umstände besonders zu begrüßen.

Zur Bestimmung des Furfurols. Für die quantitative Bestimmung des Furfurols sind zahlreiche Vorschläge gemacht worden. Man kann sie einteilen in gewichtsanalytische, maßanalytische und kolorimetrische.

Für eine gewichtsanalytische Bestimmung hat TOLLENS nach einem früheren Vorschlag von COUNCLER[2] als Fällmittel Phlorogluzin eingeführt, mit dem die Umsetzung nach folgender Gleichung verläuft:

$$C_5H_4O_2 + C_6H_6O_3 = C_{11}H_6O_3 + H_2O.$$

Furfurol   Phlorogluzin   Phlorogluzid

Es liefert mit Furfurol ein grünschwarzes Kondensationsprodukt, hat aber den Nachteil, daß es auch mit Methyl- und Oxymethylfurfurol ähnliche Fällungen gibt. Zur Vermeidung dieses Übelstandes werden nach TESTONI[3] durch eine nochmalige Destillation des furfurolhaltigen Destillates die störenden Bestandteile zersetzt. Auch KULLGREN[4] gibt an, daß durch eine nochmalige Destillation das Oxymethylfurfurol fast völlig zerstört wird, ebenso auch Methylfurfurol. Hierbei ist doch zu bedenken, daß Furfurol, wie bereits oben angeführt, sich als empfindlich gegenüber heißer Salzsäure erwiesen hat, so daß bei dieser Arbeitsweise mit Verlusten gerechnet werden muß. Auch scheint es sich so zu verhalten, daß bei der Umdestillation sowohl aus Methyl- als auch aus Oxymethylfurfurol Furfurol entsteht, letzten Endes also die Phlorogluzinfällung dennoch durch deren Vorkommen im ursprünglichen Destillat eine Beeinflussung erfährt. Es steht jedenfalls fest, daß beim Arbeiten mit Phlorogluzin nicht allein Pentosan, sondern auch etwa vorhandenes Methylpentosan mit bestimmt wird.

---

[1] JAYME, G., u. P. SARTEN: Naturwiss. **28**, 822 (1940). — Biochem. Z. **308**, 109 (1941).

[2] COUNCLER, Chemiker-Ztg. **18**, 968 (1894).

[3] TESTONI: Staz. sperm. agrar. ital. **50**, 97 (1917). — Chem. Zbl. **2**, 865 (1918).

[4] KULLGREN u. TYDÉN: Über die Bestimmung von Pentosanen. Ing. Vetensk. Akad., Handl. Nr. 94. 1929.

Daneben erscheinen in der Fällung noch geringe Mengen des Kondensationsproduktes mit Oxymethylfurfurol.

Von anderen Fällmitteln hat nur die Barbitursäure[1] Bedeutung erlangt. Die sich bei ihrer Anwendung abspielende Umsetzung erfolgt gemäß der nachstehenden Gleichung.

$$C_4H_3O \cdot C{<}^{O}_{H} + CH_2{<}^{CO \cdot NH}_{CO \cdot NH}{>}CO = C_4H_3O \cdot CH : C{<}^{CO \cdot NH}_{CO \cdot NH}{>}CO + H_2O.$$

Barbitursäure   Kondensationsprodukt

Die Barbitursäure ist insbesondere zur Vermeidung des Mitausfällens des Oxymethylfurfurols für die Untersuchung der Rohfaser- und Zellstoffe von SIEBER[2] in Vorschlag gebracht worden. Nachteilig ist die verhältnismäßig hohe Löslichkeit des gelben Kondensationsprodukts der Säure mit dem Furfurol, welche zur Anbringung von Korrekturen zwingt. Die mit Barbitursäure erhaltenen Werte sind meistens niedriger als die mit Phlorogluzin erhaltenen. Sie stellen ein Maß für die Summe von Furfurol und Methylfurfurol dar. Oxymethylfurfurol wird von Barbitursäure nur in sehr hohen Konzentrationen gefällt[3].

Statt der gewichtsanalytischen ist in letzter Zeit auch eine brauchbare maß-analytische Bestimmung in Aufnahme gekommen, und zwar die Titration des Furfurols mit Bromid-Bromat-Lösung. Ursprünglich von PERVIER und GORTNER[4] sowie von POWELL und WHITTAKER[5] empfohlen, ist sie späterhin von KULLGREN und TYDÉN[6] noch weiter verbessert worden. Auch bei ihr werden sowohl Furfurol selbst, wie auch Methylfurfurol bestimmt. Für den Fall, daß Oxymethylfurfurol vorhanden sein kann, wird von KULLGREN dessen Entfernung durch nochmalige Destillation des ursprünglichen Destillates angeraten.

Eine weitere von NOLL[7] ausgearbeitete titrimetrische Furfurolbestimmung, die sich der bekannten Eigenschaft des Hydroxylamins in Gegenwart von Aldehyden Salzsäure abzuspalten bedient, hat wohl, weil das Arbeitsverfahren etwas umständlicher ist, keinen weiteren Eingang gefunden.

Wenn auch die titrimetrische Bestimmung sich durch schnellere Durchführung auszeichnet, so ist doch, wie LECHNER und ILLIG an Hand ihrer kritischen Untersuchung gezeigt haben, die Genauigkeit der gravimetrischen Bestimmung durch Fällen mit Barbitursäure eine größere. Für Untersuchungen, an die hohe Genauigkeitsansprüche gestellt werden, sollte daher die letztgenannte Bestimmungsweise Bevorzugung finden.

Im Gegensatz zu den vorstehend aufgezählten haben die kolorimetrischen Bestimmungsverfahren für das Furfurol bei der Untersuchung der Faserrohstoffe keine größere Bedeutung erlangt. Diese liegt vielmehr, abgesehen von einer Anwendung für mikrochemische Bestimmungen[8], auf dem Gebiet der

---

[1] UNGER, E., u. R. JÄGER: Ber. dtsch. chem. Ges. 36, 1222 (1903).

[2] SIEBER, R.: Zellstoff u. Papier 2, 253 (1922).

[3] GIERISCH, W.: Cellulosechemie 6, 93 (1925)

[4] PERVIER u. GORTNER: Ind. Engng. Chem. 15, 1167 (1923).

[5] POWELL u. WHITTAKER: J. Soc. chem. Ind. 43, 35 (1924).

[6] KULLGREN u. TYDÉN: Über die Bestimmung von Pentosanen. Ing. Vetensk. Akad. Handl. Nr. 94 1929.

[7] NOLL, A.: Papierfabrikant 29, 33 (1931).

[8] REEVES, R. E., u. J. MUNRO: Ind. Engng. Chem. 32, 551 (1940).

Untersuchung der Halbstoffe, wo sie bisweilen als Schnellmethoden zur Anwendung empfohlen worden sind.

Vorbereitung des Untersuchungsmaterials. Das Untersuchungsmaterial gelangt, um die Wirkung der Säure rasch zu gestalten, immer in zerkleinerter Form zur Anwendung: Holz als Sägespäne, andere Rohfasern wie z. B. Stroh fein zerschnitten.

Wie schon GIERISCH[1] nachwies, ist das Ergebnis der Pentosanbestimmung etwas von der Menge des eingewogenen Rohfasermaterials abhängig. Er empfiehlt daher bei Vergleichs- und Serienuntersuchungen die Anwendung stets gleicher Mengen der Ausgangssubstanz. LECHNER und ILLIG[2] haben auch zur Klarstellung dieser Frage einen Beitrag geliefert. Danach sind zur Pentosanbestimmung solche Mengen Rohfasermaterial zu nehmen, daß in diesen 100 bis 200 mg Xylose oder Arabinose vorhanden sind. Für Mengen unter 50 mg an Pentosanen ergeben sich zu niedrige Werte, auch wird hierbei die Genauigkeit schon sehr gering. Nach Feststellungen der beiden Autoren üben auch die sonst noch vorhandenen Zucker nach ihrer Art und Menge einen Einfluß auf das Ergebnis aus. Von den Hexosen — um diese handelt es sich vornehmlich — stören praktisch nicht Glukose und Fruktose, während Mannose und Galaktose sich bemerkbar machen. Als Grenzwertmengen, die noch keinen Einfluß ausüben, können gelten, wenn $100 \cdots 200$ mg Pentose vorhanden sind, 500 bis 1000 mg Glukose, $200 \cdots 400$ mg Mannose und $200 \cdots 400$ mg Galaktose, und zwar jedes für sich oder im Gemisch. Bei geringeren Pentosanmengen macht sich der Einfluß der Hexosen wesentlich stärker störend bemerkbar. Aus diesem Grund ist für die Pento-

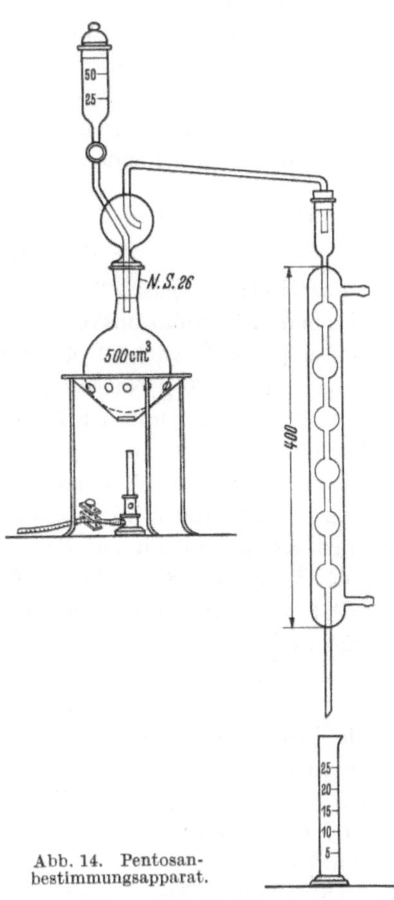

Abb. 14. Pentosanbestimmungsapparat.

sanbestimmung eine ungefähre Kenntnis der Menge und Zusammensetzung der sonst in dem zu untersuchenden Material noch vorhandenen Zucker erforderlich. Diese muß gegebenenfalls durch eine Voruntersuchung gewonnen werden und gibt dann einen Anhaltspunkt über die bei der eigentlichen Bestimmung zur Anwendung zu bringenden Menge der Ausgangssubstanz. Legt man diese hier genannten Zahlen überschlagsweise einer praktischen Ausführung der Bestimmung zugrunde, so ergeben sich als Einwaagen an Faserrohstoff Mengen, die zwischen $1,5 \cdots 2,0$ g liegen.

Apparatur. Über die Apparatur ist folgendes zu sagen. Es ist vorzuziehen,

---

[1] GIERISCH, W.: Cellulosechemie **6**, 93 (1925).
[2] LECHNER, R., u. R. ILLIG: Z. Spiritusind. **62**, 12 (1939).

statt der früher üblichen Gummipfropfenverbindungen weitgehend Glasschliffe zu wählen. Besonders gilt dies für den Schliff am Kolben selbst, da dort durch die Einwirkung der heißen Säuredämpfe Gummi nach kurzer Zeit unbrauchbar wird. Die Abb. 14 zeigt eine geeignete Apparatur, wie sie größtenteils aus genormten Teilen zusammengesetzt werden kann. Der Inhalt des Kolbens beträgt 500 cm³.

Faßt man das vorstehend Angeführte kurz zusammen, so kann man sagen, daß trotz vieler früheren und noch ständig zu ihrer Verbesserung geleisteten Arbeit, der Pentosanbestimmung noch immer eine Unsicherheit anhaftet. Die zuverlässigsten Werte wird man nach allem erhalten bei einer vorsichtig durchgeführten Destillation und anschließender Fällung des Furfurols mit Barbitursäure, wobei von vornherein dem zu erwartenden Pentosangehalt durch Einwägen einer entsprechenden Menge Rohfasermaterial Rechnung zu tragen ist.

Durchführung der Pentosanbestimmung nach TOLLENS in abgeänderter Form.

Destillation. Etwa 2 g genau abgewogenes lufttrocknes Faserrohmaterial werden in den Destillationskolben gegeben und darin mit 100 cm³ 13 gewichtsproz. Salzsäure (spez. Gewicht 1,065 bei 20°) übergossen. Dem Inhalt des Kolbens fügt man weiter 20 g Natriumchlorid zu, worauf man den Destillationsapparat zusammensetzt und mit der Erhitzung beginnt. Sobald der Kolbeninhalt zum Sieden kommt, regelt man die Destilliergeschwindigkeit so ein, daß im Laufe von je 10 Minuten je 25 cm³ Destillat übergehen. Jedesmal wenn aus dem Kolben 25 cm³ abdestilliert sind, werden 25 cm³ neue Säure der oben angegebenen Konzentration aus dem Trichter des Apparates in den Kolben nachgefüllt. In dieser Weise betreibt man die Destillation bis insgesamt 300 cm³ Destillat aufgefangen worden sind. Falls Zweifel bestehen, daß diese Menge genügt, um alles Furfurol überzutreiben — ein Fall der kaum eintreten dürfte —, prüft man einen Tropfen des weiteren Destillates auf Furfurol. Es geschieht dies dadurch, daß man ihn auf Filtrierpapier bringt, das mit Anilinazetat befeuchtet wurde. Eine rote Färbung würde das Vorhandensein von Furfurol anzeigen. Bei negativem Ausfall wird die Destillation unterbrochen, im anderen Fall muß in der oben angegebenen Weise noch weiter destilliert werden, bis ein negativer Befund der Prüfung erreicht wird.

Furfurolbestimmung. a) Gewichtsanalytisch mit Phloragluzin. Zu den in einem Becherglas gesammelten Destillaten fügt man Phloragluzinlösung. Man benutzt hierzu eine Lösung von 5 g Phloragluzin in 1 l Salzsäure vom spez. Gewicht 1,065. Die Anwendung einer stärkeren Lösung, wie früher üblich, empfiehlt sich nicht, da sie beim längeren Aufbewahren zum Auskristallisieren neigt. Für die restlose Fällung des Furfurols ist ein erheblicher Überschuß erforderlich. Nicht nur die doppelte Menge des voraussichtlich benötigten, sondern darüber hinaus noch weitere 0,15 g Phloragluzin sind anzuwenden. Für einen Pentosangehalt bis zu 5% bei Anwendung von 2 g Einwaage sind 80 cm³ obiger Lösung erforderlich. Unmittelbar nach der Zugabe des Fällmittels wird mit Salzsäure vom spez. Gewicht 1,065 auf 400 cm³ aufgefüllt und die Mischung auf 80···85° erwärmt. Nach frühestens 1½···2 Stunden wird der Niederschlag in einem bei 95···98° getrockneten und gewogenen Goochfiltertiegel gesammelt, mit etwa 50 cm³ Wasser ausgewaschen unter Beobachtung der Vorsichtsmaßregel, daß der Niederschlag erst zum Schluß trocken gesaugt werden darf. Durch zu frühzeitiges Trockensaugen entstehen nämlich Risse im Niederschlag, wodurch völliges Auswaschen unmöglich wird. Der Filtertiegel wird im Wägeglas bei 95···98° getrocknet und gewogen.

Die Anwendung von Glasfiltertiegeln ist für das Sammeln des Phlorogluzins nicht empfehlenswert[1]. Selbst bei der kleinsten Porenweite (< 7) kann erst nach mehrmaligem Durchgießen ein vollkommen klares Filtrat erhalten werden. Die Filtration dauert zufolge der feinen Poren und der Beschaffenheit des Niederschlags sehr lange.

Für die Berechnung des Furfurols aus dem Phloroglrzid sind verschiedene Formeln vorgeschlagen worden. Die nachstehende Tabelle ermöglicht unter Ausschluß einer Formel eine leichte Umrechnung des Phlorogluzides in Furfurol. Sie hat vor anderen den Vorzug, sich über einen verhältnismäßig großen Bereich zu erstrecken.

Bei kleineren Mengen Niederschlag als angeführt, wird die Furfurolmenge durch Division mit 1,82, bei größeren Mengen Niederschlag durch Division mit 1,93 erhalten.

b) Gewichtsanalytisch mit Barbitursäure. Zur Fällung wird eine gesättigte Lösung von Barbitursäure in 12 proz. Salzsäure benutzt. Sollte diese Lösung nicht klar sein, so ist sie

Tabelle 6. Furfurolberechnung aus Phlorogluzid.

Erhaltene Phlorogluzidmenge in g	Divisor für die Berechnung auf Furfurol	Erhaltene Phlorogluzidmenge in g	Divisor für die Berechnung auf Furfurol
0,20	1,820	0,34	1,911
0,22	1,839	0,36	1,916
0,24	1,856	0,38	1,919
0,26	1,871	0,40	1,920
0,28	1,884	0,45	1,927
0,30	1,895	0,50	1,930
0,32	1,904	0,60	1,930

vor der Anwendung zu filtrieren. Sie enthält etwa 2 % Barbitursäure. Die gesammelten Destillate werden mit etwa der sechsfachen Menge der zur Fällung der zu erwartenden Furfurolmenge theoretisch erforderlichen Säure versetzt. Für je 100 mg Furfurol werden also 570 mg Barbitursäure benötigt. Das sich nach kurzer Zeit abscheidende Kondensationsprodukt wird nach zwanzigstündigem Stehen auf einem Gooch- oder Jenaer-Glas-Filtertiegel Porenweite 5···7 gesammelt. Der Niederschlag wird zuletzt mit wenig Wasser nachgewaschen und bei 105° etwa 4···5 Stunden lang getrocknet und dann nach dem Erkalten gewogen. Er ist im Gegensatz zum Phlorogluzid nicht hygroskopisch.

Die Berechnung der Furfurolausbeute erfolgt gemäß folgender Gleichung:

$$\text{g Furfurol} = (N + L \cdot 0{,}0000122) \cdot 0{,}4659.$$

Hierin bedeutet N die Menge des Kondensationsproduktes in g und L die Anzahl der cm³ Destillat.

c) Maßanalytisch mit Bromid-Bromat. Sämtliche Destillate werden in einem Meßkolben von 500 cm³ Inhalt gesammelt, welcher dann mit 13 proz. Salzsäure bis zur Marke aufgefüllt wird. Aus dem Kolben werden mit der Pipette 2 Proben zu je 100 cm³ entnommen, die man in 500 cm³ fassende Erlenmeyerkolben rinnen läßt und die anschließend mit Korken verschlossen werden. Wäh-

---

[1] GIERISCH, W.: Cellulosechemie 6, 93 (1925)

Sieber, Untersuchungsmethoden.　　　　　5

rend die Probe abgekühlt wird, setzt man mittels eines Meßzylinders 200 cm³ 1,58n-Natronlauge zu und kühlt wieder bis Zimmertemperatur $(18 \cdots 19°)$ erreicht ist. Hierauf werden 10 cm³ einer Ammoniummolybdat-Lösung mit einem Gehalt von 25 g je Liter und alsdann 25 cm³ einer Bromid-Bromat-Lösung, die im Liter 10 g KBr und 1,392 g $KBrO_3$ enthält und die hinsichtlich des Bromats eine $n/20$-Lösung darstellt, zugesetzt. Die Probe wird auf eine weiße Unterlage gestellt, um festzustellen, wann sie eine erkennbare Gelbfärbung zeigt. Das pflegt innerhalb 2 Minuten, gewöhnlich in $^1/_4$ Minute, der Fall zu sein; ein Versehen bis zu $^1/_2$ Minute veranlaßt dabei noch keinen größeren Fehler. Von diesem Zeitpunkt an gerechnet muß die Probe 4 Minuten stehen, worauf etwa 1 g festes Kaliumjodid zugesetzt und die Lösung sofort umgeschüttelt wird. Nach weiteren $5 \cdots 10$ Minuten wird sodann das ausgeschiedene Jod in bekannter Weise nach Zusatz von Stärke mit $n/20$-Natriumthiosulfatlösung titriert. Ist der Verbrauch hiervon a cm³, so beträgt der an Bromat zur Oxydation des Furfurols $n = (25 - a)$ cm³.

Da die Oxydation des Furfurols zu Brenzschleimsäure gemäß nachstehender Gleichung erfolgt:

$$3\,C_5H_4O_2 + KBrO_3 + 5\,KBr + 6\,HCl = 3\,C_5H_4O_3 + 6\,KCl + 6\,HBr.$$

entspricht 1 Atom Jod einem halben Molekül Furfurol, das sind 48 g. Hieraus errechnet sich, daß 1 cm³ der angewandten $n/20$-Bromatlösung 0,0024 g Furfurol anzeigt. Der gefundene Betrag stellt die Furfurolmenge im Destillat dar. Ihr müssen 3,1% zugerechnet werden, um die tatsächlich aus der untersuchten Substanz abgespaltene Furfurolmenge zu erhalten.

Wegen möglicher Fehlerquellen bei dieser titrimetrischen Bestimmung wird auch auf das im Abschnitt V unter Pentosanbestimmung in Zellstoffen mittels der Einheitsmethode Gesagte verwiesen.

d) Maßanalytische Bestimmung nach erfolgter Umdestillation. Die zur Entfernung von die titrimetrische Furfurolbestimmung nachteilig beeinflussenden Bestandteilen aus Hexosen u. a. Oxymethylfurfurol mehrfach vorgeschlagene Umdestillation wird wie folgt durchgeführt. Zu den in einem Meßkolben von 500 cm³ Inhalt gesammelten Destillaten fügt man 4 cm³ Salzsäure vom spez. Gewicht 1,19 und füllt dann bis zur Marke mit 13proz. Salzsäure auf. Von dem gut gemischten Inhalt des Kolbens werden zur Umdestillation 100 cm³ entnommen. Die Destillation erfolgt im ursprünglich benutzten Apparat; auch diesmal setzt man dem Inhalt des Kolbens 20 g Natriumchlorid zu und arbeitet im übrigen in der gleichen Weise wie früher, also unter Zusatz neuer Säure, sobald 25 cm³ abdestilliert sind usw. Das Destillat wird in einem Meßzylinder aufgefangen. Sind 100 cm³ überdestilliert, so ist alles Furfurol und Methylfurfurol übergegangen. Das Destillat wird in einen Erlenmeyerkolben gegossen, neutralisiert und in gleicher Weise, wie oben beschrieben, titriert (zu beachten ist, daß das Bromat im Überschuß ist). Bei der Berechnung auf Furfurol ist zu berücksichtigen, daß bei jeder Destillation ein Verlust entsteht. Da dieser jedesmal etwa 3,1% beträgt, so sind insgesamt bei zweifacher Destillation dem erhaltenen Titrationswert $100\,(1,031^2 - 1) = 6,3\%$ zuzurechnen, um die Furfurolmenge, die aus der eingewogenen Substanz ursprünglich abgespalten wird, zu finden.

Umrechnung der Furfurolwerte auf Pentosan.

Für diese Umrechnung sind wechselnde Angaben gemacht worden. Die Umrechnungsfaktoren gründen sich auf Ergebnisse, welche bei der Bestimmung reiner Pentosen erhalten worden sind. Bei dem großen Einfluß, den die Wahl der Bedingungen, unter denen die Analyse durchgeführt wird, auf deren Ergebnis ausübt, sind die mit diesen Faktoren erhaltenen Ergebnisse mit einer Unsicherheit behaftet. Daher ist vielfach vorgeschlagen worden, nur die Furfurolausbeute als Ergebnis anzugeben. Bei der Analyse der Faserrohstoffe kann aber nicht auf eine Angabe des Pentosangehaltes verzichtet werden, weshalb eine solche Umrechnung häufig notwendig ist, auch wenn sie zur Zeit noch als etwas schwebend bezeichnen werden muss. Die nachstehend angeführten Faktoren sind unter diesem Vorbehalt anzuwenden. Sie gelten für die Ermittlung des Pentosans aus den Furfurolwerten, die bei der gewichtsanalytischen Bestimmung erhalten werden.

Pentosane:

(Furfurol g — 0,0104) · 1,68 = g Xylan,
(Furfurol g — 0,0104) · 2,07 = g Araban,
(Furfurol g — 0,0104) · 1,88 = g Pentosane (im allgemeinen).

Pentosen:

(Furfurol g — 0,0104) · 1,91 = g Xylose,
(Furfurol g — 0,0104) · 2,35 = g Arabinose,
(Furfurol g — 0,0104) · 2,13 = g Pentosen (im allgemeinen).

Für die Berechnung des Pentosans aus den auf maßanalytischem Weg erhaltenen Ergebnissen geben KULLGREN und TYDÉN folgende Faktoren an. Ist n der Gesamtverbrauch an cm^3 $^n/_{20}$-Bromatlösung für sämtliches erhaltene Destillat, so beträgt bei einmaliger Destillation die vorhandene Menge in g an:

$$Xylose = n \times 0{,}00425,$$
$$Arabinose = n \times 0{,}00506,$$
$$Rhamnose\ (C_6H_{12}O_5 \cdot H_2O) = n \times 0{,}00346,$$
$$Xylan = n \times 0{,}00374,$$
$$Araban = n \times 0{,}00445,$$
$$Pentosane\ im\ allgemeinen\ n \times 0{,}00410,$$
$$Rhamnosan = n \times 0{,}00278.$$

Bei zweimaliger Destillation ist den wie oben gefundenen Werten 3,1 % als Ausgleich des während der zweiten Behandlung zusätzlich verlorengehenden Furfurols hinzuzurechnen.

Eine Angabe über die Art der rechnerischen Auswertung der Versuchsergebnisse erscheint nach vorstehendem immer angebracht.

Durchführung der Pentosanbestimmung nach JAYME und SARTEN.

Wie bereits erwähnt, wird bei dieser Methode in Abweichung gegenüber der Vorschrift von TOLLENS die Abspaltung und Destillation des Furfurols mit Bromwasserstoffsäure vorgenommen. Für diese neue Methode sind von JAYME und SARTEN[1] kürzlich eingehende Vorschriften, wie auch Berechnungsgrundlagen gegeben worden. Da es sich bei ihnen teilweise um ein gegenüber dem üblichen abweichendes Vorgehen handelt, sind die Angaben der Autoren nachstehend in allen Einzelheiten wiedergegeben.

Erforderliche Reagenzien.

1. Zur Destillation: 40 gewichtsproz. Bromwasserstoffsäure, spez. Gewicht 1,37, bromfrei.

2. Zur Titration: $n/_{20}$-Bromatlösung (1,392 g $KBrO_3$ und 10 g KBr im Liter), $n/_{20}$-Natriumthiosulfatlösung, Ammoniummolybdatlösung, 25 g im Liter, Salzsäure, verdünnt, (2 n), 10 proz. Kaliumjodidlösung.

3. Zur Fällung: 1 proz. Barbitursäurelösung in 13 gewichtsproz. Salzsäure, 37 gewichtsproz. Salzsäure, zum Einstellen der 13 proz. Lösung, 13 gewichtsproz. Salzsäure zum Auffüllen auf 500 cm³.

Apparatur. Die in Abb. 15 dargestellte Apparatur besteht aus verschiedenen, mit Schliff versehenen Teilen. Als Destilliergefäß dient ein Stehkolben *2* von 250 ··· 500 cm³ Inhalt mit Normalschliff. Für Holzmehl, das mittels Wasser nur schwer aus dem Wägegläschen überführbar ist, empfiehlt es sich, einen leichten 250 oder 300 cm³ fassenden Stehkolben aus Jenaer Glas mit Normalschliff zu verwenden, in den die Einwaage zweckmäßig unmittelbar eingetragen und der dann ausgewogen wird.

Auf dem Stehkolben sitzt mittels Schliff der Destillieransatz *1*, auf den ein mit 50 cm³ Teilung versehener, etwa 200 cm³ fassender Tropftrichter angesetzt ist.

Die Verbindung von Destillierrohr zum Kugelkühler *3* erfolgt gleichfalls durch Normalschliff. Der Kühler ist lotrecht gestellt und mittels eines Schliffes mit einem kleinen, auf 50 cm³ geeichten Tropftrichter *4* verbunden. Dieser hat zum Druckausgleich eine Verbindung zum Absorptionsrohr, das mit 8 cm³ 13 gewichtsproz. Salzsäure und RASCHIG-Ringen aus Glas beschickt ist. Der untere Schliff am Tropftrichter ist den Schliffen der normalen 500-cm³-Meßkolben angepaßt. Der Schliffansatz zum Meßkolben *5* besitzt gleichfalls zum Druckausgleich eine Verbindung mit dem Absorptionsrohr.

Zur Verhinderung von Verkohlung an den überhitzten Kolbenwänden wird das Asbestdrahtnetz, auf dem der Kolben aufsitzt, mit einer Lage Asbestpapier, das in der Mitte einen runden Ausschnitt, der sich nach Kolbengröße richtet, besitzt, so belegt, daß seitwärts keine heiße Luft zum Kolben aufsteigen kann. Dadurch wird jede Verkohlung an der Kolbenwand vermieden.

Ausführung der Destillation. Die Einwaage soll so gewählt werden, daß etwa 0,15 ··· 0,2 g Furfurol bei der Destillation entstehen. Je nach Pentosangehalt werden deshalb 0,6 ··· 2 g Holzmehl oder Faserrohstoff in den Reaktionskolben eingebracht. Bei Pentosen genügt eine Einwaage von 0,2 ··· 0,3 g. Nach Zugabe von 75 cm³ Wasser und Siedesteinchen wird die Apparatur zusammen-

---

[1] JAYME, G., u. P. SARTEN: Biochem. Z. **308**, 109 (1941).

gesetzt, in das Absorptionsgefäß eine Menge von 8 cm³ 13proz. Salzsäure eingefüllt und der Kühler eingeschaltet. Erst dann läßt man durch den Tropftrichter 75 cm³ 40gewichtsproz. Bromwasserstoffsäure zufließen, so daß eine
23,1 gewichtsproz. Bromwasserstoffsäure entsteht; hierbei ist zu beachten, daß
der Hahn vor Ablaufen der gesamten Flüssigkeit wieder geschlossen wird, da
die Furfurolbildung bei der Zugabe der konzentrierten Säure sofort einsetzt.

Nun wird der Tropftrichter bis
zur 200-cm³-Marke mit destilliertem
Wasser aufgefüllt und die Destillation
in Gang gebracht. Bei starker Flamme soll die Destillationsgeschwindig-
keit 200 cm³ pro Stunde, also 50 cm³
in 15 Minuten betragen. Hat das
Destillat die 50-cm³-Marke am unteren Tropftrichter erreicht, so wird
der Hahn geöffnet, bis das Destillat
in den Meßkolben abgeflossen ist, und
dann wieder geschlossen. Gleichzeitig
wird durch den oberen Tropftrichter
eine Menge von 50 cm³ Wasser in den
Reaktionskolben gefüllt und weiter
destilliert. Nach Destillation von
achtmal 50 cm³ = 400 cm³ ist für
Xylose die Destillation beendet. Bei
Stoffen, die neben Xylose noch andere Pentosen enthalten, wird nach
Auswechseln des Meßkolbens weiter
destilliert und in dem zweiten 400-cm³-
Destillat das Furfurol getrennt bestimmt. Sind darin nennenswerte
Mengen Furfurol vorhanden, so ist
hierdurch die Anwesenheit anderer
Pentosen angezeigt, so z. B. die von
Arabinose oder Rhamnose.

Nach beendigter Destillation wird
zunächst die Flamme abgestellt, der
Reaktionskolben mit dem Destillieransatz entfernt und im Kühler so nach-

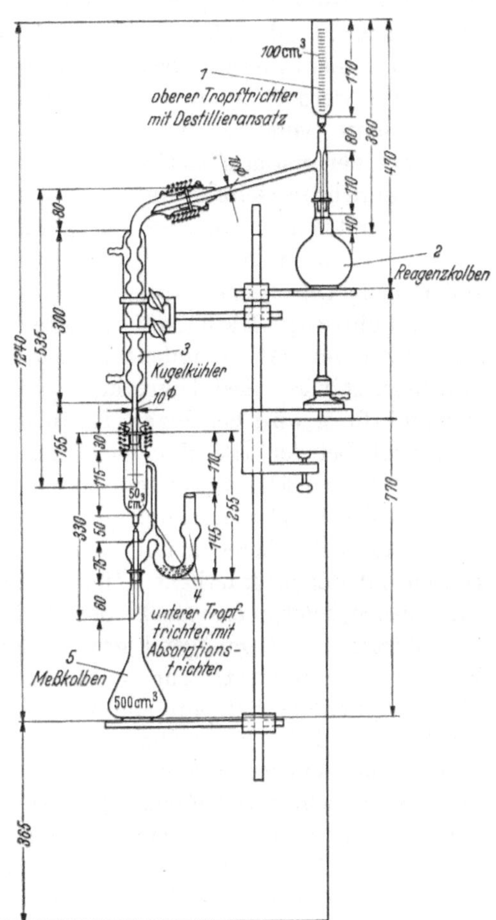

Abb. 15. Pentosanbestimmungsapparat. (Nach JAYME und SARTEN.)

gespült, daß das destillierte Wasser an den oberen und unteren Wandungen ent-
langläuft. Dann wird der Meßkolben samt Tropftrichter abgenommen und durch
Neigen die Salzsäure aus dem Absorptionsrohr in den Kolben gebracht; Absorptionsgefäß und Tropftrichter werden mehrmals mit Wasser nachgespült, worauf durch Wasserzugabe auf die Marke eingestellt wird. Damit ist die Destillation
beendet. Das erhaltene Destillat muß in allen Fällen vollkommen wasserklar und
farblos sein.

Bestimmung des Furfurols. a.) Durch Titration. 50 cm³ des Destillates werden in einem Schliff-Erlenmeyer mit 3,8 cm³ 2 n- oder 2 cm³ 13proz.

Salzsäure versetzt, dann 10 cm³ Ammoniummolybdatlösung zugegeben und schließlich mit 20 cm³ $n/_{20}$-Bromid-Bromat-Lösung versetzt. Nach 4 Minuten, von beginnender Gelbfärbung an gerechnet, wird Kaliumjodidlösung zugegeben, 5 bis 10 Minuten stehengelassen und dann mit $n/_{20}$-Natriumthiosulfatlösung, am zweckmäßigsten aus einer 25-cm³-Bürette, das überschüssige Bromat zurücktitriert. Werden nun bei dieser Titration mehr als 10 cm³ oder weniger als 5 cm³ $n/_{20}$-Natriumthiosulfatlösung zur Rücktitration benötigt, müssen bei den folgenden Titrationen 15 oder 25 cm³ Bromid-Bromat-Lösung vorgelegt werden. Dieser erste Wert dient nur zur Orientierung für die nun folgende genaue Bestimmung.

Hierzu werden 50 cm³ des Destillates mit Ammonmolybdat und 3,8 cm³ 2 n-Salzsäure versetzt und auf 14···15° abgekühlt; es wird die erforderliche, aus der ersten Titration berechnete Menge Bromatlösung zugefügt, dann von beginnender Gelbfärbung ab, wobei es zweckmäßig ist, den Kolbeninhalt gut zu schütteln, 4 Minuten lang gewartet, Kaliumjodidlösung zugegeben und nach 5···10 Minuten das restliche Bromat durch Titration mit $n/_{20}$-Natriumthiosulfatlösung (25-cm³-Bürette) bestimmt.

Berechnung. Die Titrationswerte ergeben den tatsächlichen Pentosangehalt, wenn das gefundene Furfurol mit dem theoretischen Faktor 1,375 multipliziert wird. Der Umrechnungsfaktor für Pentosen beträgt 1,5625. Oxymethylfurfurol wird bei diesem Destillationsverfahren nicht gebildet, kann demnach auch bei der Titration nicht mitbestimmt werden.

b) Durch Fällung. Hierzu werden 150···250 cm³ des Destillates in einem 1000-cm³-Becherglas mit der berechneten Menge 1 proz. salzsaurer Barbitursäurelösung, der berechneten Menge 13 proz. Salzsäure und nach gutem Verrühren mit der erforderlichen Menge 37 proz. Salzsäure versetzt. Die Barbitursäuremenge beträgt die 6 fache des Furfurols und ist aus der ersten orientierenden Titration mit genügend großer Genauigkeit berechenbar. Die Salzsäurekonzentration soll nach Zugabe aller Reagenzien 13 Gewichtsprozent betragen. Die konzentrierte Salzsäure muß immer zum Schluß zugesetzt werden, da sie sonst während des Eingießens örtliche Kondensation hervorruft. Nach der Zugabe der konzentrierten Salzsäure wird einige Minuten gerührt. Der sich bildende gelbe Niederschlag von Furfuralbarbitursäure wird nach 24 Stunden durch einen zum bleibenden Gewicht getrockneten G-3-Glasfiltertiegel filtriert, wobei bei sehr großen Niederschlagsmengen zweckmäßig zum quantitativen Überführen auf den Tiegel die Mutterlauge verwendet und erst nach gutem Absaugen, wobei der Filterkuchen zerreißt, mit 200 cm³ kaltem Wasser säurefrei gewaschen wird. Im allgemeinen sind die Niederschlagsmengen nicht so groß, daß Filtrierschwierigkeiten eintreten. Der Niederschlag ist meistens kristallin; sollte er flockig bleiben und sich nicht klar absetzen, so kann er durch längeres Stehen im Eisschrank in eine leicht und klar filtrierbare Form übergeführt werden. Er wird 4 Stunden im Trockenschrank bei 105° getrocknet und zur Kontrolle nochmals 2 Stunden nachgetrocknet. Zu langes Stehen im Trockenschrank ist zu vermeiden, da sonst Zersetzung eintreten kann. Zur Weiterverwendung wird der Filtertiegel mit verdünnter Ammoniaklösung gereinigt und gut ausgewaschen.

Die Menge der 37 proz. Salzsäure, die zur Einstellung der Gesamtlösung auf einen Gehalt von 13 % Salzsäure notwendig ist, richtet sich nur nach der Menge

des zur Fällung verwendeten Destillates, da die Barbitursäure in 13 proz. Salzsäure gelöst ist:

$$\text{cm}^3 \text{ eingesetztes Destillat:} \quad 50 \quad 100 \quad 150 \quad 200 \quad 250$$
$$\text{cm}^3 \text{ 37 gew.-proz. HCl:} \quad 26,5 \quad 53 \quad 79,5 \quad 106 \quad 132,5.$$

Berechnung der erforderlichen Barbitursäurelösung (1 proz., in 13 proz. HCl):

$$\text{cm}^3 \text{ Barbitursäure} = \frac{b \cdot c \cdot 6 \cdot 100 \cdot p,}{500 \cdot 100},$$

$b =$ Einwaage in g.
$c = \text{cm}^3$ eingesetzte Lösung,
$p = \%$ Furfurol, durch 1. Titration ermittelt.

Wird statt von 500 cm³ von 1000 cm³ Destillat ausgegangen, so ist im Nenner 500 durch
1000 zu ersetzen.

Berechnung des Furfurolwertes. Da die Furfuralbarbitursäure etwas
löslich ist, in reinem Wasser stärker als in 13 proz. Salzsäure, muß bei der Berechnung ein durch Fällung von reinem, frisch destilliertem Furfurol mit Barbitursäure unter denselben Bedingungen empirisch gefundener Korrekturfaktor
berücksichtigt werden, der der Tabelle zu entnehmen ist.

$$\% \text{ Furfurol} = \frac{a \cdot \varphi \cdot 100 \cdot 100 \cdot 0,4661}{e \cdot T}$$

$a =$ Auswaage Furfuralbarbitursäure in g,
$e =$ Einwaage, Substanz in g,
$T =$ Trockengehalt der Substanz in %,
$\varphi =$ Korrekturfaktor,
$0,4661 =$ Umrechnungsfaktor Furfurol aus Furfuralbarbitursäure.

Tabelle 7. Umrechnungsfaktoren für Furfuralbarbitursäurefällungen in 13 proz.
Salzsäure.

Auswaage g	Korrektur-faktor φ	Auswaage g	Korrektur-faktor φ	Auswaage g	Korrektur-faktor φ	Auswaage g	Korrektur-faktor φ
1,10	1,0000	0,78	1,0070	0,46	1,0156	0,16	1,0618
1,08	1,0000	0,76	1,0075	0,44	1,0161	0,15	1,0667
1,06	1,0000	0,74	1,0080	0,42	1,0166	0,14	1,0716
1,04	1,0005	0,72	1,0085	0,40	1,0174	0,13	1,0780
1,02	1,0010	0,70	1,0090	0,38	1,0185	0,12	1,0844
1,00	1,0015	0,68	1,0095	0,36	1,0199	0,11	1,0913
0,98	1,0020	0,66	1,0100	0,34	1,0220	0,10	1,0982
0,96	1,0025	0,64	1,0105	0,32	1,0238	0,09	1,1106
0,94	1,0030	0,62	1,0111	0,30	1,0267	0,08	1,1230
0,92	1,0035	0,60	1,0116	0,28	1,0295	0,07	1,1500
0,90	1,0040	0,58	1,0123	0,26	1,0332	0,06	1,1770
0,88	1,0045	0,56	1,0128	0,24	1,0375	0,05	1,2540
0,86	1,0050	0,54	1,0134	0,22	1,0425	0,04	1,3514
0,84	1,0055	0,52	1,0139	0,20	1,0480	0,03	1,5038
0,82	1,0060	0,50	1,0145	0,18	1,0542		
0,80	1,0065	0,48	1,0150	0,17	1,0580		

Zur Erläuterung sei noch folgendes bemerkt: Kleinere Niederschlagsmengen
als 0,03 g wurden im Hinblick auf die Unsicherheit und die Höhe der dazu-
gehörenden Faktoren nicht mehr in die Tabelle aufgenommen. In einem solchen

Falle empfiehlt es sich, die Fällung mit Thiobarbitursäure vorzunehmen, die, gelöst in einer 0,5proz. 13proz. salzsauren Lösung, in der doppelten Menge, auf Furfurol gerechnet, verwendet werden soll. Ein größerer Überschuß verursacht durch Mitreißen des Fällungsmittels Fehlresultate.

Ein Ausbleiben der Barbitursäurefällung, auch nach 48stündigem Stehen und sehr fleißigem Rühren, bedeutet, daß die vorliegende Furfurolkonzentration unter 0,001 % liegt; ein Ausbleiben eines Thiobarbitursäureniederschlages entspricht einer Furfurolkonzentration des Ansatzes unter 0,00025 %.

In den meisten Fällen ist es durch Einsetzen einer entsprechenden Einwaage möglich, Furfurollösungen in hinreichender Konzentration zu erhalten.

Beispiel. Zur Veranschaulichung des Berechnungsganges geben JAYME und SARTEN das nachstehende Beispiel, dem die Anwendung der Methode auf Buchenholz zugrunde liegt.

Einwaage: 1,1005 g, Trockengehalt in einer Parallelprobe bestimmt: 91,03 %, Einwaage also 1,0018 g abs. tr.

400 cm³ Destillat, auf 500 cm³ aufgefüllt.

1. Titration: Je 50 cm³ von 500 cm³:

a) bei gew. Temp.: Vorgelegt   15,00 cm³ $n/_{20}$-Bromat

Zurücktitr.   7,08 cm³ $n/_{20}$-$Na_2S_2O_3$

Verbraucht   7,92 cm³ $n/_{20}$-Bromat

$$F_1, \text{ Furfurol } \% = \frac{7,92 \cdot 0,24 \cdot 10 \cdot 100}{1,1005 \cdot 91,03} = \mathbf{18,99\,\%}.$$

b) bei 14⋯15°: Vorgelegt   15,00 cm³ $n/_{20}$-Bromat

Zurücktitr.   7,45 cm³ $n/_{20}$-$Na_2S_2O_3$

Verbraucht   7,55 cm³ $n/_{20}$-Bromat

$$F_2, \text{ Furfurol } \% = \frac{7,55 \cdot 0,24 \cdot 10 \cdot 100}{1,1005 \cdot 91,03} = \mathbf{18,10\,\%}.$$

2. Fällung: 200 cm³ von 500 cm³.

50 ,,   1proz. Barbitursäure,

144 ,,   13proz. HCl,

106 ,,   37proz. HCl.

Auswaage = 0,1434 g; φ = 1,0716.

$$F_3, \text{ Furfurol } \% = \frac{0,1434 \cdot 1,0716 \cdot 0,4661 \cdot 5 \cdot 100 \cdot 100}{2 \cdot 1,1005 \cdot 91,03} = \mathbf{17,87\,\%}.$$

Berechnung auf Xylosewert des Holzes:

Furfurolwert = **17,87 %**,

Xylosewert   = $F_3 \cdot 1,5625$ = **27,92 %**

Berechnung auf Pentosan im Holz:

Pentosan   = $F_3 \cdot 1,375$ = **24,57 %**.

Zur Bestimmung von Methylpentosan.

Von vornherein muß gesagt werden, daß die Bestimmung von Methylpentosan nur dann in zuverlässiger Weise möglich ist, wenn es für sich allein vorkommt. Die Bestimmung erfolgt in diesem Fall in der gleichen Art, wie jene der einfachen Pentosane. Sobald solche gemeinsam mit Methylpentosanen in Rohfaserstoffen vergesellschaftet sind, ist eine einwandfreie Mengenbestimmung der beiden Pentosanarten sehr schwierig, vielleicht überhaupt nur annähernd möglich. Wie bei der Bestimmung der einfachen Pentosane erwähnt, erhält man in einem solchen Falle im Destillat ein Gemisch von Furfurol und Methylfurfurol — soweit letzteres nicht überhaupt zersetzt wird —, dessen einzelne Bestandteile bei den folgenden Bestimmungsmethoden in ganz gleichartiger Weise reagieren. Man hat früher zwecks Trennung der Phlorogluzide beider Pentosen ein ursprünglich von TOLLENS gegebenes Verfahren angewandt. Es bestand darin, daß man das ausgewogene Gemenge der beiden Phlorogluzide, das sich noch im Goochtiegel befand, erschöpfend mit Alkohol im Soxhlet- oder Bessonapparat extrahierte. Bei dieser Behandlung sollte allein das Methylpentosan in Lösung gehen. Aus der nach beendeter Extraktion und anschließender Trocknung ermittelten Gewichtsabnahme wäre so die Bestimmung der einzelnen Bestandteile möglich gewesen.

Nach vielen Beobachtungen gibt dieses Verfahren, bei seiner Anwendung auf die Phlorogluzin-Niederschläge, wie sie im Salzsäuredestillat von Rohfaserstoffen erhalten werden, unmittelbar angewandt, sehr schwankende und unzuverlässige Werte. Eingehende Untersuchungen haben gezeigt, daß die Genauigkeit der Bestimmung sehr beeinträchtigt wird, durch die wechselnde Löslichkeit des in solchen Niederschlägen fast immer mit vorhandenen Phlorogluzids des Oxymethylfurfurols.

SCHMIDT-NIELSEN hat auf neueren Erkenntnissen fußend bei Vorhandensein aller drei Furfurole folgende Arbeitsweise[1] zu deren getrennter Ermittlung vorgeschlagen. In einem Destillat, das sie enthält, zerstört man durch nochmalige Destillation aus kochsalzgesättigter Salzsäure das Oxymethylfurfurol und bestimmt mittels Barbitursäure die Summe von Furfurol und Methylfurfurol. In einem zweiten Teil des vorbehandelten Destillates fällt man das nun allein anwesende Furfurol und Methylfurfurol mit Phlorogluzin und extrahiert dann mit Alkohol das Methylfurfurol. Da störendes Oxymethylfurfurol hierbei nicht vorhanden ist, läßt sich diese Trennung im vorliegenden Fall durchführen. Wenn man schließlich in einem unmittelbar erhaltenen Destillat durch Fällen mit Phlorogluzin die Summe der Phlorogluzide aller drei Furfurole ermittelt, bietet sich so tatsächlich ein Weg, die Menge der Einzelbestandteie zu finden. Wie weit nach dieser Vorschrift zuverlässige Werte für diese zweifellos sehr schwierige Bestimmung erzielt werden können, ist bislang von anderer Seite noch nicht geprüft worden.

Farbreaktionen auf Pentosan und Methylpentosan.

Zum Nachweis beider Pentosane bei gemeinsamem Vorkommen empfiehlt GIERISCH[2] Naphthylamin. Das Reagens wird in essigsaurer Lösung benutzt, und zwar wird 1 Teil Naphthylamin in 4 Teilen Eisessig gelöst. Die Reaktion führt man durch in dem salzsauren Destillat der TOLLENS-Destillation. GIERISCH gibt dafür folgende Vorschrift.

Zu etwa $^1/_4$ cm^3 der salzsauren Lösung der Furfurole — es ist dies gerade soviel, wie beim Umkehren eines mit einigen Tropfen Destillat beschickten Rea-

---

[1] SCHMIDT-NIELSEN, S., u. L. HAMMER: Kongl. norsk Vedensk. Selsk., Forskn, **5**, 84 (1932).

[2] GIERISCH, W.: Cellulosechemie **6**, 93 (1932).

genzglases an dessen Wandungen zurückbleibt — gibt man nach und nach 10 Tropfen Reagens. Hierbei fällt zunächst salzsaures Naphthylamin als weißer Niederschlag aus; nach Zusatz von 1···2 Tropfen des Reagenzes ist die Salzsäure neutralisiert, und weitere Tropfen geben mit Furfurol roten, mit Methylfurfurol orangegelben und mit Oxymethylfurfurol gelben Niederschlag. Untersucht man Lösungen, die Gemenge der Furfurole enthalten und vermeidet hierbei ein Umschütteln des Reagenzglases, so bleiben die Niederschläge unvermischt bestehen, wobei sich der gelbe und der orangegelbe über dem roten schichtet. Der Vorteil dieser Ausführungsart der Naphthylaminreaktion besteht darin, daß man das gleichzeitige Vorhandensein von Furfurol einerseits und Oxymethylfurfurol und Methylfurfurol anderseits erkennen und auch die Mengenverhältnisse annähernd beurteilen kann. Eine Unterscheidung der beiden letztgenannten Furfurole wird infolge der Ähnlichkeit der Färbungen allerdings nur schwer möglich sein.

Bestimmung von Pektin.

Allgemeines. Die Pektine als ständige Begleiter der Zellulose im Pflanzenreich zeigen in vielen ihrer Eigenschaften große Ähnlichkeit mit den Hemizellulosen, so daß sie meist mit diesen in die gleiche Gruppe eingereiht werden. Eine Methode, die es ermöglicht, in den Faserrohstoffen das Pektin als solches zu bestimmen, gibt es einstweilen nicht. Daher ist man vorläufig noch darauf angewiesen, mittels bekannter Analysenmethoden die Menge verschiedener wichtiger Einzelbausteine der Pektine zu bestimmen. Aber auch hier begegnet man gerade bei der Untersuchung der Faserrohstoffe Schwierigkeiten insofern, als solche Aufbausteine der Pektine mitunter auch Bestandteile anderer Hemizellulosen sind. Als ganz eindeutig können sonach die Ergebnisse auch dieser Untersuchungsmethoden im vorliegenden Fall nicht bezeichnet werden. Von den einzelnen charakteristischen Hauptbestandteilen sollen nachstehend die Ermittlung des Gehaltes an **Pektin-Methylalkohol** und die der **Galakturonsäure** beschrieben werden. Soweit man von ihnen als zuverlässigem Nachweis von Pektin sprechen kann, dürfte man berechtigt sein, dem erstgenannten eher als der zweiten diese Bezeichnung zuzulegen. Es ist bei der Galakturonsäure zu beachten, daß die zu ihrer Bestimmung verwandte Methode in ganz gleicher Weise auch auf alle anderen Hexuronsäuren anspricht, die möglicherweise aus noch sonst vorhandenen Hemizellulosen stammen können.

Bestimmung des Pektin-Methylalkohols.

Zur Bestimmung[1] muß Rohfasermaterial angewandt werden, das von etwa vorhandenen ätherischen Ölen vorher befreit worden ist. Dies geschieht am einfachsten durch Extraktion mit organischen Lösemitteln, gemäß der früher gegebenen Vorschrift.

Der Extraktionsrückstand wird anschließend noch mit Wasserdampf destilliert, um eine Quellung des Materials herbeizuführen. Bei dieser Wasserdampfdestillation gehen etwa noch vorhandene Reste ätherischer Öle mit fort. Man

---

[1] FELLENBERG, TH. VON: Mitt. Gebiete Lebensmittelunters. Hyg. Lab. schweiz. Gesundheitsamt 7, 59 (1916). — Die Arbeitsweise ist auf Grund eigener Erfahrungen mit der Methode wiedergegeben. Man vergleiche SIEBER, R.: Zellstoff u. Papier 1, 223 (1921).

bringt dann das so vorbereitete Material in einer Menge, welche $1 \cdots 2$ g lufttrockener Ausgangssubstanz entspricht, zusammen mit 40 cm³ destilliertem Wasser in einen 300 cm³ Kolben. Der Kolben besitzt einen eingeschliffenen Pfropfen mit durchgeführtem und entsprechend umgebogenem Ableitungsrohr. Dieses Ableitungsrohr wird mit einem Kühler in Verbindung gesetzt. Sehr empfehlenswert ist es, diesen Kühler sich selbst herzustellen, und zwar aus einem schwachen Glasrohr (3 mm lichter Durchmesser) als inneren und einem weiteren als äußeren. Wählt man nämlich gewöhnliche handelsübliche Kühler, so ist infolge des ziemlich großen Durchmessers des inneren Rohres, Ausspülen des Kühlers nach erfolgter Destillation nicht zu umgehen, um Verluste zu vermeiden. Dies kann bei einem entsprechend geformten selbst gebauten Kühler vermieden werden. Auch läßt sich bei einem solchen die richtige Länge leicht wählen und die Verbindung von Destillationskolben und Kühler mittels eines Stückes Gummischlauch, also unter Ausschluß von Korkstopfen am Kühlerhals sehr einfach und dicht ausführen.

Aus dem mit Material wie beschrieben beschickten und zusammengesetzten Destillationsapparat werden vom Inhalt des Kolbens zunächst 20 cm³ abdestilliert. Zu dem noch heißen Rückstand im Kolben setzt man 5 cm³ einer Natronlauge, welche 10 g NaOH auf 90 cm³ Wasser enthält, verschließt sogleich wieder, schüttelt den Kolben gut um und läßt zunächst 5 Minuten stehen. Dann werden 2,5 cm³ Schwefelsäure (1 Volumen konz. Säure $+$ 1 Volumen Wasser) hinzugefügt und 16,2 cm³ abdestilliert, wobei man als Vorlage ein gewogenes Reagenzglas benützt, welches bei 6, 10 und 16,2 cm³ Marken besitzt. Das Glas wird, um Verluste zu vermeiden, vorerst mit wenig Wasser ausgespült, ausgeschwenkt und so dicht unter das Rohr des Kühlers gestellt, daß aus ihm austretende Dämpfe durch das wenige am Boden des Glases zurückgebliebene Wasser kondensiert werden. Zweckmäßig wird außerdem das Reagenzglas oben mit Watte abgedichtet. Das Destillat wird in einen neuen Kolben gebracht, zwecks Neutralisation vorhandener flüchtiger Säuren mit 5 Tropfen Natronlauge und zur Oxydation von etwa gebildeten Aldehyden mit 5 Tropfen 10proz. Silbernitratlösung versetzt, worauf diesmal 10 cm³ in gleicher Weise wie vorher abdestilliert werden. Durch eine letzte Anreicherungsdestillation gewinnt man dann ein Destillat von 6 cm³. Man stellt dessen Gewicht auf zwei Dezimalen fest und bestimmt darin anschließend den Gehalt an Methylalkohol. Dies kann auf zwei verschiedene Weisen durchgeführt werden.

Bestimmung des Methylalkoholgehaltes. a) Kolorimetrisch nach DENIGÈS.

Dazu sind folgende Lösungen notwendig:

1. Alkohol-Schwefelsäure, hergestellt durch Lösen von 20 cm³ reinem, absolutem Alkohol oder 21 cm³ 95proz. Alkohol in Wasser, Zusetzen von 40 cm³ konz. Schwefelsäure und Verdünnen mit Wasser auf 200 cm³.

2. Kaliumpermanganatlösung, 5 g $KMnO_4$ in 100 cm³.

3. Oxalsäurelösung, 8 g in 100 cm³.

4. Konz. Schwefelsäure.

5. Fuchsinschweflige Säure, bereitet durch Lösen von 5 g Fuchsin, 12 g Natriumsulfit und 100 cm³ $^n/_1$-Schwefelsäure zum Liter.

Diese Lösung muß vorsichtig vom Licht abgeschlossen, am besten in einer von schwarzem Papier umgebenen Stöpselflasche aufbewahrt werden. So hält sie sich sehr lange Zeit. Nach $6^1/_2$ Monaten wurde beispielsweise eine um nur 12% schwächere Färbung erhalten als mit einer frisch bereiteten Lösung. Am Licht aufbewahrt, ändert hingegen die Lösung ihre Wirksamkeit verhältnismäßig schnell. Am besten löst man das Fuchsin in etwa 600 cm³ Wasser in der Hitze, kühlt ab, ohne darauf Rücksicht zu nehmen, daß die Lösung dabei trüb wird, fügt nun erst die Lösung des Sulfits und die Schwefelsäure hinzu und füllt zum Liter auf. Nach einigen Stunden ist die nunmehr bräunlichgelbe Lösung gebrauchsfertig.

6. Methylalkohol-Lösung von 1 g in 100 cm³ erhalten durch Lösen von 12,67 cm³ (= 10 g) reinem Methylalkohol zum Liter und eine ebensolche Lösung von 0,1 g in 100 cm³, erhalten durch Verdünnen der eben genannten Lösung auf das Zehnfache.

Von dem methylalkoholhaltigen Destillat werden 3 cm³ in einem 40···50 cm³ fassenden weiten Reagenzglase mit 1 cm³ Alkohol-Schwefelsäure und mit 1 cm³ Kaliumpermanganat-Lösung versetzt, einmal umgeschüttelt und genau 2 Minuten sich selbst überlassen. In gleicher Weise behandelt man drei Typen, von denen der erste 0,5 cm³ 1proz. Methylalkohollösung (= 5 mg) und 2,5 cm³ Wasser, der zweite 1 cm³ 0,1proz. Lösung (= 1 mg) und 2 cm³ Wasser, der dritte 0,3 cm³ 0,1proz. Lösung (=0,3 mg) und 2,7 cm³ Wasser enthält. Nach 2 Minuten setzt man überall 1 cm³ Oxalsäurelösung zu und neigt die Reagenzgläser in der Weise, daß die Flüssigkeit alle etwa an der Wandung hängenden Tropfen Permanganat mit sich nimmt. Einige Sekunden nach dem Oxalsäurezusatz hat die Lösung Madeirafarbe angenommen. Man setzt nun 1 cm³ konzentrierte Schwefelsäure zu (am besten aus einer Pipette mit recht enger Mündung, um das Aufsteigen von Luftblasen zu verhindern) und gleich darauf 5 cm³ fuchsinschweflige Säure und mischt gehörig um, indem man wieder die Wandungen des Gefäßes mit der Flüssigkeit abspült. Man läßt 1 Stunde stehen und vergleicht die zu prüfende Lösung vorerst mit bloßem Auge mit den Typen. Die genaue kolorimetrische Vergleichung geschieht mit dem Typ, welcher der Lösung in der Farbstärke am nächsten steht. Ist es der Typ von 5 mg, so verdünnt man mit 100 cm³ Wasser, ist es einer der beiden anderen, so verdünnt man mit 25 cm³ Wasser und vergleicht die Farbstärken im Kolorimeter.

Wenn der Gehalt bedeutend höher ist als derjenige des Typs, so empfiehlt es sich, die kolorimetrische Prüfung zu wiederholen, unter Verwendung der auf die Typstärke berechneten Menge des Destillates, wobei man mit Wasser auf 3 cm³ ergänzt.

Aus der gefundenen Farbstärke ergibt sich nach den Tabellen im Anhang (Tabellen 43 a, b, c, zu Abschnitt II) der Gehalt an Methylalkohol in der verwendeten Flüssigkeitsmenge.

Berechnung: Der Prozentgehalt des Untersuchungsmaterials an Methylalkohol ist:

$$M = \frac{g \cdot D}{10 \cdot d \cdot G},$$

wobei　　　　G = verwendete Menge Substanz in g,

D = Gewicht des Destillates in g,

d = zur Reaktion verwendete Menge Destillat in cm³,

g = gefundener Methylakohol in mg.

Beispiel: Verwendete Menge Untersuchungsmaterial $= 2$ g (G),
Gewicht des Destillates $= 6{,}49$ g (D),
davon zur Reaktion verwendet $= 3$ cm³ (d),
Methylalkohol darin $= 1{,}20$ mg (g)

$$X = \frac{1{,}20 \cdot 6{,}49}{10 \cdot 3 \cdot 2} = 0{,}130\,\%.$$

Der Pektin-Methylalkohol-Gehalt beträgt 0,130%. Wegen der Umrechnung auf Pektin vergleiche man das am Schluß der nächsten Bestimmung Gesagte.

b) Durch Methoxylbestimmung. Bei den verhältnismäßig kleinen Mengen, die hiervon vorliegen, führt man diese Bestimmung am zweckmäßigsten nach dem Zentigramm-Halbmikro-Verfahren von VIEBÖCK, BRECHER und SCHWAPPACH[1] durch. Es besteht darin, daß die Methoxylgruppe nach ihrer Abspaltung durch Jodwasserstoffsäure als Jodalkyl in einer Mischung von Brom, Kaliumazetat und Eisessig in Jodat übergeführt wird. Nach Zugabe von Kaliumjodid in das Reaktionsgemisch, das eine dem Halogenalkyl entsprechende Menge von bei der Oxydation gebildeter Bromwasserstoffsäure enthält, wird Jod in Freiheit gesetzt, welches mit Natriumthiosulfat titriert werden kann. Da auf ein Jodalkyl sechs Atome Jod frei gemacht werden, ist es möglich, auf diesem Weg selbst sehr geringe Methoxylmengen genau zu bestimmen. Die nachstehenden Gleichungen geben den über noch einige weitere Zwischenstufen sich abspielenden Reaktionsverlauf wieder.

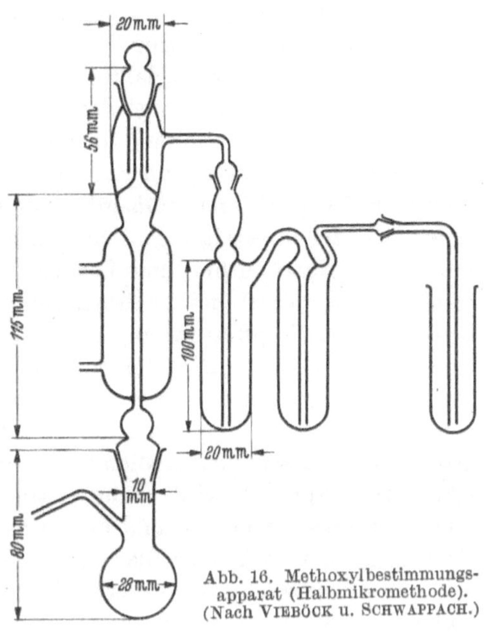

Abb. 16. Methoxylbestimmungsapparat (Halbmikromethode). (Nach VIEBÖCK u. SCHWAPPACH.)

$$\mathrm{R \cdot OCH_3 + HJ = R \cdot OH + CH_3J}$$

$$\mathrm{CH_3J + 3\,Br_2 + 3\,H_2O = CH_3Br + HJO_3 + 5\,HBr}$$

$$\mathrm{HJO_3 + 5\,HJ = 3\,J_2 + 3\,H_2O.}$$

Die Abb. 16 zeigt den von VIEBÖCK und SCHWAPPACH für diese Bestimmung angegebenen Apparat. Ihm wird ein Kohlensäure-Entwicklungsapparat mit folgender Natriumbikarbonat-Waschflasche vorgeschaltet. Der Reaktionskolben faßt insgesamt etwa 12···15 cm³. Wie bei dem STRITTARschen Apparat ist das Waschgefäß für die abziehenden Gase und Dämpfe unmittelbar dem Steigrohr angeschmolzen.

---

[1] VIEBÖCK, F., u. C. BRECHER: Ber. dtsch. chem. Ges. **63**, 3207 (1930). — VIEBÖCK, F., u. A. SCHWAPPACH: Ebenda **63**, 2818 (1930). — Vgl. ferner K. BÜRGER, u. F. BALÁ: Angew. Chem. **54**, 58 (1941), wo eine Abänderung des titrimetrischen Verfahrens zu der im übrigen gleichartig auszuführenden Methode beschrieben ist.

An Reagenzien sind erforderlich:

1. Jodwasserstoffsäure $D = 1{,}7$; im Dunkeln aufzubewahren,
2. 10proz. Kaliumazetatlösung in Eisessig,
3. jodfreies Brom in einer kleinen Tropfflasche,
4. grober roter Phosphor,
5. $80 \cdots 100$ proz. Ameisensäure,
6. kristallisiertes jodatfreies Kaliumjodid,
7. 5proz. Kadmiumsulfatlösung,
8. 5proz. Natriumthiosulfatlösung,
9. Natriumazetat in Kristallen,
10. $^{n}/_{10}$- oder $^{n}/_{20}$-Natriumthiosulfatlösung.

Zur Durchführung der Bestimmung werden von dem wie oben beschrieben erhaltenen Methylalkohol-Destillat 3 cm³ in den Reaktionskolben gegeben. Die angewandte Menge des Destillates wird durch Abwägen des Auffang-Reagenzrohres vor und nach der Entnahme der Probe genau ermittelt. Zu dem Kolbeninhalt setzt man darauf 5 cm³ Jodwasserstoffsäure und 0,2 g roten Phosphor. In das Waschgefäß gibt man mittels einer Pipette einige Kubikzentimeter eines frisch bereiteten Gemisches aus gleichen Teilen der 5proz. Kadmiumsulfat- und Natriumthiosulfat-Lösung. Das erste der beiden Absorptionsgefäße beschickt man mit 10 cm³ der eisessigsauren Kaliumazetatlösung, der $5 \cdots 6$ Tropfen Brom aus der Tropfflasche zugesetzt werden, und bringt nun durch vorsichtiges Umschwenken etwa ein Drittel des gemischten Inhaltes in das zweite Absorptionsgefäß. In die Reagenzglasvorlage gibt man zwecks Zurückhaltung und Zerstörung von Bromdämpfen einige Kristalle Natriumazetat und einige Kubikzentimeter destilliertes Wasser, dem schließlich etwas konzentrierte Ameisensäure zugesetzt wird. Der Apparat wird dann zusammengesetzt, mit der Waschflasche des Kippapparates verbunden und der in Gang gesetzte Kohlensäurestrom auf eine Geschwindigkeit von einer Blase in der Sekunde eingeregelt. Dann beginnt man mit dem Erhitzen unter Benutzung eines Mikrobrenners. Man destilliert im Kohlensäurestrom 60 Minuten lang, wobei das Sieden im Kolben so stark sein soll, daß nach etwa 15 Minuten, vom Beginn an gerechnet, auch die Waschflüssigkeit deutlich warm wird. Gegebenenfalls ist der Wasserfluß durch den Kühler entsprechend zu regeln.

Sollten während der Destillation Bromdämpfe der letzten Vorlage entweichen, so läßt sich dies durch Einstopfen von etwas Watte, die mit stark verdünnter Ameisensäure getränkt ist, in das obere Ende des Proberohres vermeiden. Nach beendeter Destillation wird der Inhalt sämtlicher Vorlagen in einen mit Schliffstopfen versehenen Erlenmeyerkolben von 250 cm³ Inhalt gespült, der 2 g in wenig Wasser gelöstes Natriumazetat enthält. Die Vorlagen werden mehreremals sorgfältig mit Wasser nachgespült und alle Spülwässer werden in den Erlenmeyerkolben gegeben. Seinem Inhalt fügt man dann 0,5 cm³ Ameisensäure zu und schwenkt gut um. Meistens ist schon nach wenigen Sekunden die durch anfänglich noch vorhandenes Brom bewirkte Färbung verschwunden. Sollte dies nicht der Fall sein, so ist weiterer Zusatz von etwas festem Natriumazetat erforderlich. Zur Sicherheit prüft man anschließend noch auf die Abwesenheit des Halogens. Es geschieht dies durch Zugabe eines Tropfens einer sehr verdünnten Methylrotlösung: selbst Spuren von Brom zerstören diesen Farbstoff raschest. Der bromfreien Lösung setzt man nach $3\cdots5$ Minuten 1 g Kaliumjodid zu, säuert mit $3\cdots5$ cm³ 10proz. Schwefelsäure an, gibt einige Tropfen Stärke hinzu und tiriert unter Anwendung einer Halbmikrobürette mit $^n/_{10}$-Natriumthiosulfatlösung bis zur Entfärbung.

1 cm³ $^n/_{10}$-Natriumthiosulfatlösung zeigt 0,533 mg CH_3OH an.

Eine Umrechnung des Methylalkohols auf Pektin ist bei den hier in Frage kommenden, noch unbekannten Zusammensetzungen dieser Verbindungen in den Faserrohstoffen nicht angebracht. Man gibt daher nur den unmittelbaren Gehalt an Pektin-Methylalkohol an. Dieser schwankt in den bekannten Pektinen innerhalb der Grenzen von $6\cdots11\%$.

Bestimmung der Galakturonsäure und der Hexuronsäure im allgemeinen.

Die bisher als genaueste bekannte Methode[1] beruht auf der quantitativen Zersetzung von Hexuronsäuren bei der Kochung mit 12proz. Salzsäure, gemäß der folgenden Reaktionsgleichung:

$$C_6H_{10}O_7 = C_5H_4O_2 + 3\,H_2O + CO_2.$$

Die aufgefangene und gewogene Menge an Kohlendioxyd ermöglicht also einen Rückschluß auf die ursprünglich vorhandene Uronsäuremenge. Da es sich hier meist um verhältnismäßig kleine Mengen Uronsäure handelt, ist für die Erfassung des geringen Anfalles an Kohlensäure eine zuverlässige Apparatur Vorbedingung[2]. Nachstehend ist eine solche näher beschrieben.

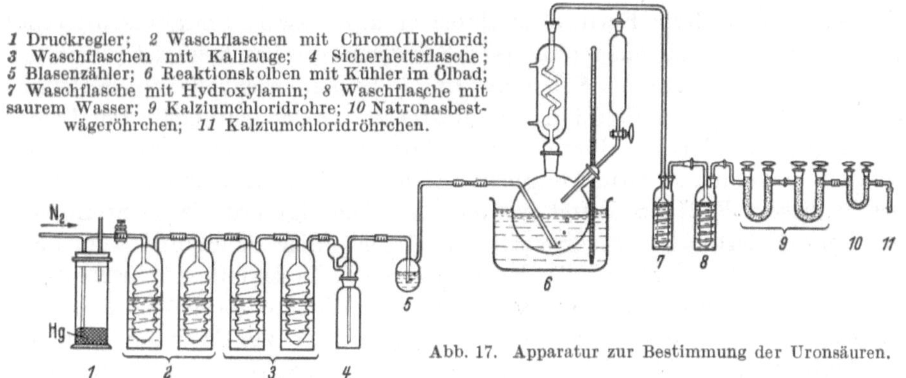

Abb. 17. Apparatur zur Bestimmung der Uronsäuren.

Apparatur. In Abb. 17 ist die für die Bestimmung in Frage kommende Apparatur wiedergegeben, zu der erläuternd folgendes gesagt sei. Zur Beförderung der im Zersetzungskolben gebildeten Kohlensäure und sonstigen flüchtigen Bestandteile findet reiner Stickstoff Anwendung. Luft sollte man bei den hier immer nur sehr geringen Kohlensäuremengen als Beförderungsmittel vermeiden. Wenn auch nicht nachgewiesen, so ist nicht ausgeschlossen, daß durch anwesenden Sauerstoff organische Stoffe in den Faserrohstoffen unter Bildung von Kohlensäure oxydiert werden können[2]. Die Reinigung des Stickstoffes muß da-

[1] TOLLENS, B., u. LEFÈVRE: Ber. dtsch. chem. Ges. 40, 4513 (1907).
[2] WURZ, O., u. O. SWOBODA: Papierfabrikant 37, 125 (1939); 38, 299 (1940).

her seine sorgfältige Befreiung von Kohlensäure und Sauerstoff umfassen. Zur Beseitigung des Sauerstoffs verwende man nicht die sonst hierfür häufig benutzte Antizonlösung (JG), da die Erfahrung gezeigt hat, daß diese sich langsam unter Abspaltung von das Ergebnis der Bestimmung fehlerhaft beeinflussendem Schwefelwasserstoff zersetzen kann. Chrom(II)chloridlösung erscheint im vorliegenden Fall für diesen Zweck geeigneter. Zu ihrer Herstellung wird zwecks Vermeidung jeglicher Berührung mit dem Luftsauerstoff Chrom(III)chloridlösung unmittelbar in den zur Verwendung gelangenden Waschflaschen reduziert. Man füllt in die Waschflaschen zunächst 200 cm^3 einer wäßrigen Lösung von 30 g Chrom(III)chlorid (CrCl$_3$ · 6 H$_2$O) in 100 cm^3 Wasser, setzt 30 cm^3 konzentrierte Salzsäure, sowie einige Körnchen Zink und etwas Zinkstaub hinzu und vertreibt die Luft durch Einleiten von Stickstoff. Die Waschflasche verschließt man dann durch ein Quecksilberventil gegen die Außenluft und läßt stehen, bis die Lösung hellblau geworden ist. Gewöhnlich nimmt das 24 Stunden in Anspruch. Die Entfernung im Stickstoff vorhandener Kohlensäure erfolgt durch eine Waschflasche mit 50proz. Kalilauge. Der Zersetzungskolben ist in einem Ölbad untergebracht. Er hat einen Inhalt von 300 cm^3 und ist mit dem aufgesetzten Kühler durch Glasschliff verbunden. Außerdem besitzt er einen seitlichen Tropftrichter, der mittels eines Schliffpfropfens eingesetzt werden kann. Dieser Kolben muß aus Jenaer Glas gefertigt werden. Als Aufnahmegefäß für das Öl wird ein Glasgefäß benutzt, das die Beobachtung der Vorgänge im Kolben gestattet. Die Heizung erfolgt mit einem gut regelbaren Brenner. Zur Reinigung der vom Kolben kommenden Gase und Dämpfe werden diese zuerst durch eine kleine Spiralwaschflasche geführt, welche 4proz. Hydroxylaminchlorhydratlösung enthält. Sie hat die Aufgabe, das mitabgespaltene Furfurol zu absorbieren. Die zweite Spiralwaschflasche, welche mit Wasser und einigen Tropfen Schwefelsäure beschickt ist, dient der Entfernung von mitgerissener Salzsäure. In den beiden anschließenden Kalziumchloridrohren erfolgt die Befreiung des Restgases von Feuchtigkeit. Der Ersatz des ersten dieser Röhrchen durch eine mit konzentrierter Schwefelsäure gefüllte Waschflasche kann auf Grund eigener Erfahrungen nicht empfohlen werden. Es ist in diesem Fall beobachtet worden, daß flüchtige organische Stoffe sich in der konzentrierten Säure zersetzen, wobei schweflige Säure und wohl auch Kohlensäure gebildet werden, die das Ergebnis der Bestimmung fehlerhaft beeinflussen. In dem folgenden Natronasbeströhrchen wird die frei gemachte Kohlensäure aus der Uronsäure quantitativ aufgefangen und zur Wägung gebracht. Der Sicherheit halber wird dieses Natronasbestrohr noch durch ein kleines Kalziumchloridröhrchen während der Dauer der Bestimmung gegen die Außenluft hin abgeschlossen. Dieses Röhrchen ist zur Hälfte mit Natronasbest und zur andern Hälfte mit Kalziumchlorid gefüllt. Wie in der Abbildung angegeben, verwendet man weitgehend Schliffe zur Verbindung der einzelnen Apparatteile. Da in der Apparatur Überdruck herrscht, sind die Schliffverbindungen durch Federn zu sichern.

Durchführung der Bestimmung. Die Apparatur wird zunächst ohne das für die Aufnahme der abgespaltenen Kohlensäure bestimmte Natronasbeströhrchen zusammengesetzt und auf Dichtheit geprüft. Dann werden durch die seitliche Öffnung des Kolbens etwa 5 g lufttrockenes Fasermaterial eingebracht. Nach Einsetzen des seitlichen Tropftrichters werden aus diesem 120 cm^3

$^n/_1$-Salzsäure in den Kolben gelassen, worauf bei gewöhnlicher Temperatur 4 Stunden lang Stickstoff mit einer Geschwindigkeit von 2 Blasen in der Sekunde durch die Apparatur geleitet wird. Zweck dieser Vorbehandlung ist es, anorganisch gebundene Kohlensäure (Asche) vor der eigentlichen Zersetzung auszutreiben. Nach der angegebenen Zeit wird das gewogene Natronasbeströhrchen angeschlossen und zunächst nochmals bei gewöhnlicher Temperatur $^1/_2$ Stunde lang Stickstoff durchgeleitet. Alsdann wird durch Zugabe konzentrierter Salzsäure durch den seitlichen Tropftrichter die Konzentration der Zersetzungsäure im Kolben auf 12% ($d = 1,06$) gebracht, der Kühler in Gang gesetzt und mit dem Erhitzen begonnen. Im Verlaufe von einer Stunde wird die Temperatur des Bades bis auf 120···130° gesteigert und vom Beginn des Erhitzens ab die Geschwindigkeit des Gasstromes auf 1 Blase in der Sekunde verringert. Während weiterer 8 Stunden wird dauernd bei der genannten Temperatur im Sieden gehalten und Gas, wie angegeben, durchgeleitet. Nach der damit beendeten Zersetzung wird im Anschluß die Gewichtszunahme des Natronasbeströhrchens festgestellt.

Berechnung des Ergebnisses. Ist die angewandte Menge absolut trockene Substanz $= a$ g, die Menge der gefundenen Kohlensäure $= c$ mg, so beträgt der Gehalt an

$$\text{Uronsäure} = 0,44 \frac{c}{a} \%.$$

Bestimmung der Hexosane.

Allgemeines. Bei den in Frage kommenden Hexosanen sind einwandfreie Bestimmungsmethoden allein für **Mannan** und **Galaktan** bekannt. Sie beruhen auf deren quantitativer Überführung in gut gekennzeichnete Stoffe. Für die so wichtige Gruppe der Glukosane von niederer Kettenlänge als die Zellulose selbst, gibt es vorläufig keine unmittelbare Bestimmungsmethode.

Für die **Mannanbestimmung** im Holz hat SCHORGER zuerst eine eingehende Vorschrift gegeben[1]. Sie bestand darin, daß Holzspäne zunächst in mäßig konzentrierter Salzsäure hydrolysiert wurden, worauf dann in dem dabei erhaltenen Auszug die Fällung des Mannans mit Phenylhydrazin erfolgte. HÄGGLUND und KLINGSTEDT[2] wiesen doch nach, daß bei dieser Arbeitsweise nur der Teil des Mannans erfaßt wird, der leicht verzuckerbar ist; ein großer Teil entzieht sich also der Bestimmung. Auf Grund sehr eingehender Untersuchungen hat HÄGGLUND mit verschiedenen Mitarbeitern[3] eine Methode ausgearbeitet, welche zur Bestimmung des Mannans von der bei der Totalhydrolyse des Holzes erhaltenen Zuckerlösung ausgeht. Nachstehend ist diese Vorschrift mit geringfügigen Abänderungen wiedergegeben. In dieser Form dürfte die Mannanbestimmung für alle Rohfaserstoffe anwendbar sein.

Auch für die **Bestimmung des Galaktans** hat SCHORGER eine Methode ausgearbeitet. Seiner Arbeitsvorschrift[1] ist im wesentlichen hier gefolgt worden.

---

[1] SCHORGER, A. W.: Ind. Engng. Chem. **9,** 748 (1917).
[2] HÄGGLUND, E.: Holzchemie, 2. Aufl., S. 108. Leipzig 1939.
[3] HÄGGLUND, E.: Holzchemie, 2. Aufl., S. 109. Leipzig 1939.

Bestimmung des Mannans.

Erforderliche Reagenzien.

72proz. Schwefelsäure (spez. Gewicht 1,64),

$n/_{10}$-Natriumkarbonatlösung,

Luffsche Lösung: 25 g Kupfersulfat, ($CuSO_4 \cdot 5\,H_2O$,), 50 g Zitronensäure ($C_6H_8O_7 \cdot H_2O$), 388 g kristallisiertes Natriumkarbonat ($Na_2CO_3 \cdot 10\,H_2O$) gelöst in 1 l Wasser. Über die Herstellung der Lösung vergleiche man das am Schluß der Bestimmung Gesagte.

Natriumkarbonat (trockene Soda),

Kaliumjodidlösung 16,6 g/100 cm^3,

25proz. Salzsäure,

Kaliumrhodanidlösung 20 g/100 cm^3,

$n/_{10}$-Natriumthiosulfatlösung,

Stärkelösung,

Bariumkarbonat,

Mannose,

Phenylhydrazin,

Alkohol.

Ausführung der Bestimmung. 5 g harz- und fettfrei extrahiertes, lufttrockenes Holzmehl oder Rohfasermaterial von bekanntem Feuchtigkeitsgehalt werden in einem 150-cm^3-Becherglas mit 45 cm^3 72proz. Schwefelsäure (spez. Gewicht 1,64) versetzt (je 1 g Einwaage sind bei Holz 9 cm^3 Schwefelsäure erforderlich) und 4 Stunden bei Zimmertemperatur stehengelassen. Zur vollständigen Auflösung wird die Masse mit einem Glasstab öfters durchgerührt und zur Entfernung der eingeschlossenen Luft das Becherglas in einem Exsikkator unter Vakuum gestellt. Die Masse bleibt 24 Stunden ohne Verdünnung stehen. Sodann wird mit 1500 cm^3 Wasser verdünnt, in einem 3-l-Kolben 6 Stunden am Rückflußkühler gekocht, dann einschließlich des Ligninrückstandes quantitativ in einen 2-l-Meßkolben umgefüllt und dieser mit destilliertem Wasser bis zur Marke aufgefüllt.

Zur ersten Zuckerbestimmung werden etwa 60 cm^3 von den 2 l entnommen, filtriert und davon 50 cm^3 in ein 100-cm^3-Meßkölbchen pipettiert. Nach Zugabe von 3 Tropfen Methylorange wird durch vorsichtigen Zusatz (Schäumen) von trockener Soda neutralisiert und auf 100 cm^3 aufgefüllt. Zur genauen Einstellung des Umschlagpunktes (orange) verwendet man abwechselnd tropfenweise verdünnte Schwefelsäure und $n/_{10}$-Sodalösung. 20 cm^3 dieser neutralisierten Lösung werden in einem 300 cm^3 fassenden Erlenmeyerkolben mit genau 25 cm^3 Luffscher Lösung und 5 cm^3 Wasser versetzt, so daß das Gesamtvolumen 50 cm^3 beträgt. Das Gemisch wird in 2 Minuten zum Kochen gebracht und 10 Minuten (Stoppuhr) lang gekocht, wobei man zwecks Vermeidung von Verdampfungsverlusten am besten den Kolben mit einem Steigrohr oder Kühler versieht. Anschließend wird sofort abgekühlt. Man versetzt nun mit 3 cm^3 Kaliumjodidlösung, darauf vorsichtig (Schäumen) aber möglichst schnell mit 20 cm^3 25-proz. Salzsäure und dann mit 10 cm^3 Kaliumrhodanidlösung. Nach kräftigem Umschütteln wird mit $n/_{10}$-Natriumthiosulfatlösung unter Zusatz von 1 cm^3 Stärkelösung titriert. Der Umschlag erfolgt von Blau nach Rahmfarbigviolett. Der

Endpunkt der Titration ist erreicht, wenn ein in die langsam umgeschwenkte Lösung einfallender Tropfen keine Farbänderung mehr hervorruft. Die benötigten Kubikzentimeter $n/_{10}$-Natriumthiosulfatlösung werden von dem beim Leerversuch verbrauchten abgezogen und die dieser Differenz entsprechende Zuckermenge wird aus der Tabelle 44 im Anhang entnommen. Die Titerbestimmung der Luffschen Lösung erfolgt in der Weise, daß 25 cm³ davon, mit 25 cm³ Wasser versetzt, wie vorher beschrieben titriert werden.

Berechnung:

$$\text{Gesamtzucker} = \frac{\text{Zuckermenge laut Tabelle} \cdot 5 \cdot 2000}{50}$$

$$^0/_0 \ \text{Zucker} = \frac{\text{Gesamtzucker} \cdot 100}{\text{g absol. tr. Einwaage}} \cdot$$

Der restliche Inhalt des 2-l-Kolbens wird in einer Porzellanschale am Wasserbad erwärmt und dann durch Zusatz von Bariumkarbonat neutralisiert, bis Kongopapier nicht mehr blau, blaues Lackmus aber noch schwach rot wird. Das Bariumkarbonat wird zu diesem Zweck vorher in einer Reibschale mit Wasser zu einem gleichmäßigen Brei angerührt und in dieser Form zugesetzt.

Nach erfolgtem Absitzen wird der entstandene Niederschlag von Bariumsulfat mit dem Ligninrückstand abgenutscht, wobei der Rückstand nicht nachgewaschen, sondern nur trockengesaugt werden soll. Die vollkommen klare Lösung kommt in einem großen Becherglas auf das Wasserbad zum Eindampfen, wobei vorher nochmals die Neutralität der Lösung geprüft wird. Eine alkalische Reaktion muß durch tropfenweisen Zusatz von Essigsäure ausgeglichen werden. Auch während des Eindampfens muß die Reaktion der Lösung noch einmal geprüft werden. Bei etwa 60···70 cm³ Rückstand wird das Eindampfen abgebrochen und die Lösung nochmals filtriert; ihr werden 5 cm³ entnommen, auf 100 cm³ aufgefüllt und von dieser verdünnten Lösung 10 cm³ zur zweiten Zuckerbestimmung verwendet. Die Durchführung der Zuckerbestimmung erfolgt wie vorher beschrieben.

Von der eingedampften Zuckerlösung wird eine etwa 2 g Zucker entsprechende Menge, deren Zuckergehalt aber genau bekannt sein muß, zur Fällung verwandt, und dieser Lösung wird genau 1 g reine, absolut trockene Mannose zugesetzt. Zur eigentlichen Fällung wird die der Gesamtzuckermenge entsprechende Menge Phenylhydrazin, gelöst in der 1,6fachen Menge 25proz. Essigsäure zugesetzt und dann 50 cm³ 96proz. Alkohol hinzugefügt. Das Gesamtvolumen soll hierbei 100 cm³, die Alkoholkonzentration etwa 50⁰/₀ betragen.

Das Gemisch bleibt zur Kristallisation 36 Stunden bei gleichbleibender Zimmertemperatur oder noch besser im Klimaraum stehen. Das auskristallisierte Mannose-Phenylhydrazon wird in einem Jenaer Glasfiltertiegel (1 G 3) quantitativ übergeführt, erst mit kaltem Alkohol, dann mit Äther gewaschen und schließlich im Vakuum über Phosphorpentoxyd 24 Stunden getrocknet. Schmelzpunkt des Hydrazons: 195···200°.

Berechnung: Multipliziert man die ausgewogene Menge Mannose-Phenylhydrazon, von der man 1,5 g, d. i. die der zugesetzten Mannose entsprechende Menge Mannose-Phenylhydrazon abziehen muß, mit dem Faktor 0,6, so erhält man den Mannan-Wert in g.

Da die Zuckermenge in der zur Fällung verwendeten eingedampften Lösung bestimmt und bekannt ist, läßt sich der prozentuale Mannangehalt des Zuckers wie folgt berechnen:

$$\% \text{ Mannan (bezogen auf Zucker)} = \frac{\text{gefundene Mannanmenge} \cdot 100}{\text{verwendete Zuckermenge}}.$$

Aus der ersten Gesamtzuckerbestimmung vor dem Eindampfen ergibt sich damit der prozentuale Mannangehalt der Probe zu:

$$\% \text{ Mannan (bezogen auf Einwaage)} = \frac{\text{gefundene Mannanmenge} \cdot \% \text{ Zucker der 1. Best.}}{\text{verwendete Zuckermenge}}.$$

Herstellung der Luffschen Lösung. Zusammensetzung:

  25 g Kupfersulfat ($CuSO_4 \cdot 5\ H_2O$) reinst,
  50 g Zitronensäure ($C_6H_8O_7 \cdot H_2O$),
  388 g kristallisiertes Natriumkarbonat (Soda) ($Na_2CO_3 \cdot 10\ H_2O$).

Das Natriumkarbonat wird in $300 \cdots 400\ cm^3$ heißem Wasser, die Zitronensäure in $50\ cm^3$ und das Kupfersulfat in $100\ cm^3$ Wasser gelöst. Diese Lösungen werden dann etwas gekühlt und zunächst die Natriumkarbonatlösung mit der Zitronensäure in einem 1-l-Meßkolben langsam zusammengebracht (Schäumen). Wenn die Gasentwicklung beendet ist, wird die Kupfersulfatlösung zugegeben, gut durchgeschüttelt und dann auf 1 l mit Wasser aufgefüllt. Wie schon beschrieben, muß von der Luffschen Lösung eine Leerbestimmung durchgeführt werden, um den genauen Titer der Lösung zu ermitteln.

Bestimmung des Galaktans.

5 g lufttrockenes Rohfasermaterial werden in einem $350\ cm^3$ fassenden Becherglas mit $60\ cm^3$ Salpetersäure vom spez. Gewicht 1,15 übergossen. Das Becherglas wird dann in ein siedendes Wasserbad gehängt und unter wiederholtem Umschwenken wird so lange erhitzt, bis die Flüssigkeit auf $20\ cm^3$ eingedampft ist. Der Inhalt des Becherglases wird hierauf mit heißem destillierten Wasser bis auf $75\ cm^3$ verdünnt und filtriert. Der Rückstand auf dem Filter wird mit heißem Wasser ausgewaschen, bis das Filtrat farblos abläuft. Das in einem Becherglas gesammelte Filtrat — meistens etwa $200\ cm^3$ — wird wiederum im siedenden Wasserbad bis auf $10\ cm^3$ eingedampft. Man läßt abkühlen und setzt der Lösung zwecks Erleichterung des Auskristallisierens der bei der Behandlung gebildeten Schleimsäure 200 mg genau abgewogene trockene Schleimsäure hinzu. Man deckt das Glas ab und überläßt es während 48 Stunden sich selbst. Es scheiden sich innerhalb dieser Zeit zunächst große Kristalle von Oxalsäure ab, erst später beginnt die Schleimsäure auszukristallisieren. Während des Auskristallisierens soll die Temperatur der Lösung möglichst bei 15° gehalten werden. Nach der angegebenen Zeit bringt man die Oxalsäure durch Zugabe von $10 \cdots 15\ cm^3$ kaltem destillierten Wasser in Lösung. Man läßt nochmals 24 Stunden stehen und filtriert dann die Schleimsäure ab. Hierzu benutzt man einen Glasfiltertiegel oder einen mit Asbest beschickten Goochtiegel. Im letzten Fall muß der Tiegel samt Asbestfilter vorher mit Salpetersäure und dann mit Wasser gewaschen, dann getrocknet, geglüht und gewogen werden. Nachdem die Schleimsäure auf dem Filter gesammelt worden ist, wobei zum Nach-

spülen Wasser benutzt wird, das bei 15° mit Schleimsäure gesättigt wurde, wird der Niederschlag mit 3···4mal je 5 cm³ solchen Wassers gewaschen, worauf nochmals eine Wäsche mit tropfenweise zugegebenen 5 cm³ destilliertem Wasser folgt. Schließlich wäscht man noch mit wenig Alkohol und darauf mit etwas Äther nach. Der Tiegel wird dann bis zum bleibendem Gewicht — meist sind hierzu drei Stunden erforderlich — getrocknet und nach dem Erkalten gewogen.

Von dem Gesamtgewicht der Schleimsäure werden die zugesetzten 200 mg abgezogen; der Restbetrag, mit dem Faktor 1,2 multipliziert, ergibt die Menge des in der Einwaage vorhanden gewesenen Galaktans.

Bestimmung der Zellulose.

Einleitung.

Zur Bestimmung der Zellulose in den Rohfaserstoffen ist im Laufe der Zeit eine große Anzahl von Methoden bekannt geworden und ständig werden noch immer neue in Vorschlag gebracht. Diese sich dauernd mehrende Vielzahl läßt erkennen, daß eine restlos befriedigende Methode noch nicht gegeben worden ist. Das dürfte allerdings wenigstens zum Teil seinen Grund darin haben, daß mit der Durchführung dieser Bestimmung vielfach die Erlangung ganz verschiedener Aufklärungen über die Zusammensetzung des Rohfasermaterials bezweckt wurde. Es ist beispielsweise leicht einzusehen, daß man mit den älteren als Rohfaserbestimmung bezeichneten Methoden etwas ganz anderes beabsichtigt, als man mit neuen Verfahren wie der Ermittlung der Skelettsubstanz zu erzielen bestrebt ist. Die Auswahl der jeweils in Frage kommenden Methode muß demnach unter dem Gesichtspunkt erfolgen, was man mit ihrem Ergebnis überhaupt im Auge hat. Unter Beachtung dessen kann man die Zellulosebestimmungsmethoden oder genauer ausgedrückt, die Methoden, welche sich eine Bestimmung der Zellulose zum Ziel setzen, in solche der folgenden Übersicht einteilen (Tabelle 8).

Tabelle 8. Überblick über die verschiedenen Arten der Zellulosebestimmungen.

	Art der Methode	Zweck des Bestimmungsverfahrens	Bestehende Bestimmungsverfahren
1	Rohfaserbestimmung.	Im wesentlichen Konventionsmethoden, deren Aufgabe es ist, durch eine sauere und alkalische Behandlung des Faserrohstoffes leicht hydrolysierbare Bestandteile, Pentosane und Hexosane, zu entfernen und eine im wesentlichen an Zellulose angereicherte Rohfaser, auch Holzfaser genannt, zu gewinnen. Hauptanwendungsgebiet für die Zwecke der Beurteilung und Bewertung der Faserstoffe als Nahrungs- und Futtermittel. Eine der ältesten Zellulosebestimmungsmethoden.	Vorschriften zur Abscheidung der Rohfaser bestehen in dem WEENDER-Verfahren, dem Bestimmungsverfahren von TOMULA und PURANEN, sowie in der von KÖNIG gegebenen Anweisung zur Herstellung möglichst pentosanfreier Rohfasern[1].

---

[1] TOMULA u. PURANEN: Suomen Kemistilehti, Acta Chemica Fennica Nr. 8 u. 9, Okt. (1930). — KÖNIG, J.: Untersuchung landwirtschaftlich und gewerblich wichtiger Stoffe Bd. I, S. 387. Berlin 1923.

	Art der Methode	Zweck des Bestimmungsverfahren	Bestehende Bestimmungsverfahren
2	Zellulosebestimmung als Zellstoffausbeute-Ermittlung.	Mit ihrer Hilfe soll die maximale, aus Faserrohstoffen erhaltbare Gesamtzellstoffausbeute ermittelt werden.	Ein Verfahren dieser Art ist von KLASON beschrieben worden[1].
3	Zellulosebestimmung als Ermittlung der resistenten Reinzellulose d. h. Alphazellulose.	Feststellung des Gehaltes an für chemische Weiterverarbeitung geeigneter Zellulose, wobei als Kriterium hierfür die Unlöslichkeit in 17,5proz. Natronlauge gilt. Aufschluß des Rohfasermaterials und Bleiche des erhaltenen Stoffes erfolgen in Angleichung an praktische Verhältnisse.	Ein für diesen besonderen Zweck ausgearbeitetes Verfahren ist von JAYME und SCHORNING gegeben worden[2].
4	Zellulosebestimmung als Ermittlung des Gehaltes an Reinzellulose.	Ermittlung des Gehaltes an wahrer Zellulose als jenes Anteils, der sowohl chemisch durch seine Zusammensetzung und sein Reaktionsvermögen, wie aber auch physikalisch-chemisch durch Größe und Gestalt der Moleküle als solcher gekennzeichnet ist.	Eine diesen Forderungen in allem gerecht werdende Methode besteht trotz vieler Ansätze noch nicht. Alle hierher gehörenden Vorschriften liefern Produkte, die erst durch mehr oder weniger starke Nachbehandlung von noch vorhandenen Nichtzellulose-Begleitstoffen hauptsächlich vom Kohlehydratcharakter befreit werden müssen. Viele der älteren Methoden erfüllen nicht annähernd die gestellten Forderungen. Als Methoden, die mangels restlos befriedigender geeignet sind, durch angeschlossene Nachbehandlung annähernd zum Ziel zu führen, können genannt werden: die von CROSS und BEVAN, die von KÜRSCHNER und HOFFER und jene von NORMAN und JENKINS[3].
5	Bestimmung der Skelettsubstanz und Bestimmung der Holozellulose.	Mit diesen Methoden ist die möglichst vollständige Abscheidung des gesamten Kohlehydratanteiles im Faserrohstoff bezweckt, und zwar so, daß auch in physikalisch-chemischer Hinsicht keine Beeinflussung jenes Komplexes im Verlaufe der Bestimmung erfolgt.	Für diese Art der Bestimmung sind Vorschriften gegeben einerseits von E. SCHMIDT, andererseits von RITTER und Mitarbeitern[4].

---

[1] KLASON, P.: Zellstoffchem. Abh. 1, 105 (1921).

[2] JAYME, G., u. P. SCHORNING: Papierfabrikant 36, 235 (1938).

[3] KÜRSCHNER, K.: Technol. Chem. Papier- u. Zellstoffabrikat. 26, 125 (1929); 31, 14 (1934). — NORMAN, A. G., u. S. H. JENKINS: Biochemic. J. 27, 818 (1933).

[4] SCHMIDT, E.: Ber. dtsch. chem. Ges. 56, 23 (1923). — SCHMIDT, E., YUANG CHI TANG u. W. JANDEBEUR: Cellulosechemie 12, 201 (1933). — SCHMIDT, E., W. JANDEBEUR u. K. MEINEL: Ebenda 11, 73 (1930). — RITTER, G., u. E. F. KURTH: Ind. Engng. Chem. 25, 1250 (1933). — VAN BECKUM, W. G., u. G. J. RITTER: Paper Trade J. (65), 104, T. S. 277 (1937).

Die Abb. 18 soll weiter eine Vorstellung davon geben, was beispielsweise bei der Anwendung der einzelnen Methoden auf Fichtenholz für Ergebnisse erzielt werden. Ausgehend von der Darstellung der Zusammensetzung des Holzes ist für die Methoden jeder Gruppe sowohl die damit erhaltbare Ausbeute, wie auch die ungefähre Zusammensetzung der so gewonnenen Zellulose vor Augen geführt. Außerdem ist darüber noch als Ausdruck für die Kettenlänge der Moleküle der Hauptbestandteile eine Darstellung der Variation ihres Polymerisations-grades angedeutet. Sowohl diese wie auch die übrigen Darstellungen sind lediglich als eine die Dinge in Annäherung vermittelnde Wiedergabe anzusehen[1].

Im einzelnen sei zu den verschiedenen Methoden noch nachstehendes gesagt.

Zu 1. Die hier beschriebenen Verfahren haben weniger Bedeutung für die Beurteilung eines Rohstoffes auf seine Brauchbarkeit in der Zellstoffindustrie. Sie sind allein zur Vervollständigung der Übersicht über die üblichen Methoden mit aufgenommen worden. Die derart durchgeführte Bestimmung des Rohfasergehaltes hat für landwirtschaftliche und gewisse gewerb-

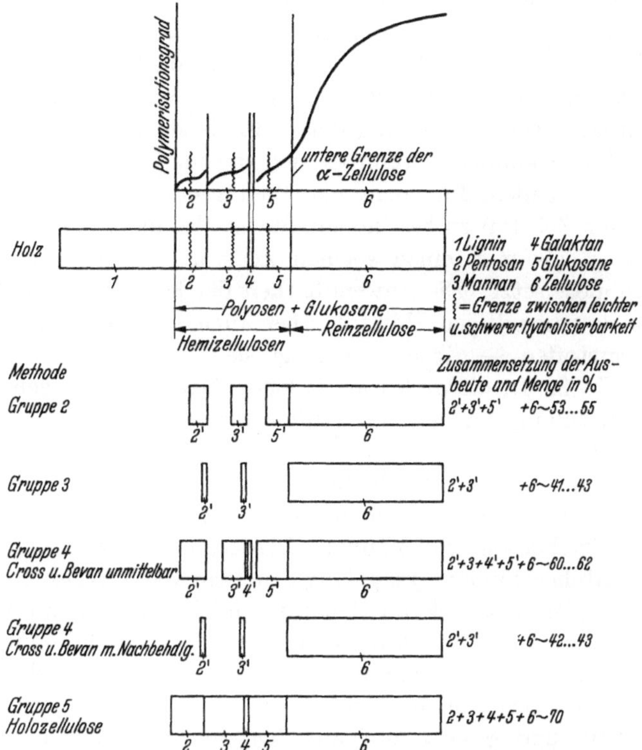

Abb. 18. Ergebnisse der verschiedenen Zellulosebestimmungsmethoden beim Fichtenholz. Die Darstellung soll den Ausfall der Anwendung der verschiedenen Zellulosebestimmungen bei Fichtenholz veranschaulichen. Sie ist in ihrer Gesamtheit, wie auch im einzelnen — Zahlen und Kurven — schematisch zu bewerten. Die Zahlen mit Indizes sollen andeuten, daß von den entsprechenden Bestandteilen nur noch Restmengen in dem erhaltenen Zellulosepräparat enthalten sind.

liche Zwecke noch immer eine hohe Bedeutung. Viele der älteren Arbeiten über Pflanzenfaserstoffe gehen bei deren eingehender Untersuchung immer von ihr aus. Durch den scharfen Aufschluß, welchen diese Bestimmung vorsieht, wird die Zellulose stark angegriffen und teilweise in Hydrozellulose verwandelt, wie die mikroskopischen Bilder solcher Zellulose deutlich zeigen. Weiter besteht die Gefahr, daß ein gewisser Teil der Zellulose in lösliche Abbauprodukte übergeht, was gleichbedeutend mit Verlusten ist. Andererseits wird zweifellos bei diesen Verfahren der größte Teil der begleitenden Pentosane und Hexosane entfernt.

---

[1] Über Kettenlängen und Polymerisationsgrad von Pentosan und Mannan vergleiche man bei E. Husemann: J. prakt. Chem. **155**, 13 (1940).

Zu 2. Die für diesen Zweck insbesondere für Fichtenholz von KLASON ausgearbeitete Methode ist ein ausgesprochenes Verfahren für die Zwecke der Praxis. Im kleinen Maßstab wird bei ihm der Sulfitkochprozeß auf das Faserrohmaterial angewandt. Die zum Aufschluß dienende Sulfitlauge wird in bestimmter leicht einzuhaltender Zusammensetzung verwandt, wobei als Base statt Kalk Na_2O benutzt wird. Unter den vorgeschriebenen Bedingungen erfolgt ein sehr schonender Aufschluß, der zu maximalen Ausbeuten führt. Das erhaltene Gut stellt nichts anderes dar, als einen sehr reinen Sulfitzellstoff, der zwar kein Lignin oder höchstens nur Spuren davon, aber dafür noch erhebliche Mengen an Pentosanen, ferner noch Hexosane in Form von Mannan, sowie Glukosane von leichterer Hydrolysierbarkeit und kürzerer Molekülkettenlänge als Zellulose selbst enthält. Die Anwendung der Methode in der ursprünglichen Form kann dann in Frage kommen, wenn es sich darum handelt, die maximal erzielbare Ausbeute an nicht für chemische Weiterverarbeitung in Frage kommenden ligninfreiem Zellstoff zu bestimmen. Sie ist also nur in dem Sinne eine Zellulosebestimmung, als man einen solchen Zellstoff als gleichbedeutend mit dem Begriff Zellulose setzt. Die Anwendbarkeit der Methode ist im übrigen beschränkt. Bei stark harzhaltigen Hölzern, aber auch bei viel Kieselsäure enthaltenden Rohfaserstoffen — Stroh — versagt sie.

Zu 3. In diese Gruppe fallende Methoden können als folgerichtige Weiterentwicklung der vorhergehenden angesehen werden. HÄGGLUND[1] hat in dieser Richtung schon vor Jahren einen entscheidenden Schritt getan. Er schloß unter sehr schonenden Bedingungen Fichtenholzproben nach dem Sulfitverfahren auf und bestimmte in dem erhaltenen Kochgut nach der Bleiche die einzelnen Hemizellulosen wie Mannan, Pentosan, Galaktan und schließlich den Gehalt an Alphazellulose. Es gelang ihm, auf diese Weise zu einer Zahl zu kommen, die einen Ausdruck für den tatsächlichen Gehalt an Reinzellulose im Fichtenholz darstellt. Freilich ist solcherart isolierte Zellulose in der Größe ihrer Moleküle — Kettenlänge — nicht mehr mit der ursprünglich vorhandenen übereinstimmend.

Statt des nur beschränkt anwendbaren Aufschlusses mit Bisulfit, haben JAYME und SCHORNING[2] auf das weit allgemeiner benutzbare Salpetersäure-Aufschlußverfahren als Ausgang für eine Zellulosebestimmungsmethode zurückgegriffen. Geleitet von dem Gedanken, als resistente Reinzellulose jenen Anteil des gesamten, beim Aufschluß erhaltenen Rückstandes anzusehen, der bei der Behandlung mit 17,5proz. Natronlauge verbleibt, läuft die von ihnen vorgeschlagene Bestimmung darauf hinaus, in dem noch einer schonenden Bleiche unterworfenen Aufschlußgut die Alphazellulose zu ermitteln. Offenbar ist damit in erster Linie ein Anschluß an die Technik der chemischen Weiterverarbeitung der Zellulose erreicht worden. Die Ausbeute an Alphazellulose bei einem der Praxis angepaßten Aufschlußverfahren als Zellulose-Ausbeute zu kennzeichnen, entbehrt allerdings nicht einer gewissen Willkür; als wissenschaftlich kann sie strenggenommen jedenfalls nicht angesprochen werden. Unleugbar ist aber, daß eine auf diesen Grundlagen beruhende Zellulosebestimmung für die Bewertung eines Faserrohstoffes für die Zwecke der Technik von großem Wert ist.

---

[1] HÄGGLUND, E.: Holzchemie, 2. Aufl., S. 71. Leipzig 1939.
[2] JAYME, G., u. P. SCHORNING: Papierfabrikant **36**, 235 (1938).

Die Methode dürfte an sich für alle in Frage kommenden Rohstoffe anwendbar sein, wenn auch, wie die Autoren selbst zugeben, sie je nach den Eigenschaften des zur Untersuchung gelangenden Materials geringfügige Abänderungen wird erfahren müssen.

Wie weit im Verlauf ihrer Durchführung ein qualitativer und quantitativer Abbau der eigentlichen Zellulose erfolgt, steht noch dahin, daß er statthat, dürfte aber außer Zweifel sein.

Zu 4. Diese Gruppe enthält im wesentlichen alle jene Methoden, mit deren Durchführung angestrebt wurde, auf rein wissenschaftlicher Basis unmittelbar die Menge der vorhandenen Reinzellulose aus dem Rohstoff herauszupräparieren. Hier kommt es zunächst weniger auf die Belange der Praxis als auf den Erhalt eines analytischen Wertes an. Dies erstrebte Ziel ist doch unmittelbar bei keiner Methode erreicht worden; alle ergeben auch sie mehr oder weniger voneinander abweichende Werte. Die erhaltenen Präparate bedürfen weiterer Analyse und Reinigung, um zu den gewünschten Endwerten zu gelangen, und teils kommt man erst auf umständlichen Wegen von dem anfangs isolierten Gemisch zu einem Produkt, das mit gewisser Einschränkung als reine Zellulose bezeichnet werden kann. Es sind zwei Fragen, die Grundprobleme der Chemie der verholzten Fasern berührend, die bei der Beurteilung der Aufgabe aus ihnen die Reinzellulose analytisch abzutrennen, eine bedeutsame Rolle spielen. Zunächst die, wo die Grenze zwischen Zellulose selbst und den nicht mehr als solche anzusprechenden Glukosanen zu ziehen ist. Letzten Endes unterscheiden sich beide nur durch die Kettenlänge ihrer Moleküle, der Übergang von den einen zu den anderen aber ist stetig, sie stellen insgesamt eine polymerhomologe Reihe im Sinne STAUDINGERS[1] dar. Bislang hat man strenggenommen nur auf Grund ihrer Löslichkeit in Natronlauge bestimmter Konzentration — Alphazellulosebestimmung — für analytische Zwecke die niederen von den höheren Gliedern unterschieden. Diese Art der Scheidung ist aber nichts anderes als ein auf Übereinkunft beruhendes Verfahren. Die zweite Frage ist die, wie weit überhaupt die so hartnäckig selbst der sogenannten Reinzellulose noch anhaftenden Reste von Pentosan und Mannan als Begleitstoffe oder gar als Verunreinigungen anzusehen sind. Eine Bindung über Nebenvalenzen an das Zellulosemolekül wäre durchaus denkbar. Die Klärung dieser Probleme kann nur von Vorteil für die Aufgabe der Bestimmung der Zellulose in den Rohfaserstoffen sein. Einstweilen offenbart sich so eine grundlegende Schwierigkeit bei dieser analytischen Bestimmung als eine Frage der Auslegung des Begriffes Zellulose.

Von den vielen praktischen Vorschlägen, die hierher zu rechnen sind, wurden drei Verfahren aufgenommen: die Chlorierungsmethode von CROSS und BEVAN, die mit alkoholischer Salpetersäure arbeitende von KÜRSCHNER und HOFFER, sowie schließlich das Hypochloritverfahren von NORMAN und JENKINS.

Zu 5. Gleichsam einen Ausweg aus den Schwierigkeiten der Definition bieten die Methoden dieser Gruppe. Sie machen es sich zur Aufgabe, den Gesamtanteil der vorhandenen Kohlehydrate zur Abscheidung zu bringen. Als übriger Restteil — sich mit jenem zu hundert ergänzend — verbleibt dann nur noch die Ligninsubstanz. Bei allen noch schwebenden Fragen über den Aufbau des

---

[1] STAUDINGER, H.: Organische Kolloidchemie. Braunschweig 1940.

Lignins dürfte doch seine Unterscheidung von den Kohlehydraten weit sicherer sein, als jene der Glukosan-Hemizellulosen von der Zellulose selbst.

Es ist das Verdienst von E. Schmidt, zuerst darauf hingewiesen zu haben, daß Chlordioxyd die Fähigkeit besitzt, die Ligninsubstanz des Holzes zu lösen, ohne selbst den fast vollständigen Gesamtanteil der Kohlehydrate anzugreifen und auf einer solchen Feststellung fußend, eine Methode auszuarbeiten, die es ermöglicht, diesen letztgenannten, von ihm als Skelettsubstanz bezeichneten Komplex zu gewinnen. In dieser Skelettsubstanz des Holzes findet man allein das ursprünglich nur in sehr geringer Menge vorhandene Galaktan und die mit ihm in genetischem Zusammenhang stehenden Stoffe, Galakturonsäure und Araban nicht vor.

Auch diesen Anteil enthält die Holozellulose, wie sie Ritter und seine Mitarbeiter mit ihrer auf dem Chlorierungsverfahren Cross und Bevans fußenden Arbeitsvorschrift aus verschiedenen Hölzern herauspräpariert haben. In ihr liegt sonach tatsächlich der gesamte Kohlehydratanteil vor.

Es ist bemerkenswert, daß es bei vorsichtigem Arbeiten nach beiden Methoden gelingt, die Kohlehydrate praktisch unverändert, d. h. so wie sie im Rohstoff vorkommen, abzuscheiden, Messungen des Polymerisationsgrades an den erhaltenen Produkten lassen dies erkennen, wie aber auch die Tatsache, daß an ihnen Methoxyl-, Karboxyl- und Azethylgruppen nachgewiesen und quantitativ bestimmt werden können. Es ist dieserhalb begreiflich, daß sowohl Holozellulose als auch Skelettsubstanz zum Ausgang quantitativer Untersuchungen und Bestimmungen bei einer Reihe von neueren Arbeiten gedient haben.

Damit im Zusammenhang stehen die Bemühungen, den gesamten Kohlehydratanteil durch Lösen des Lignins in neutralen organischen Lösungsmitteln zu gewinnen. Die an diese Methoden geknüpften Hoffnungen in analytischer Hinsicht haben sich doch bislang nicht erfüllt[1]. Ohne einen, wenn auch nur geringen Säurezusatz, der stets auch auf die Kohlehydrate leicht hydrolytisch wirkt, sind diese Verfahren nicht durchführbar.

Methoden der Gruppe I.

Rohfaserbestimmung.

a) Nach Henneberg und Stohmann (Weender-Verfahren[2]). 3 g der lufttrockenen, fein gepulverten Substanz werden mit 200 cm³ einer 1,25 proz. Schwefelsäure ½ Stunde gekocht, dann läßt man absitzen, dekantiert und kocht den Rückstand in derselben Weise zweimal mit dem gleichen Volumen Wasser auf. Die erforderliche Schwefelsäure wird aus 50 g konzentrierter Schwefelsäure und Wasser unter Auffüllung zu 1 l bereitet. Von dieser verdünnten Schwefelsäure nimmt man 50 cm³ und fügt noch 150 cm³ Wasser hinzu.

Die abgegossenen Flüssigkeitsmengen läßt man in Zylindern absitzen und gibt die niedergeschlagenen Teilchen nach dem Abhebern der Flüssigkeit in das Gefäß mit der zu untersuchenden Substanz zurück. Darauf kocht man den Rückstand ½ Stunde mit 200 cm³ einer 1,25 proz. Kalilauge (von einer Lösung

---

[1] Wedekind, E.: Cellulosechemie 17, 47 (1936). — Storch, K.: Ebenda 17, 49 (1936).

[2] Vorschrift nach J. König: Untersuchung landwirtschaftlich und gewerblich wichtiger Stoffe Bd. 1, S. 387 ff. Berlin 1923.

von 50 g Kaliumhydroxyd in Wasser bis zu 1 l verdünnt nimmt man 50 cm³, dazu 150 cm³ Wasser), filtriert durch ein gewogenes Filter und kocht den Rückstand noch zweimal mit dem gleichen Volumen Wasser $^1/_2$ Stunde, bringt alles auf ein getrocknetes, gewogenes Filter, wäscht mit heißem und kaltem Wasser, zuletzt mit Alkohol und Äther aus, trocknet, wägt und verascht. Der Filterinhalt abzüglich Asche ergibt die Menge Rohfaser auch Holzfaser genannt.

b) Nach Tomula und Puranen. Dieses Verfahren stellt eine neuzeitliche Ausführungsform dar und ermöglicht schnell zu arbeiten.

Von der feingemahlenen Analysensubstanz (sie muß ein 1-mm-Sieb passieren) werden 3 g eingewogen und in einen kurzhalsigen 500 cm³ fassenden Kolben gebracht. Nach dem Zusetzen von 50 cm³ 5proz. Schwefelsäure und 150 cm³ Wasser wird mit aufgesetztem Rückflußkühler 30 Minuten gekocht. Dann läßt man die Flüssigkeit sich etwas abkühlen, worauf sie mit 20 cm³ 28proz. Kalilauge versetzt wird. Nun wird wieder 30 Minuten gekocht, heiß durch ein Asbestfilter filtriert und fünfmal mit warmer 1,25proz. Schwefelsäure gewaschen. Zum Schluß spült man den Rückstand noch gründlich mit heißem Wasser und dann mit Alkohol und Äther aus. Statt des Alkohols und Äthers kann auch Azeton zur Anwendung kommen. Durch Veraschen des bis zur Gewichtskonstanz bei 105° getrockneten Rückstandes ermittelt man die Menge der Rohfaser.

Herstellung einer möglichst pentosanfreien Rohfaser nach J. König.

3 g lufttrockene, also 5···14% Wasser enthaltende Substanz werden in einem Kolben oder in einer Porzellanschale mit 200 cm³ Glyzerin von 1,23 spez. Gewicht, welches 2% konzentrierte Schwefelsäure enthält, versetzt, durch häufiges Schütteln oder Rühren mit einem Glasstabe gut verteilt und entweder am Rückflußkühler bei 133···135° 1 Stunde gekocht, oder in einem Autoklaven bei 137° (Druck = 3 kg/cm²) 1 Stunde lang gedämpft. Darauf läßt man erkalten, verdünnt den Inhalt des Kolbens oder der Schale auf ungefähr 400···500 cm³, kocht nochmals auf und filtriert heiß durch einen Gooch-Tiegel. Den Rückstand wäscht man mit ungefähr 400 cm³ siedendem Wasser, darauf mit erwärmtem verdünnten Alkohol und Äther aus und wägt nach dem Trocknen bis zur Gewichtskonstanz. Nach Abzug des nach dem Veraschen erhaltenen Rückstandes erhält man als Differenz der beiden letzten Wägungen die Menge der aschefreien Rohfaser.

Methoden der Gruppe II.

Zellulosebestimmung nach Klason.

Allgemeines. Bei der Methode von Klason, die, wie erwähnt, im besonderen für die Anwendung auf Fichtenholz ausgearbeitet worden ist, wird durch eine Kochung mit Sulfitlauge bei einer 100° nicht übersteigenden Temperatur die Ligninsubstanz in Lösung gebracht. Zufolge der bei der niederen Temperatur nur geringen Reaktionsgeschwindigkeit erfordert die Durchführung der Bestimmung mehrere Tage. Demgegenüber ist die notwendige Arbeit verhältnismäßig gering. Die Methode ist außer auf Fichtenholz auch anwendbar auf alle Rohstoffe, welche sich nach dem Sulfitverfahren aufschließen lassen.

Durchführung der Bestimmung. Die zu untersuchende Holzprobe kommt in 1,5···2 cm langen Stäbchen etwa in Zündholzstärke zur Anwendung.

Der Aufschluß erfolgt entweder in zugeschmolzenen Bombenröhren oder, was einfacher ist, in kleinen Druckfläschchen von 150 cm³ Inhalt. Bei den Fläschchen muß doch eine sehr sorgfältige Auswahl getroffen werden, damit nicht während der einzelnen Kochungen, die sich über mehrere Tage erstrecken, Verluste an gasförmiger schwefliger Säure eintreten. Die für den Aufschluß zur Anwendung gelangende Kochlauge enthält je 1 l 80 g Natriumbisulfit und 200 cm³ $^n/_1$-Salzsäure. Daraus ergibt sich ein Gehalt von rund 1,3 % ganz freier und 3,7 % halbfreier SO_2.

Die je nach der Größe des Aufnahmegefäßes — Bombenrohr oder Druckflasche — in einer Menge von 5···10 g lufttrockenem Holz abgewogene Probe wird im benutzten Gefäß für je 1 g mit 12 cm³ der Lauge versetzt und nach dem Zuschmelzen oder Verschließen in einem Heizbad oder einem Trockenschrank 3mal 24 Stunden lang bei genau 100° belassen. Nach dieser Zeit wird langsam abgekühlt und nach dem Öffnen die meist goldgelbe Lauge vorsichtig abgehebert. Nach Einfüllen neuer Lauge und Verschließen wird eine zweites Mal 3mal 24 Stunden in der genau gleichen Weise bei 100° belassen, und schließlich folgt eine dritte gleichartige Kochung von 2mal 24 Stunden. Die Lauge der letzten Kochung bleibt meistens wasserklar, ein Zeichen, daß bei ihr nur noch geringe Mengen inkrustierender Substanzen herausgelöst werden. Nach der letzten Kochung wird der Inhalt des Kochgefäßes durch einen Glasfiltertiegel bekannten Gewichtes filtriert, der darin verbleibende, sich leicht in Einzelfasern auflösende Rückstand sehr sorgfältig mit heißem Wasser gewaschen, dann getrocknet und gewogen.

Es ist zweckmäßig, gleich eine Anzahl solcher Versuche anzusetzen und einen davon nach der dritten Kochung zur Prüfung auf noch verbleibende Ligninsubstanz durch Auflösen in konzentrierter Schwefelsäure zu verwenden. Gegebenenfalls ist dann die Dauer der dritten Kochung bei den übrigen Proben entsprechend zu verlängern.

Methoden der Gruppe III.

Zellulosebestimmung nach JAYME und SCHORNING.

Allgemeines. Zum Aufschluß wird nach dieser Methode wäßrige Salpetersäure mit einem sehr geringen Zusatz von Natriumnitrit verwandt. Der Säurebehandlung folgt zur Herauslösung der gebildeten Abbauprodukte des Lignins eine schwache Alkalinachbehandlung des Präparates. Anschließend wird es dann einer alkalischen Hypochloritbleiche und schließlich einer Bestimmung der Alphazellulose unterworfen. Die am Buchenholz erprobte Methode wird sich ohne weiteres auch auf andere Rohstoffe übertragen lassen. Es ist doch möglich, daß in solchen Fällen eine Abänderung hinsichtlich Zeitdauer und Stärke der Säureeinwirkung, wie auch der Bleiche statthaben muß.

Durchführung der Bestimmung.

Erforderliche Reagenzien. 1. 3,5 proz. Salpetersäure. Zu ihrer Darstellung werden 10 cm³ 65,3 gew.-proz. Salpetersäure $(d = 1,4)$ auf 265,3 cm³ verdünnt. Die entstandene 3,5 gew.-proz. Säure $(d = 1,019)$ wird durch eine Titration geprüft. Sie soll in 100 cm³ 3,566 g HNO_3 enthalten. Vor dem Eintragen der zu untersuchenden Probe wird der Säure ein Zusatz von 0,01% Natriumnitrit, auf die vorhandene HNO_3-Menge gerechnet, gegeben. Bei 125 cm³ der 3,5proz. Säure beträgt er 0,45 mg $NaNO_2$.

2. Alkalilösung, die in 1 l 20 g NaOH und 20 g Natriumsulfit Na_2SO_3 enthält.

3. Käufliche konzentrierte Natriumhypochloritlösung.

4. Die für die Alphazellulose-Bestimmung notwendigen Reagenzien.

Beschaffenheit und Menge der anzuwendenden Probe. Das zur Untersuchung gelangende Holzmaterial wird in Form von Bohrspänen verwandt, die nach dem Trocknen bei niedriger Temperatur im Mörser zerrieben und dann durch Absieben von größeren Teilchen getrennt werden. Es kommt eine Fraktion zur Anwendung, die zwischen den Siebgrenzen DIN Nr. 16 und DIN Nr. 40 liegt. Für jeden Einzelversuch wird eine lufttrockene Menge eingewogen, welche 5,0 g absolut trockenem Material entspricht.

Arbeitsweise. Vor den eigentlichen Hauptversuchen ist ein Vorversuch durchzuführen, dessen Aufgabe es ist, die ungefähre Ausbeute vor und nach der Bleiche zu ermitteln. Dieser Vorversuch wird im einzelnen in ganz gleicher Weise, wie es nachstehend beschrieben ist, durchgeführt.

Die angegebene Probemenge wird in einem 200 cm³ fassenden Erlenmeyerkolben mit Normalschliff mit 125 cm³ der 3,5proz. Salpetersäure, die auf 80° vorgewärmt worden ist, übergossen, worauf sofort ein 70 cm langer Luftkühler mit Schliffstopfen aufgesetzt wird. Der Kolben wird in einem Thermostaten genau 90 Minuten lang bei einer Temperatur von 80° gehalten. Nach dieser Reaktionsdauer wird das rotgelb gefärbte Aufschlußgut auf einem Jenaer Glasfilter 11 G 2 abgesaugt, bis zur Säurefreiheit mit Wasser und schließlich mit denaturiertem Alkohol ausgewaschen und auf dem Filter trocken gesaugt. Das Präparat kann dann quantitativ aus dem Filter entfernt werden.

Das vom größten Teil der anhaftenden Feuchtigkeit befreite Material wird anschließend in einem Erlenmeyerkolben bei 50° im Thermostaten eine Stunde lang mit 125 cm³ der Alkali und Natriumsulfit enthaltenden Lösung behandelt. Die tiefbraune Lösung wird durch Absaugen auf dem Glasfilter 11 G 2 und der in den Fasern enthaltene Rest durch Auswaschen mit etwa 1 l Wasser entfernt. Dann wird durch Zugabe von 50 cm³ 10proz. Essigsäure abgesäuert und abgesaugt. Nach dem Umwenden und Zerteilen des Filterkuchens bleibt er mit weiteren 50 cm³ der Essigsäure 10 Minuten lang stehen. Alsdann wird abgesaugt, mit Wasser säurefrei gewaschen und durch Zugabe von 50 cm³ denaturiertem Alkohol das Material entwässert und schließlich scharf trocken gesaugt.

Die anschließende Bleiche wird mit so viel Natriumhypochlorit angesetzt, als einem Satz von 5% aktivem Chlor, auf den trockenen Rückstand berechnet, entspricht; außerdem wird bei der Bleiche 1% NaOH ebenfalls auf den Rückstand berechnet zugegeben. Hierbei wird als Rückstandsmenge die bei dem Vorversuch erhaltenen Ausbeute an absolut trockener gebleichter Zellulose eingesetzt. Die Stoffdichte bei der Bleiche wird auf 5% eingestellt, als Temperatur werden 35° eingehalten und die Zeitdauer beträgt 90 Minuten. Während des Bleichversuches wird öfters umgerührt. Nach Ablauf der angegebenen Zeit wird die überschüssige Menge Hypochlorit ermittelt, so daß sich der Bedarf an Bleichchlor berechnen läßt. Die gebleichte Masse wird auf dem Glasfilter 11 G 2 durch Absaugen von der Bleichflotte befreit und darauf durch Zugabe von 50 cm³ einer 0,5% SO_2 enthaltenden Flüssigkeit abgesäuert, wobei der Filterinhalt mehrmals vorsichtig durchgerührt wird. Man läßt diese SO_2-Lösung 5 Minuten einwirken, saugt ab und wäscht mit destilliertem Wasser säurefrei, entwässert dann mit Alkohol und saugt wieder gut trocken.

Aus diesem gebleichten Material wird dann die Reinzellulose durch eine Alphazellulose-Bestimmung isoliert und der Menge nach bestimmt. Diese letztgenannte Bestimmung wird gemäß den Vorschriften vorgenommen, welche im Abschnitt VII, Untersuchung der gebleichten Stoffe, wiedergegeben ist. Der hierbei erhaltene Wert wird als das Endergebnis der Zellulosebestimmung angegeben.

Methoden der Gruppe IV.

a) Zellulosebestimmung nach Cross und Bevan.

Allgemeines. Die Methode von Cross und Bevan besteht darin, daß im zerkleinerten Rohfasermaterial das Lignin durch die Einwirkung von Chlor so weit abgebaut wird, daß es sich durch ganz schwach alkalische Lösungen aus dem Faserverband herauslösen läßt, ohne daß hierbei ein Verlust an Zellulose eintritt. Bei der geringen Tiefenwirkung des zur Anwendung gelangenden gasförmigen Chlors sind meist mehrere aufeinanderfolgende Chlorierungen und Zwischenbehandlungen erforderlich. Die ursprünglich von Cross und Bevan gegebene Analysenvorschrift hat im Laufe der Zeit zahlreiche Abänderungen erfahren. Nachstehend sind zwei Arbeitsweisen für die Durchführung der Methode beschrieben. Zunächst eine, welche sich eng an die ursprüngliche Analysenvorschrift anlehnt, aber ihr gegenüber den Vorzug besitzt, daß die Substanz im Verlauf der gesamten Analyse, also während der Chlorierung und den Auswaschungen in ein und demselben Gefäß bleiben kann[1]. Die. andere ist die Ausformung, welche die Methode in den Vereinigten Staaten von Amerika erhalten hat, und die von dem **Forest Products Laboratory in Madison** als Standardarbeitsweise übernommen worden ist[2]. Sie ist dadurch gekennzeichnet, daß bei ihr das Chlorgas unter Überdruck zur Anwendung gelangt, wodurch zufolge verstärkter Tiefenwirkung ein beschleunigtes Arbeiten erreichbar ist.

Vorbereitung des Analysenmaterials. Holz wird in Form von Sägespänen zur Anwendung gebracht. Da sehr feine Späne den Nachteil besitzen, daß sie im feuchten Zustand leicht zu einer für Gas nur beschränkt durchlässigen Masse sich zusammenklumpen, sollte nicht zu feines Material zur Verwendung gelangen. Ritter und Mitchel[3] empfehlen aus diesem Grund eine Sägemehlfraktion, die durch ein Siebgewebe DIN Nr. 20 hindurchgeht, aber von einem solchen der DIN Nr. 30 noch zurückgehalten wird. Stroh wendet man in 2 bis 3 mm lang geschnittenen Stückchen an. Bastfasern wie Jute, Hanf u. ähnl. werden ebenfalls in solche kurze Stückchen geschnitten und außerdem noch etwas auseinandergezupft.

---

[1] Sieber, R., u. L. E. Walter: Papierfabrikant **11**, 1179 (1913). — Mahood, S. A.: Ind. Engng. Chem. **12**, 873 (1920). — Dore, W. H.: Ebenda 12, 264 (1920).

[2] Bray u. Roe: Paper Trade J. **91**, T. S. 123 (1930). — Ferner Roe: Ind. Engng. Chem. **16**, 8 (1924).

[3] Ritter, G. J., u. R. L. Mitchell: Vortrag, gehalten auf d. Amer. chem. Ges. in Indianapolis, April 1931.

Zur Anwendung gelangen bei beiden Arbeitsvorschriften 2 g lufttrockenes Material.

Die Analysenprobe muß vor der Chloreinwirkung von Harz, Fett und Wachs befreit werden. Bei Serienuntersuchungen empfiehlt es sich, größere Mengen des fertig zerkleinerten Materials durch Extrahieren im Soxhlet- oder Besson-apparat in früher beschriebener Weise von diesen Begleitstoffen zu befreien. Das extrahierte Material wird dann gut mit warmem Wasser gewaschen und bei mäßiger Temperatur weitgehend vom anhaftenden Wasser wieder befreit. In dieser vorbehandelten und wieder mäßig getrockneten Form gelangt es dann zur Analyse. Bei Einzelanalysen kann man schneller zum Ziel kommen, wenn man die im Tiegel abgewogene Probe des Rohfaserstoffes darin mit heißem Alkohol übergießt, nach einigem Stehen auf der Saugpumpe absaugt und diese Behandlung noch 3···4mal wiederholt. Selbst bei Holz lassen sich auf diese Weise die Extrakt-stoffe so weit entfernen, daß noch verbleibende geringe Reste ohne Einfluß auf die Durchführung der Bestimmung sind. Nach dieser Extraktion wird auch hier das Fasermaterial gut mit warmem Wasser gewaschen, worauf dann unmit-telbar mit der Analyse begonnen werden kann.

Durchführung der Bestimmung.

1. In Anlehnung an die ursprüngliche Methode.

Apparatur. Das Wesentliche der Apparatur ist ein zur Chlorierung ge-eignetes Gefäß. Während man früher hierzu einen in besonderer Weise vor-gerichteten Gooch-Tiegel benutzte, ist es seit Einführung der Jenaer Glas- und Berliner Porzellan-Filtertiegel mit porösem Boden ohne weiteres möglich, solche, und zwar nicht zu großporige für die Chlorierung zu verwenden. In der Größe wählt man am zweck-mäßigsten einen solchen von 30···50 cm³ Inhalt. Für das Abwägen der zu untersuchenden Probe, wie auch der daraus iso-lierten Zellulose, was beide Male im Tiegel selbst er-folgt, muß er in ein dicht-schließendes Wägeglas ge-stellt werden. Zur Durch-führung der Chlorierun-gen kann man einen Ap-

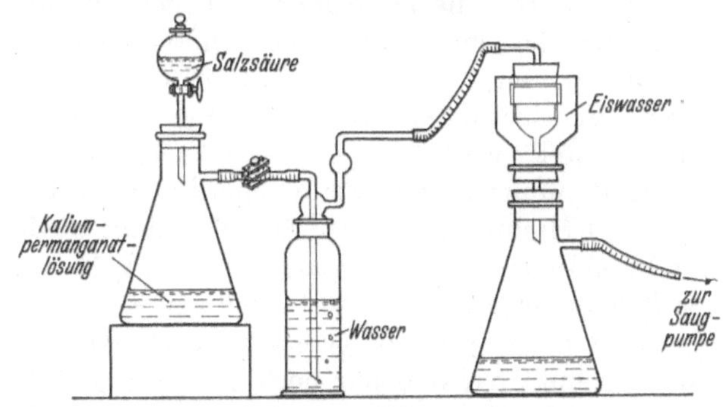

Abb. 19. Apparatur zur Bestimmung der Zellulose nach dem Verfahren von CROSS und BEVAN. (Nach SIEBER u. WALTER.)

parat benutzen, wie ihn die Abb. 19 veranschaulicht. Das aus roher Salz-säure und Kaliumpermanganat entwickelte Chlorgas wird in der folgenden Wasch-flasche durch Wasser von Säure befreit und gelangt dann unmittelbar in den mit dem Faserrohstoff beschickten Tiegel. Der Tiegel ist zwecks guter Kühlung während der Chlorierungsreaktion mit einem Kühlgefäß umgeben. Dies kann aus einem abgesprengten oberen Flaschenteil angefertigt werden. Während des Einleitens des Chlors wird es mit Eiswasser beschickt, so daß die Reaktion zwischen Chlor und Lignin sich bei möglichst tiefer Temperatur abspielt. Der

Tiegel ist oben mit einem passenden Kork oder einer runden Holzplatte abgedeckt, durch den das Gaseinführungsrohr in sein Inneres tritt. Die Apparatur
wird unter dem Abzug aufgestellt und bei Anschluß an eine Saugpumpe ist
bei mäßigem Unterdruck jede Belästigung durch Chlor ausgeschlossen. Statt
das Chlorgas, wie oben angegeben, selbst herzustellen, kann es auch einer kleinen
Stahlflasche entnommen werden.

Arbeitsweise. Den Tiegel, in welchem die Substanz abgewogen wurde,
gegebenenfalls auch vorher, wie beschrieben, extrahiert worden ist, setzt man
auf eine Saugflasche und übergießt seinen Inhalt mit heißem Wasser. Darauf
setzt man die Saugpumpe in Gang und saugt das Wasser so weit aus der Probe,
daß ein stark gefeuchtetes Material in gleichmäßiger Schicht im Tiegel verbleibt.
Der Tiegel wird dann in den vom Kühlgefäß umgebenen Absaugtrichter des
Chlorierungsapparates gesetzt. Man wartet einige Zeit, bis durch die Kühl-
wirkung des Eiswassers im Kühlgefäß auch der Tiegelinhalt niedrige Temperatur erhalten hat. Dann verbindet man mit dem Gasentwicklungsapparat und
setzt diesen in Gang.

Die erste Chlorierung soll etwa 3···4 Minuten dauern, wobei man einen
langsamen Chlorstrom von 1, höchstens 2 Blasen Chlorgas je Sekunde die vor-
geschaltete Waschflasche durchlaufen läßt. Hierauf wird der Chlorgasstrom
abgestellt, der Verschlußstopfen des Filtertiegels entfernt, zunächst mit einer
etwa 1proz. Lösung von schwefliger Säure in Wasser gewaschen und dann
der Tiegel mit heißer 3proz. Natriumsulfitlösung angefüllt. Man rührt mit einem
dünnen Glasstab um, läßt die Lösung einige Minuten im Tiegel stehen, worauf
man absaugt. Diese Behandlung mit Natriumsulfit, sowie das anschließende
Absaugen wird so lange wiederholt, bis die ablaufende Flüssigkeit farblos ist.
Das Fasermaterial selbst färbt sich durch diese Behandlung zunächst orange-
farben, eine Farbe, die bei den darauffolgenden Chlorierungen immer schwächer
auftritt. Ist das Fasermaterial durch Waschen mit heißem Wasser von Natriumsulfit befreit, so saugt man Luft durch den Tiegelinhalt, wodurch der
geeignete Feuchtigkeitsgehalt des Fasermaterials für die folgende Chlorierung
wiederhergestellt wird.

Es folgt nunmehr die zweite Chlorierung, wobei man wiederum den Chlorstrom 3···4 Minuten andauern läßt, ihn dann wieder abschaltet, um aufs neue
mit schwefelsäurehaltigem Wasser und mit Natriumsulfitlösung zu waschen.
Diese Behandlungen werden so lange fortgesetzt, bis eine Färbung der Natriumsulfitlösung nicht mehr zu beobachten ist, das Fasermaterial die orangegelbe
Farbe eingebüßt hat und nur noch zart rosa gefärbt ist. Nach der letzten Behandlung mit Natriumsulfit übergießt man den Tiegelinhalt mit heißem Wasser,
das man 5 Minuten einwirken läßt, bevor man es absaugt. In dieser Weise
werden auch die letzten Reste von Natriumsulfit durch 6···8maliges gleichartiges Waschen entfernt. Nach diesem gründlichen Waschen wird bei 105°
getrocknet und nach dem Erkalten gewogen.

Man achte bei der Chlorierung darauf, daß diese nicht im unmittelbaren
Sonnenlicht erfolgt.

Das gelinde wirkende Lösungsmittel Natriumsulfit genügt bei Fasern wie
Stroh nicht zur Entfernung der gechlorten Ligninprodukte. Deshalb haben hier
HEUSER und HAUG eine 1proz. Natronlauge zur Anwendung gebracht.

Als Anhalt für die Zahl der erforderlichen Chlorierungen sei folgendes genannt:

bei Holz . . . . . . 5···7,

bei Stroh . . . . . 3···4,

bei Bastfasern . . . 1···2.

Es bietet Vorteile, wenn man sich durch einen Vorversuch von der Zahl der notwendigen Chlorierungen, sowie dem sonstigen Verhalten des Faserrohstoffes bei der Behandlung Kenntnis erwirbt. Hierdurch lassen sich oft zweckentsprechende Abänderung der Vorschrift finden und damit manche Vorteile bei der Analyse erzielen. Grundsätzlich vermeide man aber die Zeitdauer der einzelnen Chlorierungen zu lang zu wählen, da die Wirkung der dabei entstehenden Salzsäure sich dann besonders stark bemerkbar macht.

2. Nach der abgeänderten Methode von BRAY und ROE.

Apparatur. Der Chlorierungsapparat der Abb. 20 besteht aus einem Nivellierrohr mit Halter, zwei Dreiwegehähnen, einer Hempel-Präzisionsgasbürette, die mit einem Dreiwegehahn ausgerüstet ist, einem Wasserkühlmantel für die Gasbürette, einem im Wasserkühlmantel aufgehängten Thermometer, einer Hempelschen Gaspipette, verschiedenen Jenaer Glasfiltertiegeln Nr. 3 von 35 cm³ Fassungsraum, mit einem Filterboden von der Porosität 5 oder 7 als Reaktionsgefäße.

Sperrflüssigkeit. Die zur Füllung der Gasbürette und Gaspipette notwendige Kalziumchloridlösung muß bei Raumtemperatur gesättigt sein. Man läßt so lange Chlorgas hindurchtreten, bis sie mit diesem gesättigt ist. Die Gasbürette wird bei Nichtgebrauch des Apparates dauernd mit Chlorgas gefüllt erhalten.

Arbeitsverfahren. Das Material (2 g) wird in einen der Jenaer Glasfiltertiegel eingewogen und mit kochendem Wasser gefeuchtet, das überschüssige Wasser wird an der Saugpumpe abgesaugt. Aus dem mit einem Stopfen verschlossenen Tiegel wird dann auch nach oben die noch an den Glaswänden hängende Feuchtigkeit abgesaugt. Er wird hierauf in das Kühlgefäß eingesetzt und zwischen Gasbürette und Gaspipette mit Hilfe zweier Gummistopfen eingeschaltet, wie dies die Abbildung zeigt. Durch diese Stopfen sind die die Zu- und Ableitung des Gases besorgenden Kapillarglasröhren gesteckt. Nunmehr wird das in der Gasbürette enthaltene Chlorgas so schnell wie möglich durch den Tiegel in die Gaspipette übergedrückt. Das Kühlwasser im Kühlmantel soll dabei eine Temperatur zwischen 23,5...32° haben. Während der ersten Chlorierung absorbieren die angewendeten Mengen des Untersuchungsmaterials gewöhnlich mehr

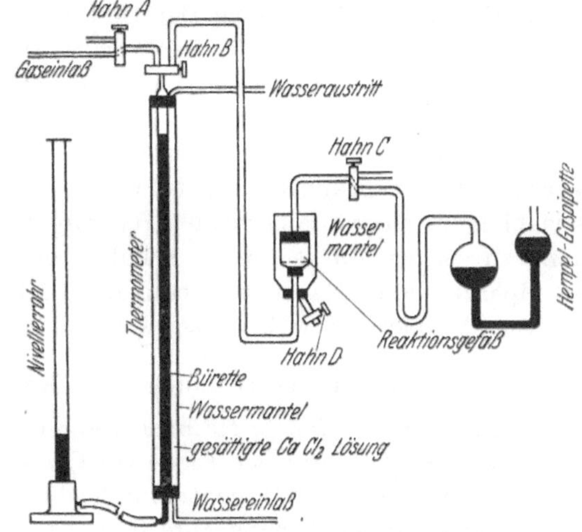

Abb. 20. Chlorierungsapparatur für die Zellulosebestimmung. von CROSS und BEVAN (Nach BRAY und ROE.)

Chlor als einer Bürettenfüllung entspricht. Infolge dessen ist eine neue Füllung der Gasbürette notwendig, die man durch Anschluß der Gasbürette mit Hilfe des Dreiwegehahns an ein Vorratsgefäß mit Chlorgas vollzieht. Die erste Chlorierung benötigt zumeist 3 bis 4 Minuten. Nach dieser Zeit wird der Tiegel aus der Apparatur entfernt und das Untersuchungsmaterial mit ungefähr 50 cm³ destilliertem Wasser und anschließend mit 50 cm³ 3 proz. Lösung von Schwefeldioxyd in Wasser, hierauf wieder mit 50 cm³ Wasser und dann mit 50 cm³ frisch bereiteter 3 proz. Natriumsulfitlösung gewaschen.

Das Material wird hierauf aus dem Tiegel mit Hilfe eines Glasspatels in ein Becherglas von 250 cm³ gebracht, wobei die letzten Reste des Fasermaterials aus dem Glastiegel mit Hilfe von 100 cm³ Natriumsulfitlösung herausgewaschen werden. Für jede Wäsche im Tiegel braucht man etwa 15 cm³. Nachdem 60 cm³ als Waschwasser der Lösung verbraucht sind, bringt man hiervon 10-cm³-Portionen auf ein Uhrglas, stellt den Tiegel hinein und saugt nach Verschließen des Tiegels mit einem Stopfen nach oben ab, um dessen Poren freizuwaschen. Das Becherglas wird dann mit einem Uhrglas bedeckt und im kochenden Wasserbade während 30 Minuten erhitzt. Danach werden die Fasern wieder in den Glastiegel zurückgebracht und mit ungefähr 250 cm³ destilliertem Wasser darin ausgewaschen. Eine einmalige Chlorierung reicht auch hier nur in seltenen Fällen zur Entfernung der Inkrusten aus, so daß die Behandlung mit Chlor und mit Natriumsulfit mehrfach wiederholt werden muß, bis die Fasern nur noch einen sehr schwachen rosa Farbton bei Zufügung der Natriumsulfitlösung zeigen.

Die zweite und dritte Chlorierung soll nicht mehr als 2···3 Minuten dauern. Verlängerte Einwirkungsdauer des Chlors bedingt zusammen mit der durch die sich bildende Salzsäure bewirkten Hydrolyse sekundäre Reaktionen. Man erhält dann zu geringe Ausbeuten an Zellulose und wechselnde Gehalte der Zellulose an Alphazellulose. Nachdem alles Lignin entfernt ist, werden die Fasern gut mit Wasser, Alkohol und Äther ausgewaschen und schließlich bei 105° getrocknet.

b) Zellulosebestimmung nach Kürschner und Hoffer.

Allgemeines. Bei der Methode von Kürschner und Hoffer werden ebenso wie bei der Chlorierungsmethode von Cross und Bevan die Ligninbestandteile der Faserrohstoffe durch Oxydation in leicht lösliche Abbauprodukte übergeführt. Die Einwirkung der Salpetersäure führt nach Kürschner zu Nitroligninen, die durch den gleichzeitig anwesenden Alkohol herausgelöst werden, worauf die Säure neuerlich auf tieferliegende Ligninschichten einwirken kann. Die Methode ist nicht allein an Holz, sondern auch an verschiedenen Stroharten wie auch an Bagasse erprobt, und es dürfte kaum ein Zweifel über ihre allgemeine Anwendbarkeit bestehen. Wenn auch vorteilhaft, so braucht die Zerkleinerung der zu untersuchenden Probe nicht gar zu weit getrieben zu werden. So genügt es beispielsweise bei Holz von feinen Drehspänen auszugehen. Es ist dies eine Folge der oben dargestellten Einwirkungsart der Säure und des Alkohols.

Erforderliche Reagenzien. Zum Aufschluß wird eine Mischung von Alkohol und konzentrierter Salpetersäure verwandt, welche vor jedem Versuch frisch bereitet wird. Zu ihrer Herstellung werden zu 20 cm³ mit der Pipette abgemessenem 96 proz. Alkohol 5 cm³ ebenfalls genau abgemessene konzentrierte

Salpetersäure gegeben. Die Menge dieses Gemisches reicht für die Behandlung von 1 g Rohfasermaterial. Nimmt man größere Mengen in Arbeit, so sind entsprechend größere Mengen des Gemisches zu bereiten. Es sei darauf hingewiesen, daß zwecks Erhalt übereinstimmender Werte, es unbedingt notwendig ist, die angegebenen Mengenverhältnisse durch genaues Abmessen sorgfältig einzuhalten. Von der Zusammensetzung des Gemisches ist dessen Siedepunkt und damit die Reaktionstemperatur während der Einwirkung auf den Faserrohstoff abhängig.

Ausgangsmenge des Rohmaterials. Es ist möglich, bereits mit 1 g lufttrockenem Rohfasermaterial die Bestimmung in befriedigender Weise durchzuführen. In Anbetracht einer späteren Untersuchung der gewonnenen Zellulose ist doch die Anwendung von etwa 4···5 g Einwaage sehr zu empfehlen, zumal sich die Bestimmung mit diesen Mengen ohne Schwierigkeiten durchführen läßt.

Durchführung der Bestimmung. Zur Durchführung der Bestimmung wird ein 300 cm³ fassender Erlenmeyerkolben benutzt, der mittels eines eingeschliffenen Glasstopfens einen gut arbeitenden Rückflußkühler trägt. In den Kolben wird die genau abgewogene lufttrockene Probe gegeben, welche dann mit der erforderlichen Menge des dem Aufschluß dienenden Gemisches übergossen wird. Nach dem Auf- und Ingangsetzen des Kühlers wird der Kolbeninhalt auf einem Wasserbad zum Sieden erhitzt, das bei ziemlich genau 90° statthaft. Man tut gut, während des Aufschlusses Sonnenlicht vom Kolben fernzuhalten, wenn man es nicht vorzieht, mit solchen aus braunem Glas zu arbeiten. Vom beginnenden Sieden ab, hält man dies genau 60 Minuten lang kräftig im Gang. Während der ganzen Zeit ist um jegliche Veränderung der Zusammensetzung des Flüssigkeitsgemisches zu vermeiden, auf ein zuverlässiges Arbeiten des Kühlers zu achten.

Nach der angegebenen Zeit wird der Kolben vom Wasserbad genommen. Das in ihm befindliche Material setzt sich rasch zu Boden, so daß die darüber stehende gelbe Lösung in einen bereitgestellten, mit der Luftpumpe verbundenen und gewogenen Glasfiltertiegel leicht abgegossen werden kann und nur wenige Teilchen mit dem letzten Rest der Flüssigkeit auf das Filter gelangen. Hierauf wird angesaugt, wobei die Flüssigkeit in wenigen Sekunden durchfiltriert.

Der Rückstand im Kolben wird nun einer zweiten ganz gleichartigen Kochung unterworfen. Der geringe auf dem Glasfiltertiegel verbliebene Rückstand wird zu diesem Zweck mit Hilfe eines Teiles der für die zweite Behandlung erforderlichen alkoholischen Salpetersäure, die sich in einer kleinen Spritzflasche befindet, zur Hauptmenge des Rückstandes gegeben. Dann wird der Rest der Aufschlußflüssigkeit zugesetzt und wiederum genau eine Stunde lang am Rückflußkühler gekocht. Danach wird, wie oben beschrieben, die Hauptmenge der alkoholischen Salpetersäure abgegossen und anschließend zwecks Entfernung des größten Teiles der Säure mehreremals mit heißem destillierten Wasser gewaschen. Es empfiehlt sich, nach jedem neuen Aufguß von destilliertem Wasser dies einige Zeit zusammen mit der Probe stehen zu lassen, damit in deren Innerm befindliche Anteile Gelegenheit haben, herauszudiffundieren. Der gesamte Kolbeninhalt wird dann mit genügend heißem destillierten Wasser versetzt

und am Rückflußkühler auf dem siedenden Wasserbad 30 Minuten lang damit
behandelt. Sollte das dann abfiltrierte Wasser noch deutlich sauer sein, so ist
die Behandlung zu wiederholen, wobei man dem Wasser einige Tropfen Natriumazetatlösung zusetzen kann. Der säurefrei gewaschene Rückstand wird schließlich in den Glasfiltertiegel überführt, bei 105° getrocknet und gewogen. Die
sorgfältige Befreiung von den letzten Resten der Salpetersäure ist deshalb nötig,
weil schon die geringsten zurückbleibenden Spuren eine Zersetzung der Zellulose im Verlaufe der Trocknung herbeiführen könnten. Auch würde die unter
solchen Umständen erhaltene Zellulose für weitere Untersuchungen vollkommen
unbrauchbar sein.

Die nach diesem Verfahren abgeschiedenen Zellulosen weisen meist eine
ganz schwache gelbliche Färbung auf. Soweit bislang bekannt ist, haben zwei
Kochungen immer zur restlosen Entfernung des Lignins genügt, falls erforderlich müßte bei schwer aufschließbaren oder sehr stark verholzten Rohstoffen
diesen eine dritte folgen.

c) Zellulosebestimmung nach NORMAN und JENKINS.

Allgemeines. Bei dieser Methode wird der Ligninanteil der verholzten
Faser durch abwechselnde Behandlung mit Natriumsulfit und Natriumhypochlorit herausgelöst. Es ergeben sich hierbei Präparate, die in ihrer Zusammensetzung denen gleichen, die man nach der Vorschrift von CROSS und BEVAN
erhält. Das Verfahren ist sowohl auf Holz als auch auf Stroh anwendbar. Einer
besonderen Apparatur bedarf es bei seiner Durchführung nicht, und es gestattet
in leichter Weise die Ausführung von Serienanalysen. Ein weiterer Vorteil besteht in der Möglichkeit erforderlichenfalls größere Ausgangsmengen, nämlich
bis zu 300 g in Arbeit nehmen zu können, ein Umstand, der im Hinblick auf
eingehende weitere Untersuchungen der erhaltenen Zellulose beachtenswert erscheint.

Erforderliche Reagenzien.
1. Natriumhypochloritlösung, wie sie käuflich mit 15···17 % wirksamem Chlor
gemischt, mit kleinen Mengen Natriumchlorid und freiem Alkali im Handel zu
haben ist.
2. Natriumsulfitlösungen 3- und 6proz.
3. 20proz. Schwefelsäure.

Vorbereitung des zu analysierenden Materials. Dieses muß in fein
zerkleinerter Form vorliegen. Für Holz kommt eine Mehlfraktion in Frage,
die durch die Siebnummern 60 und 80 (DIN Nr. 20 und 30) begrenzt ist, für
Stroharten eine solche, die durch die Siebe Nr. 40 und 60 (DIN Nr. 14 und 20)
gegeben ist.

Arbeitsweise. Etwas 2 g lufttrockenes Rohfasermaterial werden in einem
überdeckten Becherglas mit 100 cm³ 3proz. Natriumsulfitlösung zum Kochen
erhitzt und anschließend unter Benutzung eines kleinen Büchnertrichters filtriert.
Als Filter verwendet man entweder ein Papierfilter oder ein solches aus feinstem
Gewebe, das mittels endloser Gummibänder am Trichter befestigt ist. Zweck
dieser Vorbehandlung ist neben einer Entfernung geringer Mengen ligninhaltiger
Stoffe vor allem eine gute Vorbereitung des Materials für die anschließende Ein-

wirkung des Natriumhypochlorits. Sämtliches Material wird unter Benutzung von Spatel und Saugflasche vom Filter zurück in das Becherglas gebracht und hierin dann mit so viel destilliertem Wasser versetzt, daß dessen Menge insgesamt 100 cm³ ausmacht. Die erhaltene Aufschwemmung versetzt man mit 5 cm³ der Natriumhypochloritlösung und läßt diese nach gutem Verrühren 10 Minuten lang einwirken. Danach wird, wie vorstehend angegeben, abfiltriert und das Material anschließend wiederum in das Becherglas zurückgebracht, wobei man auf insgesamt 50 cm³ mit Wasser verdünnt. Nachdem weitere 50 cm³ 6proz. Natriumsulfitlösung zugefügt worden sind, wird der Becherinhalt 20 Minuten lang bei Siedetemperatur gehalten. Hierzu erwärmt man zweckmäßig über der Flamme bis gerade zum beginnenden Sieden, worauf man den Becher in ein siedendes Wasserbad hängt. Man saugt dann ab und setzt das Material in ganz der gleichen Weise einer nochmaligen Hypochlorit- und Sulfitbehandlung aus. Dieser zweiten Behandlung folgt eine dritte, die sich doch in der Zusammensetzung und der Konzentration der Hypochloritlösung von den vorangegangenen unterscheidet. Es werden hierbei in das 100 cm³ betragende Gemenge 5 cm³ verdünnte 3proz. Natriumhypochloritlösung und außerdem 2 cm³ der 20proz. Schwefelsäure gegeben. Nachdem man 10 Minuten unter Ausschluß von direktem Sonnenlicht hat einwirken lassen, wird filtriert und danach wieder, wie bei den beiden ersten Behandlungen, mit Natriumsulfitlösung versetzt. Nach deren lösender Einwirkung beginnt eine neuerliche Behandlung mit der verdünnten Hypochloritlauge, der dann wiederum die Sulfiteinwirkung folgt. In dieser Weise wird fortgefahren, bis kein Lignin sich mehr durch die rote Färbung beim Übergießen mit Natriumsulfit oder in anderer Weise erkennen läßt. Keinesfalls sollte die Behandlung darüber hinaus ausgedehnt werden. Das erhaltene Zelluloseprodukt sammelt man in einem Glasfiltertiegel, worin es durch sorgfältiges Waschen mit heißem destillierten Wasser restlos von Säure und Sulfit befreit wird. Es wird dann bei 105° getrocknet.

Als Anhalt sei bemerkt, daß bei den verschiedenen Stroharten 2 neutrale und 3···4 saure Hypochloritbehandlungen sich als notwendig zur Entfernung des Lignins erwiesen haben. Bei verschiedenen Laub- und Nadelhölzern waren erforderlich 2 neutrale und 5 saure Behandlungen.

Weiteruntersuchung der abgeschiedenen Präparate. Bewertung der Methoden.

Die nach den vorstehend beschriebenen Verfahren der Gruppe IV abgeschiedenen als Rohzellulosen zu bezeichnenden Präparate enthalten, wie mehrfach ausgeführt, noch verschiedene Begleitstoffe. Von diesen kann das Pentosan der Menge nach durch eine Furfurolbestimmung ermittelt werden. Liegt genügend Material vor, so kann auch eine Mannanbestimmung durchgeführt werden. Die eigentliche Reinzellulose wird mangels anderer Methoden kaum auf anderem Wege als über eine Alphabestimmung zu ermitteln sein. In dem dabei erhaltenen Rückstand ist gegebenenfalls noch verbliebenes Pentosan zu ermitteln.

Will man sich von dem Abbau eine Vorstellung machen, den die native Zellulose bei ihrer Isolierung nach diesen Methoden erfahren hat, so ist an den erhaltenen Präparaten, einschließlich ihres Alpharückstandes, eine Bestimmung des Polymerisationsgrades durchzuführen. Nur wenn hierbei Zahlen zwischen

1300···1500 erreicht werden, darf angenommen werden, daß die Zellulose im wesentlichen ungeschädigt die Abscheidungsprozesse durchlaufen hat.

Es liegen wenig Beobachtungen gerade hierüber vor, so daß man sich ein abschließendes Bild über die volle Brauchbarkeit der drei angeführten Methoden noch nicht zu machen vermag. Es scheint aber festzustehen, daß die alte Methode von CROSS und BEVAN sich auch in dieser Hinsicht bewährt hat. Dazu dürfte in erster Linie die niedrige Temperatur beitragen, bei der in diesem Fall die Einwirkung des Chlors erfolgt. Weit merkbarer scheint der Abbau bei der Methode von KÜRSCHNER und HOFFER zu sein[1], während bei der Vorschrift von NORMAN und JENKINS Präparate erhalten werden dürften, die eine Mittelstellung zwischen den bei den anderen Methoden abgeschiedenen einnehmen.

Methoden der Gruppe V.

a) Bestimmung der Skelettsubstanz nach SCHMIDT.

Für die Durchführung des Verfahrens sind von SCHMIDT und seinen Mitarbeitern zwei verschiedene Vorschriften gegeben worden, welche auf Grund der Arbeitsweise als Ein- und Zweistufenverfahren gekennzeichnet werden. Dem älteren bewährten Zweistufenverfahren, das nach der Chlordioxydbehandlung ein Herauslösen der Ligninabbauprodukte durch Einwirkung von Natriumsulfitlösung bestimmten p_H-Wertes vorsieht, ist das einfachere Einstufenverfahren gefolgt, bei welchem beide Arbeitsvorgänge zusammengezogen sind.

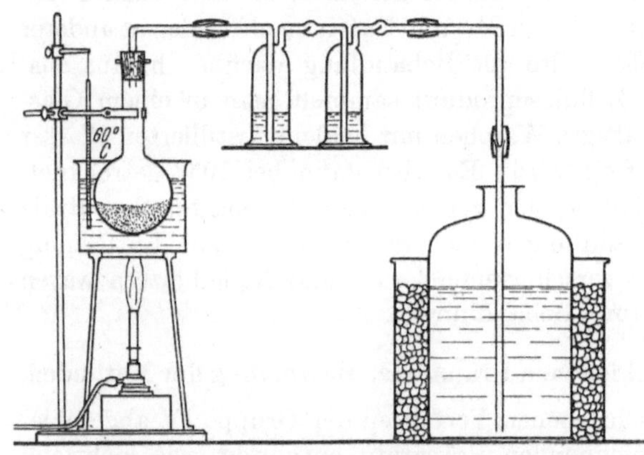

Abb. 21. Apparatur zur Herstellung von Chlordioxyd.

Für beide Verfahren ist die Herstellung der erforderlichen Chlordioxydlösung in der gleichen Weise durchzuführen.

Herstellung der Chlordioxydlösung. In einem Rundkolben von $1^1/_2$ l Inhalt werden 240 g Kaliumchlorat und 200 g kristallisierte Oxalsäure mit einer abgekühlten Lösung von 120 cm³ konzentrierter Schwefelsäure in 400 cm³ Wasser übergossen und unter Ausschluß des direkten Tageslichtes auf etwa 60° erhitzt. Das gebildete Chlordioxyd — ein gelbrotes Gas von durchdringendem Geruch — wird durch das bei der Zersetzung der Oxalsäure entwickelte Kohlendioxyd so verdünnt, daß seine Explosionsfähigkeit stark gemindert wird. Trotzdem muß noch unter Ausschluß des Tageslichtes gearbeitet werden. Es ist hierzu ausreichend, wenn man in einem Abzug arbeitet, dessen Fenster mit dunklem Papier verkleidet sind, das durch einige verschließbare Öffnungen hindurch die Apparatur beobachten läßt. Das Chlordioxyd wird nach dem Waschen in wenig

---

[1] JAYME, G., u. P. SCHORNING: Papierfabrikant **38**, 2 (1940).

Wasser in einer mit destilliertem Wasser beschickten braunen Flasche aufgefangen, die in einer Kältemischung aufgestellt worden ist. Nach etwa 5 Stunden ist die Gasentwicklung beendet. Die gewonnene Lösung enthält gegen 2 %
Chlordioxyd. Die Abb. 21 zeigt die Apparatur für die Entwicklung und das
Auffangen des Gases.

Falls die Gewinnung größerer Mengen von Chlordioxyd beabsichtigt ist,
empfiehlt es sich, statt einer Auffangflasche zwei hintereinandergeschaltete
Woulfsche Flaschen zu verwenden. Nach Erhalt der gewünschten Konzentration
in der ersten Flasche tritt die zweite an ihre Stelle und wird selbst durch eine
neue ersetzt. Das in der ersten Flasche
nicht absorbierte Gas geht auf diese Weise
nicht verloren. Die erhaltenen Lösungen
müssen, um Verluste zu vermeiden, sehr
kühl aufbewahrt werden.

Zur Bestimmung des Chlordioxydgehaltes in der Lösung bedient man sich zweckmäßig der in der Abb. 22 angegebenen
Apparatur, doch genügt es erfahrungsgemäß vollauf, wenn die abgebildete Bürette für einen Inhalt von 25 cm³ hergestellt
wird. Ferner ist es zweckmäßig, den Korkpfropfen des Titriergefäßes durch einen eingeschliffenen Glasstopfen zu ersetzen. Die
Bürette selbst trägt an ihrem oberen Ende
einen eingeschliffenen Ventilstopfen zum
Ablassen von Überdruck. Ihr Auslaufrohr
ist 17 cm lang und reicht damit bis auf den
Boden des Titriergefäßes.

Zur Ausführung der Titration wird die
in der Vorratsflasche befindliche Chlordioxydlösung auf eine Temperatur von
+ 7° gebracht, mit ihr dann die Bürette

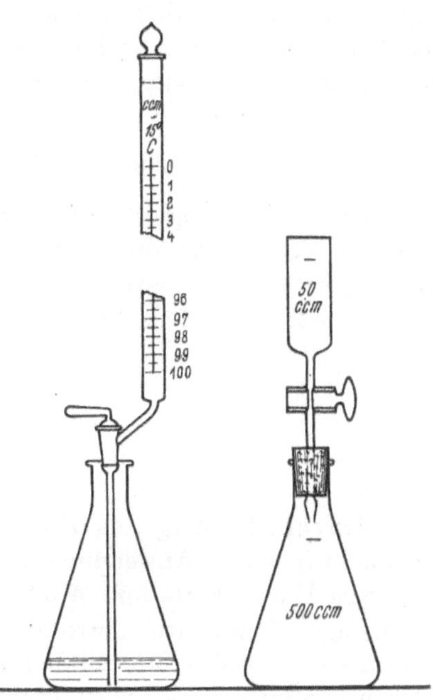

Abb. 22. Einrichtung zur Titrierung
von Chlordioxydlösungen.

angefüllt und diese mit dem Ventilstopfen verschlossen. Hierauf wird die
Bürette mehrmals umgekehrt und der hierbei durch Entweichen von Gas
aus der die Temperatur der Bürette annehmenden Lösung auftretende Überdruck durch Öffnen des Ventilstopfens abgelassen. Aus der Bürette läßt man
dann einige Kubikzentimeter Lösung ablaufen und stellt dann den Meniskus ein.
Anschließend senkt man das Auslaufrohr der Bürette in den mit 100 cm³ Wasser
beschickten Erlenmeyerkolben. Die sodann langsam eingelassene Chlordioxydlösung lagert sich als Schicht am Boden des Gefäßes ab. Nach Entfernen der Bürette wird der Kolben mit dem Aufsatz, dessen unterhalb des Hahnes befindlicher
Teil zuvor durch Ansaugen mit Wasser gefüllt wurde, verschlossen. Das Titriergefäß wird mit einem passenden Bleiring beschwert und bis zum Hals des Kolbens
in Eiswasser gestellt. Das durch die Abkühlung entstehende Vakuum gestattet
die zur Titration erforderlichen Reagenzien in den Kolben einzusaugen, ohne diesen
öffnen zu müssen. Ohne Luft einströmen zu lassen, werden auf diese Weise
nacheinander eingeführt:

1. 3 cm³ 2 n-Schwefelsäure,
2. 1,5 cm³ 2 n-Kaliumjodidlösung,
3. 2···3 cm³ Wasser zum Nachspülen.

Nach Zusatz der Reagenzien wird der Kolbeninhalt kräftig durchgeschüttelt und das Gefäß 5 Minuten bei Zimmertemperatur sich selbst überlassen. Dann wird die zur Titration des ausgeschiedenen Jods erforderliche Hauptmenge $n/_5$-Natriumthiosulfatlösung aus der Bürette in den Aufsatzzylinder gegeben, in den gekühlten Kolben eingesaugt und mit 3 cm³ Wasser nachgespült. Nach kräftigem Durchschütteln des Kolbeninhaltes wird das Gefäß gekühlt und durch Einsaugen einiger Kubikzentimeter Wasser das noch vorhandenen Vakuum aufgehoben. Nach dem Abnehmen des Aufsatzes wird gut mit Wasser abgespült und das noch vorhandene Jod bei offenem Gefäß unter Verwendung von Stärke als Indikator titriert.

$$1 \text{ cm}^3 \; n/_5\text{-Natriumthiosulfatlösung zeigt } \frac{ClO_2}{5} \cdot \frac{1}{1000 \cdot 5} = 0,0026984 \text{ g } ClO_2 \text{ an.}$$

Die ClO_2-Bestimmung ist auf $\pm 2\%$ Fehler durchführbar.

Nach Versuchen von SCHMIDT und seinen Mitarbeitern ist eine 0,3 proz. Lösung die obere Grenze, bei der die Zellulose im Lagerversuch gegen ClO_2 resistent ist; es wird daher 0,27 proz. Chlordioxydlösung als zweckmäßig empfohlen.

Sonstige Reagenzien. Bei dem Zweistufenverfahren ist weiter notwendig eine Natriumsulfitlösung, als deren geeignete Konzentration sich eine solche von 30% erwiesen·hat. Für das Einstufenverfahren wird andererseits reines Pyridin benötigt.

1. Durchführung des Zweistufenverfahrens. Als Beispiel sei dieses Verfahren in seiner Anwendung auf Holz beschrieben. Zur Anwendung gelangt es in von Harz-, Fett- und Wachsstoffen befreiter und nach deren Extrahieren bei mäßiger Temperatur getrockneter Form. Die Zerkleinerung soll so weit getrieben sein, daß das Gut ein Sieb DIN Nr. 30 noch durchläuft, aber von einem solchen der DIN Nr. 40 noch zurückgehalten wird. Da das erhaltene Präparat meist noch für eingehende Untersuchung benutzt werden soll, ist die zur Anwendung gelangende Materialmenge entsprechend groß zu bemessen. Wendet man 10 g des Holzmehles an, so werden diese in einer braunen Glasstöpselflasche von 3 l Inhalt mit 2 l 0,27 proz. salzsäurefreier Chlordioxydlösung übergossen. Da sich in der Flasche allmählich ein Überdruck entwickelt, so muß der Glasstopfen zwecks Verhinderung des Hinausschleuderns gesichert werden. Die Flasche wird unter öfteren Umschütteln oder noch besser auf einer Rolleinrichtung bei Raumtemperatur im zerstreuten Tageslicht sich selbst überlassen.

Nach etwa 36 Stunden wird das schwach rötliche Holzmehl abgenutscht, mit Wasser gewaschen und in einer Porzellanschale mit Wasser gerührt, um das eingeschlossene Chlordioxyd herauszulösen. Um eine Vorstellung von den Mengenverhältnissen zu geben, seien im Folgenden Zahlen für eine Ausgangseinwaage von 50 g genannt. In diesem Fall erfolgt das Verrühren mit etwa 2 l; es wird, um durchgreifend zu wirken, am besten mit einem mechanisch arbeitenden Rührer vorgenommen und mindestens eine halbe Stunde lang fortgesetzt. Auf der Nutsche wird dann so lange gewaschen, bis das ablaufende Waschwasser aus angesäuerter und stärkehaltiger Kaliumjodid-Lösung kein Jod mehr abscheidet. Dann wird die Fasermasse in eine geräumige Porzellanschale zusammen mit 1 l Wasser übergeführt, dessen Temperatur 50° bis höchstens 60° beträgt. Diese Temperatur wird während der gesamten folgenden Nachbehandlung auf dem Wasserbad eingehalten, wobei auch hier zweckmäßigerweise das erforderliche ständige Rühren auf mechanische Weise bewirkt wird. Zu dem Inhalt der Porzellanschale läßt man aus einer Bürette die vorher filtrierte 30proz. Natriumsulfitlösung in Mengen von 1 cm³ und in kurzen Zeiträumen unter ständiger Prüfung des p_H-Wertes zulaufen. Der p_H-Wert soll 6,8 betragen, und es wird jeweils bei jeder der Behandlungen nur so viel Salzlösung zugesetzt, als zur Erreichung des genannten Wertes erforderlich ist.

Die Prüfung des p_H-Wertes kann mit genügender Genauigkeit auf kolorimetrischem Wege erfolgen, wobei als Indikator Bromthymolblau Anwendung findet. Zur Herstellung einer geeigneten Lösung werden 0,1 g Bromthymolblau mit 3,2 cm³ $^n/_{20}$-Natronlauge angerieben und darauf in 250 cm³ destilliertem, ausgekochtem Wasser gelöst. Unter Anwendung von Phosphatpuffer stellt man sich Vergleichsfarblösungen der p_H-Werte 6,6 und 7,0 her.

Nach Beobachtungen von Schmidt und Mitarbeitern betrug bei der Anwendung von 50···60 g Ausgangsmaterial, als welches Buchenholz benutzt wurde, der Gesamtverbrauch an Natriumsulfit zwischen 55···60 g kristallisiertem Salz. Insgesamt waren dabei neun Behandlungen erforderlich, wobei nach jeder der ersten fünf Chlordioxydeinwirkungen jedesmal 25 cm³ der Natriumsulfitlösungen benötigt wurden, um den gewünschten p_H-Wert zu erreichen. Der Bedarf an Salzlösung sank bei den weiteren Behandlungen allmählich bis auf 12···13 cm³.

Sobald gemäß dem Ergebnis der Prüfverfahren, die bei der Durchführung des Einstufenverfahrens näher beschrieben sind, der Aufschluß als beendet anzusehen ist, läßt man die Skelettsubstanz sich absetzen, hebert die überstehende Flüssigkeit ab und wäscht das auf Filtertiegel oder Nutsche abfiltrierte Präparat ohne zu saugen mit größeren Mengen destilliertem Wasser mehrere Stunden aus. Der in dieser Weise ausgewaschene Rückstand wird dann nochmals mit der zwanzigfachen Menge destilliertem Wasser 24 Stunden lang gerührt oder geschüttelt; danach wird bei Ausbeutebestimmungen in einen gewogenen Glasfiltertiegel filtriert, gewaschen, fest abgesaugt, dann im Vakuumexsikkator bei gewöhnlicher Temperatur über schuppenförmigem Natriumhydroxyd getrocknet und schließlich gewogen. Bei der Herstellung von größeren Präparatmengen verfährt man in ganz der gleichen Weise.

2. **Durchführung des Einstufenverfahrens.** Bei dieser Art der Ausführung erfolgt die Einwirkung des Chlordioxydes in Gegenwart eines Lösungsmittels, das die gebildeten Abbauprodukte des Lignins aus der Rohfaser im Maße ihres Entstehens herauslöst. Es ist wesentlich, daß durch die Einwirkung des hierbei verwandten Lösungsmittels dem Zweck der Bestimmung entsprechend keine hydrolytische Einwirkung auf jenen Anteil der Polyosen erfolgt, welcher leicht einem Abbau unterliegt. Schmidt und seine Mitarbeiter haben im Pyridin ein solches Lösungsmittel gefunden. Das Pyridin hat weiterhin noch die Eigenschaft, daß es selbst gegenüber Chlordioxyd weitgehend beständig ist, und es vermag schließlich, den während der Umsetzung zwischen Chlordioxyd und den oxydierbaren Zellwandbestandteilen nach der sauren Seite hin sich ver-

schiebenden p_H-Wert des Reaktionsgemisches wieder dem Neutralpunkt zu nähern.

Das Verfahren wird beispielsweise am Holz wie folgt durchgeführt. Das gut extrahierte — also von Harz- und Fettstoffen befreite — lufttrockene Holzmehl, dessen einzelne Teilchen die gleiche Größe besitzen, wie es oben beim Zweistufenverfahren angegeben wurde, wird mit der $250\cdots300$fachen Menge 0,25proz. wäßriger, salzsäurefreier Chlordioxydlösung in einer entsprechend großen braunen, mit einem Glasstopfen einwandfrei dicht abschließbaren Flasche übergossen. Auf je 10 g Holzmehl kommen demnach $2,5\cdots3,0$ l Chlordioxydlösung. Während für quantitative Ausbeutebestimmungen schon etwa $3\cdots5$ g des Holzmehles als Einwaage genügen, sind für beabsichtigte weitere Untersuchungen des erhaltenen Präparates entsprechend größere Mengen empfehlenswert. SCHMIDT hat bei seinen Untersuchungen beispielsweise bis zu 75 g Ausgangssubstanz auf einmal angewandt.

Die beschickte Flasche wird verschlossen und der Stopfen gegen Herausschleudern zufolge des im Verlaufe der Reaktion auftretenden Überdruckes gesichert. Die Flasche wird dann auf einer mechanisch angetriebenen Rollvorrichtung befestigt, die es ermöglicht, durch langsames Drehen der Flasche um ihre Längsachse ständig eine gute gleichmäßige Verteilung des Holzes in der Flüssigkeit herbeizuführen. Statt dessen kann auch eine langsam arbeitende Schüttelmaschine Anwendung finden, oder aber es kann der Inhalt der Flasche durch einen guten Rührer zu gleichmäßiger Aufschwemmung verteilt werden. Im letzten Fall, der insbesondere für die Herstellung größerer Mengen der Skelettsubstanz in Frage kommt, ist die Abdichtung der Rührerwelle im Flaschenhals mit einer gasdicht schließenden Stopfbüchse erforderlich. Die wie immer geartete Durchmischung des Flascheninhaltes ist in einem Raum vorzunehmen, dessen Temperatur 18° nicht übersteigt. Außerdem ist die Flasche noch durch Umkleiden mit dunklem Papier oder durch einen dunklen äußeren Anstrich gegen Tageslichteinstrahlung zu sichern.

Nach einstündiger Einwirkung des Chlordioxydes gibt man in die vorsichtig geöffnete Flasche das erforderliche Pyridin in Form einer 30proz. wäßrigen Lösung. Je 1 l in der Flasche vorhandener Chlordioxydlösung werden 18,75 cm³ dieser Pyridinlösung benötigt. Das sich dann ergebende Gemisch wird wie vorher in der Flasche dauernd in Bewegung gehalten. Die Zeitdauer für die Herauslösung der Ligninsubstanz ist weitgehend von der Art und dem Alter der Holzprobe abhängig. Nach SCHMIDT benötigt beispielsweise Buchenholz mindestens achtzehn Tage, um ligninfrei zu werden; bei Fichtenholz kommt man gewöhnlich in einem Zeitraum, der zwischen $12\cdots15$ Tagen liegt, schon zum Ziel. Jede Beschleunigung durch Wahl einer stärker konzentrierten Chlordioxydlösung sollte vermieden werden, denn sie führt, wenn nicht zu einer Verminderung der Ausbeute, so doch sicher zu einem beginnenden Angriff der Zellulose, welcher sich durch ein Absinken ihres Polymerisationsgrades kenntlich macht[1].

Um festzustellen, wie weit die Herauslösung des Lignins gediehen ist, kann man sich verschiedener Methoden bedienen. Handelt es sich um eine Ausbeutebestimmung, so entnimmt man dem Reaktionsgut einer gleichzeitig angesetzten

---

[1] TANG, Y. B., u. H. L. WANG: Cellulosechemie **16**, 57 (1935).

Parallelprobe eine kleine Faserprobe, wäscht sie sehr sorgfältig auf einem kleinen Glasfiltertiegel mit reichlich destilliertem Wasser und trocknet sie vorsichtig. Die trockenen Fasern löst man dann in wenig konzentrierter Schwefelsäure. Noch vorhandenes Lignin gibt sich hierbei durch rasch auftretende Verfärbung nach Gelb und Braun hin zu erkennen. Außerdem ist es sehr empfehlenswert, die Anfärbung einer solchen trockenen Faserprobe mit Chlorzinkjod unter dem Mikroskop zu betrachten. Hierbei muß man das Präparat zunächst eine Zeitlang sich selbst überlassen, damit die Anfärbelösung genügend Zeit hat, um bis in das Innere der Faserbündel zu gelangen und etwa dort noch vorhandenes Lignin durch Gelbfärbung anzuzeigen.

Für die Prüfung einer größeren Menge des Reaktionsgutes hat SCHMIDT mit seinen Mitarbeitern[1] die folgende Prüfvorschrift — Lagerversuch genannt — gegeben. 0,5 g des zu prüfenden Präparates, die nach dem Absaugen auf einem Jenaer Glastiegel zwischen Filtrierpapier gut abgepreßt und dann auf einer Handwaage abgewogen worden sind, werden mit $1\cdots 2$ l Wasser ausgewaschen und im Titriergefäß (Abb. 22) mit 100 cm³ Wasser, 3 Tropfen $n/_{10}$-Schwefelsäure und 10 cm³ $n/_{10}$-Chlordioxydlösung versetzt. Nach 24stündigem Stehen im verschlossenen Gefäß unter Ausschluß von Tageslicht wird der unverbrauchte Gehalt an Chlordioxyd in dem Gemisch ermittelt. Hierbei wird als angewandte Chlordioxydmenge das arithmetische Mittel von zwei Titrationsversuchen zugrunde gelegt, von denen der eine vor, der andere nach dem Ansetzen des Versuches ermittelt wird. Ist der Unterschied zwischen der angewandten und der nach 24 Stunden noch gefundenen Chlordioxydmenge größer als 2% vom Anfangswert, so läßt dieser Verbrauch darauf schließen, daß noch Lignin vorhanden war. Bei geringerem Verbrauch ist das Präparat als frei von Lignin zu betrachten. Ergibt sich beim Lagerversuch ein Chlordioxydverbrauch von etwa 3%, so muß bei Laubholz die Behandlung noch beiläufig 72 Stunden weiter fortgesetzt werden.

Hat die Untersuchung ergeben, daß das Lignin als entfernt anzusehen ist, so wird der Aufschluß unterbrochen und die Skelettsubstanz unter Anwendung von Glasfiltertiegeln zunächst abgesaugt. Danach wird mit reichlich Wasser gewaschen, um auch die letzten Spuren von Chlordioxyd zu beseitigen. Der davon befreite Rückstand wird entweder im Hochvakuum bei etwa 70° oder aber über Phosphorpentoxyd und Ätznatron im Vakuumexsikkator bis zum bleibenden Gewicht getrocknet und darauf gewogen. In einer kleinen Probe wird der Aschegehalt ermittelt. Als Ergebnis wird die Menge der gefundenen Skelettsubstanz in Anteilen der wasser- und aschefreien Ausgangssubstanz angegeben. Durch Abzug von 100 erhält man den Anteil des Lignins.

Die erhaltene Skelettsubstanz ist weiß, enthält etwa $0,1\cdots 0,3\%$ Asche und rötet angefeuchtetes Lackmuspapier.

Abschließend möge hier noch Erwähnung finden, daß niedere Temperaturen bei Durchführung des Aufschlusses sich als vorteilhaft erwiesen haben, um den Abbau der Zellulose zurückzudrängen. Allerdings wird hierdurch die erforderliche Zeit noch ausgedehnter.

Zur Weiteruntersuchung der Skelettsubstanz. Infolge der sauren

---

[1] SCHMIDT, E., W. JANDEBEUR u. K. MEINEL: Cellulosechemie **11**, 77 (1930).

Eigenschaften der Skelettsubstanz kann man bereits nach einigen Tagen auch bei der Aufbewahrung bei Raumtemperatur hydrolytische Vorgänge beobachten. Aus diesem Grund sind die beabsichtigten Untersuchungen — Ermittlung der Zusammensetzung und des Polymerisationsgrades — möglichst bald nach ihrer Herstellung vorzunehmen.

Es sei abschließend erwähnt, daß neuerdings versucht worden ist, bei der Abscheidung der Skelettsubstanz die etwas langwierige und umständliche Behandlung mit Chlordioxyd durch eine solche mit Natriumchlorit zu ersetzen. Wenn die bislang hier vorliegenden Untersuchungen von STAUDINGER und HUSEMANN[1] sich weiterhin bestätigen, wäre so eine Möglichkeit gegeben, eine in der Durchführung einfachere und dem Zeitaufwand erheblich kürzere Bestimmungsmethode für die Skelettsubstanz und die Reinzellulose zu erhalten. Grundsätzlich ist es nach den vorliegenden Ergebnissen jedenfalls möglich, durch Einwirkung von Chloriten auf verholzte Fasern, diese in sehr schonender Weise von Lignin zu befreien[2].

Bestimmung der Holozellulose nach VAN BECKUM und RITTER.

Allgemeines. Die von VAN BECKUM und RITTER ausgearbeitete Methode zur Bestimmung und präparativen Herstellung von Holozellulose aus Hölzern ist im Grunde genommen ein auf der Basis der Chlorierungsmethode von CROSS und BEVAN beruhendes Verfahren. Der bei der normalen Chlorierung auftretende hydrolytische Abbau eines Teiles der Polyosen wird weitgehend verhindert einerseits durch eine schonende Chlorierung bei möglichst geringer Feuchtung des Materials, andererseits durch Anwendung eines nichtwäßrigen, also hydrolytische Vorgänge ausschließenden Lösungsmittels für die oxydierten Ligninprodukte. Die genannten Autoren haben im Monoäthanolamin ($NH_2 \cdot CH_2 \cdot CH_2 \cdot OH$) ein Lösungsmittel gefunden, das sich für den vorliegenden Zweck besonders eignet. Die Methode von VAN BECKUM und RITTER ist vor allem an einer ganzen Reihe von Hölzern erprobt; wie die Methode von CROSS und BEVAN, wird auch sie durch entsprechende Abänderung der Chlorierungszeit sich unschwer auf andere Rohstoffe übertragen lassen.

Durchführung der Methode. Beschaffenheit der anzuwendenden Rohstoffprobe. Für die Bestimmung wird sorgfältig von Harz und Fett befreites Material verwandt. VAN BECKUM und RITTER extrahieren nach der Befreiung von den genannten Stoffen außerdem noch mit heißem Wasser während 3 Stunden auf dem siedenden Wasserbad, doch dürfte sich eine solche Behandlung wohl meist erübrigen. Nach dem Extrahieren wird das Material an der Luft getrocknet. Die Korngröße des Materials soll wie bei der Methode von CROSS und BEVAN nicht zu klein sein. Eine Fraktion, die durch die Siebe DIN Nr. 20 und DIN Nr. 30 nach oben und unten begrenzt ist, eignet sich erfahrungsgemäß am besten.

Lösungsmittel. Das Monoäthanolamin wird zur Herauslösung der Oxydationsprodukte des Lignins als 3proz. Lösung in 95proz. Äthylalkohol, und zwar 75° warm verwandt.

---

[1] STAUDINGER, H., u. E. HUSEMANN: Holz als Roh- u. Werkstoff 4, 343 (1941).
[2] SOHN, A. W., u. F. REIFF: Papierfabrikant 40, 1 (1942).

Apparatur. Als solche kann die bei der Zellulosebestimmung von Cross und Bevan beschriebene Anwendung finden.

Arbeitsweise. Man wägt genau 2 g lufttrockenes Holzmehl, dessen Feuchtigkeit gesondert bestimmt wird, in einem Jenaer Glasfiltertiegel ein. Nachdem der Tiegel auf die Saugflasche des Chlorierungsapparates gesetzt worden ist, wird sein Inhalt mit destilliertem Wasser von 10° befeuchtet und dann wieder so weit trocken gesaugt, daß er nur noch mäßig feucht ist. Dann wird unter schwachem Saugen 3 Minuten lang chloriert, die Tiegelabdeckung entfernt, das Holzmehl gut durchgerührt und nochmals 2 Minuten lang chloriert. Man übergießt das chlorierte Produkt darauf mit Alkohol, um überschüssiges Chlor und bei der Reaktion gebildeten Chlorwasserstoff zu lösen und entfernt ihn nach einer Minute durch Absaugen. Nach dem Abschalten des Vakuums wird so viel von dem heißen Monoäthanolamin-Alkohol-Gemisch in den Tiegel gefüllt, daß das Holzmehl reichlich davon überdeckt ist. Unter ständigem Rühren läßt man es 2 Minuten einwirken und saugt alsdann ab. Diese Behandlung mit dem Lösegemisch wiederholt man darauf ein zweites Mal. Anschließend wird zweimal mit 95proz. Alkohol und zweimal mit kaltem Wasser gewaschen. Es ist hierbei wichtig, jede unmittelbare Vermischung von Äthanolamin und Wasser zu vermeiden, um mit Sicherheit hydrolytische, die Ausbeute verringernde Vorgänge auszuschließen. Nach der Entfernung der überschüssigen Feuchtigkeit durch Absaugen, wird die Chlorierung und sodann die Behandlung mit dem Lösemittel in der gleichen Weise wiederholt. Hiermit fährt man so lange fort, bis der Rückstand nach der Chlorierung weiß aussieht und sich bei Zugabe des heißen Lösungsmittels nicht mehr nach Braun oder Rotbraun hin verfärbt. Man entfernt dann das Lösegemisch durch je zweimaliges Waschen mit Alkohol und kaltem Wasser. Schließlich wird dann so lange mit Alkohol gewaschen, bis der Rückstand neutral gegen Lackmus reagiert. Zur Erleichterung des folgenden Trocknens wäscht man zuletzt mit ein wenig Äther, läßt diesen an der Luft verdampfen, worauf man die Trocknung bei 105° zu Ende führt.

Die Ergebnisse der Methode schwanken bei einiger Vertrautheit mit ihr innerhalb weniger Zehntel Prozente.

Überführung der Holozellulose in die Cross- und Bevan-Zellulose. Zur Durchführung dieser Umwandlung bedarf es einer hydrolytischen Einwirkung auf die Holozellulose. Hierfür haben van Beckum und Ritter die folgende Arbeitsvorschrift gegeben. Der die Holozellulose enthaltende Tiegel wird in ein Becherglas von 600 cm³ Inhalt gestellt, und sowohl in den Tiegel selbst wie in das Becherglas wird 1,3proz. heiße Schwefelsäure in einer Gesamtmenge von 200 cm³ gefüllt. Das Becherglas wird dann so in ein siedendes Wasserbad eingehängt, daß die Flüssigkeitsspiegel innen und außen gleich hoch stehen. Man erhitzt 2 Stunden lang, wobei während dieser Zeit dauernd darauf geachtet wird, daß der Flüssigkeitsspiegel innen und außen durch Nachfüllen auf der gleichen Höhe erhalten bleibt. Nach beendeter Hydrolyse filtriert man die Lösung im Becherglas durch den Tiegel und wäscht den Rückstand mit heißem Wasser bis zur neutralen Reaktion gegen Lackmus aus. Dann schließt man eine Wäsche mit je 20 cm³ Alkohol und Äther an, läßt zur Entfernung des Äthers einige Zeit an der Luft stehen, worauf man im Trockenschrank bei 100···105° trocknet.

Bestimmung des Lignins.

Allgemeines. Die pflanzlichen Rohfaserstoffe sind mit Ausnahme der Baumwolle mehr oder weniger verholzt. Die verholzte Materie wird mit Lignin bezeichnet. Dieser Name umschließt nicht immer das gleiche und auch nicht ein einheitliches Gebilde. Wenn auch in der jüngsten Zeit sehr eingehende Untersuchungen sich mit der Aufklärung seiner Natur befaßt haben, so ist es trotzdem noch nicht gelungen, diese restlos zu klären. Eine scharfe Definition des Begriffes Lignin ist zur Zeit noch nicht zu geben. Die früher übliche, es als den in starken Mineralsäuren unlöslichen Bestandteil verholzter Fasern zu betrachten, hat sich nicht zur Gänze als zutreffend erwiesen, wenn auch die von HÄGGLUND[1] gewählte Definition, es als den unverzuckerbaren Rückstand der von Begleitstoffen befreiten Fasern anzusehen, am ehesten einen Ausdruck für die zumeist angenommene Anschauung darstellt.

Zum **qualitativen Nachweis** verholzter Materie hat man eine große Anzahl von Farbreaktionen ausfindig gemacht[2]. Es hat sich doch immer wieder gezeigt, daß diese mit Phenolen und Aminen erhaltenen Reaktionen nicht als charakteristisch für die Hauptmenge oder den Hauptbestandteil des Lignins angesehen werden können. Es sind vielmehr mit ihm zumeist vergesellschaftete, wahrscheinlich auch leicht gebundene Substanzen und Molekülgruppen, die als Träger der Farbreaktion anzusprechen sind.

Zur **quantitativen Bestimmung** von Lignin hat man direkte und indirekte Methoden. Bei den direkten Methoden ist man bemüht, den Zellulose- und Hemizellulosengehalt der Rohfaserstoffe in Lösung zu bringen, um das Lignin als unlöslichen Rückstand zu erhalten. Bei den indirekten Methoden versucht man, charakteristische Reaktionen dieses noch unbekannten Stoffes oder Stoffgemenges zur quantitativen Bestimmung oder zur Gewinnung von Vergleichswerten auszunutzen.

Farb- und qualitative Reaktionen der verholzenden Stoffe (des Lignins).

Zur Erkennung der Verholzung sind Färbemethoden, und zwar insbesondere mit Phlorogluzin-Salzsäure und mit Anilinsulfat im Gebrauch. Mit ersterem Reagens erhält man bei Anwesenheit verholzter Fasern eine mehr oder weniger tiefe Rotfärbung, mit letzterem eine hellere oder sattere Gelbfärbung.

Diese Farbreaktionen versagen zuweilen bei pflanzlichen Rohstoffen, insbesondere wenn diese irgendeine leichte chemische Behandlung hinter sich haben, welche zu einer Zerstörung oder Veränderung jener Stoffe oder Gruppen führt, die den Anlaß zu ihrem Auftreten geben. Sicherer ist in solchen Fällen die Reaktion von MÄULE, doch sind auch bei ihr in einzelnen Fällen[3] mißweisende Ergebnisse beobachtet worden. Ferner wird gegen diese Reaktion eingewendet[4], daß bei der Behandlung mit der zum Lösen des Mangansuperoxydes benutzten Salzsäure Chlor gebildet wird, das seinerseits chlorierend auf die Holzfaser wirkt

---

[1] HÄGGLUND, E.: Holzchemie, 2. Aufl., S. 223. Leipzig 1939.

[2] HÄGGLUND, E.: Holzchemie, 2. Aufl., S. 128. Leipzig 1939.

[3] HALLER, R.: Färber-Ztg. **30**, 31 (1919). — SCHINDLER, H.: Z. wiss. Mikroskop. mikroskop. Techn. **48**, 289 (1931).

[4] CROCKER, E. C.: Ind. Engng. Chem. **13**, 625 (1921).

und deren Färbung verursacht. Wenn dem so ist, so kann man die MÄULEsche Reaktion tatsächlich als eine echte Ligninreaktion bezeichnen, denn die Rotfärbung mit Chlor selbst kann unzweifelhaft als eine solche betrachtet werden.

Die Reaktion mit konzentrierter Schwefelsäure scheint demgegenüber bislang immer einwandfreie Anzeige gegeben zu haben.

Phlorogluzin-Salzsäure-Reagens. Zur Herstellung der Phlorogluzin-Salzsäurelösung wird 1 g Phlorogluzin in 50 cm³ Alkohol gelöst und unmittelbar vor dem Gebrauch ein Anteil des Reagens mit dem halben Volumen konzentrierter Salzsäure vermischt. Wendet man schwächere Salzsäure an, so wird das Eintreten der Rotfärbung unter Umständen stark verzögert. Es ist unzweckmäßig, das Reagens mit Salzsäure versetzt aufzubewahren, da es sich allmählich, insbesondere bei Lichteinwirkung, zersetzt, während die alkoholische Phlorogluzinlösung eine ziemliche, allerdings immer noch begrenzte Haltbarkeit besitzt. Die Färbung, welche dieses Reagens auf verholzter Faser hervorruft, ist ein schönes Rot.

Anilinsulfat-Reagens. Zur Herstellung des Anilinsulfatreagens werden 5 g schwefelsaures Anilin in 50 cm³ destilliertem Wasser gelöst und 2 Tropfen Schwefelsäure beigefügt. Die farblose Flüssigkeit ist nicht lichtbeständig, reagiert aber auch noch bei Zersetzung. Das Reagens ruft auf Holz und verholzten Stoffen eine schöne sattgelbe Färbung hervor.

MÄULEsche Reaktion. Man beläßt das zu prüfende Material 3 Minuten in $^n/_{10}$-Kaliumpermanganatlösung, wäscht darauf 5···10 Minuten mit Wasser aus und bringt alsdann in 10proz. Salzsäure. Nachdem sich der ausgeschiedene Braunstein gelöst hat, wäscht man neuerlich kurz aus und bringt dann das Fasermaterial in starke Ammoniaklösung. Bei Gegenwart von Ligninsubstanzen entsteht eine meist tiefrote Färbung. Besonders Harthölzer zeigen diese Farbe, während sie bei Nadelhölzern stark ins Braune geht. Die Reaktion ist sehr empfindlich, und sie tritt auch in solchen Fällen auf, wo die sonst gebräuchlichen Ausfärbungen mit Phenolen und Aminen versagen.

Reaktion mit starker Schwefelsäure. In 72proz. Schwefelsäure eingebrachte verholzte Fasern werden von dieser unter starker Braun- bis Schwarzfärbung gelöst. Reine Zellulose löst sich im Gegensatz hierzu ohne Verfärbung, die Säure bleibt wasserklar und nimmt erst nach Stunden einen schwach gelblichen Stich an. Die Reaktion ist sehr empfindlich, auch Fasern, die nur noch geringe Reste verholzender Substanz enthalten, z. B. solche, wie sie im späteren Verlauf der Zellulosebestimmungen anfallen, sprechen darauf noch deutlich an. Der Grad der Dunkelfärbung der Säure gibt ein Maß für die Menge der vorhandenen Ligninsubstanz. Jedes Erwärmen bei dieser Probe ist zu vermeiden, daher dürfen auch nur trockene Fasern geprüft werden. Nach langem Stehen — 12···24 Stunden — färben sich auch Lösungen reiner und reinster Zellulose allmählich dunkel.

Direkte Methoden der Ligninbestimmung.

Allgemeines. Zur Herauslösung der Nicht-Ligninbestandteile aus den Rohfaserstoffen sind insbesondere Schwefel- und Salzsäure hoher Konzentration, und zwar jede für sich oder in bestimmten Mischverhältnissen miteinander, sowie schließlich in Mischung mit Phosphorsäure zur Anwendung vorgeschlagen worden.

In neuerer Zeit hat sich ihnen die wasserfreie Fluorwasserstoffsäure zugesellt, für die sowohl hinsichtlich der schonenden Art der Lösung, wie auch für die Beschaffenheit des Ligninrückstandes besondere Vorzüge in Anspruch genommen werden.

Der erste Vorschlag, durch Einwirkung einer starken Schwefelsäure auf die verholzte Faser ihren Gesamtanteil an Kohlehydraten herauszulösen und den hinterbleibenden Rückstand als Lignin zur Wägung zu bringen, stammt von KLASON[1]. Trotz einer ganzen Reihe von Verbesserungsvorschlägen hat sich diese Methode im Grunde genommen im Laufe der Zeit nur wenig gewandelt. Als bedeutsame Neuerung ist nur die von KLASON[2] später selbst als notwendig erachtete Nachbehandlung des Ligninrückstandes mit verdünnter Salzsäure zwecks Entfernung gebundener Schwefelsäure anzusehen. FREUDENBERG und PLOETZ[3], die bei ihren eingehenden Untersuchungen über das Lignin sie eingehend auf ihre Verwendbarkeit geprüft haben, bezeichnen ihre Leistungsfähigkeit als ausgezeichnet. Nach ihren Feststellungen wird es aber auch klar, daß diese, wie übrigens alle Ligninbestimmungen ähnlicher Art, Konventionsbestimmungen bleiben werden, denn unter verschiedenen Hydrolysierbedingungen, insbesondere bei Anwendung von Säuren wechselnder Stärke, erhält man unterschiedliche Ergebnisse. Diese sind darauf zurückzuführen, daß, je nach Wahl der Säurekonzentration, verschiedenartige Lignine isoliert werden. Weiterhin führen zu hohe Säurekonzentrationen zu humusartigen Kondensationsprodukten von Zuckern, während andererseits bei zu niedriger Konzentration schwer hydrolysierbare Polyosen nicht restlos zu löslichen Zuckern abgebaut werden, wodurch in beiden Fällen Lignin vorgetäuscht werden kann. Um nun insbesondere bei Untersuchungen, welche über einfach gelagerte Fälle und technische Bedürfnisse hinausgehen, noch einen Maßstab für die Beurteilung zu haben, ob tatsächlich echtes Lignin vorliegt, also solches, das weder mit Polyosenresten, noch mit Huminsubstanzen gemengt ist, schlagen FREUDENBERG und PLOETZ[3] vor, im abgeschiedenen Ligninrückstand noch den Methoxylgehalt zu ermitteln. Sie bezeichnen dann als Schwefelsäurelignin jenes, das bei Anwendung steigender Schwefelsäurekonzentration mit höchstem CH_3O-Gehalt anfällt und geben als Ausbeute die bei der betreffenden Säurekonzentration erhaltene Menge an. Es besteht kein Zweifel, daß dank dieser Präzisierung die Ligninbestimmung mit konzentrierter Schwefelsäure als Konventionsverfahren an Wert und Eindeutigkeit gewonnen hat, welch letztere Eigenschaft insbesondere der ursprünglichen Form der KLASONschen Methode kaum zukommen konnte. Durch diesen Fortschritt können aber noch keineswegs alle fraglichen Punkte der Arbeitsvorschrift als geklärt betrachtet werden. Es gilt dies zunächst von der Frage, bei welcher Temperatur die Einwirkung der Schwefelsäure erfolgen soll, dann aber auch hinsichtlich der Dauer, die für die Hydrolyse einzuhalten ist. Überblickt man die verschiedenen Vorschriften, so fällt in beiden Punkten die Mannigfaltigkeit der Angaben[4,5] auf. Allgemein herrscht aber doch die wohl richtige

---

[1] KLASON, P.: Hauptversammlungsbericht des Vereins der Zellstoff- und Papierchemiker und Ingenieure, S. 52. Berlin 1908.

[2] KLASON, P.: Cellulosechemie 4, 81 (1923).

[3] FREUDENBERG, K., u. TH. PLOETZ: Cellulosechemie 18, 49 (1940).

[4] ENDER, W., u. O. UEBEL: Cellulosechemie 17, 102 (1936).

[5] KOMAROW, PH.: Bumaschnaja Promischlenost 12, 32 (1934).

Ansicht vor, die Reaktion jedenfalls nicht bei höherer als Zimmertemperatur sich abspielen zu lassen. Dies aus dem Grunde, eine Zersetzung der Zucker so weit als möglich zu verhindern. Ob die andererseits aus der gleichen Überlegung heraus in Vorschlag gebrachte Verkürzung der Dauer der Säureeinwirkung bis beispielsweise herab zu $2^1/_2$ Stunden[1] für alle Fälle als richtig anzusprechen ist, erscheint sehr zweifelhaft. Eine Normung auch dieser Arbeitsbedingungen wäre jedenfalls von weiterem Vorteil für die Methode, die sich in den letzten Jahren zu der unbestreitbar erfolgreichsten durchgerungen hat. Sie würde im übrigen auch dazu führen, daß die verschiedenen Einzelvorschriften, die teilweise nur in wenigen Punkten abweichen, zu einer einheitlichen Vorschrift zusammengeschmolzen werden könnten.

Über die Bestimmung des Lignins mit hochkonzentrierter Salzsäure[2] liegen solche eingehenden Untersuchungen nicht vor, weshalb man hier um so mehr auf strenge Einhaltung und Wiedergabe der Arbeitsweise halten muß, um den Ergebnissen vergleichbare Basis zu geben.

Die Methoden, welche mit Säuregemischen arbeiteten, haben für analytische Zwecke wenig Eingang gefunden.

Für das in den letzten Jahren mehrmals vorgeschlagene Fluorwasserstoffsäure-Verfahren[3] spricht zunächst die rasche Durchführbarkeit. Die erforderliche Zeit kann gegenüber den anderen Verfahren bis auf rund ein Zehntel herabgedrückt werden. Es ist weiterhin bekannt, daß der erhaltene Ligninrückstand sehr rein ist und daß im Verlauf der Lösung der Kohlehydrate, die nur wenige Minuten in Anspruch nimmt, eine zu Huminkörpern führende Zersetzung nicht stattfindet. Die Methode gestattet, dank einem besonderen, allerdings zum größten Teil aus Silber bestehenden Apparat, auch die Durchführung der Analyse im Halbmikroverfahren.

Vergleichende Untersuchungen[4] haben gezeigt, daß die Ergebnisse der drei genannten Verfahren befriedigend übereinstimmen.

Statt mit Säuren hat man auch versucht, die Kohlehydrate mit organischen Lösungsmittel herauszulösen. Die sich auf diese Methode gründende Abscheidung des Lignins kommt aber einstweilen weniger für analytische Zwecke als für präparatives Arbeiten in Frage.

Vorbehandlung des zu untersuchenden Materials. Alle zur Ligninbestimmung verwandten Materialien müssen fein zerkleinert sein, beispielsweise Holz herab bis zum feinen Mehl. Es gilt hinsichtlich dieser Zerkleinerung das am Beginn dieses Kapitels Gesagte. Ein Gegenstand umfassender Erörterungen ist häufig die Frage gewesen, wie weit die Rohstoffe vor der Ligninbestimmung einer mehr oder weniger weitgehenden Extraktion mit Wasser und organischen Lösungsmitteln zu unterwerfen sind[5]. Es besteht nach allem kein Zweifel, daß das Streben nach manchen analytischen Vorteilen, die eine über die Entfernung

[1] KOMAROW, Ph.: Bumaschnaja Promischlenost 12, 32 (1934).

[2] WILLSTÄTTER, R., u. L. ZECHMEISTER: Ber. dtsch. chem. Ges. 46, 2401 (1914).

[3] EICHLER, O.: Cellulosechemie 15, 114 (1934); 16, 1 (1935). — KLATT, W.: Angew. Chem. 48, 112 (1935). — WIECHERT, K.: Cellulosechemie 18, 57 (1940).

[4] WIECHERT, K.: Cellulosechemie 18, 57 (1940).

[5] NORMAN, A. G., u. S. H. JENKINS: Biochemic. J. 28, 2147 (1934); 28, 2160 (1934). — RITTER, G. J., u. J. H. BARBOUR: Ind. Engng. Chem., analyt. Edit. 7, 238 (1935).

der Harz- und Fettstoffe hinausgehende Extraktion für die anschließende Bestimmung mit sich bringt, nicht als richtig anzusehen ist. Es ist mehrfach bewiesen worden[1], daß Extraktionen mit heißem Wasser, mit verdünnter Säure und selbst bloß langdauernde Auslaugung mit Alkohol oder Alkohol-Benzol-Gemisch ganz beträchtliche Mengen — bisweilen 20···25 % — des Lignins entfernen. Da die Ligninbestimmung in ihren jetzigen Formen nicht anders als eine Konventionsmethode zu werten ist, müssen im besonderen alle willkürlichen Arbeitsweisen ausgeschaltet werden. Es ist deshalb als einzige statthafte Vorbehandlung eine allein die Extraktion von Harz, Fett und Wachsen umfassende vorzunehmen.

Wenn nachstehend von Materialproben die Rede ist, so sind damit solche gemeint, denen durch organische Lösungsmittel Harz, Fett und Wachs, und nur diese Bestandteile entzogen sind.

Das angewandte Material muß im übrigen trocken sein, insbesondere gilt das bei der Schwefelsäuremethode und der mit Fluorwasserstoff arbeitenden.

Die anzuwendenden Mengen sollen, sofern es sich um Makrobestimmungen handelt, zwischen 1···1,5 g liegen. Für Halbmikroverfahren kommen 100 bis 500 mg in Frage.

Zur Prüfung des Verlaufs der Verzuckerung. Zwecks Feststellung, ob die Hydrolysierung der Polyosen im Laufe der Säureeinwirkung bis zu den einfachen Zuckern erfolgt ist und vor allem das Stadium der Dextrine überschritten hat, benutzt man die als Dextrinprobe gekennzeichnete Prüfung. Sie besteht darin, daß man einen Tropfen der möglichst klaren, dunkelgefärbten säurehaltigen Flüssigkeit in ein mit Wasser gefülltes kleines Reagenzglas fallen läßt. Bleibt das Wasser hierbei vollkommen klar, so sind die Kohlehydrate bereits in lösliche Zucker übergeführt, bilden sich hingegen weiße Trübungen, so ist die Verzuckerung noch nicht genügend weit verlaufen und das Reaktionsgemisch muß noch weiterhin sich selbst überlassen bleiben. Der bei der Bestimmung verbleibende Ligninrückstand kann auf die erwünschte Freiheit von Zuckern durch Kochen einer kleinen Probe mit Fehlingscher Lösung geprüft werden: Reduktion darf dabei nicht mehr erfolgen. Auch durch Beobachtung unter dem Mikroskop kann festgestellt werden, ob die Hydrolyse vollständig verlaufen ist. Bei Anfärbung des Ligninrückstandes mit Chlorzinkjodlösung darf an keiner Stelle Blaufärbung zu beobachten sein.

Ligninbestimmung mit Schwefelsäure.

a) **Nach Klason ergänzt.** Das gemäß den gegebenen Vorschriften vorbereitete lufttrockene Material wird in einer Menge von 1···1,3 g in einem 100 cm³ fassenden Erlenmeyerkolben aus Jenaer Glas genau abgewogen und dann durch einstündiges Trocknen bei 105° von seiner Feuchtigkeit befreit. Nach dem Erkalten der Probe im Exsikkator werden von der zum Lösen benötigten Gesamtmenge von 50 cm³ 66proz. Schwefelsäure von Zimmertemperatur vorsichtig 5···10 cm³ in den Erlenmeyer gegeben. Die Schwefelsäure befindet sich hierbei zweckmäßigerweise in einem kleinen Meßzylinder. Mit einem kleinen Glasstab werden Säure und Materialprobe kräftig durchgerührt. Der Rest der Säure wird anschließend in kleinen Mengen zugesetzt, wobei jedesmal nach Zugabe gut

---

[1] Harris, E., u. R. L. Mitchell: Ind. Engng. Chem., analyt. Edit. 11, 153 (1939).

durchgerührt wird, um die Bildung größerer Klumpen möglichst zu vermeiden. Der Kolben bleibt dann 48 Stunden bei Zimmertemperatur stehen, während welcher Zeit dann und wann gut durchgerührt wird und etwa noch vorhandene Klümpchen zerteilt werden. Nach diesem Zeitraum läßt man den Inhalt des Erlenmeyerkolbens in dünnem Strahl in ein mit 250 cm³ kaltem destilliertem Wasser gefülltes Becherglas einlaufen. Der Kolben wird, um sämtliche Ligninreste in das Becherglas zu überführen, dreimal mit je 50 cm³ Wasser nachgespült. Von dem sich meist innerhalb kurzer Zeit absetzenden Lignin wird die überstehende Lösung unter Anwendung eines gewogenen Glasfiltertiegels dann abgegossen, worauf nach nochmaligem Zusatz von warmem Wasser der Ligninrückstand im Tiegel gesammelt wird. Er wird mehrmals mit warmem Wasser gewaschen und scharf trocken gesaugt. Dann stellt man den Tiegel in ein kleines Becherglas, gibt in und um den Tiegel insgesamt 50 cm³ 0,5proz. Salzsäure und erwärmt nach Auflegen eines Uhrglases im siedenden Wasserbad 12 Stunden lang. Das hierbei aus dem Becherglas verdampfende Wasser ist von Zeit zu Zeit zu ergänzen. Der Tiegel wird im Anschluß daran wieder auf die Saugflasche gesetzt und das Lignin nun mit heißem Wasser frei von Säure gewaschen. Es wird danach bei 105° getrocknet und nach dem Erkalten gewogen. Die Wägung muß, da das Lignin sehr hygroskopisch ist, nach Einsetzen des Tiegels in ein Wägeglas erfolgen. Nach dem Wägen wird das Lignin verascht und wiederum das Gewicht des Tiegels samt Wägeglas ermittelt. Die Differenz der beiden Wägungen ergibt die Menge des aschefreien Lignins.

b) Nach FREUDENBERG und PLOETZ. Die Bestimmung wird in 5 Ansätzen vorgenommen, wobei jedesmal eine andere Schwefelsäurekonzentration zur Anwendung gelangt. Es kommen als solche in Frage Säure von 62,5, 66,5, 70,5, 75,0 und 80,5% H_2SO_4. Die einzelnen Bestimmungen werden wie oben unter a beschrieben durchgeführt. Je eine der doppelt in Arbeit genommenen Proben wird verascht, während in der zweiten der Methoxylgehalt nach VIEBÖCK und BRECHERs Halbmikroverfahren[1] bestimmt wird. Aus den erhaltenen Werten für die Ligninausbeute und das Methoxyl werden in Abhängigkeit von der Konzentration der angewandten Schwefelsäure zwei Kurven gezeichnet. Als Ligningehalt des untersuchten Materials wird jener Ausbeutewert angegeben, der nach dem Verlauf der Kurven dem höchsten Methoxylgehalt entspricht. Im Ergebnis wird außerdem die Konzentration der Säure angeführt, bei welcher diese Ausbeute erhalten wird.

Halbmikroverfahren. Zur Durchführung der Methode nach dem Halbmikroverfahren hat PLOETZ[2] die folgende Vorschrift gegeben. 500 mg des Materials werden mit 30 cm³ der Aufschlußsäure in entsprechender Weise wie bei der Makrobestimmung versetzt und 48 Stunden deren Einwirkung ausgesetzt. Nach dieser Zeit wird mit Wasser auf 100 cm³ verdünnt, in ein Zentrifugierglas gegossen und scharf zentrifugiert. Der Ligninrückstand wird dann noch dreimal mit je 40···45 cm³ Wasser aufgerührt und wieder zentrifugiert. Der so ausgewaschene Ligninrückstand wird mit 0,5proz. Salzsäure in ein großes dickwandiges Reagenzglas gespült, welches nach dem Zuschmelzen 12 Stunden in

---

[1] Siehe diesen Abschnitt unter Bestimmung der Pektine.
[2] PLOETZ, TH.: Cellulosechemie **18**, 49 (1940).

einem siedenden Wasserbad verbleibt. Dann kommt das Lignin wieder auf die
Zentrifuge und wird in kleinen unten konisch zusammenlaufenden Gläsern so
lange gewaschen, bis sich im Waschwasser mit Lackmuspapier keine Säure mehr
nachweisen läßt. Schließlich wird das Lignin im Zentrifugenglas in einer Trockenpistole im Vakuum bei 78° über Phosphorpentoxyd scharf getrocknet, quantitativ in ein kleines Wägegläschen übergeführt und unter gleichen Bedingungen
zur Gewichtskonstanz getrocknet. Hierauf wird verascht oder aber die Methoxylbestimmung durchgeführt. Die Auswertung der Analyse erfolgt in der gleichen
Weise, wie es oben beschrieben worden ist.

c) Nach Hägglund[1]. 1 g lufttrockenes, von Harz und Fett befreites Material
wird in einem kleinen Becherglas mit 10 cm³ 72proz. Schwefelsäure (spezifisches
Gewicht 1,64) versetzt und auf Zimmertemperatur gehalten. Zwecks vollständigen
Durchreagierens wird die Masse mit einem Glasstab umgerührt, worauf das
Becherglas in einen Vakuumexsikkator gestellt wird. Durch mehrmaliges Evakuieren wird die in dem Reaktionsgemisch enthaltene Luft entfernt. Nach
4 Stunden wird mit 25 cm³ Wasser verdünnt und die Mischung weitere 4 Stunden
bei Zimmertemperatur belassen. Anschließend wird das Reaktionsgemisch in
einen Kolben gebracht, darin mit insgesamt 320 cm³ Wasser verdünnt und
6 Stunden lang am Rückflußkühler über der Flamme gekocht. Das Lignin ballt
sich im Verlauf des Kochens zu gröberen Flocken zusammen; es wird dann
durch einen Glasfiltertiegel abfiltriert, mit heißem Wasser bis zur Säurefreiheit
gewaschen, getrocknet und gewogen. Nach erfolgter Veraschung wird wieder gewogen und aus beiden Wägungen die Menge an aschefreiem Lignin berechnet.

d) Nach der Vorschrift des Forest Products Laboratory[2] (doch ohne
Vorextraktion mit heißem Wasser). 1···2 g des Materials werden in einem
kleinen Becherglas mit 72proz. Schwefelsäure, deren Temperatur zwischen
12···15° liegt, übergossen. Für je 1 g Material werden 15 cm³ Säure verwandt
und diese wird langsam unter ständigem Umrühren zugeteilt, wobei zwecks
Vermeidung größerer Temperaturerhöhung der zum Lösen verwandte Becher
in kaltes Wasser gestellt wird. Das Reaktionsgemisch läßt man 2 Stunden bei
einer zwischen 17° und 23° liegenden Temperatur stehen. Danach verdünnt
man in einem Rundkolben so weit mit destilliertem Wasser, daß eine 3proz.
Säure entsteht — je 10 cm³ angewandte Säure erfordern 392 cm³ Wasser — und
kocht 4 Stunden lang am Rückflußkühler. Das Lignin wird anschließend in
einem gewogenen Glasfiltertiegel gesammelt, bis zum Verschwinden der saueren
Reaktion mit heißem Wasser ausgewaschen, bei 105° getrocknet und gewogen.
Nach dem Veraschen des Ligninrückstandes wird wiederum gewogen und auf
aschefreies Lignin berechnet.

e) Reines Mikroverfahren nach Stumpf und Wiesenberger. Der Bedarf für eine reine Mikrobestimmung des Lignins liegt unbestreitbar vor. Bei
der Untersuchung der Ligninverteilung in den einzelnen Jahresringen einer Holz-
art, bei der Bestimmung seiner Menge in einzelnen Fraktionen von Zellulosen
und Hemizellulosen u. ä. stehen zumeist nur sehr geringe Mengen an Substanz
zur Verfügung, die sich mit den üblichen Makromethoden nicht bearbeiten lassen.

---

[1] Hägglund, E.: Holzchemie, 2. Aufl., S. 225. Leipzig 1939.
[2] Ritter, G., R. M. Seborg u. R. L. Mitchell: Ind. Engng. Chem. **24**, 202 (1932).

Von solchen Gesichtspunkten ausgehend, haben STUMPF und WIESENBERGER[1], Mitarbeiter von FREUDENBERG, ein reines Mikroverfahren zur Ligninbestimmung ausgearbeitet. Es gelingt, mit diesem Verfahren bei einiger Übung unter Anwendung von bloß 4···6 mg Einwaage zuverlässige Ergebnisse zu erlangen. Die chemische Reaktion wird hier mit 72proz. Schwefelsäure während 24 Stunden durchgeführt; anschließend wird in 4proz. Säurelösung bei etwa 100° nachhydrolysiert. Für die praktische Durchführung wurden die von EMICH[2] bei der Mikrostäbchen-Arbeit eingeführten Geräte von STUMPF und WIESENBERGER in sinnreicher Weise abgeändert. Einwaage, Aufschluß und Nachhydrolyse erfolgen in dem gleichen Mikrobecher, während für das Absaugen des Filtrates ein mit Asbest als Filtermaterial beschicktes Glassaugstäbchen Anwendung findet.

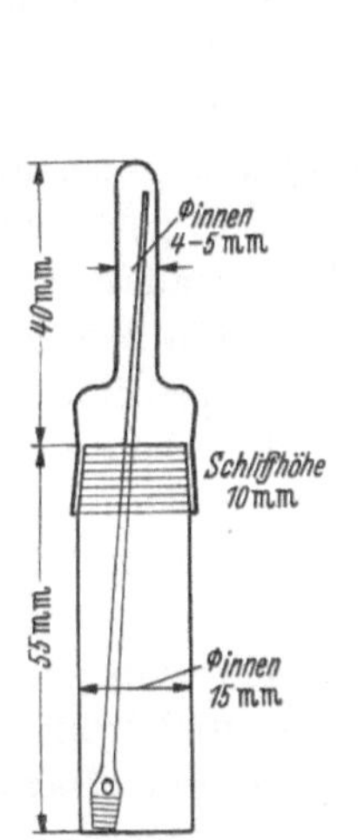

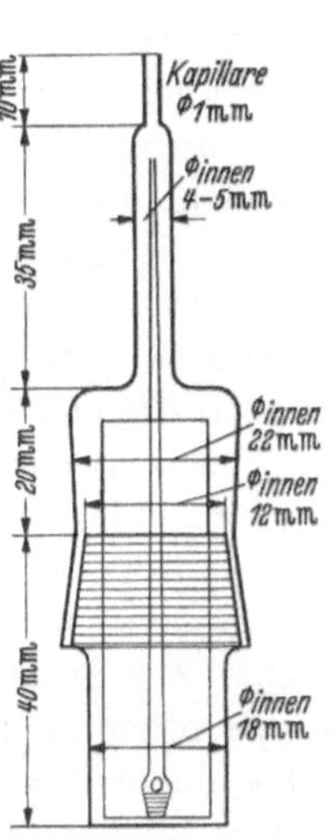

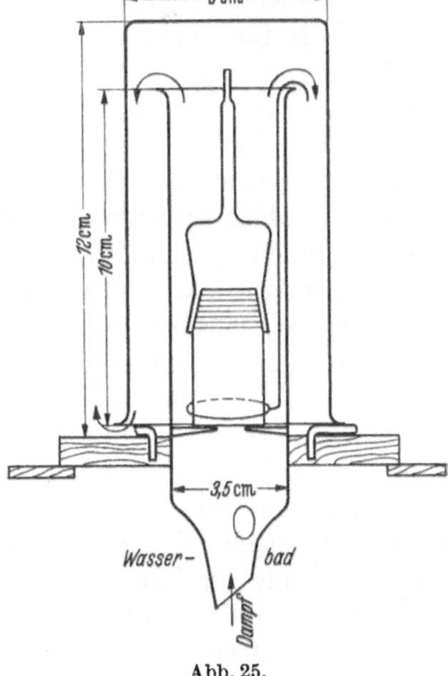

Abb. 23.   Abb. 24.   Abb. 25.

Geräte für die Mikroligninbestimmung nach STUMPF und WIESENBERGER.
Abb. 23 Mikrobecher; Abb. 24 Schliffgefäß; Abb. 25 Gesamtanordnung für die Durchführung der Nachhydrolyse.

Geräte für die Mikrobestimmung. Die diesen von den Autoren gegebene Form wird in den Abb. 23, 24 und 25 veranschaulicht. Die erste Abbildung zeigt den mit Schliffkappe versehenen Mikrobecher und in seinem Innern das Absaugestäbchen. Die Schliffkappe ist mit einem hohlen Ansatz versehen, in welchem der Stiel des Saugstäbchens Platz findet.

Zur Durchführung der Hydrolyse in der Weise, daß die kleine Säuremenge bei der langen Erhitzungsdauer nicht eindampft, sondern möglichst konstant bleibt, wird der Mikrobecher mit Stäbchen in ein etwas größeres mit Schliffkappe versehenes Gefäß eingesetzt. Dieses in Abb. 24 dargestellte Schliffgefäß soll den Mikrobecher möglichst dicht umschließen. Der nach obenhin verengte Teil der Schliffkappe dient zur Aufnahme des Saugstäbchens und endigt in einer Kapillare, die den Druckausgleich ermöglicht, aber keinen Wasserdampf nach innen oder außen durchläßt. Abb. 25 gibt die Gesamtanordnung zur Durch-

[1] STUMPF, W., u. E. WIESENBERGER: Cellulosechemie 18, 103 (1940).
[2] EMICH, F.: Mikrochemisches Praktikum, S. 62. 1931.

führung der Nachhydrolyse wieder. Das Schliffgefäß wird hierbei gut vom heißen Dampf umspült und hält das Volumen der Flüssigkeit so konstant, daß maximal nur ein Unterschied von 0,5 mm in der Flüssigkeitshöhe nach fünfstündiger Hydrolyse beobachtet werden konnte. Jede andere Anordnung, z. B. mit kleinen Kühlern, zeigt erfahrungsgemäß schon nach kurzer Zeit starke Schwankungen. Wesentlich ist, daß der Raum über der Flüssigkeit möglichst klein gewählt und das Gefäß allseitig gleichmäßig erhitzt wird.

Zum Aufbewahren und Tragen der Gefäße wird ein mit Bohrungen versehener Holzblock verwendet, der in einer Glasschale unter einem Becherglas steht. In einer feinen Bohrung trägt der Holzblock einen senkrechten Glasstab, der zum Absetzen der Schliffkappe während der Zeitdauer des Aufschlusses und der Hydrolyse dient.

Arbeitsvorschrift. 1. Vorbereitung der Gefäße. Die Gefäße und Saugstäbchen werden mit Chromschwefelsäure gereinigt. In das Stäbchen gibt man dann eine kleine Glasperle und schichtet feinfaserigen Asbest darüber, so daß der Kopf des Stäbchens damit zur Hälfte angefüllt ist. An der Pumpe saugt man einige Kubikzentimeter destilliertes Wasser durch das Stäbchen, wobei in $1^1/_2 \cdots 2$ Sekunden je ein Tropfen bei mäßigem Saugen in die Vorlage gelangen soll. Man füllt das Gefäß mit Chromschwefelsäure und erhitzt im Wasserbadaufsatz eine Stunde lang, läßt erkalten, leert die Säure aus, spült mit destilliertem Wasser mehrmals nach, saugt an der Pumpe wie oben dreimal einige Kubikzentimeter Wasser durch das Stäbchen und trocknet den Becher samt Stäbchen und Schliffkappe in einer mit Phosphorpentoxyd beschickten Trockenpistole.

Vor der Einführung in die Trockenpistole wird der Schliff des Mikrobechers und der herausragende Teil des Stäbchens je zweimal mit einem feuchten Leinen- und einem trockenen Lederläppchen gewischt. Zur Trocknung bringt man jetzt Mikrobecher mit Stäbchen und Schliffkappe offen in die Pistole und erhitzt 30 Minuten bei 100° (im Wasserbad) und bei einem Vakuum von 10 mm. Nach dem Erkalten auf Zimmertemperatur leitet man einen getrockneten, kohlensäurefreien Luftstrom in die Pistole ein, öffnet sie und verschließt den Mikrobecher schnell mit der Schliffkappe. Hierauf wischt man die gesamte Oberfläche des Gefäßes je zweimal mit dem feuchten Leinen- und dem trockenen Lederläppchen. Man läßt das Gefäß nun 15 Minuten neben der Mikrowaage, dann 5 Minuten bei offenen Türen auf der Waagschale stehen und wägt in der 20. Minute.

2. Einwaage. In das gewogene Gefäß, welches mit dem Lederläppchen angefaßt und geöffnet wird, füllt man die Substanz so ein, daß sie ohne Berührung der Gefäßwand auf den Boden des Gefäßes gelangt. Das Einfüllen der Substanz muß so schnell erfolgen, daß der Mikrobecher eine Minute nach dem Öffnen wieder geschlossen ist. Nach dem Austarieren bleibt er einige Minuten bis zur Erreichung der Gewichtskonstanz bei geöffneten Türen in der Waage stehen und wird dann gewogen.

Bei hygroskopischen Substanzen wird nach dem Einwägen der Substanz nochmals in der Pistole getrocknet und dann wieder gewischt und gewogen. Da die Einwaage der Substanz und die Wägung des Lignins zeitlich weit auseinanderliegen, ist die Nullpunktlage der Waage jedesmal zu berücksichtigen.

Das zu untersuchende Holz wird, wie üblich, in fein zerkleinerter, von Harz-, Fett- und Wachssubstanzen befreiter Form verwandt. Selbst bei einem Holzmehl, das durch ein Sieb mit einer Maschenweite von 0,25 mm ging, ergaben sich noch befriedigende Ergebnisse.

3. **Aufschluß und Hydrolyse.** Bei Einwaagen bis zu 10 mg gibt man 0,1 cm³, bis zu 25 mg 0,2 cm³ 72proz. Schwefelsäure in das Gefäß und rührt mit dem Saugstäbchen vorsichtig um, so daß alles gut mit der Säure in Berührung kommt. Substanzen, die stark quellen und Klumpen bilden, müssen sorgfältig zerdrückt werden. Das Gefäß wird nun im Vakuumexsikkator an der Wasserstrahlpumpe dreimal ausgepumpt und jedesmal wieder Luft eingelassen, damit die Säure richtig in die Substanz eindringt. Bei Raumtemperatur läßt man das Gefäß offen im Holzblock unter einem Becherglas 24 Stunden stehen, verdünnt dann bei Einwaagen bis zu 25 mg mit 5,5 cm³ Wasser auf rund 4proz. Schwefelsäure. Dabei hebt man das Saugstäbchen an, so daß nur der Kopf des Stäbchens in die Flüssigkeit eintaucht. Dadurch vermeidet man, daß durch den höheren Flüssigkeitsspiegel konzentrierte Säure aus dem Asbestpfropfen in den Stiel des Stäbchens gelangt. Tritt dies ein, so scheiden sich in dem Stiel beim Erhitzen braune Flocken von Lignin ab, die beim Absaugen in die Vorlage gelangen. Außerdem ist die konzentrierte Säure in dem Stiel nach dem Erhitzen durch gelöste Substanz braun gefärbt. Man quirlt daher das angehobene Stäbchen zwei Minuten lang zwischen den Fingerspitzen, senkt es dann ganz ein und rührt die Substanz kurz auf. Zusammenhängende, große Flocken zerdrückt man vorsichtig mit dem Saugstäbchen. Den Mikrobecher stellt man samt Stäbchen in das als Schutzgefäß dienende Schliffgefäß und senkt dieses mit einer Drahtschlaufe in den Wasserbadaufsatz, stülpt das Becherglas darüber (Abb. 25) und hydrolysiert fünf Stunden lang. Die Temperatur in dem Dampfraum soll dabei stets über 98° liegen. Nach fünf Stunden hebt man das Schliffgefäß mit der Drahtschlaufe aus dem Wasserbadaufsatz, nimmt den Mikrobecher heraus und läßt im Holzblock 10 Minuten abkühlen. Man saugt dann so ab, daß die Tropfengeschwindigkeit nicht größer als 1 Tropfen in $1^1/_2 \cdots 2$ Sekunden beträgt. Um möglichst wenig Lignin in den Kopf des Stäbchens zu saugen, schiebt man vor Beginn des Saugens das Lignin im schräggehaltenen Mikrobecher auf die eine Seite des Bodens und dreht gegen Ende des Absaugens den Becher so, daß sich die Flüssigkeit an der freien Stelle des Bodens ansammelt. Man saugt so lange, bis das Stäbchen gerade leer ist, löst es dann, spritzt mit 2 cm³ destilliertem Wasser vom oberen Rand her die Wand des Gefäßes und das Stäbchen ab, rührt eine Minute lang das Lignin auf, läßt zwei Minuten absitzen und saugt dann ab wie vorher. Das Lignin wird in dieser Weise im ganzen fünfmal gewaschen. Beim dritten Male enthält das Waschwasser nur noch eine Spur Schwefelsäure, beim fünften Male ist es völlig frei davon.

Nach dem Wischen des Stäbchens und des Becherschliffes wird $1^1/_2$ Stunden in der Pistole bei 100° und 10 mm über Phosphorpentoxyd getrocknet. Bei längerem Trocknen treten keine merkbaren Unterschiede auf. Man läßt im Vakuum auf Zimmertemperatur abkühlen, läßt vorsichtig getrocknete kohlensäurefreie Luft eintreten, öffnet die Pistole, verschließt schnell den Mikrobecher mit der Schliffkappe, wischt und wägt wie vorher.

4. **Reinigung der Gefäße.** Nach der Bestimmung entfernt man das Lignin mechanisch, ebenso den Asbestpfropfen und die Glasperle und legt das Gefäß und das Stäbchen einige Stunden in Chromschwefelsäure. Danach kann man

das Stäbchen und den Becher für die nächste Bestimmung vorbereiten, wie
unter 1 beschrieben.

Ligninbestimmung mit Salzsäure.

Für diese Bestimmung hat KRULL[1] die nachstehende auf den Untersuchungen
von WILLSTÄTTER und ZECHMEISTER beruhende Ausführungsform gegeben.

1 g der Substanz (Holzmehl) wird mit 6 cm³ Wasser in ein weites dickwandiges
Reagenzglas gebracht und in die Masse unter Eiskühlung so lange Chlorwasserstoff eingeleitet, bis sie sich nicht mehr verändert und dünnflüssig wird. (Bei
Laubholzmehl färbt sich dann die Masse schwarzbraun, bei Tannen- und Kiefern-
holzmehl smaragdgrün.) Zur Vervollständigung der Hydrolyse läßt man 24 Stunden stehen. Nach diesem Zeitraum wird mit Wasser im Verhältnis von 1 : 10
verdünnt, das Lignin im Glasfiltertiegel abfiltriert, mit heißem Wasser nachgewaschen, getrocknet und gewogen, verascht, neuerlich gewogen und das Lignin
durch Glühverlust bestimmt.

Ligninbestimmung mit Fluorwasserstoffsäure.

Zur Durchführung der Methode in der ihr von WIECHERT[2] gegebenen Form,
wird eine Apparatur benötigt, welche in der Abb. 26 wiedergegeben ist. Auf
einer Saugflasche, die zwecks Vermeidung eines Angriffes der Säure mit einer
dünnen Wachsschicht ausgekleidet ist, sitzt ein
aus Silber gearbeiteter Vorstoß, der zur Aufnahme
des Neubauer-Platintiegels dient, in welchem sich
die zu untersuchende Substanz während der gesamten Analyse befindet. Über diesen Vorstoß V
ist ein Rohrstück aus durchsichtigem Quarz gesteckt (Q). In das Rohr hinein reicht das untere
Ende eines wendelförmigen Kapillarrohres K aus
Silber, mit dem die Abdeckplatte D verlötet ist.
Das Kapillarrohr steht am anderen Ende mit einer
Fluorwasserstoffbombe in Verbindung und ist, wie
die Abbildung zeigt, durch einen Kühler R geführt,
in welchem sich während der Durchführung der
Bestimmung eine Eis-Kochsalz-Mischung befindet.

Das zur Anwendung gelangende Material braucht
im Gegensatz zu den sonstigen Ligninbestimmungen nicht sonderlich fein zerkleinert zu sein. Bei
Holz kann man beispielsweise grob geraspeltes
Mehl verwenden. Es wird nach der gleichen Vor-

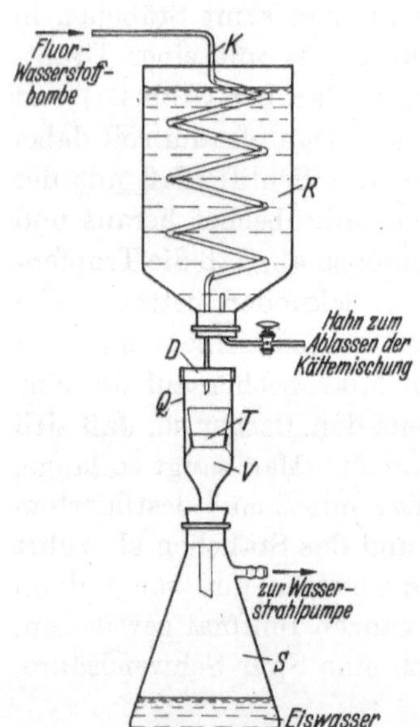

Abb. 26. Apparat zur Ligninbestimmung mittels Fluorwasserstoff.
(Nach WIECHERT.)

bereitung, wie bei den anderen Bestimmungsverfahren üblich, unmittelbar im Neubauer-Tiegel abgewogen, und zwar in einer Menge von 200 ··· 500 mg.

Arbeitsweise. Der mit dem Material beschickte Tiegel wird dann in den
Apparat eingesetzt und darauf das Ventil der Gasbombe geöffnet. Der aus-
strömende Fluorwasserstoff tritt in die Kapillare, wird im Kühler verflüssigt

[1] KRULL, H.: Versuche über Verzuckerung von Zellulose. Dissertation. Danzig 1916.
[2] WIECHERT, K.: Cellulosechemie 18, 57 (1940).

und tropft in den Neubauer-Tiegel auf das Material. Sobald der Tiegel gefüllt ist, was man durch das Quarzrohr gut beobachten kann, wird das Bombenventil geschlossen und die Wasserstrahlpumpe in Tätigkeit gesetzt, so daß die Flüssigkeit langsam aus dem Tiegel in die Saugflasche filtriert. Wenn der Tiegel leer ist, wird die Pumpe abgeschaltet und das aufzuschließende Material in der gleichen Weise erneut mit Fluorwasserstoff behandelt. Das Ganze wird dreimal wiederholt. Nachdem der letzte Rest Fluorwasserstoff abgesaugt ist, entfernt man die Kondensationsanlage und das Quarzrohr und saugt ein paar Minuten lang Luft durch den Tiegel, wodurch der größte Teil des dem Lignin noch anhaftenden Fluorwasserstoffs beseitigt wird. Nun kann man auch den Filtertiegel aus der Saugvorrichtung aus Silber herausnehmen und in einer solchen aus Glas weiterbehandeln, ohne daß das Glas stark angeätzt wird.

Zur Entfernung der letzten Spuren von Kohlehydraten, wird das Lignin im Tiegel dreimal mit warmer 2proz. Salzsäure gewaschen. Bei vorschriftsmäßiger Durchführung der Bestimmung reagiert das letzte Filtrat mit Fehlingscher Lösung nicht mehr. Es wird noch ein paarmal mit heißem Wasser nachgespült, bis das Filtrat gegen Methylorange neutral ist und dann der Filtertiegel mit seinem Inhalt bei 105° bis zum bleibenden Gewicht getrocknet, was meist nach Verlauf von 2 Stunden der Fall ist. Eine Aschebestimmung dürfte sich in den meisten Fällen erübrigen, da das so abgeschiedene Lignin stets weniger als 1% Mineralbestandteile enthält.

Das Verfahren ist bisher nur für Hölzer in Anwendung gebracht worden. Man kann bei ihm von sehr geringen Mengen ausgehen, und zum Beispiel mit seiner Hilfe den Ligningehalt von Holzproben einzelner Jahresringe ermitteln. Die oben angegebene Ausführungsform gilt doch nur für Nadelholz als Ausgangssubstanz. Für Laubhölzer gestaltet sie sich wesentlich schwieriger, da man in diesem Fall bei so niedrigen Temperaturen wie — 60° arbeiten muß.

Indirekte Methoden der Ligninbestimmung.

Allgemeines. Bei den indirekten Methoden zur Ligninbestimmung werden entweder Spaltstücke des Lignins quantitativ bestimmt, oder es wird die quantitativ verlaufende Halogenaddition seiner ungesättigten Gruppen analytisch verfolgt. Ein auf die Ergebnisse solcher Untersuchungen aufgebauter Rückschluß auf die genaue Menge des Lignins ist bei dessen nur angenähert bekannter Zusammensetzung unstatthaft. Es kommt hinzu, daß auch noch andere Bestandteile der verholzten Faser — Pektin und Kohlehydrate — gleichartige Spaltstücke enthalten, so daß die Ergebnisse solcher Bestimmungen nicht ganz eindeutig sind. Bei Vergleichsanalysen geben aber die erhaltenen Zahlen wertvolle Anhaltspunkte, beispielsweise auch über das Alter und den Reifezustand und lassen wenigstens einen Schluß auf die angenäherte Menge des Lignins zu.

Von den Spaltstücken ist es in erster Linie die Methoxylgruppe, die für eine indirekte Ligninbestimmung in Betracht kommt. Sie ist eine der wenigen Atomgruppen, die sich analytisch mit genügender Genauigkeit und durch erprobte Verfahren ermitteln läßt. Ein weiteres charakteristisches, nach neueren Erkenntnissen doch nicht eindeutiges Spaltstück stellt die Azetylgruppe dar. Sie ist zuerst von SCHORGER[1] zur Kennzeichnung verschiedener Hölzer herangezogen worden. Neuere Untersuchungen[2] haben doch gezeigt, daß die ursprüngliche von SCHORGER gegebene Methode besser durch die Verfahren von FREUDENBERG und von KLASON ersetzt wird.

Für die indirekte Ligninbestimmung auf der Grundlage des Halogenbindungsvermögens der Rohfaser hat zuerst WAENTIG[3] eine Methode ausgearbeitet. Während bei ihr Chlor zur Anwendung gelangt, benutzt ein weiteres von KÜRSCHNER und WITTENBERGER[4] bekanntgegebenes Verfahren Brom. Beide Methoden gestatten verhältnismäßig rasch und ohne größere Apparatur und Aufwendungen ein Maß für den Verholzungsgrad zu erlangen. Sie eignen sich aus diesem Grunde gut für die Zwecke der Praxis.

Bestimmung des Methoxyls.

Allgemeines. Das in den Faserrohstoffen vorhandene Methoxyl läßt sich auf zwei verschiedenen Wegen bestimmen. Die Atomgruppe kann entweder durch Jodwasserstoffsäure als Jodmethyl in flüchtiger Form abgespalten werden, oder aber sie wird durch die Einwirkung von starker Schwefelsäure als Methylalkohol in Freiheit gesetzt. Unterwirft man die Rohfaserstoffe unmittelbar diesen Behandlungen, so werden sämtliche vorhandenen Oxymethylgruppen, also sowohl jene, die den Ligninanteil, als auch solche, die dem Pektin und den Kohlehydraten entstammen, abgespalten. Will man allein jenes Methyloxyl bestimmen, das im Lignin, also ätherartig gebunden, vorhanden ist, so muß das Material vorerst einer Behandlung mit 10proz. Natronlauge bei 80···90° unterworfen werden. Hierbei wird bereits der allergrößte Teil der weit leichter abspaltbaren esterförmig gebundenen Oxymethylgruppen des Nichtlignins als Methylalkohol entfernt. Diese Behandlung ist früher näher beschrieben worden.

Methoxylbestimmung mit Jodwasserstoff.

Nach BENEDIKT und BAMBERGER[5] wird durch Erhitzen der Rohfaserstoffe mit Jodwasserstoff aus den in der Substanz vorhandenen Oxymethylgruppen das Methyl herausgelöst, als Jodmethyl flüchtig gemacht, an Silber gebunden und gewogen. Das Verfahren kann sowohl in der Makro- als auch Halbmikroform durchgeführt werden. In Anbetracht der Kostspieligkeit des Makroverfahrens dürfte dem letztgenannten besonders bei der Durchführung von Serienanalysen der Vorzug zu geben sein. Auch bei der Durchführung der Methoxylbestimmung in abgeschiedenen Ligninproben ist seine Anwendung bei den in solchen Fällen meist vorliegenden geringen Substanzmengen empfehlenswert.

a) Makroverfahren. Apparatur. Als solche sehr empfehlenswert ist die von STRITAR angegebene Form (Abb. 27). Durch Anwendung von Glasschliffen ist die durch Verwendung von Korkverbindungen auftretende Fehlerquelle vermieden. Der Apparat besteht aus einem Zersetzungsgefäß, einem Kühlrohr, einem vor-

---

[1] SCHORGER, A. W.: Ind. Engng. Chem. 9, 556 (1917).
[2] KLINGSTEDT, F. W.: Suomen Paperi- ja Puutavaralehti 19, 613, 648 (1937); 20, 104 (1938).
[3] WAENTIG, P., u. E. KERÉNYI: Zellstoffchem. Abh. 1, 65 (1920).
[4] KÜRSCHNER, K., u. K. WITTENBERGER: Papierfabrikant 37, 285 (1939).
[5] BENEDIKT u. BAMBERGER: Mh. Chem. 15, 509 (1894).

geschalteten Gefäß für eine Aufschlemmung von rotem Phosphor und aus einem Kölbchen, das mit alkoholischer Silberlösung beschickt ist. In der Abbildung ist der Apparat ohne Wassermantel um das aufsteigende Kühlrohr gezeichnet, es ist doch angezeigt, einen solchen zu verwenden.

Ausgangsmaterial. Es ist von größter Wichtigkeit, eine Durchschnittsprobe des zu untersuchenden Materials mit größter Sorgfalt zu entnehmen, da immer nur sehr kleine Mengen zur Anwendung gelangen. Je nach dem vermutlichen Methoxylgehalt beträgt die Menge der Einwaage zwischen 0,1 bis 0,3 g lufttrockenes Material.

Arbeitsweise. Nachdem das Zersetzungskölbchen mit der genau abgewogenen Substanzprobe beschickt worden ist, werden 10 cm³ Jodwasserstoff vom spezifischen Gewicht 1,7 und etwas roter Phosphor hinzugefügt. Das Kölbchen wird hierauf an das Steigrohr angeschlossen und durch das seitlich eintretende Röhrchen ein langsamer mit Natriumbikarbonatlösung gewaschener Kohlensäurestrom in die Apparatur eingeleitet. Ist der Apparat mit einem Kühlmantel versehen, so wird dieser mit 50···70° warmem Wasser betrieben.

Das Kölbchen wird nunmehr in einem Ölbad auf 150···160° erhitzt. Die abdestillierenden Jodmethyldämpfe gehen durch das vorgelegte, mit etwa 0,5 g in Wasser aufgeschlemmtem, rotem Phosphor beschickte Gefäß und gelangen von

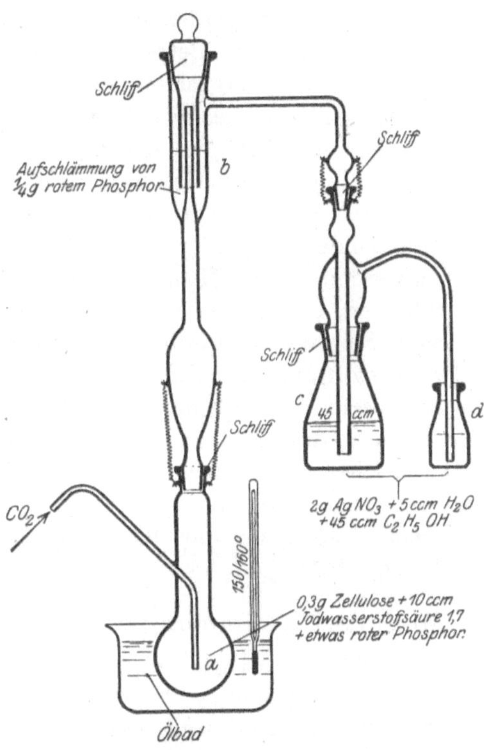

Abb. 27. Methoxylbestimmungsapparat nach STRITAR.

dort in das Kölbchen für alkoholische Silbernitratlösung. In diesem befinden sich 25 cm³ einer 4proz. alkoholischen Silbernitratlösung. Zu ihrer Herstellung löst man 2 g Silbernitrat in 5 g Wasser und verdünnt mit 45 cm³ absolutem Alkohol. Nachdem einige Zeit erwärmt wurde, trübt sich die in der Vorlage befindliche Silbernitratlösung, wird aber bald wieder klar. Ein grauer Niederschlag setzt sich ab, ein Zeichen, daß die Reaktion beendet ist. Weniger als 60 Minuten sollte man doch nicht destillieren. Nach dieser Zeit wird das in die Vorlage mündende Glasrohr gelöst und die am unteren Ende anhängende kleine Menge Niederschlag in das Kölbchen gespült. Hierauf wird der gesamte Niederschlag in ein Becherglas übertragen, auf 500 cm³ mit Wasser aufgefüllt und nach dem Ansäuern mit Salpetersäure bis zur Hälfte eingedampft, wobei sich der Niederschlag ganz klar absetzt. Man sammelt ihn in einem mit Asbest beschickten Goochtiegel, wäscht mit Wasser, dann mit Alkohol aus und trocknet bei 105°.

Berechnung. 1 g Jodsilber entspricht 0,0638 g CH_3 oder 0,1321 g CH_3O. Ist die Menge der absolut trockenen Ausgangssubstanz A g, die des Jodsilberniederschlags N g, so beträgt der Gehalt an

$$\text{Methyl} = \frac{6{,}383 \cdot N}{A} \text{ }^0/_0$$

$$\text{Methoxyl} = \frac{13{,}21 \cdot N}{A} \text{ }^0/_0.$$

b) **Halbmikroverfahren.** Als solches kommt vorteilhaft jenes von VIE-BÖCK und BRECHER[1] in Betracht. Es hat sich nach KÜRSCHNER und WITTEN-BERGER[2] bei der Untersuchung von verholzten Stoffen, wie auch von geringen Mengen von Lignin, wie sie bei dessen Bestimmung in Rohfaserstoffen erhalten werden, sehr bewährt. Die Arbeitsweise ist eingehend in diesem Abschnitt bei der Bestimmung des Pektins beschrieben worden, und es kann daher im wesentlichen auf das dort Gesagte verwiesen werden.

Im besonderen sei hier noch folgendes angeführt. Die zu untersuchenden Proben werden in einer Menge von 20···100 mg in kleinen einseitig geschlossenen Glasröhrchen, die sich in entsprechenden kleinen Wägegläschen befinden, abgewogen. Sie werden dann im Röhrchen befindlich in den bereits mit 2···5 cm³ Jodwasserstoffsäure und 0,2 g rotem Phosphor beschickten Destillierkolben gegeben, worauf die Bestimmung wie früher beschrieben ihren Lauf nimmt. Liegen sehr geringe Materialmengen vor, so kann es sich als vorteilhaft erweisen, statt $^n/_{10}$ schwächere, nämlich $^n/_{30}$-Natriumthiosulfatlösung, anzuwenden, wobei man dann unter Benutzung einer Mikrobürette titriert.

1 ccm $^n/_{10}$-Natriumthiosulfatlösung entspricht 0,5169 mg, 1 ccm $^n/_{30}$-Lösung 0,1723 mg CH_3O.

Methoxylbestimmung durch Abspaltung als Methylalkohol.

Es ist früher beschrieben worden, wie der Pektingehalt pflanzlicher Rohstoffe durch Bestimmung des daraus abgespaltenen Methylalkohols nach VON FELLENBERG[3] ermittelt werden kann. Die Summe des Methylgehaltes des Pektins und des Lignins kann bestimmt werden, wenn man den pflanzlichen Rohstoff mit 72 proz. Schwefelsäure zersetzt.

Zur Bestimmung wird von Harz und Fett befreites Material verwandt, das nach dem Extrahieren durch vorsichtiges Trocknen wieder zum lufttrocknen Zustand gebracht wird. Zur Anwendung gelangen davon 0,2···0,6 g in fein verteilter Form.

Man benutzt für die Durchführung der Bestimmung den gleichen Apparat, wie er bei der Bestimmung des aus dem Pektin abspaltbaren Methylalkohols zur Anwendung gelangt. Das Material wird in dem 300 cm³ fassenden Rundkolben mit 15 cm³ 72 proz. Schwefelsäure übergossen, worauf der Kolben mit dem Kühler verbunden wird. Als Vorlage dient wiederum ein Reagenzrohr, das außer den an anderer Stelle beschriebenen Marken noch eine solche bei 25 cm³ trägt. Man erhitzt nun den Kolben und hält die Flüssigkeit 10 Minuten lang

---

[1] VIEBÖCK, F., u. C. BRECHER: Ber. dtsch. chem. Ges. **63**, 3207 (1930).

[2] KÜRSCHNER, K., u. K. WITTENBERGER: Papierfabrikant **37**, 165 (1939).

[3] v. FELLENBERG, TH.: Mitt. Gebiete Lebensmittelunters. Hyg. **8**, 28 (1917).

in ganz schwachem Sieden; dabei sollen nicht mehr als $1 \cdots 2$ cm³ überdestillieren. Von Zeit zu Zeit schwenkt man den Kolben etwas um, damit durch das meist eintretende Schäumen am Rand heraufgestiegene Teilchen wieder heruntergeschwemmt werden. Zum Schluß läßt man abkühlen, gibt in einem Guß 25 cm³ Wasser hinzu, setzt den Glasstopfen mit dem Verbindungsrohr sogleich wieder auf und destilliert 25 cm³ ab. Das Destillat wird in einen frischen Kolben gebracht, mit etwa 1 cm³ Wasser nachgespült, mit Natronlage (1 : 2) unter Zusatz eines Stückchens Lackmuspapier alkalisch gemacht und wieder durch den inzwischen ausgespülten Kühler destilliert, bis etwa 16,2 cm³ übergegangen sind. Bei sehr geringen Methoxylgehalten folgen noch $1 \cdots 2$ Anreicherungsdestillationen, wobei man bei der ersten 10, bei der zweiten 6 cm³ übergehen läßt. Das Enddestillat wird gewogen und kolorimetrisch geprüft, wie bei der Bestimmung des Pektin-Methylalkohols angegeben worden ist.

1 mg CH_3OH entspricht 0,9685 mg CH_3O.

Durch Subtraktion des Pektin-Methylalkohols vom Gesamtmethylalkohol erhält man den Methylalkohol der aus dem Methoxyl des Lignins stammt. Will man beide Bindungsarten des Methylalkohols in der gleichen Probe bestimmen, was bei sehr geringen Ligningehalten zu empfehlen ist, so wird der nach Bestimmung des Pektins erhaltene Destillationsrückstand abgesaugt, mit heißem Wasser, Alkohol und Äther ausgewaschen, getrocknet und der Schwefelsäuredestillation unterworfen.

Das erhaltene Methylalkoholdestillat kann auch durch eine Methoxylbestimmung nach VIEBÖCK und BRECHER auf seinen Gehalt untersucht werden, so wie es bei der Untersuchung auf den Pektingehalt der Faserrohstoffe früher beschrieben worden ist.

Es sei der Vollständigkeit halber erwähnt, daß sich eine von ENDER[1] in Vorschlag gebrachte Bestimmung des erhaltenen Methylalkohols nach seiner Umsetzung zu Methylnitrit auf jodometrischem Weg nach Untersuchungen von KÜRSCHNER und WITTENBERGER[2] nicht als brauchbar erwiesen hat.

Bestimmung der Chlorzahl nach WAENTIG, GIERISCH und KERÉNYI.

Zur Bestimmung werden aus Glas gefertigte Apparate benutzt, wie sie in Abb. 28 dargestellt sind. Das größere Gefäß wird mit dem zu untersuchenden Faserrohstoff, das kleinere zwecks Vermeidung von durch Feuchtigkeitsabgabe bedingten Gewichtsänderungen mit Kalziumchlorid beschickt.

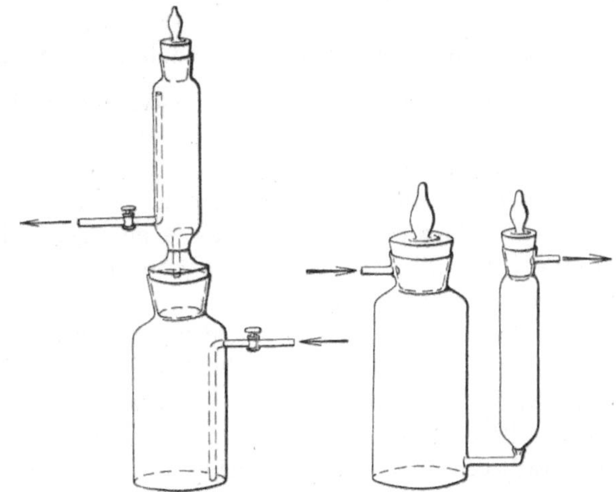

Abb. 28. Apparate zur Bestimmung der Chlorzahl nach WAENTIG.

---

[1] ENDER, W.: Angew. Chem. 47, 227 (1934).
[2] KÜRSCHNER, K., u. K. WITTENBERGER: Papierfabrikant 37, 16 (1939)

Das Untersuchungsmaterial wird nach der Befreiung von Harz und Fett in nicht zu feiner Verteilung und in möglichst loser Schüttung in Mengen von etwa 10 g lufttrocken zur Anwendung gebracht. Es wird vorher mit so viel Wasser behandelt, daß es gut durchgefeuchtet ist, aber keine tropfbare Flüssigkeit mehr enthält. Nach dem Einfüllen in dieser Form wird das Gesamtgewicht des beschickten Chlorierungsgefäßes auf einer genauen technischen oder einer analytischen Waage ermittelt. Darauf wird durch das Gefäß in der durch die Pfeilrichtung in den Abbildungen angedeuteten Weise ein langsamer Strom von trockenem Chlorgas geschickt. Nach 2···4 Stunden, je nach der Chloraufnahmefähigkeit des Materials, wird die Chlorierung unterbrochen und nach Verschluß der Chlor-Zu- und -Austrittsstelle das Gefäß gewogen. Darauf wird nochmals $^1/_2$ Stunde Chlor eingeleitet und die Wägung in derselben Weise wiederholt. Wenn die Gewichtszunahme des Gefäßes zwischen zwei aufeinanderfolgenden Wägungen nur noch 1% oder weniger der Gesamtgewichtszunahme beträgt — meist ist dies nach einer Gesamtchlorierungszeit von 5···6 Stunden der Fall —, wird nunmehr in der gleichen Richtung zur Entfernung des überschüssigen Chlorgases ein langsamer trockener Luftstrom 5···10 Minuten durch das Gefäß geschickt und anschließend die endgültige Wägung vorgenommen.

Die Differenz zwischen dem ursprünglichen Gewicht des Chlorierungsgefäßes samt Inhalt und dem zuletzt festgestellten, berechnet in Prozenten der angewandten harzfreien, trockenen Substanz wird als die Chlorzahl des Materials bezeichnet.

Diese Chlorzahl bildet ein Maß für die leicht chlorierbaren und oxydierbaren Bestandteile der Pflanzenfaser, die man gemeinhin als „Lignin" zu bezeichnen pflegt. Bei Hölzern kann man aus der Chlorzahl den näherungsweisen Gehalt des Holzes an Lignin berechnen, indem man die Chlorzahl mit 0,71 multipliziert.

Bestimmung der Jodzahl nach Kürschner und Wittenberger.

Bei dieser Bestimmung wird als wirksames Halogen Brom benutzt und dessen Verbrauch auf jodometrische Weise ermittelt. Da der Verlauf der Aufnahme dieses Halogens sich unter gewöhnlichen Bedingungen sehr langsam gestaltet, wird die Reaktion im luftverdünnten Raum durchgeführt. Hierbei findet eine stürmische Einwirkung statt, und es gelingt, in kurzer Zeit — 30 Minuten — zu einem Abschluß und zu Zahlen von großer Genauigkeit und guter Reproduzierbarkeit zu kommen.

Das Verfahren, dessen Bedeutung vor allem auf technischem Gebiet liegt, kann praktisch für alle verholzten Stoffe Anwendung finden. Kürschner und Wittenberger[1] haben durch eingehende Untersuchungen festgestellt, daß unter den von ihnen gewählten Bedingungen eine Einwirkung des Broms allein auf die Ligninsubstanzen stattfindet, während weder Hemizellulosen noch Zellulose selbst hierbei Brom verbrauchen. Auch stören im allgemeinen Harze, Fette und Wachse, wie auch Gerb- und Farbstoffe nicht, so daß ihre Entfernung vor der Bestimmung notwendigerweise nicht zu erfolgen braucht. Bei Vergleichsversuchen muß doch darauf geachtet werden, daß stets gleichartig vorbehandeltes Material verwandt wird. Die Ausgangsmengen an Versuchsmaterial sind verhältnismäßig klein, so daß die Entnahme der Durchschnittsprobe großer Sorg-

---

[1] Kürschner, K., u. K. Wittenberger: Papierfabrikant **37**, 155 (1939).

falt bedarf. Es werden zur Anwendung gebracht von Holz und Stroh 80 mg, von Torf und anderen niederen Pflanzen $100\cdots200$ mg, von abgeschiedenen Ligninen 50 mg. Die Proben müssen so weit zerkleinert sein, daß sie durch ein Sieb DIN Nr. 26 hindurchgehen.

Arbeitsweise. Kleine dünnwandige Glaskügelchen von ungefähr 1 cm Durchmesser, mit dünner etwa 10 cm langer Kapillare, werden zunächst leer gewogen, hierauf mit abwärts gerichteter Kapillare in ein kleines Brom enthaltendes Fläschchen gesteckt und durch zweimaliges kurzes Erwärmen mittels Mikrobrenners mit $200\cdots400$ mg Brom teilweise gefüllt. Danach wird die Kapillare in der Mikroflamme, 2 cm vom Kölbchen entfernt, abgeschmolzen, das gefüllte Kügelchen samt dem abgeschmolzenen, durch schwaches Erhitzen bromfrei gemachten Haarröhrchen gewogen. Nach Abziehen des Leergewichtes erhält man das Gewicht der in der Glaskugel eingeschlossenen Brommenge.

Zur Durchführung der Bromierung werden Bromierungskolben von Erlenmeyerform mit eingeschliffenem Einlauftrichter mit Absperrhahn verwandt. In diesen Kolben gibt man die zu prüfende Substanz in der oben angegebenen Menge. Nach Einführung eines bromgefüllten Glaskügelchens wird der Einlauftrichter aufgesetzt und das Gefäß an der Wasserstrahlpumpe weitgehend luftleer gesaugt. Hierauf wird der am Trichter befindliche Hahn geschlossen und dann das Glaskügelchen durch einen kurzen Ruck an der Kolbenwandung zertrümmert. Der Kolben bleibt nun 30 Minuten, bei Untersuchung von Ligninen besser 45 Minuten, im Dunkeln stehen. Hierauf läßt man 20 cm³ einer 10proz. Kaliumjodidlösung durch den Einlauftrichter vorsichtig zufließen und bringt die ausgeschiedenen Jodanteile durch Schwenken des Kolbens in Lösung. Man gibt nun einen Teil der erfahrungsgemäß notwendigen Menge $^{n}/_{10}$-Natriumthiosulfatlösung aus einer Bürette in den Einlauftrichter und läßt sie durch vorsichtiges Öffnen des Hahnes in den Kolben hineinsaugen, worauf man quantitativ mit Wasser nachspült. Hierbei muß im Kolben noch Unterdruck herrschen, dieser ist gegebenenfalls durch starkes Kühlen von außen her zu verstärken. Durch vorsichtiges Öffnen des Hahnes wird alsdann allmählich Druckausgleich hergestellt, worauf man den Trichter abnimmt und nach Zugabe von Stärkelösung mit $^{n}/_{10}$-Natriumthiosulfatlösung bis zum Verschwinden der Blaufärbung titriert.

Bedeuten:

a die mg angewandtes Brom,

b die für das Zurücktitrieren erforderlichen ccm³ $^{n}/_{10}$-Natriumthiosulfatlösung,

c die mg Einwaage an verholzter Substanz,

so berechnet sich die Jodzahl nach der Gleichung:

$$JZ = \frac{12{,}69 \cdot 100 \left(\dfrac{a \cdot 10}{79{,}92} - b\right)}{c} = \frac{158{,}81 \cdot (a - 7{,}992 \cdot b)}{c}.$$

KÜRSCHNER und WITTENBERGER haben gezeigt, daß für verschiedene Gruppen der vielen von ihnen untersuchten verholzten Fasern das Verhältnis

$$\frac{\%\ \text{Lignin}}{\text{Jodzahl}} = \psi$$

konstant ist. Im einzelnen beträgt der Wert ψ bei:

	Nicht extrahiert	Extrahiert		Nicht extrahiert	Extrahiert
Tanne . . .	0,36	0,39	Roggen . .	—	0,33
Fichte . . .	0,33	0,37	Weizen . .	—	0,33
Kiefer . . .	0,33	0,37	Hafer . . .	—	0,31
Rotbuche .	0,34	0,33	Gerste . . .	—	0,35
Aspe . . .	0,32	0,32			

Bestimmung von Azetyl- und Formylgruppen.

Allgemeines. Es ist bereits seit langem bekannt, daß pflanzliche Faserrohstoffe bei der Behandlung mit sauren oder alkalischen Mitteln besonders in der Wärme Ameisen- und Essigsäure abspalten. Eingehende Beobachtungen am Holz stammen vor allem von Schorger[1], der hierbei auf bemerkenswerte Unterschiede zwischen Hart- und Nadelhölzern aufmerksam machte. Man war früher im allgemeinen der Ansicht, daß diese sauren Gruppen ausschließlich ihren Ursprung in der verholzten Substanz hätten. Neuere Beobachtungen haben doch gezeigt, daß sowohl Formyl- als Azetylgruppen auch an den Kohlehydraten des Holzes gebunden sein können. So hat E. Schmidt[2] nachgewiesen, daß ein aus Buchenholz abscheidbares Xylan azetylhaltig ist. Weiter konnte Ritter[3] zeigen, daß die von ihm aus Hölzern isolierte Holozellulose leicht abspaltbare Azetylgruppen enthält. Nach diesen und noch anderen Untersuchungen[4] bestehen also Zweifel, wie weit es noch berechtigt ist, die Bestimmung der Azetyl- und Formylgruppen in den verholzten Fasern als eine für das Lignin charakteristische Ermittlung zu betrachten.

Die von Schorger benutzte Methode zur Bestimmung der sauren Gruppen im Holz beruhte auf einer sauren Hydrolyse mit schwacher Schwefelsäure. Neuere Untersuchungen haben klargelegt, daß diese Methode nicht zu einer vollständigen Abspaltung der genannten Gruppen führt. Klingstedt[4] empfiehlt daher zu ihrer Ermittlung entweder das Verfahren von Klason oder das von Freudenberg, welche beide zu den gleichen Ergebnissen führen.

Durchführung der Bestimmung. a) Nach Klason abgeändert von Klingstedt[4]. Das zur Untersuchung gelangende Holz wird in Form eines feingeraspelten, vorher mit Äther extrahierten Materials verwandt. 5 g dieses Mehles, dessen Feuchtigkeitsgehalt getrennt ermittelt wird, werden in ein druckfestes Gefäß — Kolben oder Flasche — von 500 cm³ Inhalt gegeben und hierin mit 300 cm³ gesättigtem Kalkwasser übergossen. Nach festem Verschließen — um jede Einwirkung von Luftsauerstoff auf die in alkalischer Lösung befindliche Holzsubstanz auszuschließen — wird in einem Thermostaten auf 100° erhitzt und hierbei 3 Stunden lang belassen. Nach dann erfolgtem Abkühlen wird der Inhalt des Kolbens oder der Druckflasche unter Benutzung eines Büchnertrichters filtriert. Der Rückstand auf dem Filter wird mit warmem Wasser so lange gewaschen, bis das mit Phenolphthalein versetzte Filtrat keine deutliche Rotfärbung mehr zeigt. Hierzu sind etwa 1000. cm³ Wasser erforderlich. Das

---

[1] Schorger, A. W.: Ind. Engng. Chem. **9**, 556 (1917).
[2] Schmidt, E., u. Mitarbeiter: Cellulosechemie **11**, 50 (1930).
[3] Ritter, G., u. E. F. Kurth: Ind. Engng. Chem. **25**, 1250 (1933).
[4] Klingstedt, F. W.: Suomen Paperi ja Puutavaralehti **19**, 613 (1937).

erhaltene Filtrat wird anschließend auf dem Wasserbad bis auf etwa 100 cm³ eingedampft, mit 10 cm³ konzentrierter Phosphorsäure vom spezifischen Gewicht 1,12 versetzt und am Rückflußkühler 1 Stunde lang gekocht, zwecks Beseitigung der Kohlensäure. Anschließend werden dann die flüchtigen Säuren im kohlensäurefreien Dampfstrom aus einem langhalsigen Rundkolben von 400 cm³ Inhalt abdestilliert. Zur möglichsten Zurückhaltung von Phosphorsäure wird der Kolben mit einem hohen Tropfensammler mit zwei übereinander angeordneten Kugeln versehen. Das Destillat wird, um Luftkohlensäure auszuschließen, in einer Vorlage aufgefangen, die nur durch ein Natronkalkrohr mit der Außenluft in Verbindung steht. In dieser Vorlage werden die Säuren dann mit $^n/_{10}$-Natronlauge unter Anwendung von Phenolphthalein als Indikator titriert. Die erste Titration erfolgt, wenn 250 cm³ Flüssigkeit übergegangen sind. Man setzt darauf die Destillation fort, bis der jeweilige Laugenverbrauch für eine bestimmte Destillatmenge dem aus dem Blindversuch (s. nachstehend) ermittelten entspricht. Die Notwendigkeit der gleichzeitigen Durchführung eines Blindversuches allein mit der gleichen Menge Phosphorsäure ergibt sich aus der Tatsache, daß diese Säure bei der Dampfdestillation mit übergeht. Durch Überdestillieren von Flüssigkeitsmengen, die denen des Hauptversuches entsprechen, kann die dabei mit den flüchtigen Säuren folgende Phosphorsäure ermittelt und vom Ergebnis der Bestimmung in Abzug gebracht werden.

Über die Bestimmung von Ameisen- neben Essigsäure vergleiche man weiter unten.

b) Nach FREUDENBERG. Diese Vorschrift[1] stützt sich auf eine ursprünglich von PERKIN gegebene Arbeitsweise. Dabei wird die in alkoholischer Lösung oder Aufschwemmung befindliche Substanz mit Toluolschwefelsäure erwärmt, die durch die Umesterung entstandenen Essig- und Ameisensäureester dann abdestilliert und nach alkalischer Verseifung titriert.

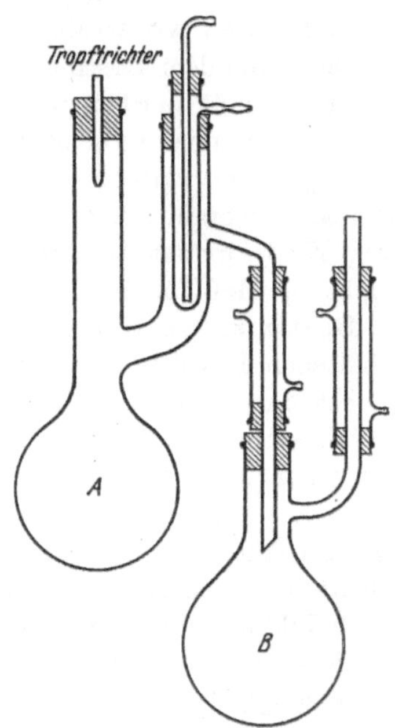

Abb. 29. Apparat zur Bestimmung von Azetyl- und Formylgruppen in Faserrohstoffen nach FREUDENBERG.

Zur Durchführung der Bestimmung dient die abgebildete Apparatur Abb. 29. Der Kolben A hat 100, B 150 cm³ Inhalt. Absteigendes Ansatzrohr des oberen Kolbens und aufsteigendes des unteren müssen mindestens 5 mm lichte Weite haben. Der obere Kolben wird mit 0,3···0,4 g verholzter Substanz, 30 cm³ absolutem Alkohol, 5 g p-Toluolsulfosäure und einigen Siedesteinchen beschickt. Der untere enthält 10 cm³ absoluten Alkohol und wird mit Wasser gekühlt. Zunächst wird der im Destillationshals des oberen Kolbens angebrachte kleine Kühler in Betrieb gesetzt und der obere Kolben in heißes Wasser gestellt. Dann wird der Kühler entleert und der Kolbeninhalt abdestilliert. Sobald dies geschehen ist, wird von dem im Tropftrichter befindlichen Alkohol (40 cm³) ein

---

[1] FREUDENBERG, K.: Liebigs Ann. Chem. **453**, 230 (1923).

Teil zugegeben und abdestilliert. Zugabe und Destillation werden noch einmal wiederholt. Dabei sind folgende Zeiten einzuhalten: 10 Minuten kochen; Kühler in Betrieb; Bad 100°. Die Badtemperatur beträgt für alle folgenden Operationen 100°.

15 Minuten abdestillieren bei entleertem Kühler. Danach 20 cm³ Alkohol zufließen lassen und

10 Minuten kochen am Rückflußkühler.

10 Minuten abdestillieren; bei entleertem Kühler.

15 Minuten lang 20 cm³ Alkohol zutropfen lassen und gleichzeitig abdestillieren bei leerem Kühler;

10 Minuten weiter abdestillieren bei leerem Kühler.

Diese mit dem Destillieren abwechselnde Behandlung muß insgesamt sechsmal wiederholt werden, um die Abspaltung vollständig zu machen[1].

Das gesammelte Destillat, das die Ester enthält, wird mit einem Überschuß an $n/_{10}$-Lauge versetzt, kurze Zeit auf dem Wasserbad am Rückflußkühler behandelt, worauf mit $n/_{10}$-Salzsäure unter Anwendung von Phenolphthalein bis zum Neutralpunkt titriert wird. Der so ermittelte Verbrauch an $n/_{10}$-Lauge ergibt ein Maß für die Gesamtmenge der vorhandenen organischen Säuren.

Bestimmung der einzelnen Säuren im Destillat nach a. In dem erhaltenen Destillat wird, wie oben bereits erwähnt, mit $n/_{10}$-Natronlauge zunächst der Gesamttiter ermittelt. Von ihm werden bei der Bestimmung die Kubikzentimeter $n/_{10}$-Natronlauge abgezogen, welche der beim Blindversuch übergegangenen Phosphorsäure entsprechen. Die Differenz gibt also den Titer, der durch die Summe von Essig- und Ameisensäure bedingt wird. Zur Bestimmung der Ameisensäure benutzt man eine von HOLMBERG und LINDBERG[2] gegebene Vorschrift, bei der eine neutrale Formiatlösung durch Zusatz von Quecksilber(II)chlorid unter Bildung einer ihr entsprechenden Menge an Salzsäure oxydiert wird und in dieser Salzsäuremenge ein Maß für das vorhandene Formiat liefert, eine Umsetzung, die nach folgender Gleichung stattfindet:

$$NaOCO \cdot H + 2HgCl_2 = NaCl + HCl + CO_2 + Hg_2Cl_2.$$

Zur Durchführung wird das mit $n/_{10}$-Natronlauge, wie angegeben, austitrierte Destillat mit weiterer $n/_{10}$-Natronlauge (a cm³), und zwar etwa in der Hälfte der Menge, welche ursprünglich zum Neutralisieren des Destillats erforderlich war und mit reichlich Quecksilberchloridlösung versetzt. Die Menge des Quecksilbersalzes wird so bemessen, daß auf 100 mg zu erwartende Ameisensäure etwa 1,4 g davon kommen. (Unter normalen Verhältnissen bei der Bestimmung unter a werden für das erhaltene Destillat etwa 15 cm³ 0,2 molare Sublimatlösung genügen.) Dann wird am Rückflußkühler, als welcher ein einfaches Steigrohr von 50 cm Länge genügt, bei gelindem Sieden während 1 Stunde die Oxydation des Formiates vorgenommen. Zur Bindung von überschüssigem Quecksilberchlorid setzt man darauf $n/_1$-Kaliumbromidlösung im Überschuß hinzu, ferner eine gemessene Menge (b cm³) an $n/_{10}$-Salzsäure. Das Gemisch wird zur restlosen Austreibung der Kohlensäure weitere 30 Minuten lang gekocht, worauf es nach dem Abkühlen mit $n/_{10}$-Lauge wieder bis zur Neutralisation mit Phenolphthalein

[1] KLINGSTEDT, F. W.: Soumen Paperi-ja Puutavaralehti 19, 613 (1937).

[2] HOLMBERG, B., u. S. LINDBERG: Ber. dtsch. chem. Ges. 56, 2048 (1923).

als Indikator titriert wird. Verbrauch c cm³. Es errechnet sich dann der Verbrauch an $n/_{10}$-Lauge, für die Neutralisation der Säuremenge, die zufolge der Umsetzung der Ameisensäure entstanden ist zu:

$$f = (a + c) - b.$$

Da 1 cm³ $n/_{10}$-Lauge 4,6 mg Ameisensäure anzeigt, kann jetzt deren Menge im Destillat berechnet werden. Damit ist dann auch der Alkaliverbrauch der anwesenden Essigsäure bekannt. 1 cm³ $n/_{10}$-Lauge entspricht 6,0 mg Essigsäure.

Diese Bestimmungsmethode läßt sich in ganz entsprechender Weise auch auf das nach b erhaltene Destillat anwenden.

Zur Totalhydrolyse der verholzten Faser.

Die Totalhydrolyse der verholzten Faser, die unter anderem für eine eingehende Untersuchung ihrer Zuckerbestandteile erforderlich ist, erfolgt zweckmäßig nach der Arbeitsweise von HÄGGLUND, wie sie bei der Bestimmung des Mannans beschrieben worden ist.

Auf je 5 g lufttrockenes Material gelangen 45 cm³ 72proz. Schwefelsäure bei gewöhnlicher Temperatur zur Anwendung und im übrigen wird, wie früher angegeben, verfahren. Die schließlich erhaltene Zuckerlösung wird weitgehend eingedampft und dann zur Bestimmung der verschiedenen Zucker benutzt.

Bestimmung des Gesamtzuckers nach BERTRAND. Außer nach der früher gegebenen Methode von LUFF kann der Gesamtzucker auch gemäß der nachstehend wiedergegebenen bewährten Methode von BERTRAND bestimmt werden.

Erforderliche Lösungen:

1. Fehling I . . . . 40 g Kupfersulfat werden zu 1 l gelöst.
2. Fehling II . . . . 200 g Seignettesalz und 150 g Ätznatron werden zu 1 l gelöst.
3. Eisen(III)sulfatlösung . . . . 50 g Eisen(III)sulfat und 200 g Schwefelsäure (108 cm³ H_2SO_4 d = 1,84) werden zu 1 l gelöst.
4. Kaliumpermanganatlösung . . 0,5 g Kaliumpermanganat werden zu 1 l gelöst.

Ausführung der Bestimmung. Dem auf ein bestimmtes Volumen eingestellten Gesamthydrolysat wird mittels Pipette eine Probe von 10 oder 20 cm³ entnommen und in einem 200 cm³ fassenden Meßkolben bis zur Marke mit Wasser verdünnt. Von dieser Lösung werden zur Bestimmung so viel Kubikzentimeter verwandt, als beiläufig 40···60 mg Zucker entsprechen. Zu dieser in einem 250 cm³ fassenden Erlenmeyer befindlichen Probe gibt man mittels Meßzylinder je 20 cm³ der Lösungen Fehling I und II sowie einige Siedesteine. Man erhitzt, hält genau 3 Minuten bei gelindem Kochen und läßt danach die Lösung abkühlen und absitzen. Von dem gebildeten roten Kupfer(I)oxyd gießt man die Flüssigkeit durch ein Jenaer-Glas-Filter 3 G 4 vorsichtig ab, so daß das gebildete Kupfer(I)oxyd möglichst im Erlenmeyer verbleibt, und wäscht den Rückstand im Erlenmeyer 3···4mal mit wenig kaltem Wasser nach. Dieses Waschwasser gibt man jedesmal auf das Filter und wäscht schließlich den bereits auf dem Filter befindlichen Niederschlag nochmals etwa 3···4mal mit Wasser nach. Man vermeide hierbei das Kupfer(I)oxyd der Luft auszusetzen. Das im Erlenmeyer befindliche Kupfer(I)oxyd löst man anschließend sofort mit kleinen Mengen der Eisen(III)sulfatlösung, die zuvor mittels 1 oder 2 Tropfen Kaliumpermanganatlösung auf schwach rosa titriert wurden. Hierbei erhält die Lösung zunächst eine blauschwarze und schließlich hellgrüne Farbe. Nach beendetem Auswaschen des Filters wechselt man die Saugflasche, gibt die Flüssigkeit aus dem Erlenmeyer auf das Filter und spült sorgfältig mit Eisen(III)sulfatlösung und schließlich 3···4mal mit Wasser nach. Die jetzt in der Saugflasche befindliche Flüssigkeitsmenge wird mit der Kaliumpermanganatlösung bis zur schwachen Rosafärbung titriert.

Je nach der Menge der verbrauchten Kubikzentimeter Kaliumpermanganatlösung wird, wie aus der im Anhang wiedergegebenen Aufstellung (Tabelle 45) ersichtlich, zur Berechnung der Zuckermenge mit einem bestimmten Faktor multipliziert.

III. Die chemischen Untersuchungsmethoden in der Natron- und Sulfatzellstofferzeugung.

Untersuchung der chemischen Hilfsstoffe.

Als Chemikalien kommen in Betracht Kalkstein, Ätzkalk, bisweilen in Form von wiedergebranntem Kaustizierschlamm, Sulfat, Bisulfat, Soda, Ätznatron und Natriumsulfid.

Über die Untersuchung des Kalksteins sind eingehende Vorschriften im Abschnitt Betriebskontrolle in der Sulfitzellstofferzeugung gegeben, so daß hier darauf verwiesen werden kann.

Ätzkalk.

Allgemeines. Erforderlich ist vor allem die Ermittlung des Gehaltes an für die Kaustizierung wertvollem Kalziumoxyd. Daneben wird man sich, und zwar besonders dann, wenn der Ätzkalk in einem dem Werk angeschlossenen Kalkofen erzeugt wird, durch eine Bestimmung des Gehaltes an Karbonat von dem Grad des Durchbrandes überzeugen. Ungebrannte Kalksteinanteile stellen nicht bloß einen unnötigen Verlust dar, sie erschweren auch den Gang der Kaustizierung und erhöhen die anfallenden Schlammengen. Was hier über die Untersuchung von aus Kalkstein hergestelltem Ätzkalk gesagt wurde, gilt in gleicher Weise auch von aus Kaustizierschlamm durch neuerliches Brennen erzeugtem. Zur Ermittlung von Kalziumoxyd neben Karbonat im Kalk sind verschiedene Vorschriften gegeben worden, die aber gemäß einer neuerlichen Nachprüfung von HEIWINKEL und HÄGGLUND[1] nicht gleicherweise genau sind. Neben bekannten, einfachen titrimetrischen Bestimmungen beider Bestandteile, empfehlen die Autoren für die Ermittlung des Karbonats besonders die volumetrische Messung des durch Säureeinwirkung frei gemachten Kohlendioxydes. Vorbedingung für ein zuverlässiges Ergebnis ist ein möglichst gut gezogenes Durchschnittsmuster, das bis zur Durchführung der Untersuchung zweckmäßig in einer dicht verschließbaren Blechbüchse aufbewahrt wird. Die Untersuchung des Ätzkalkes auf seinen Gehalt an Kalziumoxyd vermag noch nichts Endgültiges über seinen Wert für den Kaustizierprozeß auszusagen. Auf die Vollständigkeit dieses Prozesses und seinen Verlauf sind von Einfluß der Gehalt an Kieselsäure und an Magnesiumoxyd. Die Kieselsäure kann bei einem zu scharf gebrannten Kalk ein vollkommenes Ablöschen verhindern durch Einschluß wertvoller Kalziumoxydteilchen in eine Silikathülle. Ein größerer Magnesiumoxydgehalt ist, abgesehen davon, daß er nur einen nutzlosen Ballast darstellt, insofern nachteilig, als er die Schnelligkeit des Absetzens des Kalkschlammes stark vermindert. Um daher einen besseren Maßstab für seine Be-

---

[1] HEIWINKEL, H., u. E. HÄGGLUND: Svensk Papperstidn. **43**, 273 (1940).

wertung zu erhalten, hat man vorgeschlagen, mit dem Kalk einen Kaustizierversuch vorzunehmen und hierbei sowohl den Grad der Umsetzung als auch die Art des Absetzens des Schlammes zu beobachten. Was die Ausführung dieser Versuche anbetrifft, so werden sie vielfach als verkleinertes Abbild der praktischen Betriebsverhältnisse durchgeführt, und erst in letzter Zeit hat man Ansätze gemacht, die Versuchsbedingungen genau festzulegen.

Bestimmung des Kalziumoxyds. a) Azidimetrisch. 100 g der Probe werden in einer Porzellanschale sorgfältig gelöscht, indem man zweckmäßig heißes, destilliertes Wasser auf die groben Ätzkalkstücke aufspritzt, bis diese zu zerfallen beginnen. Nachträglich ist noch so viel Wasser hinzuzusetzen, daß ein teigiger Brei entsteht. Für die Gleichmäßigkeit des zu untersuchenden Breies oder der daraus zu bereitenden Kalkmilch ist es von Vorteil, die angeteigte Masse einige Zeit stehenzulassen, wobei aber die Möglichkeit der Aufnahme von Kohlensäure ausgeschlossen werden muß. Der entstandene Brei wird dann in einen Halbliterkolben gebracht und mit destilliertem Wasser bis zur Marke aufgefüllt. Nach tüchtigem Umschütteln werden 100 cm^3 herauspipettiert, wobei man sich vorteilhaft Pipetten mit weiten Auslaufsöffnungen bedient, in einen weiteren Halbliterkolben übertragen, in diesem wieder zur Marke aufgefüllt und von dem nochmals gut gemischten Inhalt 25 cm^3, die 1 g Ätzkalk entsprechen, zur Untersuchung gezogen. Der trüben Kalkmilch werden einige Tropfen Phenolphthaleinlösung zugefügt, dann wird mit $^n/_1$-Salzsäure titriert, bis die Rosafarbe verschwunden ist. Der Farbenumschlag tritt ein, wenn aller freier Kalk neutralisiert, aber kohlensaurer Kalk noch nicht angegriffen ist. Erforderlich ist gutes Umrühren beim Titrieren und beim Schluß der Umsetzung ein nur langsames tropfenweises Zugeben der Salzsäure. 1 cm^3 der $^n/_1$-Säure entspricht 0,02804 g Kalziumoxyd.

Die Titration des Kalkes kann auch mit $^n/_1$-Oxalsäure in Gegenwart von Phenolphthalein vorgenommen werden, welche nur auf das vorhandene Kalziumoxyd, nicht aber auf das Kalziumkarbonat einwirkt.

b) Azidimetrisch nach Umsatz mit Zuckerlösung. Kalte Rohrzuckerlösung vermag fast das Zwanzigfache an Kalk verglichen mit Wasser zu lösen. Es ist unter Beachtung dessen möglich, eine klare Kalklösung statt wie im ersten Fall eine Suspension zu titrieren, welches letztere immer mit mehr oder weniger großen Fehlern behaftet sein kann. Zur Durchführung der Untersuchung verfährt man wie folgt.

Genau 2 g Kalk werden in einem Porzellanmörser fein zerrieben und in einen Erlenmeyerkolben gegeben. Man fügt dann 2 cm^3 Alkohol hinzu und nach Umschütteln 100 cm^3 10proz. Zuckerlösung. Aufgabe des Alkohols ist es, ein Zusammenklumpen des Kalks zu verhindern, wenn die Zuckerlösung zugefügt wird. Der Kolben wird dann 20···30 Minuten lang geschüttelt. Anschließend filtriert man seinen Inhalt durch ein trockenes Filter. Von dem Filtrat entnimmt man 50 cm^3 und titriert sie unter Anwendung von Methylorange als Indikator mit $^n/_1$-Salzsäure. 1 cm^3 dieser Säure entspricht 0,02804 g CaO und man erhält den Gehalt des Kalks an CaO, wenn man die Zahl der verbrauchten Kubikzentimeter Salzsäure mit 2,8601 multipliziert.

Nach den Angaben von HEIWINKEL und HÄGGLUND ist diese Methode sehr genau. Sie läßt sich in etwa einer halben Stunde durchführen.

c) **Kalorimetrisch.** Der Gehalt an CaO läßt sich auch auf kalorimetrischem Wege ermitteln. Die Bestimmung beruht auf folgenden Grundlagen.

Die Umsetzung des Ätzkalkes mit Wasser verläuft im Sinne der Gleichung:

$$CaO + H_2O = Ca(OH)_2 + 15500 \text{ WE.}$$

Löscht man also Ätzkalk mit einer reichlichen Menge Wasser, so wird eine bestimmte Wärmemenge frei und als Temperaturerhöhung des Wassers wahrnehmbar. Nimmt man das Ablöschen beliebiger Mengen reinen Kalziumoxyds in einer bestimmten Menge Wasser unter stets gleichen Bedingungen vor, so kann man aus den ermittelten Temperaturerhöhungen entnehmen, in welchem Verhältnis bei verschiedenen Ablöschungen die abgelöschten Mengen Kalziumoxyd zueinander gestanden haben.

Verwendet man stets gleiche Mengen Wasser wie auch gleiche Mengen eines gebrannten Kalksteins, der also kein reines Kalziumoxyd darstellt, so ersieht man aus der Temperaturdifferenz gegenüber dem Ablöschen der gleichen Menge reinen Kalziumoxyds, wieviel hiervon in dem gebrannten Kalkstein enthalten ist.

Benutzt man zur Messung der Temperaturerhöhung nicht ein Thermometer mit einer Einteilung in Grade, sondern ein solches, bei welchem der Abstand zweier Teilstriche der Temperaturerhöhung entspricht, welche 1 % Kalziumoxyd hervorruft, so ist man in der Lage, an diesem Thermometer sogleich den Anteil an ablöschbarem Kalk im Kalkstein in Prozenten abzulesen.

Die Bestimmung wird in einem besonderen Kalorimeter[1] vorgenommen.

Der Apparat besteht aus einem zylindrischen Gefäß aus Hartgummi mit übergreifendem Deckel. In dieses ist ein zweites Gefäß aus Hartgummi eingesetzt, welches in einer Führung auf einer Spiralfeder ruht und von ihr gegen den Deckel gedrückt wird.

Das innere Gefäß nimmt ein Becherglas auf, in dem das Ablöschen des Kalkes erfolgt.

Der Deckel hat zwei Durchbohrungen, und zwar eine für das Thermometer und eine zweite für einen Rührer. Dieser besteht aus einem Metallstab, an welchem unten ein rundes Körbchen aus gelochtem Metall angebracht ist. Es dient zur Aufnahme der Kalkprobe. Der Rührer kann in jeder beliebigen Höhe durch eine Klemmvorrichtung gehalten werden.

Das Thermometer hat eine besondere Skala, die in 100 Teile geteilt ist. Der Abstand vom Nullpunkt bis zur Hundertmarke entspricht der Temperaturerhöhung, die eine für jeden Apparat genau bestimmte Menge reines Kalziumoxyd (etwa 8 g) bei der Ablöschung in 50 cm³ Wasser hervorruft. Das Thermometer ist mit einer Nullpunkteinstellung für Anfangstemperaturen zwischen etwa 10···30° versehen, wodurch jede Rechnung vermieden wird.

Ausführung der Bestimmung. Zuerst gibt man 50 cm³ Wasser in das Becherglas und läßt das Kalorimeter offen stehen, damit der Apparat und die Wasserfüllung Raumtemperatur annehmen. Die Kalksteinprobe wird auf Stücke von Erbsengröße zerkleinert, die bequem in das Metallkörbchen eingeschüttet werden können. Dann wird die Menge Kalkstein abgewogen, die als Apparatkonstante angegeben ist. Beim genauen Abwägen wird fein zerkleinerter Kalk

---

[1] Hersteller ist die Firma J. Peters, Berlin NW 21.

hinzugesetzt. Die Probe wird in den Metallkorb gegeben, der Rührer in die höchste Stellung unterhalb des Deckels gebracht und mit Hilfe der Klemmvorrichtung dort festgehalten. Jetzt wird der Deckel aufgedrückt und das Gefäß damit verschlossen. Die Kalksteinprobe befindet sich nun in dem Behälter oberhalb des Wassers. Das Thermometer wird eingesetzt und in Nullstellung gebracht. Dann wird die Klemmvorrichtung gelöst, der Rührer mit der Probe in das Wasser getaucht und in langsame, drehende Bewegung versetzt, bis das Thermometer seinen höchsten Stand erreicht hat. Bei guten, schnell ablöschenden Kalksteinen ist die höchste Temperatur in einigen Minuten erreicht. Die Ablesung an der Skala ergibt sofort die Prozente ablöschbaren Kalkes in dem untersuchten Material. Nach der Bestimmung wird der Deckel abgehoben, Rührer und Thermometer werden entfernt und alle Teile gründlich abgespült und getrocknet. Die Ausführung einer Kalksteinprüfung mit dem Kalorimeter dauert kaum mehr als eine Viertelstunde. Der Apparat kann von angelernten Hilfskräften gehandhabt werden, so daß mit seiner Hilfe die Untersuchung des gebrannten Kalksteines und die Kontrolle des Kalkofenbetriebes jederzeit durchgeführt werden kann.

Hinsichtlich der Brauchbarkeit der Methode sei erwähnt, daß sie dann versagt, wenn langsam löschende oder überbrannte Kalksteinsorten vorliegen. Erhebliche Gehalte an Magnesium und Kieselsäure im Stein, welche erfahrungsgemäß das Löschen des aus ihm erbrannten Ätzkalkes verzögern, geben ein Erzeugnis, das sich in dem Kalorimeter auf seinen Gehalt an Oxyd nicht prüfen läßt. Wohl läßt sich aber auch in einem solchen Fall das Kalorimeter benutzen, um die Löschfähigkeit und die Geschwindigkeit des Löschens vergleichsweise zu ermitteln. Die nach einer bestimmten Zeit erreichte Temperatur oder aber auch der Verlauf des Temperaturanstieges während dieser Zeit vermögen darüber aufzuklären.

Bestimmung des Kalziumkarbonats. a) Azidimetrisch. Hierzu benutzt man eine Probe der Kalkmilch, die für die Bestimmung des Kalziumoxydes, wie oben beschrieben, hergestellt worden ist. 25 cm^3 davon werden in einer gemessenen Menge $n/_1$-Salzsäure aufgelöst, wobei man am besten kurz aufkocht. Nach dem Erkalten titriert man mit Methylorange als Indikator mit $n/_1$-Alkalilauge zurück. Man erhält hierbei den Gesamtgehalt an Oxyd und Karbonat. Nach Abzug des gesondert bestimmten Oxydes oder dessen Verbrauch an Salzsäure ergibt die Differenz das vorhandene Karbonat. 1 cm^3 $n/_1$-Säure entspricht 0,050004 g CaCO$_3$.

b) Volumetrisch. Für die volumetrische Bestimmung des Karbonats, die darin besteht, daß das aus einer gewogenen Kalk- oder Kalksteinmenge durch Säure in Freiheit gesetzte Kohlendioxyd in einer Gasbürette aufgefangen und gemessen wird, haben zuerst Lunge und Rittener[1] eine genaue Vorschrift gegeben. Für die praktische Ausführung der Methode sind späterhin mehrfach geeignete Apparaturen beschrieben worden. Nachstehend ist angegeben, wie die Methode sich mit dem für Betriebsuntersuchungen sehr zweckmäßigen Kohlendioxydbestimmungsapparat von Baur-Cramer[2] in ihrer Ausführung gestaltet.

---

[1] Lunge u. Rittener: Z. angew. Chem. 19, 1849 (1906).
[2] Hersteller Chemisches Laboratorium für Tonindustrie, Berlin NW 21.

Der Apparat (Abb. 30) besteht aus einem Gasmeßrohr mit einer oben beginnenden, etwa 100 cm³ umfassenden Teilung in 0,1 cm³. Das Rohr ist zwecks Zentrierung seiner Lage oben und unten in Gummistopfen gehalten und endet kurz unter dem unteren Stopfen. Es ist von einem sich unten verjüngenden Mantelrohr umgeben, das in einem mit Hahn versehenen Ausflußrohr in einem etwa 750 cm³ fassenden Weithalsstandgefäß endet. Der untere Stopfen ist dreimal durchbohrt. Durch die eine Bohrung geht das Ausflußrohr, durch die andere ein Knierohr, das mit einem Gummihandgebläse verbunden ist. Das Standgefäß nimmt die Sperrflüssigkeit zur Füllung des Mantel- und Gasmeßrohres auf. Als Sperrflüssigkeit dient entweder Petroleum oder besser noch abgekochtes Wasser, dem etwas chemisch reines Kupfersulfat und einige Tropfen reiner Schwefelsäure zugefügt werden. Die Sperrflüssigkeit wird nach dem Öffnen des Hahnes mit Hilfe des Handgebläses in den Apparat bis zum Nullpunkt in die Höhe getrieben und durch Schließen des Hahnes festgehalten.

Die zur Untersuchung stehende, fein zerkleinerte Kalksteinprobe wird in eine etwa 200 cm³ fassende, trokkene Weithalsflasche B eingewogen, die durch einen einfach durchbohrten Gummistopfen fest verschließbar ist. Durch die Bohrung des Stopfens ist eine Kapillare gezogen, deren in die Pulverflasche hineinragendes Ende kugelförmig erweitert ist. Diese Erweiterung besitzt seitlich eine etwa 10 mm weite Öffnung. Der andere über den Gummistopfen hinausragende Teil ist mit einer seitlichen Öffnung von etwa

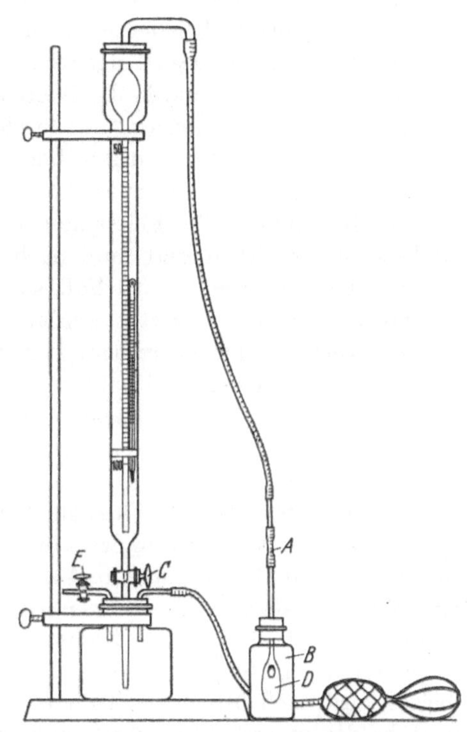

Abb. 30. Kohlensäurebestimmungsapparat in Kalkstein und Kalk nach BAUR-CRAMER.

1 mm Weite versehen, die durch ein darüberschiebbares Stück Gummischlauch A luftdicht verschlossen werden kann.

Das gebogene Ende des Meßrohres wird durch einen starkwandigen Gummischlauch mit der Kapillare verbunden.

Zwischen Meßrohr und Mantelrohr ist im unteren Teil ein Thermometer befestigt.

Zur Bestimmung der Kohlensäure wägt man jeweilig so viel Substanz ab, daß bei dem gerade herrschenden Barometer- und Thermometerstande die entwickelte Anzahl Kubikzentimeter Kohlensäure direkt den Prozentsatz an Kalziumkarbonat angibt. An Hand der Abbildung sei die Durchführung einer Kohlensäurebestimmung beschrieben.

Die kleine Öffnung A des Kugelrohres wird durch Hochstreifen des Schlauchstückes geöffnet und die Weithalsflasche B vom Gummistopfen abgezogen. Der

Hahn C des Mantelrohres wird bei geschlossenem Hahn E geöffnet und mit Hilfe des Gummihandgebläses die Sperrflüssigkeit in den Apparat bis zur Nullmarke oder zum Teilstrich 50 getrieben, der Hahn geschlossen und nach einiger Zeit der Barometerstand und die Temperatur aufgeschrieben. Die Wahl des Teilstriches Null oder 50 als Ausgangspunkt richtet sich nach dem Kohlensäuregehalt der zur Untersuchung stehenden Substanz. Für wenige Kubikzentimeter Kohlensäureentwickelung wählt man den Teilstrich 50 als Ausgangspunkt. Das zur Untersuchung stehende Material wird unter Berücksichtigung des Temperatur- und Barometerstandes abgewogen und in die gut ausgetrocknete Weithalsflasche B geschüttet (beispielsweise sind für 754 mm Barometerstand und 15° 0,4147 g abzuwiegen). Das Kugelrohr D wird mittels einer Pipette mit 3 cm³ Salzsäure (1 : 2) gefüllt und in die Weithalsflasche gut eingedreht. Nach einigem Stehenlassen wird die Öffnung A durch Überstreifen des Schlauchstückes geschlossen. Durch das Öffnen des Hahnes C und vorsichtiges Öffnen und Schließen des Hahnes E läßt man die Sperrflüssigkeit in dem äußeren Rohr etwa bis zum Teilstrich 100 sinken. Die Flüssigkeit im inneren Rohr darf dabei nur um einige Kubikzentimeter fallen und muß nach Schließen des Hahnes sofort zu sinken aufhören. Ist das Gegenteil der Fall, so ist der Apparat undicht und kann nicht eher zur Bestimmung benutzt werden, als bis die Undichtigkeit beseitigt ist.

Nach Ablassen der Sperrflüssigkeit bis zur Höhe des Teilstriches 100 läßt man durch Neigen der Weithalsflasche, die man immer nur mit den Spitzen der Finger an dem dicken Rande berührt, die Salzsäure aus der Kugelröhre möglichst tropfenweise auf die darin befindliche Substanz fließen. Die entwickelte Kohlensäure drängt die Sperrflüssigkeit im inneren Rohr zurück. Hierbei ist zu beachten, daß die Flüssigkeit im Mantelrohr immer tiefer steht als die im Meßrohr. Ist sämtliche Salzsäure aus der Kugel ausgeflossen, so schüttelt man die Weithalsflasche mehrere Male kräftig um, bis keine Kohlensäure mehr entweicht, was daran zu erkennen ist, daß die Flüssigkeit im inneren Rohr nicht mehr sinkt. Bei reinem Kalkstein und Mergel tritt dies bald ein, bei ton- und lehmhaltigem Stein bedarf es jedoch etwas mehr Zeit. Mittels des Handgebläses wird nach Öffnen des Hahnes die Sperrflüssigkeit im äußeren Rohr bis zur Höhe der inneren Flüssigkeitssäule gehoben. Die abgelesene Anzahl Kubikzentimeter der entwickelten Kohlensäure entspricht dem Gehalt an Kalziumkarbonat.

Bei der Verwendung des Teilstriches 50 als Nullpunkt sind von dem abgelesenen Wert 50 cm³ abzuziehen.

Will man beliebige Mengen Untersuchungssubstanz verwenden, so entsprechen 100 cm³ entwickelte Kohlensäure so viel Gramm Kalziumkarbonat wie in der dem Apparat beigegebenen Tabelle angegeben sind.

Für den nächsten Versuch wird die Weithalsflasche abgehängt, die Säurekugel außen gut abgetrocknet und der Apparat, wie oben angeführt, mit Sperrflüssigkeit bis zum Nullpunkt oder zum Teilstrich 50 gefüllt.

Für die Durchführung der Bestimmung stellt man den Apparat an einem gut beleuchteten, Erwärmungen nicht zugänglichen Ort auf. Die Weithalsflasche darf man niemals in der vollen Hand, sondern stets vorsichtig mit den Fingerspitzen am Halse des Fläschchens halten. Der Gummischlauch bei A muß öfters innen angefeuchtet oder eingefettet werden. Man muß mit dem Ab-

lesen immer einige Sekunden warten, bis der Stand der Sperrflüssigkeit im
Rohr keine Veränderung mehr erleidet.

Statt des oben beschriebenen Apparates kann man sich auch selbst eine für
die Bestimmung geeignete Einrichtung zusammenbauen. Als Berechnungsgrundlage gilt ganz allgemein:

$$CO_2\% = \frac{v_0 \cdot 0{,}1977}{a}.$$

Hierin bedeutet v_0 das auf Normalbedingungen reduzierte, aus der Probe frei
gemachte Kohlendioxydvolumen in cm^3, und a das Gewicht der angewandten
Untersuchungsprobe in g.

Die volumetrische Methode ist bei einiger Vertrautheit rasch durchführbar,
weiterhin zuverlässig und genau. Sie kann, wie bereits erwähnt, sowohl für die
Untersuchung von Kalk als Kalkstein Anwendung finden.

Kaustizierversuch.

a) Nach H. L. Joachim[1]. Zu einer kochenden Lösung von 5 g Na_2CO_3 in
250 cm^3 Wasser fügt man 2,4 feingesiebten Ätzkalk. Man kocht 30 Minuten
lang und hält während dieser Zeit das Volumen konstant. Dann überführt man
das Ganze in einen 250-cm^3-Meßzylinder und beobachtet die Absitzgeschwindigkeit und das Absitzvolumen des Kalkschlammes. Von der überstehenden klaren
Lösung entnimmt man Proben, in welchen man das Ätznatron und das Gesamtalkali bestimmt, und zwar nach einer der weiter unten zu beschreibenden Methoden. Aus den erhaltenen Werten berechnet man die Kaustizität der Lösung.
Es ist diese:

$$k = \frac{NaOH}{NaOH + Na_2CO_3} \cdot 100.$$

Der Wert k (siehe: Untersuchung der Schmelzlaugen und der kaustizierten Laugen)
soll bei der Probe $82 \cdots 86$ ergeben, d. h. von dem Gesamtalkali soll dieser Prozentsatz in Hydrat übergeführt worden sein.

b) Nach der Vorschrift der Mead Pulp and Paper Co.[1]. Man benutzt
als zu kaustizierende Lösung eine solche von 200 g Na_2CO_3 in 1,5 l Wasser.
Sie wird erwärmt, worauf 100 g Kalk in erbsengroßen Stückchen eingetragen
werden. Nach erfolgtem Ablöschen des Kalkes erhitzt man weiter bis gerade zum
Sieden und erhält die Reaktionsmischung hierbei 1 Stunde. Nach dem Absitzen
bestimmt man wieder die Kaustizität. Die gröbere Form des Kalkes hat man
gewählt, um den Verhältnissen der Praxis näherzukommen.

1 g CaO vermag theoretisch 1,8906 g Na_2CO_3 in 1,427 g NaOH umzuwandeln.

Absitzgeschwindigkeit. Die Absitzgeschwindigkeit bei dem Kaustizierversuch bestimmt man vorteilhaft so, daß man, wie es auch Joachim vorschlägt, die gesamte Reaktionsflüssigkeit nach dem Versuch in einen Meßzylinder bringt, gut umschüttelt und jeweils die Höhe der Schlammschicht abliest, welche sich nach bestimmten Zeitintervallen einstellt. Die erhaltenen
Werte zeichnet man am besten graphisch auf. Da die Temperaturverhältnisse
nicht ohne Einfluß auf die Ergebnisse sind, muß man sie annähernd gleichhalten.

---

[1] Joachim: Paper Trade J. 54, 54 (1926).

Sulfat.

Allgemeines. Das in der Sulfatzellstoffindustrie benutzte Natriumsulfat ist wasserfreie oder kalzinierte Ware, auch Glaubersalz oder Sulfat (englisch sodium sulphate oder saltcake) genannt. Je nach der Art des Wiedergewinnungsverfahrens wird gemahlenes oder ungemahlenes Salz verwandt. Ungemahlenes gelangt meist zur Anwendung. Diese Ware besteht aus einem Gemenge von Salzklumpen verschiedener Größe und feinerem Salz. Der Gehalt an Na_2SO_4 schwankt in weiten Grenzen. Er geht bei hochwertiger Ware bis auf 99%, bei sonstiger liegt er zwischen 88$\cdots$98%. Von einer Durchschnittsware verlangt man mindestens 94$\cdots$95%, und ein geringerer Gehalt berechtigt zum Abzug vom Preis pro rata. — Die häufigsten Beimengungen und Verunreinigungen sind unlösliche Bestandteile — Sand —, Wasser, freie Schwefelsäure, Eisen als Eisen(II)sulfat, Kalzium als Gips, bis zu 1% Kochsalz und in manchen Sorten auch etwas Magnesiumsulfat. Die Untersuchung des Sulfats erstreckt sich auf die Feststellung der Art und der Menge dieser Bestandteile und die Ermittlung des Gehaltes an eigentlichem Natriumsulfat; außerdem ist die äußere Beschaffenheit zu begutachten.

Äußere Beschaffenheit. Es muß beachtet werden, ob das Salz klumpig oder fein ist, ferner welche Größe die Klumpen etwa haben. Salz, das sehr grobklumpig ist und große Stücke enthält, ist zumeist etwas ungleich in der Zusammensetzung. Im Innern der Klumpen kann man bisweilen noch nicht umgesetztes Kochsalz neben freier Säure feststellen. Solche Salze ändern auch während der Lagerung noch ihre Zusammensetzung. Am vorteilhaftesten sind natürlich gleichmäßig zusammengesetzte, feine oder nicht zu grobgeklumpte Sorten. Bei der Probenahme ist darauf zu achten, daß vom Groben und Feinen Material entsprechend ihrer Menge entnommen wird.

Feuchtigkeitsbestimmung. 5$\cdots$10 g Sulfat werden in einem geräumigen Wägeglas in dünner Schicht bei 100° einige Stunden lang getrocknet. Der Gewichtsverlust gibt die hygroskopische Feuchtigkeit an.

Bestimmung des Unlöslichen. Man löst eine genau gewogene Menge von etwa 20 g Sulfat in mäßig warmem Wasser und trennt das Unlösliche durch Filtrieren ab. Das Filter wird verascht und der Rückstand gewogen. Es ist zweckmäßig, das Filtrat sowie die hier erhaltenen Waschwässer in einem 200-cm³-Meßkolben aufzufangen und diese Lösung für weitere Untersuchungen zu benützen.

Bestimmung der freien Säure. Hierzu werden 25 cm³ der eben erwähnten Lösung mit $^n/_1$- oder $^n/_2$-Lauge unter Anwendung von Methylorange als Indikator bis zum Farbumschlag titriert. 1 cm³ $^n/_1$-NaOH zeigt 0,049 g H_2SO_4 an. Es ist üblich, die gesamte Azidität, also auch die etwa vorhandener Salzsäure oder sauer reagierender Salze, als Schwefelsäure auszudrücken.

Die Auflösung des Sulfates ist häufig mehr oder weniger gelblich gefärbt, ein Umstand, welcher das Titrieren mit Methylorange bisweilen unmöglich macht. In solchen Fällen ist es vorteilhaft, die Azidität auf jodometrischem Wege zu ermitteln. Man versetzt hierzu die abpipettierte Probe mit 5 cm³ einer Lösung von 3proz. Kaliumjodat und 1 cm³ 10proz. Kaliumjodidlösung. Es tritt bei Vorhandensein von Säure Jodabscheidung ein; die in Freiheit gesetzte

Jodmenge wird mittels $^n/_{10}$-Natriumthiosulfatlösung ermittelt. 1 cm³ dieser $^n/_{10}$-Lösung zeigt 0,0049 g H_2SO_4 an. Da man hier mit $^n/_{10}$-Lösungen arbeitet, muß man entsprechend geringere Mengen der Sulfatlösung anwenden oder sie weiter verdünnen.

Bestimmung des Eisens. 10 g Sulfat werden in Wasser gelöst; die Lösung wird zum Sieden erhitzt und durch zugefügtes Zinn(II)chlorid sämtliches vorhandene Eisen zu Oxydul reduziert. Der Überschuß des Zinnsalzes wird durch Zugabe von Quecksilberchloridlösung entfernt und die gesamte Lösung in einen geräumigen Titrierbecher gefüllt, welcher etwa 250···300 cm³ Wasser mit 2 g Mangansulfat und so viel Tropfen $^n/_{10}$-Kaliumpermanganat enthält, daß der Inhalt gerade gerötet wird. Man titriert nun die nach Zugabe der Sulfatlösung wieder entfärbte Flüssigkeit bis zur schwachen Rotfärbung. Es entspricht 1 cm³ $^n/_{10}$-Kaliumpermanganatlösung 0,005584 g Fe = 0,0072 g FeO = 0,0152 g $FeSO_4$.

Bestimmung der Tonerde. Man fällt in 25···50 cm³ der Vorratslösung das Aluminium und das Eisen in bekannter Weise als Hydroxyd. Von der erhaltenen Gewichtsmenge zieht man die sich aus der vorigen Bestimmung ergebende Menge FeO ab. Der Rest stellt das Aluminiumoxyd dar. 1 g Al_2O_3 = 3,35 g $Al_2(SO_4)_3$.

Bestimmung des Kalkes. Im Filtrat von der Tonerdebestimmung wird das Kalzium nach Zugabe von Ammonchlorid und Ammoniak mit Ammoniumoxalat gefällt; der Niederschlag wird filtriert, mit ammoniakhaltigem Wasser gewaschen, geglüht und als CaO zur Wägung gebracht. 1 g CaO = 2,43 g $CaSO_4$.

Hat eine Vorprobe ergeben, daß Magnesia in merkbaren Mengen vorhanden ist, so muß das gefällte und gewaschene Kalziumoxalat nochmals in verdünnter Salzsäure gelöst und dann die Fällung wiederholt werden, um im Niederschlag bei der ersten Fällung okkludiertes Magnesiumoxalat zu entfernen.

Bestimmung der Magnesia. Die Gesamtfiltrate (erste und zweite Fällung) von der Kalkbestimmung werden weitgehend eingeengt, worauf hierin das Magnesium als Pyrophosphat gefällt wird. Auch hier wird in bekannter Weise aufgearbeitet und der Niederschlag schließlich in einem Gooch- oder Neubauer-Tiegel zur Wägung gebracht. 1 g $Mg_2P_2O_7$ = 0,3621 g MgO = 0,541 g $MgSO_4$.

Bestimmung von Natriumchlorid. 20···50 cm³ der Vorratslösung werden genau neutralisiert, worauf nach Zusatz von etwa Kaliumchromatlösung mit $^n/_{10}$-Silbernitratlösung bis zur gelbroten Farbe titriert wird. Nach Abzug von 0,2 cm³ für den Indikator entspricht 1 cm³ $^n/_{10}$-Silberlösung = 0,00585 g NaCl = 0,007108 g Na_2SO_4.

Bestimmung des Natriumsulfates. Man löst eine genau gewogene Menge von etwa 1 g der Durchschnittsprobe des Salzes, fällt die Tonerde, das Eisen und das Kalzium mit Ammoniak und oxalsaurem Ammon, filtriert und dampft das Filtrat nach Zugabe einiger Tropfen reiner Schwefelsäure vorsichtig zur Trockne ein, und zwar am besten in einer Platinschale. Aus dem trockenen Rückstand vertreibt man durch ganz schwaches Glühen alle Ammonsalze, löst dann nochmals in wenig heißem Wasser und filtriert in eine gewogene Platinschale, in welcher man die Lösung auf dem Wasserbad bis zur Trockne eindampft. Den Salzrückstand erhitzt man über freier Flamme bei schwacher Rotglut so lange, bis keine Schwefelsäuredämpfe mehr entweichen. Man läßt abkühlen und wiegt. Zum Schaleninhalt gibt man dann ein wenig festes Ammonkarbonat, erhitzt von neuem bis alles Ammoniaksalz entfernt ist, und wägt wieder.

Der Rückstand enthält sämtliche Natriumsalze als Sulfat, ebenso etwa vorhandenes Magnesium in dieser Form.

Auswertung der Analyse. Vom Rückstand der Sulfatbestimmung zieht man das auf Sulfat umgerechnete Kochsalz (1 g NaCl entspricht 1,2137 g Na_2SO_4) und die gleichfalls auf schwefelsaures Salz umgerechnete Magnesia ab. Der erhaltene Wert stellt die Menge des vorhandenen Na_2SO_4 dar. Die Summe von Natriumsulfat, Kochsalz, Magnesiumsulfat, Gips, Eisen- und Tonerdesulfat, Wasser und freier Säure sowie unlöslichem Rückstand muß 100 ergeben.

Natriumbisulfat.

Dieses Salz, auch bloß Bisulfat oder saures Sulfat oder Weinsteinpräparat (englisch nitre cake) genannt, wird weniger zur Deckung der Alkaliverluste als zur Abscheidung des flüssigen Harzes benutzt. Früher fiel es in erheblichen Mengen bei der Herstellung der Salpetersäure an; seit deren Erzeugung aus der Luft steht es nur noch in beschränkten Mengen zur Verfügung. Es kommt entweder in größeren Klumpen oder in Kuchenform in den Handel; Weinsteinpräparat — eine reinere Sorte — wird immer in kleinen Stücken geliefert.

Der Gehalt an freier Schwefelsäure schwankt zwischen 15 $\cdots$ 40 %. Als Beimengungen kommt meistens etwas Kalziumsulfat (1 $\cdots$ 2 %) und hygroskopisches Wasser vor, daneben, je nach der Reinheit, mehr oder weniger Eisen.

Die Untersuchung erfolgt nach den gleichen Richtlinien wie die des neutralen **Sulfates.**

Soda.

Allgemeines. Außer Sulfat kommt in manchen Werken auch noch Soda zur Deckung der Alkaliverluste zur Anwendung. Die Soda kommt in den Handel teils als wasserfreies oder kalziniertes Salz, teils als kristallinische Ware. In der Industrie wird vorzugsweise wasserfreie Soda (englische Bezeichnung soda ash oder alkali 58 %) verwandt. Ihr Gehalt an Soda soll 98 $\cdots$ 100 % Natriumkarbonat betragen. Je nach der Herstellung kommen in ihr mehr oder weniger große Mengen von charakteristischen Verunreinigungen vor.

Bei Leblanc-Soda ist Sulfat, Ätznatron und Schwefelnatrium die häufigste Verunreinigung; bei Ammoniaksoda bestehen die Fremdstoffe aus Bikarbonat, Chlorid und allenfalls Ammoniak.

Eisen- und Aluminiumhydroxyd sollen nicht vorhanden sein.

Der Gehalt an Natriumkarbonat in der Soda wird in verschiedenen Ländern ganz unterschiedlich bezeichnet. In Deutschland bedeuten die „Grade" den Prozentgehalt der Soda an Natriumkarbonat. In England bezeichnet man mit „Graden" den Prozentgehalt an Natriumoxyd Na_2O in der Ware. Diese englischen oder Newcastler Grade sind jedoch infolge der Anwendung eines unrichtigen Atomgewichtes für Natrium etwa höher als der tatsächliche Gehalt. In Frankreich und Belgien gibt man die Grade nach DESCROIZILLES an. Die französischen Grade bedeuten diejenige Menge von Schwefelsäure, die von 100 Teilen der betreffenden Soda neutralisiert wird. Als Meßflüssigkeit stellt man sich eine Schwefelsäurelösung her, die genau 100 g Schwefelsäure im Liter enthält.

Folgende Tabelle gibt einen Vergleich der verschiedenen Grade. Diese Tabelle gilt auch für Ätznatron.

% Na_2O	40	50	55	58	60	70	75
Deutsche Grade (% Na_2CO_3)	68,39	85,48	94,03	99,16	102,58	119,69	128,23
Engl. (Newcastler) Grade	40,52	50,66	55,72	58,76	60,79	70,92	75,99
Descroizillesgrade	63,22	79,03	86,93	91,68	94,84	110,64	118,55
% NaOH	51,60	64,50	70,96	74,83	77,40	90,30	96,77

Die Kristallsoda enthält gewöhnlich etwa 62% Kristallwasser, so daß der Wirkungswert eines bestimmten Gewichtsteiles nur rund 37% von dem des gleichen an kalzinierter Soda beträgt. Als Verunreinigung findet sich hier gewöhnlich rund 1% Natriumsulfat vor. Sodavorräte müssen an einem trockenen Orte gelagert werden, da Soda bis zu 10% Feuchtigkeit anzieht. Die Probenahme zur Untersuchung muß aus sehr verschiedenen Teilen der Packung, Fässer oder Säcke, geschehen. Am besten bedient man sich eines Probestechers, um eine gute Durchschnittsprobe zu ziehen. Vor der titrimetrischen Bestimmung ist es erforderlich, eine Wasserbestimmung durchzuführen dadurch, daß man die Proben ausglüht. Das Glühen muß, um Kohlensäureverluste zu vermeiden, bei Temperaturen unter 300° geschehen; am sichersten wendet man einen im Sandbad stehenden Platintiegel an.

Die Titration wird nach einer Vereinbarung der deutschen Sodafabrikanten wie folgt ausgeführt: 2,6502 g des geglühten und wieder erkalteten Materials werden aufgelöst und ohne Filtration mit $^n/_1$-Salzsäure titriert; 1 cm³ $^n/_1$-Salzsäure zeigt bei Anwendung obiger Menge 2,0% Soda an. Als Indikator dient Methylorange, etwa 2 Tropfen einer Lösung von 1 Teil Methylorange in 1000 Teilen Wasser.

Ätznatron.

Bei Inbetriebsetzungen oder zur raschen Ausweitung des Alkalibestandes werden bisweilen Ätznatron und Natriumsulfid benutzt.

Ätznatron, auch kaustische Soda oder kaustisches Natron oder schlechthin Natron genannt, kommt gewöhnlich in fester Form, und zwar eingegossen in Blechtrommeln, in den Handel, doch wird es auch als wässerige Lauge in verschiedener Stärke geliefert. In Deutschland sind in der Hauptsache folgende 3 Sorten marktgängig:

Deutsche Grade	120	125	128
Entspricht NaOH % . .	90,3	94,3	96,6
Englische Grade	71,5	74,5	76,3

Die Ware wird nach dem Prozentgehalt an Ätznatron verkauft, doch wird dieser, wie aus der Aufstellung hervorgeht, zumeist auf Karbonat umgerechnet. Die Gradbezeichnung der Ware in anderen Ländern ist wieder die gleiche wie bei der Soda. Es entspricht demnach eine Ware mit 100% Ätznatron 132,5 deutschen Graden oder 78,5 Newcastler Graden oder endlich 122,5 Graden nach Decroizilles.

Als Lauge kommt das Natriumhydrat mit 36, 40 und maximal mit 50° Bé in den Handel. Es entsprechen diese Zahlen einem Gehalt von 30, 35 und 49 Gewichtsprozenten NaOH.

Die Probeentnahme muß mit genügender Geschwindigkeit geschehen, da Wasser- und Kohlensäureanziehung sehr rasch erfolgen, so daß sie selbst in wohlverschlossener Flasche noch bemerkbar sind. Bei der Durchschnittsprobe muß man Stücke verwerfen, die eine blinde Kruste aufweisen, gegebenenfalls die Kruste durch Abkratzen entfernen. Bei Probeentnahme aus den Trommeln muß man Stücke aus sehr verschiedenen Teilen des Ätznatronblockes zur Untersuchung bringen. Das in die Trommeln im geschmolzenen Zustande eingegossene Ätznatron erstarrt naturgemäß in den äußeren Schichten rascher als in der Mitte. In den länger flüssigen Anteilen sammeln sich die Verunreinigungen an.

Die Bestimmung des Gesamtalkalis geschieht wie folgt:

50 g der Ätznatronprobe werden in 1 l aufgelöst und 50 cm^3 der Lösung — 2,5 g der Substanz — mit $^n/_1$-Säure und Methylorange titriert. Diese Titration wird der Berechnung in Graden zugrunde gelegt.

Zur Bestimmung des eigentlichen Ätznatrongehaltes wird zunächst mit Säure unter Anwendung von Phenolphthalein titriert, bis die rote Farbe eben verschwunden ist, was eintritt, wenn die vorhandene Soda in Natriumbikarbonat umgesetzt ist. Hierauf wird Methylorange zugesetzt und weiter bis zum Auftreten der Rotfärbung titriert. Sind zur ersten Titration n cm^3, zur zweiten allein m cm^3 verbraucht, so entsprechen 2 m dem vorhandenen Natriumkarbonat, $n - m$ dem vorhandenen Natriumhydroxyd. 1 cm^3 $^n/_1$-Säure neutralisiert 0,04 g NaOH oder 0,053 g Na_2CO_3.

Die Bestimmung des im Ätznatron enthaltenen Wassers erfolgt in einem Erlenmeyerkolben von etwa $^1/_4$ l Inhalt, dessen Boden gerade von der Probe bedeckt wird. Auf diesen Kolben wird nach Einfüllen des Ätznatrons ein Trichterchen aufgesetzt, worauf man in einem Sandbade 3$\cdots$4 Stunden auf 150° erhitzt. Durch das Aufsetzen des Trichters wird Kohlensäureabsorption verhindert. Den Kolben läßt man an freier Luft erkalten und wägt dann zurück.

Die Titration der fertig gelieferten Natronlauge wird sinngemäß in ähnlicher Weise vollzogen. Die für den technischen Gebrauch hergestellten Lösungen können annähernd auch durch bloße Aräometerbestimmung unter Einhaltung der üblichen Vorsichtsmaßregeln (insbesondere richtiger Temperatur) geprüft werden.

Natriumsulfid.

Das Schwefelnatrium kommt für technische Zwecke mit 60$\cdots$70% Na_2S eingeschmolzen in eisernen Trommeln in den Handel. Neben dem Sulfid sind meist noch andere Alkalisalze von der Darstellung her (Chlorid, Karbonat und Sulfat) sowie Eisen und Tonerde vorhanden.

Zur Untersuchung löst man eine gute Durchschnittsprobe von 10 g in 1 l Wasser. Die Lösung setzt sehr rasch das als Sulfid vorhandene Eisen ab. Man filtriert den Niederschlag ab, wäscht ihn, löst ihn dann in einem Überschuß verdünnter Salzsäure wieder auf und reduziert die erhaltene Lösung mit Zink. In ihr wird durch Titration mit $^n/_{10}$-Kaliumpermanganatlösung das Eisen quantitativ ermittelt.

In dem klaren von Eisensulfid befreiten Filtrat bestimmt man 1. mit $^n/_1$-Salzsäure und Methylorange als Indikator die Summe von $Na_2CO_3 + Na_2S$. In einer weiteren Probe des Filtrats ermittelt man 2. mit $^n/_{10}$-Jodlösung das vorhandene Na_2S. Aus 1 und 2 läßt sich das vorhandene Karbonat berechnen. Eine dritte Probe wird mit Brom oder alkalischer Wasserstoffsuperoxydlösung oxydiert. Man fällt anschließend mit Bariumchlorid und erhält so 3. das ursprünglich vorhanden gewesene Na_2SO_4 und das Sulfid als Sulfat. Aus 2 und 3 kann dann das Sulfat ermittelt werden. Das Natriumchlorid kann, wie bei der Untersuchung des Sulfats beschrieben, nach Oxydation mittels Wasserstoffsuperoxyd und dann erfolgender Vertreibung seines Überschusses bestimmt werden.

Untersuchung der Schmelzlaugen und der kaustizierten Laugen.

Allgemeines. Neben belanglosen Verunreinigungen enthalten die Frischlaugen oder Weißlaugen, wie die Schmelz- oder Grünlaugen Natriumhydroxyd, Natriumsulfit, Natriumsulfid, Natriumkarbonat und Natriumsulfat sowie meist geringe Mengen Natriumsilikat. Für den Fall, daß nicht mit Sulfat als Rohstoff gearbeitet wird, sondern die Verluste an Natriumverbindungen allein durch Soda gedeckt werden, kommen nur Natriumhydroxyd und Natriumkarbonat in Betracht. Die Kontrolle der Frischlaugen allein durch Bestimmung des spezifischen Gewichtes mit dem Aräometer ist ungenügend, da hierbei nichts über das wichtige Verhältnis von Natriumhydroxyd und Natriumsulfid zu Gesamtalkali oder über den Grad der Kaustizierung ausgesagt wird. Außerdem kann die noch häufig geübte Bestimmung des spezifischen Gewichts heißer Laugen mit Aräometer, die für 15° geeicht sind, zu großen Irrtümern Veranlassung geben.

Eine ausführliche Vorschrift zur Ermittlung der Bestandteile der Weißlaugen haben LUNGE und LOHÖFER[1] gegeben. Die Leitgedanken dieser für die laufende Betriebskontrolle allerdings zu umständlichen Methode sind die folgenden.

In der Frischlauge kann man das Gesamtalkali, d. h. die Summe von Natriumhydroxyd, Natriumsulfid, Natriumsulfit und Natriumkarbonat durch Titration mit Normalsäure und zwei Indikatoren bestimmen. Der Indikator Phenolphthalein zeigt von den vorgenannten Stoffen an $NaOH + {}^1/_2 Na_2S + {}^1/_2 Na_2CO_3 + Na_2SiO_3$, der Indikator Methylorange zeigt an: $Na_2CO_3 + NaOH + Na_2S + Na_2SiO_3 + {}^1/_2 Na_2SO_3$. Ferner gestatten jodometrische Bestimmungen die Ermittlung der Summe von Sulfit und Sulfid, wie auch die von Sulfit allein. Endlich ist es möglich, auf gewichtsanalytischem Wege nach Eindunsten der Lauge und Abrauchen des Rückstandes mit Salzsäure in üblicher Weise die Kieselsäure zu ermitteln. Ein Berechnungsbeispiel für diese Methode wird unten im Abschnitt „Untersuchung der Schmelzsoda" gegeben.

Statt dieser alle Bestandteile der Laugen erfassenden Methode wendet man in den Zellstoffwerken zumeist solche Untersuchungsverfahren an, welche sich auf die Bestimmung der Hauptbestandteile beschränken. Weitverbreitet ist die Anwendung einer schon von KIRCHNER gegebenen Methode, bei der man einerseits das Gesamtalkali mit Methylorange und Säure, andererseits das wirksame Alkali in einer mit Bariumchlorid behandelten Laugenprobe durch Titration mit Säure unter Anwendung von Phenolphthalein als Indikator ermittelt. Eine dritte Titration mit Jod ergibt das Sulfid, und das Ergebnis aller drei Bestimmungen ermöglicht die Berechnung der vorhandenen Mengen an Na_2CO_3, $NaOH$ und Na_2S.

Durch Bariumchlorid wird in der Laugenprobe die Soda ausgefällt, das ent-

---

[1] LUNGE u. LOHÖFER: Z. angew. Chem. **14**, 1125 (1901).

stehende Bariumsulfid spaltet sich in lösliches Sulfhydrat und Bariumhydroxyd, so daß man in der Lösung die obigen Stoffe mit Ausnahme der Soda und des löslichen Natriumsulfits, welches in unlösliches Bariumsulfit übergeht, titrieren kann. Da die Frischlaugen meist nur wenig Silikat enthalten, ist diese Methode anwendbar.

NIELSEN[1] hat für Laugen der Holzzellstoffabriken vorgeschlagen, zur Umgehung dieser Jodtitration die Soda, wie oben beschrieben, mit Bariumchlorid zu fällen und das Filtrat mit Hilfe der zwei Indikatoren Phenolphthalein und Methylorange auf seinen Gehalt an Natriumsulfid zu prüfen. Der Indikator Phenolphthalein gibt hier die Summe von $NaOH + \frac{1}{2} Na_2S$ an, der Indikator Methylorange die Summe von $NaOH + Na_2S$. Bestimmt man noch das Gesamtalkali durch Titration einer zweiten Laugenprobe mit Säure und Methylorange, so hat man auch hier die erforderlichen Grundlagen, um die genannten drei Hauptbestandteile der Laugen errechnen zu können, und zwar bei alleiniger Anwendung von Säure als Meßflüssigkeit.

Den gleichen Gedanken wie NIELSEN verfolgt BERGMAN[2]. Wird der Kieselsäuregehalt und der Sulfitgehalt vernachlässigt, was bei der Kochung von Holz zulässig ist, so wird die Bestimmung der Weißlauge mit nur einer Meßflüssigkeit unter Anwendung zweier Indikatoren auch noch auf andere Art möglich.

Für die sich abspielenden titrimetrischen Vorgänge hat BERGMAN folgenden Gedankengang und nachstehende Formelzusammenstellung gegeben.

Zieht man in Betracht, daß der Silikatgehalt bei Herstellung von Zellstoff aus Holz gering und der Sulfitgehalt ebenfalls nicht sehr bedeutend ist, kann man, um eine einfache annähernde Bestimmung der wichtigsten Bestandteile der Lauge zu ermöglichen, annehmen, daß man bei Verwendung von Methylorange als Indikator in der Hauptsache titriert:

$$\text{I.} \quad Na_2CO_3 + NaOH + Na_2S$$

sowie mit Phenolphthalein als Indikator:

$$\text{II.} \quad \tfrac{1}{2} Na_2CO_3 + NaOH + \tfrac{1}{2} Na_2S.$$

Die zur Berechnung der drei Unbekannten Na_2CO_3, $NaOH$, Na_2S nötige dritte Gleichung kann man auf zweierlei Weise erhalten. Man kann einmal Na_2S jodometrisch bestimmen, dabei bewußt übersehen, daß die Gegenwart von Sulfit einen zu hohen Wert für diese Menge bedingt. Man erhält dann die dritte Gleichung mit dem Wert für das Sulfid:

$$\text{III.} \quad Na_2S.$$

Die Aufgabe läßt sich indes einfacher lösen, unter Anwendung von nur einer Titrierflüssigkeit, nämlich Säure. Zu diesem Zweck bedient man sich des bekannten Verfahrens, kaustische Alkalien in Gegenwart von Karbonat mittels Titration mit Säure nach Zusatz eines Überschusses von Bariumchloridlösung zu bestimmen; hierdurch ermittelt man mit Phenolphthalein als Indikator:

$$\text{IV.} \quad NaOH + \tfrac{1}{2} Na_2S.$$

Je nachdem, wie man drei der obigen vier Bestimmungsarten verbindet, erhält man etwas verschiedene Verfahren zur Ermittlung und Berechnung von

[1] NIELSEN: Papierfabrikant 11, 1441 (1913).
[2] BERGMAN, G. K.: Zellstoff u. Papier 1, 95—99 (1921).

Karbonat, Hydroxyd und Sulfid. Bezeichnet man die bei den Titrationen verbrauchte Anzahl Kubikzentimeter Normallösung auf eine gewisse Menge Lauge, z. B. so:

10 cm³ Lauge bei der Titration mit Säure, Methylorange $= a$ cm³ $^n/_1$,
10 cm³ Lauge bei der Titration mit Säure, Phenolphthalein $= b$ cm³ $^n/_1$,
10 cm³ Lauge bei der Titration mit Säure, Bariumchlorid
                             und Phenolphthalein $= c$ cm³ $^n/_1$,
10 cm³ Lauge bei der Titration mit Säure und Jod $= d$ cm³ $^n/_1$,

so erhält man folgende Ausdrücke und aus ihnen berechnete Werte für Na_2CO_3, $NaOH$ und Na_2S in 10 cm³ Lauge, ausgedrückt in a, b, c und d:

Nur alkalimetrische Titrationen:

$$\text{I.} \quad Na_2CO_3 + NaOH + Na_2S \quad = a.$$
$$\text{II.} \quad {}^1/_2 Na_2CO_3 + NaOH + {}^1/_2 Na_2S = b.$$
$$\text{IV.} \quad NaOH + {}^1/_2 Na_2S \quad\quad\quad = c.$$
$$Na_2CO_3 = 2(b-c) \quad\quad \text{cm}^3 \, {}^n/_1.$$
$$NaOH \;= 2b - a \quad\quad\quad\quad \text{,, ,,}$$
$$Na_2S \;\; = 2(a+c-2b) \;\; \text{,, ,,}$$

Alkalimetrische und jodometrische Titration:

A.
$$\text{I.} \quad Na_2CO_3 + NaOH + Na_2S \quad = a \; \text{cm}^3 \, {}^n/_1.$$
$$\text{II.} \quad {}^1/_2 Na_2CO_3 + NaOH + {}^1/_2 Na_2S = b \;\; \text{,, ,,}$$
$$\text{III.} \quad Na_2S \quad\quad\quad\quad\quad\quad\quad = d \;\; \text{,, ,,}$$
$$Na_2CO_3 = 2(a-b) - d \;\; \text{,, ,,}$$
$$NaOH \;= 2b - a \quad\quad\quad \text{,, ,,}$$
$$Na_2S \;\; = \quad\quad\quad d \quad\quad \text{,, ,,}$$

B.
$$\text{I.} \quad Na_2CO_3 + NaOH + Na_2S = a \; \text{cm}^3 \, {}^n/_1.$$
$$\text{III.} \quad Na_2S \quad\quad\quad\quad\quad\quad = d \;\; \text{,, ,,}$$
$$\text{IV.} \quad NaOH + {}^1/_2 Na_2S \quad\quad = c \;\; \text{,, ,,}$$
$$Na_2CO_3 = a - c - {}^1/_2 d \; \text{cm}^3 \, {}^n/_1.$$
$$NaOH \;= c - {}^1/_2 d \quad\quad \text{,, ,,}$$
$$Na_2S \;\; = d \quad\quad\quad\quad \text{,, ,,}$$

Von diesen drei Vorschlägen ist der nur alkalimetrische ohne Zweifel der einfachste, da nur eine einzige Titrierflüssigkeit und zwei Indikatoren nötig sind, was bei der Betriebskontrolle ein unbestreitbarer Vorteil ist. LUNGE und LOHÖFER verwerfen allerdings die Anwendung der Bariumchloridmethode in Gegenwart von Silikat, da hierbei nach ihren Angaben nur ein Teil des Silikats, $50 \cdots 60\%$, aus der Lösung gefällt wird.

Nach BERGMAN bleibt der Gehalt an Silikat und Sulfit während des Betriebes einigermaßen konstant, die Analysenergebnisse werden sonach in vollständig befriedigender Weise die wechselnden Mengen der Hauptbestandteile Hydroxyd, Sulfid und Karbonat darstellen. Auf rein mathematischem Wege kann man leicht veranschaulichen, wo die Fehler sich ausgleichen, und wo sie sich häufen. So z. B. stellt man fest, daß man bei Anwendung der alkalimetrisch-jodometrischen Methode A bei der Berechnung des Karbonats nach der Formel $Na_2CO_3 = 2(a-b) - d$ stets einen völlig exakten Wert für diese Menge erhält, was darauf beruht, daß bei der Berechnung der Einfluß der Silikat- und Sulfitmengen, wenn sie auch noch so groß sind, vollständig ausgeschaltet wird; aber andererseits ist leicht nachzuweisen, daß die Werte für das Karbonat bei An-

10*

wendung der allein alkalimetrischen Methode $Na_2CO_3 = 2\,(b - c)$ in den meisten Fällen zu hoch ausfallen, da der Silikatfehler in dieser Menge erscheint. In letzterem Falle spielen jedoch auch zwei chemische Faktoren eine Rolle, nämlich die bekannte Tatsache, daß bei Titration von Karbonaten mit Phenolphthalein als Indikator der Umschlag selten genau auf dem Punkte eintritt, wo die Hälfte des Karbonats neutralisiert ist, und die berührte Ungenauigkeit bei der Bariumchloridmethode.

Daß der Sulfidgehalt bei der jodometrischen Titration, die Bestimmung von d, immer um so viel zu hoch ausfällt, wie der Sulfitgehalt der Lauge bedingt, liegt in der Natur der Sache. Mit hin und wieder ausgeführten Kontrollbestimmungen von Silikat und Sulfit kann man leicht überwachen, ob die Fehler angemessene Grenzen überschreiten, und wenn dies der Fall ist, kann man durch Einführung geeigneter Korrekturen die Werte richtigstellen.

Zu diesen Ausführungen ist, soweit in ihnen vom Einfluß der Kieselsäure die Rede ist, noch folgendes zu bemerken. S. Köhler[1] hat nachgewiesen, daß Lunges und Lohöfers Feststellungen über die Fehler, die der Bariumchloridmethode bei Gegenwart von Silikaten anhaften, nicht unter allen Verhältnissen zutreffen. Er zeigte an Hand einer größeren Versuchsreihe, daß die Reaktion:

$$Na_2SiO_3 + BaCl_2 \rightarrow 2\,NaCl + BaSiO_3$$

bei Einhaltung bestimmter Bedingungen praktisch genommen vollständig von links nach rechts verläuft, also zu einer vollkommenen Ausfällung des Silikates führt. Solche Bedingungen lassen sich bei Ausführung der Bestimmung ohne Schwierigkeiten einhalten.

Eine Frage, welche bei diesen Titrationen noch besonderer Erörterung bedarf, ist die, welche Indikatoren hierfür zweckmäßig anzuwenden sind. Es ist eine längt bekannte Tatsache und oben ist ihrer bereits flüchtig Erwähnung getan worden, daß gerade Phenolphthalein für diese Titrationen kein einwandfreier Indikator ist. Auch gegen Methylorange läßt sich einwenden, daß sein Umschlag für manche Augen und besonders bei künstlichem Licht der genügenden Schärfe entbehrt. E. Oeman hat hierdurch angeregt, die bisherige Art der Titration dieser Laugen einer kritischen Prüfung unterworfen. Er empfiehlt auf Grund seiner Versuchsergebnisse die Anwendung anderer genauer und schärfer arbeitender Indikatoren. Oeman[2] fand, daß die bei der Titration der Karbonat- und kaustizierten Laugen mit Säure auftretenden drei charakteristischen Indikationspunkte durch folgende Wasserstoffionenkonzentrationen gekennzeichnet sind:

$$p_H = 11{,}0 \text{ für die Neutralisation von } NaOH + {}^1/_2Na_2S,$$
$$p_H = 9{,}0 \text{ für die Neutralisation von } NaOH + {}^1/_2Na_2S + {}^1/_2Na_2CO_3,$$
$$p_H = 4{,}0 \text{ für die Neutralisation von } NaOH + Na_2S + Na_2CO_3.$$

Diesen Wasserstoffionenkonzentrationen entsprechen die Umschläge folgender Indikatoren:

$p_H = 11{,}0$ Nilblau bei Umschlag von Rot alkalisch nach Blaurot sauer.

$p_H = 9{,}0$ Thymolblau beim Umschlag von Blau alkalisch nach Gelb sauer.

$p_H = 4{,}0$ Bromphenolblau beim Umschlag von Blau alkalisch nach Gelb sauer.

---

[1] Köhler, S.: Tekn. Tidskr., Abt. Chemie **50**, 208 (1920).
[2] Oeman, E.: Maßanalytische Verfahren. Berlin: Papier-Ztg. 1928.

Die Anwendung von Phenolphthalein, das seinen Umschlagspunkt bei p_H 8,0$\cdots$10,0 hat, muß für den zweiten Indikationspunkt selbst für die Verhältnisse der Praxis viel zu ungenaue Werte ergeben. Tatsächlich hat OEMAN bei seiner Benutzung Abweichungen von 5$\cdots$10% vom wahren Wert beobachten können.

Mit Hilfe der drei genannten Indikatoren wäre es möglich, auch die Titration der Sulfatlaugen allein mit Säure auszuführen, ohne daß von der sonst erforderlichen Bariumchloridmethode Gebrauch gemacht wird. Einer solchen Arbeitsweise steht aber die Tatsache entgegen, daß der Umschlag des Indikators Nilblau von Rot nach Blaurot nur für geübte Augen gut wahrzunehmen ist. Deshalb ist es empfehlenswert, die oben mit c bezeichnete Titration zur Bestimmung des Wertes von $NaOH + {}^1/_2 NaS$ nach der Ausfällung des Karbonates mit Bariumchlorid durchzuführen; hierbei wird nun wieder Nilblau angewandt, aber diesmal bis zu dessen ausgeprägtem und starkem Umschlag nach Blau titriert. In diesem Zusammenhang hat OEMAN nachgewiesen, daß es zwecks Erhalt einwandfreier Werte richtig ist, diese Titration c in Gegenwart der Fällung vorzunehmen und nicht etwa so zu verfahren, daß man den Niederschlag sich absetzen läßt und nur klare Lösung zur Bestimmung benutzt. Es hat sich nämlich gezeigt, daß der ausfallende Niederschlag stets Alkali absorbiert, so daß bei seiner Entfernung immer etwas zu niedrige Werte gefunden werden.

Da die rein titrimetrischen Methoden mit Indikatoren, die, wie oben angeführt, bei der Untersuchung der Laugen manche Mängel aufweisen, hat man in neuerer Zeit Untersuchungen[1] angestellt, wie weit die Einführung elektrometrischer Titrationsmethoden, und zwar solcher auf konduktometrischer Basis hier möglicherweise Vorteile böte. Diese Versuche können noch nicht als endgültig abgeschlossen betrachtet werden. Man kann aber sagen, daß die bisherigen Ergebnisse als ermutigend bezeichnet werden können. Allerdings ist es auch mittels konduktometrischer Titrationsmethoden bislang nicht möglich, etwa für die wichtigsten Bestandteile der Laugen — Ätznatron, Sulfid und Karbonat — Einzelbestimmungen durchzuführen; wie bei den gewöhnlichen Titrationen ergeben sich auch hier vorerst Zwischenwerte, mit deren Hilfe die Gehalte an den genannten Bestandteilen errechnet werden müssen. Es unterliegt auch keinem Zweifel, daß einstweilen die Hauptanwendungsmöglichkeit dieser Art der Untersuchung auf dem Gebiet der weniger durchsichtigen Grün- und Schmelzlaugen und der stark dunkel gefärbten Schwarzlaugen liegt. Da ihre Anwendung aber ebensogut bei den Weißlaugen erfolgen kann, sind die Grundlagen der konduktometrischen Titrationsmethoden der Laugen bereits in diesem Abschnitt beschrieben.

Durchführung der einzelnen Titrationen. Zwecks Ermittlung der Werte für a, b und c werden 5 oder 10 cm³ der Lauge mit destilliertem Wasser auf das Fünffache verdünnt, 5 Tropfen Bromphenolblau (oder Methylorange) zugegeben und dann mit $^n/_2$- oder $^n/_1$-Salzsäure auf Gelb (Rot) titriert. Das Ergebnis zeigt an $a = Na_2CO_3 + NaOH + Na_2S$, also das Gesamtalkali. Eine zweite gleiche Probe titriert man unter Anwendung von Thymolblau (oder Phenolphthalein) bis zum Umschlag nach Gelb (farblos). Das Ergebnis zeigt $b = NaOH + {}^1/_2 Na_2CO_3 + {}^1/_2 Na_2S$ an.

---

[1] WHITTEMORE, E. R., S. I. ARONOVSKY u. D. F. J. LYNCH: Paper Trade J. **108**, 203 (1939).

Bariumchloridmethode für Holzzellstofflaugen mit niedrigem Kieselsäuregehalt. Man verdünnt die Laugenprobe von 5 oder 10 cm^3 auf etwa das doppelte Volumen und fügt einen Überschuß von Bariumchloridlösung hinzu. Für die meisten Fälle werden hierzu $15 \cdots 20$ cm^3 20proz. Bariumchloridlösung ausreichend sein. Ohne das vollständige Absetzen des Niederschlages abzuwarten, titriert man nach etwa einer Minute nach Zusatz von 5 Tropfen Nilblau (Phenolphthalein) mit $^n/_2$- oder $^n/_1$-Säure bis zum Umschlag von Rot nach Graublau (Farbloswerden). Man erhält auf diese Weise den Wert $c = NaOH + ^1/_2 Na_2S$ oder $NaOH + NaHS$. Es ist zweckmäßig, den Indikator erst gegen Ende der Titration zuzusetzen.

Bariumchloridmethode für Laugen mit größerem Kieselsäuregehalt. Um eine vollständige Ausfällung des Silikats zu erzielen, darf die Lauge, auf das Gesamtalkali gerechnet, nicht stärker verdünnt werden als auf 0,5 normal, und die Ausfällung ist bei Siedetemperatur vorzunehmen. Nach KÖHLERS Angaben läßt man den gebildeten Niederschlag sich absetzen und titriert eine Probe der darüberstehenden klaren Lösung mit Methylorange (Nilblau). Man erhält in diesem Falle als Endwert $e = Na_2S + NaOH$. Es sei noch bemerkt, daß das Titrieren der klaren Lösung einen kleinen Fehler bedingen wird, teils weil der Niederschlag etwas Alkali adsorbiert, teils weil sein eigenes Volumen vernachlässigt wird. Die Ausfällung nimmt man hier am besten in einem Meßkolben vor, um nach ihrer Durchführung auf ein bestimmtes Volumen verdünnen zu können.

Bestimmung des Sulfids. 10 cm^3 Lauge werden mit destilliertem Wasser auf 100 cm^3 verdünnt und hiervon 10 cm^3 zur Titration mit $^n/_{10}$-Jodlösung verwandt. Diese Titration wird zur Vermeidung von Verlusten an Schwefelwasserstoff zweckmäßig so ausgeführt, daß man in eine geräumige, mit etwa 100 bis 150 cm^3 destilliertem Wasser gefüllte Porzellanschale genügend Essigsäure gibt, um die Laugenprobe zu neutralisieren, und' außerdem so viel Jodlösung, daß wenigstens der allergrößte Teil des Sulfids bereits bei der Zugabe der Laugenprobe umgesetzt wird. Die hierzu erforderliche Jodmenge kennt man zumeist aus Erfahrung, nötigenfalls wird sie durch einen Vorversuch ermittelt. In diese Jodlösung läßt man dann vorsichtig unter mäßigem Umrühren die Laugenprobe einlaufen. Nach Zusatz von etwas Stärkelösung titriert man bis zum Auftreten der Blaufärbung. Direkte Titration der angesäuerten Laugenprobe gibt bis zu 10% zu kleine Werte. Das Ergebnis dieser Titration zeigt an $d = Na_2S + $ verschiedene andere schwefelhaltige Verbindungen. (Siehe nachstehend.)

Zur Bestimmung der übrigen schwefelhaltigen Verbindungen in der Lauge. Mit der Jodtitration wird, wie schon erwähnt, nicht allein das Sulfid erfaßt, vielmehr wirken auf ihr Ergebnis noch eine Reihe anderer in der Lauge vorkommender Verbindungen des Schwefels ein. Neben Polysulfiden sind das Thiosulfat und Sulfit. Die genaue Ermittlung von Sulfid und Sulfit kann bei der Kontrolle des Schmelzofenbetriebes gelegentlich erforderlich sein, weshalb hier etwas näher darauf eingegangen werden soll. Die in der älteren Literatur angegebenen Methoden zur Bestimmung der einzelnen Schwefelverbindungen sind erfahrungsgemäß nicht sehr genau[1]. Dies gilt besonders von der Zink-

---

[1] KURTENACKER, A., u. R. WOLLAK: Z. anorg. allg. Chem. **161**, 201 (1927). — Man vgl. auch A. KURTENACKER: Analytische Chemie der Sauerstoffsäuren des Schwefels. Stuttgart 1938.

und Kadmiumazetatmethode, bei welcher vor der Ermittlung des Sulfits das Sulfid durch das Zink- oder Kadmiumsalz ausgefällt wird. Die hierbei erhaltene voluminöse, stark adsorbierende Sulfidfällung ist doch niemals frei von Sulfit, vielmehr wird stets eine nicht unbeträchtliche Menge hiervon mit niedergerissen.

Bei der Ermittlung der verschiedenen Schwefelverbindungen kann man so verfahren, daß man den mengenmäßig am stärksten vertretenen Sulfidschwefel zuerst entfernt, und zwar entweder durch Ausfällung als Metallsulfid, oder aber durch Verflüchtigen als Schwefelwasserstoff, worauf dann in dem rückständigen Reaktionsgemisch Sulfit und Thiosulfat ermittelt werden können. Statt dessen kann man aber auch, wie von SIEBER[1] angegeben, direkte Bestimmungsmethoden für die Ermittlung von Sulfid, Sulfit und Thiosulfat anwenden. Bei den kleinen Mengen, welche von den beiden letztgenannten Verbindungen zumeist anwesend sind, sollte man grundsätzlich Differenzmethoden vermeiden.

Abscheidung des Sulfids nach KURTENACKER[2]. Statt des, wie oben erwähnt, mangelhaften Zink- oder Kadmiumazetatverfahrens empfiehlt KURTEN-ACKER die Anwendung von jeweils für die Bestimmung frisch gefälltem Zinkkarbonat, das, wie übrigens auch frisch dargestelltes Kadmiumkarbonat, die Eigenschaft besitzt, körnige Sulfidniederschläge zu geben, die kein nennenswertes Adsorptionsvermögen gegenüber den übrigen schwefelhaltigen Bestandteilen des Gemisches besitzen. Zur Herstellung der Aufschwemmung von Zinkkarbonat hält man zwei wäßrige Lösungen vorrätig, von denen die eine 200 g/l Zinksulfat ($ZnSO_4 \cdot 7H_2O$) und die andere 100 g/l Natriumkarbonat (Na_2CO_3) enthält. Unmittelbar vor dem Gebrauch versetzt man 25 cm^3 der Zinksulfatlösung unter beständigem Rühren mit 25 cm^3 der Natriumkarbonatlösung. Diese 50 cm^3 Mischung werden im allgemeinen für die Fällung von 20 cm^3 Weiß- oder Grünlauge reichen. Man gibt diese Menge Lauge in einen 200 cm^3 fassenden Meßkolben, versetzt zwecks Verhinderung von Oxydation mit einigen Kubikzentimetern Glyzerin oder Alkohol, verdünnt bis auf etwa 130 cm^3 und gibt nun die 50 cm^3 der Suspension von Zinkkarbonat hinzu. Nachdem dann bis zur Marke aufgefüllt worden ist, filtriert man durch ein Faltenfilter und fängt das Filtrat in einem trockenen Gefäß auf.

Bestimmung von Sulfit und Thiosulfat im Filtrat[2]. 25 $\cdots$ 50 cm^3 des Filtrats werden mit 50 cm^3 Formaldehyd (40 proz) versetzt, 5 Minuten stehengelassen, wodurch vorhandenes Sulfit in das gegen Jod beständige Formaldehydbisulfit verwandelt wird. Man säuert dann mit Essigsäure an und titriert nach Zusatz von Stärkelösung mit $^n/_{10}$-Jodlösung. Der auf das Gesamtvolumen umgerechnete Jodverbrauch a entspricht dem vorhandenen Thiosulfat. 1 cm^3 $^n/_{10}$-Jod entspricht 0,0158 $Na_2S_2O_3$.

Einen weiteren Anteil des Filtrats läßt man in mit Essigsäure angesäuerte überschüssige $^n/_{10}$-Jodlösung einfließen, worauf man den Jodüberschuß mit $^n/_{10}$-Natriumthiosulfatlösung zurücktitriert. Man erhält auf diese Weise die Summe von Sulfit und Thiosulfat. Ist der auf das Gesamtvolumen umgerechnete Jodverbrauch b, so ergibt sich der Gehalt an Sulfit zu $\dfrac{b-a}{2} \cdot 0{,}0063$ g Na_2SO_3.

[1] SIEBER, R.: Papierfabrikant 21, 91 (1923).
[2] KURTENACKER, A.: Analytische Chemie der Sauerstoffsäuren des Schwefels, Stuttgart 1938.

Für die direkte Ermittlung der verschiedenen Schwefelverbindungen hat SIEBER[1] die nachstehenden Vorschriften gegeben.

Bestimmung von Sulfid. Die Bestimmung beruht auf folgendem. Gibt man zu Alkalisulfid, das sich in einem von Luft abgeschlossenen und mit Kohlensäure gefüllten Kolben befindet, Magnesiumchlorid und erhitzt zum Sieden, so spielen sich folgende Reaktionen ab:

$$2\,Na_2S + 2\,MgCl_2 + 2\,H_2O = Mg(SH)_2 + Mg(OH)_2 + 4\,NaCl$$
$$Mg(SH)_2 + 2\,H_2O = Mg(OH)_2 + 2\,H_2S.$$

Der gebildete Schwefelwasserstoff kann durch weiter durchgeleitete Kohlensäure ausgetrieben werden, und in einer vorgelegten, mit Jod gefüllten Zehnkugelröhre aufgefangen werden.

Zur Ausführung der Bestimmung benutzt man einen 500 cm³ fassenden Erlenmeyerkolben, der einerseits mit einem Kohlensäureapparat, andererseits mit einer Zehnkugelröhre verbunden ist. Der Verschlußpfropfen des Kolbens ist außer mit den Zu- und Ableitungsrohren noch mit einem Tropftrichter versehen. Man füllt in den Kolben etwas Wasser und 20 cm³ der auf das Zehnfache verdünnten Lauge; man vertreibt die Luft durch Ingangsetzen des Kohlensäureapparates und läßt dann aus dem Tropftrichter Magnesiumchloridlösung zutropfen. Hiervon muß genügend angewandt werden, um auch das vorhandene Alkali umzusetzen. Der Tropftrichter wird dann wieder verschlossen und nun der Inhalt des Kolbens unter dauerndem Durchleiten der Kohlensäure bis zum Sieden erhitzt. Nachdem man sich überzeugt hat, daß kein weiterer Schwefelwasserstoff mehr entweicht, unterbricht man die Gaszuleitung, führt den Inhalt des Zehnkugelrohres quantitativ in einen Titrierbecher über und titriert den Überschuß an vorgelegter $^n/_{10}$-Jodlösung mit $^n/_{10}$-Natriumthiosulfatlösung zurück.

Das Reaktionsgemisch im Kolben enthält nach dieser Bestimmung noch das ursprünglich vorhandene Sulfit wie auch das Thiosulfat. Falls man es nicht vorzieht, in gesonderten Laugenproben gemäß den folgenden Vorschriften diese Bestandteile zu ermitteln, können sie in ihm unter Anwendung der weiter oben beschriebenen Methode nach Durchführung einer Zinkfällung bestimmt werden.

Bestimmung des Sulfits. Hier wird der gleiche Apparat wie bei der vorigen Bestimmung angewandt. In den Kolben füllt man zunächst so viel Salzsäure, wie zur Neutralisation (Methylorange) der Laugenprobe (10···20 cm³) erforderlich ist und außerdem einen Überschuß von Quecksilber(II)chloridlösung (50···100 cm³). Dann wird die Laugenprobe aus dem Tropftrichter vorsichtig zugeträufelt. Es tritt unmittelbar Umsetzung aller schwefelhaltigen Salze ein. Das Sulfid bildet $HgCl_2 \cdot 2\,HgS$, das Thiosulfat die gleiche Verbindung, das Sulfit, das durch die zugesetzte Säure in Bisulfit übergeführt worden ist, geht mit dem Quecksilbersalz die Verbindung $Hg(NaSO_3)_2$ ein. Der Erlenmeyerkolben wird nach erfolgter Umsetzung mit Kohlensäure gefüllt und dann allmählich zum Sieden erhitzt. Hierbei wird allein die komplexe Quecksilberverbindung des Sulfits zersetzt, und zwar unter Freiwerden von schwefliger Säure, die durch weiter durchgeleitete Kohlensäure allmählich in die mit einer gemessenen Menge $^n/_{10}$-Jodlösung beschickte Zehnkugelröhre getrieben wird. Es ist zweckmäßig, nach erfolgter Füllung des Apparates mit Kohlensäure durch den Tropftrichter noch etwas

---

[1] SIEBER, R.: Papierfabrikant **21**, 91 (1923).

Salzsäure zuzusetzen, wodurch die Austreibung der schwefligen Säure beschleunigt wird. Da die gesamte, im ursprünglich vorhandenen Sulfit anwesende SO_2 in Freiheit gesetzt wird, so läßt sich der Gehalt der Lauge an Sulfit leicht errechnen, nachdem der Überschuß der Jodlösung in der Zehnkugelröhre zurücktitriert worden ist. 1 cm^3 $^n/_{10}$-Jodlösung entspricht 0,0063 g Na_2SO_3.

Bestimmung des Thiosulfats. Eine Laugenprobe wird mit $^n/_{10}$-Jodlösung in der oben angegebenen Weise titriert. Dann gibt man in einen Titrierbecher die hierbei ermittelte Jodmenge, weiter so viel Säure, daß die anzuwendende Laugenprobe gerade neutralisiert wird (Gesamtalkali) und etwa 100 cm^3 destilliertes Wasser. In diese Mischung läßt man nun eine zweite Laugenprobe einlaufen. Es tritt vollkommen Neutralisation des Gesamtalkalis ein und außerdem setzt sich das Jod mit dem aus dem Sulfid sich entwickelnden Schwefelwasserstoff und mit etwa vorhandenem Sulfit und Thiosulfat um. Das Thiosulfat wird nach bekannter Reaktion in Tetrathionat übergeführt. Dieses hat die Fähigkeit, sich in neutraler Lösung mit Kaliumzyanid quantitativ nach folgender Gleichung umzusetzen[1]:

$$Na_2S_4O_6 + 3\,KCN + H_2O = Na_2S_2O_3 + K_2SO_4 + KCNS + 2\,HCN.$$

Es wird also Thiosulfat zurückgebildet, das wiederum mit Jod bestimmt werden kann. Seine Menge beträgt die Hälfte des ursprünglich vorhandenen. Nach erfolgter Umsetzung mit Jod und Säure wird die Laugenprobe unter Benutzung von Phenolphthalein mit Ammoniak tropfenweise möglichst genau neutralisiert und auf etwa 200 cm^3 verdünnt; dann werden ungefähr 10 cm^3 5proz. Kaliumzyanidlösung zugesetzt. Die Lösung bleibt bei Zimmertemperatur $10 \cdots 15$ Minuten unter dem Abzug (Blausäure) stehen und es wird schließlich mit $^n/_{10}$-Jodlösung zurücktitriert. Bei dieser Bestimmung müssen die angegebenen Konzentrationsverhältnisse eingehalten werden. Die Neutralisation muß, wie angegeben, mit Ammoniak geschehen, da die fixen Alkalien Tetrathionat leicht zerstören.

In diesem Fall entspricht 1 cm^3 $^n/_{10}$-Jodlösung $0,0158 \cdot 2 = 0,0316$ g $Na_2S_2O_3$.

Im Gegensatz zu früher empfohlenen Bestimmungen der verschiedenen Schwefelverbindungen sind die vorstehend angegebenen sämtlich solche, die auf ihrer unmittelbaren Ermittlung und nicht auf Differenzmethoden beruhen. Es ist empfehlenswert sowohl für die Sulfit- als auch Thiosulfatbestimmung, nicht zu kleine Laugenproben, etwa $2 \cdots 5$ cm^3 Originallauge anzuwenden, da die Mengen dieser Bestandteile meist nicht erhebliche sind.

Bestimmung des Gesamtschwefelgehaltes. $10 \cdots 20$ cm^3 der Lauge werden im Meßkolben auf 100 cm^3 verdünnt und von dieser Lösung 10 cm^3 in ein mit 100 cm^3 Wasser beschicktes Becherglas gegeben. Man fügt dann Bromlösung im Überschuß hinzu und kocht $15 \cdots 20$ Minuten über kleiner Flamme. Nach der so durchgeführten Überführung aller vorhandenen Schwefelverbindungen in Sulfat wird durch Eindampfen in salzsaurer Lösung und nochmaliges Abrauchen des Rückstandes mit konzentrierter Salzsäure die vorhandene Kieselsäure in unlösliche Form übergeführt. Nach dem Auslaugen des Rückstandes mit heißem Wasser und Filtrieren der dabei erhaltenen Lösung wird im klaren

---

[1] KURTENACKER, A., u. A. FRITSCH: Chem. Zbl. **1922 IV,** 843.

Filtrat die Schwefelsäure in bekannter Weise mit Bariumchlorid gefällt und bestimmt. 1 g $BaSO_4$ zeigt 0,1374 g Schwefel an.

Bestimmung des Silikats. Je nach dessen Menge werden $10\cdots20$ cm³ Lauge zur Bestimmung verwandt und in einem geräumigen Erlenmeyerkolben zusammen mit etwa 50 cm³ Wasser zum Sieden erhitzt. Zur kochenden Lösung setzt man aus einer Pipette langsam starke Salzsäure zu, bis saure Reaktion eingetreten ist. Man dampft nun die saure Lösung weiter ein, überführt sie dann in eine Abdampfschale, in welcher man den Rückstand mehrere Male bis zur Trockne eindampft und schließlich wiederholt mit konzentrierter Salzsäure abraucht. Aus ihm laugt man dann durch Zusatz von wenig heißem Wasser alle löslichen Salze aus und bringt die unlösliche Kieselsäure auf ein Filter. Dieses wird sorgfältig ausgewaschen, in einem Platintiegel verascht, worauf der Rückstand geglüht und nach dem Erkalten gewogen wird. 1 g Kieselsäure entspricht 2,03 g Natriumsilikat.

Bestimmung des Natriumsulfats. Sie erfolgt in der Lösung der Natriumsalze, welche man beim Auslaugen des mit Salzsäure abgerauchten Rückstandes der vorigen Bestimmung erhalten hat. Diese filtrierte Lösung, sowie die Waschwässer vom Auswaschen des Kieselsäurerückstandes werden auf ein kleineres Volumen eingedampft, dann werden Eisen, Aluminium und Kalzium mit Ammoniak und oxalsaurem Ammon ausgefällt, filtriert, und in der hiervon befreiten Lösung wird das Sulfat durch Fällen mit Bariumchlorid bestimmt. 1 g $BaSO_4 = 0,609$ g Na_2SO_4.

Bestimmung des Gesamtalkaligehaltes. Aus einer Laugenprobe von 5 cm³ wird die Kieselsäure wie oben angegeben entfernt. Die dem Rückstand vom Abrauchen durch Auslaugen entzogenen Salze werden von Eisen, Tonerde und Kalzium befreit, die verbleibende Lösung wird zur Trockne verdampft und nach dem Vertreiben der Ammonsalze mit Schwefelsäure abgeraucht. Das Gesamtalkali wird hierdurch in Sulfat übergeführt. Es kann nun entweder direkt gewichtsanalytisch ermittelt werden oder aber der Salzrückstand wird gelöst und in seiner Auflösung die Schwefelsäure mit Bariumchlorid in bekannter Weise gefällt und als Sulfat zur Wägung gebracht. 1 g $BaSO_4 = 0,266$ g Na_2O und 1 g $Na_2SO_4 = 0,436$ g Na_2O.

Die drei zuletzt aufgezählten Bestimmungen lassen sich vereinen und mit der gleichen Laugenprobe als Ausgangsmaterial durchführen. Man ermittelt zunächst die Kieselsäure und benutzt dann einen Teil der hiervon befreiten Lösung zur Sulfat-, den Rest zur Gesamtalkalibestimmung.

Zur Ausführung der konduktometrischen Analyse der Weiß- und Grünlaugen.

Apparatur und Titration. Die Durchführung der Titration setzt Apparaturen voraus, wie sie seit neuerer Zeit fertig zusammengebaut im Handel zu haben sind. Statt der früher üblichen Einrichtungen, die sich als Anzeige- und Beobachtungsgerät eines Telephons bedienten, benutzt man heute ausschließlich solche, bei denen mittels eines Zeigerinstrumentes der Verlauf der Titration zu verfolgen ist und dem Auge erkennbar gemacht wird (visuelle konduktometrische Titration). Die modernen Apparaturen haben diese Art der Analyse, die früher in erster Linie nur für wissenschaftliche Untersuchungen in Betracht kam, auch für das Betriebslaboratorium verwendbar gestaltet.

Als Titrationsgefäß wird ein solches mit Platinelektroden benutzt; zwecks guter Vermischung der Titriersäure mit dem Inhalt des Gefäßes, muß dieser mittels eines durch einen kleinen Motor angetriebenen Rührers dauernd bewegt werden. Während der Titration ist auf gleichbleibende Temperatur zu achten. Durch Einhängen eines Thermometers wird diese überwacht.

Zur Titration wird $^n/_5$- bis $^n/_{10}$-Salzsäure benützt, die aus einer über dem Titrationsgefäß angebrachten, besonders sorgfältig und fein geteilten Bürette zugegeben wird.

Von der zu prüfenden Lauge werden 10 cm³ in einem Meßkolben auf 100 cm³ mit destilliertem Wasser verdünnt und von dieser Lösung werden 10···20 cm³ in das mit destilliertem Wasser gefüllte Titrationsgefäß gegeben und gut gemischt. Wenn die Soll-Temperatur — meistens 20° — erreicht ist und die Widerstände so eingeregelt worden sind, daß das Ableseinstrument eine mittlere Stellung anzeigt, kann die eigentliche Titration beginnen. Man läßt hierzu periodenweise gleiche Säuremengen — 0,2···0,5 cm³ — zur Lauge fließen und liest nach jeder Zugabe das Anzeigegerät ab, sobald die Zeigerstellung konstant geworden ist. Die so aufgenommenen Werte trägt man in Abhängigkeit von den zugehörigen Zahlen des Säureverbrauches auf Millimeterpapier auf, wodurch man Kurven erhält, wie sie nachstehend wiedergegeben sind. Aus ihrem Verlauf kann, wie das ebenfalls im folgenden beschrieben ist, die Zusammensetzung der untersuchten Lauge ermittelt werden. Eine eingehende Beschreibung der hier nur in allgemeinen Zügen dargestellten konduktometrischen Titration findet man in einschlägigen Fachbüchern[1].

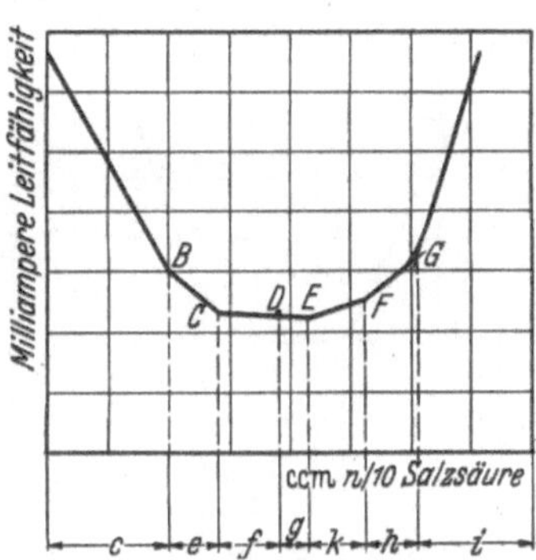

Abb. 31. Elektrometrische Titrationskurven von Laugen des Sulfatkochverfahrens.
c = NaOH + $^1/_2$ Na$_2$S
$e = k = ^1/_2$ Na$_2$CO$_3$
$f = ^1/_2$ Na$_2$S
$g = ^1/_2$ Na$_2$SO$_3$
h = an organische Säuren gebd. Na.
i = Salzsäureüberschuß

Kurvenverlauf und Berechnung. Abb. 31 zeigt den Verlauf der unmittelbaren Titration eines Lösungsgemisches, das die einzelnen Bestandteile von Weiß-, Grün- und Kochlauge enthält. Zu ihrer Erklärung diene das folgende[2]. Die vor dem Beginn der Titration hohe Leitfähigkeit der Lauge, die auf den Gehalt an freiem Alkalihydroxyd und stark hydrolytisch gespaltenem Alkalisulfid zurückzuführen ist, nimmt mit der Zugabe von Säure rasch und stark ab. Diese Abnahme ist gekennzeichnet durch den Linienzug nach B. Im Verlauf dieses ersten Teiles der Titration wird außer dem freien NaOH noch die Hälfte des gemäß Na$_2$S → NaOH + NaHS gespaltenen Sulfids neutralisiert. Bei B beginnt die Umsetzung des Karbonats, die mit einer weiteren Abnahme der Leitfähigkeit bis zum Punkt C verbunden ist. Mit Erreichung von C ist alles ursprünglich vorhandene Karbonat in Bikarbonat übergeführt. Weiterer Zusatz von Säure führt mit nur noch gering abnehmender Leitfähigkeit zum Punkt E, wo die

---

[1] Kolthoff, I. M.: Konduktometrische Titrationen. Dresden 1923. — Jander, G., u. O. Pfundt: Leitfähigkeitstitrationen und Leitfähigkeitsmessungen, 2. Aufl. Stuttgart 1934.

[2] McElhinney, T. R., E. R. Whittemore u. D. F. J. Lynch: Paper Trade J. **106**, 165 (1938). — Whittemore, E. R., S. I. Aronovsky u. D. F. J. Lynch: Ebenda **108**, 203 (1939).

zweite Hälfte des Sulfids neutralisiert und das vorhandene Sulfit in Bisulfit umgesetzt ist. Durch neuerliche Säurezugabe wird das Bikarbonat bei mäßig ansteigender Leitfähigkeit unter Freisetzung von CO_2 zu Natriumchlorid umgesetzt, worauf dann im Zuge der Linie FG die Einwirkung der Salzsäure in der Hauptsache auf die Natriumverbindungen der organischen Säuren (bei Schwarz- und Kochlaugen) statthat. Jenseits G zeigt der dann rasch und steil ansteigende Verlauf der Leitfähigkeitskurve einen Überschuß an Titriersäure und damit das erreichte Ende der Titration an.

Da auch hier wie bei der Titration mit Indikatoren eine unmittelbare und ausschließliche Bestimmung der wesentlichen Bestandteile der Lauge, vor allem des NaOH, nicht möglich ist, wird die Durchführung einer zweiten Titration erforderlich, welche auch in diesem Fall in einer mit Bariumchlorid versetzten Laugenprobe vorgenommen wird. Den Verlauf der konduktometrischen Titration einer derart behandelten Laugenprobe veranschaulicht Abb. 32. Im Punkt B' ist sämtliches NaOH $+$ $^1/_2$ Na_2S titriert, $B'D'$ ist der Verlauf der Leitfähigkeit bis zum Abschluß der Titration der zweiten Hälfte des Sulfids und $D'G'$ jener während des Umsatzes der organisch gebundenen Natriumsalze mit der Salzsäure. Die starke Zunahme der Leitfähigkeit jenseits von G zeigt wiederum den Überschuß an Titriersäure an.

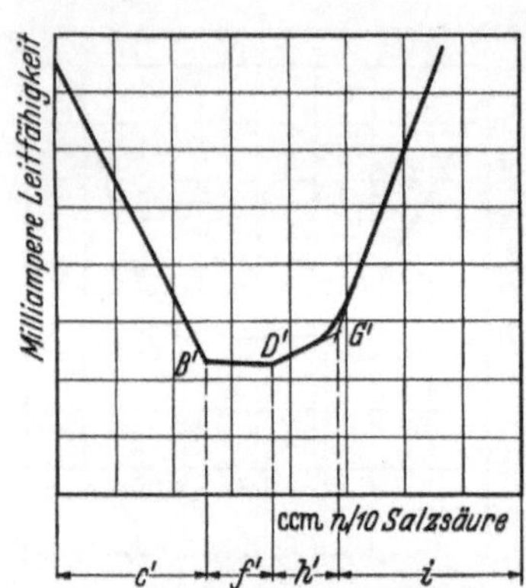

Abb. 32. Elektrometrische Titrationskurven von Laugen des Sulfatkochverfahrens nach erfolgter Umsetzung mit Bariumchlorid.

c' = NaOH $+$ $^1/_2$ Na_2S
f' = $^1/_2$ Na_2S
h' = an org. Säuren gebd. Na.
i = Salzsäureüberschuß

Von den charakteristischen Punkten der Leitfähigkeitskurve können bei Weiß- und Grünlaugen, die dem Betrieb entstammen, gut die folgenden beobachtet werden: B, C, B', D'; ferner läßt sich G' als Schnittpunkt zweier Geraden genau ermitteln. Die übrigen Punkte sind nicht immer einwandfrei zu erkennen, doch genügen die angeführten zur Berechnung der Zusammensetzung der Lauge. Man erhält mit ihrer Hilfe:

$$\text{NaOH} + {}^1/_2\,Na_2S = c \text{ oder } c'$$
$$^1/_2 Na_2CO_3 = e$$
$$^1/_2 Na_2S = f'$$
$$\text{Na-org. Säuren} = h'.$$

Damit findet man:

$$\text{NaOH} = c - 2\,f'$$
$$Na_2S = 2\,f'$$
$$Na_2CO_3 = 2\,e.$$

Weiter ist die Summe der Kubikzentimeter, die dem Verlauf der Kurve von C bis G entspricht, gleich $^1/_2 Na_2S + {}^1/_2 Na_2SO_3 + {}^1/_2 Na_2CO_3 + $ Na-org. Säuren und somit wird $Na_2SO_3 = CG - (2\,f' + e + h)$.

Auswertung der Analysenergebnisse.

Der tatsächliche Gehalt an den einzelnen Bestandteilen in der Lauge errechnet sich, wenn nach den früher angewandten Bezeichnungen a, b, c und d die erforderlichen Kubikzentimeter $^n/_1$-Säure oder $^n/_1$-Jod für je 10 cm^3 unverdünnte Lauge darstellen, zu folgenden Zahlen:

$$Na_2CO_3 = 10,6\ (b - c) \qquad \text{g im Liter}$$
$$= 5,3\ (2[a - b] - d)\ \text{g ,, ,,}$$
$$= 5,3\ (a - c - {}^1/_2 d)\ \text{g ,, ,,}$$

$$NaOH = 4,0\ (2b - a) \qquad \text{g ,, ,,}$$
$$= 4,0\ (c - {}^1/_2 d) \qquad \text{g ,, ,,}$$

$$Na_2S = 7,8\ (a + c - 2b) \qquad \text{g ,, ,,}$$
$$= 3,9\ d \qquad\qquad \text{g ,, ,,}$$

Das Sulfid ist in wäßriger Lösung nach folgender Gleichung gespalten:

$$Na_2S + H_2O \rightarrow NaHS + NaOH.$$

Daher ist es richtiger, den Gehalt der Lauge an diesen Spaltungsprodukten anzugeben. Der Gesamtgehalt der Lauge an Ätznatron ergibt sich demzufolge zu:

$$\text{Gesamt-NaOH} = 4,0\ (2b - a) + 4,0 \cdot {}^1/_2 \cdot 2\ (a + c - 2b)$$
$$= 4,0\ c\ \text{g im Liter}$$
$$= 4,0\ (2b - a + {}^1/_2 d)\ \text{g im Liter.}$$

Der Gehalt an Sulfydrat wird:

$$NaHS = 5,6\ (a + c - 2b)\ \text{g im Liter,}$$
$$= 2,8\ d \qquad\qquad \text{g ,, ,,}$$

Der Gesamtgehalt der Lauge an Natriumoxyd ist:

$$Na_2O = 3,1 \cdot a\ \text{g im Liter.}$$

Kaustizitätsgrad. Es hat sich in der überwiegenden Zahl der Fabriken eingebürgert, den chemischen Wert einer Lauge durch ihren Kaustizitätsgrad, oder kürzer ihre Kaustizität, auszudrücken. Hierbei war der Gedanke leitend, statt mehrerer Zahlen für den Gehalt an verschiedenen Einzelbestandteilen möglichst nur eine einzige, die Lauge aber gut charakterisierende Zahl anzugeben. Dem Inhalt des Wortes entsprechend, würde der Kaustizitätsgrad das Verhältnis an kaustischem zu Gesamtalkali bedeuten. Tatsächlich besagt aber der Zahlenwert, welcher zumeist in der Praxis angegeben wird, etwas anderes. Es ist nämlich vielfach üblich, in den Fabriken die Kaustitzität so zu bestimmen, daß man die Lauge sowohl mit Phenolphthalein wie mit Methylorange als Indikator titriert und das Verhältnis zwischen den verbrauchten Mengen Normalsäure, in Prozenten ausgedrückt, berechnet; mit andern Worten, man ermittelt nach den oben angewendeten Bezeichnungen den Zahlenwert $k = \dfrac{100\,b}{a}$; je größer diese Zahl ist, um so höher ist die Kaustizität. Diese Berechnung bedeutet, wie auch BERGMAN betont, keinerlei Bestimmung des Äquivalenzverhältnisses zwischen kaustischen Alkalien und der Gesamtalkalität, sondern ist ein Wert ohne exakte Bedeutung. Dagegen kann man durch Vergleichen der Werte der Phenolphthaleintitration bei der Schmelzeauflösung und bei der Weißlauge die Zunahme der Kaustizität bei unveränderter Gesamtalkalität bestimmen, jedoch nicht ihren absoluten Wert.

Zweifellos wäre es richtiger, statt dieses Wertes einen solchen einzuführen, welcher das Verhältnis des wirksamen zum Gesamtalkali bezeichnet. Für das reine Sodaverfahren ergibt sich diese Zahl zu

$$k_1 = 100 \cdot \frac{\text{NaOH}}{\text{NaOH} + \text{Na}_2\text{CO}_3}.$$

Wenn man die Werte für a und b sowie die entsprechenden Äquivalente einsetzt, so wird

$$k_1 = 100 \cdot \frac{40\,(2\,b - a)}{40\,(2\,b - a) + 53 \cdot 2\,(a - b)}.$$

Einen einfacheren Wert erhält man, wenn man für NaOH und Na_2CO_3 die gleichwertigen Äquivalente Na_2O setzt. Es wird dann:

$$k_1 = 100 \cdot \frac{\text{Wirksames Na}_2\text{O}}{\text{Gesamt-Na}_2\text{O}} = 100\,\frac{2\,b - a}{a}.$$

Beim Sulfatverfahren sind die Anschauungen vorläufig noch darüber geteilt, was man als wirksames Alkali betrachten soll. Vielfach wird die Summe von Ätznatron und gesamtem Sulfid als solches angesehen. Von anderer Seite wird dem entgegengehalten, daß auf Grund der obenerwähnten Spaltung des Sulfids in wäßriger Lösung hier nur die Summe des Ätznatrons und der Hälfte des Sulfids als wirksames Alkali zu betrachten ist. Je nach dieser Auffassung ergeben sich dann, wenn man auch hier NaOH, Na_2S und Na_2CO_3 einheitlich als Na_2O ausdrückt, verschiedene Werte für den Kaustizitätsgrad. Es wird:

$$k_2 = 100\,\frac{(\text{NaOH} + \text{Na}_2\text{S})\ \text{als Na}_2\text{O}}{(\text{NaOH} + \text{Na}_2\text{S} + \text{Na}_2\text{CO}_3)\ \text{als Na}_2\text{O}} = 100 \cdot \frac{a + 2\,c - 2\,b}{a}$$

$$= 100 \cdot \frac{2\,b - a + d}{a}$$

$$= 100 \cdot \frac{c + {}^1/_2\,d}{a},$$

$$k_3 = 100\,\frac{(\text{NaOH} + {}^1/_2\,\text{Na}_2\text{S})\ \text{als Na}_2\text{O}}{(\text{NaOH} + \text{Na}_2\text{S} + \text{Na}_2\text{CO}_3)\ \text{als Na}_2\text{O}} = 100\,\frac{c}{a}$$

$$= 100 \cdot \frac{2\,b + {}^1/_2\,d - a}{a}.$$

An einem Beispiel sei das Vorstehende erläutert. Es habe die Titration ergeben:

$$
\left.
\begin{array}{l}
a = 44{,}0 \ \text{cm}^3 \ {}^n/_1\text{-Säure} \\
b = 35{,}6 \quad ,, \quad ,, \quad ,, \\
c = 32{,}5 \quad ,, \quad ,, \quad ,, \\
d = 10{,}6 \quad ,, \quad ,, \ \text{-Jod}
\end{array}
\right\}
\begin{array}{l}
\text{alles für 10 cm}^3 \\
\text{Originallauge.}
\end{array}
$$

Es entspricht dann in 10 cm³ Lauge das:

$$
\begin{aligned}
\text{Na}_2\text{CO}_3 &= 6{,}2 \ \text{cm}^3 \ {}^n/_1\text{-Säure} \\
\text{NaOH} &= 27{,}2 \quad ,, \quad ,, \quad ,, \\
\text{Na}_2\text{S} &= 10{,}6 \quad ,, \quad ,, \ \text{-Jod.}
\end{aligned}
$$

Der wirkliche Gehalt an diesen Bestandteilen ist:

$$
\begin{aligned}
\text{Na}_2\text{CO}_3 &= 32{,}9 \ \text{g im Liter} \\
\text{NaOH} &= 108{,}8 \quad ,, \quad ,, \quad ,, \\
\text{Na}_2\text{S} &= 41{,}3 \quad ,, \quad ,, \quad ,,
\end{aligned}
$$

Dieses Ergebnis läßt sich auch so ausdrücken:

$$Na_2CO_3 = 32,9 \text{ g im Liter}$$
$$\text{Gesamt-NaOH} = 130,0 \text{ ,, ,, ,,}$$
$$NaHS = 29,7 \text{ ,, ,, ,,}$$

Der Gesamtgehalt an Natriumoxyd ist:

$$Na_2O = 136,4 \text{ g im Liter.}$$

Es ergibt sich ferner:

$$k = 100 \cdot \frac{b}{a} \qquad = \frac{35,6}{44,0} \sim 81,$$

$$k_2 = 100 \frac{c + \frac{1}{2} d}{a} = \frac{37,8}{44,0} \sim 86,$$

$$k_3 = 100 \frac{c}{a} \qquad = \frac{32,5}{44,0} \sim 74.$$

Reduktionsgrad. Als weiteren charakteristischen Wert pflegt man bei Sulfatlaugen den Reduktionsgrad R anzuführen. Es ist die Zahl, die angibt, wieviel Anteile Na_2S von dem höchstmöglichen Wert in der Lauge vorhanden sind. Es ist also:

$$R = 100 \cdot \frac{Na_2S}{(Na_2SO_4 \text{ als } Na_2S) + Na_2S}$$

$$= 100 \cdot \frac{Na_2S}{0,549 \cdot Na_2SO_4 + Na_2S} \cdot$$

Er ist ein Maß für die Güte des Reduktionsprozesses bei der Wiedergewinnung des Alkalis.

Sulfidität. Schließlich ist es noch üblich bei Sulfatlaugen die Sulfidität zu bestimmen. Es ist dies eine Zahl, die Aufschluß über den Anteil des Schwefelalkalis am gesamten oder wirksamen Alkali gibt. Im ersten Fall ist die Sulfidität:

$$S_1 = 100 \cdot \frac{Na_2S \text{ als } Na_2O}{\text{Gesamt-}Na_2O}$$

$$= 100 \cdot \frac{2 (a + c - 2b)}{a}$$

$$= 100 \cdot \frac{d}{a} \cdot$$

Für den häufiger in der Praxis Anwendung findenden zweiten Fall wird:

$$S_2 = 100 \cdot \frac{Na_2S \text{ als } Na_2O}{(NaOH + Na_2S) \text{ als } Na_2O}$$

$$= 100 \cdot \frac{2 (a + c - 2b)}{a + 2c - 2b}$$

$$= 100 \cdot \frac{d}{2b - a + d}$$

$$= 100 \cdot \frac{d}{c + \dfrac{d}{2}} \cdot$$

Statt der Sulfidität wird bisweilen als Maß für die anwesenden Schwefelalkalien lediglich der Wert Gramm Schwefel im Liter angegeben. Man erhält diese Zahl beispielsweise aus dem Verbrauch bei der Jodtitration d:

$$S \text{ g/l} = 1,6 \, d.$$

Indikatoren.

Die von OEMAN vorgeschlagenen Indikatoren empfiehlt es sich zumeist in 0,4proz. Lösung anzuwenden. Man löst 0,4 g feinzerriebenen Farbstoff in 20 cm³ warmem Alkohol und verdünnt dann mit Wasser auf 100 cm³. Von diesen Lösungen genügen 2···4 Tropfen als Zusatz zur zu titrierenden Flüssigkeit. Das Nilblau wird als Sulfat angewendet.

Zur Kontrolle des Kochungsverlaufes.

Allgemeines. Eine Kontrolle des Kochungsverlaufes auf chemischem Wege dürfte nur in wenigen Fabriken bis jetzt versucht worden sein. Man begnügt sich zumeist damit, die Kochung nach einem bestimmten Druck- oder auch Temperaturdiagramm durchzuführen. Dem wechselnden Feuchtigkeitsgehalt des angewandten Holzes, der zumeist laufend in groben Zügen durch Auswiegen einer genau abgemessenen Probe bestimmt wird, wie auch den kleinen Schwankungen in der Stärke der Weißlauge trägt man Rechnung durch Änderung des Verhältnisses der Mengen von Schwarz- zu Weißlauge, welche zur Kochung verwandt werden.

Es besteht wohl kein Zweifel, daß die laufende Kontrolle des wirksamen Alkalis in der Kochlauge eine gute Handhabe abgeben würde zur besseren Verfolgung des Verlaufs und des richtigen Abschlusses der Kochung. Die bislang bekannten Methoden zur entsprechenden Untersuchung der Kochlaugen sind für eine Anwendung im Betrieb selbst doch noch ·nicht einfach genug.

Die Schwierigkeiten, die sich einer genauen Untersuchung der Laugen auf ihren Gehalt an wirksamen Alkalien besonders im späteren Verlauf der Kochung entgegenstellen, haben CHRISTIANSEN vor Jahren veranlaßt, eine Methode auszuarbeiten, welche ermöglichen soll, an Hand der Zunahme der Menge der organischen Stoffe den jeweiligen Stand der Kochung festzulegen. Einen Schritt weiter in dieser Richtung ist dann OBOSNY[1] gegangen. Statt einer Abschätzung der durch Säuren ausfällbaren Ligninmengen wird von ihm vorgeschlagen, den Ligningehalt aus der Änderung des spezifischen Gewichtes einer Probe der unbehandelten und der angesäuerten Lauge zu ermitteln.

Kochungskontrolle durch Bestimmung der organischen Stoffe in der Kochlauge. a) Vorschlag von CHRISTIANSEN[2]. Eine Anzahl Reagenzgläser von gleichem Durchmesser, etwa 2,5 cm, werden mit Strichen bei 10, 15 und 30 cm³ Inhalt versehen. Mit einer Pipette werden 10 cm³ Lauge in eins der Gläser gebracht, dazu kommen 5 cm³ 50proz. Schwefelsäure zum Fällen der organischen Stoffe. Durch die Reaktionswärme wird die Fällung so weit erhitzt, daß sie sich zusammenballt. Dann wird das Glas vorsichtig mit Wasser bis zur Höhe von 30 cm³ gefüllt. Diese Probe wird in bestimmten Zeitabständen im Verlauf einer Kochung ausgeführt. Nach einiger Übung lassen sich die Höhen der gefällten Mengen leicht vergleichen, auch läßt sich leicht finden, wann die Fällung das den Endpunkt der Kochung charakterisierende Ausmaß erreicht hat.

---

[1] OBOSNY, I. S.: Bumaschnaja Promyschlennost **1937**, H. 1.
[2] CHRISTIANSEN, CHR.: Über Natronzellstoff, S. 82. Berlin 1913.

b) **Nach Obosny.** 100 cm³ der dem Kocher entnommenen Laugenprobe werden schnell filtriert. In 50 cm³ des Filtrats wird nach dem Abkühlen das spezifische Gewicht mit einem genauen Aräometer bestimmt $= a$. Der restliche Teil der filtrierten Lösung wird mit der gleichen Menge, also 50 cm³ $^n/_1$-Salzsäure (spezifisches Gewicht 1,011 $= b$) neutralisiert. Die neutralisierte Flüssigkeit wird vom Ligninniederschlag durch Filtrieren befreit und im Filtrat wird nach dem Abkühlen wiederum das spezifische Gewicht ermittelt $= c$. Die mittlere Dichte des je zur Hälfte aus Lauge und Säure bestehenden Gemisches ist $\frac{a+b}{2}$. Die Menge des in 1 cm³ dieses Gemisches enthaltenen, durch Säure ausfällbaren Lignins ergibt sich dann zu $\frac{a+b}{2} - c$. Da dieses Gemisch nur zur Hälfte ursprüngliche Kochlauge enthält, ergibt sich deren Ligningehalt in 1000 cm³ zu $\left(\frac{a+b}{2} - c\right) \cdot 20$. In gleicher Weise wird der Ligningehalt der bei der Kochung mitbenutzten Schwarzlauge ermittelt. Da deren Anteil an der Kochlauge jeweils bekannt ist, ist damit auch die Menge Lignin bestimmt, welche aus ihr stammt. Damit sind die Voraussetzungen gegeben, um die Zunahme der Ligninmenge im Verlaufe der Kochung in der Lauge ermitteln zu können.

Der Zeitbedarf für die Durchführung der Bestimmung wird mit $15 \cdots 20$ Minuten angegeben, ist also für den vorliegenden Zweck noch verhältnismäßig hoch.

Stoffprobeentnahme aus dem Kocher. Statt eine Untersuchung der Laugen vorzunehmen, hat es sich in den letzten Jahren in einer großen Anzahl von Sulfatzellstoffwerken eingebürgert, den Endpunkt der Kochung durch Beurteilung von dem Kocher entnommenen Stoffproben festzustellen. Über die hierfür in Frage kommenden Probeentnahme-Einrichtungen sei auf den Abschnitt Betriebskontrolle in der Sulfitzellstofferzeugung hingewiesen.

Untersuchung der Waschlaugen und Waschwässer der Diffuseure.

Alkaligehalt. In den meisten Fabriken werden diese Wässer und Laugen mit dem Aräometer nach Baumé geprüft. Es ist allgemein bekannt, daß auf diese Messung die Temperatur von großem Einfluß ist. Um bei den beträchtlichen Wassermengen, die hier abfließen, und bei der Bedeutung, die dem Salzgehalt der Endlaugen für die Rentabilität der Eindampfung zukommt, möglichst genaue Werte bei der Messung zu erzielen, müssen daher genaue Spindeln Anwendung finden und Unterschiede in den Temperaturen sorgfältig ermittelt werden und Berücksichtigung finden.

Genauere Prüfmethoden wären hier zweifelsohne am Platz. Durch Anwendung rein titrimetrischer Methoden erreicht man in dem Gebiet der hier in Frage kommenden geringen Alkalikonzentrationen und bei den Färbungen der Wässer und Laugen keine Verbesserung. Auch die Anwendung kolorimetrischer Methoden versagt für genaue Messungen. Farbe und Salzgehalt laufen im Gebiet großer Verdünnung nicht parallel und Farbton und Tiefe hängen außer von anderen Faktoren, im hohen Maße von dem p_H-Wert ab.

Verschiedentlich ist für die Kontrolle der Diffuseurwäsche die Messung der elektrischen Leitfähigkeit der abfließenden Wässer in Vorschlag gebracht worden[1]. In manchen Werken wird sie auch so ausgeübt. Eine solche Kontrolle kommt doch grundsätzlich nur für das Gebiet der sehr schwach alkalihaltigen Wässer in Frage. Solange die abfließenden Wässer noch zu den eigentlichen Laugen zu zählen sind, scheidet sie aus. Deshalb dürfte sie auch für die Erfassung jenes wichtigen Konzentrationspunktes der Wäsche, der für das rentable Eindampfen der Waschlaugen mitbestimmend ist, zumeist nicht in Frage kommen. Die Erfahrung geht dahin, daß man aber den absoluten Endpunkt der Wäsche des Stoffes mit einer brauchbaren Zuverlässigkeit für die Praxis mit dieser Methode schnell festlegen kann. Von wesentlichem Einfluß auf die Möglichkeit, dieses Prüfverfahren zu verwenden, ist in jedem besonderen Fall der Gehalt des Fabrikationswassers an Alkalisalzen selbst. Je kleiner dieser ist, um so weiter herab kann die Konzentration der Diffuseurabwässer an Alkalisalzen mit einiger Sicherheit gemessen werden.

Eine ganz zuverlässige Probe ist im vorliegenden Fall die gewichtsanalytische Bestimmung des Salzgehaltes, eine Untersuchung, die aber nicht bei jedem Diffuseur, sondern höchstens an einer täglichen Durchschnittsprobe aus den Waschlaugen und Waschwässern aller Diffuseure ausgeführt werden kann.

Bestimmung der organischen Substanz im Diffuseurabwasser. Kaliumpermanganatverbrauch. Zur weiteren Kontrolle der Abwässer der Diffuseure, besonders der in den Vorfluter abgehenden, ist die Ermittlung ihres Kaliumpermanganatverbrauches erforderlich. Sie erfolgt gemäß den für die Untersuchung von Abwässern genormten Vorschriften.

100 cm³ der filtrierten Durchschnittsprobe der Waschwässer gibt man in einen 300 cm³ fassenden Erlenmeyerkolben, fügt 5 cm³ verdünnte Schwefelsäure (1 : 3), sowie eine kleine Messerspitze geglühten, feingepulverten Bimsstein hinzu und erhitzt nunmehr zum Sieden. In den siedenden Inhalt des Kolbens läßt man dann aus einer Pipette 15 cm³ $n/_{100}$-Kaliumpermanganatlösung einlaufen und erhitzt vom Zeitpunkt des wiederbeginnenden Siedens ab genau 10 Minuten lang. Nun gibt man 15 cm³ $n/_{100}$-Oxalsäurelösung hinzu und kocht, bis die Flüssigkeit farblos geworden ist. Der Inhalt des Kolbens wird darauf mit $n/_{100}$-Kaliumpermanganatlösung bis zur gerade auftretenden Rosafärbung titriert. Wenn ein Vorversuch ergeben hat, daß die Waschwasserprobe bereits während des Kochens die Permanganatlösung entfärbt, so setzt man eine neue Bestimmung mit einer geringeren Menge an, wobei diese aber mit destilliertem Wasser auf 100 cm³ aufgefüllt werden muß.

Bei Anwendung von 100 cm³ zu untersuchendem Wasser entspricht 1 cm³ $n/_{100}$-Kaliumpermanganatlösung 3,16 mg/l $KMnO_4$. Man gibt die Ergebnisse in auf ganze Milligramme abgerundete Zahlen an.

Enthält das Waschwasser Eisen in der Ferrostufe, so sind je 1 mg 0,44 mg $KMnO_4$ abzuziehen. Für Schwefelwasserstoff oder Sulfid, die noch in Spuren im Abwasser vorhanden sein können, macht man bei den laufenden Bestimmungen der Betriebskontrolle keinen Abzug, da auch sie eine Belastung des Vorfluters darstellen.

---

[1] BERGSTRÖM, H., u. K. G. TROBECK: Svensk Papperstidn. **41**, 352 (1938). — VENEMARK, E.: Ebenda **41**, 406 (1938).

Bestimmung des p_H-Wertes. Zur Kontrolle und Verfolgung des Fertig- und Reinwaschens des Diffuseurinhaltes kann die Ermittlung des p_H-Wertes des ablaufenden Waschwassers herangezogen werden. Je reiner der Stoff gewaschen ist, desto mehr nähert sich der p_H-Wert des ablaufenden Wassers dem des Betriebswassers. In den am Ende der Wäsche nur noch mäßig gefärbten Abwässern läßt sich der genannte Wert für Betriebszwecke ohne Schwierigkeit durch Indikatorpapiere auf kolorimetrischem Wege ermitteln. Sehr gut eignen sich für diesen Zweck die bekannten Lyphan-Papierstreifen, die man für die in Frage kommenden p_H-Gebiete im Handel erhält.

Bestimmung von Harzsäuren. Zur Ermittlung des Gehaltes an Harzsäuren in den Abwässern der Diffuseure, die dadurch von schädigendem Einfluß auf die Fischwelt in den Flüssen sein können, hat BERGSTRÖM[1] ein kolorimetrisches Verfahren ausgearbeitet. Es gründet sich auf die Beobachtung, daß Harzsäuren durch Zusatz von Chlorsulfonsäure rotgefärbt werden. Die Methode ermöglicht es, mit einer Genauigkeit von $\pm$ 10% selbst in Wässern mit sehr geringem Harzgehalt ohne vorheriges Eindampfen den Harzgehalt zu bestimmen.

Zur endgültigen Bestimmung ist bei Wässern mit unbekanntem Harzgehalt zunächst eine Vorbestimmung in gleicher Weise durchzuführen. Auf Grund ihres Ausfalles wird eine solche Menge des Wassers zur Hauptbestimmung verwandt, die etwa 1 mg Harzsäure enthält. Diese Probe wird mit 10proz. Salzsäure angesäuert und danach im Scheidetrichter mit Chloroform ausgeschüttelt. Bisweilen tritt hierbei eine Fällung auf, welche die Abscheidung der Chloroformschicht erschwert. Falls dies der Fall ist, filtriert man den Inhalt des Trichters unter Benutzung eines Büchnertrichters und bringt danach das Filtrat in den Scheidetrichter zurück. Sobald die Chloroformschicht sich abgeschieden hat, wird sie in einen 100 cm³ fassenden Fraktionierkolben überführt. Büchnertrichter und Saugflasche spült man dreimal mit je 20 cm³ Chloroform nach, welche man dann zum neuerlichen Ausschütteln der Wasserprobe benutzt. Sämtliches zum Ausschütteln angewandte und in den Kolben überführte Chloroform wird dann auf dem Wasserbad abdestilliert. Da der verbleibende Rückstand für die Durchführung der Prüfung wasserfrei sein muß, verbindet man den Kolben am Ende der Destillation zweckmäßig mit einer Vakuumpumpe und beseitigt so etwa anwesendes Wasser. Der erhaltene Rückstand wird alsdann in 25 cm³ Chloroform gelöst und von dieser Lösung werden 2 cm³ in ein Reagenzglas von etwa 12 mm Durchmesser und 100 mm Länge überführt. Darin werden sie dann mit 2 cm³ einer Mischung bestehend aus 1 Teil Chlorsulfonsäure und 4 Teilen Chloroform versetzt. Die hierbei entstehende Färbung wird mit den Farbproben verglichen, die in der in nachstehender Tabelle angegebenen Zusammensetzung hergestellt werden. Man erhält hierbei den Harzgehalt der Chloroformlösung in g je 100 cm³.

Der Farbvergleich muß unmittelbar nach dem Versetzen mit der Chlorsulfonsäure durchgeführt werden, da die erhaltene Färbung in kurzer Zeit sich ändert. Enthält die Chloroformlösung im Verhältnis zu den Harzsäuren größere Mengen andere organische Substanzen, so entsteht bisweilen beim Zusatz der Chlorsulfonsäure eine gelbliche Färbung. Ihr störender Einfluß kann doch durch

---

[1] BERGSTRÖM, H.: Svensk Papperstidn. **40,** 576 (1937).

folgende Abänderung der Vorschrift beseitigt werden. Der Rückstand aus der ersten Chloroformlösung wird zunächst mit einer geringen Menge neuen Chloroforms wieder in Lösung gebracht. Diese Lösung wird mit Petroläther verdünnt und von der auftretenden Fällung filtriert. Der Filterrückstand wird mit etwas Petroläther gewaschen und das Filtrat dann zur Trockne eingedampft. Der erhaltene Rückstand wird in Chloroform gelöst und weiter, wie früher angegeben, behandelt.

Nachstehend ist die Methode an einem Beispiel veranschaulicht. Es soll der Harzgehalt in einem Wasser bestimmt werden, das ungefähr 25 mg Harzsäuren im Liter enthält.

30 cm³ der Probe werden mit Chloroform ausgeschüttelt; nach dem Abtreiben des Chloroforms wird der Eindampfrückstand in 25 cm³ Chloroform gelöst. Beim Zusatz der Chlorsulfonsäure wird eine Färbung erhalten, die einem Harzsäuregehalt von 0,0035 g in 100 cm³ Lösung entspricht. Es errechnet sich dann die Menge an Harzsäuren in der ursprünglichen Wasserprobe zu:

Tabelle 9. Farbvergleichslösungen zur Harzsäurebestimmung nach BERGSTRÖM.

| Entsprechender Harzsäuregehalt | Vergleichslösung | | |
| | $CoCl_2$-Lösung[1] | Methylenblau[2] | 1 proz. HCl |
g per 100 cm³	cm³	cm³	cm³
0,050	2,78	0 35	0 87
0,045	2,50	0,33	1,18
0,040	2,22	0,30	1,48
0,035	1,94	0,28	1,78
0,030	1,60	0,26	2,08
0,025	1,37	0,23	2,40
0,020	1,09	0,21	2,70
0,015	0,81	0,19	3,00
0,010	0,53	0,16	3,31
0,0075	0,39	0,15	3,46
0,005	0,25	0,14	3,61
0,0025	0,080	—	4,00
0,001	0,035	—	4,00

[1] 25,0 g $CoCl_2 + 6\ H_2O$ gelöst in 25,0 cm³ 1 proz. HCl.
[2] 0,001 proz. wäßrige Lösung.

$$\frac{1000 \cdot 25 \cdot 0,0035 \cdot 1000}{30 \cdot 100} = 29\ \text{mg/l}.$$

Untersuchung der Schwarzlaugen.

Allgemeines. Die Schwarzlauge ist durch die in ihr vorhandenen gelösten organischen Bestandteile stark dunkel gefärbt. Dieser Umstand erschwert in hohem Maße die titrimetrische Bestimmung ihrer Einzelteile. Hinzu kommt, daß durch die beim Titrieren notwendige Verdünnung mit Wasser sowie zufolge der Änderung der Zusammensetzung der Lauge während des Titrierens selbst gewisse Veränderungen in der Lauge hervorgerufen werden, welche nicht ohne Einfluß auf das Endergebnis zu sein scheinen. Es sind einige Vorschläge bekannt geworden, welche diese Übelstände verringern sollen, wenigstens so weit, daß eine einigermaßen richtige Bestimmung möglich wird. So ist empfohlen worden, für die Bestimmung der wirksamen Alkalien, die Bariumchloridmethode zu verwenden, da die Fällung des Karbonats zu einer Aufhellung der dunklen Flüssigkeit führt. MATZNER hat eine Methode veröffentlicht, bei welcher vor Ausführung der eigentlichen Titration die dunkelfärbenden Stoffe durch Kochsalz ausgefällt werden. Einen ähnlichen Vorschlag hat OEMAN gemacht. Als Fällmittel für die organischen Substanzen eignet sich nach seinen Angaben Äthylalkohol sehr gut. Im großen und ganzen kann doch gesagt werden, daß rasch auszuführende sichere Bestimmungsmethoden für die wesentlichen Bestandteile der Schwarzlauge, also für das Alkalihydrat und das Sulfid, noch nicht zur Verfügung stehen.

Ein neuer Vorschlag zur Ermittlung der hauptsächlichsten Einzelbestandteile stammt von HEATH[1]. Wenn diese Methode auch etwas umständlich ist und ihre Anwendung auf besondere Fälle beschränkt bleiben wird, so besteht über ihre allgemeine Brauchbarkeit und Zuverlässigkeit erfahrungsgemäß kein Zweifel.

Die Schwierigkeiten, mit einfachen Titrationsmethoden zum Ziel zu kommen, sind Veranlassung gewesen, elektrometrische Methoden für diese Untersuchungen anzuwenden. Schon vor Jahren hat KULLGREN[2] Versuche durchgeführt zur Prüfung der Brauchbarkeit potentiometrischer Methoden. Wenn sie sich auch für reine, d. h. schwefelfreie Alkalilaugen als anwendbar erwiesen, so schieden sie doch bei der Untersuchung von Sulfatlaugen aus, da diese auf alle damals bekannten Elektroden vergiftend wirkten. Es lag nahe, diese durch die seitdem weitgehend eingeführte Glaselektrode, die diesen Mangel nicht zeigt, zu ersetzen. Nach den Ergebnissen einer neuen Arbeit von BASBERG[3], scheint so tatsächlich ein Weg gefunden zu sein, der grundsätzlich die Möglichkeit bietet, die Zusammensetzung von Schwarzlaugen durch potentiometrische Titration zu ermitteln. Noch ist auch diese Art der Bestimmung etwas umständlich und einstweilen mehr für Forschungsarbeiten angezeigt, doch besteht Aussicht, daß sie auch für die Zwecke der Praxis Boden gewinnt.

Neben den potentiometrischen sind in neuerer Zeit auch konduktometrische Methoden für die Untersuchung der Schwarzlauge ausgearbeitet worden[4]. Über ihre Anwendung bei den Weißlaugen ist bereits früher eingehend gesprochen worden. Gegenüber diesen ändert sich im vorliegenden Fall nichts. Die scharfen Angaben, wie sie dort erhalten werden, lassen sich hier doch nicht gewinnen.

Abschließend läßt sich sagen, daß trotz mancher neueren Arbeit auf dem Gebiet der Schwarzlaugentitration eine endgültige Klärung noch nicht erzielt worden ist.

Bestimmung der wirksamen Alkalien. Bariumchloridmethode. a) Nach SUTERMEISTER[5]. 25 cm³ der Schwarzlauge werden mit 300 cm³ Wasser verdünnt, 10 cm³ einer konzentrierten Bariumchloridlösung, die $400\ \mathrm{g/l}\ BaCl_2 \cdot 2H_2O$ enthält, werden hinzugefügt, um die Kohlensäure und die organischen Säuren, soweit sie unlösliche Bariumsalze geben, auszufällen. Die über dem Niederschlag stehende Flüssigkeit wird mit $^n/_1$-Säure titriert. Den Endpunkt kann man am besten erkennen, wenn man einen Tropfen der Lösung von einem Glasstab in mit Phenolphthalein versetztes Wasser fallen läßt, das den Boden eines auf weißer Unterlage stehenden Kochbechers eben bedeckt. Wenn der Tropfen keine rote Farbe in seiner unmittelbaren Umgebung in der Indikatorlösung hervorruft, wird der Endpunkt als erreicht angenommen. Die Methode ist nur annähernd richtig, doch kann man eine Genauigkeit bis zu 5% erhalten. Nachteilig ist erstens die Unterscheidung der roten Farbe des Indikators gegenüber der braunen Farbe des Tropfens, zweitens die langsame Entwicklung der roten Farbe um den Tropfen. Bedenklich ist, daß der Endpunkt mit der Verdünnung wechselt.

---

[1] HEATH, M. A., M. W. BRAY u. C. E. CURRAN: Paper Trade J. (62) **91**, 237 (1933).

[2] KULLGREN, C.: Über die Änderung der Alkalität und über die Wirkung des Schwefelnatriums bei der alkalischen Herstellung von Zellstoff. Abhandlung Nr. 65 der Schwedischen Akademie für Ingenieurwissenschaft. Stockholm 1927.

[3] BASBERG, A.: Papir-J. **29**, 119 (1941).

[4] WHITTEMORE, E. R., S. I. ARONOVSKY u. D. F. LYNCH: Paper Trade J. **108**, 203 (1939).

[5] SUTERMEISTER, E., u. H. R. RAFSKY: Paper, Heft v. 28. 8. 1912, S. 23.

Später hat SUTERMEISTER empfohlen, den Indikator auf einer Tüpfelplatte zur Anwendung zu bringen und hierbei folgendermaßen zu verfahren. Die Säure muß zur gefällten Lauge ganz langsam hinzugefügt und die Reaktion als beendet angesehen werden, wenn nach 2 Minuten langem Stehen auf der Tüpfelplatte eine rosa Färbung nicht mehr bemerkbar ist. Wenn auch der Endpunkt der Reaktion infolge der Gegenwart von organischen Farbstoffen und des durch Bariumchlorid gefällten Schlammes nicht sehr scharf ist, bekommt man doch bei einiger Übung ziemlich gut übereinstimmende Zahlen. Ein schärfer zu erkennender Endpunkt wird erhalten, wenn man die Flüssigkeit filtriert oder den Schlamm absitzen läßt und die klare Flüssigkeit zur Titration verwendet.

b) Nach KULLGREN. 10 cm³ Lauge werden mit 50 cm³ kohlensäurefreiem Wasser in einem 100 cm³ fassenden Kolben verdünnt. Die Lösung wird erwärmt und darauf mit 15 cm³ heißer, kalt gesättigter Lösung von Bariumchlorid gefällt. Die Probe bleibt dann bis zum Erkalten stehen, worauf sie bis zur Marke mit Wasser verdünnt und dann filtriert wird. Vom Filtrat wird eine bestimmte Menge unter Benutzung von Phenolphthalein mit Säure titriert.

Bestimmung von Schwefelnatrium. Zur Bestimmung des Schwefelnatriums in der Schwarzlauge empfiehlt KRESS[1] folgende von McNAUGHTON nachgeprüfte Methode.

Als Meßlösung wird eine Zinklösung benutzt, von der 1 cm³ 0,01 g Schwefelnatrium entspricht. Zur Herstellung werden 16,746 g reinstes gepulvertes Zink in einem kleinen Überschuß von Salpetersäure gelöst und so viel Ammoniak hinzugefügt, bis der sich bildende Niederschlag wieder vollständig aufgelöst ist. Die Lösung wird dann auf 2000 cm³ verdünnt. Es muß so viel Ammoniak vorhanden sein, daß das Zink, wenn auf dieses Volumen verdünnt wird, nicht ausfällt. Als Indikator dient eine ammoniakalische Nickelammonsulfatlösung.

Die Bestimmung wird von McNAUGHTON folgendermaßen ausgeführt. 50 cm³ Schwarzlauge werden mit Wasser auf 1 l aufgefüllt und 20 cm³ dieser Lösung, die nunmehr 1 cm³ der ursprünglichen Schwarzlauge entsprechen, mit destilliertem Wasser auf 100 cm³ verdünnt. Die Zinkmeßflüssigkeit wird aus einer Bürette hinzugegeben. Die Umsetzung wird als beendet betrachtet, wenn bei Berührung einer kleinen Menge der Lösung mit etwa 3 Tropfen ammoniakalischer Nickelsulfatlösung auf einer Porzellanplatte ein schwarzer Niederschlag von Schwefelnickel sich nicht mehr bildet.

In einer neuerlichen Untersuchung hat KRESS[2] noch folgende Abänderung dieser Bestimmungsmethode beschrieben.

Eine gewogene Probe von 25 g Schwarzlauge wird in einen 250 cm³ fassenden Kolben gegeben, dann werden 20 cm³ 20proz. Bariumchloridlösung zugesetzt. Man füllt bis zur Marke auf und mischt gut durch. Zur raschen Entfernung der Fällung wird ein Teil der Probe zentrifugiert. Von der klaren, über dem Bodensatz stehenden Flüssigkeit wird eine genau abgemessene Menge für die Titration mit der Zinklösung entnommen. Hierbei besteht die beste Art, den Endpunkt festzustellen, darin, daß man einen kleinen Tropfen der als Indikator benutzten ammoniakalischen Nickelsulfatlösung auf eine unglasierte Porzellanplatte bringt

---

[1] KRESS: Paper Heft v. 23. 2. 1916, S. 30.
[2] KRESS, O., u. J. M. McINTYRE: Paper Trade J. (63) **100**, 225 (1935).

und einen Tropfen der zu titrierenden Lösung mit ihm zusammenrinnen läßt.
Jedes Mischen durch Zusammenrühren mittels eines Glasstabes sollte man dabei vermeiden. Der Endpunkt ist erreicht, wenn an der Berührungsstelle ein
Wechsel in der Farbe von Braun zu Gelb erfolgt. Nach dem Umschlagspunkt
wird die Farbe dann wieder dunkelgrün.

Untersuchung der Schwarzlaugen nach Ausfällung mit Alkohol nach Oeman[1].
25 cm³ Schwarzlauge werden in einem verschließbaren Kolben in der Kälte mit
225 cm³ 95proz. Äthylalkohol versetzt. Der Kolben wird verschlossen und bleibt
2···3 Stunden ruhig stehen. Nach dieser Zeit hat sich die Fällung abgesetzt
und die darüberstehende Lauge ist rotbraun gefärbt. Von dieser Lösung werden
je 25 cm³ = 2,5 cm³ der Schwarzlauge zur Titration ohne Verdünnung mit
$^n/_{10}$-Salzsäure und $^n/_{10}$-Jodlösung benutzt. Als Indikator wird für die Titration
mit Säure auch hier Nilblau verwandt. Die braunrote Farbe der Lösung geht
allmählich von Braun nach Grün über, und die Säurezugabe wird so lange fortgesetzt, bis die grüne Farbe auch nach dem Umschütteln der Probe noch Bestand behält. Durch diese Titration, welche in der nicht weiter zu verdünnenden
Lösung erfolgen soll, erhält man den Wert $NaOH + ^1/_2 NaS$.

Für die Titration mit Jodlösung werden 25 cm³ klare alkoholische Lösung
mit 25 cm³ Wasser versetzt, dem 5 cm³ 2n-Säure zugefügt wurden. Darauf wird
unmittelbar mit $^n/_{10}$-Jodlösung titriert. Der Umschlag ist sehr deutlich und die
blaue Farbe hält sich unverändert während mehrerer Minuten. Der scharfe
Umschlag und die Beständigkeit der blauen Farbe lassen berechtigterweise annehmen, daß der Einfluß anderer Stoffe auf die Titration nur ein äußerst geringer
sein kann.

Als Vorteil dieser Methode ist anzuführen, daß bei der Anwendung von
Alkohol als Fällmittel eine Hydrolyse in der Lauge nicht stattfinden kann,
weshalb die Wahrscheinlichkeit, daß sie in der ursprünglichen Form zur Untersuchung gelangt, sehr groß ist. Nachteilig ist andererseits, daß das Ergebnis
erst nach längerer Zeit vorliegt.

Versuche, statt Äthylalkohol andere Alkohole zu verwenden, sind bislang
ohne Erfolg geblieben.

Untersuchung der Schwarzlaugen nach Fällung mit Kochsalz nach A. Matzner[2]. Nach Feststellung von Matzner kann ein sehr erheblicher Teil der organischen, färbenden Stoffe in der Lauge durch Neutralsalze ausgefällt werden.
Am besten soll sich hierzu Kochsalz eignen.

20 cm³ Ablauge werden in einem 500 cm³ fassenden Kolben aus Jenaer Glas
mit so viel gemahlenem neutralen Kochsalz zusammengebracht, daß ein dicker
Sirup entsteht. Hierauf fügt man abwechselnd destilliertes Wasser und Salz
unter fortwährendem Schütteln des verkorkten Kolbens so lange hinzu, bis er
über die Hälfte gefüllt ist. Dabei ist stets darauf zu achten, daß am Boden des
Kolbens ein Salzüberschuß vorhanden ist. Nun erhitzt man zum Sieden, filtriert
nach einigem Kochen den Kolbeninhalt durch einen Heißwassertrichter, wäscht
mit heißer, gesättigter Kochsalzlösung und fängt das Filtrat in einem 500-cm³-
Meßkolben auf, den man schließlich bis zur Marke auffüllt. Das Erhitzen zum

---

[1] Oeman, E.: Maßanalytische Verfahren. Berlin: Verlag der Papier-Zeitung 1928.
[2] Matzner, A.: Wbl. Papierfabrikat. **56**, 1556 (1925).

Sieden und das nachfolgende Filtrieren durch den Heißwassertrichter hat den Zweck, restliche Anteile der kolloidal gelösten organischen Stoffe, die nur in siedender, gesättigter Kochsalzlösung unlöslich sind, auszuflocken.

Je 100 cm³ von der so gereinigten, schwach gelblich gefärbten Flüssigkeit entsprechen 4 cm³ der ursprünglichen Schwarzlauge. Der Farbenumschlag läßt sich darin sowohl mit Phenolphthalein und Methylorange als auch bei der Jodtitration scharf und deutlich erkennen. Ein Schwanken des Endpunktes kann nicht mehr eintreten, da die störenden organischen Verbindungen entfernt worden sind.

Es sei bemerkt, daß noch nicht ermittelt worden ist, ob durch die beschriebene Vorbehandlung irgendwelche Spaltungen der organischen Natriumverbindungen eintreten, ein Umstand, der von Einfluß auf das Titrationsergebnis sein könnte.

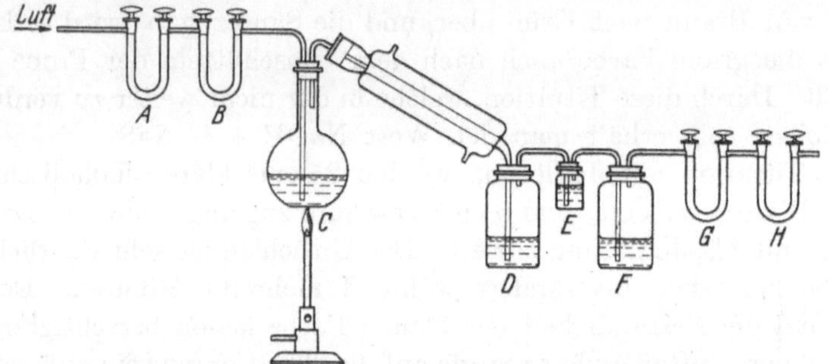

Abb. 33. Apparatur zur Untersuchung der Schwarzlauge nach HEATH. *A* Kalziumchloridrohr; *B* Natronasbestrohr; *C* Zersetzungskolben; *D* Vorlage; *E* Natriumthiosulfatvorlage; *F* Vorlage mit konz. Schwefelsäure zum Auffangen von Wasser; *G* Kalziumchloridrohr; *H* gewogenes Natronasbestrohr.

Bestimmung von Ätznatron, Sulfid und Karbonat nach HEATH und Mitarbeiter.[1] Die von den genannten Autoren ausgearbeitete Methode gestattet an der gleichen Probe durch Destillation mit Ammonchlorid die Bestimmung der Hauptbestandteile der Schwarzlauge. Zur Ausführung wird die in Abb. 33 gezeichnete Apparatur benützt.

Die Methode besteht darin, daß im Zersetzungskolben *C* eine gemessene Laugenprobe mit Ammonchlorid bei Siedetemperatur behandelt wird. Hierbei treten Zersetzungen der Alkalisalze ein, welche im wesentlichen gemäß folgender Darstellung verlaufen:

$$Na_2CO_3 + 2\,NH_4Cl \rightarrow 2\,NaCl + CO_2 + NH_3$$
$$NaOH + NH_4Cl \rightarrow NaCl + NH_3$$
$$Na_2S + 2\,NH_4Cl \rightarrow 2\,NaCl + H_2S + NH_3$$

Die Mengen der in den Vorlagen aufgefangenen flüchtigen Zerfallprodukte ermöglicht die Bestimmung der ursprünglich vorhanden gewesenen Hauptbestandteile.

Ausführung der Bestimmung. In den Zersetzungskolben *C* gibt man 5 cm³ der zu untersuchenden Lauge und fügt 25 cm³ einer 10proz. Ammonchloridlösung sowie 75 cm³ frisch ausgekochtes, kohlensäurefreies destilliertes Wasser hinzu. Die Vorlage *D* wird mit 25···50 cm³ $^n/_{10}$-säurefreier Jodlösung

---

[1] HEATH, M. A., M. W. BRAY u. C. E. CURRAN: Paper Trade J. (62) **91**, 237 (1933).

und mit 50 cm³ $n/_{10}$-Säure beschickt, die kleine Flasche E, die Jodverluste verhindern soll, enthält 10 cm³ $n/_{10}$-Natriumthiosulfatlösung. H_1, das mit Natronasbest gefüllte Auffangröhrchen, ist vorher abgewogen worden. Nach dem Verschließen des Kolbens C leitet man Luft mit einer Geschwindigkeit von 3 Blasen in der Sekunde durch die Apparatur und beginnt mit dem Erhitzen der Laugenprobe. Im Anfang bleibt der Kühler hinter dem Kolben C wasserfrei, wodurch sich der Inhalt von D erwärmt. Auf diese Weise soll verhindert werden, daß Kohlensäure darin zurückbleibt. Sobald der Inhalt von D warm geworden ist, setzt man den Kühler mit Wasser in Tätigkeit und fährt so lange mit dem Kochen fort, bis die Zunahme durch Kondensat in der Vorlage mindestens 50 cm³ beträgt. Dann wird die Flamme gelöscht und noch während weiterer 15 Minuten Luft durchgeleitet, um alle Zersetzungsprodukte in die Auffanggefäße zu drücken.

Nach abgeschlossener Bestimmung wird das Röhrchen H ausgewogen, und man erhält aus der Gewichtszunahme durch Multiplikation mit 454,5 die der aufgefangenen CO_2-Menge entsprechende Anzahl Kubikzentimeter $n/_{10}$-Na_2CO_3, aus der wiederum der Sodagehalt der Laugenprobe errechnet werden kann.

Der Inhalt des Kolbens C wird abgekühlt und in einem Meßkolben auf 100 cm³ verdünnt. Hiervon werden 25 cm³ entnommen und nach entsprechender Weiterverdünnung, unter Benutzung von Methylorange als Indikator mit $n/_{10}$-Natronlauge titriert. Der mit 4 multiplizierte Wert der verbrauchten Kubikzentimeter (a) gibt ein Maß für die Menge der organischen Säuren an, die durch Hydrolyse der entsprechenden Ammonsalze in Freiheit gesetzt wurden, wobei gleichzeitig das an sie ursprünglich gebundene Ammoniak abdestillierte.

Der Inhalt der Vorlage D wird mit dem von E vereinigt, worauf der noch verbliebene Jodüberschuß mit $n/_{10}$-Natriumthiosulfatlösung zurückgemessen wird (b). Aus dem sich hieraus ergebenden tatsächlichen Jodverbrauch kann der Sulfidgehalt der Lauge ermittelt werden.

Die so austitrierte Lösung aus den Vorlagen D und E wird anschließend nach Zugabe von Methylorange mit $n/_{10}$-Natronlauge titriert (c). Zu dem Wert (c) rechnet man den Wert (a), das ist das an die im Kolben C an organische Säuren gebunden gewesene NaOH und die Anzahl der Kubikzentimeter $n/_{10}$-NaOH, die der im Röhrchen H festgestellten CO_2-Zunahme entsprechen. Diese so erhaltene Summe wird von der Anzahl Kubikzentimeter $n/_{10}$-Säure abgezogen, die in D vorgelegt wurden. Die Differenz ergibt ein Maß für die ursprünglich vorhanden gewesene Menge an Ätznatron.

Folgendes Beispiel veranschaulicht die Methode.

Angewandt: 5 cm³ Schwarzlauge. 50 cm $n/_{10}$-Jodlösung. 50 cm³ $n/_{10}$-Säure. 10 cm³ $n/_{10}$-Natriumthiosulfatlösung.

Gefundene Ergebnisse:

1. Natriumkarbonat. Zunahme des Natronasbeströhrchens 0,0104 g. Dies entspricht $0{,}0104 \cdot 435{,}5 = 4{,}73$ cm³ $n/_{10}$-Natronlauge oder -Sodalösung. Daraus ergibt sich ein Gehalt von

$$\frac{4{,}73 \cdot 5{,}3}{5} = 5{,}0 \ \text{g/l} \ Na_2CO_3.$$

2. Natriumsulfid. Vorgelegt in D 50 cm³ $n/_{10}$-Jodlösung und in E 10 cm³ $n/_{10}$-Natriumthiosulfatlösung. Zum Zurücktitrieren der vereinigten Inhalte von D und E waren $b = 15{,}2$ cm³ $n/_{10}$-Natriumthiosulfatlösung erforderlich, so daß der Ge-

samtverbrauch an letzterer Meßlösung $15,2 + 10,0 = 25,2$ cm³ beträgt. Der Verbrauch an $^n/_{10}$-Jodlösung für das Natriumsulfid kommt damit auf $50,0 - 25,2 = 24,8$ cm³, woraus sich ein Gehalt von

$$\frac{24,8 \cdot 3,9}{5} = 19,35 \text{ g/l Na}_2\text{S}.$$

errechnet.

3. **Natriumhydroxyd.** Zur Titration des Rückstandes im Kolben C mit $^n/_{10}$-Lauge wurden benötigt 0,8 cm³, so daß sich a mit $0,8 \cdot 4 = 3,2$ cm³ $^n/_{10}$-Säure ergibt. Bei der Titration des Inhaltes der Vorlagen D und E mit $^n/_{10}$-Lauge waren $c = 21,6$ cm³ erforderlich. Die Summe von $a + c + $ der Anzahl der cm³ $^n/_{10}$-NaOH, die der im Röhrchen H festgestellten CO_2-Zunahme entsprechen, beträgt $3,2 + 21,6 + 4,7 = 29,5$ cm³. Unter Berücksichtigung der vorgelegten 50 cm³ $^n/_{10}$-Säure ergibt sich demnach ein Verbrauch von $50,0 - 29,5 = 20,5$ cm³ $_{10}/$-Säure. Dieser Säureverbrauch entspricht einem Gehalt von

$$\frac{20,5 \cdot 4}{5} = 16,4 \text{ g/l NaOH}.$$

Bestimmung des Sulfats und der Kieselsäure. Diese Bestandteile werden in der gleichen Weise, wie es bei der Untersuchung der Weißlaugen beschrieben wurde, auch hier ermittelt.

Bestimmung des Gesamtgehaltes an Natriumsalzen. Für die Ermittlung des Gesamtalkaligehaltes sind folgende beiden Vorschriften gegeben worden.

a) Nach Moe[1]. $5 \cdots 10$ cm³ der Schwarzlauge werden in eine kleine Porzellanschale gebracht. Zweckmäßig mißt man die Lauge nicht dem Volumen nach, sondern wägt sie in einem Wägeglas ab und berechnet das Volumen aus dem Gewicht und dem spezifischen Gewicht, da dies wesentlich genauere Resultate gibt, als wenn man aus einer Pipette oder Bürette mißt. Zur Flüssigkeit fügt man dann Salzsäure im Überschuß, dampft zur Trockne ein und verbrennt bei dunkler Rotglut. Durch dieses Verfahren werden alle Natriumverbindungen, außer dem Sulfat, in Chlornatrium übergeführt. Die Salze werden dann aus dem Rückstand ausgelaugt, die Lösung wird filtriert, bis zu einem passenden Volumen eingedampft, worauf mit $^n/_{10}$-Silberlösung unter Verwendung von Kaliumchromat als Indikator titriert wird. Es ist wichtig, daß jedes Teilchen Natriumchlorid aus dem Rückstand herausgelaugt wird. 1 cm³ $^n/_{10}$-Silbernitratlösung entspricht 0,0031 g Na_2O.

In einer zweiten Probe der Flüssigkeit wird dann das Sulfat mit Bariumchlorid bestimmt. Man benutzt in diesem Falle zweckmäßig eine größere Menge der Flüssigkeit, da der Gehalt an Sulfat verhältnismäßig klein ist. Aus den Werten der beiden Bestimmungen kann man die Gesamtmenge an Natriumverbindungen in der Flüssigkeit berechnen.

b) Nach Heuser[2]. 5 cm³ Schwarzlauge werden mit Wasser und verdünnter Schwefelsäure versetzt und so lange gekocht, bis kein Schwefelwasserstoff mehr entweicht. Beim Kochen ballt sich die organische Substanz zusammen und kann von der Flüssigkeit durch Filtrieren getrennt werden. Das Filtrat dampft man nun auf dem Wasserbade ein und raucht anschließend die überschüssige Schwefelsäure auf einem allmählich angeheizten Sandbade ab. Da mit

---

[1] Moe, C.: Paper **14**, 156 (Heft v. 25. 2. 1914).
[2] Heuser, E.: Papier-Ztg. **36**, 2158 (1911).

konzentrierter Schwefelsäure nicht sämtliche organische Substanz ausgefällt wird, so färbt sich der Rückstand auf dem Sandbade mit zunehmender Konzentration dunkelbraun und schließlich schwarz. Man unterbricht nun hier zweckmäßig das Abrauchen und gießt die konzentrierte Lösung noch heiß vorsichtig in Wasser, wobei die Kohle sich in amorpher Form abscheidet und leicht durch Filtrieren von der Flüssigkeit getrennt werden kann. Das Filtrat dampft man nochmals ein und raucht die überschüssige Schwefelsäure vollständig ab. Den Rückstand glüht man mit etwas Ammonkarbonat, bis die Asche weiß ist, was nun leicht vor sich geht. Nach dem Erkalten löst man sie in Wasser unter Zusatz von Salzsäure, erhitzt zum Kochen und fällt mit kochender Bariumchloridlösung die Schwefelsäure der in Sulfat übergeführten Alkalisalze als Bariumsulfat.

Bestimmung des Gesamtalkalis in schwefelfreien Laugen. Wenn Schwarzlaugen vorliegen, die dem reinen Natronverfahren entstammen, so kann durch Veraschung und direkte Titration der Asche die Gesamtmenge der Natriumverbindungen bestimmt werden.

50 cm^3 Schwarzlauge werden in einer Platinschale zur Trockne verdampft, der Rückstand wird über einem Bunsenbrenner verascht, die gelösten Salze werden mit heißem destilliertem Wasser ausgelaugt, und die gesamte erhaltene Lösung wird mit $^n/_1$-Schwefelsäure unter Verwendung von Methylorange als Indikator titriert. Die Anzahl der Kubikzentimeter $^n/_1$-Säure, die erforderlich ist zur Erreichung des Farbenumschlages, multipliziert mit 0,62, gibt in Gramm den Gesamt-Na$_2$O-Gehalt in einem Liter Schwarzlauge an.

Bestimmung des Gesamtschwefels[1]. In einem Nickeltiegel von etwa 30 cm^3 Inhalt wiegt man unmittelbar eine Probe der Schwarzlauge von etwa 2,5 g ein. Zu ihr gibt man in kleinen Portionen Natriumsuperoxyd und erwärmt dann nach Aufsetzen eines Deckels zunächst ganz schwach. Sobald die heftige Gasentwicklung vorbei ist, wird stärker erhitzt und langsam zur Rotglut gesteigert und dabei dann einige Minuten erhalten. Nach dem Erkalten löst man die Schmelze in heißem Wasser, dem man etwas Brom zusetzt. Die filtrierte Lösung wird dann angesäuert und in ihr die Fällung des als Sulfat vorhandenen Schwefels mit Bariumchlorid in bekannter Weise durchgeführt.

Bei genauen Analysen kann sich die vorherige Entfernung vorhandener Kieselsäure erforderlich machen.

Zur Ausführung der elektrometrischen Analyse der Schwarzlauge.

a) **Konduktometrisch.** Hier gilt grundsätzlich das weiter oben bei der Untersuchung der Weiß- und Grünlaugen Angeführte. Dort ist im übrigen auch die Einwirkung, die die Gegenwart organischer Natriumverbindungen auf den Verlauf der Titrationskurven hat, entsprechend berücksichtigt worden. Die praktische Durchführung der Bestimmung erfolgt im vorliegenden Fall in ganz gleicher Weise, wie dort angegeben; es sei doch erwähnt, daß die Schärfe besonders des letzten Verlaufes der Titrationskurve bei Schwarzlaugen nicht so gut ist, wie bei den Laugen, die keine organischen Natriumverbindungen enthalten.

b) **Potentiometrisch.** Die Titration erfolgt hier nach BASBERG[2], unter

[1] KRESS, O., u. J. W. MCINTYRE: Paper Trade J. (63) **100**, 225 (1935).
[2] BASBERG, A.: Papir-J. **29**, 119 (1941) u. Papierfabrikant **39**, 273 (1941).

Anwendung eines Potentiometers und einer Glaselektrode als Umschlagselektrode mit $^n/_{10}$-Salzsäure. Für diese Titration werden $25 \cdots 50$ cm^3 Schwarzlauge abgewogen und mit destilliertem Wasser auf 1000 cm^3 verdünnt; von dieser verdünnten Lösung werden für die Einzelbestimmungen je 200 cm^3 entnommen. Zunächst wird eine Titration bis zum Äquivalenzpunkt $p_H = 8{,}3$ vorgenommen, wodurch ein Wert für

$$a = \text{NaOH} + {}^1/_2 \, (\text{NaS} + \text{Na}_2\text{CO}_3)$$

gefunden wird. Eine zweite Probe wird mit 30 cm^3 10proz. Bariumchloridlösung versetzt, gut durchgemischt und wiederum mit $^n/_{10}$-Salzsäure titriert bis zum Äquivalenzpunkt $p_H = 8{,}8$. Der erhaltene Wert zeigt an:

$$b = \text{NaOH} + {}^1/_2 \, \text{NaS}.$$

Eine dritte Titration wird mit einer abgemessenen Menge einer Lösung vorgenommen, die durch Verdünnen von 10 cm^3 abgewogener Schwarzlauge mit 96proz. Alkohol auf 20 cm^3 erhalten worden ist. Hierbei liegt ein Umschlagspunkt bei einem Potential von $p_H = 3{,}5$, der anzeigt:

$$c = \text{NaOH} + \text{Na}_2\text{S} + \text{Na}_2\text{CO}_3 + ({}^1/_2 \, \text{Na}_2\text{SO}_3) + \text{Na org. gebd.}$$

Die Summe von Sulfid und Sulfit $d = \text{Na}_2\text{S} + \text{Na}_2\text{SO}_3$ wird in anderer Weise, beispielsweise nach HEATH ermittelt. Es ist dann möglich, die Einzelbestandteile der Schwarzlauge zu berechnen. Von diesen ergeben sich zu folgenden Werten:

$$\text{Na}_2\text{CO}_3 = 2a - b,$$
$$\text{Na org. gebd.} = b + c - 2a - {}^1/_2 d.$$

Bei der Durchführung der elektrischen Titration hat es sich als vorteilhaft erwiesen, jedesmal 60 Sekunden zwischen jeder Ablesung verstreichen zu lassen und unmittelbar nach jeder Ablesung die neue Säurezugabe zuzuteilen. Zu langes Warten zwischen den einzelnen Ablesungen muß vermieden werden, da dadurch unrichtige Werte erzielt werden.

Untersuchung der Dicklaugen.

Allgemeines. Für die Belange und die Kontrolle des Alkaliwiedergewinnungsprozesses sind außer dem spezifischen Gewicht der wahre Salzgehalt, der Gehalt an organischer Substanz und Wasser sowie der Heizwert von Interesse.

Bestimmung des spezifischen Gewichtes. Es wird zumeist mit Aräometern ermittelt, wobei vornehmlich solche zur Anwendung kommen, die nach Baumé-Graden geeicht sind. Statt dessen kann die Dichte auch durch Auswiegen dem Inhalt nach genau bekannter und mit der zu prüfenden Lauge gefüllter Gefäße ermittelt werden.

Bestimmung des Trockengehaltes. Seine Ermittlung durch Trocknen einer gewogenen Probe bei 105° ist ungenau. Teils kann durch die Bildung einer Haut an der Oberfläche der Probe nicht alles Wasser entweichen, teils ist bei der genannten Temperatur schon eine Zersetzung von Salzen, wie auch der organischen Substanz durchaus möglich. Statt einer Trocknung empfiehlt sich hier die Durchführung einer unmittelbaren Wasserbestimmung durch eine Destillation mit Xylol. Die Methode ist in ihren Einzelheiten im Abschnitt II

Untersuchung der pflanzlichen Rohstoffe genau beschrieben. Sie führt bei der Anwendung auf Dicklaugen zu brauchbaren Ergebnissen.

Bestimmung des Salzgehaltes. Die Ermittlung des Gesamtsalzgehaltes ausgedrückt als Sulfat bereitet keine Schwierigkeiten, und sie erfolgt in der gleichen Weise, wie es bei der Schwarzlauge beschrieben worden ist. Verwickelter ist es, den Salzgehalt in der Form zu bestimmen, wie er tatsächlich in der Dicklauge vorliegt, also in der Hauptsache und im einzelnen aus Ätznatron, Karbonat, Sulfid, Sulfat und organischen Natriumsalzen besteht. Die Ermittlung der drei erstgenannten erfolgt zweckmäßig nach der bei der Untersuchung der Schwarzlauge beschriebenen Methode von HEATH. In weiteren Laugenproben wird einerseits das als Sulfat vorhandene Alkali, andererseits der Gesamtschwefel nach Behandeln mit Natriumsuperoxyd ermittelt. Auch diese Bestimmungen werden nach den Vorschriften durchgeführt, welche für die Schwarzlaugen gelten. Zieht man vom Gesamtschwefel die Summe von Sulfid- und Sulfatschwefel ab, so erhält man den organisch gebundenen Schwefel. Bestimmt man schließlich noch das Gesamtalkali als Sulfat und rechnet von ihm die Summe von $NaOH + Na_2S + Na_2CO_3$ ab, so findet man das an organische Substanz gebundene Na_2O, das als solches in den Gesamtsalzgehalt einzusetzen ist. Folgendes Beispiel veranschaulicht das Gesagte.

Bei der Analyse wurden gefunden:

$NaOH$ . . . 0 %	Gesamtschwefel . . . . . 2,75 %
Na_2CO_3 . . 0 %	Natriumsulfat . . . . . 2,48 %
Na_2S . . . 2,88 %	Gesamtalkali als Sulfat . 36,20 %

Damit ergibt sich:

$$
\begin{array}{lll}
\text{Gesamt-Schwefel} \ . \ . \ . & & 2{,}75\,\% \\
\text{Sulfid-Schwefel} \ . \ . \ . \ . & 1{,}18\,\% & \\
\text{Sulfat-Schwefel} \ . \ . \ . \ . & \underline{0{,}56\,\%} & \\
& 1{,}74\,\% & 1{,}74\,\% \\
\text{organisch gebundener Schwefel} \ . & & \overline{\ \, 1{,}01\,\%}
\end{array}
$$

Es entsprechen weiter:

$$
\begin{array}{lll}
36{,}20\,\% \ Na_2SO_4 & & 15{,}80\,\% \ Na_2O \\
2{,}88\,\% \ Na_2S & 2{,}29\,\% \ Na_2O & \\
2{,}48\,\% \ Na_2SO_4 & \underline{1{,}08\,\% \ Na_2O} & \\
& 3{,}37\,\% \ Na_2O & \underline{3{,}37\,\% \ Na_2O}
\end{array}
$$

sonach organisch gebunden . . . . $12{,}43\,\%$ Na_2O

Der Gesamtsalzgehalt setzt sich demnach wie folgt zusammen:

$$
\begin{array}{ll}
Na_2O \ . \ . \ . \ . & 12{,}43\,\% \\
Na_2S \ . \ . \ . \ . & 2{,}88\,\% \\
Na_2SO_4 \ . \ . \ . & \underline{2{,}48\,\%} \\
\text{Gesamtsalz} \ . \ . & 17{,}79\,\%
\end{array}
$$

Außerdem sind 1,01 % an organische Substanz gebundener, verbrennbarer Schwefel anwesend.

Für genaue Bestimmungen kann auch der Gehalt an Kieselsäure und die daran gebundene Alkalimenge Berücksichtigung finden.

Bestimmung des Gehaltes an organischer Substanz. Die Kenntnis der Größe dieses Anteiles ist u. a. für die Bewertung der Dicklauge als Brennstoff und für verschiedene wärmetechnische Rechnungen von Wert. Sind Wassergehalt, Gehalt an brennbarem Schwefel und Gesamtsalzgehalt ermittelt, so ist der Rest die organische Substanz.

Bestimmung des Heizwertes. Sie erfolgt nach bekannten Vorschriften in der Kalorimeterbombe von KRÖKER.

Um eine sichere Zündung und ein restloses Verbrennen zu erzielen, empfiehlt es sich, erfahrungsgemäß die Dicklaugen durch Trocknen im Trockenschrank bei mäßiger Temperatur weitgehend von ihrem Wassergehalt zu befreien, bevor die Heizwertbestimmung durchgeführt wird. Laugen, die bis zu 10% Wasser enthalten, lassen sich ohne Schwierigkeit verbrennen. Die Gewichtsabnahme beim Trocknen muß selbstverständlich ermittelt werden, damit es möglich wird, das erhaltene Ergebnis auf Dicklauge ursprünglicher Beschaffenheit umzurechnen. Im Wasser, das sich bei der Verbrennung in der Kalorimeterbombe bildet und das die gleichfalls entstandene Schwefelsäure enthält, bestimmt man anschließend den verbrennbaren Schwefel als Sulfat durch Fällen mit Bariumchlorid.

Untersuchung der Sulfatschmelze
(Schmelzsoda).

Allgemeines. Für die Untersuchung der Schmelzsoda und der Sulfatschmelze hat KIRCHNER[1] eine Anweisung gegeben. Nach LUNGE und LOHÖFER[2] handelt es sich bei KIRCHNER um Wiedergabe einer von LUNGE und LOHÖFER[3] zur Untersuchung der Leblanc-Rohsoda vorgeschlagenen Methode. Diese Rohsoda ist aber in ihrer Zusammensetzung derart verschieden von der Schmelzsoda, daß bei einer Übertragung hierauf Rücksicht genommen werden muß. Die Rohsoda enthält nämlich nur unbedeutende Mengen von Schwefelnatrium, die Schmelzsoda hat dagegen einen sehr erheblichen Gehalt an Natriumsulfid. Stammt die Schmelzsoda aus Strohzellstoff-Fabriken, so ist ein bedeutender Gehalt an Natriumsilikat vorhanden, der die Anwendung der Bariumchloridmethode, wie sie KIRCHNER vorschlägt, LUNGE aber verwirft, nur unter ganz bestimmten Versuchsbedingungen erlaubt.

Die Schmelzsoda ist an der Luft sehr veränderlich; sie zieht Feuchtigkeit und Kohlendioxyd an und oxydiert sich sehr rasch. Die Probenahme und das Zerkleinern müssen also mit tunlichster Beschleunigung vorgenommen werden und die Aufbewahrung der Proben muß in luftdicht schließenden Gefäßen geschehen.

Untersuchung der Schmelze nach LUNGE. Nach LUNGE werden zur Untersuchung 50 g eines gepulverten Durchschnittsmusters der Schmelze durch längeres Schütteln mit etwa 500 cm³ kohlensäure- und luftfreiem Wasser von etwa 45° in einem 1-Liter-Meßkolben gelöst und dann bis zur Marke aufgefüllt.

---

[1] KIRCHNER, E.: Das Papier. 3. T.: Halbstoffe. S. 102.

[2] LUNGE: Taschenbuch für die Sodaindustrie; ferner Chemisch-technische Untersuchungsmethoden, 7. Aufl. Bd. 1, S. 940 (1921).

[3] LUNGE u. LOHÖFER: Z. angew. Chem. 14, 1125 (1901).

Die Untersuchung der Lösung geschieht im übrigen nach Methoden, wie sie oben im Abschnitt Weißlauge beschrieben worden sind; statt der in der Originalvorschrift angegebenen Indikatoren wird man auch hier die dort empfohlenen verwenden. Zur Bestimmung der Alkalität werden vorteilhaft 20 cm^3 = 1 g Substanz angewandt, ebensoviel für die Bestimmung von Sulfid und Sulfit. Für diejenige des Sulfits allein wendet man 100 cm^3 Lösung an, für die Bestimmung des Silikats geht man vorteilhaft von 20 cm^3 aus. Nachstehend sind Bestimmung und Berechnung der Bestandteile der Schmelzsoda in einem Beispiel nach LUNGE gegeben. Es sei jedoch bemerkt, daß das hier gegebene Beispiel eine vollkommene Analyse der Schmelze darstellt. In vielen Fällen wird man auf eine solche, ziemlichen Zeitaufwand benötigende Analyse verzichten und sich mit der Bestimmung von $NaOH$, Na_2CO_3 und Na_2S begnügen, dabei dem Gedankengang von BERGMAN (s. oben) folgend. Dadurch vereinfacht sich die Analyse erheblich und kann häufiger ausgeführt werden. Von Zeit zu Zeit wird man jedoch zweckmäßig eine Gesamtanalyse der Schmelze ausführen.

· KIRCHNERS Vorschrift unterscheidet sich wie erwähnt von der LUNGES in der Hauptsache dadurch, daß bei ihr die Bariumchloridmethode Anwendung findet. Soweit es sich um Laugen aus Holzzellstoff-Fabriken handelt, sind die Bedenken, welche LUNGE hiergegen hat, unbegründet. Solche Schmelzen enthalten nur geringe Mengen Silikat (2,0···3,5%). Will man den hierdurch bedingten Fehler mit Sicherheit vermeiden, so ist die Fällung unter den Bedingungen auszuführen, welche bereits oben bei der Untersuchung der Laugen angegeben wurden. Bei Schmelzen von Strohstoff-Fabriken, die einen erheblichen Kieselsäuregehalt (von 10···20%) haben können, muß man immer unter diesen Bedingungen bei der Fällung arbeiten, um einwandfreie Werte zu erzielen.

Beispiel der Untersuchung einer Schmelze nach LUNGE. Untersuchungsergebnisse:

1. Unlösliches:

a) 10,0039 g Schmelze gaben 1,0836 g Rückstand
b) 10,0000 g   ,,   ,,   1,0805 g   ,,

          Gewicht des Rückstandes nach dem Glühen:

a) 1,0000 g, folglich 0,0836 g Kohle,
b) 0,9904 g,   ,,   0,0901 g   ,,

2. Alkalität in Kubikzentimeter $^n/_5$-HCl

    mit Phenolphthalein 49,39; 49,33; im Mittel 49,36 cm^3
    ,, Methylorange   76,74; 76,74; ,,   ,,   76,74 ,,

3. $Na_2S_2 + Na_2SO_3$.

   40,23 cm^3 $^n/_{10}$-Jodlösung $\Big\}$ im Mittel 40,25 cm^3 $^n/_{10}$-Jodlösung.
   40,27 , $^n/_{10}$-   ,,

4. Na_2SO_3.

   0,40 cm^3 $^n/_{10}$-Jodlösung $\Big\}$ im Mittel 0,40 cm^3 $^n/_{10}$-Jodlösung.
   0,40 ,, $^n/_{10}$-   ,,

5. Na_2SiO_3.

   0,0699 g SiO_2 $\Big\}$ im Mittel 0,0700 g SiO_2.
   0,0701 g SiO_2

6. Na_2SO_4.

$$\left.\begin{array}{l} 0,0536 \text{ g } BaSO_4 \\ 0,0534 \text{ g } BaSO_4 \end{array}\right\} \text{ im Mittel } 0,0535 \text{ g } BaSO_4.$$

Berechnung:

1 cm^3 $^n/_5$-HCl	entspricht	0,0106 g Na_2CO_3 und 0,0080 g NaOH.	
1 ,, $^n/_{10}$-Jodlösung	,,	0,0039 g Na_2S und 0,0063 g Na_2SO_3.	
1 g SiO_2	,,	· 2,028 g Na_2SiO_3.	
1 g Na_2SiO_3	,,	81,63 cm^3 $^n/_5$-HCl.	
1 g $BaSO_4$	,,	0,6089 g Na_2SO_4.	

Durch $^n/_5$-HCl und Methylorange $= 76{,}74$ cm^3 werden angezeigt:

$$Na_2CO_3 + NaOH + Na_2SiO_3 + Na_2S + {}^1/_2 Na_2SO_3.$$

Durch $^n/_5$-HCl und Phenolphthalein $= 49{,}36$ cm^3:

$$NaOH + Na_2SiO_3 + {}^1/_2 Na_2S + {}^1/_2 Na_2CO_3.$$

$$[76{,}74 - 0{,}10 \text{ (für } {}^1/_2 Na_2SO_3)] - 49{,}36 = 27{,}28 \text{ cm}^3 \, {}^n/_5\text{-HCl}.$$

$$2 \cdot 27{,}28 = 54{,}56 \text{ cm}^3 \, {}^n/_5\text{-HCl} = Na_2S + Na_2CO_3.$$

$$40{,}25 \text{ cm}^3 \, {}^n/_{10}\text{-Jodlösung} = Na_2S + Na_2SO_3.$$

$$40{,}25 - 0{,}40 = 39{,}85 \text{ cm}^3 \, {}^n/_{10}\text{-Jodlösung} = Na_2S.$$

$$0{,}40 \text{ cm}^3 \, {}^n/_{10}\text{-Jodlösung} = Na_2SO_3.$$

$$54{,}56 - \frac{39{,}85}{2} = 34{,}64 \text{ cm}^3 \, {}^n/_5\text{-HCl} = Na_2CO_3.$$

$$49{,}36 - 27{,}28 = 22{,}08 \text{ cm}^3 \, {}^n/_5\text{-HCl} = NaOH + Na_2SiO_3.$$

In 1 g Schmelzsoda sind demnach:

Na_2CO_3	$=$	$34{,}64 \cdot 0{,}0106 = 0{,}3672$ g
Na_2SiO_3	$=$	$0{,}0700 \cdot 2{,}028 = 0{,}1420$ g

Diese Silikatmenge entspricht 11,59 cm^3 $^n/_5$-HCl

NaOH	$=$	$(22{,}08 - 11{,}59) \cdot 0{,}008 = 0{,}0839$ g
Na_2S	$=$	$39{,}85 \cdot 0{,}0039 = 0{,}1554$ g
Na_2SO_3	$=$	$0{,}40 \cdot 0{,}0063 = 0{,}0025$ g
Na_2SO_4	$=$	$0{,}0535 \cdot 0{,}6089 = 0{,}0326$ g
Unlösliches $=$		Rückstand $= 0{,}1081$ g
		(davon Kohle $= 0{,}0086$ g).

Ganz ähnlich gestaltet sich die Untersuchung der Schmelze, welche beim reinen Natronverfahren erhalten wird. Durch die praktisch vollkommene Abwesenheit von Sulfid erübrigen sich einige Bestimmungen. Da der Kohlegehalt solcher Schwarzasche nicht selten ganz erheblich ist, kann es in vielen Fällen zwecks Erleichterung des Auslaugens und Lösens ratsam sein, die Schmelzprobe vor der Inarbeitnahme in der Platinschale schwach zu glühen, um auf diese Weise einen Teil der Kohle zu verbrennen.

Untersuchung des Kaustizier-Kalkschlammes.

Allgemeines. Im Kaustizierschlamm interessiert der Gehalt an beim Auswaschen verbliebenen Alkaliverbindungen und der an Ätzkalk. Die wasserlöslichen Alkaliverbindungen, welche im Schlamm vorkommen, sind die gleichen wie die der Lauge. Aus begreiflichen Gründen soll ihre Menge so klein als möglich sein. Der Kaustizierschlamm enthält daneben häufig noch in Wasser nicht oder doch nur sehr beschränkt lösliche Doppelkarbonate von Kalzium und Natrium, und zwar von folgender Zusammensetzung[1]:

$$\text{Gaylussit} = Ca(Na)_2(CO_3)_2 \cdot 5\,H_2O$$

$$\text{Pirsonnit} = Ca(Na)_2(CO_3)_2 \cdot 2\,H_2O$$

Auch diese stellen einen Verlust dar und die Analysenmethoden müssen ihrem Vorkommen Rechnung tragen. Außerdem ist eine Ermittlung des Ätzkalkgehaltes erforderlich, um zu vermeiden, daß hiervon ein mehr als notwendiger Überschuß zur Anwendung gelangt. Eine Gesamtanalyse des Schlammes wird sich wohl nur für den Fall erforderlich machen, daß er für irgendwelche weiteren Zwecke Verwendung findet. Vorschriften für die Untersuchung dieses Schlammes sind früher von LUNGE und von CHRISTIANSEN gegeben worden. Diese Methoden sind teils ungenau, teils nur für den Schlamm des heute seltener geübten reinen Natronverfahrens ausgearbeitet worden. Bei dem im allgemeinen geringen Gehalt an wertvollen Alkalisalzen erfordert deren Ermittlung ein sorgfältiges Arbeiten, und auf alle Fälle sollte man vermeiden, den Gehalt hieran mittels Differenzmethoden zu ermitteln. Bei den ganz beträchtlichen Schlammmengen, welche je Tonne Zellstoff anfallen (etwa $500\cdots600$ kg trocken gedachter Schlamm), müssen selbst kleine Fehler bei der Bestimmung sich sehr stark auswirken, wenn man aus dem Ergebnis die Gesamtverluste der Kaustizieranlage berechnen will. Es kann sich daher unter Umständen die gewichtsanalytische Bestimmung des Alkaligehaltes trotz ihres größeren Aufwandes an Arbeit und Zeit rechtfertigen, um wirklich verläßliche Zahlen zu erhalten. Die nachstehenden beschriebenen Bestimmungen sind unter Beachtung des Gesagten zusammengestellt, und zwar aus Vorschriften, welche teils von SIEBER[2] und teils von WALTER und GUNKEL[3] gegeben wurden.

Bestimmung des Trockengehaltes. Der Trockengehalt des Schlammes wird durch Trocknen einer größeren Durchschnittsprobe von $200\cdots300$ g in flacher Schicht bei 100° ermittelt.

Bestimmung des Gehaltes an wasserlöslichem Alkali. 25 cm³ Kaustizierschlamm werden in einem blechernen Meßgefäß von normaler Tiegelform abgemessen — die Probe kann natürlich auch gewogen werden —, mit wenig Wasser in ein Becherglas gespült und mit überschüssiger Ammonkarbonatlösung versetzt. Es wird dann so lange ausgekocht, bis kein Ammoniak mehr entweicht, worauf der Becherglasinhalt in einen 500 cm³ Meßkolben gespült, zur Marke aufgefüllt und gut durchgeschüttelt wird. Der so ausgekochte Schlamm läßt sich häufig schwer durch gewöhnliches Filterpapier klar filtrieren. Man läßt deshalb in einem solchen Fall entweder klar absetzen oder filtriert besser durch einen Glasfiltertiegel, der sofort ein sauberes Filtrat gibt. Der erste Durchfluß

---

[1] WEGSCHEIDER, R., u. H. WALTER: S.-B. math.-naturw. K. kgl. Akad. Wiss. B., Abt. IIb **106**, 533 (1907).

[2] SIEBER, R.: Papierfabrikant **21**, 91 (1923).

[3] WALTER, L. E., u. L. GUNKEL: Zellstoff u. Papier **1**, 4 (1921).

wird verworfen, dann werden 200 cm³ des blanken Filtrats in einen Titrierbecher oder eine Porzellanschale pipettiert, worauf unter Benutzung von Methylorange mit $n/_{10}$-Salzsäure titriert wird. Durch das bloße Auskochen mit Ammonkarbonat werden NaOH, Na_2S und Na_2SiO_3 genau so zu Soda umgesetzt, wie durch das mehrmalige Eindampfen bis zur Trockne nach Lunge, nur daß man auf diese Weise in kürzerer Zeit zum Ziel kommt. Falls man keinen allzu großen Überschuß an Ammonkarbonat genommen hat, sind schon nach 5···10 Minuten Kochen Ammoniak und überschüssiges kohlensaures Ammon vollständig verflüchtigt. Es entspricht 1 cm³ $n/_{10}$-Salzsäure 0,0031 g Na_2O.

Nach Feststellung von Walter und Gunkel wird bei der Behandlung mit Ammonkarbonat auch die Hälfte von Na_2SO_3 und ein kleiner Teil des Sulfats in Soda übergeführt und als solche mitbestimmt.

Ergibt die qualitative Prüfung des Filtrats mit Bariumchlorid einen merklichen Niederschlag, so kann anschließend das Sulfat nach der Bariumchloridmethode bestimmt werden. 1 g $BaSO_4$ entspricht 0,266 g Na_2O.

Hat eine erste Bestimmung ergeben, daß die Menge des gefundenen wasserlöslichen Alkalis sehr klein ist und daß selbst bei einer Vergrößerung der Einwaage keine zuverlässigen Ergebnisse auf titrimetrischem Wege erzielt werden dürften, so ist es zweckmäßiger, im Filtrat das Alkali durch Abrauchen mit Schwefelsäure in Sulfat überzuführen. Dessen Bestimmung kann dann unmittelbar durch Wägen des Rückstandes oder aber durch Fällung mit Bariumchlorid erfolgen.

Bestimmung des Gehaltes an Ätzkalk. Eine neue Probe von 25 cm³ — gegebenenfalls wieder gewogen — wird in einen 500 cm³ fassenden Meßzylinder gespült und mit 100 cm³ 10proz. Ammonchloridlösung versetzt. Unter häufigem Schütteln läßt man das Ammonsalz etwa $^1/_2$···1 Stunde einwirken. Hierbei setzt sich neben den Alkalisalzen bloß das als Oxyd vorhandene Kalzium zu Chlorid um. Nach dem Abfiltrieren, unter Benutzung von Saugtrichter und Flasche, wird im Filtrat das Kalzium mit Ammonoxalat gefällt und seine Menge dann durch Titration des gebildeten Kalziumoxalats mit $n/_{10}$-Kaliumpermanganat ermittelt. 1 cm³ $n/_{10}$-Kaliumpermanganatlösung zeigt 0,0028 g CaO an.

Abgekürztes Verfahren für die Bestimmung des wasserlöslichen Alkalis von Walter und Gunkel. Diese Methode ist nur dann anwendbar, wenn die Alkali- und Ätzkalkmengen nicht sehr klein sind. Auch werden bei ihrer Anwendung die Kalk-Soda-Doppelverbindungen kaum erfaßt.

Ein Probe von 25···50 cm³ Schlamm — gewogen oder abgemessen — wird in einer mit Glaspfropfen dicht verschließbaren Flasche mit 5 l Wasser versetzt, gut durchgeschüttelt und mindestens 1 Stunde unter öfterem Schütteln stehengelassen. Dann wird durch ein gewöhnliches Filter filtriert, das erste Filtrat verworfen; vom folgenden werden 200 cm³ zur Titration mit $n/_{10}$-Salzsäure unter Benutzung von Methylorange als Indikator entnommen. Auf diese Weise wird der Gehalt an NaOH, Na_2CO_3, Na_2S, Na_2SiO_3 und etwa $^1/_2 Na_2SO_3$ (weniges von Na_2SO_4) einschließlich dem $Ca(OH)_2$ bestimmt. Dann pipettiert man vom Filtrat 200 cm³ ab und versetzt diese mit Ammonkarbonat. Nach dem Auskochen des Ammoniaks versetzt man mit Methylorange und titriert mit $n/_{10}$-Salzsäure die Soda. Aus der Differenz der beiden Bestimmungen erhält man den Ätzkalk. 1 cm³ $n/_{10}$-Salzsäure entspricht 0,0028 g CaO.

Bestimmung des Gesamtalkalis (wasserlösliches und unlösliches). a) **Durch Schmelzen mit Ammonchlorid**[1]. 2,5 g getrockneter und fein zerriebener Kalkschlamm werden im Platintiegel mit 1 g Ammonchlorid vorsichtig zusammengeschmolzen. Die Schmelze wird in 200 cm³ Wasser gelöst, das Unlösliche wird abfiltriert und mit heißem Wasser gewaschen. Im erhaltenen Filtrat wird die Hauptmenge des Kalziums durch Zugabe von 5 g Ammonkarbonat ausgefällt. Der erhaltene Niederschlag wird abfiltriert und gut ausgewaschen. Im Filtrat fällt man nach dem Eindampfen das Kalzium nun restlos mittels Ammonoxalat. Man filtriert wiederum und dampft das Filtrat zur Trockne ein. Die Ammonsalze werden durch Abrauchen vertrieben, der Rückstand wird in Wasser gelöst und filtriert. Das Filtrat wird schließlich in einem Platintiegel zur Trockne eingedampft, geglüht und nach dem Erkalten gewogen. Auf diese Weise erhält man sämtliches Alkali in Form von Natriumchlorid. 1 g NaCl entspricht 1,2137 g Na_2SO_4.

b) **Durch Gesamtanalyse des Schlammes** siehe nachstehende Vorschrift.

Gesamtanalyse. Gegen 2···3 g Schlamm, wenn sein Trockengehalt etwa 50 % beträgt, werden in verdünnter Salzsäure heiß gelöst und vom verbleibenden Unlöslichen, in der Hauptsache Kohle, abfiltriert. Das Filtrat wird eingedampft und mit konzentrierter Salzsäure mehrmals abgeraucht; der Rückstand wird mit Wasser und wenig verdünnter Salzsäure ausgelaugt. Die ausgewaschene Kieselsäure wird abfiltriert und gewogen. Das hiervon befreite Filtrat wird in bekannter Weise für die Mengenbestimmung des Eisens, der Tonerde sowie des Kalziums und Magnesiums benutzt. Schließlich werden in der dann noch verbleibenden Lösung die Alkalien bestimmt, und zwar auf die Weise, welche bereits oben, beispielsweise bei der Untersuchung des Sulfats, beschrieben worden ist.

Weil die zuerst bestimmte Kohle meist stark kieselsäurehaltig ist, muß durch Veraschen der organische Anteil bestimmt werden; der verbleibende Rückstand wird auf seinen Gehalt an Kieselsäure, Eisen und Tonerde untersucht, und an den früher erhaltenen Werten werden die entsprechenden Korrekturen angebracht.

Untersuchung der Rauch- und Abgase der Alkaliwiedergewinnungsanlage.

Allgemeines. Die heute weit vorangebrachte wärmetechnische Ausnutzung der organischen Stoffe in den Ablaugen macht in verschiedener Hinsicht eine Prüfung und Untersuchung der bei ihrer Verbrennung entstehenden Abgase erforderlich. Zunächst verlangt sie zwecks Vermeidung eines allzu großen Luftüberschusses bei den Reduktions- und Verbrennungsvorgängen die laufende Überwachung des CO_2-Gehaltes. Außerdem kann mit Rücksicht auf die Umgebung der Fabrik eine gelegentliche Untersuchung dieser Gase auf schwefelhaltige Bestandteile und im besonderen auf Merkaptan erforderlich werden.

Von ganz besonderem Interesse sind aber in diesem Zusammenhang die Alkalimengen, welche mit dem Abgas entweichen. Wenn diese Salzverluste

---

[1] LASSENIUS, T.: Svensk Papperstidn. **41**, 33 (1938).

durch den Schornstein im allgemeinen kleiner sind, als verbreitet angenommen wird, so können doch gelegentlich bei Auftreten und Einhaltung ungünstiger Bedingungen hier auch sehr merkbare Verluste eintreten. Die Bestimmung dieser Verluste ist daher zu mindesten in gewissen Zeitabständen vorzunehmen. Bei Vorhandensein von elektrischen und sonstigen Entstaubungs- und Rückgewinnungsanlagen ist die Vornahme dieser Untersuchungen notwendig, um sich von dem Wirkungsgrad solcher Einrichtungen eine Vorstellung machen zu können.

Bestimmung des Kohlensäure- und Kohlenoxydgehaltes. Sie erfolgt in der gleichen Weise und mit den gleichen Mitteln, wie sie bei der Untersuchung der Rauchgase gewöhnlicher Dampfkesselfeuerungen üblich sind. Es ist zufolge des Gehaltes an Staub und Wasser auf gute Filtration der Gase vor ihrem Eintritt in den Untersuchungsapparat zu achten. Bei der Absorption in Ätznatron werden außer der Kohlensäure auch noch vorhandenes Schwefeldioxyd und Schwefelwasserstoff mitbestimmt.

Bei selbst aufzeichnenden Einrichtungen wird häufig der Gehalt an CO_2 nicht auf dem Wege der Absorption, sondern durch bestimmte Eigenschaften der Gasmischung (z. B. Wärmeleitvermögen) gemessen. Wird dann anschließend der CO-Gehalt nach dessen Verbrennung in Glühöfen bestimmt, so treten meist sehr rasch Zerstörungen in diesen Öfen auf. Sie sind auf im Gas vorhandenes SO_2 und SO_3 zurückzuführen. Zu ihrer Verhinderung empfiehlt es sich, vor den Verbrennungsöfen größere mit Sodalösung beschickte Waschflaschen zu schalten, in denen die schwefelhaltigen Gase absorbiert werden.

Bestimmung von Merkaptan und Schwefelwasserstoff. a) Qualitativer Nachweis. Zum Nachweis von Merkaptan in den Abgasen der Sulfatzellstoff-Fabriken hat KLASON die Anwendung von Papierstreifen, die mit Bleiazetat getränkt sind, empfohlen. Das Bleimerkaptid ist gelb in der Farbe, während Bleisulfid schwarz ist. Wenn man also diese Papierstreifen in den Rauchkanal einbringt, so werden sie allmählich eine braune Farbe annehmen. Auf empirischem Wege kann man sich eine Skala von gefärbten Reagenzpapierstreifen herstellen, deren einzelne Stufen bestimmtem Gehalt der Gase an Merkaptan und Schwefelwasserstoff entsprechen. Vergleicht man mit ihr die Farbe des Probestreifens, welcher eine bestimmte Zeit dem Gasstrom im Rauchkanal ausgesetzt wurde, so erhält man eine Vorstellung von dem Gehalt des abziehenden Gases an den genannten Schwefelverbindungen.

b) Quantitative Bestimmung. Auch hierfür hat KLASON[1] eine Vorschrift gegeben. KLASON hat gezeigt, daß man Merkaptan und Schwefelwasserstoff quantitativ bestimmen kann, wenn man sie auf Quecksilberzyanid einwirken läßt. Es bildet sich dabei schwarzes Schwefelquecksilber und weißes Quecksilbermerkaptid nebst Zyanwasserstoff gemäß der Reaktionsgleichung:

$$Hg(CN)_2 + 2\,HSCH_3 = Hg(SCH_3)_2 + 2\,HCN$$
$$Hg(CN)_2 + H_2S = HgS + 2\,HCN.$$

Die beiden ausfallenden Quecksilberverbindungen sind in Wasser vollkommen unlöslich und unveränderlich. Sie können ihrer Menge nach also durch Wägen bestimmt werden.

---

[1] KLASON, P.: Hauptversammlungsbericht des Vereins der Zellstoff- und Papier-Chemiker 1908, S. 33. — KLASON, P., u. CARLSON: Ber. dtsch. chem. Ges. **39**, 738 (1906).

In dem erhaltenen Niederschlag kann anschließend das Merkaptan durch Zersetzung mit Salzsäure ermittelt werden. Diese Zersetzung findet gemäß folgender Gleichung statt:

$$\mathrm{Hg(SCH_3)_2 + HCl = Hg\genfrac{}{}{0pt}{}{SCH_3}{Cl} + HSCH_3,}$$

d. h. die Hälfte des Merkaptans wird in Freiheit gesetzt. Durch Erwärmen wird es ausgetrieben und kann in vorgelegten Alkohol geleitet und dort absorbiert werden. Nach Verdünnung des Alkohols mit Wasser könnte das Merkaptan mit $^n/_{10}$-Jodlösung titriert werden. Für diese Untersuchungsmethode haben neuerdings HÄGGLUND und HEDLUND[1] einige Verbesserungen vorgeschlagen. Gleichzeitig ist von den letztgenannten eine genaue Vorschrift für die Durchführung und Anwendungsweise der Methode im Betrieb gegeben worden.

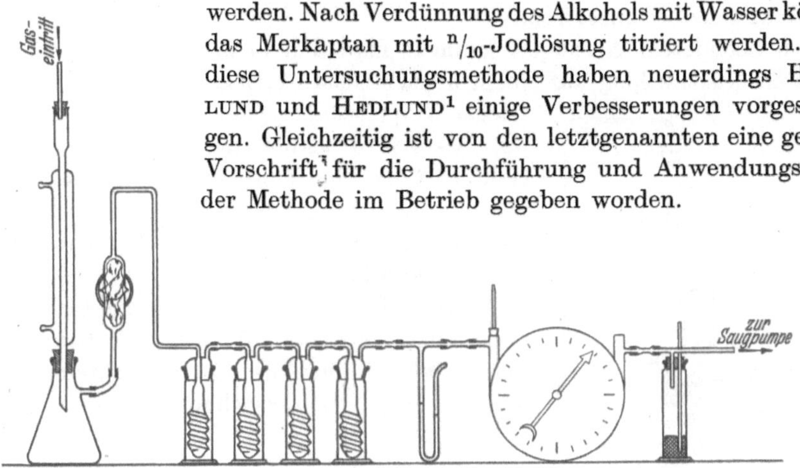

Abb. 34. Apparatur zur Bestimmung von Schwefelwasserstoff und Merkaptan im Rauchgas von Alkaliwiedergewinnungsanlagen. (Nach HÄGGLUND und HEDLUND.)

Ausführung der Untersuchung. Die Absaugung der Gasprobe erfolgt zweckmäßig vermittels eines Glasrohres, das durch ein gasdicht in die Wand des Rauchgasfuchses eingemauertes Eisenrohr weit in diesen hineingeführt wird. Auch das Glasrohr muß gegenüber dem Eisenrohr durch Asbestwolle sorgfältig abgedichtet werden. Das äußere Ende des Glasrohres wird mittels eines kürzeren Gummischlauchs mit der in Abb. 34 dargestellten Apparatur verbunden. Gemäß dieser geht das Gas zunächst durch einen auf einer Filtrierflasche sitzenden Liebigschen Kühler und wird dann durch ein Glaswollefilter vom größten Teil des mitgerissenen Flugstaubes befreit. Als Aufnahmegefäß für die Glaswolle kann man, wie hier gezeichnet, zwei Filtriervorstöße benutzen, die durch ein Stück Gummischlauch oder ein Stück breites endloses Gummiband auf der Seite der großen Öffnung miteinander verbunden sind. Das derart weitgehend gereinigte Gas durchläuft auf seinem weiteren Wege zwecks Entfernung der letzten Reste von mechanischen Beimengungen eine mit destilliertem Wasser gefüllte Waschflasche, worauf es durch drei weitere hintereinandergeschaltete und je mit 50 cm³ 5proz. Quecksilberzyanidlösung beschickte Waschflaschen gesaugt wird. Um die genaue Menge des abgesaugten Gases ermitteln zu können, sind dann weiter in der Absaugleitung eingeschaltet ein Flüssigkeitsmanometer und eine Gasmeßuhr samt Thermometer. Hinter diesen folgt ein Quecksilberdruckregulator und schließlich die Verbindungsleitung zu einer Wasserstrahlpumpe. Nach HÄGGLUND und HEDLUND begegnet es keinen Schwierigkeiten, bis zu

---

[1] HÄGGLUND, E., u. R. HEDLUND: Svensk Papperstidn. **36**, 258 (1933).

2 Minutenliter Gas durch die Apparatur zu saugen, ohne befürchten zu müssen, daß die Absorption von Merkaptan und Schwefelwasserstoff unvollständig ist. Die an und für sich geringen Mengen Merkaptan im Gas bedingen die Absaugung von mindestens 1 m³. Hierfür reicht die Füllung der drei Waschflaschen aus; zumeist dürfte die dritte Flasche frei von jeglicher Fällung bleiben. Andererseits ist auch in dem Kondensat, das sich im Filtrierkolben abscheidet, sowie in der mit destilliertem Wasser gefüllten Waschflasche weder Merkaptan, noch Schwefelwasserstoff enthalten.

Nach beendetem Absaugen sammelt man den in allen drei Waschflaschen gebildeten Niederschlag auf einem Jenaer Glasfiltertiegel Nr. 4, wäscht ihn zunächst in quecksilberzyanidhaltigem Wasser, dann mit Alkohol, trocknet ihn bis zum konstanten Gewicht über Phosphorpentoxyd im Vakuum und wägt ihn schließlich aus. Man erhält auf diese Weise die Gesamtmenge Quecksilbersulfid und Quecksilbermerkaptid.

Zwecks Bestimmung des Merkaptans zersetzt man den Niederschlag mit 1,5 proz. Salzsäure, wobei man sich des in der Abb. 35 dargestellten Apparates bedient. Der gekennzeichnete Zersetzungskolben hat einen Inhalt von 500 cm³. In ihm wird der gewogene Niederschlag eingetragen. Zur Absorption des abgespaltenen Merkaptans empfehlen HÄGGLUND und HEDLUND, zum Unterschied von KLASON, 5 proz. Quecksilberzyanidlösung, von welcher jede der dem Kolben nachgeschalteten drei Waschflaschen 50 cm³ enthält.

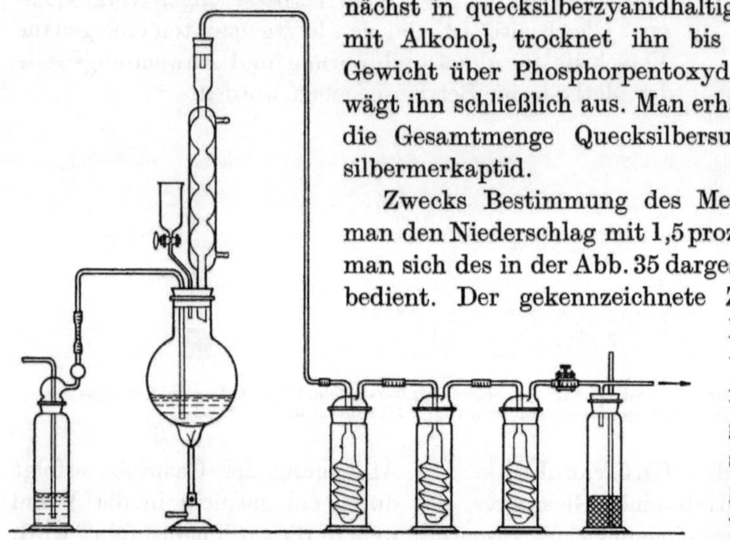

Abb. 35. Apparatur zur Merkaptanbestimmung.

Man saugt durch die Apparatur einen schwachen gewaschenen Luftstrom, läßt aus dem Tropftrichter 150 cm³ 1,5 proz. Salzsäure zulaufen und erhitzt diese zum Sieden. Dies hält man 1 Stunde lang aufrecht, eine Zeit, die genügt, um die Zersetzung vollständig zu machen. Ist Merkaptan vorhanden, so bildet sich in der ersten Flasche anfänglich eine gelbliche Fällung. Zufolge geringfügiger Zersetzung auch des Quecksilbersulfids färbt sich die Fällung bald dunkel. Nach einstündigem Sieden nimmt man jene Flaschen fort, die einen Niederschlag enthalten, filtriert diesen in einem Glasfiltertiegel ab und wäscht und trocknet wie oben bei der Gesamtfällung angegeben.

Um den Fehler auszugleichen, der durch die Mitzersetzung des Sulfids bedingt wird, erhitzt man gegebenenfalls nach Einschaltung neuer gleichartig beschickter Waschflaschen nochmals genau 1 Stunde lang und bestimmt dann durch Wägen des bei diesem Blindversuch abgeschiedenen Niederschlags den mengenmäßigen Anteil, der aus ihm stammt. Ihn zieht man dann von der Gesamtmenge ab und erhält so den Anteil, der dem zersetzten Merkaptan entspricht.

Gemäß der oben wiedergegebenen Umsetzungsgleichung entspricht 1 g bei der Zersetzung gebildetes Quecksilbermerkaptid 0,326 g ursprünglich im Gas vorhandenem Merkaptan. 1 g Quecksilbersulfid entspricht 0,146 g Schwefelwasserstoff.

Bestimmung der Salzverluste in den Rauchgasen. Die mit den Rauchgasen abgehenden Salzmengen, kurz gewöhnlich Schornsteinverlust benannt, haben ihre Ursache teils im Verdampfen von Salzen bei der Schmelztemperatur, teils im mechanischen Mitreißen feiner Teilchen durch die Verbrennungsgase[1]. Die Schwierigkeit der unmittelbaren Ermittlung des Rauchgasverlustes ist die Veranlassung gewesen, daß man vielfach versucht, ihn auf indirektem Weg zu bestimmen, und zwar aus der Differenz der in das Sodahaus ein- und austretenden Alkalimengen. Solche Bestimmungen lassen sich aber erfahrungsgemäß nur gelegentlich und nur unter Aufwand sehr umfangreicher Vorbereitungen durchführen. Auch beim Vorhandensein moderner selbstaufzeichnender Meß- und Kontrollgeräte ist auf diesem Weg die laufende Ermittlung der Rauchgasverluste nicht durchführbar. Als einzig zuverlässig bleibt demnach die direkte Bestimmungsmethode bestehen.

Wie immer, wenn es sich darum handelt, ein nicht homogenes Gemisch zu untersuchen, kommt es hierbei wesentlich auf die Entnahme einer einen guten Durchschnitt darstellenden Probe an. Für die Durchführung solcher Bestimmungen hat VENEMARK[2] Angaben gemacht. Nach seiner Vorschrift erfolgt sie auf trockenem Wege durch Filtrieren der abgesaugten Gasprobe durch eine Filtrierpapierhülse. Hierzu wird ein von SIMON[3] empfohlener und für den hier vorliegenden Zweck etwas umgeänderter Apparat benützt. In Abb. 36 ist der Filtrierapparat gezeichnet, der im Werk Johannesmühle der Firma Zellstofffabrik Waldhof benützt wird, und der sich nur dadurch von jenem von VENEMARK unterscheidet, daß er sich in seiner Form mehr einem PRANDTLschen Staurohr anschließt und für eine größere Filtrierpapier- (Soxhlet-) Hülse ausgebildet ist. Eine solche Hülse wird fest über das innere Mundstück des aus Flußstahl hergestellten Apparates gestülpt; nach Aufsetzen und Verschrauben des Oberteils wird er mittels des Gewindes am hinteren Teil mit dem Gasabzugsrohr verbunden und nach Vorwärmen über den Taupunkt der Rauchgase an entsprechender Stelle in den Fuchs eingeführt. Hierbei ist Vorsorge zu treffen, daß die Mittellängsachse möglichst parallel der Abzugsrichtung der Gase liegt. Das freie Ende des Gasabzugsrohres wird mit der neben dem Fuchs aufgestellten zusätzlichen Apparatur verbunden. Diese besteht aus drei leeren Waschflaschen, die in einer Kältemischung stehen und deren Aufgabe es ist, den in den Rauchgasen enthaltenen Wasserdampf zu kondensieren. Anschließend folgt eine Gasmeßuhr mit Manometer und Thermometer, die ihrerseits mit einer kräftigen Wasserstrahlpumpe in Verbindung steht. Falls man diese Bestimmung mit jener verbinden will, die die Mengenermittlung der flüchtigen schwefelhaltigen Bestandteile des Gases bezweckt, kann man zwischen die drei ersten Waschflaschen und die Gasmeßuhr noch drei weitere Waschflaschen schalten, die mit

---

[1] LIANDER, H.: Svensk Papperstidn. **41**, 267 (1938).

[2] VENEMARK, E.: Svensk Papperstidn. **42**, 89 (1939).

[3] LUNGE-BERL: Chemisch-technische Untersuchungsmethoden, 7. Aufl. Bd. 1, S. 307. Berlin 1921.

Quecksilberzyanidlösung beschickt sind. (Siehe die Bestimmung von Merkaptan und Schwefelwasserstoff im Abgas.) Eine wesentliche Voraussetzung für die Zuverlässigkeit des Ergebnisses ist die Einhaltung einer Absaugegeschwindigkeit, welche soweit als möglich mit der des Rauchgases im Fuchs übereinstimmt. Diese kann mit einer Staurohrmeßeinrichtung vor dem Versuch ermittelt werden. Man kann auch so verfahren, daß man sich aus dem CO_2-Gehalt der Rauchgase im Fuchs und der zumeist wohl bekannten Zusammensetzung der Dicklauge die Menge an trockenem Rauchgas berechnet, die in der Zeiteinheit den Rauchgasquerschnitt durchströmt. (Der maximale CO_2-Gehalt liegt meist zwischne 17···18%.) Ist diese Menge R in Liter, der Rauchgaskanalquerschnitt A in m², die Menge des trockenen Gases, welche in der gleichen Zeit durch die Eintrittsöffnung der Filtervorrichtung vom Querschnitt a m² abgesaugt und durch die Gasmeßuhr gemessen wird, r in Liter, so besteht offenbar die Proportion $A : R = a : r$. Stellt man die Wasserstrahlpumpe so ein, daß je 1 Sekunde r l Gas abgesaugt werden, so ist praktisch der erwünschte Zustand erreicht.

Das Absaugen wird so lange fortgesetzt, bis zufolge des zunehmenden Filterwiderstandes es unmöglich wird, die Gasmenge r weiterhin abzusaugen. Man liest dann die Stellung der Gasmeßuhr ab, nimmt die Filtriervorrichtung aus dem Fuchs heraus und löst nach dem Abkühlen die aufgefangene Salzmenge durch destilliertes Wasser aus der Soxhlethülse heraus. Man kann die hierbei erhaltene Lösung auf die einzelnen Bestandteile Sulfat, Sulfit und Karbonat mengenmäßig untersuchen, wird sich aber in den meisten Fällen mit einer Gesamtbestimmung des vorhandenen Alkalis als Sulfat begnügen.

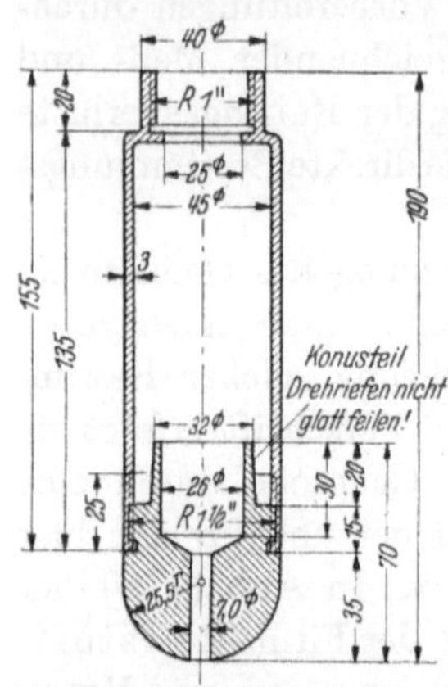

Abb. 36. Absaugkopf mit Filtereinsatz für die Bestimmung der Salzverluste in Rauchgasen.

Da man die abgesaugte trockene Gasmenge aus der Anzeige der Gasmeßuhr kennt, läßt sich der Salzgehalt von 1 m³ trockenem Rauchgas sonach angeben.

Bei der auf trockenem Wege durchgeführten Bestimmung ist es erforderlich, sehr dichte Filterpapierhülsen zu verwenden, um bei der Kleinheit der Salzstaubteilchen diese restlos zu erfassen. Da deren Durchlässigkeit rasch nachläßt, ergibt sich im Laufe der Versuche bald der Zustand, daß entweder die Hülse reißt oder die Wirkung der Saugpumpe zu klein wird, um die vorgesehene Gasmenge noch absaugen zu können. Man muß sich deshalb bei dieser Arbeitsweise häufig mit der Untersuchung des Alkaligehaltes verhältnismäßig kleiner Gasmengen begnügen.

In dieser Hinsicht gestaltet sich die Untersuchung auf rein nassem Weg günstiger. Das Gas wird hierbei unter Ausschluß jeglichen Filters an der Entnahmestelle abgesaugt und zunächst durch 5···6 Gaswaschflaschen geführt. Die erste dieser ist leer und dient als Kondensatfänger, die weiteren sind mit destilliertem Wasser beschickt. An die Waschflaschen schließt sich die Gasmeßuhr an, die selbst mit der Wasserstrahlpumpe, welche den Gasstrom absaugt, in Verbindung steht. Man benützt Waschflaschen, die eine feine Verteilung des Gases bewirken und zwecks Zurückhaltung der letzten Reste des Salzstaubes kann man schließlich mehrere parallel geschaltete Flaschen mit Jenaer Glasfritten verwenden. Auch in diesem Fall ist auf Einhaltung der richtigen Menge an abgesaugtem Gas je Zeiteinheit zu achten. Es gelingt auf diese Weise unschwer, größere Gasmengen der Bestimmung zuzuführen. Meist sind in den letzten Flaschen nur noch Spuren von gelösten Salzen enthalten. Die Aufarbeitung des Inhaltes der Flaschen geschieht in der Art, wie es oben angedeutet worden ist; die Untersuchung des Kondensates erfolgt am besten getrennt.

Diese nasse Art der Untersuchung eignet sich insbesondere für die Prüfung der Gase nach naßarbeitenden elektrischen Entstaubungsanlagen.

Wiedergewinnungsgrad — Alkalibilanz.

Mit Wiedergewinnungsgrad bezeichnet man den aus 100 kg in der Kocherei eingesetztem Alkali im Kreislauf wiedergewonnenen Anteil. Bezeichnet man — alles für den gleichen Zeitabschnitt — mit:

W den Wiedergewinnungsgrad,

N das in der Wiedergewinnungsanlage verbrauchte Alkali, gerechnet als Sulfat oder Na_2O,

K das in der Kocherei eingesetzte Alkali, ebenfalls entweder als Sulfat oder Na_2O,

D eine Änderung in den Beständen zu Beginn und zu Ende des Zeitabschnittes, gleichfalls als Sulfat oder Na_2O ausgedrückt, so wird

$$W = 100 \left(1 - \frac{N \pm D}{K}\right).$$

Das Pluszeichen gilt für den Fall, daß der Gesamtlaugenbestand am Ende des Zeitabschnittes kleiner als am Anfang war, also ein Teil des Alkalibedarfes aus dem Laugenvorrat entnommen worden ist. Das Minuszeichen gilt entsprechend für den umgekehrten Fall.

Der Alkaliverbrauch der Wiedergewinnungsanlage ist aus den dort geführten Aufzeichnungen entnehmbar. Bei dem Verbrauch in der Kocherei ist zu bedenken, daß der Gesamtsalzgehalt der Weißlauge in Rechnung gesetzt werden muß. Je nach der Länge des in Betracht kommenden Zeitabschnittes ist er durch eine entsprechende Anzahl von Untersuchungen von Weißlaugen-Durchschnittsproben zu ermitteln.

Der so ermittelte Wert für W wird im allgemeinen mit zunehmender Länge des Zeitabschnittes sicherer, denn der Einfluß des erfahrungsgemäß nur annähernd zu bestimmenden Gliedes D wird dann immer kleiner.

Die Differenz $(100 - W)$ gibt den Summenanteil der Verluste an.

Dieser Gesamtverlust, der seiner absoluten Größe nach dem Alkalisalzbedarf je 100 kg erzeugtem Zellstoff entspricht, setzt sich aus einer Reihe von Einzelverlusten, die in den verschiedenen Betriebsabteilungen auftreten, zusammen. Als solche kommen in Frage die Verluste

a) beim Waschen des Zellstoffes;

b) bei der Harzabscheidung;

c) beim Eindampfen der Lauge;

d) beim Kaustizieren der Sodalösung;

e) beim Verbrennen der Dicklauge und Regenerieren der Salze

und schließlich die in allen Abteilungen möglichen Verluste durch Undichtigkeiten, Überlaufen u. ä. Soweit überhaupt bestimmbar, lassen sich alle diese Verluste ihrer Menge nach zuverlässig allein durch direkte Ermittlung feststellen. Alle Differenzmessungen aus ein- und austretendem Alkali in den einzelnen Abteilungen, sind zu unsicher und zu ungenau. Zu der direkten Bestimmung der einzelnen Verluste ist folgendes zu sagen.

a) **Verluste bei der Wäsche.** Sie sind bedingt teils durch nicht vollständiges Auswaschen, teils durch Adsorption von Alkalisalzen am Zellstoff. Die letztgenannten sind ermittelbar aus dem Alkaligehalt des fertiggestellten Zellstoffes. Die Berechnung der eigentlichen Waschverluste setzt die Kenntnis der Menge der im Diffuseurhaus aus dem Laugenkreislauf ausscheidenden Waschwässer und ihres durchschnittlichen Alkaligehaltes voraus. Bei den großen Mengen, die hier ablaufen und deren ständig sich ändernder Konzentration kann an dieser Stelle nur durch selbsttätig arbeitende Probenehmer eine zuverlässige Durchschnittsprobe erlangt werden.

Auch der aus den Diffuseuren abgeleerte Stoff kann noch geringe Mengen auswaschbaren Alkalis enthalten. Sie können ermittelt werden durch Untersuchung der Stoffaufschwemmung auf Stoff- und Salzkonzentration in den Ableer- oder Ausschwemmbütten der Diffuseure.

Bei allen vorgenannten Untersuchungen ist die gewichtsanalytische Bestimmung der Alkalisalze als Sulfat die einzig zuverlässige. Bei der Auswertung des Ergebnisses muß der Alkalisalzgehalt des Fabrikationswassers berücksichtigt werden.

b) **Verluste beim Abscheiden des Harzes.** Die schaumige Harzseife schließt Anteile von Schwarzlauge ein, die bei der Abscheidung des flüssigen Harzes nicht zur Gänze wiedergewonnen werden können. Die Bestimmung des hier auftretenden Verlustes ist kaum durchführbar. Seine Größe kann nur annähernd abgeschätzt werden.

c) **Verluste beim Eindampfen der Schwarzlaugen.** Die aus den höheren Stufen der Verdampferanlage austretenden Kondensate führen laufend geringe Mengen Alkalisalze mit ab. Die Menge der anfallenden Kondensate kann meist gemessen werden, aber auch aus den Verdampferleistungen annähernd errechnet werden. Der Gehalt an Alkalisalzen in den Wässern wird gewichtsanalytisch ermittelt.

d) **Verluste in der Kaustizierung.** Wenn man von den geringen Verlusten absieht, die durch Zerstäubung von Alkali beim Einbringen und Löschen des Kalkes in den Sodalaugen auftreten, so sind in dieser Betriebsabteilung die Verluste so gut wie ausschließlich auf das Verbleiben von Alkaliresten im Kaustizierschlamm zurückzuführen. Es ist bereits an anderer Stelle erwähnt, daß dieser Schlamm sowohl in Wasser lösliches wie unlösliches Alkali enthalten kann. Die Bestimmung des Gesamtgehaltes an Alkali wird nach den dort gegebenen Vorschriften durchgeführt. Die Menge des anfallenden Kalkschlammes in trockener Form ist ohne großen Fehler gleich der Menge des verbrauchten Kalksteins oder dem auf Karbonat umgerechneten Ätzkalkverbrauch zu setzen. Den Schwankungen im Alkaligehalt des Schlammes ist durch Entnahme einer genügenden Anzahl von Durchschnittsproben Rechnung zu tragen.

e) Verluste beim Verbrennen der Dicklauge und Regenerieren der Salze; Sodahausverluste. Die bedeutsamsten Verluste hier sind die Schornsteinverluste, über deren Bestimmung im einzelnen bereits weiter oben Ausführungen gemacht worden sind. Außerdem treten auch beim Einlaufen der feuerflüssigen Schmelze in die Löser noch mehr oder weniger große Zerstäubungsverluste auf. Bestimmbar sind diese Verluste schwerlich, sie lassen sich nur annähernd abschätzen.

Die durch Undichtigkeiten und Fehler in der Bedienung sowie ähnlichem bedingten Verluste sind gleichfalls nur abschätzbar, werden aber erfahrungsgemäß in den meisten Fällen mit viel zu niedrigem Betrag in Rechnung gestellt.

Alle Verluste müssen für die Aufstellung der Alkalibilanz einheitlich auf kg Na_2SO_4 je 100 kg Zellstoff bezogen werden. Ihre Summe sollte annähernd dem Salzverbrauch je 100 kg Fertigerzeugnis gleichkommen. Tatsächlich wird man aber in den meisten Fällen noch ein Restglied erheblicher Größe finden; die Verluste werden also im einzelnen meist zu klein gefunden. Die Ursache für diesen nachteiligen Befund dürfte die sein, daß man bei allen Verlustbestimmungen aus der Beschaffenheit und Zusammensetzung verhältnismäßig kleiner Durchschnittsproben auf die entsprechenden Eigenschaften sehr großer Mengen schließen muß. Nichtsdestoweniger bieten dieser Art durchgeführte Verlustbestimmungen das einzige Mittel, um eine Vorstellung von dem Alkalihaushalt der einzelnen Betriebsabteilungen und den Möglichkeiten zu seiner Verbesserung zu erhalten[1].

Untersuchung der Nebenprodukte der Natron- und Sulfatzellstoff-Fabriken.

Flüssiges Harz.

Allgemeines. Aus den Schwarzlaugen scheiden sich beim Stehen als Kruste, obenauf schwimmend, schmierige dunkelbraune Harzseifen (schwedisch såpa) ab. Aus ihnen gewinnt man durch Spaltung mit Bisulfat oder mit Schwefelsäure das flüssige Harz, fälschlich im deutschen Tallöl bezeichnet (schwedisch: flytande harts, tall-olja, englisch: liquid resin). Es stellt eine mehr oder weniger dunkelbraune dickflüssige Mischung von im Nadelholz vorkommenden Harz- und Fettsäuren dar. In dieser Form kommt es in überwiegendem Maße in den Handel; nur einige wenige Fabriken stellen aus ihm durch Umdestillieren im Vakuum reinere Erzeugnisse dar. Das flüssige Harz wird in der Hauptsache untersucht auf seinen Gehalt an Wasser, Asche und Schwefel und die Menge der vorhandenen unverseifbaren Bestandteile. Der Gehalt an verseifbaren Stoffen wird selten direkt bestimmt, vielmehr gibt man zumeist als solchen den Rest an, welcher von 100 nach Abzug des Gehaltes an Wasser, Asche und Unverseifbarem verbleibt. Bisweilen wird noch die Angabe der Säurezahl verlangt.

Probenahme. Der schwierigste Teil der Untersuchung des flüssigen Harzes bildet die Entnahme einer richtigen Durchschnittsprobe. Zufolge seiner Dickflüssigkeit und daher schweren Mischbarkeit kann es sehr leicht vorkommen,

---

[1] DAY, G. A.: Paper Trade J. **105**, 108 (1937). — VENEMARK, E.: Svensk Papperstidn. **43**, 13 (1941).

daß die Fässer der gleichen Sendung kein gleichartiges Produkt darstellen. Zur Erlangung eines guten Durchschnittsmusters muß man infolgedessen von möglichst vielen Fässern eine Probe nehmen. Hierzu verfährt man am besten folgendermaßen. Man wärmt ein eisernes Rohr von 15···20 mm lichtem Durchmesser mäßig an (etwa 30···35°) und senkt es dann in das nach oben gewendete Spundloch des Fasses ein. Zufolge seines eigenen Gewichtes sinkt das Rohr langsam in das Harz ein, wobei es sich gleichzeitig hiermit füllt. Wenn es auf dem Boden des Fasses angelangt ist, zieht man es an dem herausragenden Ende heraus und entleert seinen Inhalt in das Sammelgefäß für die Proben. In diesem Gefäß werden die Proben aller Fässer nach mäßigem Erwärmen gut durchgemischt.

Bestimmung des Wassergehaltes (und der flüchtigen Bestandteile). Man trocknet eine Probe von 3···5 g auf einem flachen Uhrglas bei 105° eine bestimmte Zeit. Da es unmöglich ist, auf diese Weise zum konstanten Gewicht zu kommen, muß zwischen Lieferer und Abnehmer über die Trockendauer eine Vereinbarung getroffen werden. Man erhält zuverlässigere Werte beim Trocknen im Vakuum bei 100°. Die Gewichtsabnahme bei dieser Art der Wasserbestimmung beruht zu einem kleinen Teil auch auf der Verflüchtigung gewisser Bestandteile des flüssigen Harzes.

Rascher und genauer kommt man zum Ziel durch Abdestillieren des Wassers mittels Xylol oder Toluol aus einer größeren gewogenen Harzprobe. Die Methode ist eingehend beschrieben im Abschnitt II: Untersuchung der Rohfaserstoffe unter Wasserbestimmung.

Bestimmung des Aschengehaltes. Man erwärmt etwa 1 g der Durchschnittsprobe im offenen Tiegel bis zur Entzündungstemperatur. Durch weiteres vorsichtiges Erhitzen gelingt es dann, die Verbrennung des Harzes ohne große Rußbildung im Gang zu erhalten. Gegen Ende der Verbrennung erwärmt man stärker, um den gebildeten Koks restlos zu verbrennen. Befeuchten der Asche mit Wasserstoffsuperoxyd und nochmaliges Glühen bringt die letzten Kohlenreste zum Verbrennen.

Bestimmung des Schwefelgehaltes. 2···5 g Harz werden in einem Eisentiegel genau abgewogen. Hierzu gibt man 2 g einer aus gleichen Teilen bestehenden Mischung von Soda und Natriumsuperoxyd und verrührt möglichst gleichmäßig. Der bedeckte Tiegel wird dann anfangs ganz mäßig, später stärker erwärmt, wodurch sein Inhalt allmählich verbrennt. Man erhitzt bis zur Rotglut und löst die erhaltene Schmelze nach dem Erkalten in Wasser. In der Lösung wird nach dem Ansäuern das gebildete Sulfat durch Bariumchlorid gefällt. 1 g $BaSO_4$ entspricht 0,1374 g S.

Bestimmung der unverseifbaren Bestandteile. Man gibt zu etwa 10 g in einem Kolben abgewogenem Harz 100 cm³ etwa $^n/_1$-alkoholische Kalilauge und verseift 1 Stunde lang am Rückflußkühler. Den abgekühlten Inhalt des Kolbens führt man in einen Scheidetrichter über und schüttelt ihn nacheinander mit 150, 50, 30 und 30 cm³ zwischen 30 und 50° siedendem Petroläther aus. Die vereinigten Petrolätherauszüge werden zweimal mit je 20 cm³ 50proz. mit einigen Tropfen Kalilauge versetztem Alkohol ausgeschüttelt. Die eingedampften Petrolätherauszüge versetzt man dann mit einigen Tropfen absolutem Alkohol und erwärmt sie bis zum Verschwinden des Alkohols, welcher bei seinem Verdampfen etwa vorhandenes Wasser mit entfernt. Den gesamten Rückstand der Petrol-

ätherauszüge trocknet man alsdann etwa 10 Minuten lang im Wassertrockenschrank und bringt ihn nach dem Erkalten zum Wägen.

Bestimmung von Harz und Fett. Sie erfolgt in der vom Unverseifbaren
befreiten Seifenlösung in der gleichen Weise, wie es bereits oben im Abschnitt II:
Untersuchung der pflanzlichen Rohstoffe, unter Bestimmung des Harz- und Fettgehaltes, beschrieben worden ist.

Bestimmung der Säurezahl. 0,5 g Harz werden in 50 cm³ Äther gelöst und
50 cm³ Alkohol und 25 cm³ Wasser hinzugefügt. Nach Zugabe von 5···6 Tropfen
α-Naphtholphthalein titriert man mit $^n/_{10}$-Natronlauge, bis der anfängliche braune
Umschlag scharf einem solchen nach Grünbraun weicht.

Terpentinöl.

Allgemeines. Das beim alkalischen Kochverfahren gewonnene Terpentinöl
kommt im rohen und gereinigten Zustand in den Handel. Zur Bewertung des
Rohöles hat KLINGA ein Verfahren ausgearbeitet, dessen Grundlage eine frak-
tionierte Destillation darstellt. Viel schwieriger ist die Bewertung der gereinigten
Öle. Wenn auch Farbe und Abdampfrückstand zur Begutachtung herangezogen
werden, so ist es doch zur Zeit üblich, die Qualität der Ware in erster Linie nach
ihrem Geruch zu beurteilen. Diese Geruchsprobe ist zweifellos für den Erfahrenen
von großem Wert, ihr Ergebnis läßt sich aber nicht unzweideutig festlegen. Ein
Nachteil ist weiter, daß Standardproben dieser Öle ständig ihren Geruch ändern,
er wird immer besser.

Bewertung von Terpentinrohölen nach KLINGA[1]. 150 cm³ Rohöl werden in
einen kurzhalsigen Destillationskolben gefüllt. Der Kolben trägt einen Frak-
tionieraufsatz, der mit einem Kühler verbunden ist. Zum Auffangen der verschiedenen Fraktionen dienen Meßzylinder. Mittels eines Asbestmantels werden
der Kolben und der Aufsatz vor Zugluft geschützt. Während der Destillation
wird der Kolben langsam und stets gleichmäßig erhitzt, und zwar so, daß in der
Minute 3···4 cm³ Destillat übertritt. Man fängt zwei Fraktionen auf, die eine
bis 150° die zweite von 151···180°. Bei 180° bricht man die Destillation ab.
Die zweite Fraktion (151···180°) wird dann mit 10proz. Natronlauge geschüttelt
und die hierbei auftretende Volumenverminderung festgestellt. Erfahrungsgemäß
ist mit für die Praxis ausreichender Genauigkeit der in der Lauge unlösliche Teil der
zweiten Fraktion proportional dem Gehalt des Rohöles an Terpentin. Aus diesem
Grunde nennt KLINGA die Zahl der nach dem Aus- schütteln verbleibenden Kubikzentimeter Öl die Wertziffer des Rohöles. Der bis 150° übergehende

Nr.	Spezifisches Gewicht	Volumen der Fraktion			Wertziffer
		···150° cm³	150···180° cm³	Rückstand cm³	
1	0,873	1	134	15	134
2	0,873	3	134	13	134

Anteil stellt ein Maß für den vorhandenen Vorlauf dar. Ebenso geben Farbe und
Geruch der beiden Fraktionen Anhaltspunkte zur Beurteilung des Rohöles.
Vorstehend seien zwei Beispiele nach KLINGA angegeben.

---

[1] KLINGA, J.: Analysenmethoden für rohe Terpentin- und Teeröle. Bihang till Jern-
Kontorets Annaler **18**, 27 (1917); Dtsch. Parfüm.-Ztg. **3**, 107 (1917); Z. angew. Chem. **30**,
313 (1917).

Methylalkohol.

In einer Reihe von Sulfatzellstoff-Fabriken wird Methylalkohol gewonnen. Das erste Destillat kommt als Handelsware nicht in Betracht, erst nach erfolgter Umdestillation erreicht es einen Reinheitsgrad, der es verkäuflich macht. Der Analysengang für dieses Produkt wird ungefähr der gleiche sein wie der für den rohen Holzgeist aus der Verkohlungsindustrie. Es wären also zu ermitteln der wahre Methylalkoholgehalt und der Gehalt an Azeton, ferner vielleicht noch die Aufnahmefähigkeit für Brom, und schließlich wären Farbe und Klarheit zu beurteilen. Für alle diese Methoden gibt es genaue Ausführungsvorschriften, die auch hier anwendbar sind[1].

Außerdem ist noch von besonderer Wichtigkeit die Bestimmung des Schwefelgehaltes in diesen Methylalkoholsorten. Sie wird dadurch erschwert, daß es sich bei den schwefelhaltigen Beimengungen um sehr leicht flüchtige und veränderliche Verunreinigungen handelt. Eine für vorliegenden Zweck gut geeignete Methode ist die von GASPARINI[2]. Sie besteht darin, daß eine Probe des Sprites in einem geschlossenen Apparat durch elektrolytisch aus konzentrierter Salpetersäure erzeugte nitrose Gase auf nassem Wege verbrannt wird. Hierbei werden die schwefelhaltigen Bestandteile zu SO_3 oxydiert und können als solches bestimmt werden. Die Methode läßt sich auch für sehr unreinen Sprit benutzen. Sie gibt, soweit eigene Erfahrungen in Betracht kommen, gut übereinstimmende Werte.

Statt ihrer läßt sich hier auch die ursprünglich von GROTE und KREKELER[3] angegebene Verbrennungsmethode anwenden. Für die dabei verwandte Apparatur und die Durchführung der Methode vergleiche man die Angaben im Abschnitt IV, Betriebskontrolle in der Sulfitzellstofferzeugung unter Bestimmung des austreibbaren Schwefels im Kies.

---

[1] Man vgl. KLAR: Holzverkohlung. Berlin 1923.
[2] MEYER, H.: Konstitutionsermittlung, 6. Aufl., S. 206. Wien 1938.
[3] GROTE, W., u. H. KREKELER: Angew. Chem. **46**, 106 (1933).

IV. Die chemischen Untersuchungsmethoden in der Sulfitzellstofferzeugung.

Untersuchung der chemischen Hilfsstoffe.

Als Rohmaterialien zur Herstellung der Kochflüssigkeit kommen in Betracht: Kalkstein, Schwefel, Schwefelkies und Gasreinigungsmasse.

Kalkstein.

Allgemeines. Bei der Auswahl des Kalksteins muß in erster Linie jener berücksichtigt werden, der sich mit mäßigen Kosten beschaffen läßt und daneben die nötige Reinheit besitzt. In dieser Hinsicht wird ein Produkt verlangt, das möglichst frei von fremden Stoffen ist und der Hauptsache nach aus Kalziumkarbonat mit geringen Beimengungen von Magnesiumkarbonat besteht. Vielfach wird jedoch auch Dolomit verwandt, der größere Mengen von Magnesiumkarbonat enthält.

Zwecks Ermittlung seiner Brauchbarkeit für die besonderen Belange im Laugenturm sind verschiedene Vorschläge gemacht worden. REMMLER[1] legt bei einer solchen Bewertung das Hauptaugenmerk auf die Struktur des Steines. Je besser kristallinisch und je höher das spezifische Gewicht, um so größer die Ergiebigkeit an Bisulfit. Einen in Zahlen ausdrückbaren Wert für die Eignung des Steines gibt möglicherweise die Prüfung seiner Reaktionsfähigkeit nach dem Vorschlag von HUMM[2]. Wie weit die von HILLER[3] empfohlene Prüfung für diesen Zweck, die in einem Lösen des Steines in einem schwefligsauren Wasser und Untersuchen der erhaltenen Lauge auf Monosulfit und Gips besteht, eine zuverlässige Beurteilung darstellt, ist noch nicht erwiesen.

Ein erheblicherer Gehalt an Magnesium kann die Kochung beeinflussen, da Magnesiumsulfit verhältnismäßig leicht wasserlöslich ist im Gegensatz zum Kalziumsulfit. Durch eine Magnesiumbestimmung wird man sich über die annähernde Höhe des Gehaltes vergewissern müssen.

Unter Berücksichtigung dieses erstreckt sich die Prüfung des Kalksteins auf die Ermittlung seines Kalk- und Magnesiagehaltes, ferner auf die Bestimmung fremder Beimengungen, als welche sandige Stoffe, ferner Eisen und seltener organische Substanzen in Betracht kommen.

Die Untersuchung des Kalksteins kann man in üblicher Weise nach Auflösen in Salzsäure vornehmen, man kann sich aber mit Vorteil auch einer Untersuchungsmethode von DESGRAZ bedienen, bei welcher nach dem Glühen die Lösung des Steins in Ammoniumchlorid erfolgt.

---

[1] REMMLER, H.: Die Herstellung der Sulfitlauge, 2. Aufl. Berlin: Verlag Papier-Ztg. 1925.

[2] HUMM, W.: Untersuchung von Sulfitlaugentürmen. Biberach a. d. Riß: Güntter-Staib-Verlag 1929.

[3] HILLER: Arb. allruss. Inst. Papier- u. Zellstoff-Ind. **1934**, Nr. 1, 27.

Bestimmung der Zusammensetzung des Kalksteins nach Lösen in Salzsäure. Man löst 5 g einer guten Durchschnittsprobe des Kalksteins in mäßig konzentrierter Salzsäure. Dieses Auflösen nimmt man, um hierbei ein Herausspritzen von Flüssigkeit zu vermeiden, in einem Erlenmeyerkolben mit aufgesetztem Trichter vor. Nach erfolgtem Lösen verdünnt man auf $100 \cdots 150$ cm³.

Bestimmung des unlöslichen Rückstandes und der organischen Stoffe. Man filtriert die Lösung durch ein Filter in einen 500 cm³ fassenden Meßkolben, bringt hierbei den verbliebenen Rückstand aufs Filter und wäscht dies gut aus. Das Filter wird verascht und der Rückstand geglüht. Werden größere Mengen organischer Stoffe vermutet, so trocknet man das Filter bei 100°, wiegt es in einem verschlossenen Wägegläschen und verascht es erst dann in einem Tiegel. Die Differenz ergibt die Menge der organischen Substanzen.

Bestimmung von Aluminium- und Eisenoxyd. Das Filtrat wird im Meßkolben bis zur Marke aufgefüllt. Von der Lösung werden je nach der Reinheit des Steins $100 \cdots 200$ cm³ abpipettiert und in ein Becherglas gegeben. Durch Zusatz von Ammoniak in der Wärme werden in üblicher Weise die genannten Oxyde gemeinschaftlich gefällt.

Bestimmung des Eisens. Je nach Reinheit des Kalksteins werden $100 \cdots 200$ cm³ der Lösung in einem Erlenmeyerkolben mit wenig reinem, eisenfreiem Zink in der Wärme behandelt, wodurch das Eisen zur Ferroverbindung reduziert wird. Man gießt vom Zink vorsichtig ab, wäscht es mehrmals aus, setzt zur Lösung und den Waschwässern 50 cm³ Schwefelsäure (1 : 10) und etwas eisenfreie Mangansulfatlösung und titriert nun in der Wärme mit $^n/_{10}$-Kaliumpermanganatlösung bis zur schwachen Rosafärbung. 1 cm³ dieser Lösung entspricht 0,005585 g Eisen oder 0,007185 g FeO.

Statt mit Zink kann man die Reduktion auch mit Zinn(II)chloridlösung vornehmen. Diese wird hergestellt durch Auflösen von 125 g Zinn(II)chlorid in 100 cm³ konzentrierter Salzsäure und Verdünnen der Lösung auf 1 l. Man setzt zur Auflösung des Kalksteins bei Siedetemperatur so viel der Lösung zu, daß deutliche Farblosigkeit erreicht wird und beseitigt einen Überschuß des Zinnsalzes durch Zugabe von etwas gesättigter Quecksilber(II)chloridlösung. Nach Zusatz von einigen Kubikzentimetern 10proz. Mangansulfatlösung kann die Titration mit Permanganat erfolgen.

Bestimmung des Kalziums. Im Filtrat von der Tonerde- und Eisenbestimmung wird das Kalzium mit Ammonoxalat unter Zugabe von Ammonchlorid gefällt. Wenn wenig Magnesium anwesend ist, kann die Fällung wie üblich aufgearbeitet werden. Bei Gegenwart größerer Magnesiamengen wird der Niederschlag, der dann immer Magnesia enthält, nach dem Abfiltrieren und Auswaschen nochmals in wenig verdünnter Salzsäure gelöst, worauf in der erhaltenen Lösung die Kalkfällung wiederholt wird. Dann erst wird der Niederschlag filtriert, gewaschen, verascht, geglüht und gewogen.

Wenn es sich darum handelt, die laufende Lieferung eines Kalksteins zu überwachen, so kann man folgendes einfachere Verfahren zur Kalkbestimmung anwenden. Voraussetzung ist hierbei doch, daß der Magnesiagehalt nicht zu hoch ist und daß er einigermaßen gleichbleibt. Man löst 1 g einer guten Durchschnittsprobe in 25 cm³ $^n/_1$-Salzsäure in einem Erlenmeyerkolben unter Einhaltung der oben angegebenen Vorsichtsmaßregeln. Man kocht auf, läßt erkalten und titriert unter Anwendung von Methylorange den Säureüberschuß mit $n/_1$-Alkalilösung zurück. 1 cm³ $n/_1$-Säure entspricht 0,028 g CaO oder 0,050 g $CaCO_3$.

Bestimmung der Magnesia. Man dampft das Gesamtfiltrat von der Kalziumbestimmung einschließlich des von der Umfällung stammenden auf etwa 250 bis 300 cm³ ein. Nach schwachem Ansäuern fügt man einen Überschuß von Ammon- oder Natriumphosphatlösung hinzu, versetzt mit einigen Tropfen Phenolphthalein, erhitzt zum Sieden und gibt nun langsam unter beständigem Umrühren 10proz. Ammoniak hinzu. Nachdem die Flüssigkeit alkalisch geworden ist, fügt man noch etwa $^1/_5$ ihres Volumens an Ammoniak zu und läßt erkalten. Nach einigem Stehen — bei wenig Magnesium nach 12 Stunden — filtriert man durch einen Gooch- oder Neubauertiegel, wäscht mit etwa 3proz. Ammoniak, trocknet und glüht im Tiegelofen, bis die Fällung rein weiß ist. 1 g Niederschlag entspricht dann 0,3621 g MgO oder 0,7572 g $MgCO_3$.

Schnellanalyse des Kalksteins nach A. DESGRAZ[1]. Von dem feingepulverten, bei 110° getrockneten Probegut wägt man in einem zuvor ausgeglühten gewogenen Porzellanschälchen 1 g ab und glüht bei etwa 930$\cdots$950° bis zum konstanten Gewicht. Man findet so den Glühverlust.

Der Glührückstand wird mit einigen Tropfen Wasser benetzt. Schon aus dem Glühverlust, der Farbe des Glührückstandes und aus seinem Verhalten beim Löschen lassen sich Schlüsse ziehen, welche über die Art des vorliegenden Gesteins Aufschluß geben. DESGRAZ gibt hierfür folgende Übersicht:

Tabelle 10. Zusammensetzung von Kalksteinen.

Glühverlust	Verhalten beim Löschen	Farbe	Gesteinsart
unter 41 %	langsames Löschen	gelblich	unreiner, SiO_2-Al_2O_3-Fe_2O_3-reicher Kalkstein
über 41 % bis etwa 44 %	rasches Löschen und Zerfallen	weiß	reiner, ergiebiger Kalkstein
über 44 %	rasches Löschen und Zerfallen	weiß	bituminöser, sonst reiner Kalkstein
über 44 %	langsames Löschen Zerfall nach langer Zeit	graugelb	Dolomit

Nach dem Löschen des Rückstandes spritzt man den Inhalt des Schälchens mit wenig Wasser in ein Becherglas von 150 cm³ Inhalt und übergießt ihn mit 30 cm³ einer konzentrierten Ammonchloridlösung. Man gibt in das Schälchen ebenfalls einige Kubikzentimeter der Ammonchloridlösung und stellt es warm, um etwa anhaftende Teilchen zu lösen und vereinigt den Schälcheninhalt mit dem des Becherglases.

Man kocht den Inhalt des Becherglases, bis der sofort auftretende Ammoniakgeruch verschwunden ist, hält das Becherglas dabei bedeckt und ersetzt das verdampfende Wasser. Hierdurch werden die ursprünglich als Karbonate vorhandenen Oxyde des Kalziums und des Magnesiums in Chloride übergeführt, während die anderen Bestandteile des Gesteins, Silikate, Phosphate, Sulfate, Eisen- und Manganoxyde, Tonerde usw. unzersetzt bleiben.

---

[1] DESGRAZ, A.: Z. angew. Chem. **35**, 714 (1922).

Man muß dabei darauf achten, daß die Flüssigkeit nicht zu stark eindampft, weil bei zu starker Konzentration der Chloridlösung das gebildete Magnesiumchlorid unter Bildung von Salzsäure, welche den sonst unlöslichen Rückstand angreift, leicht zerlegt wird. Das gilt besonders bei der Untersuchung von Dolomit und Magnesit.

Der meist flockige, hellbraunrote bis dunkelbraune Rückstand wird abfiltriert, mit heißem Wasser ausgewaschen, geglüht und gewogen. Er kann, wenn erforderlich, zur Bestimmung von SiO_2, Fe_2O_3, Al_2O_3, P_2O_5 usw. benutzt werden.

Das wasserklare Filtrat wird in einem Meßkolben aufgefangen und auf 500 cm³ aufgefüllt. Das Kalzium wird als Oxalat bestimmt.

Zur Bestimmung der Magnesia kann das Filtrat aus der Kalkfällung verwendet werden durch Fällung als Magnesiumammoniumphosphat in gewohnter Weise. Zeitsparend ist es aber, wenn man die Lösung der Chloride verwendet und unter Umgehung der Kalkfällung wie folgt verfährt.

100 cm³ der ursprünglich erhaltenen Chloridlösung werden in einem Becherglas von 300 cm³ mit 10 cm³ 10proz. Zitronensäure, 50 cm³ Ammoniak vom spezifischen Gewicht 0,91 und 30 cm³ Ammonphosphatlösung (50 g im Liter) versetzt und stark gerührt. Empfehlenswert ist es, nach dem bisher nicht veröffentlichten Verfahren von L. STAHL[1] die Fällung bei 80° vorzunehmen und das Becherglas unter starkem Rühren sofort in fließendem kaltem Wasser zu kühlen.

Der Niederschlag von körnigem Ammoniummagnesiumphosphat setzt sich sehr rasch zu Boden und kann, besonders bei höherem Magnesiumgehalt, nach einer halben Stunde abfiltriert werden.

Man filtriert durch einen Jenaer Glas-Filtertiegel, wäscht mit 2proz. Ammoniakwasser bis zur Chlorfreiheit aus, glüht und wägt als Magnesiumpyrophosphat.

Durch dieses Verfahren spart man erheblich an Zeit, da es nicht erforderlich ist, die Kieselsäure abzuscheiden, sowie Eisenoxyd, Tonerde usw. zu fällen.

Die vorher nicht als Karbonate von Kalzium oder Magnesium vorhandenen Verbindungen werden nicht zersetzt, können aber in dem Rückstand bei der Behandlung mit Ammonchlorid bestimmt werden.

Bestimmung der Reaktionsfähigkeit des Kalksteins nach HUMM[2]. Nach HUMM ist die Reaktionsfähigkeit eines Kalksteins, d. h. sein Vermögen, mit der schwefligen Säure und dem Wasser im Laugenturm zu reagieren, in hohem Maße bedingt durch sein Porenvolumen. Je größer bei gleicher Härte und gleichem spezifischem Gewicht das Porenvolumen ist, desto reaktionsfähiger ist der Stein. Die Reaktionsfähigkeit wird durch Bestimmung der Mengenabnahme eines Kalksteinwürfels beim Eintauchen in $^n/_1$-Salzsäure während einer bestimmten Zeit ermittelt. Zur Ausführung der Bestimmung fertigt man sich aus den zu prüfenden Kalksteinen polierte Würfel an, deren Volumen und Gewicht genau ermittelt wird. Diese Würfel werden zum Anätzen genau 1 Minute lang in $^n/_1$-Salzsäure von 15° gehängt, darauf wird kurz abgespült, getrocknet und gewogen. Die Würfel werden hierauf wieder in der gleichen Weise 1 Minute lang in das Salzsäurebad gebracht und anschließend wie oben behandelt. Aus der Mengen-

---

[1] Siehe DESGRAZ: Z. angew. Chem. 35, 714 (1922).

[2] HUMM: Untersuchung von Sulfitlaugentürmen. Biberach a. d. Riß: Günther-Staib-Verlag 1929.

abnahme beim zweiten Versuch berechnet man die Abnahme in Gramm je 1 dm³, welcher Wert als Ausdruck der Reaktionsfähigkeit gilt. Von verschiedenen Kalksteinen ist jener der reaktionsfähigste, welcher bei diesem Versuch den höchsten Wert ergibt.

Schwefel.

Allgemeines. Für die Herstellung von Sulfitlauge kommt neben sizilianischem und amerikanischem Schwefel häufig auch noch solcher zur Anwendung, der in der chemischen Großindustrie als Nebenerzeugnis gewonnen wird.

Der sizilianische Schwefel kommt in verschiedenen Sorten in den Handel, welche sich durch ihr Aussehen und den Aschengehalt voneinander unterscheiden. Für die Verwendungszwecke der Technik kommen nur die zweite und die dritte Sorte in Frage. Die zweite Sorte (englisch: seconds, italienisch: seconda vantaggiata) weist einen schönen Glanz und eine ausgesprochen gelbe Farbe auf. Ihr Aschengehalt beträgt im Durchschnitt 0,2···0,3%. Die dritte Sorte, die Hauptmenge des Handels (englisch: third, italienisch: terza vantaggiata) besitzt nur einen matten Glanz und mehr weißgelbe Farbe. Der Aschengehalt dieser Sorte ist Schwankungen unterworfen. Er beträgt bisweilen nur wenig mehr als 0,5%, kommt im Mittel aber auf 0,6···1,5%, sehr selten ist er höher als 2%, und nur ganz ausnahmsweise wurde er mit 4% ermittelt.

Sizilianischer Schwefel enthält von flüchtigen Substanzen nur sehr geringe Mengen von Bitumen, und Selen oder Arsen werden höchstens in Spuren in ihm gefunden.

Der amerikanische Schwefel übertrifft in der gehandelten Menge das italienische Erzeugnis um das Vielfache. Er kommt nur in einer Sorte in der Technik zur Verwendung, und zwar gewöhnlich in Stückform. Sein garantierter Schwefelgehalt schwankt zwischen 99,0···99,6%. Freisein von Arsenik und Selen wird für ihn gewährleistet.

Schwefel aus der chemischen Großindustrie ist häufig durch Beimengungen bituminöser Stoffe mehr oder weniger dunkel bis schwarz gefärbt, im übrigen enthält auch er keine für die Laugenerzeugung nachteiligen Stoffe.

Die Untersuchung des Schwefels hat sich vornehmlich auf die Prüfung des Aschengehaltes zu erstrecken. In besonderen Fällen ist auf Feuchtigkeit und das Vorhandensein von Selen zu prüfen. Eine Prüfung auf bituminöse Substanzen wird nur selten erforderlich sein.

Bestimmung des Aschengehaltes. Zur Bestimmung des Aschengehaltes werden von einer guten Durchschnittsprobe in einem Platin- oder Porzellantiegel 10···15 g genau abgewogen, dann verbrannt und verascht, worauf der Rückstand wiederum zur Wägung gebracht wird.

Bestimmung der Feuchtigkeit. Eine Bestimmung der Feuchtigkeit ist nur dann erforderlich, wenn der Verdacht vorliegt, daß der Schwefel durch absichtliches Befeuchten beschwert wurde, oder dann, wenn der Schwefel durch zufällige Einwirkung von Regen oder durch Schiffshavarie genäßt wurde. Die Bestimmung wird wie folgt ausgeführt. Es wird möglichst rasch — um Wasserverdunstung zu vermeiden — eine gute Durchschnittsprobe von mindestens etwa 100 g, aus gröberen Stücken bestehend, genommen. Nach dem Abwiegen wird die Probe auf dem Wasserbade oder im Trockenschrank bei 70° ¹/₂···1 Stunde lang getrocknet und alsdann aus dem Gewichtsverlust der Prozentgehalt an Wasser berechnet.

Prüfung auf Selen. Der Einfluß, den schon Spuren von seleniger Säure auf den Verlauf und Ausfall von Sulfitkochungen haben[1], kann es unter Umständen notwendig machen, den Schwefel auf die Anwesenheit dieses Stoffes zu prüfen. Zu diesem Zweck verpufft man eine Probe des Schwefels mit Salpeter, löst die Schmelze in Salzsäure und setzt zur Lösung schweflige Säure; etwa vorhandenes Selen wird als rotes Pulver gefällt.

Reed[2] hat folgende Probe vorgeschlagen: 0,5 g des Schwefels werden mit 5 cm³ einer 5proz. Kaliumzyanidlösung gekocht, worauf abfiltriert und das Filtrat mit Salzsäure angesäuert wird; nach einstündigem Stehen soll keine rote Färbung von Selen entstehen. Zuweilen färbt sich die Flüssigkeit durch entstehende Persulfozyansäure gelblich, eine Erscheinung, welche jedoch ohne Bedeutung ist. Auch ist darauf zu achten, ob die Rotfärbung nicht etwa durch vorhandenes Eisen bewirkt wird, welches mit dem beim Versuch entstehenden Kaliumrhodanid reagiert. Eine weitere für quantitative Bestimmung des Selens auch im Schwefel geeignete Methode von KLASON und MELLQVIST ist bei der Bestimmung des Schwefelkieses beschrieben.

Kolorimetrische Bestimmung von Selen im Schwefel. Die Methode[3] gründet sich auf den Nachweis von Selen in konzentrierter Schwefelsäure mittels Kodeinphosphat.

Je nach der Menge Selen, die vermutet wird, werden 1···10 g Schwefel in rauchender Salpetersäure gelöst. Zur Lösung setzt man 10 cm³ konzentrierte Schwefelsäure und dampft sie dann bis zum Rauchen der Schwefelsäure ein. Nach dem Abkühlen spült man die Wandungen des Becherglases mit Wasser ab und wiederholt das Eindampfen bis zum Rauchen. Die Salpetersäure muß restlos entfernt werden, da Spuren hiervon Kodeinphosphat braun färben. Die schließlich erhaltene farblose Lösung wird in einen mit Glasstopfen verschließbaren 50 cm³ fassenden Meßzylinder gegossen und der Becher mit konzentrierter Schwefelsäure nachgespült, bis das Volumen der gesamten Lösung im Meßzylinder bei 1 g eingewogenem Schwefel 20 cm³ beträgt. Man fügt dann 10···50 mg Kodeinphosphat hinzu und schüttelt kräftig durch. Bei Vorhandensein größerer Selenmengen tritt eine klare, grüne Farbe auf, die langsam in Blau übergeht. Kleinere Selenmengen erzeugen sofort blaue Färbung. Für einen kolorimetrischen Vergleich stellt man sich durch Auflösen von Selendioxyd in konzentrierter Schwefelsäure eine Vergleichslösung dar, deren Gehalt an Selen man durch Titration mit Jodlösung prüft.

Die für die Bestimmung erforderlichen Säuren müssen unbedingt chemisch rein sein und die Methode ist nur dann anwendbar, wenn der zu prüfende Schwefel nach dem Abtreiben der Salpetersäure eine farblose Schwefelsäure ergibt.

Bestimmung der bituminösen Stoffe. Hierfür haben FRESENIUS und BECK[4] folgende Vorschrift empfohlen. Man vertreibt den Schwefel einer gewogenen

---

[1] KLASON: Hauptversammlungsber. Ver. Zellstoff- und Papier-Chemiker 1909, 61; 1911, 81.

[2] REED: Chemiker-Ztg. **21**, Rep. 252 (1897).

[3] LINDHE, H.: Ing. Vetensk. Akad. Tidskr. **1936**, Nr. 2.

[4] FRESENIUS, H., u. P. BECK: Z. analyt. Chem. **42**, 21 (1903).

Probe bei etwas über 200°, wägt den hierbei verbliebenen Rückstand, verascht ihn und wägt wiederum. Der Unterschied beider Wägungen ergibt die vorhandene organische Substanz.

Für die Prüfung der Reinheit des Schwefels vergleiche man den Abschnitt Gasmasse.

Schwefelkies.

Allgemeines. Im reinen Zustand hat der Schwefelkies, Pyrit oder Markasit, die Zusammensetzung FeS_2, woraus sich sein theoretischer Höchstgehalt an Schwefel mit 53,3 % ergibt. In den natürlichen Lagern kommt er doch nur sehr selten in dieser reinen Form vor. Ihn begleiten vor allem Kupferkies, Zinkblende, Bleiglanz, geringe Mengen von Arsen- und Selenmineral, sowie Spuren von Silber und Gold. Außerdem enthält er mehr oder weniger Gangart. Arsen und insbesondere Selen sind für die Zwecke der Zellstoffindustrie unerwünschte, ja schädliche Beimengungen; Kupfer, Zink und Blei sind nachteilig, weil sie beim Abrösten Schwefel zurückhalten.

Die Verwendung von deutschem, in Meggen gewonnenem Kies trat lange hinter jener von spanischem, portugiesischem, italienischem, griechischem und norwegischem zurück, soweit die Herstellung von Sulfitlauge in Frage kam, ist aber neuerdings wieder erheblich stärker geworden. Die Kiese kommen zumeist nach erfolgter Zerkleinerung und Anreicherung in der natürlichen Zusammensetzung zum Versand. Eine Ausnahme hiervon machen die „gewaschenen" spanischen Kiese (englisch: leached ores). Sie sind als Markasit an der Luft leicht oxydierbar, wobei der in ihnen enthaltene Kupferkies in Kupfersulfat übergeht, das dann mit Wasser ausgelaugt werden kann. Der verbleibende Rückstand, eben der gewaschene Kies, enthält dann selten mehr als $0{,}3\cdots0{,}5$ % Kupfer, während davon im Ausgangsprodukt $3\cdots4^1/_2$ % vorhanden sind.

Schwefelkies kommt entweder als Stückkies oder als Feinkies in den Handel. Stückkies soll so zerkleinert sein, daß die größten Teile noch durch ein Sieb mit 50 mm Maschenweite gehen, andererseits aber nicht mehr als 10 % Feines (englisch: mull) enthalten ist, dessen Korngröße unter 12 mm beträgt. Für Feinkies wird gewöhnlich vorgeschrieben, daß das Korn $6\cdots12$ mm haben soll und daß vom „Überkorn" höchstens 10 % vorhanden sein dürfen

Der Kies wird nach dem Gehalt an Schwefel bewertet und gehandelt. Während der Preis früher gewöhnlich in der Landeswährung pro Tonne angegeben wurde, ist es jetzt weitgehend eingeführt, ihn nach der „Einheit" oder nach „unit" zu bestimmen. Für deutsche Verhältnisse bedeutet der Preis der Einheit jenen Betrag in Mark, welcher für je 1 % Schwefel in der metrischen Tonne aufzuwenden ist. Beim englischen „unit" ist der entsprechende Betrag in Pence je Prozent Schwefel in der englischen Tonne (1017 kg) gemeint. An einem Beispiel sei das erläutert. Beträgt beispielsweise der Preis der Einheit 0,50 RM., so bedeutet dies für einen Kies mit 48 % Schwefel einen Preis je Tonne Kies von $48 \cdot 0{,}50 =$ 24 RM. Ganz ähnlich wird, wenn der Preis pro unit 6 d ist, der Preis der englischen Tonne Kies $6 \cdot 48 = 288$ d = 24 sh.

Während die meisten anderen Sorten mit einem gewährleisteten Grundgehalt an Schwefel verkauft werden, erfolgt der Verkauf der spanischen Sorten gewöhnlich tel quel, d. h. ohne eine Gewähr für einen bestimmten Schwefelgehalt.

Die Berechnung des Kieses geschieht nach dem analytisch ermittelten Schwefelgehalt. Sowohl der Käufer als auch der Händler lassen eine Untersuchung ausführen, und es ist üblich, den Mittelwert beider Analysen der Berechnung zugrunde zu legen, wenn der Unterschied beider Analysen 0,5 % nicht übersteigt. Ist er größer, so lassen beide Parteien in von ihnen hierfür zur Verfügung gestellten Proben durch einen Dritten eine Schiedsanalyse ausführen, deren Ergebnis für die Berechnung dann maßgebend ist.

Die Bestimmung des Schwefels im Kies erfolgt jetzt wohl allgemein nach der ursprünglich von LUNGE gegebenen Vorschrift. Diese Methode hat sich trotz gewisser Umständlichkeiten in der Durchführung doch als jene erwiesen, welche die zuverlässigsten Werte ergibt. Allerdings sind gegenüber der ursprünglichen Vorschrift manche vorteilbedingenden Abänderungen in Gebrauch gekommen. Die nachstehende Ausführungsart stützt sich im wesentlichen auf die Vorschrift des staatlichen Materialprüfungsamtes in Stockholm. Sie ist das Ergebnis einer umfangreichen Nachprüfung der Methode durch die chemische Abteilung dieses Amtes[1].

Probenahme. Nur bei Entnahme von Proben, welche wirkliche Durchschnittsmuster darstellen, können verläßliche und übereinstimmende Analysenwerte erwartet werden. Es ist meist Brauch, die Entnahme der Durchschnitts- oder Generalprobe während der Löschung oder Entladung der Sendung durch vereidete Probenehmer vornehmen zu lassen. Von der gezogenen Gesamtprobe wird bei Feinkies ohne weiteres, bei Stückkies nach erfolgter Zerkleinerung auf höchstens 10 mm Korn die Feuchtigkeitsprobe abgeschieden, unmittelbar anschließend in das zur Aufnahme bestimmte Gefäß gefüllt und versiegelt. Die Größe dieser Probe soll 1,5···2,0 kg betragen. Für jedes zu Analysenzwecken benutzte Muster werden nach erfolgter Zerkleinerung (s. nächsten Absatz) auf höchstens 1···2 mm Korn mindestens 1 kg, bei etwa weiter durchgeführter Zerkleinerung auf höchstens 1 mm Korn 0,3···0,5 kg abgeteilt, in das zur Aufnahme bestimmte Gefäß gefüllt und versiegelt. In dieser Form gelangen die Proben zumeist zum Laboratorium.

Vorbereitung der Proben zur Analyse. Die Feuchtigkeitsprobe wird im ursprünglichen Zustand verwandt. Die Analysenprobe wird entweder bei mäßiger Temperatur im Trockenschrank nicht über 40°, da sonst leicht Oxydation erfolgen kann, oder bei gewöhnlicher Temperatur getrocknet. Bei diesem Trocknen wird die Probe in dünner Schicht auf einer geeigneten Unterlage ausgebreitet. Nach dem Trocknen erfolgt die Zerkleinerung zu einem Korn von höchstens 0,1 mm, in welchem Zustand die Probe zur Analyse kommt. Zu diesem Zweck erfolgt zunächst die Zerkleinerung auf ein größtes Korn von etwa 2 mm. Im Anschluß hieran wird die Probe nach gutem Durchmischen in der Art, wie es beim Ziehen der Durchschnittsproben üblich ist, auf die Hälfte vermindert. In gleicher Weise wird dann die Probe nach erfolgtem Weiterzerkleinern auf 1 mm größtes Korn auf 0,3 kg vermindert. Der Restbestand wird auf ein größtes Korn von 0,25 mm zerkleinert, und 2 Proben von je 10···20 g werden weiter auf die endgültige Feinheit von etwa 0,1 mm gebracht. Die Zerkleinerung bis auf 1 mm kann entweder in einer Walzenmühle erfolgen oder durch Zerschlagen (nicht

---

[1] ERIK J: SON VIRGIN: Om Bestämmning av Svavel i Svavelkis; = Meddelande 22 från Statens Provningsanstalt. Stockholm 1924. Man vgl. den Auszug in deutscher Sprache in Papierfabrikant **23**, Nr. 9, 144 (1925).

Zerreiben) mit einem Stahlhammer auf einer amboßartigen Stahlplatte. Die anschließende Zerkleinerung erfolgt am besten in einer Stahlkugelmühle oder aber ebenfalls durch Zerschlagen auf der Stahlplatte. Das schließliche Zerreiben von 0,25 auf 0,1 mm Korn erfolgt im Achatmörser. Es ist unzweckmäßig, die Zerkleinerung etwa weiter treiben zu wollen. Hierbei kann leicht eine Veränderung des Kieses infolge von Oxydation eintreten, auch kann durch Abnutzung des Achatmörsers Kieselsäure in die Probe gelangen. Es ist ferner sehr wichtig, sich davon zu überzeugen, daß die verwandten Zerkleinerungsvorrichtungen durch harte Kiese nicht mechanisch abgenutzt werden und demzufolge verändernd auf die Probe einwirken. Am sichersten geht man immer beim Zerkleinern der Proben durch Schlagen auf der Hartstahlplatte. Die fertigen Proben werden in einem gut schließenden Wägeglas verwahrt. Sie sollen, um Änderung des eine große Oberfläche bietenden Kieses zufolge von Oxydation auszuschließen, möglichst bald nach der Zerkleinerung zur Untersuchung gelangen.

Feuchtigkeitsbestimmung. Von der hierzu bestimmten Probe werden nach gutem Durchmischen, doch ohne weitere Zerkleinerung, 2 Proben von $0,1 \cdots 1,0$ kg je nach der Korngröße im Trockenschrank bei 105° bis zum konstanten Gewicht getrocknet. Der Mittelwert beider Bestimmungen wird als Ergebnis angegeben.

Bestimmung des Schwefelgehaltes. 1. Man wägt 0,5 g der für die Analyse feingepulverten Kiesprobe ab und bringt sie in ein $250 \cdots 300$ cm³ fassendes Becherglas der niedrigen Form. Das Glas wird mit einem Uhrglas bedeckt.

2. Hierzu setzt man vorsichtig 20 cm³ frisch bereitete Salpeter-Salzsäure, welche man durch Mischen von 3 Raumteilen Salpetersäure vom spezifischen Gewicht 1,40 mit 1 Raumteil Salzsäure vom spezifischen Gewicht 1,19 hergestellt hat. Während der Zugabe der Säure muß der Becher möglichst mit dem Uhrglas bedeckt gehalten werden, da häufig ein schwaches Aufbrausen stattfindet. Ohne weiter zu schütteln oder zu erwärmen, bleibt der bedeckte Becher jetzt so lange stehen, bis der Kies mit Ausnahme der Gangart vollkommen gelöst erscheint. Es ist zweckmäßig, dieses Auflösen während der Nacht vor sich gehen zu lassen, wobei der Becher unter dem Abzug verwahrt wird. Scheidet sich beim Auflösen etwas Schwefel ab, so erwärme man nicht gleich, sondern lasse die Probe wie angegeben ruhig stehen. Der Schwefel löst sich zumeist wieder nach einiger Zeit schon in der Kälte, ganz sicher aber bei der späteren Erwärmung.

3. Nach dem erfolgten Lösen des Kieses wird der bedeckte Becher $^3/_4$ Stunden lang auf dem kochenden Wasserbad erhitzt. Man nimmt hierauf, ohne es abzuspülen, das Uhrglas fort und dampft auf dem Wasserbad zur Trockne ein. Um Verluste zu vermeiden, darf man den Becher nicht in das Wasserbad einsenken.

4. Der Trockenrückstand wird in 5 cm³ verdünnter Salzsäure vom spezifischen Gewicht 1,12 unter Erwärmen gelöst, wobei das Becherglas bedeckt sein muß. Man spült das Uhrglas jetzt vorsichtig ab und dampft den Becherinhalt nochmals zur Trockne ein. Salzsäure von obigem spezifischem Gewicht erhält man durch Mischen von 2 Teilen konzentrierter Säure (spezifisches Gewicht 1,19) mit 1 Teil Wasser.

5. Möglichst unter Anwendung einer Tropfflasche wird der Trockenrückstand mit 2 cm³ Salzsäure vom spezifischen Gewicht 1,19 gefeuchtet und erwärmt. Hierbei geht alles, außer der Gangart, in Lösung. Man spült das den Becher beim

Zusatz der Säure bedeckende Uhrglas ab und verdünnt den Becherinhalt auf etwa 100 cm³ mit warmem Wasser. Der ungelöste Rückstand wird abfiltriert, mit etwa 50 cm³ warmem Wasser gewaschen und das Filtrat in einem 250 cm³ fassenden Becher aufgefangen.

6. In der warmen Lösung fällt man das Eisen mit 20 cm³ Ammoniak vom spezifischen Gewicht 0,96 und erwärmt auf 60$\cdots$70°. Nach 15 Minuten langem Erwärmen filtriert man durch ein 10-cm-Filter. Nachdem man den Niederschlag auf dem Filter gesammelt hat, wäscht man ihn zweimal mit 25 cm³ heißem Wasser aus und spült ihn dann noch einmal zurück in den Becher. Mit insgesamt 50 cm³ Wasser wird der Niederschlag hierin nochmals aufgekocht, dann wieder auf dem gleichen Filter gesammelt und schließlich mit 75 cm³ warmem Wasser fertig ausgewaschen.

7. Der Eisenhydroxydniederschlag wird mit wenig Wasser ein zweites Mal in den zur Fällung benutzten Becher gespült und durch Zugabe von 5 cm³ Salzsäure vom spezifischen Gewicht 1,12 in Lösung gebracht. Diese Lösung wird auf etwa 100 cm³ verdünnt, zum Sieden erhitzt, worauf 5 cm³ Bariumchloridlösung, die 110 g/l $BaCl_2 \cdot 2H_2O$ enthalten, zugefügt werden. Wenn sich nach 24 Stunden eine Fällung gebildet hat, so wird sie abfiltriert, für sich oder zusammen mit der Hauptfällung gewogen. Im allgemeinen enthält die Eisenhydroxydfällung keinen Schwefel, wenn man das Auswaschen wie unter 6 angegeben ausführt.

8. Das Filtrat von der Eisenfällung wird mit einigen Tropfen Methylorange versetzt und vorsichtig durch tropfenweises Zusetzen von konzentrierter Salzsäure neutralisiert. Nach Erreichung der Neutralität setzt man noch einen Überschuß von 1 cm³ Säure zu und verdünnt bis auf etwa 350 cm³.

9. Der Becherinhalt wird über einer Flamme zum Sieden erhitzt, der Brenner dann entfernt, und nun werden auf einmal unter kräftigstem Umrühren 20 cm³ kochende Bariumchloridlösung (110 g/l) zugefügt. Zum Abmessen und Erhitzen der Bariumchloridlösung wird ein weites Proberohr benutzt.

10. Man läßt die Fällung sich mindestens $^1/_2$ Stunde absetzen und dekantiert darauf die klare Lösung durch ein 9-cm-Filter. Zur Sicherheit prüft man im Filtrat mit Bariumchlorid, ob die Fällung vollständig war. Die Fällung wird im Becher mit 100 cm³ kochendem Wasser übergossen, es wird kräftig umgerührt und nach etwa 5 Minuten langem Absetzen wird neuerlich dekantiert. Nachdem man noch zwei weitere Male in der gleichen Weise gewaschen und dekantiert hat, bringt man den Niederschlag aufs Filter, wo er bis zum Verschwinden der Chlorreaktion im Waschwasser gewaschen wird.

11. Das Filter samt Niederschlag wird ohne Trocknung in einen gewogenen Platintiegel gegeben, und zwar derart, daß die Spitze nach oben kommt. Im elektrischen Tiegelofen oder über der Gasflamme wird das Filter dann bei mäßiger Temperatur verkohlt, ohne daß die entstehenden Gase sich entzünden. Danach erhitzt man kräftiger, bis sämtliche Kohle verbrannt ist. Schließlich glüht man mit aufgelegtem Deckel bis zum konstanten Gewicht. Dieses Glühen darf jedoch nicht vor dem Gebläse vorgenommen werden, sondern muß über einem Teclu- oder Mekerbrenner oder im elektrischen Tiegelofen erfolgen.

12. Nach dem Erkalten im Exsikkator wird gewogen. 1 g $BaSO_4 = 0,1374$ g S.

13. Sämtliche Reagenzien werden mittels Blindversuch auf ihren Gehalt an Schwefel in Form von Sulfat geprüft.

Statt das Eisen durch Fällen mit Ammoniak abzuscheiden und durch Filtrieren zu beseitigen, kann man in einfacherer Art seinen Einfluß auf die Fällungsvorgänge des Bariumsulfats ausschließen. Es geschieht dies durch Reduktion der Ferri- zur Ferrostufe. Nach GYZANDER[1] eignet sich für vorliegenden Zweck ganz besonders Hydroxylaminchlorhydrat $NH_3(OH)Cl$.

Bei Durchführung dieser Abänderung des LUNGEschen Verfahrens verfährt man bis zum Punkt 4 wie vorstehend angegeben, worauf man gemäß folgendem weiterarbeitet.

5a. Der Eindampfrückstand wird genau in der gleichen Weise wie unter 5 beschrieben behandelt und nach dem Lösen von der Gangart abfiltriert, wobei man das Filtrat in einen 600 cm³ fassenden Becher (niedriges Modell) laufen läßt.

6a. Zur klaren eisenhaltigen Lösung setzt man 20 cm³ einer Lösung, welche im Liter 20 g Hydroxylaminchlorhydrat und 100 g Ammoniumchlorid enthält. Die Analysenlösung wird nach diesem Zusatz auf 350 cm³ verdünnt.

7a. Man erwärmt zum Kochen, wodurch die Reduktion der Eisensalze erfolgt, was sich an der Entfärbung der Flüssigkeit zu erkennen gibt.

Die anschließende Ausfällung der Schwefelsäure mit Bariumchlorid wie auch die Aufarbeitung des Niederschlages erfolgt wie unter 9···11 beschrieben.

Berechnung der Ergebnisse der Schwefelbestimmung. In jeder der beiden fein zerkleinerten Analysenproben wird außer dem Schwefelgehalt noch besonders der Feuchtigkeitsgehalt bestimmt. Dies erfolgt durch Trocknen von etwa 5 g bei 105° während 1 Stunde. Die getrockneten Proben dürfen aus oben angegebenen Gründen nicht für Analysenzwecke verwandt werden.

Nach der Ermittlung der Durchschnittswerte der Schwefel- und Feuchtigkeitsbestimmungen in den Einzelproben wird der gesamte Mittelwert der absolut trockenen Probe ermittelt. Das Ergebnis wird mit nur einer Dezimale angegeben.

Bestimmung des Kupfergehaltes. a) **Als Oxyd oder Sulfid.** 12,5 g feinst pulverisierter und getrockneter Kies werden in einem hohen Becherglas mit 110 cm³ Wasser und 1 cm³ konzentrierter Schwefelsäure übergossen. Darauf wird vorsichtig konzentrierte Salpetersäure (spezifisches Gewicht 1,4) so lange zugefügt, bis kein Aufschäumen mehr erfolgt. Während dieser Operation hält man das Becherglas durch eine passende Porzellanschale bedeckt, um Herausspritzen zu vermeiden. Man erhitzt nun einige Minuten zum starken Sieden, entfernt dann die von den Säuredämpfen abgespülte Schale und dampft unter Umschwenken den Inhalt des Bechers bis zur Salzabscheidung ein. Durch vorher erwärmtes Wasser wird der Brei dann wieder in Lösung gebracht. In einen 250 cm³ fassenden Kolben überführt, wird mit Wasser bis zur Marke aufgefüllt. Von der Lösung werden 200 cm³ (= 10 g der Ausgangssubstanz) durch ein trockenes Filter filtriert, um Kieselsäure und Blei zurückzuhalten. Aus dem Filtrat wird in bekannter Weise das Kupfer durch längeres Einleiten von Schwefelwasserstoff gefällt. Dies Einleiten hat so lange zu geschehen, bis Zusammenballen des Niederschlages eingetreten ist. Der Niederschlag wird durch Dekantieren mit Wasser ausgewaschen, dann etwa auf das Filter gekommene Substanz zur Hauptmenge zurückgegeben und so viel starke Natriumsulfidlösung zugesetzt, daß nach einigen Minuten langem Kochen aller etwa vorhandene Schwefel gelöst

---

[1] GYZANDER: Chem News **93**, 213 (1906).

ist. Man verdünnt jetzt mit heißem Wasser und läßt den Niederschlag sich absetzen. Darauf filtriert man die Arsen und Antimon enthaltende Lösung ab und wäscht das Schwefelkupfer mit heißem Wasser aus. Die quantitative Bestimmung geschieht schließlich in bekannter Weise durch Reduktion des Kupfersulfids zu Sulfür oder als Oxyd.

Man verascht in letzterem Fall, ohne Filter und Niederschlag zu trennen, bei niedriger Temperatur und röstet bei solcher ab, ohne daß ein Schmelzen eintritt. Nach kurzer Zeit ist der Schwefel entfernt und sind etwa verbliebene Antimon- und Arsenverbindungen verflüchtigt. Man steigert dann die Hitze bis zur Rotglut und glüht schließlich bei Gebläsetemperatur. Empfehlenswert ist es, nach dem Erkalten mit einigen Tropfen konzentrierter Salpetersäure zu befeuchten und alles in Oxyd zu verwandeln und dann noch einmal zu glühen. 1 g CuO = 0,7989 g Cu.

Was die Menge Ausgangssubstanz anlangt, so sind bei $3 \cdots 5\%$ Kupfer schon 6 g ausreichend, bei etwa 2% nehme man 12,5 g.

b) **Elektrolytisch nach der Methode der Duisburger Hütte angegeben von** MENGLER[1]. Man behandelt 5 g des feingeriebenen und getrockneten Kieses in einem schräggestellten Erlenmeyerkolben mit 50 cm³ Salpetersäure vom spezifischen Gewicht 1,2; verdampft die Lösung, bis Schwefelsäuredämpfe entweichen, bringt die trockenen Salze mit 50 cm³ Salzsäure vom spezifischen Gewicht 1,19 in Lösung, setzt Natriumhypophosphit (2 g NaH_2PO_2, in 5 cm³ Wasser aufgelöst) hinzu und dampft bei $110 \cdots 120°$ zur Trockne, wodurch alles Arsen reduziert und entfernt wird. (Kiesabbrände werden direkt in Salzsäure gelöst und wie vorstehend eingedampft.) Zur Umwandlung der Chlorverbindungen in Sulfate setzt man etwa 7 cm³ konzentrierte Schwefelsäure sowie etwas Salpetersäure hinzu und dampft wieder zur Trockne ein, bis starke Schwefelsäuredämpfe entweichen. Die Salpetersäure löst hierbei etwa vorhandenes Kupfersulfid. Dieses kann entstehen durch die energische Einwirkung der unterphosphorigen Säure auf freie Schwefelsäure. Sie wird zunächst unter Bildung von phosphoriger Säure zu Schwefeldioxyd reduziert, das von der phosphorigen Säure weiter zu Schwefel oder Schwefelwasserstoff reduziert wird, von denen sowohl der Schwefel in statu nascendi als auch der Schwefelwasserstoff aus dem Kupfersalz Kupfersulfid niederschlagen kann. Die trockene Salzmasse wird jetzt mit heißem Wasser aufgenommen, das Bleisulfat mit dem Rückstande nach dem Erkalten abfiltriert und der Filterrückstand mit schwefelsäurehaltigem Wasser ausgewaschen. Zum Filtrat gibt man eine Lösung von 1 g Zitronensäure und 2 g Ammonnitrat, verdünnt auf etwa 200 cm³ und schlägt das Kupfer elektrolytisch auf einem Platinzylinder (Kathode) von etwa 200 cm³ Oberfläche nieder. Am geeignetsten ist ein Strom von $0,3 \cdots 0,4$ Amp. bei 2,8 Volt. Bei stärkerem Strom tritt oft Stickoxydgas auf, welches die vollständige Fällung des Kupfers verhindert. Die zu elektrolysierende Lösung enthält immer noch geringe Mengen Blei, die sich nur zum Teil am positiven Pol als Superoxyd abscheiden und zum anderen Teil mit dem Kupfer an der Kathode niedergeschlagen werden, weshalb eine nochmalige Fällung erforderlich ist. Zu diesem Zweck werden beide Elektroden schnell aus dem Elektrolyten entfernt, in ein passendes Becherglas gestellt und das ab-

---

[1] MENGLER, E.: Chemiker-Ztg. **43**, 729 (1919).

geschiedene Kupfer wird in entsprechend verdünnter, heißer Salpetersäure gelöst. Nachdem die erkaltete Lösung mit etwas Schwefelsäure versetzt worden ist, wird sie nochmals mit einem Strom von 0,25 Amp. elektrolysiert, wodurch die noch vorhandene Bleimenge an der Anode als Superoxyd abgeschieden und das Kupfer an der Kathode rein erhalten wird. Arsen- und bleifreie Kiese (5 g) löst man direkt in 50 cm³ Salpetersäure vom spezifischen Gewicht 1,2 und 20 cm³ 50proz. Schwefelsäure, dampft zur Trockne, nimmt mit Wasser auf und filtriert. Nach Zusatz von Zitronensäure und Ammonnitrat wird die Lösung einmal elektrolysiert.

Bestimmung und Nachweis des Selens in Schwefelkiesen und Schwefel. Schwefelkies ist fast stets etwas selenhaltig. Das Verhältnis zwischen Schwefel und Selen schwankt zwischen 1 : 10000 und 1 : 100000[1]. Größere Mengen Selen, die in die Kochlauge gelangen, führen Kalziumbisulfit in Gips und schweflige Säure in Schwefelsäure über. Nach einiger Kochzeit sinkt daher bei Gegenwart von größeren Selenmengen der Schwefligsäure- und Kalkgehalt ziemlich plötzlich ab. Der Zellstoff wird dunkelfarbig, ist klebrig, schwer auswaschbar und schwer bleichbar. Bei Herstellung leicht bleichbaren Zellstoffes, wobei höhere Temperatur in Anwendung kommt, ist die Schädigung am stärksten zu bemerken.

Nachweis des Selens. Zum Nachweis, daß der verwendete Kies Selen enthält, kann man von dem Schlamm in den Gasleitungen der Zellstoffabrik ausgehen. Er wird bis zur neutralen Reaktion ausgewaschen und auf dem Wasserbade mit konzentrierter Kaliumzyanidlösung behandelt, bis er die rötliche Farbe verloren hat. Beim Zusatz von Salzsäure zum Filtrat wird Selen in kirschroten Flocken — unter Entwicklung großer Blausäuregasmengen (unter Abzug oder im Freien arbeiten) — ausgefällt.

Bestimmung des Selens nach KLASON und MELLQVIST[2]. Für den Fall, daß Kiese vorliegen, werden 20···30 g von dem fein geriebenen Material in konzentrierter Salzsäure vom spezifischen Gewicht 1,19 unter Zusatz von Kaliumchlorat gelöst. Einige Kiese lassen sich durch diese Behandlung zwar nicht so leicht in Lösung bringen, man gewinnt aber den Vorteil, daß alles Abrauchen wegfällt, das bei Anwendung von Königswasser als Lösungsmittel notwendig ist. Nachdem der Kies sich gelöst hat und die Gangart abfiltriert worden ist, wird zu der sauren Lösung metallisches Zink in Stücken hinzugesetzt, bis alles Eisenchlorid durch entwickelten Wasserstoff reduziert worden ist. Hierbei wird auch die Selensäure teilweise reduziert. Nachdem die reduzierte Lösung weiter mit Salzsäure angesäuert und gekocht worden ist, wird das Selen durch Zusatz von Zinn(II)chloridlösung ausgefällt, worauf der Niederschlag, nachdem er sich abgesetzt hat, in einem mit Asbestfilter beschickten Goochtiegel gesammelt wird. Um die Fällung von Arsen zu befreien, wird sie in einer Kaliumzyanidlösung gelöst und aus dieser wird das Selen durch Zugabe von konzentrierter Salzsäure ausgefällt (Entwicklung von Blausäuredämpfen). Das so isolierte Selen wird auf einem Asbestfilter im Goochtiegel gesammelt und sodann in eine gleich zu beschreibende Sublimationsröhre gebracht und zu seleniger Säure verbrannt, die mittels Wasser herausgelöst und nach der jodometrischen Methode titriert wird.

---

[1] TORGENSEN, J. C., u. CHR. BAY: Papierfabrikant **12**, 483 (1914).

[2] KLASON u. MELLQVIST: Hauptversammlungsber. Ver. Zellstoff- u. Papier-Chemiker 1911, S. 81.

Die Sublimationsröhre besteht aus 1 mm dickem, schwer schmelzbarem Glas, ist an einem Ende stark verjüngt und hat in ihrem weiteren Teile eine Länge von 280 mm und einen Durchmesser von 10 mm. (Solche Röhren werden auch bei der gewichtsanalytischen Zuckerbestimmung zum Sammeln des Kupfer-(I)oxydes benutzt.) An der Stelle der Verjüngung wird zunächst ein durchlöcherter Platinkegel eingesetzt, hierauf ein dichtes Asbestfilter von in Wasser aufgeschwemmtem, ausgeglühtem Asbest eingebracht. Auf diesen Asbestpfropf bringt man das Asbestpolster mit der Selenfällung. Nach dem Trocknen der Röhre wird an ihrem anderen Ende ein zweiter Pfropf von ebenfalls ausgeglühtem Asbest eingepreßt und hierauf die Röhre vorsichtig an ihrer Verjüngung mittels einer kleinen Flamme erhitzt, während durch die Röhre ein langsamer Sauerstoffstrom geleitet wird. Das Selen verbrennt zu seleniger Säure, die sich in der Röhre gleich hinter der erhitzten Stelle absetzt. Um die selenige Säure vollkommen frei von metallischem Selen zu erhalten, wird das Sublimat mittels einer Flamme nach dem zweiten Pfropfen am anderen Ende der Röhre getrieben. Ist das Selen mit Schwefel gemischt, so muß man das Sublimat zwischen den Pfropfen mehrmals hin und her treiben, bevor man es rein weiß erhält, weil das Selen nicht eher oxydiert wird, als bis der Schwefel und sämtliche schweflige Säure ausgetrieben sind. Die so erhaltene selenige Säure wird aus der Röhre mit Wasser herausgelöst und in einen Kolben mit eingeschliffenem Pfropf gebracht; die Lösung wird bis auf $100 \cdots 300 \text{ cm}^3$ verdünnt, worauf je nach dem Volumen $2 \cdots 10$ Tropfen chlorfreie Salzsäure vom spezifischen Gewicht 1,19 hinzugesetzt werden. Nachdem der Kolben auf dem Wasserbade erwärmt und die Luft oberhalb der Lösung durch Einleiten von Kohlensäure vertrieben worden ist, werden $2 \cdots 5$ g jodatfreies Kaliumjodid hinzugesetzt. Der Stopfen wird danach aufgesetzt und der Kolben umgeschüttelt, bis das Kaliumjodid gelöst ist, wonach er in fließendem Wasser abgekühlt und 1 Stunde lang im Dunkeln stehengelassen wird. Das frei gemachte Jod wird mittels Natriumthiosulfatlösung unter Anwendung von Stärkelösung als Indikator gemessen.

Die Reaktion spielt sich nach folgender Gleichung ab:

$$\text{SeO}_2 + 4\,\text{HJ} = \text{Se} + 2\,\text{H}_2\text{O} + 2\,\text{J}_2\,.$$

1 cm³ $^n/_{10}$-Natriumthiosulfatlösung entspricht 0,0028 g SeO_2 und 0,00198 g Se. Bei sehr geringen Mengen Selen kann es ratsam sein, mit $^n/_{100}$-Lösungen zu arbeiten.

Diese Methode kann auch dazu benutzt werden, Selen in Schwefel zu bestimmen. Man bringt in diesem Fall durch Eingießen von in Wasser aufgeschwemmtem Asbest in eine Verbrennungsröhre von 1 m Länge und 20 mm Durchmesser eine dichte, etwa 5 cm lange Asbestschicht, worauf nach dem Trocknen der Röhre der Asbestpfropfen ausgeglüht wird. Der zu untersuchende Schwefel wird in Porzellanschiffchen gefüllt, die $10 \cdots 14$ g fassen und in der Röhre unter Durchleiten eines Sauerstoffstromes verbrannt. Das Selen wird vollständig von dem Asbestfilter aufgefangen. Zur Herauslösung des Selens aus der Röhre und dem Asbestpfropfen wird Kaliumzyanidlösung angewendet. Aus dieser Lösung wird das Selen durch starkes Ansäuern mit Salzsäure (Vorsicht wegen der Entwicklung von Blausäuredämpfen. Im Freien arbeiten) und Einleiten von schwefliger Säure zwecks Reduzierung etwa gebildeter seleniger Säure ausgefällt. Da bei Gegenwart von viel Salzen das Selen sehr langsam ausfällt, muß die Lösung in der Wärme stehen und abdunsten, bis die Salze auszukristallisieren beginnen. Die schwefelhaltige Fällung wird darauf in die Sublimationsröhre gebracht und die Analyse in der gleichen Weise, wie beim Kies beschrieben, zu Ende geführt.

Tabelle 11. Zusammensetzung verschiedener Schwefelkiese.

Angaben in Hundertteilen.

Sorte	Eisen	Schwefel	Kup-fer	Zink	Blei	Arsen	Selen	Kiesel-säure	Kristall-form	Herkunfts-land
eggen . .	34,9	41···43	—	6,0···9,0	0,4	0,07	—	6,0···12,0		Deutschl.
jörkaasen	45	48···51	2,6	1,3	0,3	0,03	Spur	2,5	kristallin	Norwegen
ulitelma .	40	42···45	3···4	4,5	0,03	0,03	Spur	6,5	,,	,,
rkla . . .	38,5	41,5···43,5	2,0	1,6	0,3	0,05	0,01···0,015	11,0	amorph	,,
ossmo . .	43,5	49	0,5	0,5	0,0	0,04	Spur	3,0	kristallin	,,
tordö . .	39	39···41	Spur	0,2	0,0	Spur	—	9,0	,,	,,
oldal. . .		46,8···47,9	2,1	—	—	0,01	0,006···0,01	—		,,
io Tinto Waschkies	43	46,5···48,5	0,4	0,5	0,7	0,3···1	0,01	3,1	kristallin	Spanien
erunal . . harsis	45	49,5···51,0	0,7	0,2	0,2	0,2	—	3,0	,,	,,
Waschkies ena	44	47,5···50,0	0,7	0,3	0,3	0,3	Spur	4,0	,,	,,
Waschkies omaron	40	45···47	0,3	0,8	0,2	0,02	Spur	2,5	,,	,,
Waschkies an	43	47,5···49,5	0,3	0,7	0,4	0,2···0,5	Spur	5,5	,,	Portugal
Domingo .	43	48···49	1,0	0,3	0,5	0,2	—	2,0	,,	,,
gordo . .	40,5	43,5···47,0	1,0	0,7	0,5	0,2	—	7,5	amorph	Italien
ontecatini	43,5	47···48	0,0	0,0	Sp.	Spur	—	5,5	kristallin	,,
assandra .	44	48···49	0,1	0,2	0,2	0,2	—	4,5	,,	Griechenl.
utokumpu	42	44	3,9	1,9	—	—	—	6,7	,,	Finnland

Gasreinigungsmasse.

Allgemeines. Als Ausgangsmaterial für die Schwefeldioxydgewinnung ist die Gasreinigungsmasse stark in Anwendung gekommen. Der Gehalt dieses Materials an nutzbarem Schwefel schwankt in weiten Grenzen. Für die Zwecke der Zellstoffindustrie kommen vornehmlich nur Massen mit mehr als 40 % Schwefel in Frage. Die Untersuchung erstreckt sich auf den Gehalt an Wasser und den an Schwefel. Bislang steht eine endgültige Einigung über die Durchführung der Untersuchungen noch aus. Dieser Umstand erklärt, weshalb bei der Analyse der Gasmassen so wechselnde und verschiedene Ergebnisse gefunden werden. Die Bewertung erfolgt aber immer nach dem Gehalt an mit Schwefelkohlenstoff extrahierbarem Schwefel.

Probenahme[1]. Von jedem Wagen wird eine Durchschnittsprobe von etwa 10···15 kg genommen. Sie wird, wenn notwendig, zerstampft, durchgeschaufelt, im Quadrat ausgebreitet und durch Ziehen der Diagonalen und Entfernen je zweier gegenüberliegender Dreiecke auf etwa 5 kg gebracht. Nun wird sie noch durch ein Sieb von 5 mm² Maschenweite getrieben und Zurückbleibendes so weit

---

[1] WENTZEL: Z. angew. Chem. **31**, 45 (1918).

zerkleinert, daß es ebenfalls hindurchgeht. Aus dieser Probe werden dann 3 Muster-flaschen von etwa 250 g Inhalt, die für die eigene Untersuchung, den Verkäufer und die mögliche Schiedsanalyse bestimmt sind, abgefüllt und versiegelt.

Bestimmung des Trockenverlustes[1]. In einer flachen, glasierten Porzellan-schale (Satte) von etwa 80 mm Durchmesser und 15 mm Höhe wägt man min-destens 25 g, besser 50···100 g, ab und stellt die so gefüllte Schale in einen Trockenschrank. Dieser wird mittels eines Thermostaten auf etwa 80° gehalten. Im allgemeinen wird die Gewichtskonstanz mit Sicherheit nach 4 Stunden er-reicht. Die Wägungsdifferenzen dürfen 0,05 g nicht überschreiten. Die Schale läßt man im Exsikkator oder an einer anderen trockenen Stelle erkalten. Der Gewichtsverlust ergibt die ursprüngliche Feuchtigkeit.

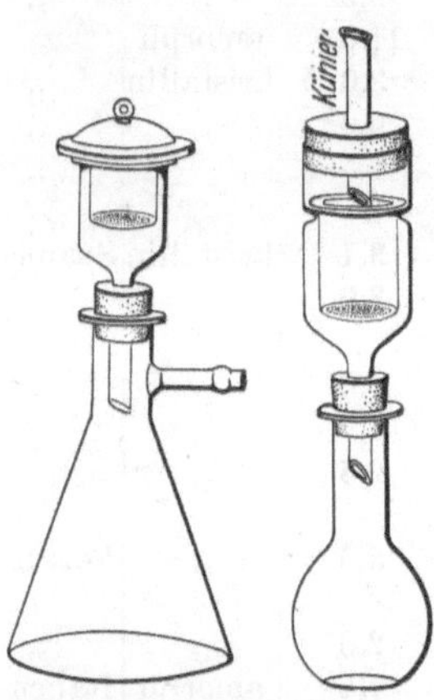

Abb. 37 und 38. Apparatur zur Bestimmung von Schwefel in Gasmassen. (Nach DREH-SCHMIDT.)

Bestimmung des Schwefels. a) Nach der Schüttel-methode. Die getrocknete Masse wird fein zerkleinert und abgesiebt. Von diesem Material wägt man 10 g ab und bringt sie durch einen glatten Pulvertrichter in einen Mischzylinder von 100 cm³ Inhalt, der auch bei 105 cm³ eine Marke hat. Der Zylinder wird mit etwa 75 cm³ reinem, frisch destilliertem Schwefelkohlenstoff gefüllt und mit einem Glasstopfen verschlossen. Dann werden Masse und Lösungsmittel öfters umgeschüttelt und einige Stunden sich selbst überlassen. Nun wird mit Schwefel-kohlenstoff bis zur Marke 105 cm³ aufgefüllt, nochmals umgeschüttelt und die Masse zum Absitzen gebracht. Wenn die Extraktionsflüssigkeit, die je nach dem Gehalt und der Reinheit der Masse hellgelb bis tief dunkelbraun gefärbt ist, völlig klar geworden ist, pipettiert man 50 cm³ hiervon vorsichtig heraus. Diese 50 cm³ läßt man durch ein kleines Filter in einen gewogenen Kolben von etwa 150 cm³ fließen. Der Kolben soll zur Verhinderung von Siedeverzügen einen Siedestein enthalten. Das Filter wird sogleich mit Schwefel-kohlenstoff ausgewaschen und der Kolben auf einem schwach siedenden Sicherheits-wasserbade oder vermittels einer elektrischen Heizvorrichtung vom Lösungsmittel befreit. Die letzten Reste Schwefelkohlenstoff werden durch Einblasen trockener Luft oder durch Liegenlassen an der Luft entfernt. Dann wird der Kolben bei 100° getrocknet und zur Wägung gebracht. Die Gewichtszunahme ergibt, mit 20 mul-tipliziert, den Prozentgehalt an Rohschwefel. Dieser wird dann durch Multipli-kation mit $\dfrac{100 - \%\ \text{Wasser}}{100}$ auf die ursprüngliche Masse umgerechnet. — Die Bestimmung wird stets doppelt angesetzt. Unterschiede über 1% bedingen eine Wiederholung. Die Schwefelkohlenstoffreste werden gesammelt, durch Destillation gereinigt und wieder verwendet.

b) Nach der Methode von DREHSCHMIDT[2]. Als Extraktionsgefäß dient hier ein Tiegel mit durchlöchertem Boden, ähnlich dem Goochschen, aber mit geraden Wänden und umgebördeltem Rand. Der Tiegel wird zunächst in einen Gummiring und mit diesem in die in Abb. 37 gezeichnete Saugvorrichtung ein-

---

[1] Wirtschaftliche Vereinigung Deutscher Gaswerke: Z. angew. Chem. **31**, 45 (1918).
[2] WENTZEL: Z. angew. Chem. **31**, 128 (1918).

gehängt, dann mit fein zerzupftem, in Wasser aufgeschwemmtem, reinem Asbest beschickt, den man mehrmals mit destilliertem Wasser an der Saugpumpe auswäscht. Der so vorbereitete Tiegel wird getrocknet und geglüht und nach seinem Erkalten im Exsikkator gewogen und mit 10 g Masse gefüllt. Tiegel und Masse werden bei 90°. im Trockenschrank getrocknet. Der Gewichtsverlust nach dem Erkalten im Exsikkator ergibt den Feuchtigkeitsgehalt der Masse. Nun bringt man den Tiegel in einen mit 3 Nasen versehenen Glasaufsatz, der oben mit einem gut wirkenden Rückflußkühler, unten mit dem vorher gewogenen und mit reinem, über Kalk abdestilliertem und über Quecksilber aufbewahrtem Schwefelkohlenstoff beschickten Kolben verbunden ist (Abb. 38). Um ein späteres Spritzen zu vermeiden, tut man gut, auch die Masse im Tiegel mit etwas Schwefelkohlenstoff anzufeuchten. Nun erhitzt man auf dem Wasserbade und extrahiert so lange, als das Extraktionsmittel noch gefärbt abtropft. Wenn es $1/2$ Stunde lang wasserklar abgelaufen ist, kann man sicher sein, daß die Extraktion beendet ist. Den Tiegel bringt man unmittelbar nach Abschluß der Extraktion in den Trockenschrank. Aus dem Kolben destilliert man den Schwefelkohlenstoff ab, verjagt die letzten Reste durch Ausblasen mittels eines Handgebläses und setzt den Kolben ebenfalls in den Trockenschrank. Nach dem Erkalten im Exsikkator wird gewogen, und man erhält sowohl durch den Verlust des Tiegels wie durch die Zunahme des Kolbens den Gehalt an Rohschwefel.

c) Nach OPFERMANN und FLEISCHER[1]. 10 g Gasmasse werden mit etwa 1 g Blutkohle und etwa 0,5 g Kaliumkarbonat innig gemischt und in eine Extraktionshülse von SCHLEICHER und SCHÜLL gegeben, die leicht mit einem Wattepfropfen verschlossen ist. Diese wird in einen Extraktionsapparat gegeben, dessen Kolben mit Schwefelkohlenstoff gefüllt ist. Als Extraktionsapparat eignet sich besonders der von WISLICENUS[2] angegebene, welcher aus einem geräumigen Erlenmeyerkolben mit aufgesetztem Kühler besteht. Die Extraktionshülse mit ihrer Füllung wird an einem dünnen, durch das Kühlerrohr geführten Draht befestigt. Der Apparat wird so weit mit Schwefelkohlenstoff gefüllt, daß die bis dicht über dem Boden hängende Hülse zum größten Teil darin eintaucht. Man kocht zunächst im siedenden Schwefelkohlenstoff etwa $1/4$ Stunde lang aus, dann zieht man die Hülse in den Dampfraum hinauf und extrahiert nochmals 1 Stunde lang. Nach Angaben von FLEISCHER ist diese Zeitdauer voll ausreichend, um den Schwefel restlos in Lösung zu bringen. Der Schwefelkohlenstoff wird dann abdestilliert und der Rückstand nach kurzem Trocknen gewogen.

Die Zugabe von Kaliumkarbonat zum Extraktionsgut soll verhindern, daß Verunreinigungen aus der Gasmasse mit herausgelöst werden.

d) Nach STRAVORINUS[3]. Man benutzt zur Bestimmung 10 g eines bei 80° im Trockenschrank getrockneten Musters, das nach dem Trocknen feinst pulverisiert und durch ein Seidenflorsieb B 30, also mit 30 Öffnungen je laufendem Zentimeter und 900 Maschen je Quadratzentimeter getrieben worden ist. Als Extraktionsgefäß wird ein Glasrohr von 25 mm lichter Weite benutzt, das einseitig zu

---

[1] FLEISCHER, C. H.: Zellstoff u. Papier 1, 73 (1921). — OPFERMANN, E.: Ebenda 1, 106 (1921).

[2] Man vgl. den Abschnitt „Untersuchung der Rohfaserstoffe": Harz-, Fett- und Wachsbestimmung.

[3] STRAVORINUS, D.: Chem. Zbl. **1927 I,** 1100.

einer Spitze ausgezogen ist, welche mit einer schrägen Öffnung endet. Die Abmessungen des Glasrohres sind folgende: Länge des zylindrischen Teiles 15 cm, der Spitze 5 cm, Durchmesser der Öffnung 2 mm im Lichten, Gesamtinhalt etwa 60 cm³.

Man bringt in das Glasrohr einen kleinen Wattebausch und drückt ihn leise und gleichmäßig an; hierauf bringt man 5 g Noritpulver (medizinische Adsorptionskohle, Medizinalnorit, feinst gepulvert), klopft leise, so daß die Kohle sich gleichmäßig zusammenlegt und schüttet dann 10 g des zu untersuchenden Gasmassemusters auf die Kohle. Auch jetzt wird durch leises Klopfen das Pulver gleichmäßig verteilt. Das Rohr wird dann in einer Klemme senkrecht stehend befestigt und eine gewogene gläserne Kristallisationsschale von etwa 100 cm³ Inhalt untergestellt. In das Rohr wird bis oben hin Schwefelkohlenstoff gefüllt. Die Flüssigkeit durchdringt die Reinigungsmasse, löst hieraus den Schwefel auf, durchläuft nachher die Noritkohle, welche Teer und Öl zurückhält und fängt nach etwa einer Viertelstunde an, aus dem Rohr zu tropfen. Der Wattebausch genügt, um Noritteilchen zurückzuhalten. Man läßt den Schwefelkohlenstoff ganz auslaufen und füllt das Rohr noch zweimal mit frischer Flüssigkeit nach. Im ganzen verbraucht man etwa 150 cm³ Schwefelkohlenstoff für eine Bestimmung bisweilen weniger, doch genügt diese Menge vollständig zur restlosen Extraktion des Schwefels. Wenn man nachmittags mit der Bestimmung anfängt, so kann man gerade gegen Ende der Arbeitszeit das Rohr zum zweitenmal nachfüllen. Wenn man bei dieser Bestimmung unter einem gut ziehenden, geschlossenen Abzug arbeitet, so kann man die Analyse sich während der Nacht selbst überlassen und findet am nächsten Morgen den Schwefelkohlenstoff verdunstet und den Schwefel in schönen Kristallen abgeschieden. Eine kurze Nachtrocknung im Trockenschrank genügt, um Gewichtskonstanz herbeizuführen. Jede Analyse wird doppelt ausgeführt.

Wünscht man sich ein Urteil zu bilden über die Menge der Teer- und Ölsubstanzen in der Masse, so kann daneben ein dritter Versuch ohne Norit gemacht werden. Wiederholte Stichproben haben gezeigt, daß mit der angegebenen Menge Schwefelkohlenstoff der freie Schwefel quantitativ erhalten wird. Die Anwendung einer weiteren Menge des Lösungsmittels liefert bei der Verdunstung immer nur einen unwägbaren Rückstand.

Gemäß dieser Vorschrift gewinnt man den angewandten Schwefelkohlenstoff nicht zurück. Es ist jedoch ohne Schwierigkeiten möglich, diesem Mangel abzuhelfen, und zwar dadurch, daß man als Auffanggefäß statt der Kristallisierschale ein gewogenes Kölbchen verwendet. Man deckt es lose durch ein mit einer Öffnung versehenes Uhrglas ab und läßt durch die Öffnung das zur Extraktion benutzte Glasrohr bis in den Hals des Kolbens reichen.

Gesamtschwefelbestimmung nach LENANDER[1]. 0,5···1 g der feingepulverten getrockneten Masse werden in 25 cm³ konzentrierter Salpetersäure unter Zusatz von etwa 1,5 g Kaliumchlorat gelöst. Die Lösung wird nach einstündigem Stehen auf dem Wasserbad zur Trockne eingedampft und der Rückstand nach zweimaligem Abrauchen mit konzentrierter Salzsäure zwecks Zerstörung der Salpetersäure mit 10 cm³ konzentrierter Salzsäure und 100 cm³ Wasser aufgenommen

---

[1] LENANDER, J.: Svensk kem. Tidskr. **32**, 184 (1920).

und durch ein doppeltes Filter filtriert. Das Filtrat wird auf 1000 cm³ verdünnt und davon werden 100 cm³ unter schwachem Sieden ammoniakalisch gemacht. Nach dem Abfiltrieren der Eisenfällung wird mit Salzsäure angesäuert und die Lösung kochend mit Bariumchloridlösung gefällt.

Prüfung des extrahierten Schwefels auf seine Reinheit. Will man den Gehalt an Reinschwefel[1] in den so extrahierten Proben feststellen, so bringt man den Kolbeninhalt mit wenig Schwefelkohlenstoff wieder in Lösung und spült in eine Porzellanschale, aus der man das Lösungsmittel auf dem Wasserbade verdunstet. Vom Rückstand wiegt man etwa 0,5 g genau ab und oxydiert vorsichtig in einem Erlenmeyerkolben mit aufgelegtem Uhrglas mittels rauchender Salpetersäure. Sobald kein ungelöster Schwefel mehr zu sehen ist, bringt man den Inhalt des Kolbens in eine Porzellanschale und dampft zweimal mit konzentrierter Salzsäure ab, filtriert von der Kieselsäure und fällt, wie üblich, in der Hitze mit Bariumchlorid. 1 g $BaSO_4$ entspricht 0,1374 g S.

Die Differenz zwischen beiden Bestimmungen zeigt die Menge der im Rohschwefel enthaltenen Verunreinigungen an, welche meistens 1,5 % nicht zu übersteigen pflegt.

Bestimmung des austreibbaren oder gewinnbaren Schwefels in Kies und Gasmasse.

Allgemeines. Die Gesamtmenge des im Kies nach der Methode von LUNGE ermittelten Schwefels ist im Betrieb nicht gewinnbar. Vor allem bleiben je nach dem Gehalt an Kupfer und Zink mehr oder weniger größere Mengen Schwefel im Abbrand. In gleicher Weise werden auch bei der Abröstung der Gasmasse durch den meist immer vorhandenen Kalk, wie auch durch Eisen selbst Schwefelanteile in nicht oder nur schwer austreibbarer Form gebunden. Es sind aus diesen Gründen Bestimmungsmethoden vorgeschlagen worden, welche ermöglichen sollen, allein den verwertbaren Schwefel in den genannten Rohstoffen zu ermitteln. Wenn es sich auch bislang nicht eingebürgert hat, Kies und Gasmasse auf Grund der Ergebnisse solcher Methoden zu kaufen, so lassen diese doch auf das Verhalten der Rohstoffe im Betrieb schließen und geben für ihre Bewertung wertvolle Fingerzeige. Für die Praxis haben sie noch den Vorteil, daß sie meist die zeitraubende gravimetrische Sulfatbestimmung vermeiden und rasch durchführbar sind.

Durchführung der Bestimmung nach GROTE und KREKELER[2]. Die Abb. 39 gibt die Apparatur wieder.

Der Hauptteil der im Handel zu habenden Apparatur ist ein Quarzrohr (Länge 450 mm, lichte Weite 12 mm) mit einer angeschliffenen Absorptionsvorlage. In das Quarzrohr, das auf einem einfachen Gestell mit schwacher Neigung ruht, sind zwei etwa 35 mm voneinander entfernte Quarzfilterplatten (*b* und *c*) und eine durchlochte (3 mm Loch) Klarscheibe (*a*) eingeschmolzen. Das Rohrstück um die Filterplatten wird von einem einfachen mit Asbest ausgekleideten und auf Gleitschienen verschiebbaren Gehäuse umschlossen. Die Absorptionsvorlage,

---

[1] WENTZEL: Z. angew. Chem. **31**, 78 (1918).

[2] GROTE, W., u. H. KREKELER: Angew. Chem. **46**, 106 (1933). — SENF, H., u. A. SCHÖBERL: Ebenda **50**, 338 (1937). An letzter Stelle wird die Anwendbarkeit der Originalmethode für vorliegende Zwecke beschrieben.

in die eine Glasfilterplatte G 4 mit einer Porenweite von 12 μ eingeschmolzen ist, wird mittels Normalschliff an das Quarzrohr angeschlossen. Der Raum unter der Filterplatte ist teilweise mit Glaskugeln gefüllt. Die Vorlage wird mit säurefreiem, 3proz. Wasserstoffsuperoxyd beschickt. Durch einen Tropfenfänger wird die Apparatur an eine Wasserstrahlpumpe angeschlossen. Die Regelung des Verbrennungsluftstromes, der zur Reinigung nacheinander mit konzentrierter Schwefelsäure und starker Kalilauge gewaschen und zweckmäßig noch in einem mit Kalziumchlorid beschickten Turm getrocknet wird, erfolgt mittels einer Klemmschraube (e).

Der in der gleichen Weise, wie bei der Lunge-Methode fein gepulverte Kies oder die Gasmasse kommt in einer Menge, die sich nach dem zu erwartenden Schwefelgehalt richtet, in einem Porzellanschiffchen bis auf etwa 20 mm vor die durchlochte Klarscheibe. Mittels des Breitbrenners unter dem Gehäuse erhitzt man das

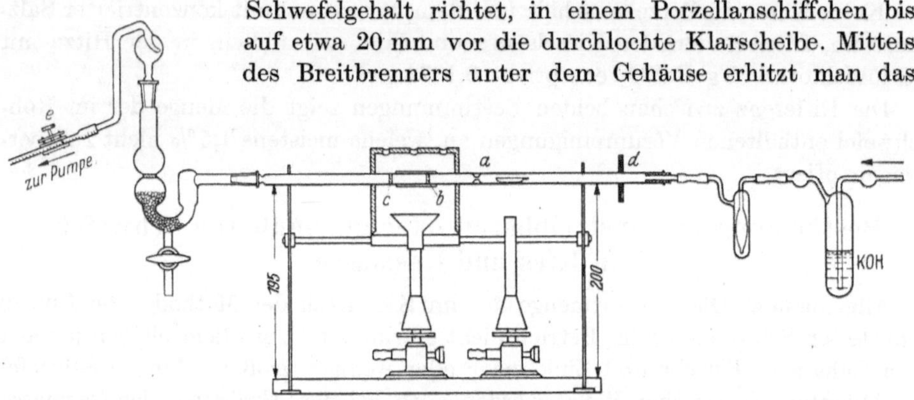

Abb. 39. Schwefelbestimmungsapparat. (Nach Grote und Krekeler.)

zwischen den Glasfritten liegende Rohrstück, wobei die erste der beiden Fritten gerade auf schwache Rotglut kommen soll. Mittels der Wasserstrahlpumpe saugt man einen Luftstrom in flotter Blasenfolge (6 Blasen in der Sekunde) durch die Apparatur. Sobald der gleichmäßige Lauf dieses Luftstromes eingestellt ist, kann mit dem Erhitzen der Substanz begonnen werden. Die Schnelligkeit des Erhitzens hängt von der zu untersuchenden Probe ab. Kiese und Gasmassen muß man vorsichtig erhitzen und auf die erforderliche Temperatur bringen. Es ist wichtig, daß stets genügend Luft vorhanden ist. Die Hitze wird langsam gesteigert und gegen Ende der Bestimmung kann mit voller Gebläseflamme gearbeitet werden. Das bei der Verbrennung des Schwefels sich bildende SO_2 oxydiert sich zum größten Teil an den Quarzfritten und den Wänden des Rohres zu SO_3, welches als dichter Nebel in die Vorlage tritt.

Sobald keine derartigen Nebel mehr sichtbar sind, werden Schiffchen und Rohr noch etwa 15 Min. stark durchglüht. Das Rösten von Kiesen soll höchstens 60 Min. dauern. Nach Beendigung der Verbrennung stellt man den Luftstrom ab und nimmt Vorlage und Rohr auseinander. Die Absorptionsvorlage wird dreimal unter Zuhilfenahme eines kleinen Gummigebläses gut ausgespült. Auch das Quarzrohr spült man nach dem Erkalten dreimal durch, wobei man es zweckmäßig mittels eines Korkstopfens auf eine Saugflache aufsetzt. Die vereinigten Waschwässer werden in üblicher Weise mit Natronlauge titriert.

Für die verschiedenen Substanzen kommen in Frage:

	als Einwaage	als Titrationsflüssigkeit
Kies	0,25 g	$^n/_2$-NaOH
Gasmasse	0,25···0,3 g	$^n/_2$-NaOH.

1 cm^3 $^n/_2$-Natronlauge entspricht 0,008 g S.

Die Methode gibt bei sachgemäßer Durchführung gut übereinstimmende Werte. Bei Schwefelabscheidungen im Rohr ist die Analyse zu verwerfen. In solchen Fällen ist das Arbeiten im Sauerstoffstrom empfehlenswert.

Betriebsuntersuchungen in der Laugenstation.

Untersuchung der Röst- und Verbrennungsgase von Kies- und Schwefelöfen.

Allgemeines. Die Kontrolle des Verbrennungs- oder Röstvorganges der schwefelhaltigen Rohstoffe erfolgt durch Untersuchung der Zusammensetzung der aus den Öfen abziehenden Gase. Für die Sulfitlaugenbereitung ist allein das Dioxyd wertvoll, das Trioxyd ist wertlos, ja schädlich. Hieraus ergibt sich die Notwendigkeit, die Gase auf beide Bestandteile zu untersuchen.

Während für die Ermittlung des Gehaltes an Dioxyd schon seit längerer Zeit wenigstens eine Methode bekannt ist, die mit guter Genauigkeit und rasch durchführbar ist, galt dies bis vor kurzem für die Bestimmung des SO_3-Gehaltes nicht im gleichen Maße.

E. Schmidt[1] hat vor einigen Jahren die verschiedenen Röstgasuntersuchungsmethoden kritisch geprüft und gefunden, daß die Ungenauigkeit der meisten SO_3-Bestimmungsmethoden teilweise so groß ist, daß die Ergebnisse auch für die Anforderungen der Praxis ohne Wert sind. Der größte Teil der bekannten Methoden beruht auf der Absorption des SO_3 in Alkalilösung. Wie nun Schmidt richtig bemerkt, ist bei ihrer Anwendung nicht darauf Rücksicht genommen, daß durch den stets im Röstgas vorhandenen Sauerstoff eine Oxydation des gleichzeitig im Alkali absorbierten Dioxydes erfolgt. Dieser Umstand muß, wie aus den folgenden Erörterungen hervorgeht, von ganz bedeutsamem Einfluß auf das Ergebnis der Untersuchung sein. Beispielsweise wird bei der von Dieckmann[2] angegebenen Methode das Röstgas durch eine mit Phenolphthalein und Methylorange versetzte Alkalilösung geleitet, und es werden hierbei die Gasmengen festgestellt, welche notwendig sind, um nacheinander die Umschläge beider Indikatoren hervorzurufen. Es schlägt zuerst das Phenolphthalein um, und zwar dann, wenn das vorhandene Alkali durch SO_2 und SO_3 in die Neutralsalze beider Säuren verwandelt worden ist:

$$SO_2 + 2NaOH = Na_2SO_3 + H_2O$$
$$SO_3 + 2NaOH = Na_2SO_4 + H_2O \,.$$

Bei einem weiteren Durchleiten des Gases erfolgt der Methylorangeumschlag dann, wenn das anfangs gebildete neutrale Sulfit in Bisulfit übergeführt worden ist:

$$Na_2SO_3 + SO_2 + H_2O = 2NaHSO_3 \,.$$

---

[1] Schmidt, E.: Papierfabrikant **23**, 229 (1925).
[2] Dieckmann, R.: Papierfabrikant **19**, 285 (1921).

Es läßt sich also auf diese Weise ein Maß einerseits für $SO_2 + SO_3$, anderseits ein solches für SO_2 allein finden. Der im Gas stets noch vorhandene Sauerstoff oxydiert aber je nach den obwaltenden Temperaturbedingungen Teile des anfänglich gebildeten Sulfits zu Sulfat, welches keinen Einfluß mehr auf den Umschlag des Indikators ausübt. Es wird deshalb an schwefliger Säure zu wenig, an Trioxyd zu viel gefunden. Die wechselnden Bedingungen bei der Absorption erklären weiterhin, warum auch die Ergebnisse dieser Bestimmung so großen Schwankungen unterworfen sind.

SCHMIDT hat, zwecks Vermeidung solcher Fehler, eine Methode empfohlen, welche ursprünglich von A. FRANK angegeben worden ist. Sie besteht darin, daß eine bestimmte Gasmenge durch hintereinander geschaltete, mit Jod- und Alkalilösung beschickte Waschflaschen gesaugt wird, worauf dann nach Beendigung des Versuches der Überschuß an beiden Agenzien zurückgemessen wird. Bei dieser Methode ist der Luftsauerstoff ohne Einfluß, und weiter hat sie den großen Vorteil, daß SO_2 und SO_3 in der gleichen Gasprobe ermittelt werden. Dies ist insofern sehr wichtig, als die Zusammensetzung der Röstgase dauernd Schwankungen unterworfen ist, weshalb bei Benutzung verschiedener Proben für die Ermittlung der Einzelbestandteile leicht unrichtige Werte erzielt werden können.

Es soll nicht unerwähnt bleiben, daß auch die FRANK-SCHMIDTsche Methode nicht immer richtige Werte für SO_3 geben dürfte, wenn man nach der mitgeteilten Vorschrift verfährt. Es ist ja bekannt, daß das mit Wasserdampf gemischte Trioxyd einen außerordentlich feinen Nebel bilden kann, welcher einer Absorption in Wasser oder Alkali ganz hartnäckig Widerstand entgegenstellt. Man kann bei dem Untersuchen des Gases daher oft beobachten, daß das aus der letzten Absorptionsflasche austretende Gas noch immer eine Trübung aufweist. Wenn man also zu richtigen Zahlen kommen will, muß man diesem Umstand durch entsprechende Auswahl der Apparatur Rechnung tragen.

Jedenfalls darf man aber mit Recht behaupten, daß die FRANK-SCHMIDTsche Methode sehr zuverlässige Werte für das SO_2 im Gas geben wird. Hiermit soll doch nicht gesagt werden, daß die älteren Methoden für immer ihre Rolle ausgespielt haben. Um die obenerwähnte Fehlerquelle, nämlich den Einfluß des Sauerstoffes, auszuschließen, ist vorgeschlagen worden, reduzierend wirkende Stoffe der Alkalilösung zuzusetzen. BERL[1] empfiehlt als solchen Stoff Zinn(II)chlorid ($SnCl_2$), dessen Eigenschaft als negativer Katalysator schon lange bekannt ist (andere negative Katalysatoren — 5 g Glyzerin, Saccharose oder Äthylalkohol auf 100 cm³ Lösung — führt KURTENACKER[2] an). Es wäre zweifellos lohnend, unter Beachtung dessen, wenigstens die Methode von DIECKMANN einer Nachprüfung zu unterziehen, um so mehr, als auch bei ihr Di- und Trioxyd in der gleichen Probe bestimmt werden. Sie besitzt weiter, da sie sich nur einer einzigen Meßlösung bedient, große Vorteile für den Betrieb und ist rasch ausführbar.

Einen Schritt in dieser Richtung hat bereits SOKKOLA[3] unternommen. Er benutzt als gemeinsame Absorptionslösung für SO_2 und SO_3 eine $^n/_{10}$-Alkali-

[1] BERL, E.: Die Bestimmung von Schwefeldioxyd in Röstgasen. Papierfabrikant **21**, 80 (1923).

[2] KURTENACKER, A.: Analytische Chemie der Sauerstoffsäuren des Schwefels. Stuttgart 1938.

[3] SOKKOLA, L.: Suomen Paperi- ja Puntavaralehti **17**, 1022 (1935).

lösung, die 0,001 m $SnCl_2$ enthält. Dies soll nach der Ermittlung der Gesamtsäure anschließend jene der vorhandenen SO_3 mittels Benzidinhydrochlorid ermöglichen.

Alle diese älteren Methoden begnügten sich mit einer Ermittlung des SO_3-Gehaltes als einer Differenz aus zwei Bestimmungen. Da nun das Trioxyd immer nur einen geringen Bruchteil des gesamten Röstgasvolumens ausmacht, sind besonders bei kleinem Gehalt an SO_3 die Werte begreiflicherweise unsicher. Es hat aus diesem Grunde nicht an Versuchen gefehlt, eine unmittelbare Methode zu seiner Bestimmung zu finden. Diese Vorschläge gründen sich zumeist auf eine Zurückhaltung des im kalten Röstgas immer als Nebel vorhandenen Trioxydes. Es wird mit geeignetem Filtermaterial aufgefangen und anschließend ausgewaschen und mengenmäßig bestimmt. Nach E. RICHTER[1], der zu dem genannten Zweck eine eisgekühlte mit Glaswolle beschickte Filterröhre benutzt, schlug SIEBER[2] Asbest als Filterstoff vor. GILLE[3] verwendet Watte. Hierauf aufbauend haben SCHEPP und SCHIEL[4] eine ausführliche Vorschrift gegeben. Diese Methode ist dann später von SCHEPP und FRÖMMEL[5] nochmals in etwas abgeänderter Form eingehend auf ihre Brauchbarkeit geprüft worden und hat sich hierbei als zuverlässig und der von KRAUS[6] angegebenen als überlegen gezeigt. Sie kann daher als einwandfreie Arbeitsweise zur unmittelbaren Bestimmung des Trioxydes im Röstgas bezeichnet werden. Es ist bemerkenswert, daß sie sich größerer Gasmengen bedient, wodurch zuverlässige Durchschnittswerte erhalten werden. Auf einen von H. LOHFERT[7] gemachten Vorschlag, zum Abfangen der SO_3-Nebel Gasfilter (Glasfritten) von Schott anzuwenden, sei in diesem Zusammenhang verwiesen. Wie bei der Methode von KRAUSS werden auch hier zufolge Oxydation von SO_2 zu SO_3 etwas zu hohe Werte für das vorhandene Trioxyd erzielt.

Abschließend sei erwähnt, daß statt der als Titrierflüssigkeit hier und in den nächsten Abschnitten angeführten Jodlösung weitgehend Clorinalösung Anwendung finden kann. Näheres hierüber findet man in dem Abschnitt Normallösungen im Anhang.

Bestimmung des Schwefeldioxydes im Gas. a) Mit Hilfe der Originalapparatur nach REICH. Die von REICH zuerst angegebene Vorschrift beruht auf folgendem. Die Verbrennungsgase werden durch eine mit einer bestimmten Menge $^n/_{10}$-Jodlösung beschickte Absorptionsflasche hindurchgesaugt, bis Entfärbung der mit Stärke gebläuten Jodlösung erfolgt. Die Abb. 40 zeigt im Prinzip die Anordnung von REICH zur Durchführung der Methode. Die Handhabung des Apparates gestaltet sich wie folgt.

Man gibt in die ungefähr 200 cm³ fassende Flasche A 50 cm³ destilliertes Wasser, einige Kubikzentimeter Natriumbikarbonatlösung, etwas Stärkelösung und so viel Tropfen Jodlösung, daß der Inhalt der Flasche tiefblau gefärbt wird. Die Flasche B, welche etwa 1 l faßt, füllt man vollkommen mit Wasser und ver-

[1] RICHTER, E.: Wbl. Papierfabrikat. **60**, 1521 (1923).
[2] SIEBER, R.: Papierfabrikant **23**, 209 (1925).
[3] GILLE, H.: Z. angew. Chem. **39**, 401 (1926).
[4] SCHEPP, R., u. K. SCHIEL: Papierfabrikant **29**, 761 (1931).
[5] SCHEPP, R., u. H. FRÖMMEL: Papierfabrikant **36**, 178 (1938).
[6] KRAUS, R.: Angew. Chem. **48**, 227 (1935).
[7] LOHFERT, H.: Angew. Chem. **51**, 228 (1938).

bindet den Apparat nach dem Aufsetzen der Gummistopfen e und f mittels des Stopfens c mit der in dem Gasleitungsrohr für die Untersuchung vorgesehenen Öffnung.

Vor der Ausführung der Analyse wird der Apparat zunächst auf Dichtheit geprüft. Dies geschieht durch Schließen des Quetschhahnes m und dann erfolgendes Öffnen des Quetschhahnes i. Wenn der Apparat dicht ist, so läuft nur wenig Wasser aus dem Schlauch h aus. Ist dies nicht der Fall, so muß für dichteren Schluß gesorgt werden.

Es ist weiterhin noch der Schlauch b und das Glasrohr a mit dem zu untersuchenden Gas zu füllen. Man öffnet zu diesem Zweck Hahn m, alsdann Hahn i und läßt nun langsam Wasser aus h fließen, bis durch das in die Flasche A eintretende Gas das Wasser entfärbt wird. Sobald dies der Fall ist, schließt man Hahn i, zieht den kleinen Stöpsel d, läßt durch die Öffnung 10 cm³ $n/_{10}$-Jodlösung aus einer Pipette in die Flasche einlaufen, worauf man den Stöpsel d wiederum aufsetzt. Um die in A befindliche Luft auf den gleichen Verdünnungsgrad zu bringen, welchen sie bei der folgenden Beobachtung hat, öffnet man langsam Hahn i, bis das Gas zum unteren Ende von a herabgesogen ist. Alsdann schließt man i, schüttet das im Meßzylinder C angesammelte Wasser aus und stellt diesen wiederum auf seinen Platz. Nun öffnet man den Hahn i und läßt unter häufigem Umschwenken der Flasche A so viel Gas erst rasch, dann langsamer eintreten, daß der Inhalt von A vollkommen entfärbt wird. In dem Augenblick der Entfärbung schließt man Hahn i und liest das ausgelaufene Wasservolumen ab.

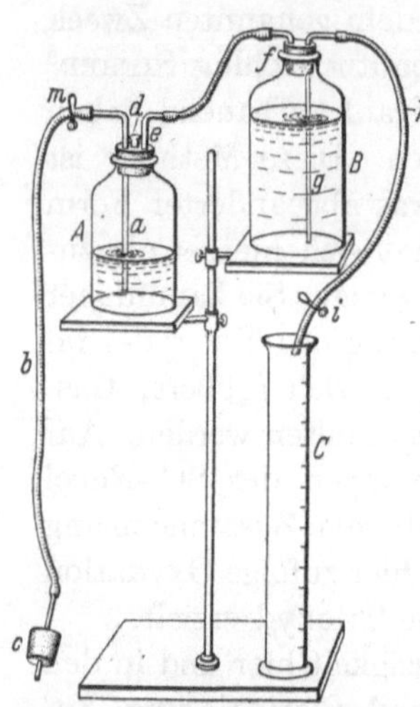

Abb. 40. Apparat nach REICH zur Bestimmung der Zusammensetzung der Röst- und Verbrennungsgase.

Die Berechnung ist folgende: Die Einwirkung von schwefliger Säure auf Jod findet statt nach der Gleichung:

$$J_2 + 2H_2O + SO_2 = H_2SO_4 + 2HJ\,.$$

Die angewandten 10 cm³ $n/_{10}$-Jodlösung entsprechen demnach 0,32 g SO_2 und dies sind, da 1 l schweflige Säure 2,9266 g wiegt, $\dfrac{1000 \cdot 0{,}032}{2{,}9266} = 10{,}95$ cm³ bei 0° und 760 mm Barometerstand. Sind z. B. 125 cm³ Wasser aus B ausgelaufen, so zeigen diese an, daß ebensoviel Kubikzentimeter Gas durchgesaugt und nicht von der Jodlösung gebunden worden sind, insgesamt wurden demnach 125 + 10,95 = 135,95 cm³ Verbrennungsgase abgesaugt. Hierin sind vorhanden:

$$\frac{10{,}95 \cdot 100}{135{,}95} = 8{,}1\,\% \text{ (Volumenanteile) } SO_2\,.$$

Diese Rechnung gilt natürlich nur für Normalbedingungen. Da solche in den Betrieben nicht die Regel sind, müssen wenigstens für die abweichende Temperatur Korrekturen angebracht werden[1]. Um die dann erforderlichen ständig wiederkommenden Rechnungen zu ersparen, ist im Anhang ein Nomogramm (Abb. 166) wiedergegeben, welches beim Bekanntsein der Temperatur rasch er-

---

[1] SIEBER, R.: Zellstoff u. Papier 3, 100 (1923).

möglicht, den wahren Gehalt des Gases an SO_2 zu ermitteln. Der Rechnung ist die Temperatur zugrunde zu legen, welche im Gasraum des Aspirators herrscht, denn es ist die Änderung des Volumens dieses Gasraumes, welche bei der Durchführung der Bestimmung gemessen wird. Wenn man wirklich vergleichbare Zahlen erhalten will, so ist es nicht angebracht, die Temperaturmessung bei der Bestimmung außer acht zu lassen. (Die 10,95 cm³ sind im Nomogramm bereits berücksichtigt.)

b) **Unter Benutzung der Schillingschen Gasabsorptionsflasche.** Eine etwas handlichere Apparatur ergibt sich, wenn man nach dem Vorschlage von KRULL als Absorptionsgefäß eine Gaswaschflasche benutzt, wie sie von SCHILLING angegeben worden ist (s. die Abb. 41).

Die Untersuchung mit dieser Apparatur wird folgendermaßen durchgeführt. In die Waschflasche

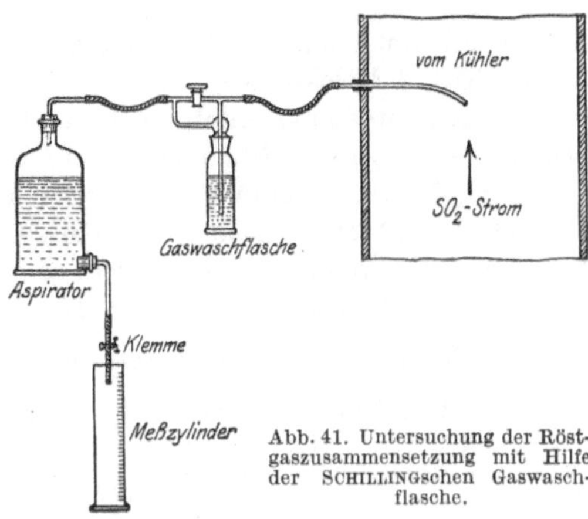

Abb. 41. Untersuchung der Röstgaszusammensetzung mit Hilfe der SCHILLINGschen Gaswaschflasche.

werden etwa 100 cm³ Wasser und 10 cm³ $^n/_{10}$-Jodlösung und etwas Stärkelösung eingefüllt. Die Flasche wird dann zwischen Gasentnahmerohr und Aspirator geschaltet. Bei Stellung des Hahnes auf Durchgang prüft man die Apparatur auf Dichtheit und saugt bei gleicher Hahnstellung und, ohne das ausfließende Wasser zu messen, so lange Gas hindurch, bis die ganze Apparatur damit gefüllt ist. Danach stellt man den Hahn um und läßt, nachdem man den Meßzylinder unter den Ausfluß des Aspirators gestellt hat, die Röstgase durch die Jodlösung hindurchstreichen, bis Entfärbung eingetreten ist. Man kann, indem man durch geeignete Stellung des Quetschhahnes gegen Ende der Reaktion nur noch Gasblasen in langsamer Folge hindurchperlen läßt, den

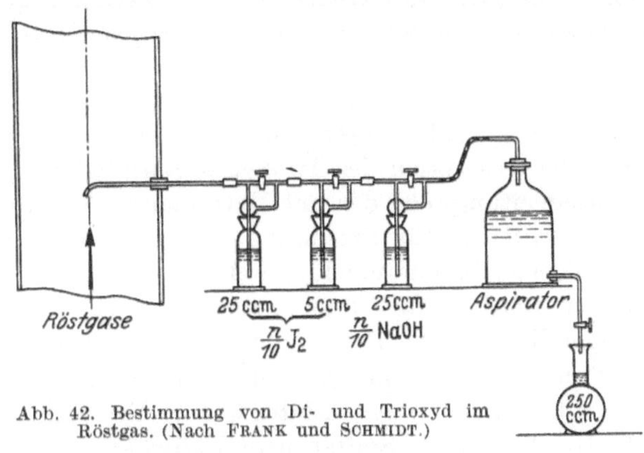

Abb. 42. Bestimmung von Di- und Trioxyd im Röstgas. (Nach FRANK und SCHMIDT.)

Endpunkt wie bei der Titration aus der Bürette genau treffen.

Die Berechnung des SO_2-Gehaltes geschieht wie oben angegeben.

Bestimmung von Schwefel-Dioxyd und Trioxyd im Gas. a) Nach FRANK und SCHMIDT[1]. Die erforderliche Apparatur und deren Anordnung zeigt Abb. 42.

Die Durchführung der Untersuchung geschieht so, daß nach Prüfung der Dichtheit der Apparatur 250 cm³ Gas durch die 3 Flaschen gesaugt werden.

---

[1] SCHMIDT, E.: Papierfabrikant **23**, 229 (1925).

Darauf wird der Inhalt der 3 Waschflaschen in ein Becherglas gespült und der Jodüberschuß mit $n/_{10}$-Natriumthiosulfat und die Säure mit $n/_{10}$-Natronlauge gemessen. Die Reaktionen, welche sich hier abspielen, sind folgende:

$$SO_2 + J_2 + H_2O = SO_3 + 2HJ . \tag{1}$$

$$SO_3 + 2HJ + 4NaOH = Na_2SO_4 + 2NaJ + 3H_2O . \tag{2}$$

Man erkennt, daß gemäß Gleichung (1) aus 1 Molekül SO_2 ($= 2$ Äquivalente SO_2), 1 Molekül SO_3 und 2 Moleküle Jodwasserstoff, also die doppelte Anzahl von Säureäquivalenten entsteht. Dazu tritt noch die im Röstgas schon vorhandene Menge von SO_3 hinzu. Werden also z. B. 20 cm³ $n/_{10}$-Jodlösung und 41 cm³ $n/_{10}$-NaOH verbraucht, so zeigen die 20 cm³ $n/_{10}$-Jodlösung die Menge SO_2 und $41 - (2 \cdot 20) = 1$ cm³ $n/_{10}$-NaOH die Menge SO_3 an; seien dabei 250 cm³ Wasser aus dem Aspirator abgelaufen, so errechnet sich die Röstgaszusammensetzung (ohne Berücksichtigung von Temperatur und Barometerstand) zu:

$$20 \cdot 1,095 = 21,9 \text{ cm}^3 \text{ } SO_2 \text{ entsprechend } 8,03 \text{ Vol.-}\% \text{ } SO_2,$$

$$1 \cdot 1,095 = 1,1 \text{ cm}^3 \text{ } SO_3 \text{ entsprechend } 0,40 \text{ Vol.-}\% \text{ } SO_3,$$

$$\frac{0,40}{8,03 + 0,40} = 5,5 \text{ rel. } \% \text{ } SO_3.$$

Zur Rechnung sei bemerkt, daß 10 cm³ $n/_{10}$-Meßlösung (hier Alkali) auch 10,95 cm³ SO_3 unter Normalbedingungen zu neutralisieren vermögen. Es sei noch erwähnt, daß es hier ganz nebensächlich ist, mit welchem Indikator die azidimetrische Titration durchgeführt wird, denn es handelt sich um die Titration starker Säuren, nämlich von Schwefelsäure und Jodwasserstoff. Für die Betriebskontrolle ist es praktisch, wegen der immerhin großen Verdünnung und der oft, besonders im Winter, herrschenden schlechten Lichtverhältnisse Phenolphthalein als Indikator zu verwenden. Dann ist es jedoch unbedingt notwendig, nur mit kohlensäurefreiem Wasser zu arbeiten, das man sich leicht herstellen kann, indem man durch eine 10-l-Flasche mit destilliertem Wasser während mehrerer Stunden einen kohlensäurefreien Luftstrom durchsaugt.

Um die Absorption des Trioxydes vollständig zu machen, empfiehlt es sich, das Gaseinleitungsrohr der mit Natronlauge gefüllten Flasche mit einer ganzen Anzahl von feinen Eintrittsöffnungen zu versehen. Dadurch wird der Gasstrom in viele kleine Blasen aufgelöst, welche leichter und vollständiger von der Lauge absorbiert werden. Auch kann es vorteilhaft sein, noch eine zweite mit $n/_{10}$-Natronlauge gefüllte Flasche mit in die Apparatur einzuschalten, um die Absorption restlos zu gestalten. Zur Erreichung dieses Zieles dürfte auch die Anwendung von mit Glasfritten ausgerüsteter Jenaer Waschflaschen empfehlenswert sein.

b) Nach SCHEPP, SCHIEL und FRÖMMEL[1]. Apparatur. Ein Glasrohr wird mit der Öffnung in der Stromrichtung der Gase in die Röstgasleitung gelegt. Mittels Gummistopfen wird ein konisches Rohr, das das Asbestfilter enthält, in möglichst geringem Abstand an das Glasrohr angeschlossen. Der weite Teil des Rohres ist etwa 60 mm lang bei einem Durchmesser von etwa 20 mm. Es folgt eine Gaswaschflasche von 250 cm³ Inhalt, ferner eine Aspiratorflasche von etwa 5 l Inhalt mit Bodenablauf nebst Meßzylinder (Abb. 43).

---

[1] SCHEPP, R., u. H. FRÖMMEL: Papierfabrikant **36**, 178 (1938).

Ausführung. In das konische Glasrohr werden etwa 1 g Asbest oder $2 \cdots 3$ g Watte gestopft. Das Filtermaterial darf keine Natronlauge verbrauchen. Der Asbest muß durch Auskochen mit Salzsäure wie üblich gereinigt werden. Die Waschflasche wird mit 100 cm³ $^n/_{10}$-Jodlösung gefüllt, ohne daß zunächst Stärkelösung hinzugefügt wird.

Man läßt nun aus der Aspiratorflasche so lange Wasser ausfließen, bis die Jodlösung in der Waschflasche fast entfärbt ist. Die Ausflußgeschwindigkeit beträgt etwa 1 l in 6 Minuten. Nach Ablesen der ausgeflossenen Wassermenge wird das Glasrohr aus der Röstgasleitung entfernt und die in den Leitungen noch befindlichen Gase durch die Apparatur gesaugt; dann wird das Filtermaterial herausgenommen und in ein 400 cm³ fassendes Becherglas gebracht. Das in das Röstgas eingesetzte Glasrohr, sowie das konische Glasrohr werden mit Wasser ausgewaschen und das Filtermaterial mit dem Waschwasser aufgeschwemmt.

SO₃-Bestimmung. Zur Bestimmung der SO_3 wird zunächst die in der Aufschwemmung befindliche SO_2 mit $^n/_{10}$-Jodlösung und Stärke titriert. Die entstehende Blaufärbung wird mit einem Tropfen $^n/_{50}$-Natriumthiosulfatlösung entfernt. Dann wird mit $^n/_{50}$-Natronlauge und Methylrot die gesamte Säure titriert. Es ist erforderlich, langsam zu titrieren und zu warten, bis im Innern des Faserfilzes alle Säure neutralisiert ist. Es empfiehlt sich, den Ver-

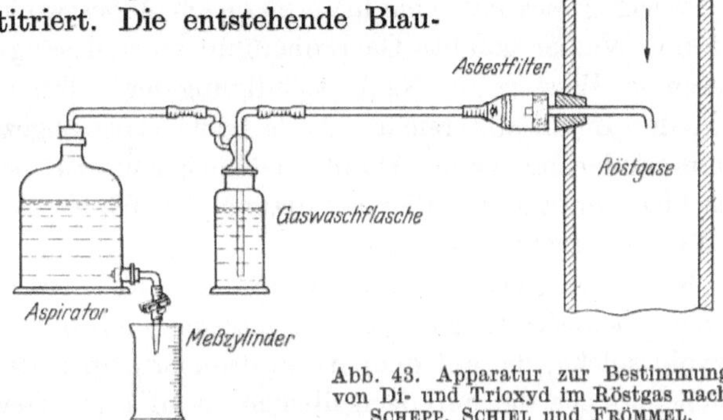

Abb. 43. Apparatur zur Bestimmung von Di- und Trioxyd im Röstgas nach SCHEPP, SCHIEL und FRÖMMEL.

brauch des destillierten Wassers an $^n/_{50}$-Natronlauge oder $^n/_{50}$-Salzsäure bei Verwendung von Methylrot durch eine Blindprobe zu bestimmen.

SO₂-Bestimmung. Die in der Waschflasche befindliche $^n/_{10}$-Jodlösung wird mit Stärke versetzt und mit $^n/_{10}$-Natriumthiosulfatlösung titriert. Auf diese Weise wird die tatsächlich verbrauchte Jodmenge festgestellt, zu der dann noch die Menge hinzukommt, die von dem Filter verbraucht wird.

Beispiel. Ausgelaufene Wassermenge in cm³ . . . . 1115 $= V$

Abgelesene Temperatur C° . . . . 23 $= t$

Verbrauchte cm³ $^n/_{10}$-Jodlösung . . . . . 98 $= a$

$$\% \, SO_2 = \frac{109{,}5 \cdot a}{V_0 + \dfrac{109{,}5 \cdot a}{100}} \qquad V_0 = \frac{V}{1 + \dfrac{1}{273} \cdot t}$$

$$V_0 = 1028{,}4$$
$$\% \, SO_2 = 9{,}45$$

(109,5 cm³ = Volumen der 100 cm³ $^n/_{10}$-Jodlösung äquivalenten Menge SO_2 bei 0° und 760 mm Druck).

Verbrauchte cm³ $^n/_{10}$-Jodlösung . . . . . 0,7 $= b$

Verbrauchte cm³ $^n/_{50}$-NaOH . . . . 15,3 $= c$

Blindprobe: cm³ $^n/_{50}$-NaOH . . . . 0,7 $= d$

$$\frac{c-d-b\cdot 10}{5} = cm^3\ ^n/_{10}\text{-NaOH }(SO_3)\ .\ .\ .\qquad = f$$

$$\frac{cm^3\ ^n/_{10}\text{-NaOH}\cdot 100}{cm^3\ ^n/_{10}\text{-Jodlsg.} + cm^3\ ^n/_{10}\text{-NaOH}} = {}^0/_0\ SO_3$$

$$\frac{f\cdot 100}{a+f} = {}^0/_0\ SO_3$$

$$\text{rel. }{}^0/_0\ SO_3 = 1{,}52\,.$$

Untersuchung der Gase unter Benutzung von Gasproberöhren und anderen Einrichtungen. Für manche Zwecke kann es vorteilhafter sein, bei der Untersuchung so zu verfahren, daß man eine größere Gasprobe aus der Leitung abzieht und erst dann diese Probe analysiert. Dies kommt vor allem dort in Frage, wo die Aufstellung der früher beschriebenen Apparaturen oder deren Anwendung selbst Schwierigkeiten bietet, also beispielsweise, wenn es sich darum handelt, die Gase unmittelbar nach ihrem Austritt aus dem Röstofen zu untersuchen. In einem solchen Fall schließt man mittels einer möglichst kurzen Rohrleitung, in der sich zweckmäßig ein nicht zu dicker Asbestwollepfropfen als Filter befindet, die mit Wasser gefüllte Gasproberöhre an und saugt das Gas durch Auslaufenlassen des Wassers an. Nach Beendigung der Füllung wird die Röhre verschlossen und der Inhalt untersucht. Falls heiße Gase abgezogen werden, ist auf deren Volumänderung beim Abkühlen Rücksicht zu nehmen. Die Untersuchung geschieht entweder unter Benutzung der früher beschriebenen Methoden oder nach den Regeln der Gasanalyse.

Kontinuierlich arbeitende Gasuntersuchungsapparate. Solche haben ebenfalls Eingang in den Laugenbereitungsanlagen gefunden, und zwar sowohl solche, die auf dem Absorptionsprinzip (Ados, Mono) beruhen, als auch solche, welche die unterschiedlichen spezifischen Gewichte (Apparat der Union-Apparate Baugesellschaft[1]) oder die verschiedene spezifische Wärmeleitfähigkeit oder noch andere unterschiedliche Eigenschaften von schwefliger Säure einerseits und Luft oder Sauerstoff und Stickstoff andererseits als Grundlage der Bestimmung ausnutzen.

Soweit diese Instrumente aus säurefesten Baustoffen hergestellt sind, geben sie bei guter Wartung befriedigend genaue Ergebnisse, was die alleinige Ermittlung der schwefligen Säure anbelangt. Die Aufgabe der gleichzeitigen und vor allem zuverlässigen Bestimmung von Di- und Trioxyd in den Gasproben ist aber mit solchen Apparaten bislang noch nicht restlos gelöst.

Prüfung der Gase auf Sublimat und Röststaub. Zur Prüfung von Schwefelverbrennungsgas auf Sublimat-Schwefel bedient man sich eines großen weiten und dickwandigen Reagenzglases, welches mittels eines durchbohrten Korkes in eine Öffnung der Gasleitung so eingesetzt wird, daß es möglichst bis über deren Mitte hineinragt und leicht herausgenommen werden kann. Das Reagenzglas ist mit einem doppelt durchbohrten Korken verschlossen, durch dessen Öffnungen Zu- und Ableitung für ständig fließendes Wasser in das Innere des Reagenzrohres führen. An der äußeren gekühlten Oberfläche schlagen sich etwa mitgeführte Schwefeldämpfe des Gases nieder. Auf diese Weise können bei der Beobachtung der Oberfläche des Glases sehr rasch Fehler in der Führung der Verbrennung erkannt werden.

---

[1] DOMMER: Papierfabrikant **24**, 417 (1926).

Zur quantitativen Bestimmung des Sublimatschwefels saugt man durch ein mit Asbest beschicktes Glasrohr eine größere Gasmenge ab. Nach beendeter Absaugung werden Glasrohr und Asbest durch Auswaschen mit Wasser von etwa mitaufgefangenem SO_3 befreit, worauf der Schwefel mittels Schwefelkohlenstoff gelöst wird und aus dieser Lösung dann in bekannter Weise durch Abdestillieren des Schwefelkohlenstoffes gewonnen und anschließend gewogen werden kann. Ist er stark verunreinigt, so kann er neuerlich durch rauchende Salpetersäure als Schwefelsäure in Lösung gebracht und gravimetrisch als Bariumsulfat bestimmt werden. Bei dem Absaugen des zu prüfenden Gases ist dafür Sorge zu tragen, daß es möglichst heiß bis zum Absorptionsrohr gelangt und erst in diesem durch äußere Kühlung unterstützt das Sublimat abscheidet.

Zur Prüfung des Gehaltes an Staub in den Röstofengasen führt man im allgemeinen nur qualitative Proben aus. Man steckt in die Gasleitung vor dem Eintritt in die Türme einen Porzellan- oder Milchglasstab, und zwar in der gleichen Weise, wie vorstehend bei dem Sublimatprüfer beschrieben. Nach dem sich darauf innerhalb einer gewissen Zeit absetzenden Staube läßt sich annähernd die Wirkung der Wäscher oder der elektrischen Gasreinigungsanlage beurteilen.

In manchen Fabriken wird die Reinheit des Gases auch so beurteilt, daß man durch eine längere Strecke des Gasstromes mit Hilfe von in den Rohren angebrachten und leicht zu reinigenden Fenstern blickt. Meist wird hierbei die Gassäule mittels einer vor einem der Fenster außen angebrachten Lampe beleuchtet. Auf diese Weise kann man auch sehr gut die durch Trioxyd bedingten Nebel beobachten und gegebenenfalls Vergleiche anstellen.

Quantitative Bestimmungen werden so ausgeführt, daß man größere Gasproben — 20$\cdots$50 l — mit Hilfe eines Aspirators absaugt und hierbei in den Gasstrom nur mit Watte beschickte und gewogene Kalziumchloridröhrchen einschaltet. Die Zunahme des Gewichtes der Röhrchen gibt Aufschluß über den Staubgehalt. Liegt Grund zu der Annahme vor, daß auf diese Weise auch Trioxyd aufgefangen wird, so ist es zweckmäßiger, das Filtermaterial nach beendetem Versuch im Platintiegel zu verbrennen und aus dessen Gewichtszunahme die Staubmenge — meist Eisenoxyd — zu ermitteln.

Böhnisch[1] empfiehlt das Auffangröhrchen mit zwei etwas getrennt voneinander liegenden Wattepfropfen auszustatten, wobei der zweite lediglich als Indikator dienen soll. Es darf dann nur so viel Gas durchgeleitet werden, daß der zweite Pfropfen keine Veränderung seiner Farbe aufweist. Statt einer unmittelbaren Bestimmung der Gewichtszunahme des Auffangrohres empfiehlt Böhnisch den ersten Wattepfropfen in einem Tiegel zu veraschen und den erhaltenen Rückstand nach Abzug der in einer gesonderten Watteprobe ermittelten Asche, als mg Flugstaub in der abgesaugten Gasmenge zur Wägung zu bringen.

Bestimmung von Arsen. Zur Auffangung von Arsen verfährt man in ähnlicher Weise wie vorstehend beim Staub beschrieben[1]. Man benutzt hier ein Glasrohr, das einen mit starker Natronlauge getränkten Wattepfropfen enthält. Nach dem Durchsaugen des Gases wird der Wattepfropfen mit rauchender Schwefel- und Salpetersäure erhitzt und vorsichtig zum Lösen gebracht. Die so erhaltene Lösung wird auf dem Wasserbad mit schwefliger Säure versetzt, um die gebildete

---

[1] Böhnisch, A.: Zellstoff u. Papier **12**, 114 (1932).

Arsensäure zu arseniger Säure zu reduzieren. Man dampft weitgehend ein und treibt hierbei sämtliche überschüssige schweflige Säure wieder ab. Aus der erhaltenen Lösung wird das Arsen in Form von Arsenwasserstoff ausgetrieben, durch Reaktion auf Quecksilberchloridpapier nachgewiesen und kolorimetrisch bestimmt. Hierbei bedient man sich zweckmäßigerweise der Methode von HEFTI[1].

Auswertung der Gasanalyse. a) Bei Verbrennung von Schwefel. Wenn reiner Schwefel gerade vollständig ohne Luftüberschuß zu Dioxyd verbrennt, entsteht ein Gas mit 21% SO_2. Bei einer gleichartigen Verbrennung zu ausschließlich SO_3 müßte sich ein Gas mit 14,9% SO_3 ergeben. In der Praxis findet die Verbrennung immer mit einem Luftüberschuß statt, und das entstehende Gas enthält neben Dioxyd und Luft stets etwas SO_3. Auf Grund der obwaltenden Gas- und Verbrennungsgesetze kann man ableiten[2], daß das Mengenverhältnis der Einzelbestandteile durch folgende Gleichung geregelt wird:

$$oder \qquad SO_2 + \frac{21}{14,9}\,\overline{SO}_3 + O_2 = 21$$

$$SO_2 + 1,4\,SO_3 + O_2 = 21\,.$$

Hierin sind SO_2, SO_3 und O_2 die Volumengehalte an diesen Stoffen in 100 cm³ Gas. Die Kenntnis der Zusammensetzung des Gases ermöglicht die Berechnung des Luftüberschusses λ_s, d. h. des Verhältnisses von wirklich angewandter Verbrennungsluftmenge L_p zur hieran theoretisch erforderlichen L_{th}. Es ist mit großer Annäherung

$$\lambda_s \sim \frac{21}{SO_2 + 1,4\,SO_3}\,.$$

b) Bei Kiesbetrieb. Hier bestimmt die folgende Gleichung das gegenseitige Mengenverhältnis der Einzelbestandteile[2]:

$$SO_2 + 1,31\,SO_3 + 0,77\,O_2 = 16,1\,.$$

Der Luftüberschuß λ_k ist bei Kiesbetrieb zu ermitteln aus:

$$\lambda_k = \frac{N_2}{N_2 - 3,8\,O_2}\,.$$

N_2 ist der Gehalt an Stickstoff in 100 cm³ Gas. Es ist:

$$N_2 = 100 - (O_2 + SO_2 + SO_3)\,,$$

$$O_2 = 21 - (1,3\,SO_2 + 1,7\,SO_3)\,.$$

Kontrolle des Wäscherbetriebes.

Allgemeines. Zwecks Vermeidung eines zu großen Verlustes an wertvollem Dioxyd ist es notwendig, die aus dem Gaswäscher austretenden Waschwässer auf ihren Gehalt an diesem Stoff zu prüfen. Hierbei kann man sich durch Ermittlung des Gehaltes an Schwefelsäure gleichzeitig von dem Wirkungsgrad des Wäschers überzeugen. Da die Waschwässer immer erhöhte Temperatur besitzen (50···75°), müssen die entnommenen Proben zur Vermeidung von Verlusten bis zur Abkühlung in verschlossenen Flaschen verwahrt werden.

---

[1] Man vgl. TREADWELL: Analytische Chemie, 10. Aufl., Bd. 2, S. 170 (1927).
[2] SIEBER, R.: Zellstoff u. Papier **3**, 97 (1923).

Bestimmung des Gehaltes an schwefliger Säure und Schwefelsäure in den Waschwässern. Von dem abgekühlten Wasser werden 5 cm³ in einen Titrierbecher gegeben, welcher 150 cm³ Wasser enthält. Mit $n/_{10}$-Jodlösung wird dann nach Zusatz von Stärke auf Blaufärbung titriert. Nach Entfärbung mit einem Tropfen verdünnter Natriumthiosulfatlösung und Zusatz von Methylorange oder Methylrot wird die gleiche Probe mit $n/_{10}$-Lauge bis zum Neutralpunkt weiter titriert. Wenn für 5 cm³ Waschwasser a cm³ $n/_{10}$-Jod- und b cm³ $n/_{10}$-Alkalilösung verbraucht werden, so ist der Gehalt im l an:

$$SO_2 = \frac{0{,}0032 \cdot a \cdot 1000}{5} = 0{,}64\, a \text{ g}$$

$$SO_3 = \frac{0{,}0040 \cdot (b - 2\,a) \cdot 1000}{5} = 0{,}80\,(b - 2\,a) \text{ g.}$$

Untersuchung der Turmabgase.

Allgemeines. Mit Rücksicht auf die Umgebung und zwecks Prüfung der Turmarbeit ist die laufende Untersuchung der Turmabgase erforderlich. Die austretenden Gase sollen normalerweise nicht über $0{,}002 \cdots 0{,}003$ Vol.-% Dioxyd enthalten, eine Forderung, welcher meist ohne Schwierigkeiten Genüge geleistet werden kann. Außer SO_2 enthalten diese Gase in den meisten Fällen merkbare Mengen von mit Wasserdampf gemischtem Trioxyd in Form eines feinen Nebels. Dessen genaue Bestimmung ist aus den gleichen Gründen, wie sie bei der Untersuchung der Röstgase erwähnt wurden, schwieriger.

Bestimmung des Dioxydgehaltes. Sie kann nach einer der obenerwähnten Methoden zur Untersuchung der Röstgase durchgeführt werden. Statt $n/_{10}$- wird hier jedoch $n/_{100}$-Jodlösung verwandt. 1 cm³ dieser letztgenannten Lösung entspricht 0,1095 cm³ SO_2 unter Normalbedingungen.

Bestimmung der Gesamtsäure. Sie erfolgt so, daß eine größere Gasmenge durch eine mit Alkalilösung beschickte Gaswaschflasche gesaugt wird. In Anbetracht des Umstandes, daß die Gase viel Kohlensäure enthalten, wird eine titrimetrische Bestimmung, würde sie nun mit $n/_{10}$- oder $n/_{100}$-Alkalilösung ausgeführt, wenig zuverlässige Werte ergeben. Es ist daher genauer, die Bestimmung gravimetrisch zu Ende zu führen. Zu diesem Zwecke oxydiert man in der Alkalilösung nach beendetem Durchsaugen auch die schweflige Säure zu Schwefelsäure und fällt deren Gesamtmenge in bekannter Weise mit Bariumchlorid. 1 g $BaSO_4$ entspricht 95,6 cm³ SO_3 unter Normalbedingungen. Von der Gesamtmenge der so ermittelten Säure ist der darauf entfallende Anteil der schwefligen Säure abzuziehen, um das ursprünglich vorhandene Trioxyd zu erhalten.

Nachweis kleinster Mengen von schwefliger Säure nach FRANK. 2 g Stärke werden mit Wasser angerieben, in 100 cm³ kochendes Wasser eingerührt und nach dem Aufkochen wird eine Lösung von 0,5 g Kaliumjodat in wenig Wasser hinzugefügt. In die wieder erkaltete Flüssigkeit taucht man Filtrierpapier und trocknet es dann; gasförmige schweflige Säure ruft auf ihm nach dem Anfeuchten blaue Färbung hervor. Bei Prüfung von Flüssigkeiten muß man das Reagenzpapier zuvor mit verdünnter Salzsäure befeuchten. Es muß gut verschlossen und gegen Lichteinwirkung geschützt aufbewahrt werden.

Untersuchung der Abbrände.

Allgemeines. Von den verschiedenen Untersuchungsvorschriften ist jene von Lunge und Stierlin nicht für alle Kiesabbrände verwendbar. Soweit eigene Beobachtungen maßgebend sind, hängt die Genauigkeit von der Zusammensetzung der Kiese ab. Je mehr Kupfer, Zink und Blei vorhanden ist, desto unsicherer scheinen die Ergebnisse zu werden. Bei der Schmelzaufschließung nach List können die Ergebnisse ebenfalls etwas fehlerhaft werden, und zwar durch Löslichwerden von Kieselsäure. Diesen Fehler wird man doch bei Betriebsuntersuchungen zumeist übersehen können. Genaue Ergebnisse zeitigt die nasse Aufschließung mit Säure, die daher immer dann angewandt wird, wenn wirklich richtige Zahlen erforderlich sind, beispielsweise bei Abgabe der Abbrände an Hüttenwerke.

Probenahme. In jeder Schicht wird eine Probe von etwa 300 g Abbrand, wie er dem Ofen entfällt, genommen. Die in einem verschließbaren Blechbehälter gesammelten Proben werden alle 3 oder 6 Tage zur Untersuchung zum Laboratorium gegeben. Die gesamte Probe wird durch Zerschlagen mit einem Stahlhammer auf einer Stahlplatte grob zerkleinert. Nach gutem Durchmischen wird ein Muster von etwa $^1/_4 \cdots ^1/_5$ der Größe des ursprünglichen abgeteilt und dieses weitgehender zerkleinert. In gleicher Weise verfährt man noch ein- bis zweimal, um endlich im Achatmörser $10 \cdots 20$ g der letzterhaltenen Probe möglichst fein zu zerreiben. Die derart fertig vorbereitete Probe verwahrt man in einem geschlossenen Wägeglas auf.

Schwefelbestimmung in Kiesabbränden. a) Nach Lunge und Stierlin[1]. Man wiegt genau 2 g Natriumbikarbonat, dessen alkalimetrischen Wirkungswert man vorher bestimmt hat, in einem Nickeltiegel von etwa 25 cm³ Inhalt ab. Zu diesem Natriumbikarbonat setzt man genau 3,20 g des feinst pulverisierten Abbrandes und 2 g fein zerriebenes Kaliumchlorat. Mittels eines abgeplatteten Glasstabes mengt man alles gut durch und erhitzt nun die Masse 30 Minuten lang über einer $3 \cdots 4$ cm hohen Flamme, deren Spitze noch etwa $2 \cdots 3$ cm vom Tiegelboden entfernt bleibt. Weitere $20^1/_8$ Minuten erhitzt man mit größerer, gerade den Tiegelboden berührender Flamme, um endlich 10 Minuten lang mit so starker Flamme zu erhitzen, daß der Tiegelboden in schwache Rotglut gerät. Hierbei darf jedoch der Tiegelinhalt nicht zum Schmelzen kommen, sondern nur sintern. Während des Erhitzens darf die Masse nicht umgerührt werden, der Tiegel ist vielmehr verschlossen zu halten. Nach Beendigung des Erhitzens wird der Tiegelinhalt in eine Porzellanschale gegeben und der Tiegel mit Wasser nachgewaschen. Nach Zusatz von 25 cm³ konzentrierter, völlig neutraler und von Magnesiumchlorid freier Kochsalzlösung erhitzt man den Inhalt der Porzellanschale zum Sieden, filtriert vom Unlöslichen ab und wäscht alsdann bis zum Verschwinden der alkalischen Reaktion mit neutralem kochsalzhaltigem Wasser aus. Nach dem Abkühlen titriert man die Lösung unter Zusatz von Methylorange mit $^n/_1$-Salzsäure, von welcher 1 cm³ 0,053 g Na_2CO_3 und 0,0160 g S anzeigt. Verbrauchen 2 g Bikarbonat A cm³ und benötigt die Lösung zum Zurücktitrieren B cm³ der $^n/_1$-Salzsäure, so berechnet sich der Gehalt des Abbrandes an Schwefel zu:

$$S = \frac{0,016 \cdot (A - B)}{3,2} \cdot 100 = \frac{A - B}{2} \, \%.$$

---

[1] Lunge u. Stierlin: Z. angew. Chem. **19**, 21 (1906).

b) **Nach List.** Die Bestimmung besteht darin, daß der im Abbrand vorhandene Schwefel durch Schmelzen mit Natriumsuperoxyd in lösliches Sulfat übergeführt wird. Dieses kann anschließend nach Entfernung des vorhandenen Eisens seiner Menge nach gewichts- oder maßanalytisch ermittelt werden.

1. Gewichtsanalytisch, abgeändert von Sieber[1]. Zu 0,5 g in einem Eisentiegel abgewogenem, feinpulverisiertem Abbrand gibt man 5 g trockenes Natriumsuperoxyd, mischt gut durch, bedeckt mit einem Deckel und erwärmt zunächst vorsichtig über einer Flamme. Nach einigen Minuten erhitzt man allmählich stärker, bis die gesamte Reaktionsmasse zum Schmelzen kommt. Man schüttelt den Tiegel vorsichtig einige Augenblicke und läßt ihn dann erkalten. Dann stellt man ihn mit dem Boden nach oben in eine mit etwa 100 cm³ Wasser gefüllte Porzellanschale, welche man zur Vermeidung des Herausspritzens mit einem großen Uhrglas überdeckt. Mit einem Glasstab neigt man den Tiegel vorsichtig, so daß das Wasser langsam eindringen kann. Die Lösung der Schmelze erfolgt zuerst sehr heftig; sobald sie ruhiger vor sich geht, legt man den Tiegel ganz um, spritzt das Uhrglas ab und bringt·durch Erwärmen die Schmelze bis auf das gebildete Eisenhydroxyd vollkommen in Lösung. Der Tiegel wird mehrere Male gut mit heißem Wasser ausgespült und die Lösung der Schmelze durch vorsichtige Zugabe von konzentrierter Salzsäure (spezifisches Gewicht 1,19) schwach angesäuert. Hierbei geht alles Eisen in Lösung. Man filtriert und läßt das Filtrat sowie die Waschwässer in einen 350···400 cm³ fassenden Becher laufen. Zur Reduktion des Eisens setzt man 20 cm³ einer Lösung zu, welche 20 g Hydroxylaminchlorhydrat und 100 g Ammonchlorid im Liter enthält und erwärmt zum Sieden. Nachdem die Lösung farblos geworden ist, erfolgt die Fällung des Schwefels als Sulfat mit Bariumchlorid. Werden 0,5 g Abbrand zur Bestimmung verwandt und a g Bariumsulfat gefunden, so ist der Schwefelgehalt im Abbrand:

$$S = 27{,}5 \cdot a \ \% \,.$$

2. Maßanalytisch nach Doering. Die von Doering[2] empfohlene Abänderung der ursprünglichen Methode besteht darin, das gebildete Sulfat maßanalytisch durch Anwendung der von Andrews[3] gegebenen Vorschrift zu ermitteln. Hierbei wird das Sulfat nach Entfernung des Eisens mit Bariumchromat gemäß folgender Gleichung umgesetzt:

$$Na_2SO_4 + BaCrO_4 = BaSO_4 + Na_2CrO_4 .$$

Neutralisiert man das sauer gehaltene Reaktionsgemisch, so scheidet sich das überschüssig angewendete Bariumchromat ab. Nach dem Abfiltrieren kann im Filtrat das dem ursprünglichen Sulfat in seiner Menge äquivalente Chromat titrimetrisch gefunden werden. Diese Titration kann entweder auf jodometrischem Weg als auch ohne Anwendung von Jod erfolgen. Der störende Einfluß anderer Schwermetalle — Zink und Kupfer — wird dadurch ausgeschaltet, daß diese durch überschüssiges Ammoniak bei der Ausfällung des Bariumchromats aus dem Reaktionsgemisch in Lösung gehalten werden.

Der für die Durchführung der Bestimmung benötigte Bariumchromatbrei wird wie folgt hergestellt. 38,84 g Kaliumchromat (K_2CrO_4) und 48,86 g Barium-

---

[1] Sieber, R.: Papierfabrikant **23**, 209 (1925).
[2] Doering, H.: Papierfabrikant **39**, 249 (1941).
[3] Andrews, L. W.: J. Amer. chem. Soc. **11**, 567 (1889).

chlorid ($BaCl_2 \cdot 2H_2O$) werden jedes für sich in 500 cm³ destilliertem Wasser gelöst. Die erhaltenen Lösungen werden möglichst schnell und gleichmäßig quantitativ miteinander vermischt. Die angegebenen Salzmengen sind genau abzuwägen; bei der Vermischung dürfen Reste der einen oder anderen Flüssigkeit nicht verbleiben und die Gefäße sind daher durch mehrfaches Hin- und Hergießen der Mischung gut auszuspülen. Nach der Vermischung läßt man den gebildeten blaßgelben Niederschlag sich gut absetzen. Die über ihm stehende Flüssigkeit, die bei richtiger Ausführung farblos ist und nur Spuren von Barium und Chrom enthält, wird möglichst vollständig abgesaugt und der Brei in eine Flasche umgefüllt. Hierbei werden so viel Kubikzentimeter frisch destilliertes kohlensäurefreies Wasser zugegeben, daß das Gemisch etwa 500 cm³ einnimmt. Sollte jetzt beim Absetzen des Niederschlages die darüberstehende Flüssigkeit nicht farblos sein, saugt man sie erneut ab und gibt wieder kohlensäurefreies destilliertes Wasser hinzu.

Zur Bestimmung des Leerwertes des Bariumchromatbreies kocht man in einem 600 cm³ fassenden Becherglas etwa 500 cm³ destilliertes Wasser mit 2 cm³ konzentrierter Salzsäure auf und gibt dann aus einem kleinen Meßzylinder 5 cm³ des Breies hinzu. Man läßt weitere 5 Minuten lang gelinde sieden und fällt alsdann aus dieser kochend heißen Lösung das Bariumchromat mit heißem verdünnten Ammoniak aus. Wenn die Lösung rein gelb geworden ist, gibt man noch einen Überschuß von Ammoniak hinzu und kocht noch einmal kurz auf. Man unterbricht das Erhitzen und läßt den Niederschlag sich absetzen, worauf man unter Benutzung einer Jenaer Glasfritte 11 G 4 in eine Saugflasche filtriert. Das Becherglas spült man zweimal mit destilliertem Wasser nach.

Die jodometrische Titration der aufgefangenen Chromatlösung erfolgt in bekannter Weise so, daß man 2 g Kaliumjodid und darauf konzentrierte Salzsäure zufügt und das ausgeschiedene Jod anschließend mit $^n/_{10}$-Natriumthiosulfatlösung zurücktitriert. Die Anzahl der hierfür erforderlichen Kubikzentimeter stellt den gesuchten Leerwert dar.

Unter Ausschluß von Jod läßt sich das Chromat auch indirekt durch Reduktion mit arseniger Säure und Rücktitration des hierbei angewendeten überschüssigen Reduktionsmittels ermitteln. Man verfährt dann wie nachstehend beschrieben.

Zur Lösung gibt man 100 cm³ konzentrierte Salzsäure, saugt die dabei entstehenden Salmiaknebel ab und setzt so viel Kubikzentimeter $^n/_{10}$-arsenige Säure hinzu, daß die gelbe Farbe des Chromats verschwindet. Die von der Chromsäure nicht verbrauchte arsenige Säure wird mit $^n/_{10}$-Kaliumbromat nach Zusatz von einigen Tropfen Methylorange oder Methylrot als Indikator auf Brom (Umschlag von Rot nach Farblos) zurückgemessen. Es ist darauf zu achten, daß gegen Ende der Titration das Bromat langsam tropfenweise unter gutem Schütteln der Saugflasche zugesetzt wird, da sonst leicht übertitriert wird. Falls gegen Ende der Titration der Indikator zu verblassen beginnt, gibt man erneut einige Tropfen Methylorange hinzu. Der Leerwert des Bariumchromatbreies ergibt sich hier als Differenz zwischen der Anzahl der Kubikzentimeter $^n/_{10}$-arseniger Säure und den verbrauchten Kubikzentimeter $^n/_{10}$-Kaliumbromatlösung.

Durchführung der Bestimmung. Der Aufschluß des Abbrandes erfolgt in gleicher Weise wie oben beschrieben. Nach dem Lösen der Schmelze erhitzt man die erhaltene Lösung samt dem Niederschlag zum Sieden, wodurch das Eisenhydroxyd in eine gut filtrierbare Form übergeführt wird. Es ist empfehlenswert, während dieses Erhitzens mit einem Glasstab umzurühren, da die alkalische Flüssigkeit sehr zum Stoßen neigt. In der kochend heißen Lösung läßt man das Eisenhydroxyd sich absetzen, saugt dann zunächst den klaren Anteil und darauf den Rest mit dem Niederschlag durch eine Jenaer Glasfritte 17 G 4 in eine Saugflasche. Man spült mit siedend heißem Wasser, dem man etwas Ammoniak zugesetzt hat, nach und gibt diese Waschflüssigkeit in die Fritte. Hierbei benützt man so viel Wasser, daß die Fritte ungefähr halbvoll wird (70···80 cm³). Darauf wirbelt man den Eisenhydroxydniederschlag auf dem Boden der Glasfritte mittels eines Glasstabes auf und saugt erst dann die Flüssigkeit in die Saugflasche. Dieses Auswaschen des Niederschlags wiederholt man noch zweimal. Anschließend wird das Filtrat in einen 600 cm³ fassenden Becher der breiten Form umgegossen und die Saugflasche einigemal mit heißem Wasser nachgespült.

Die so erhaltene Lösung wird mit etwa 15 cm³ konzentrierter Salzsäure angesäuert, zum Kochen gebracht, dann mit 5 cm³ Bariumchromatbrei versetzt und noch weitere 5 Minuten im schwachen Sieden erhalten. Man verfährt alsdann in der gleichen Weise weiter, wie es oben bei der Leerwertbestimmung des Bariumchromatbreies beschrieben worden ist.

Wird die Anzahl der jetzt benötigten Kubikzentimeter $n/_{10}$-Natriumthiosulfatlösung mit a, der Leerwert des Bariumchromatbreies mit l bezeichnet, so ergibt sich der Schwefelgehalt im Abbrand zu:

$$S = (a - l) \cdot \frac{0{,}1069}{\text{Einwaage}} \; {}^0/_0.$$

Bezeichnet man entsprechend beim Arbeiten ohne Jod mit b die Kubikzentimeter vorgelegte $n/_{10}$-arsenige Säure, mit c die Kubikzentimeter $n/_{10}$-Kaliumbromat zum Zurücktitrieren des Überschusses daran, so ergibt sich in diesem Fall der Schwefelgehalt zu:

$$S = (b - c - l) \cdot \frac{0{.}1069}{\text{Einwaage}} \; {}^0/_0.$$

Nach den Ermittlungen von DOERING ergibt die dieserart durchgeführte Bestimmung zufriedenstellende Werte.

Reinigung der Glasfritten. Die Niederschläge werden aus den Glasfritten mit einem scharfen Wasserstrahl herausgespritzt. Niederschlagsspuren, die zurückbleiben, stören nicht. Benutzt man zur Reinigung heiße verdünnte oder kalte konzentrierte Salzsäure, so muß durch die Fritten anschließend auch reines Wasser gesaugt werden. Es ist zu beachten, daß in dem Niederschlag auch Bariumsulfat enthalten ist, das nach Auflösen des Bariumchromats herausgespült werden muß. Es empfiehlt sich, hin und wieder durch die Fritte etwas heiße konzentrierte Schwefelsäure zu saugen, um etwa darin festgesetzte Spuren von Bariumsulfat zu lösen.

c) Nach LUNGE auf nassem Wege. 0,5···1 g Abbrand werden genau abgewogen und in einen Erlenmeyerkolben von 150 cm³ Fassungsvermögen gegeben. In den Hals des Kolbens setzt man einen kleinen Trichter, dessen Rohr abgesprengt worden ist. Man gibt zwecks Oxydation zur Probe zunächst 15 cm³

Salpetersäure vom spezifischen Gewicht 1,4 und läßt einige Minuten stehen. Alsdann setzt man eine Mischung hinzu, welche 15 cm³ Wasser, 5 cm³ Salzsäure (spezifisches Gewicht 1,19) und 2 g Kaliumnitrat enthält. Das ganze wird auf dem siedenden Wasserbad belassen, bis alles außer der Kieselsäure in Lösung gegangen ist. Während dieser Zeit wird der Kolben mit dem Trichter bedeckt gehalten. Man entfernt dann den Trichter und dampft auf dem Bad zur Trockne ein. Das Eindampfen zur Trockne wird zweimal wiederholt, wobei jedesmal 10 cm³ konzentrierte Salzsäure zugegeben werden. Der schließlich erhaltene Rückstand wird mit 3 cm³ Salzsäure vom spezifischen Gewicht 1,19 angefeuchtet und erwärmt, bis alles außer der Kieselsäure und der Gangart gelöst ist. Nach Zusatz von 100 cm³ warmem Wasser wird vom Ungelösten filtriert und das Filtrat mit den Waschwässern wird in einem 250 cm³ fassenden Becher aufgefangen. Die erhaltene Lösung wird zum Sieden erhitzt und in ihr der Schwefel als Sulfat mit Bariumchlorid gefällt.

Bei den kleinen Mengen Schwefel, welche in den Abbränden vorhanden sind, ist die vorherige Abscheidung des Eisens nicht unbedingt erforderlich, da der hierdurch bedingte Fehler das Ergebnis nicht sehr erheblich beeinflußt. Genauere Zahlen erhält man auch hier nach Beseitigung des Eisens oder nach seiner Reduktion gemäß der früher angegebenen Vorschrift von GYZANDPR.

d) Nach GROTE und KREKELER[1]. Die oben beschriebene Methode zur Bestimmung des austreibbaren Schwefels in Kies läßt sich auch auf Kiesabbrände anwenden. Man verwendet hierbei 0,5···1,0 g Abbrand und verfährt im übrigen gemäß der früher gegebenen Vorschrift. Im allgemeinen kann man bei Abbränden rascher erhitzen und benötigt für ihre Abröstung nicht mehr als 45 Minuten. Zur Titration der gebildeten Schwefelsäure benutzt man hier $^n/_{10}$-Lauge. 1 cm³ $^n/_{10}$-Lauge entspricht 0,0016 g S.

Bestimmung des Schwefels in Gasmasseabbränden. In dem Abbrand der Gasmasse befindet sich der Schwefel zumeist an Kalk und Eisen gebunden vor. Die Bestimmung seiner Menge erfolgt in diesen Abbränden entweder durch Aufschluß mit Natriumsuperoxyd oder auf nassem Wege durch Oxydation und Lösen in Salpetersäure oder durch Abrösten nach GROTE und KREKELER. Bei Ausführung der Methoden verfährt man in der gleichen Weise, wie es oben bei der Untersuchung der Kiesabbrände beschrieben worden ist.

Bestimmung des Kupfergehaltes. Seine Ermittlung erfolgt genau in der gleichen Weise wie oben für Schwefelkies beschrieben.

Auswertung der Abbrandanalysen. Das Ergebnis der Abbranduntersuchung gibt erst in Verbindung mit der Menge des anfallenden Abbrandes darüber Aufschluß, wie groß der durch den Restschwefel bedingte Verlust in Anteilen des gekauften Schwefels ist. Eine solche Zahl ist für Kalkulationsrechnungen oft sehr erwünscht. Man erhält beim Rösten des Kieses und der Gasmasse bekanntlich immer eine geringere Abbrandmenge. Es hängt hauptsächlich von der Zusammensetzung des Kieses ab, wieviel davon anfällt. Die Bestimmung dieser Menge durch einen Versuch im großen erfordert Vorbereitungen und führt ziemliche Umstände mit sich.

---

[1] SENF, H., u. A. SCHÖBERL: Angew. Chem. **50**, 338 (1937).

Man kann diese Mengen, wie SIEBER[1] gezeigt hat, entweder durch Versuche im kleinen oder durch Rechnung ermitteln. Ihre Bestimmung durch den Versuch erfolgt nach der oben beschriebenen Methode für die Bestimmung des austreibbaren Schwefels in Kies oder Gasmasse. Man führt zunächst eine möglichst weitgehende Abröstung durch und dann noch $2 \cdots 3$ weitere Versuche, bei denen man durch Veränderung der Verbrennungszeit und der Abrösttemperatur versucht, andere Werte für den rückständigen Schwefelgehalt in den Abbränden zu erhalten. Nach Beendigung eines jeden Versuches wird die erhaltene Abbrandmenge gewogen und der Gehalt an Schwefel darin bestimmt.

Aus den erhaltenen Werten zeichnet man sich eine Kurve, welche die Werte für den Schwefelrückstand in Abhängigkeit von den Rückstandsmengen darstellt, wobei diese in Prozenten der angewandten Kiesmenge ausgedrückt werden. Mit Hilfe der Werte dieser Kurve läßt sich eine zweite Kurve aufzeichnen, welche unmittelbar den prozentualen Verlust vom Gesamtschwefel bei verschiedenem Schwefelrückstand in den Abbränden zeigt.

Da man diese Kurven bei der Verarbeitung einer Kiessorte nur einmal bestimmen muß, so ist die vorzunehmende Arbeit nicht sehr ins Gewicht fallend. Es verhalten sich die einzelnen Kiese ganz verschieden, und es ist bisweilen notwendig, zur Erzielung einer sicheren Kurve eher einige Bestimmungen mehr auszuführen.

Zu bemerken wäre schließlich noch, daß bei Aufzeichnung der Kurven darauf Rücksicht genommen werden kann, daß ein geringer Prozentsatz des Schwefels überhaupt nicht austreibbar ist. Als nutzbarer Schwefel wäre in diesem Falle nicht der Gesamtschwefel, sondern nur der besonders zu bestimmende austreibbare Schwefel der Rechnung zugrunde zu legen. Die Entscheidung, welche Rechnungsart zu wählen ist, muß dem einzelnen überlassen bleiben.

Diese Methode wird in allen Fällen befriedigende Ergebnisse zeitigen. Mit einer für viele praktische Zwecke genügenden Genauigkeit kann man auch auf rechnerischem Weg zum Ziel kommen[2]. Hierbei muß man allerdings gewisse vereinfachende Voraussetzungen machen. So muß man diesen Rechnungen zugrunde legen, daß der Kies, wie er in der Praxis verwandt wird, gegenüber dem 100proz., also jenem, der den theoretischen Höchstwert an Schwefel, 53,4%, enthält, nur durch eine sich beim Rösten indifferent verhaltende Gangart unterscheidet. Weiter muß man die Annahme machen, daß der Restschwefel im Abbrand am Eisen in der ursprünglichen Form gebunden ist. Die im folgenden entwickelten Beziehungen werden weiterhin nur dann Gültigkeit besitzen, wenn der Gehalt im Kies an anderen Schwefelerzen wie CuS und ZnS nur gering ist.

100 Teile absolut reiner Kies geben 66,7 Teile Abbrand. Ein Kies, der S% Schwefel enthält, gibt $1,25 \cdot S$ Teile Fe_2O_3 beim Rösten. Außerdem fällt die Gangart an, welche $(100 - 1,88\,S)$ Teile ausmacht. Der Gesamtabbrand A_t von 100 Teilen Kies bei restloser Ausröstung, d. h. bei einem Schwefelgehalt im Abbrand von 0%, wird also:

$$A_t = 1,25\,S + (100 - 1,88\,S) = 100 - 0,63\,S. \tag{1}$$

[1] SIEBER, R.: Zellstoff u. Papier **1**, 75 (1921).
[2] SIEBER, R.: Zellstoff u. Papier **3**, 97 (1923).

Sind im Abbrande $s\%$ Schwefel und, wie angenommen, in der Hauptsache als FeS_2 vorhanden, so setzen sich die Abbrände zusammen aus:

a) der Gangart: $(100 - 1{,}88\,S)$ Teile;

b) aus dem Fe_2O_3, das aus dem abgerösteten Teil des Pyrites entsteht. Ist der Anteil des abgerösteten Kieses $V/100$ vom Gesamtkies, so werden gebildet:

$$Fe_2O_3 = 1{,}25 \cdot S \cdot \frac{V}{100}\ \text{Teile};$$

c) aus dem unverändert bleibenden FeS_2. Ist die Gesamtmenge des Abbrandes bei unvollständiger Abröstung gleich A_p mit $s\%$ Schwefelgehalt, so sind insgesamt im Abbrand vorhanden:

$$FeS_2 = 1{,}88 \cdot \frac{s \cdot A_p}{100}.$$

Berücksichtigt man nun, daß

$$\frac{V}{100} \cdot 1{,}88\,S + \frac{s \cdot A_p}{100} \cdot 1{,}88 = 1{,}88\,S \tag{2}$$

ist und berechnet hieraus V als $100 - \dfrac{s \cdot A_p}{S}$, so findet man schließlich die Gesamtmenge des aus 100 Teilen Kies anfallenden Abbrandes mit:

$$A_p = \frac{100 - 0{,}63 \cdot S}{100 - 0{,}63 \cdot s} \cdot 100. \tag{3}$$

Der Schwefelverlust F in Anteilen des im Kies vorhandenen Schwefels errechnet sich endlich zu:

$$F = \frac{\dfrac{100}{S} - 0{,}63}{\dfrac{100}{s} - 0{,}63} \cdot 100\,\% . \tag{4}$$

Um jedesmal die Rechnung zu ersparen, ist im Anhang eine Fluchtlinientafel gegeben worden (Abb. 165). Zu ihrem Gebrauch sucht man auf Leiter *1* den Schwefelgehalt des Kieses auf, dann auf *2* den durch die Untersuchung ermittelten Schwefelgehalt der Abbrände. Der Schnittpunkt der Verbindungslinie beider Punkte mit Leiter *3* gibt eine Zahl, welche unmittelbar den Verlust in Prozenten des im Kies vorhandenen Schwefels darstellt.

Wie leicht einzusehen, stellt Gleichung (4) nur einen Näherungswert dar.

Für Gasreinigungsmassen läßt sich eine entsprechende Rechnung nicht durchführen; diese Massen sind nämlich in ihrer Zusammensetzung sehr großen Schwankungen unterworfen und irgendwelche bestimmten Beziehungen zwischen diesen Schwankungen und dem Schwefelgehalt bestehen nicht.

Untersuchung der Frischlaugen und der gegasten Laugen.

Allgemeines. Über die Bestimmung der Einzelbestandteile der Frischlaugen und der gegasten Laugen ist eine ganze Reihe von neueren Untersuchungen bekannt geworden[1], welche dazu beigetragen hat, auf diesem Arbeitsgebiet bis zu einem erheblichen Grad Klarheit zu schaffen. Man kann zunächst aus diesen Ar-

---

[1] SANDER, A.: Wbl. Papierfabrikat. **52**, 2051 (1920). — SIEBER, R.: Zellstoffchem. Abh. **1**, 1 u. 95 (1920). — ROSENLUND, P.: Ebenda **1**, 121 (1920). — SIEBER, R.: Zellstoff u. Papier **2**, 199 (1922). — GRAAP, E.: Papierfabrikant, Festheft **1929**, 115. — SCHMIDT, E., u. C. HÖNN: Papierfabrikant **27**, 813 (1929). — OEMAN, E.: Maßanalytische Verfahren und deren Anwendung in Zellstoffabriken. Berlin: Verlag Papier-Ztg. 1928. Diese Arbeit ist eine ergänzte Zusammenstellung früherer Veröffentlichungen von OEMAN in Papierfabrikant **24**, 267 (1926).

beiten ableiten, daß die Bestimmung der schwefligen Säure mittels der Jodtitration unzweifelhaft richtige Werte ergibt, wenn auf die besonderen Eigenschaften der schwefligen Säure, namentlich auf ihre hohe Flüchtigkeit genügend Rücksicht genommen wird. Die ständig wiederkehrenden Einwände, daß die Umsetzung zwischen Jod und schwefliger Säure, welche sich nach folgender Gleichung abspielt:

$$2SO_2 + J_2 + 2H_2O = 2H_2SO_4 + 2HJ\,,$$

unvollständig sei, müssen als widerlegt betrachtet werden.

Wie KURTENACKER[1] neuerlich betont, liefert die Jodmethode ganz ausgezeichnete und einwandfreie Ergebnisse, wenn man die zu untersuchende Lösung in überschüssige Jodlösung einfließen läßt und dann deren unverbrauchten Rest zurücktitriert. Da diese Art der Durchführung der Methode für den praktischen Betrieb zumeist zu umständlich ist, empfiehlt es sich gemäß seinem Vorschlag die auf Luftoxydation zurückzuführenden Titrationsfehler durch Zusatz von Antikatalysatoren zu vermeiden. Bei der hierbei praktisch nicht fühlbaren Erschwernis ist dieser Vorschlag jedenfalls überall dort, wo man genaue Werte anstrebt, sehr empfehlenswert.

Statt Jodlösung hat zuerst NOLL[2] eine Lösung vorgeschlagen, welche als wirksamen Stoff Chloramin, d. i. p-Toluolsulfonchloramid-Natrium enthält. Diese Verbindung hat den Vorzug, daß sie erheblich billiger als Jod ist und als im Inland erzeugtes Produkt jederzeit zur Verfügung steht. Während früher Chloramin nur in technisch reiner Beschaffenheit in den Handel kam, und die daraus hergestellten Lösungen eine wenig befriedigende Titerkonstanz zeigten, wird die Verbindung heute auch analytisch rein unter dem Namen Clorina geliefert. Clorina-Lösungen zeigen nicht mehr den genannten Mangel und können als analytisch vollwertiger Ersatz für Jod bei diesen Titrationen Anwendung finden.

Statt der Jodmethode ist weiterhin in neuerer Zeit das Jodatverfahren zur Titration des Gesamt-SO₂ in den Laugen empfohlen worden[3]. Es beruht auf der in zwei Stufen quantitativ verlaufenden Umsetzung gemäß folgender Gleichung:

$$2KJO_3 + 6H_2SO_3 = 5H_2SO_4 + K_2SO_4 + 2HJ\,.$$

Die Titration nach diesem Verfahren ist nicht genauer als die eigentliche Jodmethode, hingegen bestehen insofern ihr gegenüber Vorzüge, als die Meßflüssigkeit vollkommen titerbeständig ist, unmittelbar durch genaues Abwägen und Auflösen von analytisch reinem Jodat hergestellt werden kann, und endlich, daß sie im Gebrauch sich erheblich billiger stellt.

Neuerlich ist schließlich noch empfohlen worden, statt Jod Natriumchlorit ($NaClO_2$) anzuwenden[4]. Wie weit eine damit hergestellte Titerlösung sich für den vorliegenden Zweck besser eignet, als die schon früher dafür vorgeschlagenen Hypochloritlösungen[5], die infolge ihrer Unbeständigkeit keine Verbreitung fanden, ist bislang nicht erwiesen.

---

[1] KURTENACKER, A.: Analytische Chemie der Sauerstoffsäuren des Schwefels. Stuttgart 1938.

[2] NOLL, A.: Papierfabrikant **22**, 385 (1924). Über Clorina siehe Näheres im Anhang unter Normallösungen.

[3] Man vgl. bei KURTENACKER: Anm. 1 und ferner PALMROSE, G. V.: Paper Trade J. (63) **100**, H. 3, 38 (1935). — HAUG, K.: Papir-J. **22**, 252 (1934).

[4] JACKSON, D. T., u. J. L. PARSONS: Paper Trade J. **104**, H. 8, 122 (1937).

[5] BRAUN: Wbl. Papierfabrikat. **55**, 2892 (1924).

Die in der gegasten Säure mitvorhandenen organischen Stoffe, in erster Linie Säuren, wirken nur in ganz untergeordnetem Maße auf das Ergebnis der Titration ein, so daß auch für solche Säuren die aufgeführten Titrationen Anwendung finden können.

Es ist durch die obenerwähnten Untersuchungen weiterhin geklärt worden, in welcher Weise es möglich ist, auf titrimetrischem Wege auch für die in den Laugen vorhandene freie Säure und damit auch für den Kalk zuverläßliche Werte zu erhalten. Dies ist im Betriebslaboratorium und im Betrieb nicht erreichbar auf dem Wege der weitgehend benutzten direkten Alkalititration unter Anwendung von Phenolphthalein als Indikator. Die Tatsache, daß einmal dessen Umschlag unscharf ist und weiter der Umstand, daß der stets vorhandene Kohlensäuregehalt der Lauge wie auch der des bei der Titration mit verwendeten Wassers stört, machen die Methode, welche an sich auf richtiger theoretischer Grundlage beruht, zu unsicher und ungenau. Oeman[1] hat gezeigt, daß durch Einführung eines anderen Indikators, nämlich des Thymolphthaleins, wesentlich bessere Ergebnisse bei dieser Methode erzielt werden können. Dieser Indikator zeichnet sich gegenüber dem Phenolphthalein durch ein viel kleineres Umschlagsintervall, also durch einen viel ausgeprägteren Farbumschlag aus, und besitzt auch eine gerade für diese Titration geeignete Lage des Umschlagsintervalles auf der Skala der Wasserstoffionenkonzentrationen. Dieses Intervall liegt bei p_{H} 9,3 $\cdots$ 10,5. Während beim Phenolphthalein leicht Abweichungen von mehreren Prozenten (6 $\cdots$ 7) vom richtigen Wert vorkommen können, kann der Fehler bei der Anwendung des neu vorgeschlagenen Indikators ohne Schwierigkeiten unter 1 % gehalten werden.

Mehrfach[2] ist angeregt worden, die freie Säure nach erfolgter Oxydation der Lauge mit neutralem Wasserstoffsuperoxyd vorzunehmen. Die zu titrierende Probe enthält dann neben Natriumsulfat freie Schwefelsäure, die als starke Säure scharfe Umschläge der Indikatoren bewirkt.

Statt die Bestimmung der gesamten und der freien Säure in zwei getrennten Proben vorzunehmen, kann man sie nach einem ursprünglich von Höhn stammenden Vorschlag auch in der gleichen Probe nacheinander ermitteln, und es läßt sich diese Arbeitsweise nicht nur bei der eigentlichen Jodmethode anwenden, sie kann vielmehr in gleicher Weise auch bei der Clorina- und der Jodatmethode benutzt werden.

Höhn benutzt als Meßflüssigkeit Alkali und Phenolphthalein als Indikator. Auch in diesem Falle ist, wie Sieber gezeigt hat, Phenolphthalein kein vorteilhafter Indikator, obwohl hier nur starke Säuren zur Titration gelangen. Besser eignen sich Methylrot oder Bromphenolblau. Diese Titration mit Alkali kann nach Dieckmann[3] durch eine jodometrische ersetzt werden, was dadurch geschieht, daß man die Probe, welche zur Bestimmung der gesamtschwefligen Säure gedient hat, nach der erfolgten Entfärbung mit Thiosulfat mit etwas Kaliumjodat versetzt und das hierdurch ausgeschiedene Jod mit Natriumthiosulfat zurückmißt. Da die ausgeschiedene Jodmenge in einem bestimmten Verhältnis zur vorhandenen

---

[1] Oeman, E.: Maßanalytische Verfahren und deren Anwendung in Zellstoffabriken. Berlin: Verlag d. Papier-Ztg. 1928. — Kolthoff, I. M.: Z. anorg. allg. Chem. **109**, 75 (1920).

[2] Sander, A.: Chemiker-Ztg. **38**, 1057 (1914). — Steuer, W.: Papierfabrikant **30**, 253 (1932).

[3] Dieckmann, R.: Wbl. Papierfabrikat. **46**, 1764 (1915).

freien Säure steht, wird also in dieser Weise deren Menge bekannt. Der Vorteil dieser Methode besteht darin, daß man einen deutlichen Farbenumschlag auch bei künstlicher Beleuchtung erhält, aber es ist doch, wie E. Schmidt[1] gezeigt hat, ein Irrtum, wenn man annimmt, daß die Methode gegenüber dem Einfluß der Kohlensäure im Titrationsgemisch ganz unempfindlich ist. Weiter ist sehr darauf zu achten, daß die Reaktion sich nicht in zu sehr verdünnter Lösung abspielt, da sie dann, wie ebenfalls von Schmidt betont wurde, erst nach langer Zeit vollständig wird. Außer ihrer verhältnismäßigen Kostspieligkeit haftet ihr aber, wie übrigens auch der Höhnschen, schließlich noch der Nachteil an, daß sich Ablesungsfehler an den Büretten stärker bemerkbar machen als bei jenen Methoden, welche Gesamt- und freie Säure in verschiedenen Proben bestimmen. Für gegaste Säuren, also solche, welche bereits organische Stoffe enthalten, ist die Dieckmannsche Methode weniger zu empfehlen. Der große Jodüberschuß, der während der Titration in der Flüssigkeit vorhanden ist, kann Anlaß zu Reaktionen mit den organischen Substanzen geben, so daß je nach deren Menge ein Teil des Jods auf unkontrollierbarem Wege verschwindet. Für diese gegasten Säuren eignet sich auch die Höhnsche Methode nur dann, wenn das gegen organische Säuren empfindliche Phenolphthalein durch andere, obenerwähnte Indikatoren ersetzt wird.

Um die besagten Schwierigkeiten bei der Bestimmung der freien Säure zu umgehen, sind Methoden in Vorschlag gebracht worden, durch welche andere Bestandteile der Laugen bestimmt werden sollen. Zweck dieser Abänderungen war es natürlich, genauere Ergebnisse als bei den üblichen Verfahren zu erreichen. So ist von Sander empfohlen worden, einerseits die wirklich freie Säure, nämlich die über Bisulfit vorhandene, zu bestimmen und daran anschließend unmittelbar das als Bisulfit gebundene SO_2. Sander bedient sich zur Ausführung dieser Methode der Fähigkeit des Quecksilber(II)chlorids, sich mit Bisulfit unter Bildung einer äquivalenten Menge Salzsäure umzusetzen, und ermittelt deren Menge dann auf alkalimetrischem Wege. Unter Ausschaltung jodometrischer Titrationen ist es so möglich, die Zusammensetzung der Lauge zu finden. Die Methode ist bei verschiedenen Untersuchungen über den Verlauf des Sulfitkochprozesses angewendet worden, und zwar mit gutem Erfolge. Ihr Anwendungsgebiet dürfte aber wohl auf das Laboratorium beschränkt bleiben, und zwar deshalb, weil einerseits Methylorange als Indikator angewendet werden muß, also ein Indikator, der ein geübtes Auge voraussetzt, und andererseits, weil die Mitverwendung des außerordentlich giftigen Quecksilber(II)chlorids außerhalb des Laboratoriums immerhin bedenklich erscheint. Ein anderer Vorschlag von Oeman geht dahin, nach der Ermittlung der gesamtschwefligen Säure auf jodometrischem Wege in einer zweiten Probe die über Bisulfit vorhandene freie Säure durch Titration mit Alkali zu bestimmen und hierbei Bromphenolblau als Indikator zu benutzen. Oeman hat durch eingehende Untersuchungen bewiesen, daß man derart zu guten Ergebnissen gelangt. Sowohl Sanders als Oemans Methode können unbedenklich auch für gegaste Säuren Verwendung finden.

Alle die bekanntgewordenen titrimetrischen Methoden lassen eine Ermittlung des Kalkgehaltes der Laugen letzten Endes doch nur auf indirektem

---

[1] Schmidt, E.: Zellstoff u. Papier **7**, 56 (1927).

Wege zu. Das ist ganz offenbar ein Mangel, da ja gerade für diesen wichtigen Bestandteil der Lauge eine direkte Bestimmungsmethode erwünscht sein muß. Die bislang bekannten Verfahren zur unmittelbaren Bestimmung des Kalkes in der Lauge — das oxydimetrische und das gewichtsanalytische Verfahren — sind für die Zwecke des Betriebes noch zu umständlich und teilweise auch zeitraubend, außerdem haftet ihnen der Nachteil an, daß bei ihrer Anwendung lediglich der Gesamtkalk, also außer dem Sulfitkalk auch der als Sulfat vorhandene, bestimmt wird. Ein Maß für den Sulfitkalk allein vermögen sie nicht zu geben, wenn nicht gleichzeitig in der Lauge der Gips über den Weg einer SO_4-Bestimmung ermittelt wird.

Diesem Mangel soll eine von GRAAP[1] gegebene Vorschrift abhelfen, die neuerlich nachgeprüft wurde[2], wobei sich gezeigt hat, daß sie einwandfreie Ergebnisse für den Sulfitkalk liefert. Sie besteht in einer Fällung des Sulfitkalks mit Oxalsäure und Zurückmessen des davon vorhandenen Überschusses mit Kaliumpermanganatlösung.

Für die Bestimmung des Sulfations verfügen wir über einwandfreie Methoden, auch zur Bestimmung seltener vorkommender Schwefelverbindungen in der Lauge, wie Thiosulfat und Thionat, sind Verfahren bekannt geworden. Endlich sei erwähnt, daß auch zur Bestimmung von Magnesia neben Kalk in der Lauge ein titrimetrisches Verfahren beschrieben wurde.

Neben den im Vorstehenden aufgeführten, reinen maßanalytischen Bestimmungen sind in den letzten Jahren noch elektrometrische Untersuchungsmethoden für die Sulfitlauge in Aufnahme gekommen. Wenn sie bislang auch noch keine allgemeine Einführung erlangt haben, schien es dennoch am Platze, sie bei ihrer ständig wachsenden Bedeutung, sowie ihrer sich mit geeigneten Apparaten und Einrichtungen immer einfacher gestaltenden Durchführung hier zu erwähnen. Die elektrische Titration der Lauge läßt sich sowohl potentiometrisch als konduktometrisch durchführen, doch ist bislang ausschließlich die letztgenannte Art in Vorschlag gebracht worden. Während noch die erste dieser Methoden, jene von JANDER und JAHR[3] für die Zwecke des Betriebslaboratoriums als zu kompliziert erscheinen mußte — Titration nach Oxydierung mit Wasserstoffsuperoxyd bei Siedetemperatur —, steht der Einführung einfacherer neuerer Methoden[4] kaum etwas entgegen. Als ein Vorteil dieser Methode muß ihre hohe Genauigkeit und die Unabhängigkeit von Farbindikatoren bezeichnet werden.

Zur praktischen Ausführung der Untersuchung der Sulfitlaugen. Bei der Entnahme von Proben mit der Pipette ist immer zu beachten, daß durch starkes und kräftiges Saugen besonders in an freier Säure reichen Laugen leicht eine Änderung ihrer Konzentration hervorgerufen wird. Wenn irgend angängig, soll man immer eine größere Probe, mindestens 10 cm³ als Ausgangssubstanz anwenden, diese auf 100 cm³ verdünnen und hiervon wieder 10 cm³ zur Untersuchung nehmen. Will man Verluste durch Abdunsten der freien Säure vermeiden, so läßt man zweckmäßig vor Einbringen der zu untersuchenden Probe in das Titriergefäß bereits einen Teil der Meßflüssigkeit einlaufen. Die Kon-

---

[1] GRAAP, E.: Papierfabrikant **27**, (Festheft), 115 (1929).
[2] GRAAP, E.: Papierfabrikant **30**, 289 (1932).
[3] JANDER, G., u. K. F. JAHR: Z. angew. Chem. **44**, 977 (1931).
[4] WHITTEMORE, E. R., u. S. I. ARONOVSKY: Paper Trade J. **110**, 19 (1940).

zentration der Lauge an flüchtiger schwefliger Säure wird so sehr rasch herabgesetzt und die Gefahr, daß Verluste eintreten, erheblich gemindert. Es ist weiter sehr ratsam, die zu verdünnenden Laugenproben stets so aus der Pipette auslaufen zu lassen, daß sich deren unteres Ende unter dem Flüssigkeitsspiegel im Auffanggefäß befindet.

Im Betrieb bedeutet es meist einen Zeitgewinn, wenn man Büretten benutzt, welche je nach der angewandten Methode eine solche Teilung besitzen, daß die Ablesung unmittelbar den Prozentgehalt der zu untersuchenden Lauge ergibt.

Antikatalysatoren und Verdünnungswasser. Alle Sulfite und freie schweflige Säure enthaltenden Lösungen sind außerordentlich luftempfindlich. Zwecks Verhinderung einer Oxydation während der Bestimmung setzt man den zu prüfenden Lösungen vorteilhaft Antikatalysatoren zu. Als solchen kann man Zinn(II)chlorid verwenden. Wirksamer sind nach KURTENACKER[1] einfache und Polyalkohole.

Man kann Äthylalkohol selbst, ferner Glyzerin oder Saccharose anwenden. Unverdünnte Laugen erfordern etwa 5 g dieser Alkohole auf je 100 cm³, um die Oxydation zu vermeiden. Für die zumeist für die Titration auf das Zehnfache verdünnten Lösungen genügen daher wenige Tropfen einer 5proz. Antikatalysatorlösung (im folgenden mit A-Lösung bezeichnet) für den gedachten Zweck.

Das zur Verdünnung bei den Titrationen angewandte destillierte Wasser soll möglichst frei von Kohlensäure sein, und es ist empfehlenswert, es vor der Titration unter Benutzung des jeweiligen Indikators

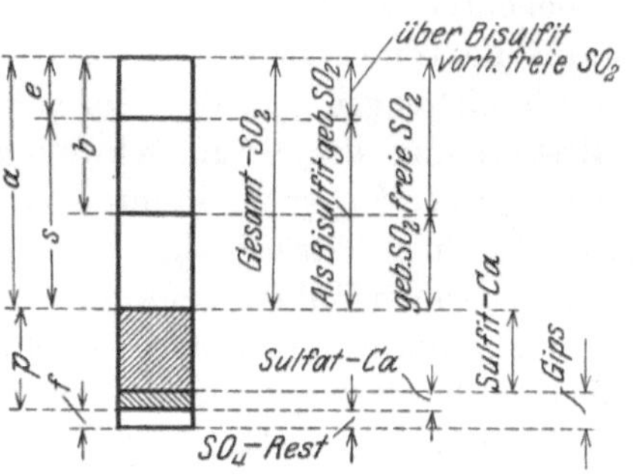

Abb. 44. Schematische Darstellung der Zusammensetzung der Sulfitlauge. a = Jodtitration; b = Titration der freien SO₂; e = Titration der über Bisulfit vorhandenen freien Säure; s = Titration des Bisulfits nach SANDER; p = Bestimmung des Gesamtkalks mit Permanganat; f = SO₄-Bestimmung.

zu neutralisieren. Auch dieses Wasser versetzt man zweckmäßig mit einer entsprechenden Menge des Antikatalysators. Da Sulfitlösungen in Gegenwart von Spuren von Kupfersulfat außerordentlich leicht und schnell der Oxydation anheimfallen, ist es ratsam, das zur Anwendung gelangende destillierte Wasser gelegentlich auf das Vorhandensein dieses Kupfersalzes zu prüfen.

Begriffsbestimmungen. Die gesamte schweflige Säure in der Lauge setzt sich zusammen aus solcher, die als Bisulfit anwesend und solcher, welche darüber hinaus als wirklich freie Säure vorhanden ist. In der Praxis bezeichnet man als freie Säure doch etwas anderes, nämlich jenen Teil der schwefligen Säure, welcher nicht als neutrales Sulfit an Kalk gebunden ist. Die gebundene Säure ist dementsprechend jene, welche in Form des neutralen Sulfits sich in der Lauge befindet. Ganz mißweisend wird dieser Anteil manchmal als „Kalk" bezeichnet. Die schematische Darstellung klärt das Gesagte weiter auf (Abb. 44).

Gehaltsbestimmung durch Spindelung. Es ist allgemein üblich, die in der Laugenstation erzeugten Rohlaugen durch Spindelung — meistens mit einer Baumé-Grad-Spindel zu kontrollieren. Man muß sich bewußt sein, daß diese

---

[1] KURTENACKER, A.: Analytische Chemie der Sauerstoffsäuren des Schwefels. Stuttgart 1938. — Ferner WOKER, G.: Die Katalyse, I u. II, 1. Stuttgart 1910.

Art der Kontrolle nur ein ungefähres Bild über die Zusammensetzung der Lauge geben kann, da sowohl der Gehalt der Lauge an Kalk b, wie auch der an schwefliger Säure a von Einfluß auf das spezifische Gewicht der Lauge s ist. Humm[1] hat gezeigt, daß hierbei der Einfluß des Kalkes etwa 3mal so groß als jener der schwefligen Säure ist. Es besteht folgende Beziehung:

$$s = 1 + 0,0051\,(a + 3\,b),$$

oder, wenn das spezifische Gewicht in Bé-Graden n ausgedrückt wird,

$$n = 0,746\,\frac{a + 3\,b}{1 + 0,0051\,(a + 3\,b)}.$$

Ist durch Erfahrungswerte ermittelt, innerhalb welcher Grenzen das Verhältnis von schwefliger Säure zu Kalk schwankt, so lassen sich Tabellen anlegen, aus denen nach Kenntnis der Bé-Grade auf den Gehalt der Lauge an den beiden Komponenten geschlossen werden kann. Wie bei allen Spindelungen ist auch hier auf die Temperatur der zu untersuchenden Lauge zu achten, gegebenenfalls sind Abweichungen von der Normaltemperatur in Rechnung zu stellen.

Bestimmung der gesamtschwefligen Säure. a) Mit Jod- oder Clorinalösung. 10 cm³ der verdünnten (1 : 10) und mit A-Lösung versetzten Lauge werden in einen Titrierbecher gegeben, welcher 100 cm³ Wasser, etwas Stärkelösung und einen Teil der erforderlichen Jod- oder Clorinalösung enthält. Hiervon wird weiter unter langsamem Umschwenken so viel zugefügt, bis deutliche und bleibende Blaufärbung eintritt. Es entspricht 1 cm³ $^n/_{10}$-Jod oder Clorinalösung 0,0032 g SO_2.

b) Mit Kaliumjodatlösung[2]. Die Titration wird genau wie unter a beschrieben durchgeführt nur mit dem Unterschied, daß als Meßlösung $^n/_{10}$-Kaliumjodatlösung verwandt wird, welche durch Auflösen von $^1/_{60}$ Mol, d. i. 3,5669 g analytisch reinem Kaliumjodat in 1 l Wasser hergestellt wird. 1 cm³ $^n/_{10}$-Jodatlösung entspricht 0,0032 g SO_2.

Wie oben erwähnt, verläuft die Umsetzung in zwei Stufen. Da die Reaktionsgeschwindigkeit in der ersten Stufe verhältnismäßig gering ist, kann es besonders bei geringem Gehalt an freier Säure leicht zum Übertitrieren kommen. Um dies zu verhindern, empfiehlt es sich, statt gewöhnlicher Stärkelösung als Indikator solche zu benutzen, die eine geringe Menge Jodkalium enthält.

Bestimmung der freien Säure. a) Nach Winkler, abgeändert von Oeman. 10 cm³ der verdünnten und mit A-Lösung versetzten Lauge werden zu 100 cm³ im Titrierbecher befindlichem Wasser gegeben, einige Tropfen Thymolphthalein werden zugesetzt, worauf unter langsamem Umschwenken mit $^n/_{10}$-Alkali die ursprünglich farblose Lösung bis zur reinblauen Farbe titriert wird. 1 cm³ $^n/_{10}$-Lauge $= 0,0032$ g SO_2.

b) Nach Höhn, abgeändert von Sieber. In der mit Jod zur Bestimmung der Gesamt-SO_2 titrierten Laugenprobe, wird die blaue Stärkefarbe durch einige Tropfen (Tropfflasche) verdünnte Thiosulfatlösung beseitigt. Einige Tropfen Methylrotlösung werden zugesetzt, worauf die jetzt rotgefärbte Flüssigkeit mit

---

[1] Humm, W.: Untersuchung an Sulfitlaugentürmen. Biberach a. Riß: Günther-Staib-Verlag 1929.

[2] Siehe außer den obigen Angaben auch bei Kurtenacker, A.: Analytische Chemie der Sauerstoffsäuren des Schwefels. Stuttgart 1938.

$^n/_{10}$-Alkali bis zur deutlich gelben Farbe titriert wird. Werden hierzu b' cm³ Meßlösung benötigt, so ist die Menge der freien Säure in der angewandten Probe:

$$(b' - a) \cdot 0{,}0032 \text{ g } SO_2.$$

Wurde bei dieser Bestimmung Clorina- oder Jodatlösung benutzt, so ändert sich in der Ausführung nichts, hingegen ist die Berechnung eine andere. Da bei Anwendung von Clorina keine dem Chlor entsprechende Menge freier Salzsäure entsteht, sondern neutrales Natriumchlorid, und das gleiche der Fall bei der Titration mit Jodat ist, so gibt der Verbrauch an Natronlauge unmittelbar das Maß der freien Säure an. Es ist also deren Menge:

$$b' \cdot 0{,}0032 \text{ g } SO_2.$$

c) Nach DIECKMANN. Man benutzt, wie eben unter b beschrieben, die Probe, in welcher bereits die Bestimmung der Gesamtsäure erfolgte. Sie wird in gleicher Weise entfärbt, worauf 5 cm³ einer 3proz. Lösung von Kaliumjodat zugesetzt werden. Das hierdurch ausgeschiedene Jod wird mit $^n/_{10}$-Natriumthiosulfat zurückgemessen. Da die Reaktion mit dem Jodat sich nach folgenden Gleichungen abspielt, gilt für die Berechnung das gleiche wie unter b. Werden von $^n/_{10}$-Natriumthiosulfat b' cm³ verbraucht, so ist die Menge der freien Säure $(b' - a) \cdot 0{,}0032$.

$$3H_2SO_3 + 3J_2 + 3H_2O = 3H_2SO_4 + 6HJ$$
$$3H_2SO_4 + 6HJ + 2KJO_3 + 10KJ = 3K_2SO_4 + 6KJ + 6J_2 + 6H_2O$$
$$6J_2 + 12Na_2S_2O_3 = 12NaJ + 6Na_2S_4O_6.$$

Bestimmung der über Bisulfit vorhandenen freien Säure nach OEMAN. Man gibt in einen Titrierbecher etwa 100 cm³ Wasser einige cm³ A-Lösung, einen Teil der zur Titration erforderlichen $^n/_{10}$-Alkalilösung und 1 cm³ 0,04proz. Bromphenolblaulösung als Indikator. (Wie oben erwähnt, kann hier auch Methylorange benutzt werden. Außerdem ist Dimethylgelb brauchbar.) Hierzu setzt man 5 cm³ unverdünnte Lauge und titriert, bis die gelblichgrüne Farbe einer schwach blauen gewichen ist. Zweckmäßig benutzt man als Vergleich eine mit dem verwendeten Indikator auf $p_H = 4{,}4$ eingestellte Lösung. 1 cm³ $^n/_{10}$-Alkali entspricht hier 0,0064 g SO_2.

Bestimmung der als Bisulfit vorhandenen schwefligen Säure nach SANDER. Die in der vorbeschriebenen Weise neutral gestellte Laugenprobe wird mit $20 \cdots 30$ cm³ kalt gesättigter Quecksilber(II)chloridlösung versetzt, wodurch sie von neuem sauer wird gemäß folgenden Umsetzungen:

$$NaHSO_3 + HgCl_2 = HCl + HgCl \cdot SO_3 \cdot Na$$
$$Ca{\Large\langle}{}^{HSO_3}_{HSO_3} + {}^{HgCl_2}_{HgCl_2} = 2\,HCl + (HgCl \cdot SO_3)_2 \cdot Ca.$$

Die entstandene Säure wird mit $^n/_{10}$-Alkali bestimmt. Werden hierzu s cm³ verbraucht und wurden zur Bestimmung der ganz freien Säure (s. vorstehende Bestimmung) e cm³ benötigt, so ist die Menge des zur Neutralisation des eigentlichen Bisulfits benötigten Alkalis gleich $(s - e)$. 1 cm³ $^n/_{10}$-Alkali entspricht auch hier 0,0064 g SO_2.

Bestimmung des als Bisulfit gebundenen Kalkes nach GRAAP. Man versetzt 5 cm³ unverdünnte Lauge mit 25 cm³ $^n/_{10}$-Oxalsäure, kocht bis zum Verschwinden des SO_2-Geruches aus und titriert dann mit $^n/_{10}$-NaOH und Phenolphthalein die überschüssige Oxalsäure zurück. 1 cm³ $^n/_{10}$-Oxalsäure entspricht 0,0028 g CaO oder 0,0032 g SO_2.

Aus der Gleichung:

$$Ca \begin{smallmatrix} HSO_3 \\ HSO_3 \end{smallmatrix} + \begin{smallmatrix} COOH \\ COOH \end{smallmatrix} = Ca \begin{smallmatrix} OOC \\ OOC \end{smallmatrix} + 2\,SO_2 + H_2O$$
verschwindet d. Kochen

und aus der Tatsache, daß eine etwaige Umsetzung mit Gips ohne Einfluß auf den azidimetrischen Titer der Lösung bleibt, folgt, daß der Verbrauch an Oxalsäure tatsächlich ein Maß für vorhandenes Kalziumbisulfit ist.

Durch eine eingehende Untersuchung hat GRAAP nachgewiesen, daß im Verlauf der Umsetzung und des Auskochens eine Umwandlung von SO_2 zu Trioxyd nicht statthat. Die Ergebnisse sind, wie aus dieser Untersuchung hervorgeht, genau. Es dürfte sich auch hier empfehlen, der zu untersuchenden Laugenprobe etwas Antikatalysator-Lösung zuzusetzen.

Bestimmung des Gesamtkalkes (Sulfit- + Sulfatkalk). a) Maßanalytisch. 5 cm³ Lauge werden mit 100 cm³ Wasser und einigen Kubikzentimeter konzentrierter Salzsäure in einem Erlenmeyerkolben zum Sieden erhitzt und hierbei so lange belassen, bis der Geruch nach schwefliger Säure verschwunden ist. Dann gibt man etwa 5 cm³ einer gesättigten Ammonchloridlösung und etwa ebensoviel einer $^n/_2$- (nahezu gesättigten) Ammoniumoxalatlösung hinzu. Erwärmt man nach erfolgter Fällung die Flüssigkeit 5···10 Minuten auf einem doppelten Drahtnetz oder einer Asbestplatte mit kleiner Flamme, so wird der Niederschlag von Kalziumoxalat genügend grobkörnig, um sich rasch durch ein Filter abfiltrieren zu lassen. Man kann übrigens auch dieses Filtrieren in einem kleinen Büchnertrichter mit doppeltem Filter an der Saugpumpe vornehmen. Hat der Niederschlag Neigung zum Durchgehen durch das Filter, so hilft oft ein Zusatz von Ammonchlorid beim Auswaschen. Jede Filtrierschwierigkeit wird beseitigt durch Zugabe von Kieselgur vor der Filtration. Das Auswaschen muß mit warmem Wasser durchgeführt werden. Eine zwei- oder dreimalige Füllung des Filters genügt, um es frei von Ammonoxalat zu bekommen. Filter samt Niederschlag werden nunmehr in den sauber gespülten Erlenmeyerkolben zurückgebracht, wieder mit 150 cm³ kochendem Wasser übergossen, worauf 10 cm³ einer Schwefelsäure hinzugefügt werden, die 1 Gewichtsteil Säure auf 3 Gewichtsteile Wasser enthält, und nunmehr wird fast bis zum Sieden erhitzt; hierbei löst sich der an dem Filter haftende und die Flüssigkeit als Trübung erfüllende Niederschlag vollständig. Anschließend wird heiß mit $^n/_{10}$-Kaliumpermanganatlösung bis zur Rosafärbung titriert. 1 cm³ $KMnO_4$ zeigt 0,0028 g CaO an.

Bei Filtern schlechter Sorte kann bei der Titration ein Fehler entstehen, indem von der Filtersubstanz Permanganat verbraucht wird. Will man diesen Fehler ganz ausschalten, so empfiehlt es sich, das Filter mit dem ausgewaschenen Kalziumoxalatniederschlag auseinanderzufalten, auf eine dünne Glasplatte zu legen und mit siedendem Wasser den anhaftenden Niederschlag unter Anwendung eines Trichters in ein passendes Gefäß zu bringen, in welchem dann also die Lösung mit Schwefelsäure bei Abwesenheit von Filtrierpapier durchgeführt wird.

b) Gewichtsanalytisch. Man fällt in der gleichen Weise den Kalk wie oben beschrieben und sammelt den Niederschlag dann auf einem gewöhnlichen

Filter. Nach erfolgtem Auswaschen wird das Filter im Tiegel verascht und der Rückstand geglüht. Man erhält bei der Wägung CaO.

Bestimmung von Kalk und Magnesia in Dolomitlaugen. a) Titrimetrisch nach SIEBER[1]. Die analytischen Grundlagen dieser Methode sind die folgenden: Magnesiumsalze geben mit Alkali- oder Erdalkalihydroxyd bekanntlich ein praktisch unlösliches Hydroxyd, z. B.:

$$MgSO_4 + Ba(OH)_2 = \underbrace{Mg(OH)_2 + BaSO_4}_{\text{unlöslich}}$$

Versetzt man also eine neutrale Magnesiumsalzlösung beispielsweise mit $n/_{10}$-Bariumhydratlösung und titriert die vom Niederschlag befreite Lösung dann mit $n/_{10}$-Salzsäure unter Benutzung von Phenolphthalein als Indikator bis zum Neutralpunkt, so gibt der Verbrauch an Barytlösung ein Maß für die Menge des anwesenden Magnesiumoxydes. Bei dieser Bestimmung ist lediglich darauf zu achten, daß Kohlensäure, die mit der Barytlösung Karbonat bildet, bei der Bestimmung so weit als möglich ferngehalten wird.

Das Kalzium andererseits wird durch Fällen mit Ammonoxalat und Titration mit Kaliumpermanganat ermittelt. Wenn gemäß folgender Vorschrift verfahren wird, so findet eine gegenseitige Beeinflussung beider Bestimmungen nicht statt.

Magnesiabestimmung. Eine abgemessene Probe der Sulfitlauge, 10 oder 20 cm³, wird nach Verdünnen auf $150 \cdots 200$ cm³ in einem Erlenmeyerkolben zum Sieden erhitzt, wobei möglichst gerade so viel Salzsäure zugesetzt wird, als erforderlich ist, um sämtliches SO_2 auszutreiben. Nach genügendem Kochen wird die Lösung nach Zusatz von Phenolphthalein vorsichtig mit einer karbonatfreien Lauge, am besten Barytlösung, genau neutralisiert. Nachdem neuerlich zum Sieden erhitzt wurde, läßt man langsam aus einer Pipette eine gemessene Menge (20 $\cdots$ 50 cm³ $n/_{10}$-Barytlösung in den Kolben fließen. Nach einigen Minuten langem Kochen wird die heiße Lösung unter Benutzung von Saugflasche und Büchnertrichter filtriert; der Rückstand auf dem Filter wird mehrmals mit mäßig warmem Wasser gewaschen, worauf schließlich der Kolbeninhalt mit $n/_{10}$-Salzsäure zurücktitriert wird.

1 cm³ verbrauchte Barytlösung entspricht 0,002 g MgO. Bei Gips enthaltenden Säuren ist es empfehlenswert, in nicht zu konzentrierter Lösung zu arbeiten, um seine Umsetzung mit Bariumhydroxyd, welche zu einer Verminderung des Titers zufolge Abscheidung von schwerer löslichem Kalziumhydroxyd führen könnte, zu vermeiden.

Kalkbestimmung. Hier sind möglichst alle jene Versuchsbedingungen einzuhalten, durch die eine Mitausfällung von Magnesium oder sein Mitreißen bei der Fällung des Kalziums als Oxalat vermieden wird. Die Fällung ist also in Gegenwart von Ammonchlorid und mit einem größeren Überschuß des Fällmittels vorzunehmen. Vor der eigentlichen Fällung ist auch hier durch Kochen mit verdünnter Salzsäure die schweflige Säure auszutreiben.

b) Gewichtsanalytisch. Man bestimmt zunächst die Summe der gemischten Sulfate. Hierzu raucht man in einem Platin- oder Quarztiegel 25 cm³ der Frischlauge mit 1 cm³ konzentrierter Schwefelsäure ab, glüht dann und bringt schließlich zur Wägung. Der Rückstand wird in etwas verdünnter Salzsäure

---

[1] SIEBER, R.: Papierfabrikant **21**, 235 (1923).

gelöst, in einen Becher überführt, mit Ammoniak alkalisch gemacht, zum Sieden erhitzt, worauf mit Ammonoxalat das Kalzium gefällt wird. Der Niederschlag wird nach dem Abfiltrieren und Auswaschen nochmals gelöst und umgefällt, um mitniedergeschlagene Magnesia zu beseitigen und dann in der üblichen Weise aufgearbeitet; das Ergebnis wird auf Kalziumsulfat umgerechnet. Dieser Wert von der Summe der Sulfate abgezogen ergibt das Magnesiumsulfat, das seinerseits wieder auf Oxyd umgerechnet wird.

$$CaO \cdot 2,4279 = CaSO_4; \quad MgSO_4 \cdot 0,3349 = MgO .$$

Bemerkt sei, daß man auch bei diesen Bestimmungsmethoden außer den als Sulfit vorhandenen Kalzium- und Magnesiamengen jene mitbestimmt, welche als Sulfat in der Lauge vorhanden sind.

Bestimmung des SO_4-Ions. a) **Gewichtsanalytisch.** Man gibt in einen 300 cm³ fassenden Erlenmeyerkolben etwa 100 cm³ Wasser und 5···10 cm³ konzentrierte Salzsäure und bedeckt ihn mit einem durchlochten Uhrglas. Durch dessen Öffnung führt man ein rechtwinklig gebogenes Glasrohr, dessen einer Schenkel bis über den Spiegel der Flüssigkeit im Kolben reicht und dessen anderer Schenkel mit einem Kohlensäureentwicklungsapparat in Verbindung gesetzt wird. Während man den Kolben zum Sieden erhitzt, leitet man dauernd einen schwachen Kohlensäurestrom in ihn hinein. In die siedende Flüssigkeit läßt man die Laugenprobe (25 oder 50 cm³) einlaufen und vertreibt durch weiteres Kochen und bei ständigem Durchleiten von Kohlensäure die vorhandene schweflige Säure vollständig. Ist dies beendigt, so filtriert man den Kolbeninhalt und bestimmt im Filtrat in bekannter Weise die Schwefelsäure. Für genauere Untersuchung ist vor dem Fällen Entfernung des die Bestimmung beeinflussenden Gipses notwendig. Dies geschieht durch Kochen mit Ammonkarbonat, wobei sämtliches SO_4 an Alkali gebunden wird, das vom sich abscheidenden Kalziumkarbonat leicht durch Filtration getrennt werden kann.

$$1 g \ BaSO_4 = 0,3430 g \ SO_3 = 0,5833 g \ CaSO_4 = 0,2403 g \ CaO .$$

Die Bestimmung des SO_4-Ions ohne Benutzung der Kohlensäureatmosphäre gibt stets zu hohe Werte.

b) **Maßanalytisch nach** SCHMIDT und HÖNN[1]. Diese Methode beruht auf der Anwendung der von RASCHIG empfohlenen Bestimmung von Schwefelsäure als Benzidinsulfat. Die erforderliche Benzidinchlorhydratlösung wird nach folgender Vorschrift hergestellt. 5 g Benzidin verreibt man gut mit 10 cm³ Wasser und spült den Brei mit etwa 100 cm³ Wasser in einen Kolben. Man fügt 4 cm³ konzentrierte Salzsäure vom spezifischen Gewicht 1,19 hinzu, verschließt den Kolben und schüttelt gut um. In kurzer Zeit löst sich alles zu einer braunen Flüssigkeit, die nur wenn nötig filtriert wird. Durch Verdünnen dieser Lösung auf 2 l erhält man das zur Fällung der Schwefelsäure geeignete Reagenz.

Zur **Ausführung der Bestimmung** läßt man zu 100 cm³ der nach vorstehender Anleitung hergestellten Benzidinlösung 50 cm³ Rohlauge fließen. Die entstehende Fällung wird nach 5 Minuten auf einem Trichter mit Porzellansiebplatte und zwei kleinen Papierfiltern abfiltriert. Der auf dem Filter gesammelte Niederschlag wird scharf abgesaugt und mit nur 10 cm³ kaltem Wasser gewaschen.

---

[1] SCHMIDT, E., u. C. HÖNN: Papierfabrikant **27**, 813 (1929).

Den Niederschlag mit den Filtern bringt man in einen 200 cm³ fassenden Erlenmeyerkolben; man setzt darauf 50 cm³ destilliertes Wasser zu, verschließt den Kolben mit einem Gummipfropfen und schüttelt kräftig durch, bis das Filtrierpapier zerfasert ist. Dann erwärmt man die Flüssigkeit auf 50°, versetzt mit 2 Tropfen Phenolphthalein und titriert mit $^n/_{10}$-Natronlauge. Nach bleibender Rötung wird bis zum Sieden erhitzt und, falls Entfärbung eintritt, wieder auf Rotfärbung titriert.

$$1 \text{ cm}^3 \text{ } ^n/_{10}\text{-NaOH} = 0,0040 \text{ g } SO_3 = 0,0028 \text{ g } CaO.$$

Die Methode ist dank ihrer raschen Durchführbarkeit und Einfachheit für die Zwecke der Betriebskontrolle gut geeignet. Die Ergebnisse sind sehr genau. Sie ist anwendbar für jede Art der Rohlaugen[1], ganz gleich, ob sie außer Kalzium noch andere Basen enthalten oder nicht. Für Kochlaugen und wohl auch für Gaslaugen ist sie nicht benutzbar, da die Gegenwart organischer Stoffe störend wirkt.

Bestimmung des Gesamtschwefelgehaltes. 5 cm³ Lauge werden mit 100 cm³ Wasser und einigen Kubikzentimeter Bromlösung versetzt. Sollte der Zusatz des Oxydationsmittels nicht reichen, was sich durch Wiederentfärbung der Flüssigkeit zu erkennen gibt, so muß hiervon noch so viel zugegeben werden, daß die gelbe Farbe Bestand hat. Man läßt einige Minuten stehen und erhitzt dann zum Sieden. Der vorhandene Kalk wird mit Ammonkarbonat gefällt, der Niederschlag abfiltriert, und in dem klaren Filtrat wird in bekannter Art die Schwefelsäure mit Bariumchlorid gefällt. 1 g des erhaltenen $BaSO_4$ entspricht 0,1374 g S.

Statt Brom kann man auch Wasserstoffsuperoxyd zur Überführung sämtlicher vorhandenen Oxydationsstufen des Schwefels in Schwefelsäure anwenden. Diese Oxydation wird anfangs in saurer und später in alkalischer Lösung ausgeführt, da einige Thionate nur in Gegenwart von Alkali restlos in Schwefelsäure umgewandelt werden. Auch hier muß in der Wärme gearbeitet werden.

Bestimmung von Thiosulfat- und Thionat-Schwefel in der Sulfitlauge[2]. a) Qualitative Proben. Prüfung auf Thiosulfat mittels der Reaktion von Pozzi-Escot[3]. 5 cm³ Lauge werden mit 5 cm³ 10 proz. Ammonium-Molybdatlösung versetzt, und das Gemisch wird dann vorsichtig mit konzentrierter Schwefelsäure unterschichtet. Setzt man darauf das die Probe enthaltende Reagenzglas dem Licht aus, so entsteht bei Anwesenheit von Thiosulfat an der Berührungszone beider Flüssigkeitsschichten eine tiefdunkelblaue Färbung. Die Schnelligkeit des Erscheinens und die Tiefe der Färbung geben einen ungefähren Anhaltspunkt über die Menge des vorhandenen Thiosulfates. Die Reaktion ist außerordentlich empfindlich.

Prüfung auf Thionate. Versetzt man eine Laugenprobe mit etwas festem, feinpulverisiertem Quecksilber(II)chlorid und schüttelt um, bis der Geruch nach schwefliger Säure verschwunden ist, so zeigt eine nach kurzer Zeit eintretende weiße Trübung der Laugenprobe an, daß sich in ihr noch andere Oxydations-

---

[1] Man vgl. aber bei H. Lauber: Wbl. Papierfabrikat., Festheft 1930, S. 50. Hier wird erwähnt, daß bei Laugen, welche nur sehr geringe Mengen Gips enthielten, die Methode versagt habe.

[2] Man vgl. R. Sieber: Zellstoff u. Papier **2**, 51 (1922).

[3] Pozzi-Escot: Bull. Soc. chim. France **13**, 401 (1913).

stufen des Schwefels als Di- und Trioxyd vorfinden. Die Reaktion ist doch nicht eindeutig für Thionate, da auch Thiosulfat die erwähnte Trübung hervorruft. Es ist ferner darauf zu achten, daß auch in reinen Sulfitlösungen, allerdings erst nach stundenlangem Stehen, eine feine Fällung sich absetzt.

b) **Quantitative Bestimmung.** Thiosulfat und Thionate kommen in der Lauge nur in ganz geringen Mengen vor, weshalb es ratsam ist, vor ihrer Bestimmung die vorhandene schweflige Säure zu beseitigen oder sie in eine Form überzuführen, in welcher sie nicht störend wirkt.

Man kann zu diesem Zwecke so verfahren, daß man die Laugenprobe mit neutralem Strontiumkarbonat versetzt und unter häufigem Schütteln längere Zeit damit in einer geschlossenen Flasche stehen läßt. Zur Beschleunigung der Umsetzung kann man die Reaktionsflüssigkeit auf $25 \cdots 30°$ erwärmen. Durch das Strontiumkarbonat wird der größte Teil der schwefligen Säure in sehr schwer lösliches Strontiumsulfit umgesetzt. Man filtriert von der Fällung ab und benutzt für die folgende Untersuchung das erhaltene klare Filtrat. In ihm wird zunächst der noch verbliebene Rest der schwefligen Säure durch Jodlösung zu Sulfat oxydiert, wobei gleichzeitig das Thiosulfat in Tetrathionat umgewandelt wird. Die eigentliche Bestimmung des Thiosulfat- und Thionatschwefels beruht auf folgendem. Sämtliche in Frage kommenden Thionate wie auch das Thiosulfat werden durch naszierenden Wasserstoff unter Bildung von Schwefelwasserstoff reduziert[1]. Dieser kann abgetrieben und quantitativ bestimmt werden. Den erforderlichen Wasserstoff erzeugt man am zweckmäßigsten aus schwefelfreiem Aluminium und Salzsäure. Die Ausführung der Bestimmung geschieht in dem abgebildeten Apparat, der weiter keiner Erläuterung bedarf (Abb. 45).

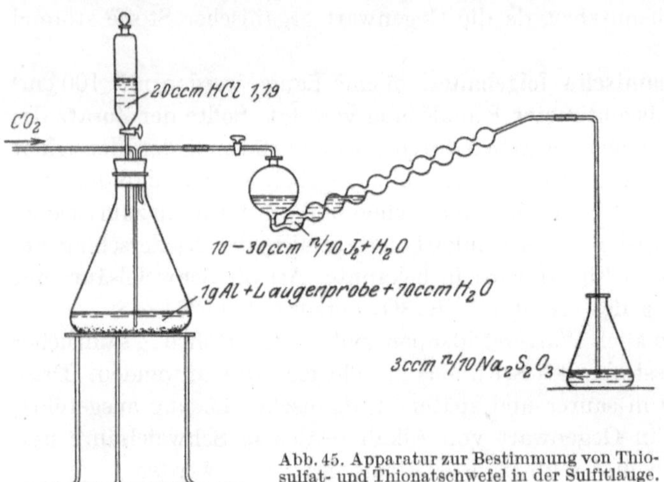

Abb. 45. Apparatur zur Bestimmung von Thiosulfat- und Thionatschwefel in der Sulfitlauge.

Hinzuzufügen wäre nur, daß die dort auch angegebenen Mengenverhältnisse der Reagenzien je nach der Menge des zu erwartenden Schwefels geändert werden müssen. In den Kolben füllt man die, wie oben angegeben, vorbereitete und filtrierte Laugenprobe. Man fügt etwas Wasser hinzu, verschließt wieder und leitet zunächst eine Viertelstunde lang Kohlensäure durch den Kolben, dann setzt man die Hälfte der Salzsäure zu, worauf nach einer Weile die Reaktion in Gang kommt. Man gibt ab und zu wieder etwas von der Säure hinzu und erwärmt schließlich ganz mäßig. Die Reduktion muß langsam durchgeführt werden, und sie be-

---

[1] SANDER, A.: Z. angew. Chem. **28**, 9 (1915); **29**, 11 (1916).

ansprucht etwa 1···2 Stunden. Gegen Ende der Bestimmung kann man ungefähr bis auf 80° kommen. Es ist zweckmäßig, sich mit Blei-Papier davon zu überzeugen, daß die Reaktion beendet ist. Der mit Natriumthiosulfatlösung gefüllte Erlenmeyerkolben am Ende des Zehnkugelrohres hat den Zweck, etwa verflüchtigtes Jod wieder aufzufangen. Der Inhalt des Absorptionsrohres wird quantitativ in einen größeren Titrierbecher gegeben, der Inhalt des Erlenmeyerkolbens zugefügt und der Überschuß der Jodlösung mit $n/10$-Natriumthiosulfat zurückgemessen. Hieraus kann der in Form von Schwefelwasserstoff abgespaltene Schwefel berechnet werden, und er gibt, wie oben erwähnt, ein Maß für die Gesamtmenge an Thiosulfat und Thionaten in der Lauge. 1 cm^3 $n/10$-Jodlösung zeigt $0,0016$ g S an.

Falls die qualitativen Proben auf genannte Verbindungen positiv ausgefallen sind, so wird man bei Anwendung von 25···50 cm^3 Lauge zur Bestimmung schon verläßliche Werte erhalten.

Bestimmung von Selen in der Sulfitlauge. a) Kolorimetrische Probe von MEYER und JANNEK[1]. Zu je 1 cm^3 der zu untersuchenden Lauge wird 0,1 g festes Natriumhydrosulfit zugesetzt und energisch geschüttelt, wodurch nach einigen Sekunden Orange- bis Rotfärbung auftritt. Wenn die Färbung sich nicht mehr vertieft, wird etwas Soda zugegeben. Die nunmehr verbleibende Farbe wird kolorimetrisch mit derjenigen verglichen, die man bei Anwendung von Selenlösung bekannten Gehaltes bekommt. Die Grenze des sicheren Nachweises liegt bei 1 : 120000. Engt man dünnere Lösungen vor der Prüfung ein, so kommt man auf 1 : 160000 als Grenze.

b) Kolorimetrische Schnellprüfung nach WOLKOFF[2]. Man erhitzt 10 cm^3 der Lauge, welche man, wenn sie trüb ist, filtriert hat, mit 2 cm^3 konzentrierter Salzsäure in einem Reagenzglas $1/2$ Stunde lang auf dem Wasserbad. Im Anfang muß man hierbei vorsichtig zu Wege gehen, um Verluste bei dem stürmischen Entweichen der schwefligen Säure zu verhindern. Man vergleicht dann über einem weißen Papierblatt die Farbe der abgekühlten Flüssigkeitssäule mit der Farbe einer gleich hohen Flüssigkeitssäule der nicht erhitzten zu prüfenden Lauge. Der mehr oder minder stark rötliche Ton der erhitzt gewesenen Probe zeigt die Gegenwart von Selen. Bei einigermaßen erheblichem Selengehalt bildet sich nach 24 Stunden auf dem Boden des Glases ein schwacher Belag von Selen. Erhitzt man die Probe zu kurze Zeit, so erhält man keine genügend starke Färbung. Bei zu langem Erhitzen andererseits kann die gelbbraune Färbung oxydierten Eisens die Gegenwart von Selen verdecken.

c) Quantitative Bestimmung[3]. Je nach der Menge des zu erwartenden Selens werden 5···10 l Lauge mit so viel konzentrierter Schwefelsäure vorsichtig versetzt, daß sämtlicher vorhandene Kalk als Sulfat gebunden wird. Zumeist reichen hierzu 10···15 cm^3 Säure je 1 l Sulfitlauge aus. Man engt diese so behandelte Laugenmenge einschließlich des Niederschlags durch Erhitzen auf dem Wasser- oder Dampfbad bis auf etwa 4 l ein, wobei man als Gefäß eine geräumige Porzellanschale benutzt. Bei diesem Eindampfen muß darauf geachtet werden, daß keine sich in einer Rötung bemerkbar machende Abscheidung von Selen

---

[1] MEYER u. JANNEK: Z. analyt. Chem. **50**, 536 (1915).
[2] WOLKOFF: Zellstoff u. Papier **5**, 355 (1925).
[3] Siehe Wbl. Papierfabrikat., Beil. Technol. **27**, 49 (1930).

erfolgt. Da dies zumeist am Rande der Schale auftritt, empfiehlt es sich, die dort sich abscheidenden Salzkrusten des öfteren herunterzuspülen. Sollte trotzdem Selenabscheidung erfolgen, so kann man sie durch Zugabe von konzentriertem Wasserstoffsuperoxyd wieder in Lösung bringen. Die eingeengte Lösung, deren Bodensatz frei von roten Selenteilchen sein muß, wird unter Benutzung eines Saugtrichters filtriert und der Niederschlag auf dem Filter wird mit kaltem Wasser gewaschen. Das erhaltene Filtrat wird anschließend weiter eingedunstet, und zwar bis auf rund 500 cm³. Auch hierbei muß etwa sich abscheidendes Selen, wie bereits erwähnt, wieder gelöst werden. Man bringt die Lösung dann in einen geräumigen Erlenmeyerkolben und fügt etwa 25 cm³ konzentrierte Salzsäure hinzu. Alsdann leitet man in den erwärmten Kolbeninhalt 30 Minuten lang schweflige Säure ein. Zur Unterstützung der Reduktion fügt man noch 1 g Hydroxylaminchlorhydrat zu und setzt das Einleiten der schwefligen Säure noch

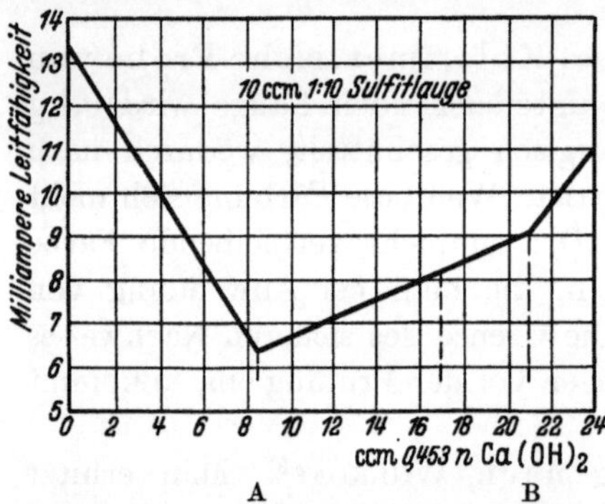

Abb. 46. Titrationsverlauf bei der konduktometrischen Analyse der Sulfitlauge. SO_2-Bestimmung.

etwa 20 Minuten lang fort. Sollte das sich abscheidende Selen nach diesem Zeitraum noch zu fein verteilt sein, so kann man durch längere Zeit währendes Erwärmen auf 80···90° es allmählich in eine filtrierbare Form überführen. Auf einer kleinen Nutsche trennt man dann durch Absaugen den Niederschlag von der Flüssigkeit. Sollte Selen mit durchs Filter gehen, so kann man dieses durch Zugabe von aufgeschwemmter Kieselgur dichten. Das Filter mit dem Niederschlag bringt man in ein Becherglas, in welchem man ihn durch Zugabe von konzentrierter Salzsäure und etwas konzentriertem Wasserstoffsuperoxyd in der Kälte löst. Man filtriert und fällt im Filtrat wieder, wie oben beschrieben, durch Einleiten von schwefliger Säure. Die Selenfällung wird dann in einem gewogenen mit Asbest beschickten Goochtiegel gesammelt. Statt dessen kann man die Bestimmung auch auf titrimetrischem Wege zu Ende führen. Hierzu verfährt man mit der ersten Selenfällung so, wie dies früher bei der Selenbestimmung im Kies beschrieben wurde, d. h. man verbrennt sie zu seleniger Säure, welche dann jodometrisch bestimmt wird.

Konduktometrische Analyse von Sulfitlaugen. Die Bestimmung erfolgt unter Anwendung der visuellen Leitfähigkeitstitration. Apparaturen für die Durchführung solcher Titrationen werden von einer Reihe von Firmen hergestellt, und es dürfte sich erübrigen, hierfür Bezugsquellen anzuführen. Am zweckmäßigsten ist es nach der Ausschlagsmethode zu arbeiten, wobei der Ausschlag eines Meßinstrumentes die Werte angibt, welche zum Aufzeichnen der Titrationskurve notwendig sind[1].

Ausführung nach Whittemore **und** Aronowsky[2]. Die gesamte und die freie Säure werden durch Titration von 10 cm³ der 1 : 10 verdünnten Original-

---

[1] Über die praktische Durchführung der konduktometrischen Methoden vgl. man bei: Kolthoff, I. M.: Konduktometrische Titrationen. Dresden 1923. — Jander, G., u. Otto Pfundt: Leitfähigkeitstitrationen und Leitfähigkeitsmessungen, 2. Aufl. Stuttgart 1934.

[2] Whittemore, E. R., u. S. I. Aronowsky: Paper Trade J. 110, 19 (1940).

lauge mit einer $^n/_{10}$-Ca(OH)$_2$-Lösung ermittelt, und zwar erfolgt die Titration beider Bestandteile in der gleichen Laugenprobe. Abb. 46 zeigt eine bei einer solchen Analyse aufgenommene Titrationskurve. Zu ihrer Erklärung sei folgendes bemerkt. Der erste Teil der Kurve, der durch den Verbrauch an Meßlösung von O bis A gekennzeichnet ist, entspricht der Überführung der wirklich freien Säure (e) in Bisulfit. Der Verbrauch $A \cdots B$ entspricht der Umsetzung des nun vorhandenen Bisulfites zu Monosulfit gemäß der Gleichung:

$$Ca\!\!\begin{array}{l}\diagup HSO_3 \\ \diagdown HSO_3\end{array} + Ca\,(OH)_2 = 2\,CaSO_3 + 2\,H_2O.$$

Bei B ist die Titration der Lauge beendet, der Verlauf des Linienzuges jenseits B ist durch einen Überschuß von $^n/_{10}$-Ca(OH)$_2$-Lösung bedingt.

Der Verlauf der Kurve und damit die Ermittlung der Punkte A und B kann bei Kenntnis der ungefähren Zusammensetzung der Lauge durch Vornahme von sechs Ablesungen ermittelt werden.

Es ergibt sich:

Gesamt-SO$_2$ zu $2\,(B-A)$
Freie SO$_2$ zu B $\Big\}\cdot 0{,}0032$ g.
Gebundene SO$_2$ zu $B-2\,A$

Der Kalkgehalt der Lauge wird durch eine entsprechende Titration einer weiteren Probe mit $^n/_{10}$-Kaliumoxalat bei einem p_H-Wert von 4,5 durchgeführt. Etwa vorhandenes Magnesium stört hierbei nicht. Den Verlauf einer solchen Kalkbestimmung zeigt Abb. 47. Der im Verlauf der Kurve zum Ausdruck kommende

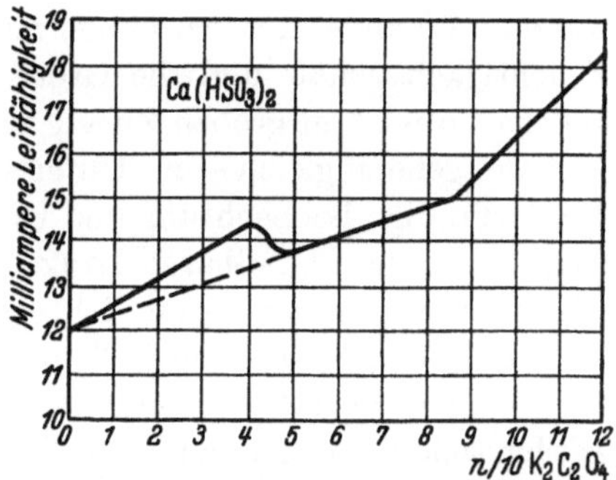

Abb. 47. Titrationsverlauf bei der konduktometrischen Analyse der Sulfitlauge. CaO-Bestimmung.

Sprung ist bedingt durch das beginnende Ausfallen des anfänglich noch in Lösung gehaltenen Kalziumoxalates. Ist Magnesium vorhanden, so kann es aus dem Wert für die gebundene Säure und dem wie eben beschrieben ermittelten Kalkwert ermittelt werden.

Kontrolle der Kochung und Untersuchung der Kochlaugen.

Allgemeines. Gegenstand der Betriebskontrolle in der Kocherei ist vor allem die Verfolgung und die Bestimmung des richtigen Abschlusses des Kochungsvorganges. In diesen Aufgabenbereich gehört zunächst die Untersuchung der Kochlauge beim Beginn des Aufschlußprozesses. Die Kochlauge kann in ihrer ursprünglichen Zusammensetzung von jener der gegasten sich durch einen etwas größeren Gehalt an organischen Stoffen unterscheiden. Es ist durch verschiedene Untersuchungen doch gezeigt worden, daß bei Einhaltung gewisser Versuchsbedingungen die Zusammensetzung der Kochlauge in diesem Stadium einwandfrei ermittelt werden kann, und zwar mit Hilfe von Methoden, welche früher bereits beschrieben worden sind. Dies gilt, wie besonders bemerkt werden soll, auch für die Ermittlung des Kalkgehaltes. Es ließ sich nämlich feststellen, daß die Differenz vom mit Kaliumpermanganat bestimmten Gesamtkalk und vom gesondert ermittelten Gipskalk ziemlich genau der Menge des aus der titrimetrischen Bestimmung der freien und der gesamtschwefligen Säure errechneten Sulfitkalkes entspricht[1].

Die weitere Verfolgung des Kochungsvorganges bezweckt letzten Endes den Erhalt eines Zellstoffes bestimmter Qualität und Eigenschaft. Vom chemischen Standpunkt aus betrachtet ist die Kochung ein Prozeß, dessen Durchführung ganz allgemein gesagt die bis zu einem gewünschten Grad erfolgende Herauslösung der Inkrusten aus dem Holz durch die Lauge bezweckt. Wenn nun die Gewinnung von möglichst gleichartig aufgeschlossenem Zellstoff angestrebt wird, so ist zweifellos eine der wichtigsten Voraussetzungen hierzu, daß man von vornherein möglichst gleiche Ausgangsbedingungen für die durchzuführende Reaktion schafft, also vor allem dafür sorgt, daß das Verhältnis der reagierenden Stoffe einigermaßen gleichbleibt. Von den reagierenden Stoffen wird die Lauge bei geregeltem Betrieb in ihrer Zusammensetzung nur mäßige Schwankungen aufweisen. Wenn weiter bei einigermaßen gleichartiger Herkunft des Holzes sein Feuchtigkeitsgehalt und die Größe der Hackspäne sich nur in engen Grenzen ändern, so wird in groben Zügen der Zustand beim Beginn der Reaktion immer sehr weitgehend gleich sein. Unter solchen Verhältnissen besteht die Möglichkeit, durch ständige Beobachtung und Untersuchung des einen der reagierenden Stoffe, nämlich der leicht faßbaren Lauge, den Aufschlußvorgang genügend sicher verfolgen zu können und zum richtigen Zeitpunkt abzubrechen.

Dies gilt nicht bloß für Zellstoffe, die für die Papiererzeugung in Frage kommen, sondern auch für solche, die einer chemischen Weiterverarbeitung zugeführt werden sollen, nur daß in diesem Fall nicht bloß eine, sondern verschiedene Eigenschaften der Lauge, beispielsweise neben dem Gehalt an gesamter schwefliger Säure, auch das Verhältnis von freier zu gesamter Säure in den Kreis des zu untersuchenden einbezogen werden müssen.

Die Untersuchung der Lauge im späteren Verlauf der Kochung kann grundsätzlich auf zwei verschiedene Arten erfolgen. Entweder kann die Abnahme der wirksamen anorganischen Agenzien festgestellt oder aber die Zunahme der in ihr sich anreichernden organischen Stoffe verfolgt werden. Beide Arten der Untersuchung sind jede für sich oder vereint in Gebrauch. Untersuchungen zwecks Auffindung von brauchbaren Methoden zur Ermittlung der Menge der gesamtschwefligen Säure und jener des Kalks in der ihren Gehalt an organischen Stoffen ständig erhöhenden Kochlauge sind mehrfach ausgeführt worden. Durch Untersuchungen von SIEBER und auch von OEMAN[2] ist gezeigt worden, daß die Bestimmung der gesamten wirksamen schwefligen Säure auf jodometrischem Wege bis zum Kochungsabschluß mit genügender Genauigkeit durchgeführt werden kann. Dagegen sind bis jetzt alle Bemühungen gescheitert, für die Ermittlung der freien schwefligen Säure eine einwandfreie Methode zu finden. Der Umstand, daß während der Kochung andere freie Säuren gebildet werden, erschwert jene Bestimmung außerordentlich, und selbst die versuchsweise Anwendung anderer Indikatoren hat hier bislang keine Abhilfe bringen können. Damit ist gleichzeitig auch gesagt, daß es eine Bestimmung für den Sulfitkalk

<hr>

[1] SIEBER, R.: Papierfabrikant **23**, 209 (1925).

[2] SIEBER, R.: Papierfabrikant **23**, 209 (1925). — OEMAN, E.: Maßanalytische Verfahren. Berlin 1928.

in der Form, wie sie bei der Frischlauge ausgeführt wird, für die Kochlauge im späteren Stadium der Kochung noch nicht gibt. Gerade dies ist unbestreitbar ein großer Mangel; ist es doch deshalb nicht möglich, zahlenmäßig genau festzulegen, wie weit man jeweils noch vom Zustand des vollkommenen Kalkmangels ist, einem Punkt, den man im Hinblick auf das dann drohende leichte Umschlagen und Schwarzwerden der Kochung möglichst nicht überschreiten soll.

Man ist lange der Ansicht gewesen, daß die bereits von MITSCHERLICH angegebene Ammoniakprobe eindeutig Aufschluß über den Kalkgehalt der Kochlauge gäbe. OEMAN[1] wies zuerst nach, und später sind seine Feststellungen von anderen bestätigt worden, daß dies ein Irrtum ist. Die mit Ammoniak erhaltene Fällung stellt vielmehr ein Maß für die in der Lauge noch verfügbare Menge an gesamtschwefliger (und lose gebundener) Säure dar. Was also durch die laufend bei einer Kochung ausgeführte Ammoniakprobe dargestellt wird, ist nicht die Abnahme des noch für organische Bindungen und die Neutralisation von Säuren verfügbaren Kalkes, sondern nichts anderes als die Abnahme des Titers der ursprünglich vorhandenen gesamtschwefligen Säure. Ganz so bedeutungslos als Maßstab für die Menge des für obige Zwecke noch verfügbaren Kalkes, wie nach diesen Erörterungen anzunehmen wäre, ist nun die Ammoniakprobe doch nicht. PETTERSSON[2] hat nämlich an Hand einer eingehenden Untersuchung gezeigt, daß dank der heute zumeist üblichen Art der Entnahme der Laugenproben aus dem Kocher trotz allem ein gewisser Zusammenhang zwischen dem Ausfall der Ammoniakprobe und dem Gehalt der Lauge an verfügbarem Kalk (Sulfitkalk) besteht. Bei der Probenahme ohne Kühler entweicht zufolge der plötzlichen Entspannung stets SO_2, aber die Menge der verbleibenden wird durch die Menge des noch vorhandenen Kalkes mitbestimmt. Da man nun nach dem gerade Zuvorgesagten mit der Ammoniakprobe ein Maß für noch in der Lauge vorhandenes SO_2 erhält, ist ohne weiteres ersichtlich, daß wirklich zwischen der Höhe der Fällung und dem Kalkgehalt der Lauge eine Beziehung obwaltet. Diese Beziehung kann man natürlich geradeso gut, wenn nicht besser, auch mit der Jodtitration der Lauge verfolgen. Jodtitration und Ammoniakprobe laufen also letzten Endes auf das gleiche hinaus: vorausgesetzt, daß die Lauge in der jetzt üblichen Weise ohne Kühler abgezapft wird, besteht ihr Wert darin, daß sie wenigstens bis zu einem gewissen Grade einen Rückschluß auf den noch vorhandenen Sulfitkalk zulassen.

Da auch SANDERS Quecksilberchloridmethode zufolge der schwierigen Erkennung des Indikatorumschlages versagt hat, so sind, um über den bestehenden Mangel einer Kalkbestimmung hinwegzuhelfen, sowohl von SIEBER[3], als auch von OEMAN[4] neuere Vorschläge gemacht worden. Diese Methoden sind allerdings noch nicht an einem genügend großen Material kritisch geprüft worden.

Die Beurteilung der Kochung nach dem Gehalt der Laugen an organischen Stoffen erfolgt bislang, da quantitative Bestimmungen zumeist erheblichen Zeitaufwand bedingen, vornehmlich durch Beobachtung qualitativer Merkmale. Bei dem gegenwärtigen Standpunkt der Kochungskontrolle ist zweifellos die Beob-

---

[1] OEMAN, E.: Papierfabrikant **14**, 509 (1916).
[2] PETTERSSON, G.: Papierfabrikant **22**, 613 (1924).
[3] Man vgl. R. SIEBER: Papierfabrikant **23**, 209 (1925).
[4] OEMAN, E.: Maßanalytische Verfahren. Berlin 1928.

achtung der Farbe ein gutes hierher gehöriges Hilfsmittel, sei es, daß diese unmittelbar in der Lauge oder aber erst nach Ausfällung des Kalkes durch Alkali geprüft wird. Voraussetzung für die Zuverlässigkeit der Probe ist jedenfalls die Verwendung von Holz, das in seiner Herkunft möglichst gleichartig bleibt. HÄGGLUND[1] insbesondere betont, daß das gegen Ende der Kochung auftretende Dunkelwerden der Lauge zur Zeit als eins der zuverlässigsten Mittel angesehen werden muß, um den bedenklich erscheinenden Kalkmangel beizeiten mit Sicherheit zu erkennen. Hiergegen ist doch einzuwenden, daß dieser Farbumschlag nur allmählich eintritt.

Infolgedessen kann allein auf Grund der Beobachtung der Farbe die Kochung nur dann abgebrochen werden, wenn man die Farbe in irgendeiner Weise, beispielsweise durch Vergleichsfarblösungen, festlegen kann. Diese subjektive Beurteilung kann aber neuerdings durch Benutzung lichtelektrischer Kolorimeter nicht allein genauer, sondern auch vollkommen objektiv, sowie in Zahlen ausdrückbar gestaltet werden, wodurch sie erheblich an Wert für die Kochungskontrolle gewinnt.

Die quantitativen Feststellungen des Gehaltes der Laugen an organischen Stoffen durch Messung mit dem Aräometer oder durch Bestimmung ihrer Viskosität dürften nur vereinzelt in Anwendung stehen. Auch über die allgemeine Brauchbarkeit dieser Methoden ist man noch nicht unterrichtet. Zu den wenigen quantitativen Methoden zur Bestimmung des Fortschrittes der Kochung durch Mengenermittlung definierter organischer Bestandteile der Lauge gehört ein von RASSOW und KRAFT[2] gemachter Vorschlag. Hiernach soll als Maß für jenen Fortschritt die Bestimmung der Zunahme der α-Ligninsulfosäure dienen. Nach Beobachtungen in der Praxis[3] ist diese Methode nicht frei von Mängeln und in ihrer Ausführung noch zu zeitraubend. Auch setzt ihre erfolgreiche Anwendung voraus, daß die Unterschiede der Füllung mit Holz und Lauge in den einzelnen Kochern sich in möglichst engen Grenzen halten[4].

Neben einem Vorschlag von HENNIG[5], die im Verlauf der Kochung entstehende Lignosulfosäure durch eine Kolloidtitration mit Fuchsin zu erfassen, ist weiter hierher noch eine neue Kontrollmethode von HAIDER[6] zu rechnen. Sie besteht darin, daß man in der Kochlauge ihren jeweiligen Gehalt an Kalzium-Sulfolignin und Gesamtzucker ermittelt und diese Werte benutzt, um daraus Folgerungen auf den Aufschlußgrad des Kochgutes zu ziehen. Wenn auch durch Einführung von refraktometrischen Bestimmungsmethoden eine beschleunigte Durchführung erreicht werden kann, so erscheint das Verfahren als Ganzes gesehen doch für den Betrieb noch zu schwierig und langwierig. Das Verfahren ist trotzdem erwähnenswert, weil es mit seiner Hilfe erstmalig gelungen sein dürfte, durch Bestimmung der absoluten Menge bei der Kochung entstehender organischer Reaktionsprodukte den Aufschlußprozeß verfolgen zu können, und weil es für Forschungsarbeiten auf dem Gebiet der Kochung zweifellos Bedeutung hat.

---

[1] HÄGGLUND, E.: Svensk kem. Tidskr. **36**, 133 (1924).

[2] KRAFT, H.: Dissert. Leipzig 1928. Man vgl. Papierfabrikant **27**, 489 (1929); Zellstoff u. Papier **9**, 93 (1929).

[3] Wbl. Papierfabrikat. **60**, 767 (1929).

[4] SUNDSTRÖM, E.: Suomen Paperi- ja Puntavalehti **23**, 73 (1941).

[5] HENNIG, G.: Papierfabrikant **30**, 179 (1932).

[6] HAIDER, C.: Papierfabrikant **33**, 321 (1935).

Über die Anwendungsmöglichkeit der elektrometrischen (konduktometrischen) Titration zur Kontrolle des Kochungsverlaufes liegen bislang nur einige wenige Untersuchungsmethoden vor. Nach WHITTEMORE und ARONOWSKY[1] scheint es nicht ausgeschlossen, daß man auf diesem Weg die Bestimmung von lignosulfosaurem Kalzium durchführen kann, hingegen macht das Auftreten von schwachen Säuren in der Kochlauge die Bestimmung ihrer schwefligsauren Bestandteile auf diesem Weg ungenau.

Bei den vorstehenden Erörterungen war bislang von der Voraussetzung ausgegangen, daß dank gleichartiger Beschaffenheit von Lauge und Holz sowie von Kocher zu Kocher nicht erheblich verschiedener Mengenverhältnisse beider zueinander zu Beginn der Kochungen im wesentlichen stets gleiche Anfangsbedingungen obwalten. Es sind doch Fälle denkbar, und in der Praxis treten sie nicht so selten ein, wo derartige Bedingungen nicht bestehen. So können die Holzmengen, welche in den Kocher kommen, beispielsweise als Folge veränderlichen Wassergehaltes oder dank anderem spezifischen Gewicht schwanken. Es kann dann das Mengenverhältnis der miteinander reagierenden Stoffe ein ständig veränderliches werden. Es ist leicht einzusehen, daß es in einem solchen Fall schwer, ja bisweilen unmöglich sein kann, allein aus der Beschaffenheit der Lauge etwas Unzweideutiges über den jeweiligen Stand des Aufschlußvorganges zu sagen, ganz gleich, welche Untersuchungsmethode man auch immer hier anwenden wird. In solchen Fällen ist es jedenfalls angezeigt, sich anderer Hilfsmittel zu bedienen, um wenigstens gegen das Ende der Kochung nicht ganz ohne verläßliche Richtschnur zu sein. Als solches Hilfsmittel kommt hier die Entnahme von Proben des Kochgutes selbst in Frage. Diese Probeentnahme von Stoff aus dem verschlossenen Kocher ist, wenn auch in primitiver Weise, beinahe so alt wie die Sulfitstoffindustrie selbst. Für die Begutachtung so erhaltener Kochgutproben sind bemerkenswerte Angaben gemacht worden, wenn auch nicht immer im Auge behalten wurde, daß gerade hier ganz besondere Ansprüche an das Prüfverfahren gestellt werden. Diese sind kurz angedeutet: rasche Ausführungsmöglichkeit, je kürzer, desto besser, und einwandfreies und zahlenmäßiges Anzeigen des Aufschlußgrades auch bei Ausführung von mit chemischen Arbeiten wenig vertrauten Leuten.

Versucht man, das Vorstehende über die Kontrolle der Kochung noch einmal kurz zusammenzufassen, so läßt sich etwa folgendes sagen. Wenn man den Vorteil genießt, besonders dank gleicher Holzbeschaffenheit immer oder doch periodenweise die gleichen Ausgangsbedingungen zu haben, so ist eine Kontrolle des Verlaufes der Kochung und die Feststellung des Endpunktes durch fortlaufende Untersuchung der Lauge möglich. Ist hier einmal der genaue normale Kochverlauf festgelegt, so muß letzten Endes jede Untersuchungsmethode, welche überhaupt den Verlauf der Kochung verfolgen läßt, zum Ziel führen. Hierbei ist natürlich weiter vorausgesetzt, daß keine Schwierigkeiten bestehen, den normalen Temperatur- und Druckverlauf bei der Kochung einzuhalten. Überall jedoch, wo man von vornherein stark wechselnde Bedingungen bereits beim Kochungsbeginn hat, wird eine Untersuchung der Lauge allein unzureichend sein, um das gewünschte Endziel zu erreichen, nämlich die Erzeugung eines stets

---

[1] WHITTEMORE, E. R., u. S. I. ARONOWSKY: Paper Trade J. **110**, 19 (1940).

gleichartigen Stoffes. In solchen Fällen wird es immer vorteilhafter sein, an Hand von dem Kocher entnommenen Stoffproben den Zeitpunkt für den Abbruch der Kochung festzulegen. Damit ist gewiß nicht gesagt, daß die Anwendung von Stoffprobenehmern allein auf solche besonderen Ausnahmen beschränkt werden sollte. Sie sind im Gegenteil unter allen Betriebsverhältnissen ein sicheres Hilfsmittel bei der Überwachung der Kochungen.

Über die Entnahme der Proben. Es ist zur Genüge bekannt, daß an unterschiedlichen Stellen des Kochers ganz verschiedene Temperaturen herrschen, daß der Umlauf der Lauge, vorausgesetzt, daß diese nicht umgepumpt wird, nicht überall im Kocher in der gleichen Weise erfolgt, kurz, daß die Reaktionsbedingungen im Kocher nicht einheitliche sind. Was man als Laugen- oder Stoffprobe aus dem Kocher erhält, zeigt daher zumeist deren Beschaffenheit nur in der Umgebung des Probenehmers an. Allein die praktische Erfahrung ermöglicht es, aus der Beschaffenheit einer solchen Probe Rückschlüsse auf den Gesamtinhalt des Kochers zu tun. Die Entnahme von Laugenproben erfolgt wohl gewöhnlich ohne Kühler. Man hat durch Schaltung eines solchen hinter den Probehahn versucht, Proben zu erhalten, die in ihrer Zusammensetzung mit der Lauge im Kocher übereinstimmen. Bei dem hohen Druck im Kocher ist dieses Ziel jedoch nur dann erreichbar, wenn sehr stark gekühlt und die Probe langsam entnommen wird. Sie muß vollkommen kalt aus dem Kühler austreten. Bei der Entnahme ohne Kühler ist stets auf Einhaltung möglichst gleichartiger Bedingungen zu achten. Nur dann erhält man richtige Vergleichswerte. Die entnommenen Laugenproben werden zweckmäßig vor der Untersuchung im verschlossenen Gefäß rasch abgekühlt. Zur Titration verdünnt man auch hier 10 cm^3 der Lauge mit Wasser auf 100 cm^3 und verwendet 10 oder 20 cm^3 der verdünnten Lösung.

Bestimmung der gesamtschwefligen Säure. Sie erfolgt durch Titration mit $n/10$-Jodlösung unter Einhaltung der bei der Untersuchung der Frischlaugen mitgeteilten Versuchsbedingungen. Es ist nicht empfehlenswert, die $n/10$-Jodlösung durch eine schwächere zu ersetzen. In diesem Fall wird die Einwirkung der organischen Substanz auf das Ergebnis der Titration besonders gegen Schluß der Kochung nicht unbedeutend. Die Berechnung des Ergebnisses erfolgt wie früher mitgeteilt wurde.

Statt Jodlösung kann selbstverständlich auch Clorinalösung benutzt werden. Ebenso kann die Jodatmethode hier Anwendung finden.

Bestimmung der freien schwefligen Säure und des Sulfitkalkes in der Kochlauge zu Beginn der Kochung. Die Mengenermittlung dieser beiden Bestandteile in der ursprünglichen Kochlauge wird nach den gleichen Methoden vorgenommen, wie sie bei der Untersuchung der Frischlaugen beschrieben worden sind.

Bestimmung der Gesamtmenge der freien Säuren im späteren Verlauf der Kochung. (Freie schweflige und freie organische Säuren.) Man titriert eine verdünnte Laugenprobe mit $n/10$-Alkali unter Anwendung von Thymolphthalein als Indikator. Phenophthalein kann bei dieser Bestimmung auch Anwendung finden, dann ist es jedoch unbedingt erforderlich, das bei der Ausführung der Titration benötigte Verdünnungswasser vorher unter Anwendung dieses Indikators neutral zu stellen. Da man die einzelnen Säuren in der Lauge ihrer Menge und Zusammensetzung nach nicht kennt, ist es am einfachsten, das

Ergebnis in Normalität auszudrücken. Werden beispielsweise für 1 cm³ unverdünnte Kochlauge a cm³ $^n/_{10}$-Alkali benötigt, so ist die Normalität der Kochlauge gleich $0,1 \cdot a$.

Bestimmung des Sulfitkalkes im späteren Verlauf der Kochung. (Die folgenden Methoden sind Vorschläge, welche noch nicht vollkommen durchgeprüft worden sind.) a) Vorschlag von OEMAN. 10 cm³ Kochlauge werden 6 Minuten lang in einem Erlenmeyerkolben gekocht, wodurch die freie und die halbgebundene schweflige Säure vertrieben werden. Anschließend wird die Probe abgekühlt, mit Wasser auf 150 cm³ verdünnt, 1 cm³ 2n-Salzsäure zugegeben und sogleich mit $^n/_{10}$-Jodlösung titriert. Es entspricht 1 cm³ davon 0,006 g $CaSO_3$ und 0,0028 g CaO. Voraussetzung für die Erlangung verläßlicher Werte ist die genaue Einhaltung der Kochzeit und die Vermeidung stärkeren Erhitzens als notwendig. Um besonders im Betrieb die Durchführung dieser Probe zu erleichtern, hat OEMAN empfohlen, das Erhitzen durch Blasen von Dampf über die Oberfläche der Probe zu ersetzen.

b) Vorschlag von SIEBER. Fällungsprobe für die Praxis. Neutralisiert man eine Kochlauge bis zu dem Punkt, wo alle freien Säuren abgesättigt sind, so zeigt der im Verlauf einer Kochung hierbei erhaltene Niederschlag ständige Abnahme, und er verschwindet schließlich vor Ausgang der Kochung zumeist vollständig. Da diese so erhaltenen Fällungen von Kalziumsulfit keine Beziehung zu dem Gehalt der Lauge an schwefliger Säure zeigen, besteht kein Zusammenhang mit der Mitscherlichprobe, welche sich ja im stark alkalischen Mittel abspielt. Zur Ausführung der Probe bestimmt man in der Kochlauge, wie oben angegeben, zunnächst die Gesamtmenge der freien Säuren durch Titration mit $^n/_{10}$-Alkali. Darauf gibt man in ein geräumiges Reagenzrohr 20 cm³ unverdünnte Kochlauge, kühlt ab und setzt nun unter ständigem gutem Umschwenken aus einer Bürette so viel $^n/_1$-Alkalilösung hinzu, als man zur Titration von 2 cm³ Lauge $^n/_{10}$-Alkalilösung benötigt hätte. Um sicher zu sein, daß der Neutralpunkt nicht überschritten wird, empfiehlt es sich, eher etwas weniger $^n/_1$-Lauge als notwendig anzuwenden, um so mehr, als es ja nur darauf ankommt, die freie und die halbgebundene schweflige Säure und nicht die organischen Säuren zu neutralisieren. Der erhaltene Niederschlag dürfte ein Maß für noch vorhandenen Sulfitkalk darstellen. Verschwindet er, so besteht die Gefahr des Umschlagens der Kochung.

Es sei bemerkt, daß es bei Ausführung der Probe vor allem darauf ankommt, zu vermeiden, daß jeweils ein Überschuß an Alkali in der Flüssigkeit ist, weshalb man durch gutes Umschwenken für dessen rasche und gleichmäßige Verteilung in der Laugenprobe sorgen muß.

c) Vorschlag von SIEBER. Quantitative Bestimmung für genaue Untersuchungen. Zur Ausführung werden anfangs 5, im späteren Verlauf der Kochung 10 cm³ Kochlauge angewandt. Man gibt sie ohne irgendwelche Verdünnung in einen kleinen Erlenmeyerkolben und setzt 2 cm³ einer Zinn(II)chloridlösung hinzu, welche durch Lösen von 0,23 g $SnCl_2 \cdot 2H_2O$ in 1 l Wasser erhalten worden ist. Dieser Zusatz hat den Zweck, Oxydation des Sulfits zu Sulfat bei der nachfolgenden Behandlung zu verhindern. Auf einer elektrischen Wärmeplatte oder im Dampfbad dampft man zur Trockne ein. Zum Trockenrückstand im Kolben setzt man einige Tropfen kaltes Wasser, wodurch die organische Substanz sowie die organischen Kalkverbindungen wieder in Lösung gehen. Man gießt diese dunkle Lösung durch ein Filter und wäscht den Rückstand im Kolben nochmals mit wenig kaltem Wasser nach. Dann durchstößt man das Filter mit einem Glasstab, spritzt den etwa auf das Filter gekommenen Anteil des ausgefallenen anorganisch gebundenen Kalkes in den unter den Trichter gestellten, die Hauptmenge hiervon enthaltenden Erlenmeyerkolben, gibt 150 cm^3 Wasser hinzu und säuert mit einigen Tropfen Salzsäure an. Darauf wird unmittelbar mit $n/_{10}$-Jodlösung titriert. 1 cm^3 $n/_{10}$-Jod entspricht 0,006 g CaSO$_3$ oder 0,0028 g CaO.

Bestimmung des Gesamtkalkgehaltes. Man fällt in der gleichen Weise, wie bei der Untersuchung der Frischlaugen beschrieben, nach dem Ansäuern und Austreiben der schwefligen Säure in einer Laugenprobe den Kalk mittels Ammonoxalat. Die weitere Aufarbeitung des Niederschlags erfolgt wie dort beschrieben. Statt dessen kann man auch die Laugenprobe zur Trockne eindampfen, den Rückstand veraschen und in der Asche den Kalk bestimmen.

Bestimmung des SO$_4$-Ions (Gips). In jenen Laugen, welche aus der ersten Hälfte der Kochung stammen, läßt sich das SO$_4$-Ion in gleicher Weise bestimmen wie in den Frischlaugen. Mit dem weiteren Fortschreiten der Kochung treten jedoch Schwierigkeiten auf; der Niederschlag, welcher mit Bariumchlorid erhalten wird, enthält zumeist organische Substanzen, welche seiner weiteren Aufarbeitung sehr hinderlich sein können. Das Arbeiten in großer Verdünnung — 25 cm^3 Kochlauge in 250$\cdots$300 cm^3 Wasser — während des Austreibens der schwefligen Säure im Kohlensäurestrom durch Kochen mit Salzsäure sowie beim späteren Fällen mit Bariumchlorid erleichtert die Bestimmung oft wesentlich. In Fällen, wo auch diese Arbeitsweise versagen sollte, empfiehlt sich die Anwendung von Vorschriften, welche im Abschnitt Untersuchung der Ablauge beschrieben sind. Schließlich sei erwähnt, daß man durch Sättigen mit Kochsalz aus der Kochlauge organische Bestandteile ausfällen kann und dann eine Lauge erhält, in welcher die SO$_4$-Bestimmung weniger schwierig auszuführen ist. Über die Berechnung vergleiche man unter Untersuchung der Frischlaugen.

Bestimmung der organisch gebundenen schwefligen Säure nach KLASON. In einer Probe der Lauge bestimmt man die gesamtschweflige Säure auf üblichem jodometrischem Wege, entfärbt die Lösung mit einem Tropfen Thiosulfatlösung und macht dann die Flüssigkeit mit Hilfe einer 10proz. Kalilauge stark alkalisch, um schweflige Säure aus ihren Aldehyd- oder Ätherverbindungen frei zu machen. Man läßt 20 Minuten in der Kälte stehen, säuert dann an und titriert wiederum mit $n/_{10}$-Jodlösung.

Der bei der zweiten Titration erhaltene Jodverbrauch gibt die Menge schwefliger Säure an, welche organisch gebunden ist.

Ammoniakprobe nach Mitscherlich. Die Probe beruht darauf, daß ein reichlicher Überschuß von Ammoniak in der Kochlauge eine Fällung von Kalk hervorruft, deren Abnahme laufend während einer Kochung verfolgt wird. Zu ihrer Ausführung benötigt man eine Reihe von gleich weiten, etwa 200 mm langen Probegläsern. Man füllt die durch Erfahrung festgestellte konzentrierte Ammoniakmenge in die Gläser und läßt die Kochlauge dann in diese bis nahe zum oberen Rand hineinlaufen. Man verschließt das Reagenzrohr mit einer kleinen Gummiplatte, schüttelt um und läßt absitzen. Die nach den einzelnen Stunden der Kochung ausgeführten Proben verwahrt man bis zum Abschluß der Kochung in einem Gestell, wodurch man mit einem Blick deren Verlauf erkennen kann.

Während die anfangs erhaltenen Fällungen rein weiß sind, weisen die vom späteren Verlauf der Kochung gelbliche Tönung auf. Aus der Menge des Niederschlags, der Änderung seiner Farbe, sowie auch aus der Art, wie er entsteht und sich absetzt, können auf Grund von Erfahrungen Rückschlüsse auf den Stand der Kochung erfolgen.

Vergleich der Farbe der Kochlaugen mit der von Standardproben. Anwendung von lichtelektrischen Kolorimetern. Kochlaugenproben lassen sich als Farbvergleichsproben nicht mit Vorteil verwenden. Es ist nämlich häufig beobachtet worden, daß sie selbst im eingeschmolzenen Zustande ihren Farbton ändern. Er wird gewöhnlich mit der Zeit dunkler. Besser geeignet sind schon Proben verschieden starker Jodlösungen (in Jodkalium). Die die verschiedenen Jodlösungen enthaltenden, hermetisch verschlossenen oder zugeschmolzenen Glasröhren muß man jedoch unbedingt vor Licht bewahren, sonst ändern auch sie ihre Farbe bald. Sehr gut haben sich in manchen Fabriken für diesen Zweck verschieden starke Kaffeelösungen oder Ölproben bewährt. Wenn sie in dicht verschlossenen Proberöhren aufbewahrt werden, sollen auch mit der Zeit keine Farbtonänderungen eintreten. Man wird sich im allgemeinen derartige Standardproben nur für die Endlaugen der Kochung herstellen, als ausschließliches Hilfsmittel zur Feststellung des Abschlusses der Kochung wird man sie aber kaum benutzen.

Wie bereits erwähnt, lassen sich diese behelfsmäßigen Farbvergleiche, deren Ergebnis sehr individuell sein kann, jetzt genauer durchführen. Erforderlich ist hierzu ein lichtelektrisches Kolorimeter (HELLIGE, LANGE[1]). Es gestattet durch Anwendung eines Photoelementes eine völlig objektive Messung entweder des absoluten Wertes der Lichtabsorption oder aber einen zuverlässigen und genauen Vergleich mit einer Standardlauge. An einem Zeigerinstrument werden die erhaltenen Werte abgelesen. Die Messung ist an der abgekühlten Lauge sehr rasch und einfach durchführbar und kann ohne Schwierigkeit im Betrieb von angelernten Leuten vorgenommen werden. Von besonderer Bedeutung erscheint die Tatsache, daß sie in Zahlen ausdrückbar ist. Diese Methode der Farbmessung oder Vergleichung ist in verschiedenen Betrieben eingeführt.

Die von FLEURY[2] angegebene kolorimetrische Vergleichsprobe wird gemäß nachstehender Vorschrift ausgeführt. 50 cm³ der zu prüfenden Lauge werden mit 25 cm³ Ammoniak (1 : 5) und 25 cm³ Alkohol (1 : 1) versetzt, worauf die ausfallenden Kalk- und Magnesiumsulfite abfiltriert werden. Das Filtrat wird nach einer stets gleichen Verdünnung in einem Kolorimeter geprüft, als welches von FLEURY im besonderen HESS-IVES Photometer empfohlen wird. Der Zusatz von Alkohol soll nach FLEURY die störende Oxydationsfähigkeit der Aldehydgruppen zu Karboxyl aufhalten.

Bestimmung des p_H-Wertes. Die Ermittlung des p_H-Wertes der Kochlauge läßt sich auf elektrometrischem Weg unter Anwendung der Glaselektrode gut durchführen. Antimon- und Gaselektrode geben zufolge des großen Reduktionsvermögens der schwefligen Säure keine zufriedenstellenden Werte. Mit großer Annäherung kann der p_H-Wert der Laugen auch kolorimetrisch gefunden werden.

---

[1] LANGE, B.: Die Photoelemente und ihre Anwendung. Leipzig 1936.
[2] FLEURY: Paper Trade J. **35**, 663 (1925); Papierfabrikant **23**, 273 (1925).

Da die Laugen im späteren Verlauf der Kochung sehr dunkel werden, empfiehlt sich eine Verdünnung mit doppelt destilliertem Wasser im Verhältnis ein Teil Lauge zu fünf Teilen Wasser. Hierdurch tritt zwar eine geringe Verschiebung des p_H-Wertes ein, aber der allgemeine Verlauf seiner Änderung während der Kochung ist der gleiche bei verdünnten und unverdünnten Laugen. Der Grad der Verdünnung muß bei den verschiedenen zu prüfenden Laugen der gleiche sein. Durch die Verdünnung wird auch die chemische Einwirkung der schwefligen Säure auf den Indikator zurückgedrängt.

Bestimmung der relativen Zunahme der α-Ligninsulfosäure nach RASSOW und KRAFT. Man verdünnt 50 cm³ Lauge in einem 100 cm³ fassenden Meßkolben durch Auffüllen bis zur Marke. Von dieser verdünnten Laugenlösung werden 30 cm³ in einen zweiten 100-cm³-Meßkolben gegeben und hierin mit 20 cm³ Benzidinlösung der unten angegebenen Konzentration gefällt. Nach gutem Umschütteln wird bis zur Marke aufgefüllt. Man läßt absitzen und filtriert dann durch ein trockenes Faltenfilter in ein trockenes Becherglas. Nachdem man die ersten Anteile des Filtrates verworfen hat, fängt man weiter davon so viel auf, daß man ohne Schwierigkeit 10 cm³ abpipettieren kann. In diesen 10 cm³ bestimmt man das überschüssige Benzidin nach RASCHIGS Vorschrift. Zu diesem Zweck versetzt man die 10 cm³ in einem Becherglas mit 30 cm³ einer Natriumsulfatlösung, welche 50 g Na_2SO_4 im Liter enthält. Das sich abscheidende Benzidinsulfat bringt man nach kurzem Stehen quantitativ auf einen Büchnertrichter, saugt langsam ab und wäscht mehrere Male mit kleinen Mengen kalten Wassers. Der Niederschlag wird samt dem Filter in einen Erlenmeyerkolben gegeben, welcher etwa 50 cm³ Wasser enthält; der Kolben wird mit einem Gummipfropfen verschlossen und so lange geschüttelt, bis das Filter zerfasert ist. Nachdem der Pfropfen abgespült wurde, kocht man auf, gibt Phenolphthalein hinzu und titriert mit $^n/_{10}$-Alkali. Den Verbrauch hieran bezeichnen RASSOW und KRAFT als die Natronlaugenzahl der betreffenden Lauge. Die Menge des an die α-Ligninsulfosäure gebundenen Benzidins steht im umgekehrten Verhältnis zu der Natronlaugemenge, welche für die Neutralisation der aus dem Benzidin abgespaltenen Schwefelsäure verbraucht wird. Daher stehen auch die Natronlaugezahlen im umgekehrten Verhältnis zu den Mengen jener α-Ligninsulfosäure. Führt man diese Bestimmung während einer Kochung in regelmäßigen Abständen durch, so ergeben die erhaltenen Werte eine Kurve, welche über die Zunahme der α-Ligninsulfosäure unterrichtet.

Herstellung der Benzidinlösung. Man verreibt 40 g reines Benzidin mit 40 cm³ destilliertem Wasser. Den erhaltenen Brei spült man mit 750 cm³ Wasser in einen 1000 cm³ fassenden Kolben und gibt 50 cm³ konzentrierte Salzsäure (spezifisches Gewicht 1,19) hinzu. Der Kolben wird schließlich mit Wasser bis zur Marke aufgefüllt. Sollten möglicherweise einige Anteile des Benzidins nicht gelöst worden sein, so muß man den Kolbeninhalt filtrieren. Man ermittelt zunächst, wieviel Kubikzentimeter $^n/_{10}$-Alkali den bei der Untersuchung der Kochlaugen benutzten 20 cm³ Benzidinlösung entsprechen. Zu diesem Zweck verdünnt man in einem Meßkolben 20 cm³ der Benzidinlösung mit Wasser auf 100 cm³, fällt von dieser verdünnten Lösung 10 cm³ in der oben angegebenen Weise mit Natriumsulfat und titriert den erhaltenen Niederschlag mit $^n/_{10}$-Alkali.

Bestimmung von lignosulfosaurem Kalzium und Zucker nach HAIDER. Der Grundgedanke der Kontrollmethode von HAIDER[1] ist folgender. In der dem Kocher entnommenen Laugenprobe wird nach Entfernung des Kalziumbisulfites durch Messung des Brechungsindexes der Gesamtgehalt an Kalziumsulfolignin und Zucker ermittelt. Anschließend wird dann durch Alkohol die organische Kalziumverbindung quantitativ ausgefällt und deren Menge ebenfalls refraktometrisch festgestellt. Die in der Lauge vorhandenen Mengen an sulfosaurem Kalzium und Zucker sind für den Aufschlußzustand des Kochgutes kennzeichnend. Ist sonach auf empirischem Weg die Beziehung zwischen den ligninhaltigen Stoffen sowie den Zuckern einerseits und dem Aufschlußgrad des Kochgutes für die obwaltenden Verhältnisse andererseits einmal ermittelt, so ist es möglich, durch diese Kontrollmethode den richtigen Endpunkt für das Abstellen der Kochung festzulegen.

Ausführung der Bestimmung. Es wird die vom Kocher entnommene fast klare Laugenprobe in einem Reagenzglas in kleinen Mengen mit festem wasserfreiem Kalziumkarbonat im Überschuß versetzt, auf 80···100° erhitzt und bis zum Aufhören der Gasentwicklung kräftig geschüttelt. Diese nun $Ca(HSO_3)_2$freie Probe wird abfiltriert oder in einer Zentrifuge vom ausgefällten Sulfit und vom Karbonatüberschuß befreit. Von der klaren Lösung, welche auf 20° eingestellt wird, werden 2 cm³ abpipettiert und zur Bestimmung verwendet. In diesen 2 cm³ wird das Kalziumsulfolignin in der nachstehend beschriebenen Weise abgetrennt.

2 cm³ werden mit 8 cm³ 95 vol.-proz. Alkohol in Mengen von je $^1/_2$ cm³ unter Umrühren versetzt. Als Fällungsgefäß dient ein starkwandiges Reagenzglas von etwa 11 cm³ Inhalt.

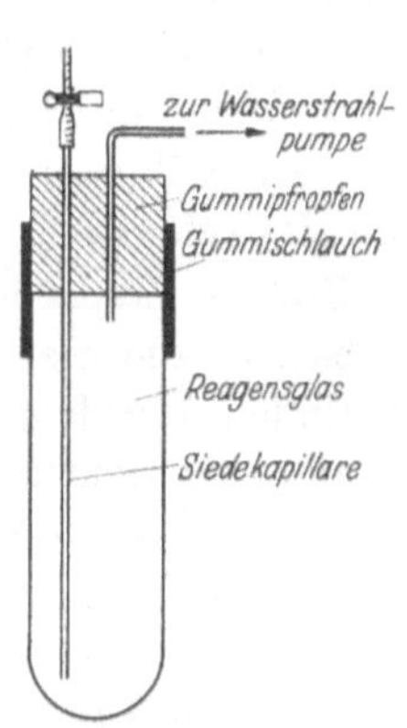

Abb. 48. Abdampfvorrichtung. (Nach HAIDER.)

Zum Rühren bei der Fällung dient ein Glasstab von etwa 1,5 mm Dicke und 15 cm Länge. Nach erfolgter Fällung werden zwei solcher Proben in eine Zentrifuge entsprechender Größe eingesetzt und 5 Minuten bei 1000 Umdrehungen/Minute zwecks dichten Abscheidens der Fällung geschleudert. Die klare überstehende Lösung wird ohne Substanzverlust dekantiert, der Niederschlag mit 95 vol.-proz. Alkohol versetzt, mittels Glasstab aufgeschlämmt, welcher nach jedesmaligem Gebrauch gut abtropfen gelassen und (in einer Klemme horizontal eingespannt) für den weiteren Gebrauch für die gleiche Probe verwahrt wird. Nach ganz kurzer Zeit des Schleuderns ist die über dem Niederschlag befindliche Flüssigkeit klar und kann abgegossen werden. Läßt sich der Niederschlag nur schwer abschleudern, was bei zuckerfreiem Kalziumsulfolignin des öfteren der Fall ist, so genügt ein Zusatz von 0,01···0,02 g Kieselgur, um die in feinster Verteilung noch in Schwebe bleibende Fällung niederzuschlagen. Der am Niederschlag haftende Alkohol muß sorgfältig entfernt werden, da er sonst bei der folgenden refraktometrischen Bestimmung des Kalziumsulfolignins, welche in wäßriger Lösung erfolgt, die Refraktometerwerte fälschen würde. Durch Abdampfen im Vakuum wird der Kalziumsulfolignin-Niederschlag alkoholfrei erhalten. Zu diesem Zwecke wird die in Abb. 48 dargestellte Abdampfvorrichtung

---

[1] HAIDER, C.: Papierfabrikant **33**, 221 (1935).

verwendet. Die Verdampfung des Alkohols ist in kurzer Zeit restlos, wodurch die Farbe des Niederschlages heller wird, und man kann zur vollkommenen Sicherheit den Eindampfapparat zerlegt in den Trockenschrank stellen und auf $100 \cdots 105°$ erwärmen. Das so getrocknete, pulvrige Kalziumsulfolignin wird nun aus einer Meßbürette mit 4 cm³ Wasser von 20° versetzt und gelöst, die am Kapillarrohr des Abdampfapparates und des Glasstabes etwa haftenden Mengen des Niederschlages werden ebenfalls zur Lösung gebracht. Von der Lösung wird bei konstanter Temperatur von 20° mittels Eintauchrefraktometers der Brechungswert bestimmt.

Die am Refraktometer abgelesenen Teilstriche entsprechen einer bestimmten Menge Kalziumsulfolignin im Liter, die aus der Tabelle 51 im Anhang zu entnehmen ist.

Da man aus Gründen der größeren Handlichkeit und Genauigkeit den Kalziumsulfolignin-Niederschlag nicht auffüllt, sondern, wie oben geschildert, mit konstanter Wassermenge von 4 cm³ löst, muß die Gewichtsmenge in der Volumeinheit rechnerisch ermittelt werden.

Zwecks Ersparung dieser jedesmaligen Umrechnung ist im Anhang Abb. 167 enthalten, die gestattet, aus den beobachteten Refraktometer-Teilstrichen jene zu finden, die dem wahren Kalziumlignin-Gehalt entsprechen. Damit ist dann die eine der beiden Komponenten in der Lauge mengenmäßig ermittelt.

In einem weiteren Teil der SO_2-freien, also neutralen und klaren Kocherlauge wird die Gesamtbrechung ermittelt, deren Wert den gesamten Gehalt an Kalziumsulfolignin und an den Zuckern ergibt. Vermindert man die diesem Wert entsprechenden Teilstriche um jene Anzahl Teilstriche, die dem Kalziumsulfolignin entsprechen, und vermehrt sie um den Wasserwert bei 20° (in dem nachstehenden Falle des Beispieles 14,5 Teilstriche), so erhält man die Teilstricheanzahl, wie sie der Brechung der nur mehr das Zuckergemisch enthaltenden Lösung entspricht. Diese Teilstricheanzahl ist dann schließlich nach der Tabelle 51 in die entsprechende Konzentration der Zucker umzuwerten. Für das bei der Neutralisation in Lösung gebliebene Kalziumkarbonat werden in beiden Fällen der refraktometrischen Messung $^1/_{10}$ Teilstrich in Abzug gebracht. Bei Konzentrationen über 5,5 g Kalziumsulfolignin in 100 cm³ in der Kocherlauge werden nicht 2 cm³ sondern 1 cm³ der neutralen Lösung für die Bestimmung verwendet und diese Menge mit Wasser auf 2 cm³ gebracht; die Umrechnung wird in diesem Falle wie normal durchgeführt, nur das Endergebnis verdoppelt.

Die Umrechnung der Beobachtung auf die Ergebnisse zeigt beispielsweise folgende Übersicht.

| | Refraktometer-Teilstriche | | Refraktometer-Teilstriche | Lauge enthält in 100 cm³ | |
| | Ca-Sulfolignin | | | | |
SO_2-freie Lauge	gemessen	umgerechnet nach Abb 167	Zucker	Ca-Sulfolignin g	Zucker g
71,3	25,6	37,9	71,3 — 37,9 + 14,5 = 47,9	4,66	1,60
49,5	20,2	26,8	49,5 — 26,8 + 14,5 = 37,2	2,47	1,10

Auswertung der Ergebnisse. Zur praktischen Auswertung der Methode ist es erforderlich, durch Versuche im großen zu ermitteln, in welcher Beziehung der Gehalt an ligninsulfosaurem Kalk zum Aufschlußgrad des Stoffes steht. Unter im übrigen gleichen Bedingungen fand HAIDER für den von ihm untersuchten Fall, der nicht ohne weiteres verallgemeinert werden darf, den in Abb. 49 wiedergegebenen Zusammenhang.

Die theoretischen Grundlagen der Methode sind von HAIDER sehr eingehend ermittelt und beschrieben worden. Die im Anhang angeführte Tabelle 51 und die Abb. 167 entstammen seiner Arbeit. Um auf die darin enthaltenen Teilstrichwerte bei Anwendung eines anderen Refraktometers gegebenenfalls verzichten zu können, sind auch die zugehörigen Werte für den Brechungsindex aufgeführt.

Für den Aufschlußgrad des Stoffes an sich könnte es genügen, den Gehalt der Lauge an lignosulfosaurem Kalk allein zu bestimmen. HAIDER empfiehlt aber trotzdem die Zuckerbestimmung gleichzeitig mit durchzuführen, weil der im Zellstoff verbleibende Gehalt an Begleit-Kohlehydraten von Einfluß auf seine papiertechnischen Eigenschaften, nämlich die Mahlbarkeit ist.

Bestimmung der Menge der gelösten organischen Stoffe. Besonders bei der Verwendung von Abtreiblaugen als Zusatz zu Kochlaugen besteht ein Interesse daran, die Mengen der hierdurch in den Kochprozeß eingeführten zusätzlichen organischen Stoffe möglichst zu kennen und gleichzuhalten. Für solche und andere Fälle hat PRELINGER[1] ein Untersuchungsverfahren ausgearbeitet. Es besteht darin, daß man den Bedarf an Kaliumjodat

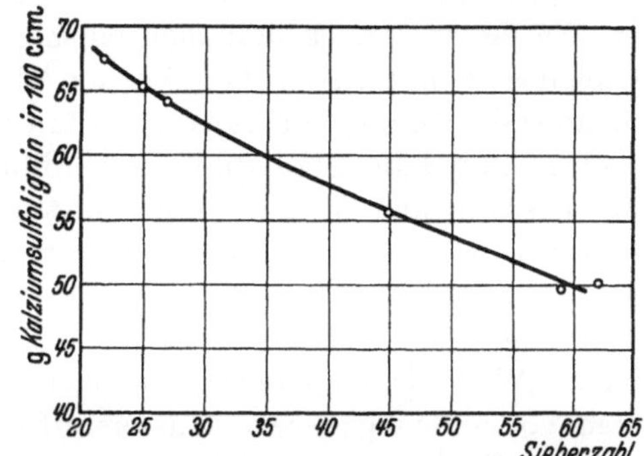

Abb. 49. Zusammenhang zwischen Kalziumsulfoligningehalt in der Kochlauge und Aufschlußgrad des Zellstoffes. (Nach HAIDER.)

zur Oxydation der organischen Substanz ermittelt und ihn als Sauerstoffzahl der Lauge ausdrückt. Man erhält so einen relativen Wert für den Gehalt an organischen Bestandteilen, der es ermöglicht, unterschiedliche Laugen miteinander zu vergleichen.

Zur Durchführung der Untersuchung werden die folgenden Reagenzien benötigt.

1. $n/10$-Natriumthiosulfatlösung,
2. Kaliumjodatlösung mit 27 g KJO_3 im Liter,
3. 50proz. Schwefelsäure,
4. 30proz. Natronlauge,
5. 30proz. Wasserstoffsuperoxydlösung,
6. 1proz. Titansulfatlösung,
7. Stärkelösung.

Einstellung der Kaliumjodatlösung. Man gibt in einen Erlenmeyerkolben, der 20 cm³ Wasser und 2 cm³ Schwefelsäure enthält, 2 cm³ der Kaliumjodatlösung und fügt einige kleine Kristalle Kaliumjodid hinzu. Das hierbei in

---

[1] PRELINGER, H.: Paper Trade J. **109**, 111 (1939).

Freiheit gesetzte Jod titriert man mit $n/_{10}$-Natriumthiosulfat zurück. Von diesem zeigt 1 cm³ 3,567 mg KJO_3 an.

Herstellung der Titansulfat-Indikatorlösung. Zu 1 g in einem 200 cm³ fassenden Becher befindlichem Titandioxyd setzt man 10 g Natriumsulfat und 40 ccm konzentrierte Schwefelsäure und erhitzt das Gemisch ungefähr $1/_2$ Stunde lang. Hierbei sollte es eine Temperatur von 335° erreichen. Nach dem Abkühlen wird auf 100 cm³ verdünnt und, falls erforderlich, filtriert. Man kann auch so verfahren, wie es im Anhang unter Bereitung von Lösungen und Indikatoren beschrieben ist.

Arbeitsweise. 20 cm³ der zu untersuchenden Lauge werden in einen 25 cm³ fassenden Meßkolben gegeben. Zwecks Oxydation der vorhandenen Sulfite und der schwefligen Säure gibt man 1,7···2,2 cm³ der Wasserstoffsuperoxydlösung hinzu; der erforderliche Zusatz hieran hängt jeweils von der Stärke der Lauge ab. Sobald die Reaktion beendet ist, was an dem Absetzen des gebildeten Gipsniederschlages erkennbar ist, prüft man, ob Wasserstoffsuperoxyd noch vorhanden ist. Zu diesem Zweck läßt man einen Tropfen der oxydierten Lauge auf einer Tüpfelplatte mit einem Tropfen der Titansulfatlösung zusammenlaufen. Eine auftretende Fällung von gelber Pertitansäure zeigt die Anwesenheit von Wasserstoffsuperoxyd an. Man kühlt ab, verdünnt genau auf 25 cm³, mischt gut durch, läßt absitzen und filtriert durch ein trockenes Filter. Dem klaren Filtrat entnimmt man 5 cm³, die 4 cm³ der Originallauge entsprechen, und gibt sie in einen 100-cm³-Meßkolben. Nach Zusatz etwas destillierten Wassers wird mit der Natronlauge deutlich alkalisch gemacht. Der Kolben kommt dann in ein siedendes Wasserbad, in dem er verbleibt, bis nach etwa 15 Minuten sämtliches noch vorhanden gewesene Wasserstoffsuperoxyd zersetzt ist. Eine jetzt durchgeführte Prüfung mit Titansulfat muß negativ ausfallen. Nach dem Abkühlen wird mit Schwefelsäure angesäuert und bis zur Kolbenmarke mit destilliertem Wasser verdünnt. Von der gut durchgemischten Flüssigkeit kommen 10 cm³ in ein größeres Reagenzglas, in dem sie mit 2 cm³ Kaliumjodatlösung und 2 cm³ Schwefelsäure versetzt werden. Die Menge des zuzusetzenden Kaliumjodats richtet sich nach dem Gehalt der Lauge an organischen Bestandteilen. Man mischt gut durch und stellt das Reagenzglas in ein siedendes Wasserbad. Nachdem der Inhalt des Reagenzglases zur Trockne eingedampft ist, stellt man es in ein Phosphorsäurebad, das vorher auf 170° erwärmt worden ist und beläßt es darin 20 Minuten lang. Nach dann erfolgtem Abkühlen fügt man 10 cm³ Wasser hinzu, benetzt die Wandungen sehr sorgfältig und bringt von neuem in ein siedendes Wasserbad und zwar so lange, bis alles frei gewordene Jod verdampft ist. Zur abgekühlten Lösung fügt man einige Kristalle Kaliumjodid. Das dadurch frei gemachte Jod, das dem vorhandenen Überschuß an Kaliumjodatlösung entspricht, wird schließlich mit $n/_{10}$-Natriumthiosulfatlösung titriert.

Berechnung des Ergebnisses. Bezeichnet man mit a die Zahl der Kubikzentimeter $n/_{10}$-Natriumthiosulfatlösung, die für die Einstellung von 2 cm³ der Kaliumjodatlösung benötigt werden, und mit b die entsprechende Anzahl, die am Schluß der Bestimmung erforderlich sind zwecks Zurücktitration des Überschusses hieran, so stellt die Differenz $a-b$ den Kaliumjodatbedarf für die Oxydation der organischen Substanzen in der geprüften Laugenmenge dar. Da 1 cm³ $n/_{10}$-Natriumthiosulfatlösung 0,003567 g KJO_3 oder 0,0008 g Sauerstoff anzeigt, ergibt sich die Sauerstoffzahl der Lauge berechnet als Verbrauch an mg O je 100 cm³ Lauge zu

$$\text{O-Zahl} = \frac{(a - b) \cdot 0{,}0008 \cdot 100 \cdot 1000}{0{,}4}.$$

Die Sauerstoffzahlen der Sulfitlaugen schwanken je nach dem Stande der Kochung, zu dem sie entnommen worden sind, zwischen 250···1850.

Stoffprobeentnahme aus dem Kocher.

Von den in den Handel gebrachten Probenehmern sind nachstehend einige erwähnt. Über Untersuchungsmethoden für mit solchen Apparaten entnommene Stoffproben vergleiche man unter Aufschlußgradbestimmung von Zellstoffen.

Stoffprobenehmer Bauart Kuhn. Die Abb. 50 zeigt den Aufbau dieses Probenehmers, die Abb. 51 verdeutlicht seinen Einbau sowie seine Handhabung. Das Rohr *a*

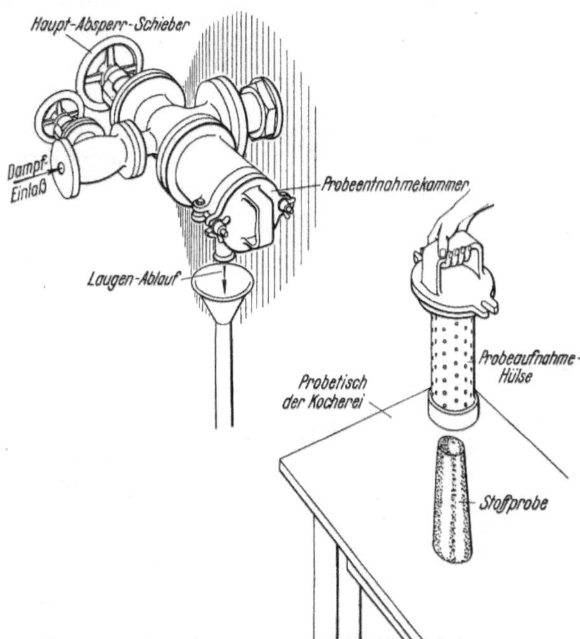

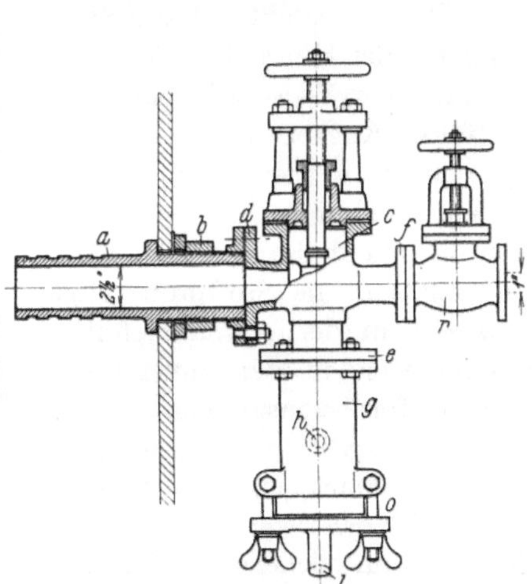

Abb. 50. Stoffproben-Entnahmeapparat Bauart Kuhn. Aufbau und Schnitt.

Abb. 51. Stoffproben-Entnahmeapparat Bauart Kuhn. Anbau am Kocher und Handhabung.

wird durch die Kocherwand geführt und mittels Gegenmutter *b* an der eisernen Kocherwand befestigt. Als Absperrorgan für das Rohr *a* wird entweder ein Dreiweghahn, Dreiwegventil oder Dreiwegschieber *c* an dem Flansch *d* befestigt und an Flansch *e* des Absperrorganes der Stoffprobeentnehmer selbst. An den Flansch *f* des Absperrorganes *c* ist ein Dampfventil *r* angeschlossen. Die Möglichkeit der Dampfeinführung durch Flansch *f* ist nötig, um mögliche Verstopfungen des Rohres *a* in das Kochinnere blasen zu können.

Der Stoffprobeentnehmer besteht aus einer Kammer *g* mit Flüssigkeitsablauf *h* und eingeschraubter Stoffprobeaufnahmehülse. Die Hülse besitzt feine Löcher, durch welche die mit der Stoffprobe aus dem Kocher gekommene Flüssigkeit durch den ständig offenen Stutzen *h* ablaufen kann. Mit dem Griff *l* der Hülse wird diese gegen die Dichtungsflächen gepreßt und dann mittels der Flügelschrauben *o* befestigt.

Die Probeentnahme aus dem Kocher geht wie folgt vor sich. Die Hülse sitzt festgeschraubt in der Kammer g. Das Absperrorgan c wird auf „Durchgang" gestellt, d. h. die Verbindung zwischen Kocherinnerm und Probenentnehmer geschaffen, worauf durch den Überdruck, unter dem die Stoffmasse im Kocher steht, Stoff aus dem Kocher in die Aufnahmehülse gedrückt wird und die miteingedrückte Flüssigkeit durch die Löcher der Hülse entweicht und durch Ablauf h abläuft. Nach Schließen des Absperrorganes wird die Hülse nach Lösung der Flügelmuttern o herausgenommen und die in der Hülse sitzende Stoffprobe herausgestülpt. Nachdem die Hülse wieder in die Kammer h eingeschraubt ist, kann eine neue Stoffprobe dem Kocher entnommen werden.

Die in den letzten Jahren mehr in Gebrauch gekommene dichtere Füllung der Kocher hat ihrerseits bewirkt, daß der Aufnahmehülse der Stoff mit weniger Kochlauge zugeführt wird. Dadurch preßt sich der Stoff so fest in die Löcher der Hülse, daß die Probe nicht in der einfachen Weise wie bei ohne Hilfsmittel gefüllten Kochern durch Umstülpen herausgenommen werden kann. Durch das Einsetzen einer federnden oder geteilten und feingelochten Innenhülse läßt sich diese Schwierigkeit beheben; die Stoffprobe sitzt nicht mehr direkt in der Aufnahmehülse, sondern befindet sich in der Innenhülse, welche mit der Stoffprobe zusammen aus der Aufnahmehülse herausgestülpt werden kann.

Stoffproben-Entnahmeapparat Bauart Reisten-Biewald. In die Kocherwandung wird ein bis in den Kocherraum reichendes Gehäuse a eingebaut, in welchem eine Schnecke lagert.

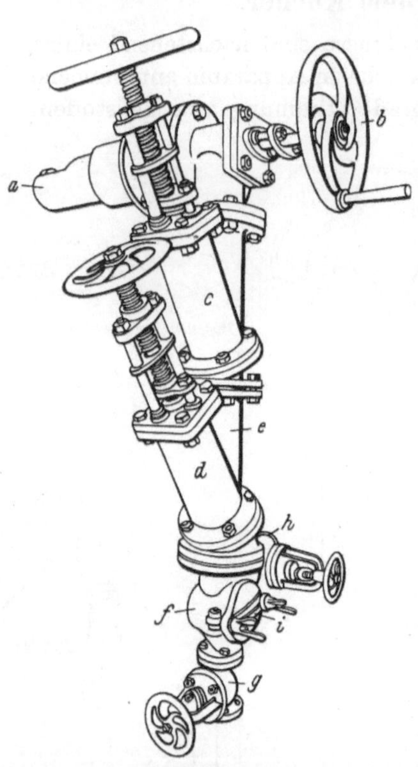

Abb. 52. Stoffproben-Entnahmeapparat Bauart Reisten-Biewald.

Durch Drehen an einem Handrad b wird durch die Schnecke ein bestimmtes Probequantum aus dem Kocher herausgeholt. In der Schnecke ruhendes Probegut wird in den Kocher zurückgedreht. Im Ruhezustande bildet die Schnecke gleichzeitig einen Abschluß gegen möglicherweise vordringendes Kochgut. An dem senkrecht nach unten zeigenden Stutzen des Schneckengehäuses sind zwei Schrägsitzkolbenschieber c und d mit Schnellschlußspindel oder Stoffbüchsenhähne und die Entnahmekammer f angeordnet. Durch Öffnen des ersten Schiebers oder Hahnes fällt die Probe in die durch die beiden Schieber oder Hähne gebildete Kammer e. Die Probe setzt sich auf dem zweiten Schieber oder Hahn ab, so daß der Raum des ersten Schiebers oder Hahnes nur noch mit Lauge gefüllt ist. Er kann daher leicht geschlossen werden. Durch Öffnen des zweiten Schiebers oder Hahnes fällt das Probegut in den siebartigen Zylinder der Entnahmekammer. Die Lauge geht durch das untere Ventil g ab. Die Probe wird dann durch Öffnen des Wasserventils h ausgewaschen, die Klappe i geöffnet und der Zylinder mit der Probe aus der Kammer h herausgenommen.

Stoffprobenehmer nach Bauart F. Voltz Sohn. Den Aufbau zeigt Abb. 53. Soll dem Kocher eine Stoffprobe entnommen werden, so öffnet man das Dampfventil *a*. Der einströmende Dampf drückt dadurch den in dem Kocherstutzen *b* befindlichen Stoff in den Kocher hinein. Dann öffnet man das Hauptventil *c*, das Laugenablaßventil *d* und schließt das Dampfventil *a*. Der Kocherdruck drückt nun den Stoff in den Stoffentnahmezylinder *e*. Man schließt das Laugenablaßventil *d* und öffnet das Dampfventil *a*, wodurch der Stoff aus dem Hauptventil wieder in den Kocher hineingedrückt wird. Nun schließt man das Hauptventil *c* und das Dampfeinströmventil *a*, öff

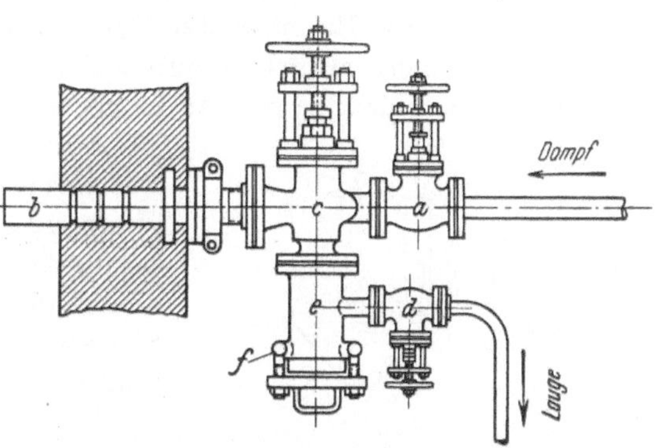

Abb. 53. Stoffproben-Entnahmeapparat Bauart Voltz.

net das Laugeablaßventil *d*, löst die Klappschrauben *f* und nimmt den Stoffbehälter samt Stoffprobe aus dem Entnahmezylinder mittels des Handgriffes heraus. Hat man die Stoffprobe entnommen, steckt man den Stoffbehälter wieder in den Entnahmezylinder hinein und zieht die beiden Klappschrauben *f* an.

Stoffprobenehmer Bauart Ekström, Stockholm. Die einfache Bauart dieses Probenehmers veranschaulicht die Abb. 54. Ein starkwandiger zylinderförmiger Hohlkörper *1* kann mittels Hahn *2* und Rohr *3* mit dem Innern des Kochers in Verbindung gesetzt werden. Vor der Probeentnahme wird der Zylinder durch die bei *4* angeschlossene Leitung so weit mit Wasser gefüllt, bis dieses durch den Überlauf *5* in den Ablauftrichter überläuft. Dann öffnet man den Ablaufhahn *6* so weit, daß ein schwacher Wasserstrahl hieraus abläuft, ohne daß der Wasserspiegel im Zylinder absinkt, vielmehr immer noch dauernd ein kleiner Überlauf bei *5* erhalten bleibt. Zur eigentlichen Entnahme von Stoff

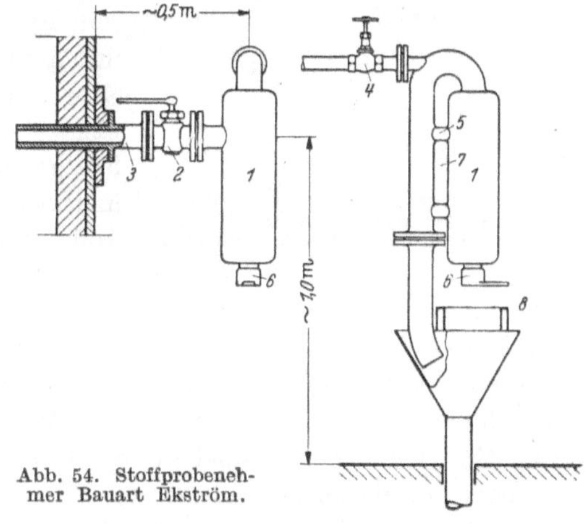

Abb. 54. Stoffprobenehmer Bauart Ekström.

aus dem Kocher öffnet und schließt man den Hahn *2* 3···4mal rasch, wobei man jedesmal nach dem Schließen bis zum neuerlichen Öffnen einige Sekunden verstreichen läßt. Dampf und Gas entweichen während der Probenahme durch Rohr *7*. Der ausgeblasene Stoff wird durch die plötzliche Entspannung gut zerfasert, durch das im Zylinder befindliche Wasser gewaschen und gekühlt, läuft durch Hahn *6* ab und sammelt sich auf einem Sieb *8*. Von dort kann er dann zur Untersuchung entnommen werden.

17*

Sortier- und Entwässerungsapparat für Stoffproben, Bauart Nordiska Armatur-bolag, Stockholm. Der Sortierapparat Abb. 55 besteht aus einem zylindrischen Gefäß, in dessen Mitte bei *6* sich eine Spritzdüse befindet, welche den in den inneren Hohlraum gegebenen feuchten Stoff, durch das Sortiersieb *7* in den ringförmigen äußeren Raum spritzt. Hierbei bleiben Splitter und unaufgeschlossene Teile im Innern zurück, während der Anteil der guten Fasern durch den trichterförmigen Ablauf in den Auffangbehälter *8* gelangt. Sobald dieser gefüllt ist, werden der Ablaufhahn *10* und das Druckwasserventil *11* geöffnet, die Wasserstrahlpumpe *12* tritt dadurch in Tätigkeit, und der Stoff setzt sich in Form eines Bogens auf dem den Boden des Auffangbehälters bildenden Sieb ab. Das der Spritzdüse zugeführte Wasser muß einen Druck von 5···6 atü haben.

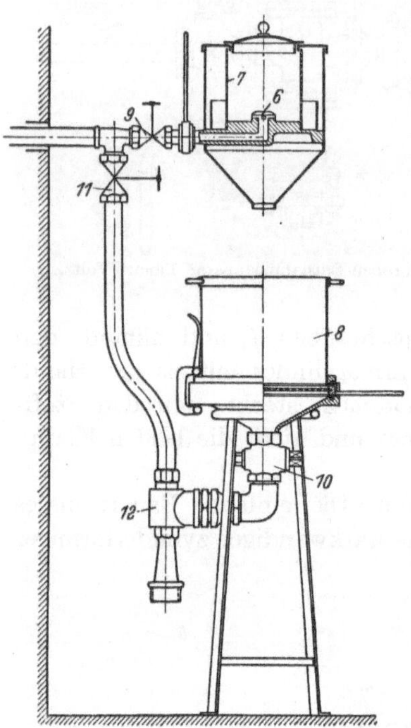

Abb. 55. Sortier- und Entwässerungsapparat für dem Kocher entnommene Stoffproben Bauart Nordiska Armaturbolag, Stockholm.

Untersuchung der Ablaugen.

Allgemeines. Je nach ihrem Verwendungszweck ergibt sich die Notwendigkeit, die Ablaugen auf gewisse Bestandteile zu untersuchen. Auch dort, wo die Lauge durch Einleiten in den Flußlauf beseitigt wird, kann im Hinblick auf den Einfluß, den dies auf die Beschaffenheit des Wassers ausübt, eine öftere Untersuchung erforderlich sein. In diesem Fall interessiert besonders der p_H-Wert und der Gehalt der Lauge an freier schwefliger Säure. Trotz verschiedener Arbeiten ist es bislang nicht möglich gewesen, gerade für letztgenannte Ermittlung eine einwandfreie Methode zu finden. Der Umstand, daß ein Teil der schwefligen Säure sich in der Ablauge auch in sehr loser organischer Bindung vorfindet, erschwert jene Bestimmung sehr, denn auch solche lose gebundene schweflige Säure kann bei einigen der üblichen Methoden leicht die Gegenwart vorhandener freier Säure vortäuschen. Es wird daher zweckmäßig sein, wenn man bei derartigen Feststellungen immer angibt, in welcher Weise der entsprechende Wert gefunden wurde. Man wird also beispielsweise von mit Jod direkt titrierbarer schwefliger Säure oder von durch Destillieren mit Wasserdampf oder Essigsäure abtreibbarer Säure sprechen und anderes mehr. Auch dann ist es bei dem labilen Verhalten der Ablauge angezeigt, noch genau die Arbeitsweise zu beschreiben. Es scheint besonders notwendig, gerade hierauf hinzuweisen, da Unterlassungen schon sehr häufig der Anlaß zu großen Differenzen bei solchen Bestimmungen gewesen sind. Bei der weiteren Verwertung der Sulfitablauge wird außer dem Gehalt an schwefliger Säure noch der an Kalzium und Magnesium, sowie der an Asche und Gips, der an Gesamtschwefel und schließlich vor allem jener an Zucker interessieren. Zur Bestimmung des Zuckers in der Lauge sind verschiedene Methoden bekannt geworden. In der Praxis verzichtet man im allgemeinen darauf, die übrigen organischen Stoffe vor der Zuckerbestimmung zu entfernen, obwohl leicht einzusehen ist, daß dies wünschenswert ist. Die in Gebrauch gekommenen Zuckerbestimmungen geben nämlich nur mit reinen Zuckerlösungen wirklich richtige Werte. Erfolgt die Beseitigung der organischen Stoffe nicht, was übrigens mit den bestehenden Vorschriften nur schwer ohne gleichzeitigen Einfluß auf das Ergebnis der Zuckerbestimmung durchführbar ist, so erhält man letzten Endes nur Vergleichswerte. Da man bei der Gesamtzuckerbestimmung außer den vergärbaren auch noch die nicht gärenden ermittelt, also auch jene, welche für die Spritgewinnung bedeutungslos sind, stellen die erhaltenen Ergebnisse für die Bewertung der Laugen ohnehin nur Vergleichszahlen dar. Deshalb hat es eine gewisse Berechtigung, wenn man für die Zwecke der Betriebskontrolle auf die immerhin zeitraubende und umständliche Entfernung der organischen Substanzen vor der Zuckerbestimmung verzichtet. Um alle diese Nachteile zu vermeiden, bestimmt man vielfach den für die Spriterzeugung allein wertvollen Zucker durch einen Vergärversuch. Einen solchen kann man in einem Saccharometer vornehmen, wobei man mit Hilfe dieses Apparates unmittelbar den vergärbaren Zucker ermittelt. Statt dessen kann aber auch eine größere Probe der Ablauge gemäß den Bedingungen der Praxis neutralisiert und anschließend vergoren werden, worauf man dann in der erhaltenen vergorenen Maische in bekannter Weise die Alkoholausbeute bestimmt. Eine indirekte Methode, die sich auf die quantitative Ermittlung der bei der Gärung frei werdenden Kohlensäure gründet haben Schepp und Kretschmar[1] beschrieben.

Qualitativer Nachweis. Der qualitative Nachweis[2] der Sulfitlauge in Gemischen gründet sich auf einige der Ligninsulfosäure charakteristische Reaktionen.

1. Bei der Glühprobe einer Spur Trockensubstanz entsteht ein unverkennbarer charakteristischer merkaptanartiger Geruch.

2. Unter der Quarzlampe mit Filter zeigt sich die charakteristische violette Fluoreszens, eine auch in größter Verdünnung noch sehr empfindliche Reaktion. Bei Laubholzablaugen ist die Fluoreszens mehr grünlich blau.

3. Eine wäßrige Lösung von salzsaurem Anilin oder salzsaurem β-Naphthylamin ergibt mit Sulfitablauge eine flockige, gelbe Fällung von ligninsulfosaurem Anilin oder Naphthylamin. Zahlreiche andere organische Basen geben gleichfalls mehr oder weniger schwer lösliche Fällprodukte mit der Ligninsulfosäure.

4. Eine Lösung enthaltend 1% Gelatine und 10% Natriumchlorid ergibt eine weiße Fällung, die eine Verbindung der Eiweißsubstanz mit der Ligninsulfosäure darstellt.

Es wird empfohlen, stets alle vier Reaktionen nebeneinander auszuführen, da nur bei positivem Ausfall jeder mit Sicherheit auf die Gegenwart von Sulfitablauge geschlossen werden kann.

Unterscheidung von Nadelholz- und Laubholzablaugen[2]. Letztgenannte zeigen eine mehr grünlichblaue Fluoreszens im Quarzlicht und enthalten nur geringe

---

[1] Schepp, R., u. G. Kretschmar: Angew. Chem. **51**, 79 (1938).
[2] Noll, A.: In Merkblatt Nr. 14 d. Vereins d. Zellstoff- u. Papierchemiker u. -Ingenieure.

Mengen vergärbaren Zucker; sie liefern dementsprechend keine nennenswerte Spritausbeute. Dieser Umstand ist aber für sich allein keinesfalls beweisend, da auch Nadelholzablaugen in Form von Schlempen frei von vergärbaren Zuckern sind. Laubholzablaugen sind bei gleichem Gehalt an Trockenrückstand zumeist klebriger als Nadelholzablaugen, was auf ihren hohen Gehalt an Pentosan zurückzuführen ist. Den erstgenannten Laugen ist häufig ein schwach phenolartiger Geruch eigen.

Bestimmung verschiedener Bindungsarten der schwefligen Säure. a) Mit Jod titrierbare schweflige Säure. OEMAN gibt hierfür die folgende Vorschrift[1]. Die abgemessene Menge Sulfitablauge (5 oder 10 cm^3) wird mit Wasser auf das zehnfache Volumen verdünnt. Das Verdünnungswasser soll so viel Salzsäure enthalten, daß das zu titrierende Gemisch ungefähr $n/_{50}$ wird, d. h. je 100 cm^3 zu titrierende Flüssigkeit müssen einen Zusatz von 2 cm^3 $n/_1$-Salzsäure erhalten. Nach weiterem Zusatz von Stärkelösung titriert man mit $n/_{10}$-Jodlösung, wobei man möglichst immer die gleiche Zeit, etwa 1 Minute, einhalten soll. Auf diese Weise erhält man bei der Bestimmung ziemlich gleichmäßige Werte.

Statt mit Jodlösung kann auch hier mit Clorinalösung titriert werden. Man verfährt dann wie folgt. 10 cm^3 der Ablaugenprobe werden im 100-cm^3-Kölbchen bis zur Marke aufgefüllt. Hiervon werden 10 cm^3 mit etwa 100 cm^3 Wasser verdünnt, darauf werden 10 cm^3 Chlorzinkjodstärkelösung sowie 5···8 Tropfen verdünnter Salzsäure (1 : 1) zugegeben, und schließlich wird mit $n/_{100}$-Clorinalösung bis zur bleibenden Blaufärbung titriert.

b) Durch Kochen mit Säuren abtreibbare schweflige Säure. Diese Bestimmung ist aus dem Bestreben hervorgegangen, die direkte Jodtitration durch eine sichere Methode zu ersetzen. Durch Zugabe einer stärkeren Säure beabsichtigte man, die schweflige Säure aus ihren anorganischen Bindungen auszutreiben, um dann nach dem erfolgten Kondensieren in einem Kühler das Destillat in Jod aufzufangen.

Es hat sich jedoch gezeigt, daß sowohl bei Anwendung von Schwefelsäure als auch von Phosphorsäure nicht nur die tatsächlich vorhandene freie und an Kalk gebundene schweflige Säure aus der Flüssigkeit entfernt wird, sondern noch ein Teil jener schwefligen Säure in Freiheit gesetzt wird, der in der Flüssigkeit an zuckerartige Stoffe gebunden ist. Wird die Destillation längere Zeit fortgesetzt, so kommt man doch niemals zu einem völligen Aufhören der Schwefligsäureabspaltung, weil schließlich auch die an das Lignin gebundene schweflige Säure abgespalten wird. Um eine derart weitgehende Spaltung zu verhüten, hat STUTZER[2] vorgeschlagen, an Stelle der starken Mineralsäure mit Essigsäure zu destillieren. Wenn man die Destillation stets im gleichen Apparat bei gleich starker Erwärmung als eine sogenannte konventionelle Methode ausübt, vermag sie leidlich übereinstimmende Werte zu geben. STUTZER[2] gibt für die Ausführung folgende Vorschrift:

In einen Erlenmeyerkolben von 750 cm^3 Inhalt werden 250 cm^3 Wasser gegeben, die Luft aus dem Kolben wird durch Kohlensäure verdrängt, der Kolben erhitzt, 25 cm^3 Ablauge und 25 cm^3 einer 25proz. Essigsäure werden

---

[1] OEMAN, E.: Maßanalytische Methoden, S. 101. Berlin 1928.
[2] STUTZER, A.: Chemiker-Ztg. **34**, 1167 (1910).

hinzugefügt, worauf man 15 Minuten lang kocht. Die Dämpfe werden in einem Kühler kondensiert und in vorgelegter gemessener Jodlösung aufgefangen. Durch Rücktitration des Jodüberschusses wird die durch schweflige Säure verbrauchte Jodmenge ermittelt.

Da bei der Destillation möglicherweise organische, jodverbrauchende Stoffe mit überdestillieren können, so dürfte für genauere Arbeiten es zweckmäßiger sein, das in der Vorlage zu Schwefelsäure oxydierte Schwefeldioxyd gravimetrisch zu bestimmen.

FROBOESE[1] empfiehlt aus diesem Grunde eine etwas abgeänderte Methode. Als Vorlageflüssigkeit bei der sonst gleichartigen Destillation dient eine Wasserstoffsuperoxyd enthaltende Auflösung von Natriumbikarbonat, deren Gesamtwirkungswert genau bekannt ist. Nach beendeter Destillation wird der Überschuß an Alkalisalz mit Salzsäure zurücktitriert, wobei Methylorange als Indikator dient. Es ist empfehlenswert, ein langes, aufsteigendes Kühlrohr zu verwenden, um das Übergehen flüchtiger organischer Säuren zu vermeiden. Größere Mengen dieser könnten sonst das Ergebnis beeinflussen. Gegebenenfalls kann anschließend an die titrimetrische Bestimmung die schweflige Säure gravimetrisch bestimmt werden, da sie durch das Wasserstoffsuperoxyd zu Schwefelsäure oxydiert worden ist.

Es mag hier vielleicht angezeigt sein, zu erwähnen, daß auf Grund von OEMANs Beobachtung es möglich sein dürfte, den sonst als freie schweflige Säure bezeichneten Anteil durch Auskochen ohne Säurezusatz und Auffangen des Destillats in Jodlösung zu bestimmen.

c) Bestimmung der sogenannten Gesamt-SO_2[2]. 10 cm³ Ablauge werden mit 10 cm³ 6 proz. Kalilauge versetzt und 15 Minuten sich selbst überlassen. Dann wird mit verdünnter Schwefelsäure angesäuert (Kongorot), mit 150 cm³ destilliertem Wasser verdünnt und anschließend mit $n/_{10}$-Jodlösung titriert. 1 cm³ $n/_{10}$-Jodlösung entspricht 0,0032 g SO_2.

Bestimmung der mit Alkali titrierbaren Säure. (Säuregrad.) Man titriert 10···20 cm³ Ablauge mit $n/_{10}$-Natronlauge, wobei der Endpunkt durch Tüpfeln auf Lackmuspapier festgestellt wird. Es ist üblich, als Ergebnis der Bestimmung den Säuregrad der Ablauge, d. i. der Verbrauch von Kubikzentimeter $n/_{10}$-Alkalilauge für 100 cm³ Ablauge anzugeben.

Bestimmung von Essig- und Ameisensäure. Sie kann nach einer von KLINGSTEDT gegebenen Vorschrift durch Destillation mit Phosphorsäure erfolgen. Die Ausführung der Bestimmung ist beschrieben im Abschnitt: Untersuchung der pflanzlichen Rohstoffe, Bestimmung von Azetyl- und Formylgruppen. Die Sulfitablauge wird vor der Ausführung der Untersuchung mit Jodlösung schwach oxydiert, um den größten Teil der schwefligen Säure in Schwefelsäure überzuführen. In dem bei der Bestimmung erhaltenen Destillat ist stets auf schweflige Säure zu prüfen und gegebenenfalls deren Menge bei der titrimetrischen Bestimmung der Essig- und Ameisensäure zu berücksichtigen.

Nach dem Merkblatt Nr. 14 (s. oben) wird der Gehalt an organischen Säuren in der Ablauge so gefunden, daß man eine Probe mit Jod, eine zweite mit Alkali

---

[1] FROBOESE: Arb. Reichsgesundheits-Amt **52**, 657 (Dez. 1920).
[2] Gemäß oben angegebenem Merkblatt.

titriert und die Differenz des Verbrauches an Meßlösung ermittelt. Aus dieser kann der Gehalt an organischen Säuren errechnet werden. Er wird in diesem Fall als Essigsäure ausgedrückt. Die Methode ist rein konventionell. In dem genannten Merkblatt ist folgendes Beispiel angeführt:

$$100 \text{ cm}^3 \text{ Ablauge verbrauchen } 76 \text{ cm}^3 \text{ }^n/_{10}\text{-Natronlauge}$$
$$100 \text{ cm}^3 \text{ Ablauge verbrauchen } 15 \text{ cm}^3 \text{ }^n/_{10}\text{-Jodlösung}$$
$$\text{Differenz: } 61 \text{ cm}^3 \text{ }^n/_{10}\text{-Natronlauge.}$$

$1 \text{ cm}^3 \text{ }^n/_{10}$-Natronlauge entspricht 0,006 g Essigsäure. Im Beispiel enthielte also die Ablauge 0,37 % Essigsäure.

Bestimmung des p_H-Wertes. Mit großer Annäherung läßt sich der p_H-Wert auf kolorimetrischem Weg (WULFFsches Folienkolorimeter, Lyphanpapier) ermitteln. Genauere Werte können durch elektrometrische Messungen unter Benutzung der Glaselektrode erhalten werden. Aufschluß über die Einzelheiten der Ausführung derartiger Bestimmungen findet man in der einschlägigen Literatur[1].

Bestimmung des SO_4-Ions (Gips). In vielen Fällen wird man auch hier die Ausführungsart anwenden können, wie sie bei der Untersuchung der Kochlaugen beschrieben wurde. Sollte zufolge des höheren Gehaltes an organischen Verbindungen jene Vorschrift zu keinem zufriedenstellenden Werte führen, so kann man eine der folgend angegebenen Methoden anwenden.

a) Nach SANDER[2]. In einem enghalsigen Erlenmeyerkolben werden 20 cm³ Ablauge unter Durchleiten eines ziemlich lebhaften Stromes von Wasserstoff oder Kohlensäure zum Sieden erhitzt und hierauf 20 cm³ konzentrierte Salzsäure zugegeben. Hierdurch werden sowohl ligninsulfosaures Kalzium und aldehydschwefligsaure Salze als auch etwa vorhandene anorganische Sulfite zersetzt, gleichzeitig wird sämtliche in der Ablauge enthaltene schweflige Säure ausgetrieben. Das durchgeleitete Gas beschleunigt einerseits das Austreiben des Schwefeldioxyds, anderseits verhindert es den Zutritt des Luftsauerstoffs, der unerwünschte Oxydationen und infolgedessen eine Neubildung von Schwefelsäure bewirken könnte. Das Kochen der Lauge wird von dem Zusatz der Salzsäure an gerechnet noch mindestens 1 Stunde lang fortgesetzt. Es muß auf dem Wasserbade vorgenommen werden, da beim Erhitzen auf freier Flamme durch das in Klumpen am Boden des Kolbens ausgeschiedene Lignin häufig ein starkes Stoßen der Lösung zu beobachten ist.

Nach einstündigem Kochen gibt man 50 cm³ heißes destilliertes Wasser zu dem Kolbeninhalt, zerdrückt mit dem Gaseinleitungsrohr die auf dem Boden des Kolbens festhaftenden Klumpen von Lignin und dekantiert die Flüssigkeit durch ein gewöhnliches Filter in ein Becherglas. Hierbei muß man sorgfältig darauf achten, daß zunächst kein Lignin mit auf das Filter gelangt, da es die Poren des Filters vollkommen verklebt, so daß das Abfiltrieren viele Stunden dauert. Erst nachdem man das Lignin im Kolben mehrmals mit heißem destilliertem Wasser gründlich ausgewaschen hat, spült man es schließlich mit auf das Filter und wäscht es auf diesem nochmals aus.

---

[1] KORDATZKI, W.: Taschenbuch der praktischen p_H-Messung. München 1934.
[2] SANDER, A.: Chemiker-Ztg. **47**, 336 (1923); Papierfabrikant **21**, 283 (1923).

Das salzsaure Filtrat wird zum Sieden erhitzt und mit siedender Bariumchloridlösung versetzt. Das Erhitzen der Lösung wird noch 10 Minuten lang fortgesetzt und dabei ständig mit dem Glasstab lebhaft umgerührt. Nach 12 stündigem Stehen wird filtriert. Trotz dieser Maßnahmen gelingt es bisweilen nicht, eine gut filtrierbare Lösung zu erhalten, denn mit dem Bariumsulfat werden auch organische Stoffe niedergeschlagen, die den Niederschlag äußerst schwer filtrierbar machen.

Wenn ein klares Filtrat nicht zu erzielen ist, hebert man nach dem vollständigen Absitzen des Niederschlags die darüberstehende gelb- bis braungefärbte Flüssigkeit vorsichtig ab und setzt darauf etwas mit Salzsäure angesäuertes Wasser hinzu. Das Bariumsulfat läßt sich dann ohne Schwierigkeiten filtrieren.

Das Filter mit dem Niederschlag wird getrocknet und im Porzellantiegel verascht. Da hierbei häufig viel schwerverbrennliche Kohle abgeschieden und das Bariumsulfat zum Teil zu Bariumsulfid reduziert wird, benetzt man den Glührückstand nach dem Erkalten mit einigen Tropfen konzentrierter Schwefelsäure, raucht diese vorsichtig ab und glüht den Rückstand nochmals so lange, bis er rein weiß ist.

b) Nach Döring. Gemäß dieser Vorschrift[1] werden alle Schwierigkeiten bei der Filtration und Veraschung dadurch vermieden, daß man das ausgefällte Bariumsulfat durch Zentrifugieren von der Lauge und dem überschüssigen Barium-Ion trennt und anschließend die mitausgefällten organischen Substanzen durch konzentrierte Salpetersäure zerstört. Die hierbei aus dem organisch gebundenen Schwefel entstehende Schwefelsäure ist auf das Ergebnis ohne Einfluß, da mangels Bariumchlorid kein Sulfat mehr ausgefällt werden kann. Die Ausführung der Bestimmung gestaltet sich im einzelnen wie folgt.

50 cm³ Ablauge werden in einen 200-cm³-Erlenmeyerkolben pipettiert und unter Durchleiten eines Kohlensäurestromes zum Sieden erhitzt. Man gibt darauf 20 cm³ verdünnter Salzsäure sowie einige Glasperlen hinein und hält die Lösung 1 Stunde lang im Sieden. Die so von SO_2 befreite Lauge spült man in ein 400-cm³-Becherglas über und verdünnt sie dabei mit ungefähr 250 cm³ destilliertem Wasser; darauf wird die Lösung zum Sieden erhitzt, mit etwa 50 cm³ einer siedend heißen 10 proz. Bariumchloridlösung versetzt und 1 Stunde lang über kleiner Flamme oder auf dem Wasserbade stehengelassen. Nach Absitzen über Nacht wird der Niederschlag, der außer Bariumsulfat auch noch organische Substanzen enthält, in großen, möglichst bis zu 200 cm³ fassenden Zentrifugengläsern zentrifugiert und die Lauge vom Rückstande vorsichtig an der Wasserstrahlpumpe abgesaugt. Der Niederschlag wird im Zentrifugenglas mit ungefähr 200 cm³ destilliertem Wasser und etwas verdünnter Salzsäure versetzt, aufgewirbelt und zentrifugiert. Nach Absaugen der überstehenden Flüssigkeit wird der Niederschlag auf die gleiche Weise noch einmal mit der gleichen Menge Wasser ausgewaschen. Man gibt auf den nunmehr von Ba-Ionen befreiten Niederschlag zwecks Zerstörung der noch vorhandenen organischen Substanzen etwa 20 cm³ konzentrierte Salpetersäure und stellt das Zentrifugenglas für mehrere Stunden auf das siedende Wasserbad unter den Abzug. Die anfangs braune Flüssigkeit wird allmählich ganz klar und der Niederschlag weiß. Der größte Teil der Salpetersäure verdampft. Man

---

[1] Döring, H.: Papierfabrikant **39**, 159 (1941).

spült darauf den Inhalt des Zentrifugenglases mit viel siedend heißem destilliertem Wasser, dem man etwas verdünnte Schwefelsäure zugesetzt hat, in ein 150-cm³-Becherglas über, kocht die Lösung auf und läßt den Bariumsulfat-Niederschlag sich über Nacht absetzen. Man filtriert darauf den Niederschlag durch ein 9-cm-Blaubandfilter und wäscht ihn mit etwas heißem destilliertem Wasser aus, dem man einige Tropfen verdünnter Schwefelsäure zugesetzt hat. Nach der Veraschung im Platintiegel verbleibt ein schneeweißer Rückstand von Bariumsulfat.

Bestimmung des Trockengehaltes und der Asche. In einem gewogenen Tiegel dampft man nach und nach 10 cm³ Ablauge zur Trockne ein. Es empfiehlt sich mit einem scharfen Spatel den erhaltenen Rückstand im Tiegel zu zerkleinern und dann im Trockenschrank längere Zeit zu trocknen, um alle Feuchtigkeit zu entfernen. Nach dem Wägen wird geglüht, bis der Rückstand frei von Kohleteilchen ist, und die Asche gewogen.

Die vorbeschriebene Methode gibt nur angenäherte Werte, da sich beim Glühen der Trockensubstanz infolge Abspaltung flüchtiger Säuren ein Glührückstand von mehr oder weniger schwankendem Gewicht ergeben kann. Aus diesem Grund schlägt Noll[1] vor, die Ermittlung der organischen Trockensubstanz auf dem Weg über die gewichtskonstante Sulfatasche vorzunehmen. Die Sulfatasche wird dadurch erhalten, daß man die Trockensubstanz vor dem Glühen mit einigen Tropfen verdünnter Schwefelsäure versetzt. Würde man aber die Sulfatasche einer Ablauge als $CaSO_4$ von der Gesamttrockensubstanz abziehen, so würde sich immer noch ein falsches Bild ergeben. Folgende Überlegung kommt den tatsächlichen Verhältnissen am nächsten. Die Bildung der Sulfitasche verläuft z. B. bei ligninsulfosaurem Kalk gemäß der Gleichung

$$\begin{matrix} R - SO_3 \\ R - SO_3 \end{matrix}\Big\rangle Ca \ + \ H_2SO_4 \ = \ CaSO_4 \ + \ 2\,RH \ + \ 2\,SO_2.$$

$$\underset{\substack{\text{Ligninsulfosaures}\\ \text{Kalzium}}}{1\,\text{Mol.}=200} \qquad\qquad \underset{\substack{\text{glüh-}\\ \text{beständig}}}{1\,\text{Mol.}=136} \quad \underset{\substack{\text{flüchtige}\\ \text{org. Subst.}}}{} \quad \underset{\text{flüchtig}}{}$$

Es entspricht sonach ein Grammolekül $= 136$ Gwt. $CaSO_4$ (Sulfatasche) jeweils 2 Grammolekül $SO_3 \cdot \dfrac{Ca}{2} = 200$ Gwt. Demnach entsprechen also 68 Gwt. $CaSO_4$ jeweils 100 Gwt. $- SO_3 \dfrac{Ca}{2}$. Da $\dfrac{100}{68} = 1{,}470$ ist, so errechnet sich hieraus:

Organische Trockensubstanz $=$ Gesamttrockensubstanz minus ($^1/_2$ Sulfatasche $\times$ 1,470).

Vorstehende Berechnungsart hat natürlich zur Voraussetzung, daß es sich lediglich um ursprünglich unter Benutzung von Kalkstein hergestellte Ablaugen ohne weitere Beimischung anderer Kationen (Magnesium, Alkalien usw.) handelt.

Bestimmung des Kalkgehaltes. 10 cm³ Ablauge werden mit Essigsäure angesäuert und der Kalk in der Wärme mit Ammoniumoxalat gefällt, der Niederschlag wird abfiltriert, gewaschen und samt Filter mit verdünnter, heißer Schwefelsäure behandelt, wobei das Oxalat in Lösung geht. Die Oxalsäure wird sodann mit $^n/_{10}$-Kaliumpermanganatlösung titriert. Es entspricht 1 cm³ $^n/_{10}$-Kaliumpermanganatlösung 0,0063 g Oxalsäure oder 0,0028 g CaO.

---

[1] Noll, A.: In angegebenem Merkblatt.

Bestimmung der Magnesia. Die Bestimmung des Gehaltes an Magnesia[1] ist besonders für Ablaugen aus Dolomit von Interesse, und es wird zu diesem Zweck das von der Kalkbestimmung herrührende essigsaure oder ammoniakalische Filtrat benutzt. Bei Gegenwart von Essigsäure wird zunächst mit Ammoniak alkalisch gemacht, während das ammoniakalische Filtrat direkt verarbeitet werden kann. In dem ammoniakalischen Filtrat wird dann das Magnesium auf die übliche Art in der Wärme mit Dinatriumphosphat als Magnesiumammoniumphosphat ausgefällt. Es empfiehlt sich, den Niederschlag zwecks besserer Filtration über Nacht absitzen zu lassen. Der auf dem Filter gesammelte und mit ammoniakalischem Wasser ausgewaschene Niederschlag wird dann mit dem Filter verascht und bis zur Gewichtskonstanz geglüht. Der Glührückstand wird als Magnesiumpyrophosphat gewogen und (bei ursprünglicher Anwendung von 10 cm³ Ablauge) durch Multiplikation der Auswaage mit 3,62 der Gehalt der Ablauge an Magnesiumoxyd in Prozenten berechnet.

Bestimmung der organischen Substanz als Sauerstoffzahl nach PRELINGER[2]. Die bereits für den Gebrauch bei der Untersuchung von Kochlaugen beschriebene Methode wird gegenüber dort in folgenden Teilen abweichend durchgeführt. Wegen der zur Durchführung benötigten Reagenzien vergleiche man an der angegebenen Stelle.

1 cm³ der Ablauge wird in einem 100 cm³ fassenden Meßkolben mit 20 cm³ Wasser und soviel Tropfen der Wasserstoffsuperoxydlösung versetzt, daß eine Prüfung mit Titanschwefelsäure einen deutlichen Überschuß daran zeigt. Danach fügt man einige Kubikzentimeter Natronlauge hinzu und stellt den Kolben bis zur vollständigen Zersetzung des Wasserstoffsuperoxydes in ein siedendes Wasserbad. Nachdem die Prüfung mit Titanschwefelsäure die vollständige Abwesenheit des Oxydationsmittels ergeben hat, wird abgekühlt, mit Schwefelsäure angesäuert und mit destilliertem Wasser bis zur Marke verdünnt. Vom gut durchgemischten Kolbeninhalt werden 5 cm³, die 0,05 cm³ ursprünglicher Lauge entsprechen, entnommen, in ein größeres Reagenzglas überführt und darin mit 5 cm³ der Kaliumjodatlösung sowie 2 cm³ Schwefelsäure versetzt und gut gemischt. Das Kaliumjodat muß hierbei stets im Überschuß vorhanden sein. Die weiter folgende Behandlung stimmt dann mit der bei der Durchführung der Bestimmung vorgeschriebenen überein.

Die gesuchte Sauerstoffzahl, berechnet als Verbrauch an Sauerstoff in mg je 100 cm³ Lauge, findet man dann hier zu

$$\text{O.-Zahl} = \frac{(a-b) \cdot 0,0008 \cdot 100 \cdot 1000}{0,05},$$

wobei die gleichen Bezeichnungen wie früher gelten. Die Sauerstoffzahlen von Ablaugen schwanken zwischen 14000···17000.

Bestimmung des Gesamtschwefels. a) Durch Schmelzen mit Natriumsuperoxyd. 5 cm³ Sulfitablauge werden in einem etwa 25 cm³ fassenden Eisentiegel mit einigen Kubikzentimetern konzentrierter Natronlauge versetzt, bis deutlich alkalische Reaktion eingetreten ist. Man vermeide bei dieser anfänglichen Neutralisation die Verwendung von Soda, da hierbei leicht Überschäumen des

---

[1] NOLL, A.: In angegebenem Merkblatt.
[2] PRELINGER, H.: Paper Trade J. **109**, 111 (1939).

Tiegelinhaltes auftreten kann. Der Tiegelinhalt wird dann auf der elektrischen Wärmeplatte oder über kleiner Flamme vorsichtig zur Trockne verdampft. Zum Trockenrückstand gibt man 4 g einer Mischung, bestehend je zur Hälfte aus Natriumkarbonat und Natriumsuperoxyd. Der Tiegel wird bedeckt und nun zunächst über ganz kleiner Flamme erwärmt. Im Verlauf von 1 Stunde steigert man langsam die Stärke der Flamme, wodurch allmählich ein Zusammensintern des Tiegelinhaltes herbeigeführt wird. Man fügt nochmals $^1/_2$ g Superoxyd hinzu und erhitzt jetzt rasch bis zur Rotglut. Der Inhalt des Tiegels muß schließlich zu einer dünnflüssigen Masse schmelzen. Man läßt den Tiegel erkalten und löst dann den Inhalt in heißem Wasser, dem man etwas Brom oder Wasserstoffsuperoxyd zugesetzt hat. Die erhaltene Lösung wird filtriert und in ihr nach dem Ansäuern der Schwefel mit Bariumchlorid als Sulfat gefällt. Für sehr genaue Bestimmungen kann sich die Abscheidung der meist aus dem Kalkstein stammenden Kieselsäure erforderlich machen.

b) Durch Oxydation mit konzentrierter Salpetersäure nach DORENFELDT-HOLTAN[1]. Zwecks Vermeidung von Verlusten und restloser Oxydation der organischen schwefelhaltigen Bestandteile wird folgende Ausführungsform vorgeschlagen.

In den Kolben A der Apparatur nach Abb. 56 werden 2 cm³ 2 n-Natronlauge gegeben und dann 5 cm³ der zu prüfenden Ablauge hinzugefügt. Der Vorlagekolben B wird mit Wasser bis über die Öffnung des Rohres b gefüllt und 1 cm³ $^n/_1$-Natronlauge zugesetzt. Dann gießt man durch den Scheidetrichter 15 cm³ rauchende Salpetersäure in den Kolben A. Wenn die Gasentwicklung

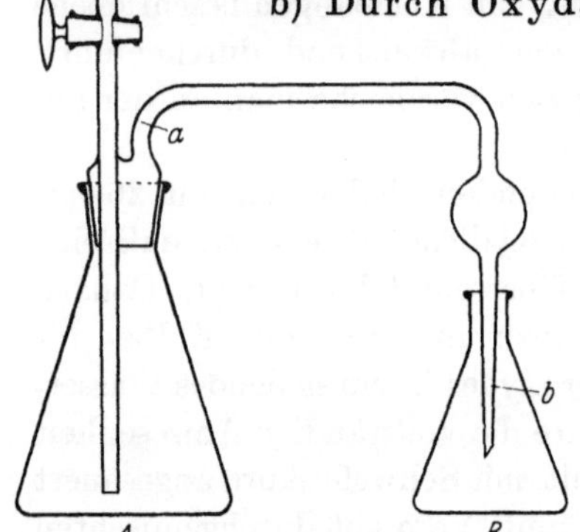

Abb. 56. Schwefelbestimmungsapparat für Sulfitablauge.

aufgehört hat, wird der Kolben A auf eine elektrische Heizplatte gesetzt, anfangs bei niedriger Temperatur, die später erhöht wird. Das Erwärmen bei höherer Temperatur ist zwecks vollständiger Oxydation der Ligninsulfosäure unbedingt erforderlich. Die Gasentwicklung darf beim Erwärmen nicht zu lebhaft sein. Wenn keine Stickoxyde mehr entwickelt werden, wird aufs neue Salpetersäure zugefügt, bis der Rückstand in A ganz weiß erscheint. Die Salpetersäure wird nun durch Salzsäure vertrieben, dann wird die Salzsäure abgeraucht, der Rückstand in siedendem Wasser gelöst, die Lösung wenn notwendig filtriert, dann neutralisiert, Salzsäure in richtiger Menge zugefügt und mit Bariumchlorid nach bekannten Vorschriften gefällt. Der Bariumsulfatniederschlag muß rein weiß sein und darf sich beim Glühen nicht ballen. Auch die Salpetersäure des Kolbens B muß vor der Fällung mit Bariumchlorid durch Eindampfen und Abrauchen mit Salzsäure entfernt werden. Der Kolben B soll im wesentlichen als Kontrolle dienen, und der darin gefundene Schwefel darf nicht mehr als einige Prozent der gesamten Schwefelmenge ausmachen.

---

[1] DORENFELDT-HOLTAN, M.: Papierfabrikant **30**, 673 (1932).

Gesamtzuckerbestimmung. a) Nach GLASSMANN. Die von GLASSMANN[1] gegebene Vorschrift zur Bestimmung von Hexosen und Pentosen beruht auf deren in alkalischer Lösung quantitativ verlaufenden Umsetzung mit Quecksilberzyanid nach folgender Gleichung:

$$CH_2(OH)(CHOH)_4CHO + 3\,Hg(CN)_2 + 6\,KOH$$
$$= COOH(CHOH)_4 \cdot COOH + 4\,H_2O + 6\,KCN + 3\,Hg\,.$$

Das hierbei entstehende Quecksilber stellt ein Maß für den Zuckergehalt der Lösung dar. Es kann titrimetrisch auf zwei verschiedene Weisen bestimmt werden. Entweder löst man es in Salpetersäure und titriert es dann mit Ammonrhodanid oder aber man löst es in einem Überschuß von $^n/_{10}$-Jodlösung und titriert anschließend das überschüssige Jod mit $^n/_{10}$-Natriumthiosulfatlösung zurück. Diese letzte Methode ist von KLEINSTÜCK[2] besonders deshalb empfohlen worden, weil Jod- und Thiosulfatlösung ohnehin immer in den Laboratorien der Zellstoffabriken vorhanden sind.

Zur Ausführung der Bestimmung auf gewöhnlichem Wege sind erforderlich: Eine alkalische Quecksilberzyanidlösung, welche durch Auflösung von 10 g Quecksilberzyanid und 14,5 g reinem Natriumhydrat in einem Liter destillierten Wassers erhalten wird; eine $^n/_{10}$-Ammonrhodanidlösung, die in bekannter Weise mittels einer $^n/_{10}$-Silberlösung eingestellt wird (s. Anhang), und Eisenammonsulfatlösung (Herstellung s. Anhang) als Indikator. Wird die Titration auf jodometrischem Wege vorgenommen, so treten an Stelle der Ammonrhodanidlösung $^n/_{10}$-Jodlösung und $^n/_{10}$-Natriumthiosulfat.

Die Umsetzung der Zucker mit der Quecksilberlösung wird wie folgt durchgeführt. Man verdünnt von der zu untersuchenden Lauge 20 cm³ mit Wasser auf 100 cm³. In einem Erlenmeyerkolben erwärmt man 100 cm³ der alkalischen Quecksilberzyanidlösung mit 150···200 cm³ Wasser zum Sieden und läßt dann, ohne das Kochen zu unterbrechen, 5 cm³ der verdünnten (gleich 1 cm³ unverdünnte) Sulfitlauge in die siedende Flüssigkeit im Kolben einlaufen. Nach erfolgtem Zusatz der Lauge wird das Kochen noch $^1/_2$ Minute aufrechterhalten. Die gebildete Fällung läßt man bei 60···70° sich absetzen; dies Absetzen ist zumeist nach 15 Minuten vollständig.

Die dann folgende Filtration muß mit gewisser Vorsicht ausgeführt werden, da sie sich sonst sehr zeitraubend gestaltet. Nach GLASSMANNs Vorschrift filtriert man durch einen mit Asbest beschickten Goochtiegel. Dies nimmt doch ziemlich viel Zeit in Anspruch, weshalb man zweckmäßig nach SIEBER mittels eines Büchnertrichters die Filtration durchführt. Der Trichter wird mit zwei Filtern ausgerüstet; diese werden vor dem Filtrieren noch mit ein wenig aufgeschwemmtem Kieselgur gedichtet. Zweckmäßig wird bei dieser Art der Filtration die Reaktionsflüssigkeit nach der Umsetzung der Zucker noch etwas mehr verdünnt. Sollte im Anfang ein wenig vom Niederschlag durchgehen, so gießt man das anfängliche Filtrat aufs Filter zurück, nachdem man ihm ein wenig aufgeschwemmten Kieselgur zugefügt hat.

Eine andere ebenfalls rasch auszuführende Art des Filtrierens der Lösung hat KLEINSTÜCK angegeben. Hiernach legt man auf einen kleinen Büchner-

[1] GLASSMANN: Ber. dtsch. chem. Ges. **39**, 503 (1906).
[2] KLEINSTÜCK: M.: Zellstoff u. Papier **3**, 51 (1923).

trichter ein gewöhnliches Filter und bringt darauf so viel Kieselgur, als ein Reagenzglas durchschnittlicher Größe etwa bis zu einem Drittel faßt. Die Kieselgur wird im Reagenzglas gut mit Wasser durchmischt und bei Einhaltung eines schwachen Vakuums auf dem Filter gleichmäßig verteilt. Die mit Quecksilberzyanid gefällte Sulfitlauge gießt man nach dem Absetzen des Niederschlags vorsichtig von diesem ab, gibt zum Rückstand im Erlenmeyerkolben etwas heißes Wasser und ein wenig verdünnte Essigsäure. Nach gutem Umschwenken läßt man wieder etwas absitzen und dekantiert neuerlich. Dies wiederholt man noch zwei- bis dreimal. Auf diese Weise gelangt nur sehr wenig Quecksilber auf die Filterschicht. Die Kieselgur im Trichter spült man schließlich in den die Hauptmenge des Quecksilbers enthaltenden Erlenmeyerkolben zurück.

Titrimetrische Bestimmung des gefällten Quecksilbers. 1. Mit Ammonrhodanidlösung. Man löst den Quecksilberniederschlag in heißer 30proz. Salpetersäure. Hierzu reichen $25 \cdots 30 \ cm^3$. Man verdünnt die erhaltene Lösung, welche frei von Untersalpetersäure sein muß, mit Wasser und titriert mit $^n/_{10}$-Ammonrhodanidlösung unter Anwendung von Eisenammonsulfat als Indikator. Hat man nach Sieber unter Anwendung eines Büchnertrichters über Papierfilter filtriert, so übergießt man diese nach erfolgtem Waschen mit der warmen Salpetersäure in einer Porzellanschale und filtriert dann unmittelbar nochmals mittels des Büchnertrichters, wobei diesmal ein Filter ohne Kieselgurdichtung verwandt werden kann. Das Behandeln der Papierfilter mit der warmen Salpetersäure soll nicht länger als notwendig erfolgen, da sonst aus dem Papier Stoffe in die Flüssigkeit gelangen, welche störend bei der Titration wirken können.

2. Jodometrisch. Man bringt die meist geringe Menge Quecksilber, die auf dem Filter oder der Kieselgurschicht sich vorfindet, durch Abspülen mit Wasser in den Erlenmeyerkolben, welcher dessen Hauptmenge enthält. Zum Kolbeninhalt setzt man dann $20 \ cm^3 \ ^n/_{10}$-Jodlösung und schüttelt gut durch. Hierbei setzt sich das Quecksilber zu der Doppelverbindung $HgJ_2 \cdot 2KJ$ um. Nach etwa 1 Minute ist sämtliches Quecksilber in dieses lösliche Salz übergegangen, und die Rücktitration des überschüssigen Jods kann mit $^n/_{10}$-Natriumthiosulfatlösung vorgenommen werden. Der hierbei auftretende Umschlag von Graugrün nach Rotgelb ist sehr scharf.

Berechnung. $1 \ cm^3 \ ^n/_{10}$-Rhodanid- oder Jodlösung entspricht $0{,}003 \ g$ Zucker. Bei Anwendung von $1 \ cm^3$ unverdünnter Lauge für die Bestimmung und bei $A \ cm^3$ Verbrauch der $^n/_{10}$-Meßlösung, ergibt sich also der Gehalt an Zucker in der Lauge zu:

$$Z = 0{,}3 \cdot A \ \%.$$

b) Nach Fehling-Bertrand. Zu dieser Bestimmung sind folgende Lösungen erforderlich.

Fehlingsche Lösung I. Man löst $34{,}64 \ g$ chemisch reines Kupfersulfat in $500 \ cm^3$ destilliertem Wasser.

Fehlingsche Lösung II. $173 \ g$ Seignettesalz werden in Wasser gelöst, hierzu werden $100 \ cm^3$ Natriumhydratlösung, welche durch Lösen von $516 \ g$ Natriumhydrat in $1000 \ cm^3$ Wasser bereitet wurde, gegeben und das Ganze wird zu $500 \ cm^3$ aufgefüllt. Fehlingsche Lösung I wird bei Verwendung mit Fehlingscher Lösung II zu gleichen Teilen gemischt. Die gemischte Lösung ist nur 24 Stunden haltbar.

Eisen(III)sulfatlösung. Sie wird erhalten durch Lösen von 50 g Eisen(III)sulfat in wenig Wasser, vorsichtige Zugabe von 200 g Schwefelsäure und schließliches Auffüllen der Mischung zu einem Liter mit Wasser. Diese Lösung darf Kaliumpermanganat nicht reduzieren, d. h. sie muß nach Zugabe einiger Tropfen $n/_{10}$-Kaliumpermanganatlösung deutliche Rosafärbung zeigen. Sollte dies nicht der Fall sein, so muß so lange von der Permanganatlösung zugesetzt werden, bis der Farbumschlag erfolgt. Erst dann ist die Lösung zum Gebrauch fertig.

Als Titrationsflüssigkeit wird $n/_{10}$-Kaliumpermanganatlösung verwandt.

Die Ausführung der Bestimmung gestaltet sich wie folgt. Von der zu untersuchenden Lauge verdünnt man 20 cm³ auf 100 cm³. Man erhitzt in einem 250 cm⁶ fassenden Erlenmeyerkolben eine Mischung von je 30 cm³ Fehlingscher Lösung I und II zum Sieden. In die siedende Lösung läßt man langsam aus einer Pipette 25 cm³ der verdünnten (gleich 5 cm³ der unverdünnten) Lauge einlaufen. Von dem Augenblick an, da die Flüssigkeit im Kolben wieder zum Sieden gelangt, läßt man nochmals genau 2 Minuten kochen. Darauf gibt man sofort 100 cm³ kaltes Wasser in den Kolben und läßt die erkaltete Lösung einige Zeit sich klären. Dann wird vom ausgeschiedenen Kupfer(I)oxyd abfiltriert. Dies kann entweder durch einen mit Asbest beschickten Goochtiegel oder mittels eines Büchnertrichters erfolgen. Der Büchnertrichter wird zu diesem Zweck mit zwei Filtern beschickt, welche durch gereinigte, reduktionsfreie Kieselgurlösung gedichtet werden. Der auf dem Filter gesammelte Kupferniederschlag wird gut mit heißem Wasser ausgewaschen. Man übergießt ihn dann, je nach seiner Menge, mit 30···50 cm³ Eisen(III)sulfat-Schwefelsäure, wodurch das Kupfer(I)oxyd schwarzblau wird und sich dann rasch mit hellgrüner Farbe löst. Sobald die dunkle Farbe verschwunden, d. h. alles Kupfer gelöst ist, filtriert man nochmals, wäscht gut mit mäßig warmem Wasser nach und titriert das Filtrat dann mit $n/_{10}$-Kaliumpermanganat bis zum Auftreten der Rosafärbung. Bei der zweiten Filtration kann man sich ebenfalls eines Büchnertrichters bedienen; man wird dann zweckmäßig das Filtrat gleich im Filtrierkolben titrieren. Die Berechnung des Zuckergehaltes der angewandten Lauge geschieht unter Anwendung der im Anhang wiedergegebenen Tabelle 55 von Meissl. Ist p der Verbrauch an $n/_{10}$-Kaliumpermanganatlösung in Kubikzentimeter, so ist die Menge des abgeschiedenen Kupfers gleich $p \cdot 0,00636$ g und die des Kupfer(I)oxyds gleich $p \cdot 0,007157$ g.

c) **Potentiometrische Zuckerbestimmung nach Schwabe und Kreschnak**[1]. Angeregt durch einen Vorschlag von Graap[2], der sich aber bei einer Nachprüfung nicht als gangbar erwies, haben Schwabe und Kreschnak eine potentiometrische Bestimmung für die Zucker in der Sulfitablauge ausgearbeitet. Die Methode gründet sich auf die bereits früher bekannte Fähigkeit alkalischer Eisen(III)zyanidlösungen, Zucker quantitativ zu oxydieren. Der Endpunkt der durch potentiometrische Messung verfolgten Titration gibt sich als deutlicher Potentialsprung zu erkennen. Gemäß der Reaktionsgleichung:

$$6\,K_3Fe(CN)_6 + C_6H_{12}O_6 + 6\,KOH = C_6H_{10}O_8 + 4\,H_2O + 6\,K_4Fe(CN)_6$$

wird $^1/_6$ Mol Glukose von 1 Mol Eisen(III)zyanid oxydiert; 1 cm³ $n/_{10}$-Eisen(III)zyanidlösung oxydiert demnach 0,003002 g Glukose.

---

[1] Schwabe, K., u. R. Kreschnak: Wbl. Papierfabrikat. **66**, Sondernummer S. 37 (1935)

[2] Graap, E.: Papierfabrikant **27**, Festheft S. 115 (1929).

Da für den bei dieser Bestimmung ermittelten Reduktionswert der Lauge nicht allein die Zucker, sondern auch der Gehalt an ligninartigen Stoffen mitbestimmend ist, schlagen SCHWABE und KRESCHNAK vor, eine zweite gleichartige Titration mit einer von Zucker befreiten Lauge vorzunehmen. Aus der Differenz der beiden Bestimmungen ergibt sich dann der wahre Zuckergehalt. Der Eisen(III)zyanidverbrauch bei der zweiten Titration ist im übrigen ein Maß für den Gehalt an ligninartigen Stoffen in der Lauge. Nach Angabe der Genannten entspricht 1 cm^3 $^n/_{10}$-Eisen(III)zyanidlösung 5 mg „Lignin". Im einzelnen lautet die Bestimmungsvorschrift wie folgt.

1. 50 cm^3 einer $^n/_{10}$-Eisen(III)zyanidlösung werden auf 100 cm^3 verdünnt, durch Zugabe von Natronlauge etwa 0,5 normal-alkalisch gemacht und zum Sieden erhitzt. Die heiße Lösung wird anschließend sofort mit der 1 : 10 verdünnten und in eine Bürette gefüllten Ablauge titriert, wobei die Potentiale aller 3 Minuten an glatten Platinelektroden bestimmt werden[1]. Der Verbrauch an Ablauge werde mit a bezeichnet.

2. Die gleiche Ablauge wird im Verhältnis 1 : 5 verdünnt und in 50 cm^3 von dieser verdünnten Lösung werden durch Zugabe von Fehlingscher Lösung die Zucker in der Hitze gefällt. Erfahrungsgemäß reicht im Hinblick auf die einzuhaltenden Flüssigkeitsmengen die übliche Konzentration der Fehlingschen Lösung nicht aus. SCHWABE und KRESCHNAK verwenden daher für die 50 cm^3 verdünnte Ablauge 50 cm^3 Fehlingsche Lösung, die zusätzlich 1,38 g Kupfersulfat, 6,92 g Seignettesalz und 2,06 g Ätznatron enthält. Die Fällung der Zucker erfolgt in der Siedehitze, wobei die Lauge in die Fehlingsche Lösung gegeben wird. Man läßt wie bei der Zuckerbestimmung die Mischung 2 Minuten lang sieden. Das gebildete Kupfer(I)oxyd setzt sich in der Wärme leicht und schnell ab. Die dann grün gefärbte Lösung filtriert man durch ein Filter in einen 100 cm^3 fassenden Meßkolben, den man nach dem Abkühlen bis zur Marke auffüllt. Die so erhaltene zuckerfreie Lösung wird nun wiederum im Verhältnis 1 : 10 verdünnt, worauf mit ihr in der gleichen Weise, wie es oben beschrieben wurde, eine gleiche Menge Eisen(III)zyanidlösung titriert wird. Der Verbrauch an entzuckerter Ablauge sei b. Aus diesen beiden Titrationen findet man die vorhandene Zuckermenge zu:

$$Z = 0{,}1501 \left(\frac{b}{a} - 1 \right)$$

und der Gehalt der Lauge an Zucker in Prozenten zu:

$$z = \frac{Z \cdot \text{Verdünnungsgrad der Lauge} \cdot 100}{b} \; \% .$$

Der „Lignin"-Gehalt der untersuchten Laugenmenge ergibt sich zu $b \cdot 0{,}005$ g.

Abscheidung der organischen Verbindung vor der Gesamtzuckerbestimmung. Die Entfernung der organischen Stoffe kann auf zwei verschiedenen Wegen geschehen.

a) Abtrennung mit Alkohol. Hierfür haben KÖNIG und BECKER[2] folgende Vorschrift gegeben. 50 cm^3 Lauge werden nach der Neutralisation mit Kreide

---

[1] Über die Durchführung potentiometrischer Titrationen vgl. man bei E. MÜLLER: Elektrometrische Maßanalyse, 4. Aufl. Dresden u. Leipzig 1926.

[2] KÖNIG, J., u. E. BECKER: Die Bestandteile des Holzes und ihre wirtschaftliche Verwertung. Heft 26 der Veröffentlichungen der Landwirtschaftskammer für die Provinz Westfalen, S. 23. Münster i. Westf. 1918.

in einer Glasschale auf dem Wasserbade eingedampft, filtriert und ausgewaschen, worauf das Filtrat bis fast zur Trockne eingedampft wird. Der Sirup wird dann mit $10\cdots20$ cm^3 heißem Wasser gelöst und in einen 200-cm^3-Kolben eingefüllt, gegebenenfalls noch etwas eingedampft, worauf allmählich 95 proz. Alkohol in kleinen Portionen von jedesmal 25 cm^3 unter gutem Umschwenken zugesetzt wird. Zuletzt füllt man mit Alkohol bis zur Marke auf und mischt nochmals tüchtig durch. Nachdem sich der entstandene Niederschlag, der die Dextrine enthält, abgesetzt hat, filtriert man die klare alkoholische Lösung ab. Ein aliquoter Teil des Filtrats, beispielsweise 25 cm^3, wird in einen Erlenmeyerkolben gebracht und aus diesem der Alkohol durch vorsichtiges Erwärmen auf dem Wasserbade abdestilliert. Der Rückstand wird in 50 cm^3 Wasser gelöst und in dieser Lösung der Zucker bestimmt.

Um die Fehler zu umgehen, die bei dieser Arbeitsweise zufolge der Schwerlöslichkeit der Zucker in Alkohol auftreten können, hat HAIDER[1] nachstehende Vorschrift gegeben. Wenn diese auch zu genauen Ergebnissen führen dürfte, so ist sie doch andererseits mit dem Nachteil verknüpft, daß sie zu ihrer Durchführung erhebliche Zeit in Anspruch nimmt.

1 l geklärte Sulfitablauge wird unter Vakuum im Wasserbad durch Eindampfen auf 250 cm^3 Flüssigkeit eingeengt, wobei unter Entweichen von SO_2 $CaSO_3$ ausfällt. Erst nach 14 tägigem Stehenlassen ist die Abscheidung infolge der viskosen Beschaffenheit der Lösung so weit vollständig, daß sie durch Dekantation vom Kalziumsulfitniederschlag befreit werden kann. 200 cm^3 reines Konzentrat werden mit 90 vol.-proz. Alkohol unter stetem Rühren auf ein Volumen von 800 cm^3 gebracht, wobei das Kalziumsulfolignin als zähflüssige schwarze Masse mit viel Flüssigkeitseinschluß ausfällt. Die überstehende Lösung, die die Hauptmenge der Zucker enthält, wird dekantiert. Der Niederschlag wird durch Kneten von der eingeschlossenen zuckerhaltigen Mutterlauge befreit, in Wasser aufgelöst und neuerdings mit 90 vol.-proz. Alkohol gefällt. Diese Arbeitsweise muß so lange wiederholt werden, bis eine Probe des Kalziumsulfolignins, mit 96 proz. Alkohol behandelt und abfiltriert, danach keine Zucker mehr an den Alkohol in nachweisbarer Menge abgibt.

Sämtliche zuckerhaltigen Mutterlaugenanteile werden vereinigt, worauf sie im Vakuum auf dem Wasserbad durch Verdampfen auf 100 cm^3 gebracht, abgekühlt und mit 850 cm^3 95 vol.-proz. Alkohol versetzt werden. Das in der Lösung noch vorhandene Kalziumsulfolignin wird dadurch in feinstverteilter Form ausgeschieden. Die Lösung läßt man 48 Stunden klären, hernach wird sie durch Dekantation vom Niederschlag befreit und neuerdings auf 100 cm^3 eingeengt, mit Alkohol gefällt, geklärt und dekantiert. Zwecks Entfernung des Alkohols aus der Lösung wird sie zum wiederholten Male im Vakuum eingedampft und mit Wasser aufgenommen. Die erhaltene Zuckerlösung, welche nach Karamel riecht, prüft man zweckmäßig mit Naphthylaminhydrochlorid auf die Anwesenheit von Lignosulfonsäure. Hierbei dürfen nur ganz geringe Mengen von dieser in Form einer Fällung erkennbar sein.

b) Fällung mit Bleiessig[2]. Die erforderliche Bleilösung stellt man folgendermaßen her. 300 g Bleiazetat und 100 g Bleiglätte werden 3 Stunden lang

---

[1] HAIDER, C.: Papierfabrikant **33**, 325 (1935).
[2] DIECKMANN, R.: Wbl. Papierfabrikat. **47**, 1771 (1916).

mit 50 cm³ Wasser behandelt, wobei dessen Volum dauernd möglichst gleich bleiben soll. Nach dieser Zeit fügt man 950 cm³ kochendes Wasser hinzu, schüttelt gut um und läßt am besten über Nacht in einer Flasche absitzen. Die klare Lösung hebert man vorsichtig vom Bodensatz ab, sie ist dann gebrauchsfertig. Zur Beseitigung eines Bleiüberschusses nach erfolgter Fällung ist außerdem noch eine 5proz. Sodalösung erforderlich. Zur Abscheidung der organischen Verbindungen versetzt man 20 cm³ Lauge in einem 100 cm³ fassenden Kolben mit 10 cm³ Bleilösung und füllt auf 100 cm³ auf. Man schüttelt durch und läßt absitzen. Dann filtriert man durch ein trockenes Faltenfilter und fällt in 50 cm³ des Filtrats den Bleiüberschuß gerade mit Soda wieder aus. Ein Überschuß hieran muß vermieden werden, da Alkali zerstörend auf die Zucker einwirkt. Weiter ist zu beachten, daß vorhandene Mannose mit der Bleilösung eine Fällung gibt. Um hierdurch bedingte Fehlerquellen auszuschließen, empfehlen LOTTERMOSER und MATHIESEN[1] den Niederschlag in kleinen Portionen abzufiltrieren und jede Portion mit kochendem Wasser gründlich auszuwaschen. In solchem Wasser ist die Mannose-Bleifällung nämlich leicht löslich. Die Filtrierung des Bleiniederschlags ist oft mit sehr großen experimentellen Schwierigkeiten verbunden, weshalb man gut tut, nicht sehr große Laugenmengen auf einmal in Arbeit zu nehmen.

Bestimmung des vergärbaren Zuckers. a) **Durch Ermittlung der Alkoholausbeute in der vergorenen Maische.** Hierfür gibt das Merkblatt 14 des Unterausschusses für Faserstoffanalysen folgende Vorschrift. Es werden für die Bestimmung zweckmäßig 3 Liter Ablauge in Arbeit genommen. Ist weniger vorhanden, genügt auch ein geringeres Quantum, jedoch ist das Arbeiten mit mehr Substanz sicherer. Die Ablauge wird zum Sieden erhitzt und mit gepulvertem **Kalziumkarbonat** (technische Schlemmkreide genügt) bis auf 1 Säuregrad (1 cm³ $^n/_1$-NaOH auf 100 cm³ Ablauge) neutralisiert. (Tüpfelprobe auf geleimtem Lackmuspapier.) Das Karbonat wird portionsweise in die heiße Ablauge unter Rühren eingestreut und zeitweilig gelangen kleine (filtrierte) Proben zur Titration, bis die gewünschte Neutralität erreicht ist.

Ist dies der Fall, so wird durch ein Faltenfilter filtriert, das Filtrat abgekühlt und mit 50 g frischer Preßhefe bei 36° während 72 Stunden zur Gärung gestellt. Das Vermischen der Hefe mit der abgekühlten Ablauge erfolgt durch Vertreiben der Preßhefe mit einem Teil der Ablauge in einer Reibschale bis zur Entstehung eines gleichmäßigen Breies, welcher dann mit dem übrigen Teil der Lauge vermischt wird. Schließlich werden noch 2 g Diammonphosphat (Hefenährsalz), in wenig Ablauge gelöst, zugefügt. Auf die Gärflasche wird ein loser Wattebausch aufgesetzt. Nach Ablauf der 72 Stunden wird 1 l des Gärgutes abgemessen, mit etwas starker Natronlauge alkalisch gemacht und dann aus einer (wegen des Schäumens) geräumigen Kupferblase von 250 cm³ oder aus einem Glaskolben destilliert. Es ist darauf zu achten, daß das Destillat absolut neutral (Lackmuspapier) ist. Im andern Falle ist das Destillat nochmals mit der gleichen Menge Wasser zu verdünnen und hiervon sind wieder 250 cm³ abzudestillieren. In dem neutralen Destillat wird mittels der MOHRschen Waage das spezifische Gewicht und an Hand dessen aus der amtlichen Alkoholermittlungsordnung oder aus der

---

[1] Man vgl. LOTTERMOSER u. MATHIESEN: Technologie und Chemie der Papier- und Zellstoff-Fabrikation. Beilage zum Wbl. Papierfabrikat. **26**, 39 (1929).

bekannten Tabelle von WINDISCH der Alkoholgehalt je Liter Ablauge nach Gewicht oder Volumen ermittelt. Es empfiehlt sich, stets zwei Destillationen von je einem Liter Gärgut auszuführen. Aus dem ermittelten Alkoholgehalt kann man den Gehalt an vergärbarem Zucker wie folgt berechnen:

$$C_6H_{12}O_6 \text{ zerfällt theoretisch in } 2C_2H_5 \cdot OH + 2CO_2$$
180 Gwt. Hexose ergeben 92 Gwt. Alkohol $+$ 88 Gwt. Kohlensäure
100 Gwt. Hexose ergeben 51 Gwt. Alkohol $+$ 49 Gwt. Kohlensäure.

Demnach verhält sich das Zuckergewicht zum Alkoholgewicht wie $100:51$.

Für praktische Vergleichszwecke genügt es, die gefundene Gewichtsmenge Alkohol mit 2 zu multiplizieren, um das Gewicht an vergärbarem Zucker zu finden. Zweckmäßig errechnet man sich dann auch das Verhältnis von vergärbarem Zucker zum Gesamtzucker. Letztere Zahl bezeichnet man als den Vergärungskoeffizienten der Ablauge.

Beispiel: Eine Ablauge ergebe $2,2\%$ Gesamtzucker und ferner $1,2\%$ vergärbaren Zucker. Dann ist der Vergärungskoeffizient

$$\frac{1,2 \cdot 100}{2,2} = 54,5\%.$$

b) Durch Bestimmung der bei der Gärung sich entwickelnden Kohlensäure. Hierfür haben SCHEPP und KRETSCHMAR[1] die nachstehend beschriebene Vorschrift gegeben. Die Gesichtspunkte, die Anlaß zur Ausarbeitung der Methode gaben, sind für die Betriebsüberwachung der Sulfitspritzerzeugung bedeutungsvoll, weshalb sie hier wiedergegeben sind.

Die Zuckergehalte in den Sulfitablaugen sind verhältnismäßig gering und schwanken in den meisten Fällen zwischen 1,0 und $3,0\%$. Da im Betrieb große Flüssigkeitsmengen zur Verarbeitung kommen, wirkt sich ein analytischer Fehler prozentual sehr stark aus, und an die Genauigkeit der Methode müssen infolgedessen die allergrößten Anforderungen gestellt werden. Ganz besonders wirken sich Analysenfehler naturgemäß bei der für die Betriebskontrolle besonders wichtigen Feststellung des Endvergärungsgrades aus, also bei der Erfassung des Zuckers, der in der entgeisteten Schlempe noch unvergoren blieb. Die Werte der anfallenden Zucker- oder Alkoholmengen müssen zumindest auf Zehntel-Prozente genau gefordert werden. Für die Ermittlung von Verlusten spielen sogar die Hundertstel-Prozente eine ausschlaggebende Rolle, denn in Sulfitspritbetrieben können 0,1 Vol.-Proz. Mehrausbeute an Alkohol $10 \cdots 15\%$ der gesamten Produktion bedeuten.

Mit den in der Praxis üblichen Verfahren zur Bestimmung der vergärbaren Zucker sucht man entweder den durch die fermentativen Funktionen der Hefe entstehenden Alkohol oder das als weiteres Hauptprodukt frei werdende Kohlendioxyd zu erfassen. Die durch aräometrische oder pyknometrische Untersuchung der Destillate oder auf andere Weise gefundene Alkoholmenge darf jedoch nur dann der Umrechnung auf die vergorene Zuckermenge zugrunde gelegt werden, wenn eine 24 stündige Gärzeit nicht überschritten wird. Bei längerer Gärdauer tritt nämlich ein erheblicher Alkoholschwund ein, der auf die Assimilationstätigkeit wilder Hefen zurückzuführen ist. Diese sind infolge des reichlichen,

---

[1] SCHEPP, R., u. G. KRETSCHMAR: Angew. Chem **51**, 79 (1938).

18*

den normalen zellulären Sättigungsgrad um ein Mehrfaches überschreitenden Hefezusatzes — wie er bei Untersuchungen von Proben üblich ist — in erhöhtem Maße vorhanden. In solchen Fällen gibt allein die Ermittlung der entwickelten Kohlendioxydmenge Aufschluß über die ursprüngliche Zuckerkonzentration. Dieses Gas wird entweder volumetrisch oder gravimetrisch bestimmt. Den gebräuchlichen Methoden haften aber erhebliche Mängel an, so daß die Ergebnisse nicht zuverlässig sind.

Die analytische Chemie ermittelt im allgemeinen das Kohlendioxyd quantitativ durch Absorption mit Kalilauge oder Natronkalk. Im folgenden ist eine Apparatur beschrieben, in der die Maischeprobe vergoren und das entwickelte CO_2 von Natronkalk aufgenommen wird. Die Apparatur gestattet die Erfassung der gesamten Kohlensäuremenge.

Beschreibung der Apparatur[1] (Abb. 57). Die Vergärung der zuckerhaltigen Ablauge findet in einer Waschflasche (1) statt. Das dabei entweichende Kohlendioxyd wird in 2 Kalziumchloridabsorptionsgefäßen (2, 3) getrocknet und danach in einem weiteren Gefäß (4) von Natronkalk absorbiert. Nach Beendigung der Gärung wird es mittels Stickstoff aus Flüssigkeit und Verbindungsteilen der Apparatur restlos entfernt (5) (Jenaer Glasfritte). Der Stickstoff wird zuvor mit Kalilauge oder Barytwasser von etwaigen Verunreinigungen durch CO_2 gereinigt. Hinter dem Natronkalkrohr befindet sich ein weiteres U-Rohr (7) mit Kalziumchlorid und Natronkalk, das Feuchtigkeit und Kohlensäure aus der Luft fernhalten soll. Die Schliffaufsätze sind durch Spiralfedern

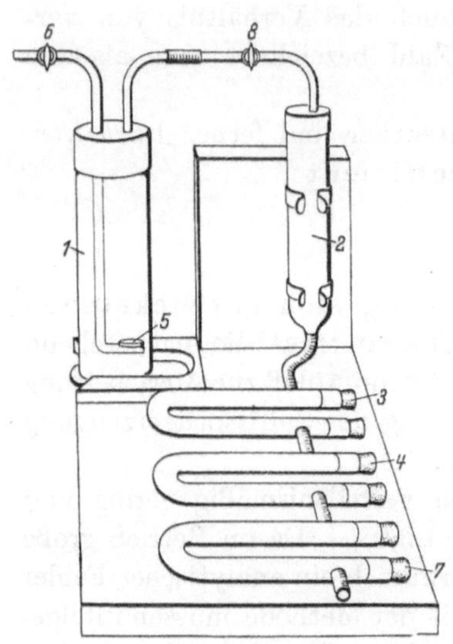

Abb. 57. Apparat zur Vergärung von Sulfitablauge nach SCHEPP und KRETZSCHMAR.

und die Hahnstopfen durch Gummiringe befestigt.

Die Feuchtigkeit absorbierenden Teile werden mit reinstem Kalziumchlorid, dessen Gehalt an CaO möglichst gering ist, gefüllt und mit Watte abgedichtet. Vor Einführung in die Apparatur leitet man durch sie 3 Stunden lang einen mäßigen Kohlendioxydstrom, um die darin vorhandenen CO_2 absorbierenden Verunreinigungen (besonders CaO) abzusättigen. Daraufhin wird durch Einleiten von Stickstoff das überschüssige Kohlendioxyd wieder entfernt. Die U-Röhrchen für die Absorption des CO_2 werden mit reinstem, mittelkörnigem Natronkalk beschickt und danach gewogen. Bei 20 g Inhalt darf die Zunahme durch Kohlendioxyd 5 g auf keinen Fall überschreiten, da der Natronkalk im allgemeinen nur den vierten Teil seines Gewichtes von diesem Gas aufnehmen kann.

Ausführungsbeispiel. Die Gärgefäße werden mit je 100 cm² der zu untersuchenden Maische gefüllt. Diese ist zuvor in der üblichen Weise — Einstellen der Reaktion, Zusatz von Nährsalzen, Entfernung von Hefegiften usw. (s. die vorangehende Methode) — für die Vergärung vorzubereiten. Liegen Zucker-

---

[1] Die als Musterschutz angemeldete Apparatur ist im Handel zu haben.

konzentrationen unter 3%, also gewöhnliche Ablaugen, vor, so können die
unverdünnten Lösungen genommen werden; bei $3\cdots6\%$ ist im Verhältnis 1 : 1,
bei $6\cdots12\%$ im Verhältnis 1 : 2 usf. mit Wasser zu verdünnen. Danach fügt
man etwa 2 g Preßhefe, möglichst als breiige Aufschwemmung in Wasser, um
von vornherein eine gute Verteilung der Zellen im Nährsubstrat zu erhalten, hinzu.

Sind die Gefäße der Apparatur gefüllt und dicht verschlossen, so stellt man
durch Öffnen des Hahnes 8 die Verbindung von Entwicklungs- und Absorptionsgefäß her und bringt die Saccharimeter in einen Raum oder Brutschrank, dessen
Temperatur $32\cdots37°$ beträgt. Man läßt die für den jeweiligen Betrieb übliche
Zeit gären, im allgemeinen genügen bei der angegebenen Hefekonzentration und
bei Verwendung von akklimatisierter Hefe 24 Stunden, und leitet (Hahn 6)
2 Stunden Stickstoff durch die Apparatur (2 Blasen in der Sekunde). Für Reihenuntersuchungen schließt man die Saccharimeter an ein Verteilungsrohr an. Nach
dem Durchleiten wird die Gewichtszunahme des Natronkalkröhrchens festgestellt;
sie gibt die Menge CO_2 an, die bei der Vergärung frei geworden ist.

Berechnung. Für die Berechnung der Ausbeute kann ohne Bedenken die
Umsetzung nach der alten GAY-LUSSACschen Gleichung

$$C_6H_{12}O_6 \longrightarrow 2C_2H_5OH + 2CO_2$$

angenommen werden. Nach ihr entstehen aus 180 g Glukose 88 g CO_2 und 92 g
Alkohol. Einer Menge von 1 g CO_2 entspricht also

$$\frac{180}{88}\,g = 2{,}0454\ g\ \text{Glukose.}$$

Die erhaltene CO_2-Menge ist demnach mit 2,0454 zu multiplizieren, um den Gehalt
der Proben an vergärbarem Zucker zu erhalten.

Es ist unbedingt notwendig, bei Sulfitablaugen eine Hefe zu verwenden, die
sich dem betreffenden Medium angepaßt hat. Durch Zentrifugieren der gärenden
Maische oder durch Abzapfen des Bodensatzes der Gärbottiche und nachfolgende
Reinigung durch Abnutschen läßt sich diese leicht gewinnen. Es hat sich nämlich
gezeigt, daß die akklimatisierte Hefe meist auch fähig ist, schwerer vergärbare
Zucker, wie Galaktose, anzugreifen, was die gewöhnliche Bäckerhefe erst nach
längerer Gärzeit (48 Stunden und länger) vermag. Diese Maßnahme ist nicht
erforderlich, sobald die zu untersuchende Maische nur leicht vergärbare Zucker
wie Glukose, Mannose, Lävulose enthält.

Mit allen physiologischen Methoden bestimmt man allerdings niemals den
wahren Gehalt an vergärbarem Zucker, da ein Teil davon für den Aufbau der
Zellen verbraucht wird und der Umsetzung zu Alkohol verlorengeht. Für die
Sulfitspriterzeugung ist dieser Verlust insofern bedeutungslos, weil dort nur die
tatsächlich in Alkohol umsetzbare Menge interessiert.

Zur Kontrolle kann noch der Alkoholgehalt der vergorenen Proben ermittelt
werden; es sind dann jedoch von dem dabei gefundenen Wert die in der Maische
u. U. bereits vorhanden gewesenen Alkoholmengen abzuziehen. Diese Kontroll-
bestimmung darf aber nur ausgeführt werden, wenn eine Gärzeit von 24 Stunden
nicht überschritten wurde und sich auf der Oberfläche der Proben keine Kahmhaut
entwickelt hatte.

c) Durch Vergärung im Saccharimeter. Die Methode gründet sich auf
die volumetrische Ermittlung der bei der Gärung entstehenden Kohlensäure.

Sie wird mit der wie oben beschrieben für den Gärversuch vorbereiteten Ablauge vorgenommen. Um bei der Kleinheit der zur Anwendung gelangenden Proben einigermaßen zuverlässige Ergebnisse zu erhalten, muß man sich der im Handel erhältlichen Präzisions-Saccharimeter bedienen, wobei im übrigen die Versuche gemäß den mitfolgenden Vorschriften durchgeführt werden. Die Einfachheit dieser Versuche wird im übrigen mit etwas geringerer Genauigkeit erkauft.

Besondere Methoden zur Untersuchung von Ablaugen von Buchenholzkochungen.

Die in den letzten Jahren gesteigerte Anwendung von Buchenholz hat zur Verwertung der anfallenden Laugen für die Gewinnung von Futterhefe geführt. Die Erfahrungen der Praxis[1] haben hierbei gezeigt, daß für den Aufbau der Hefezellen außer den vorhandenen Zuckern — in der Hauptsache Pentosen neben geringen Mengen Hexosen — noch andere Kohlenstoffquellen in Betracht kommen. Dies gilt vor allem von der in der Ablauge vorhandenen Essigsäure, so daß deren Mengenermittlung von Bedeutung ist. Andererseits beeinflussen in der Buchenholzablauge anwesende Stoffe, wie Furfurol und Hexuronsäure, das Ergebnis der üblichen Pentosanbestimmung, weshalb auch deren Mengen mit ermittelt werden müssen. Die übrigen Bestimmungen werden wie bei den Fichtenholzablaugen vorgenommen.

Bestimmung des Pentosangehaltes. Eine Probe der Ablauge wird im Pentosanbestimmungsapparat mit 14proz. Salzsäure in der Weise behandelt, wie es bei der Pentosanbestimmung in pflanzlichen Rohstoffen (s. Abschnitt II) beschrieben worden ist. Desgleichen erfolgt wie dort im erhaltenen Destillat die Bestimmung des Furfurols, und zwar am besten durch Fällen mit Barbitursäure. In die Fällung geht ein das Furfurol, das von vornherein in der Ablauge vorhanden gewesen ist, sowie jenes, das aus den Hexuronsäuren stammt, die bei der Salzsäurebehandlung gleichfalls Furfurol abspalten. Die Aufarbeitung des Niederschlags geschieht wie an der angegebenen Stelle mitgeteilt.

Bestimmung des Furfurols[1]**.** Hierfür wird eine Ablaugenprobe im Pentosanbestimmungsapparat ohne Zusatz von Salzsäure auf etwa $1/_{10}$ ihres Volumens eingeengt. In dem aufgefangenen Destillat wird das Furfurol mit Barbitursäure gefällt.

Bestimmung der Essigsäure[1]**.** Hierzu werden sämtliche flüchtigen Säuren unmittelbar aus einer Probe der Ablauge abdestilliert. Der sich dabei ergebende Destillationsrückstand wird neuerlich mit Wasser versetzt und wiederum der Destillation unterworfen. Das wird so oft wiederholt, bis keine Säure mehr übergeht. In den vereinigten Destillaten wird die mit übergegangene schweflige Säure durch Zusatz von Kaliumpermanganat oxydiert, worauf die filtrierte Lösung von neuem in der oben angegebenen Weise destilliert wird. In dem hierbei erhaltenen Destillat wird der Säuregehalt durch Titration mit $n/_{10}$-Alkalilauge ermittelt. Der gesamte so ermittelte Säuregehalt wird als Essigsäure berechnet.

Bestimmung der Hexuronsäuren. Ihre Ermittlung geschieht nach der Methode von TOLLENS und LEFÉVRE, für welche in diesem besonderen Fall LECHNER und ILLIG die nachstehende Vorschrift gegeben haben.

Apparatur. Auf einem Jenaer 500-cm³-Langhalsrundkolben, der in einem Babotrichter erhitzt wird, ist mittels Schliffverbindung ein Kugelkühler auf-

---

[1] LECHNER, R.: Z. Spiritusind. **53**, 155 (1940).

gesetzt, der unten, kurz über dem Schliff, eine Erweiterung aufweist, in die von außen her ein Glasrohr hineinführt, das etwa 1 cm über dem Boden des Kolbens endigt. Das nach außen führende Rohrende ist durch Gummiverbindung, die durch einen Schraubquetschhahn abzusperren ist, mit einer Kohlensäureabsorptionsflasche, die 30proz. Kalilauge enthält, verbunden; das zweite Rohr dieser Flasche kann auch mittels Quetschhahn nach Versuchsende verschlossen werden. Der Kugelkühler geht am oberen Ende in ein Glasrohr über, das die Verbindung mit den nachgeschalteten Absorptionsgefäßen herstellt. Gummiverbindungen sind hierbei möglichst zu vermeiden; alle Glasrohrenden sollen dicht aneinanderstoßen und sind durch kurze, mit Paraffin getränkte Gummischlauchstücke zu verbinden. Zunächst folgt anschließend an den Kühler ein als Wasservorlage dienendes Reagenzglas von etwa 30 cm³ Inhalt; das darin befindliche Wasser ist mit Schwefelsäure schwach angesäuert. Es folgen dann zwei Waschgefäße, ebenfalls Reagenzgläser, mit konzentrierter Schwefelsäure, ein mit 5proz. Kaliumpermanganatlösung und mit einigen Tropfen Schwefelsäure beschicktes Reagenzrohr und schließlich eine mit 30proz. Silbernitratlösung gefüllte Vorlage. Die Trocknung des Gasstromes geschieht in zwei hintereinander geschalteten, mit Kalziumchlorid gefüllten U-Röhrchen, dann folgt der Kaliapparat und schließlich ein U-Rohr, das je zur Hälfte mit Natronkalk und Kalziumchlorid gefüllt ist. An diesem U-Rohr ist eine Wasserstrahlpumpe angeschlossen, welche einen langsamen kohlensäurefreien Luftstrom durch die Apparatur saugt. Die Saugwirkung wird mittels eines Quetschhahnes geregelt.

Der Zweck der einzelnen Apparaturteile geht aus folgendem hervor. Beim Erhitzen von Sulfitablauge mit 14proz. Salzsäure entweichen schweflige Säure und andere undefinierte, riechende Substanzen. In der Waschvorlage und in der konzentrierten Schwefelsäure sollen flüchtige Bestandteile der Ablauge zurückgehalten werden. Die Entfernung der schwefligen Säure aus dem Gasstrom wird mit Kaliumpermanganat vorgenommen. Um die vollständige Absorption der schwefligen Säure zu kontrollieren, ist dem Kaliumpermanganatgefäß ein solches mit Silbernitratlösung nachgeschaltet, in dem sich noch anwesende Spuren von schwefliger Säure durch Bildung von unlöslichem Silbersulfit zu erkennen geben.

Arbeitsweise. Die zur Uronsäurebestimmung verwendete Untersuchungslösung muß frei von gelöstem Kohlendioxyd und Karbonaten sein. Die Sulfitablauge wird zunächst mit Schwefelsäure auf einen Säuregehalt von etwa 1 % gebracht und dann kurz aufgekocht und nach dem Abkühlen nötigenfalls filtriert. Zur Konstanthaltung des Flüssigkeitsvolumens wird verdampftes Wasser wieder aufgefüllt. Zur Untersuchung werden 25 cm³ der kohlensäurefreien Ablauge verwendet. Sie werden in den 500 cm³ fassenden Kolben eingefüllt. Nach Zugabe von 75 cm³ kohlensäurefreiem Wasser und 50 cm³ konzentrierter Salzsäure wird kohlensäurefreie Luft in langsamem Strom durch die Apparatur gesaugt. Nach einer Stunde, wenn die Apparatur kohlensäurefrei ist, werden die Kohlensäureabsorptionsgefäße, Kaliapparat und Natronkalk-U-Rohr, zwischengeschaltet. Dann wird der Destillierkolben zum leichten Sieden erhitzt. Man betreibt nun die Apparatur 4 Stunden lang und stellt dann die Gewichtszunahme der Absorptionsgefäße fest. Durch Multiplikation der gefundenen Kohlendioxydmenge mit 4,41 erhält man die entsprechende Hexuronsäuremenge. 1 g Hexuronsäure liefert bei der Behandlung mit Salzsäure 0,5455 g Furfurol.

Untersuchung eingedickter Ablaugen sowie fester und pulverförmiger Extrakte.

Allgemeines. Die eingedickten Sulfitablaugen, die sogenannten Sulfitlaugenextrakte, kommen für verschiedene Zwecke in unterschiedlichen Qualitäten in den Handel. Während es bei den gewöhnlichen, besonders in der Klebstoffindustrie, den Eisenhütten- und Hydrierwerken verwendeten Extrakten zumeist nur darauf ankommt, daß sie die richtige Grädigkeit besitzen und ihre Farbe und Durchsichtigkeit die gewünschte ist, bedürfen die für die Gerbereien bestimmten Extrakte einer besonderen Prüfung. Sie erstreckt sich außer auf die Ermittlung des Gehaltes an Trockensubstanz, Asche, Kalk und Eisen vor allem auf die Bestimmung der gerbtechnisch wertvollen Stoffe. Diese wird nach Methoden durchgeführt, wie sie die Lederchemie vorschreibt. Im folgenden ist nur die PROCTERsche Filtermethode beschrieben, während über die Ausführung der sonst noch in Gebrauch befindlichen Schüttelmethode auf einschlägiges Quellenmaterial verwiesen werden muß.

Soweit für die erstgenannten Untersuchungen hier keine besonderen Vorschriften gegeben sind, können die im vorangehenden Abschnitt Ablauge aufgeführten sinngemäße Anwendung finden.

Die in letzter Zeit mehr Ausdehnung findende Anwendung der Dicklauge als Brennstoff fordert schließlich auch die häufige Ermittlung ihres Heizwertes.

Bestimmung der Grädigkeit. Diese erfolgt allgemein mit dem nach BAUMÉ geeichten Aräometer bei 15°. Die im Anhang wiedergegebenen Zahlenzusammenstellungen von DIECKMANN und von NOLL (Tabelle 52, 53 und 54) geben Aufschluß über die Zusammensetzung von bis zu verschiedener Stärke eingedickten Laugen.

Bestimmung der Viskosität. Die häufig notwendige Ermittlung der Viskosität der eingedickten Laugen kann je nach der erwünschten Genauigkeit in verschiedener Weise durchgeführt werden.

a) Unter Benutzung von Auslaufpipetten. Man bestimmt für eine für diesen Zweck sorgfältig gereinigte und von Fett befreite Pipette von 25 cm³ Inhalt die Auslaufszeit ihres Wasserinhaltes. Dabei muß für diese Versuche stets destilliertes Wasser von 20° verwendet werden. Um einen zuverlässigen Mittelwert zu erhalten, ist die Durchführung von 5···10 Versuchen erforderlich. Die Auslaufzeit wird mit der Stoppuhr gemessen und in Sekunden angegeben (t_w). Aus der gleichen Pipette läßt man nach dem sorgfältigen Trocknen die eingesaugte oder eingedrückte Sulfitlaugenprobe, die wiederum eine Temperatur von genau 20° haben muß, auslaufen und ermittelt auch deren Auslaufzeit (t_L) aus mehreren Versuchen. Die relative Viskosität der Dicklauge ist dann gegeben als das Verhältnis $t_L : t_w$. Für viele praktische Fälle wird die Genauigkeit dieser Bestimmung genügen, doch muß ausdrücklich darauf aufmerksam gemacht werden, daß es sich hier um eine reine Vergleichsmethode für den Gebrauch innerhalb des Betriebs handelt. Die Auslaufszeit der Pipette ist abhängig von deren lichter Weite und es muß daher immer wieder die gleiche Pipette Anwendung finden.

b) Mit dem Viskosimeter von OST-OSTWALD. Genauere Werte lassen sich mit dem Relativviskosimeter von OST-OSTWALD erhalten. Seine Handhabung ist im Abschnitt Zellstoffuntersuchungen unter Viskositätsmessung beschrieben.

Für den vorliegenden Zweck erfolgt seine Anwendung in gleicher Weise wie dort aufgeführt.

Quantitative Analyse von Sulfitlaugen-Gerbextrakten. a) **Herstellung der Lösung.** Man stellt sich eine wäßrige Auflösung des Extraktes her, welche in 100 cm³ 0,2 g Trockensubstanz enthält. Zum Auflösen des Extraktes wird mäßig warmes Wasser verwandt. Die Auflösung wird in einem Meßkolben vorgenommen.

b) **Bestimmung des Gesamtrückstandes.** Von der erhaltenen Lösung werden nach gutem Durchschütteln 50 cm³ in einer flachen Nickelschale auf dem Wasserbad zur Trockne eingedampft. Nach dem Erkalten im Exsikkator wird gewogen. Das erhaltene Gewicht sei a.

c) **Bestimmung des Gesamtlöslichen.** Man filtriert 500 cm³ der Gerbextraktlösung durch ein Filter Schleicher und Schüll Nr. 590. Die ersten 250 cm³ des Filtrats werden verworfen, und nur der restliche Teil darf zur weiteren Untersuchung verwandt werden. Von der erhaltenen Lösung werden 50 cm³ in einer Nickelschale eingedampft und nach dem Erkalten im Exsikkator gewogen. Das erhaltene Gewicht sei b.

d) **Bestimmung der von Hautpulver aufnehmbaren Stoffe nach der Procterschen Filtermethode[1].** Erforderlich ist schwach chromiertes Hautpulver, wie es die „Deutsche Versuchsanstalt für Leder-Industrie" in Freiberg i. Sa. in den Handel bringt. Dieses Hautpulver soll möglichst hell und wollig sein, den Gerbstoff schnell und vollständig aufnehmen und nur wenig lösliche Stoffe enthalten. Der Chromoxydgehalt soll etwa 0,3···0,5 % betragen. Die Ausfällung des Gerbstoffes wird in dem Procterschen Glockenfilter vorgenommen, dessen Einrichtung aus der Abb. 58 ersichtlich ist.

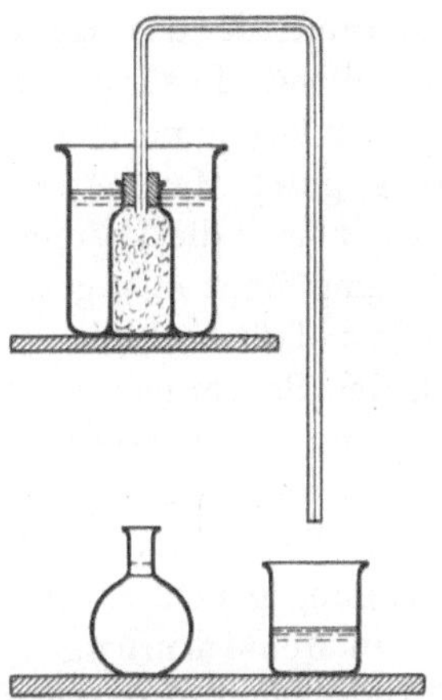

Abb. 58. Proctersches Glockenfilter zur Gerbstoffbestimmung.

Es besteht aus einer zylindrischen Glasglocke, deren Verjüngung einen durchbohrten Kautschukstopfen trägt. Durch dessen Öffnung ist ein zweimal rechtwinklig gebogenes Heberhaarrohr gesteckt. Das Ende des kürzeren Schenkels schneidet mit dem unteren Ende des Stopfens ab. Die Größenverhältnisse der Glocke sollen folgende sein: Länge 7 cm, Durchmesser des zylindrischen Teiles 3 cm und des verjüngten Teiles 1,8 cm. Soll das Glockenfilter für die Gerbstoffaufnahme vorbereitet werden, so kommt in den oberen Teil der Glocke zunächst ein kleiner Bausch von trockner, gut ausgewaschener Baumwolle, der ein Eindringen von Hautpulver in das Haarrohr verhüten soll. Man füllt nunmehr die Glocke mit 7 g lufttrockenem Hautpulver, und zwar so, daß dieses ziemlich festgestopft wird und nicht von selbst aus der Glocke fällt. Namentlich an den Rändern muß man fester stopfen, damit sich die Gerbstofflösung nicht an den Glaswandungen hinaufzieht. Das Glockenfilter ist alsdann zum Gebrauch fertig. Man spannt das Heberrohr in eine Klemme ein, senkt die Glocke fast bis auf den Boden eines 150···200 cm³ fassenden Becherglases und gießt in dieses ungefähr

---

[1] Mit Genehmigung von Prof. Dr. Johannes Paessler aus der Sonderschrift: Die Verfahren zur Untersuchung der pflanzlichen Gerbemittel und Gerbstoffauszüge, H. 1. Freiberg: Gerlachsche Buchdruckerei 1912.

125 cm³ der gerbstoffhaltigen Lösung (man kann hierzu die nichtgefilterte Lösung oder den zuerst ablaufenden Anteil der durch die Filterkerze hindurch gegangenen Lösung verwenden, aber nur dann, wenn zum Filtern eine vollständig trockne Kerze benutzt wurde). Das Hautpulver saugt infolge der Saugkraft die Lösung langsam von selbst an, und man wartet, bis die Glocke sich vollständig vollgesaugt hat. Man saugt hierauf an dem längeren Schenkel des Heberrohres schwach, bis die Lösung langsam abtropft. Das Abtropfen soll so erfolgen, daß auf die Minute etwa 5···8 Tropfen kommen und daß das Durchlaufen der erforderlichen Menge der Lösung im ganzen 2···3 Stunden dauert. Man erhält im Stopfen bald so viel Übung, daß dieser Forderung genügt wird. Die ersten Anteile der vom Gerbstoff befreiten Lösung lassen sich nicht zur Bestimmung der Nichtgerbstoffe verwenden, weil sie noch die Hauptmenge der löslichen Bestandteile des Hautpulvers enthalten. Aus diesem Grunde muß man die ablaufende Lösung so lange verwerfen, als eine Probe mit einigen Tropfen einer Tanninlösung noch einen Niederschlag oder eine Trübung liefert. Bei Verwendung eines guten Hautpulvers kann man erfahrungsgemäß annehmen, daß nach Ablauf von 30 cm³ die Lösung keine Trübung mehr mit Tanninlösung gibt. Die weitere Lösung fängt man gesondert auf, am besten in einem kleinen Kölbchen, das etwa 60 cm³ faßt und mit einer Marke versehen ist. Hat man 125 cm³ Gerbstofflösung in das Becherglas gegossen, so genügt dies, um etwa 60 cm³ der gerbstofffreien Lösung zur Bestimmung der Nichtgerbstoffe zu erhalten. Diese Lösung muß vollständig klar und wasserhell sein; einige Kubikzentimeter dürfen auf Zusatz eines Tropfens einer Lösung in 1% weißem Leim und 10% Kochsalz keine Trübung geben.

e) **Bestimmung der nicht vom Hautpulver aufgenommenen Stoffe.** 50 cm³ der durch das Glockenfilter gegangenen Lösung werden wiederum, wie oben angegeben, zur Trockne eingedampft, worauf der Rückstand bestimmt wird. Das erhaltene Gewicht sei c.

f) **Berechnung des Ergebnisses.** Es ist $a - b$ das Unlösliche, b das Gesamtlösliche, $b - c$ die Menge der vom Hautpulver aufgenommenen Stoffe, c die Menge der nicht vom Hautpulver aufnehmbaren Stoffe.

g) **Prüfung des Hautpulvers.** Zur Prüfung eines Hautpulvers auf seine Verwendbarkeit verfährt man genau in der gleichen Weise, wie bei der Ausfällung des Gerbstoffes, nur mit dem Unterschied, daß man destilliertes Wasser durch das Hautpulver filtriert (es ist der sogenannte „blinde Versuch"). Nach Verwerfen der ersten Anteile des durchgefilterten Wassers (etwa 30 cm³) dampft man von den weiteren 60 cm³ wässeriger Flüssigkeit 50 cm³ ein und trocknet den Rückstand in der beschriebenen Weise. Soll das Hautpulver verwendbar sein, so darf der Trockenrückstand 5 mg nicht übersteigen.

Bestimmung des Trockenrückstandes. 5 g Extrakt werden in einer flachen Platinschale abgewogen und auf dem Wasserbad zur Trockne eingedampft. Hierbei muß von Zeit zu Zeit die Haut, welche sich an der Oberfläche des Extraktes bildet, mit einem Glasstab durchstoßen werden, um sie wieder durchlässig für den darunter angesammelten Wasserdampf zu machen. Anschließend wird dann im Trockenschrank bei 105° getrocknet. Nach Erreichung eines einigermaßen konstanten Gewichtes wird gewogen.

Falls genaue Zahlen erforderlich sind, ist es vorteilhaft, den Wassergehalt durch Destillation mit wasserabstoßenden Flüssigkeiten zu ermitteln. Diese rasch durchführbare Methode ist im Abschnitt Untersuchung der Rohfaserstoffe unter Wassergehaltsbestimmung beschrieben und kann hier sinngemäß Anwendung finden.

Bestimmung des Aschengehaltes. Zu dieser Bestimmung kann zweckmäßig der Rückstand von der Trockenbestimmung benutzt werden. Er wird zunächst verschwelt und schließlich bis zum Verschwinden der letzten Kohleteilchen geglüht. Die oft hartnäckig an der Asche festsitzenden Kohleteilchen können rascher zum Verbrennen gebracht werden, wenn man nach dem Erkalten mit Wasserstoffsuperoxyd befeuchtet und dann vorsichtig wiederum bis zur vollen Hitze erwärmt. Wegen der Berechnung des wahren Aschegehaltes der Dicklauge aus den gefundenen Analysenwerten sei auf die Ausführungen verwiesen, welche bei der gleichartigen Bestimmung in der Sulfitablauge in dem vorangehenden Abschnitt gemacht worden sind.

Bestimmung des Eisengehaltes. Sie erfolgt in der Asche, nach deren Lösen in Salzsäure und Filtration der erhaltenen Lösung. Die Fällung des Eisens wird in bekannter Weise mit Ammoniak vorgenommen; ist viel Tonerde anwesend, muß die Bestimmung in der Auflösung der Asche nötigenfalls durch Vergleichen mit Lösungen bestimmten Eisengehaltes kolorimetrisch erfolgen. Qualitativ prüft man auf Eisen in einer wäßrigen Lösung des Extrakts, und zwar auf die beiden Oxydationsstufen mit rotem und gelbem Blutlaugensalz.

Bestimmung des Kalkgehaltes. Im Filtrat von der Eisenbestimmung wird der Kalk mit Ammonoxalat gefällt und diese Fällung wird in üblicher Weise aufgearbeitet.

Bestimmung des Heizwertes. Für die Bestimmung dieses Wertes kommt erfahrungsgemäß nur die Verbrennung in der Kalorimeterbombe in Betracht. Es gilt hier im wesentlichen das gleiche wie das bei der Sulfatdicklauge Gesagte. Auch hier wird man sonach nicht absolut trockene Proben zur Anwendung bringen, vielmehr die letzten nur schwer entfernbaren Wasseranteile in ihnen belassen und durch getrennte Ermittlung bei Berechnung des Ergebnisses in Rechnung stellen.

Betriebskontrolle in der Sulfitspritfabrik.

An dieser Stelle soll nur von chemischer Kontrolle die Rede sein. Bezüglich der bakteriologischen Kontrolle muß auf einschlägige Fachliteratur verwiesen werden.

Untersuchung der Rohstoffe.

Von den in der Spritfabrik benutzten Rohstoffen kann, soweit es Kalkstein und Ätzkalk für die Neutralisierung der Ablaugen betrifft, auf vorhergehende Kapitel verwiesen werden. (Kalk s. im Abschnitt Rohstoffe der Sulfatzellstofferzeugung, Kalkstein bei Herstellung der Sulfitlaugen.)

Da Kalkstein häufig als feingemahlenes Mehl bezogen wird und zwecks schneller Durchführung der Neutralisation ein gewisser Feinheitsgrad erwünscht ist, wäre möglicherweise eine Prüfung auf den geeigneten Grad der Zerkleinerung zweckmäßig. Diese könnte in ähnlicher Weise geschehen wie bei der Bestimmung des Feinheitsgrades von Schwefel nach CHANCEL, nämlich durch Durchschütteln einer Probe mit Äther in einem Meßzylinder und Ablesen des endgültigen Volumens des sich absetzenden Kalkmehles. Wie weit diese Methode geeignet ist, muß noch durch Versuche bestimmt werden.

Über die Untersuchung der Ablauge vergleiche man das vorhergehende Kapitel.

Untersuchung der Nahrungsstoffe für die Hefe.

Als solche kommen zur Zeit wohl hauptsächlich Ammonsulfat, Phosphorsäure, Superphosphate und Ammonphosphat in Frage.

Ammonsulfat.

Allgemeines. Die technisch reine Ware kommt mit einem gewährleisteten Gehalt von 20% Stickstoff in den Handel. Gewöhnlich liegt der Stickstoffgehalt bei 20,5%, um nur ausnahmsweise 21% zu erreichen. Der im Salz vorhandene Gehalt an freier Schwefelsäure liegt zumeist zwischen $0,1 \cdots 0,2\%$; er soll doch 0,5% nicht überschreiten. Der Wassergehalt der Ware beträgt gewöhnlich $1 \cdots 1,5\%$, er nimmt mit der Lagerungszeit zu.

Ammonsulfat kommt meist in schwach feuchtem Zustande in den Handel und weist häufig ein wenig saure Reaktion auf.

Feuchtigkeitsgehalt. Die Feuchtigkeit wird durch Trocknen einer Probe von $5 \cdots 10$ g des Salzes bei $100 \cdots 105°$ bestimmt.

Ammoniakgehalt. Seine Ermittlung, die wichtigste Bestimmung, geschieht in bekannter Weise durch Austreiben der Base nach Zusatz von fixem Alkali und Auffangen in Schwefelsäure. Man löst 10 g Salz, verdünnt auf 500 cm^3 und nimmt zur Destillation 50 cm^3, entsprechend 1 g Sulfat. Man verdünnt im Destillationskolben mit $150 \cdots 200$ cm^3 Wasser, fügt 5 cm^3 etwa $n/_2$-Natronlauge zu und destilliert in eine Vorlage mit 200 cm^3 $n/_1$-Lauge, deren Überschuß nach dem Versuch zurücktitriert wird (Indikator Methylorange). 1 cm^3 $n/_1$-Säure entspricht 0,01703 g NH_3. (Reines Salz enthält 25,78% NH_3.)

Schwefelsäuregehalt. In 50 cm^3 obiger Lösung (1,0 g Sulfat) wird in üblicher Weise mit Bariumchlorid die Schwefelsäure gefällt und bestimmt.

Bisweilen erforderlich ist die

Bestimmung freier Schwefelsäure. Sie geschieht durch Titrieren von 50 cm^3 der gleichen Lösung mit $n/_{10}$-Alkali unter Benutzung von Methylorange als Indikator.

Phosphorsäure.

Technische Phosphorsäure enthält gewöhnlich $30 \cdots 32\%$ Phosphorsäure-Anhydrid (P_2O_5). Doch kommt auch eine 40proz. Ware in den Handel. Allgemein angenommene Methoden zur Bestimmung der Reinheit der Ware gibt es bislang nicht.

Die genaue Ermittlung der Phosphorsäure geschieht, da viele die endgültige Ausfällung störenden, zahlreichen Verunreinigungen (Pb, Al und Fe sowie Ca) vorhanden sind, meist so, daß die Säure erst durch Ammoniummolybdat abgeschieden, dann wieder gelöst und schließlich mit Magnesiamixtur quantitativ gefällt wird. Man vergleiche Superphosphate.

Superphosphate.

Superphosphate und Ammonphosphat kommen in sehr verschiedenen Sorten in den Handel. Die Bestimmungsmethoden dieser Salze wie auch die des

Ammonphosphates gründen sich in der Hauptsache auf die Anforderungen, welche bei ihrer Anwendung als Düngemittel gestellt werden. Für die Belange der Sulfitspritfabriken wird man wohl in erster Linie auf den Gehalt an löslicher Phosphorsäure Wert legen, daneben außer dem Trockengehalt möglicherweise noch die Gesamtphosphorsäure ermitteln.

Feuchtigkeitsgehalt. Er wird wie oben beim Ammonsulfat beschrieben, bestimmt.

Wasserlösliche Phosphorsäure. Die Bestimmung soll hier nur in groben Zügen wiedergegeben werden. 20 g Phosphat werden in einer Reibschale mit Wasser angerührt, wobei man größere Stückchen mit einem Pistill leicht zerdrückt. Die Aufschwemmung wird in eine 1-l-Flasche gespült, worauf bis zur Marke aufgefüllt wird. Man schüttelt während eines Zeitraumes von 2 Stunden mehrmals um und läßt schließlich absitzen. Die Flüssigkeit wird dann durch ein trockenes Filter gegossen und die klare Lösung zur Bestimmung benutzt. Je nach dem Gehalt werden hiervon $50 \cdots 100 \text{ cm}^3$ benutzt. Zu je 50 cm^3 der Lösung setzt man etwa 150 cm^3 einer 5proz. salpetersauren Ammonmolybdatlösung. (75 g Ammoniummolybdat werden in 500 cm^3 Wasser gelöst und die erhaltene Lösung wird in 500 cm^3 Salpetersäure vom spezifischen Gewicht 1,2 eingegossen. Die Mischung wird einige Tage am warmen Orte aufbewahrt, wenn nötig geklärt und im Dunkeln aufbewahrt.) Nach etwa 5stündigem Stehen bei 50° prüft man auf Vollständigkeit der Fällung, dekantiert, wenn alles gefällt war, mehreremal, wobei stets mit der auf 1 : 4 verdünnten Molybdänlösung gewaschen wird. Der Niederschlag wird endlich auf einem kleinen Filter gesammelt und mit der verdünnten Molybdänlösung bis zum Verschwinden der Kalkreaktion im Filtrat gewaschen. Das so gewonnene phosphormolybdänsaure Ammon wird in wenig verdünntem, warmem Ammoniak wieder aufgelöst, was am besten unmittelbar durch Übergießen auf dem Filter geschieht. Die erhaltene Lösung wird durch Salzsäurezusatz nahezu neutralisiert und ihr durch etwa 5 cm^3 konzentrierten Ammoniak eine bekannte Alkalität gegeben. In die dann abgekühlte Flüssigkeit, deren Volumen etwa $70 \cdots 80 \text{ cm}^3$ betragen soll, läßt man unter ständigem Umrühren ganz langsam 20 cm^3 Magnesiamixtur einlaufen, worauf man noch etwa $10 \cdots 15 \text{ cm}^3$ konzentriertes Ammoniak zugibt. Der ausgeschiedene Niederschlag von Magnesium-Ammonium-Phosphat wird in bekannter Weise aufgearbeitet und durch Glühen in Magnesiumpyrophosphat verwandelt. 1 g $Mg_2P_2O_7$ entspricht $0,8535 \text{ g } PO_4$.

Gesamtphosphorsäure. Ihre Bestimmung unterscheidet sich von jener der wasserlöslichen nur dadurch, daß sie in einer sauren Auflösung des Phosphats vorgenommen wird. Man löst $10 \cdots 20 \text{ g}$ des Phosphats in warmer, mäßig verdünnter Salpetersäure. Sollte hierbei ein Teil unlöslich bleiben, so kann die Lösung durch Zugabe von Salzsäure unterstützt werden. Man sammelt die Lösung in einem 1-l-Meßkolben und füllt zur Marke auf. In einer bestimmten Menge der durch ein trockenes Filter filtrierten Auflösung wird dann, wie vorher beschrieben, die Menge der Phosphorsäure ermittelt.

Ammonphosphat.

Feuchtigkeit und Ammoniakgehalt werden, wie beim Ammonsulfat mitgeteilt, bestimmt, der Phosphorsäuregehalt wird wie bei den Phosphaten beschrieben ermittelt.

Betriebsanalysen.

Säuregrad der Maische. Für den günstigsten Verlauf der Gärung ist eine schwach saure Reaktion der Maische erforderlich. Die Ermittlung des Säuregrades — das Optimum ist nicht für alle Heferassen das gleiche — geschieht wie folgt. 20 cm³ vom Neutralisierbottich kommende Ablauge werden mit $^n/_{10}$-Alkali titriert, wobei der Endpunkt durch Tüpfeln auf am besten geleimten Phenolphthaleinpapier festgestellt wird. Man gibt den Säuregrad unmittelbar als Kubikzentimeter $^n/_{10}$-Natronlauge an, welche zur Neutralisation der stets gleich großen Probemenge notwendig sind. Nach OEMAN[1] erhält man die günstigsten Spritausbeuten, wenn die Azidität der Maische 0,02 ⋯ 0,03 normal ist, doch arbeitet man in den Betrieben gewöhnlich bei etwa 0,04 normal.

Bestimmung der Wasserstoffionenkonzentration der Maische. Der Verlauf der alkoholischen Gärung ist in bedeutsamem Maße abhängig von der Wasserstoffionenkonzentration der Maische, und die Ausbeute wird durch die Höhe dieses Wertes beeinflußt. Mit der vorstehend beschriebenen Untersuchung erhält man lediglich ein Maß für die absolute Konzentration der Maische an Säuren — vor allem Essig- und Ameisensäure. Zu einer exakten Zahl für den p_H-Wert der Maische, auf den es ankommt, kann man durch elektrometrische Messungen kommen.

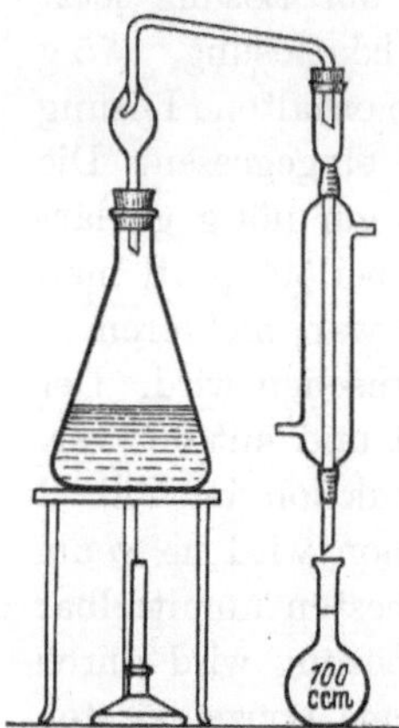

Abb. 59. Spritbestimmung in der vergorenen Maische.

Die Bestimmung wird zweckmäßig mit der sich hierfür erfahrungsgemäß gut eignenden Glaselektrode vorgenommen. Da die erforderliche Einrichtung nicht überall zur Verfügung stehen dürfte, sei bemerkt, daß man nach Erfahrungen in der Praxis den p_H-Wert der Maische bei einiger Übung auch kolorimetrisch feststellen kann. Hierzu eignen sich bei der dunklen Maische das WULFFsche Folienkolorimeter sowie andere Komparatoren. Die Bestimmung kann bei Benutzung dieser Apparaturen mit einer Genauigkeit von ± 0,2 ausgeführt werden, was für den vorliegenden technischen Zweck wohl ausreichend erscheint.

Das Optimum der Spritausbeute liegt je nach der Heferasse bei einem etwas anderen Werte. Im allgemeinen werden die günstigsten Ausbeuten bei p_H-Werten der Maische zwischen 5,5 und 6,0 erzielt.

Bestimmung der Spritausbeute. Man destilliert aus 250 oder 500 cm³ der vergorenen Ablauge nach Zusatz von Soda bis zur alkalischen Reaktion den Sprit zusammen mit einer kleineren Wassermenge ab. Hierzu benutzt man den Apparat nach Abb. 59, welcher keiner weiteren Erläuterung bedarf.

Bei der Destillation ist, um Stoßen und Überschäumen zu vermeiden, nicht mehr Soda als notwendig anzuwenden.

Man fängt als Destillat 100 cm³ in einem Meßkolben auf. Das Destillat wird zunächst auf seine Reaktion geprüft; ist es sauer, so wird es nach erfolgter Verdünnung mit etwa 300 cm³ Wasser und Neutralisation mit Alkali neuerlich einer Destillation unterworfen. Die Prüfung auf den Alkoholgehalt darf jeden-

---

[1] OEMAN, E.: Tekn. Tidskr., Avd. Kemi o Bergsvetenskap **45**, 34 (1915).

falls nur in neutraler Reaktion erfolgen. Sie erfolgt angenähert durch kleine Aräometer, sogenannte Lutterprober. Zuverlässigere Ergebnisse liefert die Anwendung der MOHRschen Waage oder die eines Pyknometers.

Bei der Anwendung neuer Lutterprober sind deren Anzeigen durch Vergleichsversuche mit dem Pyknometer zu prüfen, auch die Einhaltung der für sie vorgeschriebenen Normaltemperatur ist sorgfältig im Auge zu behalten.

Man vergleiche für diese Bestimmung auch das im vorigen Abschnitt unter Bestimmung des vergärbaren Zuckers in der Ablauge Gesagte.

Untersuchung des Sulfitsprits.

Allgemeines. Die Untersuchung des Sprits erstreckt sich außer auf seine Gehaltsermittlung auf das äußere Aussehen, den Geruch, das Verhalten beim Verdünnen, auf die Ermittlung des Trocken- und Aschenrückstandes, des Säuregehaltes, des Schwefelgehaltes und die Bestimmung der vorhandenen Aldehyd-, Ester- und Methylalkoholmengen. Endlich kommen noch Prüfungen auf Furfurol und Fuselöl in Betracht, sowie einige Proben, wie die von Vitalli und die Oxydationsprobe mit Permanganat.

Spezifisches Gewicht und Alkoholgehalt. Es wird in bekannter Weise mittels des Pyknometers oder der WESTPHALschen Waage festgestellt. Statt hiermit den Alkoholgehalt zu ermitteln, benutzt man die schneller zum Ziele führenden Alkoholometer, das sind Aräometer, die unmittelbar Volum- oder Gewichtsprozent ablesen lassen. Bei sehr hochprozentigen Spriten ergibt die WESTPHALsche Waage zu ungenaue Werte, weshalb hier in Ermanglung von Alkoholometern das spezifische Gewicht mit dem Pyknometer bestimmt werden muß.

Die Beurteilung des äußeren Aussehens geschieht durch Einfüllen einer größeren Menge ($500 \cdots 1000 \text{ cm}^3$) Sprit in einen farblosen Glaszylinder. Man beobachtet die Färbung in der Durchsicht (häufig eine Spur gelblich), sowie, ob feine Trübungen vorhanden sind.

Verhalten beim Verdünnen. Um zu ermitteln, ob im Sprit Stoffe enthalten sind, die nur in Alkohol löslich sind, verdünnt man eine Probe von 250 cm^3 mit Wasser auf 1 l. Eine auftretende Trübung läßt genannte Stoffe erkennen.

Bei der Prüfung auf Geruch ist festzustellen, ob mehr oder weniger starker Aldehyd- und Fuselgeruch vorhanden ist. Durch Verreiben einiger Tropfen Sprit auf dem flachen Handteller läßt sich meist eine bessere Beurteilung erlangen.

Trockenrückstand. $250 \cdots 500 \text{ cm}^3$ Sprit werden nach und nach in einem kleinen gewogenen Kolben abdestilliert, worauf der Rückstand nach kurzem Trocknen im Trockenschrank zur Wägung gebracht wird. Es ist empfehlenswert, den Kolben statt mittels Korkpfropfen durch einen eingeschliffenen Stopfen und Glasrohr mit dem Kühler zu verbinden. Aus Korkpfropfen löst der Sprit so viel Bestandteile, daß unter Umständen ganz mißweisende Ergebnisse erzielt werden.

Man kann auch so verfahren, daß man die abgemessene Spritmenge nach und nach aus einem größeren Platintiegel verdampft und den so erhaltenen Rückstand nach dem Trocknen zur Wägung bringt. (Siehe auch die nächste Bestimmung.)

Aschenrückstand. $250 \cdots 500 \text{ cm}^3$ Sprit werden wie oben bis auf etwa 50 cm^3 abdestilliert und darauf diese in einem gewogenen Tiegel zur Trockne verdampft. Der dann geglühte Rückstand wird gewogen. Diese Bestimmung kann gegebenenfalls mit der vorstehenden vereinigt werden, indem man vor dem Glühen den Trockenrückstand im Tiegel zur Wägung bringt. Am geeignetsten sind Platintiegel.

Säuren. 50 cm³ Sprit werden nach Verdünnung mit 150 cm³ Wasser unter Zusatz von Phenolphthalein bis zur alkalischen Reaktion titriert. Die Berechnung erfolgt auf Essigsäure. 1 cm³ $^n/_{10}$-NaOH zeigt 0,006 g CH_3COOH an.

Gesamtgehalt an schwefliger Säure. Man gibt 25 cm³ $^n/_1$-Kalilauge in einen 200 cm³ fassenden Kolben. Mittels einer Pipette setzt man hierzu 50 cm³ auf $^1/_2 \cdots ^1/_4$ Stärke verdünnten Sprit. Nach $10 \cdots 15$ Minuten langem Stehen werden 10 cm³ Schwefelsäure, bestehend aus 1 Teil konzentrierter Säure und 3 Teilen Wasser, zugesetzt, worauf der Inhalt des Kolbens sogleich mit $^n/_{10}$-Jodlösung nach Zusatz von Stärke bis zur Blaufärbung titriert wird. Man titriert, bis die blaue Färbung einige Sekunden stehen bleibt. Bei dieser Bestimmung muß man sich davor hüten, zu weit zu titrieren, da ein Überschuß nicht mit $^n/_{10}$-Natriumthiosulfat wieder zurückgenommen werden kann. Es entspricht 1 cm³ $^n/_{10}$-Jodlösung 0,0032 g SO_2.

Ester. 50 cm³ Sprit werden nach der Neutralisation mit 25 cm³ $^n/_{10}$-Alkali $^1/_2$ Stunde lang auf dem Rückflußkühler am Wasserbad gelinde gekocht. Nach dieser Zeit läßt man abkühlen und titriert den Alkaliüberschuß unter Benutzung von Phenolphthalein zurück. Den Estergehalt drückt man in Gramm Äthylazetat aus. Es entspricht 1 cm³ $^n/_{10}$-NaOH 0,0088 g $C_2H_3OOC_2H_5$.

Bestimmung von Azetaldehyd. a) Nach der Methode von BROCHET und CAMBIER. Diese Methode beruht auf der Umsetzung, welche nach folgender Gleichung zwischen Aldehyd und salzsaurem Hydroxylamin statthat:

$$CH_3COH + NH_2OH \cdot HCl = HCl + H_2O + CH_3CH : NO \, .$$

Für jedes vorhandene Mol Aldehyd wird also 1 Mol Salzsäure in Freiheit gesetzt.

Zur Durchführung der Bestimmung läßt man zu 10 cm³ in einem Becher befindlichem Sprit 100 cm³ einer 0,4 proz. Hydroxylaminchlorhydratlösung fließen. Den Becher stellt man zwecks Vervollständigung der Reaktion an einen warmen Ort ungefähr 30° warm und titriert nach etwa 1 Stunde nach erfolgtem Abkühlen die in Freiheit gesetzte Salzsäure.

Als Indikator muß Methylorange angewendet werden, welches neutral gegen das bei der Reaktion nicht umgesetzte Hydroxylaminsalz reagiert.

Sowohl der zu untersuchende Sprit wie auch die Hydroxylaminlösung müssen vor der Ausführung der Bestimmung neutral gegen Methylorange gestellt werden. 1 cm³ $^n/_{10}$-Alkali entspricht 0,0044 g Aldehyd.

b) Nach der Methode von RIPPER. Bei dieser Methode wird die bekannte Fähigkeit der Aldehyde und Ketone, Bisulfit addieren zu können, zur Grundlage ihrer Bestimmung gemacht. Diese Reaktion verläuft beim Azetaldehyd nach folgender Gleichung:

$$CH_3CHO + KHSO_3 = CH_3COH \cdot KHSO_3 \, .$$

Versetzt man eine Aldehydlösung mit einer bekannten Menge Bisulfit, so kann, da die Aldehydverbindung auf Jod nicht einwirkt, nach erfolgter Umsetzung der Überschuß an Bisulfit durch Titration mit Jod gefunden werden. Der Verbrauch an Jod gibt somit ein Maß für die vorhandene Aldehydmenge an. Die Konzentration des Aldehyds darf in der zu untersuchenden Lösung nicht mehr als 0,5% betragen, der zu untersuchende Alkohol ist dementsprechend mit destilliertem Wasser zu verdünnen. Zu beachten ist ferner, daß in alkoholischer Lösung die Jodstärkereaktion nicht eintritt, weshalb man das Erscheinen der gelben Jodfarbe als Endpunkt der Titration ansehen muß.

Man verfährt im übrigen wie folgt: 25 cm³ der verdünnten Alkohollösung läßt man zu 50 cm³ einer Lösung von 12 g Kaliumbisulfit im Liter fließen, und zwar verwendet man als Reaktionsgefäß ein kleines verschließbares Kölbchen von etwa 150 cm³ Inhalt. Nach erfolgter Mischung bleibt das Kölbchen etwa 15 Minuten lang stehen. Während dieser Zeit kann man den Titer der Bisulfitlösung mit $^n/_{10}$-Jodlösung überprüfen. Man titriert dann im Reaktionsgefäß das nichtverbrauchte Bisulfit mit Jod zurück. 1 cm³ $^n/_{10}$-Jodlösung entspricht 0,0022 g Aldehyd.

Bestimmung des Methylalkoholgehaltes. Für vergleichende Untersuchungen im Betrieb hat sich als am zweckmäßigsten die Methode von DENIGÈS erwiesen[1]. Die Methode besteht in der Überführung des Methylalkohols in Formaldehyd und dessen kolorimetrischer Bestimmung mittels fuchsinschwefliger Säure. Vorhandener Aldehyd ist ohne größeren Einfluß auf das Ergebnis.

Zur Herstellung der Fuchsinbisulfitlösung löst man 5 g Fuchsin in 600 cm³ heißem Wasser, fügt nach dem Erkalten eine Lösung von 12 g kristallisiertem Natriumsulfit in 100 cm³ Wasser und 100 cm³ $^n/_1$-Schwefelsäure zu und füllt nach Vermischen auf 1 l auf. Die gelbbraune Lösung ist nach einigen Stunden zu filtrieren und muß gut vor der Einwirkung von Licht geschützt werden.

Zur Durchführung der Prüfung verdünnt man 10 cm³ des zu prüfenden Sprites mit destilliertem Wasser auf 100 cm³. In einem Reagenzglas versetzt man 1 cm³ dieser verdünnten Spritlösung mit 2,8 cm³ Wasser und 0,2 cm³ reiner konzentrierter Schwefelsäure. Nach dem Säurezusatz, wird vorsichtig vermischt und abgekühlt. Dann wird 1 cm³ 5proz. Kaliumpermanganatlösung hinzugefügt und das Reagenzglas so geneigt, daß alle Tropfen an den Wandungen von der Flüssigkeit bespült werden und mit dieser folgen. Hat die Einwirkungsdauer des Permanganats genau 2 Minuten gedauert, so wird 1 cm³ 8proz. Oxalsäure hinzugefügt. Nach wenigen Sekunden hat die anfänglich rotbraune Flüssigkeit sich schwach gelbbraun — Madeirafarbe — gefärbt. Zu diesem Zeitpunkt setzt man mit einer Pipette 1 cm³ konzentrierte Schwefelsäure und darauf sofort 5 cm³ fuchsinschweflige Säure hinzu. Durch Neigen des Rohres und Drehen um seine Längsachse mischt man den Inhalt gut durch. Nach einstündigem Stehen verdünnt man mit 50 cm³ Wasser und füllt die Lösung in ein Kolorimeterrohr. Den entstandenen Farbton vergleicht man im Kolorimeter mit jenem, welcher auftritt, wenn eine Methylalkohollösung bekannter Stärke in der gleichen Weise behandelt wird.

Als Standardproben werden Mischungen von Methylalkohol und Äthylalkohol benutzt. Dieser ist durch einen Blindversuch auf Freisein von Methylalkohol zu prüfen, bevor er zur Herstellung der Mischungen benutzt wird. Bei der durchgeführten Probe nach DENIGÈS darf er höchstens eine schwache Rosafärbung geben.

---

[1] Amtliches Verfahren gemäß dem Branntweinmonopolgesetz.

Hat man beispielsweise bei dem ersten Versuch gefunden, daß die zu untersuchende Probe einen Methylalkoholgehalt hat, welcher etwa zwischen 2,0$\cdots$2,5% beträgt, so führt man einen neuen Versuch aus, wobei man Standardlösungen mit 2,2 und 2,4% Methylalkohol benutzt. Auf solche Weise wird man dann vielleicht finden, daß der Gehalt bei 2,3% liegt. Dieses Verfahren ist zwar umständlicher, gibt jedoch gute Werte, da größere Farbunterschiede im Kolorimeter nicht zur Beurteilung gelangen. Wenn man nur wässerige Methylalkohollösungen benützt, so sind die Werte weniger genau. Auch bei höherem Methylalkoholgehalt — über 3,5% — lassen die Werte infolge gleichzeitig gesteigerter Mengen anderer Verunreinigungen im Sprit in ihrer Genauigkeit zu wünschen übrig. Dies gilt besonders, wenn man absolute, nicht Vergleichswerte, zu erlangen beabsichtigt.

Oxydationsprobe mit Permanganat. Das Ergebnis dieser Bestimmung gibt einen ungefähren Anhaltspunkt über die Menge an vorhandenen organischen Verunreinigungen im Sprit, welcher selbst nur langsam von verdünntem Permanganat angegriffen wird. Man füllt zur Ausführung der Probe 50 cm³ des Sprites in einen verschließbaren Meßzylinder von 100 cm³ Inhalt. Man bringt den Inhalt genau auf eine Temperatur von 15° und setzt dann 1 cm³ einer Kaliumpermanganatlösung zu, welche 0,1 g $KMnO_4$ in 500 cm³ gelöst enthält. Alsdann schüttelt man um und beobachtet, welche Zeit vergeht, bis die anfänglich rotviolette Farbe einem lachsfleischfarbenen Tone Platz gemacht hat. Die Permanganatlösung soll möglichst frisch sein, ferner ist bei Vergleichsversuchen darauf zu achten, daß die Spritproben annähernd gleich stark sind (95/96 Volumprozent).

Vittallische Probe. Ganz ähnlichem Zweck wie die vorhergehende dient diese Probe. Zu ihrer Ausführung unterschichtet man im Reagenzglas eine Spritprobe mit konzentrierter Schwefelsäure. Die mehr oder weniger dunkelrote Zone, die an der Berührungsfläche entsteht, gilt als ein Maß für die Reinheit des Sprites. Sehr reine Sprite zeigen nur ein ganz schwach getöntes Band.

Furfurol. Zum Nachweis dient essigsaures Anilin. Es erzeugt mit selbst geringen Mengen Furfurol eine orangerote Färbung. Das Reagens stellt man sich jedesmal frisch her. Man verwendet zur Bestimmung 10 cm³ Sprit, 0,5 cm³ Anilin und 2 cm³ Eisessig. Da die Intensität der eintretenden Färbung ziemlich genau dem Furfurolgehalt proportional ist, kann man mittels Vergleichslösungen von bekanntem Furfurolgehalt (1 : 1000 bis 1 : 10000) kolorimetrisch seine Höhe ermitteln.

Gesamtschwefelgehalt im Sulfitsprit. Hierzu verfährt man wie folgt: 50 cm³ Sprit werden in einem Becher mit der gleichen Menge destillierten Wassers versetzt. Alsdann wird so viel Bromlösung zugefügt, daß starke Gelbfärbung eintritt. Man läßt die Probe 1 Stunde stehen, wobei durch wiederholte Zugabe von Brom diese Färbung aufrechterhalten werden muß. Der Überschuß an Brom wird dann verjagt, ebenso die größte Menge des Alkohols durch Kochen vertrieben, worauf in bekannter Weise der zu Schwefelsäure oxydierte Schwefel mit Bariumchlorid gefällt wird. Man kann anstatt mit Bromlösung die Oxydation auch durch eine Mischung von Brom mit Alkali durchführen. Ob genügend alkalische Bromlösung zugesetzt wurde, erkennt man hier am Geruch. Im übrigen verfährt man sonst ganz genau wie oben.

Ist sehr wenig Schwefel vorhanden, so muß man zur Erlangung sicherer

Werte mehr Sprit zum Versuch anwenden. Es ist immer zweckmäßig, nach erfolgter Fällung zur Vervollständigung der Reaktion die Reaktionsflüssigkeit über Nacht stehen zu lassen und dann erst zu filtrieren. 1 g $BaSO_4$ entspricht 0,1374 g. S.

Untersuchung von Fuselölen.

Allgemeines. Nebenerzeugnisse von Brennereibetrieben dürfen nach dem deutschen Branntweinsteuergesetz nur dann steuerfrei in den Verkehr übergehen, wenn ihr Gehalt an Ölen mindestens 75% beträgt. Da Fuselöl außer diesen der Hauptsache nach nur Wasser und Äthylalkohol enthält, so beschränkt sich die Untersuchung des Produktes auf die Ermittlung weniger Zahlen.

Bestimmung des Wassergehaltes. Man versieht ein weites Reagenzrohr mit Marken (Diamantstrich) bei 30, 32,5 und 40 cm^3 Inhalt, reinigt es sorgfältig mit Bichromat-Schwefelsäure und heißem Wasser und trocknet es. In dieses Glas füllt man 30 cm^3 Kalziumchloridlösung vom spezifischen Gewicht 1,225 und dann bis zur Marke 40 cm^3 das zu untersuchende Fuselöl. Nach Aufsetzen eines gut passenden Pfropfens schüttelt man etwa 1 Minute lang kräftig durch, worauf man die Flüssigkeit sich durch senkrechtes Aufstellen des Rohres in zwei Schichten trennen läßt. Nach einiger Zeit liest man die Höhe der Ölschicht ab, nicht ohne vorher durch rasches Vor- und Zurückdrehen um die senkrechte Achse des Rohres die an seinen Wänden haftenden Öltropfen nach oben getrieben zu haben. Die Ölschicht soll nach unten hin wenigstens bis zum 32,5-cm^3-Strich reichen, was einem Fuselölgehalt von 75% entsprechen würde. Die benötigte Kalziumchloridlösung. wird hergestellt durch Auflösen von 25 g wasserfreiem Salz in 100 cm^3 destilliertem Wasser und folgendes Filtrieren der Lösung.

Prüfung auf Alkoholgehalt. 50 cm^3 Fuselöl werden in einem Scheidetrichter mit 100 cm^3 Kalziumchloridlösung vom spezifischen Gewicht 1,225 bei 15° ausgeschüttelt. Man läßt nach Abtrennung der Schichten, was meist mehrere Stunden dauert, die Kalziumchloridlösung ab und wäscht das im Trichter verbliebene Fuselöl noch zweimal mit je 50 cm^3 Kalziumchloridlösung nach. Von den vereinigten Kalziumchloridlösungen werden 100 cm^3 Flüssigkeit abdestilliert, und im Destillat wird der Alkohol mit dem Pyknometer oder einem geprüften Lutterprober bestimmt. Die ermittelten Alkoholgehalte (Volumprozente) sind zu verdoppeln[1].

---

[1] BERL-LUNGE: Chemisch-technische Untersuchungsmethoden, 8. Aufl. Bd. 5, S. 158 Berlin 1934.

V. Die Untersuchung der Holzstoffe und der ungebleichten Holz- und Halmzellstoffe.

Zu den wichtigsten Halbfabrikaten der Papierfabrikation gehören die Holzstoffsorten. Von gleicher Bedeutung wie diese sind die eigentlichen Zellstoffe, welche zufolge von Aufschlußprozessen durch teilweise bis nahezu völlige Beseitigung der Inkrusten erhalten werden, und die außer für die Erzeugung von Papier in erheblichem Ausmaß als Ausgangsmaterial für chemische Weiterverarbeitung dienen. Zu ihnen gehören in erster Linie die Holzzellstoffe, daneben aber auch Halbstoffe aus Gräsern und andern einjährigen Pflanzen.

Zu diesen **Halbstoffen** sind weiter zu rechnen die Faserarten, welche durch Kochen von Hadern aus Jute, Flachs, Hanf, Baumwolle mit Kalk oder Alkalien erhalten werden.

Zwischen den eigentlichen Holzstoffen und den inkrustenarmen Zellstoffen liegen die Halbzellstoffe. Sie enthalten noch erhebliche Mengen von Lignin und anderen Nichtzellulosebestandteilen. Hierzu gehören u. a. der Gelbstrohstoff, dann nach dem Sulfatverfahren erzeugte harte Kraftstoffe, sowie neuerlich gewisse Sulfithalbzellstoffe, wie sie besonders in den Vereinigten Staaten hergestellt werden.

Eine scharfe Trennung der Untersuchungsmethoden der ungebleichten und gebleichten Zellstoffe ist nicht durchführbar. So weit als möglich sind in diesem Abschnitt doch vornehmlich solche aufgenommen worden, die die Prüfung ungebleichter Zellstoffe bezwecken.

Holzstoff (Holzschliff).

Allgemeines. Unter Holzstoff oder Holzschliff versteht man im allgemeinen die beim Anpressen von Holzstempeln Fichte, Kiefer, Aspe an in Bewegung befindliche Schleifsteine bei gleichzeitiger Wasserzufuhr gewonnenen Fasermaterialien. Dem weißen Holzstoff ist der Braunschliff nahe verwandt. Bei seiner Erzeugung geht dem Schleifen ein Dämpfen oder Kochen der Holzstempel voran.

In der Holzstoffabrikation wie auch in der Untersuchung des fertigen Erzeugnisses spielen sowohl chemische wie auch physikalische Untersuchungen eine bedeutende Rolle.

Ein Vorschlag für eine Güteprüfung des Holzschliffes ist auf Grund eingehender Untersuchungen von Brecht und Holl[1] gemacht worden. Dem Vorschlag, der nachstehend wiedergegeben ist, folgend sind in diesem Abschnitt, soweit es die Grenzen des Buches nicht überschreitet, eine Reihe von Untersuchungsmethoden aufgeführt.

---

[1] Brecht, W., u. M. Holl: Papierfabrikant **37**, 74 (1939).

Vorschlag für ein Normalverfahren zur Güteprüfung von Holzschliff von BRECHT und HOLL. Allgemeine Angaben: Art des Schliffes nach Holz und nach Schleifverfahren. Tag des Schleifens. Tag der Prüfung. Dauer der Lagerung zwischen Schleifen und Prüfen. Trockengehalt am Tag des Probeneingangs. Trockengehalt am Tag der Prüfung.

I. Vorbereitung des Stoffes für die Prüfung: Art 1. Bei Stoff, der unmittelbar aus dem Schleifertrog oder hinter der Eindickung entnommen ist, erfolgt die Prüfung ohne weitere Vorbereitung.

Art 2. Feuchter, nur durch Anwendung mechanischer Hilfsmittel entwässerter Holzstoff (25···50% abs. tr.) wird 15 Minuten in Wasser von Raumtemperatur eingeweicht und dann im englischen Standardgerät bei 50 g abs. tr. Stoffeintrag und 2,5% abs. tr. Stoffdichte 5 Minuten lang aufgeschlagen.

Art 3. Holzstoff, der unter Anwendung von Wärme getrocknet wurde (> 50% abs. tr.), wird in zerkleinerter Form 2 Stunden in Wasser von Raumtemperatur eingeweicht und dann im englischen Standardgerät wie unter I 2, aber 10 Minuten lang aufgeschlagen.

II. Prüfungsergebnisse: 1. Aussehen: a) Bild in Vergrößerung 3,5 : 1 (als Anlage beizugeben). b) Weißgehalt (Pulfrichphotometer). c) Farbe (Vergleichsmuster).

2. Formbeschaffenheit: a) Splittergehalt, ermittelt durch Auswaschen auf Splitterfang. b) Siebfraktionierung: Rückstand in % auf Sieb Nr. 40 (DIN Nr. 14). Rückstand in % auf Sieb Nr. 120 (DIN Nr. 42), daraus Zwischenfraktion Sieb Nr. 40/120. Feinststoff in % durch Sieb Nr. 120.

3. Entwässerungsverhalten: a) Schmierigkeit nach SCHOPPER-RIEGLER. b) Entwässerungsdauer in Sekunden, ermittelt mit dem modifizierten SCHOPPER-RIEGLER-Gerät.

4. Eigenschaften von Holzstoffblättern (Blattbildungsgerät Rapid-Köthen) von 100 g/m². a) Reißlänge in m. b) Berstdruck in kg/cm². c) Dauerbiegezahl. d) Raumgewicht in g/cm³.

Blauglasmethode.

Für die Zwecke der Betriebskontrolle ist in vielen Schleifereien die Blauglasmethode zur raschen Beurteilung der Faserlänge, der Gleichförmigkeit und der sonstigen Beschaffenheit des vom Schleifer kommenden Stoffes in Gebrauch. Bei der Methode wird eine stark mit Wasser verdünnte Probe des Stoffes gegen einen aus einer blauen Glasscheibe bestehenden Hintergrund betrachtet und gegebenenfalls unter diesen Bedingungen mit einem als Standard dienenden Muster verglichen. Gegen den dunklen Hintergrund heben sich die weiß oder schwach gelblich gefärbten Fasern sehr deutlich ab, wodurch die Beurteilung und Bewertung sehr erleichtert wird.

Der nachstehend beschriebene Apparat (Abb. 60) ist für die Ausführung der Methode sehr geeignet; er läßt sich selbstverständlich auch mehr oder weniger vereinfacht — beispielsweise ohne Vergrößerungsglas — anwenden. Der untere Rahmen *B* bietet Raum für drei oder mehr verschiebbare Tröge *A*, deren Boden aus durchsichtigem Glas *I* besteht. Der Rahmen *B* läßt sich durch den Kasten *F* verschieben, an welchem seitlich die Leuchtquelle *C* angebracht ist, welche aus einer matten elektrischen Lampe besteht, deren Licht mittels des Weißblechreflektors D durch die matte Glasscheibe J auf die Trogfüllung geworfen wird. In der Decke des Kastens ist eine Vergrößerungslinse E, im Boden die blaue Glasscheibe G eingelassen. Über der Linse sitzt eine Pappblende H zum Aus-

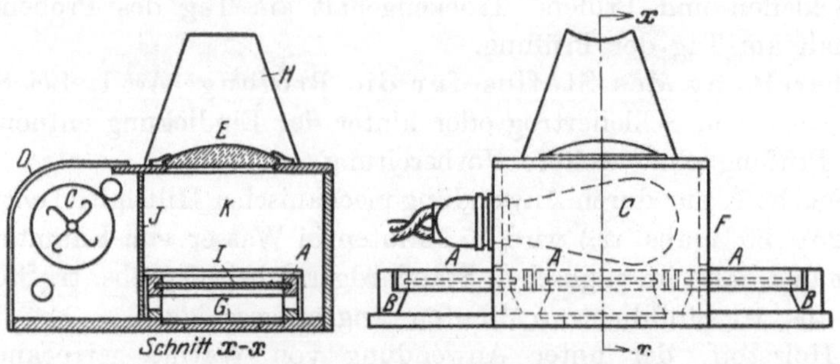

Abb. 60. Apparat für die Blauglasmethode.

schluß von störendem Licht. Die Handhabung der Apparatur ist einfach. In den einen der Tröge wird die zu prüfende, mit sehr viel Wasser verdünnte Stoffmischung, in die beiden anderen werden die Standardproben gegossen und durch Verschieben der Tröge miteinander verglichen. Die Methode, welche sich übrigens für die Bewertung aller Faserstoffe eignet, gibt oft sehr gute Fingerzeige für die Erzeugung.

Bestimmung des Trockengehaltes.

Für die Bestimmung des Trockengehaltes bestehen Vereinbarungen, die vor einer Reihe von Jahren zwischen dem früheren **Verein der Deutschen Holzstoff-Fabrikanten** und dem damaligen **Verein Deutscher Papierfabrikanten** getroffen worden sind[1]. Sie sind nachstehend zum Abdruck gebracht.

Vereinbarungen zur Bestimmung des Trockengehaltes.

Zur Probenahme heranzuziehender Anteil der Lieferung. Der zur Probenahme heranzuziehende Anteil der Lieferung soll in allen Fällen mindestens 2% des Gewichtes betragen, und zwar müssen aus je 15000 kg Naßgewicht zur Probenahme herangezogen werden:

a) bei loser Verladung (Eisenbahnwagen oder Achsfuhrwerk) von zusammengelegten Paketen oder unverpackten Rollen nicht weniger als 10 solcher Packungseinheiten.

b) bei Lieferung in verschnürten Päcken oder verschnürten Rollen im Gewicht von je 100 kg und darüber (Eisenbahnwagen oder Schiffsladungen) nicht weniger als 5 solcher Packungseinheiten.

Bei Schiffsladungen, welche aus mehreren einzeln berechneten Eisenbahnwagenladungen zusammengesetzt sind, müssen die Packungseinheiten aus den einzelnen Wagenladungen gezeichnet und numeriert werden.

Die zur Probenahme heranzuziehenden Packungseinheiten müssen tunlichst gleichmäßig von verschiedenen Stellen der aufgestapelten Lieferung entnommen werden. Auszuschließen sind solche, bei denen die Gefahr des Austrocknens bestanden hat, also insbesondere die an der Oberfläche gelegenen.

---

[1] Zellstoff u. Papier 8, 297—298 (1928).

Es empfiehlt sich zur Vermeidung von Verwechslungen, die zur Probenahme herangezogenen Packungseinheiten (Ballen, Packe, Wickel) mit dem Datum des Frachtbriefes oder der Wagennummer zu bezeichnen.

Bei Schabstoff oder Brockenstoff in Säcken sind die Proben sackweise entsprechend zu ziehen.

Probenahme. Die Entnahme von Trockenproben aus den zur Probenahme herangezogenen Packungseinheiten geschieht in der Regel durch Stanzen, Bohren oder in Streifen.

Gestanzt wird feuchter Stoff in Paketen und Ballen. Bei Paketen ist durch alle Lagen zu stanzen, bei Ballen mindestens 8 cm tief. Das Ausbohren erfolgt bei Trockenstoff in Ballen usw. am zweckmäßigsten 5 cm tief.

Als Stanze ist ein unten von außen geschärftes Stahlrohr von mindestens 5 cm lichter Weite und als Bohrer ein ebensolches Rohr mit gezahntem und gestauchtem Rand zu benutzen.

Bei Probenahme in Streifen sind die Tafeln aus oberen, mittleren und unteren Lagen zu wählen. Ein 6···8 cm breiter Streifen aus der Mitte des Bogens wird von der ganzen Breite der Tafeln am zweckmäßigsten über die Kante einer Holzleiste abgebrochen.

Probebehandlung. Es ist zu empfehlen, insgesamt eine Probemenge von etwa 2000 g in 4 Teilen von je etwa 500 g zu entnehmen. Die Wägung hat unmittelbar nach der Probenahme auf einer genügend empfindlichen Waage zu erfolgen.

Eine der vier Teilproben dient zur erstmaligen Bestimmung des Trockengehaltes, die übrigen werden zu etwa notwendig werdenden Überprüfungen bei Beanstandungen, mit genauer Angabe des Feuchtgewichtes bei der Probenahme, gesondert eingeschlagen und sorgfältig aufbewahrt.

Luftdichte Aufbewahrung ist (auch in Streitfällen) nicht nötig, wenn die Wägung des feuchten Stoffes vor vertrauenswerten Zeugen stattgefunden hat.

Von den drei zurückgelegten Teilproben ist eine für eine etwaige Nachprüfung durch die beteiligten Firmen, die beiden übrigen sind für die Schiedsprüfung im Streitfalle bestimmt.

Werden Proben zur Nachprüfung an eine Prüfungsstelle gesandt, so ist bei zuverlässiger Feststellung des Feuchtgewichts unmittelbar bei der Probenahme eine vor Verdunstung schützende Verpackung nicht nötig; nur wenn das Feuchtgewicht bei der Probenahme nicht zuverlässig festgestellt worden ist, muß die Versendung in luftdicht verschlossenen Gefäßen erfolgen, am besten im Blechgefäß mit Gummidichtung und Schraubverschluß. Einschlagen in Ölpapier oder feuchten Stoff derselben Sendung kann nur als mangelhafter Notbehelf gelten.

Trocknung. Die Trocknung soll in einem geeigneten Apparat bei 100···105° vorgenommen und bis zum gleichbleibenden Gewicht durchgeführt werden.

Erreichung der Gewichtsbeständigkeit ist anzunehmen, wenn die Gewichtsabnahme zwischen den letzten beiden Wägungen nicht mehr als 0,1% beträgt. Zwischen den letzten beiden Wägungen muß, wenn das Trockengut zur Wägung aus dem Trockner herausgenommen wird, eine Zeitspanne von mindestens 30 Minuten liegen; bei Trocknern in Verbindung mit einer Waage genügen 15 Minuten zur Erkennung der Gewichtsbeständigkeit.

Wägung. Am empfehlenswertesten sind Trockner, die das Wägen ohne

Entnahme aus dem Apparat erlauben. Bei Wägung nach Entnahme der Proben aus dem Trockner ist das Absoluttrockengewicht nur annäherungsweise bestimmbar, weil der sich abkühlende Stoff begierig Feuchtigkeit aus der Luft ansaugt.

Berechnung des Trockengehaltes. Zum Unterschied gegen früher, als die Umrechnung auf lufttrockenes Gewicht 88 : 100 erfolgte, wird heute in Deutschland einheitlich absolut trockenes Gewicht berechnet, wobei die Dezimalstellen auf ganze Zehntel nach unten abzurunden sind.

Beispiel:

$$\text{Feuchtigkeitsgewicht der Probe} \ldots \ldots 500 \text{ g,}$$
$$\text{Absolutes Trockengewicht} \ldots \ldots \ldots 153{,}5 \text{ g,}$$
$$\text{Absoluter Trockengehalt} \ \frac{153{,}5 \cdot 100}{500} = 30{,}7 \%.$$

Trotz erdenklichster Sorgfalt weichen erfahrungsgemäß mehrere Ermittlungen, die neben oder nacheinander oder von verschiedenen Stellen vorgenommen werden, fast stets etwas voneinander ab. Weicht die Prozentzahl nicht mehr als 1 nach oben oder unten ab, gilt die Ermittlung des Verkäufers als zutreffend.

Durchführung der Trockenbestimmung. Sie erfolgt gemäß den üblichen Verfahren, wie sie im Abschnitt: Untersuchung der pflanzlichen Rohstoffe und weiterhin im besonderen bei der Bestimmung des Trockengehaltes der Zellstoffe beschrieben sind.

Formbeschaffenheit des Schliffes.

Zur Gewinnung von Bildern wird nach BRECHT und HOLL[1] eine Faseraufschwemmung in der Verdünnung von 1 : 2000 in dünner Schicht auf eine Glasplatte gegossen und darauf im Trockenschrank zum Eintrocknen gebracht. Mittels eines gewöhnlichen Vergrößerungsapparates wird die Platte dann in der Vergrößerung 3,5 : 1, die erfahrungsgemäß gute Verhältnisse gibt, direkt auf Bromsilberpapier projiziert.

Farbtonvergleich.

Der Farbton des Schliffes wird nach BRECHT und HOLL zweckmäßig durch Vergleich mit gefärbten Papiermustern festgelegt. Zu diesem Zweck stellt man sich aus gebleichtem Hadernhalbstoff oder Edelzellstoff ohne Mitverwendung von Leim und Erde Papierblätter her, die mit lichtechten Farbstoffen gefärbt, eine das Gebiet umfassende Farbtonreihe darstellen. Mit ihnen wird ein Musterblatt des Schliffes verglichen, das in gleicher Weise zum Bogen geformt worden ist.

Unreinheiten.

Zur Sichtbarmachung von Splittern, Rindenresten und ähnlichem färbt man eine Probe des aufgeschwemmten Stoffes mit einem basischen Farbstoff, beispielsweise Viktoriablau, und schöpft dann daraus ein Blatt. Da der Farbstoff die Eigenschaft hat, auf die Splitter schlecht aufzuziehen, treten sie in dem fertigen Blatt deutlich aus der im übrigen schwach blauen Fasermasse hervor. Zur quantitativen Bestimmung kann man auf zwei verschiedene Weisen vorgehen. Die eine besteht darin, daß man wie bei Zellstoff auf einem durch-

---

[1] BRECHT, W., u. M. HOLL: Papierfabrikant **37**, 74 (1939).

feuchteten, von der Rückseite scharf beleuchteten Probebogen bestimmter Größe die Zahl der Splitter auszählt und diese Zahl dann in Beziehung zum Gewicht des Bogens setzt. BRECHT und HOLL empfehlen statt dessen ein bequemeres Verfahren darin bestehend, daß man auf einem kleinen selbstgebauten Splitterfang eine abgewogene Probe des Stoffes nachsortiert und auswäscht. Die Menge der Splitter läßt sich anschließend durch Trocknen und Wägen bestimmen und ihr Verhältnis zur geprüften Gesamtmenge des Stoffes so leicht ermitteln.

Faserfraktionierung.

Aufgabe dieser Fraktionierung ist es, eine Aufteilung des in einem Schliff vorhandenen Gesamtfasergemisches nach Längen der einzelnen Fasern durchzuführen. Zur Lösung dieser Aufgabe sind verschiedene Geräte gebaut und in den Handel gebracht worden. Nachstehend sind zwei dieser, sowie die bei ihnen einzuhaltenden Arbeitsvorschriften beschrieben[1].

a) Arbeitsverfahren mit dem Research Flour-Tester von KLEM HURUM. Das in Abb. 61 gezeigte Gerät besteht aus einem runden Behälter a, dem an dem

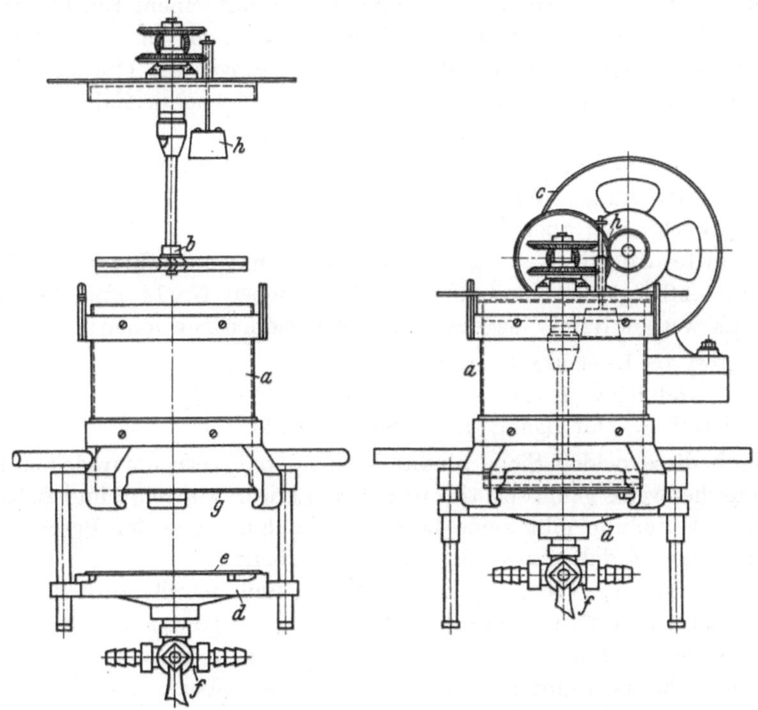

Abb. 61a und b. Research Flour-Tester von KLEM HURUM.
a = Behälter; b = Quirl; c = Antriebsriemenscheibe; d = Gehäuseboden; e = Siebplatte; f = Dreiwegehahn; g = Renkverschluß; h = Schwimmer.

Deckel des Behälters a angebrachten Quirl b, dem Boden d, welcher die Siebplatte e trägt und mittels Renkverschluß an den Behälter a angepreßt werden kann. Am Boden befindet sich noch ein Dreiwegehahn f zum Füllen und Leeren des Behälters.

---

[1] BRECHT, W., u. R. TRENSCHEL: Papierfabrikant **36**, 462 (1938).

Der Quirl des Siebapparates wird von einem Elektromotor über einen Rundriemen angetrieben. Die Drehzahl des Motors (0,125 kW) soll einer Quirldrehzahl von 275 min. entsprechen.

Für die Durchführung des Versuches wird ein Sieb bestimmter Maschenweite eingelegt, der Boden an den Behälter angepreßt und der Quirl abgehoben. Man läßt dann Wasser durch den Dreiwegehahn in den Behälter einströmen, bis das Sieb bedeckt ist und gibt den zu prüfenden Stoff als Suspension hinzu. Der Deckel mit dem Quirl wird aufgesetzt und erneut Wasser durch den Dreiwegehahn bis zu einer vom Schwimmer h gekennzeichneten Marke in den Behälter eingelassen. Nachdem man den Quirl in Betrieb gesetzt hat, schaltet man den Dreiwegehahn nach 5 Sekunden auf Entwässerung um. Wenn der Behälter leer ist, stellt man den Quirl ab und füllt den Behälter zwecks Wiederholung der Waschung des Stoffes wiederum mit Wasser. Nach der letzten Waschung wird der Boden d abgehoben, der auf dem Sieb verbliebene Faserrückstand gesammelt, getrocknet und im absolut trockenen Zustand gewogen.

Stoffeintrag. Nach Angaben von KLEM, die BRECHT und TRENSCHEL bestätigten, arbeitet der Apparat am günstigsten mit einem Eintrag von 4 g absol. trock. Prüfstoff. Der zu untersuchende Stoff wird vor dem Versuch zu einer Suspension aufgeschwemmt, deren Dichte geringer als 1% ist. Von ihr wird die der Menge von 4 g absol. trock. Stoff entsprechende Zahl von Kubikzentimeter entnommen und in den Apparat eingetragen.

Zahl der Auswaschungen. Die Zahl der zur Entfernung des feineren Faseranteiles notwendigen Waschungen sollte mindestens 5, nach BRECHT und TRENSCHEL zweckmäßig aber 7 betragen.

Anzuwendende Siebe. Als Waschsiebe kommen in Frage Nr. 40 und Nr. 120 württembergisches Maß, die den DIN-Sieben Nr. 14 und Nr. 42 entsprechen. Es werden damit insgesamt drei Fraktionen gewonnen:

1. Grobstoff = Rückstand auf Sieb Nr. 40.
2. Grober und feiner Stoff = Rückstand auf Sieb Nr. 120.
3. Feinststoff = Durchgang durch Sieb Nr. 120.

Die durch diese beiden Siebe hindurchgehenden Fasern entsprechen an der Diagonalmaschenweite gemessen theoretischen Längen von 0,51 und 0,225 mm. Eine weitere Aufteilung gibt keine bessere Vorstellung von der Beschaffenheit des Schliffes, sie ist daher zwecklos und zeitraubend.

Wägung und Berechnung. Der auf dem Sieb jeweils zurückgebliebene Faserrückstand wird auf ein in eine Nutsche eingelegtes, gewogenes Filter gespült, darauf getrocknet und in absolut trockener Form gewogen. Nach Abzug des Gewichtes des Filters ergibt sich seine Menge. Der Gehalt an feinerem, d. h. durchgegangenem Stoff F ergibt sich zu:

$$F = \frac{(a-x) \cdot 100}{a}\ \%$$

F = Feinstoffanteil in %

a = Eintragsmenge in g absol. trock.

x = Siebrückstand in g absol. trock.·

Jede Siebung ist für genaue Untersuchungen als Doppelbestimmung vorzunehmen. Die Ergebnisse der Einzelbestimmungen weichen höchstens um $\pm 1\%$ voneinander ab.

b) Arbeitsverfahren mit dem Fasergruppierungsapparat H.S. Das H.S.-Gerät entspricht in seinem Aufbau und seiner Arbeitsweise einem Durchflußsichter. Es besitzt ein oben offenes, rundes Waschgefäß g (Abb. 62 u. 63), in das von oben her ein Propeller f hineinreicht, der durch den Druck des an das Gerät angeschlossenen Wasserleitungsnetzes in Umdrehungen versetzt wird. Der Boden h des Waschgefäßes ist schwenkbar ausgebildet und trägt das auswechselbare Sieb. Das durch den Siebboden des Waschgefäßes g abfließende Waschwasser läuft in das Überlaufgefäß i, füllt dieses Gefäß und fließt dann über die Überlaufkante ab. Da diese beiden Gefäße an dem Tragständer verschiebbar angeordnet sind, läßt sich einerseits die Stauhöhe, d. i. der Abstand von Oberkante des Überlaufgefäßes bis zur Sieboberfläche, andererseits der Propellerabstand, d. i. der Abstand von Spritzlochmitte des Propellers bis zur Sieboberfläche, regelbar einstellen. Die übersichtliche Bauart des Gerätes erlaubt eine Beobachtung und Überwachung des hier stetig verlaufenden Waschvorganges. Das offene Waschgefäß ermöglicht nach beendeter Waschung ein leichtes Abspülen des Propellers und der Gefäßwand von anhaftenden Fasern, so daß eine einwandfreie, mengenmäßige Erfassung des Faserrückstandes gewährleistet ist. Da der Apparat für den Antrieb des Propellers nur Wasser mit einem Druck von bis 2 at benötigt, entfallen zusätzliche Antriebsvorrichtungen.

Stoffeintrag. Nach BRECHT und TRENSCHEL ist die günstigste Arbeitsmenge 2 g absol. trock. Probematerial. Kleinere Stoffmengen bedingen größere Ungenauigkeiten bei der quantitativen Ermittlung des Faser-

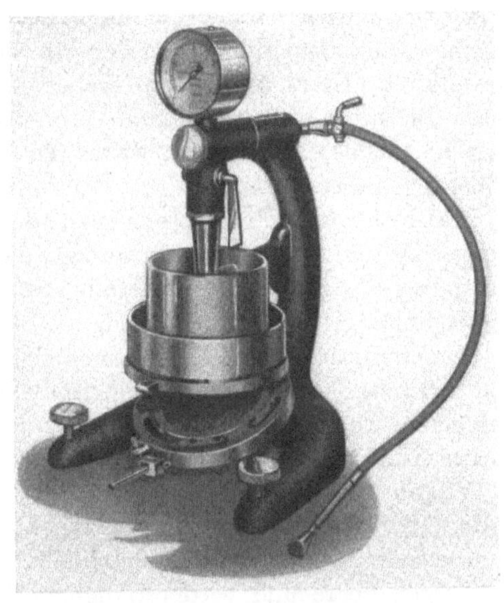

Abb. 62. Fasergruppierungsapparat H. S. für Holzschliff. Ansicht. Das Bild zeigt eine neuere Bauart, die von der der Abb. 63 etwas abweicht, ohne daß dadurch doch in der Arbeitsweise des Gerätes sich etwas ändert.

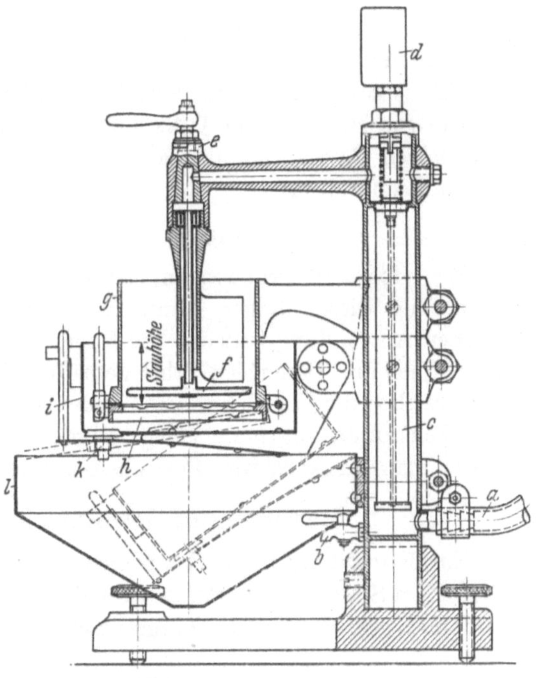

Abb. 63. Fasergruppierungsapparat H. S. Aufbau.
a = Wasserleitungsanschluß; b = Ablaßhahn für Schmutzwasser; c = Siebfiltereinsatz; d = Manometer; e = Absperrhahn; f = Propeller; g = Waschgefäß; h = Siebboden mit Sieb (schwenkbar); i = Überlaufgefäß (schwenkbar); k = Leerventil des Überlaufgefäßes; l = Ablauftrichter.

rückstandes. Größere wiederum führen insbesondere bei langfasrigem Schliff leicht zu einer Einbettung des Propellers in den Faserrückstand, wodurch sich die einwandfreie Herausnahme des Siebes aus dem Apparat erschwert. Wenn sich dieser Übelstand auch durch eine Vergrößerung des Propellerabstandes vom Sieb vermeiden ließe, so ist doch wieder zu beachten, daß mit zunehmender Vergrößerung dieses Abstandes die Waschwirkung sich verringert.

Stauhöhe und Propellerabstand. Die eingehenden Untersuchungen der obengenannten Autoren haben gezeigt, daß bei einer Stauhöhe von 50 mm und einem Propellerabstand von 10 mm von der Sieboberfläche die günstigsten Arbeitsbedingungen zu erzielen sind.

Wasserdruck. Es ist zweckmäßig, einen solchen von 1 at einzuhalten. Er läßt sich mittels eines am Gerät befindlichen Manometers genau einstellen. Bei geringerem Druck bleibt der Propeller leicht stehen, bei höherem wird durch starkes Einsaugen von Luft die Waschwirkung beeinträchtigt.

Waschdauer. Hier ist nach BRECHT und TRENSCHEL eine solche von 6 Minuten bei einem Eintrag von 2 g absol. trock. die geeignetste.

Alle einmal gewählten Bedingungen müssen ständig genau eingehalten werden, um vergleichbare und wiedererlangbare Ergebnisse zu erzielen. Die Zuteilung des Stoffes erfolgt in der gleichen Weise wie bei dem Research Flour Tester, ebenso wird wie dort beschrieben, die Mengenbestimmung des Rückstandes auf den beiden Prüfsieben Nr. 40 und Nr. 120 vorgenommen. Vor dem Einfüllen des Stoffes wird der Apparat in Betrieb gesetzt, und sobald das Wasser über den Rand des äußeren Behälters läuft, wird die Faseraufschwemmung eingegossen und die Zeit abgelesen.

Mit dem Apparat kann eine Genauigkeit von etwa $\pm 1\%$ erzielt werden.

Die von BRECHT und TRENSCHEL durchgeführte vergleichende Untersuchung mit beiden Apparaten hat gezeigt, daß sie beide zu annähernd den gleichen Ergebnissen führen.

Bestimmung der Festigkeitseigenschaften.

Sie erfolgt an Probebogen, die aus dem Schliff geschöpft worden sind. Zur Schöpfung dieser Bogen kann mit Vorteil der Blattbildungsapparat Rapid-Köthen Anwendung finden. Die Bogen werden wie üblich auf Reißlänge, Berstdruck und auf Dauerbiegezahl[1] geprüft. Für diese Untersuchungen können im wesentlichen die Vorschriften der Einheitsmethode für die Festigkeitseigenschaften von Zellstoffen zugrunde gelegt werden. Nähere Angaben über diese Methode findet man im Abschnitt Festigkeitsuntersuchungen von Zellstoffen.

Bestimmung des Entwässerungsvermögens.

Zur Ermittlung dieser kennzeichnenden Eigenschaft des Schliffes dient das Gerät von SCHOPPER-RIEGLER, über dessen Handhabung vergleiche man Näheres in dem Werk HERZBERG: Papierprüfung, 7. Aufl., Berlin 1932.

Bestimmung des Harzgehaltes.

Sie wird im Schliff in gleicher Weise wie beim Holz durchgeführt, weshalb auf die dort ausführlich gegebene Arbeitsvorschrift verwiesen werden kann.

---

[1] BRECHT, W., u. M. HOLL: Papierfabrikant **37**, 74 (1939).

Unterscheidung von gebleichtem und ungebleichtem Holzstoff.

Die Unterscheidung gründet sich darauf, daß im gebleichten Holzschliff stets noch geringe Reste von Schwefelverbindungen vorhanden sind, welche der Durchführung der Bleiche dienten. Diese Schwefelverbindungen kann man entweder als Schwefelwasserstoff oder als schweflige Säure nachweisen.

a) **Nachweis durch Schwefelwasserstoff.** Man kocht $2\cdots5$ g Holzschliff mit einer mit Salzsäure angesäuerten Lösung von Zinn(II)chlorid in einem Becherglas, wobei ein Streifen Bleiazetatpapier eingehängt wird. Liegt gebleichter Holzschliff vor, so färbt sich das Papier braun bis schwarz.

b) **Nachweis durch schweflige Säure nach** Müller[1]. 10 g gebleichter feuchter Schliff werden gut zerkleinert in einen Erlenmeyerkolben gebracht. Man fügt $50\cdots100$ cm^3 $^n/_{10}$-Jodlösung hinzu und läßt im verschlossenen Kolben 2 Stunden stehen. Während dieser Zeit wird des öfteren geschüttelt. Dann wird unter Verwendung des gesamten Kolbeninhaltes mit $^n/_{10}$-Natriumthiosulfatlösung titriert. Aus der verbrauchten Jodlösung kann die Menge des im Schliff vorhandenen Bisulfites berechnet werden.

Chemische Methoden zur Mengenbestimmung des Holzschliffes im Papier.

Allgemeines. Als Ergänzung rein mikroskopischer Untersuchungen zur Ermittlung des Schliffgehaltes von Papieren sind verschiedene chemische Methoden ausgearbeitet worden. Die älteste dieser stammt von Cross, Bevan und Briggs[2] und beruht auf dem Absorptionsvermögen für Phlorogluzin, das verholzter Faser eigen ist.

Später hat dann Halse[3] ein Verfahren bekanntgegeben, bei welchem unter den Bedingungen einer etwas abgeänderten Arbeitsweise von Willstätter unmittelbar das Lignin im zu untersuchenden Papier der Menge nach bestimmt wird. Mit diesem Ligninwert läßt sich, falls bestimmte Voraussetzungen gemacht werden, der Holzschliffgehalt im untersuchten Papier berechnen.

In ganz ähnlicher Weise gehen Noll und Hölder[4] vor. Statt es unmittelbar quantitativ zu bestimmen, ermitteln sie das in der Hauptsache durch das Lignin bedingte Reduktionsvermögen des Papiers gegenüber Permanganat. Sind die entsprechenden Werte vom Holzschliff und ungebleichtem Zellstoff, aus denen sich das zu prüfende Papier zusammensetzt, bekannt, so besteht, wie leicht einzusehen ist, die Möglichkeit zu einer Berechnung des Schliffgehaltes.

Der Vollständigkeit halber sei schließlich erwähnt, daß man auch das Chlorabsorptionsvermögen[5] des Papiers als Grundlage für eine solche Bestimmung vorgeschlagen hat.

Alle diese Methoden beruhen, wie schon bemerkt, auf bestimmten Voraussetzungen, nämlich auf gleichbleibendem und sich gleichartig verhaltendem Ligningehalt des Holzschliffes und des im Papier vorhandenen Zellstoffes. Nun weichen die tatsächlichen Verhältnisse zumeist von diesen Voraussetzungen

---

[1] Müller, G. P.: Zellstoff u. Papier **10**, 866 (1930).

[2] Cross, C. F., E. J. Bevan u. J. F. Briggs: Chemiker-Ztg. **31**, 725 (1907).

[3] Halse, O. M.: Papir-J. **10**, 121 (1926).

[4] Noll, A., u. F. Hölder: Papierfabrikant **28**, 700 (1930).

[5] Ahlquist, H.: Svensk Papperstidn. **37**, 306 (1934).

etwas ab[1]. Daher werden auch die mit diesen Methoden erhaltenen Werte stets gewisse Unsicherheiten aufweisen[2]. Erfahrungsgemäß können aber trotz dieses Mangels die Analysenwerte, die mit durchschnittlich $\pm 5\%$ Fehler behaftet sind, als für praktische Verhältnisse noch brauchbar bezeichnet werden; sie stimmen mit den durch mikroskopische Untersuchungen gefundenen gewöhnlich annähernd überein.

a) Methode von Cross, Bevan und Briggs. Nach den Autoren handelt es sich bei der Einwirkung von Phlorogluzin in Gegenwart von Salzsäure auf die verholzte Substanz des Schliffes um zwei verschiedene Reaktionen: 1. um die Bildung eines rot gefärbten Körpers; die Grenze dieser Reaktion wird bereits bei einer weniger als 1% des Lignins betragenden Phenolmenge erreicht; 2. um die weitere Vereinigung ligninhaltiger Stoffe mit Phlorogluzin, wobei sich eine Substanz bildet, die beim Waschen mit Wasser nicht zerlegt wird.

Auf Grund dieser Beobachtung ließ sich ein Titrationsverfahren ausarbeiten, bei welchem aus der Differenz von zwei genau unter denselben Bedingungen ausgeführten Phloroglzuinbestimmungen die von 100 g Fasermaterial aufgenommene Phlorogluzinmenge ermittelt werden kann (Absorptionswert).

Erforderliche Lösungen. 1. Eine Lösung von 2,5 g reinem Phlorogluzin in 500 cm³ verdünnter Salzsäure vom spezifischen Gewicht 1,06. Die Lösung soll vor Anwendung 2···3 Tage gestanden haben[3].

2. Eine Lösung von 1 cm³ 40proz. Formaldehyd in 500 cm³ Salzsäure vom spezifischen Gewicht 1,06.

Arbeitsweise: 2 g fein zerkleinertes Papier, dessen Wassergehalt in einer besonderen Probe zu ermitteln ist, werden genau abgewogen. Die Substanz wird dann in einen trockenen Kolben gegeben und sofort mit 40 cm³ Phlorogluzinlösung bedeckt. Der verkorkte Kolben wird geschüttelt und dann einige Stunden, am besten über Nacht, stehengelassen. Am Morgen wird die Flüssigkeit durch einen sehr kleinen, im Trichterhals angebrachten Baumwollpfropfen abfiltriert, 10 cm³ hiervon werden mit einer Pipette abgemessen und in einen Filtrierkolben gegeben.

Diese 10 cm³ der Lösung werden mit 10 cm³ Salzsäure vom spezifischen Gewicht 1,06 verdünnt und auf ungefähr 70° erwärmt. Die Formaldehydlösung wird dann aus einer Bürette in Mengen von je 1 cm³ mit einem Male zugegeben. Nach jedesmaligem Zusatz dieser Menge läßt man die Flüssigkeit 2 Minuten stehen, ehe man sie prüft, wobei die Temperatur konstant auf 70° gehalten wird. Der Fortgang der Reaktion wird dadurch verfolgt, daß man einen Tropfen der Flüssigkeit ohne vorherige Filtration auf ein Indikatorpapier bringt. Als letzteres wird am besten halbgeleimtes Zeitungspapier angewandt. Ein Tropfen einer Phlorogluzinlösung, die 1 : 30000 verdünnt ist, ruft auf diesem Papier in 1 Minute einen roten Fleck hervor. Man läßt den Tropfen 10 Sekunden lang einwirken und schleudert ihn ab. Solange noch unausgefälltes Phlorogluzin vorhanden ist, wird alsdann ein roter Fleck sichtbar. Gegen das Ende der Titration wird die Flüssigkeit nur in Mengen von je 0,25 cm³ hinzugegeben, indem man nach jeder Zugabe

---

[1] Korn, R.: Papierfabrikant **27**, 142 (1929). — Anker, Chr., K. Haug u. E. Stephansen: Papierfabrikant **31**, 61 (1933).

[2] Backman, A.: Papp.- o. Trävaru-Tidskr. f. Finland **16**, 302 (1934).

[3] Chintschin: Zellstoff u. Papier **8**, 460 (1928).

eine Pause von 2 Minuten vor der Prüfung eintreten läßt. Nahe am Endpunkt der Reaktion erscheint der rote Fleck immer langsamer auf dem Indikatorpapier, und man muß schließlich, um den Fleck beobachten zu können, die feuchte Stelle trocknen, indem man sie ungefähr 1 Minute lang in einer Entfernung von 20 cm über die Flamme eines Bunsenbrenners hält. Die Titration ist beendet, wenn kein roter Fleck mehr hervorgerufen wird.

Nach der Titration werden 10 cm³ der ursprünglichen Phlorogluzinlösung in genau derselben Weise als Blindversuch titriert, und die Menge des durch den Schliff adsorbierten Phlorogluzins wird aus der Differenz der beiden Titrationsergebnisse berechnet.

Berechnung der Ergebnisse. Beträgt der Verbrauch an Formalinlösung beim Blindversuch a cm³, der bei Anwendung von 2 g absol. trock. Papier b cm³, so stellt die Größe

$$p = \frac{4\,(a-b)\cdot 0{,}005}{2} \cdot 100 = (a-b)\ ^0/_0$$

den Absorptionswert des Papiers dar. Voraussetzung für die Berechnung der Analyse ist die Kenntnis der Absorptionswerte für Holzschliff und Zellstoff im absol. trock. Zustand. Nach CROSS, BEVAN und BRIGGS beträgt p bei Weißschliff im Durchschnitt 8 %, bei ungebleichtem Sulfitzellstoff 1 %. Bezeichnet man den gesuchten Prozentgehalt des Papiers an Holzschliff mit H, so ergibt sich mit diesen Werten:

$$H = \frac{100\,(p-1{,}0)}{8{,}0-1{,}0}\ ^0/_0.$$

Die mit dieser chemischen Methode gewonnenen Ergebnisse weichen von der wirklichen Zusammensetzung gewöhnlich nicht mehr als $\pm 3\,\%$ ab.

b) Methode nach HALSE. 1 g lufttrockenes holzschliffhaltiges Papier wird in eine 250 cm³ fassende Glasflasche mit weitem Hals und Glasstöpsel gegeben und darin mit 50 cm³ 38proz. Salzsäure versetzt. Sobald die Säure das Papier gut durchdrungen hat, werden noch 5 cm³ konzentrierte Schwefelsäure zugegeben. Unter häufigem Schütteln bleibt das Gemisch bis zum nächsten Tag stehen. Darauf wird der Inhalt der Glasflasche mit Wasser verdünnt, in ein 750 cm³ fassendes Becherglas gespült auf ein Gesamtvolumen von 500 cm³ gebracht und erwärmt. Nach mehreren Minuten Kochzeit läßt man das ungelöste Lignin sich absetzen und filtriert dann durch einen Glasfiltertiegel. Der Rückstand im Tiegel wird gut mit heißem Wasser ausgewaschen und dann bei 100···105° bis zum gleichbleibenden Gewicht getrocknet. Nach der Wägung wird verascht. Aus der Differenz beider Wägungen ergibt sich die Menge des vorhandenen aschefreien Lignins, wobei aber zu berücksichtigen ist, daß die meist vorhandenen Erden bei dieser Veraschung gleichfalls an Gewicht verlieren. Da erfahrungsgemäß der Glühverlust von Kaolin 12 % beträgt, ist sonach vor der Berechnung des Lignins der Aschenwert um 12 % zu erhöhen.

Mittels des so korrigierten Ligninwertes kann unter der Benutzung der umstehenden Tabelle der Holzschliffgehalt des untersuchten Papiers ermittelt werden.

Zwischenwerte können entweder an Hand einer aus den umseitig gegebenen Werten gezeichneten graphischen Darstellung oder aber mit nachstehender Formel rechnerisch ermittelt werden.

Tabelle 12. **Beziehung zwischen Holzschliff und Ligningehalt von Papieren.**

% Holzstoff	00	30	40	50	60
% Sulfitzellstoff	100	70	60	50	40
g Lignin	0,030	0,101	0,125	0,145	0,166

% Holzstoff	70	80	90	100
% Sulfitzellstoff	30	20	10	00
g Lignin	0,188	0,215	0,240	0,266

Bezeichnet man mit:

$L = $ g reines Lignin in 1 g lufttrockenem Papier,

$T = $ g   „   „   „ 1 g   „   Holzstoff $= 0{,}266$,

$C = $ g   „   „   „ 1 g   „   Sulfitzellstoff $= 0{,}030$,

so ergibt sich der Gehalt an Holzschliff im untersuchten Papier zu:

$$H = \frac{100 \cdot (L - C)}{T - C} \; \%.$$

c) Methode von Noll und Hölder. 4 g des absolut trockenen holzschliffhaltigen Papiers werden in dem in Abb. 64 gezeigten Aufschlagapparat 2 Minuten mit genau 200 cm³ heißem Wasser aufgeschlagen, am Deckel sowie am Quirl haftende Substanz wird mit 25 cm³ Wasser quantitativ in das Aufschlaggefäß gespült und das Ganze zwecks gleichmäßiger Quellung $^1/_2$ Stunde in einem Wasserbad bei 25° stehen gelassen. Sodann werden mittels Pipette 100 cm³ $^n/_1$-Kaliumpermanganatlösung zugegeben und die Mischung unter öfterem Umrühren mit einem Glasstab eine weitere Stunde bei 25° belassen. Alsdann wird abgenutscht, worauf vom Filtrat 10 cm³ zur Rücktitration entnommen werden. Letztere wird so ausgeführt, daß man 30 cm³ $^n/_{10}$-Oxalsäure nebst 50 cm³ Wasser zum Sieden erhitzt, mit verdünnter Schwefelsäure ansäuert und 10 cm³ des Filtrates zugibt, wobei sofortige Entfärbung eintritt. Nun wird der Überschuß der Oxalsäure mit $^n/_{10}$-Kaliumpermanganat zurückgemessen; die hierzu verbrauchte Permanganatmenge ergibt an Hand nebenstehender Tabelle unmittelbar den Prozentgehalt an Holzschliff.

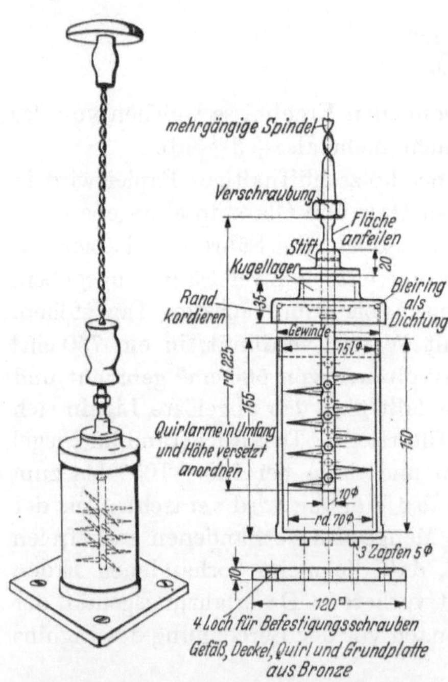

Abb. 64. Aufschlagapparat für Halbstoff- und Papierproben nach Noll.

Die Einwaage von 4 g Untersuchungsmaterial wird deshalb gewählt, weil bei 5 g Substanz (von 100 % Holzschliffgehalt) die vorgelegten 100 cm³ $^n/_1$-Kaliumpermanganat nicht mehr ausreichen.

Tabelle 13. Beziehungen zwischen Permanganatverbrauch und Holzschliffgehalt. (Absolut trockene Substanz, 4 g Einwaage.)

n/10-Kalium-permanganat cm³	Holzschliff-gehalt %	n/10-Kalium-permanganat cm³	Holzschliff-gehalt %	n/10-Kalium-permanganat cm³	Holzschliff-gehalt %
5,0	0	15,0	35	22,0	70
6,5	5	16,0	40	23,2	75
8,0	10	17,2	45	24,5	80
9,5	15	18,5	50	25,7	85
11,0	20	19,7	55	27,0	90
12,5	25	21,0	60	27,5	95
14,0	30	21,5	65	28,0	100

Bei der Aufstellung der obigen Tabelle ist vorausgesetzt, daß der im Papier mitverwendete Zellstoff mittelharter Beschaffenheit ist. (Permanganatverbrauch etwa 4,7 cm³ gegenüber 28,0 cm³ beim Holzschliff.) Vergleichsprüfungen haben gezeigt, daß die Ergebnisse der Methode befriedigend mit den bei mikroskopischen Schätzungen erhaltenen Werten übereinstimmen.

Holz-, Stroh- und andere Zellstoffe.

Von Zellstoffen werden verschiedene Sorten, und zwar in der Hauptsache Sulfit-, Sulfat- und Natronzellstoffe hergestellt. Innerhalb der einzelnen Gruppen werden wieder sehr viele Typen zäher, weicher und fester Zellstoffarten unterschieden. Bei der Untersuchung der Zellstoffe spielen sowohl physikalische wie chemische Methoden eine bedeutsame Rolle.

Für so gut wie alle diese Untersuchungsmethoden gab es bis vor wenigen Jahren kaum irgendwelche allgemein anerkannte Ausführungsvorschriften. Bei der ständig steigenden und immer weitere Kreise ziehenden Bedeutung der Zellstoffindustrie war dies ein sehr fühlbarer Mangel. Es ist das große Verdienst des Vereins der Zellstoff- und Papier-Chemiker und -Ingenieure, daß er hier sich in den letzten zwei Jahrzehnten für einen grundlegenden Wandel eingesetzt hat. Ein bedeutender Teil der Methoden ist durch die tatkräftige Arbeit seiner Unterausschüsse in Formen gebracht worden, die in Erzeuger- und Abnehmerkreisen als maßgeblich betrachtet werden. Diese Arbeiten knüpfen sich an die Namen der Obleute C. G. SCHWALBE, V. HOTTENROTH, A. NOLL und B. POSSANNER V. EHRENTHAL. Im nachstehenden sind die Einheitsmethoden im großen Umfang genau wiedergegeben, und zwar in der Form, wie sie in den Merkblättern des Vereins niedergelegt worden sind. Wenn im folgenden von Unterausschüssen und Verein die Rede ist, so sind die vorstehend erwähnten gemeint.

Unterscheidung der Zellstoffarten.

Allgemeines. Die Unterscheidung der Zellstoffarten nach ihrem Herstellungsverfahren — in der Hauptsache, ob sauer oder alkalisch — kann auf mikroskopischem Wege erfolgen. Außerdem bietet der unterschiedliche Harzgehalt der beiden Zellstoffarten die Möglichkeit zu einer Unterscheidung. Diese Methoden geben eindeutige Ergebnisse doch nur dann, wenn die zu prüfenden Zellstoffe typische Vertreter ihrer Art sind. Zumeist setzen sie auch voraus, daß als Rohstoff Nadelholz vorliegt, denn nur in ihm kommt Harz vor. Gerade die Entwicklung der letzten Jahre hat es aber mit sich gebracht, daß Stoffe in den Handel kommen, die teils durch geänderte Kochverfahren, teils durch saure oder alkalische Nachbehandlung — Veredelung — nicht mehr eindeutig die kennzeichnenden Eigenschaften der einen oder anderen Art aufweisen. Weiter werden heute in weit größerem Maße als früher auch andere Holzsorten als Nadelhölzer, nämlich Buche, Aspe, Birke u. a. zur Zellstofferzeugung benutzt. Diese Tatsachen bringen es mit sich, daß manche der ursprünglich auf ein viel beschränkteres Untersuchungsmaterial zugeschnittenen Methoden jetzt nicht mehr restlos befriedigt. Es ist deshalb jedenfalls empfehlenswert, solche Prüfungen der Zellstoffe nicht mit einer einzigen Methode durchzuführen, vielmehr in Zweifelsfällen auch noch weitere anzuwenden, um dadurch Unsicherheiten zu begrenzen. Die in neuerer Zeit mehrfach empfohlene Heranziehung des unterschiedlichen Verhaltens der Zellstoffe im ultravioletten Licht[1] vornehmlich nach Ausfärbung mit bestimmten Farbstoffen, bietet allem Anschein bei weiterer Entwicklung die Möglichkeit, zu einer schärferen und zuverlässigeren Analyse als es jetzt der Fall ist, zu gelangen.

Unterscheidung durch den Harzgehalt.

a) Nach C. G. SCHWALBE. Nach SCHWALBE[2] kann hierzu die Cholesterinreaktion des Harzes angewandt werden. Wird Harz mit Essigsäureanhydrid und konzentrierter Schwefelsäure versetzt, so tritt zunächst Rosafärbung, dann Blaubis Grünfärbung ein. Es wird zufolge seines verhältnismäßig hohen Harzgehaltes der Sulfitzellstoff diese Reaktion deutlicher zeigen müssen als Natron- oder Sulfatzellstoff mit seinem außerordentlich niederen Harzgehalt. Der Versuch lehrt, daß man beim Sulfitzellstoff deutliche Grünfärbung, beim Natronzellstoff höchstens ein schmutziges Gelb erhält. Zur Ausführung der Reaktion verfährt man wie folgt: Man übergießt zerzupfte Probestückchen des Zellstoffes, gebleicht oder ungebleicht, im Gewicht von etwa 0,5 g mit 5 cm³ Tetrachlorkohlenstoff (CCl_4) und erwärmt bis zum Sieden, gießt die Flüssigkeit in Reagenzgläser ab, fügt etwa $^1/_2$ cm³ Essigsäureanhydrid ($CH_3CO)_2O$ zur Probe und tropft konzentrierte reine Schwefelsäure hinzu. Falls Sulfitzellstoff vorliegt, sieht man zunächst eine zarte rosarote Färbung (auf weißem Grunde sehr deutlich). Diese verschwindet aber rasch und macht bei weiterer Zugabe von konzentrierter Schwefelsäure einer grünen Färbung Platz. Der Zusatz von Schwefelsäure ist so zu bemessen, daß Trennung in zwei Schichten erfolgt, deren obere deutlich grün ist, während die untere farblos bleibt. Es sind im ganzen etwa 6···10 Tropfen Schwefelsäure erforderlich. Bei Sulfat- und Natronzellstoff treten die Farbreaktionen nicht auf, höchstens macht sich, wie schon erwähnt, ein schmutziges Gelb bemerkbar.

Bei sehr stark gepreßten Zellstoffpappen muß man die Einwirkung des Tetrachlorkohlenstoffs längere Zeit ($^1/_4 \cdots ^1/_2$ Stunde), womöglich unter gelegentlichem Erwärmen, andauern lassen, um das Harz zu extrahieren. Läßt man die Proben

---

[1] KLEIN, H. G.: Zellstoff u. Papier 11, 82 (1931). — HOTTENROTH, V.: Papierfabrikant 31, 557 (1933). — SCHULZE, B.: Ebenda 35, 25 (1937). — HENK, H.: Kunstseide u. Zellwolle 19, 426 (1937). — GRANT, J.: J. Soc. Dyers Colourists 54, 361 (1938).

[2] SCHWALBE, C. G.: Wbl. Papierfabrikat. 36, 2640 (1906).

mit dem Lösungsmittel bedeckt über Nacht stehen, so ist Erwärmung nicht nötig.

Die Reaktion tritt sowohl bei gebleichten wie ungebleichten Zellstoffen auf. Man kann übrigens schon beim Aufgießen der Tetrachlorkohlenstofflösung auf Uhrgläser und Verdunstenlassen den Sulfitzellstoffextrakt erkennen: infolge des höheren Harzgehaltes trübt sich dieser sehr rasch, und die milchige Flüssigkeit hinterläßt Harzspuren, während bei nach dem alkalischen Verfahren hergestelltem Zellstoff die Trübung erst spät oder gar nicht auftritt.

b) Mikroskopisch nach KLEMM und nach NOLL und HAHN. Den mikroskopischen Nachweis des Harzes in den Fasern hat zuerst KLEMM[1] zur Unterscheidung der beiden Zellstoffarten empfohlen. Die Harzbestandteile der Zellstoffe sind in überwiegendem Maße in den in ihnen noch enthaltenen Markstrahlzellen angehäuft und KLEMM konnte zeigen, daß diese Zellen bei Natron- und Sulfatzellstoffen frei von Harz sind, während deutlich nachweisbare Mengen hiervon in den Markstrahlzellen der Sulfitzellstoffe vorhanden sind. Der Nachweis des Harzes gelingt nach seinen Feststellungen durch Ausfärbung mit Sudan III. Später haben dann NOLL und HAHN[2] gefunden, daß zur Ausführung für diesen Zweck noch geeigneter die folgenden Farbstoffe sind: Sudanorange RR, Sudanschwarz B und Indophenol.

Zur Herstellung von Lösungen dieser harz- und fett-, aber nicht wasserlöslichen Farbstoffe geht man nach Angaben von NOLL und HAHN wie folgt vor. 0,1 g des abgewogenen Farbstoffes werden in ein Gemisch eingebracht, das aus 20 cm³ 96proz. Alkohol, 20 cm³ Glyzerin 31° Bé und 10 cm³ Wasser besteht. Der Farbstoff wird hierbei zweckmäßig in dieses Lösungsmittel eingestreut und das Ganze unter häufigem Umschwenken zum eben beginnenden Sieden gebracht. Dann wird die Lösung bis auf Zimmertemperatur abgekühlt und ohne Rücksicht auf einen etwa verbleibenden Rückstand durch ein Faltenfilter filtriert. Die Lösungen werden in Glasstöpselflaschen verwahrt, und falls beim Aufbewahren eine Ausscheidung von Farbstoff erfolgt, sind sie neuerlich zu filtrieren.

Zur Herstellung der Präparate wird in bekannter Weise eine Probe des Zellstoffes auf einen Objektträger gebracht und zunächst zur Verhütung des Ausfällens des Farbstoffes das den Fasern anhaftende Wasser möglichst vollständig mit Filtrierpapier abgesaugt. Auf die so vorbereitete Probe wird ein Tropfen der Farblösung gegeben und nach dem Auflegen des Deckglases beobachtet. Die so hergestellten Präparate zeigen bei Anwesenheit von Harz ein sehr kontrastreiches Bild, in welchem die tief gefärbten Harzteilchen in und neben den farblos gebliebenen Markstrahl- und anderen Zellen deutlich hervortreten.

Mikroskopische Untersuchung.

a) Nach KLEMM[3]. Sie erfolgt unter Anwendung einer Anfärbelösung von Rosanilinsulfat. Die Lösung wird hergestellt, indem man 0,25 g kristallisiertes Salz in 50 cm³ kochendem destilliertem Wasser einrührt und dann noch weitere 50 cm³ heißes Wasser zusetzt. Zur trüben Flüssigkeit fügt man 2 g Alkohol und filtriert nach einigem Stehen durch Asbest. Das klare leuchtend rot gefärbte

---

[1] KLEMM, P.: Wbl. Papierfabrikat. **48**, 2159 (1917).
[2] NOLL, A., u. M. HAHN: Papierfabrikant **34**, 193 (1936).
[3] KLEMM, P.: Papierindustrie-Kalender 1931, S. 124.

Filtrat versetzt man mit 14 Tropfen $^n/_{10}$-Schwefelsäure, wodurch die Lösung den erforderlichen violetten Stich erhält. Mit dieser Lösung färbt sich:

1. Ungebleichter Sulfitzellstoff tief violettrot. Außerdem kann man deutlich rote Augenbildung in den Hofporen beobachten, sowie eine rote Färbung des Inhaltes der Marktstrahlzellen.

2. Gebleichter Sulfitzellstoff nimmt eine weniger ins Violett spielende rote Färbung an. Eine deutliche Augenbildung in den Hofporen kann nicht beobachtet werden, aber der Inhalt der Markstrahlzellen erscheint auch hier rot.

3. Ungebleichter Natron- oder Sulfatzellstoff färbt sich durchschnittlich noch etwas weniger an als gebleichter Sulfitzellstoff. Es kann weder eine Augenbildung noch eine Anfärbung des Inhaltes der Markstrahlzellen beobachtet werden.

4. Gebleichter Natron- und Sulfatzellstoff erhält nur einen schwach rötlichen Schimmer oder färbt sich überhaupt nicht an. Das gleiche gilt von seinen Hofporen und dem Inhalt der Markstrahlzellen.

Die bei alleiniger Anwendung der Rosanilinlösung nicht mögliche Unterscheidung von gebleichtem Sulfit- und ungebleichtem Natronzellstoff läßt sich aber dennoch treffen, wenn außerdem noch eine Prüfung mit Malachitgrün in essigsaurer Lösung (der Farbstoff wird in 2proz. wäßriger Essigsäure gelöst) ausgeführt wird. Färbt sich der Zellstoff mit Rosanilinsulfat rot, mit Malachitgrün deutlich grün, so hat man es mit ungebleichtem Natron- oder Sulfatzellstoff zu tun; färbt er sich mit Rosanilinsulfat wohl auch rot, mit Malachitgrün dagegen schwach blau oder gar nicht, so ist auf gebleichten Sulfitzellstoff zu schließen.

b) Nach LOFTON und MERRIT[1]. Gemäß dieser Vorschrift wird ein Ausfärbegemisch der beiden Farbstoffe Malachitgrün und Fuchsin verwandt.

Die beste Unterscheidung der zwei Stoffe läßt sich mit einer Mischung aus einem Teil einer 2proz. wäßrigen Malachitgrünlösung und 2 Teilen einer 1proz. wäßrigen Lösung von basischem Fuchsin erzielen.

Die beiden Farbstofflösungen werden gut verschlossen und voneinander getrennt aufbewahrt und erst unmittelbar vor Gebrauch im angegebenen Verhältnis miteinander gemischt. Diese Mischung färbt Sulfatzellstoff-Fasern blau oder blaugrün und Sulfitzellstoff-Fasern purpurn oder scharlach. Zeigen sich aber in Sulfatzellstoff, dessen Herkunft einwandfrei feststeht, bei einer Vorprobe purpurne Fasern, so enthält die Mischung zuviel Fuchsin und es muß etwas mehr Malachitgrün zugesetzt werden. Zeigen sich andererseits im Sulfitzellstoff grüne oder blaue Fasern, so ist zuviel Malachitgrün vorhanden und es muß Fuchsin zugesetzt werden. Zur Ausführung der Färbung verfährt man in folgender Weise: Die zu untersuchende Probe wird in Wasser oder 1proz. Natronlauge einige Minuten gekocht; danach werden die Fasern durch Schütteln in einem Probierrohr mit Wasser und Glaskugeln zerkleinert. Man entnimmt dann einige Fasern mit einer Nadel oder einem fein ausgezogenen Glasrohr, bringt sie auf den Objektträger und trocknet mittels Filtrier- oder Löschpapier. Dann bringt man 2 oder 3 Tropfen der gemischten Farbstofflösung auf, läßt sie 2 Minuten einwirken und zieht währenddessen die Fasern mit der Nadel in der Farblösung herum. Man entfernt die überschüssige Farblösung mit Filtrierpapier und behandelt mit

---

[1] LOFTON, R. E., u. M. F. MERRIT: Paper-Makers monthly J. 59, 55 (1921).

$3\cdots4$ Tropfen verdünnter Salzsäure (1 cm³ konzentrierte Salzsäure von 37%
auf 1 l destilliertes Wasser). Man läßt die verdünnte Säure $10\cdots30$ Sekunden
auf dem Objektträger und bewegt und zerfasert die Faserbündel während dieser
Zeit so weit wie möglich. Dann entfernt man die Säure mit Filtrierpapier, gibt
$3\cdots4$ Tropfen destilliertes Wasser hinzu, bewegt wieder gründlich und entfernt
das Wasser mittels Löschpapier. Ist so alle Farbe beseitigt, so gibt man 1 oder
2 Tropfen Wasser hinzu und bringt das Deckglas auf. Ist noch zuviel Farbe
vorhanden, so muß nochmals mit destilliertem Wasser gespült werden. Dann
folgt die Prüfung unter dem Mikroskop. Die abweichende Färbung läßt nicht nur
die eine oder andere Faser erkennen, sondern gestattet auch, bei einiger Übung
ihre Mengen zu schätzen.

Auf Grund eingehender Prüfungen wird vom Staatlichen Materialprü-
fungsamt in Dahlem für diese Methode das zu zuverlässigen Ergebnissen
führende Arbeitsverfahren von WISBAR[1] empfohlen.

Die Konzentration der Farblösung ist auch hier die gleiche wie oben
angegeben. Man mischt 4,4 cm³ der 1proz. Fuchsinlösung mit 2,2 cm³ der
2proz. Malachitgrünlösung in einem 100 cm³ Meßkolben, fügt 20 cm³ einer
0,5proz. Salzsäure hinzu und füllt bis zur Marke auf. Diese salzsaure Mischung
hält sich einige Zeit, doch nimmt mit zunehmendem Alter die Kraft ihres An-
färbevermögens langsam ab. Zum Unterschied gegen oben wird nicht auf dem
Objektträger, sondern im Reagenzglas gefärbt. In höchstens 1proz. Natronlauge
wird die Zellstoffprobe zunächst zerfasert und von dem Faserbrei wird ein etwa
erbsengroßes Klümpchen im Reagenzglas mit 10 cm³ des Farbstoffgemisches
$1\cdots2$ Minuten lang gekocht. Nach dem Auswaschen werden die gefärbten Fasern
unter dem Mikroskop betrachtet.

Die Färbungen, welche bei dieser Arbeitsweise erhalten werden, sind im
allgemeinen andere als die auf dem Objektträger erzeugten. Die Sulfitstoff-
färbung dürfte als rotviolett (nicht purpurrot), die Färbung der Natron- und
Sulfatzellstoffasern als rotstichiges Blau, öfters auch als reines oder als grün-
stichiges Blau zu bezeichnen sein.

Außerdem treten beim Sulfitstoff die Hoftüpfel auf den Fasern immer deutlich hervor, während sie beim Sulfatzellstoff sich nicht von dem übrigen Teil
der Faser abheben[2].

Das Verfahren von LOFTON und MERRIT eignet sich nur für die Unterscheidung
der ungebleichten Zellstoffe. Liegen diese im gebleichten Zustand vor, so erhält
man bei beiden Zellstoffarten nur äußerst schwache bis keine Anfärbungen.
Trotz mancher Einwände wird das Verfahren als zuverlässig beurteilt[2].

c) Nach SHAFFER. Die hierbei benutzte Anfärbelösung enthält als Farbstoff
Brasilin. 1 g Brasilin, d. i. Brasilholz-Farbstoffextrakt gibt man zu einer Auflösung von 1 g Natriumkarbonat in 175 cm³ destilliertem Wasser und rührt bis
zur vollständigen Lösung um. Die Lösung soll möglichst frisch Verwendung
finden, da sie hierbei die besten und schärfsten Farbunterschiede gibt.

Da der Farbstoff sehr empfindlich gegen Spuren von Alkali oder Säure ist,
so muß der zu untersuchende Zellstoff in destilliertem Wasser aufgekocht werden.

---

[1] WISBAR, G.: Wbl. Papierfabrikat. **54**, 1993 (1923).
[2] SCHULZE, B.: Papierfabrikant **31**, 201 (1933).

Den dabei erhaltenen Faserbrei schüttelt man nach dem Absieben mit 50 cm³ Wasser kräftig durch und bringt von dieser Fasersuspension etwa 4 Tropfen auf einen Objektträger, auf welchem man sie am besten im Trockenschrank zum Eintrocknen bringt. Dann taucht man den Objektträger für einen Augenblick in die vorher bereitete Farblösung, oder man bringt den Farbstoff mittels einer Pipette auf das Präparat. Wählt man das letztere Verfahren, so muß man dafür sorgen, daß alle Fasern gleichzeitig den Farbstoff erhalten, denn es ist in beiden Fällen wichtig, unmittelbar nach dem Anfärben den Überschuß an Farbstoff schnellstens durch Absaugen mit Löschpapier weitgehend zu entfernen.

Dann tropft man auf das Präparat noch einige Tropfen weißen Paraffinöls und saugt auch hier das Überschüssige ab. Die Anfärbung mit der Brasilin-Farbstofflösung ergibt für gebleichten Sulfitzellstoff weinrote Farbe, für gebleichten Sulfatzellstoff aber Purpurfarbe.

Zuweilen erscheinen einzelne Fasern nicht ganz charakteristisch gefärbt, dann fertigt man ein Ersatzpräparat an und färbt nach LOFTON-MERRIT an, um die nur teilweise gebleichten Fasern mit Sicherheit auszuschalten. Wenn nämlich die LOFTON-MERRIT-Probe Sulfatzellstoffreaktion zeigt, auf der anderen Seite aber die mit Brasilin gefärbten Fasern nicht so tief purpurn erscheinen, wie es bei völlig gebleichtem Sulfatzellstoff sein müßte, so kann man auf nur teilweise gebleichten Sulfatzellstoff schließen. Ganz entsprechend verhält es sich mit der Unterscheidung voll und nur teilweise gebleichten Sulfitzellstoffes; auch hier erscheinen die nur zum Teil gebleichten Fasern bei der Brasilin-Anfärbung in einem helleren Farbton als die voll gebleichten, die lebhaft weinrote Farbe zeigen.

Unterscheidung im ultravioletten Licht.

Sie erfolgt nach Anfärbung der Zellstoffproben mit stark fluoreszierenden Farbstoffen[1]. Gemäß den zahlreichen Veröffentlichungen eignen sich vor allem die Farbstoffe der Eosin- und Rhodamingruppe hierfür. Unter diesen wird besonders das Rhodamin 6 GD extra empfohlen, ein Farbstoff, der in wäßriger Lösung sich durch prachtvoll gelbe Fluoreszenz auszeichnet. Er wird für vorliegenden Zweck in sehr verdünnter Lösung nämlich in einer Konzentration von $0{,}01 \cdots 0{,}05$ g/l verwandt, wobei aber den schwächeren Lösungen unbedingt der Vorzug gegeben werden muß. Die Prüfung kann im Licht der Quarzlampe oder aber mit einem Fluoreszenzmikroskop erfolgen. Im ersten Fall wird der Farbstoff mit einer Pipette auf die zu prüfende Probe aufgetragen, worauf diese unmittelbar, also noch feucht, in das Licht der Quarzlampe gebracht und dort beobachtet wird. Bei dem Arbeiten mit dem Mikroskop werden die Fasern entweder mit der kalten Farbstofflösung im Reagenzglas gefärbt oder auf dem Objektträger mit ihr präpariert. Jeder Überschuß von Farbstofflösung wird durch scharfes Absaugen entfernt, da er bei der folgenden Beobachtung sonst stört. Am besten arbeitet man ohne jede sonstige Präparierflüssigkeit. Die Präparate sind im übrigen um mißweisende Ergebnisse zu vermeiden, möglichst dünn anzufertigen.

Wenn man aus den vielen noch in einzelnen Punkten abweichenden Ergebnissen das Übereinstimmende herausschält, so läßt sich über das Verhalten der

---

[1] Außer den obengenannten Quellen sei noch auf folgende Veröffentlichungen hingewiesen: GÖTHEL, E.: Dissert. Dresden 1933. Mikroskopie von Faserstoffen. — NOSS, F., u. H. SADLER: Papierfabrikant **31**, 413 (1933).

einzelnen Fasern das folgende sagen. Gebleichter Sulfitzellstoff, ganz gleich welcher Herkunft, zeichnet sich dadurch aus, daß er bei dieser Prüfung im Licht der Quarzlampe oder im Mikroskop immer leuchtend gelb fluoresziert. Auf ihm behält also der Farbstoff seine ursprüngliche Fluoreszenz bei. Ungebleichter Sulfitzellstoff zeigt nicht mehr die hellgelbe, sondern eine mehr ins Orange gehende Fluoreszenz. Demgegenüber zeigen alle Sulfat- oder Natronzellstoffe nur dumpfe braunrote, vereinzelt ins Violette übergehende Fluoreszenz. Es erweckt den Eindruck, als wenn bei ihnen eine Veränderung des Farbstoffes durch bestimmte Begleitstoffe erfolgt, die zu einem vollständigen Verschwinden seiner ursprünglichen gelben Fluoreszenz führt (s. a. Nachtrag S. 678).

Bestimmung des Trockengehaltes von Zellstoffen für die Belange des Betriebes.

Allgemeines. Alle Halb- und Zellstoffe werden mit einem gewissen Feuchtigkeitsgehalt geliefert. Um eine genaue Berechnung der tatsächlich gelieferten Menge vornehmen zu können, ist die Ermittlung des Feuchtigkeitsgehaltes der Ware erforderlich. Es war früher in Deutschland und anderen Ländern üblich, aus dem bei diesen Bestimmungen ermittelten Feuchtigkeitsgehalt den sogenannten Gehalt der Ware an lufttrockenem Stoff, d. i. solcher mit 12 % Wassergehalt, zu berechnen. Von dieser Art der Berechnung ist man in neuerer Zeit in Deutschland abgegangen. Es wird heute hier allgemein auf absolut trockenen Stoff berechnet und alle Angaben des Handels beziehen sich jetzt auf wasserfreie Ware. In den nordischen Ländern hat sich dieser Brauch noch nicht eingeführt, dort gilt nach wie vor als Normalfeuchtigkeit eine solche von 10 Teilen Wasser in 100 Teilen Erzeugnis.

Bei der großen Bedeutung, welche aus wirtschaftlichen Gründen einer möglichst genauen Trockengehaltsbestimmung zukommt, ist es begreiflich, daß man schon seit langem versucht hat, einheitliche und allseitig anerkennbare Methoden zu ihrer Durchführung auszuarbeiten. Wenn einige dieser Methoden auch erhebliche Verbreitung gefunden haben, so ist doch bislang noch keine allgemein angenommen und anerkannt worden. Die Schwierigkeiten der Bestimmung liegen weniger in der Ausführung der eigentlichen Trockengehaltsermittlung als vor allem in der Entnahme einer richtigen Durchschnittsprobe. Je größer bereits von der Herstellung her die Schwankungen im Trockengehalt des Erzeugnisses sind, um so weniger genau und zuverlässig wird auch das Ergebnis der Untersuchung, welche beim Empfänger an einem nur kleinen Bruchteil der Ware vorgenommen wird. Es ist jedenfalls eine Erfahrungstatsache, daß unter solchen Umständen verschiedene Untersucher auch dann unterschiedliche Werte finden, wenn sie die gleiche Sendung nach genau übereinstimmender Vorschrift prüfen. Man hat daher in der klaren Erkenntnis dessen versucht, bereits in den Erzeugungsstätten durch laufende Kontrolle die Schwankungen im Feuchtigkeitsgehalt des Erzeugnisses möglichst in engen Grenzen zu halten. Man unterstützt diese Kontrolle durch besonders für diesen Zweck gebaute Regler an den Entwässerungsmaschinen. Dank dieser Maßnahmen sind tatsächlich in vielen Fällen die Unterschiede in den Ergebnissen der Feuchtigkeitsuntersuchung beim Erzeuger und beim Käufer auf kleinere Beträge, als es früher der Fall war, gebracht worden.

Probenahme an der Erzeugungsstätte. Es hat sich bewährt, als Einzelprobe jedesmal einen Streifen der ganzen Erzeugungsbreite der Entwässerungsmaschine anzuwenden. Die Zahl der zu entnehmenden Proben richtet sich in erster Linie nach der Häufigkeit und dem Ausmaß der beobachteten Schwankungen im Trockengehalt des von der Maschine kommenden Stoffes. Wenn die Bahn einen ziemlich gleichmäßigen Trockengehalt aufweist, so genügen weniger zahlreiche Proben, um ein zuverlässiges Ergebnis zu erzielen, als wenn diese Voraussetzung nicht erfüllt ist. Auf Grund von praktischen Feststellungen wird jeweils bestimmt, in welchem Zeitintervall (alle $1/4$, $1/2$ oder $1/1$ Stunde), oder welchem Produktionsintervall alle $1/2$, $1/1$ oder $2/1$ Tonne die Proben zu entnehmen sind. Um sicher zu sein, daß die damit Beauftragten sich an die gegebenen Vorschriften halten, läßt man alle Proben mit einem Zeit- und Datumstempel versehen.

Probeentnahme beim Käufer. Von den hierfür ausgearbeiteten Vorschriften seien die zwei bekanntesten erwähnt[1].

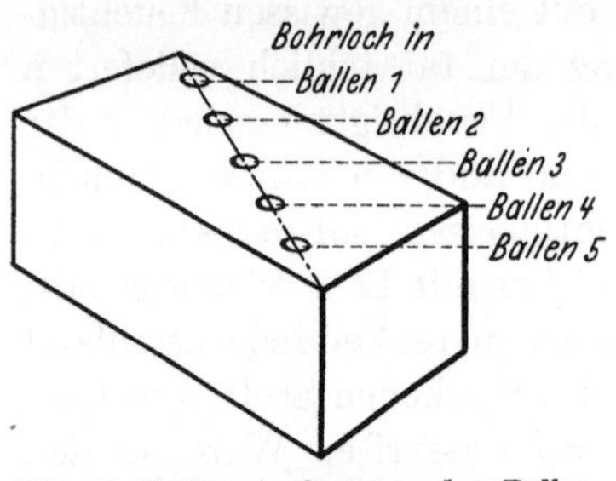

Abb. 65. Probeentnahme aus den Ballen bei der Bohrmethode.

Die Bohrmethode (engl. auger method). Sie besteht darin, daß in mindestens 5% , aber nicht weniger als 10 Ballen der Sendung, durch Ausbohren von der Oberseite des Ballens aus Proben entnommen werden. Die Probelöcher, von denen in jedem zu prüfenden Ballen nur eins geschnitten wird, müssen in je 5 nacheinander gebohrten Ballen auf einer Diagonale quer über der Ballenoberseite liegen. Die Abb. 65 veranschaulicht dies. Die Löcher werden meist mit einem Bohrer von 4 Zoll (10,16 cm) Durchmesser und bis zu einer Tiefe von 3 Zoll (7,62 cm) in den Ballen gebohrt. Aus jedem Bohrloch werden 10 Scheiben für die Feuchtigkeitsbestimmung wie folgt ausgewählt:

1 Scheibe vom 2. Blatt nach der Umhüllung,
2 Scheiben 1 Zoll (2,5 cm) tief,
3 Scheiben 2 Zoll (5,05 cm) tief,
4 Scheiben 3 Zoll (7,62 cm) tief.
____
10 Scheiben.

Alle Proben werden unmittelbar nach der Entnahme gewogen oder bis zur Wägung in luftdichten Gefäßen aufbewahrt.

Die Bohrmethode kann auch bei Rollen angewandt werden. Bei der ersten Rolle wird das Loch 2 Zoll (5,05 cm) von einem Ende entfernt senkrecht zur Achse der Rolle gebohrt; bei der nächsten beträgt der Abstand des Zentrums des Bohrloches $2 + 4$ Zoll $= 6$ Zoll, bei der dritten Rolle $2 + 4 + 4 = 10$ Zoll von der Stirnseite; man versetzt also bei jeder folgenden Rolle das Zentrum um 4 Zoll nach dem anderen Stirnende der Rolle hin, bis die Entfernung des Zentrums eines Loches wieder etwa 2 Zoll von diesem andern Ende entfernt ist. In ganz gleicher Weise bohrt man dann eine weitere Gruppe von Rollen. Dies wird so oft wiederholt, bis alle ausgewählten und zu prüfenden Rollen gebohrt

---

[1] SINDALL u. BACON: The Testing of Woodpulp. London: Marchaut, Singer & Co. 1912. — STRACHAN: Papierfabrikant **24**, 392, 510 (1926).

sind. Die Entnahme der einzelnen zu prüfenden Scheiben geschieht anschließend in der gleichen Weise, wie es bei der Untersuchung der Ballen oben beschrieben wurde.

Die Keil- oder WEDGE-Methode[1]. Bei dieser Methode sollen ebenfalls 5%, mindestens aber 10 der Ballen der Prüfung unterworfen werden. Da bei großen Partien die Prüfung von 5% der Ballenmenge einen ganz erheblichen Aufwand an Zeit und Arbeit bedingt, pflegt man in solchen Fällen doch gewöhnlich einen kleineren Prozentsatz zu prüfen. Nach der Auswahl der Ballen werden in ihnen zunächst diejenigen Bogen gekennzeichnet, aus welchen Teile für die eigentliche Feuchtigkeitsbestimmung geschnitten werden. Diese Kennzeichnung erfolgt mit einem Maßstab, dessen Länge gleich

Abb. 66. Maßstab für die Keil- oder WEDGE-Methode.

der durchschnittlichen Dicke der zu untersuchenden Ballen ist, und welcher mit einer Teilung versehen wird, wie es die Abb. 66 angibt. Je sechs der ausgewählten Ballen bilden eine Gruppe für sich, und die Abb. 67 läßt erkennen, wie beispielsweise aus dem ersten, dem dritten und dem sechsten Ballen jeder Gruppe die 5 Prüfbogen gezogen werden. Bei Ballen 1 wird die I der oberen Maßstabteilung an den obersten Bogen angelegt, die römischen Ziffern I···V bestimmen dann die 5 Bögen, welche außer dem obersten herausgenommen werden. Beim Ballen 3 wird die 3, beim Ballen 6 die 6 an den obersten Bogen angelegt, und die 5 Bögen jedes dieser Ballen werden dann wieder durch die Lage der Ziffern I···V gekennzeichnet. Aus

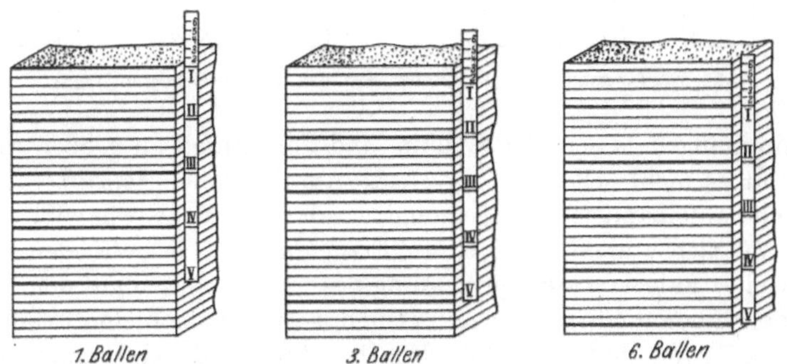

Abb. 67. Kennzeichnung der Probebögen mit Hilfe des Maßstabes.

den insgesamt 30 Probebögen einer Ballengruppe werden nun vom Mittelpunkt der Bögen aus Keilstücke herausgeschnitten, und zwar nur eins aus jedem Bogen. Der Scheitelwinkel aller Keilstücke ist gleich und beträgt 12°. Während man früher zur Festlegung dieses Winkels ein Instrument anwandte, geschieht dies jetzt allgemein nur nach dem Augenmaß. Aus der Abb. 68 ist ersichtlich, nach welchen Regeln die Lage des Keils in den einzelnen Probebögen bestimmt wird. Man erkennt, daß in den 5 Bögen des gleichen Ballens die Keilstücke um je 72° voneinander entfernt herausgeschnitten werden und weiter, daß der erste Keil eines jeden Bogens gegenüber dem entsprechenden Bogen des vorhergehenden Ballens um 12° im Sinne der Drehrichtung des Uhrzeigers verschoben ist. Es ist endlich

---

[1] The Manufacture of Pulp and Paper, Bd. 3, § 8, S. 22. New York: McGraw-Hill Book Company 1922.

erkennbar, daß sämtliche Keilstücke aneinandergelegt gerade einen ganzen Zellstoffbogen bilden würden. Die gesammelten Keilstücke werden auch hier möglichst sofort gewogen oder in einem luftdicht schließenden Behälter verwahrt.

Zur Kritik der beiden Methoden. Man ist ziemlich allgemein der Auffassung, daß die WEDGE-Methode für Prüfung empfangener Ware weit zuverlässigere Ergebnisse als die Bohrmethode liefert. Der wunde Punkt beider Methoden liegt in der dem Prüfer überlassenen Freiheit bei der Auswahl der Ballen. Für diese Auswahl ist allein vorgeschrieben, daß die Ballen in guter Verfassung (intakt) sein sollen. Hierunter versteht man, daß sie ganz sind, daß die Umschlagsbogen noch im wesentlichen erhalten sind und daß schließlich die Fabriksmarke noch deutlich erkennbar ist. Ballen, welche durch Wasser oder Regen beschädigt wurden, brauchen nicht von der Prüfung ausgeschlossen zu werden. Dagegen sollen solche Ballen ausgesondert werden, welche in irgendeiner Weise besonders abweichend vom Durchschnitt sind. Diese wenigen und dehn-

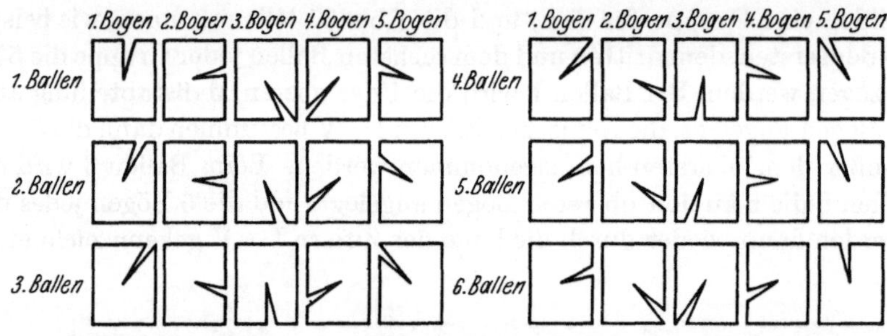

Abb. 68. Entnahme der Keilproben aus den gekennzeichneten Bögen.

baren Bestimmungen lassen der Willkür und dem Zufall zu großen Spielraum. Daher kommt es nicht selten vor, daß eine Anzahl Ballen geprüft wird, welche ziemlich dicht aufeinanderfolgend erzeugt wurde, und nicht, wie wünschenswert, Ballen aus möglichst allen Stadien der Erzeugung der betreffenden Lieferung. Wenn auch viele Fabriken zur Vermeidung dessen ihre Ballen auf dem Umschlag mit laufenden Erzeugungsnummern versehen, so ist es doch eine Erfahrungstatsache, daß die Prüfer dies nur sehr selten beachten und sich dadurch irgendwie bei ihrer Wahl beeinflussen lassen. In diesem Punkte sollte jedenfalls die Vorschrift strenger lauten.

Probeentnahme in feuchten Halbstoffrollen. Oben ist bereits angegeben worden, wie nach der Bohrmethode der Wassergehalt von Halbstoffen bestimmt werden kann, welche in Rollen angeliefert werden. Diese Methode eignet sich in der Hauptsache nur für weitgehend trockenen Stoff, welcher bei der Lagerung nicht sehr wesentliche Änderung seines Feuchtigkeitsgehaltes durchmacht. Liegt Halbstoff in feuchten Rollen vor, so muß berücksichtigt werden, daß die Änderung des Wassergehaltes im Querschnitt der Rolle ganz unterschiedlich ist. Außen erfolgt sie natürlich viel rascher als im Innern. Man erhält unter solchen Verhältnissen nur dann richtige Zahlen, wenn aus der Rolle Proben herausgenommen werden in der Weise, daß von jeder einzelnen Stofflage ein prozentual gleicher Teil vom Umfang in die zu untersuchende Probe eingeht. Eine solche Probe hätte die Form eines Keiles, dessen spitzes Ende im Mittelpunkt liegt und dessen stärkstes Ende mit dem äußeren Umfang der Rolle zusammenfällt. Da sich solche Proben mit gewöhnlichen Hilfsmitteln nur schwer nehmen lassen, hat D. J. Kuhn hierfür ein Spezialwerkzeug erdacht. Seine Anwendung geht aus der Abb. 69 hervor.

Das mit den Schneiden a und b versehene ⊏förmige Stahlmesser c ist in dem mit einem Griff d ausgerüsteten Kopfstück e befestigt.

An der z. B. unter 30° schräg stehenden Seite f des Kopfstückes e gleitet in den Nasen g der mit einem Amboßstück h und mit der Schneide i versehene Meißel k.

Zwecks Entnahme keilförmiger Trockenproben wird:

I. das ⊏förmige Stahlmesser c zentrisch auf die Halbstoffrolle aufgesetzt und

II. mit wenigen Hammerschlägen bis zum Kern der Halbstoffrolle getrieben und hierauf

III. der Meißel k in die Nasen g eingesetzt und

IV. mit einigen Hammerschlägen auch der Meißel k bis zum Kern der Halbstoffrolle geschlagen, um hierauf das Werkzeug aus der Rolle zu nehmen und

V. die keilförmige Stoffprobe nach Entfernung des Meißels k auf den Probetisch abzulegen.

Das Werkzeug wird für Schnittbreiten von 60···80 mm und für verschiedene Schnittiefen angefertigt. In Fällen, wo lediglich den Stirnseiten der Rollen keilförmige Stoffproben entnommen werden sollen, wird das Werkzeug etwas anders ausgeführt, wie dargestellt.

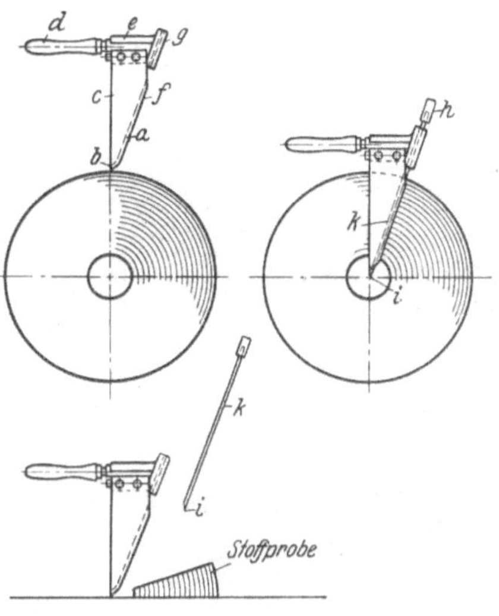

Abb. 69.   Probeentnahme aus feuchten Zellstoffrollen.

a = Schneide; b = Schneide; c = ⊏förmige Stahlmesser; d = Griff; e = Kopfstück; g = Nase; h = Amboßstück; i = Schneide; k = Meißel.

Trocknung und Wägung. Wie bereits erwähnt, ist es sehr empfehlenswert, alle Muster für die Feuchtigkeitsbestimmung möglichst unmittelbar nach der Entnahme zu wiegen. Die Wägung der im Betrieb laufend genommenen Muster geschieht an der Entwässerungsmaschine. Zum Wägen dieser Proben bedient man sich am besten genauer Zeigerwaagen, welche rasches Ablesen ermöglichen und Gewichtssätze entbehrlich machen. Als Trockenschränke können solche mit Dampf- oder mit elektrischer Heizung Anwendung finden. Gegen dampfgeheizte Schränke wird vielfach geltend gemacht, daß Undichtigkeiten der Heizleitungen leicht das Ergebnis der Bestimmung beeinflussen können. Zahlreiche in der Industrie verwandte Dampftrockenschränke beweisen jedoch, daß sie in vielen Fällen vollauf befriedigend arbeiten. Es ist sehr zu empfehlen, die Schränke mit Ventilatoren auszurüsten, welche durch schnellen Luftwechsel ein sehr rasches Trocknen herbeiführen. Als Trocknungstemperatur sollte man für die Zwecke der Praxis 100° allgemein einführen. Der Forderung, bis zum konstanten Gewicht zu trocknen, läßt sich in der Praxis nicht gut gerecht werden, da ihre Erfüllung eine beträchtliche Zeitdauer der Bestimmung bedingen würde. Man muß auf Grund von Erfahrungen eine bestimmte Normaldauer ausfindig machen, bei welcher praktisch genommen der absolute Trockengehalt erreicht wird. Diese Normaldauer ist außer von der Einrichtung des Trockenschrankes von der Größe und dem Wassergehalt der Proben abhängig.

Halbautomatisches Trocknungsverfahren nach BRABENDER. Zur raschen und sicheren Durchführung der zahlreichen Trockenbestimmungen im Betrieb von Zellstoff- und Papierfabriken hat sich in neuerer Zeit das halbautomatische Verfahren von BRABENDER[1] vielfach eingeführt.

In Anlehnung an das allgemein bekannte Trocknungsprinzip im Trockenschrank wurde vom Institut für Mehlphysik in Duisburg eine Apparatur geschaffen, die in der Hauptsache aus fünf wesentlichen Teilen besteht, und zwar:

1. dem elektrisch beheizten Trockenraum,

2. der eingebauten automatischen Temperaturregulierung,

3. der eingebauten analytischen Waage,

4. der eingebauten Heißluftzirkulation,

5. der eingebauten Projektionsskala zum Ablesen der Werte.

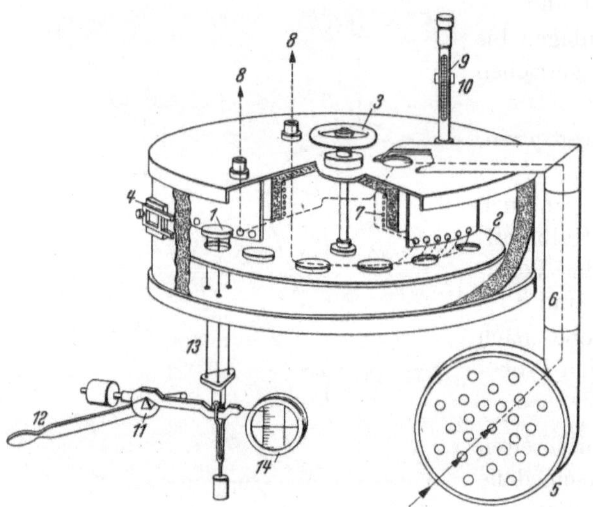

Abb. 70. Schematische Darstellung des halbautomatischen Trockenapparates nach BRABENDER.

Abb. 70 stellt das Arbeitsschema dieses Apparates dar.

In den Trockenraum können zu gleicher Zeit 1···10 Schalen (1) verschiedenartiger Produkte mit je 10 g des zu untersuchenden Gutes eingesetzt werden. Durch die Tür (4) werden die Schalen auf der drehbaren Scheibe (2), die von außen durch das Handrad (3) betätigt wird, untergebracht. Der durch einen Motor betriebene Ventilator (5) leitet über den Kanal (6) Frischluft auf den elektrischen Heizwiderstand (7). Nach Zirkulation der Heißluft tritt diese unter Mitnahme der entzogenen Feuchtigkeitsschwaden durch die Abzugskanäle (8) wieder ins Freie. Die Temperatur der Heißluft wird durch eine vollautomatische Temperaturregulierung (9) über ein Relais gesteuert und auf $^1/_{10}°$ genau konstant gehalten. An der Thermometerskala kann die Temperatur mit dem dort angebrachten verschiebbaren Magnetkragen (10) zwischen 90° und 170° beliebig hoch eingestellt werden.

Nach Beendigung des Trockenprozesses wird jede einzelne Schale durch die eingebaute analytische Waage (11) im Trockenraum gewogen. Durch Herunterdrücken des Hebels (12) hebt die Waagengabel (13) die darüber befindliche Schale an. Der Wasserverlust kann dann sofort an der beleuchteten Projektions-

---

[1] GÖHDE, K.: Papierfabrikant **37**, 320 (1939).

skala (*14*) abgelesen werden. Diese Skala ist in Prozent Wassergehalt geeicht und gestattet die Ablesung mit einer Genauigkeit von $\pm\,^1/_{10}\,\%$ Wasser.

Die wesentliche Neuerung dieses Gerätes besteht zunächst darin, daß die Trocknung nicht in der bisher zumeist üblichen Weise in unbewegter heißer Luft, sondern in einem stetig erneuerten Heißluftstrom sich vollzieht. Infolgedessen erfolgt gegenüber der Trocknung bei ruhender Luft eine viel raschere Entfernung des vorhandenen Wassers.

Ein weiterer Vorteil des beschriebenen Gerätes liegt darin, daß die analytische Waage zum Zurückwiegen der Proben direkt in den Apparat eingebaut ist. Auf diese Weise wird zunächst das zeitraubende Abkühlen der Proben im Exsikkator vermieden, da die Proben bei diesem Gerät im Trockenraum selbst gewogen werden. Ferner wird durch diese konstruktive Anordnung eine Mechanisierung des Arbeitsvorganges erreicht, die mögliche Fehlerquellen durch falsche Hand-

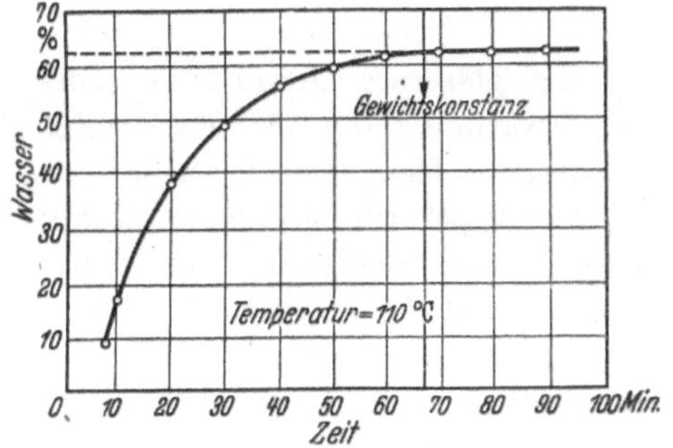

Abb. 71a.   Trocknungsverlauf bei feuchtem Holz-schliff.

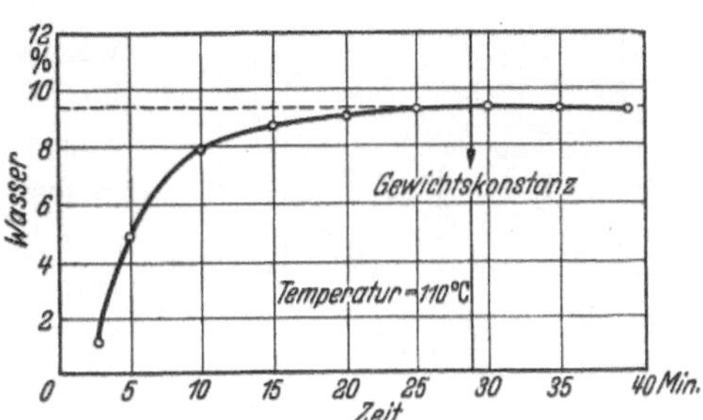

Abb. 71b.   Trocknungsverlauf bei lufttrockenem Zellstoff.

habung seitens des Personals. ausschaltet. Durch den Wegfall des Exsikkators und der getrennten analytischen Waage ist es ohne weiteres angängig, das Gerät auch durch ungeschultes Personal bedienen zu lassen, da die Betätigung der analytischen Waage lediglich durch einen Hebeldruck erfolgt und dann sofort die Feuchtigkeitswerte in Prozent von der beleuchteten Projektionsskala abgelesen werden können.

Es erübrigt sich also auch jede weitere Rechnung.

Zur Festlegung des Endpunktes der Trocknung empfiehlt es sich, bei diesem Apparat den Trocknungsverlauf graphisch zu verfolgen, wie es in den Abb. 71a u. b veranschaulicht ist.

Die für die Aufzeichnung dieser Kurven erforderlichen Zwischenablesungen lassen sich ohne Beeinflussung der weiteren Trocknung und ohne eine Herausnahme der Proben durchführen. Dadurch wird auch jede Beeinflussung der übrigen im Schrank vorhandenen Proben ausgeschlossen.

Kommen immer wieder die gleichen Halbstoffe zur Trocknung, so kann man die aus diesen Kurven gewonnenen Trockenzeiten den späteren Versuchen zugrunde legen.

Bei den unbestreitbaren Vorteilen, die der Apparat besitzt, wäre es ganz zweifellos ein Fortschritt, wenn es gelänge, ihn für mengenmäßig größere Proben, als es bislang der Fall ist, herzustellen. Außer für die Trocknung von Halbstoffproben zur Feuchtigkeitsbestimmung im Betrieb, eignet er sich selbstverständlich auch für die Ermittlung des Feuchtigkeitsgehaltes von Stoff- und Analysenproben im Laboratorium.

Wassergehaltsbestimmung mit der Destillationsmethode. Die im Abschnitt Bestimmung des Wassergehalts der Rohfaserstoffe beschriebene Destillationsmethode kann auch bei der Ermittlung [der Feuchtigkeit der Halbstoffe Anwendung finden. Abb. 72 gibt einen für diesen Zweck von Fischer[1] gebauten Apparat wieder, der sich durch Einfachheit des Aufbaues, Widerstandsfähigkeit, wie auch leichte Bedienbarkeit für die Zwecke der Praxis empfiehlt.

Der Apparat von Fischer besteht im wesentlichen aus der Retorte *4*, dem Kühler *6*, die durch das Steigrohr *5* und die Verschraubungen *13* und *14* miteinander verbunden werden und der gläsernen graduierten Vorlage *9*. Die Erwärmung der Retorte erfolgt durch die elektrische Heizplatte *1*, an der zur Befestigung der Apparatur geeignete Rohre angebracht sind. Die Bedienung der Apparatur ist sehr einfach. Die abgewogene Halbstoffprobe wird in die Retorte gefüllt, der Kohlenwasserstoff (Toluol, Chlorkohlenwasserstoff, Xylol, Petroleum od. ä.) zugegeben, worauf die Retorte nach erfolgtem Anschluß an das Steigrohr erhitzt wird. Sobald die Destillation in Gang kommt, scheidet sich in der Vorlage das Destillat in Wasser und Kohlenwasserstoff. Die Menge des sich zu unterst absetzenden Wassers kann an der auf der Vorlage angebrachten Skala ohne weiteres abgelesen werden. Eine solche Destillation läßt sich in diesem Apparat in 15···20 Minuten ausführen, so daß man also die Ergebnisse sehr rasch erhält. Um eine scharfe und vollständige Trennung des übergehenden Wassers vom Kohlenwasserstoff zu erhalten, muß man auf Fettfreiheit der Vorlage achten.

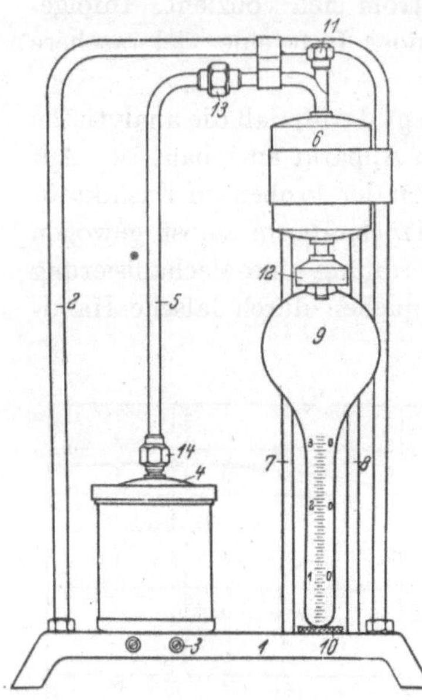

Abb. 72. Apparat zur Bestimmung der Feuchtigkeit in Zellstoffen nach der Destillationsmethode.

Bestimmung des Feuchtigkeitsgehaltes von Zellstoffproben für weitere Untersuchungen im Laboratorium.

Allgemeines. Die Bestimmung des Wassergehaltes, die fast bei allen weiteren chemischen Untersuchungen der Zellstoffe vorgenommen werden muß, erfolgt zur Zeit wohl ausschließlich durch Trocknung. Sie wird gemäß den über den gleichen Gegenstand im Abschnitt Untersuchung der Rohfaserstoffe gegebenen Richtlinien durchgeführt.

Wichtig ist vor allem eine genaue Probenahme, die sich bei den großflächigen Gebilden, wie sie die Zellstoffbogen darstellen oder dem voluminösen aus ihnen erhaltenen flockigen Material nicht ganz einfach gestaltet. Der örtlich sehr

---

[1] Erzeuger: Fr. Fischer, München, Auestr. 110.

wechselnden Feuchtigkeit kann bei der Entnahme der Durchschnittsprobe allein durch ihre hinreichende Größe Rechnung getragen werden. Weniger als 3 g sollten hierbei nicht zur Anwendung gelangen.

Es sind stets zwei Einzelbestimmungen anzusetzen, an deren Ausfall die Güte der Probeentnahme ohne weiteres erkannt werden kann.

Die zur Bestimmung benutzten großräumigen Wägegläschen müssen zuverlässig schließende Schliffdeckel besitzen, da die absolut trockenen Fasern außerordentlich hygroskopisch sind.

Als Trockentemperatur wird allgemein eine solche von 100···105° eingehalten. Die Dauer der Trocknung sollte mindestens 4 Stunden betragen, noch besser ist es, sie sich über die Dauer der Nacht erstrecken zu lassen. Zufolge der großen Neigung der Fasern, im trockenen Zustand begierig wieder Wasser aufzunehmen, muß unbedingt vermieden werden, den im Gang befindlichen Trocknungsvorgang einer Probe durch Einstellen feuchter neuer Substanzen in den Schrank nachteilig zu beeinflussen.

Die Trocknung kann als beendet angesehen werden, wenn zwei aufeinanderfolgende Wägungen keinen größeren Unterschied als 0,1 % aufweisen. Doppelbestimmungen dürfen keine größeren Abweichungen als 0,3 % zeigen.

Für die Durchführung solcher Trockenbestimmungen ist der früher beschriebene halbautomatische Trocknungsapparat nach BRABENDER gut geeignet.

Statt der Trocknungsmethode kann auch hier die früher beschriebene Destillationsmethode (s. Abschnitt Untersuchung der Rohfaserstoffe) verwandt werden.

In neuerer Zeit sind, wie hier noch erwähnt sein möge, auch noch Methoden für diesen Zweck empfohlen worden, welche auf ganz anderer Grundlage beruhen. Das wesentliche dieser Methoden ist die Bildung von leicht titrimetrisch bestimmbaren Substanzen, die erfolgt, wenn gewisse zugesetzte Stoffe mit dem in den Zellstoff- oder Zelluloseproben enthaltenen Wasser in Reaktion treten.

Durchführung der Feuchtigkeitsbestimmung nach der Einheitsmethode. Die oben angeführten Grundlagen der Wassergehaltsbestimmung in Zellstoffproben haben ihren Niederschlag in der Einheitsmethode des Fachausschusses für Faserstoffanalysen des Vereins, und zwar im Merkblatt 4 gefunden. Die Vorschrift für deren Ausführung ist im folgenden wörtlich wiedergegeben.

Liegt der Zellstoff in Form lufttrockener oder nahezu lufttrockener Pappen vor, so werden 5 g des vorher mit der Grobraspel[1] in Haferflockenform geraspelten oder gerupften Materials im offenen Wägegläschen von 50 mm Höhe und 55 mm Durchmesser mindestens 4 Stunden, bei feuchteren Proben mindestens 5 Stunden, in dem mit Abzugsvorrichtungen für den Wasserdampf versehenen Trockenschrank bei einer zwischen 100° und 105° liegenden Temperatur getrocknet. Die Trockentemperatur darf 100° keinesfalls unterschreiten und andererseits nicht über 105° ansteigen. Nach dem Erkalten im Exsikkator, der zweckmäßig mit Kalziumchlorid und festem Kalihydrat beschickt ist, wird nach Verschluß des Wägegläschens gewogen und, nach nochmaligem, wenigstens einstündigem Trocknen bei der gleichen Temperatur, auf Gewichtskonstanz geprüft. Nach den angegebenen Trockenzeiten ist in der Regel immer die erforderliche Gewichtskonstanz von nicht mehr als etwa 3 mg Gewichtsabnahme bei der Kontroll-

---

[1] Siehe den folgenden Abschnitt: Vorbereitung der Zellstoffe zur Untersuchung.

bestimmung vorhanden, andernfalls nochmals 1···2 stündiges Trocknen (je nach Größe der gefundenen Differenz) zu erfolgen hat. Die endgültig festgestellte Gewichtsabnahme wird als Feuchtigkeit berechnet.

Die erste Trocknung kann, wie es in Fabriklaboratorien vielfach üblich ist, auch unbedenklich über Nacht ausgedehnt werden. Auf jeden Fall ist bei Mitteilung der Ergebnisse stets die angewendete Trockenzeit anzugeben.

Liegt der Zellstoff in feuchter Form (z. B. in feuchten Rollen) vor, so zupft man zweckmäßig zunächst etwa 300 g (gute Durchschnittsprobe), bringt das gezupfte Material in eine passende Pulverflasche mit Glasstöpsel und läßt es darin zwecks Ausgleich von Unterschieden in der Feuchtigkeit 3 Stunden stehen. Nach gründlichem Umschütteln des Materials in der verschlossenen Flasche wägt man dann etwa 100 g in einem passenden Wägegefäß genau ab und trocknet über Nacht wie oben angegeben. Die Gewichtskonstanz wird laut obiger Angabe festgestellt.

Handelt es sich um den Trockengehalt einer zur Analyse bestimmten Probe, um das Analysenergebnis auf absolut trockene Substanz berechnen zu können, so ist für die Trockengehaltsbestimmung selbstverständlich die Substanz genau in der gleichen· Form und dem gleichen Zustande anzuwenden, wie für die betreffende Analyse.

Vorschläge für neuere Methoden der Wassergehaltsbestimmung in Zellstoffproben und Zellulosepräparaten.

In die Gruppe dieser neuen Methoden gehört unter anderem die Bildung von Essigsäure aus Essigsäureanhydrid. Für Zellstoff- und Zellulose ist eine solche Methode von MITRA und VENKATARAMAN[1] angegeben worden. Hiernach wird das zu prüfende Material zusammen mit Essigsäureanhydrid und einem höher siedenden Benzolkohlenwasserstoff (Solventnaphtha vom Siedepunkt 130···170°) am Rückflußkühler 1···2 Stunden erhitzt. Nach Beendigung dieser Kochung wird durch Behandeln mit Anilin das überschüssige Anhydrid in Azetanilid übergeführt und die gebildete Essigsäure durch Titration ermittelt. Sie ergibt ein Maß für den gesuchten Wassergehalt.

Bei einer zweiten derartigen Bestimmung, die von MITCHEL[2] angegeben worden ist, wird als entsprechende Reaktion die Oxydation von Schwefeldioxyd zu Schwefeltrioxyd durch Jod verwandt, welche sich allein in Gegenwart von Wasser abspielt. Ist das vorhandene Wasser verbraucht, so kommt die Reaktion zum Stillstand und aus der Menge des verbrauchten Jodes kann auf den Wassergehalt geschlossen werden. In titrimetrischer Hinsicht handelt es sich hier also um ein genau durchzuführendes jodometrisches Verfahren. Die Reaktion muß zwecks Bindung der entstehenden Säuren und Bewirkung des quantitativen Verlaufes in Pyridinlösung durchgeführt werden. Die praktische Ausführung der Methode gestaltet sich so, daß die zu untersuchenden Proben zunächst mit absolutem Methanol extrahiert werden, worauf in der dabei erhaltenen wäßrigen Lösung das Wasser in der geschilderten Weise nach Zugabe einer schweflige Säure und Jod enthaltenden Pyridinlösung zur Einwirkung gebracht wird.

---

[1] MITRA, N. C., u. K. VENKATARAMAN: J. Soc. chem. Ind. **57**, 306 (1938).
[2] MITCHEL, J.: Ind. Engng. Chem., analyt. Edit. **12**, 390 (1940).

Wenn auch diese Methoden auf den ersten Blick keineswegs als einfach anzusprechen sind, so haben sie doch den üblichen gegenüber den Vorteil einer großen Genauigkeit und Eindeutigkeit; sie zeichnen sich weiterhin durch große Milde aus, beeinflussen also das zu prüfende Muster im chemischen Sinne nicht. Sie kommen weniger für die üblichen Wasserbestimmungen in Proben normaler Art als bei der Untersuchung hochwertiger Präparate in Frage.

Trocknung kleiner Untersuchungsproben.

Vielfach ergibt sich bei der chemischen Untersuchung der Zellstoffe die Notwendigkeit, kleinere Proben rasch vom feuchten in den trockenen Zustand überzuführen, beispielsweise bei der Bestimmung des Aufschlußgrades oder der Viskosität. Meistens hat die Stoffprobe die Form eines feuchten Musterblattes, das auf einem Blattbildungsapparat als Durchschnittsprobe hergestellt worden ist. Solche Blätter lassen sich, falls kein Umlufttrockenschrank zur Verfügung steht, rasch in einer Trockenvorrichtung weitgehend entwässern, die man sich selbst herstellen kann. Der wesentliche Teil der Einrichtung ist ein Warmlufttrockner von der Art eines Föhns, wie er als Industriemodell erhältlich ist. Auch ein entsprechend großer Elektroventilator, der mit einer elektrischen Heizspirale zum Erwärmen der austretenden Luft versehen wird, kann Anwendung finden. Am Ausblaserohr wird ein etwa 1 m langes Kupfer- oder Aluminiumrohr von gleichem Durchmesser befestigt, das an seinem freien Ende durch eine übergeschobene Kappe verschlossen werden kann. Die Kappe wird zwecks bequemen Öffnens und Schließens mit einem Renkverschluß am Rohrende abnehmbar befestigt. Sowohl das freie Ende des langen Rohres, als auch der zylindrische Teil der Kappe sind mit einigen Öffnungen versehen, die bei entsprechender Stellung der Kappe mehr oder weniger abgedeckt werden können, wodurch es möglich ist, die Gebläseluft frei oder gedrosselt aus dem Rohr austreten zu lassen. In eine runde Öffnung in der Stirnseite des Deckels ist mittels eines Pfropfens ein Thermometer eingesetzt, das in das Innere des langen Rohres reicht. Das zur Trocknung kommende feuchte Probeblatt gelangt zusammengerollt in einer groben Siebhülse in das Rohr, und nach Aufsetzen des Deckels wird der Ventilator in Gang gesetzt und gegebenenfalls die Heizspirale eingeschaltet. Die an ihr erwärmte Luft gelangt zur nassen Probe, die sie je nach der Einstellung der Luftaustrittsöffnung schneller oder langsamer trocknet. Hierbei kann auch die Trocknungstemperatur durch entsprechende Wahl der Größe der Austrittsöffnungen in weiten Grenzen geändert werden. Abgepreßte Probeblätter von 5 ⋯ 10 g Trockengewicht lassen sich mit dem Apparat in wenigen Minuten trocknen.

Vorbereitung der Zellstoffe zur Untersuchung.

Probenahme. Die Durchführung chemischer Untersuchungen, deren Ergebnisse von verläßlichem Wert sein sollen, bedingt eine sorgfältige Probenahme. Hierfür kann beispielsweise jene Anwendung finden, die bei Besprechung der Bestimmung des Trockengehaltes als Keilmethode Erwähnung gefunden hat. Auch nach folgender Vorschrift kann gearbeitet werden. Es werden aus einzelnen Ballen Zellstoffbögen entnommen und mit fortlaufenden Nummern versehen.

Aus dem Bogen 1 wird dann ein 3 cm breiter Diagonalstreifen von links oben nach rechts unten herausgeschnitten. Aus dem Bogen 2 erfolgt das Herausschneiden des Streifens von rechts oben nach links unten. So fährt man mit dem Herausschneiden wechselnd fort, bis aus allen Bögen Probestreifen entnommen sind. Diese unterteilt man anschließend in Stücke von etwa 20 cm. In einem aufeinander gelegten Bündel gelangen dann diese zur Zerkleinerung.

Hierüber besagen die Vorschriften für die Einheitsmethode folgendes[1].

Stoffzerkleinerung. Die Art der Zerkleinerung des Fasermaterials, das als geformter trokkener Stoff vorliegt, richtet sich nach der Untersuchung, welche

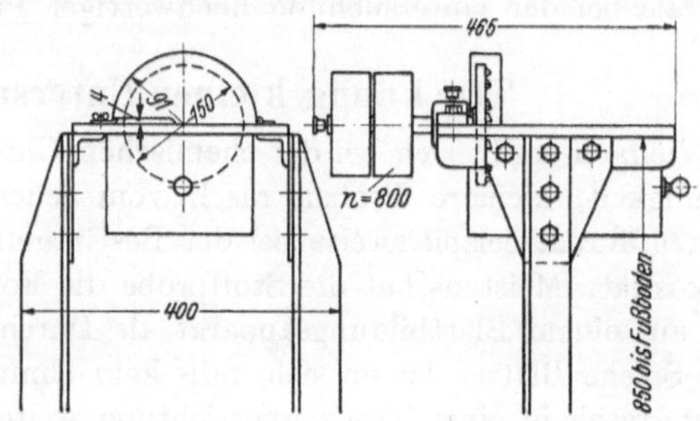

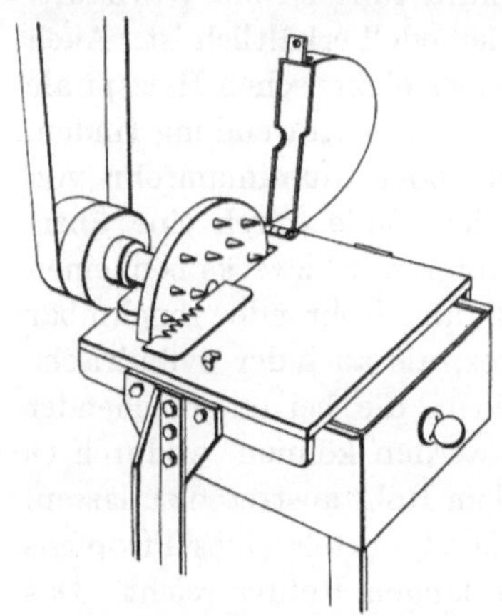

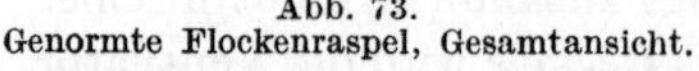

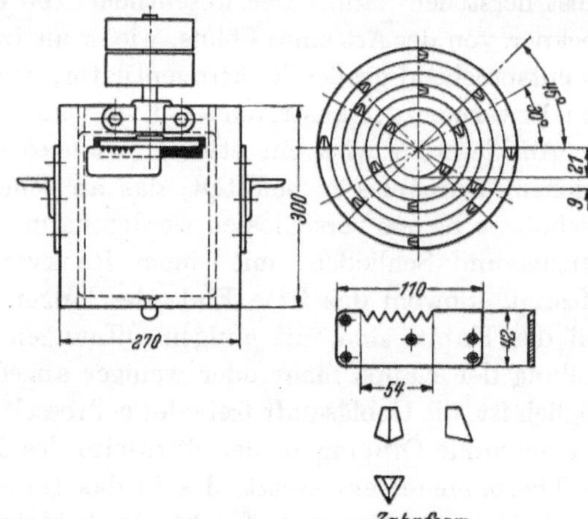

<table>
<tr><td align="center">Abb. 73.
Genormte Flockenraspel, Gesamtansicht.</td><td align="center">Abb. 74. Flockenraspel. Aufbau und Einzelheiten.</td></tr>
</table>

damit ausgeführt werden soll. Zerzupfen von Hand, Zerschneiden mit der Schere, grobes Raspeln bis etwa zu Haferflockengröße und Feinraspeln bis zur Pulverform sind die Zerkleinerungsarten, die vornehmlich in Betracht kommen. Die anzuwendende Art der Zerkleinerung wird im übrigen jeweils bei den Vorschriften für die Ausführung der einzelnen Einheitsmethoden angegeben.

Für die meisten Bestimmungen (Feuchtigkeit, Asche, Alphazellulose, Kupferzahl, Holzgummi, Furfurolzahl, Pentosangehalt, Harzgehalt, Viskosität u. a.) ist die Zerkleinerung der Zellstoffproben bis zu Haferflockengröße zweckmäßig. Diese Zerkleinerung wird in einfachster Weise und kürzester Frist durch die in den Abbildungen 73 und 74 veranschaulichte genormte Flockenraspel erreicht. Wo eine derartige Raspel nicht vorhanden ist, kann das allerdings wesentlich umständlichere und zeitraubendere Zupfen von Hand in entsprechend kleine Stückchen von etwa 1 cm Kantenlänge angewendet werden unter gleichzeitigem Spalten dickerer Pappstücke.

---

[1] Merkblatt Nr. 4.

Liegt der zu untersuchende Zellstoff in Form feuchter Rollen vor, so wird dieser (nach Entnahme einer für die getrennt auszuführende Feuchtigkeitsbestimmung erforderlichen Probe) an der Luft, zweckmäßig in einem warmen Raum, ausgelegt, bis etwa der einer lufttrockenen Pappe entsprechende Zustand erreicht ist, und dann geraspelt.

Für manche Untersuchungen ist die Zerkleinerung mit der Flockenraspel noch zu grob, beispielsweise für die Lignin- und Methoxylbestimmung. Für solche Untersuchungen ist die Herstellung von noch weiter, d. h. bis zur Einzelfaser aufgelöster Substanz erforderlich. Diese Zerkleinerung kann entweder durch Anwendung einer Handraspel oder der genormten mechanischen Feinraspel (Abb. 75) erfolgen[1]. Beim Raspeln mit der Hand rollt man die Zellstoffprobe zweckmäßig fest zusammen, wodurch sie auf ihrer Stirnfläche leicht bearbeitbar wird. Handelt es sich um die Erlangung nicht zu großer Proben feinst zerfaserten Stoffes, so kann man auch so vorgehen, daß man mit einem scharfen Messer von verschiedenen Stellen der Probebögen Anteile abradiert. Beim Arbeiten mit der mechanischen Apparatur ist darauf zu achten, daß nicht durch zu scharfes Anpressen der Proben an die umlaufende Raspel Überhitzung und damit Veränderung des Untersuchungsmaterials erfolgt.

Diese feinst zerkleinerten Proben sollen vor ihrer Weiterverwendung zur Analyse unter Benutzung eines Maschensiebes von 2 mm lichter Maschenweite von meist noch vorhandenem gröberem Material getrennt werden.

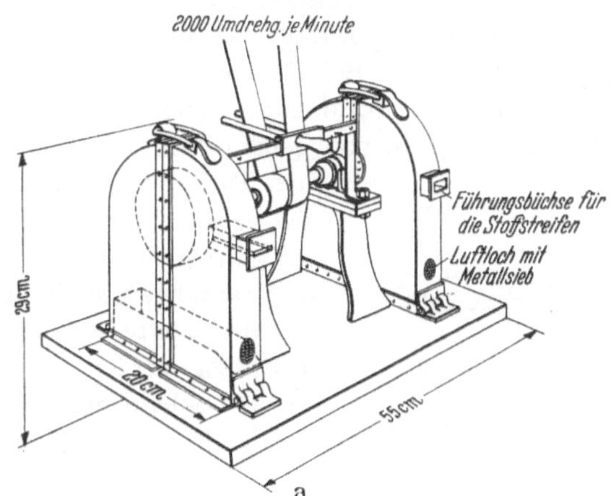

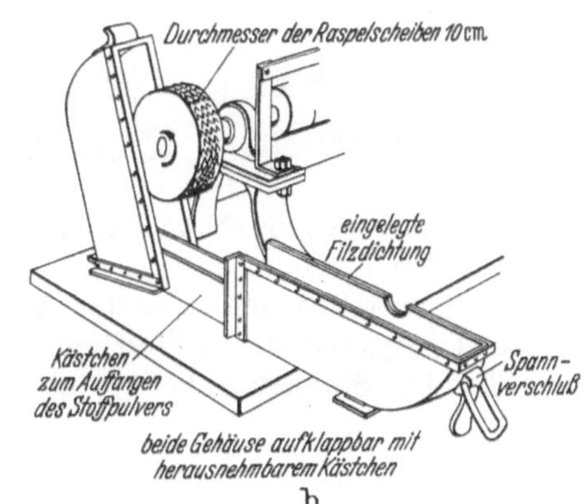

Abb. 75 a und b. Genormte Feinraspel.
a Gesamtansicht, b Aufbau.

Bisweilen sind kleine Proben von Zellstoff für die Zwecke der Analyse mit Wasser quantitativ aufzuschlagen. Hierfür kann das von NOLL beschriebene Aufschlaggerät dienen, das in Abb. 64 bereits früher wiedergegeben worden ist.

Stoffsuspensionen und Stoffbreie. Bestimmung der Stoffdichte. Bei Untersuchungen von unmittelbar dem Betrieb entnommenen Stoffen liegen diese zumeist als Suspension der Fasern in Wasser vor, und zwar als mehr oder weniger

---

[1] Merkblatt Nr. 4.

flüssiger Brei. Erste Voraussetzung für jede weitere Untersuchung ist in einem solchen Falle die Ermittlung der Stoffdichte des Faser-Wasser-Gemisches. Hierfür dient eine von NOLL ausgearbeitete Methode[1], bei welcher durch Anwendung einer Zentrifuge die Hauptmenge des Wassers aus dem Gemisch entfernt und ein Stoffkuchen erhalten wird, der bei Einhaltung bestimmter Versuchsbedingungen, immer annähernd den gleichen Trockengehalt besitzt. Als Zentrifuge wird ein für diesen Zweck gebautes Sondermodell der Pan-Separatoren-Gesellschaft m.b.H. in Tilsit benutzt. Man verfährt im übrigen wie folgt.

Es gilt die Regel, daß man um so mehr Stoffbrei in Arbeit nimmt, je verdünnter dieser ist. Bei dünnen Stoffmassen mißt man $1 \cdots 2\,l$ genau ab, während man bei höheren Stoffdichten zweckmäßig nur $^1/_2\,l$ in Arbeit nimmt. Bei dickeren Stoffmassen (z. B. von Zellenfiltern) wägt man etwa $100 \cdots 200$ g Stoffmasse auf

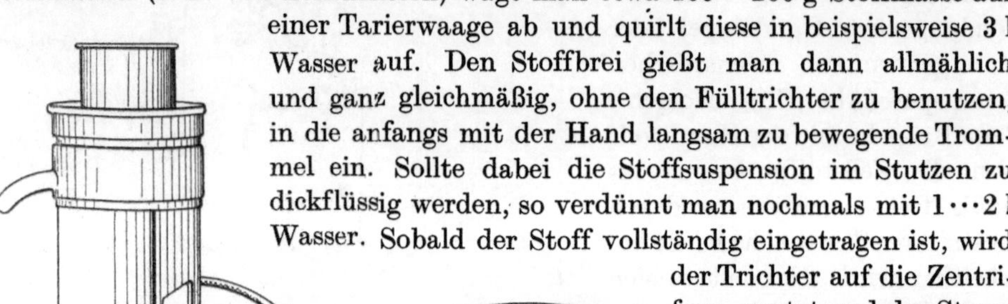

einer Tarierwaage ab und quirlt diese in beispielsweise $3\,l$ Wasser auf. Den Stoffbrei gießt man dann allmählich und ganz gleichmäßig, ohne den Fülltrichter zu benutzen, in die anfangs mit der Hand langsam zu bewegende Trommel ein. Sollte dabei die Stoffsuspension im Stutzen zu dickflüssig werden, so verdünnt man nochmals mit $1 \cdots 2\,l$ Wasser. Sobald der Stoff vollständig eingetragen ist, wird der Trichter auf die Zentrifuge gesetzt und der Strom eingeschaltet. Man spült dann mit etwa $1 \cdots 2\,l$ Wasser nach und nimmt die Zeit mit der Stoppuhr. Nach Ablauf von genau 3 Minuten schaltet man den

Abb. 76. Pan-Zentrifuge.

Abb. 77. Form des entwässerten Stoffkuchens.

Strom aus, nimmt den Stoffkuchen mit dem Einlagesieb aus der Trommel heraus, streift den Stoffkuchen vom Sieb ab und wägt ihn. Dabei stellt man den Stoffring unmittelbar ohne weitere Unterlage auf die Waagschale.

Beispiel I: Angewandt: $2\,l$ Stoffbrei, Schleudergewicht 40,0 g, Faktor der Zentrifuge 32. Die Stoffdichte beträgt also

$$\frac{40 \cdot 32}{2000} = 0{,}64\,\%.$$

Kontrolle im Trockenschrank: $0{,}66\,\%$.

Beispiel II: Angewandt: 100 g Dickstoff vom Zellenfilter, verdünnt mit $2\,l$ Wasser, Schleudergewicht 63,0 g, Faktor der Zentrifuge 32. Der Trockengehalt beträgt somit

$$\frac{63 \cdot 32}{100} = 20{,}2\,\%.$$

Kontrolle im Trockenschrank: $20{,}5\,\%$.

Man beachte, daß die Trommel stets einwandfrei auf dem Balanzierkopf aufsitzt, und daß das Mitnehmervierkant nicht durch falsches Aufsetzen der Trommel beschädigt wird. Das Sieb ist genau nach den Angaben in der Be-

---

[1] NOLL, A.: Papierfabrikant **26**, 664 (1928).

dienungsvorschrift einzulegen. Läuft die Trommel bei einem Versuch unruhig oder schlägt sie gar stark, so ist der Stoffbrei nicht gleichmäßig eingegossen worden. In solchen Fällen ist sofort der Strom auszuschalten und der Versuch zu verwerfen.

Vor Ingebrauchnahme muß jede Zentrifuge mit Rücksicht auf die örtlichen Verhältnisse durch eine einmalige Versuchsreihe geeicht werden, um auf diese Weise den praktisch konstanten Trockengehaltsfaktor zu ermitteln. Das Ergebnis eines solchen als Beispiel mitgeteilten Eichversuches, der gemäß der oben beschriebenen Arbeitsweise für die eigentliche Stoffdichtebestimmung auszuführen ist, veranschaulicht die nebenstehende Tabelle.

Somit beträgt also der Trockengehaltsfaktor für die betreffende Zentrifuge 32,2% absolut. Unter Zugrundelegung dieses Faktors ergibt sich nun die Stoffdichte eines unbekannten Musters aus der Gleichung:

Tabelle 14. Eichversuch einer Zentrifuge.

Versuch Nr.	Je 10 Versuche mit Stoffbrei aus ungebleichtem und gebleichtem Zellstoff ergaben im Mittel bei einer Schleuderzeit von 3 Minuten	
	bei einer durch Trocknung im Trockenschrank ermittelten Stoffdichte von %	Trockengehalt des Schleudergutes % absolut (Faktor)
1··· 10	1,5	31,3
11··· 20	2,1	31,3
21··· 30	2,5	32,3
31··· 40	3,0	32,6
41··· 50	4,2	32,0
51··· 60	6,4	32,5
61··· 70	8,0	32,8
71··· 80	10,6	31,5
81··· 90	13,4	32,5
91···100	20,5	33,0

Sa. 100 Einzelversuche Mittel: 32,2% (Faktor)

$$\text{Stoffdichte} = \frac{\text{Schleudergewicht mal Faktor}}{\text{angewandte Stoffmasse}}\ \%.$$

(Volumen oder Gewicht)

Der Faktor, also der Trockengehalt des Schleudergutes, ist nicht lediglich von der Zentrifuge abhängig. Er wird in hohem Maße auch von der Art und der Beschaffenheit des Stoffes mitbestimmt. Man erreicht bei Natron- und Sulfatzellstoffen andere Trockengehalte als bei Sulfitstoff. Das gleiche gilt von Holzschliff. Ebenso ändert sich der Faktor — allerdings in geringerem Ausmaße — beim Übergang von weichem zu hartem Stoff. Will man die Zentrifuge für die Entwässerung von solchem verschiedenartigen Material benutzen, so muß für jedes eine besondere Bestimmung des Faktors erfolgen.

Wie noch anmerkungsweise erwähnt sei, läßt sich diese Art der Trockenbestimmung nur an Stoffen vornehmen, die nicht gemahlen sind. Durch den Mahlvorgang ändert sich nämlich der Trockengehaltsfaktor der Zentrifuge in zunehmendem Maße, so daß keine einheitlichen Ergebnisse erhalten werden. Daher ist die Stoffdichte von gemahlenen Stoffmassen nur durch Trocknung und Wägung zu bestimmen.

Es ist weiter zu beachten, daß der für feuchten, bisher nicht getrockneten Stoff ermittelte Faktor der Zentrifuge nur für diesen gilt. Getrocknete oder ehemals trockene und sodann wieder angefeuchtete Stoffe zeigen beim Zentrifugieren einen anderen (höheren) Trockengehaltsfaktor.

Bestimmung der Asche und Mineralbestandteile.

Allgemeines. Die Bestimmung der Asche in Zellstoffen erfolgt über den Weg der Verbrennung. Bei dieser Arbeitsweise erfahren doch die Mineralstoffe nicht unerhebliche Änderungen, so daß sie letzthin in der erhaltenen Asche nicht mehr in der gleichen Form vorliegen, wie sie ursprünglich im Zellstoff vorkommen. Teilweise können sie überhaupt ganz verflüchtigt werden, wie beispielsweise Alkali, Schwefel- und Kohlensäureanteile. Zufolge wechselnder Bedingungen bei der Veraschung sind deshalb unterschiedliche Ergebnisse[1] bei gleichem Untersuchungsmaterial erfahrungsgemäß sehr häufig. Eine bessere Übereinstimmung wird erzielt, wenn statt der einfachen Glühasche durch deren Umwandlung mit Ammonkarbonat oder Schwefelsäure, die Karbonat- oder die Sulfatasche[2] ermittelt wird.

Beitragend zu den schwankenden Ergebnissen ist die nicht gleichmäßige Verteilung der Mineralstoffe. Daher ist das Untersuchungsmaterial möglichst vielen Stellen eines Zellstoffbogens oder einer verläßlichen Durchschnittsprobe zu entnehmen. Aus den genannten Gründen sollte auch nicht von geringeren Mengen als 5 g zur Bestimmung ausgegangen werden.

Es kann sowohl in Porzellan- als Platintiegeln gearbeitet werden. Nur wenn eine eingehende Untersuchung der Asche geplant ist, empfiehlt sich die Anwendung von Platingerät allein. Mit Rücksicht auf die Gefahr, Gewichtsverluste zufolge von Verflüchtigungen zu erleiden, sollte man grundsätzlich keine höhere Temperatur als 900° beim Glühen anwenden[3].

Von den Bestimmungen der Mineraleinzelbestandteile sind hier nur einige aufgeführt. Für die Ermittlung einiger anderer wird auf die Untersuchung der gebleichten Zellstoffe verwiesen.

Ausführung der Bestimmung. a) Glührückstand (Einheitsmethode). 5 g des grobgeraspelten oder zerzupften Materials werden in einen Porzellantiegel eingewogen. Als Tiegel kommt zweckmäßig die hohe Form C der Berliner Manufaktur mit den Abmessungen: Höhe 57 mm, lichter Durchmesser oben 43 mm in Betracht. Der Inhalt des Tiegels wird dann über einem Brenner zunächst vorsichtig verbrannt und verkokt, worauf der Tiegel in noch heißem Zustand in einen bereits heißen kleinen elektrischen Tiegelofen gebracht und darin $^1/_2$ Stunde geglüht wird. Nach dem Erkalten im Exsikkator wird gewogen. Von der Vollständigkeit des Glühvorganges überzeugt man sich durch Nachwägung nach weiterer einstündiger Glühdauer.

Der so ermittelte Aschegehalt wird stets unter Berücksichtigung der getrennt zu bestimmenden Feuchtigkeit auf absolut trockenen Stoff bezogen. Zweckmäßig verwendet man zur Aschebestimmung das bereits für die Feuchtigkeitsbestimmung bei 100···105° getrocknete und geraspelte Material.

b) Sulfatasche (Einheitsmethode). Die in gleicher Weise wie bei der vorstehenden Bestimmung im Tiegel abgewogene Stoffprobe wird verbrannt und verkokt. Darauf läßt man den Tiegel erkalten und verrührt die verkohlte Substanz mit 1···2 cm³ verdünnter Schwefelsäure mittels eines Platindrahtes, raucht

[1] SCHÜTZ, F., u. W. KLAUDITZ: Papierfabrikant **31**, 123 (1933).
[2] Merkblatt Nr. 4.
[3] JOHANSSON, D.: Svensk Papperstidn. **44**, 267 (1941).

auf dem Sandbad oder über dem Bunsenbrenner vorsichtig bis zum Auftreten weißer Nebel ab, stellt ihn in den elektrischen Tiegelofen und bestimmt dann den Glührückstand, die Sulfatasche, wie oben angegeben ist. Die auf diese Weise ermittelte Sulfatasche wird ebenfalls stets auf absolut trockenen Stoff bezogen.

c) **Karbonatasche.** Die nach der unter a gegebenen Vorschrift erhaltene Asche wird mit $1\cdots2$ cm³ 10proz. Ammonkarbonatlösung befeuchtet, diese Lösung wird dann durch vorsichtiges Erwärmen zur Trockne gebracht, worauf bei mäßiger Temperatur durch Erwärmen mit der Flamme der Überschuß des Ammonsalzes vertrieben wird. Sobald keine Salzdämpfe mehr entweichen, unterbricht man das Erhitzen, läßt im Exsikkator erkalten und wägt. Die Berechnung erfolgt wie oben angegeben auf absolut trockenen Stoff.

Veraschung für weitere Untersuchung der Mineralbestandteile. Für eine eingehende Untersuchung der Asche ist es notwendig, von $100\cdots200$ g Zellstoff auszugehen. Die Verbrennung dieser Menge erfolgt nach und nach in einer Platinschale. Der erhaltene Glührückstand wird im Anschluß hieran in üblicher Weise auf die Einzelbestandteile untersucht.

Genaue Werte für den Gehalt an Alkalisalzen in Sulfat- und Natronstoffen können nur durch eine solche Analyse der aus mindestens 50 g Ausgangsmaterial erhaltenen Asche gefunden werden.

Bestimmung des Gipsgehaltes in Sulfitzellstoffen. Hierfür haben SCHÜTZ und KLAUDITZ[1] die folgende Arbeitsvorschrift gegeben.

$20\cdots50$ g Zellstoff kocht man mehreremals einige Stunden mit destilliertem Wasser aus und dampft die dabei erhaltenen und filtrierten Auszüge weitgehend ein. Den Eindampfrückstand von rund 250 cm³ filtriert man nochmals und teilt ihn in zwei abgemessene Teile. In dem einen dieser Teile wird der Schwefelsäurerest mit Bariumchlorid, in dem andern der dazugehörige Kalk als Kalziumoxalat in bekannter Weise bestimmt.

Je nach dem Aschengehalt muß die Auskochung mit destilliertem Wasser bis zu fünfmal erfolgen.

Die auf diese Weise erhaltenen Werte für den Gipsgehalt sind weit zuverlässiger als jene, die sich aus dem Schwefelgehalt der Asche errechnen lassen. Je nach dem Aschengehalt können, wie SCHÜTZ und KLAUDITZ[1] bemerken, hierbei bis zu 100% höhere Zahlen gegenüber jenen, die unmittelbar aus den Aschewerten ermittelt werden, gefunden werden.

Bestimmung des Schwefels (und Chlors) in Zellstoffen.

Allgemeines. Für die Bestimmung des Schwefels in Zellstoffen, sei es in fertig aufgeschlossenen oder solchen Stoffproben, die für Untersuchungszwecke dem Kocher noch vor Beendigung des Aufschlusses entnommen worden sind, kann man sich verschiedener Methoden bedienen. Beispielsweise kann sie durch Verbrennung in einer Kalorimeterbombe oder aber nach CARIUS durch Erhitzen im Bombenrohr erfolgen. Auch durch Schmelzen mit Superoxyd ist es möglich, den Schwefel, der sich zu nicht unerheblichem Anteile in fester organischer Bindung vorfindet, zu bestimmen. Im allgemeinen wird man doch solchen Methoden den Vorzug geben, die in Form einer nassen Verbrennung die orga-

---

[1] SCHÜTZ, F., u. W. KLAUDITZ: Papierfabrikant, **31**, 123 (1933).

nischen Substanzen beseitigen und sämtlichen vorhandenen Schwefel in leicht faßbare Schwefelsäure überführen.

Für diese Art der Bestimmung, die deshalb schwierig ist, weil es sich meist um sehr geringe Schwefelmengen handelt, sind mehrere Arbeitsverfahren bekannt geworden. Nach SCHÜTZ und KLAUDITZ[1] kann die nasse Verbrennung durch Hypochloritlaugen in der Wärme erfolgen, während sowohl TYDÉN[2] als KLINGSTEDT[3] und LARSSON[4] hierzu mit Katalysatoren versetzte starke Salpetersäure verwenden. Der Zusatz solcher Katalysatoren ist bei der Anwendung von Salpetersäure erforderlich, weil erfahrungsgemäß die Säure allein nicht allen vorhandenen organisch gebundenen Schwefel quantitativ abspaltet und in Schwefelsäure überzuführen vermag. Die Methoden der nassen Verbrennung haben gegenüber den andern den großen Vorzug, daß man von größeren Einwaagemengen ausgehen kann, wodurch bei dem geringen Schwefelgehalt die Genauigkeit der Methode günstig beeinflußt wird.

Ausführung der Bestimmung. a) Nach SCHÜTZ und KLAUDITZ. In einem Rundkolben von 1 l Inhalt erhitzt man $^3/_4$ l destilliertes Wasser zum Sieden und trägt dann mindestens 10 g des zu untersuchenden Stoffes in kleinen Stückchen langsam ein. Durch den Hals des offen bleibenden Kolbens führt man ein Chloreinleitungsrohr, sowie das Ablaufrohr eines Tropftrichters ein. Der Tropftrichter enthält 100···150 cm³ einer nahezu 50proz. Ätznatronlauge. Während das Alkali langsam in die dauernd schwach siedende Flüssigkeit tropft, leitet man einen kräftigen Chlorstrom ein. Bei dieser Behandlung sind im Verlaufe von 30···45 Minuten die Fasern zumeist vollständig verschwunden. Von dem allein übrigbleibenden Harz filtriert man ab, nachdem man vorher mit konzentrierter Salzsäure deutlich angesäuert und die Oxalsäure mit einigen Gramm gelösten Kaliumpermanganats zu Kohlensäure oxydiert hat. Zur völligen Zersetzung des in geringer Menge gebildeten Chlorats sowie zum Entfernen der meist im Überschuß vorhandenen Salzsäure dampft man das Filtrat bis auf 400···500 cm³ über freier Flamme ein. In diesem Rückstand wird die Schwefelsäure in bekannter Weise mit Bariumchlorid gefällt. Diese Fällung läßt man sich gut absetzen, worauf sie wie üblich aufgearbeitet wird.

b) Nach KLINGSTEDT. Nach dieser Vorschrift wird der Aufschluß des Zellstoffes mit rauchender Salpetersäure in Gegenwart von Magnesiumnitrat als Oxydationsbeschleuniger vorgenommen. Kontrollbestimmungen haben gezeigt, daß auf diese Weise Ergebnisse erzielt werden, welche mit denen übereinstimmen, die nach der Methode von CARIUS erhalten werden. Zur Durchführung wird wie folgt verfahren.

Man befeuchtet 1···5 g Substanz in einem geräumigen, ziemlich kurzhalsigen Kjeldahlkolben von 200 cm³ Inhalt je nach der Größe der zu analysierenden Menge mit 5 oder 10 cm³ konzentrierter Salpetersäure, mischt dann je nach dem Schwefelgehalt 0,5···1,0 g schwefelfreies Magnesiumoxyd zu und übergießt schließlich mit 15···20 cm³ stark rauchender Salpetersäure. Der Kolben wird in schräger Lage 2···4 Stunden, am besten auf einer elektrischen Heizplatte,

[1] SCHÜTZ, F., u. W. KLAUDITZ: Papierfabrikant **31**, 123 (1933).
[2] TYDÉN, H.: Svensk Papperstidn. **44**, 50 (1941).
[3] KLINGSTEDT, F. W.: Z. anal. Chem. **112**, 101 (1938).
[4] LARSSON, L.: Paper Trade J. **111**, T. S. 322 (1940).

schwach erwärmt, wobei die Substanz je nach der Art und Zusammensetzung mehr oder weniger schnell in Lösung geht. Auf die Mündung des Kolbens wird ein Trichterchen gesetzt. Nachdem die Oxydation größtenteils stattgefunden hat, wird das Trichterchen entfernt, die Lösung zur Trockne verdampft und der Rückstand erhitzt. Wenn er dabei weiß erscheint, was bei richtig geleiteter Oxydation immer zutrifft, fügt man 10 cm³ konzentrierte Salzsäure hinzu und verdampft wieder zur Trockne. Den Rückstand löst man in mit Salzsäure angesäuertem Wasser, filtriert etwaige anorganische Verunreinigungen wie z. B. Kieselsäure ab und fällt das Sulfation in üblicher Weise aus.

Wenn der Rückstand beim Erhitzen wegen unvollständiger Oxydation zu verkohlen beginnt, fügt man etwas rauchende Salpetersäure (5···10 cm³) hinzu und verdampft wieder zur Trockne.

Da ein Teil der Kohlehydrate des Zellstoffes nur bis zur Oxalsäure abgebaut wird, muß bei der Auflösung des Rückstandes genügend viel Salzsäure verwendet werden.

Falls man etwa wegen des geringen Schwefelgehalts der Substanz größere Mengen zur Analyse verwenden muß, ist selbstverständlich eine größere Menge Salpetersäure und gelegentlich etwas mehr Magnesiumoxyd hinzuzufügen. Besonders bei der Analyse von gröberem Material, wie z. B. Kochgut u. ä. hat es sich als sehr vorteilhaft erwiesen, den Stoff über Nacht mit der Säure stehen zu lassen. Beim Erhitzen am folgenden Tage löst sich das Material dann sehr schnell auf. Die Oxydation kann durch Zugabe von Überchlorsäure beschleunigt werden. Wegen der Explosionsgefahr sollte man jedoch auf die Verwendung dieser Säure verzichten.

Hat man einen sehr feuchten oder einen z. B. mit Kochsäure durchtränkten Stoff zu untersuchen, fügt man nur rauchende Säure zu.

c) Nach Tydén. Zur Durchführung der Bestimmung wird eine konzentrierte Salpetersäure vom spezifischen Gewicht 1,47 mit Vanadinkatalysator benutzt. Diese Säure wird erhalten durch Vermischen von 550 cm³ HNO_3 vom spezifischen Gewicht 1,52 mit 410 cm³ solcher vom spezifischen Gewicht 1,40 und Zugabe von 50 cm³ einer Lösung, welche als Vanadinpentoxyd (V_2O_5) gerechnet 20 g/l enthält. Bei der Mischung von rauchender mit gewöhnlicher Säure läßt sich das Entweichen nitroser Gase besser vermeiden, als beim Verdünnen rauchender Säure mit Wasser. Die Katalysatorlösung wird so dargestellt, daß man die abgewogene Menge Vanadinpentoxyd auf dem Wasserbad mit Formalin und Salzsäure reduziert, bis man eine rein blaue Lösung erhält. Diese wird dann bis zur Trockne eingedampft, worauf man in Wasser und verdünnter Salzsäure löst und bis zur angegebenen Konzentration verdünnt.

1,5 g absolut trocken gedachter Zellstoff werden in einen 250 cm³ fassenden Kolben aus Jenaer Glas mit eingeschliffenem Rückflußkühler eingetragen. In den Kolben gibt man dann 50 cm³ der wie oben angegeben zusammengesetzten Salpetersäure. Nach Aufsetzen des Kühlers wird vorsichtig erhitzt, bis die Reaktion in Gang kommt. Um zu vermeiden, daß sie weiterhin zu stürmisch verläuft, unterbricht man das Erwärmen, sobald nitrose Gase aus dem oberen Ende des Kühlerrohres zu entweichen beginnen, und zwar so lange, bis diese Gasentwicklung praktisch aufgehört hat. Vom Zeitpunkt des vollständigen Lösens des Zellstoffes ab gerechnet erhält man anschließend den Kolbeninhalt 10 Stunden lang in mäßigem Sieden. Es ist darauf zu achten, daß die Flüssigkeit nicht bis an die trockenen Wandungen des Kolbens spritzt, da hierbei entstehende Spritzer durch Abscheiden des Vanadinpentoxydes nur sehr schwer wieder in Lösung zu bringen sind. Nach beendeter Kochung wird abgekühlt, der Kühler mit Wasser ausgespült und der Inhalt des Kolbens in eine 250 cm³ fassende Jenaer-Glas-Schale überführt. Hierin wird bis zur Trockne eingedampft, worauf man 25 cm³ verdünnte Salzsäure hinzugibt, die in 1 l 50 cm³ 40proz. Formalin und 500 cm³ konzentrierte Salzsäure enthält und neuerlich zur Trockne eindampft. Durch diese Behandlung wird sämtliches vorhandene Vanadinpentoxyd reduziert. Der Rückstand in der Schale wird mit 10 cm³ verdünnter Salzsäure versetzt, die erhaltene Lösung vom Unlöslichen abfiltriert und das aufgefangene Filtrat in einem 600 cm³ fassenden Becherglas mit destilliertem Wasser auf 400 cm³ verdünnt. In dieser erhaltenen klaren Lösung wird dann die Schwefelsäure in bekannter Weise mit Bariumchlorid gefällt, worauf man in der Wärme etwa 6 Stunden und dann bei gewöhnlicher Temperatur über Nacht stehen läßt. Danach wird filtriert, der Niederschlag gewaschen und nach dem Glühen schließlich zur Wägung gebracht. Der Niederschlag hat meist eine schwachgraue Färbung, doch ist diese ohne Belang.

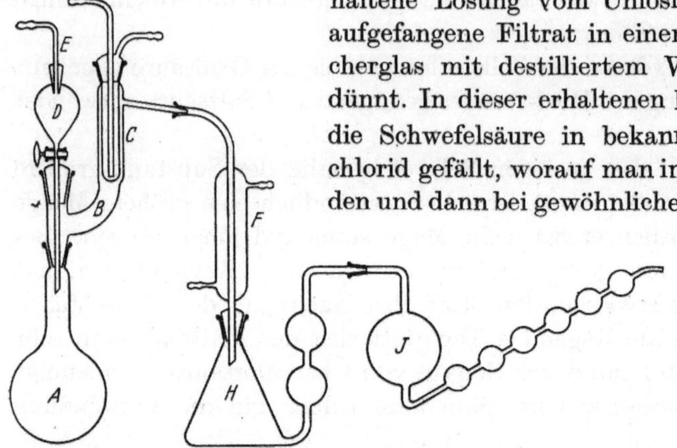

Abb. 78. Apparatur zur gleichzeitigen Bestimmung von Schwefel und Chlor in Zellstoffen. (Nach LARSSON.)

d) Bestimmung von Schwefel und Chlor in der gleichen Probe nach LARSSON. In Weiterentwicklung der von KLINGSTEDT gegebenen Methode hat LARSSON ein Verfahren zur gleichzeitigen Bestimmung von Chlor und Schwefel in Zellstoffen entwickelt. Zu seiner Durchführung ist die in Abb. 78 gezeigte Apparatur erforderlich. A ist ein kurzhalsiger Kjeldahlkolben, der mittels Schliff mit einem Destillationsaufsatz nach CLAISSEN B in Verbindung steht. Während dessen Hauptrohr mittels Schliffverbindung einen Tropftrichter D trägt, der selbst oben mit Gaseinleitungsrohr E versehen ist, ragt in das seitliche Rohr hinein ein eingeschliffener Einsatzröhrenkühler C. Das Auslaßrohr des Destillationsaufsatzes steht über den Kühler F mit den Vorlagen H und J in Verbindung.

Durchführung der Bestimmung. Die Vorlagen H und J werden mit einer gemessenen Menge $^{n}/_{20}$-Silbernitratlösung beschickt und die Kühler C und F in Gang gesetzt. Dann wird der Kolben A, in welchem sich 3···5 g der zu untersuchenden Probe zusammen mit 0,7···1 g Magnesiumoxyd und einige Siedesteine befinden, angesetzt. Die Stoffprobe wird von dem Tropftrichter aus zunächst mit 5 cm³ konzentrierter Salpetersäure befeuchtet, worauf dann 20 cm³ rauchende Salpetersäure in den Kolben gelassen werden. Bei schwacher Erwärmung wird anfänglich 1 Stunde lang am Rückflußkühler behandelt. Danach wird der Wasserzulauf zu Kühler C abgestellt und die Flüssigkeit in A unter gleichzeitigem Durchleiten von Kohlensäure bis auf einen kleinen Rest abdestilliert. Nachdem dann durch den Tropftrichter 15 cm³ destilliertes Wasser zugesetzt worden sind, wird neuerlich abdestilliert, wobei, um das Übergehen der Salzsäure vollständig zu machen, der Kühler C mit heißem Wasser oder Dampf betrieben wird. Endlich wird noch ein drittes Mal nach einem neuen Zusatz von 10 cm³ destilliertem Wasser in den Kolben bis auf einen geringen Rest überdestilliert. Erfahrungsgemäß ist der im Kolben dann verbleibende Rückstand frei von Chlor.

Dieser meist vollständig farblose und klare Rückstand im Kolben A wird in einen 150 cm³ fassenden Becher überführt und darin auf dem Wasserbad zur Trockne verdampft. Der Eindampfrückstand .wird mit 5 cm³ konzentrierter Salzsäure aufgenommen und wiederum zur Vertreibung der letzten Salpetersäurereste abgedampft. Dann löst man ihn in 10 cm³ 10proz. Salzsäure und 20 cm³ destilliertem Wasser, filtriert, wenn erforderlich, von abgeschiedener Kieselsäure ab und bestimmt in der Lösung oder dem Filtrat den als Schwefelsäure vorhandenen Schwefel in bekannter Weise als Bariumsulfat.

Zur Bestimmung des Chlors wird der Inhalt der beiden Vorlagen H und F in einen 250 cm³ fassenden Kolben gespült, der dann mit Wasser bis zur Marke aufgefüllt wird. Dann wird vom gebildeten Silbernitratniederschlag durch ein trockenes Filter abfiltriert. Vom aufgefangenen Filtrat werden 100 cm³ mit $^n/_{20}$-Kaliumrhodanidlösung unter Anwendung von Eisen(III)ammonsulfatlösung als Indikator titriert. Der Chlorgehalt der Probe ergibt sich wie folgt. Es bezeichne:

a die Anzahl der vorgelegten cm³ $^n/_{20}$-Silbernitratlösung,

b die Anzahl cm³ $^n/_{20}$-Kaliumrhodanidlösung, die zur Zurücktitration benötigt worden sind,

p das Gewicht der absolut trockenen Probe;

es ist dann:

$$\text{Chlor} = \frac{(a - b) \cdot 2{,}5 \cdot 0{,}1773}{p} \; ^0/_0 .$$

Anmerkung. Die drei letztgenannten Methoden eignen sich erfahrungsgemäß auch dazu, in Präparaten, wie sie bei der Verfolgung des Sulfitkochprozesses in dessen erstem Stadium erhalten werden, in verläßlicher Weise den Schwefelgehalt zu ermitteln. Es ist daher nicht notwendig, hier die Methode von CARIUS zur Anwendung zu bringen. Dies ist unbestreitbar ein Vorzug, da bei ihr zufolge der meist erforderlichen großen Einwaage häufig ein Zerstören der Bombenröhre durch den großen Innendruck auftritt.

Bestimmung des Aufschlußgrades.

Einleitung. Es ist üblich, ungebleichte Zellstoffe nach Härte und Bleichbarkeit zu unterscheiden. Diese Begriffe sind ein Ausdruck für den Aufschlußgrad eines Stoffes, d. h. für den Grad der Entfernung der inkrustierenden Bestandteile des zu seiner Herstellung ursprünglich eingesetzten Rohfaserstoffes im Verlauf der Kochung. Sie sind demnach in erster Linie durch seinen Ligningehalt bedingt.

Unter Zugrundelegung der genannten Begriffe erhält man eine fortlaufende Reihe, die einerseits durch sehr harte, andererseits durch sehr weiche Stoffe begrenzt ist. Zwischen diesen Extremen lassen sich alle sonst noch vorkommenden Erzeugnisse mit den Bezeichnungen hart, mittelschwer bleichbar, leicht bleichbar, sehr weich u. a. m. zwanglos einordnen.

Diese Bezeichnungen sagen nichts aus über die Faserfestigkeit eines Stoffes und sind von Kennzeichnungen wie fest und weniger fest streng zu unterscheiden, denn diese wiederum beruhen ausschließlich auf physikalischen Eigenschaften der Zellstoffe. Wenn es auch vielfach sich so verhalten wird, daß harte Stoffe gleichzeitig als fest, weiche als weniger fest zu kennzeichnen sind, so ist das keineswegs eine unbedingt geltende Regel, weshalb beide Arten der Bezeichnung vollkommen getrennt voneinander gehalten werden sollten.

Die oben aufgezählten handelsüblichen Bezeichnungen der Zellstoffe stellen keine scharfe Einteilung dar, und die Eingliederung eines bestimmten Musters in die durch sie dargestellte Reihe entbehrt häufig nicht der Willkürlichkeit. Um diesem offensichtlichen Mangel abzuhelfen, hat man schon seit langem versucht, unter Benutzung chemischer oder anderer Methoden eine schärfere und in bestimmten Zahlen ausdrückbare Einteilung und Charakterisierung zu erhalten.

Es bestände die Möglichkeit, durch eine Ermittlung des Ligningehaltes, wie auch jenes der Hemizellulosen eine genaue Kenntnis von dem Aufschlußgrad eines Zellstoffes zu erhalten. Solche eingehenden Untersuchungen bedürfen aber erheblicher Zeit und kommen für die Zwecke der Praxis, die in diesem Fall an einer rasch durchführbaren Methode besonders interessiert ist, nicht in Frage. Um gerade für die Belange des Betriebes, aber auch für jene des Handels rasch eine Vorstellung von dem Charakter eines Stoffes zu erhalten, hat man daher besondere Methoden, eben jene der Bestimmung des Aufschlußgrades, eingeführt.

Von derartigen Bestimmungsmethoden ist, wie im einzelnen noch auszuführen sein wird, im Laufe der Zeit eine große Anzahl bekannt gegeben worden. Es ist leider bislang nicht gelungen, aus dieser größeren Zahl eine oder einige als Einheitsbestimmungen zu wählen und ihr über die Grenzen der Länder hinweg allgemeine Anerkennung zu verschaffen. Infolgedessen erfolgt nicht bloß in den verschiedenen Einzelländern, sondern selbst in den einzelnen Fabriken die Durchführung der Aufschlußgradbestimmung noch immer ganz unterschiedlich.

Damit erscheinen nun laufend im Schrifttum, im Schriftwechsel des Handels, und wo immer eine Erörterung der Härte des Zellstoffes Platz greift, die mannigfaltigsten Kennziffern. ·Es hat nicht an Versuchen gefehlt, diese vielen Kennziffern, die im einzelnen bei den verschiedenartigen Bestimmungsmethoden gefunden werden, ineinander umzurechnen und auf diese Weise vergleichbar zu machen. Eine solche Umrechnungstabelle ist auch weiter unten gegeben worden. Es muß aber doch darauf aufmerksam gemacht werden, daß sie stets nur zu annähernden Werten führt, und die Abweichung vom tatsächlichen kann bisweilen nicht unerheblich sein. Daher erhält man genaue Zahlen doch immer nur durch Anwendung der Methode selbst. Aus diesem Grund ist es notwendig gewesen, wenigstens die wichtigsten der Bestimmungsmethoden des Aufschlußgrades eingehend zu beschreiben. Einteilen lassen sie sich in kolorimetrische und rein chemische.

Kolorimetrische Methoden.

Allgemeines. Die kolorimetrischen Methoden beruhen auf dem verschiedenartigen Anfärbevermögen, das stark inkrustierte Fasern einerseits und mehr oder weniger weit aufgeschlossene andererseits gegenüber gewissen Farbstoffen und oxydierenden Stoffen aufweisen. Die weiter hierher gehörende Probe von

Klason gründet sich auf die Eigenschaft ligninhaltiger Stoffe, sich im Gegensatz zu reiner Zellulose in starker Schwefelsäure mit dunkelbrauner bis schwarzer Farbe zu lösen. Wenn auch alle diese Proben zunächst allein als qualitative zu werten sind, so ermöglichen sie doch bei größerer Übung auch zuverlässige quantitative Abschätzungen.

Aufschlußgradbestimmung nach Klemm.

Klemm[1] benutzt als Reagens eine gesättigte Malachitgrünlösung in Wasser, dem 2% seiner Menge an Essigsäure zugesetzt werden. Der zu prüfende Zellstoff wird in einer Porzellanschale mit Wasser zu Brei zerfasert. Dem Brei setzt man einige Kubikzentimeter der Malachitgrünlösung zu, mischt gut, bringt ihn auf ein Sieb oder einen Saugtrichter und wäscht nun mit Wasser, bis dieses farblos abläuft. Aus dem so gefärbten Stoffbrei formt man ein Papierblatt, trocknet es und beurteilt die Tiefe und den Ton der Färbung. Sehr gut gebleichter Sulfitzellstoff färbt sich ganz schwach hellblau an, halbgebleichter Stoff dunkelhimmelblau, ungebleichter weicher Stoff hellgrün, ungebleichter fester Stoff grün und ungebleichter harter Stoff tiefdunkelgrün. Aus dem Farbton der ungebleichten Stoffe kann man demnach auf den Aufschlußgrad Schlüsse ziehen.

Man kann mit diesen Proben eine sehr gute Abschätzung des Aufschlußgrades erzielen, wenn man über eine Reihe von Typenmustern von Zellstoffen mit verschiedenem Ligningehalt verfügt. Diese Typenmuster müssen doch sehr sorgfältig gegen die Einwirkung von Licht und Chemikaliendämpfen geschützt und bei Nichtgebrauch im Dunkeln verwahrt werden.

Die Probe kann auch bei einer Betrachtung der Fasern unter dem Mikroskop Anwendung finden.

Aufschlußgradbestimmung nach Asker.

Dem zu untersuchenden, in Breiform vorliegenden Stoff werden Fasern entnommen, auf den Objektträger eines Mikroskops von 30···40facher Vergrößerung mit Zeichenokular gebracht und mit Malachitgrünlösung betropft[2]. Der Stoff wird mit einem Deckgläschen abgedeckt und die überflüssige Lösung mit Filtrierpapier abgesaugt. Das gefärbte Präparat wird durch das Zeichenokular auf eine Fläche projiziert und dann mit Hilfe einer Farbskala, die man sich nach den bei Standardstoffen erhaltenen Färbungen bereitet hat, die Intensität seiner Färbung bestimmt. Je heller die Fasern sind, um so bleichbarer ist der Stoff, d. h. um so höher sein Aufschlußgrad.

Aufschlußgradbestimmung mit Chlorkalklösung.

Den Aufschlußgrad kann man annähernd erkennen durch Behandlung eines Stoffes mit frischer Chlorkalklösung. In ein Becherglas füllt man einige hundert Kubikzentimeter einer Bleichlauge mit etwa 20 g wirksamem Chlor/l. Man taucht dann einen breiten Streifen der zu untersuchenden Zellstoffpappe in die Lösung, zieht langsam heraus und betrachtet im auffallenden Lichte, wie die Farbe sich ändert und in welcher Schnelligkeit die Bleichwirkung eintritt. Zeigt sich

---

[1] Klemm, P.: Papierkunde S. 257. Leipzig 1910.
[2] Asker, E.: Papierfabrikant **16**, 12, 133 (1918).

anfangs eine zarte Rosafärbung, die schnell in ein reines, helles Gelb und dann in Weiß übergeht, so ist der Stoff leicht bleichbar, also weitgehend aufgeschlossen. Wird die Farbe aber dunkler rotbraun, schlägt sie in schmutzig Dunkelgelb um und geht sie dann nur langsam in ein trübes Gelb über, so liegt ein schwer bleichbarer Zellstoff vor. Im letzteren Falle treten häufig braune Stippen, Splitter u. dgl. in Erscheinung, ein Zeichen für den ungleichmäßigen Aufschluß des Zellstoffes.

Aufschlußgradbestimmung mit Bichromatlösung.

Eine Lösung von Kaliumbichromat, die 0,25 g im Liter und außerdem 10 cm³ Salzsäure (etwa $n/_1$) enthält, wird in Mengen von 3···5 cm³ rasch auf die zu untersuchende Probe gegossen. Ein paar Sekunden nach dem Eingießen wird eine rote Färbung auftreten, die ihre größte Farbtiefe nach ungefähr 3 Minuten zeigt. Unter Zuhilfenahme einer Farbenskala kann man leicht eine Einteilung der Zellstoffproben treffen. Je nach dem Gehalt der Lösung an Bichromat oder Salzsäure läßt sich die rote Färbung satter oder heller gestalten. Je stärker die Rotfärbung, um so weniger bleichfähig ist der Zellstoff.

Aufschlußgradbestimmung nach KLASON.

Zur Bestimmung des Aufschlußgrades ist von KLASON Lösen einer Zellstoffprobe in konzentrierter Schwefelsäure empfohlen worden. Je besser aufgeschlossen Zellstoff ist, um so heller bleibt die Farbe der Schwefelsäure. Aus dem mehr oder weniger braunen Farbton der Lösung, den man kolorimetrisch durch Vergleich mit Standardproben ermittelt, kann man den Aufschlußgrad beurteilen.

Nach KLASONS[1] eigenen Angaben verfährt man am besten so, daß man 22 mg lufttrockenen Zellstoff, die etwa 20 mg absolut trockenem Zellstoff entsprechen, zum Versuch benutzt. Diese Zellstoffprobe muß sehr gut zerfasert sein und darf gröbere Teilchen nicht enthalten. Solche werden, falls notwendig, durch Absieben entfernt. Die genannte Menge Stoff wird in einer zylinderförmigen Flasche von 50 cm³ Inhalt, welche mit gewöhnlicher cm³-Teilung und genau schließendem, eingeschliffenem Pfropfen versehen ist, in 20 cm³ konzentrierter Schwefelsäure gelöst. Gleichzeitig macht man eine Gegenprobe mit Zellstoff von bekanntem Ligningehalt oder mit dem Zellstoff, mit dem man die Probe vergleichen will.

Nachdem beide Proben aufgelöst sind, was durch kräftiges Schütteln erleichtert wird, vergleicht man die Farbe der beiden Lösungen auf die Weise, daß die Flaschen gegen das Tageslicht gehalten werden, wobei streng zu beachten ist, daß die beiden Lösungen bis zur Prüfung gleich lange gestanden haben sollen. Der erste Eindruck, den das Auge bei diesem Vergleich bekommt, ist in der Regel der richtigste. Das Auge nimmt so den geringsten Unterschied im Ligningehalt gleich wahr. Dadurch, daß man die dunklere Farbe mit Schwefelsäure verdünnt, bis die Lösungen gleich gefärbt erscheinen, erhält man einen Maßstab für den Ligningehalt. Die Bestimmung wird um so schärfer, je näher die Ligningehalte in den beiden Proben aneinander liegen. Es ist deshalb zweckmäßig, getrennte Gegenproben für scharf und für leicht gekochte Stoffe anzuwenden.

Als beste Schwefelsäurekonzentration wird ein Gemisch von 4 Teilen konzentrierter Schwefelsäure und 1 Teil Wasser angegeben, da konzentrierte Schwefel-

---

[1] KLASON, P.: Papier-Ztg. **35**, 3781 (1910).

säure allein zu rasch löst und auch bei reinen Vergleichsproben deutlich gelbe Farbtöne hervorrufen kann.

Bei Zellstoffen unterschiedlicher Herkunft läßt sich die Methode nur zur angenäherten quantitativen Abschätzung des vorhandenen Ligningehaltes anwenden. Genaue Ermittlungen werden hier häufig dadurch erschwert, daß neben der dunklen auch noch Eigenfärbungen, meist solche rötlicher Art, auftreten.

Die Methode wird vielfach dazu benutzt, um sehr reine Zellstoffe auf ihren Ligningehalt zu prüfen und zu vergleichen. In diesem Fall sind deutliche Ergebnisse doch nur dann zu erhalten, wenn man wesentlich größere Mengen Zellstoff, nämlich 1···2 g in der konzentrierten Schwefelsäure löst. Auch bei diesem Vergleich ist immer darauf zu achten, daß die Beurteilung stets nach der gleichen Zeit vom Beginn des Lösens an gerechnet erfolgt. Ein Zeitraum von 2···3 Stunden genügt zumeist, um die Unterschiede deutlich hervortreten zu lassen. Wenn die Lösungen längere Zeit stehen bleiben, so färben sie sich allmählich vollkommen schwarz.

Chemische Methoden.

Allgemeines. Was die Durchführung dieser Gruppe von Methoden anbelangt, so beruhen sie alle darauf, daß die Eigenschaft des im Zellstoff in mehr oder weniger größerer Menge vorhandenen Lignins leicht oxydierbar zu sein, analytisch ausgenutzt wird. Als Oxydationsmittel haben sich insbesondere Halogene und Kaliumpermanganat als brauchbar erwiesen. Neuerdings haben SCHWABE und FIEDLER[1] in dem Bestreben, ein milder wirkendes, die Zellulose nicht angreifendes Oxydationsmittel für diesen Zweck zu verwenden, auch Kaliumferrizyanid in Vorschlag gebracht. Es ist ohne weiteres ersichtlich, daß je nach Wahl der Versuchsbedingungen, sich mit diesen wenigen Oxydationsmitteln, von denen vor allem die beiden erstgenannten unschwer analytisch bestimmt werden können, eine fast unbegrenzte Vielzahl von Methoden ausarbeiten läßt. Um zu einer Übersicht zu kommen, sind sie hier im wesentlichen in Chlorgas-, Chlorwasser-, Hypochlorit- und Permanganatmethoden eingeteilt worden.

Halogengas- und Halogenwassermethoden.

Bestimmung der Roe-Zahl.

Grundlagen der Methode. Es werden 2 g trocken gedachter Zellstoff während 15 Minuten bei 20° der Einwirkung von Chlorgas ausgesetzt; die hierbei absorbierte Gasmenge wird auf gasanalytischem Wege ermittelt. Aus dem Ergebnis dieser Bestimmung wird die Chlorzahl nach ROE[2] als jene Menge Chlorgas in g berechnet, die unter den gleichen Bedingungen von 100 g absolut trockenem Stoff aufgenommen wird.

Apparatur und deren Vorbereitung für die Bestimmung. Abb. 79 zeigt eine Ausführungsform des Gerätes, wie es JOHANSSON[3] nach mehreren Abänderungen aus der ursprünglich von ROE angegebenen Bauart entwickelt hat.

Zu diesem Gerät und seiner Arbeitsweise ist das folgende zu sagen. Von

---

[1] SCHWABE, K., u. H. FIEDLER: Wbl. Papierfabrikat. **68**, 912 (1937).
[2] ROE, R. B.: Ind. Engng. Chem. **16**, 808 (1924).
[3] JOHANSSON, D.: Svensk Papperstidn. **33**, 278 (1930).

rechts her oben bei dem Hahn K_1 tritt das Chlorgas von einer Chlorbombe kommend ein, auf der entgegengesetzten Seite kann es durch eine in den Abzug reichende Leitung abgesaugt werden. Sämtliche vorhandenen Verschlüsse sind zweckmäßig eingeschliffene Glaspfropfen. Die Flüssigkeit in der Gasbürette A ist eine Lösung von 30 g Kalziumchlorid in 100 g Wasser, die mit Chlorgas gesättigt ist. Auch die Flüssigkeit im U-Rohr C ist eine Lösung von Kalziumchlorid. Diese Lösung ist im linken Schenkel des U-Rohres bis zu einer Marke eingefüllt und mit Chlorgas gesättigt, das durch die Leitung $K\,1$, $K\,2$, $K\,3$ eingeführt wird. Wenn der Apparat häufig benutzt wird, braucht eine neue Sättigung nicht jedesmal wieder hergestellt zu werden. Eine leere Reaktionsflasche B wird an die für sie bestimmte Stelle gebracht, und dann wird die Flüssigkeit in C nach der oberen Öffnung des rechten Schenkels des U-Rohres abgesaugt. Zweckmäßig wird unter die Flasche B ein größerer Gummischwamm gelegt, der sie fest gegen den Verschlußpfropfen preßt. Darauf wird Hahn $K\,3$ geschlossen und das Reaktionsgefäß entfernt. $K\,2$ wird in Horizontalstellung gebracht, so daß das Chlorgas nunmehr in die Bürette A strömen kann, die mehrere Male mit dem Chlorgas durchspült wird. Dabei läßt man das Chlorgas längere Zeit in Form von Gasblasen durch die Kalziumchloridlösung hindurchströmen, um diese völlig zu sättigen; man muß nur darauf achten, daß keine Gasblasen im Gummirohr verbleiben.

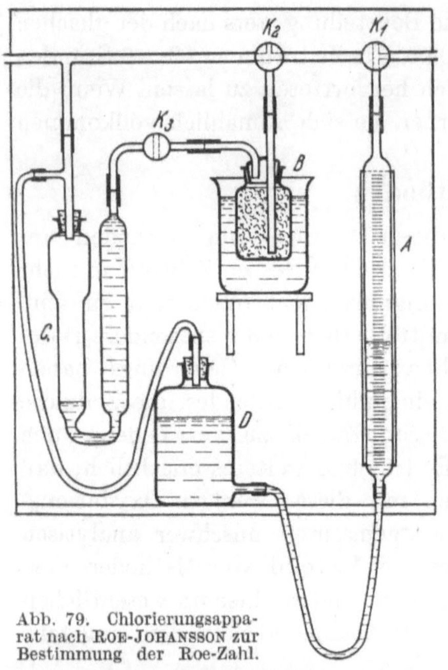

Abb. 79. Chlorierungsapparat nach ROE-JOHANSSON zur Bestimmung der Roe-Zahl.

Durchführung der Bestimmung. Für die Untersuchung wird eine Probe von etwa 2 g absolut trockenem und gut gesichtetem Zellstoff verwendet und in die Reaktionsflasche gegeben. Beim Einfüllen des Zellstoffs in die Flasche muß man darauf achten, daß für das Glasrohr bei B, das bis zum Boden der Flasche herabreicht, genügend Platz verbleibt. Nun wird die Flasche kurze Zeit umgekehrt über eine Waschflasche mit kochendem Wasser gehalten. Die Zellstoffprobe absorbiert dabei Feuchtigkeit; diese Absorption wird so weit getrieben, bis sich das Gewicht der Flasche um 2,5 g erhöht hat. Dann kühlt man die Reaktionsflasche mit dem gedämpften Zellstoff auf 20° ab und setzt sie in die Apparate ein, wobei der Schliff mit Fett völlig abgedichtet wird. Der erwähnte Gummischwamm am Boden des mit Wasser gefüllten Gefäßes B (s. oben) gewährleistet, daß jedes Austreten von Gas unmöglich wird. Durch Verstellen des Hahnes $K\,2$ kommt B für einen Augenblick in Verbindung mit der Außenluft. Dann werden die Hähne $K\,2$ und $K\,1$ so gestellt, daß A und B miteinander verbunden sind. $K\,3$ ist dabei offen, und die Niveauflasche wird hochgehoben. Dabei sinkt die Flüssigkeit im rechten Schenkel des U-Rohres ab. Die Flasche D, die in jeder beliebigen Stellung irgendwo am Gerät festgehalten werden kann, ermöglicht es, in dem ganzen System atmosphärischen Druck herzustellen. Während der Absorptionsperiode muß D allmählich so gehoben werden, daß der Flüssigkeitsspiegel in A und D und der Spiegel in den beiden Schenkeln des U-Rohres C in gleicher Höhe liegen. Nach 15 Minuten wird D abgesenkt, bis die Flüssigkeit in C wieder so weit in der Kapillarröhre nach oben steigt, wie es bei Beginn der Messung der Fall war. Nun wird Hahn $K3$ geschlossen und das Gasvolumen gemessen.

Durch einen einmaligen Blindversuch wird in der gleichen Weise ermittelt, wieviel g Chlor von 2,5 g Wasser und 2 g reiner Zellulose (gutes Filtrierpapier) absorbiert werden. Diese Menge entspricht meist $3\cdots4\,\text{cm}^3$ Chlor. Um diesen Betrag ist jedesmal das abgelesene Chlorvolumen bei der Untersuchung der Zellstoffe zu korrigieren.

Berechnung des Ergebnisses.

Bedeutet V das korrigierte absorbierte Chlorgasvolumen in cm^3,

$\quad\quad$ h den Barometerstand in mm Quecksilbersäule während des Ver-
$\quad\quad\quad$ suches,

$\quad\quad$ f den Wert $1 + 0{,}00367 \cdot t$,

$\quad\quad$ t die Temperatur in $^\circ$ C,

$\quad\quad$ g das Gewicht des für den Versuch benutzten Zellstoffs in g,

so errechnet sich die Roe-Zahl zu:

$$\text{RZ.} = \frac{0{,}0004168 \cdot V \cdot h}{f \cdot g}.$$

Wenn $t = 20^\circ$ ist und $g = 2$ g beträgt, so geht die Gleichung über in:

$$\text{RZ.} = 0{,}0001942 \cdot V \cdot h.$$

Nach Festsetzungen des Standardisierungsausschusses des schwedischen Vereins der Zellstoff-Ingenieure wird vom abgelesenen Volumen des absorbierten Chlorgases stets der gleiche Abzug zur Korrektur gemacht, nämlich 3,7 cm³ Chlorgas von 0° und 760 mm Druck oder 4 cm³ von 20° und 760 mm Druck.

Da die so ermittelten Werte einstellige Zahlen mit einer Stelle hinter dem Komma sind, hat Johansson vorgeschlagen, zwecks Erhalt ganzer Ein-

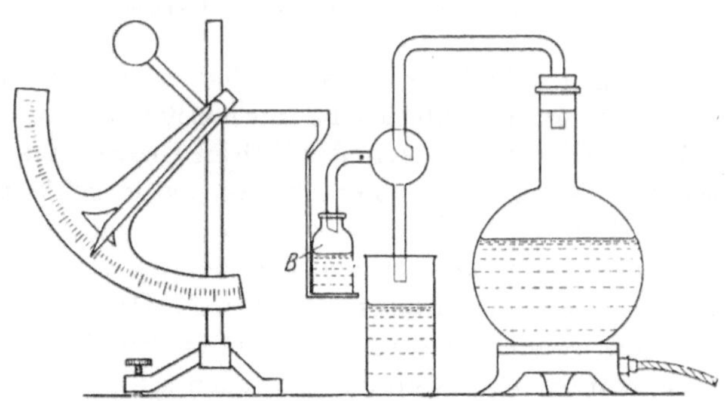

Abb. 80. Einrichtung zur Vorbehandlung des Zellstoffes für die Bestimmung der Roe-Zahl. B = Flasche mit Stoffprobe.

heiten ihren zehnfachen Betrag als Kenngröße einzuführen. Er empfiehlt hierfür den Namen Roe-Unit (RU.). Es ist also:

$$1\ \text{RU.} = 10 \cdot \text{RZ.}$$

Für den Fall, daß die Bestimmung als laufende Betriebskontrolle vorgesehen ist, kann für die Vorbehandlung mit Dampf die in Abb. 80 dargestellte Einrichtung, die Johansson angegeben hat, benutzt werden. Es ist hierbei leicht möglich, das Dämpfen der Probe zu dem Zeitpunkt zu unterbrechen, in welchem die gewünschte Gewichtszunahme von 2,5 g gerade erreicht ist.

Bestimmung der Chlorzahl nach Roe auf rein tritrimetrischem Weg nach Küng.

Als Ersatz der gasanalytischen Methode von Roe ist von Küng[1] ein maßanalytisches Verfahren in Vorschlag gebracht worden, das einer besonderen Apparatur nicht bedarf.

Grundlagen der Methode. 2,0 g trocken gedachter Zellstoff werden in 100 cm³ Wasser aufgeschlossen und mit 50 cm³ $^n/_5$-Chlorwasser (0,355 g Cl) versetzt. Nach 15 Minuten unterbricht man die Chlorierung durch Zugabe von Kaliumjodidlösung, wobei das unverbrauchte Chlor gebunden und durch das

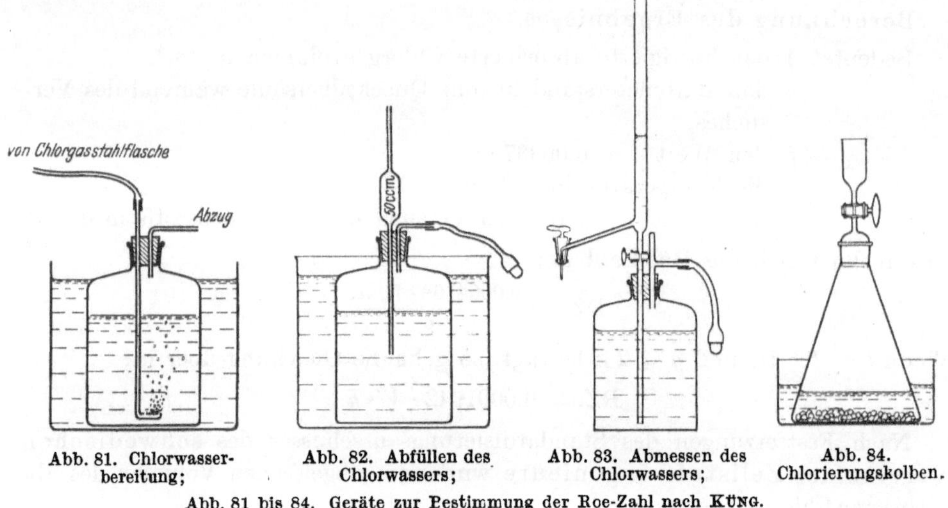

Abb. 81. Chlorwasser-bereitung; Abb. 82. Abfüllen des Chlorwassers; Abb. 83. Abmessen des Chlorwassers; Abb. 84. Chlorierungskolben.

Abb. 81 bis 84. Geräte zur Bestimmung der Roe-Zahl nach Küng.

praktisch gegen Zellulose inaktive Jod ersetzt und dieses auf bekannte Weise mit $^n/_5$-Natriumthiosulfatlösung zurücktitriert wird.

Herstellung des erforderlichen Chlorwassers. Sie erfolgt durch Einleiten von Chlorgas aus einer Chlorbombe in gekühltes Wasser. Da das Chlorwasser sich am Licht leicht zersetzt, benützt man zu seiner Herstellung und Aufbewahrung eine größere braune Flasche. Als Gaseinleitungsrohr eignet sich sehr gut ein solches mit Jenaer-Glas-Fritte. Das etwa nicht absorbierte Gas wird durch eine zweite Bohrung (Abb. 81) im Stopfen ins Freie geleitet. Sollte die Lösung stärker als gewünscht geworden sein, so saugt man mittels des Gasabzugsrohres einen Luftstrom durch das Wasser, bis der gewünschte Titer erreicht worden ist.

Um jede Belästigung beim Abmessen des Chlorwassers auszuschließen, drückt man es unter Anwendung eines kleinen Handgebläses in die Pipetten und Büretten (Abb. 82 u. 83).

Zur Titerstellung des Chlorwassers läßt man eine Probe von 10 cm³ in einen mit reichlich Wasser und überschüssiger Kaliumjodidlösung (166 g/l = $^n/_1$) be-

---

[1] Küng, A.: Papierfabrikant **33**, 59 (1935).

schickten Erlenmeyerkolben einlaufen und titriert das hierbei in Freiheit gesetzte Jod mit $n/_5$-Natriumthiosulfatlösung. Das Chlorwasser hat die erwünschte Stärke — $n/_5$ —, wenn im vorliegenden Fall 10 cm³ $n/_5$-Natriumthiosulfatlösung verbraucht werden.

Vorbereitung des zu prüfenden Zellstoffes. In einen Porzellanbecher von 500 cm³ Inhalt (Färbebecher), der in einem Wasserbad von 19° von vier Messingfedern festgehalten wird, gibt man 2,0 g absolut trocken gedachten Zellstoff und 100 cm³ Wasser. Kommt nasser Stoff zur Anwendung, so muß das im Stoff befindliche und das zuzusetzende Wasser zusammen 100 cm³ betragen. Die Zerfaserung geschieht mit einem kleinen Elektrorührer mit V4A-Welle und -Propeller, welches Material sich auch gegen saure Kaliumpermanganatlösung (wie sie für die Bestimmung der Permanganat-Chlor-Zahl benutzt wird) als durchaus widerstandsfähig erwiesen hat. Die Umdrehungszahl wird durch einen Vorschaltwiderstand derart geregelt, daß kein Verspritzen erfolgt. Der Rührer kann durch Lösen einer Stellschraube gehoben und gesenkt werden. Besonders harte und stark gepreßte Stoffe werden vor der Zerfaserung in heißem Wasser gequollen.

Die Vorbereitung feuchten Stoffes erfolgt nach der gleichen Vorschrift, wie sie hierfür bei der Bestimmung der Sieber-Zahl (s. u.) ausführlich beschrieben ist, d. h. unter Anwendung der Pan-Zentrifuge. Von der auf einen bestimmten Trockengehalt entwässerten Probe wird dann eine entsprechende Menge zum Aufschlagen im Porzellanbecher abgewogen.

Durchführung der Bestimmung. Der so aufgeschlossene Zellstoff wird auf einer Jenaer-Glas-Nutsche abgesaugt, worauf der feuchte Stoff mit 100 cm³ destilliertem Wasser — das Stoffwasser einbegriffen; es wird durch Wägen der feuchten Probe gewichtmäßig ermittelt — in einen Bromierungskolben (Abb. 84) gebracht wird. Durch leichtes Umschütteln wird es darin gleichförmig verteilt. Zum Inhalt des Kolbens läßt man dann 50 cm³ $n/_5$-Chlorwasser laufen, setzt den verschlossenen Trichter schnell und fest auf, schwenkt leicht um und stellt in ein Wasserbad, dessen Temperatur 20° beträgt. Nach Verlauf von 15 Minuten nimmt man den Kolben heraus, gibt 15 cm³ der $n/_1$-Kaliumjodidlösung in den Trichter, öffnet den Hahn ganz leicht und läßt nun durch gutes Abkühlen unter der Wasserleitung die Kaliumjodidlösung in das Innere des Kolbens eintreten. Man spült mit wenig Wasser nach, schüttelt auch etwas um, damit die über der Flüssigkeit lagernde chlorhaltige Luft von dem Gas befreit wird und titriert dann das ausgeschiedene Jod mit $n/_5$-Natriumthiosulfatlösung zurück.

Bei weichen und mittelharten Zellstoffen ist der Endpunkt der Titration auch ohne Indikator ein sehr scharfer; bei harten Zellstoffen, welche stärker gefärbt Chlorierungsbrühen ergeben, setzt man gegen Schluß der Titration einige Tropfen Stärkelösung zu. Bei allfälliger Übertitration benützt man eine $n/_{10}$-Jodlösung und zieht die Hälfte des zu großen Jodverbrauchs von dem Bedarf an $n/_{10}$-Natriumthiosulfat ab.

Wenn man aus Sparsamkeitsgründen nur 15 cm³ $n/_1$-Kaliumjodidlösung anwendet statt 30, so läßt sich die Ausscheidung von Jod nicht verhindern. Ein Teil bleibt aber gelöst und während der Titration, die unter Bildung von neuem Jodid verläuft, geht alles Jod in Lösung und kommt so zur Reaktion.

Berechnung des Ergebnisses. An einem Beispiel sei sie veranschaulicht.
Beispiel:

$$\begin{array}{l}
50 \text{ cm}^3 \text{ Chlorwasser benötigen } 51{,}4 \text{ cm}^3 \; ^n/_5\text{-Natriumthiosulfat} \\
\text{zurücktitriert } \ldots \ldots 27{,}3 \text{ cm}^3 \; ^n/_5\text{-Natriumthiosulfat} \\
\hline
\text{verbrauchtes Chlor entspricht } 24{,}1 \text{ cm}^3 \; ^n/_5\text{-Natriumthiosulfat.}
\end{array}$$

Da 1 cm^3 $^n/_5$-Natriumthiosulfat 0,0071 g Chlor anzeigt, so ergibt sich daraus die Roe-Zahl wie folgt:

$$\text{RZ.} = \frac{0{,}0071 \cdot 24{,}1 \cdot 100}{2} = 0{,}355 \cdot 24{,}1 = 8{,}5$$

oder allgemein
$$\text{RZ.} = 0{,}355 \cdot v,$$

wobei v die cm^3 $^n/_5$-Natriumthiosulfatlösung bedeuten.

Entsprechend JOHANSSON wählt auch KÜNG den zehnfachen Betrag der Roe-Zahl als Einheit. Er bezeichnet, um auf die Art ihrer Bestimmung hinzuweisen, die in der eben beschriebenen Form erhaltene Einheit als Roe-Küng-Unit (RKU.). Es ist also:

$$1 \text{ RKU.} = 10 \cdot \text{Roe-Zahl nach KÜNG.}$$

Bestimmung der Chlorverbrauchszahl nach SIEBER (Sieber-Zahl).

Grundlagen der Methode. 5 g absolut trockener Zellstoff werden in zerkleinerter Form in 2 % Stoffdichte bei 20° genau 1 Stunde lang der Einwirkung einer Chlorkalklösung ausgesetzt, welche 0,3 g Chlor und an Gesamtalkali soviel als 10 cm^3 $^n/_{10}$-Alkali entsprechen, enthält. Nach dieser Zeit wird in einer Probe des Reaktionsgemisches das noch vorhandene Chlor durch Titration ermittelt. Das prozentuale Verhältnis von verbrauchtem zu anfänglichem Chlor ergibt die Chlorverbrauchs- oder Sieber-Zahl[1].

Herstellung der Reaktionslösung. Man stellt sich zwei Chlorkalklösungen her, von denen die eine mit etwa 30 g, die zweite mit 80···90 g gutem Chlorkalk im Liter bereitet wird. Beide Lösungen werden filtriert (Saugflasche) und in braunen Flaschen mit wenig Paraffinöl überdeckt aufbewahrt. Aus beiden Lösungen wird, wie nachstehend beschrieben, die Reaktionslösung gemischt, welche gleichfalls in einer braunen Flasche unter Paraffinöl aufbewahrt wird. Zweckmäßig steht diese Flasche unmittelbar in Verbindung mit einer Bürette, aus welcher die jeweils notwendige Menge der Lösung entnommen werden kann. Man mischt so viel Lösung, wie man in einer Betriebswoche benötigt. Von den einzelnen Lösungen stellt man nur so viel dar, wie in 2 Wochen gebraucht wird. Kontrolle des Titers der Mischlösung ist außer am Anfang kaum weiter erforderlich. Die beiden Stamm-Chlorkalklösungen titriert man vor jeder Mischung von neuem.

Für die Titration des Chlorgehaltes, die mit $^n/_{10}$-arseniger Säurelösung erfolgt, werden 5 cm^3 der Lösungen, für die Bestimmung der Alkalinität — Oxydation mit Wasserstoffsuperoxyd und darauffolgende Titration mit $^n/_{10}$-Säure — 25 cm^3 angewandt. Setzt man nun für die stärkere Lösung:

---

[1] SIEBER, R.: Zellstoffchem. Abhdl. **1**, 53 (1920); Zellstoff u. Papier **1**, 181 (1921); **2**, 27 (1922).

die Anzahl cm³ $^n/_{10}$-As$_2$O$_3$ für 5 cm³ der Lösung gleich p,

  „ „ $^n/_{10}$-Säure „ 25 „ „ „ „ v,

sowie die entsprechenden Werte bei der schwächeren Lösung gleich q und w, so sind zur Herstellung einer Mischlösung mit der gewünschten Eigenschaft nämlich 0,3 g Chlor und einer Gesamtalkalimenge, die 10 cm³ $^n/_{10}$-NaOH entspricht, erforderlich von der starken Lösung:

$$x = \frac{422\,w - 250\,q}{w\,p - v\,q}\ \text{cm}^3$$

und von der zweiten Lösung:

$$y = \frac{250\,p - 422\,v}{w\,p - v\,q}\ \text{cm}^3.$$

$x + y$ cm³ der Mischlösung enthalten dann 0,3 g Chlor und die 10 cm³ $^n/_{10}$-Natronlauge entsprechende Alkalimenge. Wie oben angegeben, mischt man ein Vielfaches dieser Menge, um etwa einen Wochenbedarf zu erhalten.

Vorbereitung der Zellstoffprobe. Liegt trockener Stoff vor, so wiegt man hiervon eine Menge ab, welche etwa 5 g absolut trockenem Material entspricht. Beispielsweise also bei Zellstoff mit 10 % Wassergehalt 5,5 g. Gleichzeitig setzt man eine Trockengehaltsbestimmung an, um später das Ergebnis der Aufschlußgradbestimmung auf genau 5 g absolut trockenen Stoff umrechnen zu können. Die für den Versuch abgewogene Zellstoffprobe bringt man in eine braune Pulverflasche von 500 cm³ Inhalt mit eingeschliffenem Glaspfropfen und fügt so viel destilliertes Wasser zu, daß einschließlich des im Stoff enthaltenen sich in der Flasche 150 cm³ befinden. Bei Zellstoff von obengenanntem Trockengehalt hätte man demnach 149,5 cm³ einzufüllen. Die Pulverflasche wird dann in ein Wasserbad von genau 20° gebracht und bleibt darin 30 Minuten, um den Stoff zu erweichen und aufzuquellen. Während dieser Zeit wird dann und wann zwecks Erzielung einer vollkommenen Auflösung mit einem starken Glasstab gerührt. Diese Zerfaserung kann gegebenenfalls rascher auch durch Anwendung eines elektrisch angetriebenen Rührers erreicht werden.

Handelt es sich um die Prüfung feuchten breiförmigen Stoffes, so benutzt man zur Bestimmung zweckmäßig Proben, die in der Pan-Zentrifuge entwässert worden sind. Hat die aus der Zentrifuge kommende Zellstoffprobe beispielsweise einen Trockengehalt von 32,5 %, so sind abzuwiegen 5,0 : 0,32 = 15,4 g feuchter Stoff. Die zuzusetzende Wassermenge beträgt in diesem Fall 150 — (15,4—5,0) = 129,6 cm³. Verfügt man über keine Zentrifuge, so formt man aus dem feuchten Stoffbrei Probebogen, trocknet sie und wägt hiervon unter Berücksichtigung des schließlichen Trockengehaltes eine 5,0 g absolut trockenem Stoff entsprechende Menge ab.

Umgekehrt kann man auch in fester Form vorliegenden Stoff aufschlagen, in der Zentrifuge auf bestimmten Trockengehalt entwässern und vom nassen Stoffkuchen die erforderliche Menge entnehmen. Auf diese Weise erspart man die Trockengehaltsbestimmung.

Durchführung der Bestimmung. In einen 100 cm³ Meßkolben gibt man die Menge der Mischlösung, welche 0,3 g wirksames Chlor, d. s. auf den angewandten Zellstoff bezogen 6 %, sowie das 10 cm³ $^n/_{10}$-Alkalilösung entsprechende Gesamtalkali enthalten. Der Kolben wird bis zur Marke mit destilliertem Wasser aufgefüllt, und sein Inhalt nach Vermischen zu der wie oben beschrieben vorbereiteten Zellstoffprobe in die Pulverflasche gegeben. Zellstoffaufschwemmung und Chlorkalkwasser werden gut gemischt; die Flasche wird dann zurück in das Wasserbad gestellt. Vom Augenblick des Vermischens mit der Chlorkalkwasserlösung bleibt sie darin genau 1 Stunde bei 20° verschlossen stehen.

Nach dieser Zeit trennt man nach nochmaligem Durchmischen durch Abgießen unter Anwendung eines kleinen Bronzesiebes die Stoffprobe von der Flüssigkeit, die man in einem Becher auffängt. Aus diesem entnimmt man mittels einer Pipette 50 cm³ und bestimmt deren Chlorgehalt in üblicher Weise.

Auswertung des Ergebnisses. Es läßt sich aus dem Ergebnis der Titration leicht berechnen, wieviel Gramm Chlor unter den genannten Verhältnissen von 100 g Zellstoff verbraucht werden. Es ist jedoch zweckmäßiger, die als **Chlorverbrauchszahl** bezeichnete Ziffer zu berechnen, da man dann zu besser vergleichbaren Zahlen kommt. Die Berechnungsgrundlage ist folgende. Der Zellstoff, welcher genau die Menge von 6% Chlor verbraucht, bei dem also zum Zurücktitrieren am Ende des Versuches 0 cm³ $n/_{10}$-As_2O_3-Lösung erforderlich sind, hat die Chlorverbrauchszahl 100 erhalten. Entsprechend wird jenem mit dem Chlorverbrauch 0, bei welchem also 50 cm³ der Reaktionsflüssigkeit am Ende des Versuches 16,9 cm³ $n/_{10}$-As_2O_3-Lösung erfordern, die Zahl 0 zugeteilt. Das Intervall zwischen 0···16,9 cm³ ist in 100 Teile geteilt worden, und es bewegen sich alle möglichen Chlorverbrauchszahlen (Sieber-Zahlen) zwischen 0···100.

Bedeutet g das Gewicht der absolut trockenen Probe und t die cm³ $n/_{10}$-As_2O_2-Lösung, die zur Zurücktitration des nicht verbrauchten Chlors in 50 cm³ der Reaktionslösung erforderlich sind, so berechnet sich nach dem Vorstehenden die Sieber-Zahl nach folgender Gleichung:

$$SZ. = \frac{(16,9 - t)\,5}{16,9 \cdot g} \cdot 100.$$

Beträgt die Menge des angewandten Stoffes genau 5 g absolut trocken, so kann man hierfür auch schreiben:

$$SZ. = 100 - 5,9 \cdot t.$$

Bei der Bestimmung der Chlorverbrauchszahl muß man so genau wie dies möglich ist, die vorgeschriebene Stoffmenge von 5 g anwenden, denn es ist durchaus nicht gleichgültig, ob man zu viel oder zu wenig Zellstoff verwendet, wie folgende Versuche zeigen, die mit wechselnden Stoffmengen angestellt wurden:

Tabelle 15. **Einfluß wechselnder Stoffmengen auf das Ergebnis der Bestimmung der Sieber-Zahl.**

Harter Stoff:				Leicht bleichbarer Stoff:			
g Stoff abs. tr.	Chlorverbr. cm³ As_2O_3	Sieber-Zahl	Abweichung %	g Stoff abs. tr.	Chlorverbr. cm³ As_2O_3	Sieber-Zahl	Abweichung %
6,35	16,4	76,0	— 7,3	7,05	3,8	15,9	— 7,6
6,05	16,0	78,5	— 4,8	6,7	3,7	16,2	— 5,8
5,3	14,6	81,5	— 1,2	5,6	3,2	16,9	— 1,7
5,0	13,95	82,5	± 0,0	5,0	2,9	17,2	± 0,0
4,8	13,4	83,0	+ 0,6	3,9	2,3	17,5	+ 1,7
4,0	11,4	84,3	+ 2,2				

Daraus ist ersichtlich, daß man bei zu geringer Stoffmenge zu hohe, bei höherer Stoffmenge zu tiefe Sieber-Zahlen erhält, und zwar sind die prozentualen Abweichungen bei harten und bleichbaren Stoffen ungefähr die gleichen. Diese Erscheinung erklärt sich aus dem verschiedenen Einfluß der Konzentration an wirksamem Chlor, die bei größerer Stoffmenge rascher abfällt und dementsprechend gegen das Ende des Versuchs die Reaktion verlangsamt.

Um die Rechnung zu vermeiden, ist im Anhang die Tabelle 57 wiedergegeben, welche aus dem Verbrauch an Meßflüssigkeit für das Zurücktitrieren sofort die zugehörige Sieber-Zahl entnehmen läßt.

Abänderungen der Methode unter besonderer Berücksichtigung praktischer Verhältnisse. Um die Anwendung der Methode für die Zwecke des Betriebes, wo ihre Ausübung durch Hilfskräfte in Frage kommt, zu erleichtern, hat insbesondere HUMM[1] verschiedene Abänderungen vorgeschlagen.

Bereitung der Chlorkalklösung nach HUMM. Hier ist von folgender Erwägung ausgegangen worden. Wie bekannt, ist eine starke Bleichlösung relativ viel weniger alkalisch als eine schwache. Es muß sich deshalb zwischen den Extremen, konzentrierter Hypochloritlösung und gesättigter Kalkhydratlösung, eine Lösung finden, welche in einer 0,3 g Chlor entsprechenden Menge genau so viel Alkali enthält, wie 10 cm³ $n/_{10}$-NaOH-Lauge entspricht. Zur systematischen Ermittlung dieser konstanten Chlorkonzentration bereitet man verschiedene Bleichlösungen mit wechselndem Gehalt an wirksamem Chlor, sättigt diese mit Kalkhydrat (gelöschtem Kalk) und bestimmt im Filtrat sowohl das wirksame Chlor, wie auch die Alkalinität nach bekannten Methoden. Es zeigt sich, daß das Löslichkeitsprodukt des Kalziumhydroxyds mit steigender Hypochloritkonzentration stetig erniedrigt wird, und zwar von einem Maximum bei chlorfreier Lösung von 1,26 g CaO/l bis zu 0,986 g CaO/l bei 24,85 g Chlor/l, gemäß folgender Versuchsreihe.

Aus dieser Tabelle ist leicht zu ersehen, daß die erforderliche Lösung ungefähr 10 g Chlor/l enthalten muß. Für die genauere Ermittlung der Chlorkonzentration dient die graphische Interpolation, welche für den vorliegenden Fall die Zahl 11,0 ergibt, was besagt, daß man zur Herstellung der Standardlösung nur eine Bleichlösung mit **genau 11 g wirksamem Chlor/l** benötigt, die mit überschüssigem Kalk gesättigt werden muß. Die

Tabelle 16. Beziehung zwischen Gehalt an wirksamem Chlor und der Alkalität von Chlorlaugen.

wirks. Cl g/l	cm³ n/10-NaOH je 20 cm³ Lsg.	0,3 wirks. Cl = cm³ Lsg.	cm³ Lsg. entspr. cm³ n/10-NaOH
24,85	7,04	12,1	4,26
20,00	7,10	15,0	5,32
14,65	7,20	20,5	7,38
10,20	7,40	29,4	10,87
7,50	7,60	40,0	15,20
4,95	7,85	60,6	23,80
2,45	8,20	122,5	50,20
1,25	8,55	240,0	100,30
0,00	8,98	∞	∞

Aufschlämmung wird filtriert, das Filtrat kann sofort benutzt werden. Von dieser klaren Lösung sind für jeden Versuch 27,3 cm³ nötig, welche 0,03 g wirksames Chlor und die erforderliche Menge Gesamtalkali enthalten. Um den Einfluß der Luftkohlensäure auszuschalten, ist es vorteilhaft, sie mit Benzol zu überschichten; die Lösung braucht dann je nach Bedarf nur alle 14 Tage

---

[1] HUMM, W.: Papierfabrikant **27**, 387 (1929).

erneuert zu werden. Zweckmäßig wird aber bisweilen der Titer des Chlorgehalts kontrolliert. Verwendet man hierbei 10 cm³ Lösung, die mit $n/_{10}$-As$_2$O$_3$-Lösung titriert werden, so ist der neue Titer $= 846 :$ cm³ As$_2$O$_3$-Lösung.

Benutzung besonderer Geräte. Für die Bestimmung des wirksamen Chlors empfiehlt es sich, Pipetten zu 3,55 cm³ zu verwenden. Der Chlorgehalt je Liter entspricht dann unmittelbar der Bürettenablesung. Diese Pipetten sind nicht teurer als die normalen und können bei jedem Glasbläser bezogen werden.

Das Abmessen der „Sieberlauge" wird durch einen Titrierapparat nach Schiff wesentlich erleichtert; es wird gleichzeitig die Zersetzung durch Licht und Luft vermindert, wenn die Vorratsflasche aus braunem Glas besteht. Auch kann in solchen Apparaten die überschüssige Lauge in diese zurückfließen, wodurch wesentlich an der Vorratslösung gespart wird.

Für die Genauigkeit der Bestimmung ist es, wie bereits oben angedeutet, wichtig, daß man den Wassergehalt der Probe beim Verdünnen auf 2% berücksichtigt. Wendet man bei 36proz. Stoff 14 g an, so enthält diese Menge bereits 9 g Wasser, so daß die zuzufügende, verdünnte Chlorlösung nur 250 — 9, also 241 cm³ beträgt. Bei 30proz. Stoff muß aus der gleichen Überlegung heraus mit nur 238,5 cm³ Wasser verdünnt werden. Um die jedesmalige Ausrechnung zu umgehen, kann man einen Meßkolben zu 250 cm³ benutzen, der zwischen 235···250 cm³ in cm³ geteilt ist und beziffert die Skala folgendermaßen: bei 249 cm³ mit 6, bei 243 cm³ mit 12 usf., wobei diese Zahlen angeben, welche Stoffmenge man eingewogen hat. Bei der Ausführung der Bestimmung geht man dann so vor, daß zunächst die erforderliche Chlorlösung aus der Bürette in den Meßkolben gebracht wird; dann füllt man bis zur entsprechenden Marke mit Wasser auf und zerteilt mit dieser verdünnten Lösung den Zellstoff in der 500 cm³ Weithalsflasche.

Berechnung der Ergebnisse. Man kann diese auch mit einem Rechenschieber vornehmen, den man sich leicht selber aus Pappe herstellen kann. Er ist in Abb. 85 skizziert und besitzt wie ersichtlich eine rückläufige Skala. Diese

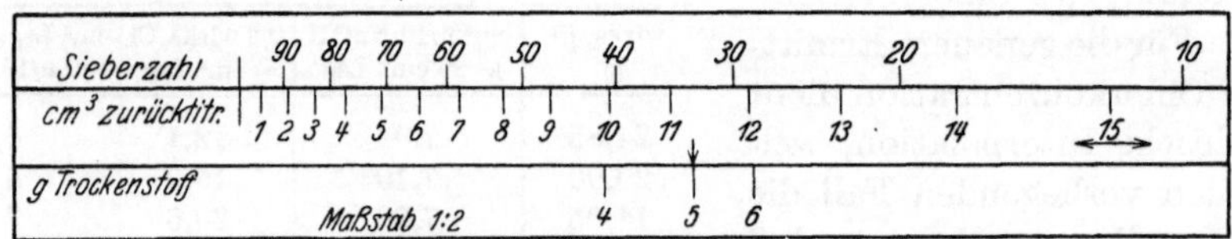

Abb. 85. Rechenschieber für Sieber-Zahl-Bestimmung.

Skala wird je nach der gewünschten Genauigkeit noch mehr oder weniger unterteilt. Zwecks Erhalt des Ergebnisses hat man allein nötig, den Pfeil auf der unteren Zungenteilung auf die Menge des tatsächlich angewandten Stoffes einzustellen. Der der oberen Zungenteilung (cm³ $n/_{10}$-As$_2$O$_3$-Lösung zum Zurücktitrieren) gegenüberstehende Wert ergibt dann die gesuchte Chlorverbrauchszahl.

Verwendung von Natriumhypochlorit- statt Kalziumhypochloritlösung nach Kleinstück[1]. Die Herstellung der erforderlichen Mischlösung gestaltet sich nach Kleinstück bei Anwendung von Natriumhypochlorit einfacher. Die Ergebnisse sind, wie Vergleichsanalysen gezeigt haben, die gleichen

---

[1] Kleinstück, M.: Wbl. Papierfabrikat. **59**, 981 (1928).

wie bei Benutzung von Kalziumhypochlorit. Nachstehend ist die Vorschrift für die Herstellung und Anwendung der Natriumhypochloritlösung gegeben.

Natriumhypochloritlösung kommt mit einem Gehalt von etwa 150 g aktivem Chlor/l in den Handel. Zweckmäßig verdünnt man sie zunächst auf etwa das Fünffache. Man bestimmt dann in bekannter Weise in 5 cm³ das Chlor (Zahl a) und in 25 cm³ den Gehalt an Alkali (Zahl b). Dann sind 0,3 g Chlor in $\dfrac{422,5}{a}$ cm³ der verdünnten Hypochloritlösung enthalten (x). In dieser Menge beträgt das Alkali $\dfrac{16,9 \cdot b}{a}$, mithin sind für x cm³ der verdünnten Lösung:

$$\left(10 - \frac{16,9 \cdot b}{a}\right) \text{cm}^3 \; ^n/_{10}\text{-NaOH-Lauge}$$

zuzusetzen (y).

Die Mischlösung beträgt also:

$$x + y = \left[\frac{422,5}{a} + \left(10 - \frac{16,9 \cdot b}{a}\right)\right] \text{cm}^3.$$

Beispiel: $a = 18,6$; $b = 5,3$;

$$x = \frac{422,5}{18,6} = 22,72 \text{ cm}^3;$$

$$y = 10 - \frac{16,9 \cdot 5,3}{18,6} = 5,18 \text{ cm}^3;$$

$$x + y = 22,72 + 5,18 = 27,9 \text{ cm}^3;$$

Steht nun z. B. von der verdünnten Hypochloritlösung 1 l zur Verfügung, so gilt weiter:

$$\frac{22,78}{5,3} = \frac{1000}{z}.$$

Daraus folgt:

$$z = 228,$$

d. h. 1000 cm³ der Lösung sind mit 228 cm³ $^n/_{10}$-NaOH-Lauge zu versetzen.

Kontrolle der Mischlösung auf Richtigkeit:

1. Chlor: 10 cm³ werden mit $^n/_{10}$-As$_2$O$_3$-Lösung titriert. Es müssen gebraucht werden: $\dfrac{845}{M}$ cm³ $^n/_{10}$-As$_2$O$_3$-Lösung.

2. Alkali: 50 cm³ werden mit $^n/_{10}$-Salzsäure nach Zerstörung der unterchlorigen Säure mit Wasserstoffsuperoxyd titriert. Es müssen gebraucht werden: $\dfrac{500}{M}$ cm³ $^n/_{10}$-Salzsäure.

In beiden Fällen bedeutet M die Menge der Mischlösung in cm³, im Falle des Beispiels 27,9.

Bestimmung der Enso-Zahl.

Grundlagen der Methode. Für die Bestimmung der Enso-Zahl[1] kommt eine Methode zur Anwendung, die sich auf die ursprünglich von WREDE gegebene Vorschrift zur Bestimmung der Bleichbarkeit von Zellstoffen gründet. Es wird ermittelt, wieviel von insgesamt 8,86% seiner Menge (auf Stoff bezogen) betragendem Chlor von 10 g Zellstoff in bestimmten Konzentrationsverhältnissen bei 40° im Zeitraum von 1 Stunde verbraucht wird. Der auf 100 g Zellstoff umgerechnete Chlorverbrauch stellt die Enso-Zahl dar.

---

[1] BERGMANN, G. K.: Papierfabrikant **24**, 744 (1926).

Erforderliche Lösungen und Reagenzien.

1. $n/_4$-Chlorkalklösung mit 8,86 g wirksamem Chlor/l,
2. gesättigtes Kalkwasser,
3. 10proz. Schwefelsäure,
4. $n/_{10}$-Alkalilauge,
5. $n/_4$-Arsenige-Säure-Lösung,
6. Jodkaliumstärkepapier.

Vorbereitung der Zellstoffprobe. Es gelangen 10 g lufttrockener Zellstoff zur Anwendung, entweder als trockener Stoff oder in Form von wäßrigem Brei. Über die Bestimmung der genauen Stoffmenge im letzteren Fall kann auf das bei der Ermittlung der Sieber-Zahl Gesagte verwiesen werden. Der Stoff, ob trocken oder feucht, wird mit so viel Wasser gemischt, daß ein Brei entsteht, der die vorgeschriebene Einwaagemenge an Zellstoff in genau 250 cm³ Wasser enthält. Liegt fester Stoff vor, so ist für eine gute Auflösung, gegebenenfalls unter Anwendung eines mechanisch angetriebenen Rührers Sorge zu tragen.

Durchführung der Bestimmung. Der Stoffbrei wird quantitativ in einen 1 l fassenden Kochkolben gebracht. Dann werden 100 cm³ $n/_4$-Chlorkalklösung, deren Gesamtalkalität durch Zusatz von Kalkwasser oder verdünnter Schwefelsäure so eingestellt ist, daß sie genau 20 cm³ $n/_{10}$-Alkalilauge entspricht, zugesetzt. Die mit einem Gummipfropfen verschlossene Flasche bleibt anschließend, ohne daß sie vorher erwärmt wird, genau 1 Stunde lang in einem Wasserbad von konstanter 40° betragender Temperatur. Während der Chloreinwirkung wird alle $^1/_4$ Stunde einmal umgeschüttelt. Dem Inhalt der Flasche entnimmt man nach diesem Zeitraum mit einer Pipette, über deren Auslaufspitze eine Siebhülse gesteckt ist, eine Probe, in welcher das unverbrauchte Chlor mit $n/_4$-As_2O_3-Lösung unter Anwendung von Jodkalium-Stärkepapier ermittelt wird. Statt in einer entnommenen Probe den Chlorgehalt zu ermitteln, läßt sich diese Bestimmung auch in der Gesamtmenge des Reaktionsgemisches durchführen.

Berechnung des Ergebnisses. Aus der Titration am Schluß der Bestimmung wird ermittelt, wieviel cm³ $n/_4$-As_2O_3-Lösung vom gesamten noch rückständigen Chlor verbraucht würden. Ist diese Zahl r, so errechnet sich die Enso-Zahl als Chlorverbrauch von 100 g Stoff unter den gewählten Bedingungen zu

$$\text{EZ.} = (100 - r) \cdot 0{,}0886\,.$$

Bestimmung der Tingle-Zahl.

Bei dieser Methode[1] wird die in einem Gemisch von konzentrierter Salz- und Schwefelsäure gelöste Probe des Zellstoffs mit einer solchen Menge Hypobromit behandelt, daß etwa 25% wirksames Brom zur Einwirkung kommen. Nach Verlauf von 30 Minuten wird das unverbrauchte Brom zurückgemessen.

Die für die Bestimmung erforderliche Hypobromitlösung wird wie folgt hergestellt. In 100 cm³ $n/_1$-Natronlauge werden 8 g Brom eingebracht und durch Schütteln allmählich aufgelöst. Die Lösung wird dann kurz aufgekocht und nach dem Abkühlen zunächst annähernd auf 1000 cm³ verdünnt. In einer Probe wird der Gehalt an wirksamem Brom nach Zugabe von Kaliumjodid und An-

---

[1] TINGLE, A. E.: Ind. Engng. Chem. **14**, 40 (1922).

säuern mit Salzsäure durch Titration des hierbei ausgeschiedenen Jods mit $^n/_{10}$-Natriumthiosulfatlösung ermittelt, Unter Benutzung des hierbei erhaltenen Wertes wird dann die Lösung weiter so verdünnt, daß genau eine $^n/_{10}$-Hypobromitlösung mit 0,008 g Br/cm³ vorliegt.

Zur Durchführung der Bestimmung werden 0,6 ··· 0,75 g absolut trockener, fein zerfaserter Zellstoff in eine trockene Flasche mit eingeschliffenem Glasstopfen von 200 cm³ Inhalt gebracht. Hierzu gibt man 30 cm³ einer Mischung, die aus 540 cm³ konzentrierter Salzsäure vom spezifischen Gewicht 1,19 und 60 cm³ konzentrierter Schwefelsäure vom spezifischen Gewicht 1,84 zusammengesetzt ist. Sobald der Zellstoff gelöst ist, was bei kräftigem Schütteln in 5 Minuten zumeist der Fall ist, setzt man eine genau abgemessene Menge von 20 oder 25 cm³ der $^n/_{10}$-Hypobromitlösung zu, schüttelt nochmals und läßt genau 30 Minuten lang stehen. Nach dieser Zeit unterbricht man die Reaktion durch Zugabe von 2 g Kaliumjodid, die in 25 cm³ Wasser gelöst sind. Man schüttelt wiederum gut durch, verdünnt auf etwa 200 cm³ und titriert dann unmittelbar in der Flasche mit $^n/_{10}$-Natriumthiosulfat bis zum Verschwinden der Jodreaktion.

Die TINGLEsche Brom-Zahl ergibt sich als der Wert:

$$\text{Br-Zahl} = \frac{\text{verbrauchte cm}^3 \ ^n/_{10}\text{-Bromlösung}}{\text{Einwaage an abs. trock. Zellstoff}}.$$

Zumeist berechnet man aber den TINGLEschen Chlorfaktor, der sich ergibt als:

$$\text{Chlorfaktor} = 0{,}355 \cdot \text{Br-Zahl,}$$

und da das Dreifache dieser Zahl ungefähr dem Chlorverbrauch des Zellstoffes beim Bleichen entspricht, findet man als Tingle-Zahl gewöhnlich den Wert:

$$\text{TZ.} = 3 \cdot \text{Chlorfaktor}$$

aufgeführt.

Bestimmung der Chlorverbrauchszahl nach KLAUDITZ.

Grundlagen der Methode. 1,0 g lufttrockener Zellstoff wird mit 20 Prozent Chlor, d. i. 0,2 g, in schwach saurer Lösung bei 20° 15 Minuten lang in 1 proz. Stoffdichte behandelt, der Chlorverbrauch ermittelt und auf 1000 g absolut trockenen Zellstoff berechnet[1].

Erforderliche Reagenzien.

1. Natriumhypochloritlösung mit 5,0 g/l wirksamem Chlor und 5,0 g/l überschüssigem Natriumhydroxyd. Eine solche Lösung läßt sich aus der käuflichen Natriumhypochloritlösung leicht herstellen.

2. $^n/_1$-Salzsäure.

3. 10 proz. Kaliumjodidlösung.

4. $^n/_{10}$-Natriumthiosulfatlösung.

Apparatur. Zur Bestimmung benötigt man ein Bromierungskölbchen von 400 cm³ Inhalt mit Schliff-Tropftrichter, wie es Abb. 86 veranschaulicht. An den Kolben wird zum Eindrücken der Reagenzien ein Druckgebläse angeschlossen.

---

[1] KLAUDITZ, W.: Papierfabrikant **38**, 213 (1940).

Vorbereitung der Zellstoffprobe. Lufttrockener Zellstoff in Pappenform wird abgewogen, aufgeschlagen und auf einer Nutsche abgesaugt. Das so erhaltene feuchte Blatt gelangt zur Untersuchung. Aus feucht vorliegendem Zellstoff werden dünne Zellstoffblättchen hergestellt, die nach kurzer Trocknung und nach Ausgleich mit der Luftfeuchtigkeit in 15···30 Minuten zum Abwägen fertig sein können. Diese Blättchen werden dann in der gleichen Weise wie ursprünglich trockener Stoff weiter behandelt.

Durchführung der Bestimmung. In den Kolben werden 70 cm³ Wasser von 20° eingefüllt, dann läßt man 20 cm³ der Hypochloritlösung zufließen, fügt danach 10 cm³ $^n/_1$-Salzsäure hinzu und schwenkt vorsichtig um. Darauf wird der in Form feuchter Blättchen befindliche Zellstoff eingebracht, der Verschluß aufgesetzt und der Zellstoff durch Umschwenken in der Lösung gut verteilt. Der Kolben wird 15 Minuten lang in ein Wasserbad von 20° gestellt, worauf man in den Tropftrichter 10 cm³ 10 proz. Kaliumjodidlösung bringt und diese mittels des Druckgebläses in den Kolben drückt. Bei geschlossenem Hahn wird der Kolbeninhalt tüchtig umgeschüttelt, der Verschluß entfernt, abgespült und das dem überschüssigen Chlor entsprechende und in Freiheit gesetzte Jod durch Titration mit $^n/_{10}$-Natriumthiosulfat bestimmt.

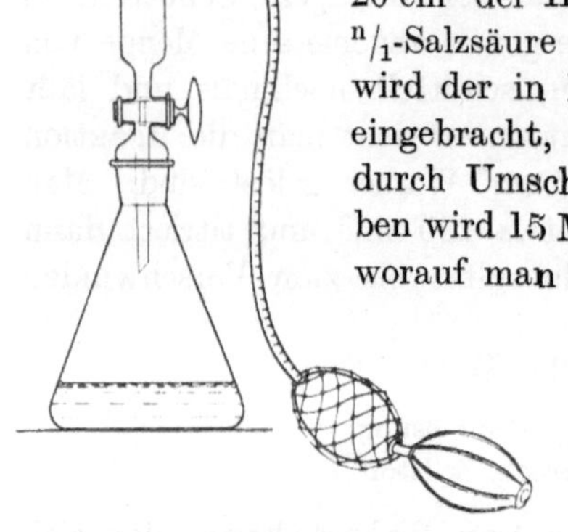

Abb. 86. Apparat zur Bestimmung der Chlorverbrauchszahl nach KLAUDITZ.

Berechnung des Ergebnisses. Aus dem Verbrauch n an cm³ $^n/_{10}$-Natriumthiosulfatlösung, dem Gewicht a des angewandten absolut trockenen Stoffes in g errechnet sich die Chlorverbrauchszahl zu

$$\text{Cl-Zahl} = \frac{n \cdot 3,55}{a}.$$

Sie gibt danach an, wieviel g Chlor unter den genannten Bedingungen von 1 kg Zellstoff verbraucht werden.

Permanganatmethoden.

Bestimmung der Johnsen-Zahl.

Bei dieser Methode[1] wird der Aufschlußgrad durch Behandlung einer größeren Zellstoffprobe mit Kaliumpermanganat in neutraler Lösung ermittelt. Die von JOHNSEN und PARSONS gegebene Analysenvorschrift lautet wie folgt:

10 g trocken gedachter zerzupfter Zellstoff, in etwas destilliertem Wasser aufgeschlagen, werden in eine 500 cm³ fassende, weithalsige Flasche mit eingeschliffenem Stöpsel gebracht und destilliertes Wasser zugegeben, bis im ganzen 225 cm³ Wasser in der Flasche vorhanden sind (einschließlich des im Zellstoff vorhandenen Wassers). Der Inhalt wird auf dem Wasserbade auf 25° erwärmt, worauf genau 25 cm³ $^n/_1$-Kaliumpermanganatlösung hinzugefügt werden. Der Inhalt wird mit einem starken Glasstabe unter häufigem Umrühren genau 1 Stunde bei 25° stehengelassen. Dann wird die Flasche geschlossen, kräftig geschüttelt und von ihrem Flüssigkeitsinhalt etwa 100 cm³ abgesaugt. Hiervon werden 100 cm³ mit

---

[1] JOHNSEN, B., u. J. L. PARSONS: Zellstoff u. Papier 2, 258 (1922).

einer Pipette abgemessen und in einen Erlenmeyerkolben gebracht, in welchem sich 10 cm^3 $^n/_{10}$-Oxalsäure in etwa 100 cm^3 warmem, mit Schwefelsäure angesäuertem Wasser befinden. Diese Lösung wird nun mit $^n/_{10}$-Kaliumpermanganatlösung titriert. Die Anzahl Kubikzentimeter, die zum Titrieren erforderlich ist, wird die Permanganatzahl (PZ.) genannt.

Für schwer bleichbaren Zellstoff, dessen PZ. größer als 10 ist, wird es notwendig sein, statt 10 g Zellstoff nur 5 g zu verwenden und das Resultat mit 2 zu multiplizieren.

Bestimmung der Johnsen-Noll-Zahl.

Die Methode von Johnsen bildet die Grundlage des deutschen Einheitsverfahrens zur Bestimmung des Aufschlußgrades von Zellstoffen[1]. Die im Merkblatt Nr. 2 niedergelegte Arbeitsvorschrift hat im wesentlichen folgenden Wortlaut.

1. **Arbeitsweise bei feuchtem Zellstoff.** Der feuchte Stoff wird zunächst in einem beliebigen Aufschlagapparat aufgeschlagen, dann mit der Nutsche abgesaugt und von deren Inhalt ein Teil mit der Hand abgepreßt. Von dem Preßgut werden 75 g (entsprechend 12···15 g Trockenstoff) in 3 l Wasser gut zerteilt und in der Pan-Zentrifuge gemäß den hierfür gegebenen Bedienungsregeln entwässert. Unter Zugrundelegung des Trockengehaltsfaktors der Zentrifuge wird auf der Handwaage eine 5 g Trockenstoff entsprechende Menge des Schleudergutes (z. B. bei einem Faktor von 32 % 15,6 g Schleudergut) abgewogen und in einem passenden Becherglas mit so viel Wasser von 25° gut verrührt, daß im ganzen 200 cm^3 Wasser vorhanden sind. Der Wasserzusatz richtet sich also nach dem Trockengehaltsfaktor der Zentrifuge. Er beträgt in dem Beispiel bei 15,6 g Schleudergut 189,4 g, und er wird zweckmäßig aus einer 200-cm^3-Bürette zugemessen. Sodann werden genau 50 cm^3 $^n/_1$-Kaliumpermanganatlösung von 20° zugesetzt. Die Gesamtmenge der Flüssigkeit einschließlich Stoffwasser beträgt somit genau 250 cm^3. Man läßt nun das bedeckte Becherglas genau 60 Minuten bei 25° unter Einhaltung der Badtemperatur und zeitweiligem Umrühren mit einem Glasstab stehen. Hierauf wird der Stoff abgenutscht und 10 cm^3 des Filtrates werden in einen Erlenmeyerkolben gegeben, welcher 20 cm^3 $^n/_{10}$-Oxalsäure, sowie 50 cm^3 heißes Wasser und etwas 10proz. Schwefelsäure enthält. Mit $^n/_{10}$-Kaliumpermanganatlösung wird dann bis zur beginnenden Rötung des Kolbeninhaltes titriert.

2. **Arbeitsweise bei trockenem Zellstoff.** 5 g des absolut trockenen Stoffes oder beispielsweise 5,50 g eines Stoffes mit 10 % Feuchtigkeit werden im ersten Fall mit 160, im andern Fall mit 159,5 cm^3 warmem Wasser (40···50°) in dem genormten Aufschlagapparat (s. Abb. 64) gut aufgeschlagen und quantitativ mit 40 cm^3 Wasser in ein Becherglas übergeführt. Zur gleichmäßigen Quellung bleibt der Stoffbrei 30 Minuten im Wasserbad bei 25° bedeckt stehen und wird sodann mit genau 50 cm^3 $^n/_1$-Kaliumpermanganatlösung von 20° versetzt. Die Gesamtmenge der Flüssigkeit einschließlich Stoffwasser beträgt somit genau 250 cm^3

Wie bei der Arbeitsweise bei feuchtem Zellstoff bleibt jetzt das Gemisch genau 60 Minuten bei 25° stehen und wird dann genau wie es dort beschrieben worden ist, weiter aufgearbeitet.

---

[1] Noll, A.: Papierfabrikant **31**, 581 (1933), sowie Merkblatt Nr. 2.

Die Verarbeitung von Stoffen mit wesentlich über 10% Feuchtigkeit ist zur Vermeidung von Fehlerquellen nicht empfehlenswert. Solche Stoffe müssen vorgetrocknet werden.

Berechnung des Ergebnisses. Die als Ergebnis der Bestimmung des Aufschlußgrades geltende Permanganat-Zahl gibt an, wieviel cm^3 $n/_{10}$-Kaliumpermanganatlösung von 1 g absolut trockenem Zellstoff unter den genannten Bedingungen verbraucht werden. Beträgt der Bedarf an cm^3 $n/_{10}$-Kaliumpermanganatlösung, die zum Zurücktitrieren des zugesetzten Überschusses an $n/_{10}$-Oxalsäure erforderlich sind, n, so errechnet sich die Permanganatzahl der Einheitsbestimmung zu

$$PZ. = \frac{25 \cdot (20 - (20 - n))}{5} = 5 \cdot n.$$

Bestimmung der Permanganatchlorzahl nach Küng.

Grundlagen der Methode. Die Bezeichnung Permanganatchlorzahl[1] hat die Methode deshalb erhalten, weil bei ihr zufolge passend gewählter Versuchsbedingungen unmittelbar eine Permanganatzahl bestimmt wird, die der Roe-Küng-Unit, also dem zehnfachen Wert der Roe-Zahl entspricht. Im übrigen ist diese Bestimmung des Aufschlußgrades durch Einhaltung saurer Reaktion bei der Einwirkung der oxydierenden Lösung in kürzester Zeit durchzuführen, ohne daß hierdurch die Abstufung zwischen harten und weichen Zellstoffen verwischt wird.

Erforderliche Lösungen.

1. $n/_1$-Schwefelsäure.

2. $n/_{10}$-Kaliumpermanganatlösung.

3. $n/_{10}$-Eisen(II)sulfatschwefelsäure.

Die letztgenannte Lösung wird wie folgt bereitet:

Man gibt in einen 10-l-Meßkolben zunächst etwa 5 l destilliertes Wasser und 395 g reinstes Mohrsches Salz (theoretisch 392,15 g), gießt 250 cm^3 konzentrierte Schwefelsäure hinzu, füllt nach dem Erkalten bis zur Marke auf und stellt mit $n/_{10}$-Kaliumpermanganatlösung ein. Zu Beginn jeder Woche prüft man den Titer und verstärkt, wenn nötig, durch Eintragen von Mohrschem Salz.

Vorbereitung der Zellstoffproben. Sowohl für trockene als feuchte Proben wird sie bis auf einen Punkt so durchgeführt, wie es eingehend bei der titrimetrischen Bestimmung der Roe-Zahl unter Anwendung von Chlorwasser nach Küng beschrieben worden ist. Die angewandte Stoffmenge beträgt auch hier 2 g absolut trocken. Während diese Menge dort aber allein in Wasser gelöst wird, erfolgt hier die Zerfaserung bei 20° in einem Gemisch, das sich aus 10 cm^3 $n/_1$-Schwefelsäure und 90 cm^3 destilliertem Wasser zusammensetzt. Der angegebene Wasserzusatz gilt für absolut trockenen Stoff; für feuchten ist er so weit zu verringern, daß sich einschließlich des miteingeführten Stoffwassers insgesamt 100 cm^3 Flüssigkeit in dem als Reaktionsgefäß dienenden Porzellanbecher befinden.

---

[1] Küng, A.: Papierfabrikant **29** (Festheft), 73 (1931).

Durchführung der Bestimmung. Während die Zerfaserung vor sich geht und in wenigen Minuten erfolgt ist, mißt man in Meßzylindern folgende Reagenzienmengen ab:

100 cm^3 $n/_{10}$-Kaliumpermanganatlösung,
100 cm^3 $n/_{10}$-Eisen(II)sulfatschwefelsäure und
100 cm^3 Leitungswasser

und stellt die Permanganatlösung zur Temperaturangleichung ebenfalls in das Wasserbad. Ist die Zerfaserung beendet, so gießt man in einem Guß das Permanganat ein (Oxydationstemperatur 20°), unterbricht nach genau 60 Sekunden (Stoppuhr) die Oxydation durch Zugabe von Eisen(II)sulfatschwefelsäure und verdünnt nach weiteren 30 Sekunden mit 100 cm^3 Wasser. Am Ende der zweiten Minute stellt man den Motor ab, hebt ihn hoch und saugt den Inhalt durch eine Jenaer-Glas-Nutsche. Vom Filtrat verwirft man etwa das erste Drittel, womit die Absaugflasche ausgewaschen wird (bei Serienbestimmungen) und mißt mit einer Spezialpipette 71 cm^3 in einen kleineren Porzellanbecher ab, welche mit $n/_{10}$-Kaliumpermanganatlösung auf den ersten Farbumschlag zurücktitriert werden. Der Endpunkt der Titration ist auch bei den härtesten Stoffen sehr scharf.

Berechnung des Ergebnisses. Dank der von der Gesamtmenge des Flüssigkeitsgemisches entnommenen Probe von 71 cm^3 entspricht 1 cm^3 $n/_{10}$-Kaliumpermanganatlösung, das bei der Rücktitration verbraucht wird, 1 % Chlor auf den Zellstoff bezogen. Um Dezimalstellen zu vermeiden, wird der zehnfache Betrag dieser cm^3-Anzahl als Permanganatchlorzahl (PClZ.) bezeichnet. Er gibt sonach an, welche dem Permanganat entsprechende Chlormengen für 1000 g absolut trockenen Stoff verbraucht werden. In seiner Größe entspricht er den Roe-Unit-Werten.

Beispiel: 2,0 g absolut trocken gedachter Stoff verbrauchen 5,6 cm $n/_{10}$-Kaliumpermanganat. Dann ist die PClZ. = 56.

Bestimmung der Roschier-Zahl.

ROSCHIER[1] hat als Maß für den Aufschlußgrad den Zeitraum eingeführt, in welchem eine bestimmte Menge Permanganatlösung festgesetzter Stärke von einer Zellstoffprobe gewisser Größe in wäßriger Aufschwemmung entfärbt wird. Er beschreibt seine Methode im wesentlichen wie folgt.

Von lufttrockenem Zellstoff werden 2 g feinzerfaserte, von feuchtem Stoff 6 g von Hand ausgedrückte Masse auf einer Apothekerwaage mit Hornschalen abgewogen. In eine weithalsige Flasche von 300···400 cm^3 Inhalt aus farblosem Glas mit eingeschliffenem Pfropfen gibt man 80 cm^3 $n/_{100}$-Kaliumpermanganatlösung, welche mit 1,6 cm^3 $n/_1$-Schwefelsäure angesäuert werden. Die abgewogene Zellstoffprobe, die im Falle, daß sie als feuchter Stoff vorliegt, zu einem Ball zu formen ist, wird in die Flasche rasch eingetragen, der Pfropfen aufgesetzt und dann sofort eine Sekundenuhr in Gang gesetzt. Die Flasche wird hierauf ruhig und gleichmäßig in der Hand geschüttelt, während man die Uhr in der anderen Hand hält. Wenn man für einige Augenblicke mit dem Schütteln aufhört, kann man, indem man das Gefäß, zwecks Trennung der Flüssigkeit vom Stoff, leicht

---

[1] ROSCHIER, H.: Zellstoff u. Papier **2**, 184 (1922).

neigt, feststellen, ob die Lösung noch violett ist oder nicht. Im Augenblick, in dem die Farbe von Rotviolett in Farblosgelb oder Gelbbraun übergeht, wird die Sekundenuhr gestoppt. Der Farbenumschlag kann am sichersten festgestellt werden, wenn man die klare Lösung in durchfallendem Licht betrachtet. Da die Reaktionszeit von der Temperatur stark beeinflußt wird, muß bei der Bestimmung die Temperatur der Kaliumpermanganatlösung gemessen werden. Es empfiehlt sich eine solche von 20° einzuhalten.

Für die Anwendung dieser Methode auf Sulfatzellstoffe haben KARLBERG und HAGFELDT[1] folgende besondere Arbeitsweise zur Empfehlung gebracht.

Eine 2 g lufttrocknem Stoff entsprechende Menge wird in einer Porzellanschale mit Wasser übergossen, aufgeschlagen, mit der Hand ausgedrückt und in eine farblose Glasflasche von $300 \cdots 400$ cm³ Inhalt mit eingeschliffenem Stopfen gebracht, in die vorher 80 cm³ $n/_{75}$-Kaliumpermanganatlösung und 2,4 cm³ $n/_1$-Schwefelsäure eingefüllt wurden. Gleichzeitig wird eine Stoppuhr in Gang gesetzt, die Glasflasche langsam bis zum Übergang der violetten in die gelbe oder gelbbraune Farbe geschüttelt und die Uhr in diesem Augenblick abgestellt. Bei der Bestimmung wird eine Temperatur von 20° eingehalten.

Als Ergebnis der Bestimmung wird die Anzahl Sekunden angegeben, die von dem Augenblick des Einbringens des Stoffes in die Kaliumpermanganatlösung bis zu deren Entfärbung vergehen.

Bei der Einwirkung von Kaliumpermanganatlösung auf harten und bleichfähigen Stoff scheinen zuweilen unberechenbare Unterschiede zu bestehen, die von dem Verhältnis, in dem Roschier- und Sieber-Zahl normalerweise zueinander stehen, abweichen, aber im großen und ganzen wenig von Bedeutung sind. Besonders wichtig ist die Entnahme einer guten Durchschnittsprobe, da ungleiche Werte bei Proben, die demselben Bogen entnommen waren, beobachtet worden sind.

Bestimmung der Björkman-Zahl.

Ähnlich wie bei der Permanganatzahl nach JOHNSEN wird hier eine Zellstoffprobe von 2 g der oxydierenden Wirkung von überschüssiger Kaliumpermanganatlösung während eines allerdings beträchtlich kürzeren Zeitraumes ausgesetzt, worauf die Reaktion durch Zugabe einer bestimmten Menge eingestellter Eisen(II)ammonsulfatlösung unterbrochen wird[2]. Deren Überschuß wird dann titrimetrisch ermittelt, womit die Voraussetzungen für eine Berechnung des Permanganatverbrauches des Zellstoffes gegeben sind.

Zur Bestimmung werden die folgenden Lösungen benötigt:

1. $n/_{50}$-Kaliumpermanganatlösung,
2. $n/_1$-Schwefelsäure,
3. $n/_{50}$-Eisen(II)ammonsulfatlösung.

Hergestellt wird die letztere Lösung durch Auflösung von etwa 8 g Eisen(II)-ammoniumsulfat in etwa 500 cm³ Wasser unter Zugabe von 50 cm³ konzentrierter Schwefelsäure, Auffüllen auf 1000 cm³ und Titerstellung gegen $n/_{50}$-Kaliumpermanganatlösung.

---

[1] KARLBERG, R., u. K. HAGFELDT: Svensk Papperstidn. **33**, 594 (1930).
[2] BJÖRKMAN, C. B.: Papierfabrikant **25**, 729 (1927).

1. **Durchführung der Bestimmung in der von** BJÖRKMAN **gegebenen Form.** Für die Bestimmung werden 2 g feinzerkleinerter trockener Zellstoff, den man mit 5 cm³ Wasser befeuchtet, verwandt. Von feuchtem Zellstoff formt man sich am besten durch Absaugen auf einer Nutsche einige Zellstoffblätter, die man in einem Schnelltrockenschrank rasch trocknet.

Die Aufschlußgradbestimmung wird in einem dickwandigen Becherglas von 600 cm³ Inhalt durchgeführt, in welches ein schnell laufender, von einem Motor angetriebener Rührer aus Glas, der 1000 U/min macht, hineinragt (Abb. 87).

Das trockene Becherglas wird zunächst mit 150 cm³ $^n/_{50}$-Kaliumpermanganatlösung und 5 cm³ $^n/_1$-Schwefelsäure beschickt. Diese Mischung wird in einem Wasserbad auf 25° gebracht. Wenn diese Temperatur erreicht ist, wird die Zellstoffprobe eingebracht und in diesem Augenblick eine Stoppuhr in Gang gesetzt. Nach genau 30 Sekunden unterbricht man die Einwirkung der Oxydation durch Zusatz von 100 cm³ $^n/_{50}$-Eisen(II)-ammonsulfatlösung; das Becherglas, in welchem sich diese Lösung befand, spült man rasch mit 40 cm³ destilliertem Wasser nach und stellt 10 Sekunden später den Rührer

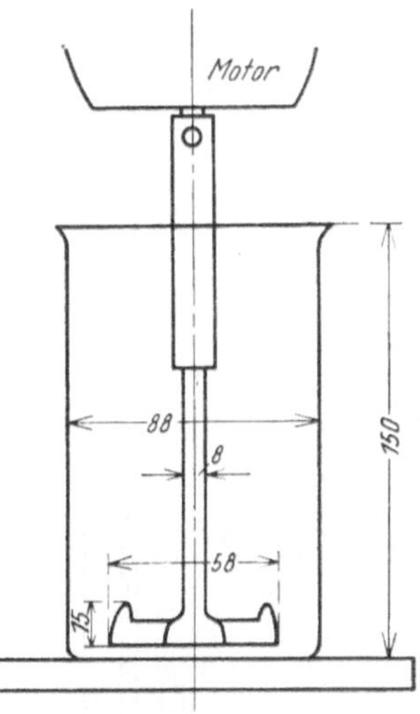

Abb. 87. Einrichtung zur Bestimmung der Björkman-Zahl.

ab. Im Becherglas befinden sich nun insgesamt 300 cm³ Flüssigkeit:

$$150 \text{ cm}^3 \; ^n/_{50}\text{-KMnO}_4\text{-Lösung},$$
$$5 \text{ cm}^3 \; ^n/_1\text{-H}_2\text{SO}_4\text{-Lösung},$$
$$5 \text{ cm}^3 \; \text{H}_2\text{O, eingeführt mit der Zellstoffprobe},$$
$$100 \text{ cm}^3 \; ^n/_{50}\text{-FeSO}_4\text{-Lösung},$$
$$\underline{40 \text{ cm}^3 \; \text{Spülwasser}}$$
$$300 \text{ cm}^3.$$

Aus dieser Lösung werden 100 cm³ mit einer Pipette abgesaugt, die man gegen das Mitreißen von Fasern entweder durch einen vor die Mündung gehaltenen Goochtiegel oder eine übergeschobene Siebhülse schützt; in ihnen wird die nichtverbrauchte Menge Eisen(II)ammonsulfat mit $^n/_{50}$-Kaliumpermanganatlösung zurücktitriert. Da kleine Faserteilchen sich nicht ganz ausschließen lassen, soll die Titration möglichst schnell vor sich gehen und beim ersten Auftreten einer Rötung abgebrochen werden.

Berechnung des Ergebnisses. Werden zur Zurücktitration a cm³ $^n/_{50}$-Kaliumpermanganatlösung benötigt, so errechnet sich die Björkman-Zahl als die Anzahl cm³ $^n/_{50}$-Kaliumpermanganatlösung, welche unter den beschriebenen Bedingungen von 2 g absolut trockenem Zellstoff verbraucht werden zu:

$$\text{Björkman-Zahl} = 150 - (100 - 3\,a) = 50 + 3\,a.$$

Bei sehr leicht bleichbaren Zellstoffen ist der Verbrauch an Kaliumpermanganat während des Versuches sehr klein, weshalb es sich empfiehlt, die Zugabe von Eisen(II)ammonsulfatlösung zu erhöhen. Diese Abänderung ist bei der Berechnung zu berücksichtigen.

2. Durchführungsform nach STEINSCHNEIDER. Diese Art der Ausführung der Methode ist erdacht worden, um sie innerhalb des Betriebes, beispielsweise in der Kocherei, anzuwenden. Es wird hierbei jede Titration vermieden. Als Maß für den Verbrauch an Kaliumpermanganat dient die Menge der bei der Bestimmung entwickelten Kohlensäure, welche leicht volumenmäßig gemessen werden kann.

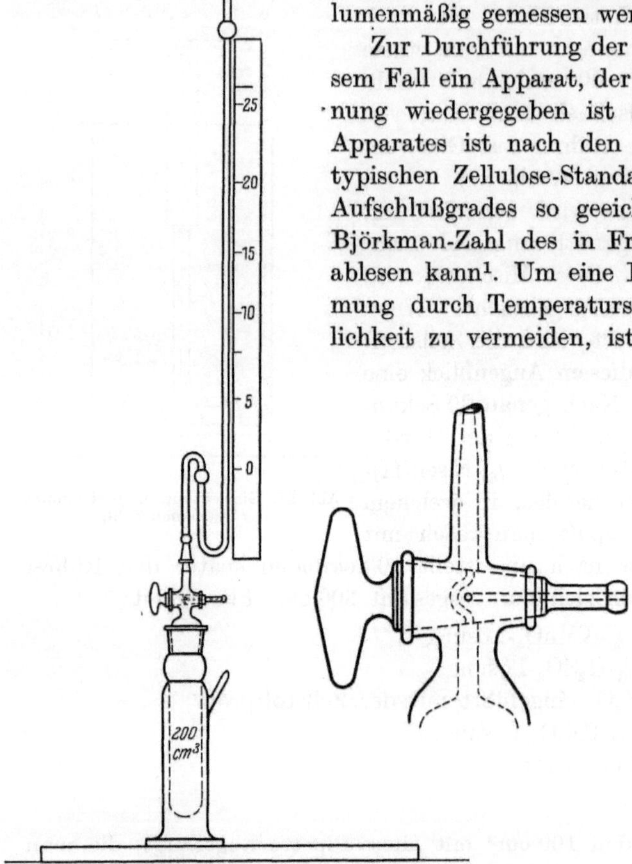

Abb. 88. Apparat zur Schnellbestimmung der Björkman-Zahl.

Zur Durchführung der Bestimmung dient in diesem Fall ein Apparat, der in nebenstehender Zeichnung wiedergegeben ist (Abb. 88). Die Skala des Apparates ist nach den Kohlensäuremengen von typischen Zellulose-Standardmustern verschiedenen Aufschlußgrades so geeicht, daß man direkt die Björkman-Zahl des in Frage kommenden Gebietes ablesen kann[1]. Um eine Beeinflussung der Bestimmung durch Temperaturschwankungen nach Möglichkeit zu vermeiden, ist das Reaktionsgefäß mit einem luftleeren Mantel umgeben. Für die Durchführung der Bestimmung wird folgende Vorschrift gegeben.

Man füllt in das Reaktionsgefäß bis zur Marke (200 cm³) eine verdünnte Schwefelsäure, die man aus 1 l Wasser und 27 cm³ konzentrierter Schwefelsäure bereitet. Dann werden aus einem Meßgefäß 20 cm³ Kaliumpermanganatlösung zugegeben und das Ganze geschüttelt. Inzwischen werden 10 g nasser, fest ausgepreßter Zellstoff abgewogen und in das Reaktionsgefäß gebracht. Beim Verschließen des Apparates ist durch geeignete Hahnstellung zunächst zu entlüften, dann wird durch Drehen des Hahnes geschlossen und 1 Minute geschüttelt. Darauf wird der Apparat sofort an das Manometer mittels Schliffverbindung angeschlossen und nach dem Öffnen des Hahnes abgelesen. Das Manometer ist bis zur 0-Stellung mit gefärbtem Amylalkohol gefüllt. Da es kaum möglich ist, dem Manometer eine Teilung zu geben, die sich über das gesamte Gebiet der Björkman-Zahlen erstreckt, muß die Stärke der zur Anwendung kommenden Kaliumpermanganatlösung auf empirischem Wege gefunden und mit der jeweilig benutzten Skala in Übereinstimmung gebracht werden.

---

[1] Der Apparat wird von der Firma Herbig, Darmstadt, Schloßgartenstraße, hergestellt.

In dieser Form eignet sich die Methode infolge ihrer raschen Ausführungsart besonders zur Untersuchung von aus den Kochern entnommenen Stoffproben.

Bestimmung der Permanganatzahl nach der schwedischen Einheitsmethode.

Grundlagen der Methode. Es wird der Permanganatverbrauch von 2 g absolut trockenem Zellstoff in saurer Lösung während eines Zeitraumes von 5 Minuten bestimmt, wobei das Reaktionsgemisch sich in dauernder Durchmischung befindet. Die Einwirkung des Permanganats, das als $n/_{10}$-Lösung zur Anwendung gelangt, wird durch Zugabe einer $n/_{10}$-Eisen(II)ammonsulfatlösung unterbrochen, deren Überschuß mit $n/_{10}$-Kaliumpermanganatlösung gemessen wird[1]. Dieser Überschuß muß — eine grundsätzliche Bedingung der Methode — durch eine entsprechende Wahl der zur Reaktion benutzten Permanganatmenge 10 cm³ $n/_{10}$-Lösung entsprechen. Je nach dem angewandten Zellstoff ist also die zuzuteilende Menge des Oxydationsmittels verschieden.

Folgende Lösungen sind erforderlich:

1. $n/_{10}$-Kaliumpermanganatlösung,
2. $n/_{10}$-Eisen(II)ammonsulfatlösung, enthaltend 100 cm³ konzentrierte Schwefelsäure/l.
3. 2 n-Schwefelsäure; sie enthält 100 g 98proz. Schwefelsäure/l.

Versuchsapparatur. Als solche wird ein starkwandiges Becherglas von 600···800 cm³ Inhalt benutzt. Als Rührer dient ein T-förmig gebogener 8 mm starker Glasstab, der unmittelbar durch einen kleinen Motor angetrieben wird und 1000 U/min macht.

Vorbereitung des zu prüfenden Stoffes. Der zur Anwendung kommende Stoff muß aufgelöst sein. Trockener Zellstoff kann in einem trocken arbeitenden Zerfaserer zerkleinert werden. Hierbei sind alle gröberen Teile, als einer Sieblochung von 2 mm entspricht, auszusichten. Gemäß der Vorschrift verdient doch naßzerfaserter Stoff den Vorzug, wobei die Zerfaserung so weit zu treiben ist, daß die Einzelfasern freigelegt sind. Das in diesem Fall vom Zellstoff in das Reaktionsgemisch gebrachte Wasser ist mit zu berücksichtigen.

Sonstige festgelegte Versuchsbedingungen.

Stoffmenge = 2 g absolut trocken,
Reaktionstemperatur = 20°,
Gesamtflüssigkeitsvolumen während der Reaktion = 250 cm³,
Schwefelsäurezusatz = 25 cm³ 2 n-Säure,
erforderliche Menge an Verdünnungswasser (destilliert) = $250 - (25 + T + V)$
$\qquad = 225 - (T + V)$,

hierin bedeuten:

T = Zusatz an $n/_{10}$-Kaliumpermanganatlösung und
V = Wassermenge, welche die Stoffprobe mitbringt in cm³.

Durchführung der Bestimmung. Hierfür lautet die Vorschrift folgendermaßen: Messen der nötigen Wassermenge im Meßzylinder. Abpipettieren der

---

[1] Schwedischer Standardisierungsausschuß: Papierfabrikant **30**, 649 (1932) u. Svensk Papperstidn. **35**, 580 (1932).

Kaliumpermanganatlösung und Einbringen in ein kleines Becherglas. Der abgewogene Stoff wird in das Reaktionsgefäß gebracht. Zusatz der abgemessenen Wassermenge (Einsparen von $20\cdots30\ cm^3$ zum Nachspülen des Kaliumpermanganat enthaltenden Becherglases nach dem Zusatz). Ingangsetzung des Rührers und nach gleichmäßiger Stoffverteilung Zusatz von 25 cm³ 2 n-Schwefelsäure. Unmittelbar darauf wird die abgemessene Menge $^n/_{10}$-Kaliumpermanganatlösung zugeteilt und die Sekundenuhr in Gang gesetzt. Spülen des Becherglases mit dem restlichen Wasser und dessen Einbringen in das Reaktionsgefäß. In das für den Kaliumpermanganatzusatz verwendete Becherglas werden 25 cm³ $^n/_{10}$-Eisen(II)ammonsulfatlösung gebracht und in einem Meßglas 25 cm³ destilliertes Wasser abgemessen. Genau 5 Minuten nach dem Kaliumpermanganatzusatz wird die Eisen(II)sulfatlösung in das Reaktionsgefäß gegeben, das mit der abgemessenen Wassermenge nachgespült wird. Das Gesamtvolumen im Reaktionsgefäß beträgt nun 300 cm³. 1 Minute langes Umrühren nach dem Eisen(II)sulfatzusatz und Filtrieren des Stoffbreies durch einen Büchner-Trichter von 10 cm Durchmesser (ohne Filtrierpapier). Zurückgießen des Filtrates, von dem nun 150 cm³ entnommen und die mit $^n/_{10}$-Kaliumpermanganatlösung bis zum ersten Farbumschlag titriert werden.

Berechnung des Ergebnisses. Der Permanganatverbrauch eines nach dieser Methode untersuchten Stoffes wird $KMnO_4$-Zahl genannt. Diese Zahl gibt an, wieviel cm³ $^n/_{10}$-Kaliumpermanganatlösung unter den gewählten Bedingungen verbraucht werden, wenn der Zusatz mit 10 cm³ $^n/_{10}$-Kaliumpermanganat diesen Verbrauch übersteigt. Die Kaliumpermanganatzahl errechnet sich zu:

$$KMnO_4\text{-Zahl} = T + 2a - 25,$$

worin bedeuten:

T = zugesetzte Menge an $^n/_{10}$-Kaliumpermanganatlösung in cm³ und

a = beim Zurücktitrieren verbrauchte Menge der gleichen Lösung in cm³.

Infolge der Unmöglichkeit, sofort den richtigen Zusatz an Permanganat zu finden, der zu dem gewünschten Überschuß führt, wird er bei mehreren mit dem gleichen Zellstoff durchzuführenden Versuchen jedesmal geändert und in Abhängigkeit vom Verbrauch in einem Diagramm aufgezeichnet, aus dem der richtige Wert dann durch Interpolation erhalten wird.

Bestimmung der Roe-Zahl nach der Östrand-Permanganatmethode.
Bestimmung der Östrand-Zahl.

Diese Methode[1] bezweckt eine Ermittlung der ROE-Zahl über den Weg der Bestimmung des Permanganatverbrauches eines Zellstoffes. Dessen Ermittlung wird so vorgenommen, daß die 1 g absolut trocken entsprechende Stoffmenge in saurer Lösung bei 20° mit einer bestimmten cm³-Anzahl $^n/_{10}$-Kaliumpermanganatlösung versetzt wird, 5 Minuten unter ständigem Rühren deren Einwirkung ausgesetzt bleibt, worauf die Oxydationswirkung durch $^n/_{10}$-Eisen(II)ammonsulfatlösung unterbrochen und deren Überschuß durch Zurücktitrieren mit der Permanganatlösung gefunden wird. Aus dem Ergebnis dieser Zurücktitration wird unter Zuhilfenahme eines Diagramms unmittelbar die Roe-Chlorzahl des Zellstoffes ermittelt und diese als Endwert angegeben.

---

[1] JOHANSSON, D.: Svensk Papperstidn. **35**, 580 (1932); Papierfabrikant **32**, 172 (1934).

An Lösungen sind erforderlich:

1. $n/_{10}$-Kaliumpermanganatlösung,
2. $n/_{10}$-Eisen(II)ammonsulfatlösung, welche je Liter 100 cm³ konzentrierte Schwefelsäure enthält,
3. verdünnte Schwefelsäure, hergestellt aus 1 Volumen konzentrierter Schwefelsäure (spezifisches Gewicht 1,84) und 9 Volumen Wasser.

Als Reaktionsgefäß wird ein starkwandiges Becherglas von etwa 750 cm³ Inhalt benutzt, das mit einem T-förmigen Rührer aus V4A-Stahl ausgerüstet ist. Die Umdrehungszahl dieses Rührers soll etwa 500/min betragen.

Der zu prüfende Stoff wird in lufttrockener Form abgewogen, und zwar in einer Menge von 1,0 g absolut trocken. Bei Zellstoff mit 90 % Trockengehalt sind demnach etwa 1,09 g lufttrockener Stoff abzuwiegen. Bei anderem Trockengehalt wird dieser vorerst durch eine Trockenbestimmung ermittelt.

Zur Durchführung der Bestimmung wird die Stoffprobe mit der Hand zerzupft, in das Becherglas gegeben und darin mit 180 cm³ destilliertem Wasser übergossen. Dann werden 20 cm³ der verdünnten Schwefelsäure zugefügt, der Rührer in Gang gesetzt und die Temperatur des Becherinhalts auf genau 20° gebracht. Sobald diese erreicht und eine gleichmäßige Verteilung des Stoffes eingetreten ist, setzt man in einem Guß die vorher schon abgemessenen 50 cm³ $n/_{10}$-Kaliumpermanganatlösung zu und

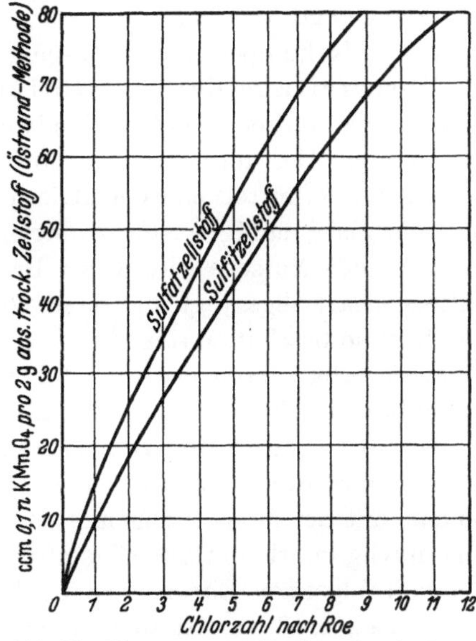

Abb. 89. Diagramm zur Bestimmung der Roe-Zahl nach dem Ergebnis der Östrand-Permanganatmethode.

bringt eine Stoppuhr in Gang. Nach genau 5 Minuten werden 50 cm³ bereits vorbereitete $n/_{10}$-Eisen(II)ammonsulfatlösung zugeteilt, worauf nach eingetretener Entfärbung das Rühren unterbrochen wird. Unter Benutzung einer Glasfilternutsche wird in eine trockene Saugflasche filtriert; vom Filtrat werden 150 cm³ entnommen und mit $n/_{10}$-Kaliumpermanganat bis zur schwachen Rötung titriert.

Ermittlung des Ergebnisses. Es wird, wie bei der schwedischen Einheitsmethode, auf 2 g absolut trockenen Stoff berechnet. Beträgt der Verbrauch für das Zurücktitrieren a cm³ $n/_{10}$-Kaliumpermanganatlösung, so errechnet sich der Verbrauch für 2 g zu:
$$[50 - (50 - a)] \cdot 2 \cdot 2 = 4a.$$

Mit dem so erhaltenen Wert geht man in das Diagramm (Abb. 89) ein, und findet damit die gesuchte Chlorzahl nach Roe.

Bestimmung der Ferrizyanidzahl (Feic-Zahl) nach Schwabe und Fiedler.

Grundlagen der Methode. Es werden 2 g absolut trocken gedachter Zellstoff in aufgeschlagener Form der Einwirkung einer alkalischen Kaliumferrizyanidlösung 60 Minuten lang bei 20° ausgesetzt, worauf der davon unverbrauchte

Anteil mit $n/20$-Kaliumpermanganatlösung zurücktitriert wird. Die bei dieser Titration verbrauchte Anzahl an Kubikzentimeter der Permanganatlösung gilt als die Ferrizyanidzahl des Zellstoffes.

Erforderliche Lösungen.

1. Kaliumferrizyanidlösung. 13 g reines Kaliumferrizyanid werden in 130 cm³ destilliertem Wasser gelöst, dann mit 155 cm 4proz. Natronlauge vermischt, worauf die erhaltene Mischung mit Wasser auf 1000 cm³ aufgefüllt wird. Die Lösung muß in brauner Flasche vor Licht geschützt aufbewahrt werden.

2. Indikatorlösung, erhalten durch Auflösen von 0,25 g Eisen(II)sulfat ($FeSO_4 \cdot 7H_2O$) in 1 l destilliertem Wasser, dem einige Tropfen starke Schwefelsäure zugesetzt werden.

3. $n/20$-Kaliumpermanganatlösung.

Vorbereitung der Zellstoffprobe. 2g absolut trocken gedachter Zellstoff werden auf einer guten Handwaage mit mindestens 10 mg Empfindlichkeit abgewogen. Der durch Einbringen in etwas Wasser eingeweichte Stoff wird anschließend vermittels eines elektrisch betriebenen Rührers so weit aufgeschlagen, daß ein gleichmäßiger, von gröberen Stückchen freier Faserbrei entsteht. Auf einer kleinen Nutsche wird dieser Brei unter Verwendung eines nicht zu weichen Filters scharf abgesaugt und dann vom Filter vollständig abgeschält. Die Probe soll jetzt so beschaffen sein, daß sich mit der Hand kein Wasser mehr auspressen läßt; sie erhält dann etwa $4 \cdots 5$ g Wasser. Kleinere Schwankungen in diesem Feuchtigkeitsgehalt sind ohne Einfluß auf die eigentliche Bestimmung.

Durchführung der Bestimmung. Den in der beschriebenen Weise vorbereiteten Stoff gibt man in ein 100 cm³ fassendes Becherglas und gießt darüber 65 cm³ mit der Mensur abgemessene Reaktionslösung. Mit einem Glasstab wird gut durchgerührt und das Glas alsdann in ein Wasserbad von 20° gestellt. Bei der nun folgenden Einwirkung der Ferrizyanidlösung, welche genau 60 Minuten Dauer hat, muß unmittelbar einwirkendes Sonnenlicht ausgeschlossen werden. Nach der genannten Zeit wird auf einer Nutsche abgesaugt, wobei zum Auffangen des Filtrates eine Saugflasche von 500 cm³ Inhalt verwendet wird. Man wäscht anschließend solange aus, bis das ablaufende Waschwasser nicht mehr gelb gefärbt erscheint, wobei aber insgesamt nicht mehr als 200 cm³ Filtrat aufgefangen werden sollen. Man säuert dann mit 10 cm³ 20proz. Schwefelsäure an, gibt 2 cm³ der Indikatorlösung zu und titriert unmittelbar in der Saugflasche mit $n/20$-Kaliumpermanganatlösung. Die bei dieser Titration allmählich sich grün färbende Lösung wird unter dauerndem Umschwenken der Flasche in rascher Tropfenfolge mit der Meßlösung versetzt. Die Zugabe wird beendet, wenn wieder die gelbe Farbe auftritt. Von der zur Titration benötigten $n/20$-Kaliumpermanganatlösung wird die Menge in Abzug gebracht, welche nötig ist, um 65 cm³ Reaktionslösung $+ 10$ cm³ 20proz. Schwefelsäure $+ 2$ cm³ Indikatorlösung bis zum Umschlag zu titrieren. Das sind gewöhnlich 0,3 cm³ der Meßlösung. Der sich ergebende Restbetrag an cm³ $n/20$-Kaliumpermanganat ist die Feic-Zahl des Zellstoffes.

Kritik der Bestimmungsmethoden für den Aufschlußgrad.

Da man mit den kolorimetrischen Methoden nur im beschränkten Maße zahlenmäßig ausdrückbare Ergebnisse erhalten kann, kommen in den meisten Fällen die chemischen Methoden zur Anwendung.

Aus der Tatsache, daß hiervon eine so große Zahl nicht bloß ausgearbeitet, sondern tatsächlich in Gebrauch steht, läßt sich ohne weiteres schließen, daß bislang noch keine, auch keine der Einheitsmethoden einzelner Länder, sich durch solche Eigenschaften auszeichnet, daß man ihretwegen alle anderen aufgegeben hätte. Teilweise ist es wohl auch nur ein Ausdruck der Individualität und besonderen Bedingungen der einzelnen Werke, daß sich überhaupt eine solche Vielzahl von Methoden entwickeln konnte. Grundsätzlich beruhen alle auf den gleichen chemischen Vorgängen, und es besteht gar kein Zweifel, daß vom rein chemischen Standpunkt, die eine so viel Wert hat wie die andere. Eine Bereicherung hat die Betriebskontrolle durch diese Mannigfaltigkeit jedenfalls nicht erfahren.

Betrachtet man die Frage vom praktischen Standpunkt aus, so ist ein wesentlicher Gradmesser für den Wert der einzelnen Methoden zunächst die Zeit, die für ihre Durchführung erforderlich ist. Bei den häufig sehr zahlreichen Kochungen und Lieferungen, die im Betrieb zu untersuchen sind, spielt sie eine wesentliche Rolle. Wie aus der beigefügten Aufstellung (Tabelle 17) ersichtlich, arbeitet man mit einigen Permanganatmethoden (KÜNG, BJÖRKMAN, ÖSTRAND) am schnellsten. Von den Hypochloritmethoden sind allein die neueren (ROE-KÜNG, KLAUDITZ) als rasch durchführbar zu bezeichnen. Verhältnismäßig viel Zeit erfordern die deutsche und die schwedische Einheitsmethode, letztere deshalb, weil man bei ihr mehrere Versuche nacheinander ansetzen muß.

Tabelle 17. Erforderliche Durchführungszeiten für die verschiedenen Methoden zur Bestimmung des Aufschlußgrades.
Die angegebene Zeit gilt für eine Einzelbestimmung.

Methode nach	Oxydationsmittel	Reaktionszeit in Minuten	Ungefähre Gesamtzeit in Minuten	Zur Anwendung kommende Stoffmenge g
ROE		15	30···40	2,0
ROE-KÜNG		15	30···40	2,0
TINGLE		30	45	0,7
SIEBER	Halogene	60	120	5,0
ENSO		60	120	10,0
KLAUDITZ		15	45	1,0
JOHNSEN		60	90	10,0
JOHNSEN-NOLL		60	120	5,0
KÜNG		1	15···20	2,0
BJÖRKMAN	Permanganat	$^1/_2$	15···20	2,0
Schwedische Einh.		5	80···90	2,0
ÖSTRAND		5	15···20	2,0

Permanganatmethoden lassen sich mit genügender Genauigkeit nur dann rasch ausführen, wenn man zwecks Erhöhung der Reaktionsgeschwindigkeit in saurer Lösung arbeitet. Es ist aber zwecklos, hier das äußerste anstreben zu wollen. So kurze Reaktionszeiten, wie sie der BJÖRKMAN-Methode eigen sind, bergen insofern Fehlerquellen in sich, als kleine Verzögerungen beim Einbringen der Permanganatlösung hier schon einen wesentlichen Einfluß ausüben können. Der Beginn der Einwirkung läßt sich nicht sekundenmäßig genau festlegen. Im übrigen hat die Anwendung saurer Lösungen sonst noch einen Vorteil gegenüber neutralen. Während bei diesen die Fasern, insbesondere solche stark ligninhaltiger Stoffe sich sehr rasch mit Braunstein umkleiden und dadurch die darunterliegende Substanz vom weiteren Reagieren abschließen, tritt das bei saurer Reaktion der Flotte in weit geringerem Maße auf. Dadurch ist bei ihr eine mögliche Fehlerquelle stärker ausgeschlossen.

Eine weitere Voraussetzung kurzer Reaktionszeiten ist die Anwendung mechanischer Rührer. Ohne solche ist eine gleichmäßige Einwirkung des Oxydationsmittels in der zur Verfügung stehenden Zeit in dem Faserbrei nicht denkbar.

Bei der Beurteilung der Methoden erscheint es ferner wichtig, daß die zur Anwendung kommende Zellstoffprobe zufolge der stets schwankenden Beschaffenheit des Erzeugnisses nicht zu klein ist; damit ist allen jenen Methoden ein Vorzug einzuräumen, bei denen mehr als 2 g Ausgangsmaterial zur Anwendung gelangen.

Ferner wäre die Kostenfrage zu beachten, denn es handelt sich, wie schon angedeutet, hier um eine Methode, die laufend durchzuführen ist. Man wird aus diesem Grund versuchen, mit einer solchen auszukommen, welche weder Jod selbst, noch Jodsalze für ihre Durchführung erfordert.

Legt man an die einzelnen Methoden dann noch den Maßstab der Zuverlässigkeit und beachtet weiter, wie sich Abweichungen von den vorgeschriebenen Versuchsbedingungen auswirken, so kann man folgendes erwähnen. Abweichungen in der Temperatur wirken durchgehend bei Permanganatmethoden viel nachteiliger. Dies ist begreiflich, da das hier gebrauchte Oxydationsmittel an sich sehr aktiv ist und im Gegensatz zu Chlor auch auf Nicht-Ligninstoffe stark einwirkt. Gegenüber Abweichungen von der vorgeschriebenen Zeit sind die Methoden — ob Chlor oder Permanganat benutzend — weit weniger empfindlich, es sei denn, daß die Reaktionsdauer ohnehin sehr kurz ist. Hohe Empfindlichkeit besitzen dann aber Permanganatmethoden gegenüber einem Wechsel des Zerkleinerungsgrades des zu untersuchenden Zellstoffes. Während es bei den Halogenmethoden nur wenig ausmacht, ob die Probe trocken geraspelt oder naß zerfasert ist, kann man bei Permanganatmethoden im ersten Fall zumeist eine erheblich stärkere Einwirkung feststellen. Aus diesem Grund empfiehlt sich allgemein, bei allen diesen Untersuchungen nur von naß zerfasertem Stoff auszugehen. Die Reproduzierbarkeit aller Methoden kann nur als mittelmäßig bezeichnet werden; diese Genauigkeit hat sich doch als für die Praxis als ausreichend erwiesen. Doppelbestimmungen dürften bei den Permanganatbestimmungen selten besser als mit 3 %, bei den Chlormethoden kaum weniger als mit 2 % untereinander Übereinstimmung zeigen. Es ist verständlich, daß die Ergebnisse bei der Anwendung eines milderen Oxydationsmittels, wie es das Ferrizyankalium darstellt, besser übereinstimmen. Ein Nachteil ist, daß manche der Methoden in dem gesamten zu messenden Gebiet eine unterschiedliche Genauigkeit aufweisen. So mangelt es einigen an Trennschärfe im Gebiet der weichen, anderen im Gebiet harter Zellstoffe.

Die Herstellung der erforderlichen Reaktionslösungen ist durchgängig bei den Permanganatmethoden einfacher als bei den andern. Sie beschränkt sich bei ihnen gewöhnlich auf ein einfaches Abwiegen und Auflösen der Chemikalien. Demgegenüber erfordern alle Halogenmethoden ein mehr Zeit in Anspruch nehmendes Bereiten und Einstellen der Lösungen. Da die benutzten Chlorlösungen nicht sehr haltbar sind, bedingen sie weiter eine häufigere Kontrolle.

Wägt man nach diesen Gesichtspunkten die verschiedenen Methoden gegeneinander ab, so kann man sich nicht der Ansicht verschließen, daß die Festlegung auf Permanganat als Oxydationsmittel, wie es bei den beiden bislang bestehenden Einheitsmethoden der Fall ist, wenigstens zur Zeit eine große Berechtigung für sich hat. Freilich verzichtet man dann bewußt auf gerade das Oxydationsmittel, das die Praxis bei der Weiterbehandlung der Zellstoffe anwendet und dessen Gebrauch bei einer solchen Methode gleichzeitig noch andere Aufschlüsse ergibt. Von den beiden Einheitsmethoden hat die schwedische zweifellos den Nachteil, daß sie mehrerer Versuche bedarf, um das Ergebnis zu finden. Doch auch die deutsche Methode ist nicht von Nachteilen frei und bedürfte einer Weiterentwicklung. Sie benötigt vor allem zu viel Zeit. Die Anwendung eines schwach sauren Reaktionsgemisches sollte im besonderen erwogen werden. Zu begrüßen wäre es, wenn man bei Anwendung einer mittleren Reaktionszeit dann noch ohne mechanisch angetriebenen Rührer auskommen könnte, da ein solcher wohl nicht überall zur Verfügung steht. Des weiteren wäre eine feinere Abstufung im Gebiet der härteren Zellstoffe anzustreben.

Abschließend kann man also wirklich sagen, daß trotz der Vielzahl der Methoden immer noch keine besteht, die für alle Stoffe in gleicherweise Befriedigendes leistet. Es ist bei der weiteren Entwicklung übrigens durchaus möglich, daß nach Überwindung verschiedener Mängel auch die mit Halogen arbeitenden Methoden, die gegenwärtig ins Hintertreffen geraten sind, in geeigneter Form wieder erscheinen können.

In dieser Betrachtung ist die Roschier-Methode zunächst außer acht gelassen worden. Sie nimmt eine Sonderstellung ein, als sie in erster Linie für die Verwendung an den Betriebsstätten — Kocherei, Entwässerungsmaschine, Bleiche — in Frage kommt. In der Einfachheit der Handhabung und der Schnelligkeit der Durchführung wird sie von keiner anderen übertroffen. Freilich geht dies etwas auf Kosten der Genauigkeit. Bei genauen Untersuchungen und Klassifizierungen von Zellstoffen sollte man daher von ihrer Verwendung absehen.

Zur Charakterisierung von Zellstoffen auf Grund des Aufschlußgrades.

Zwecks Verknüpfung der handelsüblichen Begriffe mit den Ergebnissen der Aufschlußgradbestimmung hat der Fachausschuß des Vereins der Zellstoff- und Papier-Chemiker und -Ingenieure eine Übersichtstabelle ausgearbeitet (Merkblatt Nr. 2). Diese Tabelle, der Arbeiten von Noll[1] zugrunde liegen, ist hier in erweiterter Form wiedergegeben, durch Aufnahme einer Reihe von Aufschlußgradzahlen, welche in der ursprünglichen Aufstellung nicht enthalten sind (Tabelle 18). Damit wird es möglich, die bekanntesten dieser Zahlen ineinander umzurechnen. Wie schon früher bemerkt, kann ein solches Verfahren doch immer nur angenäherte Werte ergeben. Noll hat seiner Tabelle als grundsätzlichen Vergleichsmaßstab für die Härte den Ligningehalt der Stoffe zugrunde gelegt. Sie gilt infolgedessen strenggenommen nur für Sulfitzellstoffe; bei den Sulfatstoffen fallen zufolge des Mitreagierens von Nichtligninsubstanzen die Werte für den Härtegrad etwas zu hoch aus. Nach Noll kann man aber die so

---

[1] Noll, A.: Papierfabrikant **31**, 581 (1933).

Tabelle 18. Härteskala ungebleichter
Beziehungen zwischen Härte, Aufschlußgrad,

Härtegrad	Härtestufe	Roe-Zahl	Roe-Unit	Sieber-Zahl	Enso-Zahl	Klauditz-Zahl	Art der Bergmann-Zahl Sulfit	Sulfat
1	sehr weich	1,0	10	10	1,2	10	1,3	
2		1,5	15	15	1,5	15	1,8	
3		2,0	20	21	1,9	21	2,2	
4, 5	weich	2,5	25	25	2,2	25	2,8	2,8
6		3,0	30	29	2,9	30	4,0	3,5
7	mittelweich	3,5	35	32	3,3	33	5,0	4,0
8		4,0	40	36	4,0	37	6,6	4,9
9	normalweich (mäßig weich)	4,5	45	39	4,4	40	7,8	5,4
10		5,0	50	44	4,8	46	9,0	6,0
11	normal	5,5	55	47	5,0	49	9,3	6,3
12		6,0	60	52	5,4	53	10,4	7,0
13	normalhart (mäßig hart)	6,5	65	56	6,0	59	12,3	8,0
14		7,0	70	60	6,3	65	13,7	8,8
15	mittelhart	7,5	75	64	6,9	70	15,8	10,3
16		8,0	80	66	7,6	72	19,0	12,0
17	hart	8,5	85	68	8,1	78	22,5	14,0
18		9,0	90	70	8,3	80		15,0
19		9,5	95	73	8,6	84		16,6
		10,0	100	76	8,8	90		18,0
20	sehr hart	10,5	105	78	8,9	94		
21		11,0	110	80	9,0	99		
22		11,5	115	84	9,1	104		
23		12.0	120	87	9,3	110		
24		12,5	125	90	9,5	114		

gefundenen scheinbaren Härtegrade, die also höher liegen als dem Ligningehalt entspricht, über diesen in die tatsächlichen Härtegrade umrechnen. Eine solche Umrechnung wird sich aber praktisch als überflüssig erweisen, da man mit einer Kennzeichnung eines Stoffes — ganz gleich, ob Sulfit oder Sulfat — mit einer der Aufschlußgradzahlen ihn hinreichend charakterisieren kann.

Im Anschluß an diese Tabelle wird hier noch eine Aufstellung über die Charakterisierung von Sulfit- und Sulfatzellstoffen gegeben, wie sie für Schweden vorgeschlagen worden ist[1].

Tabelle 19. Charakterisierung der Zellstoffe gemäß schwedischem Vorschlag.

Sulfitzellstoffe		Sulfatzellstoffe	
Handelssorte	Roe-Units	Handelssorte	Roe-Units
Gebleicht	1···5	Ganz und halb gebleicht	1···10
Leicht bleichbar	20···30	Leicht bleichbar	15···25
Bleichbar	30···45	Light and strong	25···35
Mittelhart	45···70	Strong	35···50
Hart	70···130	Kraft	50···90

[1] JOHANSSON, D.: Svensk Papperstidn. **37**, 375 (1934).

Sulfit-, Natron- und Sulfatzellstoffe.
Ligningehalt und Chlorverbrauch.

Aufschlußgradzahl								Lignin	Chlorverbrauch %	
Tingle-Chlorzahl	Roschier-Zahl etwa	Johnsen-Zahl	Johnsen-Noll-Zahl	Björk-man-Zahl	Schwed. Einh.-Meth.		Feic-Zahl		Sulfit-stoffe	Natron- und Sul-fatstoffe
					Sulfit	Sulfat		%		
1,6	>300	2,2	14,0	28	6,0	10,0	4,9	1,0	1,9	2,1
2,6	250	3,5	17,0	37	10,0	15,0	5,8	1,1	2,2	2,3
3,4	200	4,8	20,0	46	14,0	20,0	6,5	1,2	2,5.	2,6
4,0	170	6,0	23,0	51	17,0	24,0	7,3	1,4	2,8	2,9
5,3	140	7,2	26,0	66	22,0	28,0	8,4	1,7	3,2	3,1
6,0	105	8,4	29,0	73	25,0	31,0	9,3	2,0	3,8	3,8
7,3	90	9,6	32,5	83	29,0	35,0	10,1	2,4	4,6	5,5
8,0	85	10,8	35,5	88	32,0	39,0	10,6	2,8	5,4	7,3
8,8	70	11,6	38,5	93	35,0	43,0	12,0	3,2	6,2	9,0
9,0	65	12,2	41,5	96	38,0	46,0	12,8	3,6	7,0	10,6
9,8	60	13,4	44,5	101	41,0	50,0	13,5	4,0	7,8	12,1
11,0	55	14,2	48,0	109	44,0	54,0	14,7	4,4	8,7	13,5
11,5	50	14,9	51,0	113	46,0	57,0	15,3	4,8	9,5	14,3
12,5	45	16,0	54,0	121	48,0	60,0	16,5	5,2	10,3	15,0
14,0	40	17,0	57,0	130	51,0	63,0	17,3	5,6	11,1	15,4
15,0	37	17,4	60,0	136	54,0	66,0	18,5	6,0	12,0	15,8
15,5	35	18,4	63,5	142	56,0	69,0	19,7	6,4	12,8	16,2
16,0	32	19,4	66,5	142	59,0	72,0	21,0	6,8	13,6	16,6
16,3	30	20,5	69,5	144	61,0	75,0	22,6	7,2	14,5	17,0
16,5	28	21,5	72,5	145	64,0	77,0	23,3	7,6	15,3	17,4
16,6	24	22,5	75,5	146	66,0	80,0	25,0	8,0	16,1	17,8
16,9	20	23,5	79,0	147	68,0	83,0	26,8	8,4	16,9	18,2
17,3	15	25,0	82,0	148	69,0	85,0	28,1	8,8	17,7	18,6
17,5	10	26,0	85,0	150	70,0	87,0	29,6	9,2	18,5	19,0

Zur Bestimmung der Gleichförmigkeit des Aufschlusses von Zellstoffen.

Die chemischen Methoden zur Bestimmung des Aufschlußgrades geben mathematisch gesprochen nur einen Summenwert, der sich aus dem Einfluß des Aufschlußgrades jeder einzelnen Faser auf dessen Gesamtwert zusammensetzt. Mit anderen Worten läßt sich das auch so ausdrücken: Zwei Zellstoffe können gemäß dem Ausfall der chemischen Untersuchung sehr wohl den gleichen Aufschlußgrad aufweisen, zufolge einer großen Variationsbreite des Aufschlußgrades der einzelnen Fasern dennoch ein sehr unterschiedliches Verhalten bei der folgenden Weiterverarbeitung zeigen. Ein Einblick in die Gleichmäßigkeit des Aufschlusses kann also allein mit chemischen Methoden nicht erhalten werden. Da es für viele Zwecke der chemischen Weiterverarbeitung der Zellstoffe von sehr großer Bedeutung ist, daß die Schwankungen des Aufschlußgrades von Faser zu Faser sich in engen Grenzen halten, ergibt sich ein Interesse an einer Bestimmung seiner Gleichförmigkeit.

Auf rein chemischem Weg dürfte diese Aufgabe kaum zu lösen sein; es hat aber nicht an Versuchen gefehlt, durch Ausfärbeversuche mit geeigneten Reagenzien und anschließende mikroskopische Betrachtung der so behandelten Fasern in dieser so bedeutsamen Frage einen Schritt weiter zu kommen. Solche Versuche gehen vor allem auf GRAFF und seine Mitarbeiter[1] zurück. Nach seinen sehr weitläufigen Untersuchungen kommen als für diesen Zweck brauchbare Ausfärbungen in Frage jene mit dem BRIGHTschen[2] und jene mit dem von SEIBERT und MINOR[3] gegebenen Gemisch.

Herstellung der Lösungen für das BRIGHTsche Gemisch.

Lösung 1. 2,7 g Eisen(III)chlorid $FeCl_3 \cdot 6H_2O$ werden in 100 cm³ destilliertem Wasser gelöst.

Lösung 2. 3,29 g Kaliumferrizyanid werden in 100 cm³ destilliertem Wasser gelöst.

Lösung 3. 0,5 g grobes Benzopurpurin 4 B wird in 100 cm³ kochendem 50 proz. Alkohol gelöst.

Herstellung der Lösungen für das Gemisch von SEIBERT und MINOR.

Lösung 1. 10 g Eisessig werden mit destilliertem Wasser auf 100 cm³ verdünnt.

Lösung 2. 0,5 g Malachitgrün wird in 100 cm³ destilliertem Wasser gelöst.

Lösung 3. 10 g Ammoniumkarbonat werden in 90 cm³ destilliertem Wasser gelöst.

Lösung 4. 0,1 g Kongorot wird in 100 cm³ destilliertem Wasser gelöst.

Lösung 5. 0,15 g Kalziumchlorid wird in 10 l destilliertem Wasser gelöst.

Dieses Wasser wird ausschließlich zum Auswaschen der gefärbten Proben verwandt. Es eignet sich hierzu besser als reines destilliertes Wasser.

Die bei beiden Vorschriften verwendeten Farbstoffe müssen für die mikroskopische Analyse in besonderer Reinheit hergestellt sein.

Ausführung der Untersuchung. a) Mit der BRIGHTschen Lösung. 1¹/₂ g auf nassem Wege sorgfältig zerfaserter Zellstoff wird zwischen den Fingern durch Ausquetschen weitgehend von Wasser befreit und dann in ein Becherglas gegeben, in dem sich 50 cm³ einer aus gleichen Teilen der Lösungen 1 und 2 zusammengesetzten Mischung befinden. In ihm verbleiben die Fasern bei gewöhnlicher Temperatur unter ständigem Umrühren genau 1 Minute lang. Sie werden dann durch ein feines Sieb, das am besten aus Müller-Gaze besteht, von der Flotte abfiltriert, fest ausgedrückt und noch einmal in einem geräumigen Erlenmeyerkolben mit 500 cm³ destilliertem Wasser ausgewaschen. Nach dem Abfiltrieren und Ausquetschen kommt die Faserprobe in 50 cm³ der Lösung 3, wird hierin unter Umrühren 2 Minuten lang bei gewöhnlicher Temperatur belassen, dann abgesiebt, ausgequetscht, neuerlich mit 500 cm³ destilliertem Wasser gewaschen, worauf sie zur Präparierung fertig ist.

Je nach dem Kochungsgrad werden mit diesem Gemisch Farbunterschiede der ausgefärbten Fasern beobachtet, die von Blau über Graublau, Blaurot, Rotblau nach rein Rot variieren. GRAFF hat für den Zusammenhang zwischen Ausfärbung und Aufschlußgrad auf Grund eingehender Feststellungen die folgende Vergleichsreihe aufgestellt:

---

[1] GRAFF, J. H.: Paper Trade J. (68) **109**, 119 (1939). — GRAFF, J. H., u. J. H. HECHTMAN: Ebenda (69) **111**, 52 (1940).

[2] BRIGHT, C. G.: Pulp Paper Mag. Canada **24**, 615 (1926).

[3] SEIBERT, F., u. J. MINOR: Paper Trade J. **25**, 17 (1920).

Reinblau . . . . zu   20 % aufgeschlossen,
Graublau . . . .   „   40 %   „
Blaurot . . . .   „   60 %   „
Rotblau . . . .   „   80 %   „
Reinrot . . . .   „ 100 %   „

Die eigentliche Bestimmung geht nun so vor sich, daß im Präparat zunächst durch Auszählen die Zahl der Fasern festgestellt wird, welche in jeder der einzelnen Gruppen einzureihen ist. Aus der Gesamtzahl der ausgezählten und der in jeder Gruppe eingereihten kann deren prozentualer Anteil errechnet werden. Hiermit läßt sich einerseits der Gesamtaufschlußgrad in Werten der obigen Zahlenreihe, wie auch der zahlenmäßige durch jede Gruppe bedingte Anteil ermitteln. Zwei Beispiele sollen das Gesagte verdeutlichen.

Beispiele für die Bestimmung der Gleichförmigkeit des Aufschlußgrades von Zellstoffen.

Farbe	Aufschlußgrad-Wert a	Häufigkeit	Prozentualer Anteil b	$a \cdot b$ %
Beispiel 1:				
Reinblau . . .	20	251	83	16,60
Blaugrau . . .	40	38	12	4,80
Blaurot . . .	60	9	3	1,80
Rotblau . . .	80	5	2	1,60
Rot	100	0	0	0,00
		Summe 303		24,80
Beispiel 2:				
Reinblau . . .	20	2	1	0,20
Blaugrau . . .	40	26	8	3,20
Blaurot . . .	60	69	23	13,80
Rotblau . . .	80	126	41	32,80
Rot	100	84	27	27,00
		Summe 307		77,00

b) Mit dem Gemisch von Seibert und Minor. Eine gute Durchschnittsprobe des Zellstoffes wird in einem Erlenmeyerkolben durch heftiges Schütteln mit Wasser gut zerfasert. Das erhaltene Fasergemisch wird durch ein feines Gewebe abfiltriert und zwischen den Fingern fest ausgedrückt. 2 g der feuchten Probe kommen in ein kleines Becherglas, worin sie mit 40 cm³ der verdünnten Essigsäure gut vermischt werden. Die danach wie oben abfiltrierte und ausgequetschte Probe wird in einem neuen Becherglas mit 40 cm³ der Malachitgrünlösung versetzt, die bereits vorher auf 70° erwärmt worden ist. Sie verbleibt in der Farblösung unter ständigem Umrühren auf dem Wasserbad 3 Minuten lang. Danach wird wiederum abfiltriert und ausgedrückt und in einem Erlenmeyerkolben fünfmal nacheinander mit je 100 cm³ der Lösung 5 gewaschen. Nach diesem Waschen kommt die Zellstoffprobe in ein Becherglas, worin sie bei gewöhnlicher Temperatur mit 40 cm³ der Ammoniumkarbonatlösung unter gutem Rühren gemischt wird. Nach neuerlichem Abfiltrieren und Ausdrücken wird sie in einem Becherglas mit 40 cm³ der Lösung 4 bei 70° auf dem Wasserbad 3 Minuten lang behandelt, wobei dauernd umgerührt wird. Dann wird wiederum abfiltriert und ausgepreßt und fünfmal nacheinander mit der verdünnten Kalziumchloridlösung in einem Erlenmeyerkolben gewaschen. Aus der derart gefärbten Faserprobe werden dann in üblicher Weise Präparate für die mikroskopische Untersuchung angefertigt.

Man kann bei einer derart durchgeführten Anfärbung ungebleichten Zellstoffes beobachten, daß die Farbe der einzelnen Fasern zwischen Reingrün, Graugrün, heller Grün mit roten Merkmalen, Rot mit grünen Stellen und schließlich schmutzig Rot und Reinrot schwankt. In entsprechender Weise wie bei der vorhergehenden Art der Untersuchung hat GRAFF auch hier den Zusammenhang von Farbe und Aufschlußgrad festgelegt und dafür folgende Reihe aufgestellt:

Reingrün	zu 10% aufgeschlossen	
Graugrün	„ 20%	„
Überwiegend grün, vereinzelt rot .	„ 40%	„
Überwiegend rot, vereinzelt grün .	„ 60%	„
Schmutzig rot	„ 80%	„
Reinrot	„ 100%	„

Die Untersuchung selbst wird im übrigen so durchgeführt, wie es bei der Prüfung mit dem BRIGHTschen Gemisch beschrieben worden ist.

Diese Untersuchungen sind schwierig und zeitraubend und zuverlässige Ergebnisse setzen ein farbempfindliches Auge und Vertrautheit des Beobachters mit den Methoden voraus.

Bestimmung der Einzelbestandteile von ungebleichten Zellstoffen.

Allgemeines. Von den Bestandteilen des Rohfaserstoffes — insbesondere Holz und Stroh — findet sich stets ein im wesentlichen von der Führung des Aufschlußprozesses abhängiger Rest im fertigen Zellstoff vor. Soweit ungebleichte Zellstoffe in Frage kommen, interessiert von diesen zunächst der Ligningehalt. Aber auch Reste der nicht Zellulose darstellenden Polyosen, den bei der Verarbeitung der Stoffe zu bestimmten Papieren begünstigende Eigenschaften zugeschrieben werden, sind häufig zu ermitteln. Hierher gehört weiter auch der Gehalt an Pektinen oder genauer gesagt an Uronsäuren, dem nach Untersuchungen von WURZ und SWOBODA[1] für die Pergamentierfähigkeit der Zellstoffe eine besondere Rolle zukommen dürfte. Von ganz besonderer Bedeutung ist schließlich die Ermittlung des Gehaltes an Harz, Fett- und Wachsstoffen, vor allem wegen der Möglichkeit des Auftretens von unliebsamen Störungen, welche durch sie bei der Erzeugung von Druckpapieren, insbesondere Zeitungsdruck, bisweilen ausgelöst werden können.

Alle diese die Zellulose im Zellstoff begleitenden Stoffe werden im Grunde genommen nach den gleichen Methoden ermittelt wie in den ursprünglichen Rohstoffen.

Bestimmung des Ligningehaltes.

Außer direkten Methoden, bei denen durch Behandeln mit starken Mineralsäuren die Zellulose sowie die übrigen Polyosen gelöst werden und das Lignin

---

[1] WURZ, O., u. O. SWOBODA: Papierfabrikant **37**, 125 (1939).

analytisch gewinnbar zurückbleibt, kommen wie bei den Rohfaserstoffen auch indirekte Methoden — Halogenabsorption und Methylzahlbestimmung — in Betracht.

Bei allen diesen Methoden ist im Auge zu behalten, daß sie ursprünglich nur für die Bestimmung des nativen Lignins in den Rohstoffen selbst ausgearbeitet worden sind. Die in den Halbstoffen noch vorhandenen ligninartigen Bestandteile unterscheiden sich doch ganz beträchtlich von jenem. Teils sind im Verlaufe des Aufschlußprozesses bestimmte charakteristische Gruppen abgespalten worden, teils sind Anlagerungen erfolgt. Die erzielten Ergebnisse müssen unter Beachtung dessen betrachtet werden (s. a. Nachtrag S. 678).

Direkte Ligninbestimmungen.

a) **Mit konzentrierter Schwefelsäure nach der Einheitsmethode.** Als solche ist eine von Noll und Mitarbeitern[1] ausgearbeitetes Bestimmungsverfahren übernommen worden.

Das wesentliche der Methode besteht darin, daß durch Befeuchtung der Zellstoffprobe mit Dimethylanilin vor der Einwirkung der Schwefelsäure, eine wesentliche Beschleunigung der Hydrolyse herbeigeführt werden kann.

Es wird bei einer solcher Art durchgeführten Verzuckerung vor allem die labile Esterstufe rasch durchlaufen, damit der Weg für das Durchlaufen der Dextrinstufen verkürzt und für die Bildung weiterer Abbauprodukte bis zum Traubenzucker und zur Pentose frei gemacht.

Die im Merkblatt Nr. 3 gegebene Arbeitsvorschrift hat im wesentlichen den nachstehenden Wortlaut.

Der zu untersuchende Zellstoff wird in Form eines fein geraspelten Pulvers verwandt, zu dessen Herstellung die früher beschriebene Pulverraspel benutzt wird. Das damit erhaltene Raspelgut wird sodann durch ein Sieb der DIN Nr. 5 getrieben und der Durchgang bei 100° getrocknet. Hierzu sind im allgemeinen 2 Stunden ausreichend. Eine Entfernung der Extraktstoffe vor der weiteren Behandlung ist nicht unbedingt erforderlich.

Von dem so vorbereiteten Zellstoff werden zwei Parallelversuche angesetzt, von welchen der eine zur quantitativen Ermittlung des Ligningehaltes bestimmt ist, während der zweite Ansatz zur Prüfung auf die Vollständigkeit der Verzuckerung dient. Dementsprechend werden von dem getrockneten Pulver zweimal je 1 g jeweils in einem kleinen Becherglässchen von 100 cm^3 Inhalt abgewogen und mittels eines Glasstabes mit stampferartig verbreitertem Fuß etwas zusammengedrückt, wobei Substanzverlust durch Zerstäuben sorgfältig zu vermeiden ist. Die auf diese Weise in dem Becherglas etwas zusammengepreßten Stoffpulverkuchen werden nun durch gleichmäßiges Übergießen mit je 5 cm^3 reinem Dimethylanilin befeuchtet und sodann nach 3···4 Minuten mit je 25 cm^3 78proz. Schwefelsäure übergossen. Die Verzuckerung der Zellulose beginnt augenblicklich und ist nach mehrmaligem Umrühren der Masse mit dem Glasstab in der Regel in ungefähr 10 Minuten beendigt. Etwa an der Glaswand befindliche Stoffstäubchen bringt man durch passendes Schwenken des Glasbechers in Lösung.

---

[1] Noll, A.: Papierfabrikant **28**, 485 (1930). — Noll, A., u. F. Hölder: Ebenda **29**, 485 (1931). — Noll, A., F. Bolz u. H. Fiedler: Ebenda **30**, 613 (1932).

Nach Verlauf der angegebenen Zeit prüft man die Vollständigkeit der Verzuckerung in dem Parallelansatz mittels der „Dextrinprobe", die nötigenfalls mehrmals im Verlauf je einiger Minuten auszuführen ist. Sie besteht darin, daß man etwa $^1/_2$ cm^3 der Lösung in einem Reagenzglas mit wenig Wasser verdünnt, gegebenenfalls filtriert und hierauf viel Alkohol (etwa die 20fache Menge) zugibt. Tritt nach gutem Umschütteln eine weißliche Trübung der Flüssigkeit oder sogar Abscheidung heller Flocken auf, so war die Verzuckerung noch nicht vollständig. Die Schwefelsäurebehandlung muß fortgesetzt werden bis zur vollkommenen Verzuckerung des Zellstoffes, also so lange, bis die Lösung keine Dextrinreaktion mehr gibt.

Ist kein Dextrin mehr nachweisbar, so gießt man die Reaktionsmasse des Hauptansatzes in ein 500 cm^3 fassendes Becherglas, verdünnt mit 200 cm^3 heißem Wasser und kocht 3 Minuten auf, wobei sich das Lignin in braunflockiger Form abscheidet. Man läßt etwa 1 Stunde auf dem Wasserbad absitzen und filtriert dann entweder durch einen Glasfiltertiegel oder durch ein einfaches, vorher getrocknetes und in einem Wägegläschen gewogenes Papierfilter (beispielsweise Schleicher & Schüll Nr. 589, Weißband, 12,5 cm Durchmesser).

Der gesammelte Niederschlag wird säurefrei gewaschen. Beim Arbeiten mit Papierfiltern ist besonders darauf zu achten, daß auch der obere Filterrand säurefrei ist, damit er bei dem anschließenden Trocknen nicht verkohlt. Das Trocknen des Lignins wird bei 100···105° durchgeführt. Das dann erfolgende Wägen muß in Anbetracht der Hygroskopizität des Lignins rasch geschehen. Zur festgestellten Gewichtsdifferenz ist bei Anwendung von Papierfiltern als Ausgleich für den erlittenen Auswaschverlust des Filters jeweils noch 0,003 g zu addieren. Dieser Befund ergibt Lignin plus Asche. Das getrocknete Filter wird sodann verascht und der Aschengehalt in Rechnung gesetzt. Die endgültige Befundangabe erfolgt konventionell in „% Lignin".

Liegen viel Harz enthaltende Zellstoffe vor, so empfiehlt es sich, diese vor der Hydrolyse durch Extraktion mit organischen Lösemitteln davon zu befreien.

b) Mit hochkonzentrierter Salzsäure nach WILLSTÄTTER-KRULL[1]. Die wie bei der Einheitsmethode zerkleinerte extrahierte Zellstoffprobe von 1···1,3 g absolut trocken wird — nach einem Vorschlag von SIEBER — zunächst mit wenig konzentrierter Salzsäure gerade angefeuchtet, gut durchgeknetet und alsdann an einen mäßig warmen Ort oder in ein Becherglas mit 30···35° warmem Wasser gestellt. Hierdurch wird innerhalb kurzer Zeit der Zellstoff vollkommen zermürbt, besonders schnell, wenn man mit einem Glasstab die Masse öfters durchknetet. Nach dem Abkühlen gibt man etwa 50 cm^3 konzentrierte Salzsäure ($d = 1,19$) hinzu und leitet unter Kühlung in Eiswasser getrocknetes Salzsäuregas in das Reaktionsgefäß ein. Innerhalb kurzer Zeit lösen sich die Zellulose und die übrigen Kohlehydrate restlos, während das Lignin in dunkler faserflockiger Form zurückbleibt. Zur Vervollständigung des hydrolytischen Abbaues läßt man das Reaktionsgemisch über Nacht oder noch besser 24 Stunden lang in der Kälte stehen. Man verdünnt es dann bis auf 500 cm^3 mit destilliertem Wasser, erhitzt zum Sieden und erhält dabei, bis sich alles Lignin in grobflockiger Form zusammengeballt hat. Danach wird durch einen gewogenen Glas- oder

---

[1] KRULL, H.: Diss. Danzig 1916, S. 19.

Porzellanfiltertiegel filtriert, mit heißem Wasser bis zum Verschwinden der Säurereaktion im Filtrat gewaschen, bei 100···105° getrocknet und gewogen. Nach erfolgter Veraschung wird neuerlich gewogen und auf aschefreies Lignin berechnet.

Indirekte Ligninbestimmungen.

a) **Bestimmung der Chlorzahl nach Wäntig, Gierisch und Kerényi.** Die im Abschnitt Untersuchung der Rohfaserstoffe beschriebene Methode kann in entsprechend übertragener Form Anwendung finden. Nach den Angaben der Autoren ist das Verfahren geeignet, Zellstoffe nach ihrem Ligningehalt zu klassifizieren.

b) **Bestimmung der Jodzahl nach Kürschner und Wittenberger.** Die Einzelheiten dieses Verfahrens, das ausführlich auf seine Verwendbarkeit für Zellstoffe geprüft worden ist, sind im Abschnitt II Untersuchung der Rohfaserstoffe wiedergegeben. Im besonderen sei für den vorliegenden Zweck das Nachstehende aufgeführt.

Für die Vorbereitung der zur Untersuchung gelangenden Zellstoffe schlägt man am zweckmäßigsten folgenden Weg ein. Zur Entfernung der letzten Spuren von schwefliger Säure oder Sulfid werden größere Proben der Stoffe rasch mit destilliertem Wasser ausgekocht, und dann sorgfältig mit fließendem Wasser gewaschen. Aus dem erhaltenen Fasergut werden Blätter geformt, diese abgepreßt und getrocknet. Sollen die Stoffe im extrahierten Zustand zur Verwendung kommen, so werden sie nach dem Zerschneiden in schmale Streifen mit Äther oder Dichlormethan erschöpfend ausgezogen. Zur weiteren Zerkleinerung werden die Bögen oder Streifen dann auf der Pulverraspel behandelt. Aus dem erhaltenen Gut werden gröbere Teilchen abgesiebt.

Von dem so vorbereiteten Zellstoff werden zur Bestimmung 0,2···0,3 g benutzt. An Brom sind dann je Versuch nicht mehr als 0,2 g erforderlich.

Im einzelnen ist der früher dargestellten Arbeitsweise nichts weiter zuzufügen.

Nach den sehr eingehenden Untersuchungen von Kürschner und Wittenberger hat der Wert ψ zur Umrechnung der gefundenen Jodzahl auf Lignin bei den einzelnen Zellstoffen folgende Höhe:

Sulfit-		Sulfat-	
	Zellstoff		
nicht extrahiert	extrahiert	nicht extrahiert	extrahiert
0,25	0,26	0,38	0,38

Es ergibt sich der jeweilige Ligningehalt aus der Gleichung:

$$\text{Lignin} = \text{Jodzahl} \cdot \psi.$$

c) **Bestimmung des Methoxylgehaltes. Methylzahl.** Der für das Lignin der Rohfaserstoffe charakteristische Methoxylgehalt findet sich, wenn auch nicht zur vollen anteiligen Höhe, noch in den ligninhaltigen Bestandteilen vor, die im fertigen Zellstoff verblieben sind. Seine Ermittlung kann nach den Methoden erfolgen, welche ausführlich in dem Abschnitt beschrieben sind, der der Untersuchung der Rohfaserstoffe gewidmet ist.

Bestimmung von Pentosan.

Allgemeines. Auch bei den Zellstoffen wird diese Bestimmung wie bei den Rohfaserstoffen durchgeführt, d. h. es wird die Eigenschaft der Pentosane wahrgenommen, bei der Behandlung mit Mineralsäuren in der Wärme Furfurol abzuspalten, das dann seiner Menge nach analytisch ermittelt wird. Es ist bei der Beschreibung der Untersuchungsmethoden der Rohfaserstoffe ausgeführt worden, welche Schwierigkeiten bestehen, um mit dieser Arbeitsweise zuverlässige Werte zu erhalten. Da die Ergebnisse durch unzweckmäßiges Arbeiten nachteilig beeinflußt werden können, hat der **Verein der Zellstoff- und Papier-Chemiker und -Ingenieure** durch seinen Fachausschuß eine Einheitsmethode für diesen Zweck ausarbeiten lassen (Merkblatt Nr. 9[1]). Um die Unsicherheit zu umgehen, welche durch die verschiedenartig geübte Umrechnung der Furfurolausbeute auf den Pentosangehalt bestehen, wird bei der Einheitsmethode von einer solchen Berechnung einstweilen bewußt abgesehen, es wird vielmehr allein der erhaltene Furfurolwert als Ergebnis aufgeführt. Die Methode ist in allem als ein Konventionsarbeitsverfahren anzusehen.

Da man bei manchen Untersuchungen hiermit nicht auskommen wird, muß in solchen Fällen auf die ausführliche Beschreibung anderer Arbeitsweisen, die an der besagten Stelle gegeben sind, sowie auf die Berechnungsweise des Pentosangehaltes verwiesen werden.

Eine vergleichende Untersuchung der Analysenkommission des **Schwedischen Zellulose-Ingenieur-Vereins**[2] hat im übrigen das Ergebnis gezeitigt, daß die Werte des titrimetrischen Verfahrens gut mit den nach der Barbitursäuremethode erhaltenen übereinstimmen. Dies setzt allerdings voraus, daß die titrimetrische Bestimmung erst nach nochmaliger Umdestillation des ursprünglich erhaltenen Furfuroldestillates vorgenommen wird. Gemäß dieser Nachprüfung erhält man bei der Titration fast durchgängig etwas niedrigere Werte, doch weichen sie durchschnittlich um nicht mehr als 3% von den auf gewichtsanalytischem Weg gewonnenen ab.

a) **Arbeitsverfahren der Einheitsmethode.** Eine lufttrockene, in Haferflockengröße geraspelte oder von Hand fein gezupfte Zellstoffprobe, welche 5 g Trockenstoff entspricht und deren Feuchtigkeitsgehalt gesondert zu bestimmen ist, wird in einem etwa 300 cm³ fassenden Destillierkolben mit 100 cm³ 13 gew.-proz. Salzsäure ($d = 1,065$ bei 20°) versetzt unter Zugabe von etwa 20 g Kochsalz. Der Kolben ist mit einem kleinen Tropftrichter und einem mit Liebig-Kühler verbundenen Destillierrohr versehen. Die Destillationszeit beträgt bei einer Destilliergeschwindigkeit von 25 cm³ in 10 Minuten im ganzen 120 Minuten, wobei jeweils nach dem Überdestillieren von 25 cm³ Flüssigkeit erneut 25 cm³ Säure der vorgenannten Konzentration mittels des Tropftrichters zugegeben werden. Die gesammelten Destillate (300 cm³) werden in einem Meßkolben von 500 cm³ mit 13proz. Salzsäure bis zur Marke aufgefüllt und gut gemischt.

Aus dem Meßkolben werden 100 cm³ der Lösung entnommen und in einen etwa 500 cm³ fassenden Erlenmeyerkolben gegeben. Unter Abkühlen setzt man 200 cm³ 5,95 gew.-proz. Natronlauge (1,58 n-Lauge) zu. Hierauf werden zu der

---

[1] Papierfabrikant **33**, 225 (1935).
[2] JOHANSSON, D.: Svensk Papperstidn. **44**, 267 (1941).

noch schwach sauer reagierenden Flüssigkeit als Katalysator 10 cm³ einer Ammoniummolybdatlösung (25 g im Liter) und 25 cm³ einer Bromid-Bromat-Lösung, die im Liter 1,392 g Kaliumbromat und 10 g Kaliumbromid enthält, zugesetzt. Man stellt sodann den mit Korkstopfen verschlossenen Erlenmeyerkolben auf eine weiße Unterlage und beobachtet das Auftreten einer Gelbfärbung, die innerhalb 2 Minuten, meist schon nach etwa $^1/_4$ Minute, einzutreten pflegt. Von diesem Zeitpunkt an gerechnet bleibt die Probe 4 Minuten stehen, worauf 1 g festes gepulvertes Kaliumjodid zugesetzt wird. Nach sofortigem Umschütteln bleibt die Lösung weitere 5···10 Minuten stehen. Nach Ablauf dieser Zeit wird das ausgeschiedene Jod mit $^n/_{20}$-Natriumthiosulfatlösung und Stärkelösung als Indikator titriert. Bei der Titration ist unbedingt darauf zu achten, daß die zu titrierende Flüssigkeit eine zwischen 0,15···0,25 n liegende Azidität hat, da anderenfalls zu niedrige Ergebnisse erhalten werden. Am Ende der Titration muß die Lösung scharf nach farblos umschlagen.

Auf weitere Fehlerquellen bei der titrimetrischen haben neuerlich Jayme und Sarten[1] aufmerksam gemacht. Da es für das Ergebnis nicht gleichgültig ist, mit welchen Bromatmengen die Titration durchgeführt wird, empfehlen sie nur soviel Bromid-Bromatlösung anzuwenden, daß für die Rücktitration ein Überschuß von 5···10 cm³ verbleibt. Es ist nach den Beobachtungen der Genannten ferner von großer Wichtigkeit, daß die Neutralisation des Furfuroldestillates bei so niedriger Temperatur wie 0···5° erfolgt. Höhere Temperaturgrade, auch wenn sie nur örtlich auftreten, führen zu Fehlwerten. Es empfiehlt sich dieserhalb die zur Einstellung des Destillates auf den erwünschten Säuregrad erforderliche Laugenmenge gut gekühlt und in kleinen Anteilen zuzufügen. Damit die Oxydation des Furfurols nicht über Brenztraubensäure hinausgeht, ist es schließlich nach Jayme und Sarten unbedingt erforderlich, die Zeitdauer von 4 Minuten für die Einwirkung des Bromid-Bromat-Gemisches genauestens einzuhalten. Diesen Forderungen kann man am ehesten dadurch gerecht werden, daß jeweils zwei Titrationen ausgeführt werden, von denen die erste allein zur Orientierung dient, während die zweite mit dem richtigen Überschuß an Oxydationsmitteln sowie unter Temperaturkontrolle und unter Einhaltung der vorgeschriebenen Zeit ausgeführt wird.

Die Berechnung der Furfurolzahl ergibt sich aus folgenden Beziehungen:

Die Oxydation des Furfurols zu Brenzschleimsäure durch eine Bromid-Bromat-Lösung verläuft gemäß der Gleichung:

$$3C_5H_4O_2 + KBrO_3 + 5KBr + 6HCl = 3C_5H_4O_3 + 6KCl + 6HBr.$$

3 Moleküle Furfurol entsprechen also 6 Atomen Brom oder Jod, so daß 1 Atom Jod einem halben Molekül Furfurol $\left(\dfrac{96}{2} = 48\right)$ entspricht. Da eine $^n/_5$-Bromatlösung verwendet wurde, entspricht nach obiger Gleichung 1 cm³ dieser Bromatlösung = 0,0024 g Furfurol. Die prozentuale Gesamtmenge des aus dem Zellstoff abspaltbaren Furfurols ist dann nach folgender Gleichung zu errechnen:

$$\text{Furfurol} = \frac{(b-c) \cdot 5 \cdot 0{,}0024 \cdot 100}{a} \cdot \frac{100}{100 - f} \,^0/_0.$$

---

[1] Jayme, G., u. F. Sarten: Biochem. Z. 310, 1 (1941).

Dabei bedeutet b die Anzahl Kubikzentimeter vorgelegter Bromatlösung, c diejenige der verbrauchten $n/_{20}$-Natriumthiosulfatlösung, a die Einwaage in g und f die Feuchtigkeit des Zellstoffs in Prozenten.

b) Nach Jayme und Sarten. Die für pflanzliche Rohstoffe im Abschnitt II beschriebene Methode, bei der statt Salzsäure Bromwasserstoffsäure Anwendung findet, empfiehlt sich auch für die Bestimmung des Pentosans in Halbstoffen. Nach der dort gegebenen ausführlichen Vorschrift kann auch hier in allen Punkten gearbeitet werden. Je nach dem zu erwartenden Pentosangehalt wird eine wechselnde Einwaage erforderlich sein.

Bestimmung von Mannan und Galaktan.

Für die Bestimmung dieser beiden Polyosen dienen die ausführlich beschriebenen Methoden im Abschnitt II Untersuchung der Rohfaserstoffe.

Bestimmung von Uronsäuren (Pektine).

Zur Ermittlung der Uronsäuren, die aus eingangs erwähnten Gründen auch für ungebleichte Zellstoffe in Frage kommen kann, erfolgt mittels der für die Bestimmung der Pektine in Rohfaserstoffen beschriebenen Methode. Es empfiehlt sich bei der geringen Menge, die davon erfahrungsgemäß in den Zellstoffen gewöhnlich vorkommen, mit nicht geringeren Einwaagen als $3 \cdots 4$ g zu arbeiten.

Bestimmung der wasserlöslichen Bestandteile.

Ungebleichte Zellstoffe enthalten meist gewisse Mengen von wasserlöslichen Bestandteilen, deren Menge zwischen $1 \cdots 1,5\%$ ausmachen kann. Für ihre Bestimmung hat Opfermann[1] folgende Vorschrift gegeben.

In einem mit Rührer und Kühler ähnlich wie die zur Bestimmung der Kupferzahl von Schwalbe ausgerüsteten Kolben werden 20 g lufttrockener Stoff $1\frac{1}{2}$ Stunde unter Rühren mit destilliertem Wasser ausgekocht; dann wird abgenutscht, vom Filter getrennt und die gleiche Behandlung nochmals vorgenommen. Das klare Filtrat trübt sich allmählich nach dem Erkalten und scheidet einen weißen gallertartigen Niederschlag aus. Die Flüssigkeit wird samt der Ausscheidung, die sich teils zu Boden setzt, teils an der Wandung des Becherglases hängt, in einer Platinschale eingedampft. Der erhaltene getrocknete Gesamtrückstand wird gewogen, verascht und die erhaltene Asche wird wieder gewogen.

Zur Untersuchung der Wasserextrakte. Der wäßrige filtrierte Auszug kann zur Prüfung auf einen Gehalt an schwefliger Säure und Schwefel der folgenden von Noll[2] vorgeschlagenen Probe unterworfen werden.

Man säuert mit verdünnter Salzsäure an und gibt etwas chemisch reines Zink hinzu. Es entwickelt sich Wasserstoff, welcher im statu nascendi etwa vorhandene schweflige Säure zu Schwefelwasserstoff reduziert, den man dann am Geruch und der Schwärzung von Bleiazetatpapier erkennt. Noch empfindlicher ist die Reaktion, wenn man die Flüssigkeit vom Zink abgießt, mit Natronlauge im Überschuß versetzt und mit frisch bereiteter Lösung von Nitroprussidnatrium die Identität von Schwefelwasserstoff feststellt.

---

[1] Opfermann, E., in C. G. Schwalbe: Die chemische Untersuchung pflanzlicher Rohstoffe und der daraus abgeschiedenen Zellstoffe, S. 39ff. Berlin 1920.

[2] Noll, A.: Papierfabrikant **26** (Festheft), 59 (1928).

Statt dessen ist auch der folgende Weg zum Nachweis der schwefelhaltigen Verbindungen gangbar. Der erhaltene wäßrige Extrakt wird auf dem Wasserbad einige Zeit unter häufigem Schütteln mit etwas Zinkstaub behandelt und sodann filtriert, bei welcher Behandlung etwa vorhanden gewesene schweflige Säure in Hydrosulfit übergeführt wird. Man macht jetzt mit Natronlauge eben alkalisch und prüft mit einem Streifen Indanthrengelbpapier, den man in die Flüssigkeit hineinwirft. Bei Anwesenheit von Hydrosulfit färbt sich das gelbe Papier nach einiger Zeit blau, indem das Indanthrengelb durch das gebildete Natriumhydrosulfit in sein kornblumenblau gefärbtes Leukoprodukt übergeführt wird, wodurch der Nachweis der schwefligen Säure erbracht ist.

An Stelle des Indanthrengelb-Papiers kann man sich auch einer wäßrigen Suspension von Indanthrengelb bedienen, die man wie folgt bereitet. Ein kleines Quantum Indanthrengelb G in Pulver oder in Teig wird in destilliertem Wasser gut aufgeschüttelt und sodann durch ein benetztes Filter gegossen. Die feine Suspension des an sich in Wasser unlöslichen Farbstoffes läuft größtenteils durch das Filter hindurch und ist dem Reagenzpapier an Empfindlichkeit noch überlegen.

Ein anderer Farbstoff, der sich für den Nachweis der schwefligen Säure in der Form des Hydrosulfits sehr gut eignet, ist das Methylenblau. Es wird durch die geringsten Spuren Hydrosulfit in farbloses Leukomethylenblau übergeführt. Zur Ausführung der Reaktion bedient man sich einer passend verdünnten Farbstofflösung, etwa 1 : 10000, oder eines Methylenblau-Reagenzpapiers, indessen ist die Reaktion mit der Lösung schärfer. Man gibt zu dem auf schweflige Säure zu prüfenden wässerigen Zellstoffauszug eine Spur Zinkstaub und versetzt unter Schütteln mit einigen Tropfen der Farbstofflösung. Ist Hydrosulfit oder war ursprünglich schweflige Säure vorhanden, so tritt Entfärbung ein. Beim Arbeiten mit Methylenblaupapier wirft man einen Streifen in die mit Zinkstaub versetzte, auf schweflige Säure zu prüfende Lösung hinein, wobei sich im positiven Falle der eben geschilderte Vorgang abspielt.

Bei der Anwendung dieser Farbstoffe muß darauf geachtet werden, daß bei Herstellung des Extraktes nur gerade bis zum beginnenden Sieden erhitzt wird, da sonst unter Umständen reduzierende Stoffe anderer Art herausgelöst werden, die ebenfalls auf die Reagenzien Indanthrengelb G und Methylenblau reduzierend einwirken können. Auch ist es zweckmäßig, mehrere Prüfungsverfahren nebeneinander auszuführen.

Auch für die Prüfung der zur Trockne eingedampften Extraktionsrückstände hat NOLL entsprechende Prüfmethoden ausgearbeitet. Dazu wird in einem der üblichen Glühröhrchen die gepulverte Substanzprobe, es genügen einige Zentigramm, mit einem Überschuß von reinem Eisenpulver zunächst gut vermischt, dann über dem Bunsenbrenner einige Minuten zum Glühen gebracht und das heiße Röhrchen in einem kleinen Quantum verdünnter reiner Salzsäure zersprengt. War Schwefel anwesend, so tritt sofort intensiver Schwefelwasserstoffgeruch auf, und der Sicherheit halber kann man bei nur spurenhafter Schwefelanwesenheit oder bei sehr geringer angewandter Substanzmenge die Schmelze mit der Säure erhitzen, wobei sich auch die geringste Spur von Schwefel noch bekannt gibt (Prüfung mit Bleiazetatpapier). Sehr empfindlich läßt sich die Reaktion auch gestalten, wenn man den salzsauren Auszug alkalisch macht und die Anwesenheit von Schwefel durch die mit Nitroprussidlösung auftretende Blaufärbung feststellt.

Bestimmung der Löslichkeit von Zellstoffen in 1 proz. Natronlauge.

Hierfür ist versuchsweise von der Technical Association of the Pulp and Paper Industry (Amerika) folgende Vorschrift gegeben worden[1].

2 g zerzupfter, lufttrockener Stoff werden in einem Wägegläschen von bekanntem Gewicht $1\frac{1}{2}\cdots 2$ Stunden bei 105° getrocknet, nach der Abkühlung im Exsikkator gewogen, in ein 250 cm³ fassendes Becherglas gegeben und darin mit 100 cm³ einer 1 proz. ($^n/_4$) Natronlauge übergossen. Das Becherglas wird mit einem Uhrglas überdeckt, 1 Stunde in ein kochendes Wasserbad gehängt und der Becherglasinhalt ab und zu mit einem Glasstab umgerührt. Nach dieser Zeit wird durch einen gewogenen Glas- oder Porzellanfiltertiegel abfiltriert, mit zunächst kleinen Mengen heißen Wassers, dann mit 10 proz. Essigsäure und schließlich wieder mit heißem Wasser ausgewaschen. Tiegel und Rückstand werden bis zum gleichbleibenden Gewicht bei 105° getrocknet und nach dem Abkühlen im Exsikkator gewogen. Die Differenz des ursprünglichen Zellstoffgewichtes und des Gewichtes des getrockneten Rückstandes stellt den in 1 proz. Natronlauge löslichen Anteil des Zellstoffes dar.

Bestimmung von Harz, Fett und Wachs (Extraktstoffe).

Allgemeines. Die in den Zellstoffen enthaltenen Extraktstoffe — ein Gemenge von freiem Harz, Fett- und Wachsstoffen, sowie Seifen der erstgenannten — können sowohl bei der Erzeugung von Papier, als auch bei der chemischen Weiterverarbeitung der Halbstoffe Anlaß zu Störungen und Schwierigkeiten sein.

Eine Bestimmung ihrer Menge erfolgt durch Ausziehen der Zellstoffe mit organischen Lösungsmitteln. Die hierbei benutzten Apparate sind die gleichen, wie sie auch bei der Mengenermittlung der Extraktstoffe in den Rohfasern zur Anwendung gelangen und auch hier kommt das zur prüfende Material zumeist in zerkleinerter Form zur Extraktion.

Die Wahl des Lösungsmittel ist abhängig von dem beabsichtigten Zweck. Handelt es sich um die Ermittlung sowohl freier als gebundener Seifen-Extraktstoffe, so wird 96 proz. Alkohol der Vorzug zu geben sein, ein Lösungsmittel, das hierfür auch bei der Einheitsmethode (Merkblatt Nr. 6[2]) empfohlen wird. Für das Ausziehen der freien Harze, Fette, sowie der Wachse können verschiedene Lösungsmittel benutzt werden. Neben dem Dichlormethan, das die Einheitsmethode (Merkblatt Nr. 5[3]) vorschreibt, kommt vor allem noch Äther in Betracht, aber auch verschiedene schon bei der Untersuchung der Rohfaserstoffe aufgezählte Lösungsmittel wie auch Gemische solcher stehen in Verwendung.

Welche wechselnden Werte an Extrakt bei Anwendung unterschiedlicher Lösungsmittel beim gleichen Zellstoff erhalten werden, veranschaulicht die folgende Tabelle, die einer Arbeit von Holmberg[4] entstammt.

Zwischen den Werten, die bei Anwendung der beiden zur Zeit wohl am häufigsten benutzten Lösemittel — Äther und Dichlormethan — erhalten werden, ist wie eine neuerliche Nachprüfung[5] gezeigt hat, kein großer Unterschied, ganz

[1] Paper Trade J. **96**, H. 26, 35 (1933).
[2] Papierfabrikant **32**, 481 (1934).
[3] Papierfabrikant **32**, 345 (1934).
[4] Holmberg, B.: Svensk Papperstidn. **36**, 766 (1933).
[5] Johansson, D.: Svensk Papperstidn. **44**, 267 (1941).

Tabelle 20. Extraktmengen aus Zellstoff bei unterschiedlichen
Lösungsmitteln und wiederholter Extraktion.

Lösungsmittel	Extraktion			Gesamt-Extrakt
	1 %	2 %	3 %	%
Azeton	1,185	0,032	0,024	1,241
Alkohol absol..	1,276	0,037	0,022	1,335
Äther	0,974	0,064	0,024	1,062
Methylenchlorid	0,970	0,048	0,022	1,040
Chloroform	1,147	0,068	0,023	1,238
Kohlenstofftetrachlorid . . .	0,998	0,059	0,043	1,100
Äthylenchlorid	1,082	0,030	0,016	1,128
Trichloräthylen	1,196	0,051	0,034	1,281
Benzol	0,890	0,093	0,035	1,018
Alkohol + Benzol (1 : 1) . .	1,347	0,035	0,022	1,404
Petroläther	0,457	0,049	0,023	0,529

gleich, ob Sulfit- oder Sulfatzellstoff vorliegt. Bei Sulfitzellstoffen erhält man
die höchsten Zahlen bei einer Doppelextraktion mit Dichlormethan als erstes
und Alkohol oder Alkohol-Benzol-Gemisch als zweites Lösemittel. Bei Sulfatzellstoffen hängt das Ergebnis in noch viel stärkerer Weise als bei Sulfitstoffen von
der Art des Lösungsmittels ab. Auch hier führt die obenerwähnte Doppelextraktion mit dem genannten Gemisch zu den Höchstwerten. Durch die Anwendung von Alkohol werden bei den alkalisch erkochten Zellstoffen auch die
in ihnen vorhandenen Harz- und Fettseifen mit herausgelöst.

Den Papiermacher interessiert an und für sich der Extrakt-, „Harz"-Gehalt
nur insoweit, als er die Ursache der unliebsamen Harzstörungen bei der Verarbeitung des Zellstoffes ist. Trotz einer sehr großen Anzahl von Untersuchungen
auf diesem Gebiet schwebt man noch immer über viele der Umstände, welche
die Harzschwierigkeiten bedingen, im unklaren. Es ist aber unzweideutig festgestellt, daß die absolute Menge des Extraktes allein nicht maßgebend für das
Auftreten solcher Schwierigkeiten ist. Weit mehr haben hierauf Einfluß gewisse
physikalische Eigenschaften des Extraktes, Klebrigkeit und Lage des Schmelz-
punktes.

Bei dem großen Interesse, das man daran hat, von vornherein zu wissen, ob
ein bestimmter Stoff zur Auslösung von Harzschwierigkeiten führen kann, war
man schon seit langem bestrebt, geeignete Untersuchungsmethoden auszuarbeiten.
Da Extraktionsmethoden, darin bestehend, allein das schädliche Harz und nur
dieses aus dem Zellstoff auszuziehen, versagen, war man hier auf andere Prüfverfahren hingewiesen. Zunächst kann man Untersuchungen an dem mit Äther
oder Dichlormethan erhaltenen Auszug vornehmen. Sein Tropfpunkt, seine Löslichkeit in Petroläther und seine Klebrigkeit können schon einen Begriff davon
geben, ob wesentliche Mengen solcher Bestandteile darin vorhanden sind, welche
zum Auftreten von Störungen führen können. Eine zuverlässige Beurteilung
vermag man aber hiermit allein noch nicht zu gewinnen. Die übrigen in Vorschlag gebrachten Methoden bestehen allermeist darin, zu beobachten, ob und
in welchem Maße während des Mahlens einer Zellstoffprobe Abscheidung von
Harz erfolgt. Solche Zellstoffe, die hierzu besonders neigen, werden auch im
Betrieb eher zu Schwierigkeiten führen, als solche, die diese Eigenschaft weniger

zeigen. Alle für diesen Zweck ausgearbeiteten Methoden sind aber vorläufig nicht anders als Vorschläge zu bezeichnen.

Vorbereitung des zu prüfenden Zellstoffes. Die Zerkleinerung der Zellstoffprobe kann durch Zupfen von Hand erfolgen. Hierbei sollen die erhaltenen Stückchen eine Kantenlänge von 1···2 cm besitzen. Bei Vorhandensein einer Flockenraspel kann diese zur Zerkleinerung der Proben benutzt werden. Die Verteilung der Extraktstoffe im Zellstoff ist nicht ganz gleichmäßig, weshalb man möglichst von einer größeren Anzahl von Zellstoffbögen Proben entnehmen muß, um ein gutes Durchschnittsmuster zu erhalten. Stehen größere Mengen des zu prüfenden Zellstoffes zur Verfügung, so kann die folgende Art der Probeentnahme vorzuziehen sein. Von einer größeren Anzahl von Bögen wird über die ganze Breite ein Streifen abgeschnitten. Sämtliche Streifen werden gemeinsam in einem Naßauflöseapparat zerfasert, worauf aus dem hierbei erhaltenen Faserbrei Probebögen geschöpft werden. Diese bei mäßiger Wärme getrockneten, einen guten einheitlichen Durchschnitt darstellenden Bögen werden entweder wie oben angegeben zerrissen oder geraspelt oder aber von ihnen schmale Streifen abgeschnitten, die dann in der Art eines Harmonikabalges gefaltet werden und in dieser Form zur Extraktion gelangen. Bei der Naßauflösung muß ausschließlich mit kaltem Wasser und nicht länger als erforderlich gearbeitet werden, um jede Änderung der Menge und Beschaffenheit des ursprünglichen Harzes auszuschließen.

Zum Ausziehen wird immer nur lufttrockener Stoff verwandt, dessen genauer Feuchtigkeitsgehalt in einer besonderen Probe ermittelt wird.

Durchführung der Bestimmung des Harz- und Fettgehaltes nach der Einheitsmethode. 10 g des lufttrockenen zerkleinerten Zellstoffes werden in einem Extraktionsapparat vom Soxhlet- oder Besson-Typ auf dem Wasserbad 3 Stunden lang mit Dichlormethan (Methylenchlorid) „98···100 proz. ohne Zusatz" extrahiert. Bei Verwendung von Soxhlet-Apparaten wird vor die Einmündung des Heberröhrchens in das Aufnahmegefäß ein kleines Polster sorgfältig entfetteter Baumwolle (Verbandwatte) gelegt, um zu verhindern, daß kleine Stoffteilchen mit in den Kolben gespült werden. Nach beendeter Extraktion wird der Extrakt durch ein Filter gegossen und dieses mit etwas frischem Lösungsmittel ausgewaschen. Vom filtrierten Extrakt und der Waschflüssigkeit wird sodann die Hauptmenge des Lösungsmittels abdestilliert und das Konzentrat unter Nachspülen in ein kleines gewogenes Bechergläschen von etwa 50 cm³ Inhalt überführt. Sein Inhalt wird zunächst auf dem Wasserbad vorsichtig zum Trocknen gebracht und der Rückstand sodann im Trockenschrank bei 100° bis zum bleibenden Gewicht (Toleranz der Differenz zwischen zwei Bestimmungen: 5 mg = 0,05 %) getrocknet, die in der Regel in 2···4 Stunden erreicht ist. Nach dem Erkalten im Exsikkator wird gewogen und das auf absolut trockenen Zellstoff umgerechnete Ergebnis als „% Dichlormethanextrakt" (abgekürzt: „Di-Extrakt") angegeben.

Wird bei dieser Extraktion Äther als Lösungsmittel verwandt, so sollte man die Trocknung bei niedriger Temperatur im Vakuum vornehmen. Diese Art des Trocknens ist, ganz gleich, welches Lösungsmittel man benutzt, immer dann vorzuziehen, wenn die Extrakte einer weiteren Untersuchung unterworfen werden sollen. Höhere Temperaturen verändern die empfindlichen Extrakte.

Bei den Angaben der Ergebnisse ist, falls andere Arbeitsbedingungen und Lösungsmittel gewählt wurden, darauf hinzuweisen.

Bestimmung des Gesamtharzes (Alkoholextrakt) nach der Einheitsmethode. 10 g des zerkleinerten lufttrockenen Zellstoffes werden in einem Soxhlet- oder Bessonapparat 6 Stunden lang mit 96 proz. Alkohol auf dem Wasserbad extrahiert. Die alkoholische Extraktlösung wird durch ein Filter gegossen und das Filter mit frischem Lösungsmittel nachgewaschen. Die Extraktlösung wird dann vorsichtig auf dem Wasserbad etwas eingeengt, sodann in ein gewogenes Bechergläschen übergeführt, hierin bis zur Sirupdicke abgedampft, dann im Trockenschrank 2 Stunden bei 100° getrocknet und nach dem Erkalten gewogen. Das Ergebnis wird auf absolut trockenen Zellstoff berechnet.

Untersuchung der Extraktstoffe.

Im Abschnitt Untersuchung der pflanzlichen Rohfaserstoffe ist ein Untersuchungsschema mit den erforderlichen Methoden für derartige Extrakte beschrieben. Neuerlich hat SAMUELSEN[1] einen noch ausführlicheren Untersuchungsgang angegeben.

Außer diesem ist der Vollständigkeit halber hier auch noch das Untersuchungsschema wiedergegeben, das von SAMUELSEN für eine Prüfung der Harzausscheidungen selbst ausgearbeitet worden ist.

Tabelle 21. Untersuchungsschema für Zellstoffextrakte nach SAMUELSEN.
Die eingeklammerten Zahlen bedeuten die zur Analyse benutzten Mengenanteile.

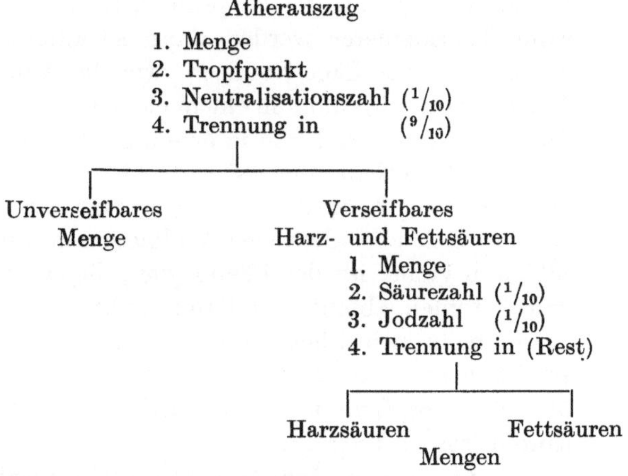

Soweit die hier in Frage kommenden Einzelmethoden nicht bereits in dem obengenannten Abschnitt beschrieben worden sind, erfahren sie nachstehend eine kurze Darstellung.

Bestimmung des Tropfpunktes. Zur Ermittlung des Tropfpunktes bedient man sich des Apparates von UBBELOHDE (Abb. 90). Er besteht aus dem Thermometer *a*, das durch die federnde Metallhülse *b* mit dem kleinen Aufnahmegefäß für die Extraktprobe *e* verbunden werden kann. Das Gefäß *e* besitzt am Boden eine Öffnung und bei *d* 3 Sperrstäbe, um Hülse und Gefäß stets in der

---

[1] SAMUELSEN, S.: Papir-J. 27, H. 16, 224 (1939).

Tabelle 22. Schema für die Untersuchung der Harzausscheidungen
nach SAMUELSEN.

Harzabscheidung (5 g)
|
Extraktion mit Äther

Löslicher Anteil
1. Menge
2. Tropfpunkt
3. Neutralisationszahl ($^1/_{10}$)
4. Trennung in ($^9/_{10}$)

Rückstand
behandelt mit 50 cm³ $^n/_2$-NaOH

ungelöst
Menge

Löslicher Anteil
1. Menge
2. Neutralisationszahl ($^1/_{10}$)
3. Trennung in ($^9/_{10}$)

Unverseifbares
Menge

Verseifbares
1. Menge
2. Säurezahl
3. Jodzahl
4. Trennung in

Verseifbares
1. Menge
2. Säurezahl
3. Jodzahl
4. Trennung in

Unverseifbares

Harzsäuren   Fettsäuren
Menge

Harzsäuren   Fettsäuren
Menge

gleichen Weise miteinander zu verbinden. Das Gefäß *e* wird unter Vermeidung von Luftblasen mit der zu prüfenden Probe gefüllt, und Hülse samt Thermometer werden dann so aufgesetzt, daß sie zueinander in die Lage kommen, wie die Abbildung es angibt. Der Apparat wird dann in einem etwa 4 cm weiten Reagenzrohr durch Kork befestigt und in einem großen Wasserbad (Becherglas von 3 l Inhalt auf Asbestdrahtnetz) so erhitzt, daß der Wärmeanstieg 1° in der Minute beträgt. Die Temperatur, bei welcher sich eine deutliche Wölbung am Ende der Hülse zu bilden beginnt, ist der Fließbeginn, diejenige, bei welcher der erste Tropfen abfällt, der Tropfpunkt.

Je mehr sich Fließbeginn (Erweichungspunkt) und Tropfpunkt denen des reinen Kolophoniums (Erweichungspunkt 55···65°, Tropfpunkt 75···85°) nähern, um so reicher an Harzsäuren ist der Extrakt.

Bestimmung der Jodzahl (JZ.) nach HÜBL. Unter Jodzahl eines Fettes oder Öles versteht man die Menge Jod, welche 100 g der in einem indifferenten Lösungsmittel gelösten Substanz unter bestimmten Verhältnissen addieren. Die Jodzahl gibt ein Maß für die vorhandenen ungesättigten Anteile. Zu ihrer Ermittlung sind folgende Lösungen erforderlich.

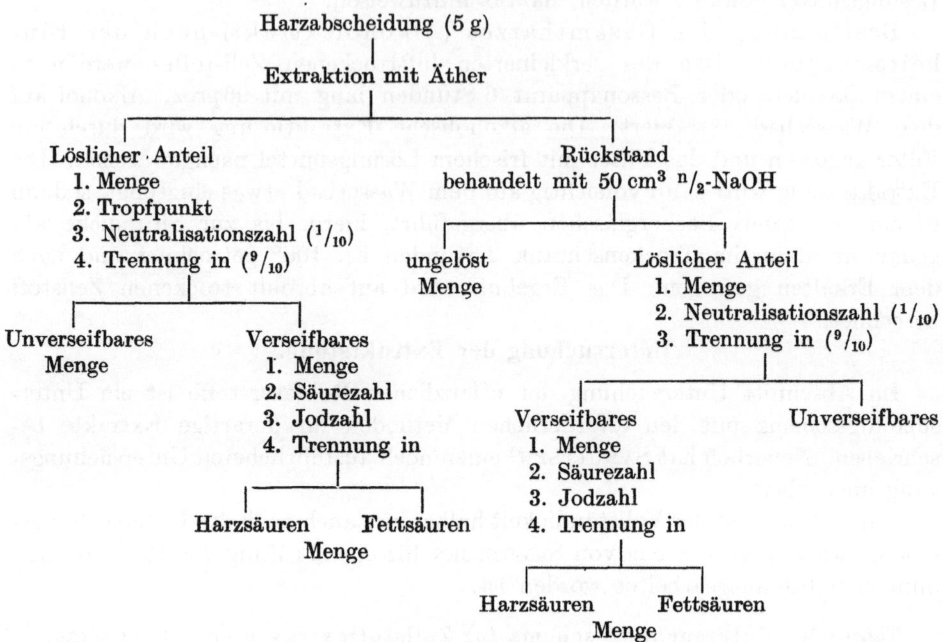

Abb. 90. Tropfpunktprüfer für Harze und Fette. (Nach UBBELOHDE.)

1. Chloroform.

2. HÜBLsche Jodlösung, die aus den beiden getrennt aufzubewahrenden Einzellösungen a und b zu gleichen Raumteilen zusammengesetzt wird.

Lösung a. 25 g reines Jod werden in 500 cm³ 96proz. Alkohol gelöst.

Lösung b. 30 g Quecksilber(II)chlorid werden in 500 cm³ 96proz. Alkohol gelöst, worauf von etwa vorhandenen unlöslichen Bestandteilen abfiltriert wird.

Das Vermischen der Lösungen a und b muß 24 Stunden vor deren Anwendung erfolgen. Man mischt der geringen Haltbarkeit des Gemisches halber nicht mehr als erforderlich.

3. 10proz. Kaliumjodidlösung.

4. $n/_{10}$-Natriumthiosulfatlösung.

Zur Ermittlung der Jodzahl werden 0,2···0,3 g der zu prüfenden Extraktprobe in eine mit gut schließendem Stopfen versehene Glasflasche von etwa 400 cm³ Inhalt gebracht und darin mit 10 cm³ Chloroform gelöst. Zur Lösung gibt man 25 cm³ gemischte Jod-Quecksilberchlorid-Lösung, befeuchtet den Glasstopfen mit etwas Kaliumjodidlösung, um Verluste an Jod zu vermeiden, schüttelt gut durch und läßt dann die Flasche an einem vor Licht geschützten Ort 24 Stunden stehen. Gleichzeitig setzt man einen Blindversuch mit den gleichen Mengen Chloroform und HÜBLscher Lösung an, der dazu benutzt wird, die Lösung gegen die $n/_{10}$-Natriumthiosulfatlösung einzustellen. Nach Ablauf der angegebenen Zeit setzt man zu dem Inhalt der Flaschen 20 cm³ Kaliumjodidlösung und nach Umschütteln 400 cm³ destilliertes Wasser. Scheidet sich hierbei Quecksilberjodid aus, so ist der Zusatz an Kaliumjodid zu erhöhen. Der nicht verbrauchte Jodanteil wird anschließend mit der $n/_{10}$-Natriumthiosulfatlösung zurücktitriert. Im Verlauf der Titrierung ist durch Umschütteln das in der Chloroformschicht vorhandene Jod in die wäßrige Lösung zu überführen. Werden beim Blindversuch w, beim Versuch mit der Extraktprobe v cm³ zur Titration verbraucht, und beträgt die Einwaage a g, so errechnet sich die Jodzahl zu

$$\text{JZ.} = \frac{(w-v) \cdot 1{,}27}{a}.$$

Zur Bestimmung des schädlichen Harzes.

a) Nach C. G. SCHWALBE[1]. Der Bestimmung liegt einerseits die Beobachtung zugrunde, daß in den Harzausscheidungen, wie man sie an verschiedenen Stellen im Betrieb vorfindet, die klebrigen Anteile des Ätherextraktes angereichert sind, und andererseits, daß es möglich ist, durch geeignetes Verdampfenlassen des Lösungsmittels einen Ätherextrakt in einfacher Weise, wenn auch nur angenähert in klebrige und nichtklebende Substanzen zu zerlegen. 25 g Zellstoff werden in etwa 1 cm² große Stückchen fein zerzupft, wobei man möglichst die dicken Zellstoffpappen zu spalten sucht. Der zerzupfte Zellstoff wird in ein Pulverglas von 500 cm³ Inhalt, das sich mit einem Glasstopfen dicht verschließen läßt, gebracht und alsdann mit 300 cm³ Äther übergossen. Vom Äther bedeckt bleibt die Probe 12 Stunden, am einfachsten über Nacht stehen. Dann wird der Äther abgegossen, jedoch der Zellstoff nicht etwa ausgepreßt, sondern nur abtropfen gelassen, wobei man zwischen 220 und 230 cm³ Äther wieder erhalten wird. Aus einem Kolben destilliert man nun den Äther ab, bis nur noch etwa 5 cm³ Flüssigkeit vorhanden sind. Diese werden auf ein großes Uhrglas von etwa 15 cm Durchmesser ausgegossen, die Kochflasche wird mit etwa 2 cm³ Äther nachgespült und nun das Uhrglas an einem erschütterungs- und staubfreien Ort zur

---

[1] SCHWALBE, C. G.: Wbl. Papierfabrikat. **45**, 2286 (1914).

Verdunstung des Ätherextraktes hingestellt. Gleichzeitig stellt man den in gleicher Weise gewonnenen Ätherextrakt des Kontrollmusters zur Verdunstung hin. Das feste Harz scheidet sich in der Mitte des Uhrglases als klarer, durchsichtiger Überzug ab, die weichen Bestandteile umgeben es als weißer, milchiger, trüber Rand. Aus der Breite des Ringes der klebrigen Anteile kann man unter Berücksichtigung des Vergleichsmusters Schlüsse auf die vorhandenen schädlichen Extraktstoffe ziehen. Nach einigen Stunden kann man auch durch Betasten feststellen, wie stark klebrig sie sind. Um zu verhüten, daß zufällig bei der verhältnismäßig geringen Zellstoffmenge ein Stück Zellstoffpappe untersucht wird, das gerade sehr arm an Ätherextrakt ist, wird man das Versuchsmaterial von verschiedenen Stellen des Bogens, noch besser aus verschiedenen Bogen entnehmen und zweckmäßig gleich eine Kontrollprobe ansetzen.

b) Nach SIEBER. Der leitende Gedanke dieser Art der Bestimmung ist folgender[1]: Je mehr von dem ursprünglich im Zellstoff vorhandenen Harz, Fett und Wachs beim Mahlen von den Fasern abgelöst und im Stoffwasser verteilt wird, desto größer wird unter sonst gleichen Umständen die Wahrscheinlichkeit sein, daß Harzausscheidungen eintreten können. Gleichartige Vermahlungsbedingungen können für Versuchszwecke beispielsweise mittels der LAMPÉNschen Mühle eingehalten werden. Die eigentliche Untersuchung wird sich dann auf die Bestimmung der Extraktstoffe im unveränderten Halbstoff sowie auf die nach seiner Vermahlung erzeugten Papiere zu erstrecken haben. Die abgewogene Zellstoffprobe von 40 g wird für den Versuch zunächst naß zerfasert und dann in die Mühle gefüllt. Als Dauer der Mahlung sind 100 Minuten vorgesehen. Aus dem erhaltenen gemahlenen Stoff werden Papierblätter geformt, welche nach dem Zerschneiden in schmale Streifen im Soxhletapparat mit Äther extrahiert werden. In gleicher Weise wird auch der ungemahlene Zellstoff ausgezogen. Die Differenz beider Bestimmungen gibt dann unmittelbar jene Menge an Harz- und Fettstoffen an, welche durch die Mahlung von den Fasern abgelöst wird. Je größer diese Menge ist, desto wahrscheinlicher wird das Auftreten von Harzschwierigkeiten sein.

c) Nach NOLL[2]. Der Umstand, daß die physikalischen Eigenschaften der Extraktstoffe, insbesondere die Temperatur, bei welcher sie erweichen und schmelzen, von bedeutsamem Einfluß für das Auftreten von Schwierigkeiten sind, wird hier zum Ausgang eines Prüfverfahrens gemacht. Sie besteht darin, daß der Zellstoff bei verschiedenen Temperaturen gemahlen und hierbei jene ermittelt wird, bei welcher die Harzausscheidungen beginnen.

Von Zellstoffen, bei denen solche bereits bei niedriger Temperatur auftreten, sind Störungen eher zu erwarten, als von anderen, die erst bei höherer Temperatur diese Erscheinung zeigen.

Als Mahlgerät für diese Prüfung dient der Kollergang von CLARK[3], der zu diesem Zweck von NOLL mit einer aus einem Ringbrenner bestehenden Gasheizung versehen worden ist. Trotz dessen sparsamer Verbreitung in Europa ist dieses Prüfverfahren als Einheitsmethode angenommen worden (Merkblatt Nr. 22). Seine Durchführung gestaltet sich folgendermaßen.

---

[1] SIEBER, R.: Harz der Nadelhölzer, 2. Aufl., S. 140. Berlin 1925.
[2] NOLL, A.: Papierfabrikant **35**, 393 (1937).
[3] CLARK, J. d'A.: Paper Trade J. (63) **100**, Nr. 11, 36 (1935).

50 g absolut trocken gedachter Stoff werden bei 2,5% Stoffdichte 25 Minuten entsprechend 75000 Umdrehungen im genormten Aufschlaggerät[1] aufgeschlagen und quantitativ ohne Änderung der Stoffdichte in einen 3 l fassenden Glasbecher übertragen. In letzterem wird der Stoffbrei dann auf die jeweils gewünschte Temperatur (Eiskühlung oder Erwärmung auf dem Wasserbad) gebracht.

Der Mahltrog des Kollerganges wird zunächst mit 2 l destilliertem Wasser (warm oder kalt, je nach gewünschter Temperatur) gefüllt und dieses auf die gewünschte Temperatur gebracht (bei Warmmahlung mittels des Heizbrenners). Ist diese erreicht, so wird unter Löschen der Flamme das Wasser abgelassen, der vortemperierte Stoffbrei eingefüllt und die Heizflamme wieder angezündet. Die Standhöhe des eingefüllten Stoffbreies wird am Trograrnd angezeichnet. Während des Mahlvorganges wird je nach Bedarf das verdunstete Wasser durch auf entsprechende Temperatur gebrachtes Wasser ersetzt und auf Einhaltung der Temperatur ($\pm 0,5°$) geachtet. Die gewöhnliche Mahldauer bei den verschiedenen Temperaturen (z. B. 20, 30, 40, 50, 60, 70° usw.) beträgt jeweils 50 Minuten, entsprechend 2000 Umdrehungen für je 50 g absolut trockenen Stoff in 2,5proz. Stoffdichte.

An der Wand des vor dem Versuch sorgfältig gereinigten Mahltroges beginnt je nach Stoffart bei einer bestimmten Temperaturstufe (z. B. 30 oder 40° oder höher) die **Abscheidung von Harz in Form eines rotbraunen Ringes.** Das erste Auftreten eines solchen Harzringes wird vermerkt. Zeigt ein Zellstoff beispielsweise bei 40° unter obengenannten Mahlbedingungen noch keine, dagegen bei 50° eine schon wahrnehmbare Harzabscheidung, so liegt die kritische Mahltemperatur des betreffenden Stoffes bei etwa 50°.

Ein praktisches Beispiel für die Festlegung der kritischen Mahltemperatur eines Zellstoffes veranschaulicht die nebenstehende Tabelle, in welcher der Beginn der Harzausscheidung mit $+$ bezeichnet ist.

Mahldauer 50 Minuten = 2000 Umdrehungen.

Gebleichter Zellstoff	Mahltemperatur °					
	20	30	40	50	60	70
Mahlgrad SR . . .	34	32	30	28	26	24
Harzausscheidung .	—	—	—	+	+	+

Nach jedem Versuch muß das Mahlgerät sorgfältig von dem ausgeschiedenen Harz gereinigt werden. Hierzu können entweder verdünnte Alkalilaugen oder organische Lösungsmittel verwandt werden.

d) Nach EDGE[2]. Diesem Vorschlag liegt die Erkenntnis zugrunde, daß die klebrigen Extraktstoffe in der Hauptsache in den feinsten Anteilen der Fasern sich anreichern. Diese Faserfraktion wird einer Mahlung in der LAMPÉN-Mühle unterworfen und dann die Menge des hierbei in der Mühle abgeschiedenen Harzes mengenmäßig ermittelt.

Zur Ausführung der Untersuchung werden 50 g absolut trocken gedachter Zellstoff zunächst nach der Fasergröße fraktioniert (s. diesen Abschnitt unter Physikalischen Methoden). Die feinste Fraktion — meist zwischen $3 \cdots 5$ g — wird auf einem Büchnertrichter mit Papiereinlage fest abgesaugt, dann vom

---

[1] Siehe Festigkeitsprüfung der Zellstoffe.
[2] EDGE, S. R. H.: Paper-Maker Brit. Paper Trade J. **88**, 207 (1934).

Filter abgelöst und mit $30 \cdots 50 \text{ cm}^3$ Wasser aufgeschwemmt in die LAMPÉN-Mühle eingetragen. In ihr wird der Stoff 30 Minuten lang gemahlen. Dann wird er mit kaltem Wasser ausgespült, wobei das abgeschiedene Harz an den Wandungen der Mühle und der Oberfläche der Kugel verbleibt. Um es abzulösen, beschickt man die Mühle mit einem Gemisch, bestehend aus gleichen Teilen Alkohol und Benzol, verschließt sie wieder und läßt 5 Minuten umlaufen. Man fängt die Lösung der Harzstoffe unter Benutzung eines größeren Trichters in einem geräumigen Erlenmeyerkolben auf und wiederholt dieses Lösen ein zweites Mal. Aus den gesammelten Lösungen wird das Lösungsmittel abgedampft und der Harzrückstand nach dem Trocknen gewogen.

Trotz der auf den ersten Blick umständlich erscheinenden Arbeitsweise werden gut übereinstimmende Ergebnisse erzielt. Die mit der Methode gewonnenen Ergebnisse sollen mit dem Verhalten des Zellstoffes im Betrieb übereinstimmen.

e) Nach SAMUELSEN[1]. Hier wird eine Apparatur benutzt, welche in Abb. 91 gezeigt ist und welche in ihren Einzelheiten keiner weiteren Beschreibung bedarf. Das durch dauerndes Rühren von dem Äußeren der Fasern abgelöste Harz soll sich auf der Oberfläche des Rührers abscheiden. Dieser Rührer mit seiner spiralförmigen Schraube besteht aus einem nichtrostenden Material. Die Versuche werden bei konstantem p_H-Wert durchgeführt. Als Versuchsdauer sind vorgesehen 5, 10, 15 und 20 Stunden. Das abgeschiedene Harz wird mittels organischer Lösungsmittel vom Rührer abgelöst und aus den erhaltenen Lösungen durch Abdestillieren des Lösungsmittels gewonnen und nach dem Trocknen gewogen.

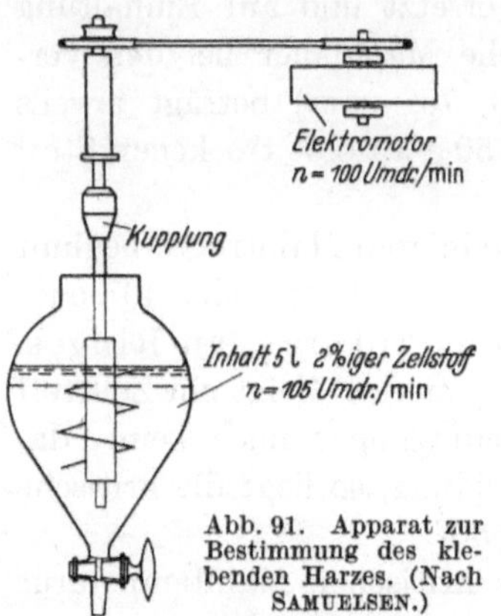

Abb. 91. Apparat zur Bestimmung des klebenden Harzes. (Nach SAMUELSEN.)

f) Nach STÅHLBERG. Gemäß diesem Vorschlag[2] wird eine Zellstoffprobe — 700 g in 24,5 l Wasser — in einem Mahlgerät, als welcher der amerikanische Laboratoriumsholländer des VALLEY Standard Typ Anwendung findet, aufgeschlagen und während eines vierstündigen Umtreibens das sich hierbei abscheidende Harz mengenmäßig bestimmt. Zu diesem Zweck ist der Holländer vor der Walze mit einem senkrechten, gerade in den Stoff eintauchenden Abschäumbrett aus Holz versehen. Die im Laufe der Behandlung sich von den Fasern lösenden Harzteilchen steigen dank der Einwirkung der durch den Umlauf der Walze in den Stoff gebrachten Luft nach der Oberfläche der Stoffbahn, werden vor dem Schaumbrett als Schaum gesammelt und abgeschieden. Dieser Schaum wird von Zeit zu Zeit unter Anwendung eines Stückchens Löschpapier aufgesaugt. Die einzelnen Papierstücke werden gesammelt, getrocknet und danach mit Äther extrahiert. Der so erhaltene Extrakt gibt dann ein Maß für das im geprüften Zellstoff vorhandene, sich leicht ablösende Harz.

g) Nach KONOPATZKI. Die Grundlagen dieser Art der Bestimmung[3] sind rein chemische. Nach KONOPATZKI besteht in dem Lösevermögen von schwacher

---

[1] SAMUELSEN, S.: Papir-J. 27, H. 16, 224 (1939).
[2] STÅHLBERG, K.: Svensk Papperstidn. 42, 408 (1939).
[3] KONOPATZKI, G. N.: Arb. zentr. wissensch. Forsch.-Inst. russ. Papierind. 1935, Nr. 1, 151.

Natronlauge einerseits und schwacher Barytlauge andererseits insofern ein Unterschied, als im ersteren Fall störende Extraktbestandteile, wie Harz und Fett, Lignin- und Tanninbestandteile, im anderen hingegen allein die lignin- und tanninartigen Stoffe aus dem Zellstoff herausgelöst werden. Harze und Fette bilden unlösliche Verbindungen mit den Erdalkalien und bleiben als solche bei dem Behandeln des Zellstoffs mit Barytlauge in ihm zurück. Um ein Maß für die Menge der klebenden Harzbestandteile in dem mit Natronlauge aus dem Zellstoff erhaltenen Auszug zu erhalten, wird sowohl er, als auch der mittels Barytlauge erhaltene nach dem Neutralisieren mit einer wäßrigen Malachitgrünlösung bestimmten Farbstoffgehaltes behandelt. Der Farbstoff hat die Eigenschaft, die in kolloidaler Lösung anwesenden Harzstoffe zu koagulieren, zu adsorbieren und auszufällen. Je größer der Gehalt an diesen Stoffen im Zellstoff ist, desto stärker ist die Entfärbung des Natronlaugenextraktes verglichen mit der des Barytextraktes. Der Grad der Entfärbung wird durch kolorimetrischen Vergleich mit einer Standardfarblösung ermittelt.

An Lösungen sind erforderlich:

1. $n/_{10}$-Natronlauge,
2. $n/_{10}$-Barytlauge,
3. Standard-Malachitgrünlösung enthaltend

   3 cm³ einer 0,25proz. Malachitgrünlösung,

   2 cm³ einer 5proz. Bariumchloridlösung und

   35 cm³ destilliertes Wasser.

Die Durchführung der Prüfung gestaltet sich folgendermaßen: Zwei Proben von je 10 g absolut trockenem Zellstoff werden mit 200 cm³ Wasser in starkwandigen Erlenmeyerkolben kräftig durchgeschüttelt. Wird feuchter Zellstoff der Prüfung unterworfen, so verringert sich der Wasserzusatz entsprechend der in ihm bereits vorhandenen Wassermenge. Nach Erhalt einer gleichmäßigen Aufschwemmung und Zerteilung gibt man zu Probe I 200 cm³ $n/_{10}$-Barytlauge, zu Probe II 200 cm³ $n/_{10}$-Natronlauge, schüttelt dann wiederum gut durch und läßt genau 1 Stunde bei Raumtemperatur stehen. Danach wird nochmals gut umgeschüttelt, worauf aus jedem Kolben 50 cm³ durch ein Papierfilter abfiltriert werden. Der erhaltene Barytextrakt ist meistens farblos bis schwach strohgelb, der Natronextrakt hingegen dunkelgelb bis hellbraun. Unter Benutzung von Phenolphthalein werden dann je 20 cm³ der beiden Extraktproben mit $n/_{10}$-Salzsäure genau neutralisiert, d. h. auf einen p_H-Wert von etwa 8,0 gebracht. Man gibt anschließend so viel destilliertes Wasser zu den Proben, daß jede auf genau 30 cm³ kommt. Zu jeder Probe werden alsdann 10 cm³ einer Mischung hinzugefügt, die aus 3 cm³ 0,25proz. Malachitgrünlösung, 2 cm³ 5proz. Bariumchloridlösung und 5 cm³ destilliertem Wasser besteht. Das am besten in ein Becherglas überführte Gesamtvolumen von 40 cm³ einer jeden Probe überläßt man nach gutem Umrühren zwecks Koagulierung und Absetzen 1 Stunde lang sich selbst. Danach wird der vom Niederschlag abdekantierte Teil der Flüssigkeit 3···5 Minuten lang bei 1000 Umdrehungen bis zum Erhalt einer vollkommen klaren Lösung zentrifugiert. Ihr entnimmt man darauf eine Probe, in welcher durch Vergleich mit der Standard-Malachitgrünlösung auf kolorimetrischem Weg die Menge des noch vorhandenen Farbstoffes ermittelt wird.

Als Ergebnis wird das Verhältnis des adsorbierten Farbstoffes in den beiden Proben angegeben. Hat man beispielsweise festgestellt, daß in dem Barytextrakt 10%, in dem Natronextrakt 60% des angewandten Farbstoffes zur Koagulation verbraucht worden sind, so gibt das Verhältnis 1 : 6 ein Maß für die Menge der vorhandenen klebrigen Harzsubstanzen an.

Die Bestimmung erfordert zu ihrer Durchführung etwa 3 Stunden. Die untersuchte Probe von 40 cm³ entspricht einer Einwaage von 0,5 g des Ausgangsmaterials.

Mikroskopischer Harznachweis.

Die den Fasern anhaftenden Harzteilchen können unter dem Mikroskop durch Anfärben mit geeigneten Farbstoffen sichtbar gemacht werden. Über die Durchführung solcher Untersuchungen sind nähere Angaben bei der Beschreibung der Methoden zur Unterscheidung der verschiedenen Zellstoffarten gemacht worden, weshalb hier darauf verwiesen werden kann.

Bestimmung der Reinheit des fertigen Zellstoffes.

Der Bewertung der Reinheit des fertigen Zellstoffes wird in den Erzeugungsstätten ständig wachsende Bedeutung gezollt. Zweifellos gehört aber eine solche Bewertung mit zu den am schwierigsten durchzuführenden Bestimmungen.

In einfachster Form erfolgt die Beurteilung der Reinheit durch Betrachten der Oberflächen und der Durchsicht des durch Eintauchen in Wasser durchscheinend gemachten Probebogens. Diese Methode hat natürlich den Nachteil, daß sie rein subjektiv ist, und daß sich ihr Ergebnis nicht in bestimmten Zahlen ausdrücken läßt. Um diesen Mängeln abzuhelfen, versucht man vielfach die Zahl der Flecke mengenmäßig zu erfassen. Zu diesem Zweck werden aus dem Bogen rechteckige oder quadratische Stücke von einem bestimmten Flächenausmaß herausgeschnitten und zunächst mit Wasser durchtränkt. Dann legt man sie auf eine von unten beleuchtete Glasscheibe und zählt alle sichtbaren Flecke aus. Das Ergebnis wird auf ein Einheitsgewicht, beispielsweise 100 g, umgerechnet. Diese Methode setzt, um einen zuverlässigen Mittelwert zu erhalten, voraus, daß die Zahl der Prüfmuster nicht zu klein ist. Da nun wieder die Auszählung der Flecke auf einer größeren Anzahl Proben sich sehr zeitraubend gestalten kann, hilft man sich häufig so, daß man nur bestimmte Ausschnitte des Probebogens prüft. Beispielsweise verfährt man in manchen Fabriken derart, daß man die Probe mit einer Kupferplatte bedeckt, welche eine bestimmte Anzahl gleich großer Löcher (0,5···1 cm im Durchmesser) besitzt und nun die Löcher zählt, in denen sich Flecke vorfinden. Das Ergebnis dieser schneller durchführbaren Prüfung gibt man in Form des Quotienten aus der Zahl der angemerkten und der Zahl der Gesamtlöcher an. Die Probebogen wähle man auch hier nicht größer als 20···25 cm im Quadrat. Statt gelochter Kupferplatten werden zur Abgrenzung der zu untersuchenden Ausschnitte auch häufig grobmaschige Drahtnetze verwandt, doch ist erfahrungsgemäß das Arbeiten mit gelochten Abschirmplatten weniger ermüdend.

Eine weitere vergleichende Methode besteht im folgenden: Man stellt sich beispielsweise 10 verschiedene, dünne Handmuster von Zellstoffen mit gleicher Blattstärke her, welche gradweise die ganze Skala vom reinsten bis geringwertigsten Erzeugnis veranschaulichen. Diese Muster werden zwischen zwei Glasplatten gelegt, wobei Vorsorge getroffen wird, daß sich die Proben nicht gegeneinander verschieben können. Die Glasplatten werden als obere Abdeckplatte in einen Kasten eingebaut, der innen weiß gestrichen und mit Glühlampen ausgerüstet ist, die gestatten, die Muster von unten her gleichmäßig zu beleuchten. Mit diesen Standardproben werden die in gleicher Art und gleicher Stärke hergestellten Muster des täglichen Erzeugnisses verglichen und danach klassifiziert.

Es hat nicht an Versuchen gefehlt, diese Reinheitsprüfungen noch genauer zu gestalten. So hat K. G. BERGMAN vom Zentrallaboratorium in Helsingsfors schon vor längerer Zeit den Vorschlag gemacht, die Schmutzflecke, die auf der trockenen Fläche von Probebögen sichtbar sind, in drei Größen nach ihrem Flächenausmaß einzuteilen und auszuzählen. Die drei Größen sind solche von etwa 0,075, 0,15 und 0,4 mm². Aus Abb. 168 kann entnommen werden, was diese Zahlen darstellen. Mittels solcher Darstellungen werden auf den zu prüfenden Bögen, welche stets gleiche Abmessungen besitzen müssen, die sichtbaren Flecke, ganz gleich welcher Farbe, ausgezählt und in die einzelnen Gruppen eingereiht. In dieser Form wird das Ergebnis umgerechnet auf 1 m² Oberfläche angegeben, und zwar erscheint als Ergebnis die Gesamtfläche der Schmutzflecke, also eine einzige Bewertungszahl. Zur Erlangung eines sicheren Ergebnisses ist es erforderlich, eine größere Anzahl von Bögen zu prüfen.

Dieses Verfahren ist von CLARK und seinen Mitarbeitern[1] noch weiter ausgebaut worden, wobei man aber im Zweifel sein kann, ob es hierdurch an Wert gewonnen hat. Auch CLARK wendet gedruckte Vergleichsflecke als Vorlage bei der Prüfung an. Gleichzeitig wird aber der Begriff äquivalente Schwarzfläche des Schmutzfleckes eingeführt. Sie wird definiert als Fläche eines vollkommen schwarzen Fleckes auf einem rein weißen Hintergrund, der den gleichen Eindruck auf das Auge hervorruft, wie der zu beurteilende Schmutzfleck selbst. Die Größeneinteilung der Flecke wird von CLARK sehr viel weiter getrieben: insgesamt 16 verschiedene Stufen, von 0,01 bis zu 5,0 mm², werden unterschieden. Es ist einleuchtend, daß eine auf dieser Grundlage beruhende Bestimmung sehr mühselig und zeitraubend sein muß, ganz abgesehen davon, daß die jedesmalige Ermittlung der äquivalenten Schwarzfläche eines Fleckes sehr erschwerend wirken wird.

Solche eingehenden Untersuchungen dürften zur Zeit nur ganz selten durchgeführt werden. Im allgemeinen begnügt man sich bei der Reinheitsbeurteilung unbekannter Zellstoffe mit einfacheren Feststellungen. Diese umfassen die Prüfung einiger Probebögen in den Abmessungen 25 · 25 cm auf Gesamtfleckenzahl, Zahl der Flecke über 1 mm², Zahl der Harzflecke, Zahl der Rindenflecke, Zahl der Splitter und Zahl der Sand- und Kalkflecke. Eine in diesem Umfang durchgeführte Prüfung ergibt schon eine gute Vergleichsbasis und ist nicht gar zu zeitraubend.

Es kann oft für die Betriebsleitung von sehr großem Wert sein, über den Charakter der Flecke näher unterrichtet zu werden. In solchen Fällen werden die Flecke herauspräpariert und unter dem Mikroskop, gegebenenfalls unter Anwendung chemischer Reagenzien untersucht. Die am häufigsten im Zellstoff zu

---

[1] CLARK, d'A. J., R. v. HAZMBURG u. R. J. KNOLL: Paper Trade J. (61) **96**, 54 (1933).

findenden Flecke bestehen aus Splittern, nicht ganz aufgeschlossenen Faserbündeln und Astteilchen; sie können an ihrem Aufbau unter dem Mikroskop leicht erkannt werden. Harzflecke werden nach dem Herauspräparieren durch ihre Löslichkeit in Äther und Alkohol erkannt. Meist besitzen sie eine charakteristische runde oder ovale Form; sie sind braun bis lichtgelb durchsichtig und schon durch diese Eigenschaften unter dem Mikroskop erkennbar. Eisen- und Kupferflecke werden sichtbar, wenn man die Probebögen nach erfolgtem Durchtränken mit 10proz. Salpetersäure in eine 1proz. Lösung von gelbem Blutlaugensalz legt: Eisenflecke erscheinen blau, Kupferflecke rotbraun. Kupfersulfid, von den Kocherschlangen stammend, löst sich nicht in verdünnter Salpetersäure, weshalb hierfür die Probe versagt. Flecke, welche von Kupfersulfid zu stammen scheinen, prüft man nach dem Herauspräparieren unter dem Mikroskop, indem man sie in konzentrierter Salpetersäure auf dem Objektträger löst, die Säure abdampft und schließlich den Eindampfrückstand mit gelbem Blutlaugensalz befeuchtet. Bleiflecke, welche als schwarzes Superoxyd vorkommen, werden ebenfalls durch mikrochemische Analyse nachgewiesen: Lösen in konzentrierter Salzsäure und Befeuchten des abgekühlten Verdampfungsrückstandes mit wenig Wasser führt zur Bildung von Bleichloridkristallen. Kalkflecke sehen meist grau aus, sind hart, sandig und brüchig. Sie weist man dadurch nach, daß man auf einem Objektträger nach dem Lösen in verdünnter Schwefelsäure durch Abdampfen das Entstehen von Gipskristallen hervorruft. Die Charakterisierung von Algen- und Pilzflecken, welche besonders im Sommer im Zellstoff vorkommen, geschieht ebenfalls mikroskopisch.

Physikalisch-mechanische Prüfung der Zellstoffe.

Bestimmung des Sedimentiervolumens.

Die Holzzellstoffe nehmen im feuchten Zustande, nachdem sie durch das Aufschlagen völlig mit Wasser gesättigt sind, ein sehr verschiedenes Volumen ein. Nicht nur Sulfitzellstoffe, ein wesentlich kleineres Volumen als Sulfat- und Natronzellstoffe, sondern auch innerhalb dieser großen Klassen von Zellstoffarten selbst ergeben sich erhebliche Unterschiede.

Prüfung des Sedimentiervolumens nach KLEMM.

P. KLEMM[1] hat vor längerer Zeit einen Sedimentierprüfer angegeben, einen Apparat, in welchem man von einer bestimmten Menge des im Versuchsholländer nur zerfaserten, aber nicht gemahlenen Zellstoffbreies durch ein Sieb das Wasser freiwillig nach unten abfließen läßt und dann das Volumen mißt, welches der abgetropfte Faserbrei in dem Meßrohr einnimmt. Der Nachteil des Verfahrens liegt hauptsächlich darin, daß es schwer ist, bei der verhältnismäßig großen Weite des Meßrohres einen zur genaueren Ablesung geeigneten Meniskus zu bekommen.

Bestimmung des Sedimentiervolumens nach SCHWALBE.

Dem Fehler schlechter Ablesbarkeit der Menisken entgeht man, wenn man sehr dünne Fasersuspensionen in Meßzylindern während bestimmter Zeiträume

---

[1] HERZBERG: Papierprüfung, 6. Aufl., S. 228. Berlin 1927.

absitzen läßt. SCHWALBE und FELDTMANN[1] geben zur Bestimmung des Sedimentiervolumens folgende Vorschrift: 0,4 g nur roh auf der Handwaage abgewogener lufttrockener Stoff werden von Hand fein zerfasert und in einer 300 cm³ fassenden Pulverflasche, deren Boden mit einer einfachen Schicht von Glaskugeln bedeckt ist, mit 100 cm³ weichem Wasser und 2 cm³ Eisessig übergossen. Es empfiehlt sich, nur mit enthärtetem Leitungswasser zu arbeiten, um alle Spuren von Fett auszuschalten. Destilliertes Wasser enthält nämlich aus mannigfaltigen Gründen meistens zwar kaum nachweisbare, aber immerhin in ihrer Auswirkung bei der Sedimentation von Zellstoffasern in Erscheinung tretende Spuren von Fett. Nach zweistündigem Schütteln auf der Schüttelmaschine wird die Suspension in einen mit eingeschliffenem Glasstopfen verschließbaren, mit Chromschwefelsäure von Fettspuren sorgfältig gereinigten Mischzylinder von 500 cm³, der eine Unterteilung in je 5 cm³ besitzt, gebracht. Die Pulverflasche wird so oft mit Wasser ausgespült, bis sich sämtliche Fasern in dem Zylinder befinden. Nachdem man bis zur 500-cm³-Marke aufgefüllt und genau 3 Tropfen eines handelsüblichen 50proz. Türkischrotöls hinzugegeben hat, wird der Zylinder mit der Hand kräftig durchgeschüttelt. Um bei sehr langfaserigen Zellstoffen ein sicheres Absetzen zu erreichen, wird in der Mitte der Suspension durch Umrühren mit einem Glasstab schnell ein Wirbel erzeugt. Nach 45 Minuten, von diesem Moment an gerechnet, wird die Höhe des Meniskus abgelesen und das absolute Trockengewicht des im Zylinder befindlichen Stoffes bestimmt. Als Sedimentvolumen in Kubikzentimetern wird das Volumen bezeichnet, das 1 g absolut trockener Faserstoff bei freiwilliger Sedimentation nach einem Zeitraum von 45 Minuten einnimmt.

Prüfung der Quellfähigkeit.

Allgemeines. Bei der Quellung verändern die Fasern ihr Volumen, sie nehmen Wasser auf. Ein Teil dieses Wassers erfüllt die Kapillaren, ein weiterer wird an den Faseroberflächen adsorbiert und endlich wird ein Teil zwischen die Mizellen eingelagert oder von diesen unter Volumenzunahme aufgenommen. Dieses Quellvermögen ist von großer Bedeutung für das Verhalten des Zellstoffes bei der Verarbeitung zu Papier. Es übt einmal einen bestimmenden Einfluß auf die Entwässerbarkeit, auf die Trocknungsgeschwindigkeit, auf das Anfärbevermögen und auf die Geschwindigkeit der Feuchtigkeitsaufnahme des fertigen Papieres aus. Von größtem Einfluß aber ist es bei der Mahlung des Zellstoffes. Hierbei vollzieht sich eine starke mechanische Bearbeitung der Fasern, die zur mehr oder minder raschen Aufnahme von Wasser in verschiedenen Bindungsarten führt.

Die Volumenänderung der Fasern durch Wasseraufnahme wird als Quellfähigkeit oder Quellvermögen bezeichnet. Es gibt eine Reihe von chemischen Methoden für eine Bestimmung dieser Eigenschaft; sie sind beschrieben in dem Abschnitt VII Untersuchung der gebleichten Zellstoffe. Für die Prüfung von Zellstoffen insbesondere für die Zwecke der Papiererzeugung kommen doch vornehmlich einfachere Methoden für die Ermittlung des Quellvermögens in Betracht.

Durchführung der Bestimmung. a) Nach der Streifenmethode von SCHWALBE[2]. Man schneidet aus der Zellstoffpappe Streifen von 3···4 cm Breite

---

[1] SCHWALBE, C. G., u. G. A. FELDTMANN: Wbl. Papierfabrikat. **56**, 251 (1925).
[2] SCHWALBE, C. G.: Papierfabrikant **21**, 73 (1923).

und 7···10 cm Länge, taucht sie eine bestimmte Zeitlang — zwischen $^1/_2$ Stunde und 4 Stunden — in destilliertes Wasser, läßt abtropfen und tupft vorsichtig ohne Druck mit Filtrierpapier das äußerlich noch anhaftende Wasser fort und wägt dann die Streifen. Der Unterschied zwischen dem Trockengewicht und dem Naßgewicht ergibt angenähert den Quellgrad des betreffenden Zellstoffes. Natürlich handelt es sich hierbei nicht lediglich um Wasser, welches von den Fasern selbst aufgenommen worden ist, sondern es wird auch das Wasser mitgewogen, welches in den Kapillaren der Zellstoffpappen sich befindet. Infolgedessen ist die Probe von dem Grade der Pressung der Pappe abhängig. Man kann also nicht bei Einhaltung derselben Zeiten den Quellgrad einer hydraulisch gepreßten Pappe mit demjenigen einer nur wenig gepreßten in Vergleich setzen. Die Wasseraufnahme der hydraulisch gepreßten Zellstoffpappe vollzieht sich wesentlich langsamer als bei nichtgepreßten. Den Fehlern, die durch verschiedene Grade geringeres Pressen dennoch entstehen können, geht man aus dem Wege durch vorherige Bestimmung des Raumgewichtes der Pappen, aus welchem man einen Schluß auf den Grad der Pressung ziehen kann.

b) **Nach der Schleudermethode von** SCHWALBE **und** TECHNER. Diese bei Baumwolle und Kunstseide gute Ergebnisse zeitigende Methode haben die genannten Autoren[1] zuerst auf Zellstoffe übertragen. In der weiter oben beschriebenen Pan-Zentrifuge steht eine geeignete Apparatur zur Verfügung. Durch Wägung des aus gleichen Stoffmengen erhaltenen Schleuderkuchens kann, falls im übrigen gleiche Bedingungen beim Zentrifugieren eingehalten werden, das Wasserbindungsvermögen verschiedener Zellstoffe ermittelt werden. Auch hier wird nicht nur das Wasser, welches in den Fasern selbst vorhanden ist, sondern auch jenes mitbestimmt, das in den Zwischenräumen zwischen den einzelnen Fasern verbleibt. Infolgedessen ist diese Art der Bestimmung gleicherweise wie die vorhergehende nur eine angenäherte.

c) **Nach** NIPPE. Diese Methode arbeitet wesentlich genauer als die vorstehend beschriebenen. NIPPE[2] bezeichnet als Quellfähigkeit das Vermögen der Faser eine bestimmte Wassermenge unter Volumenvergrößerung in sich homogen aufzunehmen. Bringt man die Zellstoffasern in einen Raum, der zur Vermeidung der Taubildung nicht mit Wasserdampf gesättigt ist, so nehmen sie solchen aus der Luft auf, und zwar so viel, bis die Dampftension der durch Quellung aufgenommenen Flüssigkeit mit der Dampftension im umgebenden Raum im Gleichgewicht steht.

Für die Durchführung der Bestimmung gibt NIPPE die folgende Vorschrift: 1···2 g zu dünnen Blättern geformter Zellstoff werden in Wägegläschen bei Zimmertemperatur im Hochvakuum über Phosphorpentoxyd getrocknet, was 12···36 Stunden Zeit in Anspruch nimmt. Zur Quellung werden die in den dann geöffneten Wägegläschen befindlichen Proben hierauf in einen Exsikkator gebracht, dessen unterer Raum mit feuchtem Kochsalz gefüllt ist, und durch dessen Tubus eine Zu- und eine Ableitung von auf 80% relative Feuchtigkeit einregulierter Luft führt. Diese wird einer Druckleitung entnommen und hat nacheinander eine Flasche mit Wasser und 3 Flaschen mit gesättigter Kochsalzlösung und festem Kochsalz als Bodenkörper zu durchströmen. Als Sicherheitsabschluß

---

[1] SCHWALBE. C. G., u. G. TESCHNER: Z. angew. Chem. **37**, 125 (1924).
[2] NIPPE, W.: Papierfabrikant **26**, 501 (1928).

dient eine Flasche mit festem Kochsalz, die die aus dem Exsikkator austretende Luft noch durchstreichen muß. Der Deckel des Exsikkators wird gut gefettet und mit einem Metallbügel befestigt. Die ganze Apparatur wird dann in einen mit Wasser gefüllten Thermostaten versenkt, dessen Temperatur elektrisch auf $30 \pm 0,25°$ einreguliert wird. Der Austritt der Luft aus der Quellungsapparatur wird unter die Oberfläche des Thermostatenwassers verlegt. Hierdurch wird dieses in ausreichende Bewegung versetzt, so daß auf eine besondere Rührung verzichtet werden kann. Die Proben werden bis zur Gewichtskonstanz gequollen. Dies erfordert meist $2 \cdots 3$ Tage. Nach dieser Zeit werden die Proben herausgenommen und zur Wägung gebracht. Beim Öffnen der Exsikkatoren und Schließen der Wägegläschen ist in diesem Fall sehr rasches Arbeiten erforderlich. Man muß es deshalb vermeiden, mehr als 8 Gläschen gemeinsam in einem Exsikkator zu trocknen oder auch zu quellen und muß vor allem die Deckel der Wägegläschen so bereit halten, daß sie ohne Zeitverlust sofort auf das richtige Gläschen gesetzt werden können. Um zu verhindern, daß die Proben auch nur die geringste Änderung im Wassergehalt erfahren, sind die benutzten Wägegläschen sehr sorgfältig auszuwählen.

Berechnung des Ergebnisses. Die von 100 g absolut trockenem Zellstoff aufgenommene oder zurückbehaltene Wassermenge wird als Quellzahl bezeichnet. Als solche wird das Ergebnis angegeben. Mit der Methode kann eine Genauigkeit von $\pm 0,075\%$ absolut erreicht werden.

An das von ihm beschriebene Arbeitsverfahren knüpft Nippe noch einige Darlegungen, welche für das Verständnis der ganzen Quellungsfrage beim Zellstoff und die Auswertung der Ergebnisse ihre Wiedergabe verdienen.

Das von trockenem Zellstoff durch Quellung aufgenommene Wasser steht mit dem Wasserdampf des Gasraumes im Gleichgewicht, sobald Gewichtskonstanz eingetreten ist. Der Dampfdruck des Quellungswassers ist dann gleich dem Partialdruck des Wasserdampfes in der Atmosphäre. Im allgemeinen können Gleichgewichte von zwei Seiten aus erreicht werden. Lösungsgleichgewichte erhält man beispielsweise sowohl von der untersättigten wie übersättigten Lösung aus. Auf die hygroskopische Quellung übertragen, müßte sich das Gleichgewicht bei konstanter Temperatur und Luftfeuchtigkeit einstellen, ganz gleich, ob getrockneter oder durchnäßter Zellstoff zur Prüfung gelangte. Die Quellung des Zellstoffs verhält sich jedoch anders.

Geht man bei den Untersuchungen nicht von getrocknetem, sondern von nassem Stoff aus, so sinkt die Quellzahl nicht bis auf den Wert, der für getrockneten Zellstoff gefunden wird. Man hat es hier mit den bekannten Erscheinungen der Hysteresis zu tun, wie man sie bei Quellungen recht allgemein findet. Um diese zu eliminieren, werden vielfach die Quellungen von der trockenen und von der nassen Substanz ausgehend bestimmt und der Mittelwert als wirklicher Quellungswert angenommen. Bei der vorstehend beschriebenen Methode sollte man jedoch auf die Entquellungsbestimmungen verzichten. Die Bestimmung der Entquellung bedeutet nämlich wegen ihres langsamen Verlaufes eine unnötige Komplizierung, und zumeist kommt es nur auf Relativwerte an. Im übrigen konnte man bei der Entquellungskurve noch folgendes feststellen. Von lufttrockenem Zellstoff ausgehend, ist es nicht möglich, reproduzierbare Zahlen zu erhalten, da bei dieser die Hysteresis verschieden stark in Erscheinung tritt, je nach dem wechselnden Feuchtigkeitsgehalt der Atmosphäre, in der die Proben vorher aufbewahrt wurden. Es ist jedoch nicht notwendig, den Zellstoff vollkommen zu trocknen, um reproduzierbare Zahlen zu erhalten; Zellstoffe, die noch rund 5 % Wasser enthielten, erreichten die Quellzahlen des absolut getrockneten Stoffes.

Faserfraktionierung der Zellstoffe.

Allgemeines. In Anlehnung an die Wertbestimmung von Holzschliff durch Mehlstoffbestimmung und Fraktionierung in Gruppen bestimmter Faserlänge durch Absieben, haben zuerst SCHAFER und CARPENTER[1] diese Methode auch bei Zellstoffen erprobt. Diese Art der Prüfung hat seitdem eine weitere Entwicklung durchlaufen, ohne daß bereits ein Abschluß erreicht und ihre Anwendungsmöglichkeit als erschöpft zu betrachten wäre. Als solche können vorerst bezeichnet werden die Ermittlung des Gehaltes eines Zellstoffes an verschiedenen Fasergrößen, besonders an Feinstoffen, und die des Verhaltens der einzelnen Fasergrößen beim Mahlen in den Mahlgeräten der Praxis; weiter die Feststellung der Verschiedenheit der Zusammensetzung der Einzelfraktionen, wie Anreicherung von Harz und leicht in Alkalilauge löslichen Bestandteilen in den feineren Fraktionen[2]; dann die des verschiedenen kolloidchemischen Verhaltens der Einzelfraktionen, beispielsweise ihr unterschiedliches Quellungsvermögen und dessen Bedeutung für papiertechnische und chemische Weiterverarbeitung. Es erweckt nach dem Ergebnis neuerer Arbeiten auch den Eindruck, daß es mit dem Faserfraktioniergerät gelingt, eine sichere Beurteilung der mahltechnischen Eigenschaften zu erhalten, als es mit den bisherigen unzureichenden Mahlungsgradprüfern der Fall ist. Damit steht auch die Erlangung besserer Erkenntnisse über den Zusammenhang dieser Eigenschaften mit den chemischen Kennziffern der Zellstoffe in Aussicht.

Es sind bislang kritische Untersuchungen über die Genauigkeit, mit der diese Apparate arbeiten, also über die Schärfe ihres Trennungsvermögens nicht bekannt geworden. Es steht aber fest, daß die Einzelfraktionen immer Fasern enthalten, die in ihrer Größe nach oben und unten die Grenzen überschreiten, die durch die Maschenöffnung des jeweils verwandten Siebes bedingt sind. Das gilt insbesondere von den Fraktionen der längeren Fasern. Diese Fraktionen sind daher immer unschärfer als die der kürzeren Anteile. Die Ursachen solcher Unschärfe sind wenigstens zum Teil noch auf apparative Mängel zurückzuführen. Die benutzten Siebgewebe sind mit ihren viereckig ausgebildeten Maschenöffnungen nicht das geeignetste für diesen Zweck. Sie werden zufolge des erheblichen Unterschiedes der Seiten- und Diagonallänge der Öffnungen stets verschiedenartig langen Fasern den Durchgang freigeben. Hier wären runde Öffnungen vorzuziehen. Aber auch bei der Anwendung solcher werden die Grenzen zwischen den Fraktionen immer etwas unscharf bleiben. Die Geschmeidigkeit der Zellstoffasern ist dafür mitbestimmend. Ihr zufolge werden insbesondere größere Fasern, und zwar solche bis zur doppelten Länge der größten Weite der Öffnung gerade noch mit hindurchgespült werden können. Es ist aus diesem Grunde

[1] SCHAFER, E. R., u. L. A. CARPENTER: Paper Trade J. (58) **90**, 259 (1930).
[2] WURZ, O., u. O. SWOBODA: Papierfabrikant **40**, 22 (1942).

durchaus nicht vorteilhaft, die Aufteilung in Gruppen bei Zellstoffen zu weit treiben zu wollen.

Im folgenden sind einige der in Verwendung stehenden Faserfraktioniergeräte und ihre Arbeitsweise erläutert.

a) Siebanalysator von H. Schmidt. Der Apparat, dessen Äußeres Abb. 92 veranschaulicht, stellt in der Hauptsache ein zylindrisches Gefäß dar, das sich aus vier einzelnen übereinander liegenden Kammern zusammensetzt. Jede dieser Kammern ist nach unten durch ein Sieb abgeschlossen, über welchem ein Propeller umläuft, dessen Aufgabe es ist, eine Blattbildung auf dem Sieb zu verhindern. Alle vier Propeller sitzen auf einer gemeinsamen senkrechten Welle, die durch einen Motor angetrieben wird. Der Apparat ist normalerweise mit Sieben Nr. 40, 70, 100 und 150 (württembergisches Maß, das etwa den DIN Nr. 14, 24, 35 und 52 entspricht) aus-

gerüstet. Er ermöglicht mittels eines einzigen Versuches, einen Zellstoff in mehrere Fraktionen zu zerlegen. Die Fraktionierung geht so vor sich, daß das Gefäß zunächst bis zum unteren Rande des Wasserstandsglases mit Wasser gefüllt wird. Dann wird der zu untersuchende Stoff in Breiform in einer Menge, die etwa 3 g absolut trocken entspricht und deren Trockengehalt gesondert ermittelt wird, eingetragen und der Motor in Gang gesetzt. Nachdem der Apparat etwa 1 Minute gelaufen ist, läßt man von

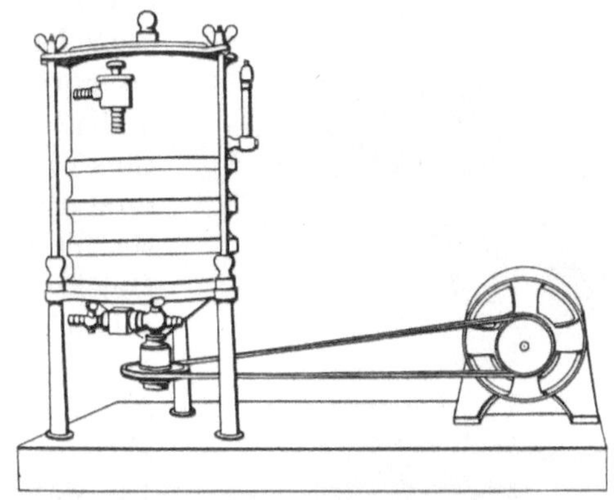

Abb. 92. Siebanalysator nach H. Schmidt.

oben durch den Füllstutzen einen gleichmäßigen Strom von Frischwasser zufließen und hält durch entsprechendes Einstellen des Ablaufhahnes den Wasserstand dauernd in gleicher Höhe. Der ablaufende Mehlstoff, der durch alle Siebe hindurchgeht, wird so aufgefangen, daß man das austretende Wasser mittels eines Schlauches auf eine Nutsche leitet, die mit einem gewogenen Filter ausgerüstet ist und an die Vakuumpumpe angeschlossen ist. Bei Zellstoffen kommt eine Durchspülzeit von 20 Minuten in Frage, wobei der Wasserdurchsatz etwa 1 l in der Minute beträgt. Nach Ablauf der Auswaschzeit wird der Wasserzulauf abgestellt und der Motor ausgerückt. Das Wasser läuft ab und der in den einzelnen Kammern vorhandene Stoff setzt sich auf den Sieben ab. Die Kammern werden dann auseinandergenommen und der Stoff wird von den Sieben und zugehörigen Propellern auf gewogene Filter gespült; diese werden getrocknet und schließlich gewogen. Das gleiche geschieht mit dem Filter, das außerhalb des Apparates zum Auffangen des Feinststoffes benutzt wird.

b) Faserfraktioniergerät HS. für Zellstoff. Das in Abb. 93 gezeigte Gerät stellt eine Weiterentwicklung des HS.-Gerätes für Holzschliff-Fraktionierung dar. Es gleicht im wesentlichen dessen Aufbau, besitzt aber einen elektrisch angetriebenen Propeller, der zusammen mit dem Spülwasser von 2 Atmosphären Druck mit Sicherheit in der Lage ist, jede Blattbildung auf dem Sieb zu verhindern. Die normale Ausrüstung umfaßt Siebe der Nr. 18, 40, 60, 80 und 100 (württembergisches Maß). Die Arbeitsweise ist bei dieser Ausführung die gleiche wie bei der kleineren und ist im einzelnen bei der Fraktionierung des Holzschliffes beschrieben. Der einzige Unterschied besteht darin, daß hier der Rührer durch Einschalten des Motors in Gang gesetzt wird.

Auswertung der Ergebnisse. Die Gewichtsmengen der einzelnen Fraktionen werden als prozentualer Anteil der gesamten zur Untersuchung verwandten Stoffmenge dargestellt.

Die Messung der Länge der Fasern in den einzelnen Fraktionen wird mit Hilfe des Mikroskopes vorgenommen. Verfügt man über die Möglichkeit Mikropräparate projizieren zu können, so empfiehlt es sich, eine Arbeitsweise anzuwenden, die STEINSCHNEIDER und Mitarbeiter[1] angegeben haben. Sie hat den Vorzug, weniger zeitraubend und anstrengend zu sein, als die unmittelbare Längenmessung im Mikroskop. Man verfährt danach wie folgt. Eine Aufschwemmung von Fasern der zu untersuchenden Fraktion wird mit so viel einer Gelatinelösung versetzt, daß die Mischung im heißen Zustand flüssig, im kalten hingegen schon fest ist. Auf vier Objektträger wird etwas von dieser Mischung gebracht und gleichmäßig verteilt. Sobald die so hergestellten Präparate erstarrt sind, können sie mittels eines Mikro-Projektionsapparates auf eine weiße Fläche projiziert werden. Hierbei wählt man eine Vergrößerung bis zum 400fachen. Auf dem projizierten Faserbild wird die Länge der Fasern unter Zuhilfenahme eines Abrollentfernungsmessers, wie er zum Ausmessen auf Landkarten Verwendung findet, ausgemessen. Solche, die eine geringere Länge als 0,2 mm besitzen, werden zweckmäßig außer acht gelassen. Bei der Ausmessung verfährt man so, daß zunächst an der einen Längsseite des Objektträgers mit dem Ausmessen und Zählen begonnen, dann der Objekttisch senkrecht zu dieser Seite des Präparates verschoben wird und nun wieder alle im Bild sichtbaren Fasern gemessen werden. In dieser Weise wird fortgefahren, bis alle Fasern quer über das Präparat in einer Breite entsprechend dem Blickfeld des Mikroskopes ausgemessen sind. Darauf wird der Objekttisch etwa 10 mm längs verschoben und der jetzt sichtbare Teil des Präparates in der gleichen Weise ausgemessen. Insgesamt mißt man so je 100 Fasern in jedem Präparat aus.

Abb. 93. Faserfraktioniergerät HS für Zellstoff.

Bestimmung der Festigkeit von Zellstoffen.

Allgemeines. Bei der Beurteilung eines Zellstoffes auf seine Verwendbarkeit für die Zwecke der Papiererzeugung spielt seine Festigkeit eine hochbedeutsame Rolle. Die Festigkeit der aus einem Zellstoff gefertigten Papiere kann nicht aus der Festigkeit seiner Einzelfaser abgeleitet werden, ganz abgesehen davon, daß

---

[1] STEINSCHNEIDER, M., H. KROSS u. L. IMGRUND: Papierfabrikant **34**, 177 (1936).

Methoden zu deren Erfassung sehr mühsam und umständlich erscheinen[1]. Die Festigkeit des späteren Papierblattes hängt, abgesehen von der Eigenfestigkeit der Faser, von einer großen Zahl von Faktoren ab, vor allen Dingen von der Kräuselung und Verfilzungsfähigkeit, welche die Fasern im nassen Zustand besitzen, von ihrer Oberflächenbeschaffenheit, von ihrer Plastizität, sowie von der sie bedeckenden Schleimhaut und dem zwischen den Fasern bei der Mahlung entstehenden strukturlosen Schleim. Für diese letztgenannten Eigenschaften der Plastizität und des Schleimbildungsvermögens ist die Quellbarkeit der Faser in Wasser und die Schleimbildung bei mechanischer Bearbeitung ausschlaggebend. Diese mechanische Bearbeitung erfahren die Fasern erst bei ihrer Behandlung in den Mahlmaschinen der Praxis. Soll also ein Zellstoff auf seine Festigkeitseigenschaften untersucht werden, so ist es notwendig, aus ihm vorerst ein Papierblatt zu formen und dann an diesem die Festigkeitsprüfungen, wie Bestimmung der Reißlänge, des Berstdruckes, der Falzzahl u. a. m. vorzunehmen. Da die Festigkeitseigenschaften der Fasern von ihrem Mahlgrad abhängig sind und sich mit dessen Zunahme allmählich bis zu einem Maximum entwickeln, ergibt sich die Notwendigkeit zur einwandfreien Beurteilung eines Zellstoffes, seine Festigkeit bei verschiedenen Mahlungszuständen zu ermitteln.

Prüfverfahren, die unter Zugrundelegung dieser Erwägungen entwickelt werden, setzen eine große Anzahl von Einzeloperationen, angefangen von der Vorbereitung des Zellstoffes bis zur Fertigung und Prüfung des daraus erzeugten Papierblattes, voraus. Die Erfahrung hat gelehrt, daß allein bei peinlichster Einhaltung aller Einzelbedingungen und nur bei Ausschluß zahlreicher, erst nach und nach erkannter Fehlermöglichkeiten richtige und reproduzierbare Ergebnisse bei solchen Prüfungen erzielt werden können.

Es sind in mehreren Ländern durch die Fachkreise derartige genormte Prüfverfahren entwickelt worden. In Deutschland geschah dies durch den Verein der Zellstoff- und Papier-Chemiker und -Ingenieure, der hierfür in seinem Fachausschuß den Unterausschuß für die Festigkeitsprüfung von Zellstoffen ins Leben rief. Dieser Unterausschuß hat in jahrelangen Gemeinschaftsarbeiten unter Leitung seines Obmannes, B. Possanner v. Ehrenthal, der hierbei insbesondere von E. Unger unterstützt worden ist, die deutsche Einheitsmethode für die Festigkeitsprüfung von Zellstoffen geschaffen. Im nachstehenden ist diese Methode, welche in einer Reihe von vom Verein herausgegebenen Merkblättern niedergelegt ist, eingehend dargestellt. Anschließend sind dann einige Andeutungen gegeben über die Einheitsmethoden, die in anderen Ländern in Gebrauch sind.

Deutsche Einheitsmethode für die Festigkeitsprüfung.

Grundlagen.

Diese sind zusammengefaßt in dem Beschluß des Unterausschusses für Zellstoff-Festigkeitsprüfung vom 3. Februar 1933, der folgenden Wortlaut hat:

„Zur Beurteilung der Festigkeit von Zellstoffen sollen Mahlungskurven aufgestellt werden. Der erste Punkt der Mahlungskurve wird mit einem ungemahlenen Stoff, der durch einen genormten Propeller aufgeschlagen ist, bestimmt.

---

[1] Rühlemann, F.: Papierfabrikant **24**, 1 (1926).

Die restlichen Punkte der Mahlungskurve werden durch Mahlung mit der Jokro-mühle und nachfolgendem Egalisieren mit dem genormten Propeller bestimmt. Zur Blattbildung und Trocknung wird der Blattbildner und Trockner ‚Rapid-Köthen‘ nach Prof. v. Possanner und Ing. E. Unger benutzt."

In diesem Beschluß sind die wichtigsten erforderlichen Geräte: Aufschlag-apparat, Mahlgerät, Blattbildner und Trockner aufgeführt und festgelegt.

Die einzelnen Stufen des Arbeitsganges, für die genaue Vorschriften aus-gearbeitet worden sind, umfassen:

1. die Vorzerkleinerung ⎫
2. die Quellung ⎪ des Zellstoffes,
3. die Zerfaserung ⎬
4. die Mahlung ⎭

5. die Egalisierung ⎫
6. die Mengenverteilung ⎬ des Mahlgutes,
7. die Ermittlung des Mahlgrades ⎭

8. die Herstellung des Blattes und seine Trocknung,
9. die Klimatisierung der Blätter,
10. die Teilung der Blätter,
11. die Festigkeitsprüfung,
12. die Darstellung der Ergebnisse.

Erforderliche Arbeitsgeräte.

a) Aufschlaggerät. Als solches ist der von der Technical Section of the Papermakers Association of Great Britain and Ireland für den gleichen Zweck benutzte Apparat übernommen worden. Die Abb. 94 u. 95 veranschau-

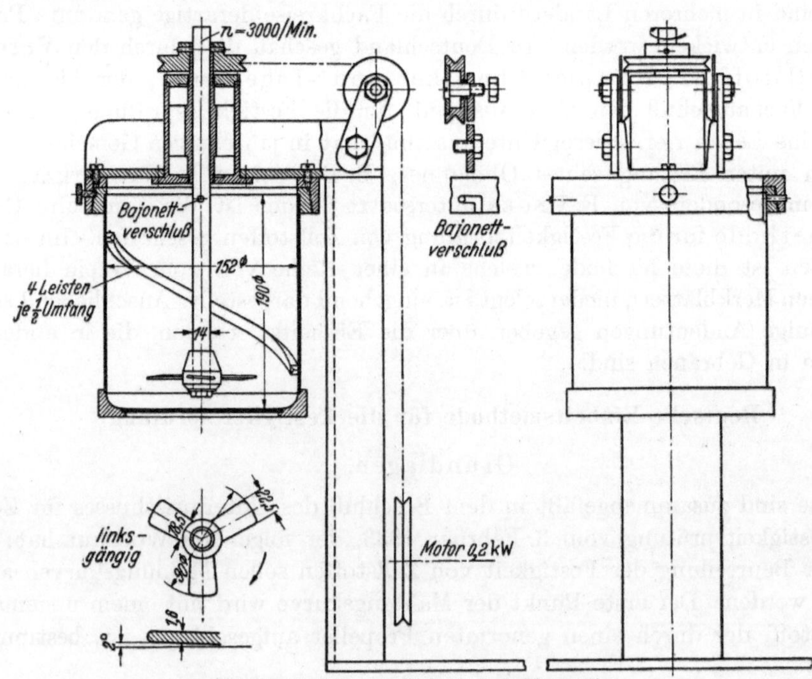

Abb. 94. Aufbau des Einheits-Aufschlaggerätes.

lichen seinen Aufbau (Merkblatt V/4). Behälter, sowie Welle und Propeller sind aus nichtrostendem Material gefertigt. Zum Antrieb des Propellers, der mit 3000 Umdrehungen in der Minute umlaufen soll, dient ein Elektromotor. Zur Feststellung der Zahl der Umläufe des Propellers ist am oberen Wellenende ein Tachometer mit Nullstellungszähler eingebaut.

Dieses Aufschlaggerät dient außer zur nassen Zerfaserung der Zellstoffproben noch für seine Vorbereitung zur Ermittlung der Festigkeit im ungemahlenen Zustand (Non beaten test).

Von Zeit zu Zeit ist das Aufschlagsgerät daraufhin zu prüfen, ob die Normbedingungen noch erfüllt werden. Eine solche Prüfung umfaßt:

1. die Festellung, ob der Propellerschaft genau zentrisch läuft. Diese Forderung wird erfüllt, wenn die Lagerung der Welle einwandfrei ist.

2. die Kontrolle der Flügelstellung und der Abmessungen des Propellers. Hierzu dienen geeignete Schablonen.

b) Mahlgerät. Das für die Einheitsmethode ausgewählte Mahlgerät ist die von JONAS und KROSS entwickelte Jokromühle (Merkblatt V/5). Bei dieser Mühle findet die Bearbeitung der Fasern in der Art einer drückenden und quetschenden Mahlung statt. Diese Art der Mahlung gewährleistet am besten die für ein

Abb. 95. Ansicht des Aufschlaggerätes. Neuere Bauart.

Standard-Arbeitsverfahren erforderliche weitgehende Unveränderlichkeit der Mahlorgane. Auch bei der LAMPÉN-Mühle wird quetschend und drückend gemahlen, doch hat die Jokromühle ihr gegenüber den Vorteil, daß kleinste Stoffmengen quantitativ verarbeitet und in einem einzigen Arbeitsgang Proben mit sechs verschiedenen Mahlgraden hergestellt werden können. Weiterhin ist bei der Jokromühle durch Riffelung der Mahlflächen jedes Rutschen des Stoffes, das einen Fehlwert bedingen kann, ausgeschlossen und zufolge höheren Mahldruckes eine raschere und wirksamere Bearbeitung der Fasern möglich.

Aus den Abb. 96, 97 u. 98 sind Aufbau und Einzelheiten der Jokromühle erkennbar. Das Mahlprinzip ist im besonderen aus Abb. 99 ersichtlich. Die den Stoff in 6proz. Dichte enthaltende Mahlbüchse A dreht sich in horizontaler Ebene um die Zentralachse B, wobei sie sich außerdem um ihre eigene Achse C mit noch höherer Umdrehungszahl bewegt. Der in die Büchse lose eingelegte Mahlkörper wird mit einem der Zentrifugalkraft entsprechenden Druck an die geriffelte Büchsenwandung gepreßt, wobei er infolge der Eigendrehung der Mahlbüchse auf deren Mahlfläche abrollt. Bei dieser Bewegung wird dem Stoff eine genau definierte Mahlbeanspruchung zuteil. Als Laufffläche für den Mahlkörper dient eine kleine Weißbuchenholzscheibe, die in einer zentrischen Aussparung der Büchse A durch Quellung fest eingepaßt ist. Mahlbüchse und Deckel bestehen aus nichtrostendem Aufbaustoff mit einer Brinellhärte von 105 ± 10. Das Gewicht des ausgewuchteten Mahlkörpers, der ebenfalls aus einem nichtrostenden Aufbaustoff mit der Brinellhärte von 85 ± 10 hergestellt ist, beträgt 2000 ± 5 g.

Abb. 96. Jokromühle, Ansicht bei geschlossenem Schutzgehäuse.

a Schutzgehäuse, *b* Umdrehungszähler, *c* Antriebsmotor, *d* Regelwiderstand zum genauen Einstellen der Drehzahl. Die Abbildung zeigt eine Ausführung der Mühle, bei welcher der Antriebsmotor mit einem Untersetzungsgetriebe unmittelbar gekuppelt ist.

Die Mühle ist normalerweise für sechs Mahlbüchsen eingerichtet. Die Drehzahl der Königswelle kann entweder durch ein zwischen Motor und sie geschal-

Abb. 97. Jokromühle bei abgenommener Schutzhaube.

a Führungstopf, *b* Führungstopf mit eingesetzter Mahlbüchse und Spannbügel, *c* Königswelle, *d* Drehplatte, *e* Planetengetriebe, *f* Antriebswelle, *g* stufenloses Kettengetriebe.

tetes stufenloses Getriebe oder durch Verwendung eines in weiten Grenzen regelbaren Getriebemotors von $70 \cdots 300$ Umdrehungen/Minute eingestellt werden.

Die jeweilige Zahl der Umdrehungen kann unter Beobachtung einer bestimmten Zeit an einem an der Königswelle angebrachten Umdrehungszähler ermittelt werden.

Zwecks Einhaltung der genormten Bedingungen ist das Gerät von Zeit zu Zeit einer Kontrolle zu unterziehen. Diese erstreckt sich zunächst auf die Prüfung der genau vertikalen Stellung der Königswelle, wodurch wiederum die vorgeschriebene genau horizontale Lage der Mahltöpfe bedingt ist. Wichtig ist ferner die Nachprüfung der Abmessungen und der Rändelung der Büchsen. Diese müssen, um Verziehen und Verbiegen zu verhindern, vor jeder groben Behandlung bewahrt werden. Solche wirken sich in wesent-

Abb. 98. Jokro-Mahleinheit, bestehend aus Mahlbüchse *a*, Mahlbüchsendeckel *b* und Mahlkörper *c*.

licher Beeinflussung des Mahlergebnisses aus. An der Rändelung besonders während der ersten Zeit der Benutzung sich ausbildende Grate sind vorsichtig zu entfernen. Bei Nichtgebrauch sind die Büchsen, nachdem der Boden mit einer Schicht von destilliertem Wasser überdeckt worden ist, verschlossen zu halten, um zu vermeiden, daß die hölzernen Laufscheiben austrocknen und sich lockern.

Diese Scheiben müssen, wenn ihre Abnützung stärker zu werden beginnt, ausgewechselt werden.

Das sich in den Büchsen besonders beim Mahlen von Sulfitzellstoff absetzende Harz wird durch Waschen mit schwach alkalischem Wasser entfernt. Bei starkem Verschmutzen führt man eine Mahlung mit Sulfatzellstoff durch, wobei dieser

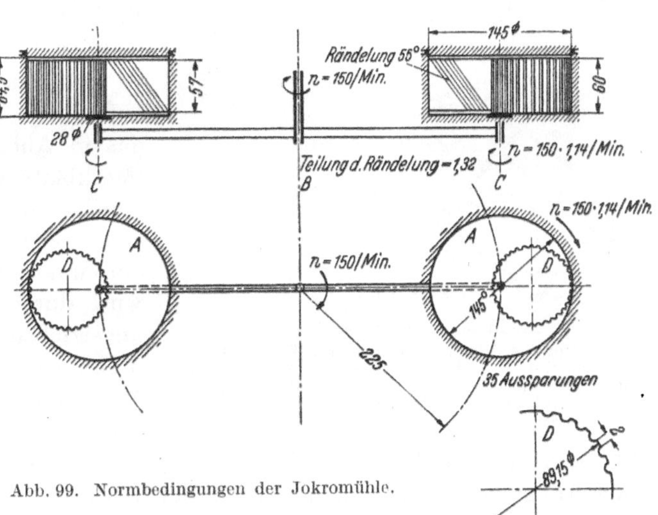

Abb. 99. Normbedingungen der Jokromühle.

nicht in Wasser, sondern in einer gesättigten Trinatriumphosphatlösung zur Anwendung gelangt. Im Anschluß an diese Mahlung muß gut mit reinem Wasser gespült werden.

c) Egalisierungsgerät. Die in dem gemahlenen Zellstoff stets noch in mehr oder weniger großen Mengen enthaltenen Knötchen und sonstigen Stoffzusammenballungen, die bei der Blattbildung stören würden, dürfen allein durch ein kräftiges Rühren, das bloß eine Schlagarbeit ausübt, in die Einzelfasern zerlegt werden. Eine Entfernung dieser Teile etwa durch Aussortieren ist zufolge der unkontrollierbaren Verluste, die hierbei auftreten, unzulänglich. Die Rühr- und

Schlagarbeit darf andererseits zu keiner Änderung des Stoffes in mahltechnischer Hinsicht führen. Als Gerät für die Lösung dieser Aufgabe ist das unter a beschriebene Aufschlaggerät (Merkblätter V/4 u. V/6) vorgesehen.

d) Mengenverteilungsgerät. Der gesamte gemahlene Stoffbrei muß zwecks Herstellung einer Anzahl von gleichschweren Papierblättern sehr sorgfältig in einzelne Teile aufgeteilt werden. Hierbei müssen die einzelnen abgeteilten Proben in mahltechnischer und sonstiger Hinsicht untereinander vollkommen gleichwertig sein. Die damit umrissene Aufgabe ist am ehesten durch Abmessen eines bestimmten Stoff - Wasser - Volumens zu lösen, wobei größere Verdünnung gleichbedeutend mit leichterer Erfüllbarkeit der gestellten Forderungen ist.

Während der eigentlichen Aufteilung muß laufend ein gleichmäßiger Verteilungszustand der Fasern herrschen und weiter darf im Augenblick der Entnahme einer Probe eine Störung dieser Gleichmäßigkeit nicht statthaben.

Das Gerät, das zu dieser Mengenaufteilung Anwendung findet, ist das in Abb. 100 veranschaulichte (Merkblatt V/6). Es besteht aus einem viereckigen Kupfer-, Messing- oder Glasbehälter, in dem ein einfacher Rührer umläuft. Er wird durch einen Getriebemotor angetrieben und macht 150 Umdrehungen je Minute. Bei dieser Umdrehungszahl wird noch keine solche Umfangsgeschwindigkeit erreicht, daß hierdurch eine Veränderung des gemahlenen Stoffes irgendwelcher Art statthat. Die lichte Weite der Ablaßöffnung ist mit 20 mm so gewählt, daß erfahrungsgemäß bei Entnahme einer Probe, deren Zusammensetzung und Zustand die gleichen wie die der Restmenge der Suspension im Mischgefäß sind. Zum raschen Öffnen und Schließen muß ein leicht gangbarer, aber dichter Hahn Anwendung finden, der gestattet, die Probe genau und sicher abzumessen.

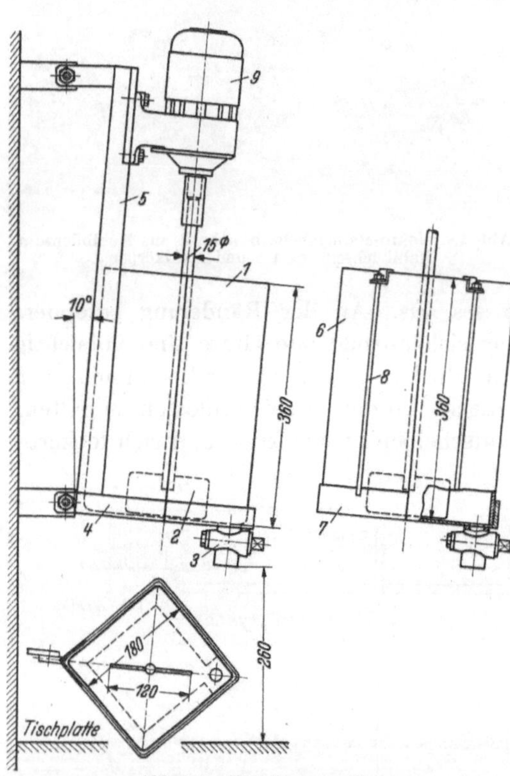

Abb. 100. Verteilungsgerät.

1 Mischbehälter aus Kupfer; *2* Rührer mit Welle aus Messing; *3* Ablaßhahn ³/₄″; *4* Halterrahmen; *5* Aufhängegestell; *6* Mischbehälter aus Glas; *7* Behälterstützboden; *8* Spannschrauben; *9* Antriebsmotor.

Als Auffanggefäße dienen Meßgläser, Mensuren, mit größerem lichtem Durchmesser von insgesamt 1000 cm³ Inhalt.

Zur Kontrolle der genormten Bedingungen sind von Zeit zú Zeit Umdrehungszahl des Rührers wie auch die Möglichkeit zu prüfen, ob die Entnahme der Proben gemäß den gestellten Forderungen durchführbar ist. Ebenso sind die in Verwendung stehenden Meßzylinder durch Abwägen ihrer Wasserfüllung auf ihre Genauigkeit zu prüfen.

e) **Mahlgradprüfgerät.** Zur Feststellung des erzielten Mahlgrades dient der bekannte Mahlgradprüfer von SCHOPPER-RIEGLER[1]. Über ihn soll hier nur gesagt werden, daß er im Rahmen der Arbeiten des Unterausschusses für Zellstoff-Festigkeitsprüfungen eine Normung erfahren hat. Als deren Ergebnis sind die Maße festgelegt worden, welche in der Abb. 101 erscheinen. Weiterhin ist an dem Gerät das Schutzdach 7 zwecks guter Kontrolle der Beschaffenheit der unteren Ausflußöffnung herausnehmbar gestaltet worden (Merkblatt V/7).

Als Kontrolle dieses Gerätes kommt vor allem die Eichung der unteren Ausflußöffnung in Frage. Sie setzt zunächst eine sorgfältige Reinigung des Gefäßes mit stark verdünnter Natronlauge voraus. Anschließend wird das seitliche Ablaufrohr mit einem Stopfen verschlossen und das an die untere Ablaufdüse angesetzte Ablaufrohr entfernt. Dann füllt man das seitliche Rohr mit Wasser an. Nach Verschließen der unteren Düse mit dem Finger werden 1000 cm³ destilliertes Wasser von 20° eingefüllt und die genaue Zeit ermittelt, die diese nach Freigabe der unteren Öffnung zum Ablaufen benötigt. Diese Zeit soll 148···150 Sekunden betragen.

f) **Blattbildungs- und Trocknungsgeräte** sowie die für deren Handhabung erforderlichen Hilfsmittel. Die Arbeitsgänge der Blattbildung und des Trocknens werden durchgeführt mit der nach den Vorschlägen von v. POSSANNER und UNGER gebauten Blattbildungsanlage ,,Rapid-Köthen"[2]. Diese Apparatur und ihr Aufbau sind in den Abb. 102···108 dargestellt, während Abb. 109 die genormten Größenmaße sowie die beim Arbeiten mit der Apparatur einzuhaltende Arbeitsweise veranschaulicht (Merkblatt V/8).

Die einzelnen Geräte, aus denen sich die Gesamtapparatur zusammensetzt, sind die folgenden: der Blattbildner *A*, die Hilfsmittel zur Übertragung des nassen Blattes *B*, der Trockner *C* mit Vakuummeter und Thermometer, ferner die Pumpe *D* für Luft- und Wasserförderung, der Heißwasserbereiter *E*, die Heißwasserumlaufpumpe *F*, der Vakuumspeicher *G*, die Leitelemente für Luft und Wasser *H* und der Tisch *J*.

Diese einzelnen Geräte der Gesamtapparatur werden im Merkblatt V/8 wie folgt beschrieben:

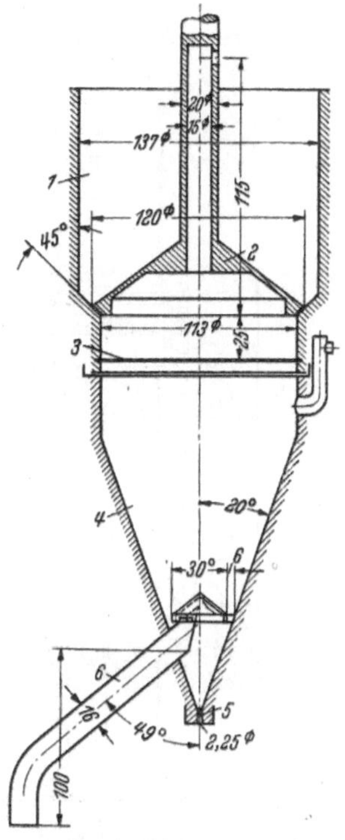

Abb. 101. Genormte Ausführung des Mahlgradprüfers von SCHOPPER-RIEGLER.

1 Aufnahmebehälter; 2 Abdichtungskegel; 3 Sieb 100 cm, Drähte je cm Schuß 24, Kette 32, Drahtdicke Schuß 0,17, Kette 0,16 mm; 4 trichterförmiger Auslaufbehälter; 5 und 6 Ausflußöffnungen; 7 kegelförmiges Schutzdach.

---

[1] HERZBERG, W.: Papierprüfung, 7. Aufl., S. 260. Berlin 1932.

[2] Apparatur und Arbeitsprinzip sind durch in- und ausländische Patente geschützt. Die Geräte werden von der Firma L. Schopper in Leipzig hergestellt.

Blattbildner *A*.

Dieser setzt sich in der Hauptsache zusammen aus der Füllkammer *1*, dem Siebteil *2, 3*, der Saugkammer *4* und dem Wasservorratsbehälter *5*.

Füllkammer (*1*): Diese dient der Bildung des Papierstoff-Wasser-Gemisches und stellt einen Hohlzylinder aus Glas dar, der an seiner unteren Begrenzung durch den Füllkammerbodenring *6* gehalten wird und der zur direkten Ablesung des Stoffwasservolumens der Füllkammer mit einer Litereinteilung 0···12 l versehen ist. Der Bodenring trägt an seiner Unterseite einen Gummiring *7*, der zur Abgrenzung des Faserfilzes auf dem Sieb dient. Im Bodenring *6* ist ein

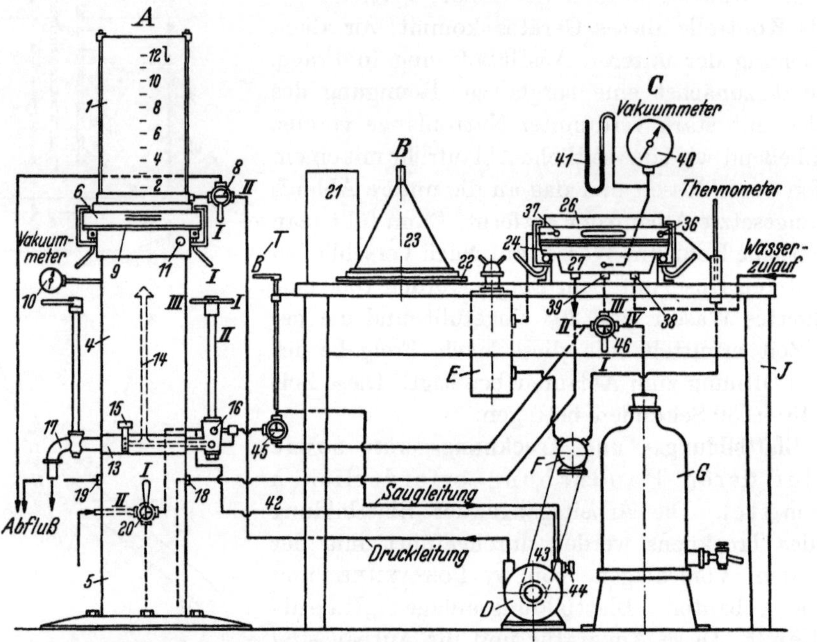

Abb. 102. Zusammenstellung der Einzelteile der Blattbildungs- und Trocknungsanlage „Rapid-Köthen".
Die römischen Zahlen bezeichnen die verschiedenen Hahnstellungen.

Ringkanal angeordnet, der mit zwei Reihen nach der Mitte des Ringes gerichteter Bohrungen versehen ist, durch welche das Wasser und die Luft in die Füllkammer eingeführt werden.

Der Füllkammerhahn *8* verbindet die von der Pumpe *D* kommende Druckleitung in Stellung *I* mit dem Ringkanal, in Stellung *II* mit einer in den Abfluß gehenden Schlauchleitung.

Ein an der Rückseite des Bodenringes *6* angebrachtes bewegliches Scharnier gestattet mit Hilfe eines Griffes das Aufklappen der Füllkammer zum Abheben und Einsetzen des Blattbildungssiebes *2*.

Siebteil (*2, 3*): Dieser trennt den Füllraum *1* vom Saugraum *4* und ruht auf dem Siebtragring *9* der Saugkammer. Er besteht aus dem Blattbildungssieb *2* und dem Siebstützrahmen *3*. Das Blattbildungssieb *2* besteht aus einem zweiteiligen, mit Schrauben verbundenen Spannring, durch den das genormte Siebtuch, das leicht ausgewechselt werden kann, gespannt und gehalten wird. Das Blattbildungssieb *2* ruht abnehmbar auf dem Siebstützrahmen *3*. Der Siebstützrahmen ist mit einem genormten Siebtuch bespannt, welches zur Vermeidung der Durchbiegung durch parallel angeordnete Stege gestützt wird.

Abb. 103. Gesamtansicht der Blattbildungs- und Trocknungsanlage „Rapid-Köthen".

Abmessungen:

des Blattbildungs-Siebtuches aus Nickel:

Kette	60 Drähte/cm
Schuß	55 Drähte/cm
Drahtstärke	0,06···0,065 mm Durchmesser
(Köperbindung),	

des Stütz-Siebtuches aus Phosphorbronze:

Kette	8 Drähte/cm
Schuß	7 Drähte/cm
Drahtstärke	0,35 mm Durchmesser
(einfache Leinenbindung).	

Saugkammer (4): Sie hat über ihre ganze Höhe den gleichen Querschnitt, ebenso wie die Füllkammer. Am oberen Ende der Saugkammer ist der Tragring 9 angeordnet. An diesem befinden sich ein Vakuummeter 10, das den Unterdruck in der Saugkammer anzeigt, ein Entlüftungsstutzen *11* mit Gummistopfen, ferner an der Rückseite ein mit ihm fest verbundenes Scharnierteil, das mit demjenigen der Füllkammer beweglich verbunden ist; seitwärts sind zwei Klammern angeordnet, mit denen die Füllkammer unter Zwischenschaltung eines Gummiringes *12* an die Saugkammer gepreßt wird.

Der Saugkammerboden *13* ist gleichzeitig die obere Begrenzung des darunter befindlichen Wasservorratsbehälters *5*. An diesem Bodenteil sind die meisten Zu- und Ableitungen des Blattbildners angebracht, die sich zum Teil innerhalb des Bodenstückes als Kanäle fortsetzen. In der Mitte des Bodens ist das senkrecht nach oben gehende Saugrohr *14* mit einer gegen das Eindringen von Wasser schützenden Überdachung eingeschraubt. Dieses Rohr steht mit dem Regulierventil *15* und über den Hauptschalthahn *16* mit der Pumpe *D* oder der Atmosphäre in Verbindung und dient der Evakuierung oder Belüftung der Saugkammer. An der Außenwand des Bodenteils befindet sich links vorn das Schnüffelventil *15*, das verstellbar ist und den Unterdruck in der Saugkammer maximal (200 mm Quecksilbersäule) abzugrenzen gestattet. Links seitwärts befindet sich der Wasserablaßhahn *17* der Saugkammer. An der Rückseite ist der Wasserzuflußstutzen *18* zum Wasservorratsbehälter *5* und dessen Wasserüberlaufrohr *19* angeordnet. In der Mitte hinten befindet sich ein Dreiweghahn *20*, der in Stellung *I* den Wasservorratsbehälter *5* oder in Stellung *II* einen anderen Wasserbehälter mit dem Hauptschalthahn *16* verbindet. Rechts seitwärts ist der Hauptschalthahn *16* angeordnet, der in zwei Ebenen mit vier Vierteldrehungen sämtliche Arbeitsgänge schaltet.

Abb. 104. Blattbildner „Rapid-Köthen“.

Wasserbehälter (*5*): Dieser bildet den Unterteil des Blattbildners und ist einerseits durch eine Flanschverschraubung mit der Fußplatte und andererseits mit dem Bodenteil der Saugkammer *4* verbunden. In den Wasserbehälter *5* münden die von dem Saugkammerbodenteil *13* ausgehenden Rohranschlüsse: die Frischwasserzuführung *18*, die über den Hauptschalthahn *16* zur Pumpe *D* führende Wasser-Saugleitung und die Überlaufleitung *19*.

Übertragungsorgane für das nasse Blatt *B*.

Es sind dies: die Gautschrolle *21* und die Abblasevorrichtung mit Auflagebrett *22* und Blasetrichter *23* (vgl. auch Abb. 106).

Die Gautschrolle (*21*) besteht aus einem Rohr, das mit drei Lagen eines weichen etwa 3 mm starken Filzes überzogen ist und somit eine entsprechend den Normbedingungen außerordentlich elastische Gautschung zuläßt. Die Nähte sind an einer Stelle zusammengefaßt.

Das Auflagebrett (*22*) ist eine Sperrholzplatte, die mit vier Anschlägen zum zentrischen Einsetzen des Blattbildungssiebes versehen ist.

Abb. 105. Blatttrockner ,,Rapid-Köthen''.

Der Blasetrichter (*23*) ist an der Auflagefläche, wo er auf den Ring des Blattbildungssiebes zu sitzen kommt, mit einem Gummischlauch zwecks luftdichten Abschlusses versehen.

Trockner *C*.

Dieser setzt sich zusammen aus dem Tragring *24* mit dem Siebstützrahmen *25*, dem Trocknerdeckel *26* und dem Kondensationsgefäß *27* mit den Vakuum-Meßgeräten *40* und *41*.

Tragring (*24*): Der Tragring ruht auf drei Füßen, die ihrerseits mit der Tischplatte fest verschraubt sind. Er trägt den Siebstützrahmen *25*, den Trocknerdeckel *26* und das Kondensationsgefäß *27*, Tragring und Deckel sind auf der Rückseite mit einem Scharnier verbunden, wodurch der Deckel mit dem Griff nach rückwärts zu klappen ist.

Ferner sind an dem Tragring seitwärts zwei Klammern angebracht, mit welchem der Deckel gegen den Tragring gepreßt werden kann, desgleichen an der Unterseite des Tragringes vier Bügel *28*, mit denen das Kondensationsgefäß *27* dauernd an den Tragring angepreßt ist. Der luftdichte Abschluß zwischen dem Tragring und dem Deckel einerseits und dem Kondensationsgefäß andererseits geschieht durch Zwischenschaltung von zwei Gummiringen *29, 30*, von denen der Dichtungsring *29* in eine Nut des Tragringes, der Dichtungsring *30* in eine Nut des Kondensationsgefäßes eingelassen ist.

Siebstützrahmen (*25*): Dieser entspricht in seinem Aufbau den Normbedingungen, ist aber so ausgebildet und in den Tragring eingesetzt, daß das Blattbildungssieb *2* aufgesetzt werden kann, ebenso wie auf das Stützsieb *3* des Blattbildners. Dadurch ist es möglich, in besonderen Fällen, abweichend von der Norm, den Faserfilz auf dem Blattbildungssieb verbleibend zu trocknen.

Der Siebstützrahmen hat einen Gummiring als Unterlage, um die Wärmeübertragung auf den Tragring möglichst gering zu halten.

Trocknerdeckel (*26*): Dieser dient zur Erhitzung des Faserfilzes. Er stellt einen Ringkörper mit einem Zwischenboden dar, in geringem Abstand von letzterem ist mittels eines mit Schrauben zu befestigenden Spannringes *31*

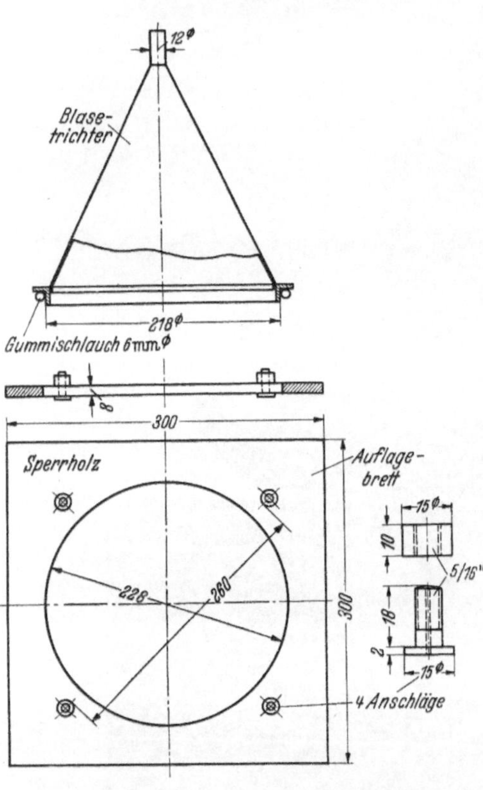

Abb. 106. Geräte zum Abblasen der Probebögen.

eine Gummimembrane *32* angebracht, über die das heiße Wasser geleitet wird. Die Membran ist an ihrer äußeren Begrenzung nahe dem Spannring (nicht sichtbar) durch einen Gummiring unterlegt, welcher gegebenenfalls ein elastisches Aufsitzen der Membran auf den Siebteil ermöglicht. Der Zwischenboden ist mit zwei Führungskanälen für das Heißwasser versehen, welche in Verbindung mit einem Verteilerblech einen gleichmäßigen Fluß des Wassers über die Membran bewirken. Der innerhalb des Deckels über dem Zwischenboden befindliche Raum ist zur Verminderung des Wärmeüberganges an die Luft mit einem Blech *33* abgedeckt. Von dem Zwischenboden führt ein Rohrstück in der Mitte des Deckels nach oben, dieses ist üblicherweise mit einem Stopfen *34* verschlossen, kann aber mit einem Manometer zur Messung des Druckes des über die Membran geleiteten Wassers versehen werden. Der Deckel kann durch einen Griff in Verbindung mit dem rückwärts angebrachten Scharnier abgehoben werden. Ferner sind an dem Deckel ein Belüftungsstift *35* für den Vakuumraum und an der Rückseite die Heißwasserzuflußleitung *36* und die Abflußleitung *37* angeordnet.

Kondensationsgefäß (*27*): Dieses dient der Verdichtung des im Vakuumraum bei der Trocknung entstehenden Wasserdampfes. Der eingebaute Kühlkörper füllt das Gefäß so aus. daß zwischen den Wandungen nur noch ein geringer Zwischenraum vorhanden ist. Zu- und Abfluß *38'* und *38''* des Kühlwassers gehen durch den Boden des Kondensationsgefäßes hindurch, in der Mitte des Bodens ist der Evakuierstutzen *39* angeordnet. Zur Einstellung und Überwachung des in dem Kondensationsgefäß *27* herrschenden Unterdruckes sind hinter dem Trockner auf der Tischplatte zwei Vakuummeter *40* und *41* angeordnet, welche mit dem Kondensationsgefäß direkt in Verbindung stehen.

Das Metallvakuummeter *40* gestattet die Ablesung des Unterdruckes von $0 \cdots 760$ mm Quecksilbersäule. Es genügt jedoch allein nicht zur genauen Überwachung des Vakuums, da seine Anzeige vom augenblicklichen Atmosphärendruck abhängig ist. Es ist daher außerdem noch ein Quecksilbervakuummeter *41* vorgesehen, mit dem der absolute Druck im Trockner gemessen werden kann. Dieser ergibt sich aus dem Höhenunterschied der beiden Quecksilbersäulen.

Pumpe mit Motor *D*.

Sie hat die Aufgabe, das Wasser und die Luft in die Füllkammer *1* zu fördern und die Saugkammer *4* zu evakuieren, desgleichen muß sie auch die Vakuumhaltung des Trockners *C* und des Vakuumspeichers *G* übernehmen.

Die Pumpe ist eine selbstansaugende „Sihi"-Wasserringpumpe aus zinkfreier Bronze mit Welle aus V 2 A-Stahl und läuft mit 1400 Umdrehungen in der Minute. Sie wird durch einen Motor mit einer Leistung von etwa 0,75 kW angetrieben. Die Pumpe muß während des Betriebes zur Erneuerung des Wasserringes dauernd etwa 2 l/min Frischwasser bekommen, welches sie aus dem Wasserbehälter *5* durch die Kühlwasserleitung *42* selbst ansaugt. Letztere zweigt am Hauptschalthahn *16* ab (*43''*) und mündet in eine kleine, am Saugstutzen der Sihi-Pumpe befindliche Schlauchtülle *43'*.

An dem Saugteil der Sihi-Pumpe *D* ist ferner ein Regulierventil *44* in Form eines konischen Stiftes angeordnet, durch welches eine beliebige Luftmenge in den Saugraum eingeführt werden kann. Damit kann das Vakuum, welches der Trockner benötigt, genau eingestellt werden.

Zur Pumpe ist noch der Umschalthahn *45* zu rechnen, der den Saugteil der Pumpe in Stellung *B* mit dem Blattbildner, in Stellung *T* mit der Trocknungsanlage verbindet.

Heißwasserbereiter *E*.

Dieser dient der Wassererhitzung für den Trockner *C* und besteht aus einem zylindrischen Gefäß mit Deckel und ist für Zu- und Abfluß des Wassers mit zwei Schlauchanschlüssen versehen. Der Heißwasserbereiter ist an der Rückseite des Tisches so befestigt, daß der Zufluß 140 mm, der Abfluß 280 mm unterhalb der Tischebene sich befindet. Er ist mit einem elektrischen Tauchsieder mit einer Leistung von etwa 1500 Watt ausgerüstet, der die Wassertemperatur mit Hilfe eines Kontaktthermometers, Kontakt bei 97°, und Relais bei $95 \cdots$ **97°** hält.

Heißwasserumlaufpumpe *F*.

Diese ist auf einem Konsol, das an der Grundplatte des Pumpenaggregates *D* angebracht ist, befestigt und drückt das ihr von dem Heißwasserbereiter *E* zufließende Wasser in den Trockner *C*, aus dem es wieder in den Heißwasserbereiter *E* zurückfließt. Die Pumpe ist eine Sugo-Wasserpumpe, Größe 0, Ausführung RW, die mit einer Drehzahl von etwa 800 U/min. arbeitet und dabei etwa 6 l/min Wasser fördert (bei neuen Schiebern). Der Antrieb erfolgt durch Riementrieb vom Elektromotor aus. Eine besondere Schmierung der Pumpenwelle wird nicht angewendet, um den Eintritt von Fett in den Wasserkreislauf zu vermeiden.

Vakuumspeicher *G*.

Dieser hat die Aufgabe, das Vakuum im Trockner *C* aufrechtzuerhalten, solange die Pumpe *D* für die Blattbildung verwendet wird. Der kleine Kondensationsraum im Trockner wird bei geschlossener Saugseite durch das Kondensat verringert, so daß dadurch ein Absinken des Vakuums wahrzunehmen ist. Wird nun ein größerer Vakuumraum parallel geschaltet, so ist die Verringerung des Luftvolumens durch das Kondensat so gering, daß das Vakuum längere Zeit nahezu konstant bleibt. Der Vakuumspeicher besteht zwecks Sichtbarmachung des Kondensats aus einer starkwandigen Glasflasche mit etwa 12 l Inhalt, die auf einem Gestell ruht und mit dem Schalthahn *46* des Trockners in Verbindung steht. In der Flaschenwandung ist dicht über dem Boden ein gut abdichtender Hahn zum Ablassen des Kondensats angebracht.

Leitelemente für Luft und Wasser *H*.

Die Luft- und Wasserführung zwischen den einzelnen Geräteteilen geschieht durch einen einheitlichen druck- und vakuumsicheren und temperaturbeständigen Schlauch mit 10 mm lichter Weite.

Abweichend von diesem Maß, und zwar kleiner, kann der Kühlwasserschlauch *42* sein, der die beiden kleinen Schlauchtüllen *43′ 43″* mit 2 mm lichtem Durchmesser miteinander verbindet. Ferner besteht die Frischwasserleitung zum Kühler des Trockners und die Weiterführung zum Frischwasserstutzen *18* des Wasserbehälters *5* aus einem absichtlich nicht drucksicheren Schlauch (Gasschlauch), um damit ein Sicherheitsventil gegen zu große Druckbelastung des Kühlers zu haben.

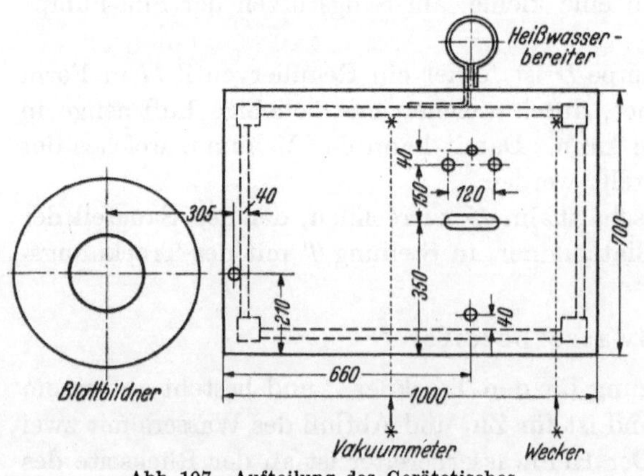

Abb. 107. Aufteilung des Gerätetisches.

Tisch *J*.

Die Tischplatte ist nach Abb. 107 aufgeteilt. Die Bohrungen für den Umschalthahn *45* und den Trocknerschalthahn *46* sind so groß gehalten, daß das Hahnküken zum Fetten nach oben herausgenommen werden kann, was für die sichere Arbeitsweise der Anlage sehr wichtig ist.

Die Kontrolle der Arbeitsgeräte dieser Gruppe umfaßt außer der Prüfung ihrer genauen Aufstellung und der der Abdichtung aller unter Druck und Vakuum stehenden Teile, vor allem die der Beschaffenheit des Blattbildungssiebes. Es muß dauernd rein gehalten werden. Zu diesem Zweck wird es immer unmittelbar nach Gebrauch durch reichliches Spülen mit reinem Wasser von anhaftenden Fasern befreit. Gelegentlich muß diese Reinigung durch vorsichtiges Behandeln mit Säuren verschärft werden. Wichtig ist die Planlage des Siebes. Ist diese nicht mehr vorhanden, so empfiehlt sich baldigste Auswechslung des Siebes. Wie hierbei vorgegangen wird, erläutert das Merkblatt V/8 an Hand der Abb. 108 wie folgt.

Das Siebtuch wird erst möglichst eben in den Haltering der Vorrichtung eingezogen und festgeklemmt. Dann drückt man den Unterteil des Spannringes

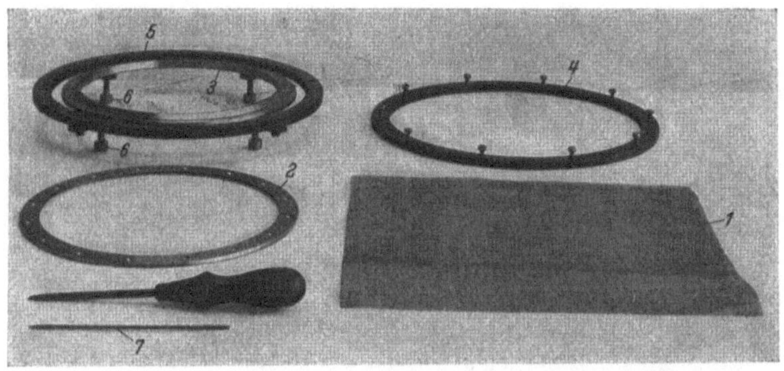

Abb. 108. Siebeinspannvorrichtung.
Siebtuch *1*; Spannring für das Blattbildungssieb: Oberteil *2*, Unterteil *3*; Haltering für das Siebtuch: Oberteil *4*, Unterteil *5*, Spannschrauben *6*, Stechnadel für die Schraubenlöcher *7*.

mit den Stellschrauben leicht gegen das Siebtuch, bis dieses eben gespannt ist. Danach wird das Oberteil aufgesetzt und ganz gleichmäßig aufgeschraubt. Man vermeide ein zu straffes Spannen des Siebes.

g) Sonstige Geräte. Die weiter hier erforderlichen Geräte und Hilfsmittel für die Klimatisierung und Durchführung der Festigkeitsprüfungen der erhaltenen Papierblätter sind die gleichen, wie sie allgemein für derartige Untersuchungen von Papier Verwendung finden. Über ihren Aufbau vergleiche man in einschlägigen Werken[1].

Arbeitsvorschriften.

a) Probenahme und Probemenge. Die zur Prüfung vorgesehene Probe muß eine gute Durchschnittsprobe des zu beurteilenden Zellstoffes sein. Für eine vollständige Festigkeitsprüfung, die die Bestimmung des Nullpunktes, sowie vier weiterer Mahlpunkte umfaßt, sind 88 g absolut trockener Zellstoff erforderlich. Da außerdem noch Trockenbestimmungen im Zusammenhang mit den Ausgangswägungen angesetzt werden müssen, beträgt die für die Aufstellung einer Mahlkurve erforderliche Zellstoffmenge mindestens 100 g absolut trocken gedachter Stoff.

---

[1] HERZBERG, W.: Papierprüfung, 7. Aufl., S. 260. Berlin 1932.

b) Aufbewahrung der Proben. Für die Untersuchung bestimmte Proben müssen in luftdicht abschließenden Gefäßen, geschützt gegen die Einwirkung von Tageslicht, aufbewahrt werden, um sowohl Änderungen des Trockengehaltes als auch Vergilbung zu verhindern. Feuchte Proben werden zur Verhütung bakterieller Zerstörung in Gegenwart von mit Formalin getränkter Watte gelagert, ebenso ist feuchtem Stoffbrei beim länger dauernden Lagern aus dem gleichen Grund Formalin zuzusetzen.

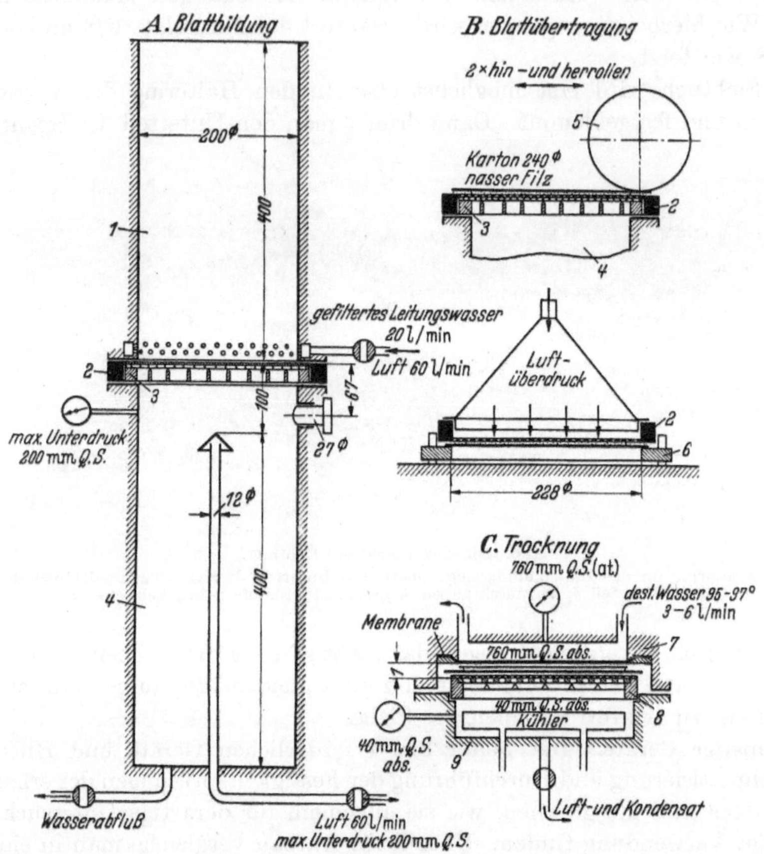

Abb. 109. Normbedingungen und Darstellung der Arbeitsbedingungen bei der Blattbildungs- und Trocknungsanlage Rapid-Köthen.

c) Vorbereitung des Zellstoffes für die Festigkeitsprüfung. Vorzerkleinerung. Trockene Pappen mit nicht über 12 % Wassergehalt werden zwecks Ausgleichung des Trockengehaltes zunächst für mehrere Stunden im Klimaraum bei 65 % relativer Luftfeuchtigkeit und 20° ausgelegt. Anschließend werden die Pappen in kleine Stückchen von der Größe 3 · 5 cm mit der Hand zerrissen. Nach guter Vermischung und Entnahme einer Durchschnittsprobe für die Ermittlung des Trockengehaltes, werden die zerrissenen Stücke in einem luftdicht abschließenden Behälter aufbewahrt. In feuchten Bahnen vorliegender Zellstoff wird unmittelbar in Stücke oben angeführter Größe zerrissen; im übrigen wird wie oben verfahren. Aus Stoffbrei oder dünneren wäßrigen Aufschwemmungen wird vorerst durch

Abnutschen auf einem feinen Sieb und anschließendes Abgautschen und Abpressen feuchte Zellstoffpappe geformt. Sie wird dann weiter behandelt wie solcher Stoff, der in Form von feuchten Bahnen zur Prüfung angeliefert wird.

Trockenprobe. Die erforderlichen Trockengehaltsbestimmungen werden in üblicher Weise durch Trocknen der dafür entnommenen Proben bei $100\cdots105°$ durchgeführt. Je nach dem ursprünglichen Feuchtigkeitsgehalt ist die Dauer der Trocknung verschieden; bei feuchten Stoffen beträgt sie mindestens 6 Stunden, bei trockneren 4 Stunden. Vor Erhalt des Ergebnisses der Trockengehaltsbestimmung kann ein Abwägen für die Mahlversuche nicht stattfinden, da Abweichungen von den hierfür vorgeschriebenen Mengen das Endergebnis beeinflussen. Daher die Forderung, die vorbereiteten Stoffproben nach der Entnahme der für die Feuchtigkeitsbestimmung benötigten Mengen bis zur Durchführung der Einwaage für die Mahlversuche so zu verwahren, daß keine Änderung des Trockengehaltes statthaben kann.

d) **Einwaagen.** 1. Für die Nullpunktsbestimmung der Festigkeitskurve. Hierfür werden 24 g absolut trocken gedachter Stoff mit einer Genauigkeit von $\pm0,1$ g absolut trocken abgewogen. Diese Menge wird durch Zugabe von Leitungswasser von Zimmertemperatur so verdünnt, daß eine Faser-Wasser-Suspension von insgesamt 2000 cm³ entsteht (Stoffdichte 1,2%).

2. Für die Mahlung in der Jokromühle. Von dem vorbereiteten Zellstoff werden für die Ermittlung eines jeden vorgesehenen Mahlpunktes 16 g absolut trocken gedacht mit einer Genauigkeit, wie unter 1. angegeben abgewogen. Durch Zugabe von destilliertem Wasser von Zimmertemperatur wird eine Faser-Wasser-Suspension von 6% hergestellt. Hierzu müssen so viel cm³ destilliertes Wasser zugesetzt werden, als die Differenz zwischen 267 $\left(\dfrac{16\cdot100}{267}=6\%\right)$ und der Einwaage ausmacht. Bei dieser Bereitung der Faseraufschwemmung wird das zuzugebende Wasser zweckmäßig gewogen.

Beispiel: Zellstoff mit 85% Trockengehalt. Erforderliche Wassermenge:

$$(267 - 16/0,85) = 248,1\ \text{cm}^3.$$

e) **Quellung.** Eine Quellung kommt nur bei Zellstoffen in Frage, die einen höheren Trockengehalt als 45% haben. Solche müssen zwecks Erzielung einer einwandfreien Festigkeitsentwicklung 2 Stunden lang, vom Vermischen der zum Aufschlagen oder Mahlen vorgesehenen Wassermenge gemäß c ab gerechnet, bei Zimmertemperatur quellen. Während des Quellens wird die im trockenen Zustand, wie oben angegeben, nur bis zu einer Mindeststückgröße von $3\cdot5$ cm vorzunehmende Zerkleinerung durch Zerzupfen mit der Hand in Stücke von $1\cdot1$ cm vorgenommen (Merkblatt V/3).

f) **Zerfaserung des Zellstoffes für die Festigkeitsbestimmung im ungemahlenen Zustand** (non beaten test). **Mengenverteilung des hierbei erhaltenen Aufschlaggutes.** Das nach d 1 eingewogene und vorbereitete Zellstoff-Wasser-Gemisch wird in den Aufschlagbehälter eingetragen und darin gemäß e der erforderlichen Quellung ausgesetzt. Der Behälter wird alsdann verschlossen und betriebsfertig gemacht, worauf die Zerfaserung genau 25 Minuten lang bei einer Umdrehungszahl der Propellerwelle von 3000/Minute erfolgt. Bei diesem Zerfaserungsvorgang ist auf möglichst genaue Einhaltung der vorgeschriebenen Umdrehungszahl zu achten. Die Gesamtzahl der Umdrehungen des Propellers muß ziemlich genau 75000 betragen. Die beim Versuch tatsächlich beobachtete Zahl wird im Untersuchungsprotokoll vermerkt.

Nach Ablauf der vorgeschriebenen Zeit wird das Aufschlaggerät auseinandergenommen, wobei am Propeller haftende Fasern mit Leitungswasser zur Hauptmenge der Faseraufschwemmung gespült werden. Diese wird dann quantitativ in das Mengenverteilungsgerät überführt, in welchem sie mit Leitungswasser auf 10000 cm³ verdünnt wird. Dann setzt man den Rührer dieses Gefäßes in Gang und beginnt 2 Minuten danach mit dem Abmessen der Einzelproben. Es werden abgezogen:

für 8 Blätter: 8 · 1000 cm³, d. i. je Blatt 2,4 g absolut trocken gedacht,
für 2 Mahlgradprüfungen: 2 · 835 cm³, d. i. je 2 g absolut trocken gedachter Stoff.

Die Abfüllung erfolgt so, daß zunächst je Meßglas für die Blattbildung 850 cm³ und für die Mahlgradprüfung je 800 cm³ abgelassen werden. Von dem im Verteilbehälter befindlichen Rest füllt man dann einen etwa 1500 cm³ fassenden Glasstutzen mit Ausguß, aus welchem die einzelnen Meßgläser ihre zusätzliche Zuteilung bis zur vorgeschriebenen Menge erhalten. Durch mäßiges Umrühren mit einem Quirl ist während dieses letzten Zuteilens für gleichmäßige Verteilung in dem Stutzen zu sorgen (Merkblätter V/4 und V/6).

g) Mahlung des Zellstoffes für die übrigen Punkte der Mahlkurve. Egalisierung und Mengenverteilung des hierbei erhaltenen Mahlgutes. Nach den gefaßten Beschlüssen des Unterausschusses für Zellstoffestigkeitsprüfung sollen für die Aufstellung von Festigkeitskurven eines Zellstoffes wenigstens vier Mahlpunkte gewählt werden, von denen der erste zwischen 20 und 30° SR. liegt, der letzte 80° SR. erreicht oder überschreitet. Die übrigen Mahlpunkte sollen möglichst gleichmäßig verteilt dazwischen liegen.

Die nach d 2 abgewogenen und nach e gequollenen und weiter zerkleinerten Proben von je 16 g absolut trocken gedachtem Zellstoff werden jede für sich in eine Mahlbüchse quantitativ mit dem zugehörigen Wasser überführt. Hierbei muß auf gleichmäßige Verteilung um den in vorhinein in die Mitte der Mahlbüchse eingelegten Mahlkörper geachtet werden. Nach ordnungsgemäßem Verschließen der Mahlbüchsen werden sie unter Vermeidung des Verschiebens des Mahlkörpers in die Mühle gesetzt und dort befestigt. Nicht benötigte Büchsen werden zwecks erforderlicher Auswuchtung der Mühle gleichfalls mit Wasser gefüllt mit eingesetzt, oder aber es wird an ihrer Statt ein entsprechendes Ausgleichsgewicht angewandt. Die Jokromühle wird dann in Betrieb gesetzt und hierbei eine Umdrehungszahl von 150/Minute an der Königswelle eingeregelt. Bei richtigem Einlegen des Mahlgutes kann bereits nach wenigen Umdrehungen ein ruhiger, gleichmäßiger Lauf beobachtet werden. Während der Mahlung muß die eingestellte Drehzahl genau eingehalten und durch Beobachtung des Umdrehungszählers geprüft werden. Die Zeitdauer der Mahlung zur Erreichung der für die Festigkeitskurve erwünschten vier Mahlungszustände hängt von der Widerstandsfähigkeit des Zellstoffes ab. Als ungefährer Anhaltspunkt kann gemäß Merkblatt V/6 gelten: für ungebleichten Sulfit-Fichtenzellstoff 20, 40, 60 und 80 Minuten; für ungebleichten Sulfat-Kiefernzellstoff 40, 80, 120 und 150 Minuten. Die gebleichten Zellstoffe erfordern vielfach kürzere Mahlzeiten als die ungebleichten. Für Zellstoffe aus Laubhölzern oder Stroh ist die Mahldauer meist noch wesentlich kürzer als bei Sulfit-Fichtenzellstoff, und es ist bei ihnen oft nicht möglich, auf einen Mahlgrad von 80° SR. zu kommen. In diesem Fall muß der letzte Mahlpunkt entsprechend tiefer angesetzt werden. Fällt eine Mahlung nicht in die für die Festigkeitskurve vorgesehene Mahlgradgrenze, so ist eine Ersatzmahlung mit entsprechend geänderter Mahldauer vorzunehmen.

Die Mahldauer soll mit einer Genauigkeit von ± 5 Sekunden eingehalten werden. Ist für eine bestimmte Mahleinheit die Mahldauer erreicht, so wird das Mahlgerät stillgesetzt und die Mahlbüchse von der Drehscheibe entfernt. Für die entnommene Mahleinheit werden die Gesamtumläufe der Königswelle am Umdrehungszähler abgelesen und im Protokoll vermerkt. Zweckmäßig wird nach genau 1 Minute mit den übrigen Mahleinheiten weitergefahren, wobei jedoch vorher die Mahlbüchsen auf ihre symmetrische Anordnung hin überprüft werden.

Der Inhalt der einzelnen entnommenen Mahlbüchsen wird quantitativ mit reinem Leitungswasser in ein Gefäß von 2 l Inhalt mit Marke überführt und darin mit dem gleichen Wasser bis zur Marke verdünnt. Das so erhaltene Faser-Wasser-Gemisch gelangt in den Behälter des Aufschlaggefäßes und wird darin genau 2 Minuten lang bei einer Umdrehungszahl des Propellers von 3000/Minute behandelt. Danach wird der Aufschlagbehälter abgenommen, am Propeller hängendes Mahlgut mit Leitungswasser zu dessen Hauptmenge gespült und alles dann in den Mischbehälter des Verteilergerätes überführt. Durch weiteren Zusatz von Leitungswasser wird die Mischung bis auf insgesamt 6670 cm³ verdünnt, wozu man zweckmäßig eine entsprechende Marke am Verteilergefäß anbringt. In der gleichen Weise wie unter f beschrieben erfolgt jetzt die Verteilung und das Abziehen in die Meßgläser. Es werden abgezogen:

für 5 Blätter: 5 · 1000 cm³, d. i. je Blatt 2,4 g absolut trocken gedachter Stoff,
für 2 Mahlgradproben: 2 · 835 cm³, d. i. je 2 g absolut trocken gedachter Stoff.

Die Abfüllung erfolgt im einzelnen genau so, wie es unter f beschrieben worden ist.

h) Bestimmung des Mahlgrades der aufgeschlagenen oder gemahlenen Stoffproben. Die mit dem Mengenverteilgerät hierfür abgeteilten Mengen der Stoff-Wasser-Suspension enthaltend 2,0 g absolut trocken gedachten Stoff in insgesamt 835 cm³ werden im Mahlgradprüfer-Meßglas auf ein Volumen von 1000 cm³ bei Einhaltung einer Temperatur von 20° ($\pm 0,5°$) verdünnt. In der bei der Handhabung des Mahlgradprüfers üblichen Weise[1] wird diese Suspension zur Bestimmung des Mahlgrades benützt. Die Ablesung erfolgt auf 0,5° SR. mit Abrundung nach oben (Merkblatt V/9).

i) Herstellung und Trocknung der Probeblätter mit der Blattbildungsanlage „Rapid-Köthen". Gemäß dem Merkblatt V/8 lautet die einzuhaltende Arbeitsvorschrift wie folgt:

Für die Blattherstellung werden die abgeteilten Stoffproben verwendet, die je 2,4 g Faser (absolut trocken gedacht) in 1000 cm³ Stoff-Wasser-Volumen enthalten. Es werden Blätter mit 75 g/m² erzeugt.

Blattbildung (vgl. Abb. 102, 105 u. 109). Das Blattbildungssieb wird in reinem Zustand in den Blattbildner eingesetzt, die Füllkammer geschlossen und mit den Klammern angepreßt. Nachdem der Wasserablaßhahn *17* geschlossen und der Umschalthahn *45* nach *B* geschaltet ist, wird der Hauptschalthahn *16*

---

[1] HERZBERG, W.: Papierprüfung 7. Aufl., S. 260. Berlin 1932.

in Stellung *II* und der Füllkammerhahn *8* in Stellung *I* gebracht, wodurch das Wasser aus dem Wasserbehälter *5* über den Hauptschalthahn von der Sihi-Pumpe angesaugt und in die Füllkammer gedrückt wird, in die es radial einströmt und einen Wasserstrahlenwirbel bildet. Sobald die 4-Liter-Marke erreicht ist, wird die abgeteilte Stoffprobe mit 2,4 g Faserstoff in 1000 cm³ Stoff-Wasser-Volumen in die Mitte des Wirbels eingegossen. Nach Erreichung der 7-Liter-Marke wird der Hauptschalthahn mit einer weiteren Einvierteldrehung in Stellung *III* gebracht, wodurch am Hauptschalthahn Luft in die Saugleitung der Sihi-Pumpe eintritt und in die in der Füllkammer befindliche Stoffsuspension gedrückt wird. Sobald die Luftquirlung einsetzt, wird mit der Sekundenzählung bei „1" begonnen. Bei „5" wird der Füllkammerhahn in Stellung *II* gebracht und die Luft dadurch in den Abfluß geleitet. Bei „8" erfolgt eine weitere Einvierteldrehung des Hauptschalthahnes nach Stellung *IV*, wodurch die in der Saugkammer befindliche Luft über das Saugrohr *14* abgesaugt und die Entwässerung der Stoffsuspension eingeleitet wird. Bei „9" wird der Gummistopfen *11* gezogen, um damit, besonders bei röschen Stoffen, zu Beginn eine schnellere Entwässerung und dadurch gleichmäßigere Faserablagerung zu erreichen. Bei „10" wird der Gummistopfen wieder eingesetzt. Von dem Augenblick an, wo das Suspensionswasser durch den Faserfilz hindurchgetreten ist, läßt man noch genau 10 Sekunden lang Luft saugen und bringt dann den Hauptschalthahn in Stellung *I*, in welcher der in der Saugkammer gebildete Unterdruck durch Verbindung mit der Außenluft sofort zurückgeht. Dann wird die Füllkammer geöffnet und der nasse Faserfilz von vorne her am Rand mit dem Finger etwas eingeschoben. Diese Markierung ist zweckmäßig, da danach das Blatt in den Trockner eingelegt, nach der Trocknung an dieser Stelle beschriftet und danach auch das Schneiden der Prüfstreifen eingerichtet wird. Der Umschalthahn *45* wird wieder in Stellung *T* gebracht, in welcher die Sihi-Pumpe die Vakuumhaltung der Trocknungsanlage übernimmt.

Abgautschen. Der genormte Trägerkarton — ein Chromoersatzkarton mit geleimter Decke, 200 g/m², 240 mm Durchmesser — wird mit der glatten Seite genau zentrisch auf den nassen Faserfilz gelegt, die Gautschrolle läßt man mit ihrem eigenen Gewicht von der Seite her zweimal hin und her rollen, hebt das Blattbildungssieb von dem Stützrahmen ab und setzt es umgekehrt, so daß das nasse Papierblatt mit dem darauf gegautschten Karton unten sich befindet, in die Abblasevorrichtung *22* ein. Der Blasetrichter *23* wird auf das Blattbildungssieb dicht abschließend aufgesetzt und mit dem Mund ein kräftiger Luftstoß auf das Sieb ausgeübt, wodurch sich der Karton mit dem nassen Faserfilz von dem Siebtuch einwandfrei abhebt. Der Blasetrichter wird abgestellt und das Blattbildungssieb durch seitliches Kippen abgehoben und wieder in den Blattbildner eingesetzt.

Trocknung. Der Trocknerdeckel wird geöffnet und anschließend das nasse Blatt auf dem Karton ruhend spätestens 1 Minute (bei längerem Liegenlassen wird der Karton durchfeuchtet und liegt dann nicht mehr eben) nach dem Abgautschen in den Trockner eingesetzt, Markierung nach vorn, wobei auf eine genau zentrische Lage zum Trockner-Siebstützrahmen geachtet werden muß. Sofort anschließend wird das genormte Deckblatt, ein gut geleimtes Schreibpapier von 60···70 g/m², 205 mm Durchmesser, auf den nassen Faserfilz gelegt, der Trocknerdeckel geschlossen, mit Hand angepreßt (ohne Klammern) und der Trocknerschalthahn *46* in Stellung *II* gebracht, wodurch der Trockner von der Sihi-Pumpe direkt evakuiert wird. Nach Erreichen eines Unterdruckes von etwa 700 mm Quecksilbersäule kommt der Hahn in Stellung *III*, in welcher der Vakuumspeicher noch dazugeschaltet wird und der Unterdruck sich bei richtiger Einstellung auf 40 mm absoluten Druck einstellt. Mit Erreichen eines Unterdruckes von etwa 700 mm Quecksilbersäule wird zweckmäßig ein Kurzzeitmesser (Abb. 103, *50*) in Gang gesetzt. Während des nun ablaufenden Trocknungsvorganges wird das nächste Blatt gebildet, indem der Umschalthahn *45* in Stellung *B* gebracht und nach den weiter oben für die Blattbildung beschriebenen Bedingungen gearbeitet wird. Nach $4^1/_2$ Minuten wird der Trocknerschalthahn *46* über Stellung *IV* nach *I* gebracht und der Trockner nach Ziehen des Belüftungsstiftes belüftet.

Der Trocknerdeckel wird abgehoben, das nunmehr trockene Blatt wird vom Trägerkarton und Deckblatt abgezogen und an der Markierung zweckmäßig mit einem Prüfzeichen versehen. Anschließend wird das während der Trocknung gebildete neue Blatt in den Trockner eingelegt, und es wird wieder wie vorstehend beschrieben verfahren.

Während des Trocknungsvorganges müssen nebenher einige Kontrollen angestellt werden.

Das einzuhaltende Vakuum von „40 mm Quecksilbersäule absolutem Druck" wird am Quecksilbervakuummeter abgelesen, das einwandfrei in Ordnung sein muß. Die genaue Einstellung und gelegentliche Nachstellung des Vakuums erfolgt mit dem Regulierventil *44* am Saugteil der Sihi-Pumpe, zweckmäßig in Stellung *II* des Trocknerschalthahnes.

Während des Trocknungsvorganges, insbesondere solange die Sihi-Pumpe auf den Blattbildner arbeitet, darf das Vakuum nicht mehr als um 10 mm Quecksilbersäule abfallen, also der absolute Druck 50 mm Quecksilbersäule nicht überschreiten. Fällt der Unterdruck stärker ab, so sind folgende Bedingungen eingehend zu prüfen: Speicherungsvermögen des Vakuumspeichers durch weitgehende Entleerung desselben, Dichtheit des Speichers, des Trockners, der Vakuumleitung und -hähne, Kühlung des Kondensationsgefäßes und der Sihi-Pumpe durch genügenden Frischwasserzufluß. Gelegentlich wird auch die Heißwassertemperatur am Thermometer überwacht, die sich zwischen 95 und 97° bewegen soll. Der Heißwasserbereiter soll immer so weit mit destilliertem Wasser nachgefüllt werden, daß der Spiegel knapp unterhalb des Rückflußstutzens ist, so daß das rückfließende Wasser ohne Widerstand und sichtbar in das Heißwassergefäß eintreten kann. Wird nämlich der Rückfluß des Heißwassers durch einen Widerstand gebremst, so bildet sich ein Überdruck, unter dem die Membran bei geöffnetem Deckel ausbeult. Tritt daher diese Erscheinung auf, so ist die Rückflußleitung daraufhin zu untersuchen, ob der freie Durchgang von 10 mm Durchmesser irgendwo gestört ist.

Die Kartonträger und Schreibpapier-Deckblätter sollen für genaue Untersuchungen und überall dort, wo die Oberflächeneigenschaften beurteilt werden, in ungebrauchtem Zustand angewandt werden. Für laufende Festigkeitsuntersuchungen ist es jedoch auch angängig, sie mehrmals zu verwenden, ohne daß Fehler zu befürchten sind.

k) Klimatisierung der Probeblätter. Die Probeblätter werden freihängend mindestens 12 Stunden lang und nicht länger als 48 Stunden der Einwirkung von möglichst bewegter Luft von 65 % relativer Feuchte und 20° ausgesetzt. Für die Durchführung der Klimatisierung kommt entweder ein Klimaraum oder ein unter diesen Bedingungen arbeitender Klimaschrank in Frage. Im übrigen wird wegen dieser Klimatisierung und der Kontrolle der einzuhaltenden Bedingungen auf einschlägige Werke hingewiesen[1] (Merkblatt V/9).

l) Aufteilen und Schneiden der Probeblätter. (Merkblatt V/10).

Von den nach k klimatisierten Blättern werden 4 für die Prüfung vorgesehen, während das 5. Blatt als Belegmuster zurückgelegt wird.

Die 4 Prüfblätter werden zunächst auf Gewicht und Dicke geprüft und dann entsprechend dem angegebenen Schema in Prüfabschnitte aufgeteilt (Abb. 110).

Mit dem Schneiden der Streifen wird auf der entgegengesetzten Seite der Blattmarkierung begonnen, und zwar wird jedes Blatt einzeln geschnitten, da für die Falz- und Zugfestigkeitsprüfungen ganz einwandfreie Schnittkanten erzielt werden müssen.

Nach dem Schneiden des F- und der 5 Z-Streifen wird von dem verbleibenden Abschnitt ein 65 mm breiter Streifen für die D- und B-Prüfstücke abgeschnitten. Von dem Restabschnitt wird alsdann der zweite F-Streifen geschnitten. Die Z-Streifen wie auch die F-Streifen werden von jedem Blatt für die Prüfung zusammengefaßt, und es wird zweckmäßig der oberste Streifen mit dem Prüfzeichen des Blattes versehen.

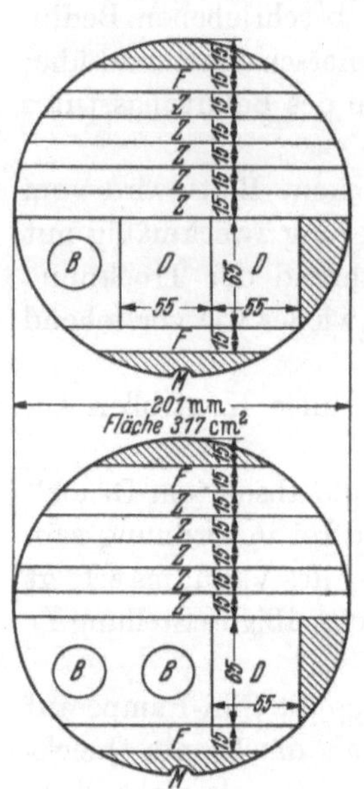

Abb. 110. Aufteilung der Prüfblätter.

M Markierung, Membranseite oben; *Z* Zugfestigkeit (Reißlänge); *D* Durchreißfestigkeit (Elmendorf); *F* Falzfestigkeit; *B* Berstfestigkeit; 20 Streifen, 6 Abschnitte, 8 Streifen, 4 Abschnitte (= 6 Meßstellen)

m) Prüfung der Probeblätter. Die Prüfung der klimatisierten Blätter erfolgt auf Quadratmetergewicht, Dicke, Raumgewicht, Trockengehalt, Zugfestigkeit, Berstfestigkeit, Falzfestigkeit und Durchreißfestigkeit. Für die Untersuchung auf diese Eigenschaften sei im besonderen auf das Werk von W. HERZBERG, Papierprüfung und weiter auf die sich mit der Prüfung von Papier befassenden Vorschriften in den Normenblättern DIN DVM 3411 und 3412 hingewiesen (Merkblätter V/11 und V/12).

n) Darstellung der Ergebnisse. Hierüber gibt das Merkblatt V/13 folgende Vorschrift. Die Ergebnisse der Festigkeitsprüfung werden zahlenmäßig und in einem Schaubild entsprechend (Abb. 111 u. 112) dargestellt. Die Werte werden in Abhängigkeit von der Mahldauer aufgetragen und die einzelnen Punkte geradlinig miteinander verbunden. Für besondere Zwecke können die Ergebnisse auch in Abhängigkeit des Mahlgrades SR.° dargestellt werden. Das vorgesehene Formular kann für beide Arten der Darstellung verwendet werden. Es wird lediglich die nicht gültige Abzissenbenennung durchgestrichen.

Ein Zellstoff gilt nach der deutschen Einheitsmethode als genügend gekenn-

---

[1] HERZBERG, W.: Papierprüfung, 7. Aufl. Berlin 1932.

zeichnet, wenn außer dem ungemahlenen Zustand noch vier weitere Mahlungszustände geprüft worden sind, von denen der erste zwischen 20° und 30° SR., der
letzte etwa bei 80° SR., und die anderen gleichmäßig verteilt dazwischen liegen.

Zellstoff-Festigkeit nach der deutschen Einheitsmethode.

(Merkblatt 101···113 des Vereins der Zellstoff- und Papier-Chemiker und -Ingenieure.)

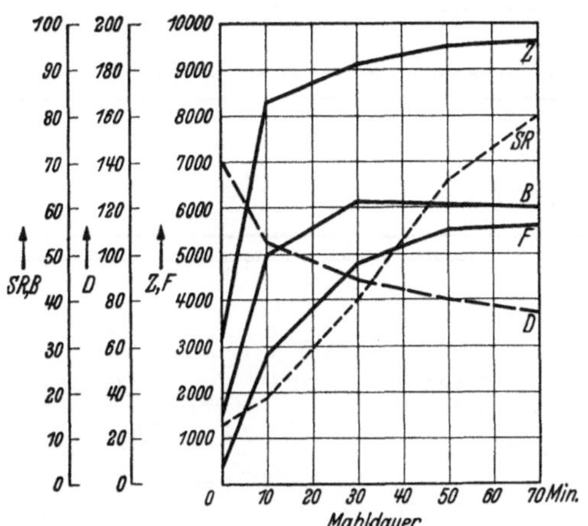

Stoffbezeichnung: *ungebl. Sulfit*		J. N. Z. 45
Trockengehalt % abs. tr.: 91,2	Prüfzeichen: 101	

Mahldauer Min.	0	10	30	50	70			bei
Mahlgrad SR	13,5	19	40	66	80			50° SR
Entwässerungsdauer RK[1]	—	—	—	—	—			—
Mahlwiderstand								37,7
Raumgewicht	0,644	0,843	0,914	0,969	1,002			0,935
Zugfestigkeit (Z)	3060	8300	9120	9510	9620			9270
Berstfestigkeit (B)	15,2	50,2	61,3	61,0	60,3			61,2
Falzfestigkeit (F)	241	2750	4753	5510	5637			5044
Durchreißfestigkeit (D)	143,4	106,1	89,3	80,7	74,5			86,0
Trockengehalt d. Prüfmat.[1]	90,5	—	—	—	—			

Abweichungen von der Einheits-Vorschrift: *F bei 10, 30, 50 und 70 Min. nur 4 Streifen*

....
(Ort, Datum)   (Unterschrift)

Abb. 111. Beispiel für die Darstellung der Ergebnisse der Festigkeitsuntersuchung 1.

---

[1] Nicht Normvorschrift: Dauer des Wasserablaufes im Rapid-Köthen.

Prüfungsprotokoll.

Stoffbezeichnung: *ungebl. Sulfit*					J. N. Z. *45*
Trockengehalt % abs. tr. *91,2*			Prüfzeichen		*101/0*

Einwaage	*24* g abs. tr.	*26,3* g
Aufschlagen (0-Pkt)	*25* Min.	*75000* Umdreh.
Mahlen	Min.	Umdreh.

Mahldauer				Min. *0*
Mahlgrad SR	*13*	*13,5*		SR *13,5*
Entwässerungsdauer RK	—	—		RK —

Blattbezeichnung	1	2	3	4	Mittel
Blattgewicht g	*2,58*	*2,60*	*2,62*	*2,57*	
m²-Gewicht g	*81,4*	*82,0*	*82,6*	*81,1*	
m²-Gewicht g	*327,1 / 4 = 81,8*				
Dicke mm	*0,508 / 4 = 0,127*				
Raumgewicht					Rg *0,644*

Bruchlast kg	*3,80*	*3,85*	*3,90*	*4,10*	
	3,80	*3,65*	*3,90*	*3,95*	
	3,90	*3,95*	*3,85*	*3,75*	
	3,60	*3,90*	*3,90*	*3,75*	
	3,40	*4,00*	*3,90*	*4,00*	
Summe:	*18,50*	*19,35*	*19,45*	*19,55*	
Streifengewicht g	*0,633*	*0,626*	*0,638*	*0,619*	
Zugfestigkeit (Reißlänge)	*2920*	*3090*	*3050*	*3160*	
	12220 / 4 = 3060				Z *3060*

Berstfestigkeit	*1,15*	*1,20*	*1,30*	*1,35*	*1,25*	*1,20*	*7,45 / 6*	

$$\frac{1,24 \cdot 1000}{81,8} = 15,2 \qquad \text{B } 15,2$$

Falzfestigkeit (Doppelfalzungen)	*250*	*236*	*283*	*215*	
	210	*265*	*220*	*245*	
	1924 / 8 = 241				F *241*

Durchreißfestigkeit (Elmendorf)	$\dfrac{44 \cdot 16 \cdot 100}{6 \cdot 81,8} = 143,4$	D *143,4*
Trockengehalt d. Prüfmat. % abs. tr.	$\dfrac{2,275 \cdot 100}{2,516} = 90,5$	tr. *90,5*

(Datum, Unterschrift)

Abb. 112. Beispiel für die Darstellung der Ergebnisse der Festigkeitsuntersuchung 2.

Die Festigkeitskurve gibt an und für sich ein übersichtliches Bild über das Festigkeitsverhalten bei der Mahlung. Beim Vergleich verschiedener Zellstoffe miteinander erscheint es doch wünschenswert, das Festigkeitsverhalten in einem einzigen Zahlenausdruck zusammenfassen zu können. Um diesem Bedürfnis einigermaßen näherzukommen, wird deshalb vorgeschlagen, die Festigkeitswerte bei 50° SR. gesondert herauszustellen. Die Werte werden aus dem Schaubild abgelesen oder aus den beiden angrenzenden gefundenen Werten durch Interpolation errechnet.

Die Abb. 111 u. 112 geben im einzelnen an, welcher Art die vorgeschlagene Form der Darstellung der Einzelergebnisse ist.

Sonstige Mahlgeräte für Versuchszwecke.

Außer der Jokromühle sind noch eine Reihe anderer Mahlgeräte für die Mahlung von Zellstoffproben für die Zwecke der Festigkeitsuntersuchungen in Gebrauch. Es handelt sich hierbei teils um Mühlen, teils um Holländer und um einen Kollergang. In den Vereinigten Staaten wurde ursprünglich mit der Pebble-Mill gemahlen, bei welcher die Füllung aus unregelmäßig geformten Feuersteinstücken besteht. Die Ergebnisse sind häufig nicht befriedigend. Auch ist die sehr starke Abnutzung der Steine und die Beladung des Stoffbreis mit Mineralbestandteilen sehr lästig. Verwendet man an Stelle von Feuersteinstücken Porzellankugeln, so hängt die Wirkung durchaus von der Größe der Kugeln und der Stoffkonzentration ab, so daß es schwer ist, reproduzierbare Werte zu erlangen. An Stelle von Porzellankugeln sind dann auch Bronzekugeln und mit Gummi überzogene Bleikugeln zur Anwendung gelangt, die in den Vereinigten Staaten zufriedenstellende Ergebnisse gezeitigt haben.

Einen großen Fortschritt für die Kugelmühlenarbeit stellt die Apparatur von Lampén[1] dar, bei welcher an Stelle vieler Kugeln eine einzige schwere Bronzekugel in einem Bronzegehäuse rotiert. Die Arbeit mit der Lampén-Mühle verschiedener Größenordnung hat sich sehr eingebürgert.

Holländer besonderer Bauart sind für den genannten Zweck ebenfalls zuerst in den Vereinigten Staaten zur Anwendung gekommen. Es sind dies insbesondere der Valley-Iron-Beater und der Niagara-Holländer. Ihnen folgten in Deutschland die Holländer von Rieth, von Wolff-Mallickh und von Banning und Seybold, sowie in Schweden der von Geiyer und Porrvik.

Bei diesen Versuchsholländern liegen die Schwierigkeiten darin, daß eine Verkleinerung der Abmessungen der Betriebsholländer nicht ohne weiteres im kleinen die gleichen Mahlbedingungen des Großbetriebs schafft. Man muß im Auge behalten, daß die Breite der Messer, das Gewicht der Walze, die Reibung des Stoffes an den Trogwänden und anderes mehr bei der Verkleinerung ganz andere Versuchsbedingungen zuwege bringen, als man sie in der Fabrikpraxis beobachtet. Schwierig war es lange, eine Stoffdichte von 5 % zu erreichen und erst dank besonderer Hilfsmittel und Bauarten konnte das angenähert bei den oben aufgezählten Bauarten erzielt werden. Um die bei den kleinen Holländern im Verhältnis viel zu stark schneidenden Messer zu vermeiden, sind bei manchen Konstruktionen weniger dafür aber breite Messer zur Anwendung gekommen,

---

[1] Lampén, A.: Zellstoff u. Papier 8, 289 (1928), ferner Papierfabrikant 27, 256 (1929).

welche eine mehr quetschende Wirkung ausüben. Trotz aller Verbesserungen besteht aber bei den Holländern noch immer mehr oder weniger der Nachteil, daß keine unbedingte Gewähr für die dauernde Unveränderlichkeit der Mahlorgane gegeben ist und daß damit die Art der Mahlung des Versuchsmaterials stets als gleichartig betrachtet werden kann.

Der von CLARK[1] gebaute Standard-Kollergang stellt einen neuartigen Versuch dar, ein Mahlgerät für diese Zwecke zu schaffen. Drei verchromte gußeiserne Läufer bewegen sich hierbei auf einer Stahllaufbahn, wobei zwischen den Läufern angebrachte und mit umlaufende Propeller für eine gute Durchmischung des Mahlgutes sorgen. Dieses Gerät erfüllt zweifellos eine der wichtigsten daran zu stellenden Forderungen, nämlich die, daß die Mahlorgane als vollkommen beständig angesehen werden können. Die Art der Mahlung ist quetschend und drückend. Die Apparatur ist für 150 g Eintrag geschaffen und gestattet die Entnahme von größeren Proben nach bestimmter Mahldauer und anschließende Weiterbehandlung des Restes. Man kann sonach auch bei ihm mit einer einzigen Mahlung eine Anzahl von Punkten der Mahlkurve bestimmen. Vergleichende Untersuchungen mit anderen Mahlgeräten sind bislang nicht bekannt geworden.

Arbeitsweise mit der Lampén-Mühle.

Die sehr verbreitete Lampén-Mühle kommt neuerdings wohl ausschließlich in Form der großen Bauart für 40 g absolut trocken gedachten Stoffeintrag zur Anwendung. Die in ihr benutzte Bronzekugel hat ein Gewicht von 10 kg. Es ist vorgeschlagen worden, diese ausschließlich für Sulfatzellstoffe zu verwenden und für Sulfitzellstoffe mit einer leichteren Kugel von 5 kg zu arbeiten[2]. Dieser Vorschlag hat doch keine allgemeine Einführung gefunden, vielmehr scheint ausschließlich die größere Kugel zur Benutzung zu kommen. Während man

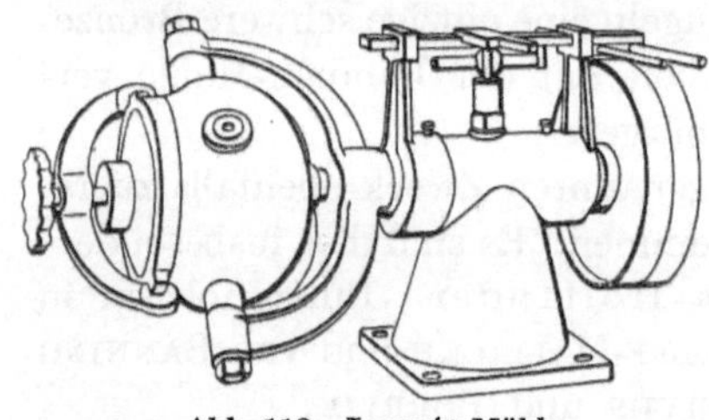
Abb. 113. Lampén-Mühle.

früher mit 300···325 U/min arbeitete, wird in neuerer Zeit zwecks Abkürzung der zur Mahlung erforderlichen Zeitdauer in Deutschland vielfach mit höherer Umdrehungszahl gemahlen. Meist werden 450 U/min angewandt. Derartige hohe Umdrehungszahlen setzen eine sichere Aufstellung und ein gutes Fundament voraus, um jedes Schwingen und Klopfen der Mühle beim Arbeiten zu vermeiden. Die in anderen Ländern für das Arbeiten mit der Mühle geltenden Vorschriften enthält die nachstehende Tabelle. Die neueren Mühlen sind alle so gebaut, daß sich das Mahlgefäß unschwer in Lagen bringen läßt, welche ein leichtes Ein- und Abfüllen gestatten (Abb. 113).

Der zur Mahlung kommende Zellstoff — in einer Menge von 35···40 g absolut trocken — wird, falls er lufttrocken vorliegt, vorerst 2 Stunden lang bei gewöhnlicher Temperatur in Wasser gequollen. Anschließend wird er in einem Naßzerfaserer in einer Stoffdichte von 1···1,5% vollkommen zerfasert. Feuchter Stoff wird unmittelbar zerfasert. Die erhaltene dünne Faseraufschwemmung

---

[1] CLARK, J. d'A.: Paper Trade J. (63) **100**, 136 (1935).
[2] BERGMAN, G. K.: Papierfabrikant **30**, 121 (1932).

wird ohne Verlust von Fasern oder Fasertrümmern unter Benutzung eines feinen Siebes (Nr. 100···150 württembergisches Maß) weitgehend eingedickt, worauf der feuchte Stoff in einem weiten Abmeßgefäß mit Wasser auf genau 1 l verdünnt wird. Nach gutem Durchmischen wird der Stoffbrei quantitativ in die geöffnete und in eine entsprechende Lage gebrachte Mühle eingefüllt. Diese wird ver-

schlossen, in die Betriebsstellung umgelegt, mehrmals mit der Hand gedreht und dann in Gang gesetzt.

Zwecks Kontrolle des Fortganges der Mahlung entnimmt man der Mühle mit einem entsprechend ausgebildeten Schöpfer 50 cm³, entsprechend 2,0 g Stoff, verdünnt mit Wasser von 20° zu 1 l, verrührt

Tabelle 23. Vorschriften für die Mahlung in der Lampén-Mühle in verschiedenen Ländern.

Land	Umdrehungs-Zahl i. d. Minute	Stoff abs. trocken g	Wasser + Stoff
Schweden . .	250	30	1000 cm³
Finnland . .	300	30	1000 g
Norwegen . .	280	23	750 g
England . .	300 ± 25	24	800 cm³

einige Minuten mit einem Propellerrührwerk, um vorhandene Knötchen aufzulösen und bestimmt in einem Mahlgradprüfer von SCHOPPER-RIEGLER den erreichten Mahlgrad. Den auf dem Entwässerungssieb des Prüfers verbliebenen Stoff gibt man, falls der erwünschte Mahlgrad noch nicht erreicht ist, in der ursprünglichen Verdünnung zurück· in die Mühle und setzt dann die Mahlung weiter fort.

Nach zu Ende geführter Mahlung wird die Mühle entleert und eine größere Probe des mit Wasser verdünnten und gleichmäßig gemischten Stoffes zur Egalisierung entnommen. Diese selbst, wie auch die anschließenden Arbeitsgänge der Mengenabteilung und der Herstellung der Probeblätter werden in Anlehnung an das bei der Beschreibung der Einheitsmethode Gesagte durchgeführt.

Für die Aufnahme einer Mahlkurve ist die Durchführung verschiedener — etwa 5···6 — Einzelmahlungen erforderlich, wenn genaue Ergebnisse erzielt werden sollen. Die Durchführung einer einzigen Mahlung zu diesem Zweck dergestalt, daß nach und nach Einzelproben dem Mahlgut entnommen, die weiter zu Probebögen aufgearbeitet werden, ist nicht empfehlenswert. Bei einem solchen Arbeiten ist es nicht möglich, reproduzierbare Bedingungen einzustellen und ein-wandfreie Werte zu erhalten.

Festigkeitsprüfmethoden des Auslandes.

Der Prüfung der Festigkeit der Zellstoffe ist in den letzten Jahren in allen sie erzeugenden Ländern größere Aufmerksamkeit geschenkt worden. Mehr oder weniger unabhängig voneinander hat man auch dort entsprechende Arbeitsverfahren ausgearbeitet.

Von allen ist ganz ohne Zweifel die deutsche Einheitsmethode jene, welche in ihren Geräten und ihrer Arbeitsweise die eingehendste Durcharbeitung erfahren hat. Wohl ist die erforderliche Einrichtung umfangreich und teuer. Es ist doch zu bedenken, daß sie dank dieser Einrichtung einmal einwandfreie Beurteilungsgrundlagen gibt, zum andern mittels eines geeigneten Mahlgerätes die Erlangung von Stoffproben verschiedenen Mahlgrades in einem einzigen Arbeitsgang ermöglicht.

In der folgenden Zusammenstellung ist eine Übersicht über die in verschiedenen Ländern in Gebrauch stehenden Arbeitsverfahren gegeben[1]. Es ist daraus zu erkennen, daß trotz mancher Übereinstimmung doch bedeutsame Unterschiede bestehen. Es kann wohl schwerlich damit gerechnet werden, daß bereits in nächster Zeit eine Angleichung zwecks Schaffung einer allgemein anerkannten Einheitsmethode erfolgt.

Außer bei der deutschen Einheitsmethoden wird auch noch bei anderen die Erlangung so vieler Werte angestrebt, daß eine Mahlkurve gezeichnet werden kann, in der richtigen Erkenntnis, daß allein deren Verlauf die Grundlage zu einer einwandfreien Beurteilung der Festigkeitseigenschaften eines Zellstoffes bietet. Allein in England begnügt man sich mit der Ermittlung des „non beaten"-

---

[1] Siehe a. D. JOHANSSON: Papierfabrikant **32**, 241 (1934). — JAYME, G.: Ebenda **35**, 193 (1937).

Tabelle 24. Zusammenstellung der Arbeitsbedingungen bei der Festigkeits
befindlichen

		Deutschland	Schweden
Vorbereitung	Einweichzeit . . . . (Quellung) Stunden .	— 2	— —
Aufschlagung	Gerät	nur für 0-Punkt Englischer Zerfaserer	für Mahlung Wennberg-Zerfaserer
	Stoffdichte % abs. tr.	1,2	0,3
	U/min	3000	1390
	Zeitdauer min	25	15
	Entwässerung	—	Sieb Nr. 80 engl.
Mahlung	Gerät	Jokro-Mühle	Lampén-Mühle
	Stoffdichte % abs. tr.	6	3
	Mahlung	0-Punkt u. 4 Punkte der Kurve	45° SR. (Kurve)
	Mahlgradprüfgerät . .	Schopper-Riegler	Schopper-Riegler
Egalisierung nach Mahlung	Gerät	Englischer Zerfaserer	—
	Stoffdichte % abs. tr.	0,8 %	—
	Zeitdauer min	2	—
Blattbildung	Gerät	Rapid-Köthen	Sandberg-Bergman (Wennberg)
	Blattgröße cm . . .	20 ⌀	21,6 ⌀
	Blattgewicht g/m² . .	75	100
	Sieb Nr. (Zollteilung).	160	80
Pressung	Preßdruck	Rapid-Köthen etwa 1 kg/cm²	Presse 1. 1 kg/cm² ¹/₂ min 2. 15 kg/cm² ¹/₂ min
Trocknung	Anordnung . . . . . Trockentemperatur . .	Rapid-Köthen 95···97° im Vakuum	Auf Ferrotype-Platte 60°

Punktes und zieht höchstens noch einen Mahlpunkt bei 50° SR. mit zur Begutachtung heran. Die weitgehende Verwendung eingeführten Zellstoffes im fast ungemahlenen Zustand für die Herstellung von Zeitungsdruck dürfte für die Ausgestaltung der englischen Methode mitbestimmend gewesen sein.

Die Zusammenstellung läßt weiter erkennen, in welch großem Ausmaß die Lampén-Mühle als Mahlgerät Einführung gefunden hat. Um so überraschender ist es, daß gerade in Finnland neben ihr auch noch der amerikanische Valley-Iron-Holländer in Anwendung steht.

In den Vereinigten Staaten haben sich die Holländertypen neben den verschiedensten Kugelmühlen gehalten. Von seiten der Tappi werden in der genormten Methode (Vorschrift Tappi-Standard T 205 m) Niagara- und Valley-Holländer für die Prüfung gemahlener Zellstoffe als Gerät aufgeführt. Daneben besteht aber auch großes Interesse für die englische Methode, besonders bei der Prüfung ungemahlener Stoffe.

prüfung von Zellstoffen gemäß den in verschiedenen Ländern in Gebrauch Methoden.

Finnland	Norwegen	England	USA.
—	—	—	—
etwa 18	—	4 (24)	4
für Mahlung	für Mahlung		
Cameron-Zerfaserer	Englischer Zerfaserer	Englischer Zerfaserer	Englischer Zerfaserer
0,08···0,1	1,13···1,2	1,2	0,6
1700	2800	3000	3000
15	5	25	25
ieb Nr. 70 o. 100 engl.	Büchner-Trichter	Sieb Nr. 150	—
Lampén-Mühle;	Lampén-Mühle,	Lampén-Mühle	Niagara- und Valley-
Valley-Holländer	großes Modell		Iron-Holländer
3	3	3	
45···55° SR.	45° SR. (Kurve)	0-Punkt u. 1 Mahlung 40···50° SR.	6···7 Mahlpunkte
Schopper-Riegler	Schopper-Riegler Entwässerungszeit	Entwässerungszeit Schopper-Riegler Freeness-Tester	Freeness-Tester Schopper-Riegler Entwässerungszeit
Cameron-Zerfaserer	Zerfaserer 0,2% 2	—	Englischer Zerfaserer 10
Finnisch. Standard	Norweg. Standardgerät	Engl. Standardgerät	Amer. Standardgerät
10 × 30	12 × 25	16 ∅	rundes Blatt
66,7	66,7	60 (75)	60 ± 5%
100	150	150	
Presse	Presse	Presse	
5,4 kg/cm² 5 min	1. 2,5 kg/cm² 3 min 2. 7,0 kg/cm² 3 min	1. 3,5 kg/cm² 5 min 2. 3,5 kg/cm² 2 min	
Zwischen Löschpapier	Auf Platte	Auf Platte	
65°	40°	20°	

Wie weit der CLARK-Kollergang Eingang finden wird, steht noch dahin.

Die Arbeitsgänge Blattbildung, Pressung und Trocknung bedingen bei allen anderen Methoden weit mehr Einzeloperationen mit entsprechender Einhaltung bestimmter Bedingungen als bei der deutschen. Bei ihr werden dank des Blattbildungsgerätes Rapid-Köthen diese drei Vorgänge praktisch vereinigt und leicht durchführbar gestaltet.

Zur Untersuchung von Jute-, Hanf-, Leinen-, Baumwollfaserstoffen und -hadern sowie daraus hergestellter Halbstoffe.

Teils in besonderen Halbstoffwerken, teils in den Papierfabriken selbst werden Hadernhalbstoffe erzeugt. Das Rohmaterial der Fabrikation sind die Hadern oder Lumpen, welche aus Baumwoll-, Flachs-, Hanf oder Jutefasern zu bestehen pflegen. Hinzu kommen noch die bei der Verarbeitung in den Bekleidungsindustrien abfallenden sogenannten neuen Abschnitte, endlich die Abfälle der Textilindustrie, Werg (Hede) und die Abfälle bei der Baumwollgewinnung, die Linters.

Bei der Untersuchung der Rohmaterialien und bei der Betriebskontrolle spielt die mikroskopische Untersuchung eine hervorragende Rolle. Sie gewährt nicht nur Aufschlüsse über das vorliegende Material, sondern auch über den durch Koch- und Bleichprozesse erzielten Aufschlußgrad. Sie hat vor anderen Untersuchungs- und Kontrollmethoden den Vorzug verhältnismäßig sehr rascher Ausführbarkeit. Sie muß deshalb auf das angelegentlichste empfohlen werden.

Nachstehend sind einige Angaben über in Frage kommende chemische Unterscheidungs- und Untersuchungsmethoden angegeben. Die Prüfung auf physikalische und Festigkeitseigenschaften kann im übrigen wie bei den Zellstoffen erfolgen.

Bastfaserstoffe.

Unterscheidung der Bastfasern von den Baumwollfasern (Baumwolle und Leinen).

Taucht man Halbleinen 1···2 Minuten lang in konzentrierte Schwefelsäure, so lösen sich zuerst die Baumwollfasern, die Leinenfasern widerstehen länger. Durch Spülen mit Wasser, schwaches Reiben mit den Fingern, Einlegen in Ammoniak und Trocknen kann die Probe weiter verschärft werden.

Nach Ausfärbungen von Halbleinen in alkoholischer Zyaninlösung entfärben sich beim Einlegen in verdünnte Schwefelsäure nur die Baumwollfasern; die Flachsfasern bleiben blau, eine Färbung, die durch Einlegen in verdünntes Ammoniakwasser verstärkt wird.

Nach HERZOG[1] speichert Flachs viel mehr Kupfersulfat auf als Baumwolle. Legt man daher Halbleinen für etwa 10 Minuten in ungefähr 10proz. Kupfersulfatlösung ein, spült das Gewebe dann mit Wasser aus und bringt in 10proz. Ferrozyankaliumlösung, so wird die Leinenfaser durch Ferrozyankupfer rot gefärbt, die Baumwollfaser bleibt hingegen fast weiß.

---

[1] HERZOG, A.: Z. Farben- u. Textilind. 4, 12 (1905); 7, 83 (1908).

Die quantitative Bestimmung der verschiedenen Faserarten in gemischten Geweben geschieht nach A. Herzog[1] am besten durch mikroskopische Methoden.

Bestimmung des Aufschlußgrades beim Flachs (Leinen).

Zur Bestimmung des Aufschlußgrades beim Flachs kann die Ermittlung des Fett- und Wachsgehaltes, ferner die Furfurolbestimmung dienen. Letztere insofern, als Pektin bei der Hydrolyse Furfurol abspaltet. Da der reine Flachs von Pektin nur noch wenig oder gar nichts enthalten soll, ist also eine kleine Furfurolzahl ein Anzeichen für gute Bleiche der Flachsfaser.

Bei der Bleiche der Flachsfaser ist Rücksicht zu nehmen auf einen möglichen Gehalt an Chloramin, das bei der Einwirkung von Chlor oder chlorhaltigen Bleichmitteln auf die Flachsfaser entsteht. Die gebleichte reine Faser kann trotz sorgfältigsten Auswaschens und Absäuern noch die Chlorreaktion geben, die jedoch nicht durch Chlor selbst, sondern durch die Verbindung von Chlor mit den Stickstoffbestandteilen des Eiweißes hervorgerufen wird. Diese Chloramine sind leicht zu beseitigen durch kochendes Wasser, einfacher durch die sogenannten Antichlorpräparate, wie z. B. Natriumsulfit. Die Gegenwart der Chloramine kann erhebliche Festigkeitsverminderung der Fasern, insbesondere beim Erhitzen und bei der Einwirkung von Alkalien hervorrufen. Man wird also gebleichte reine Faser mit Jodkaliumstärkepapier zu prüfen haben, um beim Ausbleiben der Reaktion sicher zu sein, daß weder Chlorreste von der Bleiche, noch Chloramine vorhanden sind.

Als Anzeichen für einen Pektingehalt der reinen Faser gilt das Verhalten gegen verdünntes Ammoniak. Nur ein völlig von Pektinstoffen befreites Garn oder Gewebe bleibt farblos, andernfalls tritt eine Gelbfärbung auf. Pektinhaltige reine Faser läßt allmähliches Gelbwerden voraussehen. Besser noch soll die Anwendung von siedendem Ammoniak bei der Reaktion sein.

Untersuchung von Werg und Hede.

Als Hanfwerg und Hanfhede kommen die mannigfaltigen Abfälle der Hanf verarbeitenden Spinnfaser- und Webindustrien in Frage. Ähnliches gilt von den Abfällen des Flachses, den Trocken- und Naß-Spinnabfällen, den Karden- und Kammstuhlabfällen. Bei diesen Halbstoffen kommt es im wesentlichen darauf an, die Menge der sogenannten Scheben oder Schewen, der an den Fasern noch hängengebliebenen verholzten Teile des Stengels zu bestimmen. Dies wird am einfachsten durch Auskämmen der Schewen geschehen. Für die Bestimmung des Hanf- und Flachswachses, des Pektins, scheint ein Bedürfnis noch nicht zu bestehen.

Erkennung von Jutefasern.

Man prüft am besten mittels der Ligninreaktion mit Chlor- und Natriumsulfit. Die Faser wird in Wasser abgekocht, etwas ausgepreßt und dann in eine Chlorgasatmosphäre oder eine stark angesäuerte Chlorkalklösung gebracht. Ist nach 5···10 Minuten die Faser gelblichweiß bis weiß geworden, so wird möglichst in fließendem Wasser gründlich bis zum Verschwinden des Chlors gespült, dann in eine Auflösung von neutralem Natriumsulfit getaucht. Eine purpurrote Färbung zeigt das Vorhandensein von Jute an.

---

[1] Herzog, A.: Text. Forsch. 4, 55 (1922).

Baumwolle.

Linters und Samenschalenfasern (Hull-Fibre).

Von der Rohbaumwolle gelangen in die Papierfabriken die Linters, sogenannte Abfälle, die langen Samenhaare, welche an den Baumwollsamen bei
der Egrenierung hängen bleiben, ferner die sogenannten Samenschalenfasern, die
„hull-fibre“, die kurzen Fasern, welche von den Samenschalen selbst durch
mechanische Verfahren abgetrennt werden können. Beide Materialien weichen
insofern von der eigentlichen Baumwollfaser ab, als unreife und unvollkommen
ausgebildete Fasern von geringer Widerstandsfähigkeit in diesem Material enthalten sind. — Allenfalls kommt noch in Betracht der Kapok, ein minderwertiges
Samenhaar, das von Baumwolle auf Grund der Anilinsulfatreaktion (Baumwolle
farblos, Kapok gelb) unterschieden werden kann. Hull-fibre und Linters unterscheiden sich vorzugsweise durch den Gehalt an Samenschalenresten, der bei
ersterer sehr hoch, bei letzteren verhältnismäßig gering ist. Zur quantitativen
Ermittlung des Gehaltes an Samenschalen läßt sich deren hoher Gehalt an Pentosanen ausnutzen. Im übrigen kommt bei der chemischen Untersuchung der
Linters die Ermittlung des Wachsgehaltes, der Asche sowie des Pektins in Frage.
Hierfür sind die entsprechenden Methoden für die Untersuchung der Holzzellstoffe heranzuziehen.

Baumwollgewebe.

Als solche kommen gegenwärtig die gewöhnlichen Baumwollgewebe und die
merzerisierten in Frage, sowie solche, die die vom Papiermacherstandpunkt aus
minderwertigen Kunstseiden- und Zellwollegewebe enthalten.

Bestimmung des Aufschlußgrades der Baumwolle.

In den Aufschließoperationen werden stickstoffhaltige Eiweißbestandteile,
Fette und Wachse, Farbstoffe, pektinartige Stoffe u. a. m. entfernt. Die Güte
der Aufschließarbeit kann durch Bestimmung von Stickstoff[1] nach KJELDAHL
(vgl. Abschnitt VII) und von Fett und Wachs[2] kontrolliert werden. Da fettartige
Bestandteile, an Kalk gebunden, in der Faser verbleiben könnten, empfiehlt sich
die Fettbestimmung mittels organischer Lösungsmittel auch am vorher ge-
säuerten Material. Bei guter Bleiche darf der Ätherauszug nicht mehr als $0,025\%$
betragen, die mit 5proz. Salzsäure behandelte Faser darf nicht mehr als 0,03
bis $0,04\%$ durch Äther extrahierbare Fettsäuren ergeben. Die ausgezogenen
Fettsäuren werden zwecks Bestimmung der Säurezahl nach der Wägung in
heißem Alkohol gelöst und unter Zusatz von Phenolphthalein mit $^n/_{20}$-Natron-
lauge titriert. Der Aschengehalt ist auch für gute Reinigung charakteristisch;
er soll nicht mehr als $0,03\cdots0,05\%$ betragen.

Einfacher noch als die Bestimmung des Stickstoffes ist die Sichtbarmachung
von Resten verholzten Pflanzenmaterials in der gereinigten Baumwolle. Es
kann dies durch Ausfärben mit Farbstoffen und nachherige Zerstörung der
Farbstoffe durch Oxydationsmittel geschehen. Die gefärbten holzigen Verunreinigungen widerstehen der Wirkung des Oxydationsmittels weit länger als
die gefärbten Baumwollfasern selbst.

---

[1] TROTMAN u. PENTECOST: J. Soc. chem. Ind. **29**, 4 (1910).
[2] AMBÜHL: Chemiker-Ztg. **27**, 792 (1903).

BARRETT[1] beschreibt dieses Färbeverfahren folgendermaßen:

Eine Malachitgrünlösung, die 0,1 g in 100 cm³-Lösung enthält, wird auf 500 cm³ verdünnt, 50 cm³ 40proz. Formaldehydlösung und 1 g Natriumbisulfat zugefügt und das Ganze auf 1 l gestellt. Mit dieser Lösung wird das zu untersuchende Fasermaterial, etwa 2 g, ausgefärbt. Das Färben wird in 500 cm³ haltenden Porzellanbechern vorgenommen, die in Wasserbäder eingehängt sind. Es werden etwa 3 g Faser auf 300 cm³ Farbstofflösung verwendet und 10 Minuten lang bei Kochtemperatur unter zeitweiligem Umrühren belassen. Hierauf werden 125 cm³ einer Chlorkalklösung, die 20 g Chlorkalk auf 1 l Wasser enthält, hinzugefügt und tüchtig umgerührt. Die Farbe verschwindet sofort; nach einigen Minuten wird die heiße Flüssigkeit abgegossen, die Baumwolle mit Leitungswasser, dann mit destilliertem Wasser gewaschen und hierauf naß auf grüne Flecken geprüft. Die verholzten Teilchen sind grün, während die Baumwolle selbst entfärbt ist.

Erkennung merzerisierter Baumwolle.

Die Erkennung merzerisierter Faser geschieht am besten durch Betrachtung des mikroskopischen Bildes, gegebenenfalls unter Anfärbung mit Chlorzinkjod und nachfolgender Wässerung. Von makroskopischen Proben kommen in Betracht das Verhalten gegen Jod und die Anfärbbarkeit.

Die satte Blaufärbung mit Chlorzinkjodlösung, eine Färbung, die beim Auswaschen sehr langsam verschwindet, während gewöhnliche Baumwolle eine etwaige Dunkelfärbung sehr rasch wieder verliert, ist charakteristisch für merzerisierte Baumwolle.

Nach HÜBNER[2] verwendet man zur bloßen Erkennung der Merzerisation eine Lösung von 20 g Jod in 100 cm³ einer gesättigten Kaliumjodidlösung. Die zu untersuchenden Proben werden für einige Minuten in diese Lösung getaucht, dann gewässert. Die nichtmerzerisierte Baumwolle wird beim Wässern weiß, die merzerisierte Baumwolle bleibt blauschwarz.

Zur Festlegung des Grades der Merzerisation sind bei der Jodprobe folgende Arbeitsweisen vorgeschlagen worden.

Zu einer Zinkchloridlösung, die in 100 cm³ Wasser 93,3 g $ZnCl_2$ enthält, fügt man kurz vor dem Versuch 10···15 Tropfen einer Kaliumjodidlösung, die 1 g Jod und 2 g KJ in 100 cm³ enthält. Die befeuchteten Proben werden eingelegt: die nichtmerzerisierten bleiben farblos, die merzerisierten färben sich je nach dem Grad der Behandlung mehr oder weniger blau. Ein Waschen ist nicht nötig. Bei gefärbten Proben zieht man vor dem Versuch die Farbe mit Permanganat und Oxalsäure oder Bisulfit ab.

ERMEN[3] empfiehlt das adsorbierte Jod mit Indigosol zu fixieren. Man behandelt zunächst das zu prüfende Gut in einer Lösung, die 6 g Jod/l enthält und mit Kaliumjodid gesättigt ist. Dann wird längere Zeit gewaschen, worauf die Probe in eine kochende Lösung von Indigosol schwarz I B getaucht wird. Bei den merzerisierten Mustern wird das Indigosol durch das aufgenommene Jod sofort zu tiefer Färbung oxydiert, während unmerzerisiertes Gut unverändert

[1] BARRET, F. L.: Papierfabrikant **18**, 575 (1920).
[2] HÜBNER, J.: J. Soc. chem. Ind. **27**, 106 (1908).
[3] ERMEN, W. F. A.: J. Soc. Dyers Colourists **47**, 161 (1931).

bleibt. Der Grad der Merzerisation kommt in der Stärke der Dunkelfärbung zum Ausdruck.

Eine Probe, die Jod in Verbindung mit Methylenblau zum Nachweis der Merzerisation benutzt, beschreibt KINKEAD[1]. Danach wird eine kleine Probe in einer Lösung mit 0,001 % Methylenblau und 0,5 % Soda gefärbt, mit destilliertem Wasser gewaschen und in einem Reagenzglas mit 10 cm³ 3proz. Sodalösung bedeckt. Nach Zusatz von 4 Tropfen einer Lösung von 1 % Jod in 10proz. Kaliumjodidlösung wird aufgekocht, die Lösung abgegossen und durch kalte Sodalösung ersetzt. Merzerisiertes Material ist purpurrot, nichtmerzerisiertes blau bis blaugrün gefärbt.

Merzerisierte Baumwolle wird von substantiven Farbstoffen weit stärker angefärbt als nichtbehandelte, die praktisch unverändert bleibt. Durch vergleichende Anfärbeversuche kann man sonach diese Art der Vorbehandlung der Baumwolle nachweisen. Als Farbstoffe, die sich auch zu quantitativen Feststellungen eignen, werden von LINDEMANN[2] Brillantbenzoblau B6 und Chikagoblau empfohlen. Sowohl aus der Tiefe der erhaltenen Anfärbung als auch durch kolorimetrische Messungen der Farbstoffmengenabnahme in der Flotte, läßt sich der Grad der Merzerisation feststellen.

Erkennung von Kunstseiden und Zellwollen.

Nach KRAIS und MARKERT[3] läßt sich hierzu eine Lösung von Kalziumrhodanit — $Ca(CNS)_2$ — vom spezifischen Gewicht 1,35 verwenden. Sie hat die Eigenschaft, bei einstündigem Einwirken bei 70° sowohl reine Seide, wie auch Viskose- und Kupferseiden und Zellwollen zu lösen, während Baumwolle bei dieser Behandlung nur zu einem ganz geringen Anteil in Lösung geht.

Azetatseide löst sich in Azeton und läßt sich so leicht erkennen.

Es ist bei diesen Nachweisen unbedingt erforderlich, die Proben vorher völlig von Fremdstoffen, wie Fett, Öl, Schlichte, Appretur u. ä., zu befreien.

Untersuchung roher und gekochter Hadern.
Untersuchung roher Hadern.

Eine chemische Untersuchung dieser Papiermacher-Rohstoffe findet im allgemeinen kaum statt, würde aber doch wohl zweckmäßig sein. Schon die Bestimmung des Aschengehaltes vor und nach der Aufschließung läßt beurteilen, ob es durch die Kochung gelungen ist, den anhaftenden und anklebenden Schmutz zu entfernen. In gleicher Hinsicht würde eine Bestimmung des Fettgehaltes — zweckmäßig mit einem Gemisch von gleichen Volumteilen Alkohol und Benzol — vor und nach der Kochung darüber belehren, ob die Verseifung der fettigen Schmutzbestandteile eine genügende gewesen ist. — Von Interesse würde unter Umständen auch die Ermittlung gewisser Aschenbestandteile sein. Bei Verarbeitung bedruckter Hadern (Kattun) verbleiben im gekochten Material die Metalle der Farbstoffbeizen, z. B. Chrom, die bei der Bleiche schädlich wirken können.

---

[1] KINKEAD, K. W.: Cellulosechemie **7**, 150 (1926).
[2] LINDEMANN, E.: Angew. Chem. **50**, 157 (1937).
[3] VIERTEL, O.: Angew. Chem. **49**, 575 (1936).

Vielfach wird die Ansicht vertreten, daß derartige Bestimmungsmethoden an der Ungleichheit des Materials scheitern. Dies wird bei Rohmaterialien bis zu einem gewissen Grade zutreffen, obwohl durch eine sorgfältige Probenahme auch hier in vielen Fällen die Bestimmung der chemischen Eigenschaften, soweit sie von Interesse ist, möglich sein wird.

KIELY[1] empfiehlt zur Probenahme von jedem Ballen je eine Probe von 250 g aus der Mitte und 25 cm von der Umhüllung entfernt zu entnehmen. Die Feuchtigkeit soll nach folgender Vorschrift bestimmt werden: Die Probe wird 12 Stunden lang bei 105° getrocknet. Ein Feuchtigkeitsgehalt von über 3%. kann auf absichtliche Feuchtung deuten.

Der Gehalt an Fetten und Ölen wird in einem 200-g-Muster durch 4···5stündige Extraktion mit Tetrachlorkohlenstoff ermittelt. Der Abdampfrückstand der Tetrachlorkohlenstoff-Lösung wird bei 100···105° getrocknet.

Untersuchung gekochter Hadern.

Bestimmung der Ausbeute. Eine trockene Probe von 450 g wird mit 2% Soda 5 Stunden im Autoklaven bei 150° gekocht, dann 6···8 Stunden in fließendem Wasser gewaschen und anschließend in einem Versuchsholländer mit scharfen Messern nach und nach zu Halbstoff vermahlen. Hierauf wird mit der erforderlichen Menge Chlor gebleicht und anschließend wieder gewaschen. Schließlich wird das erhaltene Gut auf einem Sieb abgesaugt, in kleine Stückchen zerpflückt, getrocknet und gewogen.

Untersuchung des fertigen Halbstoffes.

Bei den gekochten Hadern, die den Waschholländer passiert haben, ist die Gleichmäßigkeit groß genug, um durch Fett- und Wachsbestimmungen, Ermittlung des Aschegehaltes usw. Vergleichszahlen für den Erfolg der Kochungen gewinnen zu können. Wahrscheinlich würde auch eine Stickstoffbestimmung (vgl. Abschnitt VII) gute Anhaltspunkte zur Beurteilung des Reinheitsgrades der Fasern geben.

Aufschlußgradbestimmung nach SCHWALBE-GRIMM. Außer den angedeuteten Bestimmungsmethoden kann man sich bei der Beurteilung neuer Kochverfahren wohl gelegentlich der von SCHWALBE und GRIMM[2] versuchsweise angewendeten Azetylierprobe bedienen. Die Erkennung der nicht aufgeschlossenen verholzten Fasern in dem gekochten oder gebleichten Hadernmaterial kann durch Azetylierung ermöglicht werden. Nur Zellulose selbst ist in den üblichen Azetylierungsgemischen klar löslich. Die verholzten Fasern bleiben ungelöst und werden als braune oder schwarze Splitter sichtbar. GRIMM gibt folgende Vorschrift:

1 g lufttrockenes Material wird in einem weiten festen Rohre mit einer Mischung von 5 g Essigsäureanhydrid, 5 g Eisessig und 0,15 g Schwefelsäure vom spezifischen Gewicht 1,84 übergossen (die Schwefelsäure wird in den Eisessig eingeträufelt und darauf das Anhydrid zugegeben) und unter zeitweiligem Durchkneten, besonders häufig in den ersten 6 Stunden, mit einem dicken Glasstabe 24 Stunden lang azetyliert. Darauf wird mit 15 cm³ des Azetylierungsgemisches

---

[1] KIELY, H. V.: Paper Trade J. (53) 80, 149 (1925).
[2] GRIMM, H.: Zellstoff u. Papier 1, 33 (1921).

verdünnt und die gesamte Flüssigkeit nach gutem Durchrühren in ein graduiertes Glasrohr umgefüllt und in einer Zentrifuge 25 Minuten lang ausgeschleudert. Die nicht gelösten Bestandteile setzen sich zu Boden, die Höhe des Absatzes wird an der Skala abgelesen und der Wert in Prozenten wasser- und aschefreier Faser angegeben. Das Material muß vollkommen lufttrocken und sehr fein zerfasert sein, was z. B. bei getrockneten Halbstoffen etwas schwierig ist. Am besten ist es, den Halbstoff durch Schöpfen in Papierform zu bringen, zu trocknen, darauf zu raspeln und durch Absieben des Raspelstaubes und der Knötchen das geeignete Material zu gewinnen. Da das Umfüllen nach der Verdünnung, besonders bei sehr unreinen Stoffen, unmöglich genau gemacht werden kann, ist es zweckmäßig, die Azetylierung hier gleich in den graduierten Rohren vorzunehmen, die mit einem Korkstopfen verschlossen sind, durch den der Glasstab hindurchführt, und diese dann in die Glasrohre der Zentrifuge mit Watte unterlegt einzusetzen.

Der Durchmesser der graduierten Rohre betrug bei GRIMMS Versuchen 15 mm, die Höhe 165 mm, die Einteilung ging bis 30 cm³, gefüllt wurde nur bis 25 cm³, der äußere Schleuderdurchmesser betrug 550 mm, die Umdrehungszahl in der Minute 1060. Die Ablesung erfolgt am besten so, daß man nach Beendigung des Schleuderns die Rohre umdreht und die überstehende mehr oder minder viskose Flüssigkeit ablaufen läßt, während der meist dunkler gefärbte Absatz als fester Pfropfen darin bleibt.

VI. Die chemischen Untersuchungsmethoden in der Bleicherei.

Aufgabe der Bleiche ist die Entfärbung und Reinigung der Halbstoffe. Hierbei sollen noch vorhandene Naturfarbstoffe zerstört oder in farblose Abbauprodukte verwandelt und weiterhin beim Aufschlußprozeß entstandene färbende Stoffe in gleicher Weise beseitigt werden. Schließlich soll die Aufschlußarbeit dank der im wesentlichen oxydativen Bleiche durch Entfernung von Ligninresten und Anteilen der Hemizellulosen eine Fortführung und Vollendung erfahren. Der Grad, bis zu welchem eine solche Bleichoperation durchzuführen ist, hängt ganz von den Anforderungen ab, welche an das Endprodukt gestellt werden. Die Wirkung des Bleichvorganges läßt sich außer durch Beobachtung der Farbe durch verschiedene am fertigen Zellstoff auszuführende Untersuchungen feststellen.

Die Bleiche wird praktisch in sehr verschiedenartiger Weise durchgeführt. Neben einfacher Holländerbleiche haben in den letzten Jahren die sogenannten Stufenbleichen in immer größerem Maßstab Eingang in die Praxis gefunden. Bei ihnen wird der Bleichvorgang durch dazwischengeschaltete neutrale oder alkalische Wäschen, zwecks Entfernung von löslich gewordenen Verunreinigungen zum Teil mehrfach unterbrochen. Als Bleichmittel spielen immer noch Chlorkalk und Natriumhypochloritlösung, aus flüssigem Chlor oder durch Elektrolyse bereitet, die Hauptrolle. Daneben gewinnt aber auch Wasserstoffsuperoxyd für bestimmte Zwecke Eingang.

Untersuchung der Bleichchemikalien.
Chlorkalk.

Die technische Untersuchung von Chlorkalk erstreckt sich im wesentlichen auf die Ermittlung seines Gehaltes an bleichendem Chlor. Bevor auf diese Bestimmung eingegangen wird, soll die Entnahme von Proben aus den Chlorkalkfässern und deren Aufbewahrung erörtert werden.

Probenahme.

Man verfährt zur Probeentnahme zweckmäßig wie folgt. Man benutzt einen Probestecher nach Abb. 114, welcher in einfacher Weise aus einem $1^1/_2''$ Gasrohr durch Aufmeißeln in der Längsrichtung hergestellt wird derart, daß die entstehende Längsöffnung eine Breite von 25 mm besitzt. Der untere Teil *b* des Stechers wird etwas zugespitzt und

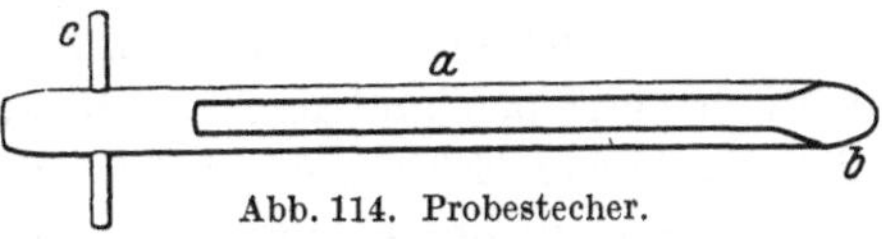

Abb. 114. Probestecher.

geschärft. Auch eine Seite der Längsöffnung *a* wird mit einer Schärfe versehen. Zur leichteren Handhabung bringt man am oberen Ende den Griff *c* an.

Zur Entnahme der Durchschnittsprobe wählt man je nach der Größe der Sendung jedes dritte, fünfte oder zehnte Faß aus, läßt es aufrecht stellen, gut durchrütteln, seinen Deckel entfernen oder diesen anbohren. In den Inhalt des Fasses treibt man den Probenehmer hinein, welcher so lang sein soll, daß er ziemlich bis zur Mitte des Fasses reicht. Durch Umdrehen des Stechers um seine Achse derart, daß die geschärfte Seite den Chlorkalk durchschneidet, füllt man ihn. Nach dem Herausziehen breitet man die Probe auf Papier aus, zerkleinert nötigenfalls größere Stückchen und gibt mittels eines Spatels von verschiedenen Stellen kleine Anteile in ein braunes Pulverglas, welches die Gesamtmenge der aus den einzelnen Fässern entnommenen Proben aufzunehmen vermag. Den Inhalt dieser Flasche verringert man in bekannter Weise durch abwechselndes Abteilen und neuerliches Mischen des jeweils verbleibenden Restes auf die für die eigentliche Analyse nötige Menge. Es ist wesentlich, bei der Probeziehung so rasch als möglich zu verfahren und das Durchschnittsmuster des Chlorkalks sobald als angängig nach seiner Entnahme zu untersuchen.

Um Zersetzung des Chlorkalkes und damit Verluste an wirksamem Chlor zu vermeiden, muß der Chlorkalk sorgfältig vor Licht geschützt, in kühlen, trockenen Räumen aufbewahrt werden. Bei unsachgemäßer Lagerung kann sich der Chlorkalk derart erhitzen, daß schließlich eine rasche Selbstzersetzung einsetzt.

Von großer Wichtigkeit für den Verbraucher ist die Klärungsgeschwindigkeit des mit Wasser angerührten Chlorkalks. Da eine allgemein hierfür gebräuchliche Untersuchungsmethode nicht besteht, muß man verschiedene Chlorkalkmuster in ihrer Klärungsgeschwindigkeit vergleichen.

Bestimmung des bleichenden Chlors.

Allgemeines. Zur Bestimmung des Gehaltes an bleichendem Chlor im Chlorkalk ist eine große Anzahl verschiedener Methoden vorgeschlagen worden, von denen sich vornehmlich die jodometrische Methode von BUNSEN und jene von PENOT in der Praxis eingebürgert haben. Die erste Methode gibt nur bei sehr peinlichem Ausführen gute Resultate und stellt sich bei häufiger Anwendung infolge ihres ziemlich erheblichen Bedarfes an Kaliumjodid teurer als die Methode von PENOT. In der von LUNGE gegebenen Form ist diese Methode einfach und bequem auszuführen und ergibt Werte von großer Genauigkeit. Diese Vorzüge lassen es berechtigt erscheinen, die Methode an erster Stelle hier wiederzugeben.

Es ist dann weiterhin die Methode von KERTESZ[1] beschrieben, die mit billigen Reagenzien arbeitend, ebenso genau wie die PENOTsche Methode ist.

Durchführung der Bestimmung. a) Nach PENOT. Als Meßflüssigkeit benützt man eine alkalische $^n/_{10}$-Natriumarsenitlösung, als Indikator zur Erkennung des Endpunktes der Titration dient Jodkaliumstärkepapier.

Herstellung von Jodkaliumstärkepapier. 1 g Stärke wird mit Wasser zur Milch verrieben und in 100 Teile siedendes Wasser eingetragen. Nach etwa 5 Minuten langer Erhitzung wird 1 g Kaliumjodid eingerührt. Man tränkt reines Filtrierpapier mit der Lösung und trocknet an einem staub- und säurefreien, vor Licht geschützten Ort.

---

[1] KERTESZ, Z.: Z. angew. Chem. **36**, 595 (1923).

Arbeitsweise. Man wägt zur Bestimmung 7,092 g des gut gemischten Durchschnittsmusters von Chlorkalk in einem verschlossenen Wägegläschen ab, gibt diese Menge in einen Porzellanmörser und rührt sie unter allmählichem Zusatz von Wasser zu einem feinen gleichmäßigen Brei an. Nach Zusatz von mehr Wasser spült man ihn in einen Literkolben, welchen man schließlich bis zur Marke auffüllt. Das Verreiben muß so ausgeführt sein, daß sich der Brei beim Umschütteln im Kolben ganz gleichmäßig verteilt. Er darf sich nicht etwa als schwer verteilbare Masse im Kolben nach dem Verdünnen und Umschütteln absetzen. Zur Titration entnimmt man dem unmittelbar vorher gut durchgeschüttelten Inhalte des Kolbens 50 cm³, gibt diese in einen Titrierbecher oder eine Porzellanschale und läßt nach Zugabe von etwas destilliertem Wasser unter ständigem Umschwenken oder Umrühren mit einem Glasstabe hierzu die $^n/_{10}$-Arsenitlösung fließen, bis nahezu der Endpunkt der Titration erreicht ist. Da der Chlorkalk selten weniger als 30 % bleichendes Chlor enthält, so kann man zunächst etwa 30 cm³ der Meßflüssigkeit zulaufen lassen. Die Titration führt man nun so zu Ende, daß man die Meßflüssigkeit in immer kleiner werdenden Mengen zugibt und zwischen den einzelnen Zugaben ein Tröpfchen des Gemisches auf Jodkaliumstärkepapier aufbringt. Je nach der Tiefe der entstehenden Färbung setzt man neuerdings mehr oder weniger Arsenitlösung zu, bis schließlich beim Tüpfeln kein Fleck mehr zu beobachten ist. Zur Kontrolle wiederholt man nun die Bestimmung, wobei man jedoch auf einmal so viel Arsenitlösung zusetzt, daß nur noch einige $^1/_{10}$ cm³ bis zum völligen Verschwinden der Färbung dann tropfenweise zugefügt zu werden brauchen. Die Anzahl der verbrauchten cm³ Meßflüssigkeit geben unmittelbar den Gehalt an bleichendem Chlor in Prozenten an.

Die Erkennung des Endpunktes der Titration kann verschärft werden durch eine von Rodt[1] empfohlene kleine Abänderung der Methode. Hiernach titriert man wie gewöhnlich unter Anwendung von Tüpfelpapier, bis auf diesem keine Blaufärbung mehr erscheint. Man gibt dann 1 cm³ der Jodkaliumstärkelösung hinzu, wie sie zur Herstellung des Jodkaliumstärkepapiers benutzt wird. Hierdurch wird die Lösung blau. In ihr führt man dann die Titration bis zur Entfärbung zu Ende.

b) Nach Bunsen. Genau 10 g des gut gemischten Durchschnittsmusters werden wie unter a beschrieben in einer Reibschale unter Zusatz von Wasser zu einem gleichmäßigen feinen Brei verrieben. Nach dessen Überführung in einen 500 cm³ fassenden Meßkolben wird darin bis zur Marke verdünnt. Zur Bestimmung entnimmt man diesem unmittelbar nach dem kräftigen Durchschütteln 20 cm³ mittels einer Pipette, die nur eine kurze Auslaufspitze besitzt. Den Inhalt der Pipette läßt man in eine Porzellanschale einlaufen, welche außer Wasser 10 cm³ einer 10proz. Kaliumjodidlösung und 10 cm³ 10proz. Essig- oder Salzsäure enthält. Zur gleichmäßigen Verteilung des ausgeschiedenen Jodes rührt man wenige Male ganz vorsichtig um und titriert darauf rasch mit $^n/_{10}$-Natriumthiosulfat ohne Umschwenken oder Rühren, bis die Flüssigkeit nur noch schwach hellgelb aussieht. Man fügt darauf einige Tropfen Stärkelösung hinzu und titriert die blaugewordene Flüssigkeit langsam bis zum Farbloswerden zu Ende.

---

[1] Rodt, K.: Z. angew. Chem. **37**, 38 (1924).

Da 1 cm³ der $^n/_{10}$-Natriumthiosulfatlösung 0,003546 g Chlor anzeigt, errechnet sich der Gehalt an wirksamem Chlor zu:

$$\% \, Cl = 0{,}8865 \cdot b,$$

worin b die cm³ verbrauchte Meßlösung bedeutet.

Bei dieser Art der Bestimmung muß jeder größere Überschuß von Säure, insbesondere von Salzsäure, vermieden werden, um eine Zersetzung von etwa vorhandenem Chlorat zu verhindern. Außerdem ist rasches Arbeiten einzuhalten, um Verluste von Chlor aus dem sauren Reaktionsgemisch zu vermeiden.

c) Nach Kertész. Als Meßflüssigkeit wird hier eine Nitritlösung benutzt, welche gemäß nachstehender Vorschrift hergestellt und eingestellt wird.

Man löst 3,6 g NaNO₂ (oder 4,5 g KNO₂) und 20 g Natriumbikarbonat in Wasser zu einem Liter. Die Lösung wird mit $^n/_{10}$-Kaliumpermanganatlösung folgendermaßen eingestellt. Man säuert in einem Becherglase 200···300 cm³ destilliertes Wasser, dem man 50 cm³ $^n/_{10}$-Kaliumpermanganatlösung zugesetzt hat, mit 20 cm³ 20proz. Schwefelsäure an, läßt 50 cm³ der annähernd $^n/_{10}$-Nitritlösung unter fortdauerndem Umrühren langsam hinzulaufen, bis die Farbe des Permanganats verschwindet. In diesem Augenblick ist schon ein kleiner Nitritüberschuß vorhanden. Man läßt dann nach jedesmaliger Entfärbung tropfenweise so viel der Kaliumpermanganatlösung hinzulaufen, bis eine schwache, mindestens 5···8 Minuten bleibende Rötung entsteht. Aus dieserart durchgeführten Titrationen berechnet man sich den Faktor der $^n/_{10}$-Nitritlösung.

Arbeitsweise. In der gleichen Weise wie bei der Bestimmung nach dem Penotschen Verfahren erfolgt hier die Titration der Chlorkalkprobe unter Verwendung der Nitritlösung. Das Ende der Reaktion wird durch Bläuung von Jodkaliumstärkepapier angezeigt. Die Umsetzung erfolgt glatt gemäß der Gleichung:

$$NaNO_2 + HClO = NaNO_3 + HCl \, .$$

1 cm³ $^n/_{10}$-Nitritlösung zeigt 0,003546 g Chlor an.

Für den Fall, daß der Chlorkalk sehr viel Kalziumhydroxyd enthält, empfiehlt sich bei der Titration ein Zusatz von Natriumbikarbonat. Vorhandene Chlorate und Ferriverbindungen sind auf das Titrationsergebnis ganz ohne Einfluß und Verluste durch Entweichen von Chlor treten nicht ein.

Bestimmung des Chloridchlors.

Die Bestimmung des Chloridchlors im Chlorkalk ist von Wichtigkeit, um eine beginnende Chloratbildung festzustellen. Erhält man eine größere Differenz als 4 % zwischen dem Chloridchlor und dem bleichenden Chlor, so ist eine Überchlorierung vorhanden.

Zu seiner Bestimmung titriert man wie oben unter a angegeben eine Probe des Chlorkalks mit $^n/_{10}$-Arsenitlösung, und stumpft anschließend das aus dieser Meßlösung stammende Alkali vorsichtig mit 10proz. Salpetersäure tropfenweise so weit ab, daß noch schwache alkalische Reaktion verbleibt. Alsdann titriert man mit neutraler $^n/_{10}$-Silbernitratlösung unter beständigem Umrühren, bis der entstehende Niederschlag ein wenig rötlich geworden ist. Dieses Entstehen der rötlichen Farbe wird verursacht durch bei der Titration der Probe mit Arsenitlösung sich bildendes Natriumarseniat, das selbst einen vorzüglichen Indikator für die Silbertitration darstellt. Bei dieser Bestimmung ermittelt man sowohl das Chloridchlor als auch das in Chlorid durch die Arsentitration übergeführte bleichende Chlor; das ursprünglich vorhandene Chloridchlor wird demnach als Differenz des nach dieser Methode erhaltenen Wertes und des früher ermittelten Gehaltes an bleichendem Chlor gefunden.

1 cm³ $n/_{10}$-Silbernitratlösung entspricht 0,003546 g Chlor.

Bezeichnung der Grädigkeit des Chlorkalks.

Man unterscheidet englische und französische (Gay-Lussac-) Grade. Die letzteren geben an, wieviel Liter Chlorgas aus 1 kg Chlorkalk erhalten werden können. (1 l Chlorgas bei 0° und 760 mm Druck = 3,220 g, Atomgewicht für Chlor 35,46 angenommen.) Die englischen Grade geben den Gehalt an bleichendem Chlor in Gewichtsprozent an. Durch Multiplikation der französischen Grade mit 0,3219 erhält man die englischen Grade.

Es sind:

Französische Grade = % wirksames Chlor

65 = 20,92 %	90 = 28,97 %	110 = 35,41 %
80 = 25,75 %	100 = 32,19 %	115 = 37,02 %.

Wasserstoffsuperoxyd.

Wasserstoffsuperoxyd wird entweder in Glasflaschen oder in Behälterwagen angeliefert. Zu seiner Gehaltsermittlung werden aus den einzelnen Flaschen oder Behältern Proben mittels eines Hebers aus Glas oder V 4 A-Stahl entnommen und in einer braun gefärbten Glasflasche gesammelt. Die so gezogene Durchschnittsprobe wird vorsichtig gemischt und möglichst bald untersucht. Hierzu werden je nach der Stärke der Ware 10 cm³ der Durchschnittsprobe abpipettiert und je nach Konzentration auf 100···500 cm³ in einem entsprechenden Meßkolben verdünnt. Von der so verdünnten Lösung werden wiederum 10 cm³ entnommen und in einer Porzellanschale oder einem Titrierbecher mit 200 bis 300 cm³ destilliertem Wasser verdünnt. Nach Zugabe von 20 cm³ 10proz. Schwefelsäure wird mit $n/_{10}$-Kaliumpermanganatlösung bis zur bleibenden Rotfärbung titriert.

1 cm³ $n/_{10}$-Kaliumpermanganatlösung zeigt 0,001708 g H_2O_2 an.

Der Gehalt des Wasserstoffsuperoxyds wird entweder in Gewichts- oder Volumenprozenten angegeben. Gewichtsprozente geben an: g H_2O_2 in 100 cm³. Volumprozente drücken aus, wieviel cm³ Sauerstoff unter Normalbedingungen von 100 cm³ Wasserstoffsuperoxyd entwickelt werden. Man erhält die Volumenprozente aus den Gewichtsprozenten durch Multiplikation mit 3,29.

Chemikalien bei der Arbeit mit Elektrolytchlor und flüssigem Chlor.

In manchen Zellstoff- und Papierfabriken wird das Bleichmittel im eigenen Betriebe durch Elektrolyse von Kochsalz erzeugt. In zahlreichen anderen Fabriken wird die Bleichlauge durch Einleiten von Chlor, das in flüssigem Zustande in Tankwagen oder Stahlflaschen bezogen wird, in Ätznatron, Soda- oder Bikarbonatlösungen oder in Kalkmilch hergestellt. In selteneren Fällen wird das Chlorgas aus den Stahlflaschen mit flüssigem Chlor zur Gasbleiche von Hadernzellstoff verwendet. Die Untersuchung der erforderlichen Chemikalien ist nachstehend beschrieben.

Chlorgas.

Gesamtchlorgehalt. Man füllt eine Bunte-Bürette mit dem zu untersuchenden Gas und drückt dieses dann durch ein mit Kaliumjodidlösung gefülltes Absorptionsrohr. Das hierbei in Freiheit gesetzte Jod wird anschließend mit $^n/_{10}$-Natriumthiosulfatlösung titriert.

Kohlendioxydgehalt. Die Bestimmung des als Verunreinigung auftretenden Kohlendioxyds kann in folgender Weise geschehen: In eine trockene Bunte-Bürette, deren Gesamtinhalt (v) bekannt ist, wird das zu untersuchende Gas durch den unteren Hahn eingeleitet, wobei das schwere Chlor die leichtere Luft schnell verdrängt. An die so gefüllte Bürette wird an dem unteren Hahn ein mit Quecksilber gefülltes Niveaurohr angeschlossen, so daß keine Luft in die Bürette eindringen kann. Nach Öffnen des unteren Hahnes steigt das Quecksilber in die Bürette und absorbiert das Chlor nach einigem Schütteln der Bürette vollständig. Nach $10 \cdots 15$ Minuten langem Stehen bringt man in den oberen Becher $1 \cdots 2 \, cm^3$ gesättigte Kochsalzlösung und saugt diese durch Erzeugung von Minderdruck in die Bürette, ohne daß Luft mit eintritt. Der pulverige Körper (Hg_2Cl_2), der auf dem Quecksilber schwimmt und sonst die genaue Ablesung unmöglich macht, sinkt zu Boden. Das Gasvolumen (a) wird nun abgelesen, hierauf das Kohlendioxyd mit etwas 50proz. Kalilauge, die durch den Becher in die Bürette eingelassen wird, absorbiert und nach Einstellung auf Atmosphärendruck wieder abgelesen (b).

Der Gehalt an Kohlensäure in Prozenten errechnet sich aus

$$CO_2\% = \frac{a-b}{v} \cdot 100.$$

Die oft unangenehme Verschmierung der Bürette kann man durch Einbringen von $1 \cdots 1{,}5 \, cm^3$ konzentrierter Kaliumjodidlösung vor dem Quecksilber beseitigen.

Restgase. Für die Untersuchung des im Elektrolytchlor noch vorhandenen Wasserstoffs und Sauerstoffs absorbiert man Chlor und Kohlendioxyd durch Kalilauge. Den Sauerstoff kann man durch Absorption mit Pyrogallollösung bestimmen, den Wasserstoff führt man durch Verbrennung in Wasser über. In Rücksicht auf die geringen Mengen an Wasserstoff müssen entsprechend große Gasvolumina (etwa 10 l) verwendet werden.

Das flüssige Chlor in den Stahlflaschen oder Tankwagen ist im allgemeinen so rein, daß eine Untersuchung nur selten erforderlich erscheint.

Kochsalz.

Für den glatten Betrieb der elektrolytischen Anlage ist möglichst reines Kochsalz von großer Wichtigkeit. Seine Wertbestimmung geschieht durch Titration mit Silbernitrat unter Verwendung von Kaliumchromat als Indikator. Sulfat bestimmt man mit Bariumchlorid, Kalzium- und Magnesiumgehalt nach den üblichen Methoden.

Das rohe Kochsalz wird gelöst und gegebenenfalls gereinigt. Die Lösung ist nach der Reinigung wiederum auf Sulfat, Kalzium- und Magnesiumgehalt sowie Kochsalzgehalt in der angedeuteten Weise zu untersuchen. Der Gehalt an Kochsalz kann auch durch Spindelung mittels eines Aräometers nach der im Anhang wiedergegebenen Tabelle 58 ermittelt werden.

Ätznatron, Soda und Bikarbonat.

Die Untersuchung dieser Hilfsstoffe erfolgt gemäß den im Abschnitt III gegebenen Vorschriften.

Für die Untersuchung der aus der Elektrolyse laufenden Ätznatronlauge auf ihren Restgehalt an Natriumchlorid sei noch folgende Vorschrift angeführt. 50 g werden im Meßkolben auf 500 cm^3 verdünnt und hiervon 20 cm^3 zunächst mit $^n/_1$-Salpetersäure unter Anwendung von Methylorange als Indikator titriert. In der so neutral gestellten Lösung bestimmt man das Natriumchlorid durch Titration mit $^n/_{10}$-Silbernitratlösung unter Benutzung von Kaliumchromat- oder Natriumarseniatlösung als Indikator.

Ätzkalk.

Die Güte des Ätzkalks ist von wesentlicher Bedeutung für die Brauchbarkeit der mit ihrer Hilfe hergestellten Bleichlauge. Außer den schon im Abschnitt III gemachten Angaben über die Wertbestimmung von Ätzkalk sei noch auf folgendes hingewiesen.

Bei dem zu verwendenden Kalk kommt es nicht allein auf seinen Gehalt an Kalziumhydroxyd, sondern auch auf Verunreinigungen an. Der Kalk soll nicht mehr als 1 % Silikat, 2 % Magnesia und nicht über 0,5 % Aluminium, Eisen usw. enthalten.

Für den Betrieb kommt auch eine Schnellbestimmung der anzuwendenden Kalkmilch in Frage. Eine Zahlentafel über den Gehalt der Kalkmilch an CaO auf Grund der Bestimmung des spezifischen Gewichts durch Spindelung ist im Anhang gegeben (Tabelle 59).

Kalkwasser. Die Gehaltsbestimmung des technischen Kalkwassers erfolgt am vorteilhaftesten durch Titration mit $^n/_{10}$- oder $^n/_5$-Säure unter Benutzung von Phenolphthalein als Indikator.

Sonstige bei der Bleiche benötigte Chemikalien.

Antichlor.

Unter dem Namen Antichlor versteht man Substanzen, welche imstande sind, etwa bei Beendigung der Bleiche vorhandenes überschüssiges Bleichchlor zu zerstören. Notwendig ist eine Zerstörung dieses Überschusses einmal deswegen, weil Bleichchlorreste die Faser selbst wie auch später zugesetzte Farbstoffe beeinflussen könnten, andererseits, weil Reste von Bleichchlor auch nicht ohne schädigende Einwirkung auf die maschinelle Einrichtung und Apparatur der Anlagen sind. Zur Zerstörung der Bleichchlorreste dienen Natriumthiosulfat, Natriumsulfit, Natriumbisulfit, schweflige Säure und, allerdings seltener, Ammoniak. Natriumthiosulfat ergibt bei seiner Umsetzung mit Bleichchlor eine Salzsäure- und Schwefelabscheidung, was unter Umständen nicht erwünscht ist. Bei Anwendung von Natriumsulfit und -bisulfitlösung muß man ebenfalls mit der Bildung einer kleinen Menge Schwefelsäure rechnen. Die Verwendung des einen oder des anderen Mittels hängt außer von technischen Belangen auch von der Wirtschaftlichkeit ab. Die Salze wirken derart, daß sie Hypochlorite des Kalziums und Natriums in Chloride überführen, wobei sie selber in Salze der Schwefelsäure übergehen und zur Bildung freier Schwefelsäure Anlaß geben. Ihre Wirksamkeit hängt also ab von ihrem Gehalt an freier oder gebundener schwefliger Säure.

Natriumsulfit $(Na_2SO_3 + 7H_2O)$. 1 g des Salzes wird in wenig Wasser gelöst, worauf 20 cm^3 $^n/_{10}$-Jodlösung zugesetzt werden. Die gelbgefärbte Lösung wird anschließend mit $^n/_{10}$-Natriumthiosulfatlösung unter Zusatz einiger Tropfen Stärkelösung bis zur Entfärbung titriert. Aus der Titration erhält man den Gehalt an wirksamer schwefliger Säure zu:

$$SO_2\% = (20 - a) \cdot 0{,}32,$$

worin a den Verbrauch an $^n/_{10}$-Natriumthiosulfatlösung bedeutet.

Natriumbisulfit. Das Salz oder die flüssige Lösung werden in ganz gleicher Weise wie neutrales Sulfit auf den Gehalt an schwefliger Säure untersucht.

Natriumthiosulfat $(Na_2S_2O_3 + 5H_2O)$. Es werden 10 g in 100 cm^3 destilliertem Wasser gelöst und 10 cm^3 dieser Lösung mit $^n/_{10}$-Jodlösung titriert. 1 cm^3 $^n/_{10}$-Jodlösung entspricht 0,0248 g Natriumthiosulfat.

Ammoniak. Ammoniak kommt als wäßrige Lösung in den Handel, welche bis zu 35% NH_3-Gas enthält (spezifisches Gewicht etwa 0,880 bei 15°). Der Gehalt der Lösung wird entweder durch Spindelung oder titrimetrisch bestimmt; eine entsprechend verdünnte Probe wird mit $^n/_1$-Säure unter Benutzung von Methylorange als Indikator titriert. 1 cm^3 $^n/_1$-Säure entspricht 0,017 g NH_3.

Säuren.

Zum Absäuern nach der Bleiche werden Mineralsäuren verwandt, und zwar zumeist schweflige Säure, daneben Schwefel- und Salzsäure. Bedeutsam für den Zellstoff ist ein möglichst niedriger Eisengehalt dieser Säuren.

Die Prüfung von **Salz- und Schwefelsäure** erfolgt in bekannter Weise durch Spindelung und Titration. Die Ermittlung des Eisengehalts geschieht entweder durch Fällung mit Ammoniak oder auf kolorimetrischem Wege.

Schweflige Säure, die in Flaschen oder Tankwagen bezogen wird, ist gelegentlich auf ihren Gehalt an SO_2 und SO_3, sowie an Wasser zu prüfen. Zu ihrer Gehaltsbestimmung an SO_2 füllt man eine Bunte-Bürette mit dem zu untersuchenden Gas, läßt dann eine abgemessene Menge $^n/_{10}$-Jodlösung in die Bürette eintreten und schüttelt zur Erreichung einer vollständigen Oxydation kräftig durch. Alsdann läßt man den Inhalt der Bürette in einen Erlenmeyerkolben laufen, spült die Bürette mehrmals mit destilliertem Wasser nach und titriert endlich den Jodüberschuß mit $^n/_{10}$-Natriumthiosulfat zurück.

1 cm^3 der $^n/_{10}$-Jodlösung zeigt 1,0946 cm^3 trockenes SO_2 bei 0° und 760 mm Quecksilberdruck an.

Zur Bestimmung des Gehaltes an SO_3 füllt man eine Bunte-Pipette mit der flüssigen schwefligen Säure, verbindet die Pipette mit zwei gewogenen Kalziumchloridröhrchen und läßt nun aus der senkrecht aufgestellten Pipette durch Öffnen des den Absorptionsröhrchen zugekehrten Hahnes das Schwefeldioxyd verdampfen. Nach Abdampfen des Hauptteiles legt man die Pipette waagerecht, erwärmt sie in einem Luftbad auf etwa 70° und läßt einen getrockneten Luftstrom durch Pipette und Kalziumchloridröhrchen streichen. Auf diese Weise werden alle die vorhandenen flüchtigen Teile in die Vorlage getrieben. Die Gewichtszunahme der beiden Absorptionsröhrchen zeigt den Gehalt an Wasser an. Im nichtflüchtigen Anteil hinterbleibt die Schwefelsäure. Man nimmt sie durch mehrmaliges Ausspülen der Pipette mit destilliertem Wasser auf, erhitzt die erhaltene Lösung zur Vertreibung von Resten der schwefligen Säure bis zum Sieden und titriert sie in der wieder abgekühlten Lösung mit Lauge unter Anwendung von Methylorange als Indikator.

Der Wassergehalt der flüssigen schwefligen Säure soll, um Anfressungen an den Aufnahmebehältern zu verhindern, 0,5 % nicht überschreiten. Größere Mengen können zur Bildung von löslichem Eisensulfit und Eisenthiosulfat Veranlassung geben.

Untersuchung der Hypochloritlaugen.

Chlorkalklösungen.

Chlorkalkauflösungen werden vor allem auf ihren Gehalt an wirksamem Chlor untersucht. Zur raschen Kontrolle des Betriebes der Bleichlaugenbereitungsanlage genügt es, in diesen Auflösungen den Gehalt an wirksamem Chlor mittels des Aräometers zu überwachen. Eine hierfür geeignete Tabelle ist im Anhang zu finden (Tabelle 60). Die angeführten Werte gelten jedoch nur für frisch bereitete Lösungen, welche unter Benutzung guter Ware erzeugt worden sind. Alte oder ausgebrauchte Chlorkalklösungen spindeln ebenso hoch wie frische.

Für genaue Ermittlungen ist die titrimetrische Bestimmung des bleichenden Chlors daher nicht zu umgehen.

Je nachdem man den Chlorkalk mit viel oder wenig Wasser ansetzt, erhält man Lösungen von größerem oder geringerem Ätzkalkgehalt. Da die Alkalität einer Chlorkalklösung von wesentlicher Bedeutung für die Geschwindigkeit der Bleichoperation ist, kann eine Bestimmung des Alkalitätsgrades notwendig werden, dann nämlich, wenn bei Herstellung der Chlorkalklösungen mit anderen Wassermengen als üblich gearbeitet worden ist. Über die Ausführung der Bestimmungen vergleiche man bei der Untersuchung der durch Umsetzungen gewonnenen Hypochloritlaugen. Die Ermittlung der Menge der übrigen Bestandteile, wie Ätzkalk, Kalziumchlorid, Kalziumchlorat, kommt nur selten in Frage und wird im Bedarfsfalle ebenfalls wie unten für die Hypochloritlösungen beschrieben durchgeführt.

Bestimmung des wirksamen Chlors.

Die Ermittlung des wirksamen Chlors in den Chlorkalklösungen kann außer durch die gleichen titrimetrischen Verfahren, die beim Chlorkalk selbst zur Anwendung kommen, auch noch auf andere Weise, meistens als Schnellmethoden bezeichnet, durchgeführt werden. Diese letztgenannten sind vor allem für die Anwendung im Betrieb selbst, also im Chlorhaus und in der Bleicherei, ausgearbeitet worden und so gestaltet, daß sie auch in der Hand von ungeübten Leuten annähernde Ergebnisse zeitigen.

a) Nach PENOT. Man gibt 10 cm³ der Chlorkalklösung in einen 100 cm³ fassenden Meßkolben, füllt mit Wasser bis zur Marke auf und entnimmt der

Lösung 10 cm³, welche man mit $^n/_{10}$-Arsenitlösung, wie beim Chlorkalk beschrieben, titriert: 1 cm³ der $^n/_{10}$-Arsenitlösung entspricht 0,003546 g Chlor. Als Ergebnis der Bestimmung gibt man den wirksamen Chlorgehalt in 1 l des Bleichwassers an.

Wenn man zu dieser Bestimmung sich einer Pipette bedient, welche 35,5 cm³ faßt, die mit ihr entnommene Bleichlösung auf 500 cm³ verdünnt und von der erhaltenen Flüssigkeit je 50 cm³ mit $^n/_{10}$-Arsenitlösung titriert, so gibt die Zahl der verbrauchten cm³ ohne weiteres das wirksame Chlor in Gramm im Liter an.

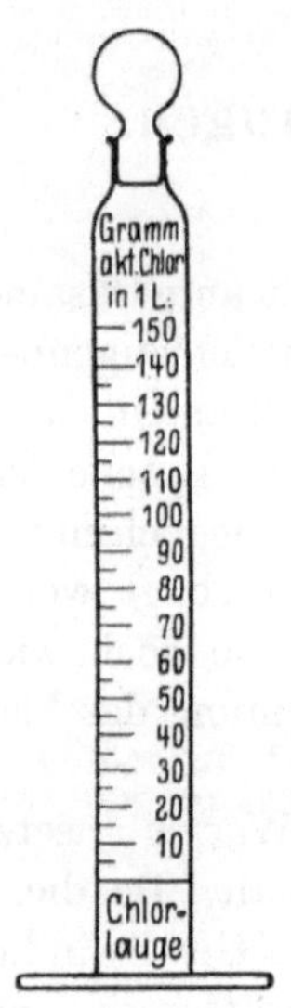

Abb. 115. Chlorometer.

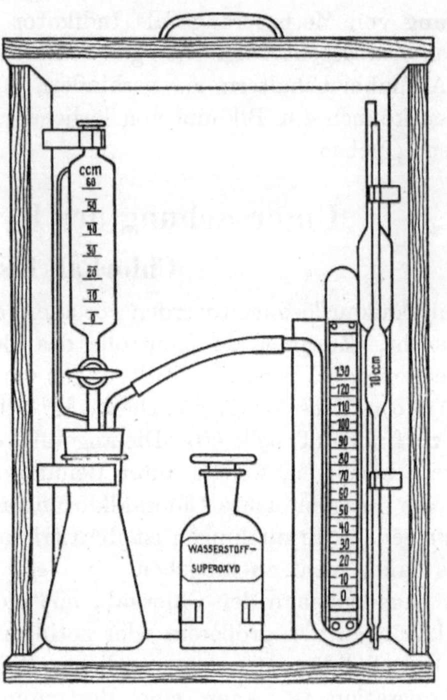

Abb. 116. Apparat zur volumetrischen Chlorbestimmung in Chlorkalkauflösungen.

b) **Mittels des Chlorometers.** Für Betriebsanalysen ist von der Firma Pyrgos G.m.b.H. Radebeul/Dresden das in Abb. 115 wiedergegebene Chlorometer in den Handel gebracht worden. Es stellt im wesentlichen einen mit Teilung (5-cm³-weise) versehenen Meßzylinder dar. Der untere Teil des Zylinders wird bis zur Nullmarke mit der zu untersuchenden, 1 : 100 verdünnten Chlorkalklösung gefüllt, worauf aus einem Meßkolben so viel cm³ Meßflüssigkeit zugesetzt werden, bis der darin mitenthaltene Indikator umschlägt. Der dann im Zylinder enthaltene Flüssigkeitsstand läßt unmittelbar den Gehalt an Chlor in g/l der geprüften Lauge ablesen. Als Meßflüssigkeit dient eine $^n/_{35,46}$-Natriumthiosulfatlösung (7 g $Na_2S_2O_3 \cdot 5\,H_2O/l$), die mit Indigo versetzt worden ist.

c) **Volumetrisch.** Durch Zusatz von Wasserstoffsuperoxyd zu einer schwach alkalischen Bleichlösung wird diese zersetzt und ein dem wirksamen Chlor gleiches Volumen Sauerstoff in Freiheit gesetzt. Dieses volumetrische Verfahren läßt sich auch von jedem mit chemischen Arbeiten nicht Vertrauten durchführen. Eine dafür geeignete Apparatur, die von der Firma Janke & Kunkel A.-G. in Köln auf den Markt gebracht ist, beschreibt H. Wenzl (Abb. 116).

Der Apparat besteht aus drei Teilen: Tropftrichter mit Meßeinteilung, Reaktionskölbchen und Quecksilbermanometer. Durch geeignete Konstruktion sind die Schwierigkeiten, die beim Zufließen des Wasserstoffsuperoxyds durch den entstehenden Sauerstoffüberdruck sich bemerkbar machen, beseitigt worden.

Von der zu untersuchenden Bleichflüssigkeit oder Chlorkalkaufschlämmung werden 10 cm³ mit der dem Apparat beigegebenen Pipette in das Reaktionskölbchen gebracht. Der Tropftrichter wird mit waagerecht stehendem Dreiwegehahn aufgesetzt und der Gummistopfen bis zur Strichmarke eingepreßt. Man faßt hierbei das Kölbchen zweckmäßig am Kolbenhals, um eine unnötige Erwärmung zu vermeiden.

In den aufgesetzten Tropftrichter werden 10 cm³ 3proz. Wasserstoffsuperoxydlösung und 20 cm³ Wasser eingebracht. Hierzu genügt die eingeätzte Meßeinteilung, es braucht also nicht pipettiert zu werden. Der Tropftrichter wird durch Einschieben des Stopfens bis zur Marke verschlossen und die Schlauchverbindung zwischen Kölbchen und Manometer hergestellt. Das Quecksilber im Manometer steht in beiden Schenkeln gleich hoch. Die bewegliche Skala des Manometers wird so lange verschoben, bis der obere Meniskus des Quecksilbers auf Null einsteht. Hierauf wird der Dreiwegehahn rasch um 90° gedreht, so daß das Wasserstoffsuperoxyd aus dem Trichter in kräftigem Strahl zur Bleichflüssigkeit fließt. Hierbei steigt gleichzeitig der Druck am Manometer. Nachdem alle Flüssigkeit aus dem Trichter zugeflossen ist, liest man **sofort den Überdruck am Manometer in Millimetern Quecksilber ab.** Es genügt hierbei die Ablesung der Quecksilbersäule im rechten Schenkel des Manometers. Ist der Apparat auf Gramm wirksames Chlor je Liter geeicht, so kann man aus der Vergleichstabelle direkt den Wert für Chlor entnehmen. Da die ganze Messung nur wenige Minuten in Anspruch nimmt, empfiehlt sich die Ausführung von zwei Bestimmungen und die Berechnung des Mittelwertes. Die Genauigkeit des Apparates beträgt bei Messungen, die an Lösungen von 5···30 g wirksames Chlor je Liter ausgeführt werden, durchschnittlich 1 g wirksames Chlor je Liter.

Zu beachten ist die Notwendigkeit, sofort nach dem Zufließen des Wasserstoffsuperoxydes abzulesen und vom Augenblick der Hahnumstellung an jede Erschütterung, vor allem aber jedes Umschütteln unbedingt zu vermeiden. Die Wasserstoffsuperoxyd-Lösung spaltet, da im Überschuß angewendet, bei stärkerem Schütteln sofort, bei längerem Zuwarten allmählich Sauerstoff ab, wodurch falsche Ablesungen hervorgerufen werden.

Werden chlorhaltige Lösungen geprüft, die über 30 g wirksames Chlor im Liter enthalten (spezifisches Gewicht bei Chlorkalklösungen über 1,05), so sind 20 cm³ 3proz. Wasserstoffsuperoxyd und 10 cm³ Wasser in den Tropftrichter einzufüllen. Sehr starke Bleichlaugen (über 45 g wirksames Chlor im Liter) werden zweckmäßig zuvor unter Zuhilfenahme eines Meßkölbchens in bestimmtem Verhältnis verdünnt; das erhaltene Messungsergebnis muß dann mit dem Verdünnungsfaktor multipliziert werden.

Durch Umsetzung erzeugte Hypochloritlösungen.

Die Hypochloritlaugen, auf welche Art sie auch immer dargestellt sein mögen, ob durch Einleiten von Chlorgas in Kalkmilch oder durch elektrolytische Zersetzung von Kochsalzlösungen oder endlich durch wechselseitige Umsetzung von

Chlorkalk mit Alkalisalzlösungen, immer enthalten sie, wenn auch jeweils in verschiedenem Verhältnis, freies Chlor, freie unterchlorige Säure, Salze dieser Säure, Chlorate, Chloride der zur Anwendung gelangenden Basen und zuweilen kohlensaure Alkalien und Ätzalkalien.

In allen Fällen bleibt daher die Untersuchung der Hypochloritlaugen die gleiche. Zu ermitteln ist vor allem die Gesamtmenge an bleichendem Chlor, das ist der Gehalt an freiem Chlor, unterchloriger Säure und unterchlorigsauren Salzen. Zur Kontrolle der chemischen und elektrochemischen Umsetzungen bei der Erzeugung dieser Bleichflüssigkeiten · und infolge der verschiedenen Bleichwirkung, die obigen Bestandteilen zukommt, ist öfters eine Einzelbestimmung dieser wirksamen Stoffe von Interesse. Da bei nicht richtiger Leitung ihrer Darstellung die Hypochloritlaugen größere Mengen für die Bleiche bedeutungslosen Chlorates enthalten können, so sind sie auch auf diesen Bestandteil zu untersuchen. Schließlich sind noch von Bedeutung die Bestimmungen von vorhandenem Chlorid und freiem Alkali oder Ätzkalk, sowie im Hinblick auf Beschaffenheit und Eigenschaften des fertigen Zellstoffes Eisen- und Mangangehalt.

Bestimmung des Gesamtgehaltes an wirksamem Chlor.

Die Gesamtmenge an bleichendem Chlor wird in Hypochloritlaugen wie bei Chlorkalklaugen durch Titration mit $n/_{10}$-Arsenitlösung unter Benutzung von Jodkaliumstärkepapier als Indikator ermittelt.

Es mag erwähnt werden, daß bei diesen Laugen das aktive Chlor niemals durch Spindelung mittels des Aräometers bestimmt werden kann; dieser Umstand ist zurückzuführen auf den Gehalt der Laugen an einer Anzahl verschiedener Salze, die sämtlich das spezifische Gewicht der Flüssigkeit beeinflussen.

Unterscheidung und Bestimmung von unterchloriger Säure und freiem Chlor.

Die von LUNGE gegebene Methode beruht darauf, daß unterchlorige Säure im Gegensatz zu freiem Chlor aus neutraler Kaliumjodidlösung Ätzkali frei macht:

$$HOCl + 2KJ = KCl + KOH + J_2 , \tag{1}$$

$$Cl_2 + 2KJ = 2KCl + J_2 . \tag{2}$$

Durch Zugabe einer bestimmten Menge überschüssiger Salzsäure läßt sich verhindern, daß das nach Gleichung (1) entstehende Alkali weiter mit Jod reagiert. Wie die folgenden Gleichungen zeigen, ist es nun beim Bekanntsein der Menge der zugesetzten Säure ohne weiteres möglich, zwischen freiem Chlor und unterchloriger Säure zu unterscheiden. Bei unterchloriger Säure wird nämlich auf

$$HOCl + 2KJ + HCl = 2KCl + J_2 + H_2O , \tag{1a}$$

$$Cl_2 + 2KJ + HCl = 2KCl + J_2 + HCl \tag{2a}$$

jedes ihrer Moleküle ein Molekül HCl neutralisiert; bei der ihr chlorometrisch gleichwertigen Chlormenge bleibt jedoch die zugesetzte Menge Salzsäure unverändert. Im ersten Falle reagiert die Flüssigkeit nach der Titration des freien Jods mit Thiosulfat neutral, im letzten Falle hingegen sauer. Die Ausführung der Bestimmung gestaltet sich nun folgendermaßen. Man versetzt eine Kaliumjodidlösung mit einer gemessenen Menge $n/_{10}$-Salzsäure, läßt zu dieser Lösung die abgemessene Probe der Hypochloritlauge fließen und titriert das ausgeschiedene Jod mit $n/_{10}$-Natriumthiosulfatlösung. Nach Zusatz von Methylorange zur farblosen Flüssigkeit titriert man den Säureüberschuß mit $n/_{10}$-Natronlauge zurück. Das von der unterchlorigen Säure in Freiheit gesetzte Ätzkali bzw. die vorgelegte Salzsäure benötigt halb soviel $n/_{10}$-Lauge zur Neutralisation als $n/_{10}$-Natriumthiosulfatlösung zur Reduktion des durch die unterchlorige Säure ausgeschiedenen Jods.

Zur Erläuterung sei hier ein Beispiel angeführt: Es seien angewandt worden A cm^3 (Chlor $+$ unterchlorige Säure). Die Zahl der vorgelegten cm^3 $n/_{10}$-Salzsäure sei B. Zur Bestimmung des Gesamtjods seien C cm^3 $n/_{10}$-Natriumthiosulfat und zur Neutralisation der überschüssigen Säure b cm^3 $n/_{10}$-Natronlauge verbraucht worden. Zur Neutralisation des von der unterchlorigen Säure frei gemachten Ätzkalis sind demnach erforderlich gewesen $(B - b)$ cm^3 $n/_{10}$-Säure, auf welche nach Gleichung (2a) die doppelte Menge, also $2(B - b)$ cm^3 $n/_{10}$-Jodlösung kommt. Die Menge HOCl in Gramm in A cm^3 der Bleichlauge ist sonach: $(B - b) \cdot 0{,}005247$ (HOCl $= 52{,}468$), die Menge Chlor in Gramm ist andererseits gleich $C - 2(B - b) \cdot 0{,}003546$.

Bei Anwesenheit von freiem und kohlensaurem Alkali ist diese Methode nicht gut anwendbar, aber in diesem Falle ist freies Chlor ohnehin nicht vorhanden.

Unterscheidung und Bestimmung von Hypochlorit und freier unterchloriger Säure.

Hierfür hat LUNGE eine Vorschrift gegeben, die sich auf folgendes gründet. Läßt man sowohl Hypochlorit als auch freie unterchlorige Säure auf Kaliumjodid in saurer Lösung einwirken, so werden in beiden Fällen verschiedene Säuremengen verschwinden. Die folgenden Gleichungen veranschaulichen dies.

$$\text{NaClO} + 2\text{KJ} + 2\text{HCl} = \text{NaCl} + 2\text{KCl} + \text{H}_2\text{O} + \text{J}_2 \tag{1}$$

$$\text{HClO} + 2\text{KJ} + \text{HCl} = 2\text{KCl} + \text{H}_2\text{O} + \text{J}_2 . \tag{2}$$

Es ist ersichtlich, daß im Falle von Hypochlorit eine dem ausgeschiedenen Jod äquivalente Säuremenge verschwindet, während bei unterchloriger Säure nur die halbe Menge verzehrt wird.

Zu einer abgemessenen Menge $n/_{10}$-Salzsäure (C cm^3) setzt man etwas 10proz. Kaliumjodidlösung und läßt darauf zu diesem Gemisch eine abgemessene Probe der Hypochloritlauge fließen. Das ausgeschiedene Jod wird mit $n/_{10}$-Natriumthiosulfatlösung titriert (A cm^3). Die erhaltene farblose Lösung wird anschließend mit Methylorange versetzt und die im Gemisch verbliebene Salzsäure dann mit $n/_{10}$-Natronlauge zurücktitriert (D cm^3). ($C - D$) stellt dann die Menge der verschwundenen Salzsäure dar. Der Anteil des wirksamen Chlors, der auf freie unterchlorige Säure entfällt, errechnet sich zu $2[A - (C - D)]$.

Bei Vorhandensein von kohlensauren Alkalien, die in einer besonderen Probe der Hypochloritlauge zu ermitteln sind, ist der gefundene Titer ($C - D$) um ihr Säureäquivalent zu vergrößern.

Freies Alkali und freie unterchlorige Säure können nicht gleichzeitig nebeneinander bestehen. Soweit sie zufolge der hydrolytischen Spaltung entstehen, sind sie im analytischen Sinne nicht wirklich frei und das wirksame Chlor der hydrolysierten unterchlorigen Säure wird als Hypochloritchlor ermittelt.

Bestimmung von Chlorat.

Hierfür sind verschiedene Methoden von unterschiedlicher Genauigkeit in Gebrauch.

a) Nach LUNGE. Gemäß dieser verhältnismäßig schnell durchzuführenden Methode bestimmt man zunächst das bleichende Chlor und ermittelt dann dieses zusammen mit dem Chloratchlor durch Kochen mit Eisen(II)sulfat und Zurücktitrieren mit Permanganat. Der Unterschied in den erhaltenen Werten ergibt den Gehalt an Chlorat. Die Ausführung der Methode gestaltet sich wie folgt.

10 cm^3 der Bleichlauge werden in einem 100 cm^3 fassenden Kolben mit destilliertem Wasser bis zur Marke verdünnt. Von dieser verdünnten Lauge läßt man 10 cm^3 zu 50 cm^3 Eisen(II)sulfatlösung ($100 \text{ g } FeSO_4$, 100 cm^3 konzentrierte Schwefelsäure mit Wasser zu 1 l verdünnt) fließen. Als Aufnahmegefäß für diese Mischung bedient man sich eines Kolbens mit Ventilstopfen nach BUNSEN oder CONTAT-GÖCKEL. Unter Luftabschluß läßt man den Kolbeninhalt zunächst einige Minuten ruhig stehen und erhitzt nun $1/4$ Stunde lang ohne aufgesetzten Ventilstopfen. Hierauf verschließt man wiederum, läßt erkalten und titriert mit $n/10$-Kaliumpermanganatlösung. Erfordern 50 cm^3 der ursprünglichen Eisenlösung z. B. $a \text{ cm}^3$ dieser Meßlösung und sind nach dem Kochen mit der Bleichlauge noch $b \text{ cm}^3$ hierzu erforderlich, so ergibt sich aus $(a-b)$ die Menge des zum Oxydieren des Eisensalzes verbrauchten Chlors in Form von Chlorat, Hypochlorit und freiem Chlor. Vermindert man diesen Wert um den sich bei der Titration mit Arsenitlösung ergebenden Betrag von aktivem Chlor, so erhält man die Menge Chloratchlor in Gramm in 1 cm^3 der Bleichlauge.

Auch hier ist es sehr zweckmäßig, sich zur Abmessung der Bleichlauge einer Pipette zu bedienen, welche $35,5 \text{ cm}^3$ faßt. Verdünnt man diese Menge Bleichlauge auf 500 cm^3 und verwendet zur Bestimmung je 50 cm^3 dieser Lösung, so ergeben die erhaltenen Werte ohne weiteres den Gehalt an Chloratchlor im Liter Bleichlauge. Die beschriebene Methode gibt bis auf 0,1 oder 0,2% richtige Ergebnisse; sie ist aber in Gegenwart organischer Verbindungen unsicher.

b) Nach RYS[1]. Die Methode besteht darin, daß in einer Probe der Bleichlauge durch Einwirkung von Natriumnitrit und Salpetersäure, sowie von Wasserstoffsuperoxyd Hypochlorit und Chlorat in Chlorid übergeführt werden. Dies letztgenannte wird dann zusammen mit dem ursprünglich vorhandenen seiner Menge nach durch Titration mit eingestellter Quecksilber(II)nitratlösung ermittelt. Bestimmt man dann in weiteren Proben der Hypochloritlauge die Summe des wirksamen Chlors und des vorhandenen Chloridchlors, so läßt sich die Menge des Chlorats ermitteln.

Für die Darstellung der erforderlichen Quecksilber(II)nitratlösung gibt VOTOCEK[2] folgende Vorschrift.

Etwas mehr als $1/20$ Molekulargewicht reinsten Quecksilber(II)nitrats $[Hg(NO_3)_2 \cdot 1/2 H_2O = 331]$ werden in Wasser unter Zusatz von Salpetersäure zu 1 l klar gelöst. Die so erhaltene Lösung wird mit einer $n/10$-Natriumchloridlösung — $5,846 \text{ g/l}$ — eingestellt. Hierzu gibt man in einen Titrierbecher 25 cm^3 $n/10$-Natriumchloridlösung, 150 cm^3 Wasser, 6 Tropfen einer Natriumnitroprussid-

---

[1] RYS, L.: Papierfabrikant **24**, 625 (1926).
[2] VOTOCEK, L.: Chemiker-Ztg. **42**, 259 (1918).

lösung, die durch Auflösen von 6 g des kristallisierten Salzes in 30 cm³ destilliertem Wasser erhalten worden ist und 1 cm³ chlorfreie konzentrierte Salpetersäure. Zu diesem Gemisch läßt man nun so lange von der $n/10$-Natriumchloridlösung zulaufen, bis sich eine gut merkbare bläulich-milchige Opaleszenz (verursacht durch kolloidales Merkurinitroprussid) bildet, die im Verlaufe einer Minute nicht verschwindet. Man erkennt diesen Punkt am schärfsten, wenn man das Becherglas schräg gegen eine schwarze Unterlage hält. Von dem verbrauchten Volumen (v) der Quecksilbermeßlösung wird die Trübungskorrektion (k), welche bei 200 cm³ Gesamtvolumen der Flüssigkeit etwa 0,025 cm³ $n/10$-Quecksilbernitratlösung ausmacht, abgezogen. Je ($v - k$) cm³ der Quecksilberlösung werden sodann auf 25 cm³ verdünnt. Der Titer der so erhaltenen Lösung wird durch einen gleichen Titrationsversuch kontrolliert und, falls der $n/10$-Wirkungswert nicht genau getroffen wurde, mit dem betreffenden Umrechnungsfaktor versehen.

Einfacher erhält man eine $n/10$-Quecksilber(II)nitratlösung durch Auflösen von 10,9307 g (d. i. HgO/20 · 1,0093) reinsten getrockneten Quecksilberoxyds in der erforderlichen Menge chlorfreier konzentrierter Salpetersäure und Auffüllen auf 1000 cm³.

Durchführung der Bestimmung. $10 \cdots 25$ cm³ der 1 : 10 verdünnten Hypochloritlauge werden in einem Erlenmeyerkolben auf 100 cm³ verdünnt, darauf werden sie mit 5 cm³ 10 proz. Natriumnitritlösung (chloridfrei) und weiter unter ständigem Rühren langsam mit $10 \cdots 15$ cm³ konzentrierter Salpetersäure versetzt. Nach einstündigem Stehen gibt man 1 cm³ 30 vol.-proz. Wasserstoffsuperoxyd hinzu, läßt wiederum 15 Minuten stehen, verdünnt auf 175 cm³ und titriert schließlich mit $n/10$-Quecksilber(II)nitratlösung unter Zusatz von Nitroprussidnatrium in der gleichen Weise, wie es oben bei der Einstellung dieser Lösung angedeutet worden ist.

Durch diese Titration wird das Chlor bestimmt, das als Chlorid, Hypochlorit und Chlorat ursprünglich vorhanden gewesen ist.

In einer zweiten Probe der zu prüfenden Hypochloritlauge wird das Hypochlorit durch Einwirkung von Wasserstoffsuperoxyd zerstört, dann die Lösung mit Salpetersäure angesäuert, worauf wiederum mit $n/10$-Quecksilber(II)nitratlösung wie angegeben titriert wird. Bei dieser Titration wird allein das Chlor, das als Chlorid und Hypochlorit anwesend war, bestimmt. Der Unterschied zwischen beiden Titrationen ergibt die Menge des Chloratchlors.

1 cm³ $n/10$-Quecksilber(II)nitratlösung zeigt 0,003546 g Chlor an.

c) Nach PRELINGER[1]. Nach dieser Methode wird die Möglichkeit der Reduktion des Chlorats durch schweflige Säure zu seiner Bestimmung ausgenützt. Man verfährt wie folgt:

$1 \cdots 5$ cm³ der zu untersuchenden Hypochloritlauge werden zunächst zwecks Zerstörung des bleichenden Chlors mittels alkalischem Wasserstoffsuperoxyd-Überschuß kurze Zeit behandelt. Dann wird zum Sieden erhitzt und der Überschuß des Oxydationsmittels durch Auskochen vertrieben. Die so behandelte Lösung wird in einem 100 cm³ Meßkolben nach dem Erkalten bis zur Marke verdünnt. In 50 cm³ hiervon bestimmt man das Chloridchlor, das sich aus von Anfang an vorhandenem Chlorid und dem aus dem bleichendem Chlor gebildeten

---

[1] PRELINGER, H.: Zellstoff u. Papier **8**, 294 (1928).

zusammensetzt, durch Titration mit $n/10$-Silbernitrat nach VOLHARD. Zu dem in einen Kolben überführten Rest der Probe gibt man zur Durchführung der Reduktion des Chlorats $20 \cdots 30\ cm^3$ konzentrierte wäßrige schweflige Säure. Nach kurzer Einwirkungsdauer erwärmt man langsam zum Sieden und kocht bis zum restlosen Verschwinden des Geruches der schwefligen Säure. Hierauf versetzt man mit einer gemessenen Menge von $n/10$-Silbernitratlösung im Überschuß (a ccm) und fügt ein paar Tropfen konzentrierte Salpetersäure hinzu. Der entstehende Niederschlag wird durch ein Filter oder einen Filtertiegel quantitativ abfiltriert und durch gutes Waschen vom anhaftenden Silbernitrat befreit. Im klaren Filtrat wird der Überschuß an $n/10$-Silbernitratlösung vermittelst Titration mit $n/10$-Kaliumrhodanidlösung unter Verwendung von $2 \cdots 3\ cm^3$ Eisen(III)nitratlösung als Indikator bis zur schwachen Rosafärbung ermittelt ($b\ cm^3$).

Bei dieser zweiten Titration ergibt sich aus ($a - b$) der Gehalt an Gesamtchlor als Chlorid. Die Differenz beider Titrationen gibt die Menge des Chlors, das als Chlorat vorhanden ist. Wird diese Differenz mit c bezeichnet, so errechnet sich der Chloratgehalt zu:

$$c \cdot 0{,}012256 \text{ für } KClO_3,$$
$$\cdot\, 0{,}010646 \text{ für } NaClO_3,$$
$$\cdot\, 0{,}010349 \text{ für } Ca(ClO_3)_2.$$

Diese Methode hat den Vorteil, daß sie auch in Gegenwart organischer Substanzen angewandt werden kann.

Bestimmung von Chlorid.

a) Nach LUNGE. In der zunächst mit arseniger Säure titrierten Probe der Bleichflüssigkeit stumpft man das von der Arsenitlösung herrührende Alkali so weit mit Salpetersäure ab, daß die Flüssigkeit gerade noch schwach alkalisch bleibt (Säureüberschuß schadet).

Anschließend titriert man mit neutraler $n/10$-Silbernitratlösung unter beständigem Umrühren, bis der entstehende Niederschlag ein wenig rötlich geworden ist. Dieses Entstehen der rötlichen Farbe wird verursacht durch das bei der Titration der Probe mit der Arsenitlösung sich bildende Natriumarseniat, das selbst einen sehr guten Indikator für die Silbertitration darstellt.

Bei dieser Titration ermittelt man sowohl das Chloridchlor, als auch das durch die Arsenittitration in Chlorid übergeführte bleichende Chlor. Das ursprünglich vorhandene Chloridchlor wird demnach als Differenz dieser und der anfangs durchgeführten mit Arsenitlösung ermittelt.

b) Nach RYS[1]. In einer Probe der Hypochloritlauge wird zunächst das wirksame Chlor nach PENOT mit Arsenitlösung ermittelt. In einer zweiten Probe zerstört man das wirksame Chlor durch Zugabe von Wasserstoffsuperoxyd und säuert dann schwach mit Salpetersäure an. Die erhaltene Lösung wird anschließend mit $n/10$-Quecksilber(II)nitratlösung unter Zugabe von Nitroprussidnatrium, wie es bei der Chloratbestimmung unter b beschrieben wurde, titriert. Die Differenz der beiden Titrationen ergibt den Gehalt an Chloridchlor.

Diese Methode ist sehr genau. Etwa vorhandene anorganische Trübungsstoffe werden vorher durch Filtration entfernt.

---

[1] RYS, L.: Papierfabrikant **24**, 529 (1926).

Bestimmung von Chlor, Chlorid und Chlorat in der gleichen Probe.

Hierfür hat CARNOT[1] das nachstehend beschriebene Verfahren ausgearbeitet. In der Probe der Hypochloritlauge wird zunächst das Hypochlorit mit $^n/_{10}$-Arsenitlösung nach der Methode von PENOT bestimmt. Die austitrierte Probe wird mit Schwefelsäure angesäuert, worauf etwa das Zwanzigfache des vermuteten Chloratgehaltes an chemisch reinem genau abgewogenem Eisenammon-Alaun zugesetzt werden. Nach dem Erhitzen zum Sieden gibt man nach und nach 25 cm³ 30proz. Schwefelsäure hinzu. Das vorhandene Chlorat oxydiert das Ferrosalz zu Ferrisalz, wobei es selber in Chlorid übergeht. Durch Zurückmessen des Ferrosalzüberschusses mit $^n/_{10}$-Kaliumpermanganatlösung erhält man ein Maß für das vorhandene Chlorat. Nach Zugabe einer Spur Eisen(II)sulfat, welches den rötlichen Ton des Permanganats wieder wegnimmt, wird sämtliches Chlorid durch im Überschuß zugefügte $^n/_{10}$-Silbernitratlösung als Silberchlorid gefällt und der Silberüberschuß mit $^n/_{10}$-Kaliumrhodanidlösung zurücktitriert. Das früher gebildete Ferrisalz spielt die Rolle des Indikators: nach Verbrauch des gesamten Silbers tritt die Rotfärbung von Eisenrhodanid auf. Die Differenz aus dem gefundenen Gehalt an Gesamtchlorid und dem Chlorid, welches sekundär aus Hypochlorit und Chlorat gebildet wurde, gibt dann den Chloridgehalt des Chlorkalks an.

Bestimmung des Eisengehaltes.

Die Bestimmung erfolgt auf kolorimetrischem Weg nach der von LUNGE gegebenen Vorschrift.

An Reagenzien sind erforderlich:

1. 10proz. Kaliumrhodanidlösung.

2. Ammoniakeisenalaunlösung, die 8,634 g $(NH_4)Fe(SO_4)_2 \cdot 12 H_2O$ sowie 5 cm³ konzentrierte Schwefelsäure in 1 l enthält. Zur Anwendung gelangt eine Lösung, welche durch Verdünnen von 10 cm³ dieser Stammlösung auf 1000 cm³ jedesmal frisch bereitet werden muß, und deren Eisengehalt 0,010 g im Liter beträgt.

3. Äther.

Zur Durchführung der Bestimmung braucht man ferner einige möglichst ganz gleichartige Meßzylinder, die etwa 30 cm³ fassen und mit Teilung und gut schließendem Glasstöpsel versehen sind.

Arbeitsweise. Man gibt in einen der Stöpselzylinder (A) genau 5 cm³ der zu prüfenden, gegebenenfalls in bekanntem Verhältnis zu verdünnenden Hypochloritlauge und in einen zweiten B 5 cm³ eisenfreies destilliertes Wasser. Hierauf setzt man zu dem Inhalt des Zylinders B aus einer möglichst feingeteilten Bürette ($^1/_{20}$ cm³) zunächst eine beliebige Menge — beispielsweise 1 cm³ — der Eisenalaunlösung und dann so viel destilliertes Wasser zu, daß A und B gleiche Volumina enthalten. Dies deshalb, um immer bei dem gleichen Verdünnungsgrad zu bleiben. Dann fügt man zu jedem der beiden Zylinder 5 cm³ der Rhodanidlösung und 10 cm³ Äther, verschließt und schüttelt gut durch, bis die wässerigen Schichten entfärbt sind. Nach kurzem Stehen wird der Farbton der Ätherschichten in den Zylindern verglichen. An Hand des Ergebnisses dieses ersten Versuches setzt man in den übrigen Schüttelzylindern weitere Vergleichslösungen

---

[1] CARNOT, M.: Papierfabrikant **21**, 518 (1923).

mit mehr oder weniger Eisenalaunlösung an, bis annähernd der gleiche Farbton getroffen worden ist.

Nach Angaben von LUNGE kann man die Genauigkeit der Vergleichung recht gut bis auf 0,1 cm³ der Eisenalaunlösung, d. i. bis auf 0,0000001 g Eisen in den zur Untersuchung angewandten 5 cm³ treiben, jedoch nur, wenn die Gesamtmenge des Eisens höchstens 0,00002 g Fe$^{\cdots}$ beträgt.

Diese kolorimetrische Eisenuntersuchung läßt sich auch mittels eines Komparators und entsprechender Farbscheibe durchführen (s. Abschnitt I).

Bestimmung des Mangans.

Sie erfolgt kolorimetrisch und grundsätzlich in der Weise, wie es im Abschnitt I bei der Untersuchung des Fabrikationswassers beschrieben worden ist. Die zu prüfende Hypochloritlauge wird vorerst durch Behandeln mit Wasserstoffsuperoxyd von aktivem Chlor befreit und dann filtriert. Das klare Filtrat wird mit Salpetersäure mehrmals zur Trockne verdampft, um alle vorhandenen Chloride in Nitrate überzuführen. Der erhaltene Trockenrückstand wird in wenigen cm³ destillierten Wassers, dem einige Tropfen verdünnter Salpetersäure zugesetzt werden, in der Wärme gelöst. Nach Überführung in einen kleinen Kolben versetzt man die Lösung mit 0,5 g Kaliumpersulfat und höchstens 2 Tropfen einer 0,4proz. Silbernitratlösung und erhitzt dann auf dem Wasserbad 15 Minuten lang. Die anschließend abgekühlte violett gefärbte Flüssigkeit gießt man in einen 100 cm³ fassenden Meßzylinder, in den man auch das Waschwasser gibt und so viel destilliertes Wasser, daß insgesamt 25 cm³ Flüssigkeit darin enthalten sind. In einen gleichartigen Zylinder gibt man 25 cm³ destilliertes Wasser, dem einige Tropfen verdünnte Salpetersäure zugesetzt werden. Aus einer Bürette läßt man alsdann so viel cm³ $^{n}/_{100}$- oder $^{n}/_{50}$-Kaliumpermanganat zum Inhalt dieses zweiten Zylinders fließen, bis Farbgleichheit mit der Flüssigkeit im ersten besteht. Aus der zugesetzten Menge der Kaliumpermanganatlösung läßt sich dann der Gehalt an Mangan in der angewandten Hypochloritlaugenmenge errechnen. 1 cm³ $^{n}/_{10}$-Kaliumpermanganat enthält 1,099 mg Mn.

Bestimmung der Alkalität oder Azidität.

Freies Alkali. Die Bleichlaugen enthalten zumeist mehr Basis als zur Bindung des Chlors als Hypochlorit erforderlich ist, sie sind also von der Herstellung her alkalisch. Zum qualitativen Nachweis von freiem Alkali in Bleichflüssigkeiten kann die Vorschrift von BLATTNER dienen. Nach dieser bewahrt nämlich Phenolphthalein in einer Hypochloritlösung seine rote Farbe, solange noch Ätznatron vorhanden ist. Sobald dieses verschwunden ist, wird die rote Farbe durch freies Chlor sehr schnell zerstört.

Die quantitative Bestimmung erfolgt nach der Zersetzung der Hypochloritlauge mit Wasserstoffsuperoxyd. Da durch dessen Einwirkung gemäß folgender Gleichung Salzsäure gebildet wird, so ist es besonders bei schwächer

$$HClO + H_2O_2 = HCl + H_2O + O_2$$

alkalischen Laugen zweckmäßig, bei dieser Behandlung dafür Sorge zu tragen, daß sie sich in durchgehend alkalischer Reaktion abspielt. Es geschieht dies dadurch, daß man vorerst der zu prüfenden Lauge eine bestimmte Menge Alkali zusetzt. Man verfährt wie folgt.

25 cm³ Hypochloritlauge werden mit 2 cm³ $n/_{10}$-Natronlauge versetzt; dann wird in kleinen Mengen so viel 3proz. Wasserstoffsuperoxyd zugegeben, bis kein Aufbrausen mehr stattfindet und ein Tropfen der Flüssigkeit keinen blauen Fleck mehr auf Jodkaliumstärkepapier hervorruft. Man vermeide es einen zu großen Überschuß an Wasserstoffsuperoxyd zu verwenden, da dieser durch Zerstörung des für die weitere Titration erforderlichen Indikators sich nachteilig auswirkt. Zu der Flüssigkeit setzt man einige Tropfen Phenolphthalein und titriert anschließend mit $n/_{10}$-Salzsäure bis zum Verschwinden der Färbung. Von der verbrauchten Säuremenge bringt man die anfänglich zugesetzten 2 cm³ $n/_{10}$-Lauge in Abzug und erhält alsdann die wahre Alkalität der Bleichflüssigkeit. Man drückt sie zweckmäßig als Na_2O aus. 1 cm³ $n/_{10}$-Säure entspricht 0,0031 g Na_2O.

Karbonate. In Bleichlaugen, die unter Verwendung von Ätzkalk hergestellt worden sind, kommt Karbonat nicht vor, wohl aber in Natriumhypochloritlaugen, und zwar als normales wie auch als Bikarbonat.

Zur Bestimmung der Karbonate befreit man, wie oben bei der Bestimmung der Alkalität angegeben, durch Zugabe von Alkali und Wasserstoffsuperoxyd die Hypochloritlauge zunächst vom bleichenden Chlor und titriert dann nach Zugabe von Phenolphthalein mit $n/_{10}$-Salzsäure bis zum Farbloswerden der Flüssigkeit. Der Verbrauch an Säure nach Abzug der anfänglich zugegebenen Menge Alkali (s. oben) sei a cm³. Nach Zusatz einiger Tropfen Methylorangelösung wird die Flüssigkeit weiter mit $n/_{10}$-Säure titriert, bis Farbumschlag nach Rot eintritt. b cm³. Es berechnet sich dann der Gehalt an:

freiem Ätznatron zu $(a - b) \cdot 0{,}004$ g NaOH,
Karbonat zu $2b \cdot 0{,}0056$ g Na_2CO_3.

Chlorwasser.

Die Bestimmung des Chlorgehaltes von Chlorwasser kann entweder durch Umsetzung mit Kaliumjodid oder aber durch unmittelbare Einwirkung auf überschüssige Arsenitlösung erfolgen.

Im ersten Fall gilt folgende Arbeitsvorschrift. In eine 250 cm³ fassende Glasstöpselflasche gibt man etwa 150 cm³ Wasser sowie 10 cm³ einer 10proz. Kaliumjodidlösung. Je nach der Stärke des Chlorwassers setzt man hiervon 1···5 cm³ zu dem Inhalt der Flasche, verschließt, schüttelt durch und titriert anschließend das ausgeschiedene Jod mit $n/_{10}$-Natriumthiosulfat- oder Natriumarsenitlösung zurück.

Bei der zweiten Bestimmungsart gibt man in eine Flasche wie oben einen Überschuß von $n/_{10}$-Natriumarsenitlösung und läßt dann die zu untersuchende Chlorlösung einfließen. Nach gutem Vermischen wird der Überschuß der Meßlösung, kenntlich daran, daß Jodkaliumstärkepapier nicht mehr durch einen Tropfen der Lösung gebläut wird, mit $n/_{10}$-Jodlösung bis zur schwachen Blaufärbung zurückgemessen.

1 cm³ der $n/_{10}$-Meßlösungen entspricht 0,003546 g Chlor.

Bestimmung geringer Chlormengen in den Abläufen der Chlorlaugenbereitungsanlagen.

Soweit eine Erfassung dieser Mengen nicht durch die üblichen Titrationsmethoden möglich ist, wird sie mit dem o-Tolidinverfahren durchgeführt. Im einzelnen wird wegen der Durchführung dieser Bestimmung auf das im Abschnitt I hierüber Gesagte verwiesen.

Untersuchung des zu bleichenden Stoffes.
Bleichbarkeitsprüfungen.

Allgemeines. Die Bleichbarkeit oder Bleichfähigkeit von Zellstoffen kann bereits aus dem Ausfall der Bestimmung des Aufschlußgrades beurteilt werden. Um unmittelbar aus deren Ergebnis den erforderlichen Bedarf an Bleichchlor errechnen zu können, sind auf Grund praktischer Untersuchungen eine Reihe von Beziehungen zwischen beiden Zahlen errechnet worden. Neben dieser Art der rechnerischen Ermittlung des notwendigen Bleichchlors gibt es aber auch eine Anzahl von Verfahren, durch Bleichversuche diese Feststellung zu treffen. Die dabei eingehaltenen Bedingungen entsprechen mehr oder weniger den praktischen Bedingungen. Von den neueren Verfahren ist das von BERGMAN ausgearbeitete ein sehr genaues.

Rechnerische Ermittlung des Chlorbedarfes zum Bleichen. Bedeutet im folgenden Cl den Bleichchlorbedarf von 100 g absolut trockenem Stoff, PZ. die Permanganatzahl nach JOHNSEN, SiZ. die Sieberzahl, so ist nach JOHNSEN[1]:

$$Cl = (0{,}104 + 0{,}00144 \text{ SiZ.}) \cdot \text{SiZ.}$$
$$Cl = (0{,}415 + 0{,}025 \cdot \text{PZ.}) \cdot \text{PZ.}$$

Genauere Werte gibt nach SIEBER:

$$Cl = (0{,}08 + 0{,}00144 \cdot \text{SiZ.}) \cdot \text{SiZ.}$$

Ferner ist, wenn EZ. die Ensozahl des lufttrockenen Stoffes (90/100) und BZ. die Bergmanzahl für den gleichen Stoff absolut trocken bedeutet[2].

$$\text{BZ.} = (0{,}70 + 0{,}23 \cdot \text{EZ.}) \cdot \text{EZ. für Sulfitstoff,}$$
$$\text{BZ.} = (0{,}82 + 0{,}11 \cdot \text{EZ.}) \cdot \text{EZ. für Sulfatstoff.}$$

Endlich ist nach TINGLE[3]

$$Cl = \text{Tingle Chlorfaktor} \cdot 3.$$

Genauer ist jedoch nach BERGMANS[2] Feststellungen:

$$Cl = \text{Tingle Chlorfaktor} \cdot 2{,}3 \text{ für Sulfitstoff,}$$
$$Cl = \text{Tingle Chlorfaktor} \cdot 4{,}0 \text{ für Sulfatstoff,}$$

alles auf absolut trockenen Stoff bezogen.

Es sei darauf aufmerksam gemacht, daß die nach diesen rechnerischen Verfahren ermittelten Zahlen für den Chlorverbrauch zum Bleichen sich auf das Einstufenverfahren beziehen.

Bestimmung der Bleichbarkeit durch Versuche. a) Nach ARNOT[4]. 20 g lufttrockener Zellstoff werden möglichst gut zerkleinert und im Becherglas oder in einer Porzellanschale mit 250 cm³ Betriebswasser von gleicher Wärme, wie sie das Bleichholländerwasser hat, versetzt. Die Masse muß genau die Stoff-

[1] JOHNSON, B., u. J. L. PARSONS: Zellstoff u. Papier **2**, 258 (1922).
[2] BERGMAN, G. K.: Papierfabrikant **24**, 744 (1926).
[3] TINGLE, A. E.: Ind. Engng. Chem. **14**, 40 (1922).
[4] ARNOT, M.: Papier-Ztg. **34**, 1274 (1909).

dichte des Bleichholländers haben. Der Brei wird mit einem Überschuß von titrierter Chlorkalklösung versetzt und bleibt dann unter zeitweiligem Umrühren so lange stehen, bis die Weiße eines feuchten, in einer versiegelten farblosen Glasröhre aufbewahrten Standardmusters erreicht ist. Man entnimmt dann mit der Pipette 5 oder 10 cm³ der Bleichflotte und titriert, indem ein Überschuß an $^{n}/_{10}$-Arseniger Säure zugesetzt und mit $^{n}/_{10}$-Jodlösung zurückgemessen wird. Man kennt dann die Menge des von 20 g lufttrockenen Zellstoff verbrauchten Chlors, die man auf 100 g umrechnet.

b) Nach WREDE[1]. 25 g absolut trocken gedachter Zellstoff werden, falls sie in Form fester Pappen vorliegen in kleine Stückchen zerrissen, wobei versucht wird, auch eine Aufspaltung der Stücke zu erreichen. Den Zellstoff verwandelt man dann mit 500 cm³ Fabrikationswasser in einen gleichförmigen Brei, und zwar zweckmäßig gleich in dem dann zum Bleichen benutzten Kochkolben von 2 l Inhalt. Die zum Versuch zu verwendende Chlorkalkauflösung wird so eingestellt, daß sie 8,87 g Chlor/l enthält, sie entspricht dann im Wirkungswert einer $^{n}/_{4}$-Natriumarsenitlösung. Je nachdem, ob es sich um die Untersuchung von leicht oder schwerer bleichbarem Zellstoff handelt, werden verschiedene Mengen der Chlorlösung zur Einwirkung gebracht. Im ersteren Fall werden 225 cm³, im letzteren 450 cm³ angewandt. Die entsprechende Menge wird zum Inhalt des 2-l-Kolbens gesetzt, dieser dann mit einem Korkstopfen verschlossen, in dessen Bohrung ein bis in den Stoffbrei reichendes Thermometer sitzt und nun innerhalb von 10 Minuten auf dem Wasserbad auf eine Temperatur im Kolben von 40° erwärmt. Bei dieser Temperatur läßt man das Chlor weitere 50 Minuten lang einwirken. Man kühlt rasch etwas ab und titriert im Gesamtinhalt des Kolbens das unverbrauchte Chlor mit $^{n}/_{4}$-Natriumarsenitlösung zurück. Der bei dem Versuch ermittelte Chlorverbrauch wird auf 100 g Zellstoff umgerechnet und ergibt unmittelbar ein Maß für den Bedarf an Chlor zum Bleichen.

Die Methode gibt, soweit es sich um leichter bleichbare Stoffe handelt, befriedigende Werte und kann beispielsweise bei laufender Verwendung von gleichartig erkochtem Zellstoff gute Dienste bei der Beurteilung seiner Bleichbarkeit leisten. Für schwerer bleichbare Stoffe ergibt sie mit zunehmendem Lignin gehalt erfahrungsgemäß zu niedrige Werte. Trotz dieses Mangels ist die Methode besonders für den vorstehend angedeuteten Zweck vielerorts in Verwendung.

c) Nach KLEMM[2]. Es werden vier zylindrische Glasgefäße (Stutzen) mit den 15, 20, 25 und 30 Teilen Chlorkalk auf 100 Teile des lufttrockenen Zellstoffs entsprechenden Mengen von klarer Chlorkalklösung (etwa 30 g wirksames Chlor/l) beschickt, worauf man die in Wasser aufgequirlten oder zerfaserten Stoffmengen von je 5 g hinzufügt. Die Gesamtwassermenge wird auf 400 cm³ bemessen. Die vier Gefäße werden in einem großen Wasserbad auf 35° erwärmt, wobei der Stoffbrei in den einzelnen Gefäßen dauernd mit Glasrührern umgerührt wird. Die Bleiche wird insgesamt 5 Stunden lang durchgeführt. Nach dieser Zeit entnimmt man aus den Gefäßen Proben der wäßrigen Bleichflotte und bestimmt darin das noch vorhandene Bleichchlor. Danach wäscht man den Inhalt jedes der Gefäße auf einem Büchnertrichter gut mit Wasser aus, quirlt wiederum mit

---

[1] WREDE, K.: Papier-Ztg. **34**, 806 (1909).
[2] KLEMM, P.: Wbl. Papierfabrikat. **40**, 3973 (1909).

Wasser auf und formt aus den einzelnen Stoffproben Blätter. Nach dem Trocknen werden diese nebeneinander auf einen Karton geklebt und mit Angaben über den Chlorverbrauch während der Versuchsdauer versehen. Diese etwas weitläufige Methode eignet sich gut zur Beurteilung bislang unbekannter Zellstoffe.

d) Nach SINDALL und BACON. Von ihnen wird die folgende in England gebräuchliche Methode gegeben[1]. 5 g absolut trocken gedachter Zellstoff werden mit etwa 50 cm³ Wasser zu einem gleichmäßigen Brei zerknetet. Von einer etwa 5 % Chlorkalk enthaltenden Lösung, deren Titer durch Titration mit $n/_{10}$-Arsenitlösung bestimmt ist, wird auf den Zellstoff bezogen die 20 % Chlorkalk entsprechende Menge genommen und mit dem Stoff in einem Kochkolben vermischt, wobei das Volumen der Flüssigkeit auf 125 cm³ gebracht wird. Unter zeitweiligem Schütteln wird bei etwa 40° C (100° F) gebleicht, bis die Farbe das Maximum erreicht hat, dann wird abfiltriert und gründlich ausgewaschen. Im Filtrat und den Waschwässern wird die unverbrauchte Chlorkalklösung mit $n/_{10}$-Arsenitlösung gemessen. Ist dieser Überschuß groß, so wird ein zweiter Bleichversuch angesetzt, bei welchem nur wenig mehr Chlorkalklösung angewendet wird, als im ersten Versuch tatsächlich verbraucht wurde. Aus dem gebleichten Stoff werden Handmuster geformt, deren Weiße im LOVIBONDschen Tintometer mit dem Weiß des gefällten Gipses verglichen wird.

e) Nach SUTERMEISTER. Man verfährt nach dieser Vorschrift wie folgt[2]: 3 Muster von je 50 g Faser werden hergestellt und die Feuchtigkeit bestimmt, damit man auf lufttrockene, 10 % Feuchtigkeit haltende Faser umrechnen kann. Eine dieser Proben wird mit 1 l Wasser aufgeschlagen und nach völliger Zerfaserung zu Zellstoffbrei auf $2^1/_2$ l verdünnt. Zu diesem Brei wird dann Bleichlösung zugefügt, deren Menge so berechnet ist, daß die Bleichmittelmenge ausreicht zur völligen Bleiche der Faser. Der Inhalt des Gefäßes wird dann in einem Wasserbade unter beständigem Umrühren bei 35···40° bis zur Erschöpfung des Bleichmittels gerührt. Das Fasermaterial wird schließlich sorgfältig gewaschen und mit einem Schöpfrahmen in Bogenform gebracht. Die Bögen werden an der Luft getrocknet, in einer Kopierpresse gepreßt und in bezug auf Farbe mit den Standardpapierbögen verglichen, welche in genau der gleichen Weise angefertigt worden sind. Zeigt der Vergleich beim ersten Versuch, daß die Bleiche ein zu hohes Weiß oder eine zu stark gelbe Färbung ergeben hat, so wird eine zweite Probe in genau der gleichen Weise unter Verwendung von größeren oder geringeren Mengen des Bleichmittels hergestellt, so lange, bis Bögen erhalten werden, die in der Farbe dem Standard entsprechen. Wenn man etwas Übung besitzt, ist es selten nötig, mehr als 2 Muster derselben Faser zu bleichen, und die endgültige Schätzung des erforderlichen Aufwandes an Bleichmitteln kann leicht innerhalb der Fehlergrenze von $2/_{10}$ oder $3/_{10}$ % derjenigen Menge angegeben werden, die man in der Praxis tatsächlich findet.

f) Nach BERGMAN (Bergman-Zahl). Bei dieser Methode[3] werden 2···3 Proben des Zellstoffes mit verschiedenen Überschüssen von Chlorkalklösung bestimmten Chlor- und Alkaligehaltes 5 Stunden lang behandelt. Aus dem

---

[1] SINDALL, R. W., u. W. BACON: Wld. Paper Trade Rev. 56, 817, 977, 1129; 57, 97 (1911).
[2] SUTERMEISTER, E.: Chemistry of Pulp and Paper Making, S. 380. New York 1920.
[3] Tekniska Föreningens i Finland Förhandlingar 1923, sowie Privatmitteilung von G. K. BERGMAN, Centrallaboratorium Helsingfors.

Chlorverbrauch bei den einzelnen Versuchen wird graphisch oder rechnerisch die Chlormenge ermittelt, welche bei ihrer Anwendung vom Zellstoff in der angegebenen Zeit gerade verbraucht worden wäre. Dieser auf 100 g absolut trokkenen Zellstoff umgerechnete Chlorverbrauch ergibt die Bergman-Zahl (s. Tabelle 18).

Erforderliche Chlorkalklösung. Als solche wird eine filtrierte Lösung verwandt, die im Gehalt an aktivem Chlor $0,5 \cdots 0,8$ n ist. Das Verhältnis der Normalitäten von Chlor zu Ätzkalk soll in der Lösung $1 : 0,085$ betragen. Wenn sie also im Chlorwert beispielsweise 0,5 n ist, so muß sie im Kalkwert 0,0425 n sein, d. h. ihre Gesamtalkalität in 1 l müßte dann durch 42,5 cm³ $^n/_1$-Salzsäure neutralisiert werden. Eine solche Lösung läßt sich aus jedem Chlorkalk durch Zusatz berechneter Mengen Schwefelsäure oder Kalkwasser herstellen. Durch das konstante Verhältnis von Chlor zu Alkali ist, abgesehen von den übrigen Bedingungen, die Geschwindigkeit des Chlorverbrauchs während des Versuches festgelegt.

Durchführung der Bestimmung. Zur Anwendung gelangt der Zellstoff in feuchter oder lufttrockner Form in einer Menge, welche 10 g absolut trocken gedachter Fasermasse entspricht. Er wird vor dem Versuch möglichst naß zerfasert oder weitgehend mit der Hand zerzupft. Die Stoffdichte einschließlich der zuzusetzenden Chlorkalklösung beträgt 3,33%, die Bleichtemperatur, die durch Einstellen der die Zellstoffproben enthaltenden Gefäße in ein geräumiges Wasserbad aufrechterhalten wird, soll 40° betragen. Als Aufnahmegefäße für den Stoffbrei benutzt man zweckmäßig geräumige Kochflaschen, die mit einem durchbohrten Kork verschlossen werden, durch den ein Thermometer in die Fasermasse hinabreicht. Es werden von jedem Zellstoff möglichst 3 Proben gleichzeitig angesetzt, die jede so viel Chlorzugabe erhalten, daß nach der Versuchsdauer von 5 Stunden noch in jeder ein gewisser Rest davon enthalten ist.

Das am Ende des Versuchs noch vorhandene Chlor wird unter Anwendung von $^n/_4$-Natriumarsenitlösung unmittelbar in der gesamten Bleichflotte titrimetrisch bestimmt.

Berechnung des Ergebnisses. Stellt man sich in einem Koordinatensystem, dessen Achsen im gleichen Maßstab geteilt sind, den Chlorverbrauch bei den einzelnen Versuchen einer Serie in Abhängigkeit vom zugegebenen Chlor dar, und zwar so, daß man als Ordinate den Chlorzusatz, als Abszisse den entsprechenden Chlorverbrauch des Einzelversuches aufzeichnet, so erhält man beim Verbinden der Einzelpunkte einen annähernd geraden Linienzug. Dieser trifft einen vom Nullpunkt des Achsensystems unter einem Winkel von 45° ausgehenden Strahl, der der geometrische Ort gleichen Chlorzusatzes und -verbrauches ist, in einem Punkt, der nun auf den Achsen denjenigen Chlorverbrauch ablesen läßt, welcher bei Anwendung bei dem geprüften Zellstoff gerade aufgebraucht worden wäre. Dieser Wert ist die gesuchte Bergman-Zahl.

Das Ergebnis läßt sich auch rechnerisch ermitteln. Bedeuten A und B zwei Werte für den Chlorzusatz, wobei A der größere ist, a und b die entsprechenden Zahlen für die Zurücktitrierung des Chlorrestes in cm³ $^n/_4$-Natriumarsenitlösung, so wird die Bergman-Zahl (B.Z.) des Zellstoffes:

$$\mathrm{BZ.} = B - (A - B) \cdot \frac{b}{a - b}.$$

Man kann auf diese Weise bei jedem Versuch drei Werte erhalten. Es erscheint doch zweckmäßig immer von dem niedrigsten Wert, d. h. jenem auszugehen, der dem tatsächlichen Wert für die Bergman-Zahl am nächsten kommt.

Folgendes Beispiel möge das Gesagte verdeutlichen.

Über die Beziehungen zwischen Bergman-Zahl und Enso-Zahl vergleiche man oben unter rechnerischer Ermittlung des erforderlichen Bleichchlors.

Nach dem Ergebnis von Versuchen zu urteilen[1], die von BERGMAN im Großbetrieb durchgeführt worden sind, gibt die Bergman-Zahl sehr genau den Chlorbedarf zum Bleichen von sowohl Sulfit- und Sulfatzellstoffen im Einstufenverfahren an.

Sulfitzellstoff

Angewandte Chlormenge %	Verbrauchte Chlormenge %	Zum Zurücktitrieren des gesamten vorhandenen Chlorüberschusses waren erforderlich von $n/4$-As_2O_3-Lösung cm^3
$B = 9{,}0$	$8{,}82$	$b = 2{,}01$
$A' = 11{,}0$	$10{,}37$	$a' = 7{,}08$
$A'' = 13{,}0$	$11{,}90$	$a'' = 12{,}41$

BZ. = 8,23
BZ. = 8,21 } Mittelwert: 8,22 %.

g) Nach JOHN und POPPE. Bei dieser Methode[2] wird der Chlorbedarf durch Einwirkenlassen einer mit Ätzkalk alkalisch gemachten Bleichlösung während eines vorgeschriebenen Zeitraumes ermittelt. Die Methode gründet sich in der Durchführung darauf, daß die Chlorabnahme einer solchen Lösung in Gegenwart ungebleichten Zellstoffes im Anfangsstadium der Reaktion für ihn und seinen Bleichchlorbedarf charakteristisch ist. Es handelt sich hier im Grunde genommen also um eine Aufschlußgradbestimmung, bei welcher die Versuchsbedingungen so gewählt sind, daß das Ergebnis unmittelbar angibt, wie hoch der Chlorbedarf zum Bleichen ist.

Für die Durchführung sind im besonderen folgende Lösungen erforderlich.

1. Größere Mengen gesättigter klarer Ätzkalklösung.

2. Eine alkalische Bleichlösung, welche aus einer starken Chlorkalklösung durch Verdünnen mit der klaren Ätzkalklösung bis zu 5 g/l wirksamem Chlor bereitet wird. Diese Lösung wird an einem kühlen Platz vor Licht geschützt aufbewahrt. Sinkt ihr Gehalt an wirksamem Chlor, so sind entsprechende Mengen der konzentrierten Bleichlauge zuzugeben. Es ist gut, wenn die Lösung einen geringen Bodensatz von Ätzkalk enthält, damit dauernd vollkommene Sättigung hiermit besteht. Aus diesem Grund versieht man die Flasche zweckmäßig mit einem Heber, der gestattet, nur klare Lösung für die einzelnen Versuche abzuziehen.

Vom Zellstoff werden zwischen 5···5,5 g absolut trocken gedacht abgewogen. Diese Menge wird auf nassem Wege gut zerfasert, dann ohne Verlust von Fasern abgesaugt und durch Auspressen weitgehend von Wasser befreit und neuerlich zwecks Bestimmung der anhaftenden Wassermenge gewogen. Die Stoffprobe wird dann in kleine Stückchen zerzupft und in einen Becher von 250 cm³ Inhalt eingetragen. In diesem wird der Stoff mit genau 150 cm³ der alkalischen Bleichlauge übergossen und durch 3 Minuten langes Rühren mit einem Glasstab sorg-

---

[1] Mitteilung XX vom Centrallaboratorium in Helsingfors.
[2] JOHN, H., u. F. W. POPPE: Paper Trade J. (63) **99**, 88 (1934).

fältig mit ihr vermischt. Nach dem Abdecken mit einem Uhrglas kommt der Becher in ein Wasserbad, dessen Temperatur auf 35° eingestellt worden ist. Er verbleibt hierin $3^1/_2$ Stunden, während welcher Zeit in der ersten halben Stunde alle 10 Minuten und später alle halben Stunden mit dem Glasstab gut umgerührt wird. Nach der angegebenen Zeit wird der Inhalt des Becherglases quantitativ durch einen mit einem Papierfilter beschickten Büchnertrichter abfiltriert. Hierbei ist das erste Filtrat gesondert von dem Rest in einer trockenen Saugflasche aufzufangen, um darin später das unverbrauchte Chlor bestimmen zu können. Die aufgefangene Lösung muß alkalisch gegen Phenolphthalein sein, sonst war zu wenig Ätzkalk anwesend. Der Stoffkuchen wird unter Auflockern dreimal mit je 250 cm³ Wasser gewaschen, worauf er mit weiteren 250 cm³ Wasser übergossen wird, welche 50 cm³ etwa $^n/_5$-Schwefelsäure enthalten. Daran schließen sich neuerlich drei Wäschen mit je 250 cm³ Wasser. Der so gewaschene Stoff wird dann bei 100···105° getrocknet und schließlich sein Gewicht auf 0,01 g genau ermittelt.

Im erstaufgefangenen Filtrat wird das beim Versuch nicht verbrauchte Chlor durch Titration mit $^n/_{10}$-Natriumarsenitlösung ermittelt.

Auswertung der Ergebnisse. Unter Bedarf an Bleichchlor werden die g Chlor verstanden, welche von 100 g absolut trockenem gebleichtem Zellstoff bei dem Versuch verbraucht wurden. Bezeichnet:

B diesen Bedarf,

W_1 das Gewicht des feuchten ungebleichten Zellstoffes, das nach der Zerfaserung und dem Abpressen anfänglich abgewogen wurde,

W_2 das Gewicht des erhaltenen gebleichten Zellstoffes, und zwar absolut trocken,

S die Stärke der Bleichlauge in g Cl/l,

C den Gehalt der Bleichflotte in g Cl/l,

so errechnet sich

$$B = \frac{100}{W_2}\left[0{,}150\,S - C\,\frac{150 + W_1 - W_2}{1000}\right].$$

Eine Nachprüfung der Methode[1], die vornehmlich für Sulfitzellstoffe ausgearbeitet worden ist, hat gezeigt, daß sie für solche Zellstoffe mit der Praxis übereinstimmende Zahlen, deren Bleichchlorbedarf sich nach ihr mit ungefähr 4,8 % ergibt. Stoffe, die bei der Methode einen höheren Wert ergeben, brauchen im allgemeinen etwas mehr, solche, bei denen die Zahlen unter 4,8 liegen, etwas weniger als ihr Ergebnis erwarten läßt.

Bleichbarkeitsprüfung und Bleichversuche nach dem Mehrstufenverfahren. Für solche Versuche können nur allgemeine Richtlinien gegeben werden. Die Versuche sind im wesentlichen gemäß den jeweils eingehaltenen praktischen Bedingungen durchzuführen. Durch Änderung der Versuchsbedingungen, vor allem hinsichtlich der Art der Verteilung des Chlors auf die einzelnen Stufen, können die günstigsten Verhältnisse bei Versuchen im Laboratorium sehr gut ermittelt werden. Um die Ergebnisse solcher Versuche mit dem mehrfachen Behandeln mit chlor- und alkalihaltigen Laugen sowie dazwischengeschalteten Waschungen zuverlässig zu gestalten, ist es doch unbedingt erforder-

---

[1] EASTWOOD, P., R.: Ind. Engng. Chem. **28**, 1038 (1936).

lich, von nicht zu kleinen Stoffmengen auszugehen. 50 g Zellstoff ist hier das mindeste, das zur Anwendung kommen sollte. Bei unbekannten Stoffen empfiehlt es sich immer durch einen einstufigen Vorversuch, sich zunächst eine ungefähre Vorstellung von dem beiläufigen Bedarf an Chlor zu verschaffen.

Bestimmung des Bleichverlustes. Insbesondere bei der Verwendung bislang unbekannter oder andersartig gekochter Zellstoffe oder schließlich bei Änderung des Bleichverfahrens ist es von Wichtigkeit, eine Vorstellung darüber zu erhalten, wie hoch die allein durch die Bleiche bedingten Stoffverluste sind.

Zu ihrer Ermittlung werden 2 g absolut trocken gedachter Stoff mit der Chlormenge gebleicht, die bei einem Vorversuch sich als notwendig zur Erzielung der gewünschten Weise und der sonstigen Eigenschaften erwiesen hat. Die Stoffprobe wird nach sorgfältiger Zerfaserung in einen Erlenmeyerkolben von 200 cm^3 Inhalt gebracht und mit 50 cm^3 destilliertem Wasser versetzt. Aus einer Bürette teilt man dann die erforderliche Menge der Chlorkalklösung hinzu, mischt durch Schwenken des Kolbens gut durch, verschließt mit einem aus einem einfachen Glasrohr bestehenden Rückflußkühler und bringt den Kolben dann in ein Wasserbad von 40°. Nach Verbrauch des angewandten Chlors wird quantitativ durch einen gewogenen Filtertiegel aus Glas oder Porzellan filtriert, sorgfältig gewaschen, falls im Betrieb üblich, noch abgesäuert, wiederum gewaschen, bei 100···105° getrocknet und schließlich gewogen.

Der ermittelte Gewichtsverlust stellt die zufolge der chemischen Reaktionen bei der Bleiche zu erwartende Mengenabnahme dar. Diese rein chemischen Verluste erhöhen sich im Betrieb noch zufolge der dort ·durch die Waschungen bedingten.

Kontrolle während der Bleiche.

Allgemeines. Die Kontrolle während der Bleiche erstreckt sich auf Untersuchungen und Beobachtungen sowohl des Bleichgutes als der Bleichflotte. Am Bleichgut wird vor allem die Veränderung der Farbe und ihre Annäherung an die vorgeschriebene Weiße beobachtet und insbesondere, wenn es sich um Zellstoff für chemische Weiterverarbeitung handelt, die Änderung der Viskosität verfolgt. Von einer Darstellung der Methoden ihrer Bestimmung ist in diesem Abschnitt doch abgesehen worden, da diese im nächsten Abschnitt eingehend beschrieben werden und das dort Gesagte auch hier ohne weiteres Anwendung finden kann. Die Untersuchung der Bleichflotte wird je nach dem Bleichverfahren mehr oder weniger eingehend sein. Von einer nur einfachen qualitativen Ermittlung von noch vorhandenem Chlor und der Reaktion kann sie sich unter Umständen auf sehr eingehende Feststellungen ausdehnen. Diese gilt insbesondere bei der Kontrolle der Mehrstufenverfahren. Bestimmung der Alkalität und des p_H-Wertes der Bleichflotte in den verschiedenen Stufen, quantitative Verfolgung der Chlorabnahme bei der Holländerbleiche, Untersuchung der anfallenden Waschwässer auf Chlor- und Alkaligehalt sind beispielsweise einige der Aufgaben, die hier vorliegen können. Hierher sind dann weiter noch solche Untersuchungen zu rechnen, die wenn auch nicht laufend, so doch. gelegentlich durchzuführen sind wie die Bestimmung der gelösten organischen Substanzen und des organisch gebundenen Chlors in der Bleichflotte.

Untersuchung der Bleichflotte.

Zur Entnahme und Untersuchung von Proben der Bleichflotte. Alle derartigen Proben, die zu chemischen Untersuchungen kommen, müssen frei von Fasern sein, da deren Gegenwart Verlauf und Genauigkeit der in Frage kommenden Bestimmungen beeinflußt. Es empfiehlt sich aus diesem Grunde schon die Entnahme solcher Proben unmittelbar mit einer Filtration zu verbinden. Dies geschieht am besten dadurch, daß die Proben mit einer Pipette entnommen werden, über deren Spitze eine Siebhülse aus V4A-Gewebe geschoben ist. Man vermeidet so auch, daß noch bis zur Durchführung der Analysen Änderungen in der Zusammensetzung und Beschaffenheit der Proben eintreten. Auf alle Fälle ist zweckmäßig, die beabsichtigten Untersuchungen mit diesen labilen Lösungen möglichst bald nach ihrer Entnahme vorzunehmen. Vor deren Durchführung ist, wenn erforderlich, nochmals durch ein durchlässiges Faltenfilter zu filtrieren oder von etwa noch vorhandenen feinen Faserresten abzudekantieren.

Bestimmung des aktiven Chlors. Qualitativ überzeugt man sich von der Gegenwart von noch vorhandenem Chlor in der Bleichflotte durch Eintauchen eines Streifens von Jodkaliumstärkepapier. Auftretende Blaufärbung, deren Stärke ein ungefähres Maß für seine Menge ist, zeigt aktives Chlor an. Quantitativ kann das Chlor sowohl nach der Methode von PENOT, als auch nach der von BUNSEN ermittelt werden.

Bestimmung von Chlorid- und Chloratchlor. Beide Bestimmungen erfolgen am besten nach der von RYS gegebenen Vorschrift für die Untersuchung der frischen Hypochloritlaugen unter Anwendung des Verfahrens von VOTOĆEK. Die Anwendung der Methode von LUNGE zur Bestimmung des Chlorats ist in diesem Fall nicht zu empfehlen, da ihr Ergebnis nachteilig durch das Vorhandensein der organischen Substanzen in der Flotte beeinflußt wird.

Bestimmung der Alkalität und Azidität. Qualitativ kann man sich durch Eintauchen von Phenolphthaleinpapier davon überzeugen, ob die Flotte noch alkalisch ist. Quantitativ wird die Ermittlung wie bei den frischen Bleichlaugen durchgeführt, d. h. nach Zugabe von Wasserstoffsuperoxyd durch Titration mit Säuren oder Laugen. Das Ergebnis drückt man entweder als cm^3 der entsprechenden $^n/_{10}$-Meßlösung oder in Äquivalenten Kohlensäure aus.

Bestimmung des p_H-Wertes. Von einwandfreier Genauigkeit und allgemeiner Anwendbarkeit, ganz gleich, ob es sich um saure, neutrale oder alkalische Bleichflotten handelt, ist allein die elektrometrische Bestimmung mittels der Glaselektrode. Andere Elektroden sind weniger für diesen Zweck geeignet.

Die Ermittlung des p_H-Wertes auf kolorimetrischem Weg ist unsicher und wenig genau, dies um so mehr, je größer der Gehalt an wirksamem Chlor und je saurer die Bleichbäder sind. Die Anwendung von Indikatoren, welche gegenüber Chlor weniger empfindlich sind, beispielsweise von Nitrophenolindikatoren verbessert die Verhältnisse wohl etwas, doch sind auch hier die Ergebnisse noch mit Vorsicht zu werten[1].

Nach BERGQVIST[2] läßt sich die Genauigkeit der kolorimetrischen Methode durch folgende Arbeitsweise verbessern. Die Indikatorfolien werden unter An-

---

[1] LEWIS, H., u. S. KUKOLICH: Paper Trade J. (61) **95**, H. 11, 28 (1932).
[2] BERGQVIST, R.: Papierfabrikant **26**, 593 (1928).

wendung einer Pinzette in die chlorhaltige Flüssigkeit eingetaucht und darin hin- und hergeschwenkt. Man beobachtet zunächst den Eintritt des Farbumschlags, nach welchem rasch die Abnahme der Farbstärke einsetzt. Sowie dies wahrnehmbar ist, bringt man den Streifen mit der Pinzette neben die Vergleichsskala. Erhält man bei dem ersten Versuch noch eine etwas unklare Auffassung über den p_H-Wert, so ist doch durch ihn schon eine genauere Bestimmung bei einem zweiten oder dritten Versuch vorbereitet. Bei etwa 0,5 % wirksamem Chlorgehalt in der Lösung muß der Vergleich mit der Farbskala etwa 25···30 Sekunden nach dem Eintauchen in die Flüssigkeit erfolgen. Ist die Farbe trotzdem schon zu schwach, um eine Abschätzung des p_H-Wertes zu ermöglichen, so nimmt man bei den folgenden Versuchen mehrere übereinanderliegende Streifen, wodurch die Farbe in der Durchsicht verstärkt wird. Man kann bei dieser Arbeitsweise eine Meßgenauigkeit von 0,3···0,4 p_H erreichen.

Für Waschwässer und solche Bleichbäder, die kein aktives Chlor mehr enthalten, läßt sich die kolorimetrische Bestimmungsmethode des p_H-Wertes ohne Schwierigkeiten verwenden.

Bestimmung der bei der sauren Bleiche (Chlorierung) gebildeten Salzsäure. Untersuchungen von HÄGGLUND und HEIWINKEL[1] haben gezeigt, daß eine unmittelbare Titrierung, sei es mit Alkali oder mit Silbernitrat keine zuverlässigen Ergebnisse erzielen läßt. Labile im Verlauf der Bleiche gebildete organische Chlorverbindungen spalten insbesondere bei einer alkalischen Titration sehr leicht Chlorionen ab und machen derart eine scharfe Bestimmung unmöglich.

Es gelang jedoch HEIWINKEL und HÄGGLUND in verhältnismäßig einfacher Weise der Schwierigkeiten Herr zu werden und zwar durch Anwendung der chromatographischen Absorption[2]. Filtriert man die Bleichflotte durch eine Schicht von Aluminiumoxyd (Fasertonerde oder besondere Präparate des Chemikalienhandels sind hierfür geeignet), so werden sämtliche färbenden Substanzen davon zurückgehalten, während die Salzsäure ungehindert durchläuft. Man wäscht das Absorptionsfilter sorgfältig mit Wasser nach und kann nun in dem erhaltenen farblosen Filtrat die Salzsäure ohne Schwierigkeit argentometrisch nach VOLHARD bestimmen. Die noch im Filtrat verbliebenen organischen Chlorverbindungen spalten bei Einwirkung von Silbernitrat nur sehr langsam Chlorwasserstoff ab.

Bestimmung des organisch gebundenen Chlors in der Bleichflotte. a) **Nach RYS[3].** In einem hohen Titrierbecher macht man eine unverdünnte Probe der Bleichflotte mit konzentrierter Natronlauge stark alkalisch, gibt einige Tropfen 30 vol.-proz. Wasserstoffsuperoxyd hinzu und kocht 10···15 min lang. Die Behandlung mit Wasserstoffsuperoxyd wiederholt man ein zweites Mal und kocht dann wieder die gleiche Zeit, wie oben angegeben. Auf diese Weise werden die organischen Stoffe vollständig oxydiert, während gleichzeitig das organisch gebundene Chlor in Chlorid verwandelt wird. Nach dem Abkühlen der Flüssigkeit verdünnt man auf 200 cm³ und säuert mit Salpetersäure an. War die Oxydation vollständig, so ist die erhaltene Lösung ganz klar; nur eine solche kann weiter verwendet werden. Bisweilen muß die Behandlung

---

[1] HEIWINKEL, H., u. E. HÄGGLUND: Svensk Papperstidn. **43**, 391 (1940).

[2] Siehe G. HESSE: Angew. Chem. **49**, 315 (1936).

[3] RYS, W.: Papierfabrikant **24**, 529 (1926).

mit dem Oxydationsmittel dreimal wiederholt und das Kochen verlängert werden, um restlose Oxydation zu erreichen. Die klare salpetersaure Lösung wird dann mit Quecksilber(II)nitratlösung unter Zusatz von Nitroprussidnatrium bis zur bleibenden milchigen Trübung in der Weise titriert, wie es oben bei der Untersuchung der Hypochloritlaugen beschrieben worden ist.

Man findet auf diese Weise die Summe vom wirksamen Chlor, Chloridchlor und organisch gebundenen Chlor. Den Wert für das letztgenannte allein findet man als Differenz nach der Ermittlung der übrigen Bestandteile.

b) Nach HEIWINKEL und HÄGGLUND[1]. Eine filtrierte Probe der Bleichflotte wird mit Natronlauge alkalisch gemacht und auf dem Wasserbad zur Trockne eingedampft. Der erhaltene Trockenrückstand wird fein gepulvert, worauf dann in ihm nach den Methoden der organischen Analyse das Chlor bestimmt wird. Die Genannten bevorzugen hierfür LIEBIG-DU MENILS-Verfahren, bei welchem die Substanz nach dem innigen Vermischen mit Kaliumhydroxyd und Kaliumnitrat in einem Nickeltiegel zunächst vorsichtig und später stärker erhitzt und schließlich geglüht wird. Der Rückstand wird sorgfältig durch Behandeln mit heißem Wasser von den gebildeten löslichen Chloriden befreit, worauf diese nach dem Abfiltrieren der Verunreinigungen durch Titration mit $n/10$-Silbernitratlösung nach VOLHARD bestimmt werden.

Bestimmung der gelösten organischen Stoffe. Die Mengenermittlung dieser Stoffe über den Weg des Eindampfens ist zufolge ihrer kolloidalen und stark hygroskopischen Beschaffenheit langwierig und ungenau. HOCHBERGER[2] empfiehlt statt dessen die Bestimmung so vorzunehmen, wie sie für die Ermittlung des Gehaltes an organischen Stoffen in Gebrauchswässern üblich ist. Als Maß für die Menge der organischen Stoffe wird in diesem Fall das Reduktionsvermögen gegenüber Permanganatlösung benutzt. Wenn auch diese Art der Bestimmung keine absoluten Werte liefert, so wird sie doch zur Zeit für den vorliegenden Zweck vielfach benutzt.

An Reagenzien sind für die Bestimmung erforderlich:

1. $n/10$-Kaliumpermanganatlösung,
2. $n/10$-Oxalsäurelösung,
3. $n/1$-Natronlauge,
4. 3proz. Wasserstoffsuperoxydlösung,
5. 10proz. Schwefelsäure.

Je nach der Konzentration werden 5 oder mehr cm^3 der faserfreien Flüssigkeit, die sich in einem Titrierbecher von 250 cm^3 Inhalt befinden, zunächst durch tropfenweises Zugeben von Wasserstoffsuperoxydlösung vom Gehalt an aktivem Chlor befreit. Dies ist erreicht, wenn beim Aufbringen eines Tropfens der Lösung auf Jodkaliumstärkepapier gerade kein blauer Fleck mehr entsteht. Der Inhalt des Titrierbechers wird dann mit 5 cm^3 $n/1$-Natronlauge alkalisch gemacht, anschließend mit 25 cm^3 $n/10$-Kaliumpermanganatlösung versetzt und mit destilliertem Wasser auf genau 100 cm^3 Gesamtvolumen gebracht. Man erhitzt nun über einer Asbestplatte mit voller Flamme bis zum Aufkochen und regelt dann die Flamme sogleich so ein, daß der Becherinhalt in gleichmäßig ruhiges Sieden

[1] HEIWINKEL, H., u. E. HÄGGLUND: Svensk Papperstidn. 43, 391 (1940).
[2] HOCHBERGER, E.: Papierfabrikant 26 (Festheft), 66 (1928).

kommt. Vom ersten Aufkochen an gerechnet, hält man genau 10 Minuten lang im Sieden, nimmt dann den Kolben von der Asbestplatte, macht seinen Inhalt mit Schwefelsäure kräftig sauer und setzt 25 cm³ $n/_{10}$-Oxalsäure hinzu. Die Flüssigkeit wird nach kurzer Zeit vollständig farblos, worauf sie noch heiß mit $n/_{10}$-Kaliumpermanganatlösung bis zur schwachen Rosafärbung titriert wird.

Als Ergebnis der Bestimmung gibt man den Verbrauch mg $KMnO_4$ je 1 cm³ Flüssigkeit an. 1 cm³ der $n/_{10}$-Kaliumpermanganatlösung enthält 3,16 mg $KMnO_4$.

Erfahrungsgemäß sind die erhaltenen Werte am genauesten, wenn 7···10 cm³ der Meßlösung zum Zurücktitrieren erforderlich sind. Werden hierzu mehr als 12 cm³ verbraucht, so ist der Versuch zu verwerfen und mit einer geringeren Flüssigkeitsmenge zu wiederholen. Der Sauerstoffverlust beim Kochen ist durch einen Blindversuch ein für allemal zu ermitteln. Es ist weiterhin darauf zu achten, daß die Versuchsbedingungen stets die gleichen sind, da Abweichungen hiervon zu Fehlwerten führen können.

Bestimmung von Wasserstoffsuperoxyd. Will man sich im Fall der Verwendung von Wasserstoffsuperoxyd als Bleichmittel von einem noch vorhandenen Rest davon überzeugen, so prüft man in der Bleichflotte qualitativ darauf mit Titanschwefelsäure. Dieses empfindliche Reagens gibt mit Proben von Bleichbädern, die Wasserstoffsuperoxyd enthalten, eine deutliche Gelbfärbung. Quantitativ ermittelt man einen Gehalt daran durch rasche Titration einer filtrierten Probe der Bleichflotte mit $n/_{10}$-Kaliumpermanganatlösung in der Kälte.

Da bei dieser Methode zufolge Anwesenheit größerer Mengen gelöster organischer Stoffe besonders gegen Ende der Bleiche das Ergebnis unsicher wird, empfiehlt es sich dann jodometrisch zu arbeiten. Zu diesem Zweck versetzt man eine Probe der Bleichflotte mit einem kleinen Kristall Kaliumjodid, säuert mit verdünnter Schwefelsäure gut an und titriert das ausgeschiedene Jod anschließend rasch mit $n/_{10}$-Natriumthiosulfatlösung zurück. 1 cm³ dieser entspricht 0,0017 g H_2O_2.

Untersuchung des Bleichgutes.

Abmustern. Für die Beurteilung des Bleichergebnisses ist die erreichte Farbe des fertigen Bleichgutes in vielen Fällen allein, in anderen maßgeblich von Bedeutung. Voraussetzung für eine einwandfreie Beurteilung der Farbe und Weiße ist die Herstellung eines Handmusters. Da solche Untersuchungen rasch und ohne Zeitverlust für den Betrieb durchgeführt werden müssen, sollten Vorrichtungen und Geräte zur Anfertigung derartiger Handmuster in der Bleicherei selbst vorhanden sein. Als Vergleichsmuster werden unter den gleichen Bedingungen erzeugte Muster von Standardproben benutzt. Diese Typmuster werden, um sie vor Veränderungen zu bewahren, in einer dicht schließenden Blechkassette verwahrt. Es ist bei ihrem Aufbewahren noch darauf zu achten, daß es in Räumen erfolgt, in welche keine Chlor- und Säuredämpfe gelangen können.

Der Vergleich der Muster darf nicht im direkten Sonnenlicht, sondern nur bei hellem zerstreutem Tageslicht erfolgen. Es ist weiter wesentlich, daß er nicht vom Reflex stärker gefärbter Wände beeinflußt wird. Zur Ausschließung solcher möglichen Fehlerquellen empfiehlt es sich, das Abmustern mit Hilfe einer

Tageslichtlampe durchzuführen, die auch anzuwenden ist, wenn es bei der Dunkelheit durchgeführt werden muß.

Von der Durchführung genauer Weißmessungen mittels Photometer im Betrieb selbst ist bei der Schwierigkeit dieser Messungen abzuraten. Im übrigen gelingt es geübten Kräften durch Vergleich mit Standardmustern sehr gut, die Farbe und Weiße der Bleichproben genau abzuschätzen.

Prüfung auf Bleichmittelreste. Die Anwesenheit von (chlorhaltigen) Bleichmittelresten in gebleichten Zellstoffen wird an der Blaufärbung von Jodkaliumstärkepapier erkannt, das man zwischen einzelne ausgepreßte Proben des feuchten Zellstoffmaterials legt und die man auf das Reagenzpapier kräftig aufpreßt.

Prüfung auf Säurereste. Werden Zellstoffe, z. B. Strohzellstoffe, unter Zusatz von Säure gebleicht, oder wird nach der Bleiche abgesäuert, so ist es, falls der gebleichte Stoff nicht ausgewaschen wird, notwendig, auf etwaigen Säuregehalt zu prüfen. Ist überschüssige Säure im Stoff, so kann die Säure beim Lagern einen Abbau der Zellulose im Zellstoff hervorrufen und damit den Zellstoff also weniger fest, ja brüchig und dadurch minderwertig machen. Säurereste können ferner bei der Verarbeitung der Zellstoffe zu geleimten Papieren Störungen bei der Leimung verursachen. Schon sehr geringe Säuremengen, etwa 0,006 %, können, wenn auch erst nach Monaten, Schädigungen des Zellstoffes herbeiführen.

Es ist sonach eine Prüfung der Reaktion des fertig gebleichten Stoffes erforderlich, damit etwaige fehlerhafte, zu große Zusätze an Säure erkannt werden können.

Da die gebräuchlichen Reagenzpapiere in Gegenwart von unverbrauchtem Bleichchlor unzuverlässig sind, ist dieses auch beim qualitativen Nachweis in geeigneter Weise zu entfernen. Beispielsweise kann man wie folgt verfahren. Eine kleine Menge des zu prüfenden Stoffbreies wird in einen kleinen Stutzen gegeben und nun hierzu 3 proz. neutrale Wasserstoffsuperoxydlösung geträufelt und gut vermischt, bis ein Tropfen der Flotte keine Blaufärbung mehr auf empfindlichem Jodkaliumstärkepapier hervorbringt. Gut ist es, wenn man hierbei auch durch Auspressen einer kleineren Probe des Stoffes zwischen den Fingern und Auftropfenlassen der abrinnenden Flüssigkeit sich davon überzeugt, daß im Innern der Fasern alles Chlor beseitigt ist. Jetzt prüft man den Zellstoff mit Kongo- oder blauem Lackmuspapier auf Säuregehalt. Das letztgenannte ist vorzuziehen, da es weit empfindlicher als Kongopapier ist. Durch Anwendung geeigneten Reagenzpapieres kann auch der p_H-Wert der Flotte und des Stoffes ermittelt werden.

Quantitativ wird die Bestimmung eines etwaigen Säuregehaltes des fertig gebleichten und gewaschenen Stoffes ganz entsprechend ermittelt. Man saugt oder preßt von einer Probe das anhaftende Wasser ab, trennt gegebenenfalls durch Filtrieren von darin enthaltenen einzelnen Fasern ab und entnimmt der klaren Flüssigkeit eine abgemessene Menge. Zu ihr setzt man $2\cdots3$ cm³ $n/_{10}$-Natronlauge, gibt einen Überschuß von neutralem 3 proz. Wasserstoffsuperoxyd hinzu und läßt einige Minuten unter Umrühren einwirken. Man vertreibt dann den Überschuß des Oxydationsmittel durch Kochen, kühlt ab und titriert nach Zusatz von Phenolphthalein mit $n/_{10}$-Säure. Ist hiervon weniger notwendig, als dem anfänglichen Zusatz von Natronlauge entspricht, so ist freie Säure vorhanden, und die Differenz gibt ein Maß für deren Menge.

Kontrolle des Waschprozesses.

Eine Kontrolle des Waschprozesses der Bleiche ist durch eine Ermittlung der gelösten organischen Substanzen im dem Zellstoff nach der Wäsche noch anhaftenden Wasser weit eher möglich, als durch eine Verfolgung der Änderung des Aschegehaltes des Stoffes selbst.

Hochberger[1] hat in Vorschlag gebracht, diese Kontrolle so vorzunehmen, daß Proben des aus dem Stoff ausgepreßten Wassers mit $n/_{50}$-Kaliumpermanganatlösung in der Weise untersucht werden, wie es oben bei der Bestimmung der gelösten organischen Stoffe in den Bleichbädern beschrieben worden ist.

Nach den eingehenden Untersuchungen, die Prelinger[2] vorgenommen hat, sind die mit Permanganat, wie auch mit Kaliumbichromat als Oxydationsmittel bei dieser Bestimmung erhaltenen Werte doch wenig befriedigend. Er fand im Kaliumjodat hingegen ein weit geeigneteres und benutzte es bei der Ausarbeitung einer Methode zur Kontrolle der Waschung, insbesondere von Sulfitzellstoffen nach der Bleiche.

An Reagenzien sind hierbei erforderlich:

1. $n/_{10}$-Natriumthiosulfatlösung,
2. $n/_5$-Kaliumjodatlösung,
3. Kaliumjodid in Kristallen,
4. 50 proz. Schwefelsäure.

Zur Einstellung der Kaliumjodatlösung, die man zunächst durch Auflösen der benötigten Menge — 7,134 g/l — ungefähr bereitet, titriert man davon 2 cm³ nach Zusatz von 20 cm³ Wasser und 2 cm³ Schwefelsäure mit $n/_{10}$-Natriumthiosulfatlösung bis zum Verschwinden der Blaufärbung.

1 cm³ $n/_{10}$-Natriumthiosulfatlösung zeigt 0,003567 g KJO_3 an.

Arbeitsweise. Eine aus dem Bleichholländer nach dem beendeten Waschen entnommene Probe des Stoffbreies wird durch Ausdrücken vom anhaftenden Wasser befreit, wobei dies in einem Becherglas aufgefangen wird. Das Stoffwasser filtriert man durch ein dünnes Filter und verwendet das klare Filtrat zur weiteren Untersuchung. Man versetzt 5 cm³ davon in einem geräumigen Reagenzglas mit 2 cm³ Schwefelsäure und 2 cm³ Kaliumjodatlösung und mischt gut durch. Nach Zugabe einiger Siedesteinchen stellt man das Reagenzglas in ein siedendes Wasserbad und dampft das Wasser ab. Anschließend kommt das Glas in ein Phosphorsäurebad, das vorher auf 170° erwärmt worden ist. Eine solche hohe Temperatur ist erforderlich, um die restlose Oxydation der organischen Substanzen bis zur Kohlensäure durchzuführen. In diesem Bad verbleibt das Glas 15···20 Minuten, worauf es abgekühlt und sein Inhalt mit etwa 10 cm³ destilliertem Wasser versetzt wird. Man mischt gut durch und bringt das Glas wiederum in ein siedendes Wasserbad, in welchem es verbleibt, bis das abgeschiedene Jod — kenntlich an der braunen Farbe der Flüssigkeit — abgetrieben ist. Zu der abgekühlten Lösung werden dann einige Kristalle von Kaliumjodid gegeben, worauf schließlich das nun in Freiheit gesetzte Jod mit $n/_{10}$-Natriumthiosulfatlösung titriert wird.

[1] Opfermann, E., u. E. Hochberger: Die Bleiche des Zellstoffes, 2. T., S. 383. Berlin 1936.

[2] Prelinger, H.: Paper Trade J. (67) **107**, 121 (1938).

Das Ergebnis der Bestimmung drückt PRELINGER als Sauerstoffzahl des Stoffwassers (mg O/100 cm³) aus, zu deren Berechnung das folgende zu sagen ist. Werden bei einem Blindversuch für 2 cm³ der Kaliumjodatlösung a cm³ $^n/_{10}$-Natriumthiosulfatlösung benötigt und sind bei der wie vorstehend durchgeführten Untersuchung eines Stoffwassers b cm³ der Meßlösung zum Zurücktitrieren erforderlich, so entspricht $a - b$ jener Menge Kaliumjodat, die für die Oxydation der organischen Substanzen verbraucht worden ist.

1 cm³ $^n/_{10}$-Natriumthiosulfatlösung zeigt 0,003567 g KJO_3 oder 0,0008 g Sauerstoff an. Die Sauerstoffzahl (OZ.) ergibt sich dann zu:

$$OZ. = (a - b) \cdot 0{,}0008 \cdot 20 \cdot 1000.$$

Die Methode gibt gut reproduzierbare Werte.

Nach den Befunden von PRELINGER soll die Sauerstoffzahl gut gewaschener Sulfitzellstoffe den Wert 6,0 nicht überschreiten. Noch bei dem Wert 5,0 konnte ein Rückgang der Farbe des Zellstoffes beim Lagern beobachtet werden, und erst bei einer Sauerstoffzahl von 2,0 blieb die Weiße auch bei langem Lagern unverändert.

VII. Die Untersuchung der gebleichten Zellstoffe.

Die Untersuchung der gebleichten Zellstoffe deckt sich zu einem erheblichen Teil mit jener der ungebleichten. Es treten jedoch zufolge der Bleiche Veränderungen der Halbstoffe ein, die einerseits auf eine Verringerung einiger Begleitstoffe, Pentosan, Mannan und Galaktan, sowie von Lignin hinauslaufen, zum andern aber auch einem Abbau der Zellulose selbst gleichkommen. In den gebleichten Zellstoffen treten auch die Fehler, die möglicherweise bei dem Aufschluß gemacht worden sind, deutlich in Erscheinung. Zu weit getriebene Hydrolyse bei der sauren oder alkalischen Kochung läßt sich bei den gebleichten Stoffen durch Bestimmung des Reduktionsvermögens und vor allem durch Bestimmung des Polymerisationsgrades oder der Viskosität von Auflösungen des Zellstoffes in gewissen Lösungsmitteln erkennen. Bei den ungebleichten Zellstoffen sind die Ergebnisse solcher Untersuchungen nicht immer eindeutig, da ihr Ausfall durch den Gehalt an inkrustierenden und begleitenden Stoffen überdeckt wird.

Nachstehend sind jene Methoden ausführlich behandelt, welche zu den schon im Abschnitt V beschriebenen hinzukommen oder für die bei Anwendung auf gebleichte Zellstoffe besondere Ausführungsformen gelten. Die gebleichten Zellstoffe sind in der nachfolgenden Darstellung in zwei große Gruppen unterteilt: Holz- und Strohzellstoffe einerseits, Hadernzellstoffe andererseits. Die Untersuchung der sonst noch in der Papierfabrikation verwendeten Zellstoffarten (Esparto, Mais, Bambus u. ä.) kann nach den für Holz- und Strohzellstoff gegebenen Methoden vorgenommen werden.

Holz- und Strohzellstoffe.

Bestimmung des Wassergehaltes, der Asche, von Harz-, Fett- und Wachsstoffen und der Alkalilöslichkeit.

Diese Bestimmungen werden bei den gebleichten Zellstoffen genau in der gleichen Weise ausgeführt, wie es bei der Untersuchung der ungebleichten Halbstoffe beschrieben ist.

Von den Aschebestandteilen interessieren einige ihrer Menge nach und weiterhin ist für manche Verwendungszwecke der Zellstoffe die Leitfähigkeit der wäßrigen Auszüge, welche durch die Gesamtheit der löslichen Aschebestandteile bedingt wird, zu bestimmen.

Bestimmung von einzelnen Aschebestandteilen.

Eisengehalt. Im Verlauf der Fabrikation kann Eisen teils durch das Fabrikationswasser, teils durch die Rohstoffe selbst, teils durch die maschinelle Einrichtung in das Fertigerzeugnis gelangen. In jeder Form ist es im gebleichten Zellstoff unerwünscht. Nicht nur, daß es unmittelbar seine Farbe und Weiße beeinflußt, es kann auch selbst in sehr kleinen Mengen sich noch nachteilig bei der chemischen Weiterverarbeitung der Zellstoffe auswirken. Die Mengen, die davon im gebleichten Zellstoff vorkommen, sind naturgemäß sehr klein, so daß quantitative Bestimmungen in üblicher Form hierfür nicht in Frage kommen, vielmehr auf empfindliche kolorimetrische Bestimmungsverfahren zurückgegriffen werden muß. Bewährt hat sich auch hier das kolorimetrische Verfahren von LUNGE.

5 g Zellstoff werden in einem Platin- oder Porzellantiegel zunächst verascht. Die erhaltene Asche wird mit $10 \cdots 15$ cm³ 20proz. eisenfreier Salzsäure unter mäßigem Erwärmen gelöst, wobei zur Überführung sämtlichen Eisens in die Ferristufe einige Tropfen 3proz. Wasserstoffsuperoxyd zugesetzt werden. Mit dieser Lösung wird anschließend die kolorimetrische Prüfung in gleicher Weise vorgenommen, wie es beispielsweise im Abschnitt VI bei der Prüfung des Eisengehaltes der Hypochloritlaugen beschrieben worden ist.

Ergänzend sei mitgeteilt, daß man den kolorimetrischen Vergleich auch ohne Einschränkung der Genauigkeit an den wäßrigen Lösungen unmittelbar durchführen kann. Ein Ausschütteln mit Äther ist also nicht unbedingt erforderlich.

Es kann vorkommen, daß das Ergebnis einer solcherart durchgeführten Bestimmung durch zufällig an einer gewissen Stelle angereichertes Eisen im Zellstoffbogen — winzige Rost- und Eisensplitter — beeinflußt wird. Man tut daher gut daran, in allen solchen Fällen, wo das Ergebnis von entscheidender Bedeutung sein soll, mehrere Durchschnittsproben des zu untersuchenden Stoffes in der angegebenen Weise zu prüfen.

Mangangehalt. Auch Mangan ist zufolge nachteilig wirkender katalytischer Eigenschaften, die bei der chemischen Weiterverarbeitung des gebleichten Zellstoffes in Erscheinung treten können, ein nicht erwünschter Aschebestandteil. Seine Ermittlung geschieht wie folgt.

5 g Zellstoff werden verascht. Die Asche wird unter Erwärmen mit wenig destilliertem Wasser, das mit einigen Tropfen verdünnter Salpetersäure versetzt worden ist, aufgenommen. Die Lösung überführt man in einen kleinen Kolben, versetzt sie darin mit 0,5 g Kaliumpersulfat und weiter mit 2 Tropfen — nicht mehr, um Braunfärbung zu verhindern — 0,4proz. Silbernitratlösung. Das Ganze wird dann $15 \cdots 20$ Minuten lang auf dem Wasserbad bei Siedetemperatur erhitzt. Nach dem Erkalten überführt man den bei Anwesenheit von Mangan zufolge der Bildung von Kaliumpermanganat mehr oder weniger violett gefärbten Inhalt des Kolbens in einen 100 cm³ fassenden Meßzylinder, in welchen man auch die geringen Mengen des Spülwassers bringt und füllt dann mit destilliertem Wasser auf 25 cm³ auf. In einen zweiten Zylinder möglichst gleichartiger Abmessungen werden zu 25 cm³ destilliertem Wasser einige Tropfen verdünnte Salpetersäure gegeben, worauf aus einer Bürette so viel cm³ $^n/_{50}$- oder $^n/_{100}$-Kaliumpermanganatlösung zugefügt werden, bis Farbgleichheit in beiden Zylindern besteht. Aus der zugesetzten Menge der Kaliumpermanganatlösung läßt sich dann der Gehalt an Mangan in der angewandten Zellstoffmenge finden.

Statt kolorimetrisch kann die Manganmenge auch durch Titration der aus der Asche erhaltenen Kaliumpermanganatlösung mit unmittelbar vor dem Gebrauch aus $^n/_{10}$-Natriumthiosulfatlösung durch Verdünnen mit frisch ausgekochtem destilliertem Wasser hergestellter $^n/_{100}$-Lösung ermittelt werden. Man setzt zu diesem Zweck die Permanganatlösung zu einigen cm^3 mit Salzsäure angesäuerter Kaliumjodidlösung und titriert das ausgeschiedene Jod mit $n/_{100}$-Natriumthiosulfat zurück.

Berechnung des Ergebnisses. 1 cm^3 $n/_{50}$-Kaliumpermanganatlösung entspricht 0,21972 mg Mn, 1 cm^3 $n/_{100}$-Lösung 0,10986 mg Mn. Ferner zeigt an 1 cm^3 $n/_{100}$-Natriumthiosulfatlösung 0,10986 mg Mn.

Sind die Manganmengen sehr klein, so ist die Einwaage zweckmäßig auf das Doppelte zu erhöhen.

Chlorgehalt (Chlorionen). a) Im Wasserlöslichen. 20 g absolut trocken gedachter Zellstoff werden in zerkleinerter Form in 300 cm^3 destilliertem Wasser 30 Minuten lang in mäßigem Sieden erhalten. Der Inhalt des Kolbens wird dann unter Benutzung eines mit einem Filter ausgelegten Büchnertrichters abfiltriert, worauf das erhaltene Filtrat samt den Waschwässern auf dem Wasserbad eingedampft und in einem Meßkolben auf 100 cm^3 gebracht wird. Dieser Lösung entnimmt man 50 cm^3, gibt 1 cm^3 einer 10proz. Kaliumchromatlösung als Indikator hinzu und titriert mit einer $n/_{35}$-Silbernitratlösung (4,8563 g geschmolzenes $AgNO_3$/l) bis zum Auftreten einer bleibenden rötlichen Färbung.

1 cm^3 $n/_{35}$-Silbernitratlösung zeigt 1,00 mg Cl an.

b) Gesamtchlor nach WARUNIS[1]. 3 g fein geraspelter Zellstoff werden in einem geräumigen Nickel- oder Porzellantiegel mit einer innigen Mischung von 10 g feingepulvertem, halogenfreiem Kaliumhydrat und 5 g Natriumsuperoxyd gut gemischt und noch mit einer Schicht dieser Mischung überdeckt. Der Tiegel wird dann mit einem Deckel verschlossen und zunächst einige Zeit in einem Trockenschrank bei 75° bis maximal 85° belassen, wobei die Mischung zusammenzusintern beginnt. Sobald dies der Fall ist, beginnt man zunächst mit kleiner, später mit kräftiger Flamme zu erhitzen, bis schließlich der gesamte Tiegelinhalt zum Schmelzen kommt. Das Erhitzen über der freien Flamme muß ganz langsam erfolgen, um zu vermeiden, daß plötzliche Verpuffung eintritt. Die erhaltene Schmelze wird nach dem Erkalten in einer mit einem großen Uhrglas überdeckten Porzellanschale mit kaltem destilliertem Wasser aufgenommen. Nach gutem Auswaschen des Tiegels setzt man zu der Auflösung tropfenweise mäßig konzentrierte Salpetersäure, wobei jede Erhitzung zu vermeiden ist, bis stark saure Reaktion eingetreten ist. Anschließend wird filtriert und im klaren Filtrat das Chlor entweder gewichtsanalytisch durch Fällen mit Silbernitrat oder nach dem Neutralisieren mit Natriumkarbonat titrimetrisch nach MOHR ermittelt.

Statt in dieser Weise kann der Gesamtchlorgehalt auch nach der Methode von LARSON ermittelt werden, welche bereits im Abschnitt V eingehend beschrieben worden ist.

Bestimmung der Leitfähigkeit der wäßrigen Auszüge.

Allgemeines. Zellstoffe, die für die Herstellung hochwertiger Kondensatorpapiere Verwendung finden sollen, dürfen nur äußerst geringe Mengen Elektrolyte enthalten. Hochwertige Kondensatorpapiere müssen sich durch einen hohen Isolationswiderstand auszeichnen und die Erfahrung hat gezeigt[2], daß geringer Isolationswiderstand solcher Papiere mit größerer Leitfähigkeit ihrer wäßrigen

[1] WARUNIS, TH.: Chemiker-Ztg. **35**, 908 (1911).
[2] LAMBERTZ, A., u. B. SCHULZE: Papierfabrikant **35**, 67 (1937).

Auszüge parallel geht. Von vornherein ist der Gehalt des Zellstoffes an Elektrolyten maßgebend für die entsprechenden Eigenschaften des aus ihm gefertigten Papieres, weshalb sich die Notwendigkeit für die Untersuchung der Leitfähigkeit des wäßrigen Zellstoffauszuges ergibt.

Hinsichtlich der Einzelheiten der durchzuführenden elektrischen Messungen muß auf das einschlägige Schrifttum verwiesen werden[1]. Nachstehend sind allein die Grundlagen dieser Untersuchung und die Besonderheiten ihrer Durchführung für vorliegenden Zweck beschrieben.

Herstellung des wäßrigen Auszuges aus dem Zellstoff. 30 g absolut trocken gedachter Zellstoff werden in Stückchen von etwa $2 \cdots 3$ cm² zerrissen und dann in einen 500 cm³ fassenden Rundkolben aus Jenaer Glas, der mit einem eingeschliffenen Steigrohr als Rückflußkühler ausgerüstet ist, gegeben. Hierin werden sie mit genau 400 cm³ kochendem besonders destilliertem Wasser übergossen. Nach Aufsetzen des Steigrohres bringt man den Kolben sogleich in ein siedendes Wasserbad und zwar so, daß er bis zum Hals in dieses eintaucht. Unter dauerndem Sieden des Bades verbleibt der Kolben hierin genau 60 Minuten. Danach saugt man unter Benutzung eines Jenaer-Glas-Filters 25 G 2 ab, wobei der Wasserauszug in einer sorgfältig gereinigten Saugflasche aufgefangen wird. Dieser so erhaltene Auszug wird möglichst unmittelbar nach seiner Herstellung auf seine Leitfähigkeit geprüft.

Das zur Herstellung des Auszuges benutzte Wasser muß doppelt destilliert sein und die zweite Destillation muß unter Zusatz von Bariumhydrat und Kaliumpermanganat erfolgen. Das hierbei erhaltene Destillat ist unter Ausschluß der Kohlensäure der Luft aufzufangen. In einer Blindprobe ist auch seine Leitfähigkeit zu prüfen und der herbei erhaltene Wert von jenem in Abzug zu bringen, den der wässerige Auszug des zu prüfenden Zellstoffes ergibt.

Zur Durchführung der Leitfähigkeitsmessung: Mittels einer Meßbrücke[2] (WHEATSTONEsche Brücke) wird der Widerstand des Zellstoffauszuges bei 800 oder 1000 Herz nach der Nullmethode gemessen. Zu diesem Zweck füllt man das Leitfähigkeitsgefäß, dessen Platinelektroden sorgfältig schwarzplatiniert sein müssen, mit dem wäßrigen Zellstoffauszug und beläßt es bis zum Erreichen einer gleichbleibenden Temperatur im Thermostaten. Die Meßtemperatur soll $30° \pm 0,5°$ betragen. Zur Messung der Temperatur wird dem Leitfähigkeits-Meßgefäß mittels Gummistopfen ein Stabthermometer aufgesetzt, dessen Quecksilberkugel möglichst klein ist und so dem Stromdurchgang zwischen den Elektroden nicht hindernd im Wege steht. Aus dem dann bei der Messung des Widerstandes abgelesenen Wert berechnet sich die gesuchte spezifische Leitfähigkeit nach der Formel:

$$\varkappa = W/R,$$

worin $\varkappa$ die spezifische Leitfähigkeit in Siemens/cm,

R der gemessene Widerstand in Ohm und

W die Widerstandskapazität des Meßgefäßes in μ cm^{-1} ist.

---

[1] KOHLRAUSCH-HOLBORN: Das Leitvermögen der Elektrolyte, 2. Aufl. Leipzig 1916. — KOHLRAUSCH, F.: Lehrbuch der praktischen Physik, 16. Aufl. Leipzig 1930. — JANDER, G., u. O. PFUNDT: Leitfähigkeitstitrationen und Leitfähigkeitsmessungen, 2. Aufl. Stuttgart 1934.

[2] Hierfür ist unter anderm gut geeignet die Philips Universal-Meßbrücke GM 4140, die die Messung auf visuellem Weg durchzuführen gestattet.

Die Eichung des zur Messung verwendeten Leitfähigkeitsgefäßes wird vor der Untersuchung mit $^n/_{10}$- oder $^n/_{100}$-Kaliumchloridlösung durchgeführt. Zu diesem Zweck mißt man bei verschiedenen Temperaturen den Widerstand der Kaliumchloridlösung. Mittels der im Anhang enthaltenen Kurve für $\varkappa_{KCl}$ (Abb. 169) läßt sich für jede Temperatur der zugehörige Wert für die Widerstandskapazität bestimmen, indem man den durch Messung ermittelten Widerstandswert R_{KCl} mit dem aus dem Kurvenblatt für diese Temperatur entnommenen Wert für die spezifische Leitfähigkeit $\varkappa_{KCl}$ multipliziert. Man erhält auf diese Weise den Eichfaktor $W = \varkappa_{KCl} \cdot R_{KCl}\ \mu\ \mathrm{cm}^{-1}$, der gelegentlich kontrolliert werden muß.

Bestimmung des wasserlöslichen Anteils.

Es besteht in der Ermittlung der Gesamtmenge der wasserlöslichen Stoffe gegenüber dem ungebleichten Zellstoff kein Unterschied. Erforderlich ist bisweilen eine Untersuchung des Wasserauszuges auf seinen Gehalt an gelösten organischen Substanzen. Diese kann in der Weise erfolgen, wie die Ermittlung des Gehaltes an organischen Bestandteilen im Stoffwasser des nach der Bleiche gewaschenen Zellstoffes nach der von PRELINGER angegebenen Vorschrift, die im Abschnitt VI beschrieben ist. Ein weiteres Verfahren ist das folgende.

Diese von BURGSTALLER und SONDERHOFF[1] gegebene Methode beruht auf dem Oxydieren der herausgelösten organischen Bestandteile mit Kaliumbichromat, wobei ihre Berechnung in ganz ähnlicher Weise wie bei der Bestimmung des Gehaltes an β- und γ-Zellulose als $C_6H_{10}O_5$ erfolgt.

a) **Arbeitsvorschrift nach** BURGSTALLER **und** SONDERHOFF. 20 g lufttrockener zerzupfter Zellstoff werden mit 1000 cm³ destilliertem Wasser 2 Stunden lang auf dem Wasserbad bei 60° behandelt. Die erhaltene Extraktionsflüssigkeit wird abgesaugt, der Zellstoff noch zweimal mit je 50 cm³ destilliertem Wasser nachgewaschen und darauf das gesamte Filtrat auf dem Wasserbad weitgehend eingeengt. Man filtriert noch einmal und dampft ein, bis nicht mehr als $30 \cdots 40$ cm³ Rückstand vorhanden sind. Dieser Rückstand wird noch warm mit 10 cm³ $^n/_{1,5}$-Kaliumbichromatlösung (73,549 g $K_2Cr_2O_7$/l) und anschließend mit 35 cm³ konzentrierter Schwefelsäure versetzt. Nach dem Abkühlen und Verdünnen auf 200 cm³ wird das nicht verbrauchte Kaliumbichromat in einem abgemessenen Anteil — 50 cm³ genügen — mit $^n/_{10}$-Natriumthiosulfatlösung zurücktitriert.

Berechnung. Sind zum Zurücktitrieren in 50 cm³ Lösung a cm³ $^n/_{10}$-Natriumthiosulfatlösung erforderlich, so benötigt die Gesamtmenge der Lösung $4a$ cm³. Der Verbrauch an Bichromat, als $^n/_{10}$-Lösung berechnet, wird dann bei Anwendung von 10 cm³ $^n/_{1,5}$-Lösung $(10 \cdot 10 \cdot 1,5 - 4a)$ cm³. Da 1 cm³ $^n/_{10}$-Kaliumbichromatlösung 0,675 mg $C_6H_{10}O_5$ oxydiert, läßt sich jetzt der Gehalt hieran in der Lösung ermitteln.

b) **Nach** STRACHAN[2]. Eine ausgewogene Zellstoffprobe — etwa $10 \cdots 15$ g — wird mit der 20fachen Gewichtsmenge an destilliertem Wasser 2 Stunden lang gelinde gekocht. Der hierbei erhaltene Extrakt wird filtriert, worauf die Behandlung der Zellstoffprobe noch zweimal in der gleichen Weise wiederholt

---

[1] BURGSTALLER, F., u. R. SONDERHOFF: Zellstoff u. Papier **21**, 116 (1941).
[2] STRACHAN, J.: Zellstoff u. Papier **18**, 252 (1938).

wird. Das dann erhaltene Gesamtfiltrat wird auf dem Wasserbad eingeengt, schließlich in einen gewogenen Tiegel überführt und darin bis zur Trockne eingedampft und der Rückstand zur Wägung gebracht.

Bestimmung der Löslichkeit in heißer 7,14 proz. Kalilauge oder 10 proz. Natronlauge.

Diese vielfach neben oder statt der α-Zellulosebestimmung in manchen Weiterverarbeitungswerken an gebleichten und veredelten Zellstoffen in Gebrauch stehende Ermittlung geht auf einen ursprünglich von MAHOOD gegebenen Vorschlag zurück. Bei ihr erweisen sich angegriffene oder abgebaute Fasern als stärker löslich im Vergleich zu ungeschädigten. Da sie manche Schäden der Fasern deutlicher aufzudecken vermag als die α-Zellulosebestimmung, wird sie der letztgenannten Ermittlung häufig vorgezogen. Für die Durchführung gilt die folgende Vorschrift[1] [2].

Erforderliche Alkalilösung. Die erforderliche Menge reinen Natrium- oder Kaliumhydroxydes wird zunächst in etwa der gleichen Menge destilliertem Wasser gelöst. Die erhaltene Lösung läßt man sorgfältig abgedeckt über Nacht stehen, damit sich vorhandene Unreinheiten absetzen können. Den klaren Anteil gießt man vorsichtig ab und verdünnt ihn mit neuerlich abgekochtem destilliertem Wasser so weit, daß die oben angegebene Konzentration erreicht wird. Es empfiehlt sich, den Gehalt von Zeit zu Zeit durch Titration zu prüfen und gegebenenfalls zu berichtigen.

Durchführung der Bestimmung. Von dem zu untersuchenden Zellstoff werden aus der Durchschnittsprobe Stückchen von etwa 10 mm Länge und 2 mm Breite geschnitten. Diese werden bei 100° bis zum bleibenden Gewicht getrocknet, worauf hiervon genau 2 g für jede Einzelbestimmung abgewogen werden. Man gibt sie in einen 250 cm³ fassenden Rundkolben, der mit einem eingeschliffenen Rückflußkühler versehen werden kann. Die Zellstoffprobe wird im Kolben mit 100 cm³ der Alkalilauge übergossen, der Kolben dann mit dem Rückflußkühler verschlossen und sofort in ein siedendes Wasserbad so weit hineingestellt, daß die Oberfläche der Flüssigkeit im Kolben auf gleicher Höhe mit dem Wasserspiegel im Wasserbad steht. In dem siedenden Wasserbad verbleibt der Kolben genau 60 Minuten lang. Nach dieser Zeit gießt man seinen Inhalt in 1 l destilliertes Wasser und neutralisiert das Alkali mit 25 cm³ konzentrierter Essigsäure. Anschließend filtriert man durch einen gewogenen Glasfiltertiegel IG3 und wäscht auf dem Filter nach und nach mit insgesamt 1000 cm³ destilliertem Wasser. Nachdem man sich davon überzeugt hat, daß das zuletzt ablaufende Waschwasser neutral ist, trocknet man bei 100···105° bis zum bleibenden Gewicht. Beträgt die Menge des ausgewogenen Rückstandes P, so ist der anzugebende Verlust in der Alkalilauge

$$V = (2 - P) \cdot 50\,\%.$$

Die Methode gibt bei einfacherer Arbeitsweise als die α-Zellulosebestimmung gut übereinstimmende Werte.

---

[1] LANDON, M.: Mém. Poudres **25**, 455 (1932).
[2] BÉHA, R.: Ind. textile **58**, 335 (1941).

Ein unmittelbares Erhitzen der starken Alkalilaugen über freier Flamme kommt bei deren Neigen zum kräftigen Stoßen nicht in Frage. Beim Einfüllen der Laugen vermeide man, um ein Fressen der Glasschliffe zu verhindern, diese zu benetzen.

Bestimmung der Einzelbestandteile von gebleichten Zellstoffen.

Auch in den gebleichten und selbst in den veredelten Zellstoffen sind außer reiner Zellulose noch geringe Mengen anderer Bestandteile der Rohfaserstoffe enthalten. Neben ihrer Menge nach unbedeutenden Resten ligninartiger Substanzen sind es vor allem Rückstände anderer Polyosen. Daneben treten aber in den gebleichten und nachbehandelten Zellstoffen auch noch Bestandteile auf, welche erst während der Bleich- und Veredelungsprozesse aus Zellulose selbst und aus den begleitenden Polyosen gebildet werden. Es sind dies vornehmlich Oxydationsprodukte, die sich durch das Vorkommen saurer Gruppen in ihnen auszeichnen und grundsätzlich wohl den Uronsäuren zuzurechnen sind.

Die Ermittlung aller dieser Einzelbestandteile unterscheidet sich im wesentlichen nicht von ihrer Bestimmung im ungebleichten Zellstoff. Es liegt in der Natur der Dinge, daß ihrem mengenmäßig geringen Vorkommen durch entsprechende Abänderungen geringfügiger Art Rechnung getragen werden muß.

Bestimmung des Ligningehaltes.

Im vorliegenden Fall kommen allein direkte Ligninbestimmungen in Betracht. Die Vorschriften der Einheitsmethode[1] zur Bestimmung des Ligningehaltes in den gebleichten Zellstoffen sind nachstehend wiedergegeben.

Einheitsmethode für gebleichten Zellstoff. Auch hier werden wie beim ungebleichten Stoff zwei Parallelversuche angesetzt, jedoch in Hinsicht auf den geringeren Ligningehalt des gebleichten Stoffes mit etwas größerer Menge. Von dem getrockneten Stoffpulver werden zweimal je 3 g in jeweils ein kleines Becherglässchen eingewogen, mit einem abgeflachten Glasstab etwas zusammengedrückt, sodann mit 8 cm³ reinem Dimethylanilin bei Zimmertemperatur durchfeuchtet und hierauf mit 35 cm³ 78proz. Schwefelsäure übergossen. Dabei erwärmt sich das Gemisch, und unter Umrühren tritt Lösung und Verzuckerung des Zellstoffes ein. Ist der Hauptteil nach einigen Minuten gelöst, so wird das Becherglas in Wasser von 50° eingestellt und bei dieser Temperatur etwa ³/₄ Stunde belassen. Die Prüfung auf vollständige Verzuckerung an Hand der Dextrinprobe erfolgt in dem Parallelansatz in der für ungebleichte Zellstoffe angegebenen Weise.

Ist kein Dextrin mehr nachweisbar, so wird zwecks Entfernung des Harzes mit 300 cm³ Alkohol (es genügt Alkohol von etwa 85 Gew.-%) verdünnt und auf dem Wasserbad zwecks klarer Abscheidung der braunen Ligninflocken einige Zeit erwärmt. Da sich die Flocken nicht bei allen Stoffen gleich schnell abscheiden, ist unter Umständen die Erwärmung auf dem Wasserbad auf längere Zeit (2 bis 3 Stunden) auszudehnen. Man läßt dann absitzen und filtriert durch einen gewogenen Filtertiegel (Jenaer-Glas-Filtertiegel oder Porzellanfiltertiegel Modell B 2,

---

[1] Merkblatt Nr. 3. Dem Merkblatt liegt eine von NOLL und Mitarbeitern gegebene Bestimmungsmethode zugrunde; s. Literaturangaben im Abschnitt V, Ligninbestimmung im ungebleichten Zellstoff.

Berliner Manufaktur). Während des Filtrierens ist es zweckmäßig, die Flüssigkeit warm zu halten und den Filtertiegel nicht leer laufen zu lassen. Der Niederschlag wird im Tiegel zunächst mit heißem Alkohol und sodann mit heißem Wasser gründlich ausgewaschen. Der Tiegel mit dem Niederschlag (Lignin plus Asche) wird bei 100° getrocknet und ist nach etwa 3···4 Stunden gewichtskonstant. Sodann wird verascht, wobei man zwecks Schonung des Tiegelbodens den Tiegel dabei am besten in ein Glühschälchen stellt, und nach erfolgter Rückwägung durch Subtraktion des Aschebetrages der Wert für aschefreies Lignin gefunden. Die endgültige Befundangabe erfolgt konventionell in „% Lignin".

Die Reinigung der Tiegel nach dem Ausglühen erfolgt durch Kochen mit Salzsäure (1:1), Auswaschen mit heißem Wasser (falls nötig Auskochen) bis zum Verschwinden der sauren Reaktion und Trocknen.

Zu dieser Vorschrift ist noch zu erwähnen, daß es sich bei vielen gebleichten Zellstoffen empfehlen dürfte, die Einwaage noch größer als angegeben zu wählen. 4···5 g werden häufig erforderlich sein, um zuverlässige Werte zu erhalten.

Liegen sehr weit gebleichte und veredelte Zellstoffe vor, so ist es nicht immer möglich, auf gewichtsanalytischem Weg genaue Zahlen für den Ligningehalt zu erlangen. Zweckmäßig ist es in solchen Fällen 5···10 g fein zerfaserten Zellstoff in 100 cm³ 72proz. Schwefelsäure nach und nach zu lösen und den Farbton der so erhaltenen Lösung nach einer stets gleichen Zeit — etwa 4···5 Stunden — mit einer zur selben Zeit und ganz gleichartig hergestellten Lösung eines Standardzellstoffes zu vergleichen. Höherer oder niederer Ligningehalt ist an dunklerer oder hellerer Farbe zu erkennen und kann im Vergleich zum Standardmuster mengenmäßig abgeschätzt werden (s. a. Nachtrag S. 679).

Bestimmung von Pentosan und Hexosan.

Diese geschieht auch im gebleichten Zellstoff nach den im Abschnitt II: Untersuchung der Rohfaserstoffe wiedergegebenen Methoden. Soweit es sich beim Pentosan nicht bloß um die Erlangung von Vergleichswerten handelt, wird man sich vorzugsweise der genauere Ergebnisse liefernden Methode von JAYME und SARTEN bedienen.

Bestimmung des resistenten Pentosans.

Zur weiteren Kennzeichnung von Zellstoffen, insbesondere von solchen aus Laubhölzern, hat Klauditz[1] die Ermittlung des resistenten Pentosans in Vorschlag gebracht. Als solches wird jener Anteil des Gesamtpentosans bezeichnet, welcher nach Behandlung der Zellstoffe mit 7 volumproz. Natronlauge bei gewöhnlicher Temperatur in ihnen unlöslich verbleibt.

Während die eigentliche Pentosanbestimmung in der früher beschriebenen Weise erfolgt, wird für die vorher erforderliche Alkalibehandlung die folgende Vorschrift gegeben.

Der Zellstoff wird bei 20° in 5proz. Stoffdichte 60 Minuten lang mit 7 volumproz. Natronlauge behandelt, abgenutscht, mit 7 volumproz. Natronlange abgedeckt, nochmals 15 Minuten bei 20° mit 7 volumproz. Natronlauge behandelt, abgenutscht, abgedeckt, mit Wasser ausgewaschen, vorsichtig abgesäuert und bei 35° im Luftstrom getrocknet.

---

[1] Klauditz, W.: Holz als Roh- u. Werkstoff 4, 317 (1941).

Bestimmung von Uronsäuren.

Die hierfür in Frage kommende Methode ist im Abschnitt II: Untersuchung der Rohfaserstoffe ausführlich beschrieben; die Anwendung auf gebleichte und veredelte Zellstoffe bedingt keine Abänderung des dort beschriebenen Arbeitsverfahrens.

Totalhydrolyse des Zellstoffes.

Für verschiedene Zwecke ist eine Totalhydrolyse der Zellstoffe durchzuführen, so beispielsweise als Reinheitskriterium und zur Bestimmung des Gesamtgehaltes an Kohlehydraten und an Mannan. Für diese ist grundlegend die Arbeitsvorschrift, welche HÄGGLUND und PROFFE gegeben haben und welche eingehend im Abschnitt II Untersuchung der Rohfaserstoffe beschrieben worden ist. In Ergänzung des dort Gesagten sind nachstehend noch einige Abänderungen und Zusätze gegeben, die einer Untersuchung von STEINSCHNEIDER, SCHEPP und WULTSCH[1] entstammen.

Zur Arbeitsweise. Zwecks Entfernung der Schwefelsäure aus dem Hydrolysat wird, soweit es für die Bestimmung der Zucker Anwendung finden soll, Bariumkarbonat verwandt, um aschefreie Lösungen zu erhalten. Allein dort, wo es sich um die Ermittlung des unvergärbaren Anteils handelt, wird in der dafür in Frage kommenden Menge des Gesamthydrolysats besser Kalziumkarbonat verwandt, da Bariumkarbonat hierbei zu Fehlern Anlaß geben kann. Es empfiehlt sich, den im Hydrolysat enthaltenen Ligninrückstand nach erfolgter Nachhydrolyse für sich abzufiltrieren und heiß auszuwaschen, weil er durch Adsorption von merkbaren Zuckermengen der Anlaß von Fehlern sein kann.

Die von HÄGGLUND und Mitarbeitern gegebene Vorschrift umgeht eine Aufarbeitung der gesamten neutralisierten Zuckerlösung, und zwar deshalb, weil ein quantitatives Auswaschen des beim Neutralisieren anfallenden Bariumsulfatniederschlages zu sehr großen Waschwassermengen führen würde, die ihrerseits ein zeitraubendes Eindampfen erfordern würden. Der von den Genannten gewählte Weg, der wie früher beschrieben darin besteht, daß nur ein aliquoter Anteil des in seiner Gesamtmenge genau bekannten Gesamthydrolysats zur weiteren Aufarbeitung gelangt, setzt die Möglichkeit voraus, die Bestimmung der Gesamtzucker sehr genau durchführen zu können. Auch sehr kleine Fehler würden einen wesentlichen Einfluß auf das endgültige Ergebnis ausüben. Aus diesen Gründen ziehen STEINSCHNEIDER, SCHEPP und WULTSCH statt der Bestimmung der Zucker mit Fehlingscher Lösung jene nach LUFF-SCHOORL vor. Die bei dieser Bestimmung zur Anwendung gelangende Lösung besitzt gegenüber der erstgenannten den Vorzug, daß sie auf Furfurol und andere Zersetzungsprodukte der Zucker, die im Hydrolysat anwesend sein können, nicht anspricht. Wie weiter festgestellt worden ist, spielen bei ihr die Unterschiede im Reduktionsvermögen der in Frage kommenden Zucker kaum eine Rolle. Bei Xylose ist allein dem veränderten Umrechnungsfaktor von Monose und Polyose Rechnung zu tragen.

Eingehende Untersuchungen von STEINSCHNEIDER und Mitarbeitern ergaben an durchschnittlichen Ausbeuten unter den Bedingungen der Arbeitsvorschrift die folgenden Zahlen:

---

[1] STEINSCHNEIDER, M., R. SCHEPP u. F. WULTSCH: Papierfabrikant **36**, 36 (1938).

Glukose . . . . 98,3 %   Xylose . . . . . 93,4 %
Mannose . . . . 98,2 %   Fruktose . . . . 25,0 %.

Die Ausbeuten an Gesamtzucker, welche sich bei der Arbeitsvorschrift ergeben, liegen bei Filtrierpapieren und gereinigten Zellstoffen zwischen 95,5 ··· 96,5 %.

Von den in der Zuckerlösung enthaltenen einzelnen Zuckern kann die Mannose als Phenylhydrazon unmittelbar bestimmt werden. Auch diese Bestimmung ist früher ausführlich beschrieben. Man darf doch nicht übersehen, daß bei geringen Mannosemengen das Ergebnis der letzten Endes eine Differenzmethode darstellenden Arbeitsvorschrift von HÄGGLUND unsicher wird. Jedenfalls muß hier ganz besonders auf eine genaue Einhaltung der Versuchsbedingungen geachtet werden.

Weiter kann das Hydrolysat aufgeteilt werden in einen vergärbaren Anteil und einen nicht vergärbaren Rest. Dies erfolgt durch Vergärung der Hexosen, wobei, falls Galaktose anwesend sein kann, zu deren Durchführung eine Laktosehefe zu wählen ist, und anschließende neuerliche titrimetrische Bestimmung der unverändert verbliebenen Zucker. Außer dem Pentosan kommen als unvergärbare reduzierende Anteile noch Stoffe vom Charakter der Uronsäuren in Betracht, die im Laufe der Bleiche und Veredelung entstehen können.

Bestimmung konventioneller Kennziffern.

Einleitung. Für die Bewertung gebleichter Zellstoffe sind einige konventionelle Methoden in Gebrauch. Diese sind ursprünglich für die Bedürfnisse der Praxis entstanden und ihre Ausarbeitung und Einführung geht in die ersten Zeiten der chemischen Weiterverarbeitung der Zellstoffe zurück, als die Erkenntnisse der Zellulosechemie sich noch in einem engen Rahmen bewegten. Die mit den in Betracht kommenden Methoden ermittelten Werte stellen zumeist nur reine analytische Kennziffern dar. Ihnen entsprechen, wie beispielsweise im Falle der Bestimmung der Alpha-Zellulose keine im wissenschaftlichen Sinne wohldefinierten Produkte. Wenn sie auch heute neben neueren Methoden nicht mehr von alleiniger Bedeutung sind, so sind sie doch auch jetzt noch unbestreitbar von Wert für die Begutachtung der gebleichten Zellstoffe.

In die Gruppe dieser Methoden sind zu rechnen die Bestimmungen der Kupferzahl, des Holzgummis, der Alpha-, Beta- und Gamma-Zellulose, sowie die der Barytresistenz und wohl auch die bereits weiter oben beschriebene Löslichkeitsbestimmung in heißer Kalilauge.

Bestimmung der Kupferzahl (Reduktionsvermögen).

Allgemeines. Gebleichte Zellstoffe enthalten häufig von der Bleiche her Oxyzellulose. Es sind dies durch die oxydierend wirkenden Bleichmittel entstandene abgebaute Zellulosen, vermutlich vom Charakter der Zellulosekarbonsäuren. Bei fehlerhafter Bleiche können deren Mengen nicht unbedeutend sein. Man hat für die Erkennung der Oxyzellulosen zunächst in der Textilindustrie, und zwar für Baumwoll- und Leinenwaren, Methoden ausgearbeitet, welche qualitativ und quantitativ eine Ermittlung ermöglichen sollen. So hat man sich beispielsweise der Anfärbung mit Methylenblau bedient, durch die an Oxyzellulose reiche Stellen in einem Gewebe gegenüber den daran armen dunkler angefärbt werden. Man hat auch durch kolorimetrische Bestimmungen versucht, den Verbrauch an Methylenblau quantitativ festzustellen und darauf eine Methode zu gründen. Es hat sich jedoch gezeigt, daß solche Methoden mit starken Fehlern behaftet sind und nur unter bestimmten Bedingungen, insonderheit bei Garnen und Geweben, brauchbar erscheinen. Die Färbeverfahren leiden außerdem an dem Nachteil, daß je nach dem Quellungszustand der Fasern und je nach der Art des angewendeten Farbstoffes erhebliche Farbunterschiede auftreten können.

Neben den Oxyzellulosen können in den Zellstoffen auch noch Hydrozellulosen vorkommen; es sind dies Abbauprodukte vom Typ der Zellulosealdehyde, wie sie im Betrieb bei der hydrolytischen Einwirkung von Säuren aus der Zellulose entstehen können.

Eine hervorstechende Eigenschaft der Oxyzellulose und der durch Säureeinwirkung auf Zellulose entstehenden Abbauprodukte ist das Reduktionsvermögen. Man hat schon frühzeitig dieses Reduktionsvermögen an den wäßrigen Auszügen beobachtet, welche man durch Digerieren der verdächtigen Faserproben mit Wasser erhalten kann. Bei den Schädigungen, die in der Praxis sich zeigen, kommt es aber meist nicht bis zur Bildung von wasserlöslichem Traubenzucker, sondern nur bis zur Bildung von Abbauprodukten, welche in Wasser unlöslich sind und demnach nicht durch Prüfung des wäßrigen Auszuges auf Reduktionsvermögen erkannt werden können.

Schwalbe[1] hat gezeigt, daß auch die unlöslichen Zelluloseabbauprodukte, die auf und in der Faser sich befinden, durch Abkochen mit Fehlingscher Lösung erkannt und sogar quantitativ bestimmt werden können. Die Fehlingsche Lösung liefert mit solchen Fasern eine gewisse Menge von Kupfer(I)oxyd, das man anschließend analytisch bestimmen kann. Als Maß für das so bestimmte Reduktionsvermögen hat Schwalbe den Begriff der Kupferzahl eingeführt. Danach gibt die Kupferzahl an, welche Menge von Kupfer in Form von Kupfer(I)oxyd von 100 g absolut trocken gedachter Faser unter den genau festgelegten Bedingungen der Methode abgeschieden werden.

Über den Wert dieser Bestimmung ist besonders zufolge neuerer Erkenntnisse in der Zellulosechemie viel gestritten worden. Zweifelsohne kommt ihr nach der Einführung neuerer Untersuchungsmethoden nicht mehr jene maßgebliche Bedeutung zu, die ihr früher zuteil geworden ist. Da sie aber auf der unbestrittenen, durch zahllose Erfahrungen erhärteten Tatsache beruht, daß Zellstoffe mit hoher Kupferzahl durch ihren dadurch erwiesenen Gehalt an Abbauprodukten für die chemische Weiterverarbeitung unbrauchbar sind, wird sie auch künftighin für die Praxis von Wert sein[2].

Bei der Schwalbeschen Originalmethode wird das gut zerfaserte Material eine bestimmte Zeit hindurch in Fehlingscher Lösung gekocht. Darauf wird abfiltriert und kupferfrei gewaschen. Das gebildete Kupfer(I)oxyd bleibt an der Faser haften, wird dann aus ihr mit Salpetersäure herausgelöst und schließlich in Form von Kupfer durch Elektrolyse der Menge nach bestimmt. Da die Fasern aus einer alkalischen Fehlingschen Lösung schon in der Kälte eine gewisse Menge von Kupfer aufnehmen, indem sie die alkalische Lösung adsorbieren (speichern),

---

[1] Schwalbe, C. G.: Z. angew. Chem. **23**, 924 (1910).
[2] Staudinger, H., u. K. W. Eder: Cellulosechemie **19**, 125 (1941).

muß man eine Korrektur anbringen, indem man die allein zufolge der Quellung festgehaltene Kupfermenge in Abzug bringt. Diese muß durch eine besondere Bestimmung, die Ermittlung der Hydratkupferzahl, festgestellt werden. Erst nach ihrer Berücksichtigung ergibt sich die maßgebliche korrigierte Kupferzahl.

Um diese etwas umständliche Methodik zu vereinfachen, hat HÄGGLUND[1] eine Abänderung der Herauslösung des abgeschiedenen Kupfer(I)oxyds in Vorschlag gebracht. Die hierbei in Anwendung kommende Eisen(III)sulfat-Schwefelsäure, wie sie schon BERTRAND[2] bei den Zuckerbestimmungen empfiehlt, gibt so die Möglichkeit, unmittelbar die korrigierte Kupferzahl zu erhalten, wodurch die Methode erheblich an Einfachheit gewinnt.

Die Originalmethode von SCHWALBE verlangt eine Rührapparatur, die im übrigen auch bei der Bestimmung der Hydratkupferzahl, wie auch der Hydrolysierzahl benutzt wird, die aber etwas umständlich in der Bedienung ist. Es ist mehrfach versucht worden, diese zu umgehen, die Rührung zu vermeiden und das Erhitzen der Fehlingschen Lösung statt auf freier Flamme im Wasserbad oder im Kalziumchloridbad vorzunehmen. Nachprüfungen haben aber gezeigt, daß bei Verzicht auf die Rührung Fehler durch Überhitzung der Gefäßwände entstehen. Bei der Einhaltung einer bestimmten Erhitzungszeit gerät man bei Ersatz der direkten Erhitzung durch eine solche mittels eines Kalziumchlorid- oder Ölbades insofern in Schwierigkeiten, als die Zeitspanne, welche nötig ist, die Siedetemperatur zu erreichen, bei diesen Bädern naturgemäß länger ist, als wenn man über freier Flamme erhitzt. Dadurch ergeben sich Unregelmäßigkeiten hinsichtlich der Einhaltung der vorgeschriebenen Erhitzungsdauer. Wendet man endlich ein Wasserbad an, so verzögert sich die Reaktion ganz beträchtlich, und statt der 15 Minuten muß 3 Stunden erhitzt werden, wie dies z. B. bei dem Verfahren von BRAIDY, das ursprünglich für Baumwolle ausgearbeitet wurde, der Fall ist.

Aus der Fülle der über die Kupferzahl erschienenen Abhandlungen sei noch erwähnt, daß von mancher Seite statt der ursprünglich angegebenen Fehlingschen auch andere Lösungen zur Durchführung der Bestimmung vorgeschlagen worden sind. Hierzu sah man sich veranlaßt, weil früher bisweilen Seignettesalz in den Handel kam, das zufolge ungenügender Reinheit zu fehlerhaften Ergebnissen führte. So wurde zunächst die Lösung von OST empfohlen, deren Anwendung aber zu von der Originalmethode abweichenden Ergebnissen führt. WENZL hat später den Vorschlag gemacht, das weinsaure Doppelsalz durch zitronensaures Salz zu ersetzen, wodurch noch der Vorteil erreicht wird, daß die erforderliche Lösung, bestehend aus Alkali, Zitronensäure und Kupfersulfatlösung (Luffsche Lösung), von vornherein zusammengemischt und aufbewahrt werden kann. Sie verändert sich nicht, wie dies bei einer Fehlinglösung geschieht, die man deshalb, wie üblich, erst unmittelbar vor der Verwendung aus den einzeln aufzubewahrenden alkalischen Seignettesalz- und Kupfersulfatlösungen zusammenmischt.

Verschiedene neue Vorschläge befassen sich ferner mit andersartigen analytischen Bestimmungen des abgeschiedenen Kupfer(I)oxyds, ohne daß aber damit grundlegende Vorteile gegenüber bislang bekannten Vorschriften verbunden wären.

---

[1] HÄGGLUND, E.: Papierfabrikant **17**, 301 (1919).
[2] BERTRAND, G.: Bull. Soc. chim. France **35**, 1285 (1906).

Von den Methoden haben größere Verbreitung gefunden die Original-methode, die Methode von Schwalbe-Hägglund, Schwalbe-Braidy und Schwalbe-Wenzl.

Von ihnen ist die Schwalbe-Braidy-Methode in Frankreich und in den Vereinigten Staaten von Amerika weitgehend in Gebrauch, während die von Schwalbe-Hägglund vom Verein der Zellstoff- und Papier-Chemiker und -Ingenieure zur deutschen Einheitsmethode erklärt worden ist. Von der Schwalbe-Wenzl-Methode ist schließlich dank einer eingehenden Untersuchung durch die Faserstoff-Analysenkommission des genannten Vereins bekannt geworden[1], daß sie sehr genaue und zuverlässige Werte liefert. Da sie nur einer einzigen Lösung bedarf und rasch durchgeführt werden kann, ist sie auch fernerhin der Beachtung wert.

Durchführung der Bestimmung.

Vorbereitung des Untersuchungsmaterials. Die Zellstoffe werden für die Untersuchung teils trocken, teils feucht verwendet. Die Trocknung auf der Entwässerungsmaschine bewirkt eine Veränderung der Kupferzahl, und das gleiche gilt von etwaigem Trocknen im Trockenschrank im Laboratorium. Man muß sich also darüber klar sein, daß man bei der Untersuchung des gleichen Zellstoffes verschiedene Werte erhalten wird, wenn man ihn naß oder trocken verwendet. Bei der Untersuchung trockener Zellstoffpappen wird häufig die Zellstoffpappe durch Raspeln zerkleinert, indem man ein Stück Pappe aufrollt und den Pappenwickel auf einer Handreibe oder in einer Mühle zerkleinert. Die deutsche Einheitsmethode schreibt die Zerkleinerung in der Grobraspel — Flockenraspel — vor. Hierbei müssen wie bei der Zerkleinerung durch jede Art von Mühle Überhitzungen des Zellstoffes unbedingt vermieden werden. Ebenfalls muß man darauf achten, daß kein Eisen aus der Mühle selbst in den Zellstoff gerät, wodurch bei der späteren analytischen Bestimmung des Kupfer(I)oxyds möglicherweise Fehler entstehen können. Bei den Arbeiten der obenerwähnten Analysenkommission haben sich größere Unterschiede in den Zahlenwerten der einzelnen Laboratorien ergeben, wenn das Material geraspelt, als wenn es in zerzupftem oder naß zerfasertem Zustand angewendet wurde.

Um solche Fehler auszuschließen, ist vorgeschlagen worden, den Zellstoff vor der Kupferzahlbestimmung naß zu zerfasern. Es hat dies unstreitig den Vorteil, daß man eine gleichmäßige Zerteilung des Zellstoffes erreicht, ohne die Willkür einer teilweisen Beseitigung des Untersuchungsmaterials, wie sie bei dem Absieben des geraspelten Zellstoffes im Bereich des Möglichen liegt.

Auch eine solche Art der Zerkleinerung schließt doch nicht Fehler aus. Mit der nassen Zerfaserung ist unbestreitbar eine Auslaugung des Zellstoffes verbunden, die sein Reduktionsvermögen beeinflussen kann. Weiterhin ist die Zeitdauer, während der der Zellstoff bei dieser Zerkleinerung mit dem Wasser in Berührung ist, von Bedeutung. Lange Dauer bedingt einen anderen Quellgrad als kurze, und bei einer Bestimmung, bei welcher wie hier Adsorptionsvorgänge eine Rolle spielen, müßte gleicher Quellgrad unbedingt eingehalten werden.

---

[1] Schwalbe, C. G.: Jahresbericht des Vereins der Zellstoff- und Papier-Chemiker und Ingenieure 1930, S. 99.

a) Durchführung der Bestimmung nach der Originalmethode von SCHWALBE.

Herstellung der Fehlingschen Lösung. Lösung I: 138,6 g Kupfersulfat, pro anal., werden zu 2 l gelöst und durch Leinenfilter gesaugt. Lösung II: 692 g Seignettesalz, pro anal., und 200 g Natriumhydroxyd, Alcohol. depur. (Mercks purum) werden zu 2 l gelöst und die Lösung durch einen Glastrichter mit Filtrierplättchen und Asbestbelag abgesaugt. Berührung mit Gummi, Kork und ähnlichem organischen Material ist unbedingt zu vermeiden. — Die Lösungen werden getrennt aufbewahrt.

Verunreinigungen, besonders die gewisser Sorten Filtrierpapier, Gummi, Kork usw. können, wie dies wiederholt beobachtet worden ist, eine Zersetzung der Fehlingschen Lösung beim Kochen unter Abscheidung eines schwarzen, flockigen Niederschlages bewirken.

Reinigung der Kieselgur. Die beim Filtrieren des Reaktionsgemisches zur Zurückhaltung möglicherweise vorhandenen kolloidalen Kupfer(I)oxyds erforderliche Kieselgur muß vor ihrer Anwendung einer sorgfältigen Reinigung unterworfen werden. Hierzu verfährt man wie folgt. Die käufliche Terra silicea, geglüht, wird mit Fehlingscher Lösung 1 Stunde ausgekocht, auf großen Leinenfiltern abgesaugt und eine Probe auf ihr Reduktionsvermögen geprüft. Ein solches darf nicht mehr vorhanden sein. Dann wird mit heißem, destilliertem Wasser digeriert und unter Zugabe von konzentrierter Salpetersäurelösung längere Zeit gekocht. Nach dem Absaugen und Auswaschen soll alles Kupfer herausgelöst sein (Ferrozyankaliumprobe). Hiernach wird mit konzentrierter Salzsäurelösung kurz aufgekocht, abgesaugt, ausgewaschen und die so bereitete Kieselgur in destilliertem Wasser, etwa 20 g im Liter, in Flaschen aufbewahrt. Vor dem Gebrauch schüttelt man die Flasche um und fügt der betreffenden Lösung 50 cm³ (etwa 1 g) in Wasser fein suspendierter Kieselgur zu.

Apparatur. Die für die Orginalmethode erforderliche Apparatur veranschaulicht Abb. 117a. Als Reaktionsgefäß dient ein Rundkolben aus Jenaer Glas von 1,5 l Inhalt. Der Kolben ist von unten her über einen Glaskühler geschoben, so daß der

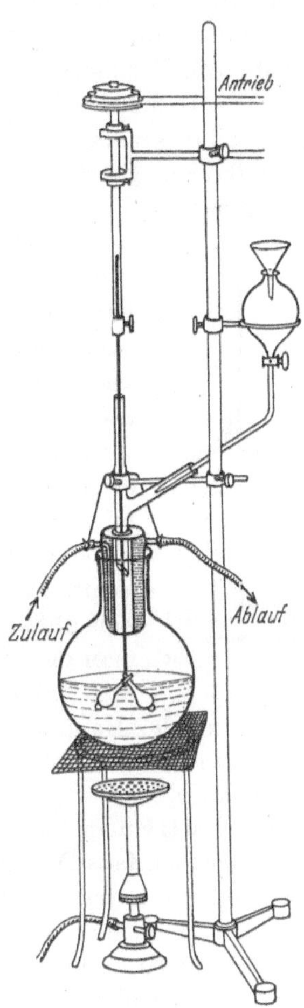

Abb. 117a. Apparat zur Kupferzahlbestimmung nach SCHWALBE.

letztere in den Kolbenhals hineinhängt und nur äußerst wenig Spielraum zwischen Kolbenhals und Kühlerwand bleibt. Der Kühler ist an einem Nickeldraht aufgehängt. Er besitzt ein zentrales Rohr, in welches ein mit seitlichem Ansatz versehenes Glasrohr bis etwa zur Mitte hineinragt. Durch das innere Rohr hindurch führt der Glasrührer, je nach dem anzuwendenden Material entweder ein Zentrifugalkugelrührer oder aus einem Glasstab so gebogen, daß das Glasstabende dem Stab des Rührers anliegt und aus der Flüssigkeit hervorragt. Letztere Form (Abb. 117b) ist für lose Baumwolle besonders empfehlens-

wert. Das seitliche Ansatzrohr gestattet das Eingießen von Flüssigkeiten durch
den Tropftrichter. Der Kolben selbst ruht auf einem daruntergestellten Dreifuß
mit Drahtnetz und wird durch einen Teklubrenner mit Pilzaufsatz erwärmt.
Die Kühlung der aufsteigenden heißen Dämpfe ist so stark, daß selbst bei einer
Flüssigkeitsmenge von 1 l beim Sieden keine Verdampfverluste eintreten. Der
Rührer wird durch eine mit Wasserkraft angetriebene Turbine oder durch einen
Elektromotor in Umdrehung versetzt. Der Vorteil dieser Apparatanordnung
besteht darin, daß die zu reduzierende Flüssigkeit nur mit Glas, nicht aber mit
Stoffen in Berührung kommt, die wie Gummi und Kork an Wasser bei längerem
Kochen reduzierende Substanzen abzugeben vermögen.

Arbeitsweise. 2···3 g der zu untersuchenden Substanz werden in den
Rundkolben gebracht und darin mit 250 cm³ destilliertem Wasser übergossen.
Während die Flüssigkeit unter Rühren zum Sieden erhitzt wird, werden 50 cm³
Kupfersulfatlösung und 50 cm³ alkalische Seignettesalzlösung mit
Pipetten abgemessen und jede für sich in einen 200 cm³ fassenden
Erlenmeyerkolben gegeben. In diesem werden die Lösungen für sich
zum Sieden erhitzt. Sobald die Flüssigkeit mit der Zellstoffprobe
siedet, gießt man die heiße Kupfersulfatlösung zur heißen alkalischen Seignettesalzlösung und gibt das Gemisch — die Fehlingsche
Lösung — auf einmal in den Tropftrichter, dessen Hahn ganz geöffnet ist. Hierauf spült man die Kolben und den Tropftrichter
mit 50 cm³ heißem, destilliertem Wasser nach. Von dem Augenblick an, in welchem die Flüssigkeit im Rundkolben zu sieden beginnt, läßt man unter Rühren $^1/_4$ Stunde lang sieden, wobei die
Zeit mittels einer Stoppuhr genau eingehalten wird. Alsdann nimmt
man den Brenner weg, unterbricht das Rühren, entfernt den Dreifuß und schiebt den heißen Rundkolben, der sich am Hals be-

Abb. 117b.
Rührer für den
Kupferzahl-
bestimmungs-
apparat von
SCHWALBE bei
Untersuchung
von Baumwolle.

quem mit der Hand anfassen läßt, vom Kühler herunter. Den Kühler wie auch
den Rührer spült man mit der Spritzflasche von anhängender Lösung in den
Kolben ab.

Nun setzt man 1 g der in ungefähr 50 cm³ destilliertem Wasser suspendierten
Kieselgur zu, falls Durchgehen des Kupfer(I)oxyds durch das Filter zu befürchten
ist (in den meisten Fällen kann man übrigens von der Verwendung der Kieselgur
absehen, da sich das Kupfer(I)oxyd gewöhnlich gut filtrieren läßt), schüttelt den
Kolben durch und saugt auf einem doppelten Filter, im Büchnertrichter liegend,
schnell ab, wobei das Kupfer(I)oxyd nicht trocken gesaugt werden darf. Man
wäscht hierauf so lange mit heißem, destilliertem Wasser nach, bis alle Fehlingsche
Lösung verdrängt ist, d. h. bis die ablaufende Flüssigkeit kein Kupfer mehr enthält (Ferrozyankaliumprobe, unten beschrieben). Der Rückstand auf dem Filter
ist auch nach dem Auswaschen mehr oder weniger blau durch zurückgehaltene,
unauswaschbare Kupfersalze, was die schon erwähnte Korrektur (Hydratkupfer-
Zellulosezahl) bedingt. Der gesamte Trichterinhalt wird in eine Porzellanschale
gebracht und der Trichter quantitativ mit 6,5 proz. Salpetersäure in diese ausgespült. Sobald sich nach kurzem Stehen der Schale auf einem siedenden Wasserbade alles Kupfer(I)oxyd gelöst hat, wird wieder durch den Büchnertrichter mit
einem Filter vom Ungelösten abgesaugt. Falls der Faserbrei ein Ausgießen aus
der Porzellanschale ohne Flüssigkeitsverluste unmöglich macht, wird mit einem

Porzellanlöffel erst die Hauptmenge des Breies quantitativ auf den Trichter geschöpft.

Der ungelöste Rückstand, bestehend aus Kieselgur, Filtrierpapier und den Fasern, hält nun zumeist aber noch Kupfersalzlösung zurück, die durch Heißauswaschen nicht entfernt werden kann. Man muß deshalb den Rückstand mit konzentriertem Ammoniak im Trichter übergießen, wobei sich der Kupfergehalt der Fasermasse durch Blaufärbung zu erkennen gibt. Besser noch digeriert man nach dem Abgießen der salpetersauren Lösung, falls dies möglich ist, die restlichen Fasern mit ziemlich konzentrierter warmer Ammoniaklösung. Nachdem man alles Ungelöste auf dem Trichter und in der Schale wiederum mit 6,5proz. Salpetersäure und schließlich mit heißem, destilliertem Wasser nachgespült hat, darf sich bei einer Prüfung mit Ferrozyankalium Kupfer nicht mehr nachweisen lassen. Ist dies trotzdem der Fall, so ist die Behandlung mit Ammoniak zu wiederholen.

Das grüne bis gelbgrüne Filtrat wird nun in einer Porzellanschale auf dem Wasserbade zur Trockne verdampft, mit einem genau an die Schale anschließenden Glastrichter bedeckt und auf dem Sandbade abgeraucht. Hierdurch werden die etwa noch vorhandenen organischen Stoffe derart verändert, daß sie sich bei der später folgenden Elektrolyse nicht mehr in und unter dem Kupferniederschlage absetzen und so das Gewicht des abgeschiedenen Kupfers vermehren können. Ergänzend sei bemerkt, daß dieses Abrauchen allein bei Zellstoffen erforderlich ist, bei Baumwolle erübrigt es sich. Hier dampft man nur so weit ein, daß sich die verbleibende Flüssigkeitsmenge in der Platin-Elektrolysierschale unterbringen läßt. Das beim Abrauchen in der Schale gebildete Kupfer(II)oxyd löst sich leicht in warmer 6,5proz. Salpetersäure; mit solcher spült man auch den Glastrichter sorgfältig nach. Die saure Lösung wird in eine Platinschale gebracht, die Porzellanschale mit ganz wenig Ammoniak digeriert, mit 6,5proz. Salpetersäure und schließlich mit destilliertem Wasser nachgespült und noch 1 cm³ Schwefelsäure (1 : 10) in die Platinschale zugegeben.

Alsdann wird die Lösung mit Hilfe einer schnell rotierenden Rühranode elektrolysiert. Letztere besteht am besten aus einem an einen dickeren Platindraht angeschweißten Platinblech. Die Stromstärke soll durchschnittlich 2 bis 3 Ampere betragen. Das an der Kathode abgeschiedene Kupfer ist schön blank, während oft braunrot gefärbte, jedoch kupferfreie Zellulosepartikel in der entkupferten Lösung schwimmen, sich aber nicht mit dem Kupfer niederschlagen, so daß ein Filtrieren vor der Elektrolyse nach dem Abrauchen unnötig wird. Gegen Ende der Elektrolyse, die je nach der abzuscheidenden Kupfermenge $^1/_4 \cdots 1$ Stunde dauern kann, prüft man, ob alles Kupfer niedergeschlagen ist.

Man hebert zu diesem Zweck, während der Rührer umläuft, $1 \cdots 2$ cm³ mit einem Glasheber aus der Platinschale ab, versetzt die Probe in einem Reagenzglas mit ein paar Tropfen einer Lösung von essigsaurem Natrium zwecks Abstumpfung der Säure, bringt von dieser Lösung einige Tropfen auf ein Stück Filtrierpapier und läßt auf den Auslaufrand einen Tropfen Ferrozyankaliumlösung fallen. Sind noch Spuren Kupfer in der Lösung vorhanden, so entsteht an der Berührungsstelle beider Tropfenränder eine kupferrote Linie von Ferrozyankupfer.

Erweist sich bei dieser Prüfung die Lösung als kupferfrei, so stellt man das

Rührwerk ab, gießt gleich destilliertes Wasser bis zum Rand der Platinschale nach und hebert bei andauerndem Nachfüllen mit destilliertem Wasser so lange ab, bis kein Strom mehr durch die Flüssigkeit geht, was an dem Erlöschen der als sehr bequemer elektrischer Widerstand benutzten Glühbirnen leicht zu erkennen ist. Ist der Niederschlag beim Auswaschen an den Rändern oder ganz und gar dunkelbraun geworden, so hat dies erfahrungsgemäß weiter keine Bedeutung.

Die Platinschale wird zwecks schnelleren Trocknens mit reinem Alkohol ausgespült und im Wassertrockenschrank getrocknet. Ebenso wird auch mit der leeren Platinschale vor der Wägung verfahren.

Berechnung des Ergebnisses. Ergeben z. B. bei einem solcherart durchgeführten Versuch 1,7832 g absolut trockener Sulfitzellstoff eine Kupfermenge von 0,0427 g, so würden 100 g des Zellstoffes 2,39 g Kupfer abscheiden. Der Sulfitzellstoff hat danach also die Kupferzahl 2,39.

Da, wie früher erwähnt, Fehlingsche Lösung von der mehr oder weniger gequollenen Faser aufgespeichert wird, muß zur Korrektur des so gefundenen Wertes außerdem noch die Hydratkupferzahl des Zellstoffes bestimmt werden. Die dafür in Frage kommende Arbeitsweise ist im folgenden unter Quellgradbestimmungen beschrieben. Nach Abzug der hierbei gefundenen Kupfermengen je 100 g Zellstoff ergibt sich die korrigierte Kupferzahl.

Vorsichtsmaßregeln bei der Durchführung der Bestimmung. Überhitzung des oberen Kolbenteiles durch heiße Flammgase muß vermieden werden. Durch teilweise Zersetzung der vom Rührer emporgeschleuderten Seignettesalzteilchen können reduzierende Stoffe erzeugt werden, so daß Überhitzung zu hohe Kupferzahlenwerte herbeiführt. Zum Schutz gegen Überhitzung sollte man daher einen Pilzbrenner verwenden und eine bestimmte Flammengröße sowie eine stets gleichbleibende Entfernung zwischen Flamme und Kolbenboden einhalten. Zur größeren Sicherheit kann man noch über den Kolbenhals einen Asbestring stülpen, der die aufsteigenden Flammengase vom Oberteil des Kolbens fernhält.

Beim Abfiltrieren der Fasern nach beendetem Sieden soll man nach FREIBERGER[1] die Flüssigkeit sofort in ein Becherglas ausgießen, die Fasern im Rundkolben aber mehrmals mit destilliertem Wasser von 80° abspülen und dann lauwarmes Wasser auf die Faserreste aufgießen; Kochtemperatur ruft in sehr verdünnten Fehlingschen Lösungen Trübungen hervor.

Außer mangelhafter Reinheit des Seignettesalzes kann auch noch fetthaltiges destilliertes Wasser zu Fehlbestimmungen führen und endlich erweist sich eine Anreicherung von Silikat — aus den Aufbewahrungsflaschen stammend — in der stark alkalischen Fehlingschen Lösung II als sehr nachteilig für die Genauigkeit der Bestimmung. Man schützt sich gegen Fehlergebnisse am besten durch Anstellung blinder Versuche. Hat man eine reine Typbaumwolle zur Verfügung, so kann man auch an deren Aussehen nach viertelstündiger Kochung mit Fehlingscher Lösung ihre Güte und Beschaffenheit feststellen. Die Baumwolle darf weder braun noch schwarz werden, sondern muß vielmehr weiß bleiben oder sich nur schwach rötlich-gelb färben.

---

[1] FREIBERGER, M.: Z. angew. Chem. **30**, 121 (1917).

b) Durchführung der Bestimmung nach der Einheitsmethode
(SCHWALBE-HÄGGLUND).

Für diese Art der Bestimmung[1] sind die folgenden Lösungen erforderlich:

1. Fehlingsche Lösung I 60 g reinstes Kupfersulfat im Liter,

2. Fehlingsche Lösung II 200 g reinstes Seignettesalz und 100 g reinstes Natriumhydroxyd im Liter,

3. Eisen(III)sulfatschwefelsäure mit 50 g $Fe_2(SO_4)_3$ und 200 g d. s. 108,7 cm^3 Schwefelsäure vom spezifischen Gewicht 1,84 im Liter,

4. $n/_{10}$-Kaliumpermanganatlösung.

Arbeitsweise. Gemäß den Vorschriften des Merkblattes Nr. 8 gilt folgende Vorschrift für die Bestimmung.

40 cm^3 der aus gleichen Volumteilen der Einzellösung gemischten Fehlingschen Lösung werden in einem 150 cm^3 fassenden Jenaer Becherglas (hohe Form) zum Sieden erhitzt. Hierauf wird 1 g des mit der Grobraspel (Flockenraspel) zerkleinerten, lufttrockenen Zellstoffs, dessen Feuchtigkeit in einer Sonderprobe zu ermitteln ist, in die siedende Lösung eingetragen und genau (Stoppuhr) 3 Minuten in starkem Sieden (Temperatur 100···101°) gehalten. Das Becherglas steht dabei auf einem Stativring mit Asbestdrahtnetz; die Temperatur wird durch ein in die Lösung eingehängtes Thermometer gemessen. Nach Ablauf der angegebenen Kochdauer wird der mit Kupfer(I)oxyd beladene Faserbrei sofort durch Filtration auf einer mit Filter Nr. 597 von Schleicher & Schüll versehenen Porzellannutsche von 8 cm Durchmesser sorgfältig vom Filtrat getrennt und mit je $^3/_4$ l destilliertem Wasser, zuerst heiß und dann kalt, erschöpfend gewaschen. Der gut abgesaugte Faserfilz wird mit dem Filter vorsichtig zusammengerollt, in das vorher quantitativ nachgespülte Kochgefäß zurückgegeben und mit 25 cm^3 einer kalten Lösung der Eisen(III)sulfatschwefelsäure übergossen. Diese ist vorher durch Zugabe einiger Tropfen $n/_{10}$-Kaliumpermanganatlösung auf etwa vorhandenes Eisen(II)sulfat zu prüfen. Falls erforderlich, ist so viel von der Permanganatlösung zuzusetzen, daß gerade der Farbumschlag in Rosa eintritt. Erst dann ist die Eisen(III)sulfatlösung gebrauchsfertig. Sie muß bis zur völligen Lösung des Kupfer(I)oxyds auf den Faserbrei einwirken, wobei Umsetzung nach folgender Gleichung erfolgt:

$$Cu_2O + Fe_2(SO_4)_3 + H_2SO_4 = 2CuSO_4 + 2FeSO_4 + H_2O \, .$$

Sind gleichzeitig mehrere Bestimmungen auszuführen, so arbeitet man zweckmäßig zunächst alle vorliegenden Stoffproben bis hierher auf; die Dauer der Behandlung des Zellstoffes mit der Eisen(III)sulfatlösung ist ohne Einfluß auf das Ergebnis der Endtitration.

Sodann werden die Proben einzeln nochmals mit einem Glasstempel gut durchgerührt, um zu sehen, ob das Kupfer(I)oxyd völlig gelöst ist. Letzteres ist daran zu erkennen, daß der Stoffbrei frei von rot bis schwarzblau angefärbten Partikeln ist. Der Stoffbrei wird jetzt nochmals auf einem Filter abgesaugt, mit weiteren 25 cm^3 Eisen(III)sulfatlösung übergossen und mit etwa $^1/_2$ l kaltem, destilliertem Wasser erschöpfend nachgewaschen. Das hellgrün gefärbte Filtrat wird dann mit $n/_{10}$-Kaliumpermanganatlösung bis zum Auftreten der Rosafärbung titriert. Die verbrauchten cm^3 der Meßlösung geben die Menge des von

---

[1] HÄGGLUND, E.: Papierfabrikant 17, 301 (1919); Cellulosechem. 11, 1 (1930).

1 g lufttrockenem Zellstoff abgeschiedenen Kupfers an, wobei 1 cm^3 $^n/_{10}$-Kaliumpermanganatlösung 0,00636 g Cu entspricht. Die stets auf 100 g absolut trockenen Zellstoff bezogene Kupferzahl errechnet sich dann folgendermaßen:

$$\text{Kupferzahl} = \frac{n \cdot 100 \cdot 0{,}006\,36}{a} = \frac{0{,}636 \cdot n}{a}.$$

Darin bedeutet n die verbrauchten cm^3 der Meßlösung und a die angewandte Zellstoffmenge in Gramm absolut trockenen Zellstoffs. Fehlergrenze $\pm 0{,}1$.

Nach dieser Vorschrift erhält man bei kleinen Kupferzahlen sehr kleine Verbrauchsmengen an Meßlösung, weshalb es zweckmäßig ist, in solchen Fällen mit $^n/_{25}$-Kaliumpermanganatlösung zu arbeiten. Bei zu erwartenden kleinen Kupferzahlen kann man mit der Menge der zum Auflösen verwendeten Eisen(III)sulfatschwefelsäure zurückgehen. Man erhält dann Lösungen, welche geringe Eigenfarbe besitzen und die die Anwendung von $^n/_{25}$-Kaliumpermanganatlösung ermöglichen. 1 cm^3 $^n/_{25}$-Lösung entspricht 0,002543 g Cu.

Die nach dieser Methode erhaltenen Werte stellen unmittelbar die korrigierten Kupferzahlen dar.

c) Durchführung der Bestimmung nach Schwalbe-Braidy.

Für diese Art der Bestimmung ist eine Anzahl von Vorschriften gegeben worden[1], die in Einzelheiten etwas voneinander abweichen. Nachstehend sind zwei von diesen wiedergegeben.

1. Ausführungsform nach Wenzl.

Zusammensetzung der benutzten Lösungen. Lösung I. 100 g reinstes Kupfersulfat werden in 1000 cm^3 destilliertem Wasser gelöst.

Lösung II. 50 g reines Natriumbikarbonat und 130 g Natriumkarbonat werden in 1000 cm^3 destilliertem Wasser gelöst.

Arbeitsvorschrift. In einen 500 cm^3 fassenden Erlenmeyerkolben, der einen eingeschliffenen Rückflußkühler besitzt, werden 2,5 des zu untersuchenden Fasermaterials gegeben. Zu 15 cm^3 der Lösung I setzt man 95 cm^3 der Lösung II und kocht die erhaltene Mischung in einem Becher auf. Sie wird dann über das zu untersuchende Material in den Erlenmeyerkolben gegossen, worauf dieser nach Aufsetzen des Steigrohres auf einem siedenden Wasserbad genau 3 Stunden lang erhitzt wird. Nach dieser Zeit wird über eine Jenaer-Glas-Filternutsche abgesaugt, zuerst mit verdünnter Sodalösung und dann mit heißem Wasser gewaschen. Im Anschluß hieran wird das Kupfer(I)oxyd mit Eisen(III)sulfatschwefelsäure herausgelöst und dann durch Titration mit $^n/_{10}$-Kaliumpermanganatlösung in der gleichen Weise bestimmt, wie es bei der vorstehend beschriebenen Ausführungsform von Schwalbe-Hägglund beschrieben worden ist.

2. Ausführungsform des Forest Products Laboratory[2].

Zusammensetzung der erforderlichen Lösungen.

1. Fehlingsche Lösung I. 137 g reines kristallisiertes Kupfersulfat werden in 2000 cm^3 destilliertem Wasser gelöst.

---

[1] Braidy: Rev. gen. Matières colorantes **25**, 35 (1921). — Jonas, K. G.: Papierfabrikant **27** (Festheft), 109 (1929). — Wenzl, H.: Technol. Chem. Zellstoff- u. Papierfabrikat. **26**, 109 (1929). — Richter, E.: Ebenda **26**, 157 (1929).

[2] Staud, C. J., u. H. L. Gray: Paper Trade J. (56) **87**, 64 (1928).

2. Fehlingsche Lösung II. 692 g reines Seignettesalz und 200 g reines Ätznatron werden in 2000 cm³ destilliertem Wasser gelöst.

3. Eisen(III)ammonsulfatlösung. 100 g reines kristallisiertes Eisen(III)ammonsulfat werden in 700 cm³ destilliertem Wasser gelöst, 140 cm³ konzentrierte Schwefelsäure hinzugefügt, worauf nach erfolgter Klärung der Flüssigkeit mit destilliertem Wasser auf 1000 cm³ aufgefüllt wird. 25 cm³ dieser Lösung sollen nicht mehr als 0,3 cm³ einer $^n/_{25}$-Kaliumpermanganatlösung bis zum Entstehen einer schwachen Rosafärbung erfordern.

4. $^n/_{25}$-Kaliumpermanganatlösung. 1,2644 g reines Kaliumpermanganat werden zu 1 l gelöst. Die Lösung wird mit reinem Natriumoxalat eingestellt. 1 cm³ $^n/_{25}$-Kaliumpermanganatlösung zeigt 0,002543 g Kupfer an.

5. 2 n-Schwefelsäure.

Arbeitsvorschrift. 2 g Zellstoff werden mit 200 cm³ destilliertem Wasser in einem 600 cm³ fassenden Erlenmeyerkolben, der mit eingeschliffenem Luftkühler versehen ist, gegeben. Der Kolben wird auf einem Salzbad erhitzt, das bei 100···101° siedet. Sobald der Inhalt des Kolbens die Temperatur des Heizbades erreicht hat, werden 50 cm³ einer aus gleichen Teilen der einzelnen Fehlingschen Lösung zusammengesetzten Mischung kalt zu dem Inhalt des Erlenmeyerkolbens zugesetzt. Zwecks guter Vermischung wird der Kolben gut umgeschwenkt. Vom Zeitpunkt der Zugabe der Fehlingschen Lösung wird genau 45 Minuten lang auf dem Salzbad bei der angegebenen Temperatur erhitzt, ohne daß eine weitere Durchmischung erfolgt. Dann wird durch einen Jenaer-Glas-Filtertiegel filtriert und mit heißem Wasser gewaschen. In den Erlenmeyerkolben gibt man sodann 50 cm³ der Eisen(III)ammonsulfatlösung. Nachdem durch Neigen des Kolbens sämtliche Teile der Innenwandung mit der Lösung in Berührung gekommen sind, gibt man sie in Einzelmengen von je 25 cm³ in den Tiegel, der inzwischen auf eine neue Saugflasche aufgesetzt worden ist. Nach den einzelnen Zugaben saugt man ab und wäscht schließlich den verbliebenen Zellstoff noch mit 50 cm³ der Schwefelsäure nach. Das gesamte aufgefangene Filtrat, welches das beim Versuch abgeschiedene Kupfer gelöst enthält, wird anschließend sofort mit $^n/_{25}$-Kaliumpermanganatlösung bis zur ersten auftretenden Rosafärbung titriert.

Beträgt die Zahl der hierzu verbrauchten cm³ a, die der Menge des abgewogenen Zellstoffes absolut trocken gerechnet W g, so errechnet sich die Kupferzahl zu:

$$\text{CuZ.} = \frac{a \cdot 0{,}2543}{W}.$$

Die nach der Methode von BRAIDY erhaltenen Werte sind etwas andere als jene, welche nach der Originalmethode oder der Einheitsmethode erhalten werden. Sie liegen durchschnittlich um 5% über denen der Einheitsmethode.

Durchführung der Bestimmung nach SCHWALBE-WENZL.

Bei dieser Form der Bestimmung[1] wird die von LUFF-SCHOORL für Zuckerbestimmungen angegebene alkalische Kupferlösung benutzt. Sie hat folgende Zusammensetzung. 25 g reinstes Kupfersulfat, 50 g reinste kristallisierte Zitronensäure und 144 g wasserfreies reines Natriumkarbonat werden mit destilliertem Wasser zu 1 l gelöst. Hierbei muß vorsichtig verfahren werden, um

---

[1] WENZL, H.: Technol. Chem. Papier- u. Zellstoff-Fabrikat. **26**, 109 (1929).

Substanzverluste durch die kräftige Kohlensäureentbindung zu vermeiden. Diese Lösung ist ohne irgendwelche Zersetzung lange haltbar.

Arbeitsvorschrift. 2,5 lufttrockener Zellstoff in Form von Raspelflocken und durch Absieben vom feinen Staub befreit, werden in einen 500 cm^3 fassenden Erlenmeyerkolben, der einen Rückflußkühler — Steigrohr — mit Schliff besitzt, gegeben. Hierin werden sie mit einer Mischung von 50 cm^3 der Kupferlösung und 60 cm^3 destilliertem Wasser, die vorher zum Sieden erhitzt worden ist, übergossen, worauf das Reaktionsgemisch während genau 20 Minuten im gelinden Sieden bei aufgesetztem Steigrohr erhalten wird. Die Erhitzung erfolgt erfahrungsgemäß am besten im Kalziumchloridbad, wobei dessen Temperatur so zu regeln ist, daß der Kolbeninhalt dauernd im gelinden Sieden verbleibt.

Nach der angegebenen Zeit wird unter Anwendung eines mit Filtern beschickten Büchnertrichters oder eines Glasfiltertiegels filtriert und heiß ausgewaschen. Das abgeschiedene Kupfer(I)oxyd wird aus der Fasermasse mit Eisen(III)sulfatschwefelsäure herausgelöst und in dieser Lösung dann mittels $n/10$- oder $n/25$-Kaliumpermanganatlösung bestimmt. Dieser letzte Arbeitsgang erfolgt in der Weise, wie es beispielsweise bei der Beschreibung der Einheitsmethode eingehend wiedergegeben worden ist. Ebenso kann wegen der Berechnung auf das dort Gesagte verwiesen werden.

Die nach dieser Arbeitsweise erhaltenen Zahlen stimmen mit denen der Originalmethode und der Einheitsmethode angenähert überein und zeichnen sich durch sehr geringe Streuung aus.

Bestimmung des Holzgummis.

Allgemeines. Die ursprünglich sowohl an Baumwolle als auch an pflanzlichen Rohmaterialien übliche quantitative Bestimmung des in Alkali löslichen Anteils hat man auch auf Zellstoffe übertragen, und zwar insbesondere auf solche, die für chemische Weiterverarbeitung eingesetzt worden sind. In Anlehnung an die von THOMSEN[1] bei den Pflanzenstoffen für diese alkalilöslichen Bestandteile eingeführte Bezeichnung Holzgummi, benennt man sie auch bei den technischen Zellstoffen mit diesem Namen. Das Holzgummi der Zellstoffe ist wie das der Rohfaserstoffe keine einheitliche Substanz. Zweifellos enthält es vorzugsweise Hemizellulosen, daneben aber auch Ligninanteile und fett- und harzartige Stoffe. Die Wirkung des Alkalis beschränkt sich aber nicht auf diese Begleitstoffe; auch der Zellulose selbst zuzurechnende Anteile können unter Umständen durch seine Wirkung angegriffen werden. Es liegt in der Natur der Dinge, daß für das Ergebnis einer solchen Bestimmung im hohen Maße die Konzentration des angewandten Alkalis maßgebend ist. Die ursprüngliche Art dieser Bestimmung bei Baumwolle sah die Anwendung 2- oder 5proz. Natronlauge vor, wobei die letztgenannte Konzentration besonders angreifend ist. Die Bestimmung mit 5proz. Lauge ist auf die Holzzellstoffe übertragen worden.

Bei der Mengenermittlung der gelösten Substanzen ist man früher so vorgegangen, daß sie aus den nach der Behandlung der Fasern abgetrennten Laugen durch Zusatz von Säuren wieder ausgefällt und dann abfiltriert und gewogen wurden. Je nach der Menge der dabei angewandten Säure, entweder gerade aus-

---

[1] THOMSEN, TH.: J. prakt. Chem. **127**, 146 (1879).

reichend zur Neutralisation oder im Überschuß, unterschied man eine neutrale und eine saure Gummizahl. Diese gewichtsanalytisch zu Ende geführten Bestimmungen waren zufolge der kolloidalen Beschaffenheit der wieder ausgefällten Substanzen und der damit verbundenen langwierigen Dauer der Filtration sehr zeitraubend. Daher bedeutete die Einführung einer titrimetrischen Ermittlung der gelösten Substanzen vermittels einer quantitativ zu verfolgenden Oxydation mit Kaliumbichromat, eine Methode, welche sich im besonderen an die Namen BRONNERT, BUBECK und PORRVIK [1] knüpft, in analytischer Hinsicht einen großen Fortschritt.

Dieses Verfahren ist im wesentlichen später der Einheitsmethode für die Bestimmung des Holzgummis, wie sie im Merkblatt Nr. 9 des Unterausschusses für Faserstoffanalysen des Vereins der Zellstoff- und Papier-Chemiker und -Ingenieure beschrieben und nachstehend wiedergegeben ist, zugrunde gelegt worden.

Aus dem Gesagten geht hervor, daß die Feststellung des Holzgummigehaltes keine streng wissenschaftliche Methode zur Ermittlung eines genau umrissenen Bestandteiles der Zellstoffe ist. Es handelt sich hier vielmehr um eine durchaus konventionelle Methode, welche zwecks Erlangung übereinstimmender Werte in genau festgelegter Weise durchgeführt werden muß.

Durchführung der Bestimmung nach der Einheitsmethode.

Von dem lufttrockenen auf der Flockenraspel zerkleinerten Zellstoff, dessen Trockengehalt in einer besonderen Probe ermittelt wird, werden 10,0 g in einer Pulverflasche mit 200 cm³ 5 vol.-proz. Natronlauge von genau 20° übergossen. Darauf wird die verschlossene Flasche unter öfterem Durchschütteln des Inhaltes 2 Stunden in ein Wasserbad von genau 20° gestellt. Es ist wichtig, diese Badtemperatur genau einzuhalten. Anschließend wird auf einer passenden Porzellannutsche ohne Benutzung eines Papierfilters abfiltriert. Durch Zurückgießen des ersten Durchlaufs erzielt man ein faserfreies Filtrat. Die Fasermasse wird lediglich scharf abgesaugt und dabei mit einem Glasstopfen abgepreßt, jedoch nicht weiter ausgewaschen. Im Filtrat wird dann das Holzgummi durch Titration mit Kaliumbichromat in folgender Weise bestimmt.

25 cm³ des alkalischen holzgummihaltigen Filtrates werden in einen 250 cm³ fassenden Meßkolben pipettiert; dann werden aus einer Bürette 20,0 cm³ 1,5 n-Kaliumbichromatlösung (bei hochwertigen Zellstoffen genügen auch 10 cm³) und hierauf vorsichtig 35 cm³ Schwefelsäure (spezifisches Gewicht 1,84) zugesetzt. Unter mehrmaligem Umschütteln bleibt die Flüssigkeit 5 Minuten stehen; sodann wird abgekühlt und der Kolben bis zur Marke aufgefüllt. Vom Kolbeninhalt werden 50 cm³ in einen Erlenmeyerkolben pipettiert, 10 cm³ 5proz. Kaliumjodidlösung, die kein freies Jod enthalten darf und also farblos sein muß, zugesetzt, worauf das ausgeschiedene Jod mit $n/10$-Natriumthiosulfatlösung titriert wird. Die Berechnung des Holzgummigehaltes ergibt sich aus nachstehendem Beispiel.

Berechnungsbeispiel. Angewandt für die Oxydation des Holzgummis 10,0 cm³ 1 5 n-Kaliumbichromatlösung, entsprechend 150,0 cm³ $n/10$-Kaliumbichromatlösung. Zur Rücktitration des zur Oxydation obiger 50 cm³ Lösung im

---

[1] BUBECK, H.: Papierfabrikant **25**, 617 (1927). — PORRVIK, G.: Ebenda **26**, 122 (1928).

Überschuß aufgewandten Bichromates seien verbraucht worden 10,0 cm³ $n/_{10}$-Natriumthiosulfatlösung, entsprechend 10,0 cm³ $n/_{10}$-Kaliumbichromatlösung, was für 250 cm³ Lösung 50 cm³ $n/_{10}$-Kaliumbichromatlösung ausmacht. Somit sind zur Oxydation des im aliquoten Teil des alkalischen Filtrates befindlichen Holzgummis 150 — 50 = 100 cm³ $n/_{10}$-Kaliumbichromatlösung verbraucht worden.

Die Oxydation der Zellulose durch Bichromat verläuft gemäß folgender Gleichung:

$$C_6H_{10}O_5 + 4K_2Cr_2O_7 + 16H_2SO_4 = 6CO_2 + 4K_2SO_4 + 4Cr(SO_4)_3 + 21H_2O \,.$$

Es entsprechen demnach 4 Mol Kaliumbichromat $(4 \cdot 294,5)$ 1 Mol Zellulose (162,1). Daraus ergibt sich, daß 1 g Kaliumbichromat, das bei der Bestimmung verbraucht wird, 0,1375 g Zellulose anzeigt, und da 1 cm³ $n/_{10}$-Kaliumbichromatlösung 4,9033 mg $K_2Cr_2O_7$ enthält, zeigt er also 0,675 mg alkalilösliche Zellulose an.

Die oben verbrauchten 100 cm³ der Meßlösung zeigen sonach eine Menge von 0,0675 g Alkalilösliches an.

Bezeichnet man allgemein die angewandte Zellstoffmenge (lufttrocken) mit a, den Trockensubstanzgehalt des Zellstoffs mit b und die in den titrierten 25 cm³ des Alkaliauszuges gefundene Holzgummimenge mit c und berücksichtigt, daß im ganzen die achtfache Menge an alkalischem Auszug, nämlich 200 cm³, vorhanden waren, so errechnet sich der Holzgummigehalt x_1 des lufttrockenen Stoffes nach der Gleichung:

$$x_1 = \frac{8 \cdot 100 \cdot c}{a} \,.$$

Es ist dann die in 100 g absolut trockenem Stoff enthaltene Holzgummimenge

$$x_2 = \frac{100 \cdot x_1}{b} \,.$$

Durch Einsatz des Wertes von x_1 in die letzte Gleichung erhält man

$$x_2 = \frac{100 \cdot 8 \cdot 100 \cdot c}{a \cdot b} = \frac{80\,000\,c}{a \cdot b} \,.$$

Setzt man hierin die Zahlen obigen Beispiels für a (10,0), b (94,0) und c (0,0675) ein, so erhält man

$$x_2 = \frac{80\,000 \cdot 0,0675}{10 \cdot 94} = \frac{540}{94} = 5,75\% \text{ Holzgummi oder Alkalilösliches.}$$

Ergänzend sei bemerkt, daß nach den Feststellungen des Analysenausschusses des Schwedischen Zellulose-Ingenieur-Vereins, der Zerkleinerungsgrad des zu prüfenden Zellstoffes von erheblichem Einfluß auf das Ergebnis ist[1]. Je weitgehender die Zerkleinerung erfolgt ist, desto mehr geht in Lösung. Um unabhängig von Schwankungen des Zerkleinerungsgrades der auf trockenem Wege defibrierten Zellstoffprobe zu sein, wird von dieser Seite von einer Vorbereitung des Analysengutes in solcher Weise abgesehen. Statt dessen wird vorgeschlagen, die zu untersuchende Probe in Form von auf 1 cm² geschnittenen Stückchen zur Anwendung zu bringen.

Die Unterschiede können hier in der Tat sehr erheblich sein. So ergaben fein zerraspelte Zellstoffproben bis zu 70% höhere Zahlen für das Alkalilösliche

---

[1] Johansson, D.: Svensk Papperstidn. **44**, 267 (1941).

gegenüber den nach dem neuen Vorschlag zerkleinerten. Bemerkenswert ist ferner, daß diese letzteren zu weit geringerer Streuung in den Analysenwerten führen.

Durchführung der Bichromattitration ohne Anwendung von Kaliumjodid. Hierfür ist von SCHWABE und HENKE[1] folgender Vorschlag gemacht worden. $^n/_{10}$-Kaliumbichromatlösung läßt sich visuell mit $^n/_{10}$-Eisen(II)ammonsulfatlösung titrieren, wenn man einen geeigneten Oxydationsreduktionsindikator zusetzt. Als gut brauchbar für diesen Zweck hat sich eine $^m/_{40}$-Lösung von Ferroinsulfat (tri-o-Phenantrolin-Eisen(II)sulfat) erwiesen. Die praktische Ausführung der Titration gestaltet sich folgendermaßen. Die abgemessenen 50 cm³ der Kaliumbichromatlösung werden zunächst mit dem gleichen Volumen Wasser verdünnt, worauf 2···3 Tropfen der Indikatorlösung zugesetzt werden. Anschließend wird dann mit $^n/_{10}$-Eisen(II)ammonsulfatlösung titriert. Die zunächst grüne Lösung wird gegen das Ende der Titration heller und bei einem Tropfen überschüssigen Eisen(II)ammonsulfats tritt über eine violette Zwischenstufe eine Rotfärbung der Lösung auf. Da am Ende der Titration die Umsetzung zwischen Eisen(II)ammonsulfat und Chromat etwas langsamer verläuft, verschwindet meistens nach einigem Schütteln oder Umrühren die Rotfärbung und die grünliche Färbung kehrt zurück. Man setzt nun wieder einen Tropfen $^n/_{10}$-Eisen(II)-ammonsulfatlösung hinzu und beobachtet, ob die Rotfärbung bestehen bleibt. Durch die verminderte Reaktionsgeschwindigkeit gegen Schluß der Titration wird die Gefahr des Übertitrierens der Lösung verringert. Vergleichsweise mit dieser und in der früher beschriebenen Art der Titration durchgeführte Bestimmungen haben die volle Brauchbarkeit des neuen Vorschlages erwiesen.

Bestimmung der Alpha (α)-, Beta (β)-, Gamma (γ)-Zellulose und der Barytresistenz.

Allgemeines. Die Zerlegung einer Zellulose in Alpha- (α-), Beta- (β-) und Gamma- (γ-) Anteil ist 1892 von C. F. CROSS in die Chemie der Zellulose eingeführt worden. Sie ergab sich im Verfolge der Bestrebungen, eine Prüfmethode für technische Zellstoffe zum Zwecke ihrer Bewertung als Ersatz für Baumwolle in dem damals aufkommenden Viskoseverfahren zu finden. Die dafür ausgearbeitete Methode beruhte auf der Einwirkung von Merzerisier-Natronlauge auf Zellstoff, der hierbei im Gegensatz zu dagegen praktisch vollkommen widerstandsfähiger Baumwolle erhebliche Gewichtsabnahme erfuhr. Den hierbei erhaltenen unlöslichen Rückstand benannte CROSS α-Zellulose. Ihm gegenüber ergab sich ein löslicher Anteil, der teils aus der Lösung durch Säuren wieder ausfällbar als β-Zellulose und teils darin bleibend löslich als γ-Zellulose bezeichnet wurde. Diese Art der Fraktionierung ist grundsätzlich bis jetzt beibehalten worden. Statt α-Zellulose erscheint vielfach auch der Ausdruck resistente Zellulose, während die Summe von β- und γ-Zellulose häufig unter dem Begriff des Gesamtalkalilöslichen zusammengefaßt wird.

Außer für ihren ursprünglichen Zweck ist die Methode im Laufe der Zeit zu einem Bewertungsmaßstab für so gut wie alle Zellstoffe, die zu einer chemischen Weiterverarbeitung gelangen, geworden.

---

[1] SCHWABE, K., u. H. HENKE: Papierfabrikant **38**, 6 (1940).

Für die praktische Durchführung der Untersuchung hat wohl zuerst JENTGEN im Jahre 1911 eine allgemein geltende Vorschrift gegeben. Da es sich bald gezeigt hat, daß es sehr schwierig war, übereinstimmende Werte zu erzielen, sind mit der zunehmenden Bedeutung, die sich die Methode allmählich erwarb, sehr zahlreiche Untersuchungen ausgeführt worden, um sie zu einer genaueren und sicheren Bestimmung auszugestalten. Als Ergebnis dieser Untersuchungen wurde nach und nach festgestellt, daß eine ganze Reihe von Faktoren von Einfluß auf die erhaltenen Zahlen ist. Als die bedeutsamsten unter ihnen sind die nachstehenden anzusehen:

1. der Zerkleinerungsgrad des Zellstoffes,
2. die Konzentration der angewandten Lauge,
3. das Verhältnis von Lauge zu Zellstoff,
4. die Temperatur während der Einwirkung,
5. die Zeitdauer der Einwirkung,
6. die Art der Auswaschung des Reaktionsgutes.

Unter Beachtung dieser Punkte und der gleichzeitigen Festlegung einer genauen Arbeitsweise ist es gelungen, in verschiedenen Ländern Einheitsmethoden zu schaffen, die wenigstens in geübten Händen zu übereinstimmenden Ergebnissen führen. Zumeist wird hierbei die α-Zellulose als gewichtsmäßiger Rückstand der nach genauer Vorschrift durchgeführten Alkalibehandlung des Zellstoffs ermittelt, während β- und γ-Zellulose auf titrimetrischem Weg in grundsätzlich der gleichen Art gefunden werden, wie es bei der Durchführung der Holzgummibestimmung beschrieben ist.

Zur Kritik der Methode. Was zunächst ihre Anwendungsmöglichkeit anbelangt, so wäre das folgende zu erwähnen. Die α-Bestimmung, wie sie in den verschiedenen Vorschriften niedergelegt worden ist, war ursprünglich auf Nadelholzzellstoffe, und zwar solche, die nach dem sauren Verfahren hergestellt sind, zugeschnitten. Sie galt also praktisch gesehen vornehmlich für Sulfitzellstoffe aus Fichtenholz. Das sind solche, die ihre geringste Resistenz gegen eine Natronlauge von etwa 10% Gehalt haben, und die — eine Eigenschaft von ganz ausschlaggebender Bedeutung — einen Rückstand ergeben, der tatsächlich nur geringe Mengen von Hemizellulosen enthält. Die Methode erfüllt also bei diesen Zellstoffen die ihr zugedachte Aufgabe, Auskunft über den Gehalt an resistenter und für die chemische Weiterverarbeitung wertvoller und reiner Zellulose zu liefern. Die für diesen Zweck in neuerer Zeit erfolgte Einführung von Laubholz- sowie Strohzellstoffen zeitigte doch ein ganz anderes Bild von der Brauchbarkeit der Methode. Hier ergab sich die überraschende Feststellung, daß der erhaltene α-Rückstand Hemizellulosen besonders vom Pentosantyp in nicht zu vernachlässigender, teilweise sogar in ganz beträchtlicher Menge enthielt. Die α-Zahl solcher Stoffe ist also im Gegensatz zu den Befunden bei den Fichtensulfitstoffen kein Maß mehr für ihren Reinheitsgrad. Hiermit ergibt sich eine außerordentliche Einschränkung des Wertes dieser Bestimmung bei den Laubholz- und Strohzellstoffen. Will man sie trotzdem als Wertmesser auch hier gelten lassen, so bleibt nichts anderes übrig, als anschließend im α-Rückstand noch den Pentosangehalt zu ermitteln. Erst in Verbindung mit dieser zusätzlichen Bestimmung gestattet sie dann einen Schluß auf die Reinheit des Zellstoffes zu ziehen.

Wie die Abb. 118, die einer Arbeit von KLAUDITZ[1] entstammt, veranschaulicht, verhalten sich die verschiedenartigen Zellstoffe gegenüber der lösenden Wirkung von Natronlauge wechselnder Konzentration ganz unterschiedlich, und es besteht von vornherein nicht die Möglichkeit, durch Wahl einer anderen Laugenkonzentration bei der α-Bestimmung eindeutige Ergebnisse etwa für alle Sorten von Halbstoffen zu gewinnen. Es ist zum Zweck einer besseren Charakteristik der Stoffe der Vorschlag gemacht worden, statt einer einzelnen α-Bestimmung die Ermittlung ihrer Widerstandsfähigkeit gegen Laugen verschiedener Stärke durchzuführen. So hat beispielsweise KLAUDITZ in diesem Zusammenhang als in Frage kommende Bestimmungen die des Alkalilöslichen in 2,5-, 5,0-, 10,0- und 17,5proz. Natronlauge empfohlen. Es besteht kein Zweifel, daß eine derartige Arbeitsweise, die als Ergebnis eine charakteristische Kurve für jeden Zellstoff liefert, viel aufschlußreicher als die jetzt übliche α-Bestimmung, die lediglich einen Punkt dieser Kurve ergibt, sein wird.

Die praktische Durchführung der Fraktionierung eines Zellstoffes nach α-, β- und γ-Gehalt ist, darüber dürfte Übereinstimmung der Meinung herrschen, auch nach Einführung der verschiedenen Einheitsmethoden eine Bestimmung, die nur in geübten Händen brauchbare und verläßliche Werte liefert. Die vielen vorgeschriebenen Bedingungen lassen sich nur bei guter Vertrautheit mit den Methoden genau einhalten. Es kommt hinzu, daß an und für sich der gesamte Einwirkungsprozeß von Alkalilaugen auf Zellstoffe bei gewöhnlicher Temperatur nicht allein sehr empfindlich gegenüber den geringsten Abweichungen in der

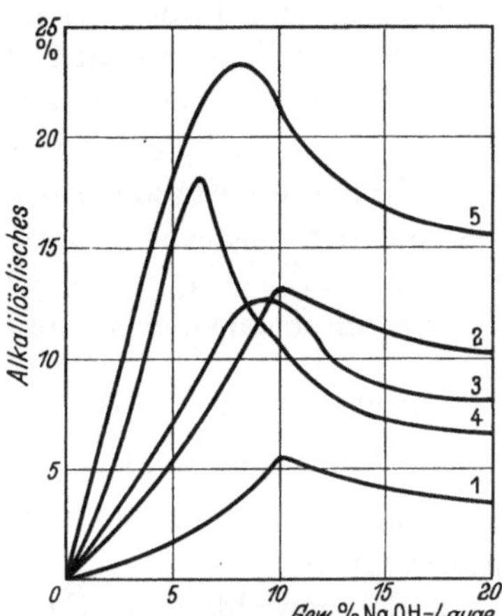

Abb. 118. Alkalilöslichkeit von Zellstoffen (nach KLAUDITZ).

1 Fichten-Edelzellstoff. *2* Fichten-Sulfitzellstoff. *3* Buchen-Natronzellstoff. *4* Buchen-Natronzellstoff. *5* Stroh-Natronzellstoff.

Durchführung ist, sondern wie viele Beobachtungen zeigen, von Zellstoff zu Zellstoff überhaupt sehr unterschiedlich ist. An Vorschlägen, die neuerlich zur Verbesserung der Methode gemacht worden sind, sei noch das Folgende erwähnt[2]. Da erfahrungsgemäß bei der in üblicher Weise durchgeführten Bestimmung die Summe von α-Zellulose und Alkalilöslichem den Wert 100 übersteigt, ist mehrfach ein rein titrimetrisches Verfahren auch zur Bestimmung der α-Zellulose empfohlen worden. Die hierdurch herbeigeführte Gleichartigkeit der Ermittlung aller Komponenten läßt den erwähnten Fehler der sonst üblichen Methodik verschwinden. Bei den immer noch als schwebend anzusehenden Grundlagen der Bestimmung möge es überhaupt dahingestellt sein, ob man sich vorläufig nicht mit einer alleinigen Ermittlung des Alkalilöslichen begnügen[3] und diese in dem oben angedeuteten Sinne auf die Feststellung bei Laugen verschiedener Konzentration ausdehnen sollte. In dieser Richtung bewegen sich auch die Vorschläge des Ana-

---

[1] KLAUDITZ, W.: Papierfabrikant **38**, 213 (1940).

[2] PORRVIK, G.: Papierfabrikant **26**, 122 (1928). — LAUNER, H. F.: Paper Trade J. **104**, H. 21, 37 (1937). — GONTSCHAROW u. BURWASSER: Bumaschnaja Promischlenost **27**, 27 (1939).

[3] TYDÉN, H.: Svensk Papperstidn. **43**, 221 (1940).

lysenausschusses des Schwedischen Zellulose-Ingenieur-Vereins, die die auf titrimetrischer Grundlage beruhende BILLERUD-Methode als Standard empfehlen[1]. Die titrimetrische Arbeitsweise ließe sich jedenfalls in der Praxis sehr schnell durchführen, und zwar in solcher Weise, daß jedes Auswaschen des Reaktionsgemisches vermieden wird, wodurch wiederum eine der Hauptfehlerquellen der üblichen Methoden, der mangelhafte Ergebnisse zuzuschreiben sind, ausgeschaltet wäre. Gegenüber einer solchen Abänderung tritt eine von VIEWEG[2] angeregte Arbeitsweise, darin bestehend, durch Anwendung von Kochsalzlösung bei der Wäsche jede hierbei im späteren Verlauf der Bestimmung mögliche zusätzliche Herauslösung von Zellulose zu unterbinden, an allgemeiner Bedeutung zurück, um so mehr, als sie leider einen andern Nachteil mit sich bringt, nämlich die Unmöglichkeit die hierbei erhaltenen Filtrate zur Bestimmung des alkalilöslichen Anteils verwenden zu können.

Im Nachstehenden sind außer der deutschen Einheitsmethode und dem Abänderungsvorschlag für ihre Durchführung von VIEWEG, noch die Methode der α-Zellulosebestimmung des amerikanischen Bureau of Standards, weiter das rein titrimetrische Bestimmungsverfahren von PORRVIK, sowie endlich das von KLAUDITZ vorgeschlagene Verfahren der Ermittlung der Löslichkeit in Laugen unterschiedlicher Konzentration dargestellt.

Durchführung der Bestimmung nach der deutschen Einheitsmethode.

An Lösungen sind erforderlich:

1. 17,5 gewichtsproz. Natronlauge (212 g NaOH in 1000 cm³ destilliertem Wasser gelöst),

2. 8,0 gewichtsproz. Natronlauge (88 g NaOH in 1000 cm³ destilliertem Wasser gelöst),

3. 10 vol.-proz. Essigsäure,

4. 96 vol.-proz. Alkohol,

5. Kaliumbichromatlösung, hergestellt durch Auflösen von 90,0 g reinstem Kaliumbichromat in destilliertem Wasser zu 1 l,

6. konzentrierte Schwefelsäure $d = 1,84$,

7. Eisen(II)ammonsulfatlösung, hergestellt durch Auflösen von 159,9 g analysenreinem, insbesondere ferrisalzfreiem Salz unter Zusatz von 5 cm³ 10proz. Schwefelsäure zwecks Verhinderung der Abscheidung basischer Salze.

8. Kaliumferrizyanidlösung, hergestellt durch Auflösen von 1 g von Ferrozyankalium freiem Salz in 500 cm³ destilliertem Wasser. Diese Lösung soll sich stets in einer schwarzen Schutzhülle aus Pappe mit entsprechendem Deckel befinden.

Einstellung und Prüfung der Kaliumbichromat- und Eisen(II)ammonsulfatlösung.

a) Kaliumbichromatlösung. 5 cm³ dieser Lösung werden mit 20 cm³ verdünnter Salzsäure und darauf mit 50 cm³ 5proz. Kaliumjodidlösung versetzt. Nach Verdünnen mit Wasser wird das ausgeschiedene Jod mit $n/_{10}$-Natriumthio-

---

[1] JOHANSSON, D.: Svensk Papperstidn. **44**, 267 (1941) u. AMÉEN u. KARLSSON: ebenda **43**, 302 (1940).
[2] VIEWEG, W.: Papierfabrikant **36**, 181 (1938).

sulfatlösung zurücktitriert. Ist der Verbrauch hieran a cm³, so errechnet sich der Gehalt an Kaliumbichromat zu:

$$K_2Cr_2O_7 \text{ g/l} = a \cdot 9{,}8.$$

b) **Eisen(II)ammonsulfatlösung.** Zu 5 cm³ der Lösung setzt man 5 cm³ 10proz. Schwefelsäure, verdünnt mit destilliertem Wasser und titriert mit einer eingestellten Kaliumpermanganatlösung. Benutzt man 0,179 n-Lösung (5,660 g $KMnO_4$/l), so wird bei einem Verbrauch hieran von b cm³ der Gehalt an

$$Fe^{..} \text{ g/l} = b \cdot 2.$$

1 g Mohrsches Salz/l entspricht 0,1424 g $Fe^{..}$/l.

159,9 g dieses Salzes im Liter entsprechen 22,77 g $Fe^{..}$/l.

c) **Gegenseitige Einstellung der Lösungen.** 25 cm³ Eisen(II)ammonsulfatlösung werden mit etwas Wasser und 5 cm³ 10proz. Schwefelsäure versetzt und dann mit der Kaliumbichromatlösung titriert. Hierbei wird der Endpunkt der Titration durch Tüpfeln auf Filtrierpapier oder auf einer Porzellanplatte mit Kaliumferrizyanidlösung ermittelt.

Man bringt bei der Durchführung der Tüpfelprobe von der gelbgefärbten Indikatorlösung einen Tropfen auf die Platte oder das Papier. Nach jeweiligem Zusatz der Kaliumbichromatlösung rührt man mit einem Glasstab gut um und nimmt einen Tropfen heraus, den man zu dem Tropfen der Indikatorlösung fließen läßt. Anfangs bleibt die dabei entstehende Mischfarbe tiefblau, um allmählich über Dunkelgrün, Grün, Hellgrün in Hellbraun und schließlich Gelbbraun überzugehen. Sobald ein Tropfen der zu titrierenden Eisen(II)ammonsulfatlösung mit einem Tropfen Kaliumferrizyanidlösung eine braune Färbung, ohne Beimischung von Grün ergibt, ist die abgeschlossene Titration gekennzeichnet. Man liest hierauf die verbrauchten cm³ der Kaliumbichromatlösung ab und prüft, ob ein Überschuß dieser Lösung — es genügen 2 Tropfen — die Färbung noch wesentlich verändert.

Entsprechen die Lösungen genau der angegebenen Zusammensetzung, so zeigen 50 cm³ der Eisen(II)ammonsulfatlösung 1 g Kaliumbichromat an. Nach der bei der Holzgummibestimmung angeführten Reaktionsgleichung entspricht dieses 0,1375 g Zellulose. Da sich der Titer der beiden Lösungen mit der Zeit etwas ändert, ist es unbedingt erforderlich, diesen vor einer neuen Untersuchungsreihe zu prüfen. Die Lösungen dürfen zur Bestimmung nur verwendet werden, wenn der tatsächliche Verbrauch an Kaliumbichromatlösung, den 25 cm³ der Eisen(II)ammonsulfatlösung erfordern, vom theoretischen um nicht mehr als 0,1 cm³

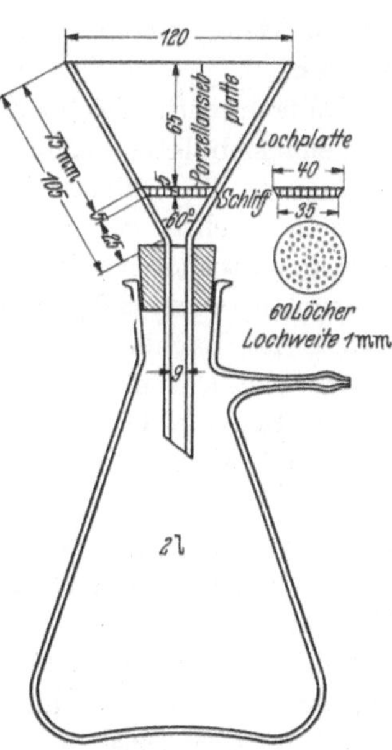

Abb. 119. Saugflasche mit genormtem Trichter für die α-Zellulosebestimmung.

abweicht. Andernfalls muß festgestellt werden, welche der beiden Lösungen nicht mehr den vorgeschriebenen Gehalt aufweist und zu korrigieren ist.

Apparatur. Die für die Bestimmung erforderliche Saugflasche mit dem benutzten genormten Alphatrichter[1] zeigt die Abb. 119.

Temperatureinstellung der benutzten Natronlaugen.

Vor Beginn der Analyse ist sowohl die 17,5proz., als auch die 8proz. Lauge in einem Wasserbad auf genau 20° einzustellen; dann erst sind die benötigten Mengen abzumessen. Die zum Nachwaschen dienenden 400 cm³ 8 gew.-proz. Natronlauge sind in einem 500 cm³ fassenden Erlenmeyerkolben in ein Wasserbad von 20° einzustellen und während der gesamten Filtration unter dauernder genauester Kontrolle der Temperatur zu halten, also nach dem Aufgießen eines Teiles auf das Fasergut stets sofort wieder in das temperierte Wasserbad zurückzustellen.

Arbeitsvorschrift.

1. Bestimmung der Alphazellulose. 3,5 g lufttrockener, in etwa Haferflockengröße geraspelter Zellstoff, welcher in der Regel 6···8% Feuchtigkeit enthält und dessen Feuchtigkeitsgehalt durch Trocknen bei 100···105° bis zum bleibenden Gewicht in besonderer Probe nebenher bestimmt wird, werden in einem 100 cm³ fassenden Duranglasbecher mit 50 cm³ mittels Pipette entnommener Ätznatronlösung von 17,5 Gewichtsprozent NaOH, deren Temperatur genau auf 20° eingestellt ist, übergossen und mit einem abgeflachten Glasstab gleichmäßig und vorsichtig durchgemischt (Zeitdauer etwa 1 Minute). Hierbei ist übermäßig starkes Rühren oder Zerkneten des Stoffes unbedingt zu vermeiden. Das Gemisch wird sodann mit einem Uhrglas bedeckt und, von diesem Zeitpunkt an gerechnet, ³/₄ Stunden in temperiertem Wasser von 20° stehengelassen.

Danach wird der Stoffbrei nach nochmaligem Durchmischen auf den mit Porzellansiebplatte versehenen Alphatrichter gebracht und die Lauge schwach abgesaugt. Das Filtrat wird zwecks Vermeidung von Faserverlusten nochmals auf den Trichter gegeben. Mittels eines stampferartig verbreiterten Glasstabes wird der Stoffkuchen am Rande leicht angedrückt. Hierauf wird mit 400 cm³ Natronlauge von 8,0 gew.-proz. Natronlauge, die ebenfalls genau auf 20° eingestellt ist, nachbehandelt. Das Absaugen ist so einzustellen, daß von seinem Beginn die Durchlaufzeit der 8proz. Lauge 5 Minuten beträgt (sehr wichtig). Ist die Lauge vollständig durchgelaufen, so wird der Stoffkuchen zweimal mit je 10 cm³ Wasser übergossen. Das faserfreie Filtrat von der Alphazellulose („Alphafiltrat") wird mittels eines Trichters in einen 500 cm³ fassenden Meßkolben gegossen und die Saugflasche mit 10···20 cm³ Wasser nachgespült. Die dann zur Marke aufgefüllte Lösung wird zur Bestimmung des Gesamtalkalilöslichen nach 2 (s. u.), der Beta- und Gammazellulose nach 3 und 4 verwandt.

Die entleerte Saugflasche wird nun wieder eingeschaltet und der Faserkuchen mit 1¹/₂ l destilliertem Wasser ausgewaschen. Dann werden 100 cm³ 10 vol.-proz. Essigsäure zu der Fasermasse auf den Trichter gegeben, innerhalb 3 Minuten abgesaugt und alsdann der Faserkuchen mit weiteren 2 l destilliertem Wasser vollkommen neutral gewaschen. Während sämtlicher vorgenannter Waschoperationen ist darauf zu achten, daß der Stoffkuchen während des Ab-

---

[1] Bezugsquelle für Alphatrichter: Gebr. Buddeberg, Laboratoriumsbedarf, Mannheim A. 3.

saugens immer mit Flüssigkeit bedeckt ist, außer beim Wechseln der Behandlungsflüssigkeit, wobei zweckmäßig das Absaugen unterbrochen wird. Ferner ist darauf zu achten, daß sich zwischen Stoffkuchen und Trichter keine Kanäle bilden, weshalb der Faserkuchen öfters am Rande leicht angedrückt werden muß.

Nach dem völligen Auswaschen des Kuchens wird dieser fest abgesaugt und mit dem Glasstab (in der rechten Hand) und zwei Fingern der linken Hand fest abgepreßt. Darauf gibt man 25 cm³ 96 vol.-proz. Alkohol auf den Preßkuchen, saugt schwach an und läßt den restlichen Alkohol 5 Minuten ohne Saugen über dem Faserfilz stehen. Danach saugt man ab, trocknet den Faserfilz in einem Wägeglas bei 100···105° bis zum bleibenden Gewicht und wägt nach dem Erkalten in einem mit Kalziumchlorid beschickten Exsikkator. Von der Waschung mit Alkohol ist in keinem Falle abzusehen, da sonst erhebliche Analysendifferenzen entstehen. Der Befund an Alphazellulose wird auf absolut trockenen Zellstoff berechnet. Bei genügender Übung beträgt die Fehlergrenze der Methode ±0,2%.

Die angegebenen Behandlungszeiten sind genau einzuhalten. Für die verschiedenen Behandlungsweisen und Waschoperationen werden, vom Aufbringen des mit der Lauge durchtränkten Zellstoffes auf den Trichter an gerechnet, etwa 25 Minuten benötigt. Auf Gleichmäßigkeit des Wasserdruckes und gleichmäßiges Arbeiten verschiedener an die gleiche Leitung angeschlossener Saugpumpen ist zwecks Erzielung reproduzierbarer Ergebnisse ebenfalls genau zu achten.

2. Bestimmung des Gesamtalkalilöslichen. Das Gesamtalkalilösliche (Beta- plus Gammazellulose) wird bestimmt in dem, wie oben angegeben, auf 500 cm³ aufgefüllten alkalischen Filtrat von der Alphazellulose, welches außer dem ersten Ablauf auch die beim Nachwaschen mit 400 cm³ 8proz. Lauge entstehenden Filtratanteile (vgl. oben unter 1) enthält.

50 cm³ dieser Lösung werden mit der Pipette genau abgemessen und in einen Erlenmeyerkolben von 500 cm³ Inhalt gegeben. Dazu läßt man aus einer Bürette genau 6 cm³ der Kaliumbichromatlösung zufließen. Nach gutem Umschwenken werden in dieses Gemisch vorsichtig unter stetem Schütteln des Kolbens zweckmäßig mittels einer Pipette 50 cm³ Schwefelsäure vom spezifischen Gewicht 1,84 gegeben. Das Gemisch erwärmt sich dabei fast bis auf Siedetemperatur. Es wird nun auf einem Asbestdrahtnetz über freier Flamme genau 3¹/₂ Minuten (mit der Stoppuhr zu messen) zu ruhigem, gleichmäßigem Sieden erhitzt. Man läßt dann etwa ¹/₂ Stunde erkalten, gibt den Kolbeninhalt unter Nachspülen mit 50 cm³ Wasser verlustlos in eine Porzellanschale und titriert das unverbrauchte Kaliumbichromat mit der Eisen(II)ammonsulfatlösung zurück. Dabei dient die Tüpfelprobe mit Ferrizyankalium auf Filtrierpapier oder einer Porzellanplatte als Indikator.

Die Berechnung des Ergebnisses soll an einem Beispiel gezeigt werden. Zur Bestimmung seien angewandt worden 3,500 g lufttrockener Zellstoff mit 6,0% Wasser, also· 3,290 g absolut trockenes Material. Das Gesamtfiltrat, das Alkalilösliche enthaltend, sei gemäß der Vorschrift auf 500 cm³ aufgefüllt worden. Hierbei habe sich folgendes ergeben.

50 cm³ Alkalilösliches verbrauchen bei der Zurücktitration 12,60 cm³ Eisen(II)-ammonsulfatlösung.

25 cm³ Eisen(II)ammonsulfatlösung beanspruchen laut Einstellung 5,50 cm³ Kaliumbichromatlösung.

1 cm³ Eisen(II)ammonsulfatlösung entspricht 5,50/25 cm³ Kaliumbichromatlösung.

12,6 cm³ Eisen(II)ammonsulfatlösung entsprechen sonach $\dfrac{12,6 \cdot 5,50}{25} = 2,77$ cm³ Kaliumbichromatlösung.

Ursprünglich zur Oxydation

angewandt:	6,00 cm³	Kaliumbichromatlösung,
zurücktitriert:	2,77 cm³	,,
tatsächlich verbraucht:	3,23 cm³	Kaliumbichromatlösung.

5,50 cm³ Kaliumbichromatlösung entsprechen 0,06875 g Zellulose.

3,23 cm³ Kaliumbichromatlösung entsprechen

$$\frac{3,23 \cdot 0,06875}{550} = 0,04040 \text{ g Zellulose,}$$

welche in 50 cm³ des Filtrats enthalten sind. Im Gesamtfiltrat sind demnach: 0,04044 · 10 = 0,4044 g alkalilösliche Zellulose enthalten, und auf den Zellstoff bezogen berechnet sich dessen Gehalt hieran zu

$$\frac{0,4044 \cdot 100}{3,290} = 12,3 \%.$$

3. **Bestimmung der Betazellulose.** Die Ermittlung der Betazellulose erfolgt nach einer Differenzmethode in Verbindung mit der unter 2 beschriebenen Bestimmung des Gesamtalkalilöslichen sowie mit der unter 4 aufgeführten Bestimmung der Gammazellulose.

Man bestimmt zunächst gemäß der unter 2 gegebenen Vorschrift das Gesamtalkalilösliche mittels Bichromat. Daneben wird in weiteren 50 cm³ derselben Lösung (Alphafiltrat) die Betazellulose durch Essigsäure ausgefällt, abfiltriert und im Filtrat die Gammazellulose titrimetrisch nach 4 (s. u.) ermittelt. Die Differenz zwischen dem nach 2 bestimmten Gesamtalkalilöslichen und der nach 4 bestimmten Gammazellulose ergibt dann den Wert für die Betazellulose. Einzelheiten hierzu s. unter 4.

4. **Bestimmung der Gammazellulose.** 50 cm³ des Alphafiltrates werden mit konzentrierter Essigsäure zunächst neutralisiert und dann durch Zugabe eines weiteren cm³ Essigsäure angesäuert (Gesamtverbrauch etwa 10 cm³). Hierdurch wird die Betazellulose in feinverteiltem Zustand ausgefällt. Man erwärmt nun das Ganze zwecks besserer Koagulation des Niederschlages $^1/_2$ Stunde auf dem Wasserbad, filtriert durch ein Papierfilter und wäscht den Filterrückstand 5···6mal mit heißem Wasser in der Weise aus, daß man das Filter jeweils etwa zur Hälfte füllt und vollständig leerlaufen läßt. Zu dem so erhaltenen Gesamtfiltrat (einschließlich Waschwasser) läßt man sodann in einem Erlenmeyerkolben von 500 cm³ Inhalt aus einer Bürette genau 4 cm³ der Kaliumbichromatlösung zufließen. Nach Zusatz von 50 cm³ Schwefelsäure vom spezifischen Gewicht 1,84 wird genau $3^1/_2$ Minuten gekocht (Stoppuhr), $^1/_2$ Stunde erkalten gelassen und sodann das überschüssige Bichromat mit Eisen(II)ammonsulfat zurücktitriert. Die Ausführung der Titration und die Berechnung auf Gammazellulose (auf absolut trockenen Zellstoff bezogen) ist die gleiche wie bei der Bestimmung des Gesamtalkalilöslichen nach der oben unter 2 aufgeführten Vorschrift.

Durchführung der Einheitsmethode (α-Bestimmung) gemäß der Abänderung von VIEWEG.

Da erfahrungsgemäß die Werte, die mit der Einheitsmethode erhalten werden, nicht mit den im Betrieb der Viskose- und Kunstseidenfabriken ermittelten Ausbeuten übereinstimmen, hat VIEWEG[1] den Vorschlag gebracht, die Methode im Arbeitsgang des Auswaschens abzuändern. Es wird wie oben schon angedeutet das Auswaschen der Merzerisierlauge so gehandhabt, daß bei den hierbei durchlaufenen niederen Alkalikonzentrationen kein Nachlösen von Zellulose erfolgt. Dies wird durch Anwendung von die Ionisation des Alkalis zurückdrängende Kochsalzlösung als Wasch- und Verdrängungsflüssigkeit erreicht. Eine Ausfällung von β-Zellulose aus der hemizellulosehaltigen Waschlauge erfolgt hierbei nicht. Ebenso erfolgt keine Zurückhaltung von Natriumchlorid durch die Faser[2].

Durchführung der α-Bestimmung. Sie erfolgt bis zum Beginn des Verdrängens der 17,5proz. Natronlauge in voller Übereinstimmung mit der Einheitsmethode. Statt mit der 8proz. Natronlauge wird der α-Rückstand dann mit einer gesättigten Natriumchloridlösung ausgewaschen, darauf folgt Waschen mit Wasser, mit 3proz. Essigsäure und wiederum mit Wasser. Das Trocknen und die folgenden Arbeitsgänge sind dann neuerlich die gleichen wie bei der Einheitsmethode.

Das bei dieser Behandlung erhaltene Filtrat kann nicht zur Ermittlung der β- und γ-Zellulose Verwendung finden.

Die so abgeänderte Methode führt zu Werten, welche mit den Ergebnissen in der Praxis gute Übereinstimmung zeigen[3].

Durchführung der Bestimmung nach der Methode des amerikanischen Bureau of Standards.

Herstellung der erforderlichen Natronlauge. Zur Anwendung gelangt eine Lauge, die 17,5 Gewichtsprozente Ätznatron enthält. Zu ihrer Darstellung löst man 350 g reines Ätznatron in etwa 300 cm³ destilliertem Wasser und läßt die erhaltene Lösung zunächst 10 Tage oder noch länger stehen, während welcher Zeit sämtliches vorhandene Natriumkarbonat ausfällt. Die Lösung filtriert man nach dieser Zeit entweder durch Asbest oder hebert sie vorsichtig vom Bodensatz ab. Sie wird danach weiter mit destilliertem Wasser verdünnt, bis ihr spezifisches Gewicht bei 15° genau 1,197 beträgt.

Vorbereitung der Zellstoffprobe. Die in sorgfältiger Weise entnommene Durchschnittsprobe des Stoffes wird vor der Zerkleinerung zwecks Ausgleiches der Feuchtigkeit in den einzelnen Stücken am besten einige Stunden in einem Klimaschrank oder -raum ausgelegt. Darauf wird sie etwa zur Haferflockengröße zerkleinert. Aus dem dann gut durchgemischten Material, das von jetzt ab unter Abschluß gegen die Luft aufbewahrt wird, werden Feuchtigkeitsproben entnommen und Mengen von je etwa 5 g zur Bestimmung abgewogen.

Arbeitsweise[4]. Die Analysenprobe wird in ein dickwandiges, gegen Alkali widerstandsfähiges Becherglas von 600 cm³ Inhalt gegeben und dieses dann in

---

[1] VIEWEG, W.: Papierfabrikant **36**, 181 (1938).
[2] STEUDTE, M.: Kunstseide u. Zellwolle **21**, 122 (1939).
[3] AMÉEN, W., u. B. KARLSSON: Svensk Papperstidn. **43**, 302 (1940).
[4] SWAMY, A., u. F. BAILEY: Paper-Maker Brit. Paper Trade J. **85**, 119 (1933).

ein geräumiges Wasserbad mit einer Temperatur von 20° gestellt. In den Becher läßt man 50 cm³ der mit der Pipette abgemessenen Natronlauge, die vorher ebenfalls auf genau 20° eingestellt worden ist, einlaufen. Nach Einbringen etwa der Hälfte der Pipettenfüllung wird eine Stoppuhr gestartet. Sind die 50 cm³ zugegeben, so wird mit einem an seinem Ende flachgedrückten Glasstab die Zellstoffprobe durch Stampfen und Rühren gut mit der Lauge gemischt, und nachdem eine völlige Durchtränkung und ein Zerfall in Einzelfasern eingetreten ist, werden weitere 50 cm³ Natronlauge hinzugefügt. Unter gelegentlichem Rühren verbleibt der Becher mit dem Reaktionsgemisch vom Ingangsetzen der Stoppuhr ab gerechnet, genau 30 Minuten lang im Wasserbad bei 20°.

Unmittelbar anschließend verdünnt man durch Zugabe von 250 cm³ destilliertem Wasser von 20°, rührt gut durch und filtriert sofort an der Saugpumpe unter Anwendung eines 8-cm-Büchner-Trichters, der als Filter mit einem Baumwollgewebe ausgelegt ist, das vorher mit Natronlauge behandelt, gewaschen, getrocknet und gewogen worden ist. Das Absaugen ist besonders anfänglich nur mit mäßigem Vakuum vorzunehmen. Nach Aufbringen von Stoff und Filtrat wird mit weiteren 125 cm³ destilliertem Wasser nachgespült und gewaschen. Das gesamte bis hierher erhaltene Filtrat wird dann zwecks Zurückgewinnung von anfänglich durchgesaugten Fasern noch einmal über den Trichter gegeben. Anschließend wäscht man den Faserrückstand auf dem Trichter mit insgesamt 625 cm³ destilliertem Wasser von 20°, das in einzelnen Portionen bis zu 50 cm³ angewandt wird. Nachdem dann von der Saugpumpe getrennt worden ist, übergießt man den Trichterinhalt mit 100 cm³ 20proz. Essigsäure und läßt diese 5 Minuten lang einwirken. Danach wird wieder abgesaugt und die Wäsche durch Zugabe von insgesamt 1 l kochendem destilliertem Wasser in Einzelportionen von je etwa 50 cm³ beendet. Man saugt dann so trocken als möglich und bringt den Inhalt des Saugfilters in eine flache Glasschale, die zur Entfernung des größten Teiles des dem Faserrückstand anhaftenden Wassers zunächst in einen mit niedriger Temperatur arbeitenden Trockenschrank kommt. Die endgültige Trocknung erfolgt nach Überführung des α-Rückstandes in ein Wägegläschen dann bei 100···105°. Durch wiederholtes Wägen in Zeitabständen von 1 Stunde prüft man, ob sämtliche Feuchtigkeit entfernt ist.

Der beim gleichbleibenden Gewicht erhaltene Rückstand wird als α-Gehalt der angewandten absolut trockenen Zellstoffprobe angegeben.

Aus zahlreichen Versuchen hat sich ein durchschnittlicher Fehler der Methode von ±0,13% ergeben.

Titrimetrische Durchführung der Bestimmung nach PORRVIK

Das Prinzip der Methode ist folgendes:

Etwa 2,5 g Stoff werden mit 70 cm³ Lauge merzerisiert und darauf 50 cm³ Lauge abgesaugt. Die darin enthaltene Menge Hemizellulose wird durch Bichromatoxydation bestimmt, wobei für die Oxydation beispielsweise h cm³ $^{n}/_{10}$-Kaliumbichromatlösung verbraucht werden. Der zurückgebliebene ungelöste Stoffkuchen samt anhaftender Lauge wird in konzentrierter Schwefelsäure gelöst. Deren Menge an organischer Substanz, K g, wird ebenfalls durch Bichromatoxydation bestimmt. Der Verbrauch wird eingesetzt in k cm³ $^{n}/_{10}$-Kaliumbichromatlösung. Wenn 1 cm³ Kaliumbichromatlösung von t g Zellulose verbraucht wird, so ist $H = ht$ und $K = kt$ und die organische Substanz in der abgewogenen Probe $H + K = ht + kt$.

Die Menge an organischer Substanz in der abgesaugten Lauge ist in Prozent der Menge organischer Substanz in der ursprünglichen Probe ausgedrückt:

$$\frac{100 \cdot H}{H + K} = \frac{100 \cdot ht}{ht + kt} = \frac{100 \cdot h}{h + k}$$

und die Menge organischer Substanz im Stoffkuchen, d. h. in der ungelösten Zellulose $+$ anhaftender Lauge ist

$$\frac{100 \cdot K}{H + K} = \frac{100 \cdot kt}{ht + kt} = \frac{100 \cdot k}{h + k} \, .$$

Die fraglichen Prozentziffern $\frac{100 \cdot h}{h + k}$ und $\frac{100\,k}{h + k}$ sind also sowohl von der Feuchtigkeit der abgewogenen Probe, als auch deren exakter Menge unabhängig (ein ungefähres Abwiegen von 2,5 g ist natürlich zweckdienlich, um die wünschenswerten Proportionen und Mengen während der Ausführung der Analysen einhalten zu können). Des weiteren sind die Prozentziffern vom Titer und möglichen Einstellungsfehlern der angewandten Meßlösungen unabhängig. Wie weiter unten gezeigt wird, ist die Methode so ausgearbeitet, daß nicht nur die faktormäßig einwirkenden, sondern auch gewisse additive Fehler, wie z. B. organische Verunreinigungen in der Lauge und Säure ausgeglichen sind. Durch die Wahl der Proportionen treten andere Fehlerquellen, wie z. B. Übertitration, weitgehend proportional in Zähler und Nenner auf, und wirken folglich äußerst wenig auf das Resultat ein.

Da sich die Bestimmung nur auf die organische Substanz gründet, sind die oben angegebenen Prozentziffern auf aschenfreie Substanz berechnet. Das im Stoff enthaltene Harz verteilt sich in der Lauge und im Stoffkuchen auf ähnliche Weise wie in der Praxis, und seine Mengen sind in den Quantitäten H und K inbegriffen.

Vorausgesetzt wird hierbei, daß sowohl für Hemizellulose wie für α-Zellulose der gleiche Titer t gilt. Es ist möglich, daß dies nicht genau zutrifft; doch ist der Unterschied teils nicht groß, teils wirkt dieser Fehler auf alle an Stoff von einigermaßen gleicher Zusammensetzung ausgeführten Analysen auf dieselbe Art ein, d. h. solche Fehler beeinflussen die Anwendbarkeit der Methode, einen Vergleich und eine Abschätzung verschiedener Arten von Stoffen untereinander zuzulassen, überhaupt nicht.

Arbeitsgang. 2,5 g lufttrockener, kleingezupfter Zellstoff werden in einer Nickelschale, von etwa 100 cm³ Inhalt mit 20 cm³ Lauge, 18 g NaOH in 100 cm³ enthaltend, übergossen und genau 5 Minuten geknetet. Der erhaltene Brei wird in ein Glasgefäß von 100 cm³ Inhalt, das mit einem Gummistöpsel verschließbar ist, gebracht. Glasstab und Schale werden mit 50 cm³ obiger Lauge in Portionen nachgewaschen. Das Glasgefäß wird nun kräftig $^1/_2$ Minute geschüttelt und so lange stehengelassen, bis 30 Minuten vom Zeitpunkte des Aufgießens der Lauge verstrichen sind. Die letzte $^1/_2$ Minute wird nochmals kräftig geschüttelt.

Der Brei wird alsdann in einen Büchner-Trichter (6 cm) ohne Filter gebracht; man läßt ablaufen, bis der Zellstoff etwas fest geworden ist. Bei der Überführung des Breies muß ein Glasstab angewendet werden, damit kein Verlust an Laugentropfen entsteht. Dann beginnt man mit dem Absaugen; es muß anfangs vorsichtig geschehen, so daß der Stoff langsam zu einem Filter erhärtet. Die abgesaugte Lauge wird zur Nachspülung des Glasgefäßes angewendet und nochmals über den Stoff gegossen. Hierauf wird das Filtrat noch ein zweites Mal in gleicher Weise verwendet. Bei richtiger Arbeit ist das dritte abgesaugte Filtrat frei von Stoffasern. Von dem so erhaltenen klaren Filtrat I werden 50 cm³ zur Bestimmung von β- und γ-Zellulose, wie unten angegeben, entnommen, während der übrigbleibende Teil des Filtrates I mit dem α-Zellulosekuchen, sowie der ihm anhaftenden Lauge wieder vereinigt wird.

Zur Bestimmung der α-Zellulose wird der Stoffkuchen vom Trichter entfernt und in einen Kolben von etwa $^3/_4$ l Inhalt gebracht. Der leere Trichter wird wieder auf die Saugflasche aufgesetzt, Glasstäbe und Schale werden mit 10 cm³ 50 proz. Schwefelsäure nachgewaschen, worauf diese unter Kühlung zwecks Neutralisierung der Natronlauge zum Stoff gegeben wird. Darauf werden 40 cm³ konzentrierte Schwefelsäure durch den Trichter zur Auflösung etwa vorhandener Fasern gegeben. Die in den Sieblöchern festsitzenden Fasern werden vorher durch eine Nadel oder dergleichen losgelöst. Auch diese Säure wird dem Stoff unter so großer Kühlung und Schüttelung zugegeben, daß die Temperatur $40 \cdots 50°$ beträgt. Die Temperatur soll so hoch sein, daß die Lösung der Zellulose in etwa $2 \cdots 3$ Stunden erfolgt ist und die Lösung auch nach der Verdünnung fast klar bleibt. Sie darf anderseits jedoch nicht so hoch sein, daß Verkohlung eintritt, weil sich dann flüchtige Produkte bilden können. Nachdem vollständige Lösung eingetreten ist und das Ganze noch 1 Stunde gestanden ist, wird die Lösung in einen Meßkolben gebracht und mit destilliertem Wasser auf 1000 cm³ verdünnt. Mit dem dazu erforderlichen Wasser werden vorher alle angewendeten Gefäße portionsweise ausgewaschen, desgleichen auch der zur Auflösung angewandto Kolben. Auf diese Weise erhält man für die α-Zellulosebestimmung alle Substanz mit Ausnahme der für die β- und γ-Zellulosebestimmung entnommenen 50 cm³ des Filtrates.

α-Zellulosebestimmung. In einen 500-cm³-Kolben bringt man 25 cm³ Kaliumbichromatlösung (etwa 0,7 n), 25 cm³ der vorhergenannten 1000 cm³ α-Zelluloselösung, 150 cm³ destilliertes Wasser und 50 cm³ konzentrierte Schwefelsäure, einige Siedesteinchen und schüttelt gut durch. Über einer Flamme wird 20 Minuten gekocht, hierauf abgekühlt und auf 300 cm³ verdünnt. Zur Titration entnimmt man hiervon 100 cm³.

$\beta + \gamma$-Zellulosebestimmung. Die 50 cm³ des oben beschriebenen Filtrates I bringt man in einen 250 cm³ fassenden Kolben, versetzt mit 50 cm³ 4,1 n-Schwefelsäure und füllt mit destilliertem Wasser bis zur Marke auf. Von dieser Lösung II entnimmt man 50 cm³ und kocht wie vorher mit Siedesteinchen 20 Minuten lang. Hierauf wird abgekühlt, verdünnt und wie bei der α-Probe titriert.

γ-Zellulosebestimmung. 25 cm³ der Lösung II werden in einer Porzellanschale mit 50 cm³ destilliertem Wasser versetzt und mit $^n/_2$-Schwefelsäure titriert. Hierauf werden 150 cm³ der genannten Lösung II in einem 200 cm³ fassenden Meßkolben mit so viel $^n/_2$-Schwefelsäure versetzt, daß 3 cm³ zur vollständigen Neutralisierung (berechnet aus der vorhergehenden Titration) noch fehlen. Den Meßkolben stellt man 15 Minuten auf ein kochendes Wasserbad. Hierauf wird auf 20° abgekühlt, die fehlenden 3 cm³ $^n/_2$-Schwefelsäure zugesetzt und auf 200 cm³ verdünnt. Man filtriert nun durch ein doppeltes, nicht zu großes Filter zu einer absolut klaren Lösung (ist das Filtrat nicht klar, muß es auf das Filter zurückgegossen werden). Zu 150 cm³ dieses Filtrates gibt man 25 cm³ destilliertes Wasser, 25 cm³ Kaliumbichromatlösung und 50 cm³ konzentrierte Schwefelsäure. Dann wird 20 Minuten gekocht, abgekühlt und wie im vorhergehenden Fall verdünnt.

Blindprobe. Gleichzeitig mit diesen Kochungen wird eine Blindprobe, bestehend aus 175 cm³ destilliertem Wasser, 25 cm³ Kaliumbichromatlösung und 50 cm³ konzentrierter Schwefelsäure gekocht, abgekühlt und wie vorher verdünnt.

Titration nach der Kochung. Nach der Kochung werden die Lösungen auf etwa 20° abgekühlt und auf 300 cm³ verdünnt. Hiervon werden 100 cm³ in einer Schale mit 50 cm³ Wasser, 10 cm³ 50proz. Salzsäure, 20 cm³ 10proz. Kaliumjodid versetzt und mit $n/_{10}$-Natriumthiosulfatlösung titriert. Durch die Blindprobe ist die Anzahl der cm³ $n/_{10}$-Natriumthiosulfatlösung bekannt, welche die Kaliumbichromatlösung für sich verbraucht, und in den anderen Proben werden so viele cm³ der erstgenannten weniger verbraucht, als dem bei der nassen Verbrennung der Zellulose verbrauchten Bichromat entspricht.

Berechnung des Ergebnisses. Die ursprünglich zugesetzte Natronlaugenmenge war 70 cm³. Von diesen wurden 50 cm³ zur Bestimmung von $(\beta + \gamma)$-Zellulose entnommen, die übrigen 20 cm³ wurden bei der α-Zellulosebestimmung verwendet. Die wirkliche Menge $(\beta + \gamma)$-Zellulose ist also 70/50 mal $= 1,4$ mal so groß als die gefundene, und die wirkliche Menge α-Zellulose ist $0,4 \cdot (\beta + \gamma)$ geringer als die erhaltene, wegen der dem α-Zellulosekuchen anhaftenden Lauge. Die α-Zellulose berechnet man am einfachsten durch die Differenz 100 — dem wirklichen $(\beta + \gamma)$-Zellulosewert.

Es werden noch folgende Bezeichnungen eingeführt:

$H = $ g organische Substanz in 50 cm³ Filtrat I.

$K = $ g organische Substanz in dem α-Zelluloserückstand samt den anhaftenden 20 cm³ Lauge.

$h = $ für Oxydation von H erforderliche $\Big\}$ cm³ $n/_{10}$-Kaliumbichromat-
$k = $ für Oxydation von K erforderliche $\Big\}$ lösung.

$t = $ g organische Substanz, die oxydiert werden kann von 1 cm³ $n/_{10}$-Kaliumbichromatlösung.

$e = $ Verbrauch bei der Blindprobe $\Big\}$
$f = $ Verbrauch bei der α-Probe $\Big\}$ cm³ $n/_{10}$-Natriumthiosulfat-
$g = $ Verbrauch bei der $(\beta + \gamma)$-Probe $\Big\}$ lösung.
$h = $ Verbrauch bei der γ-Probe $\Big\}$

Je 100 cm³, die von den einzelnen Proben titriert werden, errechnen sich dann die verbrauchten cm³ $n/_{10}$-Kaliumbichromatlösung bei der:

$$\alpha\text{-Probe zu } e - f = u$$
$$(\beta + \gamma)\text{-Probe zu } e - g = w$$
$$\gamma\text{-Probe zu } e - h = v.$$

Zum Kochen werden bei der α-Probe 25 cm³ von 1000 angewandt, d. h. $1/_{40}$, und für die Titration nach der Kochung 100 cm³ von 300, d. h. $1/_3$. Die ganze α-Probe würde also bei der Oxydation $k = 120 \cdot u$ cm³ $n/_{10}$-Kaliumbichromatlösung verbrauchen. Auf gleiche Weise erhält man den Verbrauch der $(\beta + \gamma)$-Probe $h = 15\,w$ cm³ und für die γ-Probe $6,66\,v$ cm³ Meßlösung. 1 cm³ dieser zeigt t g organische Substanz an. Für den Austausch der anfangs eingeführten Bezeichnungen erhält man daher:

$$K = kt = 120\,ut,$$

$$H = ht = 15\,wt.$$

Die abgewogene Probe (etwa 2,5 g) entspricht $K + H = 120\,ut + 15\,wt$.

In Prozent gerechnet auf die gesamte organische Substanz ist deren Menge in dem entnommenen 50 cm³ ursprünglichen Filtrat

$$\frac{15\,wt}{120\,ut + 15\,wt} = \frac{15\,w}{120\,u + 15\,w}$$

und in den gesamten 70 cm³ ist die organische Substanz 1,4 mal so groß. Unter den gemachten Voraussetzungen ist dies der Gehalt an Hemizellulose. Er ist also:

$$\frac{1,4 \cdot 15\,w}{120\,u + 15\,w} = \frac{21\,w}{120\,u + 15\,w} = \text{\%} \; (\beta + \gamma)\text{-Zellulose}.$$

Der α-Zellulosegehalt ist unter diesen Voraussetzungen $100 - (\beta + \gamma)$.

Der in 50 cm³ Filtrat enthaltene γ-Zellulosegehalt ist in Prozent ausgedrückt:

$$\frac{6,66\,v}{120\,u + 15\,w}\,,$$

und die Menge γ-Zellulose 1,4 mal so groß, oder Prozent γ-Zellulose:

$$= \frac{9,32\,v}{120\,u + 15\,w}\,.$$

Endlich erhält man β als Differenz aus $(\beta + \gamma) - \gamma$.

Zusammenfassend stellt sich also die Ausrechnung folgendermaßen:

$$\beta + \gamma = \frac{21\,w}{120\,u + 15\,w}\,, \qquad \gamma = \frac{9,32\,v}{120\,u + 15\,w}\,,$$

$$\alpha = 100 - (\beta + \gamma)\,, \qquad \beta = (\beta + \gamma) - \gamma\,.$$

Einige Bemerkungen zur Ausführung der Bestimmung. Das Abmessen der Filtrate soll in Meßkolben erfolgen, die nachgespült werden. Nach dem Prinzip der Methode soll ja alles, was nicht zu den für die $(\beta + \gamma)$-Zellulosebestimmung vorgesehenen 50 cm³ Filtrat gehört, in einem anderen Teil für die α-Bestimmung gesammelt werden. Ebenso sollen die entnommenen 50 cm³ quantitativ verdünnt werden. Daher ist eine Nachspülung der Meßkolben notwendig.

Es hat sich gezeigt, daß zu den Kochungen nur Jenaer-Glas-Kolben verwendet werden dürfen, aber diese scheinen unbegrenzt haltbar zu sein. Manchmal tritt beim Kochen Stoßen ein, wodurch Säuretropfen herausgeschleudert werden können. Es sollen daher die Kolben gegen Herausspritzen mit einem umgekehrten Trichter oder einer anderen geeigneten Vorrichtung versehen werden.

Bestimmung der Alkalilöslichkeit nach KLAUDITZ.

Das besonders für die Zwecke des Betriebes ausgearbeitete rasch durchführbare Verfahren[1], wird in nachstehender Form ausgeübt.

---

[1] KLAUDITZ W.: Papierfabrikant **38**, 221 (1940).

1,0 g lufttrockener im Feuchtigkeitsgehalt gut ausgeglichener Zellstoff wird mit der Hand fein zerzupft. Liegt der Stoff in feuchter Form vor, so werden zunächst dünne lockere Blätter aus ihm geformt und rasch getrocknet. Die so vorbereitete Probe kommt in ein 50 cm³ fassendes weithalsiges Pulverglas. Zu dem Stoff läßt man 20,0 cm³ einer auf 20° eingestellten 17,5proz. Natronlauge zufließen, verschließt das Fläschchen mit einem Gummistopfen oder gut dichtenden Glasstopfen und schüttelt etwa 10···20 Sekunden kräftig durch, bis der Zellstoff in der Lauge vollkommen aufgeschlagen und gleichmäßig verteilt ist. Darauf wird das Fläschchen in ein Wasserbad von 20° eingestellt. Nach 15 Minuten wird der Inhalt des Fläschchens nochmals kurz aufgeschüttelt. Nach 30 Minuten wird der Stoff aufgeschüttelt und auf einer kleinen Glasfilternutsche abgesaugt. Das Filtrat, welches man vorteilhaft in einem in die Saugflasche oder in ein Absaugrohr eingestellten Reagenzglase auffängt, wird noch zweimal auf die Nutsche aufgegossen und wieder abgesaugt. 5 cm³ des Filtrats werden in einen 100-cm³ Meßkolben gefüllt. Dazu werden 10 cm³ einer $^n/_1$-Kaliumbichromatlösung gegeben, dann werden 10 cm³ konzentrierte Schwefelsäure dem Kolbeninhalt vorsichtig hinzugefügt, der sich dabei stark erwärmt, so daß die in Lösung gegangenen Zellstoffanteile schnell oxydiert werden. Man schwenkt den Kolbeninhalt um, erhitzt 1 Minute zum schwachen Sieden, kühlt ab und füllt auf. 20 cm³ der Lösung werden unter Zusatz von 10 cm³ 5proz. Kaliumjodidlösung und Wasser, wie oben, mit $^n/_{10}$-Natriumthiosulfat titriert. Aus dem Verbrauch an Bichromat berechnet sich der alkalilösliche Anteil des Zellstoffs, wobei 1 cm³ $^n/_1$-Kaliumbichromatlösung 0,00675 g Zellulose entspricht. Der alkalilösliche Anteil (welcher abgekürzt als Alkl.17,5 bezeichnet wird) kann gegebenenfalls zum α-Zellulosewert in Beziehung gesetzt werden. 100 — Alkl.17,5 ergeben den Bezugswert.

Auf eine Ermittlung des Trockengehalts des untersuchten Zellstoffs kann man dann verzichten, wenn man mit einer oberen Fehlergrenze von $\pm 0,5\%$ den Feuchtigkeitsgehalt des Zellstoffs kennt oder im Laboratorium vorher einstellt. Eine Schwankung von $\pm 0,5\%$ im Trockengehalt würde bei einem Zellstoff mit einem „α-Zellulosegehalt" von etwa 90% eine fehlerhafte Abweichung von $\pm 0,05\%$ bedingen.

Diese Methode zur Ermittlung der Alkl.17,5 oder der „α-Zellulose" läßt sich bei einiger Übung in 60 Minuten, ausgehend von einem feuchten Stoff, durchführen. Man hat den Vorteil, daß man gegebenenfalls auf eine langwierige genaue Trockenbestimmung verzichten kann. Die gefundenen Werte besitzen eine Fehlergrenze von $\pm 0,1\%$.

In der gleichen Weise, wie hier beschrieben, wird die Alkalilöslichkeit auch mit Laugen anderer Konzentration vorgenommen. Ihre Bestimmung kommt in Frage in 2,5, 5,0, 10,0 und 17,5proz. Lauge.

Die erhaltenen Ergebnisse werden zweckmäßig graphisch dargestellt.

Bestimmung der Barytresistenz.

Allgemeines. In der Erwägung, daß sich bei der Einwirkung der konzentrierten Natronlauge von 17,5% Gehalt gewisse Anteile der Zellulose selbst lösen werden, haben SCHWALBE und BECKER[1] an Stelle der Natronlauge Barytwasser

---

[1] SCHWALBE, C. G., u. E. BECKER: Zellstoff u. Papier **1**, 100 (1921). — Ferner C. G. SCHWALBE: Zellstoffchem. Abh. **1**, 115 (1921).

bei Siedetemperatur zur Bestimmung der chemisch widerstandsfähigen (resistenten) Zellulose angewendet. Dies geschah, nachdem festgestellt war[1], daß alkalische Erden nur die Abbauprodukte der Zellulose (Zellulosedextrine, Hemizellulosen) lösen, während die reine Zellulose durch Behandeln mit einer kochenden Lösung alkalischer Erden nicht gelöst wird. Die bisher durchgeführten vergleichenden Untersuchungen lassen erkennen, daß man ähnliche Zahlen wie bei der α-Zellulosebestimmung erhält. Der Angriff der Barytlösung ist etwas stärker, wenn es sich um Zellulosen handelt, die keinerlei nachträgliche Reinigung mit alkalischen Stoffen erfahren haben. Bei Natron- und Sulfatzellstoffen sind die Werte für Barytresistenz weit höher als für α-Zellulose, wahrscheinlich deshalb, weil die starke Natronlauge mehr Zellulose löst als Barytwasser.

Durchführung der Bestimmung. 3 g des lufttrockenen Zellstoffes werden mit 200 cm³ kalt gesättigter Bariumhydroxydlösung versetzt und am Rückflußkühler genau 1 Stunde lang zum Sieden erhitzt. Die heiße Mischung wird in einem Goochtiegel mit eingelegter englochiger Siebplatte ohne Anwendung eines Filters abgesaugt und mit heißem Wasser reichlich ausgewaschen. Hierauf wird mit kalter 1proz. Salzsäure unter vorsichtigem Umrühren und Stehenlassen so lange ausgewaschen, bis sich im Filtrat Barium durch Fällung mit Schwefelsäure nicht mehr nachweisen läßt. Man wäscht anschließend zunächst mit kaltem und dann mit heißem Wasser zur Entfernung der Salzsäure. Um deren letzte Reste mit Sicherheit zu entfernen, übergießt man den Tiegelinhalt mit 5proz. Natriumazetatlösung, läßt kurze Zeit einwirken, saugt ab und wäscht dann nochmals mit heißem Wasser nach. Der Rückstand, die barytresistente Zellulose wird 4 Stunden lang bei 100···105° getrocknet und dann gewogen. Danach wird sie verascht, die Asche ihrer Menge nach ermittelt und vom Gewicht der barytresistenten Zellulose abgezogen. Man erhält so deren auf aschefreie Substanz korrigierte Menge.

Bestimmung des Quellvermögens.

Allgemeines. Außer den Eigenschaften, die bereits bei der Bestimmung des Quellvermögens ungebleichter Zellstoffe Erwähnung fanden, hängen insbesondere noch die nachstehenden, vor allem bei Zellstoffen für chemische Weiterverarbeitung interessierenden vom Quellvermögen ab, so die Reaktionsgeschwindigkeit mit Alkalien und Säuren, die Veresterungsgeschwindigkeit, die aufgenommene Menge von Quellmitteln, sowie die räumliche Formänderung beim Quellen.

Bei der Wichtigkeit, die allen diesen Faktoren im einzelnen zukommt, hat man auf verschiedene Weise versucht, das Quellvermögen der Zellstoffe zu ermitteln. JAYME und STEINMANN[2] zählen nicht weniger als 16 verschiedene Bestimmungsarten dieser Eigenschaft auf. Nachstehend sind außer zwei chemischen von C. G. SCHWALBE stammenden Methoden noch die zur deutschen Einheitsmethode ausgebaute ursprünglich von der Zellstoffabrik Waldhof entwickelte Bestimmung der Quellmittelaufnahme und anderer Quellungskriterien beschrieben.

---

[1] SCHWALBE, C. G., u. E. BECKER: J. prakt. Chem. 100, 19 (1920). — SCHWALBE, C. G., u. H. WENZL: Zellstoff u. Papier 2, 75 (1922).

[2] JAYME, G., u. R. STEINMANN: Papierfabrikant 35, 337 (1937).

Bestimmung der Kupfersalzaufnahme nach Schwalbe (Hydratkupferzahl, Zellulosezahl).

Je nach dem Quellgrad nehmen Zellstoffe, wie C. G. Schwalbe[1] nachgewiesen hat, schon bei gewöhnlicher Temperatur kleinere oder größere Mengen Kupfersalz aus Fehlingscher Lösung auf. Hoher Quellgrad ist gleichbedeutend mit höherem Speicherungsvermögen für Kupfer. Schwalbe hat die Mengen Kupfer, die hierbei unter genau festgelegten Bedingungen von 100 g absolut trockenem Zellstoff gespeichert werden, als Hydratkupferzahl oder Zellulosezahl (CZ.) bezeichnet.

Ausführung der Bestimmung. Etwa 2···3 g lufttrockener geraspelter Zellstoff werden in einem Erlenmeyerkolben in 250 cm³ kaltes destilliertes Wasser gebracht. Man setzt 100 cm³ kalte Fehlingsche Lösung zu und spült mit 50 cm³ kaltem destilliertem Wasser nach. Unter öfterem Umschütteln bleibt die Flüssigkeit ³/₄ Stunde bei Zimmertemperatur stehen, worauf 50 cm³ suspendierte Kieselgur (etwa 1 g) zugefügt werden, durch ein Doppelfilter abgesaugt und mit ungefähr 1 l kaltem, dann mit heißem destilliertem Wasser ausgewaschen wird. Heißes Wasser darf hierbei erst verwendet werden, wenn die Hauptmenge der Fehlingschen Lösung weggewaschen ist, weil sonst leicht Reduktion der heißen Fehlingschen Lösung in Berührung mit den Zellulosefasern eintreten könnte. Die weitere Behandlung des auf dem Büchner-Trichter Zurückgebliebenen geschieht gemäß der für die Bestimmung der Kupferzahl nach der Originalmethode angegebenen Vorschrift, doch kann die schließliche Bestimmung des Kupfers statt elektrolytisch ebensogut in einer anderen Weise erfolgen. Die erhaltene Kupfermenge wird auf 100 g absolut trockenen Zellstoff umgerechnet.

Anmerkung. Die hierbei ermittelte Zellulosezahl ist von der nach der Originalmethode von Schwalbe gefundenen Kupferzahl abzuziehen, um die korrigierte Kupferzahl zu erhalten.

Bestimmung der Hydrolysierzahl nach Schwalbe.

Der Quellgrad kann auch durch Bestimmung der sogenannten Hydrolysierzahl angegeben werden; je höher nämlich der Quellgrad ist, um so leichter und rascher werden bei der sauren Hydrolyse zuckerartige, Fehlingsche Lösung reduzierende Stoffe gebildet. Zellulosen, die sich in einem höheren Quellungszustand befinden, zeichnen sich durch eine gesteigerte Empfindlichkeit gegen die hydrolysierende Wirkung verdünnter heißer Säuren aus. Durch die Ermittlung der Menge der unter genormten Bedingungen bei der Einwirkung von Säuren auf Zellstoffe gebildeten Abbauprodukte läßt sich also ein Maß für den Quellgrad gewinnen[2].

Durchführung der Bestimmung. 2···3 g lufttrockener, geraspelter Zellstoff werden im Rundkolben des Kupferzahl-Bestimmungsapparates von Schwalbe mit 250 cm³ 5proz. Schwefelsäure übergossen und nach Ingangsetzen von Rührwerk und Kühler erhitzt. Vom Beginn des lebhaften Kochens wird genau ¹/₄ Stunde lang unter anhaltendem Rühren im Sieden erhalten, also hydrolysiert. Hierauf wird mit der entsprechenden Menge Natronlauge, 10 g in 25 cm³ gelöst, neutralisiert, 100 cm³ heiße Fehlingsche Lösung, wie bei der Kupferzahl

---

[1] Schwalbe, C. G.: Die Chemie der Zellulose, 1. Aufl., S. 634. Berlin 1911.
[2] Schwalbe, C. G.: Die Chemie der Zellulose, 1. Aufl., S. 635. Berlin 1911.

beschrieben, zugefügt und, vom Beginn des Siedens an gerechnet, wieder genau $^1/_4$ Stunde gekocht. Die weitere Aufarbeitung gestaltet sich ganz entsprechend den bei der Kupferzahl gegebenen Vorschriften. Der ermittelte Kupferwert wird als „Hydrolysierzahl" bezeichnet (abgekürzt HZ.).

Da in heißer Fehlingscher Lösung, wie oben bei der Kupferzahl beschrieben, jede Zellulose Kupferreduktion hervorruft, muß man die Kupferzahl von der Hydrolysierzahl abziehen, wenn man die allein durch die Hydrolyse gebildete Zuckermenge zahlenmäßig als Kupfer zum Ausdruck bringen will. Man erhält so die Hydrolysierdifferenz.

Um sich bei dieser Bestimmung vor fehlerhaften Werten zu schützen, ist es unbedingt notwendig, die Neutralisation der Schwefelsäure durch die Natronlauge in vorsichtiger Weise vorzunehmen. Zweckmäßig versetzt man das Reaktionsgemisch nach beendeter Hydrolyse mit einigen Tropfen Phenolphthalein und tropft dann die Natronlauge unter beständigem Rühren hinzu. Jeder Überschuß von Lauge ist zufolge seiner in der Hitze besonders stark zerstörenden Wirkung auf die gebildeten Zucker unbedingt zu vermeiden. Aus diesem Grunde kann es unter Umständen vorzuziehen sein, die Neutralisation mit feinst gepulvertem Bariumkarbonat vorzunehmen.

Bestimmung der Quellungskriterien nach der Einheitsmethode.

Allgemeines. Unter dem Sammelbegriff „Quellungskriterien" sind zu verstehen: Saughöhe, lineare Ausdehnung, Quellmittelaufnahme und Bogendichte.

Da die Quellungskriterien im wesentlichen für die Charakteristik chemisch, insbesondere auf Viskoseseide weiterzuverarbeitender Zellstoffe Anwendung finden, lehnt sich die Prüfungsmethode für ihre Bestimmung eng an den technischen Vorgang bei der Durchführung des Viskoseprozesses an. Für die Prüfung wird daher der Zellstoff in der handelsüblichen Originalbogenform, also ohne Rücksicht auf die unterschiedliche Blattstärke, verwendet.

Im einzelnen lauten die Vorschriften der Einheitsmethode, die im Merkblatt Nr. 10 zusammengefaßt sind, wie folgt[1].

1. Bestimmung der Saughöhe.

Begriffserklärung. Wird ein Streifen lufttrockenen Zellstoffes senkrecht mit dem einen Ende einige Millimeter tief in Wasser getaucht, so versteht man unter „Saughöhe" die in Millimeter ausgedrückte Entfernung des Wasserspiegels von der Stelle, bis zu welcher das Wasser nach bestimmter Zeit in dem Streifen emporgestiegen ist.

Ausführungsbedingungen. Für die Bestimmung der Saughöhe nach der Einheitsmethode gelten folgende Bedingungen:

Breite der Stoffstreifen . . .	15 mm
Eintauchtiefe	5 mm
Temperatur des Wassers . .	20°
Erste Messung	nach 10 Minuten
Zweite Messung	nach 60 Minuten.

---

[1] NOLL, A., u. F. BOLZ: Papierfabrikant **32**, 465 (1934).

In besonderen Fällen kann die zweite Messung nach 30 Minuten und eine dritte nach 60 Minuten vorgenommen werden.

Durchführung der Bestimmung. Aus der lufttrockenen Originalzellstoffprobe werden in Längs- und Querrichtung je fünf genau 15 mm breite und ungefähr 20 cm lange Streifen geschnitten und jeder Streifen mit einem Bleistiftstrich als Nullmarke versehen, der 5 mm vom einen Ende des Streifens entfernt ist. Die Streifen werden dann senkrecht an einem geeigneten Streifenträger so befestigt, daß die unteren mit der Nullmarke versehenen Enden eine gerade waagerechte Linie bilden. Die Streifenenden werden bis zur Nullmarke in Wasser von 20° getaucht, indem entweder der Träger mit den Streifen, unter welchen der Wasserbehälter sich befindet, gesenkt wird, oder indem man den Wasserbehälter entsprechend in die Höhe hebt.

Streifenträger und Wasserbehälter werden dann durch eine geeignete Feststellvorrichtung in der betreffenden Lage festgehalten. Die Zeit des Eintauchens wird genau festgestellt, am besten durch Einschalten einer Stoppuhr. Das Ganze wird hierauf mit einer Glasglocke bedeckt, um ein allzu schnelles Verdunsten des von den Streifen aufgesaugten Wassers zu verhindern. Nach Verlauf von 10 Minuten wird unter kurzem Abheben der

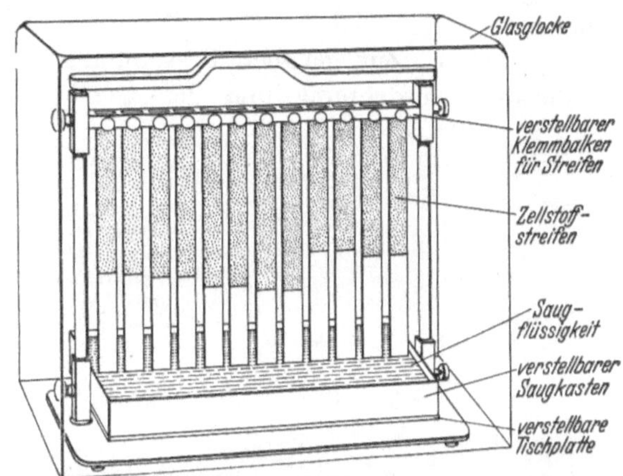

Abb. 120. Apparatur zur Bestimmung der Saughöhe von Zellstoffen. Nach Noll.

Glocke an jedem Streifen durch einen Bleistiftstrich die Stelle gekennzeichnet, bis zu welcher das Wasser emporgesaugt worden ist. Das gleiche geschieht nach 60 Minuten (nötigenfalls auch vorher nochmals nach 30 Minuten). Während der ganzen Saugzeit ist das Wasser in dem Saugbehälter stets auf 20° zu halten.

Nachdem die gesamte Tauchzeit von 60 Minuten verstrichen ist und die Kennzeichnungen von der letzten Tauchung angebracht worden sind, werden die Streifen abgenommen und die Entfernungen der Markierungsstriche von der jeweiligen Nullmarke mit einem zuverlässigen Maßstabe gemessen und die aus den Maßzahlen errechneten Mittelwerte für Längs- und Querrichtung als „mittlere Saughöhe" nach 10 bis 60 Minuten angegeben.

Für die Durchführung der Bestimmung bedient man sich zweckmäßig der in Abb. 120 wiedergegebenen Vorrichtung.

Versuchs-dauer	Saughöhe in mm		Gesamtmittel (Mittlere Saughöhe)
	Mittel aus je 5 Einzelbestimmungen		
Minuten	Längsstreifen	Querstreifen	
10	38	34	35
60	98	92	95

Für das Ergebnis der Saughöhebestimmung wird das aus vorstehendem Beispiel ersichtliche Schema empfohlen.

2. Bestimmung der linearen Ausdehnung und der Quellmittelaufnahme.

Begriffserklärung. Unter „linearer Ausdehnung" versteht man die prozentuale Zunahme der Schichthöhe einer Anzahl dicht aufeinanderliegender Zellstoffblättchen (Scheibchen) beim Quellen in Merzerisierlauge, berechnet auf die ursprüngliche Schichthöhe der aufeinanderliegenden lufttrockenen Zellstoffblättchen.

Als „Quellmittelaufnahme" wird die prozentuale Gewichtszunahme bezeichnet, welche die vorerwähnten Zellstoffblättchen bei der Quellung in der Merzerisierlauge erfahren, berechnet auf das ursprüngliche Gewicht der trockenen Blättchen.

Apparatur. Zur genauen Bestimmung der linearen Ausdehnung und der Quell-

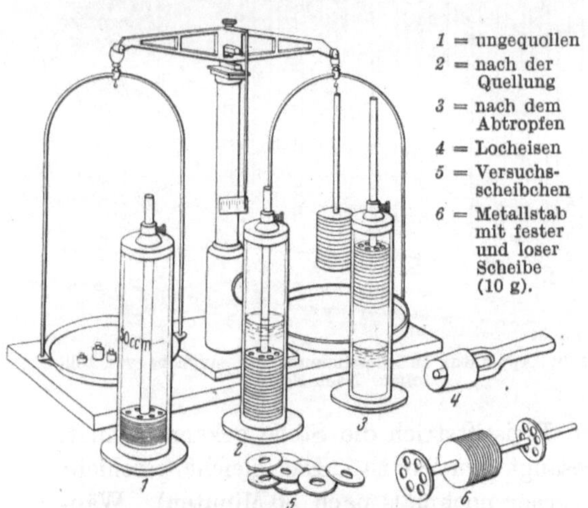

Abb. 121. Einrichtung zur Bestimmung der Quellungskriterien von Zellstoffen.

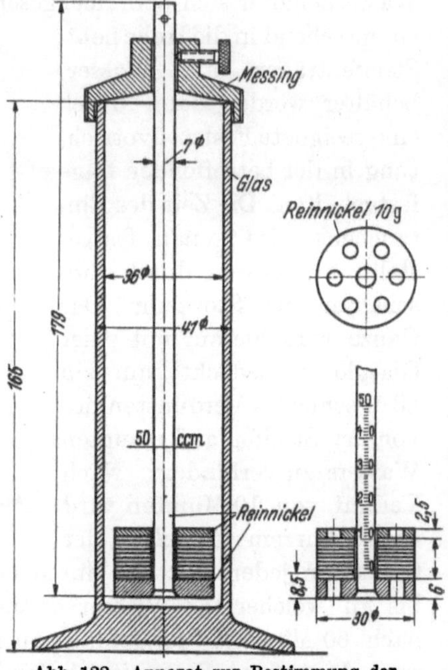

Abb. 122. Apparat zur Bestimmung der Quellungskriterien.

mittelaufnahme dient die von NOLL[1] beschriebene, in Abb. 121 und 122 dargestellte Vorrichtung.

Durchführung der Bestimmung. Aus den lufttrockenen Zellstoffbogen werden mit Hilfe des Locheisens (Abb. 121, Nr. 4) oder einem sonstigen geeigneten Stanzapparat zehn kreisrunde Zellstoffblättchen von 30 mm äußerem Durchmesser und einer Lochung im Mittelpunkt von 8 mm Durchmesser ausgestanzt (vgl. Abb. 121, Nr. 5) und an ihrem Rande mit der Schere etwas beschnitten, um die durch das Locheisen verursachte Ausbiegung der Ränder zu beseitigen. Die genau aufeinander passenden Scheibchen werden nun auf eine Dezimale genau gewogen, sodann über den zum Eintauchen dienenden, zweckmäßig mit einer Millimeterskala versehenen Stab geschoben (vgl. Abb. 121, Nr. 6 und Abb. 122), die gelochte, lose 10 g schwere Scheibe aufgelegt und das Ganze gewogen, wobei man die Vorrichtung mittels eines durch die am oberen Rande

---

[1] NOLL, A.: Papierfabrikant **29**, 115 (1929).

des Metallstabes befindliche Bohrung hindurchgesteckten Drahtes an der Waage aufhängt (es genügt eine gute technische Waage von 500 g Tragkraft).

Nach Feststellung des Gewichts wird die Höhe der von den zehn Zellstoffblättchen gebildeten Schicht mit einem genauen Maßstab unter leichtem Andrücken der beiden Nickelplättchen mit Zeige- und Mittelfinger oder bequemer noch durch Belastung mit einem 800 g schweren Messingzylinder, welcher über den Stab geschoben und auf die obere gelochte Platte aufgesetzt wird, gemessen.

Hierauf erfolgt das Tauchen und Quellen der Stoffprobe. Die Vorrichtung mit den Zellstoffscheibchen wird (gegebenenfalls nach Entfernung des zur Beschwerung bei der Ablesung dienenden Messingzylinders) nach Aufsetzen und Arretierung des Deckels in das mit 50 cm³ Merzerisierlauge (17,5 Gew.-proz. NaOH) von genau 20° beschickte Glasgefäß vorsichtig eingetaucht (Abb. 121, Nr. 1 und Abb. 122). Die Zeit des Eintauchens wird genau vermerkt oder mittels der Stoppuhr festgelegt. Durch die je nach Art des Stoffes mehr oder weniger starke Quellung nimmt die Dicke der Zellstoffblättchen und damit die der ganzen Schicht zu unter Hochheben der aufgelegten 10 g schweren Belastungsscheibe.

Nach 4 Minuten wird durch Ablesen der an dem zentralen Metallstab angebrachten Skala oder eines an die äußere Wandung des Glasgefäßes gehaltenen Maßstabes (im letzteren Fall nimmt man das Mittel aus sechs Messungen ringsum) die Höhenzunahme der Stoffschicht bestimmt und in Prozenten der ursprünglichen Höhe als „lineare Ausdehnung" angegeben.

Nach einer weiteren Minute, also nach einer Gesamtquellzeit von 5 Minuten, wird die Vorrichtung aus der Lauge herausgezogen, mittels der Stellschraube arretiert und noch 5 Minuten abtropfen gelassen. Hierauf wird die Tauchvorrichtung aus dem Gefäß herausgenommen und die obere und untere Nickelplatte, besonders auch die in den beiden Platten befindlichen Löcher durch Abtupfen mit Filtrierpapier von anhaftender Lauge befreit, wobei zweckmäßig die Zellstoffscheibchen bei Schräglage des Stabes vorsichtig etwas nach oben geschoben werden. Die Vorrichtung wird dann wieder wie vorher an die Waage gehängt und gewogen. Die Gewichtszunahme wird in Prozenten vom ursprünglichen Gewicht der Stoffscheibchen als „Quellmittelaufnahme" angegeben.

Berechnungsbeispiele. a) Für die lineare Ausdehnung. Wurde die Höhe (a) der zehn lufttrockenen Stoffscheibchen = 8 mm und die Höhe (b) der zehn Scheibchen nach der Quellung = 40 mm gefunden, so beträgt die Höhenzunahme (c) durch die Quellung = $b - a$ = 32 cm.

Prozentual auf die ursprüngliche Höhe (a) bezogen, ist diese Höhenzunahme die lineare Ausdehnung (d), und es ist, da $a : c = 100 : d$,

$$d = \frac{100\,c}{a} = \frac{3200}{8} = 400\,\%.$$

b) Für die Quellmittelaufnahme (Gewichtszunahme). Es seien beispielsweise folgende Gewichte festgestellt worden:

Taragewicht (a) der Tauchvorrichtung . . . . = 93,0 g
Gewicht der 10 lufttrockenen Stoffscheibchen (b) . . . . = 3,5 g
Also Gesamtgewicht (c) vor der Quellung = $a + b$ . . . . = 96,5 g
Gewicht der Vorrichtung und Stoffscheibchen nach der Quellung (d) = 116,1 g
Also vom Zellstoff aufgenommene Laugenmenge $e = d - c$ . . . . . = 19,6 g

Auf die angewandte Zellstoffmenge (b) bezogen ist diese Gewichtszunahme (e) die gesuchte prozentuale Quellmittelaufnahme f. Es ist, da $b : e = 100 : f$, die Quellmittelaufnahme

$$f = \frac{100\,e}{b} = \frac{1960}{3,5} = 560\,\%.$$

3. Bestimmung der Bogendichte.

Begriffserklärung. Die „Bogendichte" gibt an, welches Quadratmetergewicht ein 1 mm starkes (dickes) Blatt des betreffenden Stoffes haben würde; sie ist also der Quotient: **Quadratmetergewicht dividiert durch Bogenstärke.**

Zur Bestimmung der Bogendichte wird zunächst die Bogenstärke (Dicke des Bogens) bestimmt, indem an einem Quadratdezimeter des lufttrockenen Stoffes 20 Dickenmessungen vorgenommen werden und das Mittel aus ihnen (in Millimeter) errechnet wird. Sodann wird das Gewicht des lufttrockenen Quadratdezimeters festgestellt und, nach getrennt durchgeführter Feuchtigkeitsbestimmung, das Quadratmetergewicht des absolut trockenen Stoffes errechnet. Man kann auch so verfahren, daß man einen Quadratdezimeter Stoff zunächst trocknet und wägt und aus dem Gewicht direkt das Quadratmetergewicht des absolut trockenen Stoffes errechnet. Durch Division des auf die eine oder andere Weise erhaltenen Quadratmetergewichts des absolut trockenen Stoffes durch die vorher bestimmte Bogenstärke erhält man die „Bogendichte". Wurde z. B. das Quadratmetergewicht des absolut trockenen Stoffes = 579,6 g und die Bogenstärke, als Mittel aus 20 Einzelmessungen, zu 0,920 mm gefunden, so ist die Bogendichte

$$= \frac{579,6}{0,92} = 630.$$

4. Raumgewicht, Faservolumen und Porenvolumen.

Von der Bogendichte lassen sich weitere sehr anschauliche Begriffe ableiten. Da die Bogendichte das Quadratmetergewicht eines Stoffblattes von 1 mm Dicke, also von 1000 cm³ angibt, so ist der tausendste Teil der Bogendichte das Gewicht eines Kubikzentimeters, also das **Raumgewicht** (= scheinbares spezifisches Gewicht) des Zellstoffs. Hinsichtlich des Volumens kann unterschieden werden zwischen dem von der Fasersubstanz ausgefüllten Volumen und dem Luftraum des Stoffblattes. In prozentualen Verhältniszahlen ausgedrückt, ergeben sich folgende Beziehungen:

Faservolumen (Vol. % Fasersubstanz)

$$= \frac{100 \times \text{Raumgewicht des absolut trockenen Stoffes}}{\text{spez. Gew. des absolut trockenen Stoffes}} \cdot$$

Porenvolumen (Porosität Vol. % Luftraum)

$$= 100 - \text{Faservolumen}$$

$$= 100 - \frac{100 \times \text{Raumgewicht des absolut trockenen Stoffes}}{\text{spez. Gew. des absolut trockenen Stoffes}} \cdot$$

Hat beispielsweise ein Zellstoff die **Bogendichte** 714, also ein **Raumgewicht** = 0,714, so beträgt, unter Zugrundelegung eines spezifischen Gewichts der Zellulose = 1,50, sein **Porenvolumen (Porosität)**

$$= 100 - \frac{100 \times 0,714}{1,50} = 52,4\ \text{Vol. }\%.$$

Genauigkeit der Methoden. Die oben beschriebenen Bestimmungsmethoden liefern sehr gut reproduzierbare Werte. Hierzu ist aber, da es sich um rein empirische Konventionsmethoden handelt, genaueste Befolgung aller Einzelheiten der Vorschriften erforderlich. Die Fehlergrenze beträgt bei der Saughöhe etwa $\pm 3\%$, bei der linearen Ausdehnung und der Quellmittelaufnahme $\pm 3 \cdots 5\%$ des Bestimmungswertes.

Bestimmung des Dickenquellvolumens.

Für die Praxis ist außer den Quellkriterien noch von Bedeutung der von der Gewichtseinheit des Zellstoffes im Quellzustand eingenommene Raum. Er ist beispielsweise für die Kapazität und den Ausnutzungsgrad der Tauchpressen bei der Herstellung der Alkalizellulose ausschlaggebend. Hiervon ausgehend schufen Jayme und Steinmann[1] den Begriff des Dickenquellvolumens.

Begriffserklärung. Unter dem Dickenquellvolumen wird der von 1 g absolut trockenem Zellstoff bei der Quellung eingenommene Raum verstanden, wobei zur Berechnung des Quellvolumens nur die Dicke des Bogens in gequollenem Zustand herangezogen, die aufgetretene Schrumpfung aber vernachlässigt wird.

Apparatur. Zur Ermittlung der genannten Kenngröße wird die Apparatur der Einheitsmethode zur Feststellung der Quellmittelaufnahme benutzt.

Durchführung der Bestimmung. Zunächst werden aus der zu prüfenden Zellstoffpappe mit dem Locheisen 20 Scheiben ausgestanzt. In den für die Quellung vorgesehenen Zylinder kommen 100 cm³ Natronlauge — 17 gew.-proz.— von genau 20°. Der Zylinder wird zwecks Aufrechterhaltung der Temperatur während des Versuches in ein 1000 cm³ fassendes Becherglas mit Wasser von 20° eingestellt. Auf die Nickeleintauchstange gibt man zunächst eine der Scheiben und taucht sie so lange ein, bis vollkommene Durchtränkung erfolgt ist. Dann wird eine zweite Scheibe aufgelegt und wiederum getaucht, bis auch diese restlos durchtränkt ist. In dieser Weise fährt man fort, bis sämtliche 20 vorbereiteten Scheiben durchtränkt sind. Dann wird die Nickelscheibe aufgelegt und nochmals 4 weitere Minuten eingetaucht. Anschließend belastet man die Scheiben 2 Minuten lang mit dem 800 g schweren Messingzylinder, wobei man während der zweiten Minute die Höhe der gequollenen Scheiben von außen her als Mittelwert von vier Einzelmessungen auf dem Umfang feststellt. Hierbei wird das Quellgefäß vorsichtig aus dem Becherglas genommen und langsam auf einer Glasplatte gedreht, um ein Zusammenrütteln der Einzelscheiben zu vermeiden.

Es ergibt sich dann das gesuchte Dickenquellvolumen zu:

$$\frac{10\,000 \cdot \text{Dicke nach der Quellung}}{\text{Quadratmetergewicht in g}} \cdot$$

Wird z. B. die Höhe einer Scheibe nach der Quellung mit 0,329 cm ermittelt und beträgt das Quadratmetergewicht in g 498, so ergibt sich:

$$\text{Dickenquellvolumen} = \frac{10\,000 \cdot 0,329}{498} = 6,61 \text{ cm}^3/\text{g}.$$

Auch bei dieser Bestimmung ist als Konventionsmethode nur bei genauester Einhaltung sämtlicher Bedingungen und Handgriffe die Erlangung richtiger und reproduzierbarer Werte zu erwarten.

---

[1] Jayme, G., u. R. Steinmann: Papierfabrikant **35**, 337 (1937).

Zur Faserfraktionierung gebleichter Zellstoffe.

Es ist bereits bei der Besprechung der Faserfraktionierung ungebleichter Zellstoffe angedeutet worden, daß eine Fraktionierung Einblicke über die Beziehungen zwischen chemischen Kennziffern und den einzelnen Größenfraktionen ihrer Fasern gibt. Erfahrungsgemäß sind bei den meisten Zellstoffen die Feinststoffe in ihren Kennziffern geringwertiger als die gröberen Fraktionen. Bei gebleichten Zellstoffen deckt eine Fraktionierung auch noch einen Zusammenhang zwischen der Weiße und den verschiedenen Größenanteilen der Fasern auf. Der Feinststoff gebleichter Zellstoffe ist zumeist sehr gering in der Weiße. Seine Entfernung verbessert die Farbe des Rückstandes nicht unbeträchtlich. Geringe Mengen von Feinststoff sind daher auch in dieser Hinsicht günstig.

Die praktische Durchführung der Faserfraktionierung erfolgt mit den gleichen Vorrichtungen wie bei den ungebleichten Stoffen.

Bestimmung der Festigkeit.

Für die Bestimmung der Festigkeit von Zellstoffen sind ausführliche Vorschriften bei der Untersuchung der ungebleichten Zellstoffe gegeben, sie bedürfen bei der Prüfung gebleichter Stoffe keiner Abänderung. Es sei hier nochmals darauf hingewiesen, daß es auch bei den gebleichten Zellstoffen nicht genügt, nur einen Punkt der Mahlkurve aufzunehmen. Wenn man einigermaßen erschöpfende Auskunft über die Festigkeitseigenschaften der gebleichten Zellstoffe erlangen will, muß auch bei ihnen gemäß den Vorschriften der deutschen Einheitsmethode die Untersuchung vorgenommen werden.

Bestimmung der Viskosität und des Polymerisationsgrades.

Einleitung. Die Feststellung der chemischen und konventionellen Kennziffern gibt allein noch keine erschöpfende Charakteristik eines gebleichten oder veredelten Zellstoffes. Zu ihrer Vervollständigung fehlt noch eine Aussage über den Zustand, den die Hauptmasse der den Zellstoff bildenden Zellulose in molekularer Hinsicht besitzt. Vom pflanzlichen Ausgangsrohstoff her erleidet dieser molekulare Aufbau durch die chemischen Prozesse im Verlauf des Aufschlusses, der Bleiche und der Veredelung dauernde Veränderung, und zwar in der Weise, daß die ursprüngliche Länge des Kettenmoleküls der nativen Zellulose einer ständigen Kürzung unterworfen wird. Diese Kürzung der Kettenlänge, dieser Abbau des Gesamtmoleküls der Zellulose, darf nicht unter gewisse Werte fallen, da sonst die Verarbeitbarkeit des Zellstoffes in der chemischen Weiterveredelung zu Spinnstoffen, Folien, Estern, Nitrozellulosen u. a., wie auch die Güte und die Festigkeitseigenschaften dieser Erzeugnisse nachteilig beeinflußt werden. Auch bei einer Verarbeitung des Zellstoffes zu Papier kann sich eine weitgehende Kürzung der Kettenlänge seiner Zellulosemoleküle unvorteilhaft für die Festigkeitseigenschaften des Enderzeugnisses auswirken.

Als ein Maß für die Größe des Moleküls oder genauer ausgedrückt der Anzahl von Grundmolekülen, die sich, seine Gesamtheit als Makromolekül bildend, zu einer fortlaufenden Kette zusammengeschlossen haben, des Polymerisationsgrades, benützt die Praxis schon seit einer Reihe von Jahren aus rein empirischen Erkenntnissen heraus die Messung der Viskosität von Auflösungen, welche aus dem zu prüfenden Zellstoff in geeigneten Mitteln hergestellt werden. Der hohe Wert dieser Untersuchung liegt darin, daß sie die gesamte Faser als chemische Einheit umfaßt und demzufolge zur Zeit am besten in der Lage ist, von der Beschaffenheit der Fasersubstanz eine klare Vorstellung zu geben. Die theoretischen Grundlagen der Methodik sind doch erst neuerdings, und zwar insbesondere durch die weitgehenden Untersuchungen von STAUDINGER[1] und seinem Schülerkreis geklärt worden. Hierdurch ist der Praxis die Möglichkeit gegeben worden, die einzelnen Stufen ihres Fabrikationsganges in dieser Hinsicht auf streng wissenschaftlicher Basis verfolgen zu können.

Die für die vorliegende Frage bedeutsamen Ergebnisse STAUDINGERS lassen sich etwa wie folgt kurz zusammenfassen.

Die Lösungen von Zellulose in SCHWEIZERS Reagens wie auch von Zellulosederivaten, Nitrozellulose und Azetaten, in organischen Lösungsmitteln enthalten diese Kolloide in makromolekularer Form. Die Viskosität von Lösungen dieser Art wird durch die Größe und die Gestalt der gelösten fadenförmigen Makromoleküle bedingt. Für Sollösungen dieser Moleküle, d. h. für Lösungen in einem hinreichend niedrigen Konzentrationsgebiet, besteht dann ein von STAUDINGER aufgefundener gesetzmäßiger Zusammenhang zwischen Viskosität und dem Molekulargewicht der gelösten Teile. Führt man als Meßgrößen die spezifische Viskosität η_{sp} ein, also die Viskositätserhöhung, die von einer bestimmten Menge des gelösten Stoffes in einem bestimmten Volumen des Lösungsmittels hervorgebracht wird, und andererseits als Konzentration dieser Lösung c_{gm} die Anzahl der Grundmole (bei Zellulose $C_6H_{10}O_5$) im Liter, so läßt sich das STAUDINGERsche Viskositätsgesetz in folgende Gleichung kleiden:

$$\eta_{sp} = K_m \cdot M \cdot c_{gm}, \tag{1}$$

wenn M das Molekulargewicht und K_m eine experimentell zu bestimmende Konstante bedeuten.

Die spezifische Viskosität wächst im Gebiet der verdünnten Lösungen (Sollösungen) proportional mit der Konzentration, d. h. der Wert η_{sp}/c_{gm} oder η_{sp}/c, die Viskositätszahl, ist für sie konstant. c bedeutet hierin die Konzentration der Lösung in g gelöster Zellulose im Liter.

Im besonderen Fall der langgestreckten, fadenförmigen Moleküle, wie sie der Zellulose eigen sind, nimmt die Viskositätszahl proportional mit der Länge der Moleküle zu.

Bezeichnet man mit P den Polymerisationsgrad, so kann die obige Gleichung durch seine Einführung auch wie folgt geschrieben werden:

$$\eta_{sp}/c = K_m \cdot P. \tag{2}$$

Diese von STAUDINGER als Viskositätsgesetz für Fadenmoleküle bezeichnete Beziehung, zeigt den einfachen Zusammenhang, der zwischen spezifischer Viskosität und Polymerisationsgrad besteht.

Dank diesem Gesetz kann man durch Feststellung der spezifischen Viskosität einer Lösung bekannter Konzentration die Kettenlänge des Moleküls und damit,

---

[1] STAUDINGER, H.: Hochmolekulare organische Verbindungen. Berlin 1932. — STAUDINGER, H., u. F. REINECKE: Papierfabrikant **36**, 489 (1938). — STAUDINGER, H.: Ebenda **38**, 285 (1940).

wenn bestimmte Annahmen über den Aufbau der Zellulose gemacht werden, auch ihr Molekulargewicht ermittelt werden. Auf der von STAUDINGER für Zellulose und Zellulosederivate bewiesenen Gültigkeit und den für diese ermittelten K_m-Werten beruht die praktische Methodik der Ermittlung des Polymerisationsgrades der Zellulose in Zellstoffen.

Wenn auch die Zellstoffe nicht aus reiner Zellulose allein bestehen und die in ihnen vorhandenen Begleitstoffe, wie Pentosan, Mannan u. a. auf das Ergebnis einwirken, so eröffnet die Anwendung der Methodik STAUDINGERS unbeschadet dessen außerordentlich wertvolle Einblicke vor allem in die Bleich- und Veredelungsprozesse wie auch in die Beschaffenheit des Enderzeugnisses.

In ihrer Durchführung gestaltet sich die Bestimmung so — und das ist ein Merkmal von grundsätzlicher Bedeutung —, daß Viskositätsmessungen an Lösungen vorgenommen werden, die äquiviskos sind und deren Werte für η_{sp}, um im Gebiet der Sollösungen zu liegen, sich zwischen $0{,}05\cdots0{,}15$ bewegen müssen. Die Konzentration von äquiviskosen Sollösungen ändert sich gemäß den Gleichungen (1) oder (2) umgekehrt proportional dem Molekulargewicht oder dem Polymerisationsgrad. Wenn beispielsweise eine 0,1proz. Zelluloselösung in Kupferoxydammoniak eine spezifische Viskosität η_{sp} von 0,1 hat, so hat die aufgelöste Zellulose einen Polymerisationsgrad von 200. Beträgt dieser hingegen 2000, so vermag bereits eine 0,01proz. Lösung in Schweizers Reagens die spezifische Viskosität von 0,1 hervorzubringen. Die Forderung nach einer Anwendung von äquiviskosen Lösungen mit bestimmten Werten von η_{sp} führt zur Notwendigkeit, die Konzentration der zu messenden Lösung je nach dem zu erwartenden Polymerisationsgrad entsprechend zu wählen.

Neben dieser auf rein wissenschaftlichen Grundlagen aufgebauten Bestimmung des Polymerisationsgrades bedient sich die Technik schon seit geraumer Zeit und lange bevor durch die Arbeiten von STAUDINGER Licht über dieses Gebiet geworfen wurde, noch eines mehr empirischen Verfahrens, nämlich der Messung der Viskosität von gleichkonzentrierten und höherkonzentrierten Lösungen von Zellulose. Diese Art der Messung ist mit dem Nachteil behaftet, daß sich die Viskosität gleichkonzentrierter Lösung nicht proportional dem Polymerisationsgrad ändert. Besonders bei hochpolymeren Zellulosen nimmt sie ungleich stärker als der Polymerisationsgrad zu. Zwischen der Viskosität gleichkonzentrierter Lösungen von Zellstoffen und ihren Polymerisationsgraden besteht also keine einfache Proportion, der Zusammenhang ist vielmehr funktioneller Art.

Trotz dieses Mangels hat sich die Methodik der Viskositätsmessung gleichkonzentrierter Lösungen in der Praxis erhalten, und zwar vornehmlich als Vergleichsmessung sich ähnelnder Zellstoffe. Als solche hat sie sich auch für die Zwecke der Betriebsüberwachung als brauchbar erwiesen. Bei ihrer Durchführung wird zumeist nur die Größe der relativen Viskosität einer Zellstofflösung ermittelt und eine Verknüpfung des Ergebnisses mit dem Polymerisationsgrad der in ihr enthaltenen Zellulose jedenfalls nicht immer angestrebt.

Bestimmung der Viskosität.

Allgemeines. Die Bestimmung der Viskosität von Zellstoffen erfolgt wohl ausschließlich an ihrer Auflösung in Kupferoxydammoniaklösung — häufig als K- oder Cu-Viskosität bezeichnet — oder an aus ihnen hergestellter Viskose —

X-Viskosität genannt. Nur für besondere Fälle werden Bestimmungen an Auflösungen aus dem Zellstoff gewonnener Zellulosenitrate in Azeton oder anderen organischen Lösungsmitteln vorgenommen.

Die Durchführung dieser Ermittlungen erfordert, wenn sie verläßlich sein soll, eine geeignete Apparatur und ein stets genau einzuhaltende Arbeitsvorschrift. Die K-Viskosität läßt sich allgemein rascher bestimmen als die X-Viskosität. Ein Ersatz der einen durch die andere ist nicht möglich; es besteht nur ein ganz loser Zusammenhang, der im übrigen auch von der Art der zu untersuchenden Stoffe abhängig ist. Bei der Anwendung der gleichen Methoden ergeben sich beispielsweise bei Sulfitzellstoffen ganz andere Verhältniszahlen zwischen beiden Arten der Viskosität als bei Sulfatzellstoffen. Auch spielt es eine Rolle, ob die Zellstoffe aus Nadelholz, Laubholz oder Stroh gewonnen sind.

Bei der Bestimmung der K-Viskosität ist von größter Wichtigkeit, daß sie unter Bedingungen vorgenommen wird, welche die Einwirkung des Luftsauerstoffs auf die Zelluloselösung ausschließen. Eine Möglichkeit hierzu würde in ganz unkontrollierbarer Weise zu einem mehr oder weniger starken Abbau der Zellulose führen und damit das Ergebnis zu einem vollständig irreführenden gestalten können. Ein Ausschluß dieser störenden Einwirkung kann auf verschiedene Weise erreicht werden, entweder durch Arbeiten in einer Stickstoffatmosphäre oder durch Zugabe chemischer Agenzien zur Auflösung des Zellstoffes, welche hinzutretenden Sauerstoff rasch binden und unschädlich machen. Das Arbeiten in mit Stickstoff erfüllter Apparatur führt notwendigerweise zu einer empfindlichen und nicht einfach zu handhabenden Einrichtung, weshalb besonders im Betriebslaboratorium die Neigung besteht, die andere Methodik vorzuziehen. Zu der Gruppe der erstgenannten ist die deutsche Einheitsmethode — Merkblatt Nr. 12 — zu rechnen. Sie ist erwiesenermaßen sehr schwierig in der Durchführung und vermag nur bei äußerster Peinlichkeit und bester Vertrautheit mit ihr übereinstimmende Werte zu geben. Eine Überarbeitung ihrer Vorschrift wäre am Platze. Von ihrer Wiedergabe ist hier Abstand genommen worden. Dafür sind drei andere Methoden beschrieben, die teils der einen, teils der anderen Gruppe angehören, und die erfahrungsgemäß bei einfacher Handhabung verläßliche Zahlen zu liefern vermögen. Schließlich ist dann noch eine gut durchdachte Apparatur zur Bestimmung der K-Viskosität erwähnt, die für die Durchführung bei Anwendung einer Stickstoffatmosphäre gut geeignet ist.

Bei der Bestimmung der X-Viskosität bestehen in dieser Hinsicht weit weniger Schwierigkeiten. Nachteilig ist hier nur der verhältnismäßig große Zeitaufwand, der zur Durchführung erforderlich ist und der die Methode wohl zur Bewertung des Fertigerzeugnisses, kaum aber zur Kontrolle und Verfolgung der laufenden Arbeitsvorgänge im Betrieb geeignet macht.

Ein großer Nachteil der verschiedenen Viskositätsmessungen ist der Umstand, daß sich ihre Ergebnisse nur in den seltensten Fällen unmittelbar miteinander vergleichen lassen, und daß demgemäß die im Schrifttum bei ihrer Anwendung erscheinenden Zahlen meist nur ganz angenäherte Vorstellungen vermitteln. Bei den Bestimmungen wird im allgemeinen nur die relative Viskosität ermittelt und die Messung dieser Größe erfolgt entweder im Auslauf- oder Kugelfallviskosimeter. Es ist in einzelnen Fällen wohl angestrebt worden, das Ergebnis in Größen des absoluten Maßsystems anzuführen, was zweifellos einen Fortschritt bedeutet.

Andererseits sind damit noch nicht ganz allgemeine Vergleichsmöglichkeiten gegeben, da die Messungen bei den einzelnen Methoden an Lösungen unterschiedlicher Konzentration an Kupfer, Ammoniak und Zellulose durchgeführt werden. Erst wenn sich hier ein Streben nach Einheitlichkeit durchsetzen würde, wäre der volle Wert des Überganges zu einer Angabe der Ergebnisse in Größen des absoluten Maßsystems erreicht.

Viskosität im absoluten Maßsystem. Die Maßeinheit für die Zähigkeit oder Viskosität η im absoluten Maßsystem ist das Poise. Als Meßgröße kommt zumeist sein hundertster Teil, das Zentipoise, abgekürzt cP in Frage.

Außer der Bestimmung der Viskosität von endfertigen, vornehmlich von gebleichten Zellstoffen ist in diesem Kapitel des Zusammenhanges halber auch eine Methode zur Viskositätsermittlung von den Kochern entnommener Kochgutsproben beschrieben.

Bestimmung der Xanthogenat-Viskosität nach der deutschen Einheitsmethode.

Für die Bestimmung der Xanthogenat-Viskosität — abgekürzt X-Viskosität — ist von dem Unterausschuß für Faserstoffanalysen des Vereins der Zellstoff- und Papier-Chemiker und -Ingenieure eine ursprünglich von der Zellstofffabrik Waldhof ausgearbeitete Vorschrift angenommen worden, die sich für diesen Zweck seit einer ganzen Reihe von Jahren gut bewährt hat. Die im Merkblatt Nr. 11 des obengenannten Unterausschusses niedergelegte Arbeitsvorschrift hat im wesentlichen den folgenden Wortlaut.

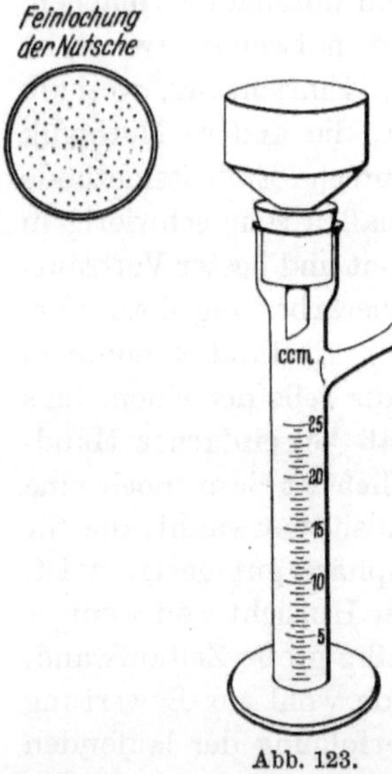

Von dem in Haferflockengröße geraspelten lufttrockenen Zellstoff mit $6 \cdots 8\,\%$ Wassergehalt werden 5 g (lufttrocken) in einem Duranglasbecher mit 25 cm³ 17,5 volumproz. Natronlauge von genau 20° versetzt, mit einem abgeflachten Glasstab gut durchgemischt und 1 Stunde bei dieser Temperatur im Wasserbad von 20° stehen gelassen. Die Alkalizellulose wird sodann auf eine auf einem Saugzylinder befestigte feingelochte Spezialnutsche (Abb. 123) gegeben und mittels eines Glasstabes gleichmäßig ohne Pressung des Kuchens verteilt. Die Lauge wird zunächst schwach abgesaugt und

Abb. 123. Abb. 124.

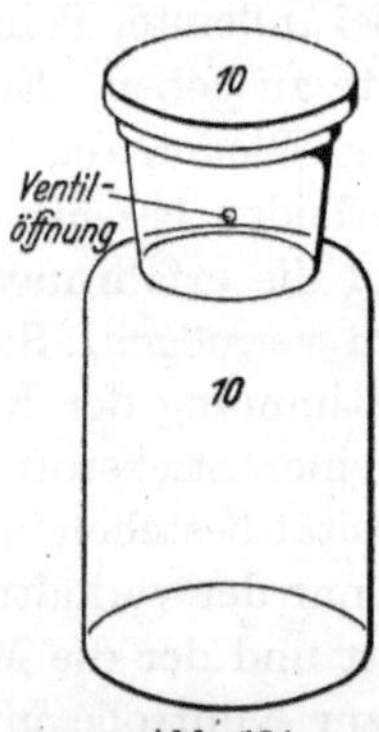

Abb. 123 u. 124. Geräte zur Durchführung der Bestimmung der Xanthogenat-Viskosität. Abb. 123. Spezialnutsche und Saugzylinder. Abb. 124. Sulfidierflasche mit Ventilstopfen.

nochmals auf den Stoffkuchen zurückgegeben. Der Stoffkuchen wird nun leicht angedrückt und, erst nachdem der größte Teil der Lauge abgesaugt ist, mit einer Glasflasche mit flachem Boden stärker gepreßt. Das Absaugen der Lauge erfolgt während genau 10 Minuten. Die Menge der dabei anfallenden Preßlauge, gewöhnlich sind es zwischen 11,5 und 12,5 cm³, wird gemessen und vermerkt. Der Preßkuchen wird sodann mit einem Nickelspatel gut zerkleinert, in die

Sulfidierflasche (Abb. 124) gegeben und bleibt in der geschlossenen Flasche 22 Stunden bei genau 30° im Brutschrank stehen. Die veranschaulichte Sulfidierflasche besitzt zur Vermeidung von Verdunstung des später zuzusetzenden Schwefelkohlenstoffes einen besonders dichten, sogenannten Ätherschliff und kann ferner zwecks leichteren Druckausgleichs während und nach beendeter Sulfidierung mit einem Ventilstopfen versehen sein.

Nach Ablauf der 22 stündigen Vorreife bei genau 30° läßt man 5 Minuten bei Zimmertemperatur stehen, setzt dann zwecks Sulfidierung 3,6 cm³ Schwefelkohlenstoff (= 4,6 g) zu und behandelt die Alkalizellulose damit $4^3/_4$ Stunden unter öfterem Schütteln bei 15°. Dabei steht die geschlossene Sulfidierflasche in einem genau auf 15° gehaltenen Wasserbad. Die Flasche wird etwa alle Viertelstunden einmal herausgenommen und die Masse durch kurzes Aufschlagen der Flasche auf die innere Handfläche durcheinandergebracht.

Nach Ablauf der vorgenannten Zeit wird der überschüssige Schwefelkohlenstoff durch Absaugen (Anschließen der Sulfidierflasche an die Luftpumpe) entfernt. Man versetzt dann die sulfidierte Masse mit 17,5 vol.-proz. Natronlauge, und zwar mit 2 cm³ mehr, als vorher abgepreßt wurden. Ferner wird noch Wasser bis zum Gesamtvolumen von etwa 120 cm³ zugegeben, die Flasche verschlossen und 2 Stunden auf einer mit Wasserkühlung versehenen Schüttelmaschine bei 20···22° bis zur vollständigen Auflösung der Masse geschüttelt.

Darauf mißt man vorsichtshalber nochmals die Temperatur und spült die gelöste Viskose quantitativ mit gekühltem Wasser in einen 500 cm³-Meßkolben, füllt bei 15° zur Marke auf und bestimmt sofort wiederum bei genau 15° die Viskosität in der so erhaltenen 1 proz. Lösung (bezogen auf lufttrockenen Zellstoff) mit dem OST-OSTWALDschen Viskosimeter, indem man den Wasserwert des Instrumentes gleich 1 setzt.

Berechnung:

$$\frac{\text{Auslaufzeit der Viskose in s (bei 15°)}}{\text{Auslaufzeit des Wassers in s (bei 15°)}} = \text{X-Viskosität.}$$
$$\text{(Wasserwert)}$$

Es ist darauf zu achten, daß die Lösung frei von Luftblasen ist. Dies wird am besten dadurch erreicht, daß man etwa 100 cm³ Viskose in einen Erlenmeyerkolben gibt, die Temperatur nochmals einstellt und die Lösung vorsichtig in das auf 15° gekühlte Viskosimeter gießt, wobei man das Steigrohr mit dem Finger verschließt. Schließlich überzeugt man sich, daß sich am Ende der Kapillare keine Luftblase befindet. Sollte das der Fall sein, so muß diese durch leichtes Schwenken des Viskosimeters beseitigt werden. Besonders ist darauf zu achten, daß das Viskosimeter stets mit der gleichen Flüssigkeitsmenge gefüllt wird. Abb. 125 veranschaulicht die Versuchsanordnung.

Der Wichtigkeit halber sei im folgenden die Handhabung des OST-OSTWALDschen Viskosimeters in Einzelheiten beschrieben. Der Wasserwert des Viskosimeters soll etwa 27···30 Sekunden (nicht mehr) betragen. Das Viskosimeter, dessen beide Strichmarken 25 cm³ beinhalten, steht in einem mit genau auf 15° gehaltenem Wasser gefüllten Glaszylinder. Ein Glasrohr zum Durchblasen von Luft erleichtert die Mischung der Kühlflüssigkeit. Durch Einwerfen kleiner Eisstückchen oder durch Zugabe von etwas warmem Wasser wird die Badtemperatur auf genau 15° reguliert.

Zur Feststellung des Wasserwertes wird das Viskosimeter mit destilliertem Wasser gefüllt und dessen Auslaufzeit nach den unten angegebenen Richtlinien festgestellt, wobei ein Durchschnitt von 10 Bestimmungen dem exakten Wasserwert entspricht.

Zunächst wird am Hals der unteren Kugel des Viskosimeters ein Glasrohr mit Gummidichtung aufgesetzt (vgl. Abbildung) und dann das Ganze mittels eines an dem tulpenförmigen Eingußstück befestigten Drahtes zwecks Temperaturausgleiches etwa 5 Minuten in den Kühlzylinder eingehängt. Dann wird das Viskosimeter wieder aus dem Zylinder herausgenommen und unter Schräghalten bei gleichzeitigem Verschluß des auf die untere Kugel aufgesetzten Glasrohres mit dem Finger die vorher auf genau 15° temperierte Viskoselösung oder bei der Wasserwertbestimmung das Wasser von oben in das Viskosimeter so eingefüllt, daß die Flüssigkeit gerade die untere Kugel erreicht und die am oberen Ende des Instrumentes befindliche Tulpe zu etwa $^1/_5$ gefüllt ist. Alsdann wird das Viskosimeter wieder in den Zylinder eingehängt und die Auslaufzeit zwischen den beiden Marken in Sekunden bei genau 15° mit der Stoppuhr gemessen.

Da es sich um eine Konventionsmethode handelt, sind alle Einzelheiten der Vorschrift genauestens zu beobachten, um reproduzierbare Ergebnisse zu erhalten. Die Fehlergrenze der Methode beträgt $\pm 3\%$, was für den vorliegenden Zweck vollauf genügt. Die endgültige Befundangabe (Mittelwert aus mehreren Einzelbestimmungen) erfolgt in ganzen Zahlen, wobei Dezimalstellen bis zu 5 nach unten und solche über 5 nach oben

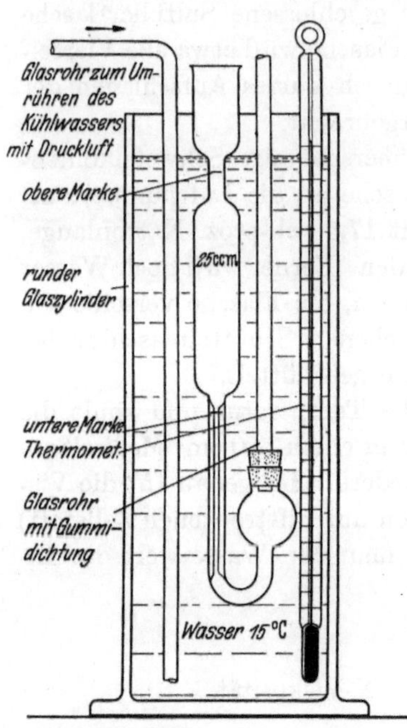

Abb. 125. OST-OSTWALDsches Viskosimeter für die Bestimmung der X-Viskosität von Zellstoffen.

abgerundet werden. Wird z. B. die Viskosität eines Zellstoffes bei zwei Einzelbestimmungen zu 30,2 und 29,4 gefunden, so ergibt das zunächst gewonnene Mittel 29,8. Dieser Wert wird dann auf 30 aufgerundet.

Es wird besonders darauf hingewiesen, daß für die Bestimmung der X-Viskosität nur reinstes eisenfreies Natriumhydroxyd verwendet werden darf, da Eisen bei der Sulfidierung einen Abbau des Xanthogenats herbeiführt.

Bestimmung der Kupferviskosität.

a) Nach der von KÜNG abgeänderten Methode der Technical Association of the Pulp and Paper Industry.

Grundbedingungen. Bei dieser Methode[1] wird die Viskosität einer Zellstofflösung, die 1% absolut trocken gedachten Zellstoff enthält, bei 20° gemessen. Als Löseflüssigkeit wird eine solche benutzt, bei der 1000 cm³ 15 g Kupfer, 200 g

---

[1] KÜNG, A.: Papierfabrikant **35**, 369 (1937).

Ammoniak und als Stabilisator 2 g Rohrzucker enthalten. Die Lösung des Zellstoffes erfolgt unmittelbar im der Viskositätsbestimmung dienenden Viskosimeterrohr, wobei in einer Stickstoffatmosphäre gearbeitet wird. Das Ergebnis der Bestimmung wird in absoluten Maßeinheiten angegeben.

Apparatur. 1. Das Viskosimeterrohr. Das Viskosimeterrohr, in welchem der Zellstoff gelöst und die Viskosität gemessen wird, besteht aus einem starkwandigen Glasrohr von 10 mm lichter Weite und 27 cm Länge. Es ist unten verengt und besitzt am Ende eine starkwandige Kapillare von 25 mm Länge und 0,5···0,9 mm lichter Weite (Abb. 126). Oben trägt es einen Gummistopfen,

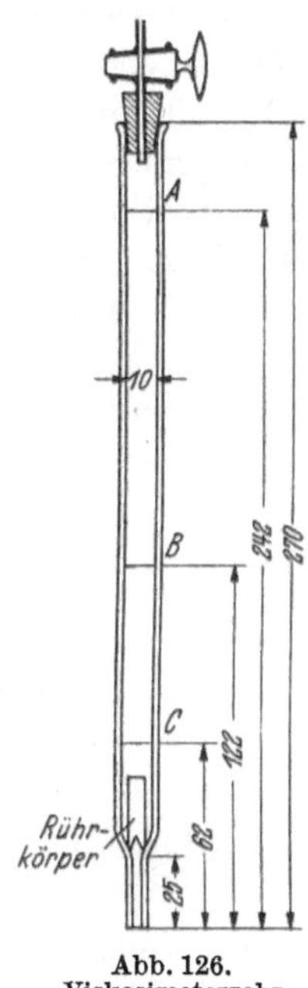

Abb. 126.
Viskosimeterrohr
nach Küng.

durch den ein enges Glasrohr mit Hahn geht. Unten wird es durch einen kleinen Gummischlauch mit Quetschhahn abgeschlossen. Das Rohr selbst besitzt drei Ringmarken A, B und C in vorgeschriebenen Abständen. Die mittlere Marke, welche etwa der halben Auslaufzeit von A nach C entspricht, kann entbehrt werden, wenn man es vorzieht, bei zähflüssigen Lösungen weitere Kapillaren zu benützen. In das Rohr wird ein Rührkörper aus Monellmetall, Reinnickel oder säurefestem Stahl (V4A-Krupp) eingesetzt, der (Abb. 127) keilförmig zugespitzt und eingeschnitten ist, damit er beim Ausfließen der Lösung die Kapillare nicht verstopft. Die Rührkörper werden zweckmäßig auf Gewichtsgleichheit zugefeilt, um sie in jedes beliebige Rohr einsetzen zu können. Der Stopfen muß stets gleich tief eingetrieben werden (Markierung durch einen Feilenstrich). Jedes Viskosimeter trägt eine Nummer.

2. Die Eichung der Röhren. Man bestimmt zunächst von jedem Rohr dessen Inhalt bei aufgesetztem Stopfen und eingesetztem Rührer, indem man die Kapillare durch ein Schlauchstück mit einer Normalbürette

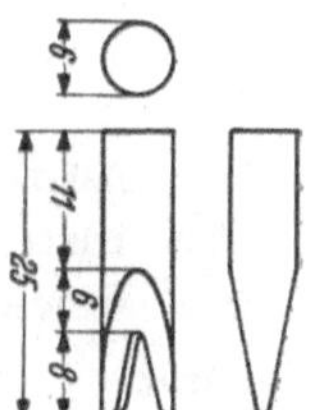

Abb. 127. Rührkörper für das Viskosimeterrohr.

verbindet und bis zum oberen Glashahn mit Wasser füllt. Nun stellt man die gefüllten Röhren, die in angegebener Weise verschlossen werden, in ein Wasserbad von 20° und bestimmt nach etwa 10 Minuten, nachdem das Rohr herausgenommen und an einem Stativ mit Klammer befestigt worden ist, durch Abheben des Stopfens und Entfernen des unteren Schlauches mit Hilfe einer genauen Stoppuhr die Auslaufzeit des Wassers zwischen den Marken A und C. Der Wasserwert wird mehrmals ermittelt, bis die Messungen nur noch in Bruchteilen von Sekunden voneinander abweichen.

Um von den relativen zu den absoluten Viskositätswerten zu gelangen, müssen die Apparatkonstanten ermittelt werden. Hierzu benutzt man eine Hilfsflüssigkeit, deren Viskosität in Zentipoisen bekannt ist. Gut eignet sich hierfür reinstes, doppelt raffiniertes Glyzerin, das mit destilliertem Wasser auf 85 % verdünnt wird. Von dieser Lösung bestimmt man mit dem Pyknometer das spezifische Gewicht bei 20° und liest aus der Kurve Abb. 128 den zugehörigen Wert in Zentipoisen ab.

Verfügt man über ein Höppler-Viskosimeter, kann die absolute Viskosität der Hilfsflüssigkeit auch damit bestimmt werden.

Da die Auslaufzeit für die verdünnte Glyzerinlösung bedeutend größer ist als für Wasser und Temperaturänderungen von größtem Einfluß sind, empfiehlt es sich für diese Bestimmung die Anordnung gemäß Abb. 132 zu benutzen. Man saugt mit Hilfe einer Wasserstrahlpumpe die Glyzerinlösung in das Viskosimeterrohr ein, setzt es auf eine mit doppelt durchbohrtem Gummistopfen versehene, mit Quecksilber als Beschwerungsflüssigkeit teilweise angefüllte Pulverflasche auf, stellt es in ein Wasserbad von genau 20°, das in einfacher Weise durch eingeblasene Druckluft in Bewegung gehalten wird, und mißt die Ausflußzeit in Sekunden. Sie wird für jedes Rohr etwa dreimal gemessen und das Mittel daraus gezogen.

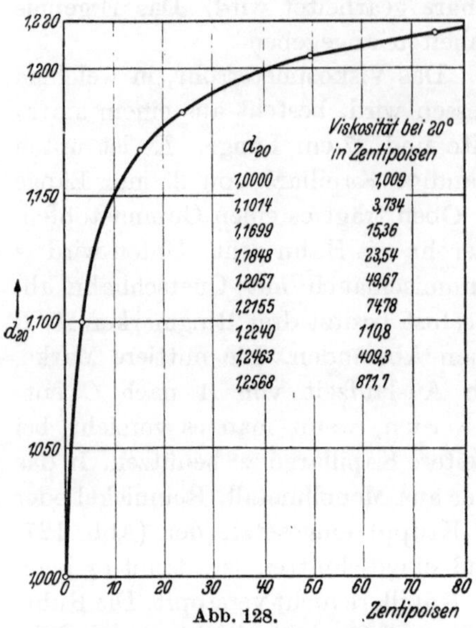

Abb. 128.
Viskosität einer Glyzerin-Wasser-Mischung.

Die Instrumentkonstante wird aus der Formel

$$V = d/C \, (t - k/t) \tag{1}$$

abgeleitet, wobei

V = Viskosität in Zentipoisen (cP)
d = spezifisches Gewicht bei 20°
t = Ausflußzeit in Sekunden
$\left.\right\}$ der Hilfsflüssigkeit,

C = Instrumentkonstante,
k = Gewichtskonstante

bedeutet.

V, d und t sind bekannt oder werden experimentell bestimmt. Da weiterhin t im Vergleich zu k sehr groß ist, so kann in Gleichung (1) der Bruch k/t vernachlässigt werden, wodurch die Gleichung (1) vereinfacht wird.

$$V = d/C \cdot t \quad \text{oder nach } C \text{ ausgerechnet,} \tag{1a}$$
$$C = d/V \cdot t. \tag{2}$$

Für die Zwecke der Betriebskontrolle wird zumeist die Gleichung (1a) genügen, wo größere Genauigkeit erforderlich ist, sollte die ungekürzte Gleichung (1) benützt werden. Man muß in diesem Fall noch k berechnen. Das geschieht, indem man in die Gleichung (1) die Werte für Wasser und die soeben ermittelte Konstante C einsetzt und dann nach k ausrechnet.

Für Wasser gilt $\begin{cases} d = 1 \\ t \text{ ist bestimmt worden (Wasserwert)} \\ V = 1{,}009 \text{ (abgerundet 1).} \end{cases}$

Damit ergibt sich

$$1 = 1/C \, (t - k/t); \quad C = t - k/t \quad \text{oder} \quad C = \frac{t^2 - k}{t}$$

und somit

$$Ct = t^2 - k \quad \text{oder} \quad k = t^2 - Ct. \tag{3}$$

Die gefundenen Werte werden sodann tabellarisch zusammengestellt, wie es als Beispiel nachstehende Aufstellung wiedergibt.

Tabelle 25. Eichwerte von Viskosimeterrohren.

Viskosi-meter Nr.	Inhalt einschließ-lich Rührer cm³	Auslaufzeit für Wasser s	Auslaufzeit für Glyzerin s	d 20° v. Glyzerin	Viskosität laut Kurve cP	Rel. Vis-kosität Glyzerin/Wasser	Kon-stante C	Kon-stante k
1	17,2	27,18	678	1,2098	57,5	24,95	14,3	350
2	17,5	26,56	601	1,2086	55	22,6	13,2	352
4	17,9	29,52	765	1,2098	57,5	22,9	16,16	394
6	17,5	26,78	675	1,2098	57,5	25,2	14,27	335

Man erkennt daraus, daß die relative Viskosität von der Beschaffenheit des Viskosimeters abhängig ist. Enge Kapillaren liefern hohe, weite tiefe Werte. In gleichem Sinne ändern sich die Konstanten C und k. Setzt man aber für irgendeine Lösung, deren absolute Viskosität in Zentipoisen angegeben werden soll, die experimentell gefundenen Werte des spezifischen Gewichtes (d) und die Ausflußzeit der Lösung aus der betreffenden Kapillare (t), sowie die zugehörigen Zahlen für die Apparatkonstanten C und k in die Gleichung (1) ein, so erhält man Zahlen, die von der Beschaffenheit des Viskosimeters vollkommen unabhängig, also konstant sind. Das bedeutet einen großen Vorteil der Darstellung in absoluten Viskositätseinheiten.

Herstellung der Kupferoxydammoniaklösung. Man be-nutzt hierzu die in Abb. 129 dargestellte Apparatur, deren wesentlicher Teil ein $1\frac{1}{2}$ m langer Liebigscher Kühler ist. Das innere Rohr dieses Kühlers besitzt einen lichten Durchmesser von $4\cdots5$ cm. In das Innenrohr wird unten eine gelochte Porzellanplatte eingelegt, welche als Auflage für das einzufüllende Kupfer dient. Dieses kommt in Form von reinstem Elektrolytkupferdraht zur Anwen-dung; der Draht wird spiralig gewunden. Das Rohr wird mit Ammoniaklösung, die etwas mehr als 200 g NH_3 im Liter enthält, aufgefüllt. Unter guter Wasserkühlung wird aus einer Sauerstoffflasche mit Reduzierventil RV und einer mit Ammoniaklösung beschickten Waschflasche nach MÜNKE nach Zwischenschaltung einer auf den Gegen-druck der Flüssigkeit eingestellten Sicherheitsflasche ein langsamer Strom von Sauerstoff durchgeleitet. Das Kup-fer geht mit tiefblauer Farbe in Lösung, und man er-hält nach einigen Stunden ein Reagens, dessen Kupfer-gehalt am einfachsten nach einer elektrolytischen Schnell-methode bestimmt wird, während das Ammoniak durch Titration mit $^n/_1$-Schwefelsäure unter Anwendung von Methylorange als Indikator ermittelt werden kann. Die

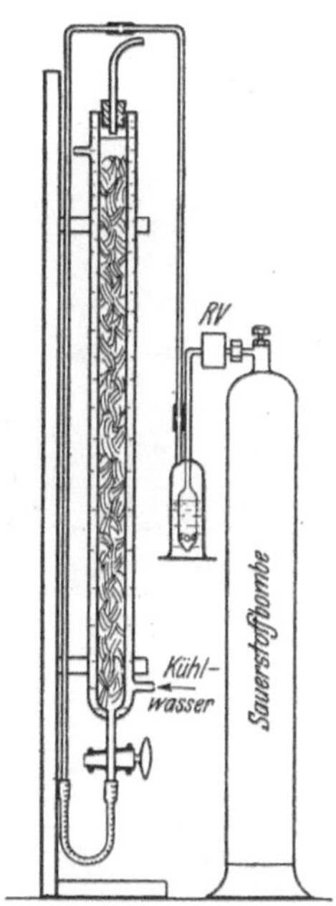

Abb. 129. Herstellung von Kupferoxydammoniak-lösung.

Lösung wird nun durch Verdünnen oder Anreichern auf 15 g Cu und 200 g NH_3 im Liter eingestellt. Der Kupfergehalt darf sich in den Grenzen $14,8\cdots15,2$ g, der Ammoniakgehalt zwischen $190\cdots210$ g/l bewegen. Zum Schlusse gibt man noch 2 g Rohrzucker hinzu. Die gebrauchsfertige Lösung wird in einer braunen Flasche aufbewahrt und in ein Wasserbad gestellt, das durch Leitungswasser auf $10 \cdots 15°$ gehalten werden kann. Sie hält sich an die 2 Monate ohne Verminderung ihres Kupfertiters. Sollte der Ammoniakgehalt unter die vorgeschriebene Grenze fallen, so muß die Lösung aufgegast werden. Zum Schluß bestimmt man noch das spezifische Gewicht der Kupferamminlösung und lediglich zur Kontrolle deren Eigenviskosität in Zentipoisen.

Arbeitsvorschrift. 1. **Vorbereitung des Stoffes.** Von dem zu untersuchendem Zellstoff wird eine mehrere g betragende Durchschnittsprobe naß zerfasert. Aus dem erhaltenen Stoffbrei werden möglichst dünne Papierblätter geformt — etwa 20 g je m² —, die dann rasch bei einer 50° nicht übersteigenden Temperatur getrocknet werden. Die erhaltenen Papierblätter werden in einer Pulverflasche aufbewahrt und gleichzeitig wird eine Trockengehaltsbestimmung angesetzt.

2. **Lösung des Zellstoffes und Durchführung der Messung.** Auf der analytischen Waage wird so viel zu Papier umgeformter Stoff genau abgewogen, als zur Herstellung einer 1proz. Zellstofflösung in einem der Viskosimeterrohre notwendig ist. Man rollt das Papier zusammen und zerschneidet es mit der Schere in Streifen von $1 \cdots 2$ mm Breite, füllt diese lose in das mit Rührer versehene Viskosimeter ein, setzt den Gummistopfen mit Hahn H_5 auf das Rohr (Abb. 130), verbindet durch einen Gummischlauch H_5 mit H_1 (Dreiweghahn) und die Kapillare selbst durch das kurze Schlauchstück (mit Quetschhahn Q) mit H_2. Nun verdrängt man im Meßrohr den Luftsauerstoff durch Stickstoff, welcher durch H_2 seitlich entweicht. In den Gasstrom wird eine Sicher-

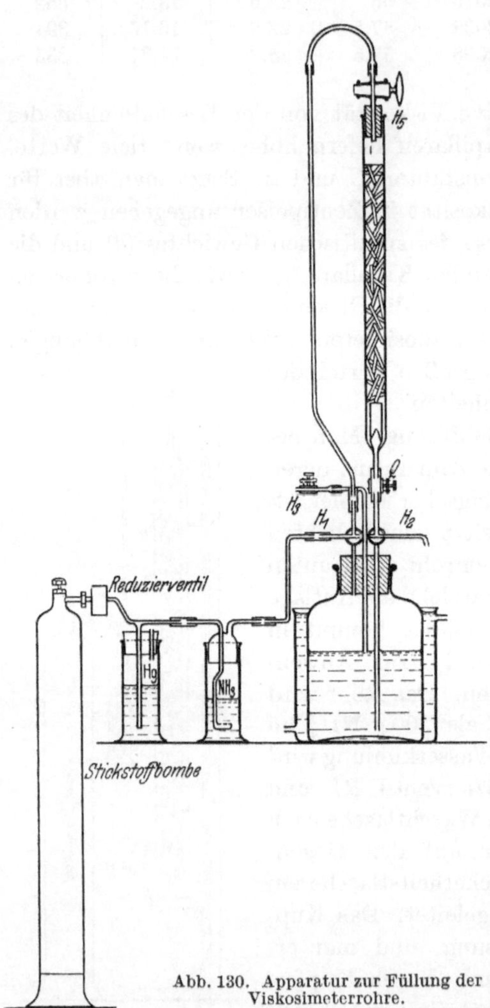

Abb. 130. Apparatur zur Füllung der Viskosimeterrohre.

heitsflasche mit Quecksilber und eine mit starker Ammoniaklösung versehene Waschflasche eingeschaltet, um die Ammoniakverluste des Lösungsmittels zu vermindern.

Da verdichteter Stickstoff heute in einer Reinheit von $99,4 \cdots 99,6$ Vol.% erhältlich ist, so kann man es der Einfachheit halber unterlassen, die letzten

Sauerstoffreste durch alkalische Hydrosulfit- oder Pyrogallollösung zu entfernen, doch ist eine solche Entfernung für die Genauigkeit und Zuverlässigkeit der Bestimmung nur von Vorteil.

Hat man während 3 Minuten Stickstoff durchgeleitet, so dreht man H_1 um 180°, H_2 um 90° nach links und entfernt den Verbindungsschlauch zwischen H_1 und H_5. Das Lösungsmittel wird jetzt durch den Stickstoffdruck langsam in das Viskosimeter gedrückt. Hat es das Kükken von H_5 erreicht, so schließt man

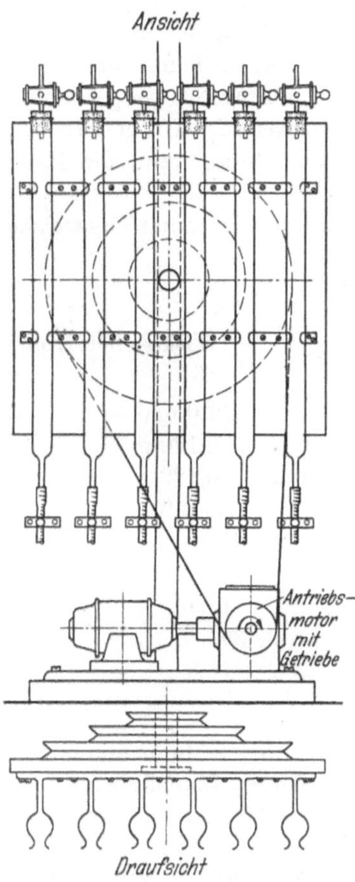

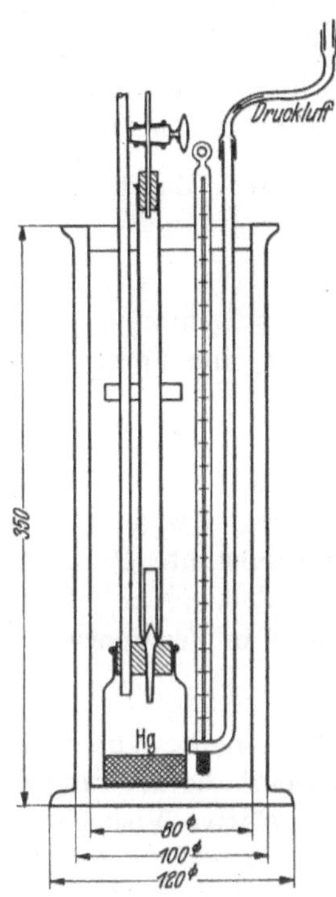

Abb. 131. Löseapparatur für die Viskositätsbestimmung.   Abb. 132. Anordnung zur Messung der Viskosität.

rasch den Quetschhahn und H_5, dreht H_1 und H_2 in die Ausgangstellung zurück, nimmt das allseitig verschlossene Rohr ab, bringt es auf die rotierende Scheibe der Löseapparatur (Abb. 131), welche je Minute etwa 4 Umdrehungen macht, wobei der Rührkörper von einem Ende zum andern fällt und rasche Auflösung bewirkt.

Zur Vermeidung eines oxydativen Abbaues durch die Einwirkung des Lichtes empfiehlt es sich, die Viskosimeterrohre während des Lösevorganges mit schwarzem Papier zu umwickeln.

Die Lösezeit beträgt

> für gebleichte Zellstoffe 30 Minuten,
> für ungebleichte Zellstoffe 60 oder mehr Minuten.

Indem man vor der Messung das Rohr gegen das Licht hält, kann man sehen, ob aller Zellstoff in Lösung gegangen ist. Ist dies der Fall, so entfernt man das Rohr von der Scheibe und stellt es in ein Wasserbad von 20°. Nach 5 Minuten wird der Quetschhahn geöffnet, das kleine Schlauchstück entfernt und die Kapillare in die Bohrung der Flasche gesteckt (Abb. 132), welche als Beschwerungsmittel Quecksilber oder Metallschrot enthält. H_5 wird geöffnet und erst dann der Verschlußstopfen abgehoben. Mit der Stoppuhr in der Hand mißt man nun die Ausflußzeit in Sekunden zwischen den Marken A und C. Alle Bestimmungen werden doppelt ausgeführt. Die Streuung soll bei gebleichten Zellstoffen 2%, bei ungebleichten 5% nicht überschreiten. Ein geübter Laborant kann in der Stunde leicht 6 Bestimmungen ausführen, wenn die Papiere abgewogen und in die Röhren eingefüllt sind.

Nach Gebrauch sind die Röhren zu waschen, in Bichromatschwefelsäure einzulegen, gründlich zu spülen und zu trocknen.

Beispiel. Zellstoff gebleicht. Trockengehalt 93,3%.

	Viskosimeterrohr Nr.	
	8	9
Inhalt mit Rührer	17,0 cm³	17,8 cm³
Papier für eine 1proz. Lösung absolut trocken .	0,170 g	0,178 g
lufttrocken	0,182 g	0,191 g
Lösezeit	30 min	30 min
Ausflußzeit	295 s	289 s
Spezifisches Gewicht des Lösungsmittels	0,94	0,94
Apparatkonstante C	14,75	14,2
k	361	376
Viskosität in Zentipoisen	18,8	19,1

Mittel 19,0

Hat man die Apparatkonstanten der Viskosimeterröhren einmal ermittelt, so erscheint die Messung der Viskosität in absoluten Einheiten ebenso einfach wie als relative Viskosität.

b) Nach der von SCHÜTZ, KLAUDITZ und WINTERFELD ausgearbeiteten Schnellmethode.

Grundbedingungen. In einem besonders konstruierten Lösegefäß (Abb. 133) wird unter Lichtabschluß eine 1proz. Lösung von lufttrockenem Zellstoff in einer 8 g Kupfer im Liter enthaltenden Kupferoxydammoniaklösung hergestellt[1]; der Luftausschluß wird dabei durch vollständiges Füllen mit Flüssigkeit unter Verwendung eines Pyknometerverschlusses erreicht. In dem Lösegefäß befinden sich einige Stahlkugeln, welche beim Durchfallen durch den in Drehung versetzten Apparat das Auflösen des Zellstoffs beschleunigen. Nach einer Lösezeit von 10···15 Minuten wird die Relativviskosität der so bereiteten Zellstofflösung in einem OST-OSTWALDschen Viskosimeter in bekannter Weise bei 20° gemessen.

Beim Umfüllen der Lösung in das Viskosimeter sowie bei der anschließend erfolgenden Messung findet auch ohne Luftausschluß kaum ein Abfall der Vis-

---

[1] SCHÜTZ, F., W. KLAUDITZ u. P. WINTERFELD: Papierfabrikant **35**, 117 (1937).

kosität statt, da sich dabei ein Durchmischen der Zellstofflösung mit Luft leicht vermeiden läßt. Das erhaltene Ergebnis kann entweder als relative Viskosität oder nach Eichung des benutzten Viskosimeters auch in Einheiten des absoluten Maßsystems angegeben werden.

Apparatur. 1. Lösegefäß. Das Lösegefäß ist in der Art eines Pyknometers gebaut und besitzt die in Abb. 133 angegebenen Abmessungen.

Der Inhalt des Löseapparates mit 2···3 Kugeln aus säurefestem Stahl (etwa 10 mm Durchmesser) wird durch Auswägen mit Wasser festgelegt und dementsprechend die zur Herstellung einer 1 proz. Zellstofflösung erforderliche Einwaage festgesetzt.

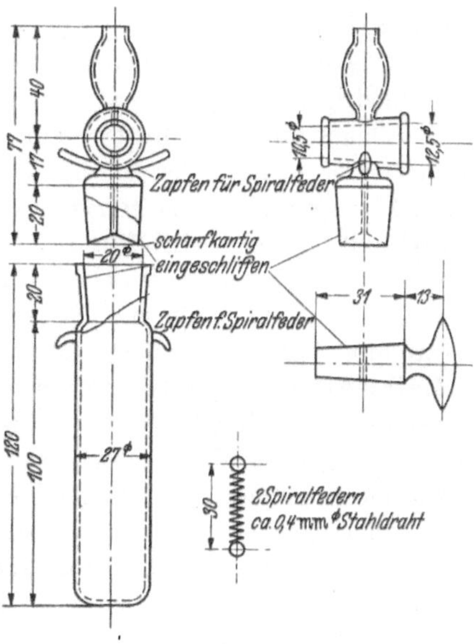

2. Viskosimeter. Das benutzte Viskosimeter, welches zum Hochdrücken der Zellstofflösung in den zum Messen vorgesehenen Schenkel mit einem kleinen Handgebläse versehen ist, hat für etwa 20 cm³ Wasser eine Auslaufszeit von etwa 30 Sekunden bei 20°.

Will man die Viskosität im absoluten Maßsystem bestimmen, so muß man das Viskosimeter entsprechend eichen. Geeignet dafür ist z. B. eine 40proz. Rohrzuckerlösung mit einer absoluten Viskosität

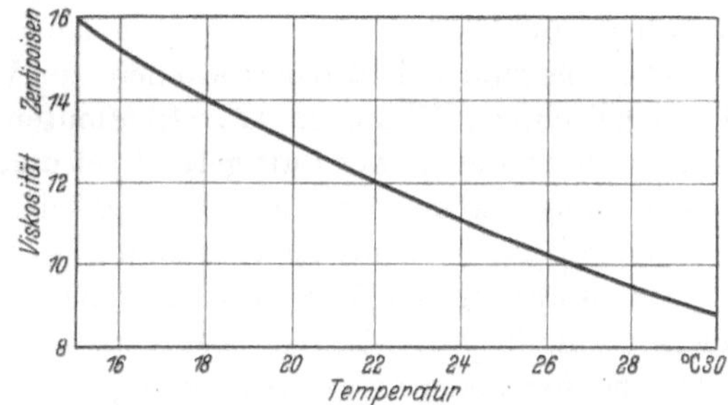

Abb. 133. Lösegefäß für Viskositätsbestimmung von Zellstoffen nach Schütz und Mitarbeiter.

von 6,20 Zentipoise bei 20°, $d = 1,1765$ oder Phthalsäurediäthylester, vgl. Abb. 134.

3. Auflösevorrichtung. Als solche benutzt man zweckmäßig eine Vorrichtung, die in der Hauptsache aus einem Motor besteht, auf dessen Welle eine etwa 500 mm im Durchmesser messende Holzscheibe befestigt ist. Auf dieser Scheibe sind entsprechende Haltevorrichtungen angebracht, an denen die Lösegefäße, die sich zwecks Verhinderung der Lichteinwirkung in passenden Papphülsen befinden, sicher befestigt werden können.

Beim Lauf des Motors, dessen Umdrehungszahl durch einen vor-

Abb. 134. Absolute Viskosität von Phthalsäurediäthylester bei verschiedenen Temperaturen; für Viskosimeter-Eichungen.

geschalteten Widerstand auf etwa 30 in der Minute herabgesetzt wird, erfolgt eine dauernde gute Vermischung von Kupferoxydammoniaklösung und Zellstoffprobe. Gebleichte Stoffe lösen sich meist in 5···10 Minuten.

Herstellung der Kupferoxydammoniaklösung. 15 g reines Kupfer(II)hydroxyd werden in 1 l 15 proz. Ammoniak einige Zeit durchgeschüttelt, bis sich der größte Teil gelöst hat. Vom überschüssigen, d. h. ungelöst gebliebenen Kupfer(II)hydroxyd trennt man die Lösung durch Absitzenlassen und anschließendes Abhebern. In der Lösung bestimmt man den Kupfergehalt entweder durch Abdampfen von 20 cm³ Lösung im Tiegel auf dem Wasserbade, Glühen, Wägen als Kupfer(II)-oxyd, oder durch Elektrolyse in saurer Lösung. Da das Kupfer im geringen Überschuß vorhanden ist, stellt man den Kupfergehalt von 8 g im Liter durch Zusatz von 15proz. Ammoniak ein. Es können auch anders zusammengesetzte Kupferoxydammoniaklösungen verwandt werden, jedoch liegen die Viskositäts-werte bei Lösungen mit höherem Kupfer- und insbesondere höherem Ammoniak-gehalt niedriger. Die Kupferammoniaklösung wird am besten in einem Vorrats-gefäß, welches mit einer Bürette zur selbsttätigen Einstellung versehen ist, auf-bewahrt. Der Ausfluß der Bürette ist zum zweckmäßigen Einfüllen der Lösung in den Löseapparat etwas gebogen und ausgezogen.

Vorbereitung der Zellstoffmuster. Für eine Viskositätsbestimmung sind etwa 0,4 g lufttrockener Zellstoff erforderlich. Lufttrockener Zellstoff in Pappen-form wird mit der Pulverraspel oder auf einer Küchenreibe zerkleinert. Zur Bestimmung kommt nur Material, welches locker und knötchenfrei ist. Liegt der Zellstoff in feuchter Form vor, so wird daraus ein lockeres Blättchen hergestellt, das schnell getrocknet wird. Um z. B. bei der viskosimetrischen Überwachung eines Bleichvorganges schnellstens zu einem geeigneten Zellstoff-muster zu kommen, wird folgendermaßen verfahren: Etwa 1 g des trocken gedachten Zellstoffs wird dem Holländer entnommen und schnell unter Zusatz von etwas Natriumthiosulfat auf einer SCHOTTschen Glasfilternutsche (25 G 3, 9 cm Durchmesser, mit flacher Filterplatte) gut ausgewaschen. Danach werden aus dem Stoff auf der gleichen Nutsche vier lose, lockere Blättchen geformt, von denen zwei etwa 3···4 Minuten im Trockenschrank bei 100° getrocknet werden. Darauf werden die Blättchen mit der Luftfeuchtigkeit ausgeglichen, indem man sie auf eine trockene Nutsche legt und Raumluft durchsaugt, oder an der rotierenden Scheibe befestigt, welche die Lösegefäße in Umdrehung ver-setzt. Ein noch schnelleres Trocknen der Probeblättchen kann man durch Nach-waschen mit Alkohol oder Azeton erreichen. Der ganze Arbeitsgang vom Aus-waschen bis zum Erhalt der trockenen, zur Viskositätsmessung geeigneten Probe kann bei einiger Übung in 12···15 Minuten beendet sein. Die beiden anderen Blättchen werden an der Luft getrocknet und für möglicherweise nötige Kontroll-bestimmung aufbewahrt. Der Feuchtigkeitsgehalt der zur Messung kommenden Proben soll nach Möglichkeit konstant bei 7···8% liegen.

Durchführung der Viskositätsmessung. Der Löseapparat soll einen angenom-menen Inhalt von 38,6 cm³ besitzen. Demnach werden 0,386 g Zellstoff in Blättchenform oder geraspelt abgewogen und so in den mit Stahlkugeln beschick-ten Löseapparat eingebracht, daß der Zellstoff locker an der Längsseite des Gefäßes anliegt. Darauf läßt man die Kupferlösung aus dem ausgezogenen Aus-fluß der Bürette derart in das Lösegefäß einfließen, daß sich die Lösung langsam von unten her in dem Zellstoff hochsaugt. Der Zufluß wird dementsprechend geregelt. Auf diese Weise wird die in dem Zellstoff enthaltene Luft durch die Lösung recht gut verdrängt. Die Lösung kann man auch mit einer Pipette ent-nehmen und langsam zufließen lassen. Man füllt so viel von der Kupferlösung ein, daß bei dem Aufsetzen des Pyknometerverschlusses eine kleine Menge davon durch die Durchbohrung des Hahnkükens hochgedrückt wird. Die hierzu aus-

reichende Menge der Lösung kann durch eine Marke am Löseapparat begrenzt
oder durch Abmessen mittels der Bürette bestimmt werden. Sollten in dem
Gefäß nach dem Einfüllen noch erkennbare festgesetzte Luftblasen vorhanden
sein, so rührt man die Lösung mit einem dünnen Glasstabe vorsichtig um, damit
die Luftbläschen aus der Lösung nach oben austreten können. Darauf wird der
Verschluß aufgesetzt, der Hahn zugedreht und die Haltefedern befestigt. Überschüssige, in die obere Kugel hineingedrückte Kupferlösung wird entfernt. Alsdann wird der Apparat einige Male hin und her gedreht und danach beobachtet,
ob die Lösung frei von Luft ist. Etwa noch vorhandene kleine Bläschen, die in
die Bohrung des Verschlusses emporsteigen, können bei aufgedrehtem Hahn
durch gelindes Aufklopfen entfernt werden. Der Löseapparat wird hiernach in
die Drehvorrichtung eingesetzt; je nach der Viskosität des Zellstoffs bildet sich
in längstens 15 Minuten eine homogene Lösung. Diese wird nach Entfernung
des Pyknometerverschlusses vorsichtig an einem Glasstabe und an der Wandung
des Viskosimeters — ein solches nach OST-OSTWALD kann Anwendung finden —
herabfließend in das Vorratsgefäß des Viskosimeters bis zu einer bestimmten
Marke eingefüllt. Das Viskosimeter befindet sich in einem Thermostaten (s.
Abb. 132), dessen Wasser auf 20° eingestellt und rot angefärbt ist. Mit dem Handgebläse drückt man die Lösung vorsichtig hoch und mißt dann in bekannter
Weise mit der Stoppuhr die Auslaufszeit, welche dividiert durch den Wasserwert
die relative Viskosität des Zellstoffs ergibt.

Bei der Ausführung des beschriebenen Verfahrens, welches sich auch zur
Bestimmung der Viskosität anderer Zelluloseprodukte, wie Linters, Baumwolle,
Viskosekunstseide u. a., eignet, ist noch folgendes zu beachten.

Der viskositätsherabsetzende Einfluß des Luftsauerstoffs muß vermieden
werden. Daher ist darauf zu achten, daß in dem Lösegefäß keine Luftbläschen
vorhanden sind. Gegen den Einfluß der Luft kann man sich noch dadurch sichern,
daß man der Kupferlösung vor dem Einfüllen etwa 0,05 % (eine kleine Messerspitze voll) Natriumhydrosulfit zusetzt. Die auf diese Weise erhaltenen Viskositätswerte sind von den beim Arbeiten unter Stickstoff gewonnenen Werten kaum
verschieden. Bei einer längeren Lösedauer als 15 Minuten fällt die Viskosität
nicht ab, sondern bleibt auch bei mehrstündigem Schütteln konstant. Die
Messung im Kapillar-Viskosimeter kann allerdings nicht wiederholt werden, da
bei der zweiten Messung infolge des Abfalls der Viskosität der erste Wert nicht
wieder erreicht wird.

Durch photochemische Einflüsse kann ein fehlerhaftes Herabsetzen der Viskosität verursacht werden. Es muß daher das Arbeiten in hellem Tageslicht vermieden werden. Beim Lösen sind die Löseapparate vor dem Tageslicht zu
schützen. Bei der eigentlichen Messung wird durch Einhängen des Viskosimeters
in das rot angefärbte Wasser des Thermostaten eine photochemische Einwirkung
ausgeschaltet. Aus diesen Gründen kann man von dem Gebrauch von Geräten
aus braunem Glase absehen.

Die Meßtemperatur von 20° im Thermostaten muß eingehalten werden, da
bei einer Abweichung um 1° Fehler von 1···3 %, je nach der Viskosität der Zellstoffe, hervorgerufen werden.

Da die Viskosität eines Zellstoffs nicht proportional der Konzentration, sondern
weit stärker ansteigt, muß die Einwaage genügend genau vorgenommen werden.

Eine Abweichung von 1% in der Einwaage kann bei einem hochviskosen Zellstoff eine Abweichung von 2···3% in der Viskosität verursachen. Aus diesem Grunde muß auch für einen hinreichend gleichmäßigen Feuchtigkeitsgehalt der Zellstoffproben Sorge getragen werden.

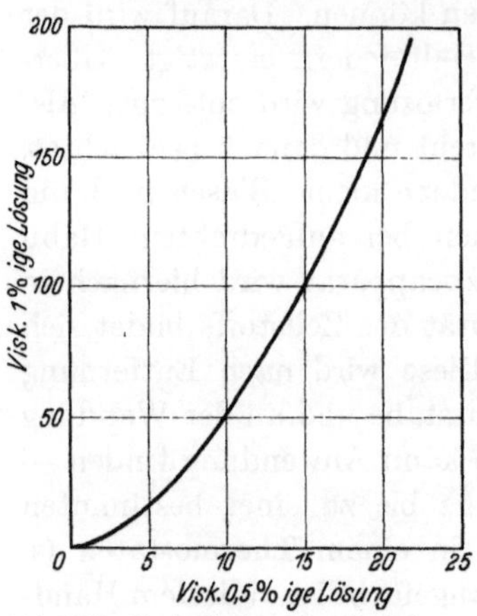

Abb. 135. Bezugskurve der in 0,5 proz. Lösung gemessenen Viskositätswerte auf 1 proz. Zellstofflösungen. Auslaufzeiten in Sekunden.

Bei Beachtung der angegebenen Einzelheiten der beschriebenen Schnellmethode läßt sich die Viskositätsmessung eines Zellstoffs in kürzester Zeit gut reproduzierbar mit einer praktisch vollkommen ausreichenden Genauigkeit von $\pm 2\%$ ausführen.

Bei der Viskositätsmessung von hochviskosen Zellstoffen, bei denen die Auslaufszeit z. B. über 30 Minuten beträgt, kann man auch die Messung zweckmäßig in 0,75-, 0,50- oder gar in 0,25 proz. Lösung vornehmen, und die erhaltenen Werte entweder so angeben oder sie an Hand einer aufzunehmenden Eichkurve auf die Werte der 1 proz. Lösung beziehen. Abb. 135 gibt eine derartige Bezugskurve wieder. Man hat bei der Messung in einer z. B. 0,5 proz. Lösung den Vorteil einer schnelleren Auflösung der Zellstoffe und einer verkürzten Meßzeit bei einer noch vollkommen ausreichenden Differenzierung der erhaltenen Viskositätswerte. Sie eignet sich daher besonders für fortlaufende Betriebskontrollen.

Die Gesamtviskositätsmessung eines gebleichten Zellstoffs läßt sich in der beschriebenen Weise, gerechnet von der Entnahme der Probe aus dem Holländer bis zum fertigen Ergebnis, bei geschickter Handhabung und Übung in 30···35 Minuten durchführen.

c) Nach der Methode von DOERING.

Grundbedingungen. Bei dieser Methode[1] wird die Viskosität einer 1 proz. Lösung von absolut trocken gedachtem Zellstoff in einer Kupferoxydammoniaklösung mit einem Gehalt von 13 g Kupfer, 200 g Ammoniak und 1 g Traubenzucker in 1 l bei einer Temperatur von 20° ermittelt. Dieser Ermittlung dient ein einfaches Kapillarviskosimeter. Es wird hierbei nicht in einer Stickstoffatmosphäre gearbeitet. Der Einfluß des Sauerstoffs wird ausgeschaltet durch Zugabe von metallischem Kupfer zur benutzten Kupferoxydammoniaklösung während des Lösevorganges des Zellstoffes. Das Kupfer ist in Gegenwart von Ammoniak in der Lage, die geringen im nicht von Flüssigkeit erfüllten Raum des Auflösegefäßes vorhandenen Sauerstoffmengen restlos zu binden. Das Ergebnis der Bestimmung wird unmittelbar in Werten des absoluten Maßsystems angegeben.

Apparatur. Sie besteht aus folgenden Einzelteilen:

1. Standflasche mit automatischer Pipette.
2. Braune Pulverflaschen.
3. Kapillarviskosimeter.

---

[1] DOERING, H.: Papierfabrikant **38**, 80 (1940).

Zu 1. **Standflasche mit automatischer Pipette.** Aus der braunen 3-l-Standflasche (Abb. 136) wird die Kupferoxydammoniaklösung mittels eines Gummiballes in die 100-cm³-Pipette mit automatischer Nullpunkteinstellung hochgedrückt. Durch richtige Stellung des Zweiweghahnes wird die Pipette durch das seitliche Ausflußrohr in die Pulverflasche mit dem eingewogenen Zellstoff und den Kupferstücken entleert.

Die Standflasche steht in einem nicht gezeichneten Wasserbad, dessen Temperatur auf 20° gehalten wird. Ist sie leer, so braucht man nur den Gummistopfen mit der aufsitzenden Pipette abzuheben und auf eine zweite mit Kupferoxydammoniaklösung gefüllte Standflasche aufzusetzen, um ohne Zeitverlust weiterarbeiten zu können. Zu bemerken ist noch, daß man die Luft, mit der die Kupferoxydammoniaklösung hochgedrückt wird, nicht durch eine Pyrogallollösung zu leiten braucht, da der Sauerstoff, der sich in der Kupferoxydammoniaklösung löst, keinen Zelluloseabbau hervorruft, sondern vom metallischen Kupfer gebunden und dadurch unschädlich gemacht wird. Die Kupferoxydammoniaklösung kann natürlich auch aus jedem anderen schon vorhandenen Vorratsgefäß mit Bürette entnommen werden.

Zu 2. **Braune Pulverflaschen.** Die braunen Pulverflaschen haben ein Fassungsvermögen von etwa 106 ··· 110 cm³.

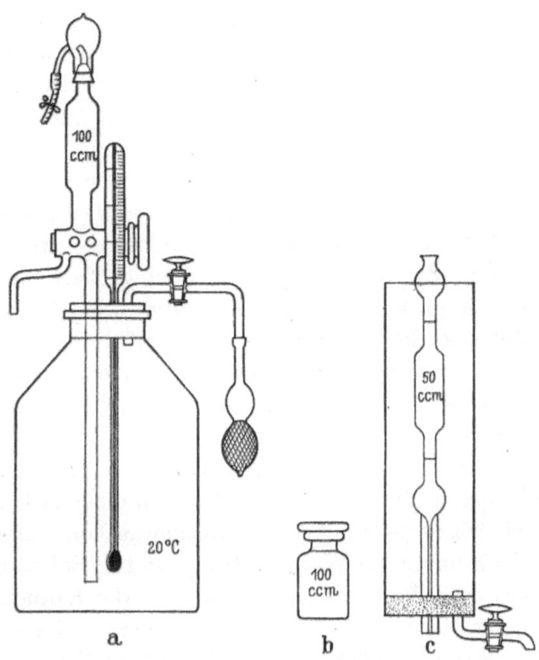

Abb. 136. Geräte für die Bestimmung der K-Viskosität von Zellstoffen nach DOERING.
a Standflasche mit automatischer Pipette, *b* braune Pulverflaschen, *c* Kapillarviskosimeter.

Es empfiehlt sich, mindestens ein Dutzend von diesen Flaschen vorrätig zu halten.

Zu 3. **Kapillarviskosimeter.** Das Viskosimeter ist ein Ausfluß-Kapillarviskosimeter, das eine sehr einfache Form hat und daher leicht zu reinigen ist.

Eichung des Viskosimeters. Die Eichung der Kapillaren nach Zentipoisen erfolgt, wenn kein Vergleichsviskosimeter zur Verfügung steht, am besten mit Hilfe von Ölen oder anderen Flüssigkeiten bekannter Viskosität.

Die Viskosität dieser in Zentipoisen, dividiert durch ihr spezifisches Gewicht, und die Auslaufzeit in Sekunden, ergibt den Kapillarfaktor.

Die Berechnung der absoluten Viskosität in Zentipoisen erfolgt nach der Formel:

$$\eta = f \cdot d \cdot t.$$

Hierin bedeutet:

$$\eta = \text{Absolute Viskosität in cP,}$$
$$f = \text{Kapillarfaktor,}$$
$$d = \text{spezifisches Gewicht der untersuchten Flüssigkeit,}$$
$$t = \text{Ausflußzeit in Sekunden.}$$

Da nun d bei den zu untersuchenden Zellstoff-Kupferoxydammoniaklösungen immer gleich ist — Lösungen, die im Liter 13 g Kupfer, 200 g Ammoniak, 1 g Traubenzucker und 0,1 g Zellstoff enthalten, haben das spezifische Gewicht 0,94 —, läßt sich durch Multiplikation von $f \cdot d$ ein besonderer Faktor errechnen, mit dem die Auslaufzeiten einfach multipliziert werden, um die Viskosität der Zellstofflösungen in Zentipoisen zu erhalten.

Erforderliche Reagenzien. 1. **Kupferoxydammoniaklösung.** Die Kupferoxydammoniaklösung enthält 13 g Kupfer, 200 g Ammoniak und 1g Traubenzucker im Liter. Sie wird in der bekannten Weise hergestellt und auf ihren Gehalt geprüft (s. die früher beschriebenen Methoden).

2. **Metallisches Kupfer.** Jedes elektrolytisch reine Kupfer kann verwandt werden. Zweckmäßiger sind jedoch größere, ungefähr 1,5 g schwere Kupferstücke, die eine größere Wucht haben und daher beim Schütteln der Flasche die mechanische Zerkleinerung der Zellstoffklumpen besser durchführen. Durch Zerschneiden eines Kupferdrahtes von etwa 5 mm Durchmesser lassen sich diese Stücke leicht herstellen. Es empfiehlt sich, von ihnen eine größere Menge (5 kg) vorrätig zu halten.

Reinigung der Kupferstücke. Die Kupferstücke werden nach Benutzung aus den Pulverflaschen in ein Sammelgefäß, einen Stutzen, umgeschüttet, mit viel Wasserleitungswasser ausgewaschen (man stellt den Stutzen zu diesem Zweck unter die Wasserleitung) und in Salzsäure liegen gelassen. Darauf dekantiert man die Salzsäure ab, wäscht die Kupferstücke zuerst mit Wasserleitungswasser, dann mit destilliertem Wasser und saugt sie auf einer Nutsche mit Filter ab. Man übergießt nun zum Schluß das Kupfer in der Nutsche mit reinem Alkohol, saugt ab, wiederholt das gleiche mit Äther und trocknet bei 110° im Trockenschrank. Die nunmehr trockenen Kupferkörner werden in einer Pulverflasche aufbewahrt.

Durchführung der Bestimmung. 1. **Auflösung des Zellstoffs.** Die 1,00 g absolut trockenem Zellstoff entsprechende Menge wird abgewogen und quantitativ in eine der braunen Pulverflaschen (s. Apparatur) gebracht. Man gibt zwei Löffel voll (etwa 20 g) von den Kupferstücken hinzu, läßt 100 cm³ der Kupferoxydammoniaklösung in die Flasche hineinlaufen, verschließt sie mit dem Glasstopfen und überläßt sie im Wasserbad bei 20° 5 Minuten sich selbst. Darauf schüttelt man die Flasche mit der Hand, wobei durch die mechanische Einwirkung der hin- und hergeschleuderten Kupferstücke größere Zellstoffklumpen zerteilt und kleinere, an der Glaswand fest anhaftende, abgeschlagen werden. Diese kräftige Durchschüttelung ermöglicht es, geeignet vorbehandelte Zellstoffe in ungefähr 5 Minuten in Lösung zu bringen.

2. **Viskositätsbestimmung.** Man temperiert die Zellstofflösung 5 Minuten lang im Wasserbad bei 20° und gießt sie darauf aus der Pulverflasche — die kurz dauernde Berührung mit Luft ist nicht schädlich — in ein Kapillarviskosimeter

vom Typ OST-OSTWALD, dessen Temperatur schon vorher durch Wasserkühlung auf 20° gebracht worden ist. Hochviskose Lösungen füllt man am besten durch einen Trichter mit möglichst weitem Rohr, dessen Ende in den breiten Teil der Pipette hineinragt, ein. Die Lösung wird darauf in der üblichen Weise unter Abstoppen mit der Uhr herabgelassen.

Die Auslaufzeit in Sekunden multipliziert mit dem Faktor ergibt die Viskosität des Zellstoffs in Zentipoisen.

Die Methode gibt nach eigenen Erfahrungen zuverlässige Werte. Es empfiehlt sich doch unter allen Umständen auch hier die zellulosehaltigen Lösungen so wenig als möglich mit Luft in Berührung zu bringen. Aus diesem Grunde wähle man auch die benötigten Pulverflaschen keinesfalls größer als mit einem Inhalt von 105 cm³ und möglichst gleich groß. Statt gläserner Auflösegefäße haben sich auch sehr gut solche aus säurefestem Stahl bewährt, die man in entsprechender Größe aus Rohr anfertigen kann.

Viskosimeter-Einrichtung nach EGGERT.

Eine für die Bestimmung der K-Viskosität, ganz gleich in welcher Konzentration hinsichtlich des Kupfer- oder Zellulosegehaltes die Ermittlung im einzelnen durchgeführt wird, sehr brauchbare Einrichtung ist von EGGERT[1] angegeben worden. Abb. 137 veranschaulicht sie schematisch. Die Apparatur wird am besten gleichzeitig mit ihrer Handhabung beschrieben.

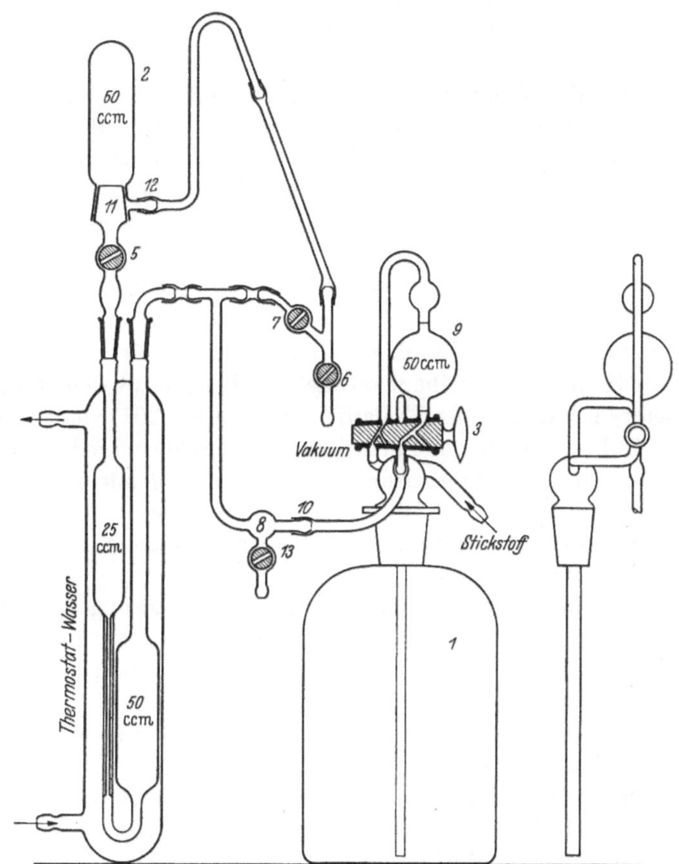

Abb. 137. Einrichtung zur Bestimmung der K-Viskosität nach EGGERT.

In der Abbildung stellt 2 eines der zweckmäßig mehrfach vorhandenen Lösegefäße dar. Es ist aus braunem Glas gefertigt und besitzt einen Inhalt von 50 cm³. Zu seinem Verschluß dient ein hohler Schliffpfropfen, der ein mit Hahn 5 verschließbares Anschlußrohr trägt. Außerdem besitzt der Schliffstopfen eine

---

[1] EGGERT, J. W.: Zellwolle, Kunstseide u. Seide **46,** 127 (1941).

seitliche Öffnung, mittels derer das Innere des Gefäßes mit dem Schlauchansatz *12*
in Verbindung gesetzt werden kann. Während des Lösevorganges kann dieser
Stopfen durch Ansetzen von Spannfedern gesichert werden. In dieses Lösegefäß
gibt man 0,5 oder 1,0 g der zu untersuchenden Probe. Es wird dann auf die
Apparatur in der gezeichneten Weise aufgesetzt und durch diese darauf zwecks
Vertreibung der Luft im Lösegefäß etwa zehnmal ein schwacher Stickstoffstrom
geleitet. Anschließend füllt man durch Betätigung des Hahnes *3* und Einströmenlassen von Stickstoff in die Vorratsflasche *1* die Kugelpipette *9* mit 50 cm³ der
in Anwendung stehenden Kupferoxydammoniaklösung. Als nächster Arbeitsgang folgt die Evakuierung des Lösegefäßes, dadurch, daß es über Stutzen *12*
mit der Vakuumpumpe in Verbindung gesetzt wird. Nach Erreichung der notwendigen Luftleere werden der Hahn *6* und die Öffnung von Stopfen *11* nach
Stutzen *12* durch Drehen des Gefäßes geschlossen, sowie die Spannfedern angesetzt. Nachdem das Gefäß dann abgenommen worden ist, wird es mit dem
Hahnrohr an den Schlauchstutzen *13* angesetzt. Durch entsprechende Stellung
der Hähne *3*, *5* und *13* wird der abgemessenen Kupferoxydammoniaklösung jetzt
der Eintritt in das Lösegefäß freigegeben. Sobald das Einsaugen erfolgt ist, wird
das Lösegefäß nach Verschluß abgenommen und in die Löseapparatur — Schüttelmaschine oder ähnliches — gebracht. Das Gefäß wird im Anschluß an die durchgeführte Lösung wieder auf das Viskosimeter aufgesetzt und sein seitlicher
Stutzen mit dem Schlauch bei *12* verbunden. Viskosimeter und Verbindungsrohre
werden danach durch Betätigung der Hähne *3*, *6* und *7* und leichtes Anheben
des Lösegefäßes nochmals mit Stickstoff ausgespült. Die Hähne *3* und *6* werden
darauf geschlossen. Nach Herstellung der Verbindung zwischen *11* und *12* öffnet
man Hahn *5*. Jetzt fließt die Zellstofflösung aus dem Lösegefäß in das Viskosimeter, das durch einen Umlaufthermostat auf 20° gehalten wird. Durch Schließen
des Hahnes *7* kann das Fließen der Zelluloselösung jederzeit unterbrochen werden.

Die gesamte Apparatur wird zweckmäßig aus braunem Glas gefertigt. Es
ist ohne weiteres möglich, mehrere Viskosimeter nebeneinander so anzuordnen,
daß sie durch ein gemeinsames Leitungssystem mit der gleichen Vorratsflasche
in Verbindung stehen.

Man kann die einmal durchgelaufene Lösung vermittels des Stickstoffes
wieder zurückdrücken und die Messung sodann ein zweites Mal wiederholen. In
diesem Fall ist es gut, wenn die einzelnen Verbindungsstellen der Apparatur entsprechend gesichert werden.

Zur Angabe der Ergebnisse. Wenn man es nicht vorzieht durch Eichung
des Viskosimeters das Ergebnis in cP anzugeben, kann es für Betriebszwecke
unmittelbar in Sekunden Auslaufzeit angeführt werden. Auch in Graden Ost
läßt es sich darstellen. Unter Ost-Graden versteht man das Verhältnis der Auslaufzeit t_z der Zellstofflösung zur Auslaufzeit t_K der reinen Kupferoxydammoniaklösung. Demnach

$$\text{Ost-Grade} = t_Z/t_K .$$

Will man hier solche Werte allgemein vergleichbar machen, so ist es noch
erforderlich, die beobachteten Auslaufzeiten durch Anbringen der HAGEN-
BACHschen Korrektur richtigzustellen. Durch sie wird bei Lösungen wechselnder
Viskosität jener unterschiedliche Energiebedarf berücksichtigt, der erforderlich
ist, um die in die Kapillare eintretende Flüssigkeit auf die mittlere Durchfluß-

geschwindigkeit zu beschleunigen. Dieser Korrekturwert kann durch Eichung des Viskosimeters mit Flüssigkeiten bekannter Zähigkeit ermittelt werden, wobei man sich zur Auswertung der folgenden (vereinfachten) Gleichung bedient:

$$\eta_{st} = (t - X/t).$$

Es bedeutet hierin:

η_{st} die absolute kinematische Zähigkeit der Eichflüssigkeit in Zentistoke (1 Zentistoke $= 1$ cSt $= 1$ cP $\cdot d$, wobei d das spezifische Gewicht der Eichflüssigkeit ist).

t die beobachtete Auslaufszeit der Eichflüssigkeit in s.

X die gesuchte Korrektur.

(Man vergleiche die Bestimmung der Viskosimeterkonstanten bei der Beschreibung der Methode von KÜNG).

Nach Messungen von EGGERT findet man für Viskosimeter, die für $5\cdots40$ cP verwendbar sein sollen und die in der obigen Art ausgeführt worden sind für X Werte, die im Mittel bei 114 liegen. Damit ergibt sich dann der wahre Wert für die OST-Grade zu:

$$\text{OST-Grade} = \frac{t_z - 114/t_z}{t_K - 114/t_K}.$$

Bestimmung des Polymerisationsgrades.

Für diese Bestimmung kommen in erster Linie in Frage Auflösungen von Zellstoffproben oder sonstiger zellulosehaltiger Materialien in SCHWEIZERS Reagens oder von Zellulosenitraten in Azeton. Wie bei der Bestimmung der K-Viskosität muß auch hier bei Benutzung von Lösungen in Kupferoxydammoniak unter möglichst weitgehendem Ausschluß von Luft gearbeitet werden. Unter diesem Gesichtspunkt ist die Originalapparatur von STAUDINGER zusammengestellt. Sie hat zusammen mit der Arbeitsweise eine insbesondere für die Betriebskontrolle geeignete Abänderung in der Vorschrift erfahren, die von der Fachgruppe Chemische Herstellung von Fasern in einem besonderen Merkblatt veröffentlicht worden ist.

Beim Arbeiten mit Auflösungen von Zellulosenitraten in Azeton ist ein solcher Ausschluß von Luftsauerstoff nicht erforderlich, denn hier wird durch die Veresterung der Hydroxylgruppen das Kettenmolekül der Zellulose gegen einen Abbau unempfindlich. Demgemäß wird die erforderliche Apparatur, wie auch ihre Handhabung in diesem Fall erheblich vereinfacht. Allerdings ist es notwendig, der eigentlichen Bestimmung eine Nitrierung der zellulosehaltigen Substanz vorauszuschicken. Diese Nitrierung muß unter solcherart schonenden Bedingungen vorgenommen werden, daß auch hierbei ein Abbau der Zellulose nicht erfolgt. Eine solche ist näher beschrieben bei der Darstellung von Estern aus gebleichten Zellstoffen zum Zwecke ihrer Prüfung auf eine Verwendbarkeit hierfür (s. S. 559).

Die für die Auswertung der Bestimmungen erforderlichen K_m-Konstanten haben nach STAUDINGER[1] die folgenden Werte:

Zellulose in SCHWEIZERS Reagenz . . $5{,}0 \cdot 10^{-4}$

Zellulosenitrat in Azeton . . . . . . $11{,}0 \cdot 10^{-4}$

---

[1] STAUDINGER, H.: Papierfabrikant **38**, 285 (1940).

a) Durchführung der Bestimmung nach der Originalmethode von STAUDINGER.

1. Bestimmung in Kupferoxydammoniaklösungen[1].

Apparatur. Beim Arbeiten mit Auflösungen der zellulosehaltigen Materialien in Kupferoxydammoniaklösungen muß die Viskositätsmessung unter völligem Ausschluß von Luft in reiner Stickstoffatmosphäre durchgeführt werden. Diesem Zweck dient die in Abb. 138a wiedergegebene Apparatur. Der Stickstoff wird

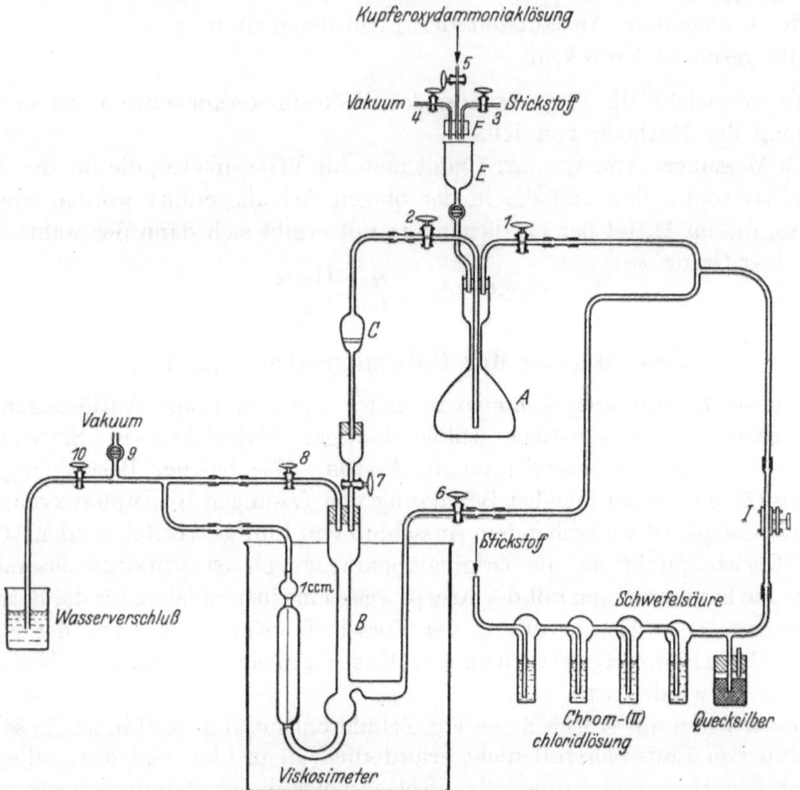

Abb. 138a. Viskosimetereinrichtung zur Bestimmung des Polymerisationsgrades nach STAUDINGER.

durch drei WULFFsche Flaschen hindurchgeleitet, die mit Chrom(II)chloridlösung gefüllt sind. Das Chrom(II)chlorid eignet sich besser zur Entfernung der letzten Reste von Sauerstoff, als die bisher bekannten Reagenzien. Den WULFFschen Flaschen ist eine Waschflasche mit konzentrierter Schwefelsäure nachgeschaltet. Der so gewaschene und getrocknete Gasstrom wird über eine mit Quecksilber gefüllte Sicherheitsflasche in die Apparatur geleitet. Das Lösegefäß A ist ein 500 cm³ Meßkolben aus braunem Glas, aus dem unter Stickstoffdruck die Lösung über ein Glasfrittefilter C in das eigentliche Viskosimeter B eingedrückt wird. Das Viskosimeter ist so gebaut, daß die Auslaufzeit von 1 cm³ Lösung gemessen wird und die Kapillare des Viskosimeters ist so beschaffen, daß 1 cm³ Wasser

---

[1] LOTTERMOSER, A., u. F. WULTSCH: Kolloid-Z. **83**, 194 (1938).

etwa 100···130 Sekunden Auslaufzeit benötigt. Das Viskosimeter steht in einem Becherglas, das mit Wasser gefüllt ist und dessen Temperatur auf $^1/_{10}°$ genau bei 20° gehalten wird. Das Wasser wird mittels Druckluft umgerührt und durch Zuschütten von heißem Wasser oder Eiswasser auf 20° gebracht. Während der Messung muß der Stickstoffdruck innerhalb des Viskosimeters gleich sein. Deshalb sind die beiden in Frage kommenden Zuleitungen miteinander verbunden und gegen die Luft durch einen Wasserverschluß abgeschlossen. Sämtliche Glasteile — Kolben und Viskosimeter —, die die Zellstoffauflösung enthalten, sollen aus braunem Glas gefertigt sein.

Herstellung der erforderlichen Lösungen. 1. Chrom(II)chloridlösung. Eine Lösung von Kaliumbichromat in Salzsäure wird in einem Kolben mit Zink versetzt und unter Stickstoff vorsichtig Salzsäure zugetropft. Die Reaktion erfolgt ziemlich stürmisch, so daß Vorsicht angebracht ist. Die Reaktion ist beendet, wenn die Lösung vollständig blau gefärbt ist. Aus dem Reaktionskolben werden die WULFFschen Flaschen unter Luftabschluß gefüllt.

2. Kupferoxydammoniaklösung. Die Kupferoxydammoniaklösung für Viskositätsbestimmung soll im Liter 13,0 g Kupfer und 200 g Ammoniak enthalten. Man löst in 4 Erlenmeyerkolben von 5 l Inhalt je 135 g reinstes Kupfersulfat in ungefähr 3 l siedenden Wassers. Durch Zugabe von 100 cm³ 13,5proz. Ammoniak zur Lösung fällt man das basische Salz. Die Ausfällung ist eine vollständige, wenn die überstehende Flüssigkeit gerade eine Spur blau ist. Man läßt den Niederschlag absitzen, gießt die überstehende Flüssigkeit ab und fügt wieder unter Umschütteln neues Wasser hinzu. Dies wird so oft wiederholt, bis die überstehende Flüssigkeit völlig SO_4''-frei ist. Das Auswaschen kann täglich 3···4mal vorgenommen werden. Die SO_4''-Freiheit des Waschwassers ist dann spätestens in 8 Tagen erreicht. Hierauf wird der gesamte Niederschlag in eine braune 12-l-Flasche mit eingeschliffenem Stopfen gespült, in 2 kg Ammoniak als stark konzentrierte Lösung (etwa 26proz.) gelöst und auf 10 l gebracht. Das Ammoniak wird durch Titration mit $^n/_1$-Salzsäure, mit Methylorange als Indikator, bestimmt und die Lösung genau auf 200 g Ammoniak je Liter eingestellt. Die Bestimmung des Ammoniakgehaltes wird folgendermaßen vorgenommen: 5 cm³ Lösung werden in 65 cm³ $^n/_1$-Salzsäure gegeben, worauf der Überschuß an Salzsäure mit $^n/_1$-Natronlauge gegen Methylorgane zurücktitriert wird. Der Kupfergehalt wird entweder elektrolytisch oder durch Jodtitration ermittelt und auf 13 g im Liter eingestellt. Ist die Lösung fertiggestellt, so gibt man zur besseren Haltbarmachung 1 g Traubenzucker auf den Liter Lösung hinzu. Die Lösung ist vor Licht und vor allen Dingen vor Luftsauerstoff zu schützen. Die ebenfalls aus braunem Glas bestehende Vorratsflasche an der Apparatur wird mittels Stickstoffdruck aus der 12-l-Flasche mit Lösung gefüllt.

Vorbereitung und Einwaage des Zellstoffes. Die Zellstoffpräparate werden entweder im Hochvakuum bei Zimmertemperatur bis zur Gewichtskonstanz getrocknet, was etwa 8 Tage dauert, oder sie werden 8···10 Stunden bei 38° im Trockenschrank eingelegt und im Klimaraum bis zur Gewichtskonstanz ausgehängt. Es wird nur so viel Material eingewogen, daß die spezifische Viskosität der erhaltenen Lösung nicht den Wert von 0,2 übersteigt. Das entspricht je nach Ausgangsviskosität des Zellstoffes einer Menge von 0,08···0,3 g Zellstoff/500 cm³ Kupferoxydammoniaklösung.

Nähere Angaben können aus der nachstehenden Tabelle entnommen werden. Der Feuchtigkeitsgehalt wird in einer besonderen Probe ermittelt.

Tabelle 26. Einzuwiegende Gewichtsmengen an Zellstoff oder zellulosehaltigem Material für die Bestimmung des Polymerisationsgrades nach STAUDINGER in Lösungen von Kupferoxydammoniak.

Polymerisationsgrad	Mindest-Einwaagen für je 100 cm³ in g	Höchst-Einwaagen für je 100 cm³ in g	Polymerisationsgrad	Mindest-Einwaagen für je 100 cm³ in g	Höchst-Einwaagen für je 100 cm³ in g	Polymerisationsgrad	Mindest-Einwaagen für je 100 cm³ in g	Höchst-Einwaagen für je 100 cm³ in g
100	0,200	0,400	700	0,029	0,057	1600	0,012	0,025
200	0,100	0,200	800	0,025	0,050	1800	0,011	0,022
300	0,067	0,133	900	0,022	0,044	2000	0,010	0,020
400	0,050	0,100	1000	0,020	0,040	2500	0,008	0,016
500	0,040	0,080	1200	0,017	0,033	3000	0,007	0,013
600	0,033	0,067	1400	0,014	0,029			

Arbeitsweise. 1. Füllen des Meßkolbens. Die abgewogene Zellstoffmenge wird quantitativ in den Meßkolben eingebracht, der Gummistopfen D dicht aufgesetzt, der lange Glasschenkel mit dem Hahn 2 über die Marke hochgezogen und der Hahn des Tropftrichters geöffnet, während die Hähne 1 und 2 geschlossen werden. Nach Aufsetzen des Stopfens F mit den 3 Leitungen auf den Tropftrichter E wird durch abwechselndes Öffnen und Schließen der Hähne 3 und 4 der Meßkolben evakuiert und mit Stickstoff gefüllt. Das abwechselnde Evakuieren und Füllen mit Stickstoff muß so oft wiederholt werden, bis die letzten Reste des Sauerstoffes entfernt sind. Dies ist der Fall nach 15maligem Evakuieren und Füllen. Zuletzt wird durch Hahn 3 Stickstoffdruck auf den Kolben A gegeben. Hahn 2 wird geöffnet und durch Hahn 5 fließt die Kupferoxydammoniaklösung von 20° ein. Nach Füllung bis zur Marke wird der Kolben in den Thermostaten von 20° gestellt und 15···24 Stunden bis zur vollständigen Lösung stehen gegelassen. Öfteres vorsichtiges Schütteln des Kolbens während der Lösezeit ist notwendig. Ist der Zellstoff gelöst, so wird der Kolben an das Viskosimeter angeschlossen.

2. Füllung des Viskosimeters. Nach Öffnen des Reduzierventils an der Stickstoffbombe wird Quetschhahn I geöffnet und Stickstoff durch die Apparatur geleitet. Hierbei sind die Hähne 1, 2 und 9 geschlossen und 6, 7, 8 und 10 geöffnet. Nach $^1/_2$stündigem Durchleiten werden Quetschhahn I und Hahn 10 geschlossen und Hahn 9, der die Verbindung mit der Vakuumpumpe herstellt, geöffnet. Ist die Apparatur evakuiert, so wird Hahn 9 geschlossen und Quetschhahn I vorsichtig geöffnet. Dies wird 15mal wiederholt, so daß die Apparatur absolut sauerstofffrei wird. Nach Schließen des Hahnes 6 werden die Hähne 1 und 2 geöffnet und mittels Stickstoffdruck die Lösung durch das Filter in das Viskosimeter gedrückt.

3. Messung der Viskosität. Ist das Viskosimeter gefüllt, so werden die Hähne 7 und 8 geschlossen und durch Stickstoffdruck nach Öffnen des Hahnes 6 die Lösung bis über die obere Marke hochgedrückt. Die Lösung darf abgelassen werden, wenn ihre Temperatur genau 20° beträgt. Durch Öffnen des Hahnes 8 wird Druckausgleich in den beiden Schenkeln des Viskosimeters geschaffen, wodurch die Lösung abläuft. Gemessen wird die Zeit, welche die Lösung von

1 cm³ für den Ablauf zwischen den Marken benötigt. Es wird sowohl die Auslaufzeit der Kupferoxydammoniaklösung, als auch die der Zelluloselösung gemessen.

Die durchgelaufene Zellulose- oder Zellstofflösung kann mittels Stickstoffdruck wieder zurückgedrückt und neuerlich gemessen werden. Der Wert der ersten Messung wird nicht mit beim Durchschnitt in Anrechnung gebracht, dieser vielmehr aus den 5⋯6 folgenden, nach jedesmaligem Zurückdrücken der Lösung gefundenen Werten errechnet.

Berechnung des Ergebnisses. Es bedeute:

P den Polymerisationsgrad (Durchschnittspolymerisationsgrad auch mit DP oder $\overline{P}$ bezeichnet),

c die Konzentration in g je 100 cm³ Lösung,

η_0 die Durchlaufszeit des Lösungsmittels in Sekunden,

η die Durchlaufszeit der Lösung in Sekunden,

K_m die experimentell festgelegte Konstante, die für vorliegenden Fall $= 5 \cdot 10^{-4}$ ist.

Dann wird der Polymerisationsgrad aus folgender Gleichung gefunden:

$$P = \frac{\eta_0/\eta - 1}{c \cdot 10 \cdot K_m} = \frac{200}{c} \cdot \left(\frac{\eta_0}{\eta} - 1\right).$$

2. Bestimmung in Auflösungen von Zellulosenitraten in Azeton.

Apparatur. Sie ist gegenüber der für die Bestimmung in kupferoxydammoniakalischen Lösungen benötigten wesentlich einfacher. Für die Messung der Viskosität wird ein OSTWALDsches Viskosimeter von der Art, wie es Abb. 138 b zeigt, benutzt. Die Kapillare unterhalb der Meßstrecke ist im Durchmesser so gewählt, daß 1 cm³ reines Azeton zum Durchlauf 100⋯150 Sekunden bedarf. D ist ein Dreiwegehahn, dessen freier nach oben weisender Abgang an Druckluft angeschlossen wird. Dadurch ist es möglich, die Lösung nach der Bestimmung zur Wiederholung der Messung zurückzudrücken. Das Viskosimeter ist in einem geräumigen Becherglas als Wasserbad eingehängt. Die Temperatur des Bades wird nach Bedarf vermittels eines Tauchsieders oder durch Einwerfen von Eisstückchen auf die richtige Höhe eingeregelt und gehalten. Die Messung wird bei 20° vorgenommen. Zwecks Ausgleich der Temperatur in dem Wasserbad wird durch ein bis auf seinen Boden reichendes Glasrohr ein schwacher Druckluftstrom eingeleitet. Das Viskosimeter wird aus gewöhnlichem farblosem Glas gefertigt. Zur Apparatur gehört eine entsprechend schlank gestaltete Füllpipette, mit deren Hilfe die Lösung unmittelbar

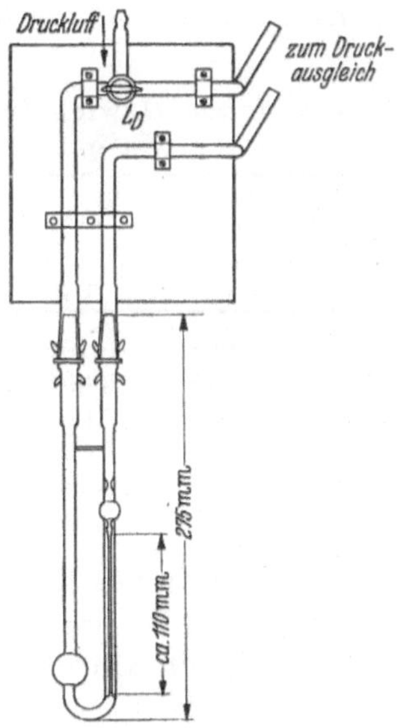

Abb. 138b. OSTWALD-Viskosimeter für die Bestimmung des Polymerisationsgrades von Nitrozellulosen in Azeton nach STAUDINGER.

bis in die Kugel des linken Schenkels des Viskosimeters eingebracht wird.

Vorbereitung des Zellulosenitrats. Das nach der Darstellung (s. S. 559) getrocknete Zellulosenitrat muß vor der Auflösung in Azeton restlos von Wasser befreit werden. Dies geschieht durch Trocknen bei $35 \cdots 40°$ im Vakuum während mehrerer Stunden. Wenn auch das so getrocknete Präparat gegenüber Zellstoff oder Zellulose weit weniger hygroskopisch ist, so empfiehlt sich dennoch seine Verwahrung über Phosphorpentoxyd. Zur Durchführung der Messung werden auch hier Mengen abgewogen, die sich nach dem zu erwartenden Polymerisationsgrad richten. Nachstehende Tabelle gibt darüber Aufschluß.

Arbeitsvorschrift. 1. **Lösung der Proben.** Die erforderliche Menge wird in einen Meßkolben von 50 oder 100 cm³ aus gewöhnlichem farblosem Glas gegeben. Dann wird mit reinem Azeton bis zur Marke aufgefüllt. Azeton, das aus früheren Bestimmungen durch Zurückdestillation wiedergewonnen worden ist, sollte dabei nicht zur Anwendung kommen. Die Lösung der Zellulosederivate erfordert auch hier je nach der Höhe des Polymerisationsgrades kürzere oder längere Zeit. Es ist zu empfehlen, den beschickten Kolben über Nacht auf dem in Gang gehaltenen Löseapparat zu belassen, wobei der Stopfen des Kolbens durch ein um ihn und den Kolbenboden gelegtes Gummiband sicher in seiner Verschlußstellung gehalten wird.

2. **Messung der Viskosität.** Die bereits vorher auf annähernd $20°$ eingestellte Nitratlösung wird, wie oben angegeben, mit einer Pipette in das Viskosimeter eingefüllt. Dann wird die Lösung mittels Druckluft bis über die obere Meßmarke gedrückt. Nach Abschluß der Druckluft und durchgeführtem Druckausgleich kann, sofern die Temperatur während 10 Minuten gleichmäßig bei $20°$ verblieben ist, das Ablassen der Lösung und das Beobachten der Durchlaufszeit erfolgen. Das bei der vorigen Bestimmung hier und über die Berechnung des Durchschnittswertes Erwähnte gilt auch in diesem Falle.

Tabelle 27.

Einzuwiegende Gewichtsmengen an Zellulosenitraten für die Bestimmung des Polymerisationsgrades nach STAUDINGER in Lösungen von Azeton.

Polymerisationsgrad	Mindest-Einwaagen für je 100 cm³ in g	Höchst-Einwaagen für je 100 cm³ in g	Polymerisationsgrad	Mindest-Einwaagen für je 100 cm³ in g	Höchst-Einwaagen für je 100 cm³ in g	Polymerisationsgrad	Mindest-Einwaagen für je 100 cm³ in g	Höchst-Einwaagen für je 100 cm³ in g
100	0,091	0,182	700	0,013	0,026	1600	0,006	0,011
200	0,045	0,091	800	0,011	0,023	1800	0,005	0,010
300	0,030	0,061	900	0,010	0,020	2000	0,005	0,009
400	0,023	0,045	1000	0,009	0,018	2500	0,004	0,007
500	0,018	0,036	1200	0,008	0,015	3000	0,003	0,006
600	0,015	0,030	1400	0,006	0,013			

Berechnung des Ergebnisses. Hier gilt die gleiche Beziehung wie bei der vorhergehenden Bestimmung. Der Wert für K_m beträgt, wie eingangs erwähnt, $11 \cdot 10^{-4}$. Damit wird der Polymerisationsgrad gefunden zu:

$$P = \frac{91}{c} \cdot \left(\frac{\eta_0}{\eta} - 1 \right).$$

Anmerkung. Normalerweise werden die gleichen Werte für den Polymerisationsgrad erhalten, ganz gleich, ob man mit einer Lösung des Materials in SCHWEIZERS Reagens oder mit einer solchen des nitrierten Produktes in Azeton arbeitet. Bisweilen werden doch Unterschiede in beiden Werten beobachtet. Sie sind auf vom normalen Aufbau des Zellulosemoleküls abweichende — fehlerhafte[1] — Form des Zellulosemoleküls zurückzuführen. Bei der Bestimmung des Polymerisationsgrades in Kupferoxydammoniaklösung tritt bei fehlerhaftem Zellulosemolekül in dem stark alkalischen Medium ein Zerfall der Kette an den — beispielsweise bei der Bleiche — geschädigten Stellen ein, mit der Folge, daß dann nur jener Polymerisationsgrad ermittelt wird, den die anfallenden Bruchstücke besitzen. Demgegenüber bleibt bei der Bestimmung des Polymerisationsgrades auf dem Wege über den Nitroester, auch ein geschädigtes Zellulosemolekül in seiner ursprünglichen Kettenlänge erhalten. Ergibt sich also zwischen beiden Bestimmungsarten ein erheblicher Unterschied in den Werten des Polymerisationsgrades, so kann immer auf das Vorhandensein von fehlerhaften Stellen in dem Zellulosemolekül des vorliegenden Zellstoffes geschlossen werden.

Wenn auch diese Erkenntnisse schon vor einiger Zeit erworben wurden, so liegen gegenwärtig noch zu wenig Beobachtungen über ihre Anwendung in der Praxis vor. Es besteht doch kein Zweifel, daß dieser Nachweis und eine sich darauf gründende quantitative Ermittlung in der Zukunft eine Rolle bei der Beurteilung hochwertiger Zellstoffe für chemische Weiterverarbeitung zu spielen berufen sein wird.

b) Durchführung der Bestimmung nach der abgeänderten Methode der Fachgruppe Chemische Herstellung von Fasern.

Apparatur.

1. **Viskosimeter[2].** Die Bauart des Viskosimeters ist aus der schematischen Abb. 139 ersichtlich. Zwei Viskosimeter befinden sich in dem durch Wärmeregulator und Propeller- oder Druckluftblasenrührer auf 20° ±0,1° gehaltenen Wasserbad. Am besten wird die Viskositätsapparatur in einem thermokonstanten Raum aufgestellt. Sollte die Temperatur des Raumes über 20° betragen, so muß die Temperatur des Wasserbades durch die Kühlschlange reguliert werden.

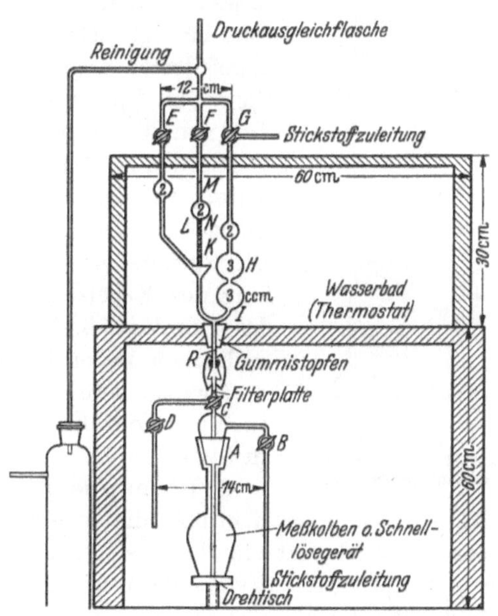

Abb. 139. Viskosimetereinrichtung zur Bestimmung des Polymerisationsgrades nach STAUDINGER gemäß der Methode der Fachgruppe Chemische Herstellung von Fasern.

Die Einführung der Meßlösung erfolgt durch ein im unteren Bogen des Viskosimeters angesetztes Rohr R, das, in einem Gummistopfen sitzend, durch einen Schliff die Verbindung zu der unterhalb des Thermostaten befindlichen Einfüllvorrichtung herstellt. Die Hähne E, F, G beider Viskosimeter sind gemeinsam angeschlossen an eine 250-cm³-Gaswaschflasche nach MUENCKE, die bis etwa

---

[1] STAUDINGER, H., u. A. SOHN: J. prakt. Chem. **155**, 77 (1939) u. STAUDINGER, H., u. K. W. EDER: Cellulosechem. **19**, 25 (1941).

[2] Die gesamte Apparatur wird von der Firma Greiner & Friedrichs, G.m.b.H., in Stützerbach i. Thür. hergestellt.

1 cm über die innere Austrittsöffnung mit Wasser beschickt ist. Dadurch sind die Viskosimeter gegen Luft abgeschlossen, und gleichzeitig ist ein dauernder Ausgleich auf Atmosphärendruck gegeben. Die Darstellung in Abb. 139 wird leichter verständlich bei einem Vergleich mit Abb. 137, welche die Original-apparatur von STAUDINGER wiedergibt.

Die Abmessungen des Viskosimeters gehen aus der Abbildung hervor. Die Maße der Kapillare sind: 5 cm Länge und 0,3···0,4 mm Weite. Das Viskosimeter selbst kann aus gewöhnlichem Glas hergestellt werden.

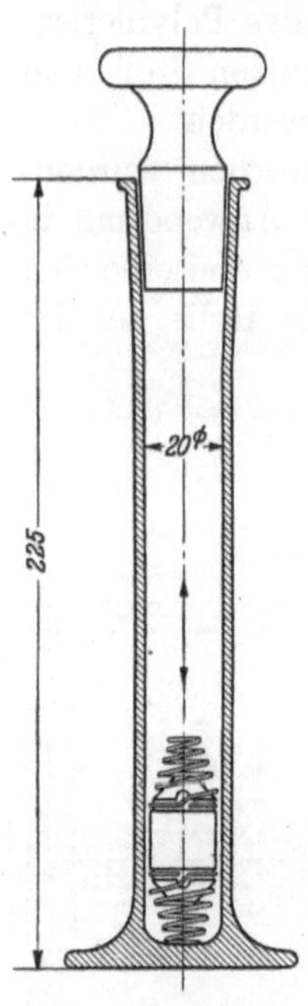

Abb. 140. Schnell-Löse-gerät für die Polymeri-sationsgrad-Bestim-mung.

2. Schnell-Lösegerät. Zur Auflösung der Zellstoffproben werden entweder 50- oder 100-cm³-Meßkolben aus braunem Glas oder das nachstehend beschriebene Schnell-Lösegerät für 50 cm³ Inhalt verwandt. Als solches dient ein mit Glasfuß und Schliff NS 26 versehenes Zylinderrohr (Abb. 140) aus braunem Glas. Es hat von der unteren Schliffkante bis zum Glasfuß eine innere Länge von 180 mm. Der innere Durch-messer beträgt 20 mm, der äußere 25 mm. In dem Zylinder-rohr bewegt sich während des Lösens ein an beiden Enden abgefederter Kegel aus säurefestem Stahl. Dieser hat von Spitze zu Spitze eine Länge von 30 mm, im zylindrischen Teil von 20 mm und einen Durchmesser von 19 mm. Im zy-lindrischen Teil dicht unterhalb der Spitze befinden sich Nuten, in denen die Spiralfedern aus 1-mm-Stahldraht ein-gelegt sind, die mit der Oberfläche des Kegels abschließen. Die Spiralfedern sind konisch gedreht und dürfen den Um-fang des Kegels nicht überschreiten, da sie sonst den Fall des Kegels abbremsen. Die Gesamtlänge des Kegels ein-schließlich Federung beträgt etwa 55 mm.

Mittels dieses Gerätes ist es möglich, Zellstoffproben je nach der Höhe ihres Polymerisationsgrades in 15···30 Minuten zu lösen.

3. Löseapparatur. Grundsätzlich eignet sich jede Vor-richtung, die es erlaubt, die Meßkolben umzuwälzen. Be-sonders günstig ist ein Metallrad oder eine Holzscheibe von etwa 50 cm Durch-messer, die mittels Riemenübertragung durch einen Motor angetrieben wird. Die Meßkolben oder Löserohre werden in irgendeiner Weise radial darauf befestigt. Eine andere Vorrichtung ist folgende: Ein Motor treibt über ein die Umdrehungs-zahl herabsetzendes Schneckengetriebe und eine im gleichen Sinne wirkende Riemenübertragung eine Welle. Diese trägt um die Achse angeordnete Zapfen, an denen Bürettenklammern zur Aufnahme der Kolben oder Rohre befestigt sind.

Herstellung der Kupferoxydammoniaklösung.

Die für das Schnellöseverfahren zur Anwendung kommende wird durch Auf-lösen von selbst erzeugtem Kupfer(II)hydroxyd in konzentriertem Ammoniak hergestellt. Die Herstellung des Kupferhydroxyds geschieht nach folgender Vorschrift.

250 g reines Kupfersulfat werden in einem 2-l-Becherglas in 1250 cm³ Wasser gelöst und zum Sieden gebracht. Unter Umrühren läßt man aus einem Tropf-

trichter konzentrierte Ammoniaklösung in die siedende Lösung tropfen, bis die über dem gebildeten grünen Niederschlag stehende Lösung einen violetten Farbton annimmt; es werden ungefähr 150 cm³ verbraucht. Der Niederschlag wird abfiltriert und mit Wasser gründlich gewaschen. Es wird dann mit Wasser von 30° (nicht höher) angeteigt und mit einer ebenfalls 30° warmen Lösung von 60 g Ätznatron in 800 cm³ Wasser verrührt. Man läßt die Mischung unter häufigem Rühren 10 Minuten stehen, filtriert dann ab und wäscht mit Wasser alkalifrei; zum Schluß wird mit Azeton durchgewaschen und bei Temperaturen nicht über 40° im Vakuumtrockenschrank oder im Exsikkator getrocknet. Das Produkt wird durch ein Kupferdrahtnetz hindurchgetrieben. Zur Herstellung der Kupferoxydammoniaklösung werden für jeweils 2 l Lösung 20 g des Kupferhydroxyds in eine braune 2-l-Flasche gegeben, worauf dann 2 l konzentriertes Ammoniak zugesetzt werden. Unter häufigem Schütteln läßt man etwa 1 Stunde stehen, in welchem Zeitraum vollständige Lösung eintritt.

Die auf diese Weise erhaltene Lösung wird in einer braunen Flasche mit aufgesetzter automatischer Abfüllpipette von 50 cm³ Inhalt verwahrt.

Vorbereitung der Zellstoffproben.

Die zur Untersuchung kommenden Zellstoffe oder zellulosehaltigen Proben werden 24 Stunden in einem Klimaraum oder -schrank bei 20° und 65 % relativer Luftfeuchtigkeit ausgelegt und dann eingewogen. Außerdem wird getrennt hiervon eine Feuchtigkeitsbestimmung ausgeführt.

Sehr feuchte Proben werden vorher getrocknet, jedoch soll die Trockentemperatur 70° nicht überschreiten, um jeden Abbau zu verhindern.

Bei laufender Durchführung von Polymerisationsgradsbestimmungen kann man davon ausgehen, daß die im Klimaraum ausgelegten Zellstoffproben stets annähernd gleichen Trockengehalt besitzen, eine gesonderte Feuchtigkeitsanalyse wird sich dann bei ihnen nicht erforderlich machen. Es wird genügen, wenn durch gelegentliche Feststellungen die Stetigkeit des Trockengehaltes der Proben überprüft wird.

Tabelle 28. Höchsteinwaagen an Zellstoff und zellulosehaltigem Material für die Polymerisationsgradbestimmung.

Polymerisationsgrad	Für 50-cm³-Meßkolben oder 50-cm³-Löserohr g	Für 100-cm³-Meßkolben g	Polymerisationsgrad	Für 50-cm³-Meßkolben oder 50-cm³-Löserohr g	Für 100-cm³-Meßkolben g	Polymerisationsgrad	Für 50-cm³-Meßkolben oder 50-cm³-Löserohr g	Für 100-cm³-Meßkolben g
100	0,235	0,470	600	0,039	0,078	1100	0,0210	0,042
150	0,155	0,310	650	0,036	0,072	1150	0,0200	0,040
200	0,115	0,230	700	0,0335	0,067	1200	0,0195	0,039
250	0,094	0,188	750	0,0310	0,062	1250	0,0185	0,037
300	0,078	0,156	800	0,0290	0,058	1300	0,0180	0,036
350	0,067	0,134	850	0,0275	0,055	1400	0,0165	0,033
400	0,058	0,116	900	0,0260	0,052	1500	0,0155	0,031
450	0,052	0,104	950	0,0245	0,049	1600	0,0145	0,029
500	0,047	0,094	1000	0,0235	0,047			
550	0,043	0,085	1050	0,0220	0,044			

Arbeitsvorschrift.

1. Auflösung der Zellstoffprobe. A. Beim Arbeiten mit Meßkolben.
Von den vorbereiteten Proben wird die nach der Tabelle festzusetzende Menge
in den braunen 50-cm³- oder 100-cm³-Meßkolben eingewogen. Zur Vermeidung
eines oxydativen Abbaues der Zellulose wird eine Spatelspitze von reinstem
Kupfer(I)chlorid, etwa 0,05···0,1 g, hinzugegeben. Dann wird der Kolben mit
selbsthergestelltem Kupfer(II)hydroxyd beschickt, und zwar werden hiervon bei
Anwendung des 50-cm³-Kolbens 0,5 g, bei Anwendung des 100-cm³-Kolbens
1,0 g je Versuch verwandt. Sodann wird der benutzte Kolben bis zur Marke
mit 22···24 proz. Ammoniaklösung bis zur Marke aufgefüllt und mit dem im
oberen Teil leicht eingefetteten Schliffstopfen verschlossen. Der Stopfen wird
durch ein um den Kolben herumgelegtes Gummiband oder durch Klammern gesichert. Zur schnellen Lösung des Zellstoffes wird er dann auf der Löseapparatur
befestigt und diese anschließend in Gang gesetzt. Je nach dem Polymerisationsgrad der in ihm enthaltenen Zellulose dauert der Lösevorgang verschieden
lange. Nach etwa 10 Stunden ist er in allen Fällen beendet. Am besten wird die
Lösung am Abend angesetzt, sie ist dann am nächsten Morgen fertig.

B. Beim Arbeiten mit dem Schnell-Lösegerät. In das 50-cm³-Zylinder-
rohr werden das Zellulosematerial und der Stahlkegel gegeben; nach Zusatz von
Kupfer(I)chlorid wird die fertige Kupferoxydammoniaklösung unter schwachem
Stickstoffdruck aus einer automatischen 50-cm³-Pipette eingefüllt.

Das Zylinderrohr wird sodann in die Löseapparatur gespannt und diese mit
35···40 Umdrehungen je Minute in Gang gesetzt. Der eng im Rohr geführte
Kegel erzeugt bei seinem Fall Wirbel und bewirkt damit eine schnelle Auflocke-
rung und Lösung des Zellulosematerials. Während der dann folgenden Messung
bleibt der Kegel im Rohr, das statt des in der Abb. 139 gezeichneten Meßkolbens
dem Kapillar-Viskosimeter angeschlossen wird.

2. Viskositätsmessung. Die Viskositätsmessung geht folgendermaßen vor
sich. Nach Entfernen des Stopfens wird der Kolben durch den unteren Schliff A
bei geschlossenen Hähnen B, C, D, E mit der Apparatur verbunden und auf das
in der Höhe einstellbare Stativ gestellt. Das Aufnahmerohr für die Lösung reicht
bis zum Boden des Kolbens. Der Hahn B wird geöffnet, aus einer Bombe entnommener und wie bei der Beschreibung der Originalmethode angegeben gereinigter Stickstoff tritt in den Kolben ein. Durch Öffnung des Hahnes C wird
die Lösung in das Viskosimeter hinaufgedrückt. Nach Füllung der beiden unteren
rechten Kugeln H und J wird der Hahn C geschlossen, der Hahn E kurz geöffnet
und wieder geschlossen. Durch den Dreiwegehahn G wird die im Viskosimeter
befindliche Lösung aus den beiden Kugeln in die über der Kapillare K befindliche
Kugel L gedrückt, bis oberhalb der oberen Marke M; der Dreiwegehahn G wird
wieder in die Ausgangsstellung zurückgebracht, der Stickstoffzustrom ist dadurch
unterbunden, der Überdruck im Viskosimeter entweicht. Die Flüssigkeitssäule
reißt am unteren Kapillarenaustritt ab, die Lösung oberhalb der Kapillare beginnt
durch die Kapillare zu strömen. Mit der Stoppuhr wird die Zeit gemessen vom
Augenblick, wo der untere Meniskus der Flüssigkeit die obere Marke M durchläuft bis zum Augenblick, wo er durch die untere Marke N tritt.

Nach Beendigung der Messung wird die Lösung durch Öffnen des Hahnes D
aus dem Viskosimeter abgelassen. Ein neuer Kolben wird bei A angeschlossen

und das Viskosimeter mit der neuen Lösung in der gleichen Weise durchgespült, wie die Messung nach der obigen Vorschrift ausgeführt wurde. Diese Spülflüssigkeit wird ebenfalls durch Hahn D abgelassen und nun das Viskosimeter mit der neuen Lösung zur Messung gefüllt. Ebenso erfolgt die Messung der Durchlaufzeit des reinen Lösungsmittels, also der Lösung von Kupfer(I)chlorid und Kupfer(II)hydroxyd in Ammoniakwasser.

Reinigung der Apparatur. Eine hin und wieder erforderliche gründliche Reinigung des Viskosimeters wird in gleicher Weise durchgeführt, nur, daß aus dem Kolben statt der Lösung Chromschwefelsäure und anschließend Wasser durch das Viskosimeter gedrückt werden, die durch die oberen Hähne E, F, G und einen zwischen diesen und der Druckausgleichflasche befindlichen Dreiwegehahn O abgesogen werden.

Berechnung des Ergebnisses. Sie erfolgt wiederum nach der Gleichung, welche bei Beschreibung der Originalmethode angegeben worden ist:

$$P = \frac{\eta_0/\eta - 1}{c \cdot 10 \cdot K_m} = \frac{200}{c} \cdot \left(\frac{\eta_0}{\eta} - 1\right).$$

Ist der Polymerisationsgrad tatsächlich anders als erwartet und die Einwaage daher zu hoch oder zu niedrig gewesen, so ist das daran zu erkennen, daß die Differenz aus den Durchlaufzeiten der Lösung und des Lösungsmittels, also $\eta - \eta_0$ zu groß oder zu klein wird. Sie soll bei den hier angegebenen Viskosimeterabmessungen möglichst zwischen 45 und 50 Sekunden liegen. War die Einwaage nicht richtig gewählt, so ist die Messung zu wiederholen, wobei für die Einwaage der durch die erste Messung ermittelte angenäherte Polymerisationsgrad zugrunde gelegt wird.

Bestimmung der Viskosität und des Polymerisationsgrades von verholzten zellulosehaltigen Proben.

Die bisweilen vorliegende Aufgabe, die Viskosität oder den Polymerisationsgrad in Zellstoffproben oder Präparaten zu bestimmen, die noch unvollständig aufgeschlossen oder verholzt sind, kann man in verschiedener Weise lösen. Dieser Art beschaffene Proben lösen sich nur schwer oder unvollständig in SCHWEIZERS Reagens, und mangelhaft gelöste Anteile können beim Arbeiten mit Auslauf- und Kapillarviskosimetern zu fehlerhaften Werten Veranlassung geben. Zur Behebung dieser Mängel schließt man die zu untersuchenden Proben in vorsichtiger Weise zunächst weiter auf. Es kann das erfolgen entweder durch eine Behandlung mit Chlordioxydlösung oder eine solche mit Chlorwasser. Die Konzentration beider Lösungen richtet sich nach dem Verholzungsgrad. Als Anhalt sei erwähnt, daß man sie beim Chlordioxyd etwa bei $0{,}1\cdots0{,}2\,\%$, beim Chlorwasser $0{,}5\cdots2\,\mathrm{proz.}$ hält. Beide Lösungen müssen, um einen Abbau zu vermeiden, bei $0°$ angewandt werden. Nach der Behandlung, die beim Chlordioxyd bis zu 24 Stunden erfordert, beim Chlorwasser meist schon nach $30\cdots60$ Minuten beendet ist, wird das erhaltene Reaktionsgut in $2\,\mathrm{proz.}$ neutrale Natriumsulfitlösung eingetragen und darin zur Lösung der oxydierten Ligninprodukte bei $50\cdots60°$ etwa 30 Minuten lang belassen. Dann wird abfiltriert, sorgfältig gewaschen und vorsichtig bei niedriger Temperatur getrocknet.

Gut geeignet für einen solchen schonenden nachträglichen Aufschluß dürfte auch Natriumchlorit[1] sein. Es kommt ein Arbeiten in $10\cdots20$proz. Stoffdichte und in schwach mit Salzsäure bis zu einem p_H-Wert von $2\cdots3$ angesäuerter $5\cdots10$proz. Natriumchloritlösung in Frage. Je nach dem Verholzungsgrad wird man bei gewöhnlicher oder bis zu 50° betragender Temperatur arbeiten. Nach dem Aufschluß wird mit warmem Wasser gut ausgewaschen und vorsichtig getrocknet.

Durch diese Behandlung tritt in den meisten Fällen kein oder doch nur ein bedeutungsloser Abfall der Viskosität oder des Polymerisationsgrades der vorhandenen Zellulose ein.

In anderer Weise kann man zum Ziel gelangen, daß man die Proben einer vorsichtigen Nitrierung in der von EKENSTAM gegebenen Vorschrift unterwirft (s. Nitrierung von Zellstoffproben). Nach dem Auswaschen und Trocknen der erhaltenen Präparate werden die gebildeten Nitroester der Zellulose mit Azeton herausgelöst. Durch langsames Eingießen der Azetonlösung in destilliertes Wasser unter ständigem Umrühren werden sie wieder ausgefällt, dann filtriert und sorgfältig gewaschen. Nach dem Trocknen können sie dann in Azetonlösung zur Polymerisationsgradbestimmung benutzt werden.

Die zuletzt angeführte Art der Bestimmung dürfte noch den Vorzug besitzen, daß bei ihr wenigstens bis zu einem bestimmten Ausmaß der Pentosananteil, dessen Polymerisationsgrad zwischen $150\cdots200$ liegt, zufolge der schweren Löslichkeit der nitrierten Pentosanprodukte in Azeton nicht mit erfaßt wird. Man sollte also in diesem Fall Zahlen erhalten, die für den eigentlichen Zelluloseanteil als genauer anzusehen sind.

Schnellmethode zur Bestimmung der Viskosität von Stoffproben aus den Kochern.

Bei der Wichtigkeit, die in vielen Fällen die Viskosität des fertigen Zellstoffes besitzt, wäre es zweifelsohne ein Vorteil, wenn man bereits die Kochung nach dem Viskositätsgrad abstellen könnte. Wenn dies in gewissem Sinne auch schon vielfach indirekt geschieht, so käme doch trotzdem einer Schnellmethode zur unmittelbaren Ermittlung der Viskosität am Kochgut vor Abschluß der Kochung große Bedeutung zu. Es hat nicht an Versuchen gefehlt, solche Methoden auszuarbeiten. Bei der raschen Durchführbarkeit, die einer derartigen Bestimmung eigen sein müßte und bei der verwickelten und schwierigen Arbeitsweise, welche die genaue Ermittlung der Viskosität immer darstellen wird, ist von vornherein offenbar, daß man ohne gewisse Zugeständnisse nicht zum Ziel wird kommen können. Als Ergebnis wird dann eine Methode entstehen, die in ihrer Genauigkeit nicht die allerhöchsten Ansprüche erfüllen kann. Wird aber im Auge behalten, daß die Viskosität des Kochgutes stets weit über jener des Enderzeugnisses liegt und daß im Verlaufe der zeitlich ausgedehnten Bleiche später immer noch die Möglichkeit besteht, zu genauen Zahlen zu kommen, so liegt der Wert einer solchen Methode vor allem darin, die Abweichungen vom geforderten Durchschnitt beim fertigen Kochgut klein zu gestalten und vollkommen herausfallende Stoffe von vornherein von der in Frage stehenden Weiterverarbeitung auszuschließen. Der genannte Mangel sollte demnach nicht allzu

---

[1] SOHN, A. W., u. F. REIFF: Papierfabrikant **40**, 1 (1942).

schwer ins Gewicht fallen. Unter Beachtung dieser Gesichtspunkte sei nachstehend ein hierher gehöriger Vorschlag gebracht, der von RICH[1] stammt.

Er zeichnet sich dadurch aus, daß die Anwendung jeglicher verwickelten Apparatur vermieden wird, weshalb er auch für weitere Entwicklungen auf diesem Gebiet eine Grundlage darbieten wird. Gemäß der gegebenen Vorschrift wird in der Hauptsache wie folgt verfahren.

Der dem Kocher entnommene Stoff wird zunächst sorgfältig ausgewaschen, wobei etwa vorhandene Splitter und gröbere unaufgeschlossene Teilchen mit der Hand ausgelesen werden. Dann wird durch Ausdrücken mit der Hand vom anhaftenden Wasser weitgehend befreit und in azetonhaltigem Wasser, das von vorhergehenden Versuchen stammt, aufgeschlagen. Die anschließend auf einem Büchnertrichter gesammelte Stoffaufschwemmung wird kräftig abgesaugt und zweimal mit Azeton gewaschen. Der wiederum trockengesaugte Stoff wird in dünnen Lagen abgezogen und in einem Schnelltrockner innerhalb 3···4 Minuten vom restlichen Azeton-Wasser-Gemisch befreit. Durch diese Behandlung mit Azeton erhält der Stoff eine sehr flaumige Form, die wiederum rasches Lösen ermöglicht. Von dem absolut trockenen Stoff werden auf einer Waage, deren Genauigkeit 10 mg beträgt, 3,50 $\pm$ 0,01 g rasch abgewogen und in einen trockenen 250 cm^3 fassenden Erlenmeyerkolben mit Schliffstopfen gegeben. Hierzu fügt man genau 75 cm^3 einer Ammoniaklösung, die 167,0 $\pm$ 0,5 g/l NH$_3$ und 12 g/l Rohrzucker enthält. Nach dem Verschließen des Kolbens wird genau 1 Minute lang geschüttelt. Darauf werden zum Lösen des Zellstoffes 100 cm^3 Kupferoxydammoniaklösung eingefüllt. Die benutzte Lösung hat die nachstehende Zusammensetzung: 45 g/l Cu, 167 g/l NH$_3$ und 12 g/l Rohrzucker. Sie wird bereitet durch Einleiten von gereinigter Druckluft in einen stark gekühlten Zylinder aus nichtrostendem Stahl, der auf einer Siebplatte geschichtete kurze Kupferdrahtstücke und eine Ammoniaklösung mit 180 g/l NH$_3$ und 12 g/l Rohrzucker enthält. Der mit der Kupferoxydammoniaklösung beschickte Erlenmeyerkolben wird nach dem Verschließen wiederum genau 1 Minute lang geschüttelt, welche Zeit dank der stark kupferhaltigen Lösung und der Vorbehandlung der Stoffprobe ausreicht, um sie in Lösung zu bringen. Die erhaltene Lösung wird darauf rasch in ein etwa 30 cm langes und 25 mm weites, einseitig mit einem Gummistopfen verschlossenes Glasrohr gefüllt, darin auf eine Temperatur von 20 $\pm$ 0,1° gestellt und in ihr die Viskosität nach der Kugelfallmethode ermittelt. Hierzu benutzt man eine kalibrierte Aluminiumkugel von etwa 0,32 mm Durchmesser, deren Fallgeschwindigkeit mittels entsprechender Marken am Glasrohr ermittelt werden kann. Die Zeit in Sekunden für die vorgesehene Normalfallhöhe wird als Viskosität angegeben, falls man davon absieht sie in cP zu berechnen.

Wie aus dieser Beschreibung zu erkennen, arbeitet die Methode nicht in einer indifferenten Atmosphäre und die Schnelligkeit des Arbeitens soll einen wesentlichen Abbau der gelösten Zellulose während der Bestimmung in engen Grenzen halten. Vorteilhafter dürfte es aber sein, in diesem Punkte die Methode zu verbessern. Um unkontrollierbare Fehler, wie sie durch Abweichungen der Zusammensetzung der Lösung von der Standardvorschrift, durch Abbau der Zellulose u. a. mehr die Folge sein können, auszuschließen, wird gleichzeitig mit jeder

---

[1] RICH, E. D.: Pacific Pulp Paper Ind. **14**, H. 11, 17 (1940).

zu untersuchenden neuen Probe ein Zellstoff bekannter Viskosität im Parallelversuch mituntersucht. Gemäß dem Ergebnis dieser Bestimmung werden gegebenenfalls entsprechende Korrekturen am Wert angebracht, den der neue Stoff ergeben hat.

Zur Ermittlung der Polymolekularität und Verteilung der Kettenlänge.

Allgemeines. Die Bestimmung des Polymerisationsgrades, wie sie vorstehend beschrieben worden ist, führt zu einem Durchschnittswert, zum Durchschnittspolymerisationsgrad (DP. oder P.) des Zellstoffes. Alle Zellstoffe enthalten nämlich — teils von ihrer Herkunft her, teils zufolge der Aufschluß- und Bleichprozesse ein Gemisch von Zellulose verschiedenen Polymerisationsgrades, sie sind also nicht einheitlich polymer. Sie stellen im Sinne STAUDINGERS[1] ein Gemisch von Polymerhomologen dar. Es ist leicht ersichtlich, daß der Durchschnittswert des Polymerisationsgrades eines solchen Gemisches in ganz mannigfaltiger Weise zustande kommen kann, d. h. die Art der Polymolekularität kann bei gleichem Durchschnittswert von Fall zu Fall eine ganz andere sein. Es besteht aus diesem Grunde durchaus die Möglichkeit, daß Zellstoffe bei gleichem Durchschnittspolymerisationsgrad sich in den Eigenschaften, die ihre chemische Verarbeitbarkeit bedingen, durch große Unterschiede auszeichnen. Solche können u. a. in den Festigkeitseigenschaften, in der Viskosität ihrer konzentrierten Lösungen, in ihrem Quellungsvermögen u. ä. bestehen. Es kann aus diesen Gründen sich häufig als notwendig erweisen, den Grad und die Art der Polymolekularität eines Zellstoffes zu ermitteln. Diese Aufgabe läuft darauf hinaus, den Zellstoff in Massenanteile niederen und höheren Polymerisationsgrades zu zerlegen und den Viskositätsgrad dieser Fraktionen festzustellen. Zur praktischen Durchführung solcher Fraktionierungen ist von STAUDINGER und verschiedenen Mitarbeitern[2] ein Verfahren ausgearbeitet worden, das grundsätzlich darin besteht, polymerhomologe Reihen der Zellulose in einem Zellstoff in polymeranaloge Reihen von Zellulosederivaten, besonders Nitroester, überzuführen und aus deren Auflösungen in organischen Lösungsmitteln die einzelnen Fraktionen durch allmähliche Wasserzugabe abzuscheiden. Eine unmittelbare Fraktionierung nichtveresterter Zellulose in kupferoxydammoniakalischer Auflösung ist bislang an apparativen Schwierigkeiten gescheitert. Dank der Überführung in Nitroester wird außer einer nicht schwierigen Durchführung der Fraktionierung gleichzeitig noch der große Vorteil erreicht, daß die Zellulose in dieser Form gegen einen weiteren Abbau ihrer Ketten im Verlauf der Untersuchung vollkommen geschützt ist und gegenüber ihrer ursprünglichen Form ihre hygroskopischen Eigenschaften nahezu restlos verloren hat.

Erwähnt sei schließlich noch, daß neuerdings DOLMETSCH und REINECKE[3]

---

[1] STAUDINGER, H., u. J. JURISCH: Melliand Textilber. **20**, 693 (1939). — STAUDINGER, H.: Zellstoff-Faser **33**, 162 (1936).

[2] STAUDINGER, H., u. H. FREUDENBERGER: Ber. dtsch. chem. Ges. **63**, 2331 (1930). — STAUDINGER, H., u. O. SCHWEITZER: Ebenda **63**, 3132 (1930). — SCHULZ, G. V.: Z. physik. Chem., Abt. B **30**, 379 (1935); **32**, 27 (1936).

[3] SCHIEBER, W.: Papierfabrikant **37**, 245 (1939). — DOLMETSCH, H., u. F. REINECKE: Zellwolle dtsch. Kunstseiden-Ztg. **5**, 1 (1939).

ein anderes Verfahren ausgearbeitet haben, das darin besteht, aus dem erhaltenen Nitroester durch stufenweise Extraktion mit Gemischen organischer Lösungsmittel die einzelnen Fraktionen auszuziehen. — Nach SCHULZ[1], der sehr eingehend die theoretischen Grundlagen der Trennung polymolekularer Gemische untersucht hat, sind doch bei erwünschter scharfer Trennung der Anteile Fällungsmethoden vorzuziehen.

Einen von dem Vorstehenden ganz abweichenden Weg hat kürzlich AF EKENSTAM[2] beschrieben. Das von ihm angegebene Verfahren scheint um so mehr beachtenswert, als es sich verhältnismäßig einfach darstellt und zweifellos erheblich rascher als das von STAUDINGER gegebene zum Ziel führt. Grundsätzlich fußt es auf der von AF EKENSTAM früher gemachten Beobachtung, daß die Phosphorsäure im Konzentrationsgebiet von $73\cdots83\%$ um so größere Zellulosemoleküle zu lösen vermag, je stärker die Säure ist. Durch anschließende Verdünnung der Säure auf eine Konzentration von 70% läßt sich die Quellung des unlöslichen Rückstandes so weit zurückdrängen, daß eine Filtration des Reaktionsgemisches möglich wird und schließlich somit im erhaltenen Filtrat die gelöste Zellulosemenge in ganz gleicher Art wie es bei der Ermittlung des alkalilöslichen Anteiles in Zellstoffen üblich ist, bestimmt werden kann.

Verfahren der STAUDINGERschen Schule.

Wenn hier kurz diese Arbeitsweise für die Lösung der Aufgabe angedeutet wird, so soll sie nicht als eine allgemeingültige Vorschrift betrachtet werden, vielmehr ist sie von Fall zu Fall mehr oder weniger abzuändern.

Bei der Fraktionierung geht man aus von einer Auflösung der aus der Zellstoffprobe nach EKENSTAM hergestellten Nitrate (s. Nitrierung und Azetylierung von Zellstoffproben). Zur Anwendung gelangt eine Auflösung von $20\cdots30$ g Zellulosenitroester in $1000\ cm^3$ reinem Azeton. Zu dieser in einer geräumigen Flasche befindlichen Lösung läßt man bei Raumtemperatur aus einer Bürette cm^3-weise destilliertes Wasser zufließen. Nach jeder Zugabe, die an der Einfallstelle sofort eine Trübung hervorruft, wird umgeschüttelt. Hierbei verschwindet anfangs die Trübung und die Lösung wird immer wieder klar. Wenn die Zugabe an Wasser eine gewisse Menge überschritten hat, stellt sich eine nicht mehr verschwindende Trübung ein, ein Kennzeichen dafür, daß die am schwersten löslichen Anteile, jene mit den längsten Ketten, also höchstem Polymerisationsgrad, auszufallen beginnen. Die Flasche stellt man nun in einen Klimaschrank oder -raum, und zwar schräg, um das Absetzen der Fraktion im unteren Teil an den geneigten Wandungen zu begünstigen. Das vollständige Absetzen der ausgefällten Fraktion erfordert längere Zeit, oft mehrere Tage. Sobald die über der Fällung stehende Flüssigkeit vollkommen klar geworden ist, wird sie vorsichtig abgehebert. Zumeist setzt sich die ausfallende Fraktion ziemlich dicht und fest zusammen, so daß die Abtrennung in der angegebenen Weise sehr weitgehend gelingt. Vorteilhafter kann man bei Anwendung genügend großer Zentrifugen arbeiten. Zu dem Rückstand in der Flasche setzt man unmittelbar neues Azeton, wodurch er wieder restlos in Lösung geht. Die hierbei erhaltene Lösung

---

[1] SCHULZ, G. V.: Z. physik. Chem., Abt. B **46**, 137 (1940).
[2] AF EKENSTAM, A.: Svensk Papperstidn. **45**, 81 (1942).

läßt man dann in dünnem Strahl unter ständigem Rühren in kaltes destilliertes Wasser einlaufen. Die Zellulosefraktion scheidet sich hierbei in einer leicht zu filtrierenden Form ab. Sie wird von der wäßrigen Flüssigkeit getrennt, gut gewaschen und bei nicht zu hoher Temperatur und möglichst im Vakuum über Phosphorpentoxyd getrocknet. Nach dem Trocknen kann sie ihrer Menge nach durch Auswägen bestimmt werden.

Die abgeheberte klare Azetonlösung wird dann, wie oben beschrieben, neuerlich mit destilliertem Wasser versetzt, bis wiederum bleibende Fällung auftritt. Hierzu ist bei den späteren Fraktionen zumeist eine steigende Wassermenge erforderlich. Die Aufarbeitung der neuen Fällung gestaltet sich genau wie im ersten Fall angegeben. Bei den späteren Fraktionen ist deutlich ein Unterschied schon in der äußeren Beschaffenheit wahrzunehmen. Während die ersten gut erkennbar faserförmig ausfallen, sind die späteren mehr ungeformter, schleimiger Art und dem gemäß auch schwerer aufzuarbeiten.

Indem man diese Arbeitsweise mehrmals wiederholt, kann eine Zerlegung in eine Anzahl Fraktionen unterschiedlichen Polymerisationsgrades erzielt werden.

Die letzten gelösten Anteile in der ursprünglichen Azetonlösung sind meist nicht mehr durch weitere Wasserzugabe auszufällen. Es empfiehlt sich, sie durch weitgehendes Eindampfen auf dem Wasserbad — nötigenfalls bis fast zur Trockne — zum Ausfällen zu bringen, worauf sie nach dem Abfiltrieren und Waschen unmittelbar, wie oben angegeben, getrocknet und gewogen werden.

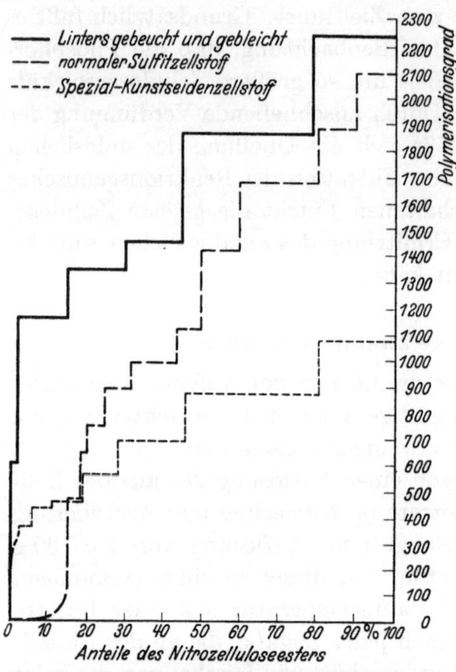

Abb. 141. Kettenlängendiagramm verschiedener zellulosehaltiger Präparate.

Die einzelnen Fraktionen werden dann jede für sich nach dem Lösen in Azeton auf ihren Polymerisationsgrad geprüft, wie es früher beschrieben worden ist. Die erhaltenen Ergebnisse werden graphisch dargestellt. Man erhält hierbei Diagramme in der Art, wie sie die Abb. 141 veranschaulicht, die der oben erwähnten Arbeit von Schieber entnommen ist.

Verfahren nach af Ekenstam.

Im Anschluß an die oben angeführten Grundlagen des Verfahrens seien nachstehend noch weitere für die praktische Durchführung notwendigen Angaben gemacht.

Nach eingehenden Versuchen von af Ekenstam besteht zwischen der Konzentration der Phosphorsäure einerseits und dem höchsten Polymerisationsgrad der in ihr bei einer Temperatur von 20° löslichen Zellulose andererseits folgender Zusammenhang.

Phosphorsäurekonzentration g/100 g	Höchster Polymerisationsgrad der gelösten Zellulose
73	unter 10
74	25
75	60
76	120
77	200
78	300
79	430
80	600
81	800
82	1050
83	1200

Säure höherer Konzentration zeigt wiederum bei der angegebenen Temperatur eine Abnahme des Löslichkeitsvermögens. Behandelt man sonach einen Zellstoff mit Phosphorsäuren steigender Konzentration, so kann man aus ihm auf diese Weise Einzelfraktionen mit Polymerisationsgraden von 0 bis 1200 herauslösen.

Die Löslichkeit der Zellulose wird wesentlich durch die angewandte Temperatur mit bedingt, und zwar in der Weise, daß bei niedrigen Temperaturgraden, beispielsweise bei 0°, schon schwächere Säure genügt, um die gleiche Wirkung zu erzielen, die stärkere Säure bei 20° herbeiführt. Für den Erhalt richtiger Werte bei diesem Verfahren ist sonach die genaueste Einhaltung der Temperatur eine der wichtigsten Voraussetzungen.

Behandelt man zellulosehaltiges Material unmittelbar mit starker Phosphorsäure zwecks Herauslösung der höhermolekularen Anteile, so kann man beobachten, daß die Lösung sehr lange Zeit in Anspruch nimmt und kaum vollständig wird. Um dadurch bedingte Schwierigkeiten zu vermeiden, empfiehlt AF EKENSTAM so vorzugehen, daß zunächst durch Behandeln mit schwächerer Säure, nämlich 73,2 proz. — diese wird statt 73 proz. gewählt, um den Einfluß des im lufttrockenen Fasermaterials vorhandenen Wassers auszuschließen —, die Zellulose in eine Oxoniumverbindung folgender Zusammensetzung übergeführt wird:

$$[C_6H_{10}O_5 \cdot H_3PO_4 \cdot 2H_2O]_n .$$

Diese Verbindung hat die vorteilhafte Eigenschaft, .daß sie wohl unlöslich in 73 proz. Phosphorsäure ist, aber je nach dem Polymerisationsgrad (n) in der diesem gemäß der oben gegebenen Übersicht entsprechenden Säurekonzentration sich augenblicklich löst. Diese .höhere Konzentration wird bei der praktischen Durchführung jeweils so erreicht, daß zu der 73 proz. Säure nach der Art einer Titration höherkonzentrierte Säure zugegeben wird, wobei zwecks Vermeidung örtlicher Verschiedenheit im Reaktionsgemisch dieser Zusatz unter stärkster Rührung erfolgen muß. Diese Arbeitsweise, welche die Einwirkung der starken Säure auf ein Geringstmaß beschränkt, gewährleistet gleichzeitig ein Zurückdrängen jeglichen hydrolytischen Abbaues der Zellulose während des Versuches. Wenn an und für sich diese Wirkung der Phosphorsäure verglichen mit jener von Salzsäure und Schwefelsäure nur sehr gering ist, so kann es doch jedenfalls nur als ein Vorteil bezeichnet werden, wenn jede unkontrollierbare Beeinflussung des Ergebnisses durch eine darauf hinzielende Arbeitsweise ausgeschaltet wird. Dem dient im übrigen auch die unmittelbar nach dem Lösevorgang erfolgende Verdünnung des Reaktionsgemisches, welche die Säurekonzentration zwecks Zurückdrängen der starken Quellung vor der Durchführung der Filtration auf unter 73 % herabsetzen soll. Nach den Erfahrungen von AF EKENSTAM wird die Filtration am besten bei einer Säurekonzentration im Reaktionsgemisch von 70 % vorgenommen. Es ist empfehlenswert, mit der Verdünnung nicht weiter herabzugehen, da dann die Gefahr besteht, daß die gelösten Anteile wieder koaguliert werden und ausfallen. Diese Verdünnung wird nicht durch Wasser, sondern durch Zugabe schwacher Phosphorsäure (58 proz.) gleichfalls unter Rührung durchgeführt.

Durchführung der Bestimmung.

Erforderliche Geräte.

1. Thermostat mit genau auf 20,0° einstellbarer Temperatur.

2. Propellerumrührer aus Glas mit in weiten Grenzen regelbarer Umdrehungszahl.

3. 4 Büretten zu je 50 cm³ Inhalt mit Glashahn und aufgesetzten Kalziumchloridröhrchen.

4. 2 Pipetten zu 5 und 10 cm³.

Ferner für jede Fraktion Bechergläser der hohen Form von 150 cm³ Inhalt, Glasfiltriertrichter 11 G 3, Saugflaschen und Filtrierproberöhrchen.

Erforderliche Reagenzien.

1. Phosphorsäuren der folgenden Konzentration:

$$\begin{aligned}
&58\,\text{proz.} \quad \text{g}/100\,\text{g} \quad\quad d_4^{20} = 1{,}407 \\
&73{,}3\,\text{proz.} \quad\quad\,\, ,, \quad\quad\quad\, d_4^{20} = 1{,}561 \\
&82\,\text{proz.} \quad\quad\quad ,, \quad\quad\quad\, d_4^{20} = 1{,}655 \\
&86\,\text{proz.} \quad\quad\quad ,, \quad\quad\quad\, d_4^{20} = 1{,}700
\end{aligned}$$

Der Gehalt der einzelnen Säuren muß sehr sorgfältig ermittelt werden. Zweckmäßig geschieht dies einmal durch Titration unter Anwendung von Bromkresolgrün als Indikator und einer $0{,}5\,\text{m-KH}_2\text{PO}_4$-Lösung als Vergleich und ferner durch Bestimmung des spezifischen Gewichtes mittels des Pyknometers. Zwischen beiden Arten der Bestimmung soll sich kein größerer Unterschied als 0,1 % ergeben. Die einzelnen Säuren werden durch Verdünnen der handelsüblichen konzentrierten Säure mit einem Gehalt von 86 % hergestellt. Es ist, da konzentrierte Phosphorsäuren leicht Wasser aus der Luft aufnehmen, Vorsorge zu treffen, daß hierdurch keine Änderung ihres Gehaltes erfolgt. Da nach den vorliegenden Untersuchungen für gebleichte Zellstoffe eine geeignete Fraktionierung sich bei Anwendung von Säuren folgender Konzentrationen ergibt: 73,3, 78, 79, 80, 81 und 83 %, sind nachstehend Tabellen gegeben, welche Angaben für die Herstellung dieser Säuren aus Mischungen der Standardsäuren (s. o.) enthalten. Gleichzeitig sind in der ersten der Tabelle noch Angaben gemacht, die für die Verdünnung des jeweiligen Reaktionsgemisches auf 70 proz. Säuregehalt vor der Filtration erforderlich sind.

2. Die gleichen Lösungen, wie sie zur Bestimmung des Alkalilöslichen (Holzgummi) benötigt werden, allein mit dem Unterschied, daß hier eine $^n/_2$-Kaliumbichromatlösung zur Anwendung gelangt.

Arbeitsweise. Der zu untersuchende Zellstoff kommt in lufttrockener Form mit höchstens $6\cdots7\,\%$ Wasser und nach erfolgter Zerkleinerung auf der Pulverraspel zur Anwendung. Für jeden einzelnen Fraktionierversuch wer-

Tabelle für die Herstellung von Phosphorsäuren zur Fraktionierung durch Mischung von 73,3- und 82proz. oder 73,3- und 86proz. Phosphorsäure.

Gewünschte Phosphorsäure g/100 g	Zur Mischung sind erforderlich von		Erforderlicher Zusatz an 58 proz. Säure, um 70 proz. Säure zu erhalten cm³	Gesamtmenge sich ergebender 70 proz. Säure cm³
	73,3 proz. Säure cm³	82,0 proz. Säure cm³		
73,2	10,0	—	2,8	12,8
75,0	10,0	2,3	5,75	18,05
76,0	10,0	4,2	8,0	22,2
77,0	10,0	6,95	11,25	28,2
78,0	10,0	11,1	16,1	37,2
78,5	10,0	14,0	19,5	43,5
79,0	10,0	17,9	24,0	51,9
79,5	10,0	23,4	30,5	63,9
80,0	10,0	31,6	40,3	81,9
		86,0 proz. Säure cm³		
80,0	10,0	10,2	19,5	39,7
80,5	10,0	12,0	22,4	44,4
81,0	10,0	14,1	25,8	49,4
81,5	10,0	16,7	29,9	56,6
82,0	10,0	19,9	35,0	64,9
82,5	10,0	24,1	41,7	75,8
83,0	10,0	29,7	50,6	90,3

den 0,2000 g lufttrockener Stoff abgewogen; für die Fraktionierreihe eines Zellstoffes werden sechs solcher Einzelproben benötigt. Die Einzelprobe kommt in einen 150 cm³ fassenden Becher und wird in diesem in den auf genau 20° eingestellten Thermostaten gebracht, worauf der regelbare Glasrührer eingeführt wird. Sodann erfolgt gleichzeitig mit dem Ingangsetzen des Rührers und einer Stoppuhr die Zugabe von 10,0 cm³ 73,3 proz. Phosphorsäure aus der Bürette. Die einlaufende Säure wird durch den anfangs mit etwa 200 Umdrehungen je Minute laufenden Rührer gut mit dem Stoff vermischt. Nach fünf Minuten soll die Reaktionsmasse, deren Temperatur anfangs

Tabelle über das spezifische Gewicht stärkerer Phosphorsäuren.

Phosphorsäuregehalt g/100 g	d_4^{20}
55	1,379
60	1,426
65	1,475
70	1,526
75	1,579
80	1,633
85	1,689
90	1,746

ein wenig ansteigt, wieder genau 20,0° betragen. Mittels einer Bürette wird sodann die gemäß der Tabelle erforderliche Menge stärkerer Phosphorsäure zugesetzt, und zwar tropfenweise, wobei gleichzeitig zur Erreichung vollkommener Homogenität der Reaktionsmasse die Umdrehungszahl des Rührers auf 500 je Minute erhöht wird. Der Zusatz der starken Säure muß so geregelt werden, daß er eine Zeit von 8 Minuten erfordert. Die Reaktionsmasse wird langsam dickflüssiger und setzt dem Rührer wachsenden Widerstand entgegen. Seine Umdrehungszahl ist durch entsprechende Regelung auf der genannten Höhe zu halten. Nach erfolgtem Zusatz der starken Säure wird weitere 5 Minuten gerührt, worauf die Konzentration durch Zugabe entsprechender Mengen der 58 proz. Phosphorsäure auf 70 % erniedrigt wird. Dieser Zusatz erfolgt unter Beibehaltung der Umdrehungszahl des Rührers von 500 je Minute tropfenweise mit einer Geschwindigkeit von 5 cm³ in der Minute.

35*

Nach weiteren drei Minuten wird der Rührer stillgesetzt, das Glas aus dem Thermostaten genommen und sein Inhalt unmittelbar durch den Glasfiltertiegel filtriert. Es erübrigt sich die gesamte Reaktionsmasse zu filtrieren, da nur eine geringe Filtratmenge für die weitere Untersuchung erforderlich ist.

Das Filtrat wird zunächst im kochenden Wasserbad fünf Minuten lang behandelt, um einen Abbau der gelösten Zellulose, der sich durch Dünnflüssigwerden der Lösung erkennbar macht, herbeizuführen. Nach dem Abkühlen werden 5 cm^3 in einem kleinen Erlenmeyerkolben mit 10 cm^3 $^n/_2$-Kaliumbichromatlösung und darauf langsam mit 25 cm^3 konzentrierter Schwefelsäure versetzt. Nach zehn Minuten wird mit 200 cm^3 destilliertem Wasser verdünnt und 1 g Kaliumjodid hinzugefügt. Anschließend wird die Lösung mit $^n/_{10}$-Natriumthiosulfat bis zum Verschwinden der Blaufärbung titriert (T cm^3). Als Blindprobe werden 5 cm^3 70proz. Phosphorsäure in der gleichen Weise nach Zugabe von Bichromatlösung und Schwefelsäure, Wasser und Kaliumjodid titriert (B cm^3).

Berechnung des Ergebnisses. Ist das Gesamtvolumen der 70proz. Phosphorsäure am Ende des Versuches a cm^3, der Trockengehalt der angewandten Zellstoffprobe $b\,^0/_0$, so wird der Prozentgehalt an gelöster Zellulose

$$\frac{(B - T) \cdot f \cdot a \cdot 100}{5 \cdot b \cdot 0,002} \; .$$

Hierin ist f für reine Zellulose 0,000675. Nach AF EKENSTAM empfiehlt es sich, für gebleichte Zellstoffe statt dessen den Faktor 0,00069 anzuwenden. Die Ergebnisse der Fraktionierreihe eines Zellstoffes werden am besten graphisch in einem Koordinatensystem dargestellt, und zwar der gelöste Anteil in Abhängigkeit vom Polymerisationsgrad. Die Durchführung einer Fraktionierungsreihe läßt sich in 4 ⋯ 5 Stunden bewältigen.

Nach den Erfahrungen, die AF EKENSTAM mitteilt, decken sich die Ergebnisse seines Verfahrens ziemlich weitgehend mit denen des STAUDINGERschen. Tieferliegende Unterschiede zwischen den einzelnen Zellstoffen lassen sich auf diese Weise feststellen. Im allgemeinen ist in Sulfatzellstoffen die Hauptfraktion (Fraktion 2) hochmolekularer als die entsprechende von Sulfitstoffen. Andererseits scheinen diese größere Mengen von Anteilen mit höherem Polymerisationsgrad zu enthalten, die bei Sulfatzellstoffen mengenmäßig weniger ins Gewicht fallen. In beiden Arten von Stoffen kommt eine geringe Menge von so hochpolymeren Zelluloseanteilen vor, daß diese auch von 83proz. Säure bei 20° nicht gelöst werden. Meist beläuft sich dieser Anteil auf etwa 5$^0/_0$ der Gesamtmenge. Durch Anwendung von 83proz. Säure bei 0° ist es doch möglich, auch diese Fraktion, die vermutlich Anteile mit einem Polymerisationsgrad von 2000 und höher enthält, in Lösung zu bringen.

Die Hemizellulosen sind in den ersten Fraktionen angereichert. Über ihre vorhandene Menge kann man eine Vorstellung erhalten, wenn man die Geschwindigkeit des hydrolytischen Abbaues in der phosphorsäurehaltigen Lösung viskosimetrisch verfolgt. Da der Abbau bei ihnen viel rascher erfolgt als bei Zellulose, deutet ein schnelles Absinken der Viskosität auf die Gegenwart größerer Mengen dieser Begleitstoffe hin.

Die Auflösungen reiner Zellulose in Phosphorsäure sind vollkommen un-

empfindlich gegenüber der Einwirkung des Luftsauerstoffes[1] und können daher
zur viskosimetrischen Bestimmung des Polymerisationsgrades herangezogen werden. In diesem Fall muß als K_m-Konstante (s. u. Bestimmung des Polymerisationsgrades) der Wert $18 \cdot 10^{-6}$ eingeführt werden.

Reinheitsbestimmung durch Ermittlung des Drehwertes.

Allgemeines. Zur Beurteilung des Reinheitsgrades und der Homogenität
von hochwertigen Zellstoffen und Zellulosepräparaten hat HESS[2] eine Methode
ausgearbeitet, die darin besteht, ihren polarimetrischen Drehwert in kupfer-
ammoniakalischen Lösungen zu messen. Aus den eingehenden Untersuchungen
von HESS geht hervor, daß die Drehwerte solcher Lösungen, die in einer gesetz-
mäßigen Abhängigkeit von der Kupfer- und der Zellulosekonzentration stehen,
in sehr empfindlicher Weise auf Verunreinigungen reagieren. Es ist so also die
Möglichkeit gegeben, Zellulose durch Ermittlung ihrer hochdrehenden Kupfer-
komplexverbindungen mit großer Genauigkeit zu charakterisieren. Von den in
Frage kommenden Begleitstoffen bedingen Produkte hydrolytischen Abbaues
der Zellulose sowie Mannan ein Absinken des Drehwertes, der umgekehrt von
Xylan und besonders von pektinhaltigen Stoffen erheblich erhöht wird. Bei
vollkommenem Ausschluß von Luftsauerstoff während des gesamten Arbeitsvorganges und bei Anwendung genügend langer Polarisationsröhren läßt sich bei
reiner Zellulose eine Übereinstimmung der Drehwertkurven von weniger als $1\,^0/_0$
erzielen. Abweichungen der Drehwerte eines unbekannten Präparates von dem
Drehwert für reine Zellulose läßt mit Sicherheit auf Anwesenheit von Begleitstoffen schließen. Umgekehrt ist dagegen eine Übereinstimmung mit den Dreh-
werten reiner Zellulose noch nicht als restloser Beweis für die Reinheit des untersuchten Präparates anzusehen, da sich zufälligerweise der Einfluß vorhandener
Begleitstoffe auf den Drehwert aufheben kann. Der Beweis darf erst dann als
endgültig erbracht angesehen werden, wenn der Drehwert bei fortgesetzter Reinigung des Materials keine Änderung erfährt.

Vorbereitung des Materials. Bei Zellstoffen und Zellulosepräparaten, die
nicht leicht in Lösung gebracht werden können, empfiehlt es sich, die Präparate
zunächst mit etwa der 20fachen Menge an 10 n-Ammoniak etwa 16 Stunden
zweckmäßig auf der Schüttelmaschine vorzuquellen. Auf Zusatz von Kupfer(II)-
hydroxyd löst sich dann das so vorbehandelte Präparat beim Schütteln sehr
schnell. Nach Auffüllen auf das gewünschte Volumen mit einer Lösung von
10 n-Ammoniak und so viel Natronlauge, daß die erhaltene Lösung $^n/_5$ daran
wird, gewinnt man bei reiner Zellulose eine vollkommen klare, ohne weiteres
polarisierbare Lösung. Ist die Zellulose mit anderen Stoffen verunreinigt, so
sind die Lösungen meistens trübe und müssen filtriert werden. Gewichtsmäßig
ist die Trübung der Zellstofflösungen nicht bemerkbar.

Zur Filtration bedient man sich der Anordnung in Abb. 142, die ohne weiteres
verständlich ist. Es ist zweckmäßig, die Kupferoxydammoniaklösungen der
Präparate in dieser Apparatur stets zu filtrieren, auch wenn sie bereits ohne
weiteres klar erscheinen.

---

[1] STAUDINGER, H., u. I. JURISCH: Ber. dtsch. chem. Ges. **71**, 2283 (1938).
[2] HESS, K., u. N. LJUBITSCH: Liebigs Ann. Chem. **466**, 1 (1928).

Herstellung des für die Kupferoxydammoniaklösung erforderlichen Kupfer(II)hydroxydes. Von wesentlichem Einfluß auf die leichte und störungsfreie Ausführung der Versuche ist die Güte des benutzten Kupferhydroxyds. Zu seiner Darstellung muß man von möglichst vollkommen eisenfreiem Kupfersulfat ausgehen und muß das Kupferhydroxyd gründlich auswaschen. Geringe Spuren von Eisen im Hydroxyd rufen beim Filtrieren der Kupferoxydammoniaklösungen leicht Störungen durch zu langsames Filtrieren sowie Trübungen in den Meßlösungen hervor. Man benutzt zweckmäßig für die Darstellung des Kupferhydroxyds folgende Vorschrift. In eine Lösung von 286,5 g $CuSO_4 \cdot 5 H_2O$ in 688 cm³ Wasser wird bei 90° (die Temperatur ist genau einzuhalten) eine 90° heiße Lösung von 98,5 g Na_2CO_3 in 522 cm³ Wasser langsam unter starkem Rühren so eingetragen, daß immer nur schwaches Aufschäumen erfolgt. Nach 6 ··· 8 maligem Dekantieren mit destilliertem Wasser in der je 15 bis 20 fachen Menge werden 220 cm³ 16,3 proz. Natronlauge unter Rühren zugegeben, dann wird 10 mal bis zur völligen Alkalifreiheit mit reichlichen Mengen destilliertem Wasser dekantiert, mit Azeton gewaschen und schließlich bei Temperaturen nicht über 40° im Exsikkator getrocknet.

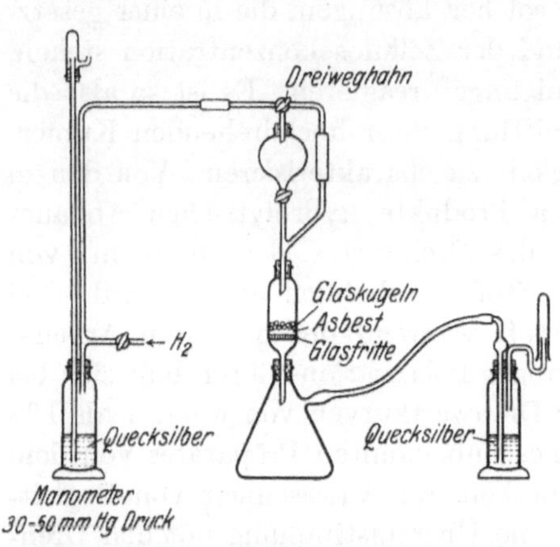

Abb. 142. Filtrierapparat für Zelluloselösungen nach HESS.

Ausführung einer Meßreihe. Zur Beurteilung der Reinheit eines Zellstoffes oder eines Präparates wird es häufig genügen, nur einen einzigen Drehwert zu ermitteln. Hierfür kommt eine Lösung in Betracht, die die folgende Zusammensetzung hat: 4 mg-Mol $C_6H_{10}O_5$, 10 mg-Mol $Cu(OH)_2$, 1000 mg-Mol NH_3 und 20 mg-Mol NaOH in 100 cm³. Der Drehwert für reine Zellulose ist dann bei $18° = -3,45°$ (Länge des Polarisationsrohres $l = 5$ cm).

In anderen Fällen wird man sich doch nicht mit einem einzigen Wert begnügen, vielmehr eine Drehwertkurve aufnehmen. Zur Herstellung der einzelnen zu messenden Lösungen stellt man sich eine Hauptlösung her, von der aus alle übrigen Lösungen durch Kupferzusatz oder Verdünnen mit der nachstehend angegebenen Vorratslösung bereitet werden. Für eine Drehwertsreihe mit der Grundkonzentration von 4 mg-Mol $C_6H_{10}O_5$ oder Kupfer ergibt sich folgende Arbeitsweise.

Hauptlösung: Zu ihrer Herstellung werden in einem 500-cm³-Meßkolben 3,9515 g Zellulosepräparat (enthaltend 1 mg-Mol $C_6H_{10}O_5$ in 0,1756 g), sowie 1,9870 g $Cu(OH)_2$ (enthaltend 1 mg-Mol Cu in 0,1009 g) eingewogen; das entspricht genau 4,5 mg-Mol $C_6H_{10}O_5$ und 3,94 mg-Mol Cu in 100 cm³ Lösung. Nach dem Verdrängen der Luft durch Wasserstoff werden etwa 50 cm³ einer Vorratslösung unter Luftabschluß zugegeben, die in 100 cm³ 1000 mg-Mol NH_3 und 20 mg-Mol NaOH enthält. Nachdem unter Schütteln Durchquellung eingetreten ist, wird mit der Vorratslösung aufgefüllt. Nach der Filtration der Lösung in der abgebildeten Apparatur wird das spezifische Gewicht der Lösung bestimmt ($s = 0,945$).

Zur Kontrolle dieser Hauptlösung wird der Kupfergehalt ermittelt; er wird gegebenenfalls durch Zugabe der entsprechenden Menge an Kupferhydroxyd auf den erforderlichen Gehalt gebracht. Da ein Zuwenig an Kupfer sich leichter als ein Zuviel hiervon ausgleichen läßt, so empfiehlt es sich von vornherein bei Ansetzen der Hauptlösung entweder genau oder etwas weniger, jedenfalls aber nicht mehr einzuwägen.

Aus der Hauptlösung werden die folgenden 4 Lösungen hergestellt:

Lösung a (150 cm³) soll auf 100 cm³ 4,5 mg-Mol $C_6H_{10}O_5$ und 4 mg-Mol Cu enthalten. Da die Hauptlösung 4,5 mg-Mol $C_6H_{10}O_5$ und 3,94 mg-Mol Cu enthält, fehlen 0,06 mg-Mol Cu in 100 cm³, die durch Zugabe von 0,0091 g $Cu(OH)_2$ ergänzt werden. Hat sich bei der Kupferanalyse der Hauptlösung der Kupferwert niedriger als 3,94 mg-Mol ergeben, wird jetzt entsprechend mehr Kupfer zugesetzt.

Lösung b (200 cm³) soll auf 100 cm³ 4 mg-Mol $C_6H_{10}O_5$ und 3,5 mg-Mol Cu enthalten. Dafür werden 167,80 g = 177,77 cm³ der Hauptlösung in 200-cm³-Meßkolben eingewogen und mit der Vorratslösung aufgefüllt.

Lösung c (200 cm³) soll auf 100 cm³ 4 mg-Mol $C_6H_{10}O_5$ und 13,5 mg-Mol Cu enthalten. Dafür werden 167,80 g der Hauptlösung im 200-cm³-Meßkolben abgewogen, 2,0180 g $Cu(OH)_2$ (= 10 mg-Mol Cu in 100 cm³) zugewogen und mit der Vorratslösung aufgefüllt. Nach Lösung des Kupferhydroxyds bleiben mitunter Partikelchen ungelöst, die durch Filtration in der abgebildeten Apparatur entfernt werden. Der Kupfergehalt muß dann nochmals kontrolliert und gegebenenfalls ergänzt werden.

Lösung d (150 cm³) soll auf 100 cm³ 4 mg-Mol Cu enthalten. Dafür werden 0,6054 g $Cu(OH)_2$ in 150 cm³ der Vorratslösung gelöst.

Zur Herstellung der Lösungen, deren Drehwert bestimmt werden soll, werden Lösungen a, b, c und d in nebenstehendem Verhältnis gemischt.

Mit den so hergestellten Lösungen werden bei 18° dann die

Für Lösungen mit konstantem Kupfergehalt.

Nr.	Lösung a in cm³	Lösung d in cm³	mg-Mol Cu	mg-Mol $C_6H_{10}O_5$
1	10	40	4,00	0,90
2	10	15	4,00	1,80
3	15	10	4,00	2,70
4	35	15	4,00	3,15
5	20	5	4,00	3,60
6	45	5	4,00	4,05
7	25	0	4,00	4,50

Für Lösungen mit konstantem Zellulosegehalt.

Nr.	Lösung b in cm³	Lösung c in cm³	mg-Mol Cu	mg-Mol $C_6H_{10}O_5$
8	25	0	3,50	4,00
9	47,5	2,5	4,00	4,00
10	45	5	4,50	4,00
11	20	5	5,50	4,00
12	17,5	7,5	6,50	4,00
13	15	10	7,50	4,00
14	10	15	9,50	4,00
15	15	35	10,50	4,00
16	10	40	11,50	4,00
17	0	25	13,50	4,00

Messungen im Polarisationsapparat unter Anwendung eines 10-cm-Rohres durchgeführt und die Drehwerte dann auf 5 cm umgerechnet. Hierbei ergeben sich dann Kurven von der Art, wie sie in Abb. 143 dargestellt sind.

Bestimmung des Kupfer- und des Zellulosegehaltes in den Lö-

sungen. Hierzu werden 25 cm³ der Lösung mit 25proz. Schwefelsäure schwach angesäuert, worauf die Lösung nach dem Abkühlen mit destilliertem Wasser bis zur Marke aufgefüllt wird. Die hierbei ausgeschiedene Zellulose wird auf einem Jenaer Glas-Filtertiegel feiner Porenweite abfiltriert, mit Wasser säurefrei gewaschen und dann bei 105° getrocknet und gewogen. Das erhaltene Filtrat wird weitgehend eingedampft und dann in ihm das Kupfer zweckmäßig durch Elektrolyse bestimmt.

Eine Ermittlung des Zellulosegehaltes in der angegebenen Weise läßt sich doch allein dann mit Genauigkeit durchführen, wenn sehr reine Zellstoffe oder Präparate vorliegen. Bei der Untersuchung von Stoffen, welche viel Mannan

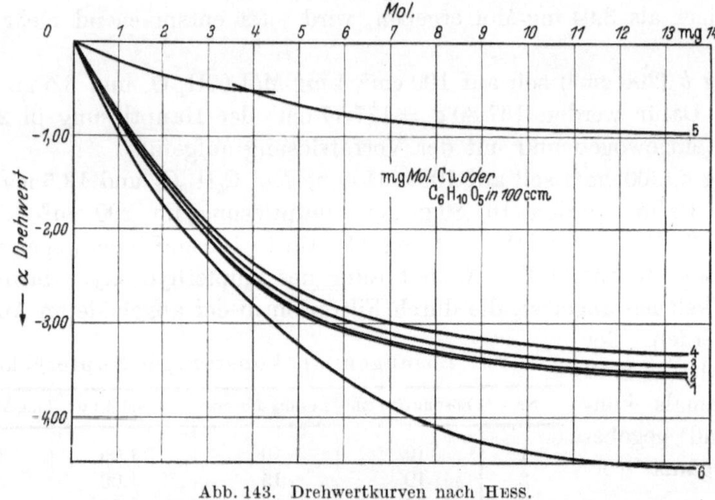

Abb. 143. Drehwertkurven nach HESS.

1 Standardzellulose.   *2* Baumwolle.   *3* Sulfitzellstoff gereinigt.   *4* Der gleiche Stoff unbehandelt.
5 Mannan.   *6* Xylan.

und Pentosan enthalten, ist diese Arbeitsweise · nicht möglich, da beide beim Ansäuern der Kupferammoniaklösung nur unvollständig ausfallen. Um eine solche Kontrolle des Zellulosegehaltes überhaupt zu umgehen, muß darauf geachtet werden, daß die Stoffe beim Auflösen möglichst genau abgewogen und abgemessen werden.

Reinigung der Zellstoffproben für neuerliche Ausführung von Meßreihen. Der Drehwert von Zellulose in Kupferoxydammoniaklösungen muß wie jede andere Konstante einer organischen Substanz bewertet werden, die in ihrer Eindeutigkeit durch die Anwesenheit von Beimengungen wesentlich beeinflußt werden kann. In gleicher Weise wie der Drehwert eines Zuckers für dessen eindeutige Indentifizierung nur dann anerkannt werden kann, wenn er bei fortgesetzter Reinigung unverändert bleibt, so gilt ganz entsprechendes vom Drehwert von Zellulosepräparaten in Kupferammoniaklösungen. Zu einer solchen Reinigung empfiehlt· HESS eine Behandlung der Präparate mit 8proz. Natronlauge in der Kälte. Nach gutem Auswaschen der Lauge und Trocknen der Probe wird neuerlich der Drehwert bestimmt. Hat sich hierbei eine Änderung gegenüber der ersten Bestimmung ergeben, so muß eine weitere Behandlung mit 8proz. Natronlauge erfolgen. Erst wenn der Drehwert hierbei unverändert bleibt, kann angenommen werden, daß er seinen charakteristischen Wert erreicht hat.

Eine solche Reinigung kommt insbesondere dann in Frage, wenn schon bei den ersten Messungen sich ergibt, daß der Drehwert des untersuchten Präparates mit dem von reiner Zellulose übereinstimmt. Weicht der Wert hiervon ab, so ist ohnehin der Nachweis erbracht, daß keine reine Zellulose vorliegt.

Was schließlich im besonderen den Einfluß von gleichzeitig vorhandenem Mannan und Xylan anbelangt, so läßt die beigegebene Kurve[1] erkennen, daß ein vollkommenes Verschwinden der drehenden Wirkung zufolge des entgegengesetzten Einflusses der beiden Stoffe an eine bestimmte Voraussetzung gebunden wäre. Nur dann, wenn in einem Präparat Mannan und Xylan in dem Verhältnis 1 : 7 mit Zellulose gemischt vorkämen, bestände die Möglichkeit, daß reine Zellulose vorgetäuscht würde. Praktisch ist das Auftreten eines solchen Falles aber nicht zu erwarten. Wie im übrigen die Versuche von Hess[1] gezeigt haben, fällt Mannan bei den Natronlaugenkonzentrationen, bei denen die Drehwertskurven von Zellulose aufgenommen werden, zufolge seines Unlöslichwerdens in Kupferoxydammoniaklösungen aus ihnen wieder aus. Es verbleibt in ihnen wohl suspendiert, vermag aber in diesem Zustand keinen Einfluß auf den Drehwert mehr auszuüben.

Bestimmung von Karboxylgruppen.

Allgemeines. Das Kettenmolekül der nativen Zellulose enthält vereinzelte Karboxylgruppen. In größerem Maße können solche Gruppen bei der Einwirkung der oxydierenden Bleichmittel auf die Zellulose entstehen. Sie finden sich daher in technischen Zellstoffen in mehr oder weniger größerem Anteil vor. Da das Vorkommen solcher Art veränderter oder abgebauter Zellulose — Oxyzellulosen — besonders in Zellstoffen, die der chemischen Weiterverarbeitung zugeführt werden, wenig erwünscht ist, besteht ein Interesse an der Bestimmung dieser sauren Gruppen. Hierzu sind im Laufe der Zeit verschiedene Methoden vorgeschlagen worden. Außer der bereits beschriebenen Bestimmung, sie durch Zersetzung mit Salzsäure und Messung der abgespaltenen Kohlensäure zu ermitteln, ist hier noch zu erwähnen die unmittelbare Titration der Karboxylgruppen mit schwachen Laugen, wie sie unter anderm von Schwalbe und Becker[2] und neuerlich wieder von Rath und Dolmetsch[3] in Vorschlag gebracht worden ist. Eine andere Bestimmungsmethode hat Lüdtke[4] empfohlen, darin bestehend, daß in doppelter Umsetzung mit Neutralsalzen, wie Kalziumazetat, Essigsäure in Freiheit gesetzt wird, die selbst durch Titration ermittelt ein Maß für die Menge des vorhandenen Karboxyls ergibt.

Nach Weber[5] leiden diese und noch andere vorgeschlagene Methoden einmal an dem Mangel, daß sie zu ihrer Durchführung erheblicher Mengen Ausgangsmaterial bedürfen, das insbesondere bei Sonderpräparaten nicht immer zur Verfügung steht. Weiterhin ist als nachteilig anzusehen, daß die sich bei ihnen

[1] Hess, K., u. N. Ljubitsch: Liebigs Ann. Chem. **466**, 1 (1928).
[2] Schwalbe, C. G., u. E. Becker: Ber. dtsch. chem. Ges. **55**, 545 (1921).
[3] Rath, H., u. H. Dolmetsch: Klepzigs Text.-Z. **41**, 475 (1938).
[4] Lüdtke, M.: Biochem. Z. **285**, 78 (1936).
[5] Weber, O. H.: J. prakt. Chem. **158**, 33 (1941).

abspielenden Umsetzungen zumeist nicht vollständig verlaufen, sondern nur zu Gleichgewichtszuständen und damit wohl zu Vergleichszahlen, nicht aber zu absoluten Werten führen. Aus diesem Grund hat WEBER eine neue Methode ausgearbeitet, die frei von diesen Mängeln ist, und vor allem der Tatsache gerecht wird, daß hier unlösliche Karbonsäuren mit der Fähigkeit unlösliche Salze zu bilden, vorliegen. Die Methode besteht darin, daß man das Basenaustauschvermögen der Karbonsäure gegenüber dem basischen Farbstoff Methylenblau benutzt. Die Ermittlung der unter bestimmten Reaktionsbedingungen von dem Zellstoff aufgenommenen Methylenblaumenge gibt ein Maß für den Gehalt seiner Zellulose an Karboxylgruppen.

Durchführung der·Bestimmung. Hierfür wird von WEBER folgende nicht als strenge Vorschrift, sondern als Anweisung zu betrachtende Arbeitsweise gegeben. Sie muß in Einzelheiten vor allem hinsichtlich der Konzentration der zur Anwendung gelangenden Lösungen dem jeweiligen Sonderfall angepaßt werden.

Erforderliche Lösungen. Eine Stammlösung von Methylenblau wird hergestellt, indem man $0,3 \cdots 0,4$ g reinstes Methylenblau B extra (Merck, für Mikroskopie) im Vakuum durch Erhitzen auf $100°$ vollständig entwässert und nach genauem Abwiegen in destilliertem Wasser zum Liter löst. Diese Stammlösung wird nach Bedarf verdünnt (vgl. unten). Für Serienanalysen empfiehlt es sich, wegen des starken Anhaftens der neutralen Methylenblaulösung (nicht der sauren) am Glas, für die aufzugebende Lösung andere Gefäße, z. B. Kölbchen zu 100 cm³, zu verwenden, als für die regenerierte Methylenblaulösung (Meßkolben mit Schliffstopfen).

Filtriervorrichtungen. 1. Für die Behandlung von langfaseriger Zellulose verwendet man ein Ventilrohr, bestehend aus einem Glasrohr von etwa 20 cm Länge und $15 \cdots 20$ mm lichter Weite, das in ein enges Rohr ausläuft (sogenanntes Kalziumchloridrohr); in das enge Rohrstück wird ein gerade in das Lumen einpassender kurzer Glasstab, der am einen Ende durch Stauchen etwas verdickt ist, eingelassen. Das so erhaltene Ventilrohr soll bei Füllung mit Wasser bis zur halben Höhe $2 \cdots 3$ Tropfen in der Sekunde austropfen lassen. Das Ventilrohr wird mittels Gummistopfen auf ein Absaugrohr aufgesetzt, das ein nutzbares Volumen von etwa 100 cm³ aufweist.

2. Für die Behandlung von kurzfaseriger Zellulose, wie Zellstoff oder von pulverigen Stoffen, wie Umfällungsprodukten aus Zellulose u. dgl., verwendet man Glasfrittenfilter (G 2 oder G 3) an Rohren von etwa $20 \cdots 25$ cm³ Inhalt, wobei indessen, wie unten noch erwähnt wird, besondere Maßnahmen zu treffen sind wegen der störenden basenaustauschenden Eigenschaften von Gläsern mit rauher Oberfläche.

Einwaage. Man richtet sich dabei nach der zu erwartenden, meist der Größenordnung nach abschätzbaren Aufnahmefähigkeit des Stoffes. Wenn beispielsweise karboxylreiche Oxyzellulosen vorliegen, kann man mit einer Einwaage von $40 \cdots 80$ mg sich begnügen; bei sehr karboxylarmen Zellulosen, wie hochgereinigter Baumwolle oder Baumwollen, deren Karboxylgruppen durch teilweise oder vollständige Veresterung noch weiter vermindert sind, so daß auf beispielsweise $5000 \cdots 10000$ Glukosemole nur eine freie Karboxylgruppe vorhanden ist, erhöht man zweckmäßig die Einwaage auf $100 \cdots 250$ mg.

Arbeitsweise. Etwa $50\cdots250$ mg der Substanz (über die Größe der Einwaage vgl. oben) werden in das Ventilrohr eingebracht und mit destilliertem Wasser gewaschen. Darauf werden $50\cdots100$ cm³ einer $^{n}/_{100}$-Salzsäure in Anteilen von je etwa $15\cdots20$ cm³ unter wiederholtem Umziehen mit Hilfe eines bis zum Boden des Rohres reichenden Glasstabes mit kurzem Haken aufgegeben. Nach Ablaufen des letzten Anteils Säure wird mit Wasser die am Rohr anhaftende Säure abgewaschen. Hierauf werden 5 cm³, bei hohen Karboxylgehalten 10 cm³ oder ein Mehrfaches davon, der Methylenblau-Stammlösung im Kölbchen auf etwa 100 cm³ verdünnt und in Anteilen von $10\cdots15$ cm³ durch die Probe unter häufig wiederholtem Umziehen filtriert; die Lösung wird jeweils gegen Ende des Ablaufs abgesaugt. Nach vollendeter Aufgabe der Methylenblaulösung wird das Ventilrohr mit Hilfe eines Glasstabes, der mit Filtrierpapier umwickelt ist, von anhaftenden Tropfen der Lösung befreit, ebenso der Glasstab. Es folgt nun eine Waschung mit $2\cdots3$mal je 1 cm³ Wasser, das einen dem Hydrolysegrad entsprechenden Gehalt von etwa $80\cdots100\ \gamma$ ($1\ \gamma = 0{,}001$ mg) Methylenblau in 100 cm³ enthält, zur Entfernung von der Probe anhaftenden Resten der Lösung. Das Ventilrohr wird nun abgenommen und das Absaugrohr entleert und gründlich gespült (gegebenenfalls Prüfung mit verdünnter Salzsäure). Nach der Verbindung von Ventilrohr und Absaugrohr wird nunmehr das Methylenblau von der Faser abgelöst, indem man mindestens etwa 90 cm³ $^{n}/_{100}$-Salzsäure in Anteilen von je $10\cdots15$ cm³ aufgibt und abtropfen läßt; die letzten $1\cdots2$ cm³ jedes Anteils werden abgesaugt. Die Entfärbung schreitet anfangs rasch unter Anreicherung des Methylenblaus (Bildung hochkonzentrierter dunkelblauer Lösung), weiterhin langsamer fort und wird durch häufiges Umziehen mittels des Glasstabes gefördert. Bei Aufgabe des letzten Anteils Säure muß diese völlig farblos ablaufen und die Probe bis auf einen leichten bläulichen Ton (durch irreversibel gebundenen Farbstoff) entfärbt sein. Das Filtrat wird in der Regel in einen 100-cm³-Meßkolben übergeführt und dieser mit $^{n}/_{100}$-Säure aufgefüllt; bei hoher Intensität der Färbung kann auch unmittelbar auf ein größeres Volumen verdünnt werden. Damit ist die Lösung für die kolorimetrische Messung vorbereitet. Die ausgezogene Probe wird mit etwa 50 cm³ Methanol in $2\cdots3$ Anteilen gewaschen, abgesaugt und zur Vorbereitung der Wägung im Hochvakuum etwa 12 Stunden getrocknet. Für die Berechnung der Analyse ist die Auswaage maßgeblich.

Im Falle der Behandlung der Probe im Frittenfilter ist folgende Abänderung vorzunehmen: Der gefärbte, abgesaugte Stoff wird vom Filter nach Befeuchten über einen Trichter in ein anderes mit verdünnter Säure gewaschenes Frittenfilter gespült; etwa noch an der Fritte haftende Teile werden mittels Glasstab abgelöst. Er kann auch unter Anwendung eines Zwischenbehälters auf das durch Salzsäure vom aufgenommenen Methylenblau ausgewaschene und von Faserresten durch Spülen befreite bisherige Filter gebracht werden. Es wird nunmehr mit der $^{n}/_{100}$-Säure erschöpfend ausgezogen. Der Auswaage wird dementsprechend nach der Methanolauswaschung nur die Masse unterworfen, aus der das Methylenblau ausgezogen wurde.

Die kolorimetrische Mengenbestimmung des herausgelösten Methylenblaus kann bei Vorhandensein eines photoelektrischen Kolorimeters nach Eichung mit diesem durch objektive Messung der Lichtadsorption genau ermittelt werden.

Mangels eines solchen Instruments kann man auch mit einem gewöhnlichen Kolorimeter mit subjektiver Beobachtung arbeiten. Es ist hierbei doch zu beachten, daß Methylenblau Farblösungen liefert, deren Farbstärkeverhältnis dem LAMBERT-BEERschen Gesetz nicht Folge leistet. Man darf aus diesem Grund jeweils die Farbvergleiche nur mit Lösungen vornehmen, die in ihrer Farbstärke nicht sehr voneinander abweichen. Für die Messungen bereitet man sich eine Anzahl Farbtyplösungen in den Verdünnungen von 1 Mol zu 50000, 75000, 100000, 150000, 250000 und 625000. Je nach Bedarf sind diese Lösungen noch durch in der Konzentration dazwischenliegende zu ergänzen. Erscheinen die zunächst anfallenden 100 cm³ regenerierter Methylenblaulösung noch zu stark gefärbt, so verdünnt man sie nach Bedarf, entweder als Ganzes oder einen aliquoten Teil davon, auf ein solches Volumen, daß die Färbung einem Farbtonmuster von z. B. 100···200 γ/100 cm³ annähernd entspricht und nimmt dann die kolorimetrische Vergleichsmessung vor.

Berechnung des Ergebnisses. Aus der kolorimetrisch bestimmten Menge des ausgezogenen Methylenblaus und der Auswaage wird die aufgenommene Menge Farbstoff je g Substanz errechnet; diese Menge mal 0,14 ergibt das Gewicht des COOH je g. Aus diesem ergibt sich 1. das auf 1 Äquivalent COOH entfallende Molekulargewicht nach mg COOH : 1000 mg = 45 (COOH) : X (Mol.-Gew.) zu

$$X = \frac{45\,000}{\text{mg COOH}}$$

und 2. die Zahl der Glukosereste (Mol.-Gew. = 162) je COOH zu

$$Z = \frac{45\,000}{\text{mg COOH} \cdot 162} = \frac{277{,}5}{\text{mg COOH}} \cdot$$

Isolierung der Gesamtmenge der Polyosen.

Diese Isolierung, die quantitativ ausgeführt gleichsam die Umkehrung der Ermittlung des Ligningehaltes darstellt, kann überall dort am Platz sein, wo man sich eine Vorstellung von dem theoretischen Maximalgehalt eines Zellstoffes an Polyosen und deren Verhalten bei Bleich- und Reinigungsoperationen machen will. Ein solcher Fall liegt beispielsweise vor, wenn es sich darum handelt, zu ermitteln, welche Änderungen der Wert des Polymerisationsgrades eines Stoffes bei solchen Operationen durchläuft.

Einen Weg zur Abscheidung der Polyosen bietet das Chlordioxydverfahren von E. SCHMIDT. Praktisch gestaltet sich dieses Verfahren, das in Einzelheiten im Abschnitt II beschrieben worden ist, im vorliegenden Fall wie folgt[1].

Man läßt auf die in einer braunen Pulverflasche in etwa 5proz. Stoffdichte befindliche Zellstoffprobe bei einer Temperatur von 0° 0,027proz. Chlordioxydlösung einwirken. Je nach dem Ligningehalt kommt hierfür eine Zeit von 5···12 Stunden in Betracht. Danach wird rasch abgesaugt und kurz mit eisgekühltem Wasser gewaschen. Anschließend folgt eine Behandlung mit 1proz. Natriumsulfitlösung auf dem kochenden Wasserbad, wozu die Probe in eine Porzellanschale überführt wird. Nach einstündiger Einwirkung wird abgesaugt und mit heißem Wasser ausgewaschen. Die beschriebene Behandlung wird so oft

---

[1] STEINSCHNEIDER, M., R. SCHEPP u. F. WULTSCH: Papierfabrikant **36**, 38 (1938).

wiederholt, bis die Prüfung auf Lignin negativ ausfällt; danach wird gut ausgewaschen und bei mäßiger Temperatur getrocknet.

Als Beispiel sei erwähnt, daß bei einem Zellstoff, der 7,7 % Lignin enthielt, eine fünfmalige Behandlung bis zur restlosen Entfernung des Lignins sich als erforderlich erwies.

Durch Anwendung genau abgewogener Mengen des Ausgangsmaterials bei diesen Behandlungen und Ermittlung der danach verbleibenden Substanz läßt sich die Gesamtmenge der vorhandenen Polyosen quantitativ ermitteln.

Es sei schließlich darauf hingewiesen, daß, wie STEINSCHNEIDER und Mitarbeiter gefunden haben, die Einhaltung einer Temperatur von 0° Voraussetzung dafür ist, daß ein Abbau und ein Absinken des Polymerisationsgrades der Zellulose selbst bei dieser Behandlung nicht eintritt.

Außer Chlordioxyd wird man in diesem Fall auch mit Lösungen von Natriumchlorit arbeiten können (s. S. 540).

Nitrierung und Azetylierung von Zellstoffproben.

Für Zellstoffe, die zur Herstellung von Nitrozellulosen dienen, ist die Durchführung von Probenitrierungen angezeigt; für solche, die der Erzeugung von Azetaten zugeführt werden, empfiehlt sich eine Probeazetylierung durchzuführen. Außer für diese Zwecke kommt die Überführung von Zellstoffen und zellulosehaltigen Präparaten in Nitroester noch zum Zweck der Polymerisationsgradbestimmung in Betracht. Die hierfür durchzuführende Nitrierung muß abweichend von den in der Praxis üblichen Bedingungen in einer Form vorgenommen werden, welche die Kettenlänge des Zellulosemoleküls nicht beeinflußt.

Durchführung von Probenitrierungen.

Je nach der Art des erwünschten Produktes werden Säuren verschiedener Zusammensetzung zur Nitrierung verwandt.

Arbeitsweise. 25 g absolut trocken gedachter Zellstoff werden in etwa 1···2 cm² große Stückchen zerrissen, wobei die Pappe gleichzeitig gespalten wird.

Tabelle 29. Zusammensetzung von Nitriersäuren.

Zu erzeugendes Produkt	Zusammensetzung der Nitriersäure		
	Schwefelsäure %	Salpetersäure %	Wasser %
Schießwolle	65,2	25,8	9,0
Pulver-Kollodiumwolle . .	63	23	14
Techn. Kollodiumwolle . .	61	23	16

Das erhaltene Gut wird durch mehrstündiges Trocknen bei 100° von seinem Feuchtigkeitsgehalt befreit. Es wird in diesem Zustand in kleinen Anteilen in 1,5 kg der entsprechenden Nitriersäure eingetragen, wobei ständig gerührt werden muß. Als Nitriertemperatur kommt bei den beiden erstgenannten Produkten etwa 15···20°, bei dem letztaufgeführtem etwa 35° in Betracht. Die Nitrierzeit beträgt bei allen genau 60 Minuten. Der Stoff soll am Ende der Nitrierung praktisch vollkommen zerfasert sein und größere zusammenhängende Stücke nicht mehr enthalten. Das Nitriergut wird dann ohne Filter auf eine Nutsche gegeben, von der man die überschüssige Säure ohne zu saugen ablaufen läßt. Darauf gibt man den Stoff in etwa 10 l Eiswasser (halb Eis, halb Wasser) und rührt um, bis alles Eis geschmolzen ist. Danach wird über ein feines Tuch (Müller-Gaze) auf einer Nutsche abgesaugt und $^1/_4$ Stunde lang stark mit Wasser durchgebraust. Der Stoffkuchen wird dann von Hand ausgedrückt und bleibt mit 2 l frischem Wasser $^1/_2$ Stunde stehen, worauf er wieder von Hand ausgedrückt wird. Anschließend wird das Nitriergut dann in einem Versuchsholländer naß zerfasert. Statt eines Holländers kann man ihn auch durch Mahlen bei niedrigster Umdrehungszahl in der Jokromühle auflösen. Es genügen in diesem Fall zwei Mahlungen von je 5 Minuten Dauer mit dazwischen geschaltetem Wasserwechsel. Der Stoff ist nach dieser Behandlung gut aufgeschlossen und besteht praktisch aus lauter kleinen Knötchen. Sodann folgt die Stabilisierung. Diese besteht in fünfmaligem Aufkochen mit etwa 2 l Wasser jeweils $^1/_4$ Stunde lang vom Beginn des Siedens an gerechnet. Nach dem Aufkochen wird abgesaugt, stark mit kaltem Wasser abgebraust und von Hand ausgedrückt. In diesem Zustand wird der Stoff nach der letzten Stabilisierung durch ein weitmaschiges Sieb durchgetrieben und über Nacht im Trockenschrank bei 45° getrocknet.

Von den Untersuchungen, die im Zusammenhang mit der Nitrierung interessieren, sind anzuführen die Bestimmung der Ausbeute, die Ermittlung des Stickstoffgehaltes, die der Viskosität nach COCHIUS und die der Beschaffenheit der Lösung in Azeton.

Die Ausbeute ergibt sich durch Auswiegen der fertigen, getrockneten Nitrozellulose, sie wird auf 100 g absolut trockenes Ausgangsmaterial bezogen.

Den Stickstoffgehalt stellt man nach der Methode von SCHULZE-TIEMANN[1] fest durch Zersetzen der Nitrozellulose mit Eisen(II)chlorid und Salzsäure und Auffangen des hierbei gebildeten Stickoxydes über Natronlauge.

Die Bestimmung der Viskosität nach COCHIUS erfolgt an einer 1- oder 3proz. Lösung der Nitrozellulose in Azeton.

Der von COCHIUS für diesen Zweck angegebene Apparat besteht im wesentlichen aus einer 18 mm im Durchmesser messenden 60 cm langen Glasröhre, die an beiden Enden mit Glasstopfen verschließbar ist. An einem Ende des Rohres ist ein Glashahn derart angebracht, daß der Rauminhalt des kleineren Abschnittes bei geschlossenem Hahn und Stopfen 3 cm³ beträgt. Er ist in einzelne cm³ geteilt. Das Glasrohr ist in ähnlicher Weise, wie es bei dem Liebigschen Kühler der Fall ist, mit einem weiten Rohr als Mantel umgeben. Dieser Mantel wird mit Wasser bestimmter Temperatur gefüllt, so daß es möglich wird, die Messung bei bestimmten Temperaturen vorzunehmen. Bei Gebrauch wird das Viskosimeter mit der Hahnseite nach oben senkrecht gestellt, der Hahn geschlossen und nun so viel von der Auflösung der Nitrozellulose eingefüllt, daß die Marke 2 cm³ erreicht wird. Dann dreht man das Rohr so, daß jetzt die Hahnseite nach unten zeigt und füllt es vollkommen mit der zu prüfenden Lösung an. Da das Viskosimeter nur bis zur Marke 2 cm³ gefüllt ist, befindet sich jetzt im unteren Ende zwischen Einfüllöffnung und Hahn eine Luftblase, welche nach Öffnen des Hahnes nach oben steigt. Auf ihrem Wege nach dem oberen Ende des Rohres muß die Blase durch zwei Einschnürungen mit Marken hindurch, welche 38 cm auseinanderliegen. Es wird mit der Stoppuhr die Zeit festgestellt, welche die Blase benötigt, um zwischen den beiden Marken hindurchzulaufen. Diese Zeit in Sekunden wird als Ergebnis angegeben.

---

[1] LUNGE-BERL: Chem.-techn. Untersuchungs-Methoden Bd. 1, 8. Aufl. Berlin 1932.

Bei der Beurteilung der Löslichkeit in Azeton ist es stets empfehlenswert, sich höher konzentrierte Lösungen herzustellen. Erfahrungsgemäß treten bei ihnen Mängel in der Beschaffenheit des Zellstoffes deutlicher in Erscheinung als bei schwächeren. Während 2···3proz. Lösungen noch klar und glatt sein können, sind häufig beim gleichen Zellstoff unvollständige Lösung und Auftreten von Quallenbildung zu beobachten, wenn 10···15proz. Nitroesterlösungen hergestellt werden.

Nitrierung von Zellstoffproben für die Zwecke der Polymerisationsgradbestimmung nach STAUDINGER und Mitarbeitern[1].

Nach EKENSTAM erfolgt bei Anwendung von Phosphorsäure statt Schwefelsäure im Nitriergemisch eine vollständige Nitrierung, bévor ein merkbarer hydrolytischer Abbau des Zellulosemoleküles eingetreten ist. Das ist darauf zurückzuführen, daß Phosphorsäure weit schwächere hydrolytische Wirkung ausübt als Schwefelsäure, die gewöhnlich bei der Nitrierung zur Anwendung gelangt. Es ist daher auf diese Weise möglich, polymerhomologe Zellulose in polymeranaloge Nitroester überzuführen.

Zur praktischen Ausführung der Nitrierung geht man folgendermaßen vor. 0,5 g im Vakuum bei mäßiger Temperatur durch längeres Trocknen restlos vom Feuchtigkeitsgehalt befreite, feinst zerzupfte zellulosehaltige Substanz oder Zellstoff werden bei 0° in 25 cm³ Nitriergemisch eingetragen. Dieses besteht aus 6 Gewichtsteilen gelber konzentrierter Salpetersäure vom spezifischen Gewicht 1,52, 5 Gewichtsteilen kristallinischer Phosphorsäure ($H_3PO_4 + {}^1/_2H_2O$) und 4 Gewichtsteilen Phosphorpentoxyd. Nach 12stündigem Stehen bei 0° wird das erhaltene Zellulosenitrat auf einer Jenaer-Glas-Nutsche abfiltriert und mit eisgekühlter 50proz. Essigsäure ausgewaschen. Es sei bemerkt, daß das sonst übliche Eintragen des Nitriergemisches nach beendeter Reaktion in Eis hier nicht vorgenommen werden darf, da in diesem Fall durch die dabei eintretende Erwärmung, wie auch die Wirkung der verdünnten Säure nachträglich noch ein Abbau im Bereich des Möglichen liegt. Es wird anschließend 24 Stunden im fließenden Wasser gewaschen und schließlich 6 Stunden mit Methylalkohol behandelt. Durch Trocknen im Vakuum bei mäßiger Temperatur wird das Nitrat vom Wasser restlos befreit. Es ist dann vollständig in Azeton löslich und wird wie früher beschrieben bei der Messung des Polymerisationsgrades verwandt.

Durchführung von Probeazetylierungen.

Für kleinere Proben ist bereits bei der Aufschlußgradbestimmung gekochter Hadern ein Azetylierverfahren beschrieben. Nachstehend ist eine Arbeitsvorschrift wiedergegeben, die auf beliebig große analytisch zu bewältigende Mengen übertragen werden kann.

10 g mit der Hand in etwa 1···2 cm² große Stückchen zerzupfter lufttrockener Zellstoff werden in eine 500 cm³ fassende Weithalsflasche mit gutdichtendem Glasschliffstopfen gegeben und darauf 100 cm³ konzentrierte Essigsäure zugefügt. Die verschlossene Flasche wird unter häufigem Umschwenken sich selbst

---

[1] EKENSTAM, A. AF: Ber. dtsch. chem. Ges. **69**, 549 (1936). — STAUDINGER, H., u. R. MOHR: Ebenda **70**, 2299 (1937).

15···16 Stunden überlassen. Falls vorhanden, kann sie während dieses Zeitraumes auf einer in Gang gesetzten Roll-, Schüttel- oder Schwenkmaschine verbleiben. Nach dieser Einwirkungsdauer der Essigsäure wird die Reaktionsmasse auf genau 16° abgekühlt. Dann werden 50 cm³ eines Gemisches zugesetzt, das auf 100 cm³ konzentrierte Essigsäure 0,6 cm³ konzentrierte Schwefelsäure enthält. Die Temperatur dieses Gemisches muß vorher auf 16° eingestellt werden. Während 1³/₄ Stunden läßt man es einwirken, wobei häufig mit der Hand gerührt oder auf einer Rollmaschine gemischt wird. Nach der angegebenen Zeit wird wiederum auf 16° abgekühlt. Genau 2 Stunden nach dem Zusatz des vorigen Gemisches erfolgt eine Zugabe von 55 cm³ Essigsäureanhydrid — 96proz. von 16° —, worauf die Flasche in ein Wasserbad von 16° gestellt wird. Die Temperatur dieses Bades wird sodann zur Beschleunigung des Azetyliervorganges innerhalb von 35···40 Minuten auf 35° erwärmt, bei welcher Temperatur dann die Reaktion bis zum Klarwerden der Lösung zu Ende geführt wird. Ist dieser Zustand erreicht, so wird sie durch Zugabe eines Gemisches, das 75 cm³ 60proz. Essigsäure und 1 cm³ konzentrierte Schwefelsäure enthält und gleichfalls auf 16° eingestellt ist, unterbrochen.

Nach den eingehenden Erfahrungen der Rhodiaseta in Freiburg ist es trotz genauester Einhaltung solcher Arbeitsvorschriften selbst· bei Anwendung des gleichen Zellstoffes nicht immer möglich, mit diesem bei zu verschiedenen Zeiten durchgeführten Azetylierungen das gleiche Ergebnis zu erhalten. Es wird daher von dieser Seite vorgeschlagen, jedesmal drei verschiedene Zellstoffe gleichzeitig zu azetylieren; die so erhaltenen Lösungen der azetylierten Stoffe zeigen immer die gleichen Unterschiede. Es empfiehlt sich daher, als ständige Kontrolle für neue Zellstoffmuster regelmäßig einen Standard-Zellstoff mit zu azetylieren. Die dann in dieser zeitlich zusammenfallenden Versuchsreihe erhaltenen Ergebnisse sind gut vergleichbar.

Die Begutachtung erstreckt sich zunächst auf die Azetylierzeit, worunter der Zeitraum von der Zugabe des Essigsäureanhydrids bis zur Unterbrechung der Reaktion verstanden wird. Diese Zeit gibt einen Maßstab über die Reaktionsfähigkeit des angewandten Zellstoffes. Weiter sind Klarheit und Durchsichtigkeit der erhaltenen Lösung aufschlußgebend. Je gleichmäßiger die Mischung und je mehr ihre Farbe der Lösung näherkommt, die bei Anwendung von Linters erzielt wird, um so vorteilhafter ist der verwandte Ausgangsstoff. Zellstoffe, welche Lösungen geben, in denen nicht restlos azetylierte, quallenförmige Anteile vorkommen, sind für die Azetylierung nicht geeignet.

Azetyliervorschrift der Dr. A. Wacker G.m.b.H., München-Burghausen. Hiernach wird ein folgendermaßen zusammengesetztes Azetyliergemisch benutzt:

    60 cm³ wasserfreier Eisessig,
    40 cm³ mindestens 96proz. Essigsäureanhydrid,
    30 g Zinkchlorid-Eisessig-Gemisch.

Dieses wird durch Auflösen von Zinkchlorid in Eisessig im Gewichtsverhältnis 1 : 1 hergestellt, wobei zwecks Erleichterung der Auflösung des Zinkchlorids bis auf 50° erwärmt werden kann. Vor dem Zusatz zu den übrigen Bestandteilen der Azetylierlösung muß das Gemisch auf 18···20° abgekühlt werden.

Die Azetylierlösung wird jedesmal vor dem Versuch aus ihren Einzelbestandteilen zusammengesetzt.

Die oben gegebenen Ansatzmenge reicht aus für 10 g Zellstoff.

Der zur Untersuchung gelangende Zellstoff wird naß zerfasert, worauf aus ihm auf einer geeigneten Vorrichtung ein Probebogen geformt wird, der nach mäßigem Abpressen bei 60° nicht übersteigender Temperatur bis auf etwa 6···8% Feuchtigkeit getrocknet wird.

Je nach der erwünschten Menge Zelluloseazetat kann man von 2,5, 5 oder 10 g Zellstoff ausgehen. Die gewählte Menge wird abgewogen und kommt zur weiteren Behandlung in eine weithalsige Pulverflasche mit eingeschliffenem Stopfen. Entsprechend den genannten Ausgangsmengen verwendet man Flaschen von 50, 100 oder 200 cm³ Inhalt.

Die Zellstoffprobe wird mit der in Frage kommenden Menge des frisch hergestellten und auf 18···20° gebrachten Azetyliergemisches in der Pulverflasche übergossen. Unter Anwendung eines Glasstabes wird für gleichmäßige Durchtränkung und gute Verteilung Sorge getragen. Hierbei wird der Stoff leicht zusammengedrückt, so daß aus der Flüssigkeit keine Teile mehr herausragen. Danach wird die Flasche in einen Thermostaten gestellt, dessen Temperatur 50° beträgt. Von der beginnenden Azetylierung an, die sich im Glasigwerden der Fasern ausdrückt, wird von Zeit zu Zeit gut durchgerührt. Der Ansatz kann dann etwa 4···5 Stunden bei 50° sich selbst überlassen bleiben.

Anschließend wird die Probe begutachtet, was am zweckmäßigsten an Hand einer in allen Einzelheiten in ganz gleicher Weise und zur gleichen Zeit angesetzten Probe von Linters oder einem brauchbaren Vergleichszellstoff geschieht. Da es sich um eine rein empirische Methode handelt, erfolgen keine irgendwie gearteten zahlenmäßigen Feststellungen. Erfahrungsgemäß gestattet die Vergleichsazetylierung bei einiger Übung doch wertvolle Rückschlüsse zu ziehen. So muß als ungeeignet für die Herstellung von Zelluloseazetat ein Zellstoff angesprochen werden, der in der angegebenen Zeit nicht durchazetyliert, der stark trübe und faserhaltige Lösungen ergibt oder dessen Lösung deutlich quallenartige Anteile enthält und demzufolge nicht glatt läuft. Man beobachtet das Fließen am besten, wenn man die Flaschen umkehrt. Quallenhaltige Lösungen laufen nicht glatt und zeigen in dünner Schicht eine Oberfläche, die an jene von Apfelsinen erinnert.

Weißgradbestimmung.

Die Beurteilung des Bleichergebnisses hinsichtlich des erzielten Weißgrades oder der Vergleich verschiedener Zellstoffproben auf ihre Weiße ist eine häufig vorkommende Aufgabe. Zumeist erfolgt sie zur Zeit noch in subjektiver Art. Diese subjektive Beurteilung der Weiße ist mit einem sehr starken persönlichen Faktor behaftet. Durchaus nicht jedes Auge ist für die Beurteilung des Weißgrades geeignet. Begreiflicherweise spielt auch die Übung eine große Rolle und andererseits die Ermüdung des Auges, was die dauernde Beschäftigung mit Abmusterungsversuchen erschwert.

Von Bedeutung sind beim Abmustern die Beleuchtung, der Zustand des Himmels, der Grad der Bewölkung; auch das Reflexlicht spielt eine Rolle. Es empfiehlt sich aus diesen Gründen, für einwandfreies Arbeiten einen geeigneten,

möglichst nach Norden gelegenen Raum zu benutzen, in welchen kein Reflexlicht stark gefärbter Wände — Ziegelmauern — einfällt. Empfehlenswert ist
es, ihn einheitlich mit einem rein weißen oder schwarzen Anstrich zu versehen.
Ist ein geeignet gelegener Raum nicht vorhanden, so kann man eine Dunkel-
kammer dafür einrichten, indem man sie mit einer guten Tageslichtlampe aus-
rüstet.

Als Vergleichsmuster kommen nur Zellstoffbogen in Betracht, die man zum
Vergleich sorgfältig gegen Licht geschützt verwahren muß. Um sie auch gegen
Verfärbungen durch die Einwirkung von in der Luft befindlichen Stoffen zu
schützen, kann es sich empfehlen, wichtige Standardproben in dicht schließenden
Blechbehältern aufzubewahren.

Zur objektiven Weißmessung. Langjährige Erfahrungen und eingehende
Beobachtungen haben gezeigt, daß unterschiedliche Prüfer bei der Bestimmung
der Helligkeit von weißen und nahezu weißen Stoffen nicht einheitlich urteilen[1].
Solche Verschiedenheit des Urteils beruht nicht allein auf natürlicher Grundlage,
kann vielmehr auch erlernt sein. Die früher für Weißmessungen in Vorschlag
gebrachten visuellen Photometer ändern an diesen grundlegenden Tatsachen
nichts. Sie haben weiterhin ihre Leistungsgrenze in der beschränkten Unter-
scheidungsempfindlichkeit des menschlichen Auges und dessen leichter Ermüd-
barkeit bei der Durchführung von Vergleichsmessungen solcher Art. Ihre Anwendung stieß auch noch auf andere Schwierigkeiten. Insbesondere wirkte
erfahrungsgemäß das Vorhandensein von meist gelblichen Farbstichen stark und
in mannigfaltiger Weise auf die Beurteilung ein, ebenso wie Verschiedenheiten
in den Oberflächen der zu prüfenden Proben. Eine befriedigende Lösung des
Problems vermochten diese Geräte jedenfalls nicht herbeizuführen. Diese Tatsachen haben das von jeher vorhandene Bedürfnis nach einer rein objektiven
Weißmessung in unserer Industrie nur noch gesteigert.

Für die Entwicklung eines objektiven Weißmeßgerätes bestanden vorerst
Schwierigkeiten insofern, als dem Ausdruck Weiße, wie ihn die Praxis gebraucht,
keine physikalisch genau zu definierende und damit meßbare Kennziffer ent-
sprach. Weiße in diesem Sinn ist beispielsweise nicht gleichbedeutend mit physio-
logischer Helligkeit, worunter man den Gesamthelligkeitseindruck auf das Auge
ohne Rücksicht auf einen Farbeindruck versteht. Im Verlaufe umfangreicher
Ermittlungen hat man zunächst festgestellt, daß jene Eigenschaft, die der Zell-
stoff- und Papierfachmann als Weiße bezeichnet, am nächsten dem Rückstrahlvermögen des zu prüfenden Zellstoffes für blaues Licht (Wellenlänge 460 $\mu\mu$)
entspricht. Auf dieser Grundlage aufbauend, sind dann vor allem in den Vereinigten Staaten zuerst Prüfgeräte für objektive Weißgehaltsmessungen hergestellt
worden[2].

Ein ähnliches Gerät, bei dem insbesondere auch Wert darauf gelegt worden
ist, den Einfluß der Oberflächeneigenschaften der Prüflinge auf das Meßergebnis
ganz auszuschalten, ist der vom Papierforschungsinstitut in Oslo ausgearbeitete P.F.I.-Apparat[1], der seinerseits wieder als Vorbild für das von der
Firma C. Zeiss in Jena entwickelte Leukometer[2] gedient hat. In diesem steht

---

[1] STEPHANSEN, E.: Papir-J. **23**, 244 (1935). — DAVIS, M. N.: Paper Trade J. (63) **101**,
2 (1935). — JUDD, D. B.: Ebenda (63) **100**, H. 21, 40 (1935).
[2] HANSEN, G.: Zellstoff u. Papier **18**, 393 (1938).

ein Gerät zur Verfügung, mit dessen Hilfe eine Bestimmung als Rückstrahlung sowohl für weißes Licht wie aber auch für monochromatisches Licht verschiedener Wellenlänge — Rot, Grün und Blau — sehr genau und auch bei Unterschieden, die das menschliche Auge nicht mehr wahrzunehmen vermag, einwandfrei und vollkommen objektiv durchgeführt werden und in einem einzigen Zahlenwert ihre Ausdruck finden kann.

Das Rückstrahlvermögen wird am Prüfling nicht als absolute Größe gemessen; man vergleicht vielmehr sein Rückstrahlvermögen mit jenem einer matten weißen Fläche, als welche eine solche von Magnesiumoxyd oder gefälltem Bariumsulfat gilt. Ihr Rückstrahlvermögen für Licht aller Farben wird gleich 100 gesetzt und jenes des Prüflings in Prozenten hiervon angegeben. Wie erwähnt, genügt es, zur Festlegung der Weiße eines Zellstoffes im allgemeinen allein sein Rückstrahlvermögen für blaues Licht anzuführen; es ist doch vielfach üblich, außerdem auch noch die Rückstrahlung für rotes und für grünes Licht (Wellenlänge 700 $\mu\mu$ und 530 $\mu\mu$) zu ermitteln. Trägt man in ein Koordinatensystem die erhaltenen Rückstrahlungswerte in Abhängigkeit von der Wellenlänge des zugehörigen Lichtes ein, so erhält man die Rückstrahlungskurve des Zellstoffes. Bei gebleichten Zellstoffen ist deren Verlauf dadurch charakterisiert, daß er von mehr oder weniger hohen Werten bei blauem Licht zu höheren bei rotem Licht führt. Es ist dies ein Ausdruck der Tatsache, daß auch solcher Zellstoff noch immer schwach gelbliche bis rötlichgelbe Tönung besitzt.

Bei dem obenerwähnten Leukometer handelt es sich um ein lichtelektrisches Gerät, dessen innerer Aufbau von Abb. 144 veranschaulicht wird. Zu deren Erläuterung sei das folgende gesagt. Das von der Lichtquelle 1 ausgehende Licht wird durch eine teilweise verspiegelte Platte bei b geteilt. Der eine Teil fällt durch eine Öffnung in der Ulbrichtschen Kugel a auf den Prüfling 8, indessen der andere Teil in die Vergleichskugel b fällt. Bevor das Licht in diese Kugel eintritt, muß es durch eine Meßvorrichtung 5 hindurchtreten. Diese Meßvorrichtung besteht in einer sehr genau gearbeiteten Blende, die von außen her verstellt und deren Einstellung an einer Trommel mit Hilfe einer Lupe abgelesen werden kann. Senkrecht zur Richtung des ankommenden Lichtes ist in jeder Kugel eine Öffnung angebracht. Durch diese Öffnung der Kugel a wird das von dem Prüfling zurückgestrahlte Licht auf die Photozelle I geworfen. Ganz entsprechend wird das Licht, das durch die Meßvorrichtung hindurchtritt, in der zweiten Kugel b verteilt und durch deren Öffnung auf die Photozelle II geleitet. Die auf die Zelle I gelangende Lichtmenge ist dem Rückstrahlvermögen des Prüflings 8 direkt proportional. Die Zelle II wird mittels

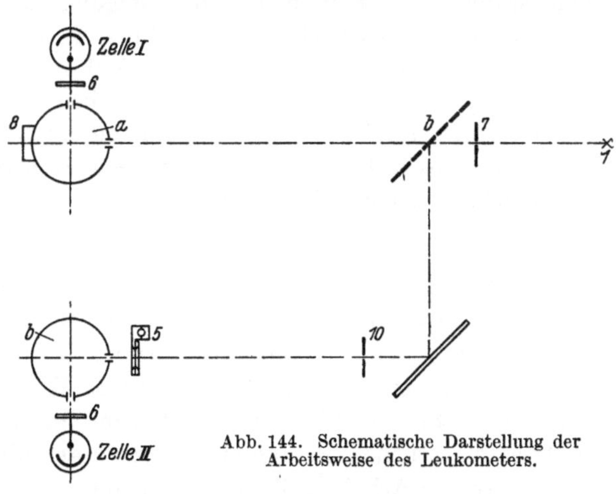

Abb. 144. Schematische Darstellung der Arbeitsweise des Leukometers.

der Meßblende *5* so beleuchtet, daß der in ihr erzeugte Zellenstrom den Strom der Zelle *I* gerade kompensiert. Dann erfahren beide Zellen gleiche Beleuchtung. Erkennbar ist dieser Zustand an einem Elektrometer, das alsdann keinen Ausschlag mehr zeigt.

Damit die Messung auch bei verschiedenen Farben möglich ist, werden zwischen den Kugeln und den lichtelektrischen Zellen Farbfilter *6* eingeschaltet. Diese Filter sind auf einer Scheibe für beide Zellen gemeinsam angebracht, und sie werden gleichzeitig in beiden Strahlengängen gewechselt. Gemeinsam mit den Filtern werden Blenden gewechselt, die so abgestimmt sind, daß Unterschiede in der Farbempfindlichkeit der Zellen selbsttätig abgeglichen werden.

Die Einstellung des Gerätes erfolgt mit einem geeichten Standard. Als Normalweiß pflegt gefälltes Bariumsulfat zu gelten.

Auch Proben mit unregelmäßig geformter Oberfläche — Zellstoffbogen — werden richtig gemessen, weil selbsttätig eine Mittelbildung über das nach allen Seiten in die Kugel gestrahlte Licht eintritt.

Die Genauigkeit des Leukometers beträgt $^1/_{100} \cdots {}^1/_{200}\,{}^0/_0$, d. h. es können noch Unterschiede dieser Größenordnung damit festgestellt werden.

Als Ergebnis wird der an der Trommel der Meßblende abgelesene Rückstrahlungswert angegeben.

Prüfung auf Neigung zum Vergilben.

Allgemeines. So gut wie alle Zellstoffe besitzen eine allerdings mehr oder weniger ausgesprochene Neigung, ihre Weiße und ihren Farbton beim Lagern am Licht, an der Luft, in der Wärme und schließlich unter Einwirkung bestimmter Chemikalien zu ändern, und zwar in der Art, daß sie gelbstichig werden. Allgemein kann gesagt werden, daß die Neigung zum Vergilben zur Reinheit des Stoffes im umgekehrten Verhältnis steht, d. h. mit anderen Worten, je weniger ein Zellstoff andere Bestandteile als Zellulose enthält, desto bedeutungsloser werden die durch die genannten Faktoren bedingten Änderungen in der Weiße sein. Im Merkblatt Nr. 18 sind die Einheitsmethoden für die Prüfung auf die genannte Eigenschaft der Zellstoffe eingehend beschrieben. Nachstehend sind diese Vorschriften hier wiedergegeben.

1. Feststellung der Lichtvergilbung.

Das beste Urteil über die Lichtvergilbung von Zellstoffen gewinnt man durch eine längere Einwirkung des Sonnenlichtes bei gleichzeitiger Mitbelichtung von Standardproben, deren Vergilbungsresistenz durch entsprechende Vorversuche ermittelt worden ist. Jedoch sind derartige Versuche selbst unter günstigsten Bedingungen sehr zeitraubend und vor allem von der Jahreszeit, den Witterungsverhältnissen, örtlichen Bedingungen usw. stark abhängig. Man hat daher, um absolut genormte Arbeitsbedingungen zu schaffen, einen wenn auch nicht vollwertigen Ersatz für das Sonnenlicht in der jetzt ganz allgemein üblichen Bestrahlung mit der Quecksilberquarzlampe geschaffen. Die Arbeitsweise mit dieser ist sehr einfach sowie jederzeit und überall reproduzierbar und liefert für die Praxis die besten Vergleichsergebnisse. Man arbeitet wie folgt.

Eine Anzahl entsprechend zugeschnittener Zellstoffproben wird, zur Hälfte abgedeckt, gleichzeitig mit einem Standardmuster mit dem unfiltrierten Licht der Quarzlampe 1 Stunde lang bestrahlt. Unfiltriertes Quarzlicht erhält man durch Aufklappen des die Filterscheibe tragenden unteren Deckels der Quarzlampe. Da die Quarzlampe naturgemäß bei längerer Einwirkung auch eine Erwärmung der Zellstoffmuster bedingen würde, ist durch entsprechende Ventilation des Bestrahlungsraumes am Unterteil der Lampe dafür Sorge zu tragen, daß während der Bestrahlungsdauer keine nennenswerte Wärmeeinwirkung erfolgt.

In selteneren Fällen kann unter Umständen auch die Aufnahme einer Bestrahlungszeitkurve, z. B. durch Ausdehnung des Versuches auf 2, 3, 4, 5 usw. Stunden, von Interesse sein. In allen Fällen ist stets im Untersuchungsprotokoll genau anzugeben, wie gearbeitet wurde.

2. Feststellung der Wärmevergilbung.

Eine solche erfolgt zweckmäßig durch mindestens einstündige Behandlung der Zellstoffproben gleichzeitig mit einem Standardmuster in einem elektrisch heizbaren und regulierbaren Trockenschrank (Brutschrank) bei einer Temperatur von 50° im Dunkeln. Dabei ist Sorge zu tragen, daß der Brutschrank vor Beginn eines jeden Versuches zunächst gründlich durchlüftet wird, um Spuren von Verunreinigungen der Luft, die etwa auf den Zellstoff einwirken könnten, zu entfernen. Zwecks Erreichung einwandfreier Resultate sind ferner die Proben im Brutschrank frei aufzuhängen oder einzuspannen und nicht etwa hinzulegen. Zweckmäßig dient zum Einspannen der Proben der für diesen Zweck von NOLL vorgeschlagene Apparat, welcher ein gleichzeitiges Arbeiten mit 12 Probestreifen von je 2,5 cm Breite gestattet und dessen Anordnung aus der Abb. 145 ohne nähere Erläuterung ersichtlich ist. Lediglich sei darauf hingewiesen, daß der mittlere Balken des aus Messing gefertigten Apparates vertikal verschiebbar ist, so daß Streifen verschiedener Größe, also auch kleinere Proben, einwandfrei eingespannt werden können.

Neben dieser für praktische Bedürfnisse normalerweise genügenden einstündigen Wärmebehandlung bei 50° kann man im Bedarfsfalle auch eine Vergilbungszeitkurve etwa durch Ausdehnung des

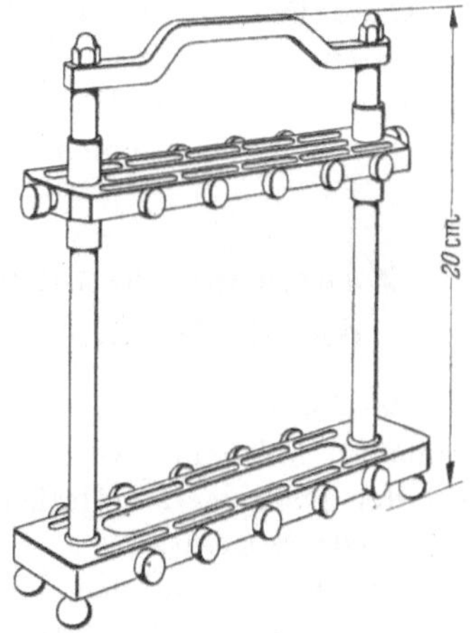

Abb. 145. Apparat zum Einspannen der Probestreifen von Zellstoffen zwecks Bestimmung der Neigung zur Wärmevergilbung. Nach NOLL.

Versuches auf 2, 3, 4, 5 usw. Stunden aufnehmen. Eine weitere Variation der Versuchsmethodik kann sich im Bedarfsfalle auch auf die Aufnahme einer Vergilbungstemperaturkurve beispielsweise durch je einstündige Behandlung bei 50°, 60°, 70° oder noch anders gewählten Temperaturen ausdehnen. In allen Fällen ist im Untersuchungsbericht genau anzugeben, wie gearbeitet wurde.

3. Feststellung der Alkalivergilbung.

Unter dem Sammelbegriff „Alkalivergilbung" faßt man die Einwirkung verdünnter Lösungen verschiedener alkalisch reagierender Chemikalien auf Zellstoff zusammen. Es handelt sich hier insbesondere um die Vergilbung und Verfärbung des Zellstoffes durch Einwirkung von Natronlauge, Ammoniak oder Schwefelnatrium unter genormten Versuchsbedingungen als kolorimetrischer Maßstab für das Vorhandensein geringer Mengen von Nebenbestandteilen, Auswaschresten, Metallspuren usw.

a) Natronvergilbung.

Die passend zugeschnittenen Zellstoffproben werden in 1 proz. Lösung von reinstem Natriumhydroxyd in einer flachen Schale (z. B. einer photographischen Kopierschale) 1 Stunde lang im Vergleich mit einem Standardmuster gebadet. Es wird die Verfärbung der Vergleichsproben nach 10, 30 und 60 Minuten beobachtet. Die Versuchstemperatur beträgt 20°.

b) Ammoniakvergilbung.

In gleicher Weise, wie unter a beschrieben, werden die zu vergleichenden Zellstoffproben in 1 proz. Ammoniaklösung in einer flachen Schale gebadet und der Effekt der Verfärbung nach 10, 30 und 60 Minuten beobachtet. Die Versuchstemperatur beträgt 20°.

c) Schwefelnatriumvergilbung.

Diese Prüfungsart besteht gleichfalls in einstündigem Baden der Zellstoffproben in einer 1 proz. Lösung von reinstem Schwefelnatrium ($Na_2S \cdot 9\,H_2O$). Auch hier wird der Fortschritt der Verfärbung nach 10, 30 und 60 Minuten beobachtet. Die Versuchstemperatur beträgt 20°.

Zusammenfassung über die Bewertung der Zellstoffe durch die dargestellten Untersuchungsmethoden.

Bei der Beschreibung der einzelnen Methoden sind bereits Angaben darüber gemacht, welchem Zweck sie dienen und welche Bedeutung ihnen im einzelnen bei der Prüfung der Halbstoffe zukommt. Zusammenfassend sei hierzu noch das folgende gesagt.

Ausschlaggebend bei der Durchführung der Bewertungsprüfung von Halbstoffen ist immer ihr Verwendungszweck. Grundsätzlich kann man hier unterscheiden zwischen Papierhalbstoffen und solchen, die zur chemischen Weiterverarbeitung vorgesehen sind.

Bei Papierhalbstoffen sind in den meisten Fällen das mahltechnische Verhalten und die hierbei entwickelten Festigkeitseigenschaften ausschlaggebend. Hierüber gibt der Verlauf der Mahlkurve in Verbindung mit den Mahlgradbestimmungen den besten Aufschluß. Soweit es sich um ungebleichte Zellstoffe handelt, ist dann zur Charakterisierung vor allem noch der Aufschlußgrad geeignet. Weiter wird bei Sulfitzellstoffen immer der Harzgehalt von Interesse sein. Wenn bei der allgemeinen Bewertung von Halbstoffen dieser Gruppe chemische Methoden zurücktreten, so ist damit keineswegs deren Bedeutungslosigkeit für den vorliegenden Fall ausgesprochen. In einer ganzen Reihe von besonderen Anwendungsgebieten vermögen gerade chemische Untersuchungen auch bei ihnen wichtige Aufschlüsse zu vermitteln. Dies trifft, um nur einige Beispiele zu nennen, zu, wenn es gilt, den Gehalt an den die mahltechnischen Eigenschaften günstig beeinflussenden Hemizellulosen festzustellen oder die Leitfähigkeit des Wasserextraktes zu ermitteln. Selbst die Klassifizierung von Halbstoffen nach den Festigkeitseigenschaften ihrer einzelnen Fasern kann durch chemische Untersuchungen, nämlich durch Prüfung der Höhe des Polymerisationsgrades erfolgen.

Für gebleichte Zellstoffe dieser Gruppe kommt als besonders wichtig noch hinzu die Feststellung der Weiße und der Reinheit.

Umgekehrt treten bei Zellstoffen für chemische Weiterverarbeitung die rein chemischen Prüfmethoden in den Vordergrund. Was man hier letzten Endes anstrebt, ist eine Ermittlung des Gehaltes an hochwertiger Zellulose. Es ist an anderer Stelle ausgeführt, warum man sich hier allein mit der Durchführung einer α-Zellulosebestimmung nicht begnügen kann und weshalb weitere Untersuchungen erforderlich sind, um eine befriedigende Kennzeichnung zu erhalten. Eine Bewertung durch den Ausfall der Totalhydrolyse ist höchstens im Laufe des Fabrikationsganges, also am noch ligninhaltigen Produkt angezeigt. Sie leidet an dem Unvermögen, eine Trennung in wertvolle und bedeutungslose Anteile der Zellulose, die bei ihr in gleicher Weise angezeigt werden, herbeizuführen. Am besten wird außer durch die Bestimmung der konventionellen Kennziffern zur Zeit noch immer eine weitgehende analytische Zerlegung in Einzelbestandteile, worunter auch anorganische zu verstehen sind, einen Zellstoff zu kennzeichnen vermögen, wobei allerdings einer solchen Analyse durch den gegenwärtigen Standpunkt der Untersuchungsmethodik Grenzen gesteckt sind.

Neben einer solchen chemischen Zergliederung kommt dann ganz besondere Bedeutung noch den Untersuchungen zu, die Aufschluß über die Beschaffenheit des Moleküls der vorhandenen Zellulose geben und einen Vergleich mit der Molekülgröße der Baumwollzellulose gestatten, nämlich den Ermittlungen des Polymerisationsgrades und der Viskosität. Einen weiteren Einblick dürfte in dieser Hinsicht, wie oben angedeutet, die Ermittlung etwaiger fehlerhafter Stellen im Bau des Zellulosemoleküls ermöglichen. Endlich sind von mehr physikalisch-chemischen Eigenschaften die Quellungskriterien zu ermitteln. Darüber hinaus können Probeazetylierungen und -nitrierungen sehr aufschlußreich sein.

Trotz dieser Mannigfaltigkeit und Vielzahl der Methoden kann nicht behauptet werden, daß es mit ihrer Hilfe gelingt, insbesondere Zellstoffe, welche für eine chemische Weiterverarbeitung zur Anwendung gelangen, restlos zu charakterisieren. Für verschiedene ganz besonders die Praxis sehr interessierende Fragen und Eigenschaften mangelt es heute noch an eindeutigen Untersuchungsmethoden. Es sei in diesem Zusammenhang an unterschiedliches Verhalten beim Filtrieren von Xanthogenatlösungen, beim Alkalisieren, beim Nitrieren und Azetylieren hingewiesen, ohne daß dies durch Unterschiede in der chemischen Zusammensetzung allein erklärt werden könnte. In dieser Richtung ist der Ausbau und die Verfeinerung der Untersuchungsmethoden eine drängende und unabweisliche Forderung.

Hadernzellstoffe.

Bei der Untersuchung der gebleichten Hadernzellstoffe wird man sich im allgemeinen weitgehend der Methoden bedienen, welche vorstehend für die gebleichten Zellstoffe ausführlich beschrieben sind. Nachstehend sollen noch einige weitere Bestimmungsmethoden angeführt werden, welche für die Sonderuntersuchung der Hadernzellstoffe in Betracht kommen.

Bestimmung der Silberzahl (Reduktionsvermögen).

Allgemeines. Statt der Kupferzahlbestimmung, wie sie bei Holz- und Strohzellstoffen üblich ist, hat man für Hadernhalbstoffe in Anlehnung an die Textilindustrie andere Bestimmungsformen für das Reduktionsvermögen in Vorschlag gebracht. Ob ein solches Bestreben notwendig gewesen ist, erscheint noch zweifelhaft, da in den beiden Industrien zu verschiedene Verhältnisse obwalten, als daß eine derartige Übertragung ohne weiteres als zulässig und zweckmäßig erachtet werden kann. Von seiten der Textilindustrie ist gegen die Kupferzahl eingewendet worden, daß bei der Bleiche mit stark alkalischen Natriumhypochloritlösungen die etwa gebildete Oxyzellulose durch das Alkali weggelöst werden kann, wodurch bei der nachherigen Kupferzahlbestimmung niedere Werte für die Kupferzahl erhalten werden. So wird ein guter Zustand des Gewebes vorgetäuscht, obwohl die Festigkeitsuntersuchung ergibt, daß starke Schädigungen stattgefunden haben, die sich aber aus dem angeführten Grunde eben durch die Kupferzahl nicht nachweisen lassen. Es ist augenscheinlich, daß diese Betriebsverhältnisse nicht ganz denen der Zellstoffindustrie gleichen und sonach Zweifel an der Brauchbarkeit der Kupferzahlbestimmung für diesen Zweck allein noch nicht aus der Tatsache abgeleitet werden können, daß sie an anderen Stellen versagt. Trotzdem hat sich für die Bewertung der Hadernhalbstoffe und selbst für Holzzellstoffe besonderer Zweckverwendung an ihrer Stelle die von Götze[1] in Vorschlag gebrachte Silberzahl eingeführt, welche unabhängig von der Art der Betriebsverhältnisse eindeutige Bewertungszahlen für oxydierte Zelluloseanteile ergeben soll. Für die Ausführung dieser Bestimmung sind verschiedene Formen in Gebrauch; die nachstehend beschriebene ist auf die besonderen Anforderungen unserer Industrie zugeschnitten.

Erforderliche Reagenzien.

1. Eine Auflösung von 10,00 g Silbernitrat und 7 g Natriumazetat $(CH_3 \cdot COONa \cdot 3H_2O)$ in 1000 cm³ destilliertem Wasser.

2. Eine 1proz. Natriumazetatlösung $(CH_3 \cdot COONa \cdot 3H_2O)$.

3. 30proz. Salpetersäure.

4. $n/100$-Kaliumrhodanidlösung.

5. 10proz. Eisen(III)ammonsulfatlösung.

Durchführung der Bestimmung. 2,00 g absolut trocken gedachter Zellstoff werden in Stückchen von etwa 1 cm² zerzupft und in einem Kolben von 500 cm³ Inhalt mit 40 cm³ destilliertem Wasser übergossen. Der zur Bestimmung benutzte Kolben ist mit Schliff versehen, in welchem ein Rückflußkühler ein-

---

[1] Götze, K.: Melliand Textilber. 8, 624 (1927).

gesetzt werden kann. Man verschließt nach Einbringen der Zellstoffprobe und des Wassers mit einem sorgfältig gereinigten Gummipfropfen und löst durch Schütteln zu einem dünnen Brei auf. Dann werden 50 cm^3 der Silbernitrat-Natriumazetatlösung zugesetzt und gut durchgemischt; darauf wird der Kolbeninhalt unmittelbar über der Flamme, also ohne Drahtnetz, bis zum beginnenden Sieden rasch erwärmt. Er wird sodann mit dem Rückflußkühler versehen und in ein inzwischen auf 95° aufgeheiztes Wasserbad eingesenkt. Unter Einhaltung der Temperatur verbleibt er hierin genau 60 Minuten, wobei nach der halben Zeit einmal gut durchgeschüttelt wird. Danach wird unter Anwendung einer Jenaer-Glas-Filternutsche abgesaugt und der auf dieser gesammelte, vom abgeschiedenen Silber braungefärbte Stoff wird mit einem am Ende abgeplatteten dicken Glasstab gut ausgepreßt. Es folgt dann eine 3···4malige Behandlung mit der Natriumazetatlösung, wobei diese jedesmal mit dem Stoff unter Benutzung eines Glasstabes gut vermischt wird, einige Minuten mit ihm verbleibt, um dann kräftig abgesaugt zu werden. Nachdem die Außenseite des Glasfilters durch Abspritzen sorgfältig gereinigt worden ist, wird es auf eine zweite Saugflasche aufgesetzt und nun der in ihm enthaltene Stoff mit 10 cm^3 der Salpetersäure übergossen und gut mit dieser verrührt. Man saugt ab und wäscht nun 3···4mal mit destilliertem Wasser, wobei man wie oben bei der Wäsche mit Natriumazetat verfährt. Das auf diese Weise herausgelöste Silber wird nach Zusatz von 5 cm^3 Eisenammonsulfatlösung mit $n/_{100}$-Kaliumrhodanidlösung bis zum Auftreten einer schwachen Braunfärbung titriert.

Es zeigt 1 cm^3 $n/_{100}$-Kaliumrhodanidlösung 1,0788 mg Silber an. Da die Silberzahl als die von 1,00 g absolut trockenem Halbstoff abgeschiedene Silbermenge ausgedrückt wird, ergibt sie sich bei a g Ausgangsmaterial und n cm^3 verbrauchter Meßlösung zu:

$$\text{Ag-Zahl} = \frac{n \cdot 1,0788}{a}.$$

Auch hier erhält man zunächst nur eine angenäherte Zahl. Um die korrigierte Zahl zu erhalten, ist vorgeschlagen worden[1], das wie vorstehend behandelte Material im Anschluß noch ein zweites Mal der Einwirkung der Silbernitratlösung zu unterwerfen und die hierbei ermittelte Silbermenge von jener beim ersten Versuch erhaltenen abzuziehen. Auf diese Korrektur wird doch gewöhnlich verzichtet.

Bestimmung des Stickstoffgehaltes.

Allgemeines. Bei der Reinigung der Baumwolle und der zu Halbstoffen zur Verarbeitung gelangenden Baumwollhadern geht der Stickstoffgehalt der Rohfaser allmählich mehr und mehr zurück, so daß man aus der Menge des vorhandenen Stickstoffes auf den Reinigungsgrad schließen kann. Man bedient sich zur Bestimmung des Stickstoffgehaltes der bekannten KJELDAHL-Methode, für die nachstehend zwei Ausführungsformen gegeben sind.

a) **Nach SCHWALBE.** 5 g Baumwolle oder Halbstoff werden in einem Kjeldahlkolben mit 30 cm^3 rauchender 8···10% freies Trioxyd enthaltender und 20 cm^3 96proz. Schwefelsäure übergossen. Weiterhin werden 0,25 g Quecksilber und 2···3 g Kaliumsulfat zugegeben. Zum Abmessen des Quecksilbers wird

---

[1] BRISSAUD, M. L.: Mem. Poudres **24**, 245 (1930).

eine Glasröhre U-förmig gebogen, der eine Schenkel in eine Kapillare ausgezogen und nach unten gebogen. 10 Tropfen Quecksilber aus solch feiner Kapillare wiegen ungefähr 0,25 g. Es wird erst über kleiner und dann über starker Flamme so lange erhitzt, bis die Flüssigkeit hell wird, wozu etwa 5···6 Stunden erforderlich sind.

Nach dem Erkalten wird der Inhalt des Kjeldahlkolbens in einen Rundkolben von 1 l Inhalt gespült und mit stickstofffreier Natronlauge (330 g im Liter) neutralisiert. Nach Zusatz von 0,3 g Natriumsulfid und 30 cm^3 Natronlauge im Überschuß werden Zinkspäne hinzugegeben, worauf 45 Minuten lang in vorgelegte $^n/_5$-Schwefelsäure destilliert wird. Die überschüssige Schwefelsäure wird, wie üblich, mit $^n/_5$-Natronlauge zurücktitriert, wobei als Indikator Methylorange dient.

b) Nach KLEEMANN[1]. 5 g Substanz und 1 Tropfen Quecksilber werden in einem 500 cm^3 fassenden, mit Marke versehenen Rundkolben aus Jenaer Glas mit 25 cm^3 30proz. Wasserstoffsuperoxyd übergossen, gut durchgeschüttelt und dann 40 cm^3 konzentrierte Schwefelsäure vom spezifischen Gewicht 1,84 in dünnem Strahle — mit kurzer zeitweiser Unterbrechung, je nach der Heftigkeit des Oxydationsprozesses — zugesetzt.

Nachdem die mitunter oft stürmisch verlaufende Oxydation unter Bildung namentlich reichlicher Mengen an Kohlendioxyd und anderen gasförmigen Oxydationsprodukten zu Ende ist, erhitzt man die erhaltene dunkelbraune Flüssigkeit zunächst 15 Minuten bei voller Flammenhöhe, gibt 15···20 g Kaliumsulfat zu und kocht so lange, bis die Flüssigkeit völlig klar geworden ist. In der Regel ist dies nach 25···30 Minuten langer Gesamtkochdauer erreicht. Um aber ganz sicher zu sein, daß man die Maximalstickstoffausbeute erhält, dehnt man die Gesamtkochdauer auf etwa 45 Minuten aus. Nach hinreichender Abkühlung verdünnt man die Flüssigkeit mit Wasser, füllt bis zur Marke auf und nimmt 100 oder 200 cm^3 entsprechend 1 oder 2 g der Substanz zur Ammoniakdestillation, die in üblicher Weise durchgeführt wird.

Herstellung reiner Baumwoll- und Flachsfaserzellulose als Vergleichsmuster.

Gewinnung von Standard-Baumwollzellulose.

Allgemeines. Da fast alle wissenschaftlichen Untersuchungen an Baumwollzellulose durchgeführt sind und diese in jeder Beziehung am eingehendsten erforscht ist, muß die Baumwollzellulose als das bestgeeignete Vergleichsmuster bei wissenschaftlich-technischen Untersuchungen gelten. Baumwollzellulose kann verhältnismäßig leicht in sehr reinem Zustande erhalten werden; sie eignet sich daher als Typ, Standard- oder Vergleichsmuster. Die reinste Form der Baumwollzellulose ist jedoch nicht, wie irrtümlich vielfach angenommen wird, die Verbandwatte; diese ist häufig mit Säurespuren (Schwefelsäure, Stearinsäure) zur Erzielung des krachenden Griffs beschwert, kann bei der Reinigung (Bleiche) gelitten haben und erhebliche Mengen von Oxyzellulosen und anderen Zelluloseabbauprodukten enthalten. Will man einwandfreie, reinste Baumwollzellulose zu Vergleichszwecken darstellen, so ist es zweckmäßig, die Baumwolle in der Form

---

[1] KLEEMANN, K.: Z. angew. Chem. **34**, 672 (1921).

von ungebleichtem Kardenband anzuwenden, oder sich das feinste gebleichte Baumwollgewebe zu verschaffen, wie solches für die Färbung mit Alizarinrot (Türkischrot) erzeugt wird.

Es ist von mancher Seite eingewendet worden, daß es wenig Zweck habe, solche Standardzellulose herzustellen, weil die Baumwollzellulose kein chemischer Stoff von konstanter Zusammensetzung ist, sondern ihre chemische und physikalische Reaktionsfähigkeit abhängt von dem Zustand der Witterung, der Vegetationsperiode, den Boden- und vielen anderen Einflüssen. Man könne demnach eine völlig einheitliche Baumwollzellulose überhaupt nicht erhalten. Es muß zugegeben werden, daß in der Tat die erwähnten Einflüsse von Bedeutung auf den Feinbau der Baumwolle sind, aber wenn man Baumwolle, die unter normaler Witterung und Bodenverhältnissen gewachsen ist, in größerer Menge darstellt, hat man jedenfalls ein Versuchsmaterial, welches für wissenschaftliche Untersuchungen besser geeignet ist, als wenn man von Baumwolle unbekannter Herkunft ausgeht und sich selber durch mehr oder minder unvollkommene Reinigungsversuche ein Vergleichsmuster herzustellen sucht. Dieser von C. G. Schwalbe geäußerten Ansicht hat sich auch die Zellulosekommission der amerikanischen chemischen Gesellschaft angeschlossen. Nachstehend sind zwei Vorschriften für die Herstellung von Standard-Baumwollzellulose wiedergegeben.

Herstellung von Standard-Baumwollzellulose nach Schwalbe-Robinoff.

Die Reinigung solcher Baumwolle geschieht gemäß einer Vorschrift von Tamin nach C. G. Schwalbe[1] und Robinoff folgendermaßen:

Man kocht schalenfreie rohe Baumwolle etwa in Form von Kardenband 4 Stunden mit einer Lösung enthaltend 10 g Ätznatron und 5 g Harz im Liter, spült mehrfach mit einer kochendheißen Lösung von 1 g Ätznatron in 1 l, chlort in einer Natriumhypochloritlösung von 0,2 % Gehalt an wirksamen Chlor $1^1/_2$ Stunden lang, spült, säuert, spült, behandelt mit 2proz. Natriumbisulfitlösung und spült wieder. Zweckmäßiger ist es, das Säuern zu unterlassen; die Baumwolle behält zwar einen gelben Stich, die Kupferzahl nimmt aber nicht zu, wie es beim Säuern geschieht. Zieht man vor oder nach der Kochung mit einem Fettlösungsmittel aus; so erhält man eine Baumwollzellulose, die weder Stickstoff noch Fett und nur 0,03 % Asche und eine Kupferzahl von 0,04 besitzt. Ohne Fettextraktion werden nur etwa 75 % des vorhandenen Fettes entfernt. Es empfiehlt sich, alle diese Behandlungen weitgehend unter Ausschluß von Luft vorzunehmen.

Herstellung reiner Baumwollzellulose nach Vorschrift der Abteilung für Zellulosechemie der amerikanischen chemischen Gesellschaft[2].

Ausgangsmaterial. Eine besonders zarte und kurzfaserige Rohbaumwolle (Wanamakers Cleveland, wie sie auf der Musterfarm St. Matthews S. C. wächst). Die sichtbaren Unreinigkeiten (Samenteile) werden von Hand entfernt.

---

[1] Schwalbe, C. G.: Die Chemie der Zellulose, 1. Aufl., S. 602. Berlin 1911. — Schwalbe, C. G., u. Robinoff, in Robinoff: Dissert. Darmstadt 1912, S. 20. — Ferner Schwalbe, C. G., u. Chr. Bay, in Bay: Dissert. Gießen 1913, S. 21.

[2] Hibbert, Henderson, Johnsen, Mitscherling u. Wise: Ind. Engng. Chem. **15**, 748 (1923). — Vgl. auch Correy u. Gray: Ebenda **16**, 853, 1130 (1924).

Entfernung von Fett- und Wachssubstanzen. 100 g gelesene Rohbaumwolle werden 4 Stunden lang mit 3 l einer Harzseifenlösung gekocht, die im Liter 10 g Ätznatron und 5 g bestes, möglichst aschearmes Kolophoniumharz enthält. Um örtliche Überhitzung der Baumwolle durch Berührung mit den Wänden des Kochgefäßes zu verhindern und die atmosphärische Luft möglichst von der Baumwolle abzuhalten, wird diese in einen Nickeldrahtkorb eingelegt, der durch eine Kette im Kochgefäß (Becherglas) dadurch schwebend gehalten wird, daß diese durch ein in dem Gefäßdeckel (Nickelblech oder Glasdeckel) angebrachtes Loch geführt wird. Der beschickte Nickeldrahtkorb wird in die siedende Lösung eingeführt und während der Extraktion durch ein mit der Kette verbundenes Getriebe auf und nieder bewegt, wobei die Probe stets mit Lösung bedeckt gehalten wird (Abb. 146).

Die Verwendung von Harzseife hat sich zur Entfernung der Fett- und Wachssubstanzen günstiger erwiesen als freies Alkali. Dabei wird außerdem die Faser weich.

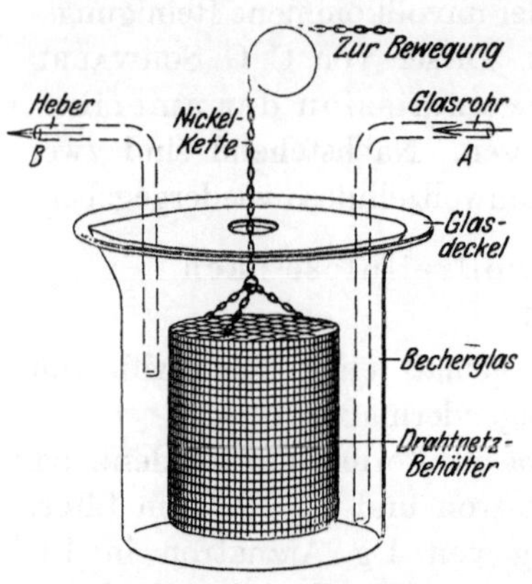

Abb. 146. Apparat zur Herstellung von Standardzellulose.

Um jede Ablagerung von Mineralstoffen in den Fasern zu vermeiden, wird für alle Behandlungen ausschließlich destilliertes Wasser verwandt.

Nach vierstündigem Kochen wird die braune, alkalische Lösung bis fast zum Verschwinden der alkalischen Reaktion mit heißem Wasser verdrängt. Zur völligen Entfernung des Harzes wird nochmals mit 3 l Ätznatronlauge (1 l enthaltend 5 g Natriumhydroxyd) 15 Minuten gekocht, wieder mit heißem, destilliertem Wasser ausgewaschen und schließlich nochmals 10 Minuten mit 3 l 0,1 proz. Lauge erhitzt. Um beim Abkühlen Oberflächenveränderungen zu vermeiden, wird die Baumwolle aus dem Drahtkorb in eine reichliche Menge kaltes Wasser gestürzt und nach dem Abkühlen auf 18···20° abtropfen gelassen.

Bleichung. Hierzu wird eine frisch bereitete Natriumhypochloritlösung benutzt. Diese wird durch Einleiten von reinem Elektrolytchlor bis zur neutralen Reaktion (Phenolphthalein) in eine Natronlauge, die in 8 l destilliertem Wasser 480 g reines Ätznatron enthält, dargestellt.

In 3 l dieser Natriumhypochloritlösung wird die abgetropfte Baumwolle eingetragen und die Lösung durch Verdünnen auf einen Gehalt von 0,1 % wirksames Chlor gebracht. Nach einstündigem Stehen in zerstreutem Tageslicht bei 20° wird die Baumwolle in einem Büchnertrichter 30 Minuten lang mit destilliertem Wasser ausgewaschen. Um die letzten Spuren Chlor zu entfernen, wird gegen Ende des Auswaschens so lange tropfenweise eine gesättigte Natriumbisulfitlösung zugegeben, bis Jodzink-Stärkepapier nicht mehr gefärbt wird. Nach dem Auswaschen mit destilliertem Wasser wird die Baumwolle durch Einschlagen in ein von saugfähigem Filtrierpapier umgebenes Leinentuch nach dem Ausdrücken mit der Hand schließlich durch mehrtätiges Liegen an der Luft getrocknet.

Die auf diese Weise gereinigte Baumwolle enthält nur noch Spuren von Fett, die vernachlässigt, unter Umständen aber auch durch Extraktion mit einer Alkohol-Benzolmischung völlig entfernt werden können.

Tabelle 30. Analysenzahlen für verschiedene Baumwollsorten.

	Baumwollsorte			
	Sea-Island	Wanamakers Cleveland	Lone Star	Acela
Stickstoff . . .	—	—	—	—
Fett . . . . . {	geringe Spuren (4,25···5,00 %)	geringe Spuren (4,00···4,1 %)	geringe Spuren (4,00···4,13 %)	geringe Spuren (4,21···4,32 %)
Asche . . . {	0,05···0,09 % (1,11···1,34 %)	0,08···0,15 % (1,00···1,10 %)	0,08···0,14 % (1,11···1,27 %)	0,07···0,24 % (1,00···1.72 %)
Korrigierte Kupferzahl .	0,26···0,32 %	0,26···0,32 %	0,27···0,34 %	0,31···0,50 %

Gewinnung von reiner Flachsfaserzellulose.

CROSS und BEVAN[1] empfehlen, die Flachsfaser (Röstflachs) zunächst im Soxhlet mit fettlösenden Mitteln, z. B. Alkohol-Äther, zu extrahieren, dann 1 Stunde mit 2proz. Natronlauge zu kochen, zu waschen und mit einer 0,5proz. Lösung von Natriumhypochlorit zu bleichen, mit verdünnter Schwefelsäure und dann mit Wasser auszuwaschen. Statt Hypochloritlösung empfehlen die Autoren auch mehrstündiges Einlegen in Bromwasser und nachfolgendes Auskochen mit Sodalösung. Die Behandlung ist zu wiederholen, bis die Faser rein weiß ist.

---

[1] CROSS u. BEVAN: Cellulose, S. 218, 244. London 1918.

VIII. Die chemischen Untersuchungsmethoden in der Papiererzeugung.

Untersuchung der chemischen Hilfsstoffe.

Leimstoffe.

Harz.

Allgemeines. Das zum Leimen des Papiers zur Verwendung kommende Harz stellt den Rückstand der Destillation des Harzflusses der Kiefer dar. In seltenen Fällen nur gelangt zum genannten Zweck Fichtenharz in den Handel.

Zu den bedeutsamen Harz erzeugenden Ländern gehören vor allem die Vereinigten Staaten, wo besonders in Georgia und Florida Harz gewonnen wird. In Europa werden in Frankreich und Griechenland und seit einigen Jahren auch in Deutschland größere Harzmengen gewonnen. Neben der Harznutzung am lebenden Baum hat man in Deutschland auch begonnen, durch Extraktion des Stubbenholzes diesen Rohstoff zu gewinnen.

Die größte Reinheit der verschiedenen Sorten besitzt die französische Ware, sie ist von schöner heller Farbe und nur schwach terpentinhaltig. Die amerikanischen Harze sind im allgemeinen dunkler und enthalten bisweilen größere Mengen Terpentin. Die Qualität der übrigen Sorten steht den genannten sowohl hinsichtlich Farbe als leimender Wirkung beträchtlich nach. Es gilt dies besonders von den griechischen Harzen.

Die einzelnen Sorten werden im Handel nach ihrer Farbe mittels Buchstaben des Alphabetes unterschieden. Diese ursprünglich für die amerikanischen Sorten eingeführte Bezeichnung ist auch auf Harzsorten anderer Herkunft übertragen worden. Mit „B“ wird die dunkelste Marke bezeichnet, die hellsten sind „X“, „W“ und „WG“ (Wasserglas) oder „WW“ (Wasserweiß). Für Leimungszwecke gelangen zumeist die Sorten „F“ bis „J“ zur Verwendung. Harz soll einen muschelförmigen Bruch mit spiegelnder Oberfläche haben und klar und durchsichtig sein. Undurchsichtige Beschaffenheit sowie rauhe, porige Bruchflächen weisen von vornherein auf die Gegenwart gummiartiger und auch unverseifbarer Stoffe, die sich wohl in Ätzkali oder Soda lösen, aber beim Verdünnen der Seife mit Wasser wieder ausfallen.

Harz wird gewöhnlich untersucht auf seinen Gehalt an flüchtigen Stoffen, Verunreinigungen und unverseifbaren Stoffen sowie auf seine Verseifungszahl.

Zu diesen Untersuchungen muß aus den verschiedenen Fässern eine gute und größere Durchschnittsprobe entnommen werden, die entsprechend auf eine kleinere Menge verringert wird.

Bestimmung der flüchtigen Bestandteile. Etwa 3 g Harz werden bei 100° im Trockenschrank 2···3 Stunden getrocknet. Zweckmäßig gibt man die Harzprobe in eine flache Schale; nach erfolgtem Schmelzen im Trockenschrank bildet sie dann eine dünne Schicht, aus welcher die flüchtigen Stoffe leichter entweichen können.

Bestimmung der groben Verunreinigungen und des mineralischen Rückstandes. Man löst etwa 20 g der Durchschnittsprobe nach sehr guter Zerkleinerung in Alkohol auf und filtriert die erhaltene Lösung durch ein getrocknetes und gewogenes Filter. Das Filter wird nochmals mit heißem Alkohol gut ausgewaschen, alsdann in einem gewogenen Wägegläschen getrocknet und schließlich nach dem Abkühlen zur Wägung gebracht. Das gefundene Ergebnis stellt den Gesamtrückstand dar. Dieser wird dann zur Ermittlung der mineralischen Verunreinigungen samt dem Filter in einem gewogenen Tiegel verascht. Direkte Aschenbestimmung im Harz durch Verbrennen und Glühen ist nicht ratsam, da durch heftiges Spritzen leicht Anteile verlorengehen. Handelt es sich nur um die Bestimmung des Gesamtrückstandes, so ist die Anwendung eines mit Asbest beschickten Goochtiegels oder eines Jenaer-Glas-Filtertiegels zweckmäßig.

Der Gehalt an beiden Arten der Verunreinigungen ist je nach Herkunft und der Sorgfalt, die im Laufe der Fabrikation aufgewendet wurde, sehr verschieden. Der Gesamtgehalt soll $4 \cdots 6\%$ nicht übersteigen, der Aschengehalt nicht mehr als $1 \cdots 1^1/_2\%$ betragen. Als seltenere Fälschung kommen Gehalte von über 10% meist mineralischer Beschwerungsmittel vor.

Bestimmung der unverseifbaren Bestandteile. Handelsharz enthält, wie bereits erwähnt, Stoffe, welche nicht wie Kolophonium selbst als Säure in der Lage sind, Salze oder Seifen mit Alkali zu bilden. Deren Gehalt kann bis zu 15% betragen, übersteigt gewöhnlich aber nicht $6 \cdots 8\%$. Nachstehend sind einige an amerikanischen Harzen beobachteten Werte wiedergegeben:

Amerikanisches Harz F	7,9 %	Amerikanisches Harz WW	6,9 %
M	7,6 %	WG	5,0 %.
W	5,9 %		

Der unverseifbare Rückstand ist bisweilen der Anlaß zu unangenehmen Erscheinungen bei der Leim- und Papierbereitung. Beim Abkühlen der fertigen Harzmilch scheiden sich diese Stoffe in Krusten in den Behältern und Rohrleitungen ab, und wenn Teilchen dieser Krusten ihren Weg in den Papierstoff finden, so geben sie Anlaß zur Bildung der unliebsamen Harz-„Stippen".

Die Bestimmung des Unverseifbaren im Harz beruht darauf, daß es zum Unterschied von Harzseife in Äther löslich ist. Die Bestimmung wird wie folgt ausgeführt. Man löst 10 g Harz in einem Glaskolben, der eine alkoholische Natronlauge enthält, auf. (5 g NaOH werden in wenig Wasser gelöst und 50 cm³ Alkohol zugefügt[1].) Nach Aufsetzen eines Rückflußkühlers erhitzt man im Wasserbad und hält den Inhalt des Kolbens gerade im Sieden. Es wird etwa $^1/_2$ Stunde verseift. Man destilliert dann den Alkohol ab und fügt zur verbleibenden Harzseife 50 cm³ heißes Wasser, wodurch diese in Lösung gebracht wird. Den Inhalt des Kolbens spült man dann quantitativ in einen Scheidetrichter, fügt nach dem Abkühlen etwa 50 cm³ Äther hinzu und schüttelt kräftig, möglichst unter kreisender Bewegung des Scheidetrichters, zur Verhütung des Entstehens schwer trennbarer Emulsionen durch. Zur vollständigen Scheidung von Äther und

---

[1] S. auch Anhang: Normallösungen.

Wasser läßt man den Trichter längere Zeit, zweckmäßig über Nacht, stehen und zieht dann die wäßrige Lösung quantitativ ab. Der verbleibende Äther wird einige Male mit Wasser ausgewaschen, dann quantitativ in ein gewogenes Kölbchen überführt und auf dem Sicherheitswasserbade abdestilliert. Der erhaltene Rückstand, das Unverseifbare, wird im Kölbchen bei 100···105° bis zur annähernden Gewichtskonstanz getrocknet.

Bestimmung der Säure- und Verseifungszahl (Sodazahl). Zur Einhaltung der stets gleichen Zusammensetzung der Harzmilch ist die Bestimmung der Verseifungszahl des Harzes notwendig, eine Zahl, welche aussagt, wieviel Gramm Ätznatron nötig sind, um 100 g Harz zu verseifen[1]. Da die Verseifung in der Praxis in den meisten Fällen mit Soda durchgeführt wird, hat SCHWALBE statt jener die „Sodazahl" zur Anwendung empfohlen, eine Zahl, welche angibt, wieviel Teile Soda zu vorliegendem Zweck notwendig sind.

Zur Bestimmung dieser Kennziffern wägt man 1···2 g des feingepulverten Harzes aus der Durchschnittsprobe genau ab und löst es völlig in neutralem (Prüfung) Alkohol auf. Die erhaltene Lösung titriert man dann mit $n/10$-Alkalilauge unter Benutzung von Phenolphthalein als Indikator bis auf schwache Rotfärbung. Bei dunklen Harzen ist es unter Umständen zweckmäßiger, Alkaliblau 4B in 1 proz. alkoholischer Lösung als Indikator anzuwenden. Da 1 cm³ der $n/10$-Lauge 0,004 g NaOH enthält, so erhält man die gesuchte Verseifungs- (Säure-) Zahl SZ. aus der verbrauchten Anzahl n der cm³ Meßlösung und dem Gewicht der angewandten Harzmenge in Gramm p aus der Gleichung:

$$SZ. = 0,004 \cdot 100 \cdot n/p.$$

Die Sodazahl So.Z. ergibt sich dann zu:

$$SoZ. = 0,0053 \cdot 100 \cdot n/p.$$

Bei Verwendung dieser Zahlen in der Praxis ist nicht zu übersehen, daß besonders das technische Ätznatron, das zur Verseifung angewandt wird, selbst kein chemisch reiner Stoff ist. Infolgedessen muß auch dessen Zusammensetzung genau ermittelt werden.

Bei Soda fällt im allgemeinen eine notwendige Korrektur für die praktische Auswertung fort, da dieses Salz in Form von Ammoniaksoda, also sehr rein, in den Handel gelangt.

Bei Anwendung größerer Harzmengen (10 g) kann die Bestimmung mit gewöhnlicher wäßriger $n/1$-Natronlauge durchgeführt werden.

Anstatt die Bestimmung wie hier beschrieben auszuführen, kann man auch so verfahren, daß man eine Harzprobe mit überschüssiger $n/10$-Alkalilösung auf dem Wasserbade 1 Stunde lang erhitzt (verseift) und alsdann bis zur Neutralisation mit $n/10$-Säure zurücktitriert. Da in diesem Falle das Alkali auch mit den schwerer neutralisierbaren Estern der Harzsäuren reagiert, so ergibt sich ein größerer Verbrauch an Alkali. Rechnet man diesen auf 100 g um, so erhält man die eigentliche Verseifungszahl des Harzes. Es ist zweckmäßig, auch diese Bestimmung durchzuführen, um ein genaues Bild von dem Verhalten des Harzes beim Verseifen im großen zu erhalten.

---

[1] Diese Zahl wäre in Übereinstimmung mit der unten gegebenen Ausführungstorm und der in der Harz- und Fettchemie üblichen Bezeichnung richtiger als „Säurezahl" zu bezeichnen.

Die Bestimmung der Verseifungszahl ist gleichzeitig eine Prüfung auf die Reinheit des Harzes. Je größer diese ist, desto mehr nähert sich jene Zahl der Säurezahl der reinen Sylvinsäure, welche 13,2 beträgt.

Verhältnis zwischen Kristallsoda, kalzinierter Soda und Ätznatron. Bezogen auf den Gehalt an Na_2O ist der Wirkungswert von:

1 kg Kristallsoda	= 0,37 kg kalzinierter Soda	= 0,27 kg Ätznatron
1 kg kalzinierter Soda	= 2,7 kg Kristallsoda	= 0,75 kg Ätznatron
1 kg Ätznatron	= 1,33 kg kalzinierter Soda	= 3,75 kg Kristallsoda.

Durchschnittliche Verseifungszahlen nach SCHWALBE und KÜDERLING[1]:

franzözisches Harz: 11,17···12,13,
amerikanisches Harz: 11,11···12,22.

Bestimmung des in Petroläther unlöslichen Teiles eines Harzes. Untersuchungen von SCHWALBE und KÜDERLING[1] haben gezeigt, daß die bekannte Erscheinung der Oxydation von Harzen an ihrer Oberfläche sich durch Bestimmung des in Petroläther unlöslichen Rückstandes eines Harzes verfolgen läßt. Da bei dieser Oxydation des Harzes Stoffe gebildet werden, welche für Leimungszwecke nicht mehr verwertbar sind und deren Entstehen sonach eine Entwertung des Harzes darstellt, so dürfte die Bestimmung des petrolätherunlöslichen Rückstandes eines Harzes sich doch gelegentlich als notwendig erweisen. Dies um so mehr, als äußerlich den oxydierten Harzen die Entwertung nicht anzumerken ist und sie bisweilen beträchtliche Mengen solcher Stoffe enthalten, welche sie, trotz ihrer sonstigen scheinbar guten Eigenschaften, zur Leimung eigentlich nur wenig brauchbar machen.

Die genannten Verfasser haben, in sogenannten „Sonnenharzen", sehr hellen Harzen, bis zu 88 % solcher petrolätherunlösliche Bestandteile gefunden. Die Menge an diesen sollte aber so klein als möglich sein; normalerweise schwankt sie zwischen 2,0···7,0 %. Zu ihrer Bestimmung verfährt man folgendermaßen.

Man wägt in einem etwa 250 cm³ fassenden Bechergläschen 10 g Harz genau ab und übergießt die Menge mit 200 cm³ Petroläther vom Siedepunkt unter 70°. Mittels eines Glasstabes verrührt man das Harz gut und läßt während einer Dauer von 2 Stunden den Petroläther seine lösende Wirkung ausüben. Nach dieser Zeit trennt man die Flüssigkeit vom Rückstand, und zwar in einfacher Weise durch vorsichtiges Abgießen oder noch besser durch Abhebern des Lösungsmittels mittels eines kleinen Hebers. Den Rückstand übergießt man von neuem mit 100 cm³ Petroläther, läßt $^1/_4$ Stunde nach dem Umrühren gut absitzen und trennt wiederum die Flüssigkeit vom Rückstand. Schließlich trocknet man diesen bei 98···100° im Wassertrockenschrank bis zum annähernd konstant bleibenden Gewicht.

Harzleim.

Allgemeines. Bei der Untersuchung von Harzleimen ist von vornherein zu unterscheiden, ob es sich um solche handelt, welche als leimende Stoffe lediglich Harz und Harzverbindungen enthalten, oder ob Leime vorliegen, zu welchen außer jenen noch Kolloide: Tierleim, Stärke, Kasein, Wasserglas und ähnliches zugesetzt worden sind. Im allgemeinen ist der Gesamtharzgehalt einer der am

---

[1] SCHWALBE, C. G., u. E. KÜDERLING: Wbl. Papierfabrikat. **42**, 4197 (1911).

meisten ausschlaggebenden Punkte für die Beurteilung eines Leimes. Bei Vorhandensein leimend wirkender Kolloidzusätze ist jedoch auch die Bestimmung ihrer Menge und ihrer Art zur Erlangung eines einwandfreien Urteiles notwendig, und zwar um so mehr, als heutzutage ein großer Teil aller Handelsharzleime solcher zusammengesetzter Beschaffenheit ist. Sowohl für die leimende Wirkung als für die praktische Verwendung in der Fabrik ist von Bedeutung der Freiharzgehalt, denn sehr freiharzreiche Leime können nur bei Vorhandensein bestimmter Einrichtungen glatt gelöst werden. Wichtig ist auch die Bestimmung des Trockengehaltes. Einerseits hat sich hier das Bestreben geltend gemacht, zur Vermeidung bedeutender Transportkosten Leime mit hohem Trockengehalt in den Handel zu bringen, andererseits wiederum werden Leime erzeugt, welche bis 60 % Wasser enthalten, die aber ohne vorherige Auflösung unmittelbar dem Stoffbrei im Holländer zugeteilt werden können und durch diese Arbeitsweise die Fabrikation einfacher gestalten.

Probenahme. Äußerliche Prüfung. Zur Erlangung einer guten Durchschnittsprobe muß je nach Größe der Sendung aus einer mehr oder weniger großen Anzahl Fässer nach deren Anbohren etwas Leim, zweckmäßig mit einem Probestecher mit verschließbarer Klappe, herausgenommen werden. Es ist empfehlenswert, die zur Probenahme bestimmten Fässer für einige Zeit in einem warmen Raum liegenzulassen und währenddessen sie gelegentlich hin- und herzurollen. Die Probe soll möglichst nicht zu nahe dem Äußeren des Fasses entnommen werden. Zwecks guter Vermengung erwärmt man die in einem Gefäß gesammelten Einzelproben auf etwa 50···60° und mischt gut durch.

Bei dieser Probenahme läßt sich bereits manches Wichtige für die Beurteilung des Leimes erkennen. Guter Leim soll sich in möglichst lange goldglänzende Fäden ausziehen lassen und nicht kurz abreißen. Je besser das verwandte Harz ist, um so heller ist bei gleichem Freiharzgehalt die Farbe des Harzleimes[1].

Bestimmung des Wassergehaltes. Die Bestimmung kann auf verschiedene Weise vorgenommen werden.

a) **Durch Trocknen.** Die einfachste Art ist die, daß man etwa 2 g der Durchschnittsprobe auf ein gewogenes Uhrglas möglichst in dünner Schicht aufstreicht und diese Probe dann bei 105° im Trockenschrank bis zur Gewichtskonstanz trocknet. Diese Art der Trocknung erfordert jedoch einen ziemlich langen Zeitaufwand.

Rascher zum Ziel kommt man nach der von DREHER angegebenen Methode. Man gibt in eine kleine trockene Porzellanschale etwa 10 g gereinigten, getrockneten Seesand, sowie ein kleines, für späteres Umrühren bestimmtes Glasstäbchen und trocknet alles nochmals etwa 1 Stunde, worauf man Schale samt Inhalt genau auswägt. Alsdann fügt man etwa 1 g des zu untersuchenden Harzleimes zu und wägt wieder. Die Schale erwärmt man dann auf einem Wasserbad, fügt etwa 5 cm³ 96proz. Alkohol hinzu und verrührt nun die Masse so lange, bis sie gleichmäßig pulverig geworden ist. Alsdann trocknet man im Trockenschrank bis zum konstanten Gewicht und errechnet aus dem Gewichtsverlust den Wassergehalt des Leimes.

b) **Durch Destillation.** SCHWALBE hat für die Bestimmung des Trockengehaltes eine Methode vorgeschlagen, welche auch in anderen Zweigen der che-

---

[1] WHITTINGTON, E. FR.: Chem. Zbl. 1929 I, H. 20, 2493.

mischen Praxis Anwendung findet. Die Methode besteht darin, daß eine größere Probe (40···50 g) des Harzleimes mit Petroleum, Toluol oder Xylol gemischt und hierauf durch Erhitzen abdestilliert wird, wobei das vorhandene Wasser mit der Hilfsflüssigkeit in ein als Vorlage dienendes Meßgefäß übergeht. Zur Ausführung der Bestimmung wird der oben in Abb. 5 wiedergegebene Apparat benutzt. Die Bestimmung läßt sich nach dieser Methode sehr rasch ausführen, da man einerseits keine feinen Wägungen auszuführen hat und andererseits das Destillieren nur etwa $1/_4$ Stunde lang vorgenommen zu werden braucht. Die im Meßrohr abgesetzte Menge Wasser kann man nach 1 Stunde ablesen. Das darüberstehende Petroleum kann zu weiteren Bestimmungen verwendet werden.

Bestimmung des Unverseifbaren. In einem kleinen Kolben wägt man 2 g des Harzleimes ab. Man löst ihn in etwas alkoholischer Kalilauge und verseift vollkommen nach Aufsetzen eines Rückflußkühlers durch $1/_2$stündiges Erhitzen auf dem Wasserbad. Den abgekühlten Inhalt des Kolbens spült man in einen etwa 250 cm³ fassenden Scheidetrichter. Man schüttelt die Flüssigkeit mehrmals nacheinander mit zwischen 30 und 50° siedendem Petroläther aus. Die in einem zweiten Scheidetrichter vereinigten Auszüge werden mit 10 cm³ 50proz., mit einigen Tropfen Kalilauge versetztem Alkohol ausgeschüttelt. Der alkoholische Auszug wird zur Hauptmenge der Harzseifenlösung gegeben, während die Petrolätherlösung in einem gewogenen Kolben eingedampft wird. Man trocknet den erhaltenen Rückstand — die unverseifbaren Bestandteile — 10 Minuten im Wassertrockenschrank und wägt ihn nach dem Erkalten.

Bestimmung des Gesamtharzgehaltes. In der von den unverseifbaren Bestandteilen befreiten Harzseifenlösung fällt man das Harz durch Zusatz von verdünnter Schwefelsäure aus. Zur vollständigen Ausfällung muß schwach saure Reaktion des Trichterinhaltes auch nach gutem Durchschütteln noch vorhanden sein. Man gibt dann etwa 50 cm³ Äther in den Scheidetrichter und schüttelt unter kreisender Bewegung des Scheidetrichters — zur Vermeidung der Bildung schwer trennbarer Emulsionen — gut durch, wodurch sämtliches Harz vom Äther aufgenommen wird. Nach vollkommener Scheidung der beiden Flüssigkeiten läßt man die wäßrige ab, während man die ätherische in einem kleinen gewogenen Kölbchen unter Wiedergewinnung des Äthers auf einem Sicherheitswasserbad abdampft. Das Kölbchen samt Inhalt wird dann im Trockenschrank bei 100···105° getrocknet und nach dem Abkühlen im Exsikkator gewogen.

Von dieser Harzprobe bestimmt man dann zweckmäßig die Verseifungszahl nach der im Abschnitt Harz angegebenen Vorschrift.

Bestimmung des Freiharzgehaltes nach DREHER. Man wägt hierzu in einer 100 cm³ fassenden Porzellanschale mit einem kleinen Glasstab etwa 1 g Harzleim genau ab und löst ihn unter schwachem Erwärmen auf dem Wasserbad in 50 cm³ 96proz. Alkohol vollkommen auf. Man titriert dann die warme Lösung nach Zusatz von Phenolphthalein mit $^n/_1$-Natronlauge bis zur Rotfärbung. Wenn ausdrückt:

p das Gewicht der angewandten Harzleimmenge in g,

n die Anzahl der verbrauchten cm³ $^n/_1$-Natronlauge,

f die Harzmenge, welche von 1 cm³ $^n/_1$-Natronlauge gebunden wird und welche sich aus der Verseifungszahl SZ. errechnet

$$\text{zu } f = \frac{100 \cdot 0{,}04}{\text{SZ.}},$$

so ist der Freiharzgehalt

$$x = 100 \cdot \frac{f \cdot n}{p} \; \%.$$

Bestimmung des Gesamtalkaligehalts. In einem Platin- oder Porzellantiegel wägt man $2 \cdots 3$ g des Harzleimes genau ab und erwärmt nun zunächst vorsichtig über einer kleinen Flamme, bis sämtliches Wasser verdampft ist. Hierauf steigert man die Flammentemperatur und glüht so lange, bis der Tiegelinhalt weiß ist. Das Gewicht der Asche stellt die vorhandene Menge Gesamtalkali in Form von Natriumkarbonat dar, aus welchem dieses auf Na_2O durch Multiplikation mit 0,585 umgerechnet werden kann. Zweckmäßig löst man die erhaltene Asche durch mehrmaliges Behandeln mit heißem Wasser und titriert die gesammelten Flüssigkeiten mit $n/_{10}$-Säure unter Benützung von Methylorange als Indikator. 1 cm³ $n/_{10}$-Säure entspricht 0,0053 g Na_2CO_3 (wasserfrei) und 0,0031 g Na_2O. Gewöhnlich erhält man bei dieser titrimetrischen Kontrollbestimmung einen etwas kleineren Wert als bei der gewichtsanalytischen. Dies ist darauf zurückzuführen, daß im Harzleim oft noch geringe Mengen unlöslicher mineralischer Bestandteile enthalten sind, deren Menge sich also durch Ausführung der Kontrollanalyse ermitteln läßt.

Bestimmung von ungebundenem Alkali. In freiharzarmen und vollverseiften Leimen kann ungebundenes Alkali vorkommen, und zwar als Mono- wie auch als Bikarbonat. Es kann nach folgenden Methoden ermittelt werden.

a) Nach DALÉN. Man löst 10 g Harzleim in wenig Wasser und bringt die Lösung in einen Scheidetrichter. Man setzt dann Kochsalz bis zur Sättigung hinzu. Die sich absetzende wäßrige Lösung nimmt das vorhandene Alkali sowie etwas neutrale Seife auf. Sie wird vorsichtig abgelassen und in einem zweiten Scheidetrichter mit 80 cm³ $n/_{10}$-Säure und mit Äther ausgeschüttelt. Die wäßrige Lösung wird abgelassen und zu ihr das Waschwasser gegeben, das beim Durchschütteln der ätherischen Lösung mit destilliertem Wasser anfällt. Man titriert dann die ätherische und die wäßrige Lösung mit $n/_{10}$-Lauge. Werden hierzu m und n cm³ verbraucht, so berechnet sich die Menge des ungebundenen Alkalis zu:

$$Na_2CO_3 \; g = [80 - (m + n)] \cdot 0{,}0053.$$

b) Nach GRIFFIN. 10 g Leim werden in 200 cm³ säurefreiem absoluten Alkohol gelöst. Die erhaltene Lösung bleibt am besten über Nacht stehen. Zufolge seiner Schwerlöslichkeit scheidet sich das vorhandene Karbonat nahezu vollständig am Boden des Gefäßes ab. Man filtriert durch ein trockenes Filter und wäscht mit etwas absolutem Alkohol nach. Den verbleibenden Salzrückstand löst man in wenig warmem Wasser und titriert ihn dann mit $n/_{10}$-Säure unter Anwendung von Methylorange als Indikator. Der Wassergehalt des Harzleimes darf den angewandten Alkohol nicht mehr als bis auf 95 Vol.-% verdünnen. 200 cm³ von 95proz. Alkohol lösen in 16 Stunden 0,0075 g Na_2CO_3, so daß mit den oben angegebenen Substanzmengen die Ergebnisse um 0,07 % zu niedrig sind.

Abgekürzte Untersuchungsmethoden. Außer der oben angegebenen ausführlichen Vorschrift sind noch abgekürzte Untersuchungsverfahren in Gebrauch. Wenn sie auch zufolge gewisser Vereinfachung nicht die Genauigkeit der früheren besitzen, so bringt ihre Anwendung doch eine erhebliche Zeitersparnis mit sich. Von diesen Verfahren seien folgende erwähnt.

Methode von SCHEUFELEN und GOLDBERG. $3 \cdots 5$ g Harzleim werden in 100 cm³ warmem destillierten Wasser gelöst, wobei unter Umständen bei freiharzreichen Leimen zum Lösungswasser eine genau abgemessene, aber möglichst kleine Menge $^n/_{10}$-Natronlauge (a cm³) zugesetzt werden muß. Die erhaltene Lösung spült man quantitativ in einen Scheidetrichter und fügt nun aus einer Bürette oder Pipette so viel cm³ $^n/_{10}$-Schwefelsäure zu, bis deutlich saure Reaktion auch nach dem Umschütteln noch vorhanden ist (b cm³). Alsdann wird nach Zusatz von 50 cm³ Äther kräftig durchgeschüttelt und nach erfolgter Scheidung die wäßrige Lösung in ein Becherglas und die ätherische in ein gewogenes Glaskölbchen abgelassen. Auf einem Wasserbad dampft man aus dem Kölbchen den Äther unter Wiedergewinnung ab, trocknet bei 105° und wägt den Rückstand, welcher das Gesamtharz darstellt.

Diesen Rückstand benutzt man zur Bestimmung der Verseifungszahl des Harzes.

Die wäßrige Lösung aus dem Scheidetrichter titriert man mit $^n/_{10}$-Natronlauge unter Benutzung von Phenolphthalein als Indikator (c cm³). Unter Berücksichtigung der anfänglich zum Lösen zugesetzten Menge Lauge wird aus der Differenz der verbrauchten Anzahl cm³ $^n/_{10}$-Säure und $^n/_{10}$-Lauge die Menge Alkali als Na_2O berechnet, welche im angewandten Harzleim vorhanden war. Da 1 cm³ $^n/_{10}$-Säure 0,0031 g Na_2O entspricht, ergibt sie sich zu $[b - (a + c)] \cdot 0,0031$. Hieraus wiederum wird mit Hilfe der bestimmten Verseifungszahl des Harzes der Freiharzgehalt des Leimes ermittelt.

In der wäßrigen Lösung sind gewöhnlich die mechanischen Verunreinigungen des Leimes enthalten. Man filtriert zu ihrer Bestimmung diese Lösung durch ein getrocknetes gewogenes Filter, spült auch etwa im Scheidetrichter zurückgebliebene Teile nach, trocknet das Filter im Wägegläschen und wägt.

Als Beispiel seien die Zahlen einer Harzleimanalyse wiedergegeben:

$$
\begin{array}{lll}
\text{Angewandt} & \ldots & \text{2,16 g Leim} \\
\text{Wassergehalt} & \ldots & \text{26,1 \%} \\
\text{Gesamtharz} & \ldots & \text{1,485 g.}
\end{array}
$$

Zum Lösen wurden 5 cm³ $^n/_{10}$-Lauge angewandt. Zur Erreichung einer sauren Reaktion im Scheidetrichter mußten 38 cm³ $^n/_{10}$-Säure zugefügt werden. Zum Zurücktitrieren waren schließlich erforderlich 4,2 cm³ $^n/_{10}$-Lauge. Demnach wurden zur Neutralisation des an Harz gebundenen Alkalis verbraucht: $38 - (4,2 + 5) = 28,8$ cm³ $^n/_{10}$-Säure. Diese entsprechen $28,8 \cdot 0,0031 = 0,08928$ g Na_2O. Die Verseifungszahl des Harzes war gefunden worden zu SZ. $= 12,2$, d. h. 100 g dieses Harzes benötigten zur vollkommenen Neutralisation 12,2 g NaOH oder 9,46 g Na_2O.

Auf 1,4850 g Harz kommen im Leim 0,08928 g Na_2O oder auf 100 g Harz 6,01 g Na_2O. Es errechnet sich also der Anteil x an gebundenem Harz vom Gesamtharz aus:

$$
\frac{x}{100} = \frac{6,01}{9,46} \text{ zu } x = 63,5 \%
$$

der Freiharzgehalt zu $\ldots \ldots \ldots \ldots$ 36,5 %.

Methode zur Bestimmung des Freiharzes und des gebundenen Harzes. Eine andere Untersuchungsmethode für Harzleim ist die folgende, bei welcher freies und gebundenes Harz jedes für sich direkt bestimmt wird. Etwa 3 g Harzleim werden in einem kleinen Becherglas genau abgewogen und nach dem Auflösen in 50 cm³ warmem Wasser in einen Scheidetrichter gespült. Man fügt dann etwa 25 cm³ Äther hinzu und schüttelt gut durch, wodurch der größte Teil des freien Harzes von diesem aufgenommen wird. Nach erfolgter Trennung der beiden Flüssigkeiten wird die untere wäßrige Lösung in einen zweiten Scheidetrichter abgelassen und dann die ätherische in ein gewogenes Glaskölbchen vorsichtig abgegossen. Die wäßrige Harzlösung, welche bereits die Hauptmenge des in Äther unlöslichen harzsauren Natriums enthält, wird im zweiten Scheidetrichter durch nochmaliges Ausschütteln mit Äther vollkommen von noch vorhandenem Freiharz befreit. Die wäßrige Lösung wird wiederum in einen Scheidetrichter abgelassen, die ätherische wird in das Kölbchen gegossen, aus welchem der Äther unter Rückgewinnung abgedampft wird. Der Rückstand, das freie Harz, wird getrocknet und gewogen. Die wäßrige Lösung wird im Scheidetrichter mit verdünnter Säure bis zur sauren Reaktion versetzt, wodurch sämtliches Harz in freier Form abgeschieden wird. Dieses wird nun mittels Äther ausgeschüttelt, die wäßrige Lösung wird abgelassen und die ätherische dann in einem gewogenen Glaskölbchen aufgefangen. Der Äther wird abgedampft, der Rückstand wird getrocknet und als gebundenes Harz zur Wägung gebracht. Mit dieser und der Harzmenge von der Freiharzbestimmung wird die Verseifungszahl bestimmt, wodurch genügend Daten vorhanden sind, um die Zusammensetzung des Leimes genau anzugeben: Gesamtharz aus der Summe von Freiharz und gebundenem Harz, Alkaligehalt aus Verseifungszahl und Freiharzanteil. Auch hier lassen sich die Verunreinigungen in gleicher Weise wie bei der vorigen Methode durch Filtration der wäßrigen Endlösung ermitteln. Diese Methode ist für sehr freiharzreiche Leime nicht verwendbar, da durch Zusatz von Alkali beim Lösen die Methode weiterhin zu verwickelt würde.

Kolorimetrische Probe zur Beurteilung der Güte des im Harzleim verwendeten Harzes. Man löst je nach der Konzentration des Harzleimes so viel davon in 50° warmem Wasser, daß beim Verdünnen auf 1 l eine 50 proz. Lösung entsteht, also beispielsweise bei einem 60 proz. Leim 83,3 g. In einen Scheidetrichter bringt man 25 cm³ einer gesättigten Kochsalzlösung, sowie 5 cm³ einer 50 proz. Essigsäure und schließlich 25 cm³ farbloses Toluol. Zu diesem Gemisch läßt man dann 10 cm³ der Harzleimauflösung fließen, schüttelt mehrmals gut durch und läßt dann die wäßrige Lösung sich vom Toluol trennen. Nach Ablassen der wäßrigen Lösung aus dem Trichter gießt man die Toluollösung durch ein Filter in einen Kolorimeterzylinder und betrachtet die Farbe der Lösung in Aufsicht und Durchsicht. Für Papierleimung geeignetes Harz soll dem Toluol eine hellgrüne bis lichtzitronengelbe Farbe erteilen. Je dunkler andererseits die Lösung gefärbt ist, um so geringwertiger ist das zur Herstellung des Leimes verwendete Harz.

Maßanalytische Bestimmung des Harzgehaltes im Harzleim nach HEUSER. Man verfährt zur titrimetrischen Harzgehaltbestimmung derart, daß man eine Harzleimprobe zunächst in Wasser auflöst, dann das Harz im Schütteltrichter mit verdünnter Schwefelsäure ausfällt und es mit Äther ausschüttelt. Die ätherische Lösung wird abgetrennt, mit reichlich neutralem Alkohol versetzt und unter Benutzung von Phenolphthalein mit $n/_{10}$-Alkalilösung titriert. Wenn man die Säurezahl des Harzes nicht kennt, so legt man als solche die Zahl 12 zugrunde.

1 cm^3 $^n/_{10}$-Natronlauge entspricht dann 0,0333 g Harz. Aus dieser Zahl und der bei der Analyse verbrauchten Anzahl cm^3 $^n/_{10}$-Lauge läßt sich leicht der Harzgehalt errechnen.

Zu beachten ist hierbei, daß man die ätherische Lösung bis zur neutralen Reaktion mit destilliertem Wasser auswaschen muß.

Sind im Harzleim kolloidale Zusätze, so entfernt man diese durch Behandeln der Leimprobe mit Alkohol. Man filtriert dann, bringt die alkoholische Harzlösung in den Schütteltrichter, versetzt mit Wasser und arbeitet dann nach obiger Vorschrift.

Allgemeines zu der Ausführung der Untersuchung des Harzleimes. Beim Abwägen der Proben hat es sich als zweckmäßig erwiesen, wie folgt zu verfahren. Man gibt in ein nicht zu großes Becherglas etwa 5 g Harzleim und ein kleines Glasstäbchen. Nach dem genauen Abwägen des Glases entnimmt man ihm mittels des Glasstäbchens die zur Analyse erforderliche Harzleimmenge, welche man unmittelbar in den Scheidetrichter eintropfen läßt. Dann wiegt man den Becher zurück und findet so die angewandte Harzleimmenge. Auf diese Weise vermeidet man das mehrmalige Umgießen von Harzlösungen und das Nachspülen von Gefäßen und erhält kleine Flüssigkeitsmengen.

Beim Ausschütteln mit Äther im Scheidetrichter benutzt man zum Verschließen dieses einen gewöhnlichen gutschließenden Kork, da ein solcher nicht durch den Druck des Ätherdampfes herausgeschleudert wird und auch nicht, wie Glasstopfen es häufig tun, ätherische Harzlösung am Rande durchdringen läßt. Die Anwendung von Trichtern, welche nur ganz kurze Ablaufrohre besitzen, bringt bei diesen Analysen Vorteile mit sich.

Das Durchschütteln mit Äther im Scheidetrichter soll vorsichtig und nicht zu heftig geschehen. Zu starkes Schütteln führt zur Bildung von Luftblasen, welche die vollkommene Scheidung von Wasser und Äther verzögern und unscharf gestalten. Beim Schütteln hält man zweckmäßig einen Finger auf den Stopfen. Während des Schüttelns dreht man mehrmals, ohne den Finger wegzunehmen, den Kork nach unten und öffnet vorsichtig den Hahn, um den Druck entweichen zu lassen. Dann setzt man den Trichter zwecks Scheidung der Flüssigkeiten in ein Stativ. Diese Scheidung kann man oft dadurch beschleunigen, daß man etwas neutrales Kochsalz in den Trichter gibt. Auch die Erzeugung von Unterdruck im Trichter durch Abkühlen unter der Wasserleitung bewirkt häufig raschere Trennung der Schichten.

Statt Äther haben sich zum Ausschütteln auch Chloroform und Tetrachlorkohlenstoff als praktisch erwiesen. Da diese Flüssigkeiten schwerer als Wasser sind, so setzen sich die Harzlösungen bei ihrer Anwendung unten im Trichter ab.

Zusammengesetzte Harzleime.

Qualitative Ermittlung der Beimengungen. Für die Untersuchung von Harzleimen, welche organische Kolloide, wie Kasein, Albumin, Tierleim, Stärke, Dextrin, Pflanzenleim und Wasserglas enthalten, hat MARCUSSON[1] eine Prüfungsmethode ausgearbeitet. Bei dieser wird als Trennungsmittel des Harzleimes von den übrigen Stoffen Alkohol benutzt, der nur den Harzleim zu lösen vermag.

---

[1] MARCUSSON: Wbl. Papierfabrikat. **45**, 1005 (1914).

Die Zusatzstoffe sind andererseits in Alkohol unlöslich, lassen sich daher abtrennen und dann der Menge nach bestimmen. In erster Linie muß man den alkoholunlöslichen Rückstand auf Aschengehalt prüfen, um etwa zugesetzte Beschwerungsmittel, wie Ton und Schwerspat, erkennen zu können. Fehlt der Aschengehalt, so erhitzt man eine Probe zwecks Prüfung auf Stickstoff mit Kalium oder Natrium in Glühröhrchen, bringt das Reaktionsprodukt in Wasser, filtriert von der Kohle ab, erhitzt unter Zugabe einiger Tropfen Eisen(II)sulfatlösung und Eisen(III)chloridlösung einige Augenblicke zum Kochen, filtriert und fügt noch Salzsäure hinzu. Die entstehende Berlinerblaureaktion ergibt den Nachweis des Stickstoffes.

Erweisen sich die alkoholunlöslichen Stoffe als stickstofffrei, so kommen als Zusätze Leim, Albumin und Kasein nicht in Frage, es können jedoch Stärke, Dextrin, Gummi arabicum, Pflanzenschleim und Viskose vorhanden sein. Als sehr häufiger Zusatz wird sich Stärke vorfinden, die mikroskopisch an ihren charakteristischen Formen, ferner am Eintreten tiefblauer Färbung beim Behandeln mit Jodlösung erkannt werden kann. Die Stärke läßt sich von Dextrin und Gummi arabicum infolge ihrer Schwerlöslichkeit in kaltem Wasser annähernd trennen. Dextrin und Gummi arabicum lassen sich durch ihr Verhalten gegen Bleiessig unterscheiden; ersteres wird durch Bleiessig nicht, Gummi arabicum hingegen als klumpiger Niederschlag gefällt. Dextrin ist zudem stark rechtsdrehend, Gummi arabicum dreht dagegen in der Regel die Ebene des polarisierten Lichtes nach links.

Falls Viskose, das Einwirkungsprodukt von Alkali und Schwefelkohlenstoff auf Zellstoff vorhanden ist, so kann man durch Behandeln mit verdünnten Mineralsäuren die Viskose zersetzen, wobei Schwefelwasserstoff, der leicht am Geruch oder durch Bleiwasser zu erkennen ist, entwickelt wird. — Sollten Pflanzenschleime dem Harzleim zugefügt sein, so scheiden sie sich aus der alkoholischen Lösung des Leimes als flockige, durchscheinende Massen aus. Löst man diese Massen in Wasser auf, so gibt Bleiessig darin eine gallertartige Fällung. Einige Pflanzenschleime, wie Leinsamenschleim, Salepschleim und Gummi Tragasol liefern mit einer 5proz. Tanninlösung unlösliche Niederschläge. Durch diese Reaktion unterscheiden sie sich vom Gummi arabicum, das durch Bleiessig, ebenso wie Pflanzenschleim, gefällt wird.

Sollten die alkoholunlöslichen Stoffe stickstoffhaltig sein, so ist in erster Linie die Gegenwart von tierischem Leim wahrscheinlich. Man prüft zunächst das Verhalten der alkoholunlöslichen Substanz gegen Wasser und Essigsäure. Tierischer Leim löst sich nämlich in Wasser völlig auf, und die Lösung wird durch Essigsäure weder in der Kälte, noch durch Hitze gefällt. Genauer kann man den tierischen Leim charakterisieren durch eine Stickstoffbestimmung, denn tierischer Leim enthält etwa 18% Stickstoff, andererseits aber nur wenig Schwefel, 0,2 bis 0,25%. Beim Erwärmen mit alkalischer Bleioxydlösung erhält man deshalb keine Abscheidung von Schwefelblei, wie eine solche für Pflanzenleim, Albumin und Kasein erhalten wird. Durch Tanninlösung erhält man mit tierischem Leim eine Fällung. Albumin (Eieralbumin) löst sich ebenso wie Tischlerleim in kaltem Wasser, fällt jedoch beim Erhitzen, besonders nach Zusatz von Essigsäure, aus.

Pflanzenleim (Kleber) und Kasein sind nicht in Wasser löslich, lösen sich jedoch, wenn Alkali oder Ammoniak zugesetzt wird; diese Alkalilösungen werden durch Essigsäure gefällt. Man kann Kasein am Phosphorgehalt (0,8 %) erkennen, durch den es sich von allen übrigen Eiweißkörpern unterscheidet. Neben den stickstoffhaltigen Bestandteilen können natürlich auch noch stickstofffreie Klebestoffe (Stärke, Dextrin und Gummi arabicum) zugegen sein. Stärke kann man durch die Jodreaktion nachweisen. Um auf Dextrin und Gummi arabicum prüfen zu können, muß man zunächst die Stickstoffverbindungen durch Tanninlösung ausfällen. Nach dem Abfiltrieren des Niederschlages wird das Filtrat zur Trockne verdampft und mit etwas Wasser wieder aufgenommen. Dabei scheiden sich noch geringe Mengen der Tannindoppelverbindung unlöslich ab. Diese werden wiederum durch Filtration entfernt, worauf die wäßrige Lösung nunmehr mit reichlichen Mengen Alkohol versetzt wird. In diesem löst sich überschüssiges Tannin auf, während Dextrin und Gummi arabicum gefällt werden. Nach Lösen der Fällung in Wasser kann man die genannten Stoffe durch Bleiessigfällung nachweisen. Hat man nach Entfernung des Tannins bei Zusatz von Alkohol keinen Niederschlag, sondern nur eine schwache Trübung erhalten, so fehlen Dextrin und Gummi arabicum.

Bestimmung der Gesamtmenge der leimenden Stoffe nach GOTTLÖBER[1]. Man löst eine Probe des Leimes in Wasser und stellt die Lösung so ein, daß ihr Gehalt an leimenden Stoffen ungefähr zwischen $15 \cdots 20$ g im Liter beträgt. 25 cm³ dieser Leimmilch bringt man in ein Becherglas und setzt nun verdünnte Schwefelsäure bis zur deutlich sauren Reaktion hinzu. Man filtriert dann durch ein bei 105° getrocknetes und gewogenes Filter, wäscht mit kaltem bis lauwarmem Wasser bis zum Verschwinden der Schwefelsäurereaktion im Waschwasser aus, trocknet den Niederschlag mit dem Filter bei 105° und wägt wieder. Durch die Fällung mit Säure werden außer dem Harz mit für die Praxis hinreichender Vollständigkeit auch die anderen leimenden Kolloide gefällt. Beim Auswaschen muß man die Anwendung von zu warmem Wasser vermeiden, da dabei ein Zusammensintern des Niederschlages eintritt, wobei leicht Schwefelsäure unauswaschbar eingeschlossen werden kann.

Harzmilch.

Bestimmung des Gesamtharzgehaltes. a) Nach SIEBER. Man gibt bei hoher Konzentration 50 cm³, bei geringerer 100 cm³ Leimmilch in einen etwa 200 cm³ fassenden Schütteltrichter, fügt einige cm³ verdünnte Schwefelsäure und etwas Äther hinzu. Man schüttelt gut durch, bis alles Harz vom Äther aufgenommen ist, wäscht diesen $2 \cdots 3$ mal mit Wasser, gibt etwa das gleiche Volumen Alkohol zu und läßt die gemischte Alkoholätherlösung in eine Titrierschale ab. Man titriert dann mit $n/10$-Alkalilösung und Phenolphthalein als Indikator. Da man die Verseifungszahl des Harzes kennt oder doch leicht bestimmen kann, ist man in der Lage, festzustellen, ob die Milch die geforderte Konzentration hat. 1 cm³ $n/10$-Lauge entspricht $0,4/SZ.$ g Harz.

b) Nach LORENZ. LORENZ hat bei seinen kolloidchemischen Studien über die Harzleimung[2] gefunden, daß sich auf der Verschiedenheit der Oberflächenspannungen von Harzmilch und Wasser eine Methode zur Bestimmung der Kon-

---

[1] GOTTLÖBER, M.: Papierfabrikant **24**, 125 (1926).
[2] LORENZ, R.: Papierfabrikant **21**, 243 (1923).

zentration der Milch, wie auch ihres Freiharzgehaltes gründen läßt. Der einfachste Apparat zur Ermittlung der Größe der Oberflächenspannung ist der Tropfenzähler (Stalagmometer). Er besteht in seiner einfachsten Form aus einer Pipette mit unterem kapillaren Ausflußansatz, dessen Ende glatt abgeschliffen ist. Eine Flüssigkeit ohne Oberflächenspannung würde bei dem Auslaufen aus dieser Öffnung einen geraden ununterbrochenen Strahl bilden. Das Auftreten einer Oberflächenspannung an der Auslauföffnung bewirkt dagegen, daß dies nicht geschieht, sondern daß die Flüssigkeit sich zunächst in einem Tropfen ansammelt, welcher abreißt, sobald sein Gewicht größer geworden ist als die tragende Kraft. Es ist leicht einzusehen, daß sich aus dem gleichen Volumen Flüssigkeit um so mehr Tropfen bilden werden, je geringer die tragende Kraft der Oberflächenspannung ist. Bei der praktischen Ausführung solcher Messungen bestimmt man, um unabhängig von der Ausführung des Stalagmometers zu sein, das Verhältnis der Tropfenzahl (δ) der zu untersuchenden Lösung zu jener, welche das gleiche Volumen Wasser (δ_0) beim Auslaufen ergibt.

Die Anwendung der stalagmometrischen Methode zur Kontrolle der Konzentration der Leimmilch gestaltet sich nach einem Beispiel von LORENZ wie folgt. Angenommen, man ist bestrebt, den Leim regelmäßig auf 2%, d. h. auf 20 g im Liter zu verdünnen. Man pipettiert dann aus der zu prüfenden Milch 10 cm³ heraus, verdünnt auf 100 cm³ und zählt die Tropfen, welche ein bestimmtes Volumen dieser Lösung beim Ausfließen aus dem Stalagmometer[1] bei einer bestimmten Temperatur (15 oder 20°) bilden. Man zählt nun beispielsweise 143 Tropfen, wenn die Leimmilch 2proz. war. Bildet jetzt eine andere Lösung bei gleicher Handhabung mehr Tropfen, so muß die Milch noch verdünnt werden, bildet sie aber weniger Tropfen, so ist die Leimmilch bereits zu stark verdünnt worden. Mit Hilfe von Tabellen, welche man sich auf Grund von Versuchen aufstellt, kann man aus der beobachteten Tropfenzahl rasch feststellen, wie stark gegebenenfalls die Milch noch weiter zu verdünnen ist oder wieviel konzentrierte Leimmilch zugegeben werden muß, um die geforderte Konzentration zu erhalten.

Die Methode läßt sich sehr rasch durchführen und ist in ihrer Genauigkeit häufig zu findenden Aräometermessungen weit überlegen. Sie ist, wie erwähnt sei, in verschiedenen Fabriken im Gebrauch.

Bestimmung des Freiharzgehaltes. a) Nach CODWISE[2]. 50 cm³ einer verdünnten Harzmilch, deren Gehalt nicht über 5% beträgt, werden mit 200 cm³ Wasser verdünnt. Die erhaltene Lösung wird möglichst bei Siedehitze mit $^n/_{10}$-Alkalilauge unter Anwendung von Thymolphthalein als Indikator titriert. Der Endpunkt ist erreicht, wenn der Farbton der Lösung in schwach blau übergeht. Die Berechnung des Freiharzanteiles gestaltet sich wie oben jene des Gesamtharzes. Diese Titration darf in höchstens 1proz. Lösung ausgeführt werden. Zur Herstellung des Indikators werden 0,5 g des Farbstoffes in 100 cm³ 50proz. Alkohol gelöst.

b) Nach LORENZ. Nach LORENZ hängt der Wert des Verhältnisses δ/δ_0 (s. oben) bei verschiedenen Sorten von Leimmilch von gleicher Konzentration an Gesamtharz von deren Gehalt an Freiharz ab. Die Unterschiede sind so

---

[1] Zu beziehen von der Firma R. Goetze, Leipzig, Nürnberger Str.
[2] CODWISE, P. W.: Paper Trade J. **76**, H. 2 (1923).

deutlich, daß man sie zur Grundlage einer Freiharzbestimmungsmethode in der Harzmilch machen kann. Man erhält eine besonders einfache graphische Darstellung der Gesetzmäßigkeit, wenn man den Wert $(\delta/\delta_0)^4$ in Abhängigkeit zur Konzentration des Gesamtharzes aufzeichnet (Abb. 147).

Die Prüfung einer Harzmilch von unbekanntem Freiharzgehalt geschieht nun so, daß man 2···3 nicht zu schwache Verdünnungen stalagmometriert. Die Werte δ/δ_0 erhebt man in die 4. Potenz, zeichnet sie in das Diagramm ein und legt durch die Punkte eine Gerade. Durch Vergleich mit den übrigen Geraden der Abb. 147 läßt sich

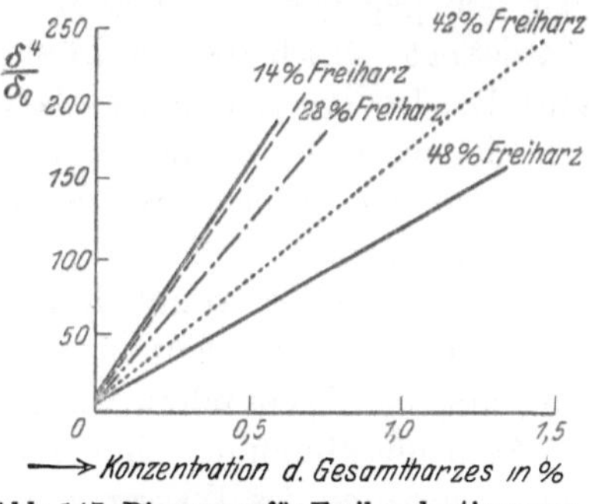

Abb. 147. Diagramm für Freiharzbestimmung in Harzleimlösungen nach R. Lorenz.

dann der Freiharzgehalt der untersuchten Milch ziemlich genau ermitteln. Das Ergebnis wird um so genauer ausfallen, je höher der Freiharzgehalt ist.

Gelatine und Tierleim.

Allgemeines. Da Gelatine und Tierleim lediglich verschiedene Sorten des gleichen chemischen Stoffes sind, so sind die Richtlinien für ihre Prüfung im großen und ganzen die gleichen. Maßgebend für die Untersuchung ist immer der Verwendungszweck. So ist zu unterscheiden, ob die Ware für die Oberflächenleimung allein benutzt wird oder ob sie als Zusatzmittel bei der Leimung in der Masse zur Anwendung gelangt, dann, ob sie zur Erzeugung gestrichener oder Kunstdruckpapiere verwandt wird und endlich, ob sie Klebezwecken dienen soll. Die Verwendung zur Leimung setzt voraus, daß der Leim dem Eindringen von Tinte möglichst großen Widerstand bietet, d. h., solcher Leim darf nur langsam quellen. Da die Oberflächenleimung nur bei besseren Papieren zur Anwendung gelangt, so ist für diesen Zweck die Abwesenheit dunkelfärbender gelber bis brauner Stoffe sehr erwünscht. Das gleiche gilt, wenn der Leim als Zusatzmittel zum Harz bei der Leimung in der Masse benutzt wird, da dunkle Leime eine trübe Durchsicht geben. Mit Rücksicht auf rentables Arbeiten ist hier weiterhin die Prüfung auf die Ergiebigkeit erforderlich. Die Anwendung des Leimes in der Kunstdruckpapierfabrikation und für die genannten anderen Zwecke bedingt vor allem eine hohe Bindekraft und die Abwesenheit störender Verunreinigungen (Säure und Alkali). Für alle Verwendungszwecke ist schließlich die Prüfung des Wassergehaltes und die auf Aschenbestandteile vom Standpunkt eines vorteilhaften Einkaufes notwendig[1].

Gelatine und Tierleim kommen in Tafelform, neuerdings besonders in Perlform in den Handel[2]. Im allgemeinen gilt, daß die Qualität um so besser ist, je dünner die Tafel ist. Die Dicke der Tafel ist stets in Betracht zu ziehen, wenn man sich über verschiedene Sorten schnell ein Bild machen will und sie äußerlich auf Farbe, Geruch und Geschmack prüft. Selbst bei großer Erfahrung ist aber eine derartige Prüfung durchaus nicht immer zuverlässig.

---

[1] Sörensen, T.: Papierfabrikant **27**, 641 (1920). — Sauer, E.: Z. Kolloidchem. **33**, 40 (1923).

[2] Blasweiler, Th. E.: Papierfabrikant **23**, 266 (1925).

Bestimmung der Feuchtigkeit. $2\cdots3$ g Leim werden mit einer scharfen Raspel von verschiedenen Leimtafeln abgefeilt und rasch in ein gewogenes Wägegläschen gegeben. In diesem wird die Probe 10 Stunden lang bei $100\cdots110°$ getrocknet. Nach dem Abkühlen im Exsikkator wird der Gewichtsverlust ermittelt. Da ein konstantes Gewicht beim Trocknen in den wenigsten Fällen erreicht wird, ist es notwendig, alle solche Feuchtigkeitsbestimmungen stets genau in der gleichen Weise durchzuführen, um einwandfreie Vergleichswerte zu erhalten.

Leim enthält gewöhnlich $12\cdots15\%$ Wasser, in seltenen Fällen bis zu 18%. Sehr geringe Werte deuten auf eine Übertrocknung, durch welche die leimende Wirkung herabgemindert wird.

Aschenbestimmung. Zur Aschenbestimmung benutzt man zweckmäßig die zur Ermittlung des Wassergehaltes verwendete Probe. Verfügt man über einen genügend großen Platintiegel, so erhitzt man ihn nach dem Eintragen der Probe und dem Verschließen mit einem Deckel unmittelbar auf höhere Temperatur. Es gelingt hierdurch, ziemlich rasch die Veraschung durchzuführen. Allerdings werden bei der raschen Verbrennung bisweilen Spuren von Mineralbestandteilen mit fortgerissen, dies ist jedoch ohne irgendwelche praktische Bedeutung. Wenn man einen kleinen Tiegel anwendet, so muß man unbedingt zuerst langsam erhitzen, da die Masse sich stark aufbläht und möglicherweise über den Tiegelrand läuft. Erst allmählich kann man in diesem Fall die Temperatur steigern. Die Asche hält häufig hartnäckig Kohleteilchen zurück, welche man nur durch wiederholtes Abkühlenlassen, Befeuchten und weiteres Glühen verbrennen kann.

Qualitative Untersuchung der Asche. Im allgemeinen enthält Leim etwa $1,5\%$ Asche. Ist der Anteil der Mineralbestandteile ein höherer, so ist auf absichtlichen Zusatz von Beschwerungsmitteln zu schließen. Als solche kommen Karbonate und Sulfate vom Blei, Zinkoxyd, Schwerspat und anderes in Betracht. Diese Zusätze lassen sich durch die üblichen Nachweise feststellen. Durch die Untersuchung der Asche läßt sich auch die Frage beantworten, ob Leder- (Haut-) oder Knochenleim vorliegt.

Die Asche von Lederleimen schmilzt infolge ihres hohen Gehaltes an Ätzkalk nicht in der Flamme des Bunsenbrenners. Sie reagiert stark alkalisch und ist frei von Phosphor und Chlor. Die Asche von Knochenleim andererseits schmilzt leicht, ihre wäßrige Lösung reagiert gewöhnlich neutral, und in ihrer salpetersauren Lösung können Phosphor und Chlor leicht nachgewiesen werden.

Prüfung der Reaktion. Helle Leime und Gelatine enthalten bisweilen Säurereste, besonders schweflige Säure, welche zwecks Bleichung im Laufe der Fabrikation zugesetzt wurde. Abgesehen hiervon reagieren Hautleime gewöhnlich alkalisch, Knochenleime häufig sauer. Im allgemeinen schadet das Vorhandensein geringer Säurereste (herstammend von der Entfernung der Kalksalze aus den Knochen) für die zum Zweck der Oberflächenleimung benutzten Tierleime wenig oder gar nicht. Unangenehmer ist die alkalische Reaktion.

Es kommen jedoch nicht selten Tierleime vor, welche über 2% Säure enthalten, ein derartiger Gehalt ist für die verschiedenartigste Verwendung des Tierleimes (und der Gelatine) sehr nachteilig. So sei z. B. erwähnt, daß ein solcher Säuregehalt bei der Erzeugung von Kunstdruckpapier in der Kartonnagen- und Buntpapierfabrikation, ferner bei Erzeugung von Heften, bei Buchbinderarbeiten und endlich beim Verpacken des fertigen Papiers durch seinen farbenverändernden Einfluß unliebsame Erscheinungen zur Folge haben kann.

Auf die Reaktion prüft man in sehr einfacher Weise qualitativ dadurch, daß man Lackmuspapier in die warme Auflösung des Leimes taucht. Macht sich auf Grund dieses Ergebnisses eine quantitative Prüfung notwendig, so verfährt man wie folgt.

Man läßt $10 \cdots 25$ g Gelatine oder Tierleim (Durchschnittsprobe) in 70 cm³ Wasser aufquellen und löst späterhin durch Erwärmen auf einem Wasserbad den Leim vollkommen auf. Nachdem man die Lösung nach erfolgtem Abkühlen in einen 200 cm³ fassenden Meßkolben gespült und diesen bis zur Marke aufgefüllt hat, titriert man einen Teil der Flüssigkeit mit $^n/_{10}$-Säure oder Lauge unter Benutzung von Phenolphthalein als Indikator.

Bestimmung des p_H-Wertes. Der p_H-Wert hat einen bedeutsamen Einfluß auf fast alle Eigenschaften des Leimes und der Gelatine. Seine Ermittlung erfolgt zweckmäßig auf kolorimetrischem Weg, und zwar unter Verwendung einer 1proz. Lösung. Zur Prüfung füllt man 6 cm³ dieser Lösung in ein Reagenzrohr und gibt von der Indikatorstammlösung genau 1 cm³ hinzu. Den erhaltenen Farbton vergleicht man dann mit der Indikatorreihe. Statt dessen kann man auch mit einem Komparator arbeiten und in ihm die mit dem Indikator erhaltene Färbung der Leimlösung mit Indikatorfarbscheiben vergleichen. Als Indikatoren kommen Dinitrophenol, Para-Nitrophenol und Meta-Nitrophenol in Frage. Für die Farbe dieser bei verschiedenen p_H-Werten gibt es farbechte Indikatorscheiben (Hellige & Co., Freiburg i. Br.) für Komparatoren.

Die p_H-Werte der verschiedenen Sorten liegen wie folgt: Gelatine $4,5 \cdots 6,5$, Knochenleim $4,8 \cdots 6,0$ und Hautleim $7,0 \cdots 8,0$.

Prüfung auf Fettkörper. Zur Prüfung auf Fettkörper, welche bei mangelhafter Fabrikation (schlechte Reinigung der Häute und Knochen) nicht selten im Leim zu finden sind, werden $10 \cdots 20$ g Substanz in einem Soxhlet mit Äther 6 Stunden lang extrahiert, worauf die Menge des Rückstandes nach Abdampfen des Äthers in der üblichen Weise bestimmt wird. Geringe Mengen Fett sind weniger für die Verwendung des Leimes oder der Gelatine für Leimungs- als für andere Zwecke von Belang. Größere Extraktmengen zeigen schon an und für sich eine unreine Qualität an.

Prüfung auf farbige gelbbraune Körper. In einfacher Weise geschieht diese Prüfung derart, daß man eine Durchschnittsprobe des Leimes in Wasser von gewöhnlicher Temperatur in einer Porzellanschale quellen läßt. Der Leim ist um so besser, je geringer das Wasser sich nach 12 Stunden gefärbt hat.

Gut vergleichbare Ergebnisse erhält man rasch auf folgende Weise. Man löst ein fein geraspeltes Durchschnittsmuster des Leimes in einem Becherglas zu einer 5proz. Lösung, indem man es anfangs mit wenig Wasser etwa 1 Stunde quellen läßt und es späterhin mit mehr Wasser auf einem Wasserbad bei 100° vollkommen auflöst. In der gleichen Weise verfährt man mit der Probe eines Leimes, der erfahrungsgemäß hinsichtlich seiner Farbe in der Praxis sich als befriedigend bewährt hat. Gleiche Mengen der Leimlösung füllt man nach dem Erkalten in zwei vollkommen gleichartige Standzylinder und vergleicht nun die Farbe beider in der Durchsicht. Zur Durchführung der Prüfung ist ein Kolorimeter oder ein Farbenkomparator gut geeignet.

Quellfähigkeit. Der Gegenstand dieser Prüfung ist die Feststellung, wieviel Wasser vom Leim oder der Gelatine innerhalb 24 Stunden bei konstanter Temperatur des Wassers von 15° aufgenommen wird. Man legt zu diesem Zweck eine oder mehrere Tafeln des Leimes derart in Wasser von obiger Temperatur, daß sie vollkommen bedeckt sind. Nach 24 Stunden nimmt man die Tafel aus dem Wasser, läßt die anhaftende Flüssigkeit abtropfen und wägt. Die prozentual aufgenommene Wassermenge ist ein Maßstab für die Beurteilung der Güte des Leimes. Perlleim läßt man bei dieser Bestimmung zweckmäßig in einem gröberen, nicht zu schweren Sieb quellen. Die Wägungen vor und nach dem Quellen nimmt man unter Belassung des Leims im Sieb vor. Zu beachten ist jedoch, daß die Aufnahmefähigkeit gegenüber Wasser nicht allein von der Temperatur des Wassers, sondern auch von der Dicke der Tafeln abhängt, so daß man diese bei den Versuchen auch möglichst gleichartig wählen muß. Bei Hautleimen nehmen Tafeln der üblichen Dicke in 24 Stunden etwa das Dreifache ihres Gewichtes an Wasser auf, während Knochenleime gewöhnlich kaum das Zweieinhalbfache adsorbieren. Zweckmäßig ist es, die gequollenen Tafeln dann noch weiterhin im Wasser zu belassen und zu beobachten, wann der Zerfall der Tafeln eintritt. Man erlangt hierdurch wieder ein Mittel zur Beurteilung, welcher Leim gegenüber dem Eindringen von Tinte am beständigsten ist. Es gibt Leime, welche das Fünffache ihres Gewichtes an Wasser aufzunehmen vermögen und in diesem höchsten Quellungszustande eine noch nicht zerfallende Masse bilden. Solche Leime sind für die Leimung natürlich sehr vorteilhaft.

Ergiebigkeitsprüfung (gelatinierende Kraft). Diese Prüfung ist bedeutungsvoll für die Beurteilung des Leimes hinsichtlich seiner rentablen Verwendung zur Leimung. Die Ergiebigkeitsprüfung läßt erkennen, ob beim Abkühlen auf 15° die Lösung einer bestimmten Konzentration (5%) noch ebenso erstarrt, wie es bei erfahrungsgemäß guten Leimsorten der Fall ist. Zur Ausführung der Bestimmung verfährt man wie folgt. Man gibt in ein Becherglas von etwa 5 cm³ Durchmesser und etwa 10 cm Höhe 10 g grob zerstoßenen Leim und so viel Wasser, daß vollkommene Quellung erfolgt. Nach etwa 15stündigem Einweichen (über Nacht) löst man den Leim durch Erwärmen auf dem Wasserbad bei 75° unter Zusatz weiteren Wassers vollkommen auf. Nach diesem Auflösen ergänzt man auf genau 200 cm³ und stellt hierauf das Glas zum Abkühlen in kaltes Wasser, bis eine Temperatur von 15° erreicht ist. 10 Minuten nach Erreichung dieses Punktes soll der Leim erstarrt sein und darf bei geneigter Lage des Gefäßes nicht mehr ausfließen.

Da man bei dieser Methode nur ziemlich erhebliche Unterschiede feststellen kann, so ist es bei sehr ähnlichen Leimen gut, die erhaltene Gallerte noch dadurch zu prüfen, daß man durch Eindrücken des Fingers in ihre Oberfläche ihre Konsistenz ermittelt. Es gelingt nach einiger Erfahrung sehr gut, durch diese Prüfung selbst zwischen sonst sehr ähnlichen Leimen noch manchmal gut merkbare Unterschiede festzustellen.

Bestimmung der Viskosität. Die Bestimmung der Viskosität von Lösungen von Tierleimen und Gelatine stellt eine gut brauchbare Methode dar, um objektive Vergleichswerte für die Eignung verschiedener Sorten für Leimungszwecke zu erhalten. Zur Ausführung dieser Bestimmung lediglich für Vergleichszwecke im Betrieb benutzt man eine 1proz. Leimlösung, deren Temperatur 15° beträgt.

Man bestimmt dann die Zeit, welche für das Auslaufen von 50 cm³ Leimlösung aus einer Bürette notwendig ist. Zu diesen Vergleichsversuchen muß man selbstverständlich stets die gleiche Bürette benutzen und zur Erlangung eines guten Mittelwertes etwa 10···12 Auslaufsversuche ausführen.

Je länger das Ausfließen dauert, um so größer ist die Viskosität und je besser die Qualität der Ware. Zweckmäßig vergleicht man alle Proben mit einem Leim, der sich in der Fabrikation als gut bewährt hat und dessen Viskosität gleich 1 gesetzt wird.

Einwandfreie Vergleichswerte erhält man bei Anwendung der Viskosimeter von OST-OSTWALD oder von ENGLER. Für die Benutzung des letztgenannten empfiehlt STADLINGER[1] die Anwendung von Lösungen, die 15 g absolut trockenen Leim oder Gelatine enthalten. Als Versuchstemperatur wird bei Gelatine, Haut- und Lederleim 40°, bei Knochenleim 30° eingehalten. STADLINGER gibt für unter diesen Bedingungen durchgeführte Prüfungen die nachstehende Übersicht, die für die Beurteilung der Ware von Wert ist.

Tabelle 31. Bewertung von Gelatine und Tierleim auf Grund der Viskosität nach STADLINGER.

| Qualität | Beobachtungen bei 40° Engler-Grade | | | Beobachtung bei 30° Engler-Grade |
	Hautleim	Lederleim nach dem Magnesitverfahren aus Chromleder	Gelatine	Knochenleim
schlecht.	unter 2	geringwertige Ware 2,0 bis unter 2,2	Untersude 3 bis unter 5	Autoklaven- leim unter 2
sehr gering . . .	2 bis unter 3,0			geringwertiger Leim 2 bis unter 2,2
gering	3 bis unter 3,5			
mittelmäßig . . .	3,5 bis unter 4,0		Mittelsude 5 bis unter 8	Normal- knochenleim 2,2 bis 2,5
gute Ware . . .	4,0 bis 5,0	gute Ware 2,2 bis 3,0 und mehr		
sehr gute Ware .	über 5,0 bis 7,0		Obersude 8 bis 10,0 und mehr	Sehr gute Ware über 2,5 bis 2,8
Auslese-Ware . .	über 7,0 bis 10,0			Ausleseleim über 2,8

Bestimmung der leimenden Kolloide in Gelatine und Tierleim durch Adsorptionsanalyse nach WISLICENUS und R. LORENZ[2]. Die leimenden Kolloide im Tierleim und der Gelatine lassen sich ihrer Menge nach gemäß einer von den genannten Forschern ausgearbeiteten Methode durch Adsorption auf Fasertonerde bestimmen. Für die Ausführung der Analyse hat F. LORENZ[3] eine Vorschrift gegeben, welche im folgenden beschrieben ist unter Berücksichtigung der Abänderung, die sich auf Grund der Einwände von KIRCHHOFF[4] erforderlich machten.

---

[1] STADLINGER, H.: Papier-Ztg. **58**, 379 (1933).
[2] WISLICENUS, H., u. R. LORENZ: Papierfabrikant **22**, 337 (1924).
[3] LORENZ, F.: Papierfabrikant **21**, 105 (1923).
[4] KIRCHHOFF, P.: Papierfabrikant **21**, 529 (1923).

Zur Untersuchung benötigt man eine etwa 0,1 proz. Leimlösung, welche vollständig klar und blank sein muß und welche man mit Hilfe einer Filterkerze oder durch Anwendung eines Goochtiegels mit gefrittetem Glasboden leicht erhalten kann. Zur genauen Gehaltsbestimmung der Lösung dampft man 100 cm³ auf dem Wasserbade in einer kleinen gewogenen Schale ein, trocknet den Rückstand bis zur Gewichtskonstanz bei 100···105° und wägt. Den für die Adsorptionsanalyse erforderlichen Apparat zeigt in einfacher Ausführung die Abb. 148. *A* ist ein Niveaugefäß der üblichen Ausführung, welches durch einen Schlauch mit dem Adsorptionsgefäß *B* verbunden ist, in welchem sich die Fasertonerde (Merck) oben und unten durch ein Wattepolster abgeschlossen befindet. Das Adsorptionsgefäß ist mit einem durchbohrten Stopfen verschlossen, durch den ein gemäß der Abbildung gebogenes Glasrohr führt. Als Vorlage dienen Erlenmeyerkolben mit langem Hals, welche Marken bei teils 30, teils 100 cm³ tragen. Die Menge der anzuwendenden Tonerde beträgt etwa 7,5 g. Man füllt in die tiefgestellte Niveaukugel 180···200 cm³ der klaren Leimlösung, hebt dann das Gefäß, bis die Leimlösung die Tonerde vollkommen bedeckt, und wartet, bis diese sich ganz vollgesogen hat. Dann stellt man die Kugel so hoch, daß die Leimlösung in schwachem Strom durch die Apparatur durchfließt. Um sicher zu sein, daß vollkommene Adsorption erfolgt, regle man die Fließgeschwindigkeit so, daß 100 cm³

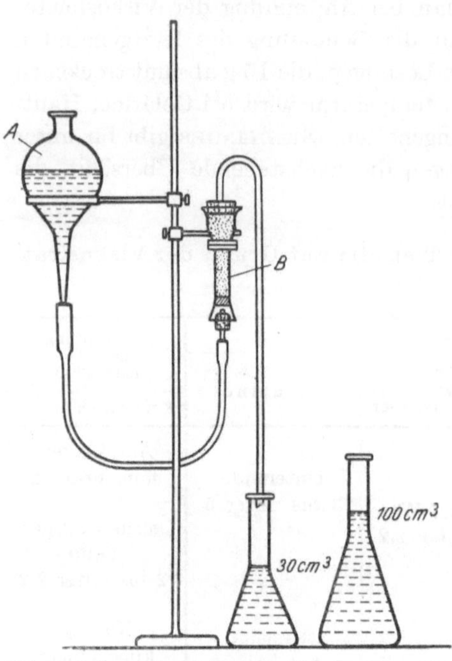

Abb. 148. Apparat zur Bestimmung der leimenden Kolloide im Tierleim.

in etwa 6···8 Stunden durchfließen. Nach dem Auffangen der ersten 30 cm³ wechselt man den kleinen Kolben gegen den größeren aus. Nur die in diesem aufgefangene Lösung wird zur weiteren Untersuchung verwandt. Zweckmäßig überzeugt man sich in bekannter Weise durch Prüfen mit Tannin in einer Probe der durchgelaufenen Lösung, ob die Adsorption bei den gewählten Versuchsbedingungen (Menge der Tonerde und Geschwindigkeit des Durchflusses) vollkommen war. Von der durchgeflossenen Lösung werden dann 100 cm³ abpipettiert, in eine gewogene Schale gegeben und zur Trockne verdampft. Der wie oben angegeben behandelte Rückstand wird gewogen. Aus der Differenz gegenüber dem Rückstandsgewicht der ursprünglichen Lösung ergibt sich die Menge der leimenden Kolloide.

Schnellverfahren zur Begutachtung von Tierleim nach JOHN[1]. Man stellt sich von dem zu untersuchenden Leim eine 15 proz. Lösung dar. 100 cm³ dieser Lösung werden auf eine Temperatur von 25° gebracht und 140 g Blanc-fixe

---

[1] JOHN, F.: Chemiker-Ztg. **46**, 974 (1922).

hineinverrührt. Die Temperatur der Mischung soll jetzt etwa 22° betragen. Darauf, daß bei den Vergleichsversuchen immer die gleiche Temperatur eingehalten wird, ist genau zu achten. Zur Mischung gibt man nun aus einer Tropfbürette tropfenweise neutrale ameisensaure Tonerdelösung von 15° Bé hinzu. Scheidet sich schon beim ersten cm³ die Gallerte klumpig oder grießlich ab, so muß man mit der Konzentration des Leimes herabgehen (bei sehr guten Lederleimen sogar bis auf eine 5proz. Lösung). Bei 2···6 cm³ Verbrauch an ameisensaurer Tonerde spürt man ein beinahe plötzliches Dickwerden der Mischung, und bei richtigem Zusatz läßt sich die Gallerte mit dem Glasstab nun zu langen Bändern ausziehen, bis sie bald völlig erstarrt. Aus der verschiedenen Konzentration des Leimes einerseits und dem Verbrauch an ameisensaurer Tonerde andererseits ergibt sich eine gute, durch Erfahrungen im Betriebe bestätigte Beurteilung der vorliegenden Leimproben. Ein sehr schlechter, stark wasserhaltiger Knochenleim braucht bei 15proz. Lösung 6···9 cm³, während ein tadelloser Lederleim in 5proz. Lösung bei 2 cm³ des Fällmittels genau gleich ausfällt. Enthält ein Leim viel freie Säure oder ist die Leimlösung durch zu langes Stehen sauer geworden, so ist diese Untersuchungsmethode nicht brauchbar, da der Leim dann klumpig ausfällt.

Auf die vollständige Säurefreiheit der angewandten ameisensauren Tonerde ist zu achten.

Kasein.

Allgemeines. Je nach seiner Herstellung unterscheidet man Säure- und Labkasein. Zufolge seiner leichteren Löslichkeit dürfte für die Zwecke der Papierindustrie wohl ausschließlich Säurekasein zur Anwendung kommen. Säurekasein kann entweder durch natürliche Säuerung — Milchsäurekasein — oder durch künstlichen Säurezusatz aus der Magermilch abgeschieden und gewonnen werden. Milchsäurekasein wird dank seiner Gleichmäßigkeit anderen Säurekaseinen in der Papierindustrie vorgezogen.

Die im Handel vorkommenden Kaseinsorten weichen zufolge sehr unterschiedlicher Herstellungsverfahren in wichtigen Eigenschaften voneinander ab, und das Erzeugnis bedarf deshalb einer eingehenden Untersuchung.

Diese Untersuchung, welche wenigstens für Milchsäurekasein in gewissem Umfang durch den Reichsausschuß für Lieferbedingungen (RAL.) genormt[1] ist, erstreckt sich auf die Bestimmung der Feuchtigkeit, der Mahlfeinheit und der Löslichkeit, auf die Ermittlung verschiedener Begleitstoffe und Verunreinigungen, auf die Feststellung von Säure- und Fettresten von seiner Darstellung her, sowie endlich auf sein Kaolinbindungsvermögen bei Sorten, die für gestrichene Papiere Anwendung finden sollen. Eine quantitative Bestimmung des Kaseingehaltes wird seltener in Frage kommen.

Kasein kommt als weißes bis gelbliches, sandartiges Pulver in den Handel. Es ist darauf zu achten, daß Kasein vollkommen trocken einlangt und vor Feuchtigkeit geschützt gelagert wird, da schon geringe Mengen Feuchtigkeit Veranlassung zur Pilzentwicklung geben können. Kasein ist zum Unterschied von Leim in Wasser unlöslich, dagegen wird es leicht von schwachen Alkalien gelöst.

---

[1] Lieferbedingungen und Prüfverfahren für pulverförmige Kaseinkaltleime RAL Nr. 093 C. Beuthverlag, Berlin S 14.

Muster und Probenahme (RAL.). Ausfallmuster als eine aus der Lieferung zu entnehmende verbindliche Durchschnittsprobe müssen wenigstens 100 g enthalten. Für die Prüfung der Lieferung sind aus 10% der Säcke einer Partie, und zwar bei jedem Sack aus verschiedenen Stellen Proben von je 50 g zu entnehmen. Die gesamte für die Untersuchung bestimmte Probe muß mindestens 1,5 kg betragen.

Farbe und äußerliche Beschaffenheit. Die Farbe guten Kaseins soll weiß bis höchstens buttergelb sein. Dunklere Teilchen dürfen in für die Papierindustrie bestimmtem Kasein nicht vorkommen. Farbmuster müssen, da sie sich unter der Einwirkung des Lichtes verändern, im Dunkeln aufbewahrt werden.

Es empfiehlt sich auf Schmutz zu prüfen durch Betrachten einer Kaseinprobe unter dem Mikroskop oder einer stark vergrößernden Lupe.

Bestimmung der Mahlfeinheit (RAL). Milchsäurekasein wird sowohl ungemahlen als auch gemahlen geliefert. Gemahlenes Kasein muß mindestens grobgrießig sein, wobei die folgende Übersicht maßgeblich ist.

Tabelle 32. Bezeichnung der Mahlfeinheit von Kasein (RAL).

| Bezeichnungen für gemahlenes Kasein | Bei Durchgang durch Siebgewebe | | nach engl. Zoll = 25,4 mm |
| | nach DIN 1171 | | |
	Gewebe Nr.	Maschen je cm²	Maschen je Zoll
grobgrießig . . .	6	36	20
grießförmig. . .	12	144	35
feingrießig . . .	24	576	65
mehlfein	30	900	80

Zur Anwendung gelangen 50 g, welche mit Siebgeweben der angegebenen Feinheit geprüft werden.

Erfahrungsgemäß ist die Feinheit des Kaseins nicht einheitlich, weshalb es sich empfiehlt, zu bestimmen, wieviel Anteile von den einzelnen Sieben zurückgehalten werden. Für die Zwecke der Papierindustrie sind weder zu grobe noch zu feine Sorten von Vorteil: die groben quellen langsam, die zu fein gemahlenen klumpen beim Mischen mit Wasser leicht zusammen.

Bestimmung des Wassergehaltes (RAL.). 3 g gut zerkleinertes oder mindestens grießförmig gemahlenes Kasein werden bei 100···105° im Trockenschrank 6 Stunden getrocknet. Die Wägung wird nach dem Abkühlen in einem Exsikkator mit konzentrierter Schwefelsäure- oder Phosphorpentoxyd-Füllung vorgenommen.

Eine Erhöhung der Temperatur über 105° muß vermieden werden; etwaige Beimengungen von Milchzucker könnten in einem solchen Falle durch Karamelisierung Zersetzungen einleiten und ein falsches Ergebnis verursachen.

Die Bestimmung wird unter Benutzung eines gut verschließbaren Wägegläschens vorgenommen.

Kasein gibt die letzten Reste Wasser nur sehr schwer ab und nimmt auch sehr leicht wieder Wasser auf, auf welche Eigenschaft man bei der Bestimmung achten muß.

Im allgemeinen wird der Feuchtigkeitsgehalt 12% nicht überschreiten. Ein höherer Gehalt darf beanstandet werden.

Prüfung auf anorganische Verunreinigungen. Aschegehalt. Anorganische Stoffe können durch eine Aschenbestimmung ermittelt werden. Reinstes Kasein hat nie mehr als 0,5% Asche, in technischem Kasein finden sich jedoch nicht selten bis zu 6 % Asche. Ein 4 % überschreitender Aschegehalt kann unter allen Umständen beanstandet werden.

Zur Ausführung einer Aschegehaltsbestimmung (RAL.) verascht man 3 g in einem Porzellantiegel (nicht Platintiegel wegen des Phosphorgehaltes, der mit dem Platin reagieren kann) abgewogenes Kasein über zunächst kleiner Gasflamme, die man schließlich, wenn alles verkohlt ist, bis zur Rotglut des Tiegels steigert. Es wird bis zum gleichbleibenden Gewicht geglüht. Es empfiehlt sich bisweilen bei schwer verbrennbarer Kohle diese mit Wasser zu extrahieren und gesondert zu veraschen.

Nach SUTERMEISTER ist es zweckmäßig, die Veraschung so langsam vorzunehmen, daß die Verkohlung etwa 1 Stunde dauert und dann erst den Tiegel Glühtemperaturen auszusetzen. Bei sehr schwer verbrennbaren Kohlerückständen kann bisweilen das Anfeuchten mit Ammonnitrat zu einer rascheren Verbrennung beitragen.

Säurekasein ist zumeist schwerer veraschbar und hinterläßt eine glasig geschmolzene Asche gegenüber Labkasein, das leichter verbrennt und meist eine pulverige Asche hinterläßt. Auch aus der Höhe des Ascherückstandes läßt sich schließen, ob Säure- oder Labkasein vorliegt: Labkasein enthält von 6···9 %, Säurekasein von 2···4 % Asche.

Als höchst zulässiger Gehalt gilt für Milchsäurekasein nach RAL. 4,4 % für die wasserfreie Ware.

Prüfung auf Boraxlöslichkeit (RAL.). Während Labkasein sich nur schwer oder gar nicht in verdünnter Boraxlösung auflöst, zeigt gutes Milchsäurekasein diese Eigenschaft. Zur Vornahme der Prüfung wird wie folgt verfahren.

15 g mindestens grobgrießig gemahlenes Kasein werden in einem Becherglas von 200 cm³ Inhalt mit 60 cm³ destilliertem Wasser übergossen. Nachdem das Kasein 2 Stunden lang gequollen hat, werden unter gutem Umrühren mit einem Glasstab 2,3 g Borax ($Na_2B_4O_7 \cdot 10H_2O$), die in 15 cm³ Wasser gelöst worden sind, hinzugesetzt. Unter ständigem Umrühren wird das Gemisch auf dem Wasserbad bei etwa 50° erwärmt. Hierbei muß das Kasein langsam mehr und mehr verquellen und sich schließlich vollkommen lösen. Schlechtes Kasein löst sich unvollkommen unter Bildung von Klumpen, die nur anquellen, aber selbst bei sorgfältiger Verteilung mit dem Glasstab nicht in Lösung gehen. Die Lösung soll beim Abkühlen auf Zimmertemperatur zähflüssig sein.

Gutes Kasein zeigt nach tüchtigem Rühren beim Aufstreichen auf eine Glasplatte keine oder doch nur sehr wenige ungelöste, glasige Teilchen.

Prüfung der Löslichkeit nach HÖPFNER und BURMEISTER. Man wägt in einem Becherglas 10 g Kasein ab, übergießt sie mit 50 cm³ Wasser, welche 1···2 Tropfen 33proz. Ammoniak enthalten. Nach einigen Stunden erwärmt man den Inhalt des Glases auf dem Wasserbad auf 60°. Reines Kasein gibt hierbei eine zähe, schlüpfrige, durchsichtige Lösung, während lang gelagerte oder bei zu hoher Temperatur getrocknete Ware trüb bleibt. Mineralische Beimengungen (Sand) und andere Unreinheiten setzen sich ab, so daß durch diesen Versuch auch über die Reinheit der Ware Aufschluß gewonnen werden kann.

Gesamtmenge der Verunreinigungen. Zu ihrer Ermittlung können die Lösungen dienen, welche erhalten wurden bei der Prüfung der Löslichkeit. Läßt man diese Lösungen in der Wärme einige Zeit stehen, so scheiden sich die im

Kasein enthaltenen Unreinheiten allmählich auf dem Boden des Gefäßes ab. Man gießt, am besten nachdem man die Lösung noch mit warmem destillierten Wasser verdünnt hat, vorsichtig vom Bodensatz ab, gibt wiederum warmes Wasser zum Rückstand und läßt neuerlich absitzen. Dies wiederholt man so lange, bis der Rückstand praktisch frei von Kasein ist, worauf er in einem gewogenen Filtertiegel zur Wägung gesammelt und nach dem Trocknen zur Wägung gebracht wird.

Bestimmung des Säuregehaltes (RAL.). 1 g gemahlenes Kasein wird in einen Erlenmeyerkolben eingewogen. Dazu gibt man unter Umschwenken mittels einer Pipette 25 cm³ $n/_{10}$-Natronlauge. Der Kolben wird verschlossen und bis zur vollkommenen Lösung, welche gewöhnlich in einigen Minuten erfolgt, geschüttelt. Der Stopfen wird entfernt, an ihm haftende Teile der Lösung werden durch Abspritzen mit destilliertem Wasser in den Kolben zurückgespült. Nach Zugabe von 100 cm³ destilliertem Wasser, das man mit 0,5 cm³ 1proz. Phenolphthaleinlösung als Indikator versetzt hat, titriert man den Kolbeninhalt rasch unter ständigem Schütteln mit $n/_{10}$-Salzsäure. Das starke Umschwenken ist erforderlich, um ein Ausflocken des Kaseins an der Eintropfstelle der Säure zu vermeiden.

Die Anzahl cm³ verbrauchter $n/_{10}$-Natronlauge wird Azidität oder Neutralisationszahl genannt.

Nach SUTERMEISTER[1] muß man bei dieser Bestimmung stets auf Einhaltung gleicher Arbeitsbedingungen achten. So muß beispielsweise das Kölbchen, außer wenn man einfüllt oder titriert, immer verschlossen sein. Die Indikatormenge muß genau der Vorschrift entsprechen; sie muß so eingestellt werden, daß ein Tropfen bei Zugabe zu destilliertem Wasser die Reaktion nicht ändert. Das Alkali soll während des Lösens und der Bestimmung insgesamt nicht mehr als 30 Minuten mit dem Kasein in Berührung sein.

Milchsäurekaseine zeigen eine Neutralisationszahl von 8,8···13,0, als Höchstwert gilt auf wasserfreies Kasein bezogen 13,9. Bei Labkaseinen liegt diese Zahl zwischen 1,6···2,8.

Prüfung auf Fettgehalt (RAL). 1 g fein gepulvertes oder gemahlenes Kasein wird in einem Becherglas eingewogen, mit 10 cm³ Salzsäure vom spezifischen Gewicht 1,125 versetzt, auf offener Flamme im Abzug unter schwachem Umschütteln völlig gelöst und in ein Gottlieb-Röse-Rohr (s. Abb. 149) gegossen. Das Becherglas wird mit 10 cm³ heißem Wasser, dann mit 10 cm³ Alkohol 96proz. sorgfältig ausgespült. Nachdem die Spülflüssigkeiten in die Röhre gegossen worden sind, wird kräftig durchgeschüttelt. In das Becherglas gibt man dann 25 cm³ Äther zum letztmaligen Ausspülen und füllt auch diesen dann in das Ausschüttelrohr. Nachdem es verschlossen worden ist, wird die Flüssigkeit nur durch kreisende Bewegung gemischt. Zu starkes Bewegen ist hierbei zu vermeiden; schlecht sich trennende Emulsionen können sonst die Folge sein. In das Rohr gibt man anschließend 25 cm³ Petroläther und mischt wiederum vorsichtig mittels kreisender Bewegung, worauf man stehen läßt, bis sich die

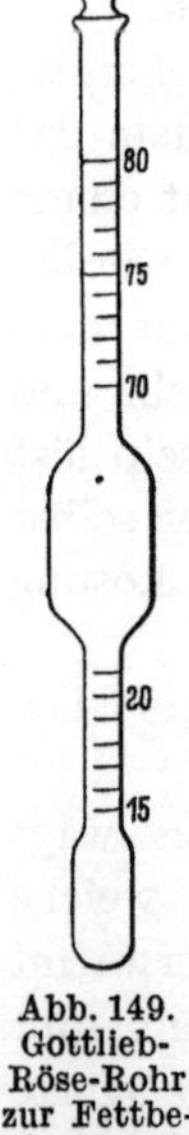

Abb. 149. Gottlieb-Röse-Rohr zur Fettbestimmung in Kasein.

---

[1] SUTERMEISTER-BRÜHL: Das Kasein, S. 256. Berlin 1932.

Petrolätherschicht gut abgesetzt hat. Die Gesamthöhe dieser Schicht, welche die Fette enthält, wird abgelesen, ein bestimmter Anteil herauspipettiert und in ein kleines gewogenes Kölbchen gegeben. Aus ihm dampft man die Lösemittel ab und trocknet dann den Fettrückstand 3 Stunden lang im Trockenschrank bei 100°. Nach dem Abkühlen im Exsikkator wird gewogen. Zur Kontrolle läßt man anschließend nochmals 1 Stunde im Trockenschrank stehen und wägt wieder.

Aus der abgelesenen Höhe der Äther- und Petrolätherschicht, der abpipettierten Menge der Fettlösung, sowie aus dem gefundenen Gewicht an Fettsubstanzen errechnet sich der Fettgehalt des Kaseins.

Auf wasserfreies Kasein bezogen soll dieser in handelsüblicher Ware 4,4% nicht übersteigen.

Bestimmung des Milchzuckergehaltes. 10 g Kasein werden in einer Porzellanreibschale mit heißem destillierten Wasser angefeuchtet und gut verrieben. Nach Zugabe von etwas mehr heißem Wasser läßt man absitzen und gießt die Flüssigkeit in einen mit einem Trichter beschickten 500-cm³-Meßkolben. Das Verreiben des Kaseins mit neuem heißen Wasser wird noch mehrmals wiederholt und der jedesmal erhaltene Wasserauszug in den Kolben gespült. Schließlich bringt man den gesamten Rückstand mit in den Kolben. Nach dem Abkühlen gibt man 10 cm³ Kupfersulfatlösung — zweckmäßig Fehlingsche Lösung I — und 15 cm³ 10proz. Natronlauge unter Umschütteln hinzu. Hierauf wird der Kolben bis zur Marke aufgefüllt. Nachdem man einige Zeit hat absitzen lassen, filtriert man durch ein Faltenfilter und bestimmt in dem Filtrat, das vollkommen klar sein muß, den Zucker in bekannter Weise mit Fehlingscher Lösung. Zur Anwendung gelangen zweckmäßig 50 cm³ des Filtrates, welche bei Einhaltung obiger Bedingungen 1 g Kasein entsprechen. Das bei der Behandlung abgeschiedene Kupfer(I)oxyd wird in gleicher Weise, wie es bei der Bestimmung der Kupferzahl in Zellstoffen beschrieben worden ist, nach BERTRAND bestimmt.

1 g Kupfer(I)oxyd zeigt 0,6482 g Milchzucker an oder 1 cm³ $n/_{10}$-Kaliumpermanganatlösung 0,00928 g Milchzucker.

Der Gehalt an Milchzucker kann für manche Verwendung des Kaseins von großem Nachteil sein. Beim Trocknen kann er zufolge von Karamelisierung eine Mißfärbung bewirken. Weiterhin gibt er leicht Anlaß zu bakterieller Zersetzung unter Bildung von Milch- und anderen Säuren, die ihrerseits nun wieder das Enderzeugnis unvorteilhaft beeinflussen können. In guter Handelsware findet sich Milchzucker nur in Spuren vor.

Prüfung auf Stärke. Man erwärmt 0,1 g des fein gepulverten Kaseins mit einigen Tropfen destilliertem Wasser auf einem Uhrglas, fügt dann etwas verdünnte Säure und nach dem Abkühlen einige Tropfen einer verdünnten Jodlösung hinzu. Bei Anwesenheit von Stärke im Kasein tritt die bekannte Blaufärbung ein.

Quantitative Bestimmung des Kaseins. Ist in besonderen Fällen eine solche Bestimmung erforderlich, so erfolgt sie zweckmäßig durch eine Ermittlung des Stickstoffgehaltes nach KJELDAHL. Dabei muß beachtet werden, daß gleichzeitig auch der Stickstoffgehalt anderer vorhandener eiweißhaltiger Stoffe mitbestimmt wird. Als Ergebnis zahlreicher Analysen von Kaseinsorten des Handels kann als Faktor zur Umrechnung auf handelsübliches Kasein der Wert 7,70 angenommen werden.

Zur Umrechnung auf den Gehalt an asche-, wasser- und fettfreiem Eiweiß im Kasein dient der Faktor 6,39 (RAL.). Bei Anwendung dieser Umrechnungszahl sollen sich auf wasserfreies Kasein bezogen mindestens 86,7 % Eiweißgehalt ergeben.

Prüfung der Zähflüssigkeit. Viskosität. Die Viskosität einer Kaseinlösung ermöglicht nicht wie bei Gelatine oder Tierleimen eine genaue Qualitätseinstufung des verwandten Kaseins. Da bei schlechten Sorten die Zähflüssigkeit aber unter einen Mindestwert sinkt, gibt ein höherer Wert doch die Gewißheit, daß ein minderwertiges Erzeugnis nicht vorliegt. Die Viskosität des Kaseins hängt außer von der Ware selbst noch von verschiedenen anderen Einzelheiten, wie Art des Lösungsmittel und der Bereitung der Lösung, der Rührung und ähnlichem ab, weshalb man sich genau an die Vorschrift halten sollte.

Die Ausführung erfolgt wie nachstehend beschrieben (RAL.). 15 g gemahlenes Kasein läßt man mit 35 g destilliertem Wasser in einem Erlenmeyerkolben über Nacht quellen. Dann wird der Kolben in ein Wasserbad von 40° gebracht. Man fügt eine Auflösung von 3 g Borax in 18 cm³ destilliertem Wasser hinzu, welche nach dem Lösen des Salzes in der Wärme wieder auf 40° abgekühlt worden ist. Nach der Zugabe der Boraxlösung steigert man die Temperatur des Wasserbades rasch auf 70° und rührt weiter, bis sich alles Kasein gelöst hat, was gewöhnlich in etwa $^{1}/_{4}$ Stunde der Fall ist. Sobald alles gelöst ist, gibt man weitere 72 cm³ 40° warmes destilliertes Wasser hinzu und verrührt zu einer vollkommen gleichmäßigen Lösung. Die so erhaltene 12proz. Lösung wird durch eine doppelte Lage feiner Verbandgaze filtriert. Mit ihr wird dann in einem Englerviskosimeter die Zähflüssigkeit in bekannter Weise bestimmt, wobei wie bei Tierleim als Versuchstemperatur 40° eingehalten werden.

Die in dieser Weise bestimmte Viskosität muß mindestens 1,4 Englergrade betragen.

Bestimmung des Kaolinbindungsvermögens nach GRIFFIN[1]. Es wird zunächst eine Auflösung von Kasein mit Hilfe von Borax oder dem sonst in Verwendung stehenden Lösungsmittel hergestellt. (Siehe die Ausführung der Löslichkeitsbestimmung.) Die Lösung wird mit Hilfe von heißem Wasser so gestellt, daß 10 cm³ gerade 1 g Kasein enthalten. Diese verdünnte Lösung muß während der Durchführung der Versuche dauernd heiß gehalten werden. Ferner sind notwendig 100 g im Trockenschrank getrocknetes Kaolin, welche Menge in einer Porzellanschale mit 65 cm³ Wasser sorgfältig gemischt wird. Wenn die Mischung vollkommen gleichmäßig ist und keine Klumpen mehr vorhanden sind, fügt man 50 cm³ der heißen Kaseinlösung, das sind also 5 % Kasein, bezogen auf das absolut trockene Kaolingewicht, hinzu. Man mischt vorsichtig mit Hilfe eines $^{3}/_{4}$-zölligen Malerpinsels, bringt dann einen Pinsel voll der gleichmäßigen Mischung auf die eine Seite eines Papierstreifens und erzeugt durch gleichmäßige Verteilung einen glatten Aufstrich. Ein glattes, stärkeres Papier ist für die Versuche am geeignetsten.

Man fügt darauf von neuem 10 cm³ Kaseinlösung zur Kaolinaufschlämmung und mischt die jetzt 6 % Kasein enthaltende Mischung wieder gut, worauf man in gleicher Weise wie oben verfährt. In dieser Weise stellt man nacheinander

---

[1] GRIFFIN: Technical Methods of Analysis. New York 1921.

auf Papierstreifen Aufstriche dar, welche bis zu 14% Kasein enthalten. Die gestrichenen Papiere läßt man über Nacht oder 3 Stunden bei 55° trocknen und bestimmt dann wie folgt jenen Punkt, bei welchem die angewandte Kaseinmenge nicht mehr vollständig von dem Kaolin zurückgehalten wird.

Hierzu erwärmt man ein Stück Siegellack ungefähr 1 cm über einer elektrischen Heizplatte derart, daß es gerade leicht knetbar wird. Nachdem man es dann wieder während genau 15 Sekunden hat abkühlen lassen, hält man es nochmals während 15 Sekunden in derselben Entfernung über die Wärmplatte und preßt es dann für einen Augenblick auf die 5% Kasein enthaltende Aufstrichprobe. Man legt zu beiden Seiten des Siegellackstückes je einen Finger, zieht das Siegellackstück darauf rasch in senkrechter Aufwärtsbewegung ab und beobachtet, ob nur der Aufstrich oder auch einige Fasern mit folgen. Danach erwärmt man den Lack von neuem genau 15 Sekunden und prüft nun die nächste Probe genau so. Derart geht man weiter, bis jener Punkt erreicht ist, wo der Aufstrich so fest am Papier haftet, daß beim Abziehen auch einige Fasern mit losgerissen werden, also gerade ein kleiner Überschuß an Kasein vorhanden ist. Diesen kritischen Punkt bestimmt man nun nochmals, indem man mit dem Aufstrich beginnt, der den höchsten Kaseingehalt enthält.

Man drückt das Kaolinbindungsvermögen aus in Anzahl Teilen Kaolin, welche von einem Teil Kasein gebunden werden. Man erhält diesen Wert, wenn man 100 durch den Prozentsatz an Kasein dividiert, den der kritische Aufstrich besaß. Wurde z. B. der kritische Punkt bei einem Aufstrich mit 9% Kasein gefunden, so ist das Kaolinbindungsvermögen $100 : 9 = 11,1$. Die Versuche sind gleichzeitig mit einem Standardkasein auszuführen. Gutes Kasein weist ein Kaolinbindungsvermögen von ungefähr 11 auf.

Diese Art der Prüfung gibt bei einiger Übung zuverlässige Vergleichswerte. Voraussetzung ist, daß immer die gleichen Kaolin- und Papiersorten verwandt werden. Weiterhin ist wichtig, daß die Prüfungen nur an solchen Stellen des gestrichenen Papieres vorgenommen werden, die einen gleichmäßig dicken Überzug aufweisen. Aus diesem Grund empfiehlt es sich, auf den Papierproben durch Halten gegen das Licht solche Stellen ausfindig zu machen und zu kennzeichnen.

Stärke.

Allgemeines. Die Prüfung der Stärke erstreckt sich auf die Ermittlung ihres Wassergehaltes, auf die Bestimmung eines etwaigen Säuregehaltes und eines solchen von mineralischen Beimengungen. Auch auf Rohzellulose und auf ihre Klebfähigkeit wird die Stärke häufig geprüft[1].

Bestimmung des Wassergehaltes. Der Wassergehalt der Stärke ist ein sehr wechselnder. Seine Bestimmung ist deshalb von so großer Bedeutung, weil Stärke bis 35% Wasser aufnehmen kann, ohne dabei feucht zu erscheinen. Handelsstärke enthält gewöhnlich nicht mehr als 20%. Ein höherer Wassergehalt ist unzulässig.

a) **Durch Trocknen.** Die zuverlässigste Methode ist die folgende. Man wägt 5···10 g Stärke in einem verschließbaren Wägeglas ab und trocknet zunächst

---

[1] Man vgl. PAPYRO: Papetrie **50**, 177 (1928); Referat in Technol. u. Chemie d. Pap.- u. Zellstoffabr. **25**, 98 (1928) (Beilage z. Wbl. Papierfabrikat.).

1 Stunde bei 45°; darauf trocknet man weitere 4 Stunden bei genau 120°, läßt
im Exsikkator erkalten und bestimmt den Gewichtsverlust, der, entsprechend
umgerechnet, den Wassergehalt ergibt.

Ein direktes Erhitzen auf hohe Temperatur darf nicht vorgenommen werden,
da sonst Kleisterbildung eintritt.

Geringe Säuremengen (bis zu 0,1% Schwefelsäure) sind ohne praktischen
Einfluß auf die Ergebnisse der Bestimmung. Es wird wohl beim Trocknen
Zucker gebildet, doch ist seine Menge so gering, daß der durch ihn zurückgehal-
tenen Wassermenge keine Bedeutung zukommt.

b) Nach SAARE[1]. Bei dieser Methode wird der Wassergehalt der Stärke aus
ihrem jeweiligen spezifischen Gewicht ermittelt. Das spezifische Gewicht absolut
trockener Stärke beträgt 1,65, d. h. 1 cm³ Stärke wiegt 1,65 g. 100 g trockene
Stärke nehmen also einen Raum von 60,60 cm³ ein; füllt man diese Menge in
einen Meßkolben von 250 cm³, so braucht man, um bis zur Marke aufzufüllen,
250 — 60,60 = 189,40 cm³ oder g Wasser. Der Inhalt des Kolbens wiegt dann
289,40 g. Ist die Stärke feucht, so benötigt man zum Auffüllen bis zur Marke
in dem Maße weniger Wasser, als der Wassergehalt der Stärke größer ist, oder
mit anderen Worten, das Gewicht des gefüllten Kolbens ist um so geringer, je
größer der Feuchtigkeitsgehalt ist.

Die Bestimmung wird wie folgt ausgeführt. 100 g Stärke werden in einer
Porzellanschale abgewogen, mit destilliertem Wasser angerührt und in einen
gewogenen Meßkolben von 250 cm³ Inhalt gespült. Man füllt dann bis zur Marke
auf, und zwar mit Wasser von 17,5°. Nach Abwägung des gefüllten Kolbens wird
durch Abzug des Kolbengewichtes das Gewicht des Kolbeninhaltes ermittelt und
mit dessen Hilfe aus der Tabelle von SAARE der Wassergehalt der Stärke abgelesen.

Die Bestimmungsmethode von SAARE gibt bis auf 0,5% richtige Werte. Sie
ist jedoch nur für Kartoffelstärke anwendbar. Eine Methode, die bei allen Arten
von Stärke angewendet werden kann, ist die bereits mehrfach erwähnte Destillationsmethode mit Kohlenwasserstoffen.

Prüfung auf Säure. Qualitativ wird Stärke auf Säure vermittels verdünnter,
neutraler Lackmuslösung geprüft. Man tropft auf eine glattgestrichene Stärkeprobe etwas von dieser Lösung. Wird die Stärke blau oder violett, so ist sie
vollkommen säurefrei, wird sie weinrot bis ziegelrot, so ist sie schwach bis stark
sauer.

Zur quantitativen Bestimmung der Säure verfährt man nach SAARE folgendermaßen. Man rührt 25 g Stärke mit 25···30 cm³ Wasser zu einem dicken Brei
an und titriert diesen unter gutem Rühren mit $^{n}/_{10}$-Natronlauge. Der Endpunkt
ist erreicht, wenn ein Tropfen der Stärkemilch, auf mehrfach gefaltetes Filtrierpapier aufgetragen, durch Lackmuslösung nicht mehr rot gefärbt wird. Als
Kontrolle dient eine Stärkeprobe, die neutral reagiert und zu einer ebenso dicken
Stärkemilch angerührt wurde. Je nachdem ob für 100 g Stärke bis 5, bis 8 oder
über 8 cm³ $^{n}/_{10}$-Natronlauge verbraucht werden, ist die Stärke „zart sauer",
„sauer" oder „stark sauer".

Prüfung auf mineralische Beimengungen. Als mineralische Verfälschungen
kommen, allerdings nur in seltenen Fällen, Ton, Gips, Kreide und Schwerspat

---

[1] SAARE: Fabrikation der Kartoffelstärke, S. 509. 1897. Siehe Anhang Tabelle **61**.

in Betracht. Zur Ermittlung solcher Verunreinigungen kann man entweder die Stärke veraschen oder aber sie lösen und den Rückstand untersuchen.

Zur Veraschung bedient man sich eines gewogenen Platintiegels, in welchem man 5···10 g Stärke verbrennt. Da die Asche häufig unverbrannte Rückstände enthält, ist es zweckmäßig, sie nach dem Abkühlen mit Wasser zu befeuchten und von neuem zu glühen.

Der Aschegehalt von Stärke überschreitet in den meisten Fällen nicht 0,5 %. Wenn er größer als 1 % ist, so darf mit Bestimmtheit auf die Anwesenheit anorganischer Beimengungen geschlossen werden. Ihre genaue Menge und Beschaffenheit ermittelt man dann zweckmäßig durch Veraschung einer größeren Stärkeprobe. Es ist hierbei zu berücksichtigen, daß manche der Beimengungen, z. B. Kreide und Gips, durch Abgabe von Kohlensäure oder schwefliger Säure an Gewicht verlieren und die erhaltene Aschenmenge daher kleiner ist als das Gewicht der zugemischten Körper.

Will man zur Ermittlung der Verunreinigungen die Stärke lösen, so wendet man zweckmäßig starke Salpetersäure an oder man übergießt die Stärke nach Verkleisterung mit einem Malzauszug. Man verdünnt dann die erhaltene Lösung und sammelt den Rückstand zwecks weiterer Untersuchung auf einem Filter.

Zur Ermittlung von anorganischen Beimengungen eignet sich auch sehr gut das Mikroskop.

Prüfung auf Rohzellulose. Durch mangelhafte Sorgfalt bei der Fabrikation kann in der Stärke Rohzellulose zurückbleiben. Man prüft auf ihr Vorhandensein am schnellsten und sichersten mittels des Mikroskopes. Zum Ausfärben des Präparates bedient man sich einer Jod-Kaliumjodidlösung, durch welche die Stärkekörner tiefblau gefärbt werden, während andererseits die Bruchstücke der Pflanzenzellen hierdurch im Präparat als schwach gelbe Teilchen erscheinen.

Mikroskopische Prüfung der Stärke. Zur Unterscheidung der verschiedenen Stärkesorten und zur Feststellung, ob billigere Stärkearten einer wertvolleren beigemengt worden sind, benutzt man das Mikroskop. Nachstehende Angaben lassen die Unterschiede der einzelnen Arten leicht erkennen.

a) **Kartoffelstärke.** Die Körner sind eiförmig. Ein fast stets wahrnehmbarer Kern liegt exzentrisch; um ihn herum sind Schichten gleichfalls exzentrisch angeordnet. Ungefähre Größe der Körner: 0,04 mm lang, 0,03 mm breit.

b) **Maisstärke.** Die Körner sind rund oder vieleckig. Die meisten Körner zeigen einen Kern. Schichtenbildung ist selten. Trockene Körner zeigen radiale, vom Kern ausgehende Risse.

c) **Reisstärke.** Die Körner sind vieleckig (meistens fünf- bis sechseckig). Statt des Kernes zeigen sie häufig sternförmige Höhlungen. Die Körner ähneln denen der Maisstärke, sind jedoch bedeutend kleiner als diese.

d) **Weizenstärke.** Die Körner der Weizenstärke (Roggen- und Gerstenstärke sind von ihr nur schwer zu unterscheiden) haben eine abgerundete Form, die manchmal einen Kern und Schichtenbildung zeigen. Auch netzartige Struktur und Rißbildung kann häufig beobachtet werden. Charakteristisch ist, daß neben größeren Körnern nur kleinere vorhanden sind, Übergangsgrößen kommen nicht vor.

Empfohlen wird auch folgendes Verfahren der verschiedenfarbigen Ausfärbungen der einzelnen Stärkearten.

Mikroskopisch-färberischer Nachweis von Weizen-, Roggen- und Kartoffelstärke nebeneinander[1]. 5···10 g des zu untersuchenden Mehles werden mit 3proz. Karbolwasser kurz geschüttelt und 24 Stunden stehengelassen, worauf man hiervon etwas auf einen Objektträger streicht und lufttrocken werden läßt. Das Präparat wird zunächst in einem Standgefäß 10 Minuten lang mit einer Mischung, bestehend aus 1 g einer „Wasserblau-Orcein-Mischung" (Wasserblau 1,0, Orcein 1,0, Eisessig 5,0, Glyzerin 20,0, 86proz. Alkohol 50,0 mit Wasser zu 100 Teilen) und Eosinlösung (1 g alkohollösliches Eosin zu 60proz. 100 g Alkohol) gefärbt, dann gut abgespült und 15 Minuten lang in einem weiteren Standgefäß mit 1proz. Safraninlösung gefärbt, wieder gut abgespült und 20···30 Minuten lang in einem dritten Standgefäß mit 0,5proz. Kaliumbichromatlösung gebeizt, dann mit Wasser und Alkohol abgespült, wenn nötig, mit Xylol aufgehellt und mit Kanadabalsam und Deckglas versehen. Bei dieser Färbung wird die Kartoffelstärke durch aufgenommenes Safranin stark rot, die Weizenstärke nur schwach rosa gefärbt, während die Roggenstärke das Safranin in seine metachromatische Form verwandelt und sich dunkelgelb bis hellbraun färbt mit außerordentlich deutlicher konzentrischer Schichtung, und das Klebereiweiß sich blau färbt.

Bestimmung der Klebfähigkeit von Stärke. Je größer die Kleisterzähigkeit ist, desto besser ist die Klebfähigkeit der Stärke. Eine praktische Prüfung ist hierfür von SCHREIB[2] angegeben. Nach seiner Vorschrift rührt man Stärke mit Wasser zu einer Milch an und kocht diese dann über einem Bunsenbrenner unter stetigem Umrühren fertig. Das Kochen soll nicht länger als 1 Minute dauern. Man entfernt den Brenner, sobald nach erfolgtem Klarwerden der Kleister aufzuschäumen beginnt. Bei Anwendung von 4 g Stärke auf 50 cm³ Wasser soll eine normale Stärke einen nach dem Erkalten festen Kleister geben, der nicht mehr aus dem Glas ausfließt. Man erhält nach dieser Methode sehr gut vergleichbare Werte.

Genauer kann man die Klebefähigkeit oder die Viskosität bestimmen, wenn man einen wie vorstehend beschrieben hergestellten Stärkekleister in einem Viskosimeter auf Ausflußgeschwindigkeit prüft, in ähnlicher Weise wie die Viskosität von Tierleim oder Gelatine bestimmt wird.

Alaune, schwefelsaure Tonerde.

Allgemeines. Als Fällungsmittel für Harzleim beim Färben, bei der Oberflächenleimung, zum Klären des Wassers und für manche andere Zwecke werden Alaune und schwefelsaure Tonerde in großen Mengen in der Papierindustrie angewandt.

In Verwendung stehen:

Ammoniakalaun, Kalialaun und Aluminiumsulfat, sogenannter konzentrierter Alaun. Die theoretische Zusammensetzung dieser Salze zeigt folgende Übersicht.

---

[1] UNNA, E.: Z. Unters. Nahr.- u. Genußm. **36**, 49 (1918).
[2] SCHREIB: Z. angew. Chem. **1**, 694 (1888).

Tabelle 33 a.

Chemische Zusammensetzung von Alaunen und schwefelsaurer Tonerde.

	Molekulare Formel	Prozentuale Zusammensetzung						Mol. Gew.
		K_2O	NH_3	Al_2O_3	SO_3	H_2O		
Ammoniakalaun	$(NH_4)_2SO_4Al_2(SO_4)_3 + 24\,H_2O$		3,76	11,27	35,31	49,66		453,5
Kalialaun . . .	$K_2SO_4Al_2(SO_4)_3 + 24\,H_2O$ . .	9,93		10,77	33,75	45,55		474,5
Aluminiumsulfat	$Al_2(SO_4)_3 + 18\,H_2O$			15,33	36,03	48,64		666,7

Die Handelsware der beiden ersten Sorten kommt dank ihres guten Krystallisiervermögens dieser theoretischen Zusammensetzung zumeist sehr nahe. Gewöhnlich sind diese Sorten auch eisenfrei und praktisch neutral. Die unter dem Namen Aluminiumsulfat im Handel gehende Ware weicht hingegen je nach ihrer Darstellung mehr oder weniger von der angegebenen Zusammensetzung ab. Von Aluminiumsulfat sind der Hauptsache nach drei verschiedene Sorten im Handel, die annähernd die in der Übersicht gegebene Zusammensetzung aufweisen. EDER[1] macht über den Zusammenhang zwischen Herstellungsweise und Zusammensetzung folgende Angaben.

Ein großer Teil der handelsüblichen Aluminiumsulfate wird aus Aluminiumhydroxyd, dem Ergebnis basischer Aufschlüsse von Bauxiten u. ä. und Schwefelsäure hergestellt. Diese Aluminiumsulfate sind fast durchweg in „basischer" Qualität am Markt, d. h. in ihnen kommt gemäß dem stöchiometrischen Verhältnis des neutralen Aluminiumsulfats, auf 3 Mole H_2SO_4 mehr als 1 Mol. Al_2O_3. Sie enthalten $0\cdots1\%$ freies Aluminiumoxyd, entsprechend 0 bis minus 3% freier Säure. Eisen ist nur in Spuren vorhanden und übersteigt selten $0,05\%$.

Tabelle 33 b.

Zusammensetzung der verschiedenen Handelssorten schwefelsaurer Tonerde.

	Ungefährer Prozentgehalt an			Bemerkung
	Al_2O_3	Unlöslichem	Eisen	
Rohsulfat	$8\cdots12$	$6\cdots25$	$0,3\cdots1,5$	Viel freie Säure
Gewöhnliche Ware . . .	15	$0,1\cdots0,5$	$0,03\cdots0,01$	Bisweilen geringe Mengen Natron. Enthält 18 Mol. Wasser
Hochkonzentrierte Ware .	18	$0,1\cdots0,3$	$0,002\cdots0,05$	Enthält 12 Mol. Wasser

Kalzinierte Tonerdesilikate werden fast ebenso leicht wie Aluminiumhydroxyd von Säuren angegriffen. Aluminiumsulfate dieser Herstellungsweise sind daher meistens ebenfalls schwach basisch oder neutral; hingegen enthalten sie stets etwas Eisen. Ein schwedisches Produkt z. B., das aus kalzinierten kambrischen Tonen hergestellt wird und in der nordischen Papierindustrie beträchtlichen Absatz findet, hat $17,5\%$ Al_2O_3, 0% freie Säure und $0,7\%$ Fe in Ferri- und Ferroform.

Gewöhnliche — d. h. unkalzinierte — Kaoline oder Tone sind hingegen mit Säure nur in träge Reaktion zu bringen und so hergestellte Aluminiumsulfate enthalten daher etwas freie Säure, es sei denn, daß sie nachträglich neutralisiert würden. Sogenannter Sulfatkuchen, wie er zur Papierleimung und Wasserklärung Verwendung findet, besitzt beispielsweise bei Herstellung aus eisenarmen

---

[1] EDER, TH.: Z. analyt. Chem. **119**, 409 (1940).

oberösterreichischen Kaolinen 10 % Al_2O_3, 20 % weißes, disperses Kieselsäurehydrat, 0,1 % Eisen in Ferro- und Ferriform und etwa 1 % freie Säure.

Direkte Schwefelsäureaufschlüsse von Bauxiten, die übrigens nur selten durchgeführt werden, ergeben stark eisenhaltige Aluminiumsulfate (1 % Fe und darüber).

Was den Eisengehalt anbelangt, so setzt die Verwendung zu besseren Papieren voraus, daß dieser auf keinen Fall 0,1 % übersteigt. Die Versuche von OEMAN, gemäß welchen ein Gehalt an Gesamteisen von bis zu 1 % kein Hindernis für die Anwendung des Alauns bei der Leimung weißer Papiere sein soll, stehen mit den Erfahrungen der Praxis nicht im Einklang.

Ein möglichst geringer unlöslicher Rückstand ist nicht allein aus Gründen vorteilhafter Transportverhältnisse, sondern auch vom Standpunkt einer ökonomischen Verwendung das beste. Große Mengen Rückstand erfordern nach dem Auflösen lange Zeit zum Absetzen, und der Bodensatz enthält dann noch erhebliche Mengen Aluminiumsulfat, die falls nicht ein nochmaliges Auswaschen stattfindet, beim Ablassen des Schlammes verlorengehen. Das Vorhandensein von freier Säure ist, solange es sich um geringe Mengen handelt, weniger für den Leimungsvorgang schädlich als vielmehr durch die Tatsache, daß dadurch allmählich Zerstörungen an der Ausrüstung der Holländer und Papiermaschinen hervorgerufen werden können.

Bestimmung des Wassergehaltes. Zur genauen Bestimmung des Wassergehaltes einschließlich des Kristallwassers verfährt man folgendermaßen. Man wägt in einem geräumigen Porzellantiegel etwa 3 g frisch ausgeglühtes Bleioxyd genau ab und gibt hierzu etwa 0,5 g einer Durchschnittsprobe des Alauns oder der schwefelsauren Tonerde, deren Gewicht man durch abermaliges Wägen des Tiegels feststellt. Nach gutem Durchmischen des Tiegelinhaltes glüht man ihn über einer Bunsenflamme gut aus und bestimmt nach erfolgtem Abkühlen den Gewichtsverlust.

Genügen angenäherte Werte, so kommt man schneller zum Ziel, wenn man eine Probe des Alauns (etwa 10 g) in einer Porzellanschale unmittelbar bis zum konstanten Gewicht ausglüht. Das Salz schmilzt anfangs und bläht sich hierbei stark auf, so daß man vorsichtig erwärmen muß. Vor zu starkem Erhitzen muß man sich hüten, da in diesem Falle leicht eine Zersetzung der Tonerdeverbindung eintritt, was am Auftreten des Geruches von schwefliger Säure erkannt werden kann. Aus dem ermittelten Gewichtsverlust kann man nach Abzug des Kristallwassers den annähernden Feuchtigkeitsgehalt feststellen.

Bestimmung des unlöslichen Rückstandes. Eine Durchschnittsprobe der Ware, etwa 5 g, wird grob zerkleinert und in 200 cm³ heißem destillierten Wasser gelöst. Bei guten Sorten soll hierbei eine opalisierende Flüssigkeit entstehen und nur wenig Bodensatz verbleiben. Zu seiner Bestimmung wird er auf einem Filter gesammelt, gut ausgewaschen, dann samt dem Filter im gewogenen Platintiegel naß verascht und späterhin zur Wägung gebracht. Der unlösliche Rückstand soll 0,25 % nicht übersteigen.

Das Filtrat samt den Waschwässern wird auf 500 cm³ aufgefüllt und zur weiteren Analyse verwandt.

Bestimmung der Tonerde. a) Gewichtsanalytisch. 100 cm³ der filtrierten Lösung, enthaltend ungefähr 1 g der ursprünglichen Substanz, werden nach

Zusatz einiger Tropfen Salpetersäure in einem Becherglas mit Ammoniumchlorid bis auf etwa 80° erhitzt; alsdann wird so viel Ammoniaklösung zugefügt, daß die Flüssigkeit deutlich, aber nicht zu stark nach Ammoniak riecht. Man erhitzt weiter bis zum Sieden und läßt etwa 1···2 Minuten schwach kochen, bis der Geruch nach Ammoniak nur noch schwach bemerkbar ist. Hierauf läßt man den Niederschlag über kleiner Flamme gut absitzen. Nach mehrmaligem Auswaschen mit heißem Wasser und Absetzenlassen wird das gefällte Hydroxyd auf einem Filter gesammelt, auf diesem bis zum Verschwinden der Schwefelsäurereaktion im abfließenden Waschwasser ausgewaschen, worauf das noch feuchte Filter in einem gewogenen Platintiegel verbrannt und verascht wird. Der Rückstand ($Al_2O_3 + Fe_2O_3$) soll keine schwarzen Kohlenteilchen mehr enthalten; er wird nach dem Abkühlen des Tiegels im Exsikkator zur Wägung gebracht.

Eine gebliche Färbung des Tiegelinhaltes weist auf die Gegenwart von Eisen. Dessen Menge ist gegebenenfalls zu bestimmen und in Abzug zu bringen.

b) **Maßanalytische Bestimmung nach STOCK**[1]. Diese Bestimmung eignet sich im allgemeinen nur für reine Salze, da die Gegenwart löslicher Verunreinigungen und von Eisensalzen fehlerhafte Werte geben kann. Sie ist gut für kristallisierte Salze (Alaune) verwendbar. Voraussetzung zur Erlangung einwandfreier Ergebnisse ist die Bedingung, daß in $100\ cm^3$ der zu titrierenden Lösung nicht mehr als 0,3···0,5 g Substanz enthalten sind. Weiterhin ist es notwendig, die zur Anwendung gelangende $^n/_{10}$-Natronlauge durch Zusatz von Bariumchlorid karbonatfrei zu machen und zum Lösen der Tonerdeverbindung Wasser zu verwenden, das durch Kochen von Kohlensäure befreit wurde. Die zur Bestimmung benutzte Flüssigkeit wird in einem Titrierbecher mit neutraler Bariumchloridlösung (10 cm^3 10proz. $BaCl_2$-Lösung genügen für 1 g Kalialaun) versetzt, dann auf 90° erhitzt und nach Zusatz von Phenolphthalein mit $^n/_{10}$-Natronlauge auf schwache Rosafärbung titriert. Es entspricht 1 cm^3 $^n/_{10}$-Lauge 0,0017 g Al_2O_3.

Bestimmung der Schwefelsäure. a) **Gewichtsanalytisch.** 50 cm^3 der filtrierten Lösung werden zum Sieden erhitzt und mit siedendem Bariumchlorid gefällt, worauf der erhaltene Niederschlag in der bekannten Weise aufgearbeitet wird.

b) **Maßanalytisch nach QVIST und OTTERSTRÖM**[2]. Die gegebene Methode stellt eine Abänderung der ursprünglich von MOODY veröffentlichten dar, und gründet sich auf die leichte Hydrolysierbarkeit der Aluminiumsalze, welche Spaltung bei Einhaltung bestimmter Versuchsbedingungen zu einer vollständigen wird. Sie ist daher nur dann anwendbar, wenn andere leicht hydrolysierbare Salze nicht mit anwesend sind. Die Einzelheiten der gegebenen Vorschrift lauten wie folgt: Eine bestimmte Menge Aluminiumsulfat oder Alaun (fest oder in Lösung), enthaltend 100···200 mg freie und an Aluminium gebundene Schwefelsäure, wird in einen Erlenmeyerkolben gebracht. Wenn die Reaktion nicht neutral ist, so wird je nach Bedarf $^n/_{10}$-Alkalilauge oder -säure zur Neutralisation hinzugegeben. Man fügt dann 1 g in wenig Wasser gelöstes Strontiumchlorid hinzu, sowie einen Überschuß einer $^n/_{10}$-Kaliumjodatlösung und endlich eine genügende Menge Kaliumjodidlösung. Die Mischung wird auf 150 cm^3 verdünnt und dann auf freier Flamme $1^1/_2$ Stunden lang gekocht, wodurch vollkommene Hydrolyse

---

[1] STOCK: Ber. dtsch. chem. Ges. **33**, 548 (1900).
[2] QVIST, W., u. B. OTTERSTRÖM: Literaturauszüge Papierfabrikant **28**, 576 (1930).

herbeigeführt wird und eine der frei gemachten Schwefelsäure entsprechende Jodmenge durch Umsetzung mit dem Kaliumjodat und Kaliumjodid in Freiheit gesetzt und verflüchtigt wird. Nach dem Abkühlen des Reaktionsgemisches wird mit einem Überschuß von Salzsäure versetzt, wodurch der restlichen Menge des Jodats entsprechendes Jod frei wird. Diese Jodmenge wird anschließend mit $n/_{10}$-Natriumthiosulfat zurücktitriert. Die Differenz zwischen zugesetztem und durch diese Titration wiedergefundenem Kaliumjodat ist äquivalent mit der in freier Form und als Aluminiumsulfat vorkommenden Schwefelsäure. Falls vorher eine Neutralisation vorgenommen wurde, so ist diese bei der Berechnung zu berücksichtigen. Aus der sich abspielenden Reaktion:

$$3H_2SO_4 + KJO_3 + 5KJ = 3K_2SO_4 + 3J_2 + 3H_2O$$

ergibt sich, daß zur Herstellung einer $n/_{10}$-Kaliumjodatlösung $KJO_3/60$, also 3,567 g je Liter erforderlich sind. 1 cm³ dieser Lösung entspricht 0,0048 g SO_4. Die Methode soll nach den Angaben von QVIST und OTTERSTRÖM bis auf wenige Zehntelprozent genau sein.

Bestimmung des Eisens. Der in den besseren Sorten meistens sehr geringe Eisengehalt macht bei der Schwierigkeit der Trennung des Eisens von dem Aluminium seine gewichtsanalytische Bestimmung von vornherein aussichtslos. Geeignet ist bei den geringen Mengen die kolorimetrische Methode in der von LUNGE und v. KÉLER gegebenen Ausführungsform[1].

Ist die Eisenmenge größer, so kann man sie mittels Permanganat bestimmen. Man verfährt dann, wie folgt beschrieben.

Man löst je nach der Eisenmenge eine Probe von $5\cdots10$ g auf, fügt zu der auf 100 cm³ gestellten Lösung einige cm³ konzentrierte Schwefelsäure und erwärmt bis zum Sieden. Zu der heißen Lösung setzt man tropfenweise Permanganatlösung, bis sie dauernd schwach rosa gefärbt bleibt. Nachdem auf diese Weise sämtliche reduzierenden Bestandteile oxydiert worden sind, wird das gesamte vorhandene Eisen in die Ferrostufe übergeführt. Das kann auf verschiedene Weise geschehen, z. B. mit Schwefelwasserstoff. Man füllt die Lösung in einen Erlenmeyerkolben, der mit einem doppelt durchbohrten und mit Gas-Zu- und -Ableitungsrohr versehenen Stopfen verschlossen ist und leitet in die zum Sieden erhitzte Flüssigkeit Schwefelwasserstoff bis zum Farbloswerden ein. Der Überschuß an Schwefelwasserstoff wird dann durch einen gleichfalls unter Kochen eingeleiteten Kohlendioxydstrom vertrieben, worauf man in diesem Strom erkalten läßt und schließlich mit $n/_{10}$-Kaliumpermanganatlösung austitriert.

1 cm³ $n/_{10}$-Kaliumpermanganatlösung entspricht 0,005585 g Fe oder 0,007985 g Fe_2O_3. Über die Reduktion der Eisenlösung mit anderen Stoffen geben die Lehrbücher der analytischen Chemie Auskunft. (S. auch Untersuchung des Kalksteins, Eisenbestimmung.)

Falls es notwendig sein sollte, im Aluminiumsulfat die beiden Oxydationsstufen des Eisens getrennt zu bestimmen, so kann das nach der Methode von FRESENIUS geschehen. (Reduktion des Ferrieisens mit Zinn(II)chloridlösung.) In einer Probe führt man die Bestimmung unmittelbar durch, in einer zweiten, nachdem man vorher auch das Ferroeisen durch Oxydation in die Ferristufe übergeführt hat.

---

[1] Man vgl. den Abschnitt über Wasseruntersuchung S. 10.

Bestimmung der freien Säure. Für die Bestimmung der freien Säure in Aluminiumsulfat oder im Alaun sind im Laufe der Zeit eine ganze Anzahl von Vorschriften gegeben worden. Kürzlich hat EDER[1] diese verschiedenen Methoden auf ihre Brauchbarkeit und Genauigkeit geprüft. Als Ergebnis seiner Untersuchungen findet EDER zunächst, daß alle Methoden, die darauf hinauslaufen, im Alaun oder Aluminiumsulfat unter Anwendung bestimmter Indikatoren die freie Säure unmittelbar zu titrieren, infolge der Unschärfe des Umschlages zu ungenauen Ergebnissen führen. Von den übrigen Methoden ist nach EDERS Feststellungen als einzige die von CRAIG[2] gegebene zu empfehlen. Sie beruht darauf, daß neutrales Kaliumfluorid sich mit Aluminiumsulfat unter Bildung beständiger, neutral reagierender Verbindungen umsetzt, während gleichzeitig etwa vorhandene Säure hierbei unverändert bleibt. Die Reaktionsgleichung ist die folgende:

$$Al_2(SO_4)_3 + H_2SO_4 + 12\,KF = 2(AlF_3 \cdot 3\,KF) + 3\,K_2SO_4 + H_2SO_4\,.$$

Diese Methode ermöglicht bei Einhaltung bestimmter Bedingungen, die freie Säure mit guter Genauigkeit zu ermitteln. Nach der ursprünglich von CRAIG gegebenen Vorschrift besteht der Nachteil, daß die Anwesenheit von Ammoniumionen, sowie Ferro- und in gewissem Grade auch Ferriionen stört und zu falschen Ergebnissen führt. EDER ist es durch Abänderung der Methode gelungen, diese Mängel weitgehend zu beseitigen und ihr dadurch eine allgemeinere Anwendbarkeit zu geben. Nachstehend ist die Methode in der von EDER empfohlenen Durchführungsart wiedergegeben.

Durchführung der Bestimmung nach CRAIG in der Abänderung von EDER[1]. 1,00 g Aluminiumsalz (Sulfat, Alaun, Chlorid) wird in 40 cm³ destilliertem Wasser, gegebenenfalls unter Erwärmen, gelöst. Statt dessen können auch 40 cm³ einer Ausgangslösung verwandt werden, die $0,05\cdots0,2$ g Al_2O_3 enthalten. Das zum Lösen benutzte Wasser muß kohlensäurefrei sein und muß, falls es sauer gegen Phenolrot reagiert, ausgekocht werden.

Löst sich das Salz schwer oder handelt es sich bekannterweise um basisches Aluminiumsulfat, so wird eine abgemessene Menge $^n/_5$-Schwefelsäure zugegeben, die später vom titrierten Gehalt an freier Säure wieder abgezogen werden muß. Scheidet sich beim Lösen weißer Kieselsäure- oder Kaolinrückstand ab, wie er gelegentlich in aus Kaolinen hergestellten Aluminiumsulfaten vorhanden ist, so braucht dieser nicht abfiltriert zu werden.

Zur kalten Lösung wird etwa 1 g Kaliumpersulfat gegeben, das in der Kälte gelöst wird. Der Zweck dieser Zugabe ist es, das Ferroion durch Oxydation in das die Bestimmung weit weniger beeinflussende Ferriion umzuwandeln, und zwar so, daß keine Änderung des Säuregehaltes der Lösung stattfindet. Die für die Umwandlung des Eisen(II)sulfates in Eisen(III)sulfat erforderliche Säuremenge entsteht bei der Zersetzung des Persulfates gemäß folgender Gleichung:

$$K_2S_2O_8 + H_2O = K_2SO_4 + H_2SO_4 + O\,.$$

Falls der Gehalt des Aluminiumsulfates weniger als 0,1 % Ferroionen ausmacht, kann die Persulfatzugabe entfallen.

[1] EDER, TH.: Z. analyt. Chem. **119**, 399 (1940).
[2] CRAIG, TH. J.: J. Soc. chem. Ind. **30**, 185 (1911).

In einem zweiten Kölbchen werden 10 g Kaliumfluorid (KF $\cdot$ 2 H$_2$O) in 100 cm^3 destilliertem Wasser kalt gelöst. Zur Lösung gibt man dann etwa $^1/_2$ cm^3 alkoholische Phenolrotlösung (Phenolrot-Phenolsulfonphthalein, Indikator mit dem Umschlagsintervall zwischen den p_H-Werten 6,8 und 8,4). Anschließend stellt man die Lösung durch Zugabe von $^n/_5$-Schwefelsäure deutlich auf Gelb und hierauf mit $^n/_5$-Natronlauge auf beginnende Karminrot-Färbung.

Die so vorbereitete kalte, neutralisierte Kaliumfluoridlösung wird zur kalten Aluminiumsalzlösung gegossen, worauf anschließend mit $^n/_5$-Natronlauge auf deutlich Rot, bei Untersuchung von Ammoniumalaunen auf Hellrot titriert wird. Diese Färbungen müssen mindestens 20 Sekunden lang bestehen bleiben. Ist der Verbrauch an cm^3 $^n/_5$-Lauge a, so ergibt sich der Gehalt an freier Säure zu:

$$\text{Freie Säure} = a \cdot 0{,}0098 \text{ g,}$$

und bei Anwendung von genau 1 g Ausgangsmenge zu

$$\text{Freie Säure} = a \cdot 0{,}98\,\%.$$

Wird bei der Bestimmung mehr als 0,3% freie Säure gefunden, so wird die Analyse wiederholt, wobei dann vor der Fluoridfällung so viel $^n/_5$-Natronlauge zugegeben wird, daß bei der Endtitration lediglich $0\cdots0{,}3$ cm^3 $^n/_5$-Natronlauge verbraucht werden. Bei der Fluoridfällung wird nämlich freie Säure okkludiert und hierdurch findet man bei 5 oder 0,5% freier Schwefelsäure während der Fluoridfällung $0{,}2\cdots0{,}4$ oder $0{,}1\cdots0{,}2$% freie Schwefelsäure zu wenig im Ergebnis.

Über die Genauigkeit der Methode macht EDER noch folgende Angaben.

Bei den folgenden zulässigen Gehalten der Aluminiumsalze:

$$\text{Eisen von } 0\cdots5\,\% \ (0\cdots0{,}05 \text{ g}) \text{ Fe in Ferri- oder Ferroform,}$$
$$\text{Natriumsalze nur geringe Mengen, Titansalze nur Spuren}$$

ergeben sich bei **Abwesenheit von Ammoniumsalzen** Schwankungen in den Resultaten bis $\pm 0{,}1$% freie Schwefelsäure um einen Mittelwert, der auf 0% genau liegt, bei **Untersuchung von Ammoniumalaunen** (mit oder ohne Eisen) Schwankungen in den Resultaten bis $\pm 0{,}15$% freie Schwefelsäure um einen Mittelwert, der $+0{,}1$% zu hoch liegt.

Höhere Ammoniumsalzgehalte, als der Einwaage von 1 g Ammoniumalaun = etwa 0,15 g Ammoniumsulfat entsprechen, sind unbedingt zu vermeiden; schon bei Anwesenheit von 0,25 g Ammoniumsulfat ist eine deutliche Abnahme dieser Genauigkeit festzustellen.

Füllstoffe.

Allgemeines. Füllstoffe werden in der Papierfabrik in sehr großen Mengen verbraucht. Als Grundlage für ihren Einkauf dient meistens lediglich die praktische Erfahrung, welche durch Versuche im Betrieb den geeignetsten und billigsten Füllstoff ausfindig macht.

Bei dem Umfange des Bedarfes ist der schlußmäßige Kauf üblich. Bei der daher nur nach und nach stattfindenden Auslieferung der gekauften Ware ist sonach ein ständiger Vergleich mit der anfänglich gelieferten Qualität notwendig, da durch sich stetig während der Auslieferung des Schlusses steigernde

Abweichungen möglicherweise erhebliche Qualitätsverschlechterungen bewirkt werden können. Außer dieser Vergleichsuntersuchung wird man gewöhnlich nur noch eine Bestimmung des Trockengehaltes der Ware durchführen, besonders dann, wenn die Ware ab Erzeugungsort gekauft wird, um sich vor zu hohen Frachtunkosten zu schützen.

Eingehendere Prüfung von Füllstoffen dürfte nur im Falle erheblicher Abweichungen vom ursprünglichen Kaufmuster und bei einem Wechsel der Bezugsquelle sich als notwendig erweisen.

Je nach der Art und der Herstellung der Füllstoffe kommen für einzelne auch gewisse, stets auszuführende Reinheitsproben in Betracht.

Allgemeine Untersuchungen.

Feuchtigkeitsbestimmung. Der Wassergehalt von Erden wird in einfacher Weise durch Trocknen von $1 \cdots 2$ g des sorgfältig gezogenen Durchschnittsmusters im Wassertrockenschrank ermittelt. Lediglich bei Gipserden ist es in gewissen Fällen nicht angängig, auf diese Weise zu verfahren, da sie Kristallwasser bisweilen bereits bei 100° verlieren. Man verfährt bei solchen Füllstoffen zweckmäßig so, daß man eine Probe im Tiegel bis zum konstanten Gewicht glüht. Den Rückstand kann man als Anhydrid betrachten und mit Hilfe seines Betrages berechnen, wieviel Kristallwasser die angewandte Probe gemäß der Formel $CaSO_4 \cdot 2 H_2O$ enthalten muß. Aus diesem Wert und dem gefundenen Glühverlust kann der Feuchtigkeitsgehalt der Erde leicht gefunden werden. Bei Zinksulfid ist es zum Unterschied von den übrigen Füllstoffen üblich, die Trocknung bei 110° vorzunehmen.

Wenn auch vom Gesichtspunkte der Frachtersparnis eine trockene Ware Vorteile bringt, so ist doch wiederum zu beachten, daß sehr trockene Erden beim Ausladen und bei der Verwendung beträchtlichen Verstäubungsverlust ergeben. Auch sind trockene Erden schwerer mit Wasser mischbar. Als durchschnittliche Werte für den Feuchtigkeitsgehalt können etwa die folgenden gelten:

Deutsches Kaolin $12 \cdots 15\%$,
Böhmisches Kaolin $8 \cdots 10$ bis höchstens 15%,
Englisches Kaolin $5 \cdots 6$, in seltenen Fällen bis 15%,
Talkum bis 3%,
Gipserden (Annaline, Lenzin, Brillantweiß, Blütenweiß u. a.) bis 1%,
Schwerspat (Baryt) bis 1%,
Blanc fixe (Teig) bis 30%.

Da irgendwelche Festsetzungen bislang nicht gemacht worden sind, so ist es immer empfehlenswert, beim Kauf von vornherein den Höchstfeuchtigkeitsgehalt zu bestimmen.

Bestimmung des spezifischen Gewichtes. Hierfür empfehlen BRECHT und PFRETSCHNER[1] die Pyknometermethode, wobei zwecks völliger Benetzung der Füllstoffe als Flüssigkeit Tetrachlorkohlenstoff vom spezifischen Gewicht 1,5944 (20°) zur Anwendung gelangt.

---

[1] BRECHT, W., u. H. PFRETZSCHNER: Untersuchungen über die Beschwerung der Papiere. Berlin 1937. Schriften d. Vereins d. Zellstoff- u. Papier-Chemiker u. -Ingenieure Nr. 21.

Bestimmung des Glühverlustes. Für die Durchführung von Ausbeuteberechnungen[1], die über den Weg der Aschengehaltsermittlung im fertigen Papier erfolgt, ist es notwendig, die Verluste zu kennen, die die Füllstoffe beim Glühen erleiden. Sie haben verschiedene Ursache, wie Verflüchtigung von Kristallwasser oder von Kohlensäure oder aber chemische Umwandlungen. Der Glühverlust, der je nach der Art des Füllstoffes in sehr weiten Grenzen schwankt, wird so bestimmt, daß man eine gewogene Probe des Füllstoffes von 1···2 g im Platintiegel 20 Minuten lang bei schwachem Glühen erhitzt und nach dem Erkalten die Gewichtsabnahme ermittelt.

Farbton (Vergleichsprobe). Zum Vergleich zweier Füllstoffe hinsichtlich ihrer Weiße verfährt man in folgender einfacher Weise. Man bringt auf eine Glasplatte je eine Probe der zu vergleichenden Füllstoffe und preßt sie durch eine zweite darübergelegte Platte möglichst flach, wobei man darauf achtet, beide Proben in einer längeren Linie in Berührung zu bringen. Nach dem Abheben der zweiten Glasplatte werden die Proben verglichen.

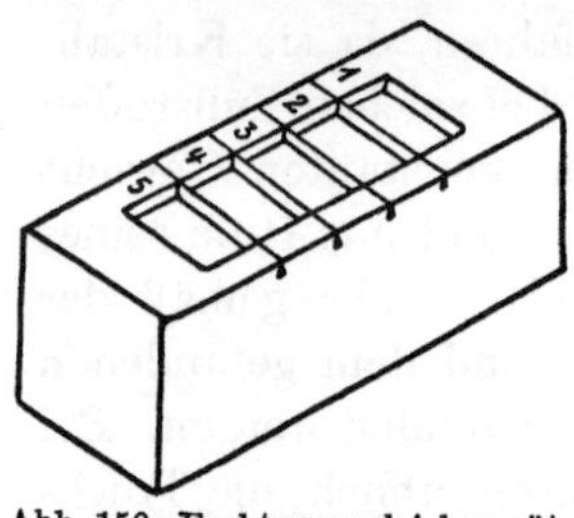

Abb. 150. Farbtonvergleichsgerät für Füllstoffe.

Nach SUTERMEISTER[2] bedient man sich zum Farbtonvergleichen der nebenstehend abgebildeten Vorrichtung (Abb. 150). Ein Holzblock besitzt an seiner oberen Fläche eine Aussparung, welche durch messerartig geformte Eisenstreifen in mehrere kleinere Fächer unterteilt ist. In eines dieser Fächer wird die Standard-, in die anderen werden die zu prüfenden Proben gebracht, an ihrer Oberfläche glatt abgestrichen, worauf der Vergleich erfolgen kann. Die oben sehr schwachen Trennwände der einzelnen Fächer gestatten es, die Proben dicht aneinander zu bringen. Der ganze Block kann mit den Proben sehr leicht gehandhabt werden, und es ist ohne weiteres möglich, ihn je nach den Lichtverhältnissen an verschiedene Stellen des Raumes zu bringen.

Es ist bei dieser Untersuchung notwendig, das Material vorher im Wassertrockenschrank zu trocknen, da die Farbe der Füllstoffe durch Feuchtigkeit sehr beeinflußt werden kann.

Es ist vielfach üblich, für die Feststellung des Farbunterschiedes Proben von Füllstoffen mit Wasser, Öl oder Glyzerin anzuteigen und sie in diesem feuchten Zustand miteinander zu vergleichen. Wie STRACHAN[3] hierzu bemerkt, ist der Papiermacher aber nur an der Farbe des Füllstoffes, wie er schließlich im Papier sich vorfindet, also im trockenen Zustand interessiert. Deshalb sollte auch der Farbvergleich ausschließlich an trockenen Proben vorgenommen werden. Von STRACHAN wird empfohlen, die zu vergleichenden Füllstoffe mit Wasser zu einem dicken gleichmäßigen Brei zu verrühren und diesen dann langsam trocknen zu lassen. Auf diese Art werden Farbproben erzielt, die eine gleichmäßige und feste Oberfläche haben.

Die vorstehend beschriebene Art der Prüfung ergibt keine zahlenmäßig ausdrückbaren Ergebnisse. Solche kann man erhalten durch Anwendung eines

[1] BRECHT, W., u. H. PFRETZSCHNER: Untersuchungen über die Beschwerung der Papiere. Berlin 1937.

[2] SUTERMEISTER: Chemistry of Pulp and Paper Making, S. 302. New York 1920.

[3] STRACHAN, J.: Paper-Maker Brit. Paper Trade J. 87, H. 3, 65 (1934).

Pulfrich-Photometers (Stufenphotometer) oder eines Halbschattenphotometers. Bei ihnen wird das von einer Füllstoffprobe zurückgeworfene Licht (Albedo, Helligkeit) mit jenem verglichen, das unter den gleichen Bedingungen von einer als Normalweiß festgelegten Probe zurückgeworfen wird. Als Normalweiß gilt gefälltes Bariumsulfat, dessen Reflexionsvermögen (Albedo) gleich 100 gesetzt wird. Der zu prüfende Füllstoff wird für die Untersuchung in kleine flache Behälter gefüllt und durch Aufdrücken eines matten Glases mit einer ebenen, nicht spiegelnden Oberfläche versehen.

Vergleichsmessungen dieser Art sind an Füllstoffen von Lorenz und Seiderer[1] ausgeführt worden. Hierbei ergaben sich für die wichtigsten dieser Stoffe folgende Werte:

Blanc fixe	99
Gipssorten, hochwertige	99···94
Gipssorten, geringere	93···88
China Clay	94,5···88
Kaolin	90···75
Talkum	95···49

Ergänzend seien zugefügt:

Zinksulfid	91···97
Titanweiß	96.

Prüfung auf Farbstoffzusätze. Die hochwertigen Füllstoffe werden manchmal, um gelbliche Färbungen zurückzudrängen, mit blauen Farbstoffen getönt. Als solche Farbstoffe kommen Anilinfarben in Betracht, seltener mineralische Farben wie Ultramarin oder Berlinerblau.

Teerfarbstoffe können durch Ausschütteln der Füllstoffe mittels Alkohol erkannt werden. Sie sind darin mit charakteristischem Farbton löslich.

Die Mineralfarben sind unter dem Mikroskop als blaue Körnchen deutlich erkennbar. Da jedoch nicht selten besonders Tone kleine bläuliche Teilchen enthalten, welche aus dunklen Adern der Lager stammen (Korund), ist die mikroskopische Probe nicht ganz einwandfrei. Um Ultramarin sicher nachzuweisen, verfährt man daher wie folgt. Man gibt in ein Reagenzglas eine Probe des Füllstoffes und übergießt sie mit verdünnter Salzsäure. Das Glas verschließt man dann mit einem Wattepfropfen, mit welchem man einen Streifen angefeuchtetes Bleipapier im oberen Teil des Glases festhält. Spuren von aus dem Ultramarin stammendem Schwefelwasserstoff machen sich durch Braunfärbung des Streifens erkennbar.

Ist dem Füllstoff Berlinerblau beigemengt, so verschwindet der blaue Ton nicht durch eine solche Behandlung mit Salzsäure, wohl aber durch Kochen mit verdünnter Natronlauge oder durch Glühen.

Zur Feststellung künstlicher Färbung von Kaolin pflegt man ihn bisweilen mit Terpentin anzureiben. Bei gefärbten Sorten soll eine blaugrüne Färbung des Tones auftreten. Diese Probe ist jedoch keineswegs stichhaltig, da auch ungeschönte, besonders englische Kaoline sich derart verhalten. Besser ist es nach Griffin, künstliche Bläuung von Tonen wie folgt nachzuweisen. Man

---

[1] Lorenz, R., u. O. Seiderer: Wbl. Papierfabrikat. **59**, 201, 319, 377, 458 (1928).

bringt in eine von zwei gleich weißen Porzellanschalen etwas frisch bereitetes klares Kalkwasser und in die andere destilliertes Wasser. In jede der Schalen gibt man nun etwas von dem zu untersuchenden Kaolin. Durch das Kalkwasser wird der künstlich zugesetzte Farbstoff so verändert, daß beide Proben nach dem Abgießen der Flüssigkeit deutlich voneinander in der Färbung abweichen werden.

Zusätze von Kalksalzen. Teueren Füllstoffen (Blanc fixe, Titanweiß, Talkum u. a.) werden manchmal Zusätze von Kreide oder Gips gegeben. Solche Zusätze können beim Schwerspat schon durch Ermittlung des spezifischen Gewichtes (Pyknometer) festgestellt werden. Zweckmäßiger ist es jedoch, in einem solchen Falle eine chemische Prüfung auszuführen. Man erwärmt zu diesem Zweck eine Probe des Füllstoffes von etwa $10 \cdots 15$ g mit 50 cm³ verdünnter Salzsäure 10 Minuten lang. Den hierbei erhaltenen Auszug neutralisiert man nach dem Filtrieren mit Ammoniak. Sind Kalksalze vorhanden gewesen, so entsteht nach weiterem Zusatz von Ammoniumoxalat ein kristallinischer Niederschlag von weißem Kalziumoxalat. Macht sich eine quantitative Ermittlung dieser Beimengungen notwendig, so verfährt man je nach der Menge des Zusatzes in der beschriebenen Weise mit etwa $5 \cdots 10$ g des Füllstoffes und bringt schließlich den erhaltenen Niederschlag nach dem Glühen als CaO zur Wägung. Statt dessen kann man auch den Niederschlag von Kalziumoxalat nach genügendem Auswaschen mit $^n/_{10}$-Permanganatlösung bei 60° Wärme bis zur Rotfärbung titrieren (1 cm³ $^n/_{10}$-Kaliumpermanganatlösung entspricht 0,0028 g CaO oder 0,005 g $CaCO_3$).

Bei Titanweiß wendet man zum Lösen vorhandener Kalziumsalze 5proz. Schwefelsäure, die man in einer Menge von etwa 100 cm³ auf $1 \cdots 2$ g des Füllstoffs in der Hitze während einiger Minuten einwirken läßt. Man filtriert nach dem Absetzen noch warm ab und wäscht den Rückstand mit warmer Säure nach. Das Filtrat wird dann wie oben weiterbehandelt. Häufig fällt schon bei Zugabe des Ammoniaks ein Niederschlag aus, was auf Vorhandensein von Aluminiumsalzen deutet.

Bestimmung der Feinheit und des Sandgehaltes. Außer von dem Farbton hängt die Güte eines Füllstoffes noch ab von der Größe seiner Teilchen und von der Menge der sandigen Beimengungen. Je feiner geschlämmt ein ausgesprochener Papierfüllstoff (Kaolin) ist, um so wertvoller ist er für den Papiermacher und um so geringer werden die sandigen Beimengungen sein.

a) Qualitative Proben. Über die Feinheit gibt schon die mikroskopische Prüfung bei Vergleichen guten Aufschluß. Weiter kann man hierüber Näheres erfahren, wenn man eine Probe des Füllstoffes in einen kleinen, mit Wasser gefüllten Standzylinder wirft: je feiner geschlämmt oder gemahlen der Füllstoff ist, um so langsamer wird er sich absetzen. Bei dieser Prüfung sinken etwa vorhandene sandige Beimengungen rasch auf den Boden des Gefäßes. Eine weitere einfache Probe, um solche sandige Beimengungen besonders beim Kaolin zu ermitteln, besteht darin, daß man eine Probe des Füllstoffes auf ein Blatt Papier bringt und mit einem Messer flach überstreicht. Sandige Teilchen ragen aus der sonst glatten Fläche hervor, sind auch durch ihre Farbe und ihren Glanz erkennbar.

b) Zur Korngrößenbestimmung in Füllstoffen. Die vorstehend aufgeführten Prüfungen sind lediglich Vergleichsuntersuchungen. Will man ein objektives Bild von der Feinheit und Reinheit eines Füllstoffes haben, so kann dies nur durch Ausführung von Schlämm- oder Sedimentationsanalysen gewonnen werden. Wohl wird für diese Zwecke in manchen Werken auch noch die Siebanalyse angewandt. Bei dieser muß doch beachtet werden, daß sie eine Aufteilung der Korngröße nur ganz grob und überschlägig ermöglicht. Auch ist es auf diesem Wege nicht möglich, die Gesamtheit der Teilchen mit geringerer Größe als 60 μ (1 μ gleich $^1/_{1000}$ mm) zu unterteilen. Da viele Füllstoffe aus Teilchen bestehen, deren Größe überwiegend unter 60 μ liegt, ist ohne weiteres erkennbar, daß Siebanalysen wenig Aufschluß zu geben vermögen über die Anteile der einzelnen Korngrößen. Das gilt insbesondere vom Kaolin, bei welchem bisweilen 95% aller Teile kleiner als 60 μ sind. Es kommt hinzu, daß bei der Naßsiebung auch Teilchen, deren Größe wenig unter der Maschenweite des benutzten Siebes liegt, im Siebrückstand verbleiben, eine Erscheinung, die auf Oberflächenspannungen zurückzuführen ist.

Die Ergebnisse der Siebanalyse sind sonach, wenn dies nicht berücksichtigt wird, mit Fehlern behaftet. Anwendbar ist die Siebanalyse nur so weit, als es sich darum handelt, die groben und gröbsten Teile eines Füllstoffes von den übrigen zu scheiden und ihrer Menge nach zu ermitteln.

Erwähnt sei noch, daß auch für diese Zwecke ausschließlich nasse, niemals aber trockne Aussiebung in Betracht kommt.

Von den beiden obengenannten Analysenarten führt die Schlämmanalyse bei ihrer Anwendung auf Papierfüllstoffe zu sehr umfangreichen Einrichtungen, so wie zu langwierigen Versuchen. Man benutzt sie daher nur wenig zu einer Korngrößenbestimmung, wohl aber wenn es sich darum handelt, im Füllstoff die Menge der groben Anteile, wie Sand, Glimmer und ähnliches, zu ermitteln. Mehr Eingang sollte die Sedimentationsanalyse finden. Wenn auch eine bis ins einzelne gehende Sedimentationsanalyse besondere Apparaturen erfordert[1], so gibt es doch in der in den letzten Jahren vervollkommneten Pipettenanalyse[2] wie auch in der Aräometermethode[3] Sedimentationsverfahren, die besonders für die Verwendung im Betrieb geeignet sind.

1. **Abtrennung des Sandes und der groben Korngrößen durch Schlämmanalyse.** Da es in der Praxis vor allem darauf ankommt, festzustellen, ob der Füllstoff sehr grobe Teile und besonders Sand enthält, kann man statt der immerhin zeitraubenden vollständigen Schlämmanalyse sich abgekürzter Verfahren bedienen, die gerade die genannten Bestandteile rasch zu ermitteln gestatten. Von solchen Verfahren seien hier folgende erwähnt: die Methode von SUTERMEISTER[4]. Der hierbei benutzte Apparat ist sehr einfach, und er kann

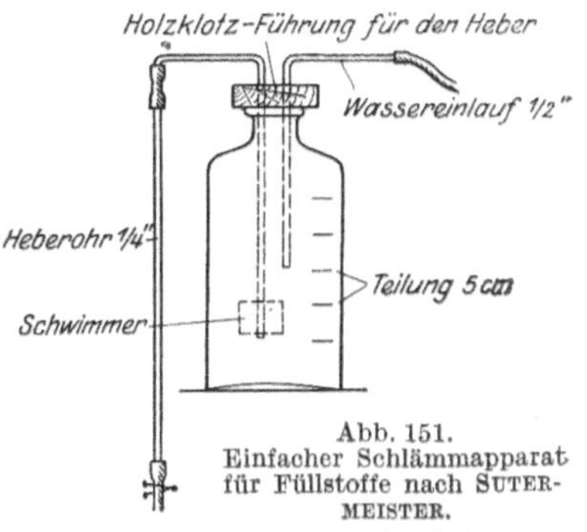

Abb. 151.
Einfacher Schlämmapparat für Füllstoffe nach SUTERMEISTER.

[1] LORENZ, R.: Papierfabrikant **24**, 91 (1926).

[2] KRAUSS, G.: Internat. Mitt. Bodenk. **13**, 147 (1923). — ANDREASEN: Kolloid-Z. **49**, 253 (1929). — LEHMANN, H.: Chem. Fabrik **5**, 149 (1932).

[3] CASAGRANDE, A.: Die Aräometer-Methode zur Bestimmung der Korngrößenverteilung von Böden und anderen Materialien. Berlin 1934.

[4] SUTERMEISTER, E.: Chemistry of Pulp and Paper Making. New York 1920.

leicht selbst zusammengesetzt werden. Die Abb. 151 veranschaulicht ihn. Bei
dieser Einrichtung bedarf nur das Abheberrohr einer Erläuterung. Es ist mit
einem Schwimmer ausgerüstet und in der senkrechten Richtung so leicht beweglich, daß es dem sinkenden Wasserspiegel ohne Schwierigkeit folgen kann. Das
Gewicht des Schwimmers ist so gewählt, daß das Ende des Rohres jeweils nur ein
wenig unter der Wasseroberfläche liegt. Dadurch wird bewirkt, daß der Einlauf
in das Rohr auch während des Absinkens des Spiegels sich nur wenig unter diesem befindet. Ein Anschlag verhindert so weites Sinken, daß die Flasche vollständig leer wird.

Für den Versuch wird eine größere gewogene Probe des Füllstoffes in etwas
Wasser fein verrieben, in die Flasche gegeben und diese hierauf bis zu einer Marke
am Hals mit weiterem Wasser angefüllt. Nachdem der Füllstoff gleichmäßig
im Wasser verteilt worden ist, läßt man die Suspension eine bestimmte Zeit ruhig
stehen, beispielsweise genau 3 Minuten. Dann öffnet man das Heberrohr und
läßt die über dem Bodensatz stehende Auf-
schwemmung ab. Setzt der Heber schließlich aus,
so verschließt man ihn und füllt die Flasche wiederum bis zur Marke auf. Nach gutem Vermischen
wartet man neuerlich 3 Minuten und setzt dann
wieder den Heber in Tätigkeit. Man fährt mit dieser Arbeitsweise so lange fort, bis am Ende der
jedesmal gleichen Absitzzeit das Wasser zwischen
der oberen Füllmarke und einer auf Grund von
Erfahrungen gewählten unteren Marke keine Füllstoffteilchen mehr enthält, also vollkommen klar

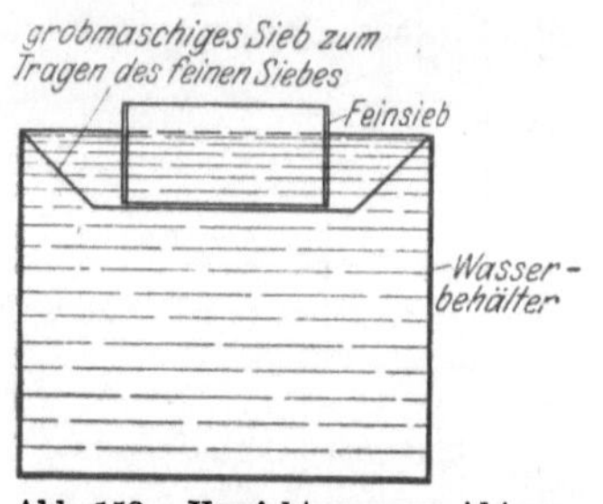

Abb. 152. Vorrichtung zur Abtrennung von Sand aus Füllstoffen.

ist. Diese untere Marke muß man so wählen, daß der unter den gewählten
Versuchsbedingungen verbleibende Rückstand als grober Anteil und Sand anzusprechen ist. Wenn einmal die günstigsten Versuchsbedingungen festgelegt
sind, lassen sich auf diese Weise gute Ergebnisse erzielen.

Der verbleibende Rückstand wird quantitativ aus der Flasche gespült, auf
einem Filter gesammelt, getrocknet und dann für sich gewogen.

Es ist sehr empfehlenswert, den bei dieser Bestimmung gefundenen Rückstand
unter dem Mikroskop zu betrachten. Hierbei erfährt man, um was es sich handelt,
ob beispielsweise Glimmer oder Sand vorhanden ist, und kann die Schwierigkeiten voraussehen, die bei der Verarbeitung des Materials zu erwarten wären.

2. Abtrennung des Sandes und der groben Korngrößen durch Siebanalyse. Eine weitere einfache Vorrichtung zur Ermittlung der Menge der
sandigen Verunreinigungen zeigt die Abb. 152.

Aus feinem Sieb wird ein zylindrisches Gefäß geformt, dessen Durchmesser
10 cm und dessen Höhe 5 cm beträgt. Dieses Sieb ruht, wie die Abbildung zeigt,
auf einer grobmaschigen Unterlage, die in ein größeres Gefäß eingehängt wird,
und zwar so, daß das Wasser im feinen Sieb etwa 25 mm hoch steht. Zur Ausführung des Versuches werden 100 g trockener Füllstoff zunächst mit Wasser
zu einem Brei angerührt und mehrere Stunden in dieser Form sich selbst überlassen, um eine vollständige Benetzung aller Füllstoffteilchen herbeizuführen.
Man gießt dann diesen Brei vorsichtig in das feine Sieb und läßt gleichzeitig
mittels eines Schlauches einen schwachen Wasserstrom in das Sieb einlaufen.

Durch den nach unten gerichteten Strom des Wassers folgen die Füllstoffteilchen durch das Sieb mit. Wenn das Wasser schließlich ungetrübt über den Rand des Gefäßes abläuft, unterbricht man den Wasserstrom. Man trocknet den Rückstand am besten im Sieb, wobei man eine Porzellanschale darunter stellt. Der Anteil, welcher während und nach dem Trocknen durch das Sieb fällt, besteht aus Teilchen, die einen um weniges geringeren Durchmesser als die Maschenweite des Siebes besitzen.

Sobald das Sieb mit seinem Inhalt trocken ist, siebt man den Rest der feineren Teilchen noch durch vorsichtiges Klopfen vollständig vom groben Anteil ab. Diesen sammelt und wägt man dann.

Als Feinsieb kommt ein solches der DIN Nr. 80 zur Anwendung. Es ist doch zweckmäßig, wenn man die Versuche auch mit einem noch feineren Sieb, nämlich DIN Nr. 120 durchführt.

Man kann auf diese Weise den Füllstoff zerlegen in Anteile über $100\,\mu$, in solche zwischen $60\cdots100\,\mu$ und in solche unter $60\,\mu$.

v. Possanner und Mitarbeiter[1] geben für diese Art der Abtrennung der groben Anteile in Füllstoffen folgende Vorschrift.

500 g des zu untersuchenden Materials werden in einem Becherglas mit Wasser aufgeschlämmt und mittels eines Rührwerkes einige Zeit aufgerührt. Die Anwendung einer Menge von 500 g wird für notwendig erachtet, um bei den geringen vorhandenen Rückstandsmengen mancher Füllstoffe eine hinreichende Genauigkeit zu erzielen. Die gut verrührte Probe wird dann auf das Feinsieb gegeben und unter Anwendung einer Brause durch dieses hindurchgespült. Um hierbei von einem schwankenden Wasserdruck unabhängig zu sein, wird das Waschwasser einem Behälter entnommen, der etwa 3 m über dem Arbeitstisch steht und somit einen gleichbleibenden Wasserdruck von etwa 0,3 atü an der Brause gewährleistet. Da manche Füllstoffe sich nur schwer durch das Spülwasser verteilen lassen, und infolgedessen nur unwillig durch das Sieb gehen, empfiehlt es sich bei der Siebung, einen weichen Pinsel zu Hilfe zu nehmen und auf diese Weise eine vollständige Trennung der Füllstoffe von dem gröberen Rückstand herbeizuführen. Das Sieb mit dem Rückstand wird getrocknet, der Rückstand anschließend unter Anwendung eines Pinsels auf ein Uhrglas gebracht und gewogen.

Als Feinsiebe verwendet v. Possanner DIN-Siebe Nr. 70 und 100. Nach seinen Erfahrungen ist durch Anwendung des geringen Überdruckes von 0,3 atü für das Spülwasser und des Pinsels beim Sieben nicht zu befürchten, daß noch Teilchen, die nur wenig kleiner als die Siebmaschen sind, zufolge von Oberflächenspannungen zurückgehalten werden.

Eine Betrachtung der Rückstände bei mäßiger Vergrößerung unter dem Mikroskop gibt Aufschluß über deren mineralogische und sonstige Beschaffenheit.

3. Quantitative Trennung der Korngrößen mittels der Pipettenmethode. Das in neuerer Zeit besonders in der Bodenanalyse in Anwendung gekommene einfache Verfahren besteht in einer Nutzanwendung des Stokeschen Gesetzes, gemäß welchem die Fallgeschwindigkeit kleinster fester Körper von Kugelgestalt in Flüssigkeiten berechnet werden kann. Unter sonst gleichartigen

---

[1] v. Possanner, A. Laubenheimer, R. Wagner u. R. Jenke: Papierfabrikant **34** 459 (1936).

Versuchsbedingungen ist die Fallgeschwindigkeit solcher Körper bestimmten spezifischen Gewichtes nur von deren Radius abhängig. Läßt man also eine ursprünglich ganz gleichmäßig verteilte Suspension von Kugelkörpern verschiedener Durchmesser sich absetzen, so müssen sich nach einer bestimmten Zeit zwischen der Oberfläche und einer beliebig gelegten Niveauebene nur Teilchen befinden, deren Größe einen rechnerisch ermittelbaren Wert nicht übersteigt. Eine in dieser Niveauebene entnommene Probe der Suspension ermöglicht nach dem Eindampfen zur Trockne die Menge aller kleineren Teilchen in der ursprünglichen Suspension zu errechnen. Es ist einleuchtend, daß durch Wiederholung der Probenahme nach verschiedenen Zeiten vom Beginn des Versuches gerechnet nach und nach in einfacher Weise Aufschluß über das mengenmäßige Vorhandensein der Teilchen verschiedener Korngröße in der Suspension erhalten werden kann.

Für die praktische Ausführung der Pipettenanalyse sind verschiedene Apparaturen vorgeschlagen worden. Abb. 153 zeigt eine solche, wie sie von LEHMANN[1] in der keramischen Versuchsanstalt des Villeroy & Boch Konzernes in Dresden entwickelt worden ist.

Der Pipettierapparat[2] besteht aus einem Glaszylinder *1* von etwa 75 mm Innendurchmesser und einer Höhe von 410 mm. Er besitzt zwei Eichungen bei *3* 1000 und *4* 1200 cm³ Flüssigkeitsinhalt. Der eingeschliffene Deckel trägt eine Kapillare aus V2A-Stahl *8* und 1,5 mm Innendurchmesser, die etwa 135 mm unter der Litermarke mit sechs Bohrungen von je 1 mm Durchmesser versehen ist *9*. Unter diesen Bohrungen ist die Kapillare verschlossen. Die Kapillare ist nach oben mit einer 20 cm³ fassenden Pipette *6* verbunden. Der Deckel *5* enthält eine verschließbare Öffnung, um das beim Absaugen aus dem Zylinder entstehende Vakuum auszugleichen.

Zur Korngrößenbestimmung wird eine 1 proz. Suspension verwendet, die man entweder durch Verdünnen einer vorliegenden Suspension oder durch einstündiges Aufrühren fester Substanz erhält. Um die genaue Konzentration der zu untersuchenden Suspension zu erfassen, wird vor Beginn des Versuches eine Konzentrationsprobe entnommen. Bei Produkten, die einen großen Anteil an Teilchen über 60 μ haben, ist es zweckmäßig, diese vorher abzusieben und nur das Material unter 60 μ zu pipettieren.

Abb. 153. Pipettierapparat für Pipettenanalyse.

Außerdem ist vor dem Versuch das spezifische Gewicht des Füllstoffes zu ermitteln.

Die Geschwindigkeit v des Absinkens eines Teilchens gemäß dem STOKESchen Gesetz ergibt sich, wenn nachstehende Bezeichnungen gebraucht werden,

D = Durchmesser der Teilchen in cm,

H = Fallhöhe in cm,

T = Fallzeit in Sekunden,

g = Beschleunigung der Schwerkraft in cm/s⁻²,

s = spezifisches Gewicht des Füllstoffes,

---

[1] LEHMANN, H.: Chem. Fabrik **5**, 149 (1932).
[2] Hersteller: Hugo Keyl, Dresden-A. 1.

$\delta_t =$ spezifisches Gewicht des Dispersionsmittels,

$n \;=$ Zähigkeit, innere Reibung des Dispersionsmittels,

$$\text{zu} \quad v = \frac{D^2 \cdot g \cdot (s - \delta_t)}{18 \cdot n} = \frac{H}{T} \, .$$

Entsprechend wird die Zeit, die eine bestimmte Teilchenfraktion zum Durchfallen der Strecke H gebraucht:

$$T = \frac{18 \cdot n \cdot H}{g \cdot (s - \delta_t) \cdot D^2} \, .$$

Saugt man nun zu dieser Zeit eine gewisse Menge der Aufschwemmung, bei obigem Apparat 20 cm³, in die Pipette, so läßt sich aus dem anschließend festgestellten Trockengewicht dieses Anteils im Vergleich zum Gesamtgewicht seine prozentuelle Menge ermitteln.

Die Abmessungen des Apparates sind so gewählt, daß sich in etwa 2···3 Stunden die Anteile der Korngrößen zwischen 60 μ und 10 μ bestimmen lassen. Ein weiterer Vorteil ist, daß man bei diesem Apparat mit destilliertem Wasser arbeiten kann, es also möglich ist, jeden störenden Einfluß durch die Härtesalze des Wassers auszuschließen.

Ergänzend seien noch folgende Angaben gemacht. Für δ_t kann man, ohne irgendwelchen Fehler zu begehen, 1 einsetzen; n bei 20° beträgt für Wasser 0,01.

Um die zeitraubenden Rechnungen bei dieser Untersuchung zu umgehen, kann man die im Anhang wiedergegebene nomographische Lösung des STOKESchen Gesetzes (Abb. 171) benutzen. An Hand eines Beispieles soll dessen Anwendung gezeigt werden.

Es sei ein Koalin zu untersuchen, der ein spezifisches Gewicht von 2,75 habe, die mittlere Temperatur seit Beginn des Versuchs sei 20°, es wäre die Teilchengröße in der Höhe der Entnahmeöffnungen, also 135 mm unter der Oberfläche 10 Minuten nach Beginn des Versuchs zu ermitteln. Man verbindet die Punkte

Tabelle 34. **Zusammenhang zwischen Teilchengröße und Absitzzeit.**

Durchmesser des Teilchens μ	Zeit, um 10 cm zu fallen	
	Sekunden	
1	111000	30 Stunden
2	27800	7 ,,
4	6950	1 Stunde
8	1750	29 Minuten
10	1110	18 ,,
20	278	4 ,,
40	69,8	1 Minute
50	43,5	43 Sekunden
100	11,1	11 ,,
200	2,78	2 ,,

2,75 auf der s-Leiter und 20 auf der t-Leiter und verlängert die Verbindungslinie bis zum Schnitt mit der $A \cdot 10^3$-Leiter, der bei 11,3 liegt. Man legt das Lineal dann so über die H_r- und T-Leiter, daß es sich mit den Werten 135 und 10 deckt, und erhält die daraus bestimmte Geschwindigkeit durch Verlängern der Verbindungslinie bis zur v-Leiter als $v = 0,0235$ cm/s. Diesen Punkt verbindet man mit dem anfänglich ermittelten Punkt 11,3 auf der $A \cdot 10^3$-Leiter und findet so als Schnittpunkt der Geraden mit der D-Leiter den gesuchten Teilchendurchmesser mit 0,016 mm gleich 16 μ. Über die Darstellung des Ergebnisses vergleiche man das darüber bei der Beschreibung der Aräometermethode Gesagte.

4. **Quantitative Trennung der Korngrößen mittels der Aräometermethode.** Die gleichfalls in den letzten Jahren weiter entwickelte Aräometer-

methode zeichnet sich durch eine schnelle und einfache Arbeitsweise aus, bedarf keiner kostspieligen Apparaturen und liefert andererseits sehr gute und verläßliche Werte. Das Wesen der Methode besteht darin, die Dichteänderung einer Suspension während der Absetzzeit unmittelbar mit einem Aräometer zu ermitteln und die Beobachtungen mit Hilfe des STOKEschen Gesetzes auszuwerten.

Als vorteilhafte Arbeitsweise hat sich folgende erwiesen[1].

30 g des zu untersuchenden gut getrockneten Füllstoffes werden mit destilliertem Wasser zu einem Gesamtvolumen von genau 1 l aufgeschlämmt. Die Mischung wird durch dreistündiges Rühren mit einem mechanisch elektrisch angetriebenen Rührer zu einer vollkommen gleichmäßigen Suspension verteilt.

Da solche Suspensionen beim Sedimentieren häufig noch Zusammenballen zeigen, ist es meistens erforderlich, ihnen Dispergiermittel zuzusetzen. Durch einen Vorversuch stellt man fest, welche Mengen hiervon die optimale Aufteilung ergeben. Darüber hinausgehende Mengen sind nachteilig, da sie bisweilen wieder erneutes Zusammenflocken herbeiführen können. Als Dispergator kommt vor allem Wasserglas in Frage. Nach v. POSSANNER genügen für die Suspensionen von 1 l Zusätze von $^1/_2 \cdots 1^1/_2$ cm³ Wasserglas von 34 Bé. Wie v. POSSANNER weiter beobachtete, kommen Kaoline vor, welche durch Zusatz von Wasserglas koaguliert werden. In solchen Fällen hat 10proz. Zitronensäure in einer Menge von 2 cm³ je 1 l Suspension sich als brauchbarer Dispergator gezeigt.

Die fertig vorbereitete Suspension wird in einen Standzylinder gefüllt und ihre Temperatur festgestellt. Man schüttelt den Zylinder dann gründlich während mindestens 1 Minute, indem man entweder eine Handfläche oder einen Gummistopfen als Verschluß gebraucht und den Zylinder wiederholt gänzlich umkehrt.

Man setzt eine Stoppuhr in dem Augenblick in Gang, in welchem der Zylinder auf den Tisch gestellt wird; taucht das wie nachstehend beschrieben geeichte Aräometer etwas unter den Punkt ein, bei welchem es frei schwimmt und läßt es dann los. Man läßt das Aräometer während der ersten 2 Minuten in der Suspension und macht Ablesungen nach $^1/_2$ Minute, 1 und 2 Minuten. Dann nimmt man das Aräometer langsam heraus, spült es in reinem Wasser ab und trocknet es mit einem reinen Leinentuch. Das Aräometer soll für jede weitere Ablesung wieder in die Suspension eingeführt werden. Weitere Lesungen werden nach 15 Minuten, 45 Minuten, 2 Stunden, 5 Stunden und dann ein- oder zweimal täglich vorgenommen. Einführen und Herausziehen des Aräometers muß vorsichtig geschehen, wobei jeder Vorgang etwa $5 \cdots 10$ Sekunden Zeit in Anspruch nehmen soll.

Vor dem Ablesen des Aräometers muß man sich vergewissern, daß der Meniskus voll ausgebildet ist. An unregelmäßiger Form des Meniskus kann ein fettiger Aräometerschaft schuld sein. Er soll daher gelegentlich mit Seife gewaschen werden, und nur am oberen Ende berührt werden. Die Ablesung ist am oberen Rand des Meniskus vorzunehmen. Die Temperatur soll einmal während der ersten 15 Minuten und dann nach jeder folgenden Ablesung vermerkt werden.

---

[1] CASAGRANDE, A.: Die Aräometer-Methode zur Bestimmung der Korngrößenverteilung von Böden und anderen Materialien. Berlin 1934. — v. POSSANNER, B., u. Mitarbeiter: Papierfabrikant **34**, 459 1936).

Die beobachteten Daten und die errechneten Größen werden in einer Tabelle mit den folgenden Rubriken zusammengestellt:

I	II	III	IV	V	VI	VII	VIII
Temp.	Zeit	Verflossene Zeit	R'	$R = R' + C$	D (Abb. 171) (Anhang)	$R + m$ (Abb. 172) (Anhang)	W

R' bedeutet die Aräometerlesung am oberen Rand des Meniskus. Die Lesung wird vorgenommen, indem man nur die Dezimalen abliest und den Dezimalpunkt zwischen die dritte und vierte Stelle setzt. Z. B. die Dichte 1,0325 wird geschrieben R' 32,5.

C ist eine Meniskuskorrektur, über die folgendes zu sagen ist. Gewöhnliche Aräometer werden auf die Höhe des Spiegels der Flüssigkeit geeicht. Da nun Suspensionen von Erden nicht durchsichtig sind, lassen sie keine genauen Ablesungen an der Oberfläche zu. Man muß deshalb die Ablesung am oberen Rande des Meniskus vornehmen und den Höhenunterschied der Lesung zuzählen. Diese für jedes Aräometer konstante Größe muß in reinem Wasser bestimmt werden. Man hält das Auge hierbei knapp unter dem Wasserspiegel und hebt es dann langsam, bis es die Oberfläche als eine gerade Linie sieht. Dort, wo diese Linie den Aräometerschaft schneidet, liegt auf der Skala die richtige Lesung. Dann macht man eine zweite Lesung an der Stelle, wo der vollausgebildete Meniskus den Aräometerschaft berührt. Der Unterschied zwischen beiden Lesungen ist die Konstante C, die einmal bestimmt für alle Lesungen mit dem Instrument gilt.

$R = R' + C$ ist die korrekte Lesung in der Höhe der Oberfläche der Suspension.

D, D_1, D_n, sind die Korngrößen, die gemäß dem STOKEschen Gesetz den Sinkgeschwindigkeiten v, v_1, v_n entsprechen.

m ist eine Temperaturkorrektur. Sie muß angebracht werden, wenn die in der Suspension vorhandene Temperatur von jener abweicht, für welche die Eichung des Aräometers gilt. Die Abb. 172 im Anhang läßt diese Korrekturgröße leicht entnehmen. Wie ersichtlich wird diese Korrektur an dem gekürzt geschriebenen Wert der Ablesung, d. h. an R angebracht.

$(R + m)$ bedeutet die Aräometerlesung mit Temperaturkorrektion.

Ein erfahrener Laborant kann eine oder beide der Rubriken V und VII auslassen. Der Anfänger sollte alle Werte aufschreiben, um Fehler zu vermeiden.

W ist das Trockengewicht aller Teilchen kleiner als D.

W_0 ist das Gesamtgewicht des zum Versuch angewandten Füllstoffes.

$W^0/_0$ ist $100 \cdot W/W_0$.

Die Korngröße D wird ohne Rechnung, mit Hilfe der nomographischen Lösung des STOKEschen Gesetzes ermittelt, Abb. 171.

Verwendung der Nomogramme. Eine Gerade durch die gegebenen s- und t-Werte ergibt die Konstante A, die sich während desselben Versuches kaum ändert. Wenn die Temperatur während des ganzen Versuches nur um einige Grade schwankt, so genügt es einen mittleren A-Wert für den ganzen Versuch zu verwenden.

Der Schnittpunkt einer geraden Linie durch die R-, r- und T-Skalen ergibt auf der v-Skala die Geschwindigkeit. Man hält diesen Punkt mit dem Bleistift fest und dreht das Lineal, bis es den vorher bestimmten A-Wert schneidet. In dieser Lage gibt der Schnitt mit der D-Skala die gesuchte Korngröße an.

Die Prozente $W\,{}^0\!/_0$ werden unmittelbar aus folgender Gleichung errechnet:

$$W\,{}^0\!/_0 = \frac{100}{W_0} \cdot \frac{s}{s-1} \cdot (R + m).$$

Die Menge $\dfrac{100}{W_0} \cdot \dfrac{s}{s-1}$ ist für einen gegebenen Versuch konstant. Sie ist durch das Gesamttrockengewicht W_0 und das spezifische Gewicht s, der für den Versuch gebrauchten Probe bestimmt.

Die Ergebnisse der Korngrößenanalyse kann zahlenmäßig in Gewichtsprozenten der einzelnen verschiedenartigen Teile angegeben werden. Der zahlenmäßigen Darstellung ist aber die graphische in Form einer Kornverteilungskurve weit überlegen. Wenn genügend Beobachtungen zur Aufzeichnung einer solchen Kurve vorliegen, so sollte man auf alle Fälle die graphische Darstellung wählen. Bei der graphischen Darstellung wiederum ist das Aufzeichnen auf semilogarith-

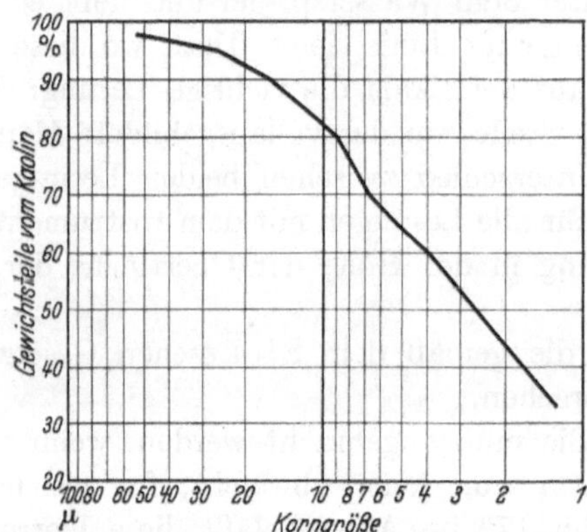

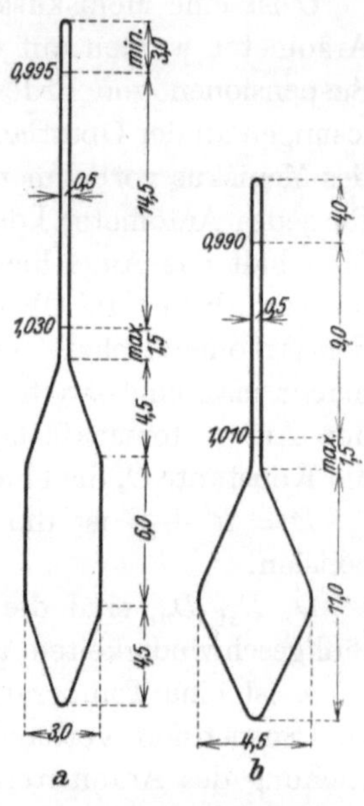

Abb. 154. Graphische Darstellung des Ergebnisses der Aräometeranalyse eines Kaolins.

Abb. 155. Dichtearäometer für Aräometeranalysen nach CASAGRANDE.

mischem Papier jenem auf arithmethischem bei weitem vorzuziehen. Während beim arithmetischen Maßstab die Ordinaten der feinen Anteile praktisch zusammenfallen, erreicht man bei Verwendung des logarithmischen eine Darstellung, die sowohl für die feinsten als auch gröbsten Anteile gleich übersichtlich ist (Abb. 154).

Eichung des Aräometers. Man benutzt zu diesen Bestimmungen nach CASAGRANDE Aräometer, wie sie in Abb. 155 dargestellt sind. Diese Aräometer sind wie üblich auf Werte für die Dichte bei 20° geeicht. Für die Auswertung der Beobachtungen ist es notwendig, statt der Dichtewerte r die entsprechenden reduzierten Eintauchtiefen H_r in cm zu kennen. In Abb. 171 ist auf der rechten Seite angeführt, wie die reduzierten Tiefen H_r aus den Abmessungen des Aräometers und den Ablesungen ermittelt werden können. Um diese Gleichung auszuwerten, wird die Größe H_1 in cm für verschiedene Werte von r gemessen. Weiterhin werden durch Ausmessen des Aräometers h in cm und der Querschnitt des benutzten Schlämmzylinders in cm² gefunden. Das Volumen V_1 der Aräometerbirne wird durch Eintauchen in einen Meßzylinder ermittelt. Die dann errechneten Werte für H_r werden auf der rechten Seite der H_r-Skala aufgetragen. Zwischenwerte werden durch Unterteilung gefunden. Abb. 170 zeigt eine auf diese Weise hergestellte Skala.

Besondere Untersuchungen bei einzelnen Füllstoffen.

Kaolin.

Prüfung auf Eisen. Der Eisengehalt im Kaolin ist durch den gelben Farbton, welchen er diesem Füllstoff verleiht, eine unangenehme Erscheinung, falls der Füllstoff nicht für gelbliche Papiere zur Anwendung gelangt. Zu seiner quantitativen Ermittlung behandelt man das Kaolin mit verdünnter Salzsäure in der Wärme und prüft die erhaltene Lösung kolorimetrisch auf Eisen. Bei Vergleichsproben kann man auch so verfahren, daß man die salzsaure Lösung mit einer Lösung von gelbem Blutlaugensalz bekannter Konzentration tropfenweise versetzt und den entstandenen Farbton vergleicht.

Talkum.

Prüfung auf Kalziumkarbonat. Als verhältnismäßig teurer Füllstoff enthält Talkum bisweilen Verfälschungen in Form von kohlensaurem Kalk. Auf diesen wird geprüft dadurch, daß man den „Säureverlust" ermittelt, d. h. den Verlust an Gewicht beim Behandeln mit verdünnter Salzsäure. Nach WITTEL und WELWART arbeitet man gemäß folgender Vorschrift. 1 g Talkum wird mit 200 cm³ destilliertem Wasser übergossen, dann werden 3 cm³ Salzsäure vom spezifischen Gewicht 1,12 zugefügt, und hierauf wird das Gemisch 15···20 Minuten im Sieden erhalten. Nach Filtration und Trocknen wird der Rückstand gewogen. Der Säureverlust schwankt nach WITTEL und WELWART zwischen 1,97 und 11,69%.

Prüfung auf Gips. Man kocht 2 g Talkum mit 25 cm³ 20proz. Salzsäure, filtriert und prüft das klare Filtrat mit Bariumchlorid. Falls ein deutlicher Niederschlag erscheint, wird in der gleichen Weise der Versuch auf quantitativer Basis wiederholt und der mit Bariumchlorid erhaltene Niederschlag in bekannter Weise weiter aufgearbeitet. Es ist zweckmäßig, nach der Fällung längere Zeit zu kochen, um die Umsetzung des Gipses vollständig zu machen. Es ist:

$$BaSO_4 \cdot 0{,}7375 = CaSO_4 \cdot 2H_2O \,.$$

Wenn Talkum mit Baryt und ähnlichem verfälscht ist, so gibt sich das deutlich bei der Bestimmung des spezifischen Gewichtes zu erkennen. Dies kann, wie oben angegeben, mit dem Pyknometer erfolgen. Man kann annehmen, daß bei einem spezifischen Gewicht größer als 2,9 eine Beimengung von Baryt, Feldspat oder ähnlichem vorliegt. Gewöhnlich ist das spezifische Gewicht 2,7···2,9.

Als natürliche Beimengung ist Kalziumkarbonat nur bis zu 4% zu betrachten.

Bestimmung des Eisengehaltes. Er läßt sich angenähert ermitteln in der gleichen Weise, wie es oben beim Kaolin beschrieben worden ist, nämlich durch Untersuchung eines Säureauszuges. Genaue Werte erhält man doch nur durch eine Gesamtanalyse des Talkums, zu welchem Zweck er mit Alkali aufgeschlossen werden muß.

Schwerspat, Blanc fixe.

Prüfung auf einen Zusatz von Bleisulfat. Schwerspat wird manchmal durch Zusatz von Bleisulfat gefälscht. Ein solcher Zusatz läßt sich folgendermaßen ermitteln. Man erwärmt eine Probe des Füllstoffes mit kohlensaurem Natron und läßt dann etwa 12 Stunden stehen. Nach dieser Zeit wird filtriert, ausgewaschen und der Rückstand mit sehr verdünnter Salpetersäure behandelt. Entsteht beim Einleiten von Schwefelwasserstoff in die dann erhaltene, schwach saure Flüssigkeit ein brauner bis schwarzer Niederschlag, so ist Blei anwesend.

Bestimmung von Säureresten. Künstlicher Schwerspat (Blanc fixe) enthält häufig von der Herstellung her im Teig verbliebene Säurereste. Qualitativ ermittelt man solche mittels Lackmuspapier, das man in den mit Wasser verdünnten Teig eintaucht.

Tabelle 35. Zusammenstellung gebräuchlicher Füllstoffe.

Gattung	Sorte	Spez. Gewicht	Bemerkung
Karbonate	Kalziumkarbonat, Kreide, $CaCO_3$	$2,6\cdots2,8$	
	Bariumkarbonat, Patentweiß, Witherit, $BaCO_3$	$4,2\cdots4,3$	
Sulfate	Kalziumsulfat Wasserfreies Salz: Annaline, Lenzin, $CaSO_4$ Wasserhaltiges Salz: Pearl Hardening $CaSO_4 + 2H_2O$ Andere Bezeichnungen: Brillantweiß, Gips, Satinweiß, Satinite	$2,8\cdots3,0$ $2,2\cdots2,4$	In Wasser löslich im Verhältnis 1 : 400 Viel Verlust im Abwasser; bis zu 70 % Satinite künstlich erzeugt aus Kalkmilch u. Aluminium-Sulfat. Wahrscheinlich Kalziumsulfoaluminat der Zusammensetzung $3CaO \cdot Al_2O_3 \cdot 3CaSO_4 \cdot 31H_2O$. Kommt als Paste in den Handel
	Bariumsulfat, Blanc fixe, Permanentweiß, Schwerspat, $BaSO_4$	$4,3\cdots4,5$	Wenn im Stoff erzeugt, etwa 35 % Verlust. Bei Anwendung von fertigem Füllstoff Verluste bis zu 50 %
Silikate	Aluminiumsilikat, China-Clay, Porzellanerde, Kaolin, $H_2Al_2(SiO_4)_2 + H_2O$	$2,2\cdots2,8$	Wichtigster Füllstoff. Es bleiben bis 70 % im Papierstoff Bentonite: Amerikanischer Kaolin
	Magnesiumsilikat, Talkum, $H_2Mg_3(SiO_3)_4$	$2,7\cdots2,8$	Etwa $50\cdots60$ % bleiben im Stoff
	Magnesium-Aluminium-Kalzium-Silikat, Asbestine, Agalithe, Nematolyte	$2,2\cdots2,5$	Enthält bis 96 % Magnesiumsilikat. Es bleiben bis zu 80 % und mehr des Füllstoffs im Papier
Sulfide	Zinksulfid ZnS	$3,9\cdots4,0$	
Oxyde	Titanweiß, Titandioxyd TiO_2	$3,84\cdots3,90$	

Zur quantitativen Bestimmung größerer Säurereste verreibt man in einem Mörser 100 g Teig mit heißem Wasser, spült in ein Becherglas, kocht auf und titriert mit $^n/_{10}$-Lauge unter Benutzung von Phenolphthalein als Indikator.

Prüfung auf Sulfide und Schwefelwasserstoff. Auf sie prüft man mit Bleiazetatpapier, das man in eine Aufschwemmung von 100 g Blanc fixe in 100 cm³ destilliertes Wasser taucht. Das Papier soll hierbei nicht gebräunt werden.

Aussehen der Füllstoffe unter dem Mikroskop. Zur schnellen Ermittlung der Art eines Füllstoffes läßt sich auch sehr gut das Mikroskop anwenden. Besonders charakteristische Merkmale enthält folgende Übersicht.

Tabelle 36. Aussehen von Füllstoffen unter dem Mikroskop.

Füllstoff	Aussehen unter dem Mikroskop
Kaolin	Die einzelnen Teilchen sind ziemlich gleichförmig, meistens rund, ohne scharfe Ecken. Nur bei geringeren Sorten treten große Verschiedenheiten der Teilchen hervor
Talkum	Schuppenförmige Kristallbruchstücke
Asbestine, Agalite	Nadelförmige, faserige, ungleichartige Bruchstücke
Kalziumsulfate	Gemenge von nadelartigen und größeren Bestandteilen. Bringt man einen Tropfen Salzsäure zusammen mit etwas Füllstoff auf das Präparatenglas, erwärmt vorsichtig und raucht schließlich langsam ab, so scheidet sich der anfangs gelöste Gips in Form von langen Nadeln wieder ab, die deutlich unter dem Mikroskop wahrgenommen werden können
Schwerspat	Stellt sich unter dem Mikroskop als ein Gemenge verschieden großer, eckiger Teilchen dar

Bestimmung der Konzentration fertiger Füllstoffsuspensionen.

Es ist empfehlenswert, des öfteren zu prüfen, ob die fertige Füllstoffsuspension tatsächlich die vorgeschriebene Konzentration aufweist. Zu deren Ermittlung kann man nach einer von SUTERMEISTER[1] angegebenen Methode verfahren.

Zur Untersuchung ist eine Flasche mit weitem Hals erforderlich. Sie wird mit der zu prüfenden Suspension vollkommen gefüllt und dann gewogen. Es sei nun:

x das Gewicht des trockenen Kaolins in der Flasche,

2,6 sein spezifisches Gewicht (absolut trocken),

y das Gewicht der Wassermenge in der Kaolinmilch in der Flasche,

w das Gewicht der Flasche voll mit Kaolinmilch,

c der Rauminhalt der Flasche in cm³ oder das Gewicht der Wassermenge, die die Flasche aufnehmen kann in Gramm,

f das Gewicht der leeren Flasche in Gramm.

Es ist dann: $\quad\quad x = w - f - y,$

$$y = c - \frac{x}{2,6}, \quad\quad\quad x = \frac{2,6\,(w - f) - 2,6\,c}{1,6},$$

$$x = w - f - c + \frac{x}{2,6}, \quad\quad\quad x = 1,625\,w - 1,625\,(f + c),$$

---

[1] SUTERMEISTER: Chemistry of Pulp and Paper Making, S. 297. New York 1920.

da der letzte Wert eine konstante Größe k hat, kann man auch schreiben:

$$x = 1{,}625\,w - k.$$

Sind die erforderlichen Kennziffern also einmal bestimmt, so genügt eine einzige Wägung für die Kontrolle der Kaolinsuspension.

Es ist nicht zu übersehen, daß bei anderen Füllstoffen die entsprechenden spezifischen Gewichte einzusetzen sind.

Farbstoffe.

Ultramarin.

Allgemeines. Ultramarin ist ein häufig benutzter blauer Mineralfarbstoff, der infolge seines reinen und ziemlich unveränderlichen Farbtones immer noch manche Vorzüge gegenüber Teerfarbstoffen besitzt. Ultramarin kommt in verschiedener Tönung und Farbkraft in den Handel. Von Einfluß auf die Färbung ist auch seine Mahlung. Ein Nachteil dieses Farbstoffes ist seine mehr oder weniger starke Empfindlichkeit gegen schwefelsaure Tonerde und freie Säure selbst. Ultramarin enthält bisweilen Verfälschungen in Form von Ton, Gips, Schwerspat, ferner zur Erzielung dunkler Töne Beimengungen von Glyzerin und Sirup. Aus vorstehendem folgt ohne weiteres, auf welche Punkte sich eine Untersuchung des Ultramarins zu erstrecken hat.

Prüfung auf Färbvermögen. Man kann auf zwei verschiedene Arten verfahren.

a) Man mischt 1 Teil der Probe mit 5 Teilen eines weißen Kaolins und rührt mit einer bestimmten Wassermenge zu einem Brei an. In der gleichen Weise wird ein Normalmuster zu einer Paste angerieben, und beide Farbstoffe werden dann auf ihren Ton verglichen. Es gelingt auf diese Weise, einen guten Maßstab für die Farbkraft zu erhalten.

b) Eine mehr praktische Prüfung ist die folgende. Sie besteht darin, daß man eine abgewogene Menge aufgeschlagenen Papierstoff mit einer bestimmten Farbstoffmenge ausfärbt, dann ein Handmuster aus dem Brei schöpft und dieses mit einer gleichartigen Ausfärbung des Normalmusters vergleicht.

Prüfung der Feinheit. Man bringt eine Probe Ultramarin auf ein kleines Sieb, das aus feinster Seidengaze besteht und verreibt mit dem Finger. Gröbere Teilchen lassen sich gut herausfühlen.

Statt dessen kann man auch die folgende Probe anwenden. 1 g Ultramarin wird in einer Flasche mit 200 cm³ Wasser gut geschüttelt, worauf man die Flasche stehen läßt. Das Wasser bleibt um so länger blau gefärbt, je feiner der Farbstoff gemahlen ist. Ultramarine, die bei dieser Probe sich unvollkommen oder gar nicht verteilen, sind für die Zwecke der Papierfärberei unbrauchbar.

Prüfung auf Alaunbeständigkeit. Man schüttelt $0{,}05 \cdots 0{,}1$ g des zu prüfenden Farbstoffes mit 10 cm³ einer 10proz. filtrierten Lösung von schwefelsaurer Tonerde in einem Reagenzglas. Man vergleicht hierbei sein Verhalten mit dem eines bekannten Ultramarines. Widerstandsfähige Ultramarine verblassen erst nach Tagen, hingegen empfindliche bereits nach wenigen Minuten.

Prüfung auf Verfälschungen und Beimengungen. a) Mineralische Stoffe. Sie können unter dem Mikroskop gut erkannt werden. Neben den blauen Teilchen sind farblose, unregelmäßige Körnchen enthalten, die, wenn es sich um Schwerspat oder Ton handelt, in Wasser unlöslich sind.

Zur Feststellung von Gips kocht man Ultramarin mit Wasser, filtriert und fügt zum Auszug Ammoniumoxalat: eine mehr oder weniger starke Trübung läßt auf Gegenwart von Gips schließen.

Ultramarin enthält bisweilen von seiner Darstellung her Reste von Glaubersalz, die unvollständige Verteilbarkeit des Farbstoffes im Wasser bewirken können. Man prüft auf diesen Stoff vermittels eines wäßrigen Auszuges aus einer Farbstoffprobe. Der Auszug gibt in einem solchen Falle mit Bariumchlorid eine weiße Fällung, und der bei seinem Eindampfen auf einem Platintiegeldeckel erhaltene Rückstand färbt die nicht leuchtende Bunsenflamme stark gelb.

b) Organische Beimengungen. Zur Prüfung auf Glyzerin und Sirup stellt man sich einen wäßrigen Auszug des Farbstoffes her. Diesen Auszug dampft man zur Trockne ein und erhitzt ihn dann vorsichtig. Auf das Vorhandensein der genannten Stoffe kann geschlossen werden, wenn hierbei Bräunung eintritt und sich der charakteristische Geruch verbrennender organischer Substanzen bemerkbar macht.

Teerfarbstoffe.

Prüfung auf Einheitlichkeit. Zur Prüfung, ob ein einheitlicher Farbstoff oder ein Gemenge von Farbstoffen vorliegt, befeuchtet man ein Stück Filtrierpapier mit Wasser, hält es waagrecht und bläst dann eine kleine Menge von fein gepulvertem Farbstoff derart auf die feuchte Papierfläche, daß sich die Teilchen gesondert als Farbpünktchen im Wasser des Papierblattes lösen können. Die verschiedenen Farbflecke geben Anhaltspunkte für die Zahl und die Farbtöne der etwa gemischten Farbstoffe. Weitere Unterschiede können unter Umständen bei den in Wasser nur mit ähnlichem Farbton löslichen Farbstoffen durch Aufblasen auf konzentrierte Schwefelsäure ermittelt werden.

Schließlich kann auch das Verhalten des gelösten Farbstoffes gegenüber Filtrierpapier aufschlußreich sein. Die Farbstoffe steigen nicht gleich schnell in einem in ihre Lösung eingetauchten Filtrierpapierstreifen in die Höhe. Liegt also ein Gemenge vor, so tritt bei dieser „Kapillaranalyse" meistens eine deutliche Entmischung der Lösung ein.

Bestimmung der Farbstoffklasse. Die Feststellung der Farbstoffklasse ist von Bedeutung für das anzuwendende Färbeverfahren. Meist wird freilich der Name des Farbstoffes bekannt und der Lieferung eine Färbevorschrift beigegeben sein. In Zweifelsfällen kann man sich durch Probefärbungen auf Spinnfasern verhältnismäßig leicht darüber unterrichten, ob man es mit einem sauren, basischen oder substantiven Beizen- oder Küpenfarbstoff zu tun hat.

Zur Erkennung eines etwa vorhandenen sauren Farbstoffes bringt man in die ungefähr 1 proz. kochende Lösung nach Zusatz von einigen Tropfen Essigsäure ein ungefärbtes Wollgarnsträngchen ein, hält unter häufigem Umziehen des Strängchens die Färbeflüssigkeit $^1/_4 \cdots ^1/_2$ Stunde im Kochen, spült dann aus und beobachtet, ob aus der Farblösung der Farbstoff ganz oder doch größtenteils ausgezogen worden ist und beim kräftigen Spülen auf den Fasern des Wollsträngchens verbleibt.

Zur Erkennung der basischen Farbstoffe verwendet man ein durch Einlegen in Tannin und Fixieren mit Brechweinstein gebeiztes Baumwollgarnsträngchen. Basische Farbstoffe fixieren sich auf derart gebeizten Fasern sehr gut. Die Lösungen von basischem Farbstoff geben übrigens bei vorsichtigem Zusatz von Tanninlösung eine Fällung, so daß auch ohne Ausfärbung ihre Natur erkannt werden kann.

Der Nachweis substantiver Farbstoffe gelingt durch Ausfärbung in einer 2···5proz. Farbstofflösung, der man Kochsalz oder Glaubersalz in solchen Mengen beigefügt hat, daß $10 \cdots 20\%$ des Fasergewichtes an Salz vorhanden sind. Substantive Farbstoffe lassen sich beim kochenden Ausfärben binnen $1/_2$ Stunde auf der Baumwollfaser fixieren.

Küpenfarbstoffe können an ihrem Verhalten zu Hydrosulfit und Alkali erkannt werden. Sie gehen bei der Behandlung mit diesen Reagenzien meist unter Farbänderung in Lösung.

Beizenfarbstoffe färben in Suspension oder Lösung ungebeizte Baumwolle oder Wolle nicht an. Kocht man aber in der Farbstoffbrühe ein Strängchen gebeizter Faser — besser noch, verwendet man Streifchen von Baumwollstoff, der mit Beizen bedruckt ist —, so kann an der Farbveränderung der gebeizten Faser der Beizcharakter des Farbstoffes erkannt werden.

Probefärbung. Die Ausgiebigkeit von Farbstoffen, ihren Farbton auf Papierstoffen, kann man nur durch Probefärben erkennen. Man nimmt eine bestimmte Menge Papierstoffbrei, setzt eine entsprechende Menge Farbstofflösung dazu, fällt mit Tonerdesulfat, gegebenenfalls mit Harzleim und Tonerdesulfat unter Umrühren, am besten in einem dickwandigen Glasgefäß (Stutzen) aus und saugt die gefärbte Papiermasse auf einer Nutsche über Filtriereinlagen aus feinem Baumwollstoff ab. Filter samt Niederschlag werden in einer Presse — eine Kopierpresse genügt — abgepreßt, worauf sich die Filtriertuchschicht bei einiger Vorsicht ohne Verletzung des entstandenen Papierblattes abheben läßt. Das Papierblatt wird darauf an der Luft, besser heiß getrocknet, wobei man durch Spannung ein Einschrumpfen und Blasigwerden verhüten kann.

Tannin.

Allgemeines. Das für Färbezwecke benutzte Tannin kommt als ein gelbliches Pulver oder aber in kristallähnlichen Schuppen in den Handel. Charakteristisch ist die schwarzblaue Färbung, die seine wäßrige Lösung mit Eisen(III)chlorid gibt, und seine Fähigkeit, Eiweiß und Leim zu fällen.

Die Prüfung des Tannins erstreckt sich gewöhnlich auf die Bestimmung seines Wassergehaltes und den Nachweis etwa vorhandener anorganischer Verunreinigungen.

Bestimmung des Wassergehaltes. Man trocknet $1 \cdots 2$ g Tannin bei 100° bis zur Gewichtskonstanz und ermittelt den Gewichtsverlust. Der Wassergehalt darf 12% nicht übersteigen.

Prüfung auf anorganische Verunreinigungen. Ihre Ermittlung geschieht durch eine Aschenbestimmung, die man mit $1 \cdots 2$ g Tannin durchführt. Der meist aus Zinkoxyd bestehende Aschengehalt soll $0{,}15\%$ nicht übersteigen.

Andere Chemikalien.

Formaldehyd.

Der technische Formaldehyd kommt als eine 40proz. Lösung (Formol) in den Handel.

Von den Verunreinigungen, auf die Formalin für die Zwecke der Leimung zu prüfen ist, kommt hier bloß freie Säure in Betracht. Außer dieser Prüfung sollte die Lösung stets quantitativ auf ihren Gehalt an Formaldehyd untersucht werden.

Prüfung auf freie Säure. Man versetzt 10 cm³ Formaldehyd mit 10 Tropfen Normalalkalilauge. Die Lösung darf dann nicht mehr sauer reagieren. Formaldehyd enthält nicht selten bis zu 0,2% Ameisensäure.

Quantitative Gehaltsbestimmung. Zur schnellen quantitativen Bestimmung kann die Ermittlung des spezifischen Gewichtes dienen (s. die Tabelle 68 im Anhang). Da Formaldehyd stets etwas Methylalkohol enthält, ist diese Bestimmung jedoch nicht ganz verläßlich.

Zur genauen quantitativen Bestimmung benutzt man die von FRESENIUS und GRÜNHUT[1] gegebene Vorschrift. Die Methode beruht auf folgender Umsetzung des Formaldehyds in alkalischer Lösung mit Wasserstoffsuperoxyd:

$$2H \cdot CHO + H_2O_2 + 2NaOH = 2H \cdot COONa + H_2 + 2H_2O \,.$$

Die praktische Ausführung ist die folgende. Man wägt etwa 3 g Formalinlösung in einem engen Wägeröhrchen mit eingeschliffenem Stopfen ab. Das geöffnete Wägeglas läßt man dann, ohne daß es umfällt, in einen Erlenmeyerkolben von etwa 500 cm³ Inhalt gleiten, der bereits mit 25···30 cm³ kohlensäurefreier 2 n-Natronlauge beschickt ist. Durch Kippen und Umschwenken mischt man dann das Formol mit der Lauge und gibt gleichzeitig 50 cm³ 3proz. Wasserstoffsuperoxyd zu, die man unter weiterem Umschwenken langsam innerhalb 3 Minuten durch einen Trichter zufließen läßt. Man läßt dann 5···10 Minuten stehen und titriert nach dem Abspülen des Trichters das überschüssige Alkali mit 2 n-Säure unter Benutzung von Lackmus als Indikator zurück.

1 cm³ 2 n-Lauge entspricht 0,06 g CH₂O. Die eigene Azidität der Formalinlösung sowie die des Wasserstoffsuperoxydes ist bei dieser Bestimmung zu berücksichtigen.

Natriumbisulfit.

Allgemeines. Das besonders zum Bleichen von Holzschliff verwendete Natriumbisulfit kommt entweder als Pulver mit rund 60···62% SO₂ oder als Lauge von 38···40° Bé in den Handel. Es wird im allgemeinen allein auf seinen Gehalt an schwefliger Säure untersucht, nur in Ausnahmefällen wird auch der Gehalt an Eisen, der selten 0,01% überschreitet, zu ermitteln sein.

Bestimmung des Gehaltes an schwefliger Säure. Wenn es sich um Lauge handelt, so verdünnt man 20 cm³ einer Durchschnittsprobe in einem 1000 cm³ fassenden Meßkolben mit destilliertem Wasser bis zur Marke und verwendet von der so erhaltenen Lösung 25 cm³ zur Titration. Zu ihrer Durchführung gibt man in eine geräumige Porzellanschale 150 cm³ Wasser, dann die 25 cm³ der

1 FRESENIUS, W., u. L. GRÜNHUT: Z. analyt. Chem. 44, 13 (1905).

verdünnten Bisulfitlösung und titriert mit $^n/_{10}$-Jodlösung. Es entspricht 1 cm³ dieser Meßlösung 0,0032 g SO_2; der Gehalt an Schwefeldioxyd in der Bisulfitlauge ist bei einem Verbrauch von n cm³ Jodlösung unter obigen Bedingungen

$$SO_2 = n \cdot 0,0032 \cdot 200\%.$$

Liegt feste Ware vor, so löst man 10 g eines Durchschnittsmusters in 1 l Wasser und titriert davon 20 oder 25 cm³ wie oben angegeben mit $^n/_{10}$-Jodlösung.

Bestimmung von Eisen. 10 cm³ der ursprünglichen Lösung oder 5 g festes Salz werden in einer Schale mit 5 cm³ konzentrierter Salzsäure zersetzt und eingedampft. Dann werden weitere 5 cm³ konzentrierte Salzsäure und einige Tropfen konzentrierte Salpetersäure zugegeben; die Lösung wird nochmals mäßig erwärmt und in einen 50 cm³ fassenden Meßkolben gespült, der bis zur Marke mit destilliertem Wasser aufgefüllt wird. In dieser Lösung wird das Eisen kolorimetrisch bestimmt. Über die Ausführung der Bestimmung vergleiche man das Kapitel: Untersuchung des Fabrikationswassers, Bestimmung von Eisen.

Natriumhydrosulfit.

Das dank verschiedener Vorzüge bei der Bleiche von Holzschliff jetzt häufig verwendete Natriumhydrosulfit ($Na_2S_2O_4$) ist auf einen Gehalt an Hydrosulfit und Sulfit zu untersuchen.

Bestimmung von Hydrosulfit und normalem Sulfit nach WOLLAK[1]. 0,2 g einer guten Durchschnittsprobe des Salzes werden in überschüssiger $^n/_{10}$-Jodlösung, die mit 1 g Natriumazetat und reichlich destilliertem Wasser versetzt wurde, eingetragen. Sobald alles Salz gelöst ist, titriert man den Jodüberschuß mit $^n/_{10}$-Natriumthiosulfatlösung zurück. Jodverbrauch a.

Bestimmung des Hydrosulfits. 1 g der Durchschnittsprobe werden in einem kleinen verschließbaren Erlenmeyerkolben unter Rühren mit einem kleinen Glasstäbchen mit 10 cm³ 40proz. Formaldehydlösung und 5 cm³ destilliertem Wasser versetzt und vollständig gelöst. Nach dem Verschließen des Kölbchens überläßt man die Mischung 20 Minuten sich selbst, worauf man alles in einen 500 cm³ fassenden Meßkolben spült und zur Marke auffüllt. Bei der Einwirkung des Formaldehyds entsteht gemäß der ersten der folgenden Gleichungen gegen Jod unempfindliches Formaldehydbisulfit und Formaldehydsulfoxylat, das sich im Sinne der zweiten Gleichung mit Jod umsetzt und dadurch in der Lösung ermittelt werden kann.

$$1.\ S_2O_4'' + 2CH_2O + H_2O = CH_2O' \cdot HSO_3' + CH_2O \cdot HSO_2'$$

$$2.\ CH_2O \cdot HSO_2' + 2J_2 + 2H_2O = SO_4'' + CH_2O + 4J' + 5H^{.}$$

Der nach dem Formaldehydzusatz gegen Luftsauerstoff sehr beständigen Lösung entnimmt man 50 cm³, versetzt sie bei alkalischer Reaktion mit Essigsäure, bis sie leicht sauer ist, fügt 150 cm³ destilliertes Wasser hinzu und titriert nach Stärkezusatz mit $^n/_{10}$-Jodlösung. Jodverbrauch b.

1 cm³ $^n/_{10}$-Jodlösung zeigt an 0,003203 g S_2O_4''. Der Jodverbrauch für das vorhandene normale Sulfit ist $(a - 1^1/_2\,b)$. 1 cm³ $^n/_{10}$-Jodlösung entspricht 0,004003 g SO_3''.

---

[1] KURTENACKER, A.: Analytische Chemie der Sauerstoffsäuren des Schwefels. Stuttgart 1938.

Wasserglas.

Allgemeines. Das in unserer Industrie verwandte Wasserglas ist eine Verbindung von Natriumoxyd und Kieselsäure, und zwar ist es ein Gemisch von Natriumtri- und -tetrasilikat. In den Handel kommt es meist als sirupöse Flüssigkeit von $37\cdots48°$ Bé. Beim Stehen an der Luft zersetzt es sich leicht durch die Einwirkung der Kohlensäure der Luft, wobei sich Kieselsäure abscheidet. Darauf ist bei der Aufbewahrung Rücksicht zu nehmen. Die oft grünliche oder graugelbe Färbung wird durch einen Gehalt an Eisen hervorgerufen. Wichtig für die Beurteilung ist das Verhältnis von $SiO_2 : Na_2O$. Bei gutem Wasserglas soll es $3 : 1$ betragen, d. h., es soll auf 3 Teile Kieselsäure 1 Teil Natriumoxyd kommen. Als Verunreinigung kommen Eisen, freies Ätznatron, Natriumchlorid, Soda und Aluminium als Natriumaluminat in Frage.

Bestimmung von gebundenem und freiem Natriumoxyd. 20 g Wasserglas werden in einem 500 cm^3-Meßkolben bis zur Marke mit destilliertem Wasser versetzt. Die Lösung muß vollkommen klar sein und darf auch nach längerem Stehen nicht absetzen (kohlensäurefreies Wasser verwenden). 100 cm^3 dieser Lösung werden mit $n/_1$-Schwefelsäure und Methylorangelösung titriert. Da 1 cm^3 $n/_1$-Säure 0,031 g Na_2O entspricht, ist bei einem Verbrauch von n cm^3 der Gehalt an Natriumoxyd:

$$Na_2O = n \cdot 0{,}031 \cdot 25\,°/_0.$$

Kieselsäure. 100 cm^3 der obigen Lösung $= 4$ g Wasserglas werden in einer Porzellanschale mit konzentrierter Salzsäure zersetzt und eingedampft. Der Rückstand wird mit Salzsäure angefeuchtet und wieder eingedampft. Das wird nochmals wiederholt, worauf die Schale mit dem Rückstand 1 Stunde lang im Trockenschrank auf $110°$ erhitzt wird, um die Kieselsäure unlöslich zu machen. Danach wird mit verdünnter Salzsäure aufgenommen, durch ein aschefreies Filter filtriert, mit heißem, salzsäurehaltigem Wasser ausgewaschen, worauf schließlich Filter samt Rückstand in einem gewogenen Platintiegel verascht werden. Zuletzt wird vor dem Gebläse geglüht und die Kieselsäure nach dem Erkalten gewogen. Bei k g Kieselsäure ist der Gehalt hieran:

$$SiO_2 = 25\,k\,°/_0.$$

Gehaltsbestimmung von Mineralsäuren.

Schwefel- und Salzsäure. Beide Säuren gelangen häufig in Papier- und Zellstoffabriken zur Anwendung. Zur rascheren Ermittlung ihres Gehaltes dient die Bestimmung des spezifischen Gewichtes mit Hilfe eines Aräometers. Die genaue Gehaltsermittlung geschieht durch Titration einer abgemessenen oder abgewogenen und entsprechend verdünnten Probe mit $n/_{10}$-Alkalilösung, wobei man Methylorange als Indikator verwendet.

Schwefelsäure kommt in konzentriertem Zustand als ölige Flüssigkeit vom spezifischen Gewicht 1,84 in den Handel. Verdünnte Säuren werden fast ausnahmslos aus der konzentrierten durch Einlaufenlassen in Wasser hergestellt. (Größte Vorsicht notwendig; Säure muß in dünnem Strahl ins Wasser laufen, wobei ständig gerührt werden muß.) Konzentrierte Säure enthält bisweilen von ihrer Darstellung her geringe Mengen Blei. Sie können nachgewiesen werden

durch Verdünnen mit Wasser, wobei das Blei als Sulfat in feiner Trübung ausfällt. Die Säure soll möglichst farblos sein.

Salzsäure wird gewöhnlich als eine $30\cdots36$proz. Auflösung des Chlorwasser-
stoffgases gehandelt. Diese wäßrige Auflösung enthält stets etwas Eisen, dem sie
je nach Gehalt eine nur schwach bis stärker gelbe Farbe verdankt.

Es entspricht:

$$1 \text{ cm}^3 \; {}^{n}/_{10}\text{-Alkalilösung} = 0,0049 \text{ g } H_2SO_4$$
$$1 \text{ cm}^3 \; {}^{n}/_{10}\text{-} \qquad \text{,,} \qquad = 0,00365 \text{ g HCl.}$$

IX. Die Untersuchung von Abwässern.

Allgemeines. Der Untersuchung der Abwässer kommt in steigendem Maße Bedeutung zu. Es ist in Ländern mit einer Häufung von industriellen Produktionsstätten und anderen Verbrauchern von Wasser an Flußläufen ein Gebot der Notwendigkeit, die Abwässer des eigenen Werkes so weitgehend gereinigt als irgend möglich dem Vorfluter zu übergeben. Diese Forderung setzt in den Betrieben unserer Industrie eine laufende Überwachung des Gesamtabwassers voraus.

Neben diesen durch die Pflichten des Benutzers und die Rechte und Belange der Unterlieger bedingten Untersuchungen, ergibt sich auch im Hinblick auf die Wirtschaftlichkeit des eigenen Unternehmens nicht allein die Notwendigkeit, das Gesamtabwasser des Werkes, sondern auch das seiner einzelnen Hauptabteilungen zu überwachen. In unserer Industrie werden durchgehend sehr erhebliche Wassermengen benötigt. Sie dienen aber nur als Träger der Erzeugung und finden fast zur Gänze ihren Weg wieder aus der Fabrik hinaus in Vorfluter und Flüsse. Selbst kleine und kleinste Mengen von wertvollen Fasern sowie sonstigen Hilfsstoffen in der Mengeneinheit Abwasser laufen daher nach und nach zu großen Summen auf und stellen in Geld umgerechnet beträchtliche Werte dar. Allein durch eine fortlaufende Untersuchung der Abwässer der einzelnen Abteilungen lassen sich Verluste dieser Art vermeiden, aber auch nur auf diesem Weg können Unterlagen für erforderliche Verbesserungen gesammelt werden.

Aus diesen Betrachtungen folgt, daß bei der Untersuchung von Abwässern zu unterscheiden ist, ob es sich um solche handelt, die von einer der verschiedenen Betriebsabteilungen stammen, oder ob das Gesamtwasser einer Anlage vorliegt.

Bei den erstgenannten, also bei unvermischten Abwässern von, um nur einige Beispiele zu nennen, der Kocherei, der Laugenstation, der Kaustizierung, der Aufbereitung, den Waschtrommeln der Bleichholländer, der Chlorwasserbereitung, den Papier- und Entwässerungsmaschinen, der Holzschleiferei ist in erster Linie der Verlust an verwertbaren Stoffen der Anlaß zur Untersuchung. Der Zweck der Untersuchung des Gesamtabwassers, das sich aus allen Abwasserteilströmen des Betriebes zusammensetzt, ist zumeist die Feststellung genügender Ausreinigung, der Unschädlichkeit für die organische Welt des Vorfluters, sowie schließlich der Brauchbarkeit für weitere Verwendungszwecke.

Für beide Arten der Untersuchungen können hier in Anbetracht der großen Verschiedenheit der praktischen Verhältnisse nur allgemeine Richtlinien gegeben werden.

Untersuchung der Abwässer der einzelnen Betriebsabteilungen.

Die oben gekennzeichnete Aufgabe dieser Untersuchung bedingt einmal die Prüfung einer Durchschnittsprobe des Teil-Abwasserstroms auf seinen Gehalt an wertvollen Stoffen, zum andern setzt sie die Kenntnis der abfließenden Wassermenge voraus.

Die letztgenannte Größe wird sich bisweilen durch unmittelbare und laufende Messungen ermitteln lassen, im allgemeinen wird es sich empfehlen, diese Zahl ausgehend von dem Frischwasserverbrauch der Abteilung zu bestimmen. Für die wichtigsten Wasserverbrauchsstätten des Betriebes, die gleichzeitig ja auch die Hauptquellen des Abwassers darstellen, werden hierfür wohl immer Unterlagen vorliegen.

Entnahme der Durchschnittsproben. Der Ort der Entnahme solcher Proben muß mit Vorbedacht ausgewählt werden. Es muß eine Stelle sein, an der das Abwasser der Abteilung vollkommen durchgemischt ist und noch keine Gelegenheit gehabt hat, irgendwelche Bestandteile zu verlieren. In Frage kommen Stellen, an denen ein rascher Fluß statthat, während andererseits solche, an denen das Abwasser ruhig steht, vermieden werden müssen.

Die einfachste Art der Probenahme ist die durch Schöpfen mit der Hand. Bei einem 24 stündigen Betriebe, wie er in unserer Industrie das übliche ist, muß aber dann mindestens alle Stunden eine Probe entnommen werden. Vorzuziehen sind selbstverständlich kürzere Zeitabstände herunter bis zu 15 Minuten. Die Einzelproben werden in einem größeren Behälter gesammelt und gelangen in diesem zum Laboratorium.

Es ist offenbar, daß bei einer derartigen Probenahme sehr leicht eine Beeinflussung des Ergebnisses stattfinden kann, wenn sie nicht in zuverlässigen Händen liegt. Bei der im Verhältnis zur Gesamtabwassermenge immer nur äußerst kleinen Probe, kann die Untersuchung durch größere Mängel bei ihrer Entnahme praktisch wertlos werden. Aus dieser Erkenntnis heraus hat man versucht, durch Einbau selbsttätig arbeitender Probenehmer zuverlässige Durchschnittsproben zu erhalten. Derartige Apparate sind auch im Handel erhältlich, zumeist haben doch die Werke selbst sich eigene Einrichtungen geschaffen, welche den von Fall zu Fall ganz verschiedenen Verhältnissen angepaßt sind.

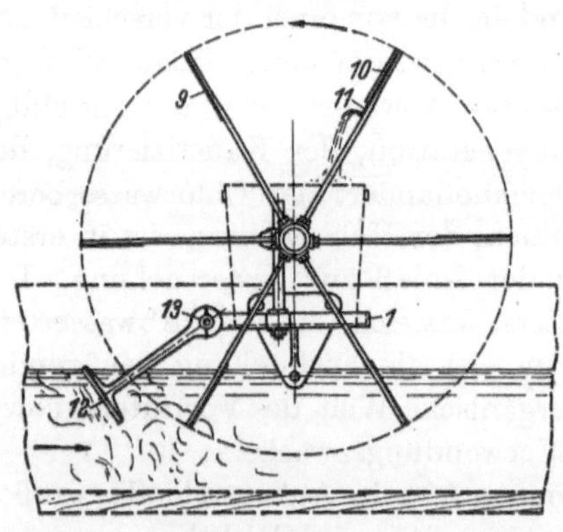

Abb. 156 a. Abwasserprobenehmer nach KUHN, Vorderansicht.

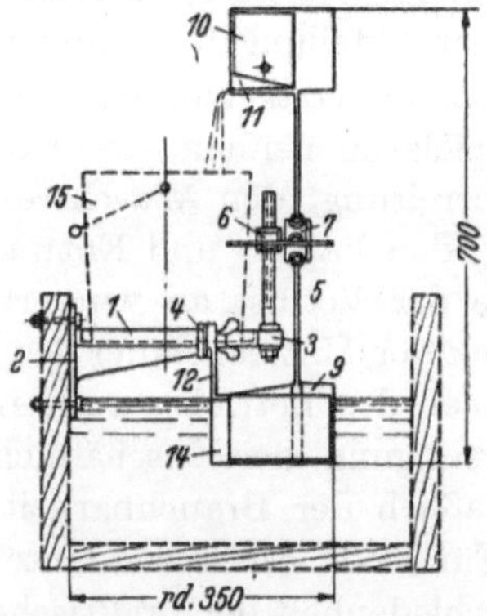

Abb. 156 b. Abwasserprobenehmer nach KUHN, Seitenansicht.

Für offene Gerinne findet man hierfür häufig Paddelräder mit Schöpfeinrichtung. Die Abb. 156 a und b, die nach einem Vorschlag von A. D. KUHN gezeichnet ist, veranschaulicht eine derartige Probeentnahmevorrichtung.

Der Apparat ist aufgebaut aus dem Ständer 1, der den Flansch 2 und die Augen 3 und 4 besitzt. In dem Auge 3 ist die Säule 5 eingesetzt, an welcher der Lagerkopf 6 einstellbar befestigt ist, um das in einem Doppelkugellager 7 laufende

Schaufelrad *8* je nach Bedarf verschieden tief in den Abwasserstrom eintauchen lassen zu können.

Das Schaufelrad *8* besitzt 5 Treibschaufeln *9* und eine Treib- und Schöpfschaufel *10* mit einstellbarer Lippe *11*. Vor dem Schaufelrad *8* taucht die an dem Arm *12* befestigte und mit der Schraube *13* in dem Auge *4* schwenkbar gelagerte Wirbelschaufel *14* in den Abwasserstrom ein.

Die Wirbelschaufel *14* beunruhigt und mischt das Abwasser, bevor es die Treibschaufeln *9* und die Treib- und Schöpfschaufel *10* trifft, welche Schaufeln, getrieben von dem Abwasserstrom, das Schaufelrad mit 4···8 Umdrehungen je Minute in Bewegung halten und je Minute 4···8, der Menge nach mit der Lippe *11* einstellbare Abwasserproben durch die Treib- und Schöpfschaufel *10* in den auf dem Ständer *1* stehenden Probeneimer *15* abwirft und den Eimer in 8 oder 24 Stunden mit einer Mischprobe füllt.

Auf diese Weise wird eine große Zahl von Abwasserproben, z. B. sind es bei 6 Proben je Minute insgesamt 8640 Proben je Tag, dem Abwasserstrom und zwar nach vorheriger Durchmischung entnommen. Der gesamte Apparat muß, um der chemischen Einwirkung des Abwassers auf die Dauer zu widerstehen, aus säurefesten Aufbaustoffen hergestellt werden. Um jeden Eingriff von außen her durch Unbefugte zu vermeiden, wird er, wie alle derartigen Probenehmer, unter einer verschließbaren Haube aufgestellt.

Paddelräder sind im allgemeinen nur dort anwendbar, wo der Wasserstand im Gerinne durch Ungleichheiten in der Abwassermenge nicht allzu stark schwankt. Kleinere Schwankungen wirken sich insofern vorteilhaft aus, als in Abhängigkeit von ihnen der Probenehmer bei steigender Wassermenge schneller, bei sinkender langsamer läuft. Damit wird, wie es erwünscht ist, die Zahl der genommenen Einzelproben zur durchfließenden Abwassermenge immer annähernd im gleichen Verhältnis stehen.

Da viele der Abwasserläufe versenkt im Boden liegen, wird man aus ihnen Proben nur mit Hilfe kleiner Pumpen entnehmen können. Hierzu eignen sich gut direkt mit dem Motor gekuppelte Pumpen kleiner Förderleistung, wie sie unter anderem Verwendung finden an Werkzeugmaschinen zum Umpumpen von Kühl- und Schmierflüssigkeiten. Es ist doch zufolge der Beschaffenheit der zu fördernden Wässer empfehlenswert entsprechende Laufräder zu verwenden. Die Förderleistung dieser Pumpen — 10···20 l/min — ist immer noch zu hoch, um den Gesamtwasseranfall als Durchschnittsprobe aufzufangen. Zur Verringerung deren Menge kann man sich Vorrichtungen bedienen, wie sie in den Abb. 157 und 158 schematisch dargestellt sind.

Im ersten Fall wird das unverjüngte Druckrohr der Pumpe zu einem rechteckigen Gefäß geleitet, das im Boden als Doppeltrichter ausgebildet ist (*A* u. *B*). Auf dem Scheitel der Trichter sitzt in der Längsrichtung des Gefäßes bei *C* eine nach oben scharf ausgezogene Schneide. Das Ende der Druckleitung der Pumpe ist unter Benutzung eines Gummischlauches *F* mit einem gleich weiten Mundstück *E* verbunden, das durch eine Haltevorrichtung oberhalb der Schneide *C* befestigt ist. Die Anordnung ist weiter so getroffen, daß durch geringes Verschieben quer zur Schneide mehr oder weniger vom austretenden Abwasserstrahl vom Trichter *B* aufgefangen und zur Sammelflasche *D* geleitet wird, während der Rest des Wassers durch *A* zum Abwasserkanal zurückfließt.

Im andern Fall dient ein Kippkasten zur Verringerung der entnommenen Wassermenge. Der Kasten entleert sich schlagartig in den unteren Behälter, wobei die Probe gut durchgemischt wird. Aus diesem Kasten fließt durch das in seiner Längsrichtung höher und tiefer einstellbare Ablaufrohr bei jeder Entleerung eine kleine Abwassermenge in eine Auffangflasche, während der größte Teil des Wassers seinen Weg in den Abwasserkanal zurückfindet. Durch Änderung der Einstellung des Rohres läßt sich die Entnahmemenge regeln.

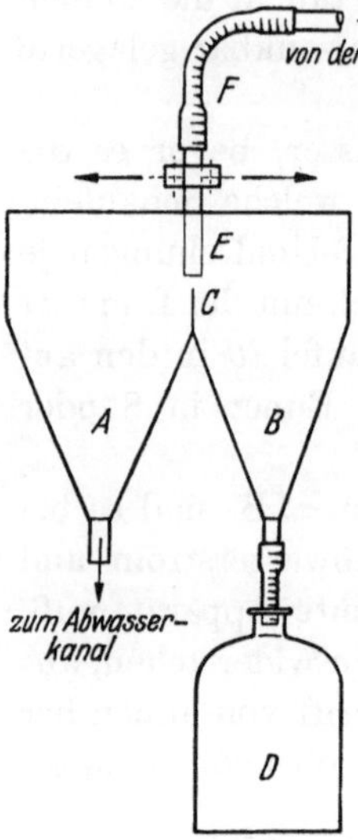

Abb. 157. Probenahmeapparat für Abwässer.

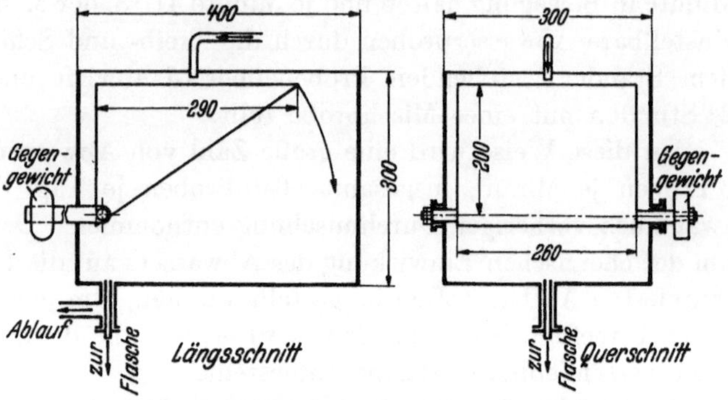

Abb. 158. Probenahmeapparat für Abwässer.

Die empfindlichen Teile dieser Einrichtung müssen aus säurefesten Aufbaustoffen hergestellt werden; dies ist besonders dort erforderlich, wo die Abwässer Eisen angreifen oder durch dessen Einwirkung sich ändern können.

Die beiden zuletzt beschriebenen Vorrichtungen kann man auch dort zur Entnahme von Durchschnittsproben benutzen, wo das Abwasser in Rohrleitungen abgeführt wird, welche so hoch liegen, daß sich die Apparate unter ihnen aufstellen lassen und das Wasser ihnen mit einer kurzen möglichst senkrechten Leitung zugeführt werden kann. In Anbetracht der Tatsache, daß es sich zumeist um faserhaltige Abwässer handelt, vermeide man zu enge Querschnitte und beschränke die Absperrorgane auf das äußerste. Auch für gelegentliche notwendig werdende Reinigung ist Sorge zu tragen.

Selbsttätig arbeitende Probenehmer können begreiflicherweise nur Gesamtdurchschnitte sammeln. Plötzliche und periodisch auftretende Veränderungen in der Zusammensetzung werden hierbei verwischt und treten unter Umständen nicht nach Maßgabe ihrer Bedeutung in Erscheinung.

Untersuchung der Proben. Die Untersuchung der Abwasserproben der einzelnen Abteilungen hängt in ihrer Ausführung ab von der Art der wertvollen Stoffe, die in ihnen enthalten sein können. Grundsätzlich wird man immer unterscheiden zwischen Schwebestoffen und gelösten Stoffen. Bei beiden Arten von Stoffen wird man wieder trennen können in mineralische und organische, wozu bei den letztaufgeführten noch gasförmige kommen können. Im wesentlichen kann man also das nachstehende Schema (Tabelle 37) über die hauptsächlichsten im Abwasser vorkommenden Stoffe aufstellen.

Es liegt nicht im Rahmen der täglichen Überwachung, in den genommenen Proben auf alle die einzelnen Stoffe der Menge nach zu fahnden. Man wird sich

Tabelle 37. Zusammenstellung der wichtigsten im Abwasser vorkommenden Stoffe. Schema für deren Ermittlung.

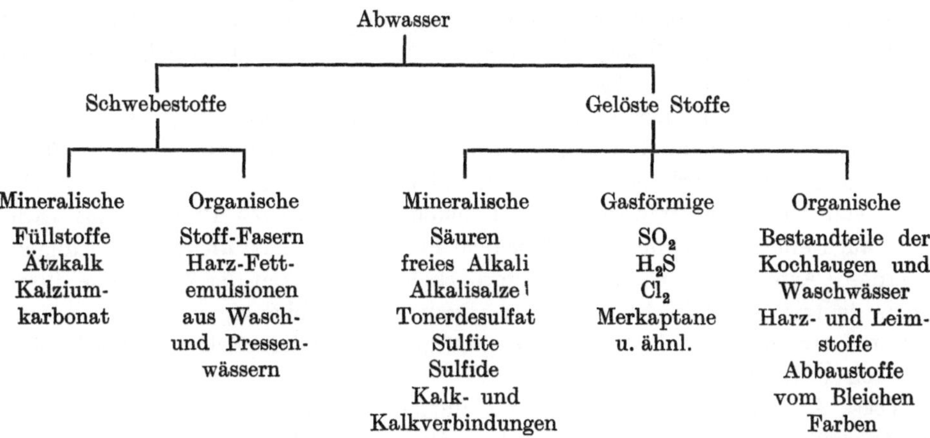

vielmehr darauf beschränken, durch Zusammenfassung in Gruppen die Bestimmung zu vereinfachen und nur in Ausnahmefällen eine weitgehende Differenzierung vorzunehmen. Allein über den Gehalt an dem wertvollsten Stoff, der zudem noch in den Abwässern von so gut wie allen Abteilungen vorkommen wird, den Fasern, wird man sich durch möglichst häufige Untersuchungen Kenntnis verschaffen. Im übrigen liegt es auf der Hand, daß die Abwasseranalyse bei der Mannigfaltigkeit der Verhältnisse ganz verschieden auszuführen sein wird: im Abwasser einer Sulfitzellstoffabrik wird man nach anderen Stoffen suchen als in jenem einer Feinpapierfabrik. Nachstehend sind nur für die wichtigsten der oben aufgeführten Einzelstoffe Bestimmungsmethoden aufgeführt.

a) Bestimmung der Schwebestoffe. Dies ist die wichtigste aller Abwasseranalysen. Vielfach wird allein sie in den Betrieben laufend durchgeführt.

1. Gesamtmenge. Zu ihrer Bestimmung wird man nur in seltenen Fällen eine unmittelbare Filtrierung eines mehrere hundert cm³ umfassenden Anteils der gut durchgemischten Durchschnittsprobe vornehmen können. Zumeist sind die Abwässer infolge eines Gehaltes an Faserschleim, Harz- und Leimstoffen sehr schwer filtrierbar. Dies gilt insonderheit von den Abwässern in Papierfabriken. Papierfilter, wie auch Gooch- und Glasfiltertiegel verstopfen sich meist sehr rasch. Bisweilen kann man einen schnelleren Verlauf der Untersuchung herbeiführen, wenn man die Abwasserproben in Standzylindern sich absetzen läßt. Der größte Teil des Wassers läßt sich anschließend sehr rasch filtrieren und nur für den Bodensatz bedarf es etwas längerer Zeit.

Weit vorteilhafter ist aber in allen Fällen das Arbeiten mit Zentrifugen. Bei deren richtiger Auswahl gelingt es sehr rasch, die Hauptmasse des Wassers von den Schwebestoffen zu trennen. Die zu diesem Zweck benutzten Zentrifugen sollen vier Gehänge zur Aufnahme von Schleudergläsern von mindestens 15 cm³ Inhalt haben und für nicht weniger als 2000 Umdrehungen in der Minute eingerichtet sein. Unter der Wirkung der hierbei auftretenden Zentrifugalkraft setzen sich die Sedimentstoffe bereits in wenigen Minuten ab und hinterlassen das darüberstehende Wasser vollkommen klar. Es kann vorsichtig abgegossen und durch neues Abwasser ersetzt werden. Durch mehrmalige Wiederholung dieser Arbeitsweise gelingt es meist sehr rasch, die für die Bestimmung erforderliche Abwassermenge von den Schwebestoffen zu befreien. Die noch feuchten Rückstände in den einzelnen Gläsern bringt man durch Herausschlagen und Nachspülen mit wenig Wasser in einen gewogenen Tiegel, in welchem man sie trocknet und schließlich wägt.

Für vergleichende Betriebsanalysen ist empfohlen worden, die Bestimmung derart zu vereinfachen, daß lediglich die Höhe des in den mit $^1/_{10}$-cm³-Teilung versehenen Schleudergläsern sich absetzenden Rückstandes bestimmt wird. Mit Hilfe von Durchschnittswerten des Trockengehaltes dieses Rückstandes kann dann auch eine Umrechnung auf trockene Faser- und Füllstoffsubstanz erfolgen. Bei dieser Arbeitsweise ist es doch erforderlich, die Laufzeit der Zentrifuge durch einen elektrischen Zeitschalter immer genau und unabhängig vom Bedienungspersonal einzuhalten. H. SCHWALBE gibt als notwendige Zeit für das Zentrifugieren 4 Minuten an[1].

Diese Abänderung der Bestimmung dürfte allerdings nur dann zuverlässige Werte geben, wenn die Art der Schwebestoffe nicht zu stark schwankt. Beispielsweise wird man sie anwenden können, wenn es sich um Schleifereiabwässer oder aber um solche handelt, die von Papiermaschinen stammen, welche fortlaufend die gleiche Sorte erzeugen.

2. Bestimmung des Gehaltes an Harz- und Fettstoffen im Gesamtrückstand. Falls deren Ermittlung für genaue Bestimmungen erforderlich ist, bringt man die Rückstände aus den Schleudergläsern in einen gewogenen Gooch- oder Glasfiltertiegel und verfährt zunächst wie oben angegeben. Nach dem Trocknen übergießt man den Inhalt des auf eine Saugflasche aufgesetzten Tiegels mit wenig kochendem Alkohol, läßt eine Zeitlang einwirken, saugt ab und wiederholt diese Behandlung einigemal. Anschließend trocknet und wägt man wieder. Der Gewichtsverlust stellt den Gehalt an Harz- und Fettstoffen dar.

3. Bestimmung des Gehaltes an mineralischen Schwebestoffen. Der Rückstand von den vorigen Bestimmungen wird geglüht und der Tiegel nach dem Erkalten wieder gewogen. Der neue Rückstand enthält die Aschebestandteile der Fasern, sowie die Glührückstände von Füllstoffen und sonstigen mineralischen Sedimentstoffen.

Der beim Glühen aufgetretene Gewichtsverlust ist nicht ausschließlich auf das Verschwinden der organischen Substanz, also der Fasern, zurückzuführen. Etwa vorhandenes Kalziumkarbonat verliert hierbei durch Abgabe der Kohlensäure ebenfalls an Gewicht, wie auch alle Füllstoffe beim Glühen einen Verlust erleiden. Bei Vernachlässigung der hierdurch bedingten Korrekturen erscheint in den meisten Fällen der Fasergehalt des Abwassers zu hoch.

Ist Kalk in größerer Menge vorhanden, so ist es empfehlenswert, den Gesamtrückstand mit schwacher Säure zu behandeln, dann gut auszuwaschen, wiederum zu trocknen und neuerlich das Gewicht des Rückstandes zu ermitteln. Von diesem Gewicht geht man dann bei der Bestimmung des Fasergehaltes aus. Statt dessen kann man auch nachträglich in der Asche den Kalkgehalt ermitteln, daraus die ursprüngliche Menge an Kalziumkarbonat berechnen und mit diesen Werten die erforderlichen Korrekturen anbringen.

---

[1] HERDEY: Zellstoff u. Papier 5, 348 (1925). — SCHWALBE, H.: Papierfabrikant 24 (Festheft), 71 (1926).

Die Korrektur, die durch den Glühverlust der Füllstoffe bedingt ist, kann man durch dessen unmittelbare Ermittlung bestimmen (s. Abschnitt VIII, Füllstoffe).

b) Bestimmung der gelösten Stoffe. 1. Gesamtmenge. Zu deren Ermittlung werden $200\cdots300$ cm³ filtriertes Abwasser in einer gewogenen Platinschale auf dem Wasserbad zur Trockne verdampft. Der erhaltenen Rückstand wird bei $100\cdots105°$ im Trockenschrank getrocknet und schließlich gewogen.

Von den so ermittelten gelösten Stoffen wird der auf gleiche Weise im Frischwasser ermittelte Rückstand abgezogen. Der Unterschied, der auf 1 l umgerechnet wird, stellt die Zunahme an gelösten Stoffen dar, die das Wasser in der betreffenden Abteilung erfährt. Sie kann teils aus organischen, teils aus mineralischen Substanzen bestehen. Im ersten Fall kann es sich um solche von der Herstellung der Halbstoffe, um Leimstoffe, Farben und ähnliches handeln, im letzteren Fall können lösliche Anteile von Füllstoffen, Alkalisalze, schwefelsaure Tonerde und anderes mehr zu ihrer Menge beitragen.

2. Glührückstand. Der bei der vorstehend beschriebenen Bestimmung erhaltene Rückstand wird geglüht und nach dem Erkalten wird wieder gewogen. Der Verlust stellt die gelöst gewesene organische Substanz dar, sowie in meist unbedeutendem Ausmaß flüchtige Bestandteile von gelöst gewesenen Mineralstoffen. Der Glührückstand gibt dementsprechend die Menge dieser anorganischen Stoffe an.

Auch hier läßt sich aus der Differenz gegenüber den entsprechenden Werten im ursprünglichen Reinwasser der betreffenden Betriebsabteilung die durch deren Abgänge bedingte Zunahme ermitteln.

c) Bestimmung verschiedener Einzelbestandteile. Bei der Ermittlung verschiedener gelöster Einzelbestandteile, die im Abwasser der Zellstoff- und Papierfabriken vorkommen können, lassen sich zufolge der zumeist geringen Konzentration nicht immer die üblichen Bestimmungsmethoden anwenden. Aus diesem Grunde sind im folgenden solche aufgeführt, die sich bei der Untersuchung der Abwässer allgemein eingeführt haben. Sollte in besonderen Ausnahmefällen der Gehalt der Abwässer an den einzelnen Stoffen über das übliche Maß hinaus steigen, so können die sonst in unserer Industrie gebräuchlichen Methoden gegebenenfalls Anwendung finden.

1. Bestimmung von freier Säure. Da in den Abwässern der Papier- und Zellstoffindustrie Metalloxyde (Zink, Kupfer, Eisen) kaum vorhanden sind, so lassen sich die freien Säuren unmittelbar mit $^n/_{10}$-Lauge titrieren, wobei man, wenn irgend möglich, Methylorange als Indikator anwendet.

Für den Fall, daß die Abwässer stärkere Eigenfarbe besitzen, kann man einen Indikator mit kräftigeren unterschiedlichen Umschlagsfarben (Kongorot) verwenden oder aber durch Behandeln mit salzfreier Aktivkohle vor dem Titrieren eine Aufhellung herbeiführen.

Enthält das Wasser viel Sedimentstoffe, so sind diese vor der Bestimmung durch Filtrieren zu entfernen.

Als Ergebnis wird der Verbrauch an cm³/l $^n/_{10}$-Natronlauge angegeben.

2. Bestimmung von freiem Alkali. Alkalität. Eine Alkalität von Abwässern kann bedingt sein durch einen Gehalt von Ätzkalk, durch Abgänge von alkalischen Kochlaugen, durch solche von der Kaustizierung u. ä. Sie wird

bestimmt durch Titration mit $n/10$-Säure, wobei Methylorange als Indikator anzuwenden ist. Das Ergebnis wird als Verbrauch an cm^3/l $n/10$-Säure angegeben. Im übrigen ist das oben bei der Bestimmung der freien Säure Gesagte sinngemäß zu übertragen.

3. **Bestimmung von Tonerde (Aluminium).** Tonerde, in der Hauptsache von der Leimung stammend, kann quantitativ durch Fällen mit Ammoniak bestimmt werden. Hierbei ist durch folgende Arbeitsweise das Mitausfällen von Eisen zu verhüten. $100\cdots250\ cm^3$ Abwasser werden mit $5\ cm^3$ Salpetersäure vom spezifischen Gewicht 1,2 versetzt und 5 Minuten lang gekocht. Der Lösung fügt man $25\ cm^3$ 30proz. Natronlauge zu und filtriert in der Wärme vom ausgeschiedenen Eisen ab. Das Filtrat wird mit starker Salzsäure angesäuert und etwas eingedampft. Anschließend wird zum Sieden erhitzt und das Aluminium mit Ammoniak ausgefällt. Die Weiteraufarbeitung der Fällung erfolgt dann in bekannter Weise. Das Ergebnis muß um den Betrag des im reinen Fabrikationswasser enthaltenen Aluminiumoxydes verringert werden.

Sehr geringe Mengen von Aluminium können durch dessen Vermögen, ziemlich beständige Farblacke von roter bis gelber Farbe zu bilden, auf kolorimetrischem Wege nachgewiesen werden. Man verfährt zur Durchführung der Untersuchung mittels des am häufigsten hierzu verwendeten Alizarins wie folgt.

Erforderliche Lösungen.

1. 0,1proz. Alizarinlösung (0,1 g alizarinmonosulfosaures Natrium in $100\ cm^3$ destilliertes Wasser gelöst),

2. 5n-Ammoniaklösung (etwa, 10proz.),

3. 5n-Essigsäure,

4. Natriumzitrat,

5. Aluminiumvergleichslösung enthaltend 8,95 g bei 100° getrocknetes Aluminiumchlorhydrat $(AlCl_3 + 6H_2O)$ in 1 l destilliertem Wasser; $1\ cm^3$ enthält 1 mg Al.

Durchführung. $50\ cm^3$ der Wasserprobe werden in einem Kolorimeterrohr mit $0,5\ cm^3$ Essigsäure versetzt, worauf $0,5\ cm^3$ Alizarinlösung zugefügt werden. Die hierdurch gelbgewordene Lösung wird aus einer Bürette tropfenweise mit Ammoniak versetzt, bis gerade Farbumschlag von Gelb nach Rot erfolgt. Nach 10 Minuten langem Stehenlassen der Lösung werden weitere $2\ cm^3$ der Essigsäure hinzugesetzt, worauf bis auf $100\ cm^3$ Gesamtvolumen verdünnt wird. In der gleichen Weise werden mehrere andere Kolorimeterrohre mit je $50\ cm^3$ destilliertem Wasser und steigenden Mengen der Vergleichslösung angesetzt. Man vergleicht darauf im Kolorimeter die erhaltenen Farbtöne. Zuverlässige Ergebnisse werden bei einem Aluminiumgehalt von $0,03\cdots0,3$ mg in den angewandten $50\ cm^3$ erhalten, während höherer Gehalt zu ungenauen Werten führt. Um störende Wirkung durch Eisen bei der Bestimmung auszuschließen, kann man vor der Zugabe des Ammoniaks zu der sauren Lösung etwas Natriumzitrat zusetzen.

4. **Bestimmung von Kalk.** Kalk und Kalksalze können in den Abwässern verschiedener Einzelabteilungen der Sulfitzellstoffabriken, der Chlorlaugen-Bereitungsanlage, der Bleicherei, der Kaustizierung, der Hadernkocherei und -aufbereitung und anderem mehr vorkommen. Soweit es sich um anorganische Kalkverbindungen handelt, können sie im Abwasser in der Weise bestimmt

werden, wie es bei der Untersuchung des Fabrikationswassers beschrieben worden ist. Liegen hingegen organische Kalkverbindungen vor, so muß die Ermittlung im Glührückstand von der Bestimmung der gelösten Stoffe vorgenommen werden.

5. **Bestimmung von Alkalisalzen.** Sie erfolgt im Glührückstand von der Ermittlung der gelösten Stoffe. In bekannter Weise werden nach dessen Lösen zunächst alle anderen Anionen entfernt, worauf die verbliebene Lösung eingedampft wird. Nach dem Vertreiben der Ammonsalze aus dem Trockenrückstand werden die Alkalisalze — es handelt sich wohl ausschließlich um Natriumsalze, die von alkalischen Kochverfahren stammen — durch Abrauchen mit Schwefelsäure in Sulfate übergeführt und gelangen als solche zur Wägung. Auch hier sind Korrekturen für die von vornherein im Wasser vorhandenen Alkalisalze anzubringen.

6. **Bestimmung der schwefligen Säure. Sulfite.** Zur Bestimmung der freien und leicht abspaltbaren schwefligen Säure gibt man nach Maßgabe der Verhältnisse 250···500 cm³ Abwasser in einen Destillationskolben, dessen wasserbeschickter Kühler in eine Jodlösung enthaltende Vorlage reicht. Man destilliert dann genau die Hälfte des angewandten Abwassers ab und bestimmt im Destillat durch Zurücktitrieren mit Natriumthiosulfatlösung die von übergegangener schwefliger Säure verbrauchte Jodmenge. Da Abwässer der Sulfitzellstofferzeugung bei dieser Behandlung häufig auch andere Stoffe abgeben, welche Jod verbrauchen, kann es empfehlenswert sein, die Bestimmung gravimetrisch zu Ende zu führen. Zu diesem Zweck fällt man im Destillat die gebildete Schwefelsäure in bekannter Weise mit Bariumchlorid und bringt das erhaltene Bariumsulfat zur Wägung.

Die gebundene schweflige Säure wird gemäß Übereinkommen durch Abdestillation im Kohlensäurestrom nach dem Ansäuern mit Phosphorsäure bestimmt. Zu diesem Zweck werden 200···300 cm³ Abwasser in einen Destillationskolben gegeben, welcher einerseits mit einem Kohlensäure-Entwicklungsapparat, andererseits mit einem Kühler in Verbindung steht, welcher in eine mit Jodlösung beschickte Vorlage eintaucht. Nach dem Verschließen des Kolbens wird durch Einleiten von Kohlensäure zunächst die Luft ausgetrieben, worauf man mittels eines Tropftrichters 25 cm³ 25proz. Phosphorsäure langsam in den Kolben einfließen läßt. Man erhitzt zum Sieden und erhält hierbei unter dauerndem Einleiten von Kohlensäure genau 1 Stunde lang. Im Destillat wird wie oben die Bestimmung weitergeführt.

Es wird ganz von den vorhandenen Sulfitmengen abhängen, ob man $n/10$- oder $n/100$-Jod- und -Natriumthiosulfatlösung wird anwenden können.

1 cm³ $n/10$-Jodlösung zeigt 3,2 mg schweflige Säure an.

1 mg Bariumsulfat entspricht 0,2745 mg SO_2.

7. **Bestimmung von Sulfiden. Schwefelwasserstoff.** Durch Abwässer von alkalischen Aufschlußverfahren können dem ablaufenden Wasser Sulfide, wie auch Schwefelwasserstoff zugeführt werden. Ihre unmittelbare Bestimmung durch Titration mit Jod wird sich bei den zumeist gleichzeitig vorhandenen organischen Stoffen nur in Ausnahmefällen durchführen lassen. Es kommt hinzu, daß ein Teil des Schwefels an die organischen Substanzen so gebunden ist, daß er sich der unmittelbaren Titration entzieht, sehr wohl aber bei der Einwirkung von Säuren in Form von Schwefelwasserstoff abgespalten werden kann.

Genaue Werte werden bei dieser Bestimmung so erzielt, daß man $100 \cdots 250$ cm^3 des frisch entnommenen Abwassers in einem Destillationskolben bei gewöhnlicher Temperatur mit verdünnter Salzsäure versetzt und den hierbei frei gemachten Schwefelwasserstoff durch Einleiten von Kohlensäure in eine Vorlage, die mit 25 cm^3 Kadmiumazetatlösung gefüllt ist, übertreibt. Die Lösung wird durch Auflösen von 5 g Kadmiumazetat und 30 g Eisessig in 100 cm^3 destilliertem Wasser erhalten. Durch Einwirkung des Schwefelwasserstoffs scheidet sich gelbes Kadmiumsulfid ab. Es wird nach mehrstündigem Stehen durch einen mit Asbest beschickten Goochtiegel filtriert, einige Male mit kaltem destillierten Wasser gewaschen und dann samt dem Asbest in überschüssige $n/_{100}$-Jodlösung eingetragen, worauf mit Phosphorsäure angesäuert wird. Nach etwa 30 Minuten langem Stehen wird der Jodüberschuß mit $n/_{100}$-Natriumthiosulfatlösung, die man sich unmittelbar vor dem Versuch durch Verdünnen stärkerer Lösung mit frisch ausgekochtem destilliertem Wasser in der etwa erforderlichen Menge herstellt, zurückgemessen.

1 cm^3 $n/_{100}$-Jodlösung zeigt 0,17 mg Schwefelwasserstoff an. Das Ergebnis wird wie üblich auf 1 l Abwasser umgerechnet.

Falls die Möglichkeit besteht, daß flüchtige organische Stoffe den Jodverbrauch beeinflussen können, empfiehlt es sich, den abgespaltenen Schwefelwasserstoff in salzsaurer Bromlösung aufzufangen, in dieser zu Schwefelsäure zu oxydieren und anschließend als Bariumsulfat zu bestimmen.

1 mg Bariumsulfat entspricht 0,146 mg H_2S.

8. Bestimmung von Chlor. Durch die Abläufe der Bleichanlagen kann Chlor in freier und gebundener Form in das Abwasser gelangen.

Freies Chlor oder unterchlorige Säure wird wie folgt bestimmt. Man versetzt $200 \cdots 500$ cm^3 des Abwassers mit 1 g Kaliumjodid und 25 cm^3 25proz. Phosphorsäure und läßt, um die Reaktion vollständig zu machen, 10 Minuten stehen. Das in Freiheit gesetzte Jod wird dann mit $n/_{10}$-Natriumthiosulfatlösung titriert. Bei sehr geringen Mengen Chlor kann es angezeigt sein, eine schwächere Meßlösung anzuwenden.

1 cm^3 $n/_{10}$-Natriumthiosulfatlösung zeigt 3,55 mg Chlor an.

Gebundenes Chlor. Es wird durch Titration mit $n/_{50}$-Silbernitratlösung bestimmt, nachdem vorerst die vorhandenen organischen (silberverbrauchenden) Stoffe entfernt wurden. $100 \cdots 250$ cm^3 Wasser werden nach dem Filtrieren zum Sieden erhitzt, worauf sie mit überschüssiger Kaliumpermanganatlösung versetzt werden. Man kocht weiter, bis sich die Manganoxyde flockig abgeschieden haben. Ein dann noch vorhandener rötlicher Ton der Flüssigkeit — bei zu reichlichem Zusatz von Kaliumpermanganat — wird durch Zutropfen von Alkohol beseitigt. Nach dem Absitzen des flockigen Niederschlags filtriert man die Flüssigkeit, wäscht heiß aus, setzt 1 cm^3 10proz. Kaliumchromatlösung als Indikator hinzu und titriert mit $n/_{50}$-Silbernitratlösung bis zum Farbumschlag der Flüssigkeit von Gelb nach Gelbbraun.

1 cm^3 $n/_{50}$-Silbernitratlösung zeigt 0,70 mg Chlor.

Soll allein die Zunahme des Chlorgehaltes ermittelt werden, so ist der im Reinwasser ursprünglich vorhandene Gehalt in Form einer Korrektur zu berücksichtigen.

Sehr geringe Chlormengen im Abwasser können auch durch das früher beschriebene kolorimetrische Verfahren mit o-Tolidin ermittelt werden (s. Abschnitt I Untersuchung des Fabrikationswassers).

Darstellung der Ergebnisse. Die Ergebnisse sämtlicher Abwasseranalysen werden am anschaulichsten in graphischer Form dargestellt. Eine fortlaufende Aufzeichnung vermittelt einen guten Überblick und läßt aus dem Durchschnitt heraustretende Werte deutlich erkennen. Es empfiehlt sich, die Darstellung derart zu gestalten, daß vor den Ergebnissen des laufenden Jahres jeweils der Durchschnitt der früheren Jahre bei den gleichen Untersuchungen erscheint. Auf diese Weise bleibt ein Zusammenhang sämtlicher ausgeführter Untersuchungen bestehen.

Untersuchung des Gesamtabwassers.

Die Prüfung des gesamten Abwassers, also jenes, das in dem zu begutachtenden Zustand dem Vorfluter übergeben wird, zerfällt in eine Untersuchung an Ort und Stelle, d. h. in eine örtliche Begehung und Betrachtung des Abwasserlaufes und in eine chemische Untersuchung auf schädliche Stoffe im Laboratorium.

Örtliche Prüfung. Die Prüfung an Ort und Stelle hat sich hier auf folgende Punkte zu erstrecken:

1. Äußeres Aussehen des Wassers.
2. Geruch.
3. Reaktion.
4. Temperatur.

Zu 1. Es ist zu beachten, ob das Abwasser stärker getrübt oder gefärbt ist als normal, ferner, ob es sichtbare Mengen von Abfallstoffen enthält. Es ist endlich festzustellen, wie weit unterhalb der Fabrik solche Verunreinigungen im Fluß jeweils beobachtet werden können und wann das Abwasser oder der Flußlauf äußerlich einwandfrei erscheinen. Es sei bemerkt, daß trübes oder gefärbtes Wasser an und für sich nicht schädlich zu sein braucht, daß hierüber lediglich die Untersuchung der Schwebestoffe Aufschluß geben kann, ein Umstand, der besonders bei Angaben von Laien beachtet zu werden verdient.

Zu 2. Von den Gerüchen, auf die hier zu prüfen wäre, kommen als schädlich in Betracht: schweflige Säure, Chlor, Schwefelwasserstoff und Merkaptane (Natron- und Sulfat-Kochverfahren).

Zu 3. Die Reaktion wird durch Eintauchen von empfindlichem Kongorot- oder Lackmuspapier an verschiedenen Stellen des fließenden Abwassers festgestellt.

Zu 4. Die Temperatur wird so bestimmt, daß man ein genau anzeigendes Thermometer so lange unter der Oberfläche des Wassers beläßt, bis keine Änderung in der Anzeige mehr erfolgt.

Entnahme der Probe. Zum Zwecke der eingehenden Untersuchung im Laboratorium ist die Entnahme einer genügend großen Probe notwendig, und diese muß tatsächlich eine gute Durchschnittsprobe darstellen. Solange es sich um stets gleichmäßig abfließendes Wasser handelt, ist die Probeentnahme ohne Schwierigkeiten durchzuführen. An einer Stelle des Ablaufkanals oder -grabens werden aus der Mitte und von den beiden Seiten, von der Oberfläche und aus größeren oder geringeren Tiefen mittels eines Schöpfers oder einer erst unter der Oberfläche des Wassers zu öffnenden Flasche Proben genommen. Diese werden in einem größeren, mit dem zu untersuchenden Wasser ausgespülten Gefäß gesammelt, worauf nach gutem Durchmischen zur eingehenden Untersuchung eine Probe von etwa $5 \cdots 10\,1$ in verschließbare Flaschen gegeben wird.

Läuft das Abwasser in wechselnder Zusammensetzung ab, so muß die Probeentnahme über einen längeren Zeitraum verteilt werden und z. B. einige Stunden lang alle $^1/_4$ Stunden eine Probe in der oben beschriebenen Weise entnommen werden.

Wird von Zeit zu Zeit Wasser abgelassen, das in seiner Beschaffenheit wesentlich von dem normalen Abwasser abweicht, z. B. beim Abstoßen von Ablauge, Reinigen von Behältern usw., so ist es zweckmäßig, dieser Verschiedenheit dadurch Rechnung zu tragen, daß man das normale Abwasser und jenes, das zu diesen Zeitpunkten abfließt, getrennt voneinander untersucht, also zweierlei Proben entnimmt.

Wenn die Verhältnisse dafür geeignet sind, empfiehlt es sich, die oben beschriebenen automatischen Probenehmer auch an dieser Stelle einzubauen. Für eine zuverlässige Probeentnahme ist dann Gewähr geleistet und die Möglichkeit einer sorgfältigen Überwachung des Abwassers gegeben.

In vielen Fällen wird der Nachweis zu erbringen sein, daß die in einen öffentlichen Flußlauf einmündenden Abwässer diesen selbst nicht derart belasten, daß sein Wasser schädliche Beschaffenheit annimmt. Dann ist die Wasserprobe unter der Einmündungsstelle des Abwasserkanals in den Fluß erst dort zu entnehmen, wo eine vollkommene Mischung beider stattgefunden hat. Dies kann je nach der Fließgeschwindigkeit des Flusses und je nach seinem Lauf — ob gerade oder gewunden — früher oder später der Fall sein. Krümmungen, Buhnen, Landzungen, Wehre und ähnliches befördern das Vermischen.

Bei der Untersuchung im Sinne des letztgenannten Zweckes ist es endlich notwendig, auch oberhalb der Anlage aus dem Fluß eine Probe zu entnehmen, um dadurch festzustellen, ob und welche schädlichen Stoffe schon vor Einlauf der Abwässer im Wasser vorhanden sind. Auch darauf wäre zu achten, ob nicht erst durch das Zusammentreffen des Abwassers mit anderen Abwässern Reaktionen ausgelöst werden, die zur Schädlichmachung des Flußwassers führen können.

Wenn auch die Durchführung der Probeentnahme in allen Fällen die gleiche wie beschrieben ist, so muß doch nach den jeweiligen Verhältnissen selbst bestimmt werden, wo überall solche entnommen werden müssen, um ein einwandfreies Ergebnis zu erhalten.

Zur Untersuchung der entnommenen Proben. Die entnommene Probe ist möglichst bald nach Entnahme zu untersuchen, da ihre Zusammensetzung durch Entweichen von Gasen, Ausscheidung unlöslicher Stoffe und ähnliches sich ändern kann. Als Konservierungsmittel, wenn die Untersuchung nicht sofort vorgenommen werden kann, hat sich der Zusatz von einigen Tropfen Chloroform als zweckmäßig bewährt.

Bei der Untersuchung im Laboratorium sind zunächst die an Ort und Stelle ausgeführten Untersuchungen zu wiederholen. Bei der Prüfung auf den Geruch sei erwähnt, daß dieser sich deutlicher bemerkbar macht, wenn man eine Wasserprobe auf $40 \cdots 50°$ erwärmt.

Die Durchführung der chemischen Untersuchung der Proben erfolgt im übrigen genau nach den Methoden, welche für die Untersuchung der Abwässer der einzelnen Abteilungen gegeben worden sind. Im Hinblick auf seine Weiterverwertung und die Belastung des Vorfluters wird man das Gesamtabwasser außerdem noch regelmäßig auf seinen p_H-Wert, sein Reduktionsvermögen gegenüber Kaliumpermanganat, sowie seine Sauerstoffzehrung untersuchen.

Bestimmung des p_H-Wertes. Im wesentlichen gilt für die Durchführung der Bestimmung das im Abschnitt Untersuchung des Fabrikationswassers über den gleichen Gegenstand Gesagte.

Eine starke Eigenfärbung des Abwassers kann allerdings die kolorimetrische Bestimmung sehr erschweren, ja bisweilen ganz unmöglich machen. Soweit nicht größte Genauigkeit in Frage kommt, welche nur durch elektrometrische Messungen erreicht werden kann, läßt sich in solchen gefärbten Wässern der p_H-Wert mit guter Annäherung durch Reagenzpapier oder durch Lyphanpapier-Streifen ermitteln.

Bestimmung des Kaliumpermanganatverbrauches. Die Bestimmung dieses Wertes ist bei der Untersuchung des Fabrikationswassers eingehend beschrieben, so daß auf das dort Gesagte verwiesen werden kann. Alle Abwässer sind vor Ausführung der Bestimmung zu filtrieren.

Das Ergebnis wird auch hier als Kaliumpermanganatverbrauch in mg/l angegeben.

Der Permanganatverbrauch von organischen Stoffen, wie sie unmittelbar oder in ähnlicher Form in den Abwässern von Zellstoff- und Papierfabriken vorkommen können, ist sehr unterschiedlich. Dies geht aus der nebenstehenden Übersicht hervor, die von STEFFENS[1] stammt.

Es sei erwähnt, daß der Gesamt - Kaliumpermanganatverbrauch der Sulfitablauge teils auf rasch, teils auf sehr langsam durch

Tabelle 38. **Kaliumpermanganatverbrauch verschiedener organischer Substanzen.**

1 g des wasserfreien organischen Stoffes verursacht einen Kaliumpermanganatverbrauch von					
3530 mg	bei	Gerbsäuren	800 mg	bei	Humussäuren
3000 ,,	,,	Sulfitablauge	790 ,,	,,	Stärke
2650 ,,	,,	Rohrzucker	644 ,,	,,	Albumin
1554 ,,	,,	Milchzucker	199 ,,	,,	Leim
846 ,,	,,	Dextrin	127 ,,	,,	Gelatine

Sauerstoff des Wassers oxydierbare Stoffe zurückzuführen ist. Daher gibt in diesem Fall die Höhe der Permanganatzahl keinen eindeutigen Aufschluß über den Grad der Beeinflussung, den der Vorfluter durch die Ablauge erfährt[1].

Bestimmung der Sauerstoffzehrung. Die Sauerstoffzehrung eines Wassers gibt ein Maß für die Beurteilung des Verunreinigungsgrades durch leicht zersetzliche und sauerstoffverbrauchende und damit das Fisch- und Pflanzenleben beeinflussende Stoffe im Wasser. Sie wird dadurch ermittelt, daß man zunächst am frisch entnommenen Abwasser, sodann nach einer bestimmten Zeit, 6, 12, 24 oder 48 Stunden, die Menge des vorhandenen Sauerstoffes ermittelt. Diese Ermittlung erfolgt gemäß der im Abschnitt Fabrikationswasser gegebenen Vorschrift. Die für die spätere Untersuchung bestimmte Probe wird bis zu dem festgesetzten Zeitpunkt bei 20° im Dunkeln verwahrt. Ist $(O_2)_0$ mg/l

---

[1] STEFFENS, W.: Papierfabrikant **34**, 145 (1936).

der Sauerstoffgehalt der frischen Probe, $(O_2)_1$ mg/l jener der Probe nach t Stunden, so ist die auf 1 Stunde umgerechnete Sauerstoffzehrung: $\dfrac{(O_2)_0 - (O_2)_1}{t}$. Vielfach ist es üblich, auch lediglich die gesamte Abnahme des Sauerstoffes in mg/l in der als Norm gewählten Zeit als Ergebnis anzuführen.

Beurteilung der Schädlichkeit der Abwässer. Abwässer können durch Einlauf in einen·Fluß dessen Unbrauchbarwerden für weitere gewerbliche Zwecke herbeiführen. Sie können weiter das Wasser für die Fischzucht schädlich beeinflussen und ebenso eine Schädigung des Grund- und Brunnenwassers bewirken. Eine genaue Feststellung dieser Schädlichkeit ist nicht die Aufgabe des Fabriklaboratoriums. Ihm fällt es lediglich zu, zu ermitteln, ob nach dem Vermischen des Abwassers mit dem Wassers des Vorfluters in diesem ein gewisser unschädlicher Grenzgehalt an Abfallstoffen überschritten wird.

a) **Schädlichkeit für gewerbliche Zwecke.** Hauptbedingung für die meisten technischen Betriebe ist ein gutes Kesselspeisewasser. Einerseits sollten daher durch die Abwässer nicht zuviel Härtebildner abgeführt werden, also Stoffe wie Kalziumsulfat und -karbonat sowie Magnesiumsalze. Andererseits darf das Abwasser nicht große Mengen solcher Stoffe enthalten, welche das Kesselblech selbst angreifen, also freie Säuren, Ammoniumsalze, viel gelösten Sauerstoff, Humussubstanzen, Fette und Öle (von Maschinenschmierung stammend) und ähnliches.

Der Schädlichkeitsgrad von Abwässern der Papier- und Zellstoffabriken hängt in dieser Beziehung außer von ihrer technisch möglichen Ausreinigung in maßgeblicher Weise noch ·davon ab, welche Menge Flußwasser zur Aufnahme des Abwassers zur Verfügung steht, und davon, wie weit unterhalb der Anlage der nächste technische Betrieb liegt, der auf die Entnahme des Flußwassers angewiesen ist.

Auch für die Beurteilung, ob das Wasser für die besonderen Zwecke dieses Betriebes noch ohne Anstand verwendbar sein wird, sind diese Punkte maßgebend. Daraus folgt auch, daß bei etwaigen Untersuchungen zur Feststellung der Eignung für diesen weiteren gewerblichen Zweck dem Wasserlauf erst kurz vor der neuen Verbrauchsstelle eine Probe entnommen werden muß, die auf die jeweils schädlichen Stoffe zu prüfen wäre.

b) **Schädlichkeit für die Fischzucht.** Schädlich für die Fische kann ein zu geringer Gehalt an Sauerstoff sein, der wiederum durch große Mengen oxydierbarer organischer Stoffe bedingt ist, weiter ein großer Gehalt an Säuren und mineralischen Stoffen, von denen hier in Betracht kommen: Schweflige Säure, freie Salz- und Schwefelsäure, freier Kalk, Schwefelwasserstoff, Natriumchlorid (elektrische Bleiche) und Soda. Haselhoff[1] hat durch eingehende Untersuchungen festgestellt, daß im allgemeinen als Grenzzahlen, bei welcher Erkrankungen von Fischen beobachtet worden sind, die folgenden Werte gelten. (Sie geben den Gehalt in Milligramm in 1 l an.)

Sauerstoff: Bei 2,8 cm³, d. i. bei ungefähr ¹/₃ der gewöhnlich im Wasser vorkommenden Menge Sauerstoff können Fische noch fortkommen. Allerdings ist nun zu beachten, daß Wässer infolge von Sauerstoffmangel leicht faulen können und hierdurch wiederum die Fische zu schädigen vermögen, z. B. durch

---

[1] Haselhoff, vgl. Berl-Lunge: Untersuchungsmethoden, Bd. II, 1, S. 392, 8. Aufl. 1932.

reichliche Bildung von Kohlensäure und Schwefelwasserstoff. Ein Absinken des Sauerstoffgehaltes auf $3 \cdots 4$ mg/l veranlaßt bereits ein Abwandern der Fische.

Schweflige Säure $20 \cdots 30$ mg.
Freie Schwefelsäure $35 \cdots 50$ mg SO_3.
Freie Salzsäure 50 mg.
Freier Kalk 23 mg CaO.
Schwefelwasserstoff $8 \cdots 12$ mg.
Natriumchlorid 15 g.
Soda 5 g.

Diese Grenzzahlen sollen nach HASELHOFF durchaus nicht als unbedingt feststehend betrachtet werden, da einerseits die einzelnen Fischarten verschieden empfindlich gegen die Stoffe sind, andererseits auch die Fische derselben Art je nach Alter und Größe ein anderes Verhalten zeigen.

Abwässer, welche größere Mengen organischer Stoffe enthalten, können im frischen Zustand bisweilen ganz unschädlich sein, später aber durch Fäulnis solcher Stoffe besonders an ruhigen Stellen des Flußlaufes nachteilig für die Fische werden. Von die Schädlichkeit verstärkendem Einfluß ist auch die Temperatur des Abwassers, was unter Umständen beim Ablassen von heißen Kocherablaugen, Waschwässern und ähnlichem mit in Betracht zu ziehen ist.

c) Schädlichkeit für das Grund- und Brunnenwasser. Eine Verunreinigung des Grundwassers kann überall dort eintreten, wo Abwässer im Boden versickern. Es ist in solchen Fällen notwendig, im gewissen Umkreis von der Sickerstelle gelegentlich das Grundwasser auf schädliche Stoffe aus dem Abwasser zu untersuchen. Für genauere Untersuchungen solcherart verunreinigten Wassers muß auf Sonderabhandlungen verwiesen werden. (HASELHOFF, Wasser und Abwässer, ihre Zusammensetzung und Untersuchung. 2. Aufl. Leipzig 1919.)

Besondere Einrichtungen zur Abwasserkontrolle.

1. Faserregistriergerät von THORNE.

Zwecks ständiger Überwachung des Abwassers in Zellstoff- und Papierfabriken auf seinen Gehalt an Stoffasern ist von THORNE ein selbsttätig arbeitendes und aufzeichnendes Gerät erdacht und gebaut worden[1]. Gemäß dem Schema und dem Gesamtbild (Abb. 159 u. 160) besteht das Faserregistriergerät aus einem Einlaufbehälter (im Bild oben) mit Überlauf, einem umlaufenden Faserfänger, einer umlaufenden Eindicktrommel und einer automatischen Wiegevorrichtung. Alle diese Teile sind auf einem starren Untergestell übersichtlich angeordnet. Ein Knotensieb vor dem Einlaufkasten macht den Eintritt von Faserstoffknoten und anderen Unreinheiten in den Stoffänger unmöglich. Zum Antrieb des Gerätes dient ein kleiner Elektromotor von etwa 0,3 kW. Das Gerät arbeitet in der Weise, daß ein Teilstrom des zu untersuchenden Abwassers das Gerät durchströmt; er wird von einer Überlaufabteilung des Einlaufkastens durch auswechselbare Düsen dem umlaufenden Faserfänger zugeführt. In dem Überlaufgefäß herrscht gleichbleibender Druck, so daß die Menge des Teilstromes,

---

[1] Das Gerät wird von der Firma Gebr. Bellmer in Niefern i. Baden gebaut.

die in der Zeiteinheit dem Faserfänger zufließt, unmittelbar proportional dem Querschnitt der Düse ist. Der Querschnitt der Düse wird nach dem durchschnittlichen Fasergehalt des Abwassers gewählt. Der nicht durch die Düse gehende Anteil des Wassers gelangt zurück in den Abwasserkanal.

Der eigentliche Faserfänger muß, um sämtliche Stoffasern zurückzuhalten, möglichst große Siebfläche besitzen. Er ist deshalb als ein sich drehendes Sternsieb mit zwölf auswechselbaren Siebkammern, die V-förmige Gestalt haben, ausgebildet worden. Die in diesen Siebkammern gefangenen Stoffasern werden

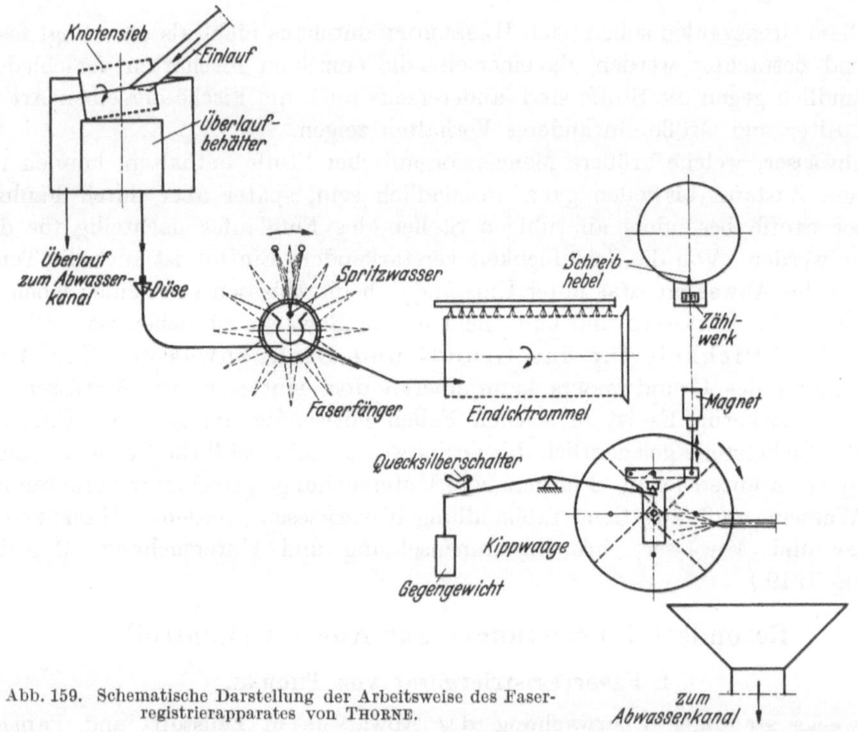

Abb. 159. Schematische Darstellung der Arbeitsweise des Faserregistrierapparates von THORNE.

durch Spritzwasser über eine kurze Stoffrinne in die umlaufende Eindicktrommel gespült, die eine feine Bespannung trägt; aus dieser Trommel fallen die eingedickten Fasern in eine Kippwaage. Die Belastung dieser Waage kann durch Wahl verschiedener Gegengewichte wechselnd eingestellt werden.

Haben sich in der Waagschale so viel Stoffasern angesammelt, daß ihr Gewicht die Größe des eingestellten Gegengewichtes erreicht, so wird hierdurch ein Quecksilberschalter betätigt, der zwei Elektromagnete zum Ansprechen bringt. Der eine dieser Magnete löst eine Sperrklinke aus und bringt hierdurch die Waagschale zur Entleerung. Der Stoff wird von der Waage abgespült und dem Abwasserstrom wieder zugeführt. Der zweite Magnet betätigt ein Zählwerk und den Schreibhebel des Registrierinstrumentes. Das Kreisblattdiagramm des Registriergerätes (Abb. 161) hat eine 24-Stunden-Einteilung. Die Aufzeichnung erfolgt so, daß bei jeder Entleerung der Waage durch den Schreibhebel ein Strich aufgezeichnet wird, und zwar genau an der Stelle, die der jeweiligen Uhrzeit entspricht. Besondere Faserstoffverluststöße machen sich durch dicht aufeinanderfolgende Striche innerhalb der sonst seltenen, regelmäßigen Registrierungen bemerkbar.

Aus der Zahl der in 24 Stunden vom Apparat ausgeführten und aufgezeichneten Wägungen, der angewandten Düse, dem auf der Waage benutzten Gegengewicht, sowie dem durchschnittlichen Trockengehalt der Stoffprobe läßt sich bei Kenntnis der Abwassermenge der mit dieser abgehende Stoff gewichtsmäßig ermitteln.

Abb. 160. Faserregistrierapparat von THORNE, Ansicht.

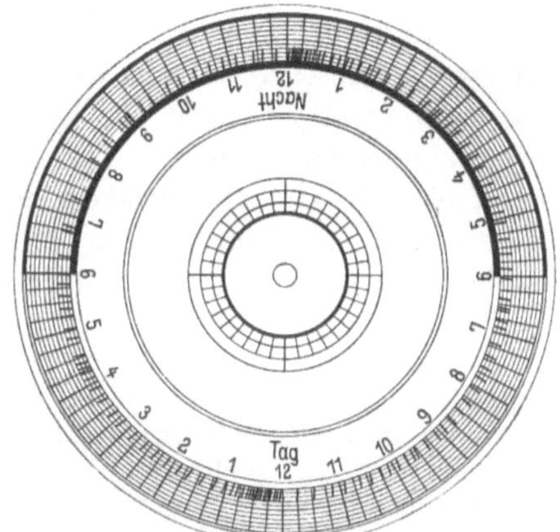

Abb. 161. Diagramm der Aufzeichnungen des Faserregistriergerätes.

2. Laufende Kontrolle der Alkaliverluste im Abwasser von Sulfatzellstoffabriken.

Bei der hohen wirtschaftlichen Bedeutung, die den Verlusten an Alkalisalzen im Abwasser von Sulfatzellstoffabriken zukommt, ist versucht worden, eine laufende Überwachung dieses Abwassers durch Messung seiner Leitfähigkeit zu erreichen[1]. Wenn es auch bereits üblich ist, durch häufige Entnahme von Proben aus diesem Abwasser und deren Untersuchung eine möglichst genaue Vorstellung von den hier auftretenden Alkaliverlusten zu erhalten, so haftet doch dieser gebräuchlichen Art der Kontrolle ein entschiedener Nachteil an. Er besteht darin, daß zwischen Probenahme und Erhalt des Ergebnisses bei der einzig genauen, aber zeitraubenden Art der Bestimmung auf gewichtsanalytischem Weg ein erheblicher Zeitraum verstreicht. Ganz im Gegensatz hierzu gewährleistet die konduktometrische Untersuchung eine unmittelbare Angabe des Ergebnisses. Es kann gegebenenfalls selbsttätig und fortlaufend aufgezeichnet werden, so daß auf diese Weise im Betrieb aufgetretenen Unregelmäßigkeiten oder Bedienungsfehlern rasch nachgegangen werden kann.

---

[1] VENEMARK, E.: Svensk Papperstidn. **41**, 406 (1938).

Für die Möglichkeit der Durchführung einer solchen Kontrolle müssen doch einige Voraussetzungen erfüllt sein. Zunächst sollte das Fabrikationswasser nicht allzu hart sein, da seine eigenen Salze auf das Meßergebnis einwirken. Der Einfluß der Härtesalze läßt sich nicht ohne weiteres durch Anbringen einer Korrektur ausschalten, weil die Leitfähigkeit der Laugenreste sich zu der des Wassers nicht einfach addiert, vielmehr durch wechselseitige Umsetzungen der Salze ganz andere Zahlen auftreten können. Erforderlich ist ferner die Abwesenheit von Ätzkalk, der aus der Kaustizierung den Abwässern zugeführt werden kann. Wässer aus der genannten Abteilung müssen also der Meßstelle ferngehalten werden. Schließlich darf bei der Abhängigkeit der Leitfähigkeit von der Temperatur diese in dem zu prüfenden Abwasser nicht allzu große Schwankungen zeigen. Sind diese wesentlichen Voraussetzungen erfüllt, so läßt sich durch Einbau eines selbstaufzeichnenden Leitfähigkeitsbestimmungsgerätes der Abgang an Alkalisalzen mit guter Genauigkeit ermitteln und unter Berücksichtigung der abfließenden Abwassermengen vom Diagramm unmittelbar als Verlust je Mengeneinheit erzeugten Zellstoffes ablesen.

Das Konzentrationsgebiet, das bei dieser Bestimmung in Betracht kommt, dürfte gewöhnlich zwischen $0{,}05 \cdots 1{,}0$ g/l Na_2SO_4 liegen; innerhalb dieser Grenzen kann auf eine lineare Abhängigkeit der Leitfähigkeit von der Konzentration geschlossen werden. Nachstehende von VENEMARK stammenden Versuchsergebnisse zeigen die Genauigkeit der Messung bei geeigneten Voraussetzungen.

Tabelle 39.

Vergleich der Ergebnisse konduktometrischer und gewichtsanalytischer Natriumsulfatbestimmung im Abwasser.

Wasserentnahme-Stelle	Na_2O als Na_2SO_4 g/l		
	Konduktometrisch	Alkalibestimmung i. d. Trockenrückstand	Gewichtsanalytisch
Hauptabwasserkanal	0,053	0,07	
„	0,070		0,073
Stoffgrube unter Diffuseuren	0,102	0,110	
Ablauf von Entwässerungstrommeln in Aufbereitung	0,053		0,051

Als Einbaustellen für das Gerät kommt in Frage der Wasserablauf von den Eindicktrommeln der Aufbereitung — er enthält sämtliches beim Abschluß der Wäsche des Stoffes noch in ihm verbliebenes und als verloren zu bezeichnendes Alkali — oder der Ablauf der vereinigten Abwässer der Aufbereitung und Entwässerungsmaschinen, dem gegebenenfalls auch noch das nicht weiter verwertete und abgehende Schlußwaschwasser aus den Diffuseuren zuzuleiten wäre.

X. Anhang.

1. Herstellung von Normallösungen.

a) Normalsäure und Normallauge.

Die nachstehend beschriebenen Methoden zur Einstellung von Normallösungen erfordern Übung und Zeit. Man kann in bequemer Weise sich Normallösungen rasch und mit den erforderlichen Genauigkeitsgraden beschaffen, wenn
man die **Fixanal-Tabletten** der **Riedel de Haen AG.** in **Berlin** benutzt.
Die in Ampullen oder Flaschen abgefüllten Mengen von Säuren und Basen usw.
können in sehr einfacher Weise zu Normalflüssigkeiten in Meßkolben verdünnt
werden. Sie haben sich im Fabriklaboratorium durchaus bewährt. Wird die
Selbstbereitung der Normallösungen vorgezogen, so können die folgenden Vorschriften benutzt werden.

Als **Normalsäure** verwendet man zweckmäßig Salzsäure, da diese vor
Schwefelsäure und Oxalsäure den Vorzug hat, allgemeiner verwendbar und
genauer einstellbar zu sein. Zu ihrer Darstellung verdünnt man reine Salzsäure
auf etwa 1,020 spezifisches Gewicht, wodurch zunächst eine etwas zu starke
Säure erhalten wird. Die genaue Einstellung dieser Säure erfolgt mit chemisch
reinem Natriumkarbonat. Vor der Verwendung wird dieses Salz von Wasser
und etwa in Spuren vorhandenem Bikarbonat befreit. Man erhitzt es zu diesem
Zweck unter öfterem Umrühren mit einem Thermometer in einem Platintiegel
auf einem Sandbad bei einer Temperatur von $270 \cdots 300°$ etwa 30 Minuten
lang. Um neues Verändern der Soda durch Anziehen von Luftfeuchtigkeit
zu vermeiden, bringt man sie möglichst heiß in ein verschließbares Wägegläschen und läßt längere Zeit im Exsikkator erkalten. Für die Titerstellung
von $^n/_1$-Säure, die 36,47 g HCl im Liter enthält, wägt man 4 Proben von
etwa 2 g nacheinander in die zur Titration verwendeten Titrierbecher ab. (Bei
Darstellung der ebenfalls viel benutzten $^n/_5$-Säure werden Proben von etwa
0,4 g Soda abgewogen.) Diese Proben werden in etwa 100 cm³ destilliertem,
aufgekochtem und gegebenenfalls neutralisiertem Wasser gelöst und mit der in
eine Bürette gefüllten Säure titriert. Werden hierzu a cm³ verbraucht, und ist
die angewandte Sodamenge w, so müßte im Falle, daß die Säure tatsächlich
normal wäre, $a = \dfrac{w}{\frac{\mathrm{Na_2CO_3}}{1000 \cdot 2}} = 0{,}053 \cdot w$ sein. Dies wird selten zutreffen, vielmehr
wird, da die Säure stärker ist, a kleiner als der Wert des Quotienten sein, welcher
die Zahl der cm³ wirklicher $^n/_1$-Säure, die zur Neutralisation der w g Soda erforderlich sind, angibt. Bezeichnet man diese Zahl mit b, so läßt sich die Anzahl v
der cm³ der Säure errechnen, die auf 1000 cm³ aufzufüllen sind, um sie tatsächlich normal zu machen. Es ist nämlich $1000/b = v/a$. Diese v cm³ werden in
einen Meßzylinder gegeben und bis auf 1000 cm³ verdünnt. Die so erhaltene

Säure muß nun noch ein zweites Mal in der gleichen Weise mit geglühter Soda genau daraufhin untersucht werden, ob sie tatsächlich normal geworden ist.

Die erste Einstellung kann man statt mit fester Soda auch mit einer etwa vorhandenen brauchbaren Normalnatronlauge ausführen und dadurch die Zeit der Einstellung abkürzen.

Normalalkalilösung wird durch Auflösen von 50 g reinem Ätznatron (durch Alkohol gereinigt) in 1 l destilliertem Wasser dargestellt. Zu ihrer Einstellung titriert man 50 cm³ der Lösung mit $^n/_1$-Säure. Bei Anwendung der obigen Menge Ätznatron ist auch diese Lösung etwas stärker als normal, so daß man zu ihrer Neutralisation mehr als 50 cm³ Säure benötigen wird. Aus der Zahl a der tatsächlich verbrauchten cm³ findet·man die Anzahl w cm³, auf die 1 l zu verdünnen ist, um genaue Normallösung zu erhalten aus der Beziehung $w = \dfrac{50 \cdot 1000}{a}$. Die nach dem Verdünnen erhaltene Lösung ist durch abermalige Titration auf ihre Richtigkeit zu prüfen.

Diese alkalische Normallösung ist gegen das Aufnehmen von Kohlensäure aus der Luft zu schützen.

Als Indikator benutzt man sowohl bei der Einstellung der Säure mit Soda, als auch bei der gegenseitigen Einstellung von Säure und Lauge das im Gegensatz zu Phenolphthalein und Lackmustinktur gegen Kohlensäure unempfindliche Methylorange in verdünnter wäßriger Lösung. Bei der Einstellung der Säure geht die durch Zusatz des Indikators gelbliche Lösung der Soda in eine bräunliche über, wenn diese durch die Säure vollkommen neutralisiert ist. Ein weiterhin zugesetzter Tropfen Säure muß, wenn die Titration beendet war, Rotfärbung der Lösung bewirken. Umgekehrt verläuft der Farbenumschlag bei der Einstellung der Lauge.

Bei $^n/_1$- und $^n/_2$-Lösungen wird der Umschlag oft direkt von Rot nach Gelb erfolgen, bei $^n/_5$- und $^n/_{10}$-Lösungen wird man jedoch stets auf die bräunliche Farbe kommen.

Der für die einzelnen mittels der Alkali- und Azidimetrie ausführbaren Bestimmungen geeignetste Indikator ist jeweils an den betreffenden Stellen angegeben, wo auch die für die Berechnung der Analyse notwendigen Daten angeführt sind.

b) Arsenitlösung. Jodlösung. Clorinalösung. Natriumthiosulfatlösung.

Arsenitlösung. Als Ausgangslösung benutzt man in der Jodometrie vorteilhaft eine $^n/_{10}$-Lösung von arseniger Säure. Arsenige Säure ist käuflich in sehr reiner Form erhältlich, sie ist nicht hygroskopisch, und ihre wäßrige Auflösung ist unveränderlich haltbar. Zur Herstellung der Lösung werden 4,948 g des weißen Pulvers genau abgewogen, nachdem man es vorher· zweckmäßig im Exsikkator über Schwefelsäure getrocknet hat. Es wird in wenig heißer Natronlauge gelöst, und die Lösung wird mit Salzsäure oder Schwefelsäure neutralisiert (Phenolphthalein). Man fügt 20 g in destilliertem Wasser gelöstes Bikarbonat zu und füllt das Ganze nach dem Erkalten in einem Literkolben bis zur Marke auf. Je 1 cm³ der erhaltenen Lösung entspricht 0,01269 g Jod.

Jodlösung. Die fast durchgängig benutzte $^n/_{10}$-Jodlösung wird wie folgt hergestellt. 12,69 g reines umsublimiertes Jod werden rasch abgewogen und in einer konzentrierten Lösung von $20\cdots25$ g Kaliumjodid in einem Literkolben unter kräftigem Umschütteln gelöst. Durch Verdünnen mit destilliertem Wasser wird diese Lösung auf 1 l aufgefüllt. Die erhaltene Jodlösung wird mit der $^n/_{10}$-Arsenitlösung eingestellt. 25 cm³ gut durchgemischte Jodlösung werden in einen Titrierbecher gegeben, worauf $^n/_{10}$-arsenige Säure aus einer Bürette so lange zugegeben wird, bis die Lösung schwach gelb gefärbt ist. Man versetzt sie alsdann mit einigen Tropfen Stärkelösung und titriert nun zu Ende bis zum Verschwinden der Blaufärbung. Die beiden Lösungen sollen einander genau äquivalent sein, die Jodlösung ist nötigenfalls zu korrigieren.

Die Jodlösung ist in gut verschlossenen braunen Flaschen lange haltbar, von Zeit zu Zeit ist eine Kontrolle mit Arsenitlösung angebracht.

Die Titrationen mit Jodlösung müssen in neutraler oder schwach saurer (Essigsäure) Lösung ausgeführt werden, da Alkali Jod verbraucht.

Clorinalösung. Als Ersatz für Jod kann das für analytische Zwecke hergestellte Clorina der Firma Chemische Fabrik von Heiden, AG., Dresden-Radebeul, dienen[1]. Seine Anwendung in der Maßanalyse beruht auf einer bei Gegenwart geeigneter Substanzen in angesäuerten Lösungen leicht eintretenden Abspaltung von Sauerstoff nach der Gleichung:

$$CH_3\!-\!C_6H_4\!-\!SO_2\!-\!NClNa + H_2O = CH_3\!-\!C_6H_4\!-\!SO_2\!-\!NH_2 + NaCl + O\,.$$
Clorina   p-Toluolsulfamid

Das Reagens zerfällt dabei in p-Toluolsulfamid, Natriumchlorid und Sauerstoff. Das Molekulargewicht des reinen Clorina beträgt 282, sein Äquivalentgewicht ist demnach 141, da ein Molekül Clorina 1 Atom Sauerstoff abgibt.

Durch eine vom Unterausschuß für Faserstoffanalysen des Vereins der Zellstoff- und Papierchemiker und -Ingenieure veranlaßte Untersuchung ist in einer Anzahl Sulfitzellstoffabriken Deutschlands die Eignung des analytisch reinen Präparates Clorina einer kritischen Prüfung unterzogen worden. Diese Prüfung führte zu dem Ergebnis, daß es in der Lage ist, Jod und Kaliumjodid bei der Titration der Turmsäure, Kochsäure und der Ablauge, ferner bei der Bestimmung der schwefligen Säure in Röstgasen vollauf zu ersetzen.

Zur Herstellung einer $^n/_{10}$-Lösung wägt man etwa 15 g Clorina zur Analyse ab, löst in Wasser, filtriert nötigenfalls und füllt zum Liter auf. Die Lösung ist dann noch etwas zu stark. Sie wird ebenso wie bei der Herstellung der Jodlösung beschrieben am einfachsten mit $^n/_{10}$-arseniger Säure eingestellt, wobei man zweckmäßig die Clorinalösung in eine abgemessene Menge $^n/_{10}$-arsenige Säurelösung einfließen läßt. Als Indikator dienen einige Tropfen Kaliumjodidlösung oder falls man einen Tüpfelindikator benötigt, Kaliumjodidstärkepapier. Es wird wie bei Jod auf Blaufärbung titriert, da durch den Sauerstoff des Clorina aus dem Kaliumjodid Jod frei gemacht wird, das dann mit der Stärke reagiert. Der Umschlag ist scharf erkennbar. Die Titration ist möglichst rasch durchzuführen und das erste Auftreten eines deutlichen Blautones ist als Endpunkt

---

[1] Man vgl. das von A. NOLL verfaßte Merkblatt IV/24 des Unterausschusses für Faserstoffanalysen des Vereins der Zellstoff- und Papier-Chemiker und -Ingenieure. Dort auch einschlägiges Schrifttum.

der Reaktion zu betrachten. Die $n/_{10}$-Lösung ist, in gut verschlossenen dunklen Flaschen aufbewahrt, sehr lange haltbar, ohne ihren Titer zu ändern.

Natriumthiosulfatlösung. Die in der Jodometrie ebenfalls häufig benutzte $n/_{10}$-Natriumthiosulfatlösung erhält man durch Auflösen von 25 g des kristallisierten Salzes in 1 l destilliertem Wasser. Diese Lösung läßt man etwa 8 Tage stehen, damit die den Titer beeinflussende Umsetzung zwischen der im destillierten Wasser enthaltenen Kohlensäure und dem Thiosulfat stattfinden kann. Die Thiosulfatlösung wird dann mittels der $n/_{10}$-Jodlösung eingestellt in der gleichen Weise, wie das bei der Einstellung der Jodlösung angegeben wurde. Die Natriumthiosulfatlösung ist nur dann ohne irgendwelche Veränderung haltbar, wenn zu ihrer Darstellung reinstes destilliertes Wasser verwandt wurde. Verunreinigungen, wie Spuren von Metallsalzen, ferner auch Kohlensäure verursachen bald eine Zersetzung des Thiosulfates, kenntlich an der feinen Schwefelausfällung. Zeitweise Überprüfung des Titers ist daher zu empfehlen.

c) Kaliumpermanganatlösung und Oxalsäurelösung.

Kaliumpermanganatlösung. Meistens wird eine $n/_{10}$-Kaliumpermanganatlösung benutzt. Zur Darstellung einer solchen werden $3{,}3 \cdots 3{,}5$ g des Salzes auf einer Handwaage abgewogen und in 1 l destilliertem Wasser gelöst. Ein genaues Abwiegen ist zwecklos; das Salz kommt zwar in einem sehr hohen Reinheitsgrad in den Handel, aber gewisse, auch im destillierten Wasser enthaltene Stoffe, z. B. organische Substanzen, Ammoniak usw., werden durch Permanganat oxydiert, so daß sich der Titer einer frisch bereiteten Lösung beständig ändert. Man läßt aus diesem Grunde die erhaltene Lösung etwa 8 Tage stehen und bestimmt dann erst ihren Wirkungswert. Dies geschieht am zweckmäßigsten nach SÖRENSEN mittels Natriumoxalat, das wasserfrei kristallisiert und nicht hygroskopisch ist. Man erhitzt das in einem Wägegläschen befindliche Salz etwa 2 Stunden lang im Wassertrockenschrank und läßt es über Kalziumchlorid im Exsikkator erkalten. Man wägt dann etwa $0{,}25 \cdots 0{,}3$ g genau ab, löst sie in etwa 200 cm³ Wasser von 70°, fügt ungefähr 10 cm³ 30proz. Schwefelsäure hinzu und titriert mit der Permanganatlösung bis zur schwachen Rosafärbung. Aus der Beziehung, nach welcher 0,0067 g Natriumoxalat 1 cm³ $n/_{10}$-Kaliumpermanganatlösung entsprechen, läßt sich errechnen, wie weit die hergestellte Lösung von einer solchen abweicht, und daraus ist wiederum bestimmbar, wie stark verdünnt werden muß, um sie genau zu einer $n/_{10}$-Lösung zu machen[1]. Diese korrigierte Lösung wird in der beschriebenen Weise nochmals auf ihren Titer geprüft.

Die erhaltene Lösung, welche in 1 l 3,1605 g Permanganat enthält, wird in braunen Flaschen vor Licht geschützt aufbewahrt; ihr Titer ist von Zeit zu Zeit zu prüfen.

Oxalsäurelösung. Die als Gegenflüssigkeit zur Permanganatlösung Verwendung findende $n/_{10}$-Oxalsäurelösung wird erhalten durch Auflösen von 6,3 g reiner kristallisierter Oxalsäure in 1 l destilliertem Wasser. Die Einstellung dieser Lösung geschieht mit der $n/_{10}$-Kaliumpermanganatlösung in entsprechender Weise wie deren Einstellung mit Natriumoxalat.

---

[1] Man vgl. hierfür das bei der Einstellung der Normalsäure mit Soda Gesagte.

d) Silberlösung. Ammoniumrhodanid- und Natriumchloridlösung.

$n/_{10}$-Silberlösung. Es werden 16,989 g reines kristallisiertes Silbernitrat (das vorher zweckmäßig einige Zeit im Exsikkator aufbewahrt wird) genau abgewogen und in 1 l destilliertem Wasser gelöst.

$n/_{10}$-Ammoniumrhodanidlösung. Ammoniumrhodanid ist hygroskopisch und läßt sich ohne Zersetzung nicht trocknen. Aus diesem Grunde kann die Normallösung nicht durch direktes Abwägen des Salzes hergestellt werden. Man wägt daher nur ungefähr die richtige Menge ab, etwa 9 g, löst zum Liter und stellt die Lösung mit der $n/_{10}$-Silberlösung ein. Zu diesem Zweck gibt man 20 cm³ der $n/_{10}$-Silberlösung in ein Becherglas, verdünnt mit etwa 30 cm³ Wasser, fügt 1 cm³ Eisen(III)ammonlösung hinzu und läßt die Rhodanidlösung unter beständigem Umrühren zur Flüssigkeit fließen, bis eine bleibende Rosafärbung auftritt. Werden hierzu z. B. 19,4 cm³ (statt 20) verbraucht, so sind 970 cm³ der Rhodanidlösung auf 1000 cm³ zu verdünnen, um diese genau $n/_{10}$ zu machen. Die so verdünnte Lösung wird von neuem auf ihren Titer geprüft.

Die Indikatorlösung, Eisenammoniumalaunlösung, wird bereitet durch Auflösen des reinen Salzes in Wasser bis zur Sättigung, wobei man so viel Salpetersäure zusetzt, daß die braune Färbung verschwindet. Man verwendet von diesem Indikator stets die gleiche Menge, und zwar für je 100 cm³ Flüssigkeit etwa 1···2 cm³.

$n/_{10}$-Natriumchloridlösung. Die als Gegenflüssigkeit zur Silberlösung gleichfalls verwendete Kochsalzlösung wird durch Auflösen von 5,85 g des chemisch reinen trockenen Salzes in 1 l Wasser erhalten. Will man die Lösungen auf ihre gegenseitige Übereinstimmung prüfen, so gibt man 20 cm³ der Kochsalzlösung in ein Becherglas, fügt einige Tropfen Kaliumchromatlösung bis zur Gelbfärbung hinzu und titriert nun mit Silberlösung. Der Endpunkt der Titration wird durch das Auftreten der rötlichen Farbe von Silberchromat angezeigt. Die Kochsalzlösung ist im Falle, daß nicht genau 20 cm³ der Silberlösung verbraucht werden, zu korrigieren und von neuem mit der Silberlösung zu vergleichen.

2. Herstellung verschiedener Lösungen und Reagenzien.

Phenolphthalein. 1,0 g wird in 100 cm³ 96proz. Alkohol gelöst.

Methylorange. 0,1 g werden in 100 cm³ heißem destillierten Wasser gelöst.

Methylrot. 0,2 g werden in 60 cm³ 96proz. Alkohol gelöst und mit Wasser auf 100 cm³ verdünnt.

Thymolblau. 0,1 g werden in 20 cm³ warmem Alkohol gelöst und mit Wasser auf 100 cm³ verdünnt.

Nilblau. 0,1 g werden in 100 cm³ destilliertem Wasser gelöst.

Bromphenolblau. Die Lösung geschieht wie bei Thymolblau angegeben.

Stärkelösung. Die als Indikator benutzte Stärkelösung erhält man auf folgende Weise. Man verreibt 5 g Stärke mit wenig Wasser zu einem gleichmäßigen Brei; diesen Brei gießt man unter beständigem Umrühren allmählich in 1 l in einer Porzellanschale kochendes Wasser und kocht so lange, etwa 2 Minuten, bis eine nahezu klare Lösung erhalten ist. Man läßt diese in einem hohen Glas erkalten und die ungelösten Teile sich absetzen. Die über dem Bodensatz stehende klare Lösung gibt man in kleine, etwa 50 cm³ fassende, durch längeres

Verwahren im Trockenschrank bei 100° sterilisierte Fläschchen. Diese Fläschchen erhitzt man, bis zum Halse im Wasserbad stehend, 2 Stunden lang, setzt einige Tropfen Formalin hinzu und verschließt sie mit durch die Flamme gezogenen dichten Korkstopfen. Derart sterilisierte Stärke ist lange Zeit haltbar. Zum Gebrauch geöffnete Fläschchen verderben etwa nach einer Woche durch Schimmelbildung.

Durch Verteilung des Stärkelösungsvorrates auf eine größere Zahl von Fläschchen hat man für lange Zeit hinaus stets zuverlässige Stärkelösung.

Häufig benutzt wird die wasserlösliche Stärke von ZULKOWSKY. Sie wird in Form eines dicken Breies aufbewahrt, der nicht eintrocknen darf. Das Reagens wird durch Zugabe einer kleinen Probe des Breies zu kaltem Wasser erhalten.

Salzsäure vom spezifischen Gewicht 1,06 für die Furfurol- und Pentosanbestimmung. 1000 g oder 841 cm³ konzentrierte Salzsäure vom spezifischen Gewicht 1,19 werden mit 2046 cm³ Wasser gemischt.

72proz. Schwefelsäure für die Ligninbestimmung. Solche Säure wird dadurch erhalten, daß man in 335 g kaltes Wasser vorsichtig 542 cm³ oder 1 kg konzentrierte Schwefelsäure vom spezifischen Gewicht 1,84 in dünnem Strahle unter gutem Umrühren einlaufen läßt.

Bereitung von mit Lauge klarbleibendem Alkohol. Alkohole werden, mit Lauge versetzt, zumeist dunkler, manchmal nimmt sogar die alkoholische Kalilauge eine ganz dunkelbraune Färbung an, was bei der Titrierung mit diesem Reagens sehr unangenehm ist. Zur Vermeidung dieses Übelstandes bereitet man die Lauge nach folgender Vorschrift. Man gibt zu je 1 l Alkohol 5 cm³ 50proz. Natronlauge und 5 g Zinkstaub und kocht bei Benutzung eines Rückflußkühlers $^1/_2$ Stunde. Das aus diesem Reaktionsgemisch dann erhaltene Destillat bleibt auch nach stundenlangem Kochen mit konzentrierter Lauge farblos und klar.

Eine zweite sehr wirksame Methode zur Entfernung des die Dunkelfärbung verursachenden Aldehyds besteht in dessen Oxydation mit Wasserstoffsuperoxyd im alkalischen Medium. Am zweckmäßigsten ist es, zum Alkohol etwas konzentrierte Natronlauge und einige Tropfen Perhydrol zu geben; da letzteres in Alkohol unlöslich ist, muß man gut mischen oder stark schütteln und am Ende $^1/_2$ Stunde erhitzen, damit die Reaktion zu Ende geht und sich der Überschuß des Wasserstoffsuperoxydes zersetzt. Danach wird der Alkohol abdestilliert, wobei ein vollkommen neutraler, bei Einwirkung von Lauge ganz licht und klar bleibender Alkohol erhalten wird.

Titansulfat als Reagens auf Wasserstoffsuperoxyd. Zu seiner Herstellung wird 1 Teil Titanoxyd mit 15···20 Teilen Kaliumpyrosulfat $K_2S_2O_7$ zusammengeschmolzen und die erhaltene Schmelze nach dem Erkalten in etwas kalter verdünnter Schwefelsäure gelöst. Das Reagens ergibt mit Wasserstoffsuperoxyd eine gelbrote Färbung, die selbst bei geringen Mengen des Oxydationsmittels noch deutlich wahrnehmbar ist.

3. Standardisierte Farbstoffe für die Faserstoffanalyse.

Für die Zwecke der Faserstoffanalyse hat der Unterausschuß für Faserstoffanalysen des **Vereins der Zellstoff- und Papier-Chemiker und -Ingenieure** eine Auswahl von Farbstoffen getroffen (Merkblatt IV/23), die für diese besondere Aufgabe von der Firma E. Merck in Darmstadt in höchst erreichbarer Reinheit hergestellt werden. In der Tabelle 40 ist dieses Sortiment, dessen Zusammenstellung auf Vorschläge von NOLL[1] zurückgeht, wiedergegeben.

Tabelle 40. Sortiment standardisierter Farbstoffe für die Faserstoffanalyse.

Farbton	Bezeichnung der Farbstoffe	Chemische Konstitution
	1. Säure- und Resorzinfarbstoffe.	
Gelb	Anthralangelb RRT	(2-4-Dinitro-1-phenyl)-4-amidophenyl-4'-tolyl-amin-2-sulfosaures Natriumsalz
	Martiusgelb Farbsäure	2-4-Dinitro-1-Naphthol
	Martiusgelb Ammonsalz . . .	2-4-Dinitro-1-Naphtholammonium
	Metanilgelb	Metanilsäure-azo-Diphenylamin Natriumsalz
	Naphtholgelb S	2-4-Dinitro-1-Naphthol-7-sulfosaures Natrium
	Pikrinsäure	2-4-6-Trinitro-1-oxybenzol
Orange	Orange II	Sulfanilsäure-azo-β-Naphthol Natriumsalz
	Orange G	Anilin-azo-G-Salz
	Methylorange	Sulfanilsäure-azo-Dimethylanilin Natriumsalz
Rot	Kristallponceau	α-Naphthylamin-azo-G-Salz
	Alizarinsulfosaures Natrium . .	Alizarin-3-sulfosaures Natrium
	Methylrot Farbsäure	p-Dimethylamidoazobenzol-o-carbonsäure
	Methylrot Natronsalz	p-Dimethylamidoazobenzol-o-carbonsaures Natriumsalz
	Fluorescein Farbsäure	Fluorescein Farbsäure
	Fluorescein-Natrium	Fluorescein Natriumsalz
	Eosin Farbsäure	Tetrabromfluorescein
	Eosin Natriumsalz	Tetrabromfluorescein-Natrium
Grün	Alizarincyaningrün	1-4-Di-p-toluidoanthrachinon-disulfosaures Natrium
Blau	Alizarindirektblau	1-Amido-4-anilidoanthrachinon-2-monosulfo-saures Natrium
	Indigocarmin	Indigo-5'-5'-disulfosaures Natrium
Violett	β-Naphtholviolett '	Paranitranilin-azo-R-Salz
	2. Beizenfarbstoffe.	
Gelb	Eriochromflavin Farbsäure . .	Azosalicylsäure
	Eriochromflavin	Azosalicylsäure Dinatriumsalz
	Alizaringelb G	m-Nitrobenzol-azo-Salicylsäure Mononatrium-salz
	Alizaringelb R	p-Nitrobenzol-azo-Salicylsäure Mononatriumsalz
	Alizaringelb RS	p-Nitrobenzol-2-sulfosäure-azo-Salicylsäure Di-natriumsalz
Braun	Chromotropsäure	1-8-Dioxynaphthalin-3-6-Disulfosäure Dinatriumsalz
Grün	a-Nitroso-β-Naphthol	1-2-Naphthochinon-1-oxim
Rot	Alizarin	1-2-Dioxyanthrachinon
	Alizarinbordeau (Chinalizarin) .	1-2-5-8-Tetraoxyanthrachinon
Violett	Aurintricarbonsäure Ammonsalz	p-Trioxytriphenylcarbinol-o-tricarbonsäure-Triammonsalz
Schwarz	Naphthazarin	5-8-Dioxy-1-4-Naphthochinon
	Naphthazarin Bisulfitver-bindung	5-8-Dioxy-1-4-Naphthochinon Bisulfitver-bindung

[1] NOLL, A.: Papierfabrikant **37**, 317 (1939); **39**, 185 (1941).

Farbton	Bezeichnung der Farbstoffe	Chemische Konstitution

3. Basische Farbstoffe.

Farbton	Bezeichnung der Farbstoffe	Chemische Konstitution
Gelb	Auramin	Tetramethyl-p-diamidobenzophenonimid Chlorhydrat
	Auraminbase	Tetramethyl-p-diamidobenzophenonimid
	Thioflavin T	p-Dimethylaminophenyltoluthiazolmethylchlorid Chlorhydrat
Orange	Trypaflavin	3-6-Diamido-10-methylacridiniumchlorid
Braun	Chrysoidin	2-4-Diamidoazobenzolchlorhydrat
	Chrysoidinbase	2-4-Diamidoazobenzol
Rot	Astraphloxin	1-3-3-1'-3'-3'-Hexamethylstreptomonovinylen-2-2'-indocyaninchlorid
	Rhodamin B	sym. 2-7-Tetraäthylrhodamin Chlorhydrat
	Rhodaminbase B	sym. 2-7-Tetraäthylrhodamin Base
	Rhodamin 6 G	sym. 2-7-Diäthylrhodaminäthylester Chlorhydrat
	Neufuchsin	p-Diamido-o-trimethylfuchsonimoniumchlorid
	Neufuchsin Farbbase	p-Diamido-o-trimethylfuchsonimoniumhydrat
Grün	Brillantgrün Sulfat	Tetraäthylamidofuchsonimoniumsulfat
	Malachitgrün Oxalat	Tetramethylamidofuchsonimoniumoxalat
	Malachitgrünbase	Tetramethylamidofuchsonimoniumhydrat
Blau	Methylenblau, zinkfrei	Tetramethylthioninchlorhydrat
	Viktoriablau B	Chlorid des Tetramethyl-p-diamidodiphenyl-(Phenyl-a-Naphthyl)-carbinols
	Viktoriablaubase B	Farbbase des Tetramethyl-p-diamidodiphenyl-(Phenyl-a-Naphthyl)-carbinols
Violett	Kristallviolett	Hexamethyl-p-diamidofuchsonimoniumchlorid
	Kristallviolettbase	Hexamethyl-p-diamidofuchsonimoniumhydrat

4. Basische Beizenfarbstoffe.

Farbton	Bezeichnung der Farbstoffe	Chemische Konstitution
Blau	Gallocyanin	Gallocyaninchlorhydrat
	Corein (Cölestinblau)	Äthylgallocyaninamid Chlorhydrat

5. Substantive Farbstoffe.

Farbton	Bezeichnung der Farbstoffe	Chemische Konstitution
Gelb	Brillantgelb	Diamidostilbendisulfosäure tetrazo-Phenol Dinatriumsalz
	Chrysophenin	Diamidostilbendisulfosäure tetrazo-Phenetol Dinatriumsalz
Rot	Kongorot	Dinatriumsalz der Benzidin-tetrazo-Naphthionsäure
	Trypanrot	Benzidinmonosulfosäure-tetrazo-Amido-G-Säure Pentanatriumsalz
Blau	Trypanblau	Tetranatriumsalz der Tolidin-tetrazo-H-Säure

6. Küpenfarbstoffe.

Farbton	Bezeichnung der Farbstoffe	Chemische Konstitution
Gelb	Indanthrengelb	Flavanthren
	Indanthrengoldgelb	Trans-Dibenzpyrenchinon
Orange	Indanthrengoldorange	Pyranthron
Rot	Helidonscharlach	2-Thionaphthen-Acenaphthenindigo
	Indanthrenrot	Anthrachinon-1-2-Naphthacridon
	Thioindigo	Bis-Thionaphthen-2-2'-indigo
Grün	Indanthrenbrillantgrün B	2-2'-Dimethoxydibenzanthron
Blau	Indigo	Bis-indol-2-2'-indigo
	Brillantindigo	5-5'-7-7'-Tetrabromindigo
	Indanthrenblau	N-Dihydro-1-2-1'-2'-anthrachinonazin

Farbton	Bezeichnung der Farbstoffe	Chemische Konstitution

7. Sprit-, öl-, fett- und harzlösliche Farbstoffe.

Farbton	Bezeichnung der Farbstoffe	Chemische Konstitution
Gelb	Chinolingelb	Chinophtalon
	Dimethylamidoazobenzol	p-Dimethylamidoazobenzol
	Sudangelb	Anilin-azo-Resorzin
Orange	Chrysoidinbase	2-4-Diamidoazobenzol
	Sudanorange	Anilin-azo-β-Naphthol
Rot	Amidoazotoluol	o-Toluidin-azo-o-Toluidin
	Scharlach	Amidoazotoluol-azo-β-Naphthol
	Sudanrot	Amidoazobenzol-azo-β-Naphthol
	Pararot	p-Nitranilin-azo-β-Naphthol
Blau	Indophenol	p-Dimethylamidophenyl-a-Naphthochinonimid

8. Farbstoffe für Azetatkunstseide.

Farbton	Bezeichnung der Farbstoffe	Chemische Konstitution
Gelb	Anthralangelb RRT	(2-4-Dinitro-1-phenyl)-4-amidophenyl-4'-tolyl-amin-2-sulfosäure Natriumsalz
Blau	Alizarinsaphirol A	1-Amido-4-anilidoanthrachinon-2-monosulfosaures Natrium

9. Pigmentfarbstoffe.

Farbton	Bezeichnung der Farbstoffe	Chemische Konstitution
Gelb	Hansagelb G	3-Nitro-4-toluidin-azo-Acetessiganilid
Rot	Permanentrot GG	2-4-Dinitroanilin-azo-β-Naphthol

4. Tabellen.

A. Tabellen zu I: Die Untersuchung des Fabrikationswassers.

Tabelle 41. Faktorentabelle für die Einstellung der Kaliumpalmitatlösung nach BLACHER.

Verbrauch an n/10-Kaliumpalmitatlösung für 100 cm³ Bariumchloridlösung: (0,523 g/l)	Bei Anwendung von 100 cm³ Wasser entspricht 1 cm³ n/10-Kaliumpalmitatlösung an deutschen Härtegraden	Verbrauch an n/10-Kaliumpalmitatlösung für 100 cm³ Bariumchloridlösung: (0,523 g/l)	Bei Anwendung von 100 cm³ Wasser entspricht 1 cm³ n/10-Kaliumpalmitatlösung an deutschen Härtegraden
3,0	4,00	4,6	2,61
3,1	3,87	4,7	2,55
3,2	3,75	4,8	2,50
3,3	3,64	4,9	2,45
3,4	3,53	5,0	2,40
3,5	3,43	5,1	2,35
3,6	3,33	5,2	2,31
3,7	3,24 ·	5,3	2,26
3,8	3,16	5,4	2,22
3,9	3,08	5,5	2,18
4,0	3,00	5,6	2,14
4,1	2,93	5,7	2,10
4,2	2,86	5,8	2,07
4,3[1]	2,79	5,9	2,03
4,4	2,73	6,0	2,00
4,5	2,67		

[1] Beim Verbrauch von 4,3 cm³ ist die Palmitatlösung genau $n/10$.

B. Tabellen zu II: Die Untersuchung der Rohfaserstoffe.

Tabelle 42. Raumdichtezahlen und Raumgewichte verschiedener Zellstoffholzsorten.

	Raumdichtezahl R	Raumgewicht r_0		Raumdichtezahl R	Raumgewicht r_0
Fichte	390	0,450	Buche . . .	560	0,660
Kiefer	420	0,480	Aspe . . .	385	0,450

Tabelle 43. Zur Berechnung des Methylalkoholgehaltes aus den Farbstärken nach der Methode von FELLENBERG-DENIGÈS. Pektin- und Methylzahl-Bestimmung.

Tabelle A. Bei Verwendung des Types von 5 mg und Verdünnen mit 100 cm³ Wasser.

Farbstärke	mg CH₃OH	Differenz	Farbstärke	mg CH₃OH	Differenz	Farbstärke	mg CH₃OH	Differenz
0,4	0,60	0,30	3,8	3,93	0,18	7,2	6,66	0,16
0,6	0,90	0,27	4,0	4,11	0,18	7,4	6,82	0,16
0,8	1,17	0,24	4,2	4,30	0,19	7,6	6,98	0,16
1,0	1,41	0,20	4,4	4,48	0,18	7,8	7,15	0,17
1,2	1,61	0,21	4,6	4,66	0,18	8,0	7,32	0,17
1,4	1,82	0,18	4,8	4,83	0,17	8,5	7,80	0,48
1,6	2,00	0,18	5,0	5,00	0,17	9,0	8,30	0,50
1,8	2,18	0,18	5,2	5,16	0,16	9,5	8,80	0,50
2,0	2,36	0,17	5,4	5,32	0,16	10,0	9,30	0,50
2,2	2,53	0,18	5,6	5,47	0,15	11,0	10,45	1,15
2,4	2,71	0,17	5,8	5,62	0,15	12,0	11,70	1,25
2,6	2,88	0,17	6,0	5,77	0,15	13,0	13,10	1,40
2,8	3,05	0,17	6,2	5,91	0,14	14,0	14,40	1,30
3,0	3,22	0,18	6,4	6,05	0,14	15,0	15,80	1,40
3,2	3,40	0,18	6,6	6,20	0,15	16,0	17,15	1,35
3,4	3,58	0,17	6,8	6,35	0,15	17,0	18,55	1,40
3,6	3,75	0,18	7,0	6,50	0,15	18,0	20,30	1,75
					0,16			

Tabelle B. Bei Verwendung des Types von 1 mg und Verdünnen mit 25 cm³ Wasser.

Farbstärke	mg CH₃OH	Differenz	Farbstärke	mg CH₃OH	Differenz	Farbstärke	mg CH₃OH	Differenz
0,13	0	0,036	0,6	0,658	0,052	1,2	1,132	0,062
0,15	0,036	0,092	0,65	0,708	0,050	1,3	1,192	0,060
0,2	0,128	0,085	0,7	0,755	0,047	1,4	1,255	0,063
0,25	0,213	0,074	0,75	0,804	0,049	1,5	1,316	0,061
0,3	0,287	0,073	0,8	0,851	0,047	1,6	1,380	0,064
0,35	0,360	0,066	0,85	0,890	0,039	1,7	1,440	0,060
0,4	0,426	0,059	0,9	0,928	0,038	1,8	1,508	0,068
0,45	0,485	0,065	0,95	0,966	0,038	1,9	1,570	0,062
0,5	0,550	0,056	1,0	1,000	0,034	2,0	1,630	0,060
0,55	0,606	0,052	1,1	1,070	0,070			
					0,062			

Tabelle C. Bei Verwendung des Types von 0,3 mg und Verdünnung mit 25 cm³ Wasser.

Farbstärke	mg CH₃OH	Differenz	Farbstärke	mg CH₃OH	Differenz	Farbstärke	mg CH₃OH	Differenz
0,096	0		0,30	0,300	0,020	0,52	0,467	0,014
0,10	0,014	0,014	0,32	0,320	0,020	0,54	0,480	0,013
0,12	0,060	0,046	0,34	0,337	0,017	0,56	0,493	0,013
0,14	0,100 ·	0,040	0,36	0,354	0,017	0,58	0,506	0,013
0,16	0,127	0,027	0,38	0,370	0,016	0,60	0,520	0,014
0,18	0,158	0,031	0,40	0,384	0,014	0,62	0,533	0,013
0,20	0,187	0,029	0,42	0,399	0,015	0,64	0,546	0,013
0,22	0,212	0,025	0,44	0,413	0,014	0,66	0,560	0,014
0,24	0,235	0,023	0,46	0,427	0,014	0,68	0,573	0,013
0,26	0,258	0,023	0,48	0,440	0,013	0,70	0,597	0,014
0,28	0,280	0,022	0,50	0,453	0,013			
		0,020			0,014			

Tabelle 44. Faktorenwerte für die Bestimmung des Zuckers nach Bertrand.

Bei einem Verbrauch an cm³ Kaliumpermanganatlösung (0.5 g/l) von	Entspricht 1 cm³ der Kaliumpermanganat-Lösung mg Zucker	Bei einem Verbrauch an cm³ Kaliumpermanganatlösung (0,5 g/l) von	Entspricht 1 cm³ der Kaliumpermangannatlösung mg Zucker	Bei einem Verbrauch an cm³ Kaliumpermanganatlösung (0,5 g/l) von	Entspricht 1 cm³ der Kaliumpermanganatlösung mg Zucker
bis 20	0,486	70,1···80	0,514	130,1···140	0,545
20,1···30	0,489	80,1···90	0,519	140,1···150	0,551
30,1···40	0,493	90,1···100	0,524	150,1···160	0,556
40,1···50	0,498	100,1···110	0,529	160,1···170	0,561
50,1···60	0,504	110,1···120	0,534	170,1···180	0,566
60,1···70	0,509	120,1···130	0,539		

Tabelle 45. Ermittlung des Zuckergehaltes nach Schoorl für 25 cm³ Luffsche Lösung und 10 Minuten Kochzeit.

n/10-Natriumthiosulfatlösung cm³	Glukose mg	Differenz	n/10-Natriumthiosulfatlösung cm³	Glukose mg	Differenz	n/10-Natriumthiosulfatlösung cm³	Glukose mg	Differenz
1	2,4		9	22,4	2,6	17	44,2	2,9
2	4,8	2,4	10	25,0	2,6	18	47,1	2,9
3	7,2	2,4	11	27,6	2,6	19	50,0	2,9
4	9,7	2,5	12	30,3	2,7	20	53,0	3,0
5	12,2	2,5	13	33,0	2,7	21	56,0	3,0
6	14,7	2,5	14	35,7	2,7	22	59,1	3,1
7	17,2	2,5	15	38,5	2,8	23	62,2	3,1
8	19,8	2,6	16	41,3	2,8			
		2,6			2,9			

C. Tabellen zu III: Die chemischen Untersuchungsmethoden in der Natron- und Sulfatzellstofferzeugung.

Berechnung des Verdünnungs- oder Konzentrationsgrades der Schwarzlauge.

Es ist:
$$P = \frac{100 \cdot f \cdot (N - n)}{N \cdot (f - n)}.$$

Hierin bedeuten:

P den Verdünnungs- oder Konzentrationsgrad,
f den Faktor 144,3,
N die Bé-Grade der starken Lauge,
n die Bé-Grade der schwachen Lauge.

Beispiel: $N = 40$, $n = 14$.

$$P = \frac{100 \cdot 144{,}3 \cdot (40 - 14)}{40 \, (144{,}3 - 14)}.$$

$P = 71{,}9$, d. h. 100 l Schwarzlauge von 14° Bé geben beim Eindampfen 71,9 l Schwarzlauge von 40° Bé.

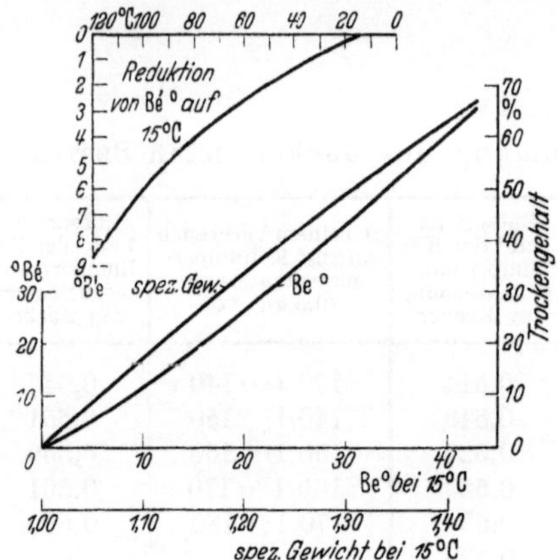

Abb. 162. Reduktion von Baumé-Graden auf 15° C und Abhängigkeit des Trockengehaltes vom spezifischen Gewicht und den Baumé-Graden bei Sulfatschwarz- und Dicklaugen.

Abb. 163. Spezifische Wärme und Siedepunktserhöhung in Abhängigkeit vom spezifischen Gewicht von Sulfatschwarz- und Dicklaugen.

Abb. 162 und 163 aus einem Aufsatz von C. B. Björkman und K. Karlsson in Suomen Paperi- ja Puntavavalethi [Finn. Pap. Timber J.] **23**, Sondernummer 82 (1941).

D. Tabellen zu IV: Die chemischen Untersuchungsmethoden in der Sulfitzellstofferzeugung.

Tabelle 46. Zusammenhang zwischen Temperatur und elektromotorischer Kraft des Platin-Platinrhodiumelementes.

Temperatur der erhitzten Lötstelle in ° C	Elektromotorische Kraft in Millivolt	Temperatur der erhitzten Lötstelle in ° C	Elektromotorische Kraft in Millivolt
300	2,27	1000	9,50
400	3,20	1100	10,67
500	4,17	1200	11,88
600	5,17	1300	13,11
700	6,20	1400	14,38
800	7,27	1500	15,69
900	8,37	1600	17,03

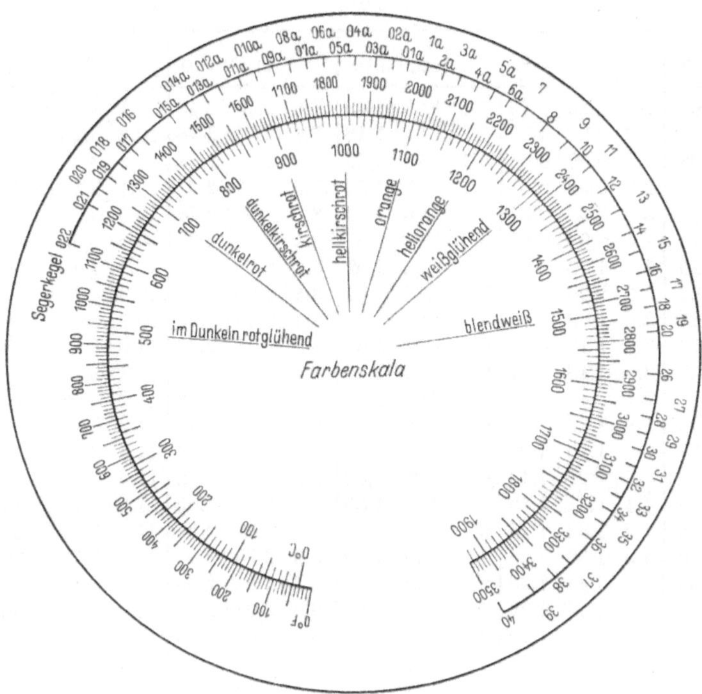

Abb. 164. Temperaturskala nach Celsius und Fahrenheit, Segerkegel Nr. und Anlauffarben.

Tabelle 47. Spez. Gewichte von Lösungen von schwefliger Säure in Wasser.

Spez. Gew.			% SO₂	Spez. Gew.			% SO₂	Spez. Gew.			% SO₂
1,0051	bei	15,5°	0,99	1,0252	bei	15,5°	4,99	1,0492	bei	15,5°	9,80
1,0102	,,	15,5°	2,05	1,0297	,,	15,5°	5,89	1,0541	,,	15,5°	10,75
1,0148	,,	15,0°	2,87	1,0353	,,	15,5°	7,01	1,0597	,,	12,5°	11,65
1,0204	,,	15 5°	4,04	1,0399	,,	15,5°	8,08	1,0668	,,	11,0°	13,09
				1,0438	,,	15,5°	8,68				

Tabelle 48. Drücke von schwefliger Säure in kondensiertem Zustand.

Temperatur	Druck ata	Temperatur	Druck ata	Temperatur	Druck ata
—30°	0,36	0°	1,51	35°	5,30
—25°	0,55	5°	1,90	40°	6,20
—20°	0,61	10°	2,35	45°	7,20
—15°	0,76	15°	2,78	50°	8,30
—10°	1,00	20°	3,30	55°	8,43
— 5°	1,25	25°	3,80	60°	11,09
		30°	4,60		

Tabelle 49. Bestimmung des Gehaltes an schwefliger Säure und Kalk von Frischlaugen durch Jod- und Alkalititration.

cm³	$\%$ SO_2	$\%$ CaO	cm³	$\%$ SO_2	$\%$ CaO	cm³	$\%$ SO_2	$\%$ CaO	cm³	$\%$ SO_2	$\%$ CaO	cm³	$\%$ SO_2	$\%$ CaO	cm³	$\%$ SO_2
0,1	0,032	0,028	2,6	0,83	0,73	5,1	1,63	1,43	7,6	2,43	2,13	10,1	3,23	2,83	12,6	4,03
0,2	0,06	0,06	2,7	0,80	0,76	5,2	1,66	1,46	7,7	2,46	2,16	10,2	3,26	2,86	12,7	4,06
0,3	0,10	0,08	2,8	0,90	0,78	5,3	1,70	1,48	7,8	2,50	2,18	10,3	3,30	2,88	12,8	4,10
0,4	0,13	0,11	2,9	0,93	0,81	5,4	1,73	1,51	7,9	2,53	2,21	10,4	3,33	2,91	12,9	4,13
0,5	0,16	0,14	3,0	0,96	0,84	5,5	1,76	1,54	8,0	2,56	2,24	10,5	3,36	2,94	13,0	4,16
0,6	0,19	0,17	3,1	0,99	0,87	5,6	1,79	1,57	8,1	2,59	2,27	10,6	3,39	2,97	13,1	4,19
0,7	0,22	0,20	3,2	1,02	0,90	5,7	1,82	1,60	8,2	2,62	2,30	10,7	3,42	3,00	13,2	4,22
0,8	0,26	0,22	3,3	1,06	0,92	5,8	1,86	1,62	8,3	2,66	2,32	10,8	3,46	3,02	13,3	4,26
0,9	0,29	0,25	3,4	1,09	0,95	5,9	1,89	1,65	8,4	2,69	2,35	10,9	3,49	3,05	13,4	4,29
1,0	0,32	0,28	3,5	1,12	0,98	6,0	1,92	1,68	8,5	2,72	2,38	11,0	3,52	3,08	13,5	4,32
1,1	0,35	0,31	3,6	1,15	1,01	6,1	1,95	1,71	8,6	2,75	2,41	11,1	3,55	3,11	13,6	4,35
1,2	0,38	0,34	3,7	1,18	1,04	6,2	1,98	1,74	8,7	2,78	2,44	11,2	3,58	3,14	13,7	4,38
1,3	0,42	0,36	3,8	1,22	1,06	6,3	2,02	1,76	8,8	2,82	2,46	11,3	3,62	3,16	13,8	4,42
1,4	0,45	0,39	3,9	1,25	1,09	6,4	2,05	1,79	8,9	2,85	2,49	11,4	3,65	3,19	13,9	4,45
1,5	0,48	0,42	4,0	1,28	1,12	6,5	2,08	1,82	9,0	2,88	2,52	11,5	3,68	3,22	14,0	4,48
1,6	0,51	0,45	4,1	1,31	1,15	6,6	2,11	1,85	9,1	2,91	2,55	11,6	3,71	3,25	14,1	4,51
1,7	0,54	0,48	4,2	1,34	1,18	6,7	2,14	1,88	9,2	2,94	2,58	11,7	3,74	3,28	14,2	4,54
1,8	0,58	0,50	4,3	1,38	1,20	6,8	2,18	1,90	9,3	2,98	2,60	11,8	3,78	3,30	14,3	4,58
1,9	0,61	0,53	4,4	1,41	1,23	6,9	2,21	1,93	9,4	3,01	2,63	11,9	3,81	3,33	14,4	4,61
2,0	0,64	0,56	4,5	1,44	1,26	7,0	2,24	1,96	9,5	3,04	2,66	12,0	3,84	3,36	14,5	4,64
2,1	0,67	0,59	4,6	1,47	1,29	7,1	2,27	1,99	9,6	3,07	2,69	12,1	3,87	3,39	14,6	4,67
2,2	0,70	0,62	4,7	1,50	1,32	7,2	2,30	2,02	9,7	3,10	2,72	12,2	3,90	3,42	14,7	4,70
2,3	0,74	0,64	4,8	1,54	1,34	7,3	2,34	2,04	9,8	3,14	2,74	12,3	3,94	3,44	14,8	4,74
2,4	0,77	0,67	4,9	1,57	1,37	7,4	2,37	2,07	9,9	3,17	2,77	12,4	3,97	3,47	14,9	4,77
2,5	0,80	0,70	5,0	1,60	1,40	7,5	2,40	2,10	10,0	3,20	2,80	12,5	4,00	3,50	15,0	4,80

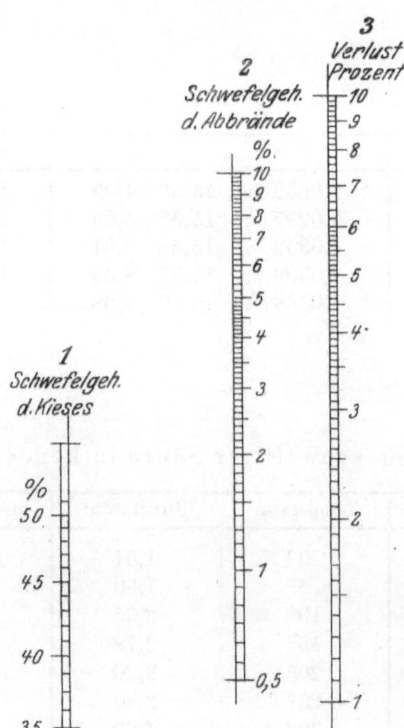

Abb. 165. Fluchtlinientafel zur Bestimmung der Schwefelverluste im Abbrand.

Man sucht auf Leiter *1* den Schwefelgehalt des Kieses auf, dann auf Leiter *2* den durch Untersuchung ermittelten Schwefelgehalt der Abbrände; der Schnittpunkt der Verbindungslinie dieser beiden Punkte mit der Leiter *3* gibt auf dieser an, welchen Anteil in Prozenten vom Schwefel im Kies der Abbrandverlust darstellt.

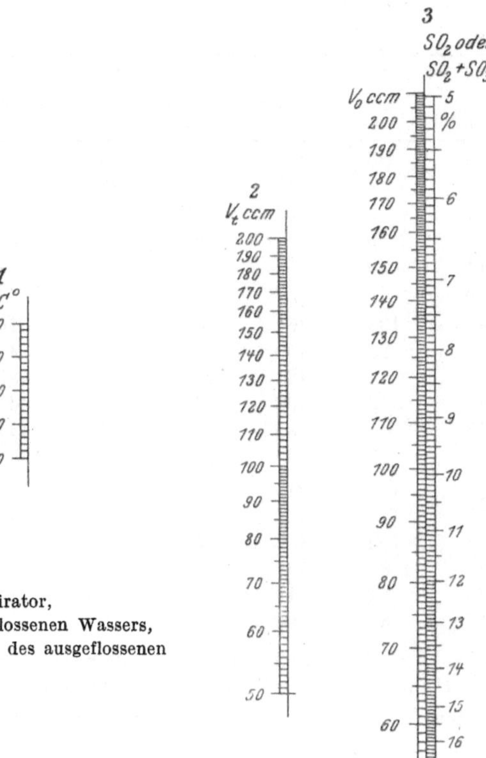

t = Temperatur im Aspirator,
V_t = Volumen des ausgeflossenen Wassers,
V_1 = reduziertes Volumen des ausgeflossenen Wassers.

Man sucht auf Leiter 1 die Versuchstemperatur auf, dann auf Leiter 2 die Menge des ausgeflossenen Wassers; durch Verbinden beider Punkte und Verlängern der Verbindungslinie bis zum Schnittpunkt mit Leiter 3 findet man das reduzierte Wasservolumen und den wahren Gasgehalt.

Abb. 166. Fluchtlinientafel für die REICHsche Methode zur Untersuchung der Röstgase auf Schwefeldioxyd.

Tabelle 50. Dampfspannung des Systems CaO—SO$_2$—H$_2$O [1].

Temperatur		25°	50°	70°	90°	110°	130°	140°	150°
SO$_2$ %	CaO %	cm	cm	cm	cm	cm	cm	cm	cm
				Dampfspannung in cm Quecksilbersäule					
1	0,0	12	25	53	97	171	283	343	412
1	0,5	6	17	38	62	135	235	304	381
1	1,0	3	12	28	53	117	219	280	363
1	1,5	3	9	23	53	109	208	272	358
1	2,0	3	9	23	53	107	203	272	358
1	2,5	3	9	23	53	107	203	272	358
2	0,0	15	41	83	143	229	359	425	503
2	0,5	9	30	56	100	181	303	368	441
2	1,0	4	20	40	70	146	260	330	402
2	1,5	3	12	29	54	125	229	303	376
2	2,0	3	9	25	53	112	208	286	363
2	2,5	3	9	23	53	107	203	273	358
3	0,0	25	66	115	183	293	441	517	604
3	0,5	15	48	83	137	238	381	433	520
3	1,0	10	33	60	105	194	328	390	466
3	1,5	7	21	46	82	164	281	363	426
3	2,0	6	13	37	67	143	247	342	397
3	2,5	3	10	32	55	130	219	326	377

[1] GURD, G. W., P. E. GISHLER u. O. MAAS: Quart. Rev. of the Forest Products Laboratories of Canada. January-March 1934, Issue Nr. 17.

Tabelle 50. Fortsetzung.

Temperatur		25°	50°	70°	90°	110°	130°	140°	150°
SO_2%	CaO%	Dampfspannung in cm Quecksilbersäule							
		cm	cm	cm	cm	cm	cm	cm	cm
4	0,0	36	85	150	234	358	511	610	705
4	0,5	28	68	117	185	298	450	531	616
4	1,0	27	52	91	150	252	396	489	553
4	1,5	16	38	71	123	217	350	458	507
4	2,0	11	25	57	103	192	314	430	470
4	2,5	6	17	46	84	173	281	416	438
5	0,0	46	108	184	280	422	610	718	834
5	0,5	42	93	150	238	368	540	640	750
5	1,0	35	76	124	204	322	489	592	682
5	1,5	27	58	103	177	287	445	554	628
5	2,0	17	41	85	155	260	412	524	587
5	2,5	8	25	69	136	238	383	500	554
6	0,0	58	127	216	329	508	711	820	980
6	0,5	56	117	188	294	451	641	740	891
6	1,0	52	103	162	263	399	591	686	820
6	1,5	43	83	137	235	358	548	643	763
6	2,0	30	61	114	208	326	514	610	724
6	2,5	17	38	94	186	300	484	581	695

Tabelle 51. Tabelle zur Methode nach HAIDER für die Bestimmung des ligninsulfosauren Kalziums in Sulfitkochlaugen.

Die Teilstriche gelten für das Zeisssche Eintauchrefraktometer für Prisma I. Skalenteilung $n_D = 1{,}3$.

Refraktometer Teilstriche	n_D 20°	Zucker g/l	Ca-sulfolignin g/l	Refraktometer Teilstriche	n_D 20°	Zucker g/l	Ca-sulfolignin g/l
14,5	1,33300	0,00	0,00	40	1,34275	12,40	50,78
15,0	1,33320	0,10	1,04	41	1,34313	12,86	52,76
16	1,33358	0,60	3,02	42	1,34350	13,32	54,68
17	1,33397	1,10	5,05	43	1,34388	13,78	56,67
18	1,33435	1,60	7,03	44	1,34426	14,24	58,65
19	1,33474	2,10	9,06	45	1,34463	14,70	60,57
20	1,33513	2,60	11,09	46	1,34500	15,16	62,50
21	1,33551	3,08	13,11	47	1,34537	15,62	64,43
22	1,33590	3,56	15,10	48	1,34575	16,08	66,41
23	1,33628	4,04	17,08	49	1,34612	16,54	68,33
24	1,33667	4,52	19,11	50	1,34650	17,00	70,31
25	1,33705	5,00	21,09	51	1,34687	17,50	72,24
26	1,33743	5,50	23,07	52	1,34724	18,00	74,17
27	1,33781	6,00	25,05	53	1,34761	18,50	76,09
28	1,33820	6,50	27,08	54	1,34798	19,00	78,02
29	1,33858	7,00	29,06	55	1,34836	19,50	80,00
30	1,33896	7,50	31,04	56	1,34873	19,98	81,93
31	1,33934	7,98	33,02	57	1,34910	20,46	83,86
32	1,33972	8,46	35,00	58	1,34947	20,94	85,78
33	1,34010	8,94	36,98	59	1,34984	21,42	87,71
34	1,34048	9,42	38,96	60	1,35021	21,90	89,63
35	1,34086	9,90	40,94	61	1,35058	22,36	
36	1,34124	10,40	42,92	62	1,35095	22,82	
37	1,34162	10,90	44,90	63	1,35132	23,28	
38	1,34199	11,40	46,83	64	1,35159	23,74	
39	1,34273	11,90	48,80				

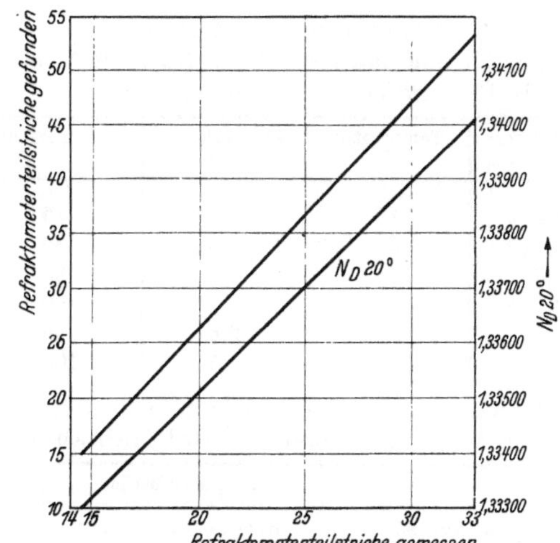

Abb. 167. Umrechnungskurven für die Methode von HAIDER.

Tabelle 52. Gehalt an Trockenrückstand in der Sulfitablauge von Fichtenholz bei verschiedenen Konzentrationen nach DIECKMANN.

° Bé bei 15°	Spez. Gewicht	Trockenrückstand		Aus 1 m³ Ablauge von 7° Bé	
		kg/m³	kg i. d. Tonne	erhält man beim Eindampfen kg Ablauge	sind zu verdampfen l Wasser
7	1,052	112,5	106,9		
8	1,060	130,5	123,1	913,6	138,4
9	1,067	148,5	139,1	808,5	243,5
10	1,075	166,5	154,5	727,9	324,1
11	1,083	184,5	170,3	660,4	391,6
12	1,091	203,5	186,5	603,0	449,0
13	1,100	223,0	202,7	554,8	497,2
14	1,108	242,0	218,4	514,9	537,1
15	1,116	262,5	235,2	478,1	573,9
16	1,125	283,0	251,4	447,3	604,7
17	1,134	303,5	267,6	420,3	631,7
18	1,142	324,5	284,1	395,8	656,2
19	1,152	345,5	299,9	375,0	677,0
20	1,162	366,5	315,4	356,6	695,4
21	1,171	387,0	330,5	340,3	711,7
22	1,180	408,5	346,2	324,8	727,2
23	1,190	430,5	361,8	310,8	741,2
24	1,200	452,5	377,1	305,2	746,8
25	1,210	475,5	393,0	286,2	765,8
26	1,220	499,0	409,0	275,0	777,0
27	1,231	523,5	425,3	264,4	787,6
28	1,241	547,5	441,2	255,5	796,5
29	1,252	572,5	457,3	245,9	806,1
30	1,263	598,5	473,9	237,3	814,7
31	1,274	625,5	491,0	229,0	823,0
32	1,285	653,0	508,0	221,2	830,8
33	1,297	681,0	525,1	214,2	837,8
34	1,308	709,5	542,4	207,3	844,7
35	1,320	741,0	561,4	200,3	851,7
36	1,322	772,5	580,0	193,9	858,1
37	1,345	804,5	598,2	188,0	864,0
38	1,357	836,5	616,4	182,4	869,6

Tabelle 53. Aräometrie von Sulfitablaugen.

Korrekturtafel falls die Bestimmung des spez. Gewichtes in Bé° bei höherer Temperatur als 15° vorgenommen wird (nach Noll).

Temperatur °	Zu addieren ° Bé	Temperatur °	Zu addieren ° Bé	Temperatur °	Zu addieren ° Bé
15	0,0	45	1,2	75	3,0
20	0,1	50	1,5	80	3,3
25	0,3	55	1,8	85	3,7
30	0,5	60	2,1	90	4,2
35	0,7	65	2,4	95	4,7
40	0,9	70	2,7	100	5,2

Tabelle 54. Angenäherte Beziehung zwischen Trockensubstanz und Konzentration bei verschiedenartigen Sulfitablaugen nach Noll.

Bé ° 15° C	Spez. Gewicht	Ablauge von harter Kochung (hell)		Ablauge von weicher Kochung (dunkel)		Vergorene Ablauge (Schlempe)	
		g/l	g/kg	g/l	g/kg	g/l	g/kg
5	1,037	77,1	74,3	85,6	82,5	80,7	77,8
7	1,052	113,2	107,6	120,8	114,8	114,9	109,2
10	1,075	162,3	151,0	178,2	165,8	167,5	155,8
15	1,116	260,7	233,6	282,4	253,0	264,4	236,9
20	1,162	374,0	321,9	392,1	337,4	381,7	328,5
25	1,210	490,1	405,0	513,4	424,3	493,9	408,2
30	1,263	631,5	500,0	658,0	521,0	635,2	502,9
35	1,320	800,5	606,4	834,2	632,0	825,8	625,6

Tabelle 55.
Faktoren zur Bestimmung der Zucker in der Sulfitlauge nach Meissl.
a = Milligramme Kupferoxyd. b = Milligramme Zucker.

a	b	a	b	a	b
112,7	46,9	256,6	109,1	400,5	175,6
118,9	49,5	262,9	111,9	406,8	178,6
125,2	52,1	269,1	114,7	413,1	181,6
131,4	54,8	275,4	117,5	419,3	184,7
137,7	57,5	281,6	120,4	425,6	187,8
143,9	60,1	287,9	123,2	431,8	190,8
150,3	62,8	294,2	126,0	438,1	193,8
156,5	65,5	300,5	128,9	444,4	196,8
162,8	68,7	306,7	131,8	450,6	199,8
169,0	70,3	312,9	134,6	456,9	203,0
175,3	73,5	319,2	137,5	463,1	206,1
181,5	76,1	325,4	140,4	469,4	209,2
187,8	78,9	331,7	143,2	475,6	212,4
194,0	81,6	338,0	146,1	481,9	215,5
200,3	84,3	344,2	149,0	488,2	218,7
206,5	87,0	350,5	151,9	494,4	221,8
212,8	89,7	356,7	154,9	500,7	224,9
219,1	92,4	363,0	157,8	506,9	228,6
225,4	95,2	369,3	160,8	513,2	232,1
231,6	97,8	375,5	163,8	519,5	235,7
237,9	100,6	381,8	166,8	525,7	239,2
244,1	103,4	388,0	169,7	532,0	242,7
250,4	106,3	394,3	172,7	538,1	246,3

E. Tabellen zu VII: Die Untersuchung der ungebleichten und gebleichten Zellstoffe (Halbstoffe).

Tabelle 56. Absoluttrockengewicht und Normallufttrockengewichte für Holzschliff und Holzzellstoff.

(88 absolut trocken = 100 lufttrocken.)

Absolut trocken	Lufttrocken	Absolut trocken	Lufttrocken	Absolut trocken	Lufttrocken	Absolut trocken	Lufttrocken
24,0	27,28	43,5	49,43	63,0	71,58	82,5	93,75
24,5	27,85	44,0	50,00	63,5	72,15	83,0	94,32
25,0	28,41	44,5	50,56	64,0	72,73	83,5	94,89
25,5	28,98	45,0	51,13	64,5	73,29	84,0	95,45
26,0	29,55	45,5	51,70	65,0	73,86	84,5	96,02
26,5	30,12	46,0	52,27	65,5	74,43	85,0	96,59
27,0	30,68	46,5	52,84	66,0	75,00	85,5	97,16
27,5	31,25	47,0	53,41	66,5	75,57	86,0	97,73
28,0	31,82	47,5	53,97	67,0	76,13	86,5	98,29
28,5	32,39	48,0	54,54	67,5	76,70	87,0	98,86
29,0	32,96	48,5	55,11	68,0	77,27	87,5	99,43
29,5	33,53	49,0	55,68	68,5	77,84	88,0	100,00
30,0	34,09	49,5	56,25	69,0	78,40	88,5	100,57
30,5	34,66	50,0	56,82	69,5	78,97	89,0	101,14
31,0	35,23	50,5	57,36	70,0	79,54	89,5	101,70
31,5	35,80	51,0	57,95	70,5	80,11	90,0	102,27
32,0	36,36 ·	51,5	58,52	71,0	80,68	90,5	102,84
32,5	36,93	52,0	59,09	71.5	81,25	91,0	103,41
33,0	37,50	52,5	59,65	72,0	81,82	91,5	103,98
33,5	38,07	53,0	60,22	72,5	82,39	92,0	104,55
34,0	38,64	53,5	60,79	73,0	82,94	92,5	105,11
34,5	39,21	54,0	61,34	73,5	83,52	93,0	105,68
35,0	39,77	54,5	61,93	74,0	84,09	93,5	106,25
35,5	40,34	55,0	62,49	74,5	84,66	94,0	106,82
36,0	40,91	55,5	63,06	75,0	85,22	94,5	107,39
36,5	41,48	56,0	63,63	75,5	85,79	95,0	107,95
37,0	42,04	56,5	64,09	76,0	86,36	95,5	108,52
37,5	42,61	57,0	64,78	76,5	86,93	96,0	109,09
38,0	43,18	57,5	65,34	77,0	87,50	96,5	109,66
38,5	43,75	58,0	65,90	77,5	88,07	97,0	110,23
39,0	44,32	58,5	66,47	78,0	88,64	97,5	110,79
39,5	44,89	59,0	67,04	78,5	89,21	98,0	111,36
40,0	45,45	59,5	67,61	79,0	89,77	98,5	111,93
40,5	46,02	60,0	68,18	79,5	90,34	99,0	112,50
41,0	46,59	60,5	68,75	80,0	90,90	99,5	113,07
41,5	47,16	61,0	69,31	80,5	91,47	100,0	113,64
42,0	47,73	61,5	69,88	81,0	92,04		
42,5	48,30	62,0	70,45	81,5	92,61		
43,0	48,86	62,5	71,02	82,0	93,18		

Nach Feststellung des Absoluttrockengewichtes eines Zellstoffs kann man aus vorstehender Tabelle das Handelsgewicht mit 12 % Wasser im Hundert für feuchte Stoffe — von 24 % Absoluttrockengehalt an — unmittelbar ablesen. Die Zwischenwerte erhält man leicht, wenn man berücksichtigt, daß je 0,1 % absolut trocken 0,114 % lufttrocken entsprechen. Also 51,3 % absolut trocken = 57,95 + 3 · 0,114 = 58,29 % lufttrocken. Wenn auch in Deutschland allgemein jetzt nur mit absolut trockenem Gewicht gerechnet wird, so ist doch im Ausland noch die frühere Art der Berechnung auf lufttrockenes Gewicht üblich, weshalb hier für solche Fälle diese Umrechnungstafel mit aufgenommen worden ist.

Tabelle 57. Zur Bestimmung der Sieber-Zahl.

cm³ n/10-As₂O₃ zum Zurücktitrieren	Sieber-Zahl	cm³ n/10-As₂O₃ zum Zurücktitrieren	Sieber-Zahl	cm³ n/10-As₂O₃ zum Zurücktitrieren	Sieber-Zahl
0,2	99	5,8	66	11,4	33
0,4	98	6,0	65	11,6	31
0,6	97	6,2	63	11,8	30
0,8	95	6,4	62	12,0	29
1,0	94	6,6	61	12,2	28
1,2	93	6,8	60	12,4	27
1,4	92	7,0	59	12,6	25
1,6	91	7,2	57	12,8	24
1,8	89	7,4	56	13,0	23
2,0	88	7,6	55	13,2	22
2,2	87	7,8	54	13,4	21
2,4	86	8,0	53	13,6	20
2,6	85	8,2	52	13,8	18
2,8	83	8,4	50	14,0	17
3,0	82	8,6	49	14,2	16
3,2	81	8,8	48	14,4	15
3,4	80	9,0	47	14,6	14
3,6	79	9,2	46	14,8	12
3,8	78	9,4	44	15,0	11
4,0	76	9,6	43	15,2	10
4,2	75	9,8	42	15,4	9
4,4	74	10,0	41	15,6	8
4,6	73	10,2	40	15,8	7
4,8	72	10,4	39	16,0	5
5,0	70	10,6	37	16,2	4
5,2	69	10,8	36	16,4	3
5,4	68	11,0	35	16,6	2
5,6	67	11,2	34	16,8	1

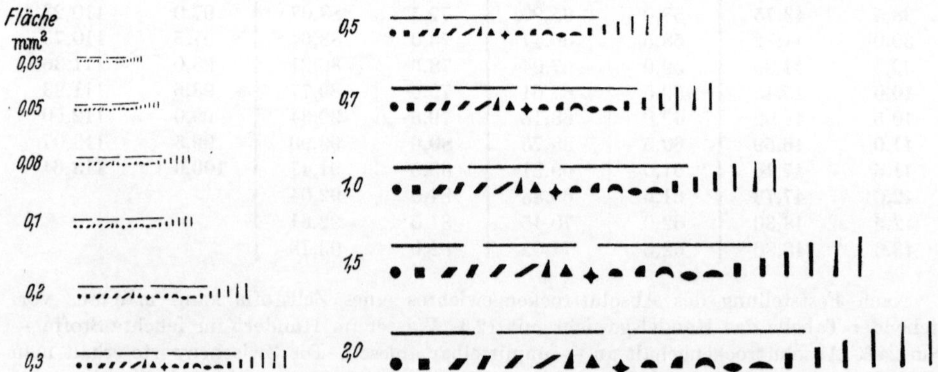

Abb. 168. Vergleichstafel für die Bestimmung von Fremdkörpern in Zellstoffen.

Alle Darstellungen sind in natürlicher Größe gezeichnet, dabei ist der Flächeninhalt jedes Teilchens durch die nebenstehende Zahl in mm² angegeben.

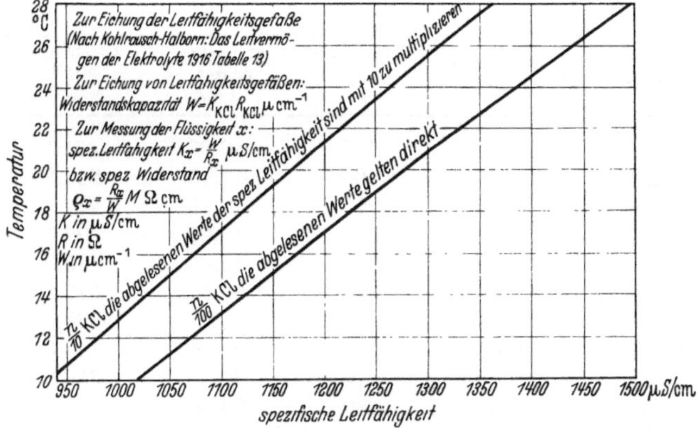

Abb. 169. Zur Bestimmung der Leitfähigkeit der wäßrigen Auszüge aus Zellstoffen.

F. Tabellen zu VI: Die chemischen Untersuchungsmethoden in der Bleicherei.

Tabelle 58. Gehaltsbestimmung von Kochsalzlösungen bei 15° (GERLACH).

Vol.-Gew.	NaCl %	Vol.-Gew.	NaCl %	Vol.-Gew.	NaCl %	Vol.-Gew.	NaCl %
1,00725	1	1,05851	8	1,11146	15	1,16755	22
1,01450	2	1,06593	9	1,11938	16	1,17580	23
1,02074	3	1,07335	10	1,12730	17	1,18404	24
1,02899	4	1,08097	11	1,13523	18	1,19228	25
1,03624	5	1,08859	12	1,14315	19	1,20098	26
1,04366	6	1,09622	13	1,15107	20	1,20433	26,395
1,05108	7	1,10384	14	1,15931	21		

Tabelle 59. Gehaltsbestimmung von Kalkmilch nach LENART.

Alte Bé-Grade	Bg.-Grade	Spez. Gewicht bei 20°	1 l enthält CaO g	Gewichtsprozente CaO	1 l enthält Ca(OH)₂ g	Gewichtsprozente Ca(OH)₂
1,5	2,7	1,0085	10	0,99	13,2	1,31
2,7	4,8	1,017	20	1,96	26,4	2,59
3,7	6,7	1,0245	30	2,93	39,6	3,87
4,7	8,4	1,0315	40	3,88	52,8	5,13
5,7	10,3	1,039	50	4,81	66,1	6,36
6,7	12,0	1,046	60	5,74	79,3	7,58
7,6	13,7	1,0535	70	6,65	92,5	8,79
8,5	15,3	1,0605	80	7,54	105,7	9,96
9,5	17,1	1,0675	90	8,43	118,9	11,14
10,35	18,7	1,075	100	9,30	132,1	12,29
11,2	20,3	1,0825	110	10,16	145,3	13,43
12,1	21,9	1,0895	120	11,01	158,6	14,55
13,0	23,6	1,0965	130	11,86	171,8	15,67
13,9	25,1	1,104	140	12,68	185,0	16,76
14,7	26,7	1,111	150	13,50	198,2	17,84
15,55	28,2	1,1185	160	14,30	211,4	18,90
16,4	29,7	1,1255	170	15,10	224,6	19,95
17,2	31,3	1,1325	180	15,89	237,9	21,00

Tabelle 59. Fortsetzung.

Alte Bé-Grade	Bg.-Grade	Spez. Gewicht bei 20°	1 l enthält CaO g	Gewichtsprozente CaO	1 l enthält Ca(OH)₂ g	Gewichtsprozente Ca(OH)₂
18,0	32,7	1,140	190	16,67	251,1	22,03
18,8	34,2	1,1475	200	17,43	264,3	23,03
19,6	35,7	1,1545	210	18,19	277,5	24,04
20,35	37,1	1,1615	220	18,94	290,7	25,03
21,1	38,5	1,1685	230	19,68	303,9	26,01
21,85	39,9	1,176	240	20,41	317,1	26,96
22,65	41,4	1,1835	250	21,12	330,4	27,91
23,3	42,8	1,1905	260	21,84	343,6	28,86
24,1	44,1	1,1975	270	22,55	356,8	29,80
24,8	45,5	1,205	280	23,24	370,0	30,71
25,5	46,8	1,2125	290	23,92	383,2	31,61
26,2	48,1	1,2195	300	24,60	396,4	32,51

Tabelle 60. Gehaltsbestimmung von Chlorkalklösungen. Stärke von
Chlorkalklösungen. Nach LUNGE und BACHOFEN ergänzt.

° Bé	Spez. Gewicht	g akt. Chlor pro l	° Bé	Spez. Gewicht	g akt. Chlor pro l	° Bé	Spez. Gewicht	g akt. Chlor pro l
0,3	1,002	1	2,8	1,019	11	5,0	1,036	21
0,5	1,004	2	3,0	1,021	12	5,2	1,037	22
0,8	1,005	3	3,2	1,023	13	5,4	1,039	23
1,0	1,007	4	3,4	1,024	14	5,6	1,041	24
1,3	1,009	5	3,6	1,026	15	5,9	1,042	25
1,5	1,011	6	3,9	1,028	16	6,1	1,044	26
1,8	1,013	7	4,0	1,029	17	6,3	1,046	27
2,0	1,014	8	4,3	1,031	18	6,5	1,047	28
2,3	1,016	9	4,5	1,033	19	6,7	1,049	29
2,5	1,018	10	4,8	1,035	20	7,0	1,051	30

G. Tabellen zu VIII: Die chemischen Untersuchungsmethoden in der Papierfabrikation.

Tabelle 61. Bestimmung des Wassergehaltes der Stärke nach SAARE.

Gefundenes Gewicht g	Wassergehalt der Stärke %	Gefundenes Gewicht g	Wassergehalt der Stärke %	Gefundenes Gewicht g	Wassergehalt der Stärke %	Gefundenes Gewicht g	Wassergehalt der Stärke %
289,40	0	285,05	11	281,10	21	277,20	31
289,00	1	284,65	12	280,75	22	276,80	32
288,60	2	284,25	13	280,35	23	276,40	33
288,20	3	283,90	14	279,95	24	276,00	34
287,80	4	283,50	15	279,55	25	275,60	35
287,40	5	283,10	16	279,15	26	275,20	36
287,05	6	282,70	17	278,75	27	274,80	37
286,65	7	282,30	18	278,35	28	274,40	38
286,25	8	281,90	19	277,95	29	274,05	39
285,85	9	281,50	20	277,60	30	273,65	40
280,45	10						

Tabelle 62. Baumé-Grade von Gelatinelösungen bei verschiedenen Temperaturen nach SIEBER.

Gelatine %	° Bé 20°	° Bé 25°	° Bé 30°	Gelatine %	° Bé 20°	° Bé 25°	° Bé 30°
1,0	0,3	0,2	0,1	6,0	gallertig	2,2	1,7
1,5	0,5	0,4	0,2	6,5	,,	2,4	1,9
2,0	0,7	0,6	0,3	7,0	,,	2,6	2,1
2,5	0,9	0,8	0,45	7,5	,,	2,8	2,3
3,0	1,15	1,0	0,6	8,0	fest	3,0	2,5
3,5	1,35	1,2	0,75	8,5	,,	3,2	2,7
4,0	1,55	1,4	0,9	9,0	,,	3,4	2,9
4,5	1,8	1,6	1,1	9,5	,,	3,5	3,1
5,0	2,0	1,8	1,3	10,0	,,	gallertig	3,3
5,5	2,25	2,0	1,5				

Tabelle 63. Löslichkeit der Soda bei verschiedenen Temperaturen nach LOEWEL. g/100 g Wasser.

Temperatur	0°	10°	15°	20°	25°	30°	38°	104°
Natriumkarbonat Na_2CO_2	6,97	12,06	16,20	21,71	28,50	37,24	51,67	45,47
Kristallsoda $Na_2CO_3 + 10H_2O$	21,33	40,94	63,20	92,82	149,13	273,64	1142,17	539,62

Tabelle 64. Alkalibedarf bei der Bereitung von Harzleim in Abhängigkeit vom gewünschten Freiharzgehalt.

Bei Verseifung von 100 kg Harz mit	sind im fertigen Harzleim		Bei Verseifung von 100 kg Harz mit	sind im fertigen Harzleim	
	gebundenes Harz %	freies Harz %		gebundenes Harz %	freies Harz %
6 kg Soda	40,6	59,4	11 kg Soda	74,4	25,6
7 ,, ,,	47,4	52,6	12 ,, ,,	81,2	18,8
8 ,, ,,	54,0	46,0	13 ,, ,,	87,8	12,2
9 ,, ,,	60,8	39,2	14 ,, ,,	94,6	5,4
10 ,, ,,	67,6	33,4			

Tabelle 65. Dichte von Aluminiumsulfatlösungen bei 15°. Nach E. LARSSON.

Volumgewicht	Grade Baumé	100 Liter Lösung enthalten kg					
		Al_2O_3	SO_3	Sulfat mit 13% Al_2O_3	Sulfat mit 14% Al_2O_3	Sulfat mit 15% Al_2O_3	Sulfat mit 18% Al_2O_3
1,005	0,7	0,14	0,33	1,1	1	0,9	0,8
1,010	1,4	0,28	0,65	2,2	2	1,9	1,5
1,016	2,1	0,42	0,98	3,2	3	2,8	2,3
1,021	2,8	0,56	1,31	4,3	4	3,7	3,1
1,026	3,5	0,70	1,63	5,4	5	4,7	3,9
1,031	4,2	0,84	1,96	6,5	6	5,6	4,7
1,036	4,8	0,98	2,28	7,5	7	6,5	5,4
1,040	5,4	1,12	2,61	8,6	8	7,5	6,2
1,045	6,1	1,26	2,94	9,7	9	8,4	7,0
1,050	6,7	1,40	3,26	10,8	10	9,3	7,8
1,055	7,3	1,54	3,59	11,8	11	10,3	8,6
1,059	7,9	1,68	3,91	12,9	12	11,2	9,3
1,064	8,5	1,82	4,24	14,0	13	12,1	10,2
1,068	9,1	1,96	4,57	15,1	14	13,1	10,9

Tabelle 65. Fortsetzung.

Volum-gewicht	Grade Baumé	100 Liter Lösung enthalten kg					
		Al_2O_3	SO_3	Sulfat mit 13% Al_2O_3	Sulfat mit 14% Al_2O_3	Sulfat mit 15% Al_2O_3	Sulfat mit 18% Al_2O_3
1,073	9,7	2,10	4,89	16,2	15	14,0	11,6
1,078	10,3	2,24	5,22	17,2	16	14,9	12,5
1,082	10,9	2,38	5,55	18,3	17	15,9	13,3
1,087	11,4	2,52	5,87	19,4	18	16,8	14,0
1,092	12,0	2,66	6,20	20,5	19	17,7	14,8
1,096	12,6	2,80	6,52	21,5	20	18,7	15,6
1,101	13,1	2,94	6,85	22,6	21	19,6	16,3
1,105	13,7	3,08	7,18	23,7	22	20,5	17,1
1,110	14,2	3,22	7,50	24,8	23	21,5	17,9
1,114	14,7	3,36	7,83	25,9	24	22,4	18,7
1,119	15,3	3,50	8,16	26,9	25	23,3	19,8
1,123	15,8	3,64	8,48	28,0	26	24,3	20,2
1,128	16,3	3,78	8,81	29,1	27	25,2	21,0
1,132	16,8	3,92	9,13	30,2	28	26,1	21,8
1,137	17,4	4,06	9,46	31,2	29	27,1	22,6
1,141	17,9	4,20	9,79	32,3	30	28,0	23,3
1,145	18,3	4,34	10,11	33,4	31	28,9	24,0
1,150	18,8	4,48	10,44	34,5	32	29,9	24,8
1,154	19,2	4,62	10,76	35,5	33	30,8	25,6
1,159	19,7	4,76	11,09	36,6	34	31,7	26,5
1,163	20,1	4,90	11,42	37,7	35	32,7	27,2
1,168	20,6	5,04	11,74	38,8	36	33,6	28,0
1,172	21,1	5,18	12,07	39,9	37	34,5	28,8
1,176	21,6	5,32	12,40	40,9	38	35,5	29,6
1,181	22,1	5,46	12,72	42,0	39	36,4	30,4
1,185	22,5	5,60	13,05	43,1	40	37,3	31,2
1,190	23,0	5,74	13,38	44,2	41	38,3	31,9
1,194	23,4	5,88	13,70	45,2	42	39,2	32,7
1,198	23,8	6,02	14,03	46,3	43	40,1	33,5
1,203	24,3	6,16	14,35	47,4	44	41,1	34,2
1,207	24,7	6,30	14,68	48,5	45	42,0	35,0
1,211	25,2	6,44	15,01	49,5	46	42,9	35,7
1,215	25,5	6,58	15,33	50,6	47	43,9	36,5
1,220	25,9	6,72	15,66	51,7	48	44,8	37,4
1,224	26,3	6,86	15,99	52,8	49	45,7	38,2
1,228	26,7	7,00	16,31	53,9	50	46,7	38,9
1,232	27,1	7,14	16,64	54,9	51	47,6	39,6
1,236	27,5	7,28	16,96	56,0	52	48,5	40,4
1,240	27,9	7,42	17,29	57,1	53	49,5	41,2
1,244	28,3	7,56	17,62	58,2	54	50,4	42,0
1,248	28,6	7,70	17,94	59,2	55	51,3	42,8
1,252	29,0	7,84	18,27	60,3	56	52,3	43,6
1,256	29,4	7,98	18,59	61,4	57	53,2	44,4
1,261	29,8	8,12	18,92	62,5	58	54,1	45,1
1,265	30,2	8,26	19,25	63,5	59	55,1	45,9
1,269	30,5	8,40	19,57	64,6	60	56,0	46,6
1,273	30,9	8,54	19,90	65,7	61	56,9	47,5
1,277	31,2	8,68	20,23	66,8	62	57,9	48,2
1,281	31,6	8,82	20,25	67,9	63	58,8	49,0
1,285	31,9	8,96	20,88	68,9	64	59,7	49,8
1,289	32,3	9,10	21,20	70,0	65	60,7	50,6
1,293	32,6	9,24	21,53	71,1	66	61,6	51,3

Tabelle 65. Fortsetzung.

Volum-gewicht	Grade Baumé	100 Liter Lösung enthalten kg					
		Al_2O_2	SO_3	Sulfat mit 13% Al_3O_2	Sulfat mit 14% Al_2O_3	Sulfat mit 15% Al_2O_3	Sulfat mit 18% Al_3O_3
1,297	33,0	9,38	21,86	72,2	67	62,5	52,0
1,301	33,3	9,52	22,18	73,2	68	63,5	52,8
1,305	33,7	9,66	22,51	74,3	69	64,4	53,6
1,309	34,0	9,80	22,84	75,4	70	65,3	54,3
1,312	34,4	9,94	23,16	76,5	71	66,3	55,2
1,316	34,7	10,08	23,49	77,5	72	67,2	56,0
1,320	35,0	10,22	23,81	78,6	73	68,1	56,9
1,324	35,3	10,36	24,14	79,7	74	69,1	57,6
1,328	35,6	10,50	24,47	80,8	75	70,0	58,3
1,331	35,9	10,64	24,79	81,8	76	70,9	59,2
1,335	36,2	10,78	25,12	82,9	77	71,9	59,9
1,339	36,5	10,92	25,45	84,0	78	72,8	60,8

Tabelle 66. Temperaturkorrekturen bei Messung der Bé-Grade in Aluminiumsulfatlösungen nach EDER.

Temperatur der Spindelung	Zuschläge in ° Bé bei einer Aluminium-sulfatlösung von			Temperatur der Spindelung	Zuschläge in ° Bé bei einer Aluminium-sulfatlösung von		
°	0° Bé (reines Wasser)	10° Bé	20° Bé	°	0° Bé (reines Wasser)	10° Bé	20° Bé
0	0	—0,2	—0,3	30	+0,4	+0,6	+0,7
5	—0,1	—0,2	—0,3	35	+0,6	+0,8	+0,9
10	—0,1	—0,1	—0,2	40	+0,9	+1,1	+1,2
15	0	0	0	45	+1,1	+1,4	+1,5
20	+0,1	+0,2	+0,2	50	+1,4	+1,7	+1,8
25	+0,3	+0,4	+0,5				

Tabelle 67.

In der von EDER gegebenen Tabelle werden für klare Lösung g Al_2O_3 in 1 l Lösung abgelesen. Bekannt: Bé°, freie Säure. Gesucht: Al_2O_3.

° Bé	—2%	0%	+2%	+4%	+6%	+8%	+10%
	freie Schwefelsäure auf Aluminiumsulfat mit 10 proz. Al_2O_3 bezogen						
8,0	19,3	18,4	17,8	17,2	16,6	16,0	15,4
8,5	20,6	19,7	18,9	18,3	17,7	17,0	16,4
9,0	21,8	20,9	20,1	19,5	18,8	18,1	17,4
9,5	23,2	22,1	21,3	20,6	19,8	19,1	18,4
10,0	24,4	23,3	22,4	21,7	20,9	20,2	19,4
10,5	25,6	24,5	23,6	22,8	22,0	21,2	20,4
11,0	27,0	25,8	25,0	24,1	23,3	22,4	21,6
11,5	28,4	27,2	26,3	25,4	24,5	23,6	22,7
12,0	29,8	28,5	27,5	26,6	25,6	24,7	23,8
12,5	31,2	29,8	28,7	27,7	26,8	25,8	24,9
13,0	32,5	31,1	30,0	29,0	28,0	27,0	26,0
13,5	34,0	32,5	31,3	30,3	29,3	28,2	27,2
14,0	35,3	33,8	32,7	31,6	30,5	29,4	28,3
14,5	36,8	35,2	33,9	32,8	31,7	30,6	29,4
15,0	38,1	36,5	35,2	34,1	32,9	31,7	30,5
15,5	39,6	38,0	36,7	35,5	34,2	33,0	31,7
16,0	41,0	39,4	38,1	36,8	35,5	34,2	32,9

Tabelle 67. Fortsetzung.

° Bé	— 2%	0%	+ 2%	+ 4%	+ 6%	+ 8%	+ 10%
	freie Schwefelsäure auf Alminiumsulfat mit 10 proz. Al₂O₃ gezogen						
16,5	42,6	40,8	39,4	38,1	36,8	35,4	34,2
17,0	44,2	42,2	40,7	39,4	38,0	36,7	35,4
17,5	45,8	43,7	42,2	40,8	39,4	38,1	36,8
18,0	47,5	45,2	43,6	42,2	40,7	39,3	38,1
18,5	49,1	46,8	45,1	43,6	42,1	40,7	39,4
19,0	50,6	48,3	46,6	45,0	43,4	42,0	40,6
19,5	52,2	49,8	48,0	46,4	44,8	43,3	42,0
20,0	53,9	51,4	49,6	47,9	46,3	44,8	43,3

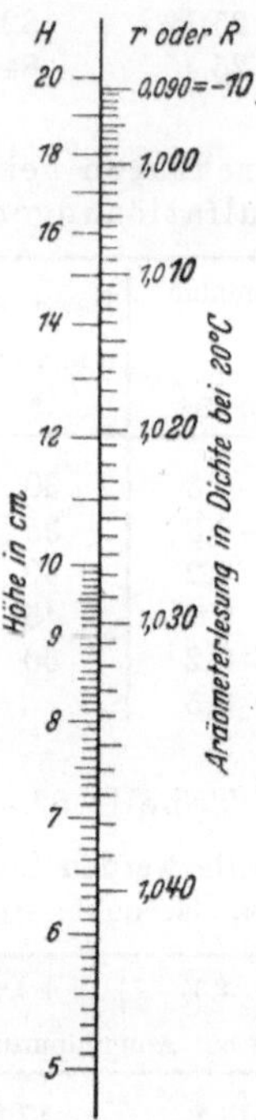

Abb. 170.
Beispiel der Umeichung eines Aräometers für die Aräometeranalyse
nach CASAGRANDE (s. Abb. 171).

Tabelle 68. Spez. Gewichte reiner wäßriger Formaldehydlösungen bei 18°,
bezogen auf Wasser von 4°, nach AUERBACH.

g CH₂O in 100 cm³ Lösung	g CH₂O in 100 g Lösung	Spez. Gewicht	g CH₂O in 100 cm³ Lösung	g CH₂O in 100 g Lösung	Spez. Gewicht
2,24	2,23	1,0054	25,44	23,73	1,0719
4,66	4,60	1,0126	30,17	27,80	1,0853
11,08	10,74	1,0311	37,72	34,11	1,1057
14,15	13,59	1,0410	41,87	37,53	1,1158
19,89	18,82	1,0568			

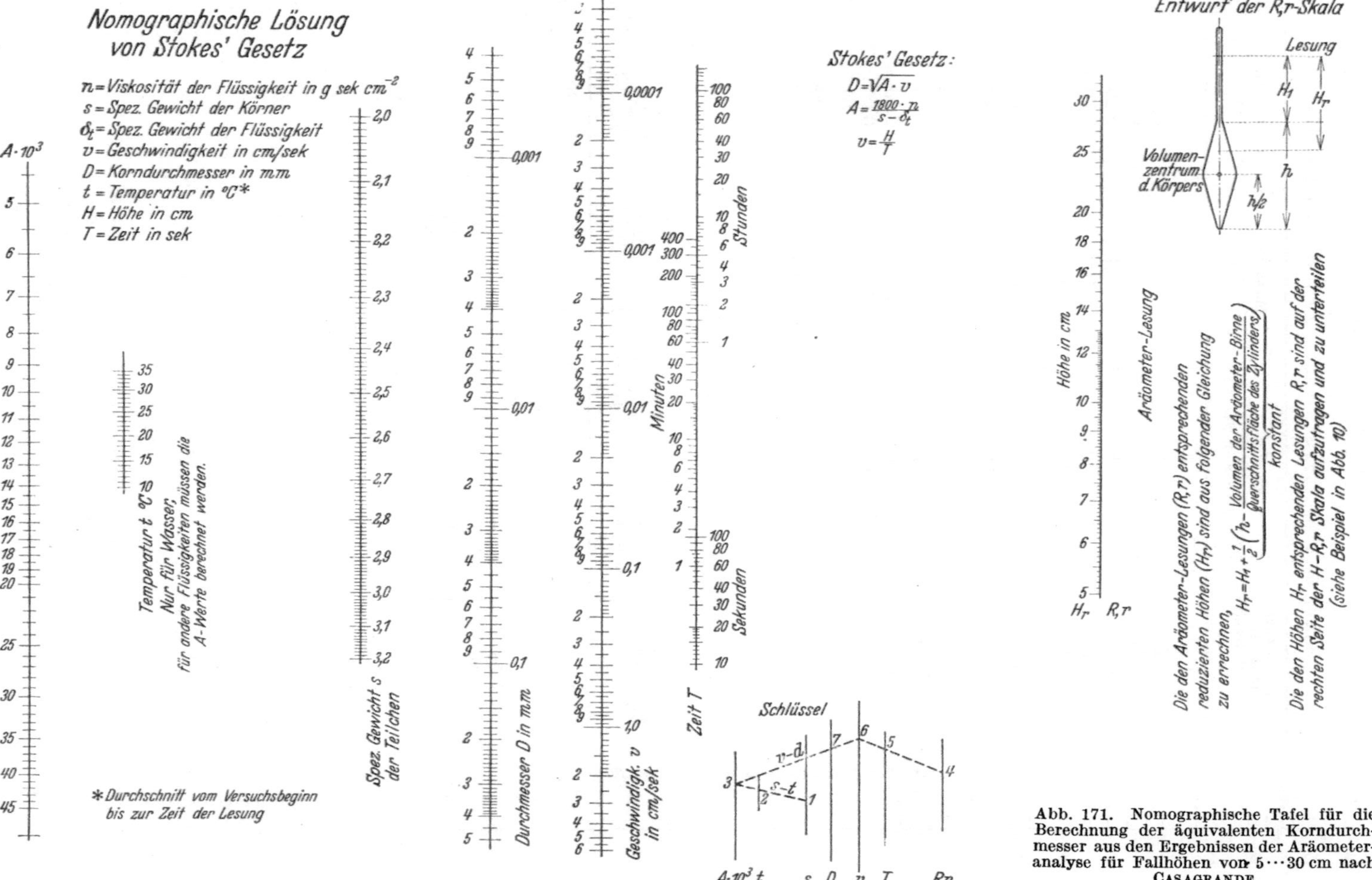

Abb. 171. Nomographische Tafel für die Berechnung der äquivalenten Korndurchmesser aus den Ergebnissen der Aräometeranalyse für Fallhöhen von 5···30 cm nach CASAGRANDE.

43*

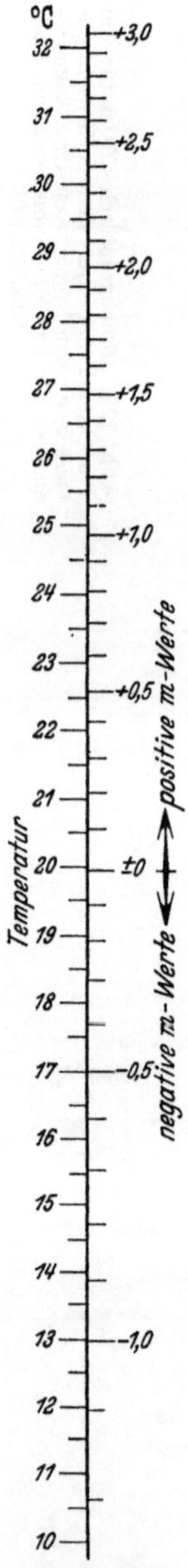

H. Allgemeines.

Tabelle 69. Deutsche Normen-Prüfsiebe DIN 1171.

Siebbezeichnung und Maschenweite in mm	Maschen je cm und DIN-Sieb-Nr.	Maschen je cm²	Drahtstärke in mm
1,5	4	16	1,0
1,2	5	25	0,80
1,02	6	36	0,65
0,75	8	64	0,50
0,60	10	100	0,40
0,50	12	144	0,34
0,43	14	196	0,28
0,385	16	256	0,24
0,300	20	400	0,20
0,250	24	576	0,17
0,200	30	900	0,13
0,150	40	1600	0,10
0,120	50	2500	0,08
0,102	60	3600	0,065
0,090	70	4900	0,055
0,075	80	6400	0,050
0,060	100	10000	0,040

Tabelle 70. Vergleichende Übersicht verschiedener Siebgewebe.

Lichte Maschenweite mm	Siebgewebe nach DIN 1171		Siebgewebe Nr. auf Grundlage	
	Gewebe-Nr.	Maschenzahl je cm²	1 franz. Zoll = 27 mm	1 engl. Zoll = 25,4 mm
			Maschen je Zoll	
1,02	6	36	22	20
0,75	8	64	30	25
0,60	10	100	35	30
0,54	11	121	37	32
0,50	12	144	40	35
0,43	14	196	50	40
0,385	16	256	55	45
0,300	20	400	70	60
0,250	24	576	80	65
0,200	30	900	95	80
0,150	40	1600	130	110
0,120	50	2500	160	135
0,102	60	3600	180	160

Abb. 172. Temperaturkorrektur für Dichtearäometer.

Tabelle 71. Englische und amerikanische Maße und Gewichte.

Englische Gewichte.

ton (long ton)		hundredweight		quarter		pound		ounze
ton		cwt		qr		lbs		oz
1	=	20	=	80	=	2240	=	35840
		1	=	4	=	112	=	1792
				1	=	28	=	448
						1	=	16

1 ton (long) = 1016,00 kg
1 cwt   =   50,8 ,,
1 qr   =   12,7 ,,
1 lbr   =   453,59 g
1 oz   =   28,35 g

Amerikanische Gewichte.

ton (short ton)	cental	quarter	pound	ounze
ton	cwt	qr	lbs	oz
1 =	20 =	80 =	2000 =	32000
	1 =	4 =	100 =	1600
		1 =	25 =	400
			1 =	16

1 ton (short) = 907,2 kg
1 cwt   =   45,36 ,,
1 qr   =   11,35 ,,
1 lbr   =   453,59 g
1 oz   =   28,35 g

Umrechnungszahlen für verschiedene Maßeinheiten.

1 gallon (gall) = 1 lbr = 4,54 l
1 cubic foot (cubic. ft) = 28,38 l
1 cord of wood = 128 cubic feet = 3,625 m^3
1 mm Quecksilbersäule = 0,0193 lb per square inch

1 pound per square inch (1 Pfd. pro Quadrat-Zoll)	lb/sq in	0,0703 kg/cm^2	1 kg/cm^2	= 14,22 lb/sq in	Dampfdruck
1 British Thermal Unit (britische Wärmeeinheit)	BTU	0,252 kcal	1 kcal	= 3,97 BTU	Wärmemenge
1 British Thermal Unit per pound	BTU/lb	0,555 kcal/kg	1 kcal/kg	= 1,8 BTU/lb	Heizwert spez. Wärme
1 grain per gallon	gr.p.gall.	14,3 g/m^3 = 14,3 mg/lit	1 mg/lit	= 0,07 gr.p.gall.	Fremdkörper in Flüssigkeiten

Thermometergrade.

$$x^\circ \mathrm{C} = \frac{9}{5} \cdot x + 32\,\mathrm{F},$$

$$+ x^\circ \mathrm{F} = \frac{(x-32) \cdot 5}{9}\,\mathrm{C},$$

$$- x^\circ \mathrm{F} = \frac{(32+x) \cdot 5}{9}\,\mathrm{C}.$$

Nachtrag.

Zu Abschnitt IV, Seite 310.

Unterscheidung der Zellstoffarten im ultraviolettem Licht.

Hierzu sind kürzlich von AGAHD[1] einige neue Beobachtungen mitgeteilt worden. Nach vielen Versuchen ist es AGAHD gelungen, insbesondere für die Unterscheidung hochgebleichter Sulfit- von hochgebleichten Sulfat- und Natronzellstoffen im Rhodamin B extra basisch und Brillantdianilgrün G substantiv zwei geeignete Farbstoffe zu finden. Beide Farbstoffe werden in einer Mischlösung zur Anwendung gebracht, welche im Liter 0,125 g Rhodamin und 0,375 g Brillantdianilgrün enthält und deren p_H-Wert bei 5,9 liegt. Zur Herstellung der Mischlösung wird jeder Farbstoff einzeln in doppelt destilliertem Wasser zu einer 0,05proz. Lösung gelöst, wobei der p_H-Wert der Rhodaminlösung (A) 3,2 und jener der Brillantdianilgrünlösung (B) 7,2 beträgt. Durch unter innigem Rühren erfolgende Zugabe von 1 Raumteil A zu 3 Raumteilen B wird die Reagenzlösung hergestellt.

Bei Gebrauch wird die Mischlösung auf die Zellstoffprobe aufgetuscht, worauf diese ohne jedes Nachwaschen dem ultravioletten Licht ausgesetzt wird. Es erscheinen gebleichter Sulfitzellstoff kirschrosa, Sulfat- und Natronzellstoff blau. Bei länger andauernder Bestrahlung nimmt die Färbung an Stärke zu.

---

[1] Agahd: Wbl. Papierfabrikat. **73**, 170 (1942).

Zu Abschnitt IV, Seite 367.

Bestimmung des Ligningehaltes in ungebleichten Zellstoffen auf direktem Weg.

Um bei der gewichtsanalytischen Bestimmung des Lignins nach der Schwefelsäuremethode ein restloses Eindringen der Säure in das Innere der anfangs an ihrer Oberfläche zufolge der Säureeinwirkung zum Gelatinieren neigenden Faserflocken und Zellstoffklümpchen herbeizuführen, wird gemäß der von HÄGGLUND gegebenen Vorschrift die säurehaltige Mischung unter Vakuum gesetzt. Hierdurch entweicht die Luft aus dem Innern dieser Teilchen und die Säureeinwirkung wird gleichmäßig.

Statt dessen kann man nach einem neueren Vorschlag von AF EKENSTAM[1] auch durch anfängliches Arbeiten mit schwächerer Säure und erst später erfolgendes Erhöhen deren Konzentration zu einer restlosen und gleichmäßigen Durchtränkung der Zellstoffprobe kommen. In diesem Fall wird wie folgt verfahren.

1 g lufttrockene mit Azeton oder Alkohol extrahierte Probe, die man nicht

---

[1] Technische Mitteilungen d. schwedischen Papier- u. Zellstoffingenieur-Vereins CCAS (1940).

zu zerfasern braucht, wird mit 5 cm³ 58 Gew.proz. Schwefelsäure befeuchtet. Die Probe wird mit einem Glasstab etwa 5 Minuten geknetet. Danach werden aus einer Bürette 2,5 cm³ 81,5proz. Schwefelsäure zugesetzt, wodurch eine Schwefelsäurekonzentration von 65% erreicht wird. Die Probe wird ab und zu im Laufe einer halben Stunden umgerührt, worauf noch 4,5 cm³ 81,5proz. Schwefelsäure zugesetzt werden, so daß die Konzentration der Säure 72proz. wird.

Die Lösung wird bis zur Homogenität umgerührt und 2 Stunden stehen gelassen. Danach werden 25 cm³ Wasser zugesetzt. Man läßt die Mischung 4 Stunden stehen und verdünnt mit Wasser und arbeitet die Lösung wie früher angegeben auf.

Zu Abschnitt VI, Seite 468.

Bestimmung des Ligningehaltes in gebleichten Zellstoffen.

Da erfahrungsgemäß bei hochgebleichten und veredelten Zellstoffen die Ligninbestimmung auf gewichtsanalytischem Weg häufig auf große Schwierigkeiten stößt, haben HÄGGLUND und GIERTZ[1] ein kolorimetrisches Bestimmungsverfahren ausgearbeitet. Es geht aus von der bekannten Tatsache, daß beim Lösen des Zellstoffes in starker Schwefelsäure Lignin je nach seiner vorhandenen Menge der Lösung eine mehr oder weniger gelb bis braune Färbung verleiht. Durch Ausschaltung einer Reihe von Fehlerquellen ist es möglich gewesen, hierauf eine quantitative Bestimmung des Restlignins zu gründen.

Gemäß der gegebenen Vorschrift wird der Zellstoff zunächst einer erschöpfenden Extraktion zur Entfernung des vorhandenen, auf die Farbe der schwefelsauren Lösung einwirkenden Harzes und Fettes unterworfen. Von der anschließend getrockneten, fein zerraspelten und von groben Teilchen befreiten Probe wird 1,00 g absolut trocken abgewogen und in einem kleinen Becherglas mit 70 cm³ 78proz. Schwefelsäure übergossen. Nach Einsetzen des Bechers in einen Exsikkator wird dieser zwecks Entfernung der in der Lösung vorhandenen Luftbläschen evakuiert. Der Zellstoff ist nach 10···15 Minuten gelöst. Die erhaltene Lösung wird zwecks Entfernung etwa vorhandener Schmutzteilchen durch einen Jenaer-Glas-Filtertiegel G 1 in eine kleine, vollkommen trockene Saugflasche filtriert. Nachdem die Zellstofflösung im Kolben selbst nochmals unter Vakuum gesetzt worden ist, wird genau 20 Minuten vom Beginn der Säurezugabe ab gerechnet in einem lichtelektrischen Kolorimeter das Lichtdurchlaßvermögen der Lösung mit dem von destilliertem Wasser (= 100) ermittelt.

Auf Einhaltung der angegebenen Zeit vom Beginn des Auflösens bis zur kolorimetrischen Untersuchung ist sorgfältig zu achten, da die Farbstärke der Lösung bei längerem Stehen ständig zunimmt. Während des Auflösens ist direktes Tageslicht fernzuhalten, da auch dieses in sehr merkbarer Weise das Dunkelwerden der Lösung beschleunigt.

Man erhält als Ergebnis nur Vergleichszahlen, die zweckmäßig in Beziehung zu dem Wert gesetzt werden, der mit einem Standardzellstoff erhalten wird.

---

[1] HÄGGLUND, E.: Svensk Papperstidn. **45**, 129 (1942).

Namenverzeichnis.